超导材料科学与技术

Superconducting Materials Science and Technology

马衍伟 著

科学出版社

北 京

内 容 简 介

超导技术被誉为 21 世纪具有重大经济和战略意义的高新技术，在国民经济诸多领域具有广阔的应用前景。超导材料是超导应用发展的基础。本书将全面、系统地论述超导材料的物理基础、发展现状、结构特性和制备过程中一系列关键技术及其应用。全书共 10 章，首先介绍超导体的基本现象、磁通钉扎及其特性和由磁通钉扎所引起的电磁现象，以及性能测试与表征技术等与超导应用相关的基础知识，其次重点阐述低温超导线材、Bi 系高温超导线带材、YBCO 涂层导体、MgB_2 超导线带材以及铁基超导线带材的制备及加工、组织调控、磁通钉扎与传输性能和最新应用进展。本书从理论与实践上体现了当前超导材料及相关科技的国际水平。

本书内容翔实丰富、深入浅出，并附有大量附表和参考文献，适合高等学校、科研院所、相关企业从事超导研发的科研人员、生产技术人员和管理工作者等阅读，同时可作为超导物理与超导材料、材料科学与工程、物理、化学、电气工程相关专业的师生学习参考用书。

图书在版编目 (CIP) 数据

超导材料科学与技术/马衍伟著. —北京：科学出版社，2022.5
ISBN 978-7-03-072216-4

Ⅰ. ①超… Ⅱ. ①马… Ⅲ. ①超导材料 Ⅳ. ①TM26

中国版本图书馆 CIP 数据核字(2022)第 077259 号

责任编辑：周 涵 田轶静／责任校对：彭珍珍
责任印制：吴兆东／封面设计：无极书装

科 学 出 版 社 出版
北京东黄城根北街 16 号
邮政编码：100717
http://www.sciencep.com
北京建宏印刷有限公司 印刷
科学出版社发行 各地新华书店经销
*
2022 年 5 月第 一 版 开本：787×1092 1/16
2022 年 5 月第一次印刷 印张：40 1/4
字数：955 000
定价：298.00 元
(如有印装质量问题，我社负责调换)

序　一

自从 1911 年人们发现超导电性，超导材料及机理的探索研究已走过了 100 多年，逐步发展出超导物理、超导材料、超导电工学、超导电子学等学科，表明超导现象不仅拥有丰富的科学内涵，还有着极为重要的应用前景。时至今日，超导电性在医疗产业、能源工业、交通运输、信息技术等多个领域都得到了广泛应用，超导技术已发展成为一门有较大规模的高技术产业，并且很可能是 21 世纪电能输送与存储、高速轨道交通、高精尖科学仪器、可控核聚变、量子计算等若干前沿技术领域发生革命性进步的希望所在，而不断发展的超导材料在这之中起着关键的支撑和推动作用。

从 20 世纪 60 年代开始，发现的两种实用化的低温 (液氦温区) 超导材料——NbTi 合金和 Nb_3Sn，逐渐使各类实验室用超导磁体、核磁成像超导磁体、粒子加速器磁体等应用成为现实。而 1986 年发现的液氮温区的铜氧化物超导体，使得更大规模的超导强电应用变为可能，目前已实现了超导输电电缆、超导电机、超导变压器、超导限流器、超导储能系统等电力技术的示范应用。进入 21 世纪，2001 年发现的 MgB_2 超导材料具有比低温超导材料更高的超导临界温度，可以应用于制冷机较容易达到的 $20\sim30$ K 温区；2008 年发现的铁基超导材料，兼具高的临界磁场和小的各向异性，有望为未来高场超导磁体技术的发展提供新的选择。对于这些不同体系的超导材料，其结构、成分、物性也各有不同，这也决定了它们适用于不同的制备方法和工艺路线，而在这之中也面临各种困难和挑战，特别是对于成分复杂、塑性较差、存在晶界弱连接的铜基和铁基高温超导材料，需要做到足够高的相纯度、干净的晶界，同时具有较好的织构，有的还需要在纳米尺度上对材料的微结构进行调控，如引入人工钉扎中心等。此外，对于实际应用还需要考虑其机械、电磁、热学等特性。因此，超导材料的研究对于其应用非常关键，所涉及的内容以及带来的启示也是非常丰富的。

目前，我国在超导材料及其应用领域总体上处于国际先进行列，建立了自己的研究开发体系，在材料研究、人才培养、应用研发等方面都取得了巨大成就，正在由 "超导大国" 向 "超导强国" 迈进。近年来，随着我国前沿基础科学研究、国家能源战略布局、高端医疗装备制造的不断推进，对超导材料及其应用的发展提出了更为迫切的需求，如下一代高场超导磁体、高场磁共振成像系统、高场核磁共振谱仪、超导输配电系统、高能粒子加速器，以及超导可控核聚变装置等先进电工装备和大科学工程，均需要高性能的超导材料作为支撑。

马衍伟研究员在实用化超导材料领域做了大量卓有成效的研究工作，特别是铁基超导材料的应用基础研究，一直处于国际的最前沿，荣获了欧洲应用超导学会 "2019 年国际应用超导杰出贡献奖"，是超导材料领域的国际权威专家。他撰写的《超导材料科学与技术》一书，顺应了超导材料研究的新时代背景，反映了当前国际上该领域的最新发展水平。全书首次将新型铁基超导材料与其他实用化超导材料进行了归纳总结，涵盖了各类超导材料的基本物性、成相机理、微观结构、制备方法、关键技术以及应用特性，对该领域的发展趋势和未来挑战进行了详尽的分析和阐述，是一本立足前沿、结构清晰、内容丰富、深入系统的高水平学术专著，对物理学、材料学、电气工程，特别是超导领域的研究生、科研工作者及工程技术人员具有很高的参考价值。

北京大学物理学院教授

中国科学院院士

2022 年 4 月

序　二

超导电性是由荷兰科学家 H. Kamerlingh Onnes 于 1911 年发现的，是指一些材料在某个临界温度 (T_c) 以下电阻为零的现象。作为 20 世纪最伟大的科学发现之一，在超导研究的历史上，已有 10 人获得了 5 次诺贝尔物理学奖，其科学重要性不言而喻。实现室温超导和实现超导体的大规模应用是人类不断追求的梦想。因此，超导学科在未来还会呈现出长盛不衰的景象。

零电阻、完全抗磁性和约瑟夫森效应是超导材料独有的特性，这些特性在能源、医疗、交通、国防和大科学工程等领域可以形成其他材料难以替代的技术优势，具有广泛的应用价值。超导已有了一些重要的实际应用，如用于医院里的核磁共振成像、高能量粒子加速器、磁约束核聚变装置等。超导输电电缆、磁悬浮列车、全电飞机、量子计算则代表着超导的重要潜在应用。因此，超导材料是 21 世纪具有重大经济和战略意义的前沿材料，特别是随着化石能源的枯竭、环境的恶化，作为"双碳"目标的重要节能材料，超导材料将日益受到重视，超导应用一定会有更大的发展，对未来人类社会的生产、生活产生更加巨大的影响。目前，以美国、日本和欧洲联盟 (简称欧盟) 为代表的发达国家均在超导材料和应用方面有大量研发投入，争取在未来的大规模应用中占得先机。

尽管人们已经发现了上千种超导体，但真正具有实用价值的超导体并不多。目前得到商业化应用的低温超导体主要包括 NbTi 和 Nb_3Sn 等，而具有实用价值的高温超导材料主要包括 1986 年发现的铜氧化物超导体、2001 年发现的 MgB_2 以及 2008 年发现的铁基超导体。随着超导相关科学研究的不断深入，国外相继出版了不少和超导应用或超导物理相关的书籍，但对超导材料科学技术领域的论述远不够深入、系统，这主要是由于超导材料仍然处于快速发展中。目前国内尚没有一本能够系统、科学地展现超导材料科学技术方面前沿进展的系统性专著。在这种背景下，马衍伟研究员撰写完成了《超导材料科学与技术》一书。

该书著者是超导材料领域十分活跃的专家，长期从事超导材料的制备与性能研究，曾获得欧洲应用超导学会 "2019 年国际应用超导杰出贡献奖"，因此对本领域的学科发展和当前应用科学的需要把握得非常到位，从内容和叙述上都反映出著者的深厚功底。该书内容包括各种实用超导材料的结构相图、基本性质、磁通动力学、制备技术、表征与测试方法以及应用探索，很好地总结了人们在超导材料科学技术研究领域的知识沉淀，内容新颖、全面、具体。总而言之，该书特色鲜明，实用性强，具有原创性，是超导材料领域的一部深入、系统的专著，我愿意向读者郑重推荐。我相信，该书的出版将进一步促进我国超导学科的发展，也必将推动超导技术在各个应用领域的快速发展。

须强调指出的是，该书对于物理学、材料学、化学、电气工程的研究工作者以及高等院校的师生系统地了解、掌握超导材料科学技术的有关知识大有裨益，是一部不可多得的优秀参考书。

南方科技大学校长

中国科学院院士

2022 年 1 月

前　　言

超导材料具有零电阻、完全抗磁性、约瑟夫森效应等一系列神奇的物理特性，在国民经济诸多领域展现出广阔的应用前景，如在超导弱电应用中的超导量子干涉器、滤波器、量子计算机等，在超导强电应用中的超导电缆、限流器、电机、储能系统、变压器、磁体技术、医疗核磁共振成像、高能加速器、磁约束核聚变装置、超导磁悬浮列车等。作为 21 世纪高新技术的战略性功能材料，超导材料仍然处于快速发展中，它不仅是先进材料的一个重要组成部分，而且将对人类社会发展和生活产生深远、重要的影响。

自 1911 年荷兰科学家 H. Kamerlingh Onnes 首次发现汞在液氦温度 (4.2 K，即 $-268.95\,^{\circ}\mathrm{C}$) 下的超导电性以来，科学家又相继发现了很多种超导材料，超导材料的临界温度逐渐提高，超导材料的种类也从金属逐渐扩展到合金、金属间化合物、陶瓷化合物、有机超导体等。强电领域的实际应用不但要求超导材料在一定的温度和磁场下具有较强的无阻载流能力，还要求其能够制备成具有一定力学性能的线材或带材。因此，目前实用化的超导材料主要包括低温超导材料 (NbTi 合金、Nb_3Sn、Nb_3Al 等)、铜基氧化物超导材料 (Bi-2223、Bi-2212、YBCO 等)、MgB_2 超导材料，以及铁基化合物超导材料。

作者长期从事实用超导材料的制备和性能研究，特别是 2004 年加入中国科学院电工研究所以来，一直致力于高性能 MgB_2 和铁基超导线带材的制备及其应用探索。在开展超导材料科研工作的过程中，发现国内目前缺乏全面介绍实用超导材料结构、性质、制备和性能的书籍。作者结合国内外超导材料研究的最新进展，历时 5 年多编写了本书，希望本书有助于国内从事相关领域研究的科研人员，尤其是刚刚涉足该领域的研究生快速把握超导材料研究的全貌。

全书共 10 章。第 1 章对超导体及其发展、应用进行了总体介绍；第 2 章主要介绍了超导体的基本特性、分类、临界参数和相关理论；第 3 章重点讨论了超导材料的应用物理基础问题，如磁通线及其结构、磁通钉扎种类及其特性、临界电流与电磁特性等；第 4 章总结了实用超导材料的物性测量与微观结构表征技术；第 5 章详细阐述了低温超导材料 (NbTi、Nb_3Sn、Nb_3Al 等) 的相图、制备工艺、组织控制及磁场下的电流性能；第 6 章详细介绍了氧化物高温超导体的层状结构、各向异性的物理性质以及晶界弱连接和磁通动力学研究进展；第 7 ～ 10 章分别系统介绍了 Bi 系高温超导线带材、第二代 YBCO 高温超导带材、MgB_2 超导线带材以及新型铁基超导线带材的制备及加工、工艺优化、临界电流密度与显微结构的关系、磁通钉扎与性能提高、机械特性和应用探索，并对相关领域存在的问题及今后的发展作出展望。

本书力求使读者对超导电性的应用物理基础及相关概念获得较清楚的理解，同时为了全面、准确地反映实用超导材料的研究现状，本书系统梳理、归纳了国内外同行的优秀成果，并引用了大量的文献，体现了当前超导材料及其制备技术的国际发展水平。由于前 4 章的铺垫，读者不需要任何预备知识就可以读懂本书。

在本书编写过程中，博士研究生郭文文、杨鹏、涂畅、成者、刘世法等，以及徐中堂、易莎、黄河、姚超、董持衡、韩萌、王栋樑、张现平等同仁做了大量的文献搜集、图表绘制、数据整理等工作。在此，对他们的辛勤工作表示衷心感谢！特别是徐中堂、姚超、易莎等在校稿过程中给予了大力帮助。本书还要感谢作者课题组已毕业的博士/硕士研究生和博士后对本书相关研究工作做出的贡献。

在本书出版之际，感谢国家 863、973、重点研发计划"变革性技术关键科学问题"、国家杰出青年科学基金、北京市科技计划项目，以及中国科学院战略性先导科技专项的资助和支持，感谢科学出版社及周涵编辑等在本书出版过程中付出的努力！

由于作者水平有限，书中不妥之处在所难免，恳请各位专家和读者批评指正。

马衍伟

2021 年 9 月于北京中关村

目　　录

第 1 章 绪 论

1.1 超导电性的发现

超导体的发现与低温的探索密不可分。在 18 世纪，由于低温技术的限制，人们认为存在不能被液化的 "永久气体"，如氢气、氦气等。1898 年，英国物理学家杜瓦首先完成氢气的液化，制得液氢，其温度为 20.4 K。1908 年 7 月 10 日，荷兰莱顿大学的 H. 卡末林–昂内斯 (Heike Kamerlingh Onnes) 使用绝热节流法成功将最后一种 "永久气体"——氦气液化，获得了 4.2 K 的低温。1911 年 10 月 26 日卡末林–昂内斯用液氦冷却水银 (Hg)，当温度下降到 4.2 K(−268.95 ℃) 时发现水银的电阻完全消失，如**图 1-1** 所示 [1]。随后，他又陆续发现了锡 (Sn) 在 3.7 K 和铅 (Pb) 在 7.2 K 时电阻消失的现象，即使在纯金属中加入杂质，也无法阻止电阻消失。于是，他把这种在一定温度下，电阻突然降为零的全新状态称为超导电性 (superconductivity)。电阻降为零的温度称为超导临界转变温度 (通常用 T_c 表示)。1933 年，德国物理学家迈斯纳 (W. Meissner) 和奥森菲尔德 (R. Ochsenfeld) 发现，除了零电阻的特点外，超导体内的磁感应强度总为零，即超导体具有完全的抗磁特性，这个现象被后人称为迈斯纳效应。这是独立于麦克斯韦方程之外的一个崭新的特性，而麦克斯韦方程组是描述金属或介质中电磁规律的基本规律。零电阻现象与迈斯纳效应是超导体必须满足的两个条件。低温物性和液化氦气方面富有开创性的研究开辟了对物理学有着重大意

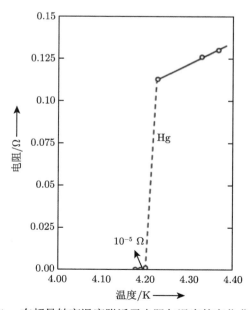

图 1-1　在超导转变温度附近汞电阻与温度的变化曲线 [1]

义的低温超导领域，卡末林–昂内斯被授予 1913 年的诺贝尔物理学奖。在超导现象被发现至今一百多年的发展历史中，人们连续在物理理论和工程应用方面取得重大进展，如获得诺贝尔奖的科学家包括卡末林–昂内斯在内已达 10 人，同时也促使了一门新的学科——超导科学与技术的诞生。

1.2 超导材料的发展历程

超导材料是一种具有零电阻和完全抗磁性的特殊功能材料。当今社会，能源匮乏问题已成为阻碍经济社会发展的头等问题，解决能源危机刻不容缓，超导材料以其独特的零电阻特性能够极大地节约能源资源，因而广受各国科学家的青睐。由于低温极大地限制了超导材料的应用，因而寻找更高温度的新型超导材料成为人们研究的重要课题。实际上从 1911 年卡末林–昂内斯发现超导电性起，科学家对各种金属元素在低温下的特性进行了研究，发现大部分金属元素当温度降低到一定的值之后出现超导现象 (表 1-1)[2]，但是良导体如 Cu、Ag 和 Au 等，即使温度降低到极低温，也不出现超导电性。到目前为止，超导材料的探索主要经历了几个阶段：1911 ~ 1986 年，是低温超导材料发展阶段。其间，1911 年发现了汞 (Hg)；1913 ~ 1930 年发现了铅 (Pb, 7.2 K)、铅铋合金；1930 ~ 1940 年发现了铌 (Nb)、碳化铌、氮化铌；1940 ~ 1960 年发现了铌三锡、钒三硅、钒三镓、铌三铝等化合物；1960 ~ 1970 年发现了铌锆、铌钛合金；1971 年发现了 $PbMo_6S_6$；1973 年发现了铌三锗化合物；1979 年发现了重费米超导体；1980 年发现了有机超导体，如图 1-2 所示 [3]。在这些低温超导材料中，纯元素中铌 (Nb) 的转变温度 T_c 最高，约为 9.25 K；合金化合物铌钛 (NbTi) 的 T_c 约为 9 K；铌三锡 (Nb_3Sn) 的 T_c 约为 18 K；临界转变温度最高的是铌三锗 (Nb_3Ge)，为 23.2 K，这一纪录保持了近 13 年。但合金超导体本身超导温度较低，需要利用昂贵的液氢冷却，这使得其应用成本大大增加，所以需要人们继续寻找更高超导温度的超导体。

表 1-1 周期表中具有超导电性的化学元素及其转变温度 T_c[2]

H ?	S	s-d										s-p					He
Li 20 48 GPa	Be 0.026	元素 T_c[K] 高压										B 11 250 GPa	C 4 8 GPa	N	O 0.6 120 GPa	F	Ne
Na	Mg											Al 1.19	Si 8.5 12 GPa	P 6 17 GPa	S 17 160 GPa	Cl	Ar
K	Ca 25 161 GPa	Sc 0.3 21 GPa	Ti 0.4	V 5.3	Cr	Mn	Fe 2 21 GPa	Co	Ni	Cu	Zn 0.9	Ga 1.1	Ge 5.4 11.5 GPa	As 2.7 24 GPa	Se 7 13 GPa	Br 1.4 150 GPa	Kr
Rb	Sr 4 50 GPa	Y 2.8 15 GPa	Zr 0.6	Nb 9.2	Mo 0.92	Tc 7.8	Ru 0.5	Rh 0.0003	Pd	Ag	Cd 0.55	In 3.4	Sn 3.72	Sb 3.9 25 GPa	Te 7.5 35 GPa	I 1.2 25 GPa	Xe
Cs 1.5 5 GPa	Ba 5 15 GPa	La 5.9	Hf 0.13	Ta 4.4	W 0.01	Re 1.7	Os 0.65	Ir 0.14	Pt	Au	Hg 4.15	Tl 2.39	Pb 7.2	Bi 8.5 9 GPa	Po	At	Rn
Fr	Ra	Ac	Rf	Db	Sg	Bh	Hs	Mt	Ds	Rg	Cn						

s-f	Ce 1.7 5 GPa	Pr	Nd	Pm	Sm	Eu	Gd	Tb	Dy	Ho	Er	Tm	Yb	Lu 1.1 18 GPa
	Th 1.4	Pa 1.4	U 1.8	Np 0.075	Pu	Am 0.8	Cm	Bk	Cf	Es	Fm	Md	No	Lr

蓝色部分：常压下的超导元素；青色部分：在高压状态呈现超导性质。

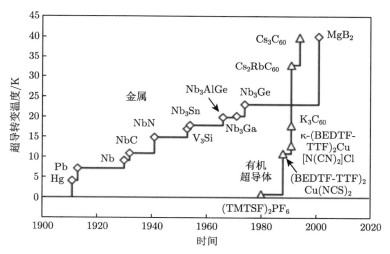

图 1-2 金属化合物和有机超导材料中已知的最高临界温度图 [3]

1986 年 9 月，瑞士苏黎世的美国国际商业机器公司 (IBM) 实验室缪勒 (K. A. Müller) 和柏诺兹 (J. Bednorz) 发现了氧化物陶瓷材料的超导电性，将 T_c 提高到 35 K[4]。随后朱经武等 [5] 和赵忠贤等 [6] 又发现了临界转变温度达 90 K 以上的 Y-Ba-Cu-O 氧化物超导体 YBCO，这个温度冲破了 77 K 的液氮温度大关，实现了科学史上的重大突破。这种突破为超导材料的应用开辟了广阔的前景，缪勒和柏诺兹也因此荣获 1987 年诺贝尔物理学奖。高温超导氧化物的 $T_c > 77$ K，即在液氮条件下具有超导电性，因此被称为高温超导材料。高温超导材料的发现使超导电性的实验研究摆脱了苛刻的液氮低温条件。自从高温超导材料被发现以后，一阵超导热潮席卷了全球。1988 年日本科学家 Maeda 等发现了临界温度达 110 K 的 Bi-Sr-Ca-Cu-O 氧化物超导体 [7]。科学家陆续还发现 Tl-Ba-Ca-Cu-O 化合物超导材料的临界温度可达 125 K[8]，Hg-Ba-Ca-Cu-O 化合物超导材料的临界温度则高达 135 K。如果将 Hg 系超导材料置于高压条件下，其临界转变温度将达到难以置信的 164 K[9]。进入 21 世纪，又相继发现了新的超导材料。2001 年，日本科学家 Akimitsu 等发现的临界转变温度为 39 K 的金属化合物 MgB_2 超导体 [10]。2008 年日本科学家 Hosono 在 LaFeAsOF 材料中发现了超导温度达 26 K 的超导电性 [11]。随后中国科学家通过化学掺杂将铁基超导体的最高超导转变温度提高到 55 K。高 T_c 超导材料的不断问世，为超导材料从实验室走向应用铺平了道路。值得一提的是美国罗切斯特大学研究团队于 2020 年报道了 C-S-H 材料在 267 GPa 的高压下，超导转变温度可达 287.7 K (约 15 ℃)，已接近 20 ℃ 的室温温度，从而成为超导临界温度的最高纪录 [12]。尽管这次研究中的 C-S-H 实现了 "室温超导"，但其所需要的压力相当于 260 万个大气压，尚不具备应用价值。不过这一结果对实用室温超导材料的探索具有重要意义。**图 1-3** 显示了人们发现具有更高临界转变温度的超导体的发展历程 [13]。

实际上，早在 1913 年卡末林–昂内斯就提出了制造 10 T 的超导磁体的设想 [14]，并且采用 Pb 导线进行了多次尝试，最终没能成功。主要原因是 Pb 属于第 I 类超导体，上临界场非常低，只有 0.6 T。最早的超导材料应用是 1955 年用 Nb 线绕制的线圈，在 4.2 K 下其中心磁场为 0.71 T[15]。1961 年，美国贝尔实验室 Kunzler 等制成了用 Nb_3Sn 线绕制的超

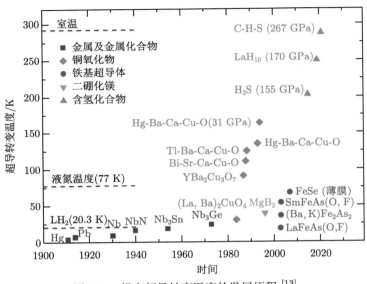

图 1-3   提高超导转变温度的发展历程[13]

导磁体，其磁场达 8.8 T[16]，随后他们又研制出 10 T 的超导磁体，也就是 50 年后终于实现了卡末林–昂内斯的梦想。另外，1962 年，美国的 Westinghouse 和 Atomics International 等公司则采用 NbZr 线完成了超导磁体的绕制，其中心磁场分别为 5.6 T 和 5.9 T。1965 年以后，NbTi 合金以其优良的加工性能，逐步取代了 NbZr 合金，生产出在高纯铜中嵌入数百至数千芯超导芯丝的多芯超导线[1]。毋庸置疑，Nb_3Sn 和 NbTi 等实用超导材料的发现使得高场磁体制造成为可能，并有力推动了科学仪器装置的快速发展，如随着 NbTi 线材的产业化，1973 年诞生了世界上第一台核磁共振成像仪。随着约瑟夫森效应的发现[17]，超导应用也被推广到了更宽的领域，逐渐应用到电力工业以及信号检测方面。

从 20 世纪 60 年代开始，在液氦温度下使用低温超导材料经过二十余年的研究与发展获得了成功。目前以 NbTi、Nb_3Sn 为代表的实用超导材料已实现了商品化，在核磁共振人体成像、超导磁体及大型加速器磁体等多个领域获得了广泛应用。但是，由于常规低温超导体的临界温度较低，必须在昂贵复杂的液氦 (4.2 K) 系统中使用，因而严重限制了低温超导应用的发展。因此，人们尝试使用铜基氧化物高温超导体，如 Bi 系、Y 系等，高温超导体的 T_c 大于 77 K，而且在 4.2 K 下的上临界场 H_{c2} 大于 100 T，明显优于上述低温超导体[18]。然而，这些高温超导体具有较强的各向异性和脆性，对线材的制备加工提出了更大的挑战。因此，寻找更加实用的新型超导体是人们追求的终极目标。尽管迄今为止已有上千种超导体被发现，但是真正具有实用价值的超导材料只有以下几种，如低温超导材料 (NbTi 和 Nb_3Sn)、铜基氧化物高温超导材料 (Bi-2223、Bi-2212 和 YBCO)、MgB_2，以及新型铁基超导材料[19]。

超导体在超导状态下具有的零电阻、抗磁性和电子隧道效应等奇特的物理性质[20]，使得它拥有输电损耗小、制成器件体积小、重量轻、效率高等优点，在能源、信息、交通、科学仪器、医疗技术、国防、大科学工程等方面均具有重要的应用价值，可广泛应用于核磁共振、计算机、磁悬浮列车、电能输送、电力装备、精密导航等领域，对人类社会将产生深远影响，如**图 1-4** 所示[13]。例如，迈斯纳效应使人们可以用此原理制造超导磁悬浮列车，由于其在悬浮无摩擦状态下运行，将大大提高列车的速度和安静性，并有效减少机械磨损。而超导材料的零电阻特性可以用来输电和制造大型磁体，如采用常规导线输电会有很大的损耗，而利用超导体则可实现无损耗输送。另外，在稳恒强磁场应用方面，超导磁体不发热、体积小、磁场密度高、磁场均匀度好，具有普通磁体难以企及的优势，在一些大科学装置和高端设备中不可或缺。因此，超导技术被誉为 21 世纪具有战略意义的高新技术，被世界各大国所重视，而超导材料是超导技术发展的基础，在我国已被列入国家相关发展战略中的"新材料"重点突破方向。

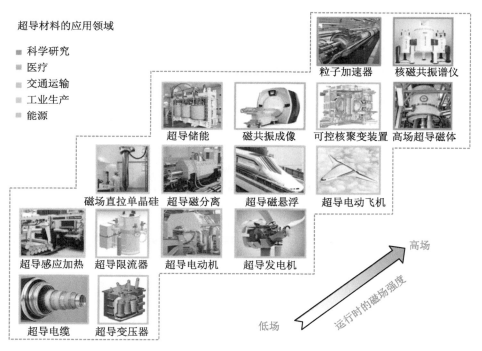

图 1-4　超导材料的主要强电应用领域[13]

综上所述，每次新型超导材料的出现都会引起国际社会的极大关注，这不仅是因为新型超导材料的应用会给强电应用技术带来质的飞跃，而且实用超导材料科学研究将为国家经济的持续、高效发展提供新的动力，如新型超导材料一旦产业化，将会在高速轨道交通，高清晰的核磁成像，超强磁场产生，储能和大科学工程以及国家安全等方面有大规模的应用[21]。因此，实用化超导材料的研究与应用是目前国际竞争最激烈也是最活跃的领域之一。

总体上来看，实用化超导材料的发展主要受到以下几方面的影响和推动：① 新的科学理论和现象的发现；② 新的制备方法和工艺的出现；③ 新的应用和大科学工程的要求。目前，作为 21 世纪高新技术的战略性功能材料，超导材料仍然处于快速发展中，它不仅是先进材料的一个重要组成部分，而且将对人类社会发展和生活产生深远、重要的影响。

参 考 文 献

[1] Rogalla H, Kes P H. 100 Years of Superconductivity. New York: CRC Press, 2011.

[2] Narlikar A. Frontiers in Superconducting Materials. Berlin Heidelberg: Springer Verlag, 2005.

[3] Wesche R. Physical Properties of High-Temperature Superconductors. Chichester, UK: John Wiley & Sons Ltd, 2015.

[4] Bednorz J G, Müller K A. Possible high T_c superconductivity in the Ba-La-Cu-O system. Z. Phys. B,1986, 64(2): 189-193.

[5] Wu M K, Ashburn J R, Torng C J, et al. Superconductivity at 93 K in a new mixed-phase Yb-Ba-Cu-O compound system at ambient pressure. Phys. Rev. Lett., 1987, 58(9): 908-910.

[6] 赵忠贤, 陈立泉, 杨乾声, 等. Ba-Y-Cu 氧化物液氮温区的超导电性. 科学通报, 1987, 32(6): 412-414.

[7] Maeda H, Tanaka Y, Fukutomi M, et al. A new high-T_c oxide superconductor without a rare earth element. Jpn. J. Appl. Phys., 1988, 27(2): L209-L210.

[8] Sheng Z Z, Hermann A M. Bulk superconductivity at 120 K in the Tl-Ca-Ba-Cu-O system. Nature, 1988, 332(6160): 138-139.

[9] Schilling A, Cantoni M, Guo J D, et al. Superconductivity above 130 K in the Hg-Ba-Ca-Cu-O system. Nature, 1993, 363(6424): 56-58.

[10] Nagamatsu J, Nakagawa N, Muranaka T, et al. Superconductivity at 39 K in magnesium diboride. Nature, 2001, 410(6824): 63-64.

[11] Kamihara Y, Watanabe T, Hirano M, et al. Iron-based layered superconductor La[$O_{1-x}F_x$]FeAs ($x = 0.05 \sim 0.12$) with $T_c = 26$ K. J. Am. Chem. Soc., 2008, 130(11): 3296-3297.

[12] Snider E, Dasenbrock-Gammon N, McBride R, et al. Room-temperature superconductivity in a carbonaceous sulfur hydride. Nature, 2020, 588(7837): E18.

[13] Yao C, Ma Y W. Superconducting materials: challenges and opportunities for large-scale applications. iScience, 2021, 24(6): 102541.

[14] Kamerling-Onnes K. Report on the researches made in the Leiden cryogenics laboratory between the second and third international congress of refrigeration: superconductivity. Commun. Phys. Lab. Univ. Leiden, 1913, 34b: 55.

[15] Yntema G B. Superconducting winding for electromagnet. Phys. Rev., 1955, 98 (4): 1197 abstract W8.

[16] Kunzler J E, Buehler E, Hsu F S L, et al. Superconductivity in Nb_3Sn at high current density in a magnetic field of 88 kgauss. Phys. Rev. Lett., 1961, 6(3): 89.

[17] Josephson B D. Possible new effects in superconductive tunnelling. Phys. Lett., 1962, 1(7): 251-253.

[18] Larbalestier D C, Gurevich A, Feldmann D M, et al. High-T_c superconducting materials for electric power applications. Nature, 2001, 414(6861): 368-377.

[19] 马衍伟. 实用化超导材料研究进展与展望. 物理, 2015, 44(10): 674-683.

[20] 章立源, 张金龙, 崔广霁. 超导物理学. 北京: 电子工业出版社, 1995.

[21] 王秋良. 高磁场超导磁体科学. 北京: 科学出版社, 2008.

第 2 章 超导体的基本特性和相关理论

零电阻效应和迈斯纳效应 (或完全抗磁性) 是超导体最基本的两个物理性质，是判断一种物质是否是超导体的判据，也是与超导强电应用关系最密切的两个特性。其他还有约瑟夫森效应和同位素效应等。

2.1 零电阻效应

超导电性又称零电阻效应，指温度降低至某一温度以下，电阻突然消失的现象。而良导体 Cu 温度降低到极低温度的条件下仍不出现零电阻现象，如**图 2-1(a)** 所示。零电阻是超导体最基本的特性之一。由于无法从理论上很好地解释电阻为什么突然变为零，在发现超导现象的初期，超导体电阻为零的真实性受到了怀疑，为此，卡末林–昂内斯以及其他一些研究者进行了永久电流实验 [1,2]，如**图 2-1(b)** 所示。科学家将一个铅制的圆环放入杜瓦瓶中，瓶外放一磁铁，然后把液氦倒入杜瓦瓶中使铅冷却成为超导体，最后将瓶外磁铁突然撤除，铅环内便会产生感应电流。实验发现在两年半的时间内，电流一直没有衰减，这说明圆环内的电能没有损失。当温度升到高于 T_c 时，圆环由超导状态变为正常态，材料的电阻骤然增大，感应电流立刻消失。持续电流实验证实了超导体处于超导态时的电阻率小于 10^{-23} $\Omega\cdot cm$，比铜在 4.2 K 下的电阻率 10^{-9} $\Omega\cdot cm$ 要低 14 个数量级 [2]。因此，超导体的电阻确实可看作零。这里要说明的是超导体并不是理想导体，因为理想导体只具有磁场不随时间变化的特性，而超导体内部磁场总为零，即理想导体与磁化历史有关，而超导体与磁化历史无关。由于在超导态下超导体是没有电阻的，所以电流流经超导体时就不发生热损耗，电流可以毫无阻力地在很细的导线中形成强大的电流，从而产生超强磁场。科学家根据 "零电阻效应" 的原理，制造了超导强磁体。

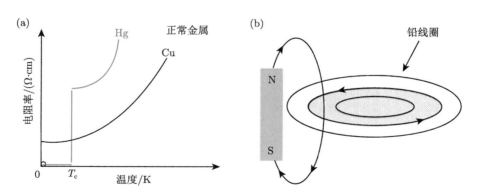

图 2-1   (a) 金属 Cu 和 Hg 的电阻率随温度的变化关系；(b) 持续电流法

通常把电阻突然变为零的温度称为超导转变温度，或临界温度 (critical temperature)，

用 T_c 表示，临界温度定义为在电流和磁场为零的条件下超导体呈现超导电性的最高温度，它是超导体的重要参数之一。超导体在临界温度以下处于超导态，在临界温度以上则处于正常态。临界温度是一个物质常数，不同的超导体具有不同的临界温度，同一种材料在相同的条件下其临界温度有严格的确定值。超导临界温度与样品纯度无关，但是越均匀纯净的样品超导转变时的电阻陡降越尖锐。

良导体 Cu 和 Ag 的室温电阻率约为 1.5 μΩ·cm，在液氮温区时减少到 0.2 ~ 0.3 μΩ·cm。室温下低温超导体 Pb 和 Sn 的电阻率要比良导体大 10 倍。相对于低温金属超导体，高温铜氧化物超导体室温下具有极大的电阻率，比铜的电阻率要大 3 个数量级以上。从室温到 77 K 这一较宽的温度范围内，电阻率呈现随温度线性下降的变化关系，基本减小 1/3 ~ 1/2。电阻测量发现在 Bi-2212 氧化物超导体中存在着很大的电阻各向异性，如**图 2-2** 所示 [3]。以 ab 面表示铜氧化物超导材料中的 CuO 面，以 c 表示与 CuO 面垂直的方向。可以看出，CuO 面内的电阻率 ρ_{ab} 与 CuO 面垂直方向的电阻率 ρ_c 存在巨大差异，两者相差两个数量级，$\rho_c/\rho_{ab} \sim 100$。多晶样品所显示出的电阻率行为主要是反映 CuO 面内 (ρ_{ab}) 的特征。

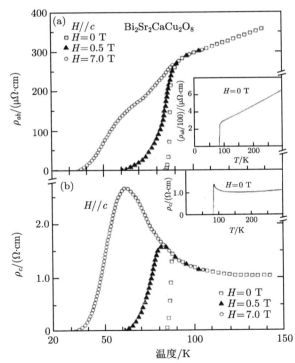

图 2-2　Bi-2212 超导体 ab 面内的 ρ_{ab} 和沿 c 轴方向的 ρ_c 随温度的变化关系 [3]

2.2　临界磁场和临界电流

超导态和正常态的转变是可逆的，加热已处于超导态的样品，当温度高于 T_c 后，样品恢复其正常电阻率，即超导态是物质的一种新的状态，它只依赖于状态参量 (如温度、磁场、电流等), 而与样品的历史无关。例如, 超导态可以被外加磁场破坏。当超导样品处在低于 T_c 的某一温度下时, 若外加磁场 H 小于某一确定数值 H_c, 超导体具有零电阻。当逐渐增大磁场到某一特定值 H_c 后, 超导体会从超导态转变成为正常态, 若磁场降低到 H_c 以下, 又进入超导态。我们把破坏超导电性所需的最小磁场 H_c 称为临界磁场 (critical field)。临界磁场定义为在零磁场强度和零电流密度下超导凝聚能 (正常态与超导态之间的自由能密度之差) 所对应的外磁场强度。临界磁场也是一个物质常数, 其大小与材料有关, 同一材料具有确定的临界磁场值。临界磁场是温度的函数, 其与温度的关系可以表示为

$$H_c(T) = H_c(0)\left[1 - (T/T_c)^2\right] \tag{2-1}$$

式中, $H_c(0)$ 是绝对零度时的临界磁场值; T_c 为在零磁场时的临界温度。

另外, 超导体无阻载流的能力也是有限的, 当通过超导体中的电流达到某一特定值时, 又会重新出现电阻, 转变为正常态, 使其产生这一相变的电流称为临界电流 (critical current), 记为 I_c。临界电流定义为在超导体中, 被认为无阻通过的最大直流电流, 特指每厘米样品长度上出现电压降为 $1\ \mu V/cm$ 时所输送的电流, 如**图 2-3(a)** 所示。对此, 西尔斯比 (F. B. Silsbee) 提出 [4], 这种由电流引起的超导–正常态转变是磁场改变的特殊情况, 即电流之所以能破坏超导电性, 纯粹是它所产生的磁场 (自场) 引起的。如**图 2-3(b)** 所示, 当半径为 r 的超导线中通过电流时, 在超导线表面产生的磁场强度 H 为

$$H = \frac{1}{4\pi}\frac{2I}{r} \tag{2-2}$$

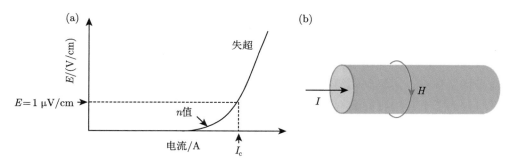

图 2-3　(a) 临界电流的测试曲线; (b) 单根导线的电流与磁场

当电流增大, 使得该磁场达到临界磁场 H_c 时, 超导态将被破坏, 对应的电流值为临界电流, 即

$$I_c = 2\pi r H_c(T) \tag{2-3}$$

将式 (2-1) 代入, 即得

$$I_c(T) = I_c(0)\left[1 - (T/T_c)^2\right] \tag{2-4}$$

式中, $I_c(0)$ 代表在 $T = 0\ K$ 时超导体的临界电流。

　　注意上式仅适用于第 I 类超导体，以后章节所讨论的第 II 类超导体并不遵守西尔斯比法则。

　　由以上可知，超导体具有三个临界参数：临界温度 T_c、临界磁场 H_c 和临界电流密度 J_c。将这三个参数集中表现在同一图中，可得到**图 2-4** 所示的 1/4 的椭球曲面。如果三个参数都位于曲面内部，则超导体处于超导态；反之，超导体处于正常态。

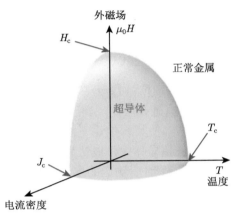

图 2-4　临界温度、临界磁场和临界电流密度三者之间的关系

2.3　完全抗磁性

　　在发现超导电性以后的二十多年里，人们一直认为超导体处于超导态时具有理想导体的磁性质。1933 年德国物理学家迈斯纳和奥森菲尔德对锡和铅超导体做磁场分布测量时发现，超导体一旦进入超导状态，体内的磁通量将全部被排出体外，磁感应强度恒为零，且不论对导体是先降温后加磁场，还是先加磁场后降温，只要进入超导状态，超导体就把全部磁通量排出体外。迈斯纳实验表明，不能把超导体和理想导体等同起来，除零电阻效应以外，超导体还有其独自的磁特性，即完全抗磁性——迈斯纳效应，如**图 2-5** 所示。简单来说，迈斯纳效应就是指超导体一旦进入超导态，就可以将磁力线从自身中完全排斥出去，外界磁场根本进不去，即超导体内的磁场值为零。

　　产生迈斯纳效应的原因是：当超导体处于超导态时，在磁场作用下，表面会产生一个无损耗感应电流。这个电流产生的磁场恰恰与外加磁场大小相等、方向相反，因而在深入超导区域总合成磁场为零。换句话说，这个无损耗感应电流对外加磁场起着屏蔽作用，因此称它为抗磁性屏蔽电流。观察迈斯纳效应最直观的实验是磁悬浮，如**图 2-6** 所示[5]。在锡盘上放一永久磁铁，当温度低于锡的转变温度时，小磁铁会离开锡盘飘然升起，升至一定距离后，便悬空不动了，这是由于磁铁的磁力线不能穿过超导体，在锡盘感应出持续电流的磁场，与磁铁之间产生了排斥力，磁体越远离锡盘，斥力越小，当斥力减弱到与磁铁的重力相平衡时，就悬浮不动了。

　　迈斯纳效应指明了超导态是一个动态平衡状态，与如何进入超导态的途径无关，也与过程无关。超导态的零电阻现象和迈斯纳效应是超导态的两个相互独立，又相互联系的基本属性。单纯的零电阻并不能保证迈斯纳效应的存在,但零电阻效应又是迈斯纳效应的必要条件。因此,衡量一种材料是否是超导体,必须看是否同时具备零电阻和迈斯纳效应。

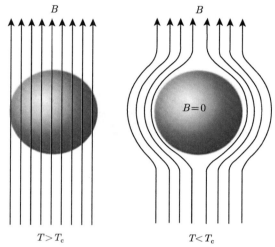

图 2-5　超导体的磁性质比较,很明显在迈斯纳态超导体内无磁力线穿过

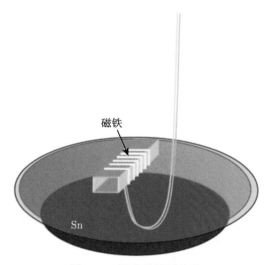

图 2-6　锡盘磁悬浮实验

迈斯纳效应使超导体具有良好的磁屏蔽性能,因此当磁铁靠近超导体时会受到很强的排斥力,当排斥力与重力抵消时就实现了超导磁悬浮。完全抗磁性的超导磁悬浮技术可应用于制造磁悬浮列车 (**图 2-7**)、超导重力仪、超导陀螺仪等。

图 2-7　日本研制的超导磁悬浮列车，2015 年已达 603 km/h

2.4　超导材料的种类

超导材料的分类并没有统一的标准，通常的分类方法有以下几种 [6]：

(1) 根据材料达到超导的临界温度可以把它们分为高温超导体和低温超导体：在强电应用领域，国际电工委员会 (IEC) 定义 25 K 以上的材料为高温超导体，25 K 以下的为低温超导体。

(2) 超导材料按其化学组成可分为金属超导材料 (又可分为元素、合金、化合物等超导体)、陶瓷超导材料、有机超导材料以及半导体或绝缘超导材料等四大类。典型的金属超导体有 Nb 和 Pb、NbTi、Nb_3Sn、MgB_2 等；陶瓷类有铜基氧化物、铁基化合物等；有机类包括 Cs_3C_{60}、$K_xC_{22}H_{14}$ 等；SiC、金刚石、C_{60} 等属于绝缘类超导体。

(3) 根据超导体在磁场中磁化曲线的差异，可分为两种超导体：第 I 类超导体和第 II 类超导体。

第 I 类超导体主要为金属元素超导体。它对磁场有屏蔽作用，也就是说磁场无法进入超导体内部。如果外部磁场过强，就会破坏超导体的超导性能。第 I 类超导体的临界磁场按照方程 (2-1) 确定的关系随着温度发生变化，如**图 2-8(a)** 所示。$H_c(T)$ 曲线把 H-T 平面划分为超导态和正常态两个区域，沿线各点为超导态–正常态转变的相变点，所以该图又称为超导体的相图。这类超导体临界磁场很小，只有两个状态，即低温超导态和正常态。

第 II 类超导体主要包括合金和陶瓷超导体。不是所有第 II 类超导体的临界场都遵守方程 (2-1) 中和温度的变化关系，而且偏离较大，如高温氧化物超导体和 MgB_2 的临界场与温度呈现大致线性的依赖关系。从**图 2-8(b)** 中可以看到第 II 类超导体存在着两个确定的临界场，即下临界场 H_{c1} 和上临界场 H_{c2}。当外磁场低于 H_{c1} 时，超导体处于迈斯纳态，即磁场被排出超导体外。但从 H_{c1} 开始，磁场部分地穿透到超导体内部，而且随着磁场的增高，穿透程度也增加，一直达到 H_{c2} 时磁场才完全穿透超导体，这时超导体过渡到正常态。在两个临界值 $H_{c1}<H<H_{c2}$ 之间的状态，叫做混合态。在混合态，材料允许部分磁场穿透材料。值得注意的是第 II 类超导体在 $H = H_{c1}(T)$ 处发生的迈斯纳态–混合态转变以

及在 $H = H_{c2}(T)$ 处发生的混合态–正常态转变都是相变，并且都是二级相变 [7]。

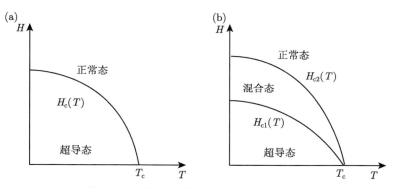

图 2-8 超导体的临界磁场和温度的关系

(a) 第 I 类超导体；(b) 第 II 类超导体

第 I 类超导体的临界磁场的典型数值为 10^2 Gs 数量级，而第 II 类超导体的上临界场可高达 $10^5 \sim 10^6$ Gs，所以前者称为软超导体，后者称为硬超导体。**图 2-9** 给出了 (a) 几种典型的第 I 类元素超导体和 (b) 典型的第 II 类超导化合物的上临界场实验曲线 [8]。由于第 II 类超导体有较高的临界温度和临界磁场，可以通过较大的超导电流，已成为可以实用的超导材料，如利用 NbTi 和 Nb$_3$Sn 等第 II 类超导体制成的超导强磁体，目前已得到广泛应用。**表 2-1** 给出了几种常见的单一金属超导体以及常用超导材料的主要物理参数 [9]。

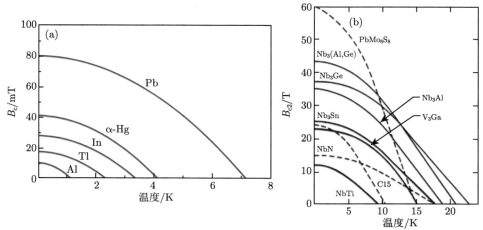

图 2-9 (a) 几种典型的第 I 类元素超导体和 (b) 典型的第 II 类超导化合物的上临界场实验曲线 [8]

人们常常用宏观磁化强度 M 与外磁场 H 的关系曲线来表示超导体的完全抗磁性效应。**图 2-10** 给出了第 I 类超导体和第 II 类超导体的磁化曲线。第 I 类超导体的磁化特性如**图 2-10(a)** 所示，在磁场强度 H_a 小于临界磁场 H_c 时，磁化关系由方程 $M = -H_a$ 给出，超导体处于超导态，磁化率为 -1，超导体具有完全抗磁性的性质。而一旦磁场强度 H_a

达到临界磁场 H_c，磁化强度 M 变为零，发生一个超导态到正常态的突变。**图 2-10 (b)** 是第 II 类超导体的磁化曲线。在外磁场小于下临界场 H_{c1} 时处于迈斯纳态，和第 I 类超导体具有相同的磁化特性；外磁场达到下临界场 H_{c1} 时出现混合态；外磁场进一步增加时，磁化强度逐渐减弱，直至外磁场增大到上临界场 H_{c2}，磁化强度才完全变为零，转变为正常态。

表 2-1　常见金属超导体以及常用超导材料的主要物理参数 [9]

材料	T_c/K	Δ/meV	ξ_{GL}/nm	λ_L/nm	H_c/T
Pb	7.2	1.38	$51 \sim 83$	$32 \sim 39$	0.08 (B_c)
Nb	9.2	1.45	40	$32 \sim 44$	0.2 (B_c)
NbN	$13 \sim 16$	$2.4 \sim 3.2$	4	250	16
Nb_3Sn	18	3.3	4	80	24
Nb_3Ge	23.2	$3.9 \sim 4.2$	$3 \sim 4$	80	38
NbTi	9.5	$1.1 \sim 1.4$	4	60	16
$YBa_2Cu_3O_{6+\delta}$	92	$15 \sim 25$ (max., ab)	1.6 (ab) 0.3 (c)	150 (ab) 800 (c)	240 (ab) 110 (c)
$Bi_2Sr_2CaCu_2O_{8+\delta}$	90	$15 \sim 25$ (max., ab)	2 (ab) 0.1 (c)	$200 \sim 300$ (ab) >15000 (c)	> 250 (ab) > 60 (c)
$Bi_2Sr_2Ca_2Cu_3O_{10+\delta}$	108	$25 \sim 35$ (max., ab)	2.9 (ab) 0.1 (c)	150 (ab) > 1000 (c)	> 250 (ab) > 40 (c)
MgB_2	39	$1.8 \sim 7.5$	10 (ab) 2 (c)	110 (ab) 280 (c)	$15 \sim 20$ (ab) 3 (c)
$(Ba, K)Fe_2As_2$	38	$1.8 \sim 11$	$1.5 \sim 2.4$ (ab) $1.0 \sim 1.2$ (c)	190 (ab) > 200 (c)	> 100 (ab) > 80 (c)
$Nd(O, F)FeAs$	50	$4 \sim 18$	1.8 (ab) 0.45 (c)	190 (ab) > 6000 (c)	300 (ab) $62 \sim 70$ (c)

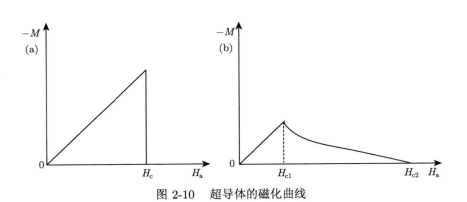

图 2-10　超导体的磁化曲线

(a) 第 I 类超导体；(b) 第 II 类超导体

这种和路径无关的完全排磁通效应表明，超导态是一种热力学状态，从而由此开始进行早年的超导电性唯象理论研究，比如高特和卡西米尔提出了超导热力学唯象理论，而伦敦兄弟 (F. London 和 H. London) 提出了著名的伦敦方程，这一方程能描述超导体的零电阻特性及迈斯纳效应，同时引入了穿透深度，即外磁场在超导体内的衰减长度的概念。

2.5 伦敦理论

1935 年，伦敦兄弟在二流体模型基础上，首先提出了两个描述超导电流和电磁场关系的方程，它们与麦克斯韦方程一起构成了超导体电动力学的基础，这称为伦敦理论。伦敦理论合理解释了零电阻现象和迈斯纳效应，并成功地预言了磁场穿透现象[4]。

2.5.1 二流体模型

超导体从正常态到超导态的转变属于热力学相变范畴。高特和卡西米尔在 1934 年提出了超导电性的热力学二流体模型[10]。

这个模型的基本假设是：在超导相中有一些共有化电子变成了高度有序的超导电子。二流体是指：在 T_c 以下的超导态中共有化电子分为凝聚的和未凝聚的两部分，前者为超导电子 (n_s)，后者为正常电子 (n_n)，这里 n_s 和 n_n 分别为超导电子和正常电子的密度数。

温度降低，正常电子“凝聚”为超导电子是一种从无序到有序的转变过程。超导态有序度用以下公式描述：

$$\omega\left(T\right) = \frac{n_s\left(T\right)}{n} \tag{2-5}$$

式中，n 表示全部电子的总密度；ω 是有序化的一个参量，称之为有序参量。当 $T = 0$ K 时，$n_s = n$，$\omega(0) = 1$；当 $T = T_c$ 时，$n_s = 0$，$\omega(T_c) = 0$。

在二流体模型中，温度越低，凝集的超导电子越多，有序化越强。当超导体的温度处于绝对零度时，正常电子密度为零，则有序度为 1。随着温度上升，超导电子转化为正常电子，超导电子的密度下降；在 $T = T_c$ 时，所有电子转变为正常电子，超导电子密度为零。

超导电子 n_s 和正常电子 n_n 都是温度的函数，其中，

$$n_s = n\left[1 - (T/T_c)^2\right] \tag{2-6}$$

超导体的二流体模型主要包含以下三点假设：

(1) 金属发生超导转变后，开始有一部分自由电子“凝聚”为超导电子，这时超导电子和正常电子共存于超导态中。因而超导态中的全部电子 (n) 划分为超导电子 (n_s) 和正常电子 (n_n) 两大类：$n = n_s + n_n$。

(2) 正常电子运动速度为 $\boldsymbol{v}_n$、电荷量为 e_n，受到晶格振动或杂质的散射，构成正常电流密度 $\boldsymbol{J}_n$，电阻不为零，有 $\boldsymbol{J}_n = n_n e_n \boldsymbol{v}_n$。

超导电子运动速度为 $\boldsymbol{v}_s$、电荷量为 e_s，不受晶格散射，构成超导电流密度 $\boldsymbol{J}_s$，电阻为零，有 $\boldsymbol{J}_s = n_s e_s \boldsymbol{v}_s$。

(3) 上述两种电流流体在超导体的超导态中相互渗透，彼此完全独立地运动，构成总电流密度，即

$$\boldsymbol{J} = \boldsymbol{J}_n + \boldsymbol{J}_s \tag{2-7}$$

基于这个模型，超导体内部的电流由超导电子和正常电子共同承载。正常电子存在散射，承载正常态电流，超导电子不发生散射，承载超导电流。

2.5.2 伦敦理论与磁场穿透深度

二流体模型仅仅是个唯象模型，虽然能解释一些超导现象，但并不能从根本上解决问题，伦敦兄弟在"超导电流由不受晶格阻碍的超导电子承担"这一二流体假设的基础上，用经典电磁理论宏观地解释了迈斯纳效应和零电阻特性 [4,11]。

由 2.5.1 节二流体模型可知，总电流密度 $\boldsymbol{J}$ 由超导电流密度和正常电流密度两部分组成，即 $\boldsymbol{J} = \boldsymbol{J}_\mathrm{n} + \boldsymbol{J}_\mathrm{s}$。

超导电流为

$$\boldsymbol{J}_\mathrm{s} = n_\mathrm{s} e_\mathrm{s} \boldsymbol{v}_\mathrm{s} \tag{2-8}$$

而正常电流密度仍由欧姆定律决定：

$$\boldsymbol{J}_\mathrm{n} = \sigma \boldsymbol{E} \tag{2-9}$$

当电场 $\boldsymbol{E}$ 存在时，质量为 m_s，电荷为 e_s 的超导电子在电场力作用下将不断加速，因此运动方程可由下式给出：

$$m_\mathrm{s} \frac{\partial \boldsymbol{v}_\mathrm{s}}{\partial t} = -e_\mathrm{s} \boldsymbol{E} \tag{2-10}$$

因为

$$\frac{\partial \boldsymbol{J}_\mathrm{s}}{\partial t} = -n_\mathrm{s} e_\mathrm{s} \frac{\partial \boldsymbol{v}_\mathrm{s}}{\partial t} \tag{2-11}$$

所以

$$\frac{\partial \boldsymbol{J}_\mathrm{s}}{\partial t} = \frac{n_\mathrm{s} e_\mathrm{s}^2}{m_\mathrm{s}} \boldsymbol{E} \tag{2-12}$$

由此可得到

$$\boldsymbol{E} = \frac{m_\mathrm{s}}{n_\mathrm{s} e_\mathrm{s}^2} \frac{\partial \boldsymbol{J}_\mathrm{s}}{\partial t} \tag{2-13}$$

式 (2-13) 称为伦敦第一方程，说明超导电流的时间变化率由电场决定。稳定超导电流密度，即 $\partial \boldsymbol{J}_\mathrm{s}/\partial t = 0$ 时，由式 (2-13) 即得出结论：电场 $\boldsymbol{E}=0$。

这就是说，在稳恒直流情况下，超导体内无电场存在，因而正常电流 $\boldsymbol{J}_\mathrm{n} = \sigma \boldsymbol{E} = 0$，这时在超导体内的电流只有超导电子贡献的超导电流部分 $\boldsymbol{J}_\mathrm{s}$，正常电子不传输电流，所以没有电阻，因而表现出零电阻效应。

但在交流情况下，$\partial \boldsymbol{J}_\mathrm{s}/\partial t \neq 0$，$\boldsymbol{E} \neq 0$，所以 $\boldsymbol{J}_\mathrm{n} \neq 0$，则出现电场 $\boldsymbol{E}$ 推动正常电子而产生交流损耗，即超导体内呈现出正常金属所具有的一些性质，如具有电阻、能吸收电磁波等。

由麦克斯韦第一方程

$$\nabla \times \boldsymbol{E} = -\frac{\partial \boldsymbol{B}}{\partial t} \tag{2-14}$$

结合式 (2-13)，消去 $\boldsymbol{E}$，可得

$$\frac{\partial}{\partial t} \left[\frac{m_\mathrm{s}}{n_\mathrm{s} e_\mathrm{s}^2} \nabla \times \boldsymbol{J}_\mathrm{s} + \boldsymbol{B} \right] = 0 \tag{2-15}$$

因此，方程 (2-15) 左边括号中的量是一个常数，因而

$$\nabla \times \left(\frac{m_{\mathrm{s}}}{n_{\mathrm{s}} e_{\mathrm{s}}^2} \boldsymbol{J}_{\mathrm{s}} \right) + \boldsymbol{B} = 常数 \tag{2-16}$$

伦敦兄弟指出，当这个值为零时，迈斯纳效应就可以被成功地解释，也就是说

$$\boldsymbol{B} = -\nabla \times \left(\frac{m_{\mathrm{s}}}{n_{\mathrm{s}} e_{\mathrm{s}}^2} \boldsymbol{J}_{\mathrm{s}} \right) \tag{2-17}$$

式 (2-17) 称为伦敦第二方程，它说明了超导电流与磁场的关系。根据麦克斯韦方程

$$\nabla \times \boldsymbol{H} = \boldsymbol{J}_{\mathrm{s}} \tag{2-18}$$

和

$$\boldsymbol{B} = \mu_0 \boldsymbol{H} \tag{2-19}$$

式 (2-17) 可化为

$$\boldsymbol{B} + \frac{m_{\mathrm{s}}}{\mu_0 n_{\mathrm{s}} e_{\mathrm{s}}^2} \nabla \times \nabla \times \boldsymbol{B} = 0 \tag{2-20}$$

用 $-\nabla^2 \boldsymbol{B}$ 代替 $\nabla \times \nabla \times \boldsymbol{B}$(因为 $\nabla \cdot \boldsymbol{B} = 0$)，方程 (2-20) 可写为

$$\nabla^2 \boldsymbol{B} - \frac{1}{\lambda^2} \boldsymbol{B} = 0 \tag{2-21}$$

式中，λ 为磁场可以穿透超导体的深度，称为伦敦穿透深度，简称为穿透深度，定义如下

$$\lambda = \left(\frac{m_{\mathrm{s}}}{\mu_0 n_{\mathrm{s}} e_{\mathrm{s}}^2} \right)^{1/2} \tag{2-22}$$

如**图 2-11** 所示 [11]，假设超导体占据 $x>0$ 的半无限空间，当我们沿着表面 z 轴方向加磁场 $\boldsymbol{H}$ 时，对应的磁感应强度为 $\boldsymbol{B}$，根据式 (2-21)，在超导体内部的磁场强度满足

$$\frac{\mathrm{d}^2 \boldsymbol{B}(x)}{\mathrm{d}x^2} - \frac{\boldsymbol{B}(x)}{\lambda^2} = 0 \tag{2-23}$$

在 $x=0$ 时，$\boldsymbol{B}(0) = \mu_0 \boldsymbol{H}$。$x$ 无限大时，解得

$$\boldsymbol{B}(x) = \mu_0 \boldsymbol{H} \mathrm{e}^{-x/\lambda} \tag{2-24}$$

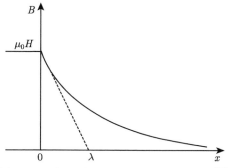

图 2-11　超导体表层的磁通穿透示意图 [11]

这个结果表明, 磁场从超导体表面开始只能穿透大致 λ 的距离, λ 为 $10^{-6} \sim 10^{-5}$ cm, 远小于通常试样的几何尺寸。这就是说, 磁场在超导体外表面几十纳米范围内迅速衰减至零, 在超导体内无磁场, 从而解释了迈斯纳效应。

既然在表面层内存在着衰减的磁场, 由麦克斯韦方程知, 这将产生诱导电流。根据方程 (2-18)、(2-19) 和 (2-24) 能够得到下面公式, 可以发现电流也是局域化且仅仅沿着 y 轴流动的

$$J_{\mathrm{s}}(x) = -\frac{B}{\mu_0 \lambda} \mathrm{e}^{-x/\lambda} \tag{2-25}$$

根据右手螺旋定则, 超导电流 J_{s} 在超导体内产生的磁场和外磁场方向是相反的。正是由于穿透层中的超导电流在超导体内产生的磁场抵消了外磁场, 因而在超导体内磁感应强度为零, 或者说表面超导电流对外磁场的屏蔽是产生迈斯纳效应的本质原因。

伦敦方程并不是严格地由物理理论推导而来的, 虽然伦敦理论在相当程度上是精确的, 但仍然存在缺陷, 与实验也存在较大差距。比如在伦敦方程中, 超导电子密度与磁场及空间位置无关, 因此它不能用于强磁场和非均匀导体的情况。再例如穿透深度 λ 理论计算值要比实验值小很多。为了解决这一矛盾, 皮帕德 (P. Pippard) 提出了超导电子相干长度 ξ_0 的概念 [12], 并定义为

$$\xi_0 = a\frac{\hbar v_{\mathrm{F}}}{k_{\mathrm{B}} T_{\mathrm{c}}} \tag{2-26}$$

式中, v_{F} 为费米速度; $\hbar = h/2\pi$, h 为普朗克常量; k_{B} 为玻尔兹曼常量; a 是由实验观察的穿透深度来调整的, 皮帕德把它定为 0.15。

这就解释了伦敦理论无法解释的实验事实: 杂质浓度增加 (即 ξ_0 减小), 穿透深度增加。任一超导体随 $T \to T_{\mathrm{c}}$, λ 迅速增大, 所以一切超导体在足够靠近 T_{c} 时都成为伦敦超导体。

伦敦方程仅适用于弱场下均匀性质的超导体。超导电子在相干长度 ξ_0 的范围内具有强相关性, 会存在相互作用, 而且 ξ_0 的大小要受到杂质的影响。当 $\xi_0 \ll \lambda$ 时, 如第 II 类超导体, 在 ξ_0 范围内磁场可看成一定值, 伦敦方程成立。

2.6　金兹堡–朗道 (G-L) 理论

1950 年, 苏联科学家金兹堡 (V. L. Ginzburg) 和朗道 (L. D. Landau) 在朗道二级相变理论的基础上, 综合了超导体的电动力学、量子力学和热力学性质, 建立了超导电性唯象理论——金兹堡–朗道理论 (即 G-L 方程) 来描述超导现象 [13]。该理论认为磁场中的超导体从正常态向超导态的转变是一个有序化过程, 可以引入一个有效波函数 $\psi(\boldsymbol{r})$ 作为超导体的复数序参量 (superconducting order parameter):

$$\psi(\boldsymbol{r}) = |\psi(\boldsymbol{r})| \mathrm{e}^{\mathrm{i}\phi(\boldsymbol{r})} \tag{2-27}$$

并满足

$$|\psi(\boldsymbol{r})|^2 = n_{\mathrm{s}}(\boldsymbol{r}) \tag{2-28}$$

式中，$\phi(\boldsymbol{r})$ 为有效波函数的相位；$|\psi(\boldsymbol{r})|$ 为振幅；$n_{\mathrm{s}}(\boldsymbol{r})$ 为超导电子的局部密度。

这里，$\psi(\boldsymbol{r})$ 是标志系统有序化程度的序参量，与量子力学波函数有相似之处，但它描述宏观超导系统的整体状态，即系统中大量质量为 m^*，电荷为 e^* 的电子都 "凝聚" 在同一量子态上，因此超导态只用一个统一波函数描写。由二级相变理论可知，在正常态时，$\psi(\boldsymbol{r})$ 为 0，对应于无序的正常相；在超导态时，$\psi(\boldsymbol{r})$ 为 $0 \sim 1$，表示有序的超导相。$\psi(\boldsymbol{r})$ 可以用单一波函数来描述，在绝对零度下 $|\psi(\boldsymbol{r})| = 1$。

$\psi(\boldsymbol{r})$ 的值由自由能密度 f 在平衡态取极小值决定。在外磁场为零的条件下，$\psi(\boldsymbol{r})$ 在空间为恒量，超导态与正常态自由能之差可以展开为如下 $|\psi(\boldsymbol{r})|^2$ 的幂级数：

$$f_{\mathrm{s}}(0) - f_{\mathrm{n}}(0) = \alpha |\psi|^2 + \frac{\beta}{2} |\psi|^4 + \cdots \tag{2-29}$$

式中，f 后面括号内的 0 表示无外磁场；下标 s、n 分别表示有序的超导电子和正常电子。在磁场 $\boldsymbol{H}$ 给定的情况下，α、β 是仅依赖于温度 T 的唯象参量

$$\alpha = -\frac{\mu_0 \boldsymbol{H}_{\mathrm{c}}^2}{n_{\mathrm{s}}}, \quad \beta = \frac{\mu_0 \boldsymbol{H}_{\mathrm{c}}^2}{n_{\mathrm{s}}^2}$$

根据热力学定义吉布斯自由能 $g = f - \boldsymbol{B} \cdot \boldsymbol{H}$ 及超导体在磁场中附加的内能，可将式 (2-29) 改写为

$$g_{\mathrm{sH}} = g_{\mathrm{n}} + \alpha |\psi|^2 + \frac{\beta}{2} |\psi|^4 + f_{\mathrm{kin}} + f_{\mathrm{mag}} - \boldsymbol{B} \cdot \boldsymbol{H} \tag{2-30}$$

式中，g_{n} 等于零场时的 f_{n}，表示同一温度下材料正常态的自由能。注意正常态吉布斯自由能一般与磁场无关。

第二、三项对应于超导相变有序化的贡献。第四、五项是考虑外加磁场后新加入的两项。f_{kin} 为动能项，在物理上对应于超导体的载流状态，描述超导电流及 ψ 的空间变化对自由能的贡献，与薛定谔方程中的动能项具有相似的形式，因此，

$$f_{\mathrm{kin}} = \frac{1}{2m^*} |[-\mathrm{i}\hbar\nabla - e^*\boldsymbol{A}(\boldsymbol{r})]\psi|^2 \tag{2-31}$$

这里 $\boldsymbol{A}(\boldsymbol{r})$ 为矢势，可取伦敦规范 $\nabla \cdot \boldsymbol{A} = 0$。为了和已有文献统一，以 m^*、e^* 分别表示电子的质量和电荷。

f_{mag} 为磁能项，表示磁通被排斥引起的磁场能量的变化，为超导体内磁能密度的贡献，即

$$f_{\mathrm{mag}} = \frac{B^2}{2\mu_0} \tag{2-32}$$

将式 (2-31)、(2-32) 代入式 (2-30)，有磁场时超导态吉布斯自由能密度 g 的表达式为

$$g_{\mathrm{sH}} = g_{\mathrm{n}} + \alpha |\psi|^2 + \frac{\beta}{2} |\psi|^4 + \frac{1}{2m^*} |(-\mathrm{i}\hbar\nabla - e^*\boldsymbol{A})\psi|^2 + \frac{B^2}{2\mu_0} - \boldsymbol{B} \cdot \boldsymbol{H} \tag{2-33}$$

整个系统体积为 V 时的吉布斯自由能为

$$G_{\mathrm{sH}} = \int_V [f_{\mathrm{sH}} - \boldsymbol{B} \cdot \boldsymbol{H}] \mathrm{d}r = \int_V g_{\mathrm{sH}} \mathrm{d}r \tag{2-34}$$

式 (2-33) 表明，超导态的总自由能 G_{sH} 由 ψ^*(或 ψ) 和 $\boldsymbol{A}$ 决定。根据热力学平衡态条件，可对 ψ^*(或 ψ) 和 $\boldsymbol{A}$ 取变分，获得 G-L 微分方程组：

$$\alpha\psi + \beta |\psi|^2 \psi + \frac{1}{2m^*}(-\mathrm{i}\hbar\nabla - e^*\boldsymbol{A})^2\psi = 0 \tag{2-35}$$

$$\boldsymbol{J}_{\mathrm{s}} = \frac{\hbar e^*}{2\mathrm{i}m^*}\left(\psi^*\nabla\psi - \psi\nabla\psi^*\right) - \frac{e^{*2}}{m^*}|\psi|^2\boldsymbol{A} \tag{2-36}$$

式中，$\boldsymbol{A}$ 是磁矢势；e^* 是电子电荷；m^* 是电子质量；$\hbar = h/2\pi$，h 是普朗克常量；α 和 β 是与温度相关的系数。

上面的两个方程 (2-35) 和 (2-36) 分别被称为 G-L 第一和第二方程。G-L 第一方程是 ψ 的运动方程，G-L 第二方程描述了超导电流的构成与分布。唯象的 G-L 方程是研究超导体非均匀性质的有力工具，同时还预示了超导体具有宏观量子现象，成功地解决了磁场的穿透深度、界面能、小样品的临界磁场等问题。

2.6.1 G-L 理论的两个特征参数：穿透深度和相干长度

在弱磁场条件下，序参量的变化是很小的，n_{s} 在空间内基本上是均匀的，因此，可以近似认为 $\psi \approx \psi_0$，即 ψ 无空间变化，代入 G-L 第二方程 (2-36) 得

$$J_{\mathrm{s}} = -\frac{e^* n_{\mathrm{s}}}{m^*}\boldsymbol{A} \tag{2-37}$$

此时，G-L 方程变为伦敦方程。因此，G-L 理论是更具普遍性的理论，当所处空间的序参量不变时，通过它可以推导出伦敦方程 [5]。与 2.5 节伦敦方程相似，可推导出磁场穿透深度

$$\lambda = \left(\frac{m^*}{\mu_0 n_{\mathrm{s}} e^{*2}}\right)^{1/2} = \left[\frac{m^*}{\mu_0 e^{*2}\dfrac{|\alpha(T)|}{\beta(T)}}\right]^{1/2} \tag{2-38}$$

从上式看出，G-L 理论无须通过二流体模型 n_{s} 与温度 T 的关系，能直接得出 λ 与 T 的关系。对锡来说，$\lambda = 26$ nm，这个值和实验值非常接近，低温时仅仅在 $25 \sim 36$ nm 范围内波动。更多超导体的 λ 值可参见本章的**表 2-1**。

在弱磁场条件下，假设近似可以忽略内场 (即令 $\boldsymbol{A} = 0$)，因此 G-L 第一方程 (2-35) 可化简为

$$-\frac{\hbar^2}{2m^*}\frac{\mathrm{d}^2\psi}{\mathrm{d}x^2} + \alpha\psi + \beta|\psi|^2\psi = 0 \tag{2-39}$$

选取 ψ 为实数的规范，且引入无量纲的、用零场有效波函数 ψ_0 约化的波函数

$$f = \frac{\psi}{\psi_0} \tag{2-40}$$

因而式 (2-39) 可改写为

$$\frac{\hbar^2}{2m^*|\alpha(T)|}\frac{\mathrm{d}^2 f}{\mathrm{d}x^2} + f - f^3 = 0 \tag{2-41}$$

金兹堡–朗道引进相干长度 ξ_{GL}，定义为

$$\xi_{GL} = \frac{\hbar}{(2m^*|\alpha(T)|)^{1/2}} \tag{2-42}$$

式中，$\alpha(T)$ 为一个与温度相关的系数。

在临界温度 T_c 附近，ξ_{GL} 与 $(T - T_c)^2$ 呈正比例增加，$T/T_c \to 1$ 时，ξ_{GL} 发散，超导电性无法维持。

G-L 理论定义了描述超导电子的序参量 $\psi(\boldsymbol{r})$ 空间变化的相干长度 ξ_{GL}，认为 $\psi(\boldsymbol{r})$ 在相干长度的空间内不能发生突变。也就是说如果超导体中某一处的超导态被抑制，$\psi = 0$，则只能在距离 ξ_{GL} 以外的地方，$\psi(\boldsymbol{r})$ 才可保持本来的值，即 $\psi(\boldsymbol{r})$ 的变化大致经历了 ξ_{GL} 的一段距离。我们知道，$\psi(\boldsymbol{r})$ 直接代表着超导电子的分布密度 n_s，这说明超导电子密度不能在界面或内部发生突变。

在 2.5.2 节介绍了皮帕德定义的相干长度 ξ_0。ξ_0 和 ξ_{GL} 的定义表达方式不同，实际上具有相同的性质，两个相干长度具有相关性；另外，由于超导电性是非局域性的，这个相关也随电子的平均自由程 l 的变化而变化，即

$$\xi_{GL}(T) = \begin{cases} 0.74\xi_0(1 - T/T_c)^{-1/2} & (l \gg \xi_0) \\ 0.85\xi_0(1 - T/T_c)^{-1/2} & (l \ll \xi_0) \end{cases} \tag{2-43}$$

$l \gg \xi_0$，表示超导材料非常纯净，杂质和缺陷均很少；$l \ll \xi_0$，则表示超导材料的杂质缺陷较多。也就是说，上面两个方程分别适用于"净"和"脏"的超导体 (即电子平均自由程较大和较小的超导体)。可以看出：在"净"超导体中，ξ_{GL} 近似等于 ξ_0；而在"脏"超导体中要比 ξ_0 小得多。从式 (2-43) 还可看出，ξ_{GL} 是温度的函数，这与前面提到的相干长度 ξ_0 不同 (ξ_0 与温度无关)。但磁场对超导电子的影响不限于穿透深度 $\lambda(T)$，而是在相干长度 $\xi(T)$ 范围内，就这一结论来说，与皮帕德定义的相干长度意义是一致的。

通过在弱磁场条件下对 G-L 第一和第二方程的分析讨论，可以看出，G-L 方程同时引进了超导体的穿透深度和相干长度两个重要参量。它是伦敦方程的有效推广，也包含了皮帕德理论的主要物理内容。对于大块超导体，无磁场时的超导–正常相变是二级相变，而有磁场时则为一级相变。超导体的厚度变小时，G-L 理论成功地预言了随厚度减小时相变从一级到二级的变化，而伦敦理论则没有做到这一点。随后朗道的学生阿布里科索夫 (A. Abrikosov) 在 G-L 工作的基础上成功预言了第 II 类超导体及其混合态的周期性磁通结构的存在，并创立了阿布里科索夫磁通格子理论，从而为超导材料的应用奠定了理论基础。朗道因其在凝聚态物理，特别是超流氦方面的工作获得诺贝尔物理学奖，金兹堡也和阿布里科索夫因对第 II 类超导体理论的贡献而共同获得诺贝尔物理学奖。

相干长度 $\xi(T)$ 和穿透深度 $\lambda(T)$ 这两个特征长度在 G-L 理论中都是用 $\alpha(T)$, $\beta(T)$ 定义的唯象常数，在此基础上，G-L 理论还定义了一个新参数 κ：

$$\kappa = \frac{\lambda}{\xi} \tag{2-44}$$

称为 G-L 参数。

　　按照 G-L 理论，当温度接近 T_c 时，κ 是与温度无关的常数，它表征了不同超导体的 λ 与 ξ 的比值。**表 2-2** 列出了典型超导体的 κ 值 [4]。

表 2-2　典型超导体的 κ 值 [4]

材料	材料名称	κ 值	超导体类型
金属元素	In	0.07	第 I 类
金属元素	Pb	0.33	第 II 类
金属元素	Nb	1.1	第 II 类
超导合金	Pb-17%In	4.1	第 II 类
超导合金	NbTi	20	第 II 类
超导化合物	Nb$_3$Sn	34	第 II 类

　　在超导物理中，κ 是决定超导体分类的重要参数。以 $\kappa = 1/\sqrt{2}$ 为界，将超导体分为两类。一类界面能为正 ($\kappa < 1/\sqrt{2}$)，如除铌、钒、锝之外的纯超导金属元素，称之为第 I 类超导体，这类超导体的临界磁场很低，超导转变温度也不高，如**表 2-3** 所示 [8]。另一类超

表 2-3　超导金属元素的转变温度 T_c 和德拜温度 θ_D [8]

金属元素	T_c/K	θ_D/K
Nb	9.25	275
Tc	8.2	450
Pb	7.2	105
La	6	142
V	5.4	380
Ta	4.4	240
Hg	4.15	72
Sn	3.7	200
In	3.4	108
Tl	2.4	78.5
Re	1.7	430
Th	1.4	163
Pa	1.4	185
U	1.3	207
Al	1.18	428
Ga	1.08	320
Am	1	154
Mo	0.92	450
Zn	0.85	327
Os	0.7	500
Zr	0.6	291
Cd	0.52	209
Ru	0.5	600
Ti	0.5	420
Hf	0.38	252
Ir	0.1	420
Lu	0.1	210
Be	0.026	1440
W	0.01	400
Li	0.0004	344
Rh	0.0003	480

导体的界面能为负 ($\kappa > 1/\sqrt{2}$)，如铌、钒、锝和其他超导合金、化合物是第 II 类超导体。第 I 类超导体的临界磁场很低，而第 II 类超导体具有很高的上临界场，只有第 II 类超导体才具有工程应用价值。

2.6.2 磁通量子效应

超导体所包含的任何磁通量只能是基本量子单位 Φ_0 的整倍数，这是超导态的磁通量子化现象。在全磁通守恒定律的基础上，由 G-L 方程可以证明超导态的磁通是量子化的。假设一个闭合回路 C(**图 2-12**)，这一回路包括了磁通线所处的区域。假定这一区域内的磁通线和 C 之间的距离足够长以至于磁通密度和电流密度在 C 上可以看作零。在弱磁场条件下，将超导电子波函数 $\psi(\boldsymbol{r}) = |\psi(\boldsymbol{r})|e^{i\phi(\boldsymbol{r})}$ (式 (2-27)) 代入 G-L 第二方程 (2-36) 得

$$\nabla\phi(\boldsymbol{r}) = \frac{e^*}{\hbar}\boldsymbol{A} + \frac{m^*}{\hbar e^* |\psi|^2}\boldsymbol{J}_{\mathrm{s}} \tag{2-45}$$

由上式看出，影响相位$\phi(\boldsymbol{r})$ 的两个因素是磁场和超导电流。上面方程的右边第二项表示序参数的相位梯度引起的电流，也就是表面电流，在回路 C 中，$\boldsymbol{J}_{\mathrm{s}} = 0$，因此有

$$\nabla\phi(\boldsymbol{r}) = \frac{e^*}{\hbar}\boldsymbol{A} \tag{2-46}$$

对整个回路 C 积分得到

$$\oint_C \mathrm{d}\boldsymbol{l} \cdot \boldsymbol{A} = \frac{\hbar}{e^*}\oint_C \mathrm{d}\boldsymbol{l} \cdot \nabla\phi(\boldsymbol{r}) \tag{2-47}$$

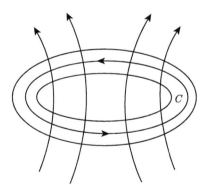

图 2-12　超导环包围的磁通线

利用斯托克斯定理，将左边线积分化为面积分

$$\oint_C \mathrm{d}\boldsymbol{l} \cdot \boldsymbol{A} = \iint_S \mathrm{d}\boldsymbol{S} \cdot (\nabla \times \boldsymbol{A}) = \iint_S \boldsymbol{B} \cdot \mathrm{d}\boldsymbol{S} = \Phi \tag{2-48}$$

S 可以是任何以 C 为边界的曲面，Φ 则代表穿过回路 C 的磁通量。如果把式 (2-47) 代入式 (2-48) 有

$$\Phi = \frac{\hbar}{e^*}\oint_C \mathrm{d}\boldsymbol{l} \cdot \nabla\phi(\boldsymbol{r}) \tag{2-49}$$

由于 $\psi(\boldsymbol{r})$ 应为单值函数，在任一固定地点只能对应一个确定值，因此绕回路 C 一周后，相位 $\phi(\boldsymbol{r})$ 的增量，也就是波函数的相位差 $\oint_C \mathrm{d}\boldsymbol{l} \cdot \nabla\phi(\boldsymbol{r})$ 只能取 2π 的整倍数，故有

$$\Phi = \frac{\hbar}{e^*} \cdot 2\pi n = n \cdot \frac{2\pi\hbar}{e^*} = n \cdot \frac{\hbar}{e^*} = n \cdot \Phi_0 \tag{2-50}$$

式中，$\Phi_0 = \hbar/e^*$，称为磁通量子；n 为取 1，2，3，$\cdots$ 的整数；磁通量 Φ 是量子化的，其磁通量子 $\Phi_0(n=1)$ 为

$$\Phi_0 = \frac{\hbar}{e^*} = 2.07 \times 10^{-15} \text{ (Wb)} \tag{2-51}$$

早期理论计算时，设 $e^* = e$，但实验值总比理论值小 $1/2$，如果令 $e^* = 2e$，即 $\Phi_0 = \pi\hbar/e$，则理论与实验就完全符合。这说明超导电子不是普通意义下的电子，它带有两倍的电子电荷。后来在 BCS 理论 (Bardeen-Cooper-Schrieffer theory) 中提出了以 "库珀对" 为名的超导电子对概念。随后纯锡管状超导样品的冻结磁通实验证实了磁通量子效应，也间接表明了超导电子对的存在 [5]。实验结果如**图 2-13** 所示，随外部磁场增加，通过超导闭合回路的磁通量呈阶梯状跳跃性增加，每一次的增量为 Φ_0。磁通量子效应对超导电子学、微弱电磁测量等有重要的应用意义。

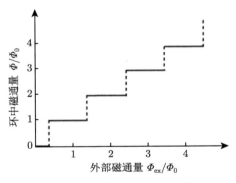

图 2-13　磁通量子效应的实验

2.7　超导体的微观机理——BCS 理论

1957 年，美国伊利诺大学的巴丁 (J. Bardeen)、库珀 (L. N. Cooper) 和施瑞弗 (J. R. Schrieffer) 三人提出了系统的超导微观理论，称为 BCS 理论。该理论从微观角度阐明了出现超导电性的原因、超导电子的微观形态和相关的超导电性微观规律。作为一种微观理论，由它不但可以导出在此之前已发展起来的伦敦理论、金兹堡–朗道理论，而且可以解释更多由这些唯象理论所不能解释的现象，使得超导理论建立在一个基本的微观机制之上，因而普遍为大家所接受 [4,5]。他们三人因此获 1972 年诺贝尔物理学奖。

2.7.1 实验基础

2.7.1.1 超导相变

超导体由正常态变为超导态称为超导相变。众多科学家对 Pb、Sn 等超导金属的正常态和超导态分别作 X 射线衍射、中子散射、Mossbauer 谱等表征研究，发现超导相变前后材料的结构、点阵及振动谱不变。这表明超导相变不影响晶格点阵的结构和振动，揭示了超导相变不是由晶格引起的，而是电子态相变。

2.7.1.2 超导能隙

在 20 世纪 50 年代，人们逐渐认识到在超导基态及激发态之间有能隙存在。随后对超导态电子比热容进行精确测量，发现电子比热和温度呈现很好的指数关系

$$c_{es} = a\gamma T_c e^{-1.5T_c/T} \tag{2-52}$$

实验证明，超导态的电子能谱与正常态不同，超导体的电子状态体系中存在一个能量阈值，在此阈值之下电子处于超导电子状态，在此阈值之上电子处于正常电子状态；发生超导转变是由于超导电子凝聚到能量阈值以下，体系能量降低。也就是说，超导体处于正常态时，大量电子遵从泡利不相容原理按能级由低到高依次填充到费米能级 E_F(最低激发态与基态之间)，如**图 2-14** 所示。超导体处于超导态时，出现能隙，即在费米能级 E_F 附近出现宽度为 2Δ 的能量间隔，这个能量间隔内不能有电子存在，Δ 叫超导能隙 (**图 2-14**)。它表明超导体中基态和激发态之间存在能量差。超导能隙的出现反映了从正常态到超导态转变过程中电子状态发生了变化，产生了某种相互作用。后文可知 Δ 是超导电子对系统中一个单激发所需的能量，2Δ 是激发一个超导电子对所需的能量，换句话说，拆散一个电子对 (库珀对) 产生两个单电子至少需要能隙宽度为 2Δ 的能量。

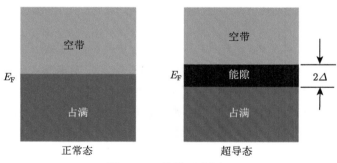

图 2-14 能隙示意图

当频率为 ν 的电磁波照射到超导体上时，如果电磁波光子能量 $h\nu$ 等于或大于能隙，可以激发出超导电子，此时超导体会强烈地吸收电磁波。相应地，远红外吸收实验也证明了能隙的存在，即 $h\nu = 2\Delta$(h 为普朗克常量)，并可用来测定超导能隙的值，$\Delta \approx 10^{-4} \sim 10^{-3}$ eV。

能隙的存在表明超导态的超导电子系统是由正常电子转变而来的新的电子凝聚态，它存在基态和激发态，而皮帕德相干长度又告诉我们这些电子是长程有序的，这就意味着这些电子彼此之间有相互作用。能隙的发现为 BCS 理论的建立奠定了基础。

2.7.1.3 同位素效应

能隙是电子间的相互吸引作用造成的。但是这种电子是如何相互吸引的？

1950 年，麦克斯韦 (E. Maxwell) 和雷诺 (C. A. Reynolds) 各自独立测量了水银同位素的临界转变温度。实验发现，Hg 等超导体同位素的临界温度 T_c 与同位素的质量有关，满足

$$T_c M^\alpha = 常数 \tag{2-53}$$

式中，M 表示同位素的质量；而 $\alpha \approx 0.5$，但对于不同超导体，α 略有差异。

它说明在晶体中，原子被同位素代替后，核外电子的状态不变，但 M 的改变会对 T_c 产生影响，这种效应被称为同位素效应。M 反映了晶格的性质，T_c 反映了超导态下电子的性质。同位素效应揭示了晶格点阵对于超导态到正常态的传导电子行为有重要影响，促使人们把晶格振动 (声子) 与电子联系起来，表明电子与晶格振动 (声子) 的相互作用可能是主要的相互作用，是引起超导转变的关键因素。

2.7.2 库珀对

电子比热跃变及电子能谱中能隙的出现说明超导转变时电子状态发生了剧烈变化。同位素效应则表明晶格本身虽然结构不变，但在实现超导上一定起了某种重要作用。

2.7.2.1 电子间的相互作用

电子属于费米子，服从费米–狄拉克统计规律，故而俗称电子海洋为"费米海"。电子运动可以用波的形式表示。在没有热振动而且理想的晶格中，电子波没有衰减地自由传播。但是，当热振动没有完全停止，或晶格本身存在不完全性时，电子波存在与晶格产生相互作用而发生散射的可能性。正常态导体中的电阻就来源于这种相互作用。电子散射时，能量、动量守恒，晶格的振动模式将因散射过程而受到激励。这种激励将以声子的释放和吸收实现。

弗罗里希 (H. Frohlich) 在 1950 年注意到，临界温度较高的超导体在常温下是导电性很差的材料。其电阻率一般很大，这表明电子–声子相互作用很强；相反，在常温下导电性很好的材料，如贵金属等，其电阻率很小，这说明电子–声子之间的相互作用很弱，在低温下却不是超导体。所以他认为：电子–声子相互作用在高温下是产生电阻的主要原因，而在低温下却是导致超导的主要原因。他进一步指出，当有一对电子–晶格相互作用时，可能产生相当于两个电子直接相互作用的效果，并且证明了在某种条件下，声子的释放和吸收可能在具有某一能隙的两个电子之间产生弱引力。这为库珀对概念的提出打下了基础。

超导能隙的存在表明要使一个电子跳过能隙，必须拆散电子之间的吸引作用，因此，能隙是电子之间的相互吸引作用造成的。随后发现的超导的同位素效应证实了电子间还存在着以晶格振动 (声子) 为媒介的间接相互作用，电子间的这种相互作用是相互吸引的。

2.7.2.2 库珀对的形成

对于正常态电子，可以忽略电子间的相互作用而将其看成一个一个具有能量 E 和动量 p 的粒子。满足某些边界条件的电子的波函数在一定的能级范围内存在有限个固有状态，

这些固有状态有着各自的能级和动量，而且满足测不准原理。在绝对零度，费米–狄拉克函数如图 **2-15** 所示，电子动量充满图中所示的半径为 p_{F} 的费米空间。

$$p_{\mathrm{F}} = \sqrt{2mE_{\mathrm{F}}} \tag{2-54}$$

式中，E_{F} 为费米能级。

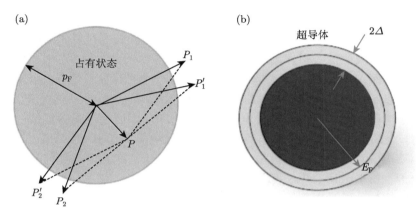

图 2-15　(a) 费米空间；(b) 费米面附近超导电子的分布情况

1956 年，库珀提出超导态下电子对的形成是产生能隙的原因，从理论上证明了只在费米能 E_{F} 以外 $\hbar\omega_{\mathrm{D}}$ 的能量间隔之内两电子之间才具有吸引作用[14]。或者说，费米面附近的电子若存在吸引相互作用，无论这一作用多微弱，自由电子气的基态都将不稳定，会形成一种低能束缚态，这种被束缚的电子对称为库珀对。库珀对中的两个电子间的距离约为 10^{-6} m，相当于晶格常数的几千倍，因此这种相互作用是一种长程的电子间的关联效应。

　　电子与晶格振动相互作用成为电子对之间的媒介。晶格振动是以格波的形式表现出来的，格波能量是量子化的，称为声子。电子之间是通过交换声子而引起相互作用的。电子–声子相互作用能把两个电子耦合在一起，这种耦合就好像两个电子之间有相互吸引作用一样。电子通过声子作为媒介产生相互吸引作用并逐渐超过库仑斥力，形成束缚电子对，即库珀对，如**图 2-16**[4]。若再考虑到电子的自旋，由于泡利原理的要求，费米面上动量大小相等、方向相反且自旋也相反的电子最容易形成库珀对。必须指出：库珀对是以含有大量电子的"费米海"为背景而形成的，并不是说孤立的有吸引相互作用的两个电子就能形成束缚态。

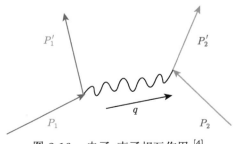

图 2-16　电子–声子相互作用 [4]

对于库珀对产生的原因，BCS 理论做出了如下解释：电子在晶格中移动时会吸引邻近格点上的正电荷，导致格点的局部畸变，形成一个局域的高正电荷区。这个局域的高正电荷区会吸引自旋相反的电子，和原来的电子以一定的结合能相结合配对。在很低的温度下，这个结合能可能高于晶格原子振动的能量，这样，电子对不会和晶格发生能量交换，没有电阻，形成超导电流。

2.7.3 BCS 理论概述

BCS 理论主要包括两个基本概念。首先，超导电性的起因是费米面附近的电子之间存在通过交换声子而发生的吸引作用 [15]。其次，由于这种吸引作用，费米面附近的电子两两结合成对，形成库珀对。BCS 理论把超导现象看作一种宏观量子效应；金属中自旋和动量相反的电子可以配对形成库珀对，库珀对在晶格当中可以无损耗地运动，形成超导电流 [5]。

库珀电子对的能量低于两个正常电子的能量之和，因而超导态的能量低于正常态。在绝对零度时，全部电子都结成库珀电子对，都是超导电子，随着温度升高，晶格振动能量不断增大，库珀电子对就不断地被拆散并转变为正常电子，在温度达到临界温度以上时，库珀电子就全部被拆散，所有电子都是正常电子。在温度 $T > 0$ K 时，BCS 理论成功地从微观上对传统超导体的唯象理论作出了解释，其主要理论公式如下。

在 $T = T_c$，$\Delta = 0$ 时，BCS 理论得到的超导临界温度公式为

$$k_B T_c = 1.14 \hbar \omega_D e^{-\frac{1}{N(0)V}} \tag{2-55}$$

式中，$N(0)$ 表示在费米能处电子的态密度 (对单个自旋而言)；ω_D 表示德拜频率；V 表示电子–声子相互作用的耦合常数；k_B 表示玻尔兹曼常量。

方程 (2-55) 包含着同位素效应，因为 $\omega_D \sim \left(\dfrac{\alpha}{M}\right)^{1/2}$，这里 α 是晶格的力常数，而 V 又与 M 无关，因此有 $T_c \propto M^{-1/2}$，即 BCS 理论预言有同位素效应。显然，超导转变温度 T_c 随着 $N(0)$ 增加而增加。从方程还可看出，V 越大，也就是电子–声子作用越强，超导转变温度 T_c 越高。这就解释了为什么良导体 (如 Cu、Ag、Au、K、Na 等) 往往不是超导体，而不良导体 (如 Hg、Pb 、Zn 等) 在低温下却能呈现超导电性。

以 $\Delta(0)$ 表示 $T=0$ K 时的能隙，得到的能隙可表示为

$$\Delta(0) \approx 2\hbar \omega_D e^{-\frac{1}{N(0)V}} \tag{2-56}$$

综合上两式得到能隙与临界温度的关系式

$$2\Delta(0) = 3.52 k_B T_c \tag{2-57}$$

在 $T = T_c$ 处的超导电子比热为

$$\left. \frac{c_{es} - \gamma T_c}{\gamma T_c} \right|_{T_c} = 1.43 \tag{2-58}$$

对大多数元素，此值与实验结果相符合，超导电子比热范围为 $1.2 \sim 2.7$。

$T = 0\,\mathrm{K}$ 时的临界场 H_0 可由下列公式得到：

$$H_0 = 1.76 \left[4\pi N\left(0\right)\right]^{1/2} k_\mathrm{B} T_\mathrm{c} \tag{2-59}$$

或者

$$\gamma T_\mathrm{c}^2 / H_0^2 = 0.17 \tag{2-60}$$

式中，$\gamma = \dfrac{2}{3}\pi^2 N\left(0\right) k_\mathrm{B}^2$ 是正常电子的比热系数。在 BCS 理论中，H_0、T_c、γ 中任意两个已知，可用上式求出第三个量的值。

BCS 理论能够很好地从微观上解释传统超导体存在的原因，而且解释和预见了许多和超导有关的现象，如超导体的临界温度、超导体的能隙、临界磁场和超导体比热容等。但 BCS 理论无法解释非常规超导体存在的原因，尤其是根据 BCS 理论得出的麦克米兰极限温度 (超导体的临界转变温度不能高于 40 K)，早已被铜氧化物、铁基化合物等高温超导体所突破。

参 考 文 献

[1] Rogalla H, Kes P H. 100 Years of Superconductivity. New York：CRC Press, 2011.

[2] Crowe J W. Trapped-flux superconducting memory. IBM J. Res. Development, 1957, 1(4): 294-303.

[3] Briceno G, Crommie M F, Zettl A. Giant out-of-plane magnetoresistance in Bi-Sr-Ca-Cu-O: a new dissipation mechanism in copper-oxide superconductors. Phys. Rev. Lett., 1991, 66 (16): 2164.

[4] 章立源, 张金龙, 崔广霁. 超导物理学. 北京: 电子工业出版社, 1995.

[5] 伍勇, 韩汝珊. 超导物理基础. 北京: 北京大学出版社, 1997.

[6] 马衍伟. 实用化超导材料研究进展与展望. 物理, 2015, 44(10): 674-683.

[7] 张裕恒. 超导物理. 3 版. 合肥: 中国科学技术大学出版社, 2009.

[8] Webb G W, Marsiglio F, Hirsch J E. Superconductivity in the elements, alloys and simple compounds. Physica C, 2015, 514: 17-27.

[9] Seidel P. Applied Superconductivity. Weinheim: Wiley-VCH Verlag GmbH & Co., 2015.

[10] Gorter C J, Casimir H. On supraconductivity I. Phys. Z., 1934, 1(1-6): 306-320.

[11] Matsushita T. Flux Pinning in Superconductors. Berlin, Heidelberg: Springer-Verlag, 2014: 267-339.

[12] Pippard A B, Bragg W L. Field variation of the superconducting penetration depth. Proc. Roy. Soc. London. Series A, 1950, 203(1073): 210-223.

[13] Ginzburg V L, Landau L D. On the theory of superconductivity. Zh. Eksp. Teor. Fiz., 1950, 20: 1064-1082.

[14] Cooper L N. Bound electron pairs in a degenerate Fermi gas. Phys. Rev., 1956, 104(4): 1189-1190.

[15] Bardeen J, Pines D. Electron-phonon interaction in metals. Phys. Rev., 1955, 99(4): 1140-1150.

第 3 章　超导材料的应用物理基础
——磁通钉扎与电磁特性

3.1　引　　言

在第 2 章 G-L 理论的介绍中，我们已提到了超导体分类的概念。超导体可分成两类：一类界面能是正的，金兹堡–朗道参数 (简称为 G-L 参数) $\kappa < 1/\sqrt{2}$，叫做第 I 类超导体；另一类界面能是负的，$\kappa > 1/\sqrt{2}$，叫做第 II 类超导体。在已发现的元素超导体中，只有钒 (V)、铌 (Nb) 和锝 (Tc) 属于第 II 类，其他元素均属于第 I 类。然而在超导合金和化合物中，大多数都是第 II 类超导体。

负界面能的第 II 类超导体根据其是否具有磁通钉扎中心而分为理想第 II 类超导体和非理想第 II 类超导体。所谓理想第 II 类超导体是指纯净均匀无缺陷的超导体，其在磁场中的非线性磁化曲线是可逆的。由于晶体结构比较完整，不存在磁通钉扎中心，磁通线均匀分布，这样磁通线周围的涡旋电流将彼此抵消，其体内无电流通过，从而不具有高临界电流密度。虽然它在无阻传输电流能力方面没有实用价值，但是它具有负界面能超导体的基本物理特性，便于进行实验和理论研究，丰富了超导电性研究领域。

非理想第 II 类超导体是一种比理想第 II 类超导体更为复杂的超导体，其磁化曲线是不可逆的，是真正适合实际应用的超导材料。其晶体结构存在缺陷 (包括位错、晶界、异相粒子等)，可以作为磁通钉扎中心，使得混合态的磁通格子分布是非均匀的，这种非均匀磁通格子受到来自晶体缺陷的 "钉扎" 作用，体内各处的涡旋电流不能完全抵消，出现体内电流，因而具有很高的无阻载流能力。由于非理想第 II 类超导体的磁化曲线形状像硬磁材料，故也称硬超导体。

超导材料能否实际应用取决于以下几点：超导体能够传输的最大电流密度、传输过程中的能量损耗以及超导体可以承受的最大磁场强度等，这些因素与超导体中量子化磁通线的钉扎有直接的关系。本章将简单介绍相关知识，从磁通钉扎的基本物理理论到由磁通钉扎引起的各种电磁现象，以及一些重要的、应用性强的、最简单的分析模型和分析方法。这主要涉及超导体磁通动力学的相关内容，这些知识是超导材料应用的基础。

我们知道，磁通动力学主要研究超导体内部的磁通钉扎力和磁通运动。磁通动力学既是深入理解超导体若干电磁特性的关键，也是为改进超导材料性能探索新途径的基础，例如，怎样制造钉扎中心、怎样增强钉扎力从而提高超导体的载流能力？在工程意义上，磁通动力学是理解和分析超导体临界电流、交流损耗的基础，例如，理解和解决超导磁体的退化和稳定性的问题。要想系统地了解和研究磁通动力学，需要在固体物理上结合电磁学和热力学，建议参考相关专业书籍。

3.2　第 Ⅱ 类超导体的磁化曲线和相图

第 2 章中已指出第 Ⅱ 类超导体在磁化特性上与第 Ⅰ 类超导体不同,第 Ⅰ 类超导体只有一个临界磁场 H_c,第 Ⅱ 类超导体有两个临界磁场 H_{c1},H_{c2},可参见第 2 章的**图 2-8**。我们先回忆一下第 Ⅰ 类超导体在静磁场中的性质:当外磁场 H 小于临界磁场 H_c 时,超导体处于超导态。此时,它具有完全抗磁性质,即在超导体体内,磁感应强度 $B = H + 4\pi M$ 恒等于零 (迈斯纳效应)。当 H 超过 H_c 后,超导体转变为正常相,$B = H$,$-4\pi M = 0$。和第 Ⅰ 类超导体不同,第 Ⅱ 类超导体存在三个态:迈斯纳态、混合态和正常态。当外磁场小于下临界场 H_{c1} 时,超导体内部 $B = 0$(或 $M = -H$,超导体处于迈斯纳态 (超导态),与第 Ⅰ 类超导体相同,显示完全抗磁性。当外磁场大于 H_{c1} 后,开始有磁通线进入,随外磁场增大,磁通线涌入增多,B 随之增大,M 随之平稳减小。当外磁场增至上临界场 H_{c2} 后,超导体转变为正常态。在 $H_{c1} < H < H_{c2}$ 时,超导体内部既有正常区又有超导区,我们称这一状态为混合态。

下面我们讨论理想与非理想第 Ⅱ 类超导体的磁特性,其磁化曲线和临界电流与磁场的关系如**图 3-1** 所示 [1]。从**图 3-1(c)** 看出,理想第 Ⅱ 类超导体的磁化曲线是可逆的,磁场

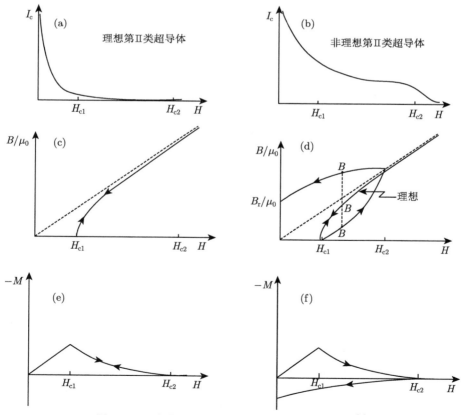

图 3-1　理想与非理想第 Ⅱ 类超导体的特性比较 [1]

H 从零增大或者从一有限数值减小，测量得到的磁化曲线是重合的。而由**图 3-1 (d)** 可见非理想第 II 类超导体的磁化曲线是不可逆的，外磁场由零升高到 H_{c2} 再由 H_{c2} 下降的过程中，体内磁感应强度 B 是不等的，外场 H 下降为零时体内仍然存在剩磁 B_r，具有磁通俘获性质。

　　图 3-1(a) 和 **(b)** 分别为理想和非理想的第 II 类超导体在外加磁场垂直于传输电流时的情况。可以看出，当处于混合态阶段 ($H_{c1} < H < H_{c2}$) 时，和理想第 II 类超导体不同，非理想第 II 类超导体具有很高的无阻载流能力。在这一磁场范围内，理想第 II 类超导体的临界电流大幅下降，几乎为零，基本失去了无阻载流能力。相比之下，具有不可逆磁化曲线的非理想第 II 类超导体在高磁场下 ($H < H_{c2}$) 仍然可以承载很大的传输电流。由此可见，无阻载流能力和外磁场有关，对于非理想第 II 类超导体，只有当外磁场接近 H_{c2} 时，才失去无阻载流能力。到后面章节我们知道，临界电流实际上取决于超导体内的磁通钉扎。这也是为什么非理想第 II 类超导体的临界电流并不遵守西尔斯比定则：$I_c = 2\pi r H_c$，而是一个独立的临界参量。

　　对于非理想第 II 类超导体，也就是实用化超导体，T_c、H_c 和 J_c 是独立的临界参量，由临界电流密度 J_c-外磁场 H、临界电流密度 J_c-温度 T 曲线可作出非理想的第 II 类超导体的三维 T-H-J_c 相图，如**图 3-2** 所示。从图中看出，超导材料的特性与温度、磁场、电流紧密相关，这三个值越大，其应用范围越广；不同超导材料的上述临界值也各不相同。

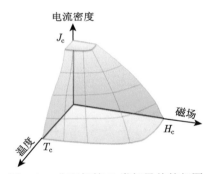

图 3-2　非理想第 II 类超导体的相图

3.3　磁通线及其结构

　　第 II 类超导体在混合态时，外磁场部分地穿透到超导体样品内，即 $0 < B < \mu_0 H$。因此，我们自然会问，外磁场是以何种方式进入体内的？穿透到超导体内的磁场是怎样分布的呢？阿布里科索夫早在 1957 年就从理论上预见了混合态的周期性磁通结构，也就是说，还存在第 II 类超导体，这种超导体允许磁场穿过。为此，他于 2003 年获诺贝尔物理学奖。不过，直到 1967 年，人们用毕特方法才直接观察到理想第 II 超导体的周期性磁通结构 [2]，1971 年用中子衍射方法测量了一根磁通线的结构细节 [3]，随后利用磁光成像 (MOI) 方法也观察到外加磁场时磁通线以渗透或量子化的磁通涡旋进入超导体内部的整个过程 [4]（**图 3-3**），从而阿氏理论得到了直接实验观察结果的证实。

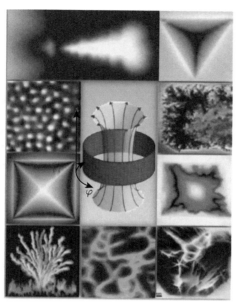

图 3-3　用磁光成像技术观察到的磁通线进入超导体内的过程 [4]

1967 年，用毕特图案技术可以拍摄到混合态时磁通线分布情况的照片，如**图 3-4** 所示 [2]。样品是一个圆柱形 Pb-4at%[①] In 合金 ($\kappa = 1.35$)，温度为 1.1 K，磁场和样品的轴线平行。将细钴粉撒在磨平的样品端平面上，进入混合态时，钴粉自动定位在磁通最强的地方，也就是**图 3-4(a)** 中钴磁粉末聚集的黑点位置。用电子显微镜可以观察到这些分立的黑点，它们是一个个细微的圆柱体，钴粉就聚集在圆柱露头的端面上。无钴磁粉末的白色区域没有磁力线通过，不存在磁感应强度。**图 3-4(b)** 是 **(a)** 图的示意图 [5]。图中画出了圆柱形样品的横截面和纵截面，图中的亮区是 $B \neq 0$ 的区域，蓝区是 $B = 0$ 区域；带箭头的直线代表磁力线。圆柱体体内的亮区是圆柱形的，排列成周期的三角形格子，称作磁通格子。以后把一个圆柱形亮区叫做一根磁通线。可以设想，磁场是以磁通线为单位一根一根地穿透到超导体内部的。随着外磁场增加或减少，磁通线在视野区一根根涌进或退出。

从上述实验看出，第 II 类超导体进入混合态时，磁场是以一根一根磁通线形式进入超导体体内的，在磁通线的中心是一个圆柱形正常区，磁通线之间的白色区域为超导体，如**图 3-4(a)** 所示。**图 3-5** 为观察到的 NbSe$_2$ 单晶样品在不同外磁场条件下磁通线的分布情况 [6]。可以看出，在低磁场下，磁通线彼此分离，随着磁场增强，磁通线的密度也在增加。高磁场下磁通线数增加至相互接触时呈正常态。在第 2 章已讲到，在磁场中第 II 类超导体的一个特征是：宏观范围内的磁通是量子化的。当磁场 $H > H_{c1}$ 时，因为磁通线是以量子化进入超导体内的，在超导体内部形成很多半径很小的圆柱形正常区，正常区的外围存在环形电流，环形电流产生的磁场区域形成正常芯子，环形电流和正常芯子整体上被称为磁通涡旋线 (简称涡旋线)，如**图 3-6(a)** 所示。正常区周围由相互连通的超导区连通。如果磁场增大，超导体内部涡旋线数目会增多，涡旋线之间的排斥力会增大，超导体内部会形

---

① at%代表原子百分比。

成类似于晶格的周期性的磁通格子，被称为 Abrikosov 点阵。这些点阵一般以三角或六角密排的形式存在。磁场进一步增大，当 $H > H_{c2}$ 时，正常区连接在一起，超导电性会消失。

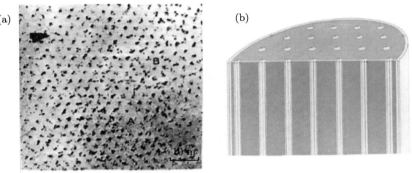

图 3-4　(a)Pb-4at％In 样品端面上，钴磁粉末聚结点的三角分布[2]；(b) 第 II 类超导体混合态磁通线分布示意图[5]

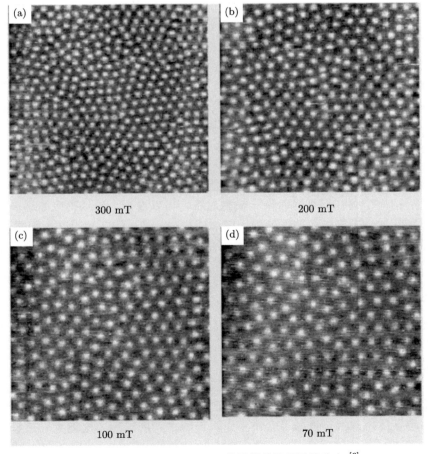

图 3-5　不同外场下 NbSe$_2$ 单晶样品的磁通线分布[6]

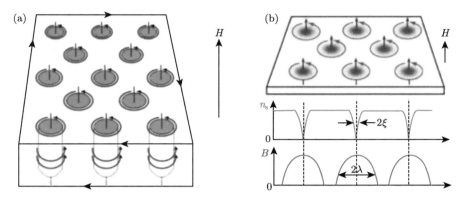

图 3-6　　混合态的磁通涡旋线结构示意图

图 3-6(b) 是磁通涡旋线的结构示意图。正常态部分是若干磁通线。每根磁通线由不超导的正常态芯子和涡旋状超导电流组成，每根磁通线中心大小约为 2ξ，超导电子数目在磁通中心 2ξ 范围内急剧减少 (其中 ξ 为超导的相干长度)，转变成为正常态的电子。磁场主要分布在磁通中心 2λ 范围内 (其中 λ 为磁场穿透深度)。确切地说，磁场在穿透深度 λ 内是磁通线，在超导体内部 (大于 λ) 是涡旋线。磁通线携带磁通量子，具有能量、相互作用等，每根磁通线的磁通为一个磁通量子 Φ_0，一个磁通所对应的磁通量子 $\Phi_0 = h/2e = 2.07 \times 10^{-15}$(Wb)。与此不同，磁通线之间的区域还是超导态，也就是完全抗磁态。由于磁场力的作用，磁通线呈现规则排列。各磁通线的涡流相互抵消，从宏观上看，超导体内部并不存在电流，而只是在表面上存在等效的屏蔽电流。

在达到热力学平衡后，理想第 II 类超导体中的磁通线应处于静止状态，从而作用在每一根磁通线上的总力应等于零，要满足这个要求，磁通线应排列成周期格子。

当 H 比 H_{c1} 稍大时，磁通线密度低，磁通线格子的晶格常数 a 比 λ 大。**图 3-7(a)** 为此类情况的磁通分布示意图 [7]。它给出当 $a > \lambda$ 时，理想第 II 类超导体中的磁场分布。在磁通线的中心，磁场最大；在相邻的两根磁通线之间，磁场为零。

当 $H_{c1} < H < H_{c2}$ 时，磁通线密度较高，$\xi < a < \lambda$。此时，磁场分布应如**图 3-7(b)** 所示。它的极大值出现在磁通线的中心位置，而极小值位于相邻两根磁通线中间的地方，并随着 a 减小而逐渐增大。磁场接近 H_{c2} 时，磁通线数增加至相互接触时成为正常态。

毕特图案技术可直接证实，磁场是以磁通线的形式进入超导体内部的，就这个性质来说，理想第 II 类超导体和非理想第 II 类超导体是相同的。这是很自然的，因为它们的界面能都是负的。但是从微观上看，它们还是有差异的，如在理想第 II 类超导体中，不存在晶体缺陷，磁通线分布均匀，并且排列成周期的三角形点阵，并不产生体感应电流 (**图 3-8**)。而在具有晶体缺陷的非理想第 II 类超导体中，由于磁通线非均匀分布，相邻涡流不能完全抵消，因而存在体分布的感应电流。因此，体电流密度不为零是非理想第 II 类超导体特有的性质。另外，由于两根平行的磁通线是互相排斥的，在磁通线分布不均匀的时候，每根磁通线所受的排斥作用各个方向上是不相等的，不能完全抵消，便会产生运动。至于那些不直接或间接地涉及磁通线分布的概念和规律，例如，磁通线的结构和简化模型、磁通线的能量和相互作用等，对非理想第 II 类超导体仍然是适用的。

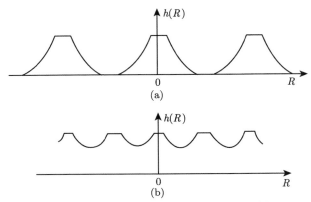

图 3-7　不同磁场下的周期性磁通分布 [7]

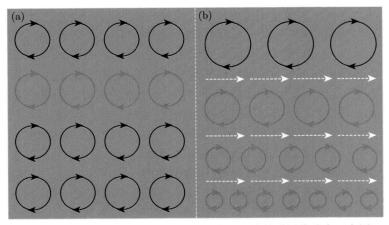

图 3-8　理想 (a) 与非理想 (b) 第 II 类超导体的磁通线分布示意图
(a) 磁通线均匀，无电流；(b) 磁通线不均匀，有电流

3.4　磁通钉扎中心和钉扎力

假设在一根磁通线芯子附近存在外加的定向传输电流密度 J，则该磁通线将受到作用力 f_L

$$f_L = J \times \Phi_0 \tag{3-1}$$

这是单位长度磁通线上所受到的作用力。

令单位体积中有 n 根同向平行的磁通线，则单位体积中的磁通线平均所受的作用力为

$$F_L = J \times B \tag{3-2}$$

由于式 (3-1) 与式 (3-2) 的洛伦兹力形式相似，所以 f_L 称为线洛伦兹力，F_L 称为体洛伦兹力。应注意它们并不是真正的洛伦兹力，因为洛伦兹力是磁场作用在电流上的力，而 f_L

或 $\boldsymbol{F}_{\mathrm{L}}$ 是定向传输电流密度 $\boldsymbol{J}$ 作用在磁通线上的力。磁通线在这种作用力的驱动下,可能发生运动,故此力又称为驱动力。

如**图 3-9** 所示,磁场中的超导体承载了一个传输电流,超导体中的磁通线要受到一个洛伦兹力。如果磁通线被以速度 $\boldsymbol{v}$ 移动的洛伦兹力驱动,将产生电动势

$$\boldsymbol{E} = \boldsymbol{B} \times \boldsymbol{v} \tag{3-3}$$

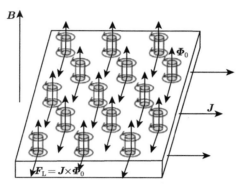

图 3-9   在磁场中承载传输电流的超导体状态示意图,磁通线受到一个方向向外的洛伦兹力的作用

当这个状态保持稳定时,与常规导体一样,能量会一直消耗,出现电阻。如 3.3 节所述,在微观上,每一根磁通线的中心区域都处于正常态,如**图 3-6** 所示。这样,这些非超导区域的正常电子在电动势驱动下就会产生热损耗。

因此,为了阻止电动势和损耗的产生,就必须阻止磁通线的移动 $(\boldsymbol{v}=0)$。采用阻止磁通运动即平衡洛伦兹力的有效措施,被称为磁通钉扎 (flux pinning)。

在实际超导体中,常常伴随着结构、成分和应力分布的不均匀性所导致的各种缺陷,比如杂质、位错、空位和晶界等。这些微观缺陷往往导致局部的超导性能弱于其他部分,具有更低的能态,磁通线运动到那里,就可能被钉扎下来;而且磁通线要离开的话必须克服一定的势垒,只有在某种外力的作用下才能离开。这一现象称为磁通钉扎,如**图 3-10** 所示,这些具有钉扎效应的微观缺陷被称为钉扎中心,它们产生的阻碍磁通线运动的力叫做钉扎力,以 $\boldsymbol{F}_{\mathrm{p}}$ 表示。相比于无缺陷的理想第 II 类超导体,这种有微观缺陷、具有磁通钉扎能力的非理想超导体具有更大的无损载流能力。钉扎中心尺寸应在相干长度 ξ 的尺度,而非原子尺度,太大也不行,因为不仅起不到钉扎中心的作用,反而会阻碍传输电流的通过。钉扎力的存在还可以由非理想第 II 类超导体的剩余磁矩现象得到证实。当钉扎力大于洛伦兹力时,磁通钉扎像宏观现象中的摩擦力一样,阻碍磁通线运动。在这种状态下,只有超导电子可以流动,就不会发生能量损耗。

存在钉扎中心后,磁通的运动必须克服钉扎力。这种有钉扎中心的超导体承载电流时,若洛伦兹力大于钉扎力临界值,就会产生磁通运动,这样沿着电流方向产生电压降,这意味着电能的消耗,即电阻产生,出现**图 3-11** 给出的伏安特性。将样品出现电压时对应的电流值定义为临界电流,记作 I_{c},所以临界电流是最大的无阻电流,即在临界电流密度 J_{c} 处 (临界电流 I_{c} 除以超导体的截面积),电动势开始出现,单位体积内磁通线上的洛伦兹力

$J_c \times B$ 与钉扎力是平衡的。因此，可以得到一个如下关系：

$$J_c = F_p / B \qquad (3\text{-}4)$$

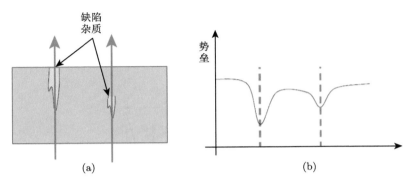

图 3-10　磁通钉扎示意图

(a) 缺陷形成钉扎中心；(b) 钉扎势垒

由式 (3-4) 看出，临界电流密度是由钉扎力决定的，F_p 越强，J_c 越大。所以，非理想第 Ⅱ 类超导体的临界电流密度因加工工艺不同而不同。

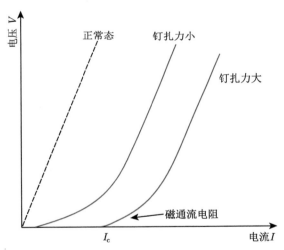

图 3-11　不同超导体的伏安特性曲线

实线为存在磁通钉扎现象时的伏安特性；虚线表示无钉扎作用时的伏安特性

值得一提的是 J_c 并不像前面提到的两个临界量 (H_c, T_c) 一样属于超导体的本质特性，而是一个引入缺陷以后由宏观结构决定的性质。临界电流密度取决于钉扎中心的密度、类型和分布，如果中心的微观几何尺度与相干长度匹配且分布均匀，其钉扎力通常很高。因此，为提高超导材料的临界电流密度从而增强载流能力，引入不同类型的纳米结构 (参见**图 3-12**)[8]，形成有效的钉扎中心是可行途径之一，这样可阻止涡旋磁通线在磁场下运动带来的损耗，从而减小临界电流密度在外磁场下的衰减，如在 MgB_2 中掺杂纳米碳、在 YBCO 中引入 $BaZrO_3$ 纳米柱状颗粒、中子或重离子辐照等。

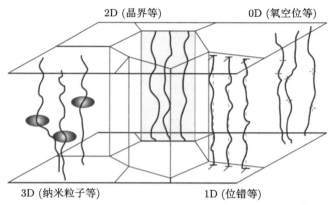

图 3-12 不同类型的纳米结构可作为有效钉扎中心 [8]

由于在理想第 II 类超导体中不存在钉扎中心，所以处于混合态的理想第 II 类超导体不具有无阻负载电流能力。**图 3-11** 中过原点的虚线就表示一个处于混合态的理想第 II 类超导体，只要电流 I 不为零，便发生磁通流动，因而电压 $V \neq 0$。在充分退火的理想第二类超导体内，混合态不能载流，即 $I = 0$。因为不存在钉扎作用，只要传输电流不为零，洛伦兹力就会引起涡旋线运动，由于导体内存在黏滞阻力而形成流阻，能量的消耗引起温升将导致超导电性的破坏。

事实上，**图 3-11** 给出的伏安特性 (实线) 并不是很理想，在 $J \leqslant J_{c}$ 时电场 E 并不完全为零。这是因为由于热运动，磁通线的钉扎被解除并重新开始运动。下面我们将更详细地讨论这一被称为磁通蠕动的现象。

3.5 临界态比恩模型

为研究超导体内电流密度及其磁通分布，需要建立分析模型。研究者提出了多种分析模型，最简单的是临界态的比恩模型 (Bean model)。临界态指钉扎力 $\boldsymbol{F}_{p}$ 和洛伦兹力 $\boldsymbol{F}_{L}$ 处处相等，磁通线的不均匀分布处于临界稳定的状态，即

$$\boldsymbol{F}_{L} = -\boldsymbol{F}_{p} \tag{3-5}$$

式中，负号表示钉扎力总是企图阻止磁通线运动。

用式 (3-4)，并将其中的外加传输电流简写为 $\boldsymbol{J}$，则有临界态条件式 (3-5)，给出如下临界态的最大传输临界电流密度 $\boldsymbol{J}_{c}$

$$\boldsymbol{F}_{L} = -\boldsymbol{F}_{p} = \boldsymbol{J}_{c} \times \boldsymbol{B} \tag{3-6}$$

显然在电流密度 $\boldsymbol{J} > \boldsymbol{J}_{c}$ 时，磁通格子处于运动中；$\boldsymbol{J} < \boldsymbol{J}_{c}$ 时，磁通格子处于静止态；$\boldsymbol{J} = \boldsymbol{J}_{c}$ 时，磁通格子处于稳定的临界状态，$\boldsymbol{J}_{c}$ 值由钉扎力 $\boldsymbol{F}_{p}$ 决定。

由于决定钉扎力 $\boldsymbol{F}_{p}$ 的因素很复杂，因此，从临界态条件式 (3-5) 直接求解临界态很难实现。比恩假设临界电流密度 J_{c} 是常数，相当于超导体中各处的临界电流密度相同，即

$$J_{c} = C \quad (\text{常数}) \tag{3-7}$$

此称为比恩模型[9]。

设厚度为 $2d(x$ 方向$)$ 的无限大平板样品，外磁场 $\boldsymbol{H}$ 平行于样品的表面 (z 方向)，则有

$$\boldsymbol{B} = B\left(x\right)\boldsymbol{k} \tag{3-8}$$

这样式 (3-6) 可简化为

$$F_{\mathrm{L}} = -F_{\mathrm{p}} = J_{\mathrm{c}}B\left(x\right) = -\frac{1}{\mu_0}\left(\frac{\mathrm{d}B\left(x\right)}{\mathrm{d}x}\right)_C B\left(x\right) \tag{3-9}$$

从上式看出，比恩实际上假设钉扎力 F_{p} 只是 B 的一次函数，J_{c} 与外磁场无关，这显然是很粗略的。此时，$B(x)$ 可表示为

$$B\left(x\right) = \mu_0 H - \mu_0 Cx = \mu_0 H - \mu_0 J_{\mathrm{c}}x \tag{3-10}$$

由上式看出，B 与 x 的关系是两条关于 $x=d$ 对称的直线，如**图 3-13** 所示[1]。由式 (3-5)、式 (3-9) 可知，钉扎力越大，洛伦兹力也越大，则由式 (3-10) 描写的 $B(x)$ 直线的斜率也越大。因为比恩模型认为 J_{c} 不变，所以 J_{c} 与 x 的关系是平行于 x 轴的直线。

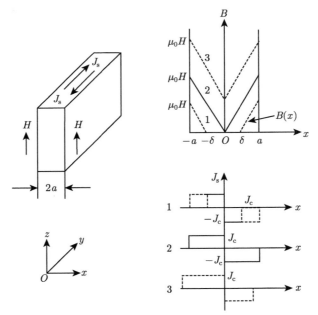

图 3-13　临界态的比恩模型简化示意图[1]

由上面的分析可以看出，比恩模型可以简单描述超导体内的临界电流密度及其磁通分布情况，但是比恩假设 J_{c} 是与外磁场无关的常数，因此不能说明 J_{c} 随外磁场变化的实际情况。不过，我们应当看到临界态模型能够使复杂的数学计算得到简化，因而常常用于超导体电磁特性的计算中，这些电磁特性包括磁通跳跃、失超及其传播特性、交流损耗等。目前，超导临界态还有其他多种模型，如临界电流密度与磁场成反比的 Kim 模型[1]。其假设

钉扎力 F_p 是常数，从而把 J_c 与 B 联系在一起，但这一模型不能反映实用超导材料中复杂的磁通钉扎情况。尽管比恩模型预测结果与实验有出入，显得比较粗糙，但是由于其简单、数学处理容易、易于理解，仍然是目前用得最多的临界态模型。

3.6 磁滞回线与不可逆场

3.6.1 磁滞回线

正如 3.2 节指出，对于非理想第 II 类超导体，当外磁场 H 小于 H_{c1} 时，超导体处于迈斯纳态。当 $H > H_{c1}$ 后，超导体内出现磁通线，$B \neq 0$。M 先随着 H 的增加而增加，达到最大值，随后曲线转为下降。当 $H > H_{c2}$ 以后，超导态变为正常态。若让 H 逆转减小，磁化曲线即表现出不可逆现象，磁化不再沿原路回复，而是沿另一曲线变化，M 变为正值，呈现顺磁性。当 $H = 0$ 时，$M \neq 0$，出现剩磁，说明有部分磁通线滞留超导体内，往后再反方向加大磁场，从零反向增至 H_{c1}······ 磁化曲线如图 **3-14** 所示，形成不可逆的磁滞回线。把曲线 OP 叫做初始磁化曲线。

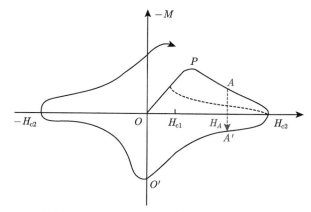

图 3-14 非理想第 II 类超导体的磁滞回线示意图

根据以上分析可知，非理想第 II 类超导体的状态不仅依赖于磁场和温度，而且与经历的过程有关，这一性质是和磁化曲线的回滞直接相关的。例如，有一个非理想第 II 类超导体，它开始是处于原始状态的，温度为 $T(T < T_c)$。此时，超导体的磁矩等于零，是由 **图 3-14** 中的 O 点来代表的。施加一个外磁场 H，从零增至 H_{c2}，再从 H_{c2} 减至零。虽然最终的外界条件和上述情形是相同的，但是此时超导体的磁矩并不等于零，是由 **图 3-14** 中的 O' 点所表示的。再举一个例子，超导体开始是处于原始状态，在其上加一个磁场 H，让 H 从零增至 H_A，此时，超导体所处的状态是和 **图 3-14** 中的 A 点相对应的。如果超导体开始不是处于原始状态，而是在 $H = H_A$ 的磁场中，从 T_c 以上降温至 T，那么尽管最终的外界条件是相同的，超导体却处于 **图 3-14** 中的 A' 点相对应的状态上。

因此，由于上述在磁场中的不可逆性质，即使在给定的相同外界条件下，非理想第 II 类超导体所处的状态也可能是不唯一的。这点在测量超导体的相关特性参数时要特别注意，如利用振动样品磁强计 (VSM) 或超导量子干涉仪 (SQUID) 测量样品的临界温度时，经常

用到零场冷却 (zero field cooling，ZFC) 和有场冷却 (field cooling，FC) 两种方法。零场冷却方式是先将样品冷却到临界温度以下之后再加磁场，有场冷却方式是先给样品在正常态时加磁场充磁，然后保持磁场不变，将样品冷却到临界温度以下。在测量前一定要考虑清楚零场冷却和有场冷却的差别再进行实验。

磁通线 "进入" 超导体或从超导体体内 "排出" 时均受到钉扎中心的 "阻碍"，致使超导体体内的磁通线数目变化落后于外磁场的变化，从而产生了**图 3-14** 所示的磁化曲线的回滞现象。也就是说，钉扎效应使得磁通进入或退出超导体时均遇到阻力，从而使磁化成为不可逆的，出现剩磁、磁滞等现象。而且撤去外加磁场后，钉扎力导致部分磁通线拘束在钉扎中心，人们利用这一效应制造超导块材永磁体。当然，磁化的不可逆磁化特性说明在超导体中获得的磁化强度大小与充磁过程相关，零磁场下先冷却然后加磁场和先加磁场然后冷却超导体获得的磁化强度不同。

钉扎作用越强，磁通线进入或排出超导体时受到的阻碍作用也越强，超导体体内的磁通线数落后于外磁场变化越多，磁化曲线的回滞也越大。这个性质也可以由比恩模型得到解释。因为磁化曲线回滞越大，钉扎力也越大，意味着临界电流密度也就越大，所以我们根据磁化曲线回滞的大小可以定性地判断 J_c 的高低。根据临界态比恩模型，可以理解超导体的磁滞回线 $\Delta M = J_c \times d$，即

$$J_c = \frac{\Delta M}{d} \tag{3-11}$$

实际上，式 (3-11) 就是常被人们使用的、用于估算临界电流的磁测法公式。关于这方面的内容，将在第 4 章中详细介绍。

3.6.2　不可逆场

随着外磁场的增大，电流作用于磁通线上的洛伦兹力不断增大，直到临界态出现 ($F_L = F_p$)，其磁化就会进入可逆状态。另外，钉扎力的大小与温度紧密有关，钉扎力随着温度的升高而变小，具有不可逆磁化特性的超导体在温度升高到一定程度后，其磁化也会变成可逆。这一特性在高温超导体上表现得尤为明显。在磁场–温度相图中，$J_c = 0$ 的可逆区域和 $J_c \neq 0$ 的不可逆区域之间的边界被称为不可逆线，相应的磁场称为不可逆场，记为 H_{irr}，如**图 3-15** 所示。

当外磁场 H 等于 H_{irr} 时，超导体内钉扎力为零，磁通线开始自由流动。在不可逆场以下，由于晶格缺陷的钉扎作用，钉扎力足够大，磁通移动是不可逆的。在不可逆场以上，磁通的移动变为可逆。这个时候，磁通移动会导致类似于电阻损耗的能量损耗，超导体通过电流时会有电阻。所以，不可逆场基本就是无损载流的极限磁场 ($J_c = 0$)。但是氧化物高温超导体的不可逆场远小于其上临界场。高温超导体的可逆区域很宽，即在临界温度以下的一个相当宽的温区内实际上不存在钉扎力。传统的低温超导也有不可逆场，不过很接近于上临界场，所以之前没有被注意到。当在高温超导体中发现这个问题之后，人们再来关注低温超导，也发现了类似的现象。一般认为低温超导体的上临界场就是不可逆场，$H_{irr} = H_{c2}$。

因此，不可逆场把非理想第 II 类超导体的混合态分成两部分：① 钉扎状态，磁化不可逆；②无钉扎状态，磁化可逆。不同超导体具有不同的不可逆场，如高温超导体 Bi-2223 的不可逆场很低，在 77 K 时，其 H_{irr} 仅为 0.2 T，而 YBCO 的不可逆场却高达 7 T(77 K)。

由于在磁化可逆区域，超导体的传输电流为零，因此，即使某种超导体的上临界场很高，如果不可逆场低，其应用价值也会受到极大制约。例如，Bi 系超导体在液氮温区不能应用于高场的原因就是在 77 K 时其 H_{irr} 太小，导致其承受磁场的能力过弱。**表 3-1** 总结了多种实用超导体的上临界场、不可逆场等物理参数[10,11]。

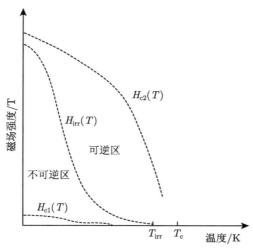

图 3-15　Bi-2223 超导体的临界磁场和不可逆线示意图

表 3-1　实用超导体的物理特性[10,11]

材料	T_c/K	各向异性	相干长度 $\xi(0)$/nm	H_{c2} (4.2 K)/T	H_{irr} (4.2 K)/T
NbTi	9	1	4~5	11~12	10~11
Nb$_3$Sn	18	1	3	25~29	21~24
MgB$_2$	39	~ 3.5	6.5	35~60	~ 40
Bi-2223	110	50~90	1.5	>100	0.2 (77 K)
YBCO	92	5~7	1.5	>100	5~7 (77 K)
IBS-122	38	1~2	2.4	>100	>80

3.7　磁通运动的种类

3.7.1　磁通流动

在 3.6 节，我们提到，如果驱动力大于最大钉扎力，则磁通线处于运动状态，我们称之为磁通流动。集体移动的磁通线组叫做磁通束。对应于**图 3-11** 中电流 $I > I_c$ 时出现电压 V 的状态，令磁通流动所产生的电阻为

$$R_f = \frac{V}{I - I_c} \tag{3-12}$$

称为磁通流电阻。考虑外磁场 H 达到 H_{c2}，即 B 达到 B_{c2} 时，样品转变为正常态，磁通流电阻的电阻率为

$$\rho_f = \rho_n \frac{B}{B_{c2}} \tag{3-13}$$

这里 ρ_n 为正常态的电阻率。

磁通流电阻就是**图 3-11** 中出现低于正常态电阻率的小电阻的原因。从工程应用的角度上讲，应尽力抑制**图 3-11** 所示的小电阻，因为微小的电阻也会产生热量，从而破坏超导电性、增加超导装置的冷却成本。

但是应当指出的是，对于 J_c 很高的样品，实验上有时观察不到磁通流动过程，即在**图 3-11** 中不出现小电阻的阶段，即当 $I = I_c$ 时，$I\text{-}V$ 特性曲线直接由零压阶段跳转到正常态的直线段。这是由于高性能样品的大电流往往导致很高的功率损耗，瞬间产生很大热量，使得样品温度在很短时间内升高到 T_c，从而失去超导电性转变为正常态。

3.7.2　磁通蠕动

即使在临界态 $(T < T_c)$ 以下，非理想第 II 类超导体也会发生缓慢的退化现象，如在一定温度下，即使驱动力 $F_L <$ 钉扎力 F_p(即 $J < J_c$)，磁通线也可以通过无规热激活过程发生缓慢的运动。也就是在热涨落和洛伦兹力影响下磁通线或磁通束脱离原钉扎中心而跃迁到另一钉扎中心，这种由热涨落引起的磁通线的迁移称为磁通蠕动。磁通蠕动属分散、随机的行为，蠕动的速度与热激活能和温度等因素有关。

磁通蠕动现象可由实验证实，如通过长时间测量超导样品的直流磁化强度，就会发现它的衰减趋势，如**图 3-16** 所示[12]，可以看出由磁通钉扎保持的超导电流不是一个稳恒电流而是随着时间逐步减小的。这是由于磁通线被钉扎势垒限制的状态是仅与局域最小自由能相关的亚稳态而非真正的平衡态。因此，磁化弛豫至真正的平衡态，即超导电流发生衰减，它与时间呈对数关系。

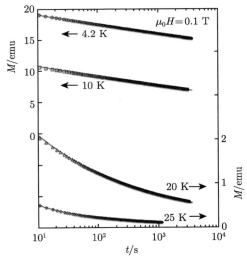

图 3-16　不同温度下，Bi-2212 超导体的磁化强度和时间的变化关系[12]

1 A/m = 0.001 emu/cm^3

磁通蠕动显然向着磁感应强度分布均匀化的方向发生，所以磁通蠕动可以说是磁通线的 "扩散"。在扩散中，伴随焦耳热的释放，局域温升会导致钉扎力下降，这将促使更多的磁通线脱离原钉扎中心，如此进行下去，磁通蠕动的积累在一定条件下将发展为磁通跳跃。

3.7.3　磁通跳跃

由于超导材料内部电、磁、热或机械扰动，有时会发生磁通线突然急剧变化，大量涌出或大量进入的现象，同时伴随着发热过程，这种现象在极短促的时间内发生（∼ 1 ms），叫做磁通跳跃。如**图 3-17(a)** 所示，在有磁场连续变化期间，超导体的磁化强度出现了不连续变化。

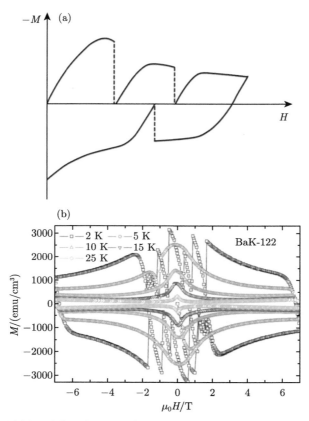

图 3-17　(a) 磁通跳跃示意图，磁化强度出现不连续变化；(b) 铁基超导体 $Ba_{0.6}K_{0.4}Fe_2As_2$ 在不同温度的磁滞回线 [13]

从图中可以看出，在磁通跳跃的瞬间，伴随着磁通线的突然侵入，超导体内部屏蔽电流消失。这一不稳定性起源于磁通钉扎的不可逆性。例如，由于磁热效应，能量损耗又导致局部升温，局部升温导致该处钉扎效应降低，钉扎效应降低又导致磁通进一步运动。如是一次又一次地继续循环，可使原来少量缓慢的磁通运动引起大量的、迅速的磁通运动，瞬间产生大量热能，温度急剧升高。这就是磁通跳跃产生的本质。磁通跳跃产生的恶性循环有可能最终导致超导体失去超导电性。

图 3-17(b) 给出了铁基超导体 $Ba_{0.6}K_{0.4}Fe_2As_2$ 在 $T = 2$ K、5 K、10 K、15 K、25 K 的磁滞回线 [13]。当测试温度在 2 K 和 5 K 时，样品的磁滞回线上面出现了一些不连续的跳变，这是磁通跳跃所造成的。可以看出，磁通跳跃在低温时容易发生。通常情况下，只

有当样品的临界电流密度 J_c 足够大、磁场变化足够快、样品比热较小等条件满足时才会发生。

对超导体施加外磁场，实际上就是磁通线进入体内的过程，可以认为是一种磁扩散过程。对于实用超导材料都有很高的临界电流密度，因此在磁通线进入超导体的过程中，伴随着发热过程，如不采取措施，将会产生严重后果。因而对于实用超导材料，必须考虑到它们应用时的导热、导磁问题。

令 $B = B(x)k$，则有简化的磁扩散方程

$$\frac{\partial B}{\partial t} - D_m \frac{\partial^2 B}{\partial x^2} = 0 \tag{3-14}$$

其中 $D_m = \rho/\mu_0$ 称为磁扩散率 (ρ 为电阻率)。外磁场进入样品内并达到平衡所需的时间为

$$\Delta t_m \propto \frac{1}{D_m} \tag{3-15}$$

因此，D_m 表示磁扩散速率。伴随发热过程引起温度升高 ΔT，用一维的热传导方程有

$$\frac{\partial (\Delta T)}{\partial t} - D_h \frac{\partial^2 (\Delta T)}{\partial x^2} = 0 \tag{3-16}$$

其中 $D_h = K/C$ 称为热扩散率 (K 是热传导率，C 是比热)。当导致温度升高 ΔT 的影响消失后，样品与环境温度达到热平衡所需的时间为

$$\Delta t_h \propto \frac{1}{D_h} \tag{3-17}$$

因此，D_h 表示热扩散速率。

为了比较实用超导材料的导磁、导热性质，列出**表 3-2** [1]。

表 3-2　实用化超导材料的热力学参数

	Nb$_3$Sn	NbTi	Cu	IBS-122 @ 4.2 K	YBCO @ 4.2 K	MgB$_2$ @ 4.2 K
$K/[\mathrm{mW/(cm \cdot K)}]$	0.4	1.2	7×10^4	5	2	3
$C/[\mathrm{mJ/(cm^3 \cdot K)}]$	1.13	1.01	0.89	0.82	0.378	1.28
$\rho/(\mu\Omega \cdot \mathrm{cm})$	26*	24*	0.03	100 @40 K	800 @100 K	4 @50 K
$D_h/(\mathrm{cm^2/s})$	~ 0.4	~ 10	$\sim 8 \times 10^4$	6.10	5.29	2.34
$D_m/(\mathrm{cm^2/s})$	$\sim 2 \times 10^3$	$\sim 2 \times 10^3$	~ 2.5	—	—	—

* 为正常态时的电阻率。

由表 3-2 看出，实用超导材料的热扩散率 (热导率) 比铜的要小三个数量级，即实用超导材料的热扩散速率都很低，而相应的磁扩散速率却很高。因此，磁通线很快进入超导体体内的高速磁扩散过程中，伴随的发热温升不可能通过自身的热扩散很快达到热平衡，这样温度将进一步升高，钉扎力和临界电流密度却随之下降，正常区进一步扩大 ⋯⋯ 一系列反馈过程发生，致使整个超导体变为正常态。上述失超过程往往在瞬间完成。

由 $F_L = J \times B$ 可以推知，若要求 F_L 保持不变 (磁通迁移不再增加)，B 值越低则 J 值越大，电流密度大则释放的焦耳热也越大。另外，在低温区，超导体的热导率下降，热

容量变小，散热条件的恶化又造成热量容易积累，由此可知，在低温低场区更容易发生磁通跳跃。

大量磁通线束的流动或磁通跳跃频率的增加，将导致磁通雪崩发生，超导体局部温度骤然上升，则有可能在超导导线中诱发生成正常态。如果这些局部正常态产生的热量不能被有效冷却和分散吸收，正常态的温度不断升高，沿导线传导的热量将使得相邻的超导态生成新的正常态，继而进一步扩展，最终导致整个超导系统出现热失控状态。磁通蠕动和磁通跳跃是造成超导体性质变坏的主要原因，这就是超导导线、超导磁体的不稳定问题。在实际中需要采取各种具体措施加以克服。

3.7.4 增强稳定性的措施

通常的克服方法是减小超导线材的尺寸。根据临界态比恩模型定性分析的结果，可以得出不发生磁通跳跃的临界场条件 [1]

$$H_a < \left(\frac{3cT_0}{\mu_0} \right)^{1/2} \tag{3-18}$$

式中，c 为样品的比热；T_0 为超导体的特征温度。因

$$T_0 = \frac{J_c}{\partial J_c / \partial T} \tag{3-19}$$

得到产生磁通跳跃的磁场临界值为

$$H_{fj} < \left(\frac{3c}{\mu_0} \frac{J_c}{\partial J_c / \partial T} \right)^{1/2} \tag{3-20}$$

这样不发生磁通跳跃，垂直于磁场方向的超导体几何临界尺寸为

$$d < \frac{H_a}{J_c} \tag{3-21}$$

将式 (3-18) 代入上式，得

$$d < \frac{(3cT_0/\mu_0)^{1/2}}{J_c} \tag{3-22}$$

考虑有限超导体处于磁场中的情况，磁场将从超导体两面侵入。因此，超导体的几何尺寸小于上式的 1/2 时不会发生磁通跳跃。注意，这是一条实际可行的提高超导材料稳定性的途径，在实用超导材料制造中被广泛采用，比如对于低温超导体 Nb$_3$Sn 和 NbTi 来说，往往要加工成复合多芯细丝线材，即 Nb$_3$Sn 材料的芯丝直径 $d < 10\ \mu m$，NbTi 材料的芯丝直径 $d < 20\ \mu m$，这样就能有效避免磁通跳跃的发生 [14]。值得一提的是，低温超导体因金属性质，易于细丝化；高温超导体因其陶瓷性质，机械性能差，细丝化的难度很大。

从热传导角度看，由于实用超导材料的磁扩散率比热扩散率大得多，应采取措施尽量减小磁扩散率 D_m，增大热扩散率 D_h。如果热扩散率远大于磁扩散率，那么磁通线运动产生的热量便能即时传出，这样便能防止发生磁通跳跃。

从**表 3-2** 知道，超导材料的磁扩散率比铜大 $10^3 \sim 10^4$ 倍，而其热扩散率约是铜的千分之一。因此，从应用角度考虑，人们往往先在超导材料上敷一层高纯铜作为稳定层，这样既可提高导热性能，也能在超导体内部出现正常态电阻时承担部分电流，从而提高超导体的稳定性，以减小磁通跳跃带来的危害。

由于铜的磁扩散率比热扩散率小得多，这样磁通扰动产生的热量将优先通过铜稳定层传走，所以敷铜后超导材料中的热扩散率获得极大提高。铜层越厚，热扩散速率越快。在实际应用中，敷铜量不可能任意增大。因为铜越厚，磁体的填充因子即超导材料在磁体中所占的比例越小。目前实际采用的敷铜量 (铜和超导芯之比从 1:1 到几十比一不等)，并不能完全避免磁通跳跃。但是，超导线材敷铜后确实可以有效减轻超导磁体的退化，提高磁体的稳定性。

除了敷铜外，其他高电导率的金属 (如铝和银等) 也可作为稳定层。目前已制成敷铝的 NbTi 线。铝的电阻率和磁阻都比铜小，重量比铜轻，敷铝无疑比敷铜优越。但是铝也有缺点，其强度比铜低，敷铝工艺又比敷铜难。

最后，钉扎力随温度增加而减小，而洛伦兹力不随温度改变，是出现磁通跳跃的根本原因之一。如果在实用超导材料中加入适当的钉扎中心，使得钉扎力不是随温度增加而减小，而是随着温度增加而增大，那么超导材料将不会发生磁通跳跃，这样它会是本征稳定的。因此，能否发现具有上述性质的本征钉扎中心是个值得期待的工作。另外，增加比热也是提高超导材料的临界场 H_{fj} 的一种方法。

本节简要介绍了磁通运动的三种类型及特点，现再简单对比一下以利于大家更好地理解，磁通流动是在稳定的洛伦兹力作用下的连续的集团移动。磁通蠕动是在随机热激励作用下处于磁通势垒较低的磁通线逃逸钉扎中心的一种随机运动，是在较长时间内的一种缓慢变化的磁通运动。磁通跳跃是在电磁或热的扰动下的一种瞬间的、集团型的磁通运动。

3.8　交 流 损 耗

超导体的基本特性是零电阻，在直流传输状态下没有损耗。但是在交变磁场作用下或负载交流电流时，由于磁通线运动受到磁通钉扎作用，超导体将出现能量损耗，这种损耗称为超导体的交流损耗 (AC loss)。

交流损耗的存在必然导致超导体发热，如果热量不能及时排出，则将使超导体温度升高并使临界电流下降。同时，低温下运行的超导体产生的交流损耗增加了低温系统的运行负荷，降低了其制冷效率，极大地限制了超导体在交流条件下的应用。因此，交流损耗是直接影响超导技术实际应用的一个重要特性，必须高度重视。研究超导体的交流损耗，从理论上认识超导体的交流损耗规律，有助于探索如何在工程上制备低损耗的实用超导线带材，并结合材料的特性优化超导磁体结构以提高磁体传热性能，减小超导体的交流损耗也是超导电力应用发展中具有重大实践意义的研究课题。

实用超导材料往往是复合多芯结构的线带材，既有正常金属又包含超导细丝。因此，在交变磁场或交流状态下，实用超导体的交流损耗主要包括超导体磁滞损耗、超导丝之间的耦合损耗和超导体中的电流变化引起的自场损耗等。实际情况是这三种损耗都在起作用并且互相影响，因此要准确计算这些损耗是困难的。超导体交流损耗的解析表达式一般是基于比恩临界态模型，为了简单起见，我们假设损耗间的相互作用很小，这样就可以分别分析计算这三种损耗，然后叠加求出总的交流损耗。

3.8.1 磁滞损耗

磁滞损耗 (magnetic hysteresis loss) 是指非理想第 II 类超导体在交变磁场作用下，磁通线不断克服钉扎力和流阻进入或退出超导体而消耗的能量。磁滞损耗是非理想第 II 类超导体运行在变化磁场中产生的基本损耗。它是由变化的外磁场产生不可逆的磁通运动形成的一种损耗。

假定厚度为 $2d$ 的超导薄板处于交变磁场 H 中，当 H 变化一周，即从零升至 H_{m}(最大值)，再从 H_{m} 降至零时，超导体的磁滞损耗可按外加磁场 H_{m} 大于超导体全穿磁场 H_{p} 和小于全穿透磁场 H_{p} 两种情况进行分析。根据比恩临界电流模型可知，在超导体内磁通穿透区域，超导体内电流密度 J 为临界电流密度 J_{c}；在磁通未穿透区域，超导体临界电流密度为 0，即在交变磁场中超导体临界电流密度 $J = J_{\mathrm{c}}$ 或 0。由比恩模型可知，超导体内的全穿透磁场可按下式计算:

$$H_{\mathrm{p}} = J_{\mathrm{c}}d \tag{3-23}$$

当外磁场小于全穿透磁场，即 $H_{\mathrm{m}} < H_{\mathrm{p}}$ 时，若临界电流密度 J_{c} 保持恒定，则每循环周期的单位体积磁滞损耗可按下式求出 [15]:

$$Q_{\mathrm{h}} = \frac{\mu_0 H_{\mathrm{m}}^3}{J_{\mathrm{c}}d} \tag{3-24}$$

当 $H_{\mathrm{m}} > H_{\mathrm{p}}$ 时，

$$Q_{\mathrm{h}} = 2d\mu_0 J_{\mathrm{c}}H_{\mathrm{m}}\left(1 - \frac{2H_{\mathrm{p}}}{3H_{\mathrm{m}}}\right) \tag{3-25}$$

从式 (3-24) 和式 (3-25) 可知，当外加磁场很小时，磁滞损耗与外加磁场的三次方成正比，而当磁场较大 ($H_{\mathrm{m}} > H_{\mathrm{p}}$) 时，磁滞损耗与磁场成正比。这种由超导体的钉扎力导致的损耗称为磁滞损耗。磁滞损耗的大小与变化磁场的波形无关，主要取决于外磁场的最大值。

在实际应用中，一般都有 $H_{\mathrm{m}} \gg H_{\mathrm{p}}$，普遍采用式 (3-25) 计算超导体的磁滞损耗。此时，我们可以认为 $H_{\mathrm{p}}/H_{\mathrm{m}} \approx 0$，对于频率为 f 的交流磁场，其磁滞损耗 (W/m³) 为

$$Q_{\mathrm{h}} = 2d\mu_0 J_{\mathrm{c}}H_{\mathrm{m}}f \tag{3-26}$$

由式 (3-26) 可知，当外加磁场和临界电流密度保持不变时，磁滞损耗与超导线的直径成正比，导体尺寸越小，磁滞损耗越小。所以，实用超导材料一般均要求直径越细越好 (**图 3-18**)，如 Nb$_3$Sn 低温超导线材的芯丝直径 d 小于 10 μm，这样既可以抑制磁通跳跃，又可以有效降低交流损耗。**图 3-18(b)** 给出了 NbTi 导线的截面显微图。在直径为 0.8 mm 的单根复合导线中有数千根微米级超导芯丝。因此，减小 d 是降低磁滞损耗的有力手段，交流用线材采用细丝化直径往往在几个微米甚至 0.1 μm 以下。

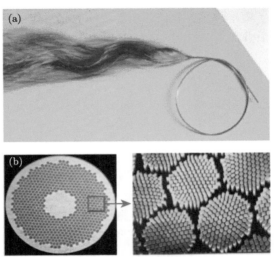

图 3-18　为抑制磁滞损耗，实用超导线均采用多芯细丝复合结构
(a) 一根超导线材解剖后的多芯细丝；(b) 超导线材的横截面

对于实用超导线材或带材，其几何形状不同，超导体内的磁场分布也不同，但基本分析方法相同。

3.8.2　耦合损耗

为降低磁滞损耗，实用化超导线带材，如 NbTi、Nb$_3$Sn 和 Bi-2223 等，通常采用多芯细丝复合结构，例如，NbTi 线材中心采用正常的铜金属芯，最外围包层为铜高稳定层，金属芯和包层之间嵌套多芯区域，包含超导细丝和高热导率、高电导率的金属基体 (多为纯铜)。为保证小直径细丝并联，以传输大电流，必须采用金属材料对超导细丝进行隔离。而高温超导 Bi-2223 带材的基体多为银或银合金材料。

在正弦交变磁场环境下，实用超导多芯复合线带材发生芯间耦合产生耦合电流；而芯间是正常金属材料，耦合电流横向流经金属基体材料会产生损耗，这种损耗称为耦合损耗 (coupling loss)。一般来说，耦合损耗取决于超导丝的扭绞节距和复合线的横向电导率。在上述复合结构中，超导芯丝间的基体金属、内芯金属以及外层稳定层增加了超导体的耦合损耗，可以说这些是产生耦合损耗的主要来源。当然，从超导线材制备角度来看，采用这种结构的原因是能减小加工难度，利于获得均匀长线，特别是可有效抑制超导线在挤压和拉拔等机械加工过程中超导细丝的断裂。

在按正弦变化的磁场 (变化幅值为 H_m) 中，厚度为 $2a$，宽度为 l 的超导平板之间夹有厚度为 w，宽度为 l 的正常导体，单位体积的耦合损耗可按下式计算[14]：

$$Q_c = \Gamma_c \frac{\mu_0 H_m^2}{2} \times \frac{2\pi f^2 \tau_s}{(2\pi f \tau_s)^2 + 1} \tag{3-27}$$

式中，$\Gamma_c = \dfrac{4\pi}{3} \times \dfrac{2w}{(w+4a)\,l}$，为与材料形状相关的常数；$\tau_s = \dfrac{\mu_0}{2\rho_n}\left(\dfrac{l}{2}\right)^2$，为时间常数，$l$ 为耦合常数，ρ_n 为基材的电阻率，f 为频率。

由上式可以看出，与磁滞损耗不同，耦合损耗依赖于外加磁场随时间变化的波形，并且与频率的平方成正比。

在磁滞损耗的计算过程中，超导丝直径是重要的参数；在耦合损耗中，超导丝之间的耦合时间常数是一个重要的参数，即耦合损耗与时间常数成正比。因此，减小耦合损耗的办法是①采用电阻率高的基底材料和②减小超导细丝的耦合长度 l，而第一项措施正好与超导体稳定性判据的要求相反。根据稳定性判据，要求基底电阻率要低。因此对交流应用的 NbTi 低温超导线，往往采用三组元形成，如采用 NbTi/CuNi/Cu 组成复合导体，其目的就是平衡稳定性和减小交流损耗。NbTi 处理成微米级的细丝以减小磁滞损耗；基材为 CuNi 合金，CuNi 合金具有高电阻率以减小耦合损耗；稳定材料为 Cu，因 Cu 具有较好的导电率和热导率，可以提高导线的稳定性。

如何减小超导细丝的耦合长度呢？一个可行的办法是通过扭绞减少超导细丝之间的电磁耦合距离，从而减小耦合电感，如**图 3-19** 所示[14]。**图 3-19(a)** 为未扭绞超导细丝，屏蔽电流的一个回路贯穿整根超导细丝长度；**图 3-19(b)** 为扭绞超导细丝的示意图，屏蔽电流以一个扭绞节距 (l_p) 的长度形成回路。耦合长度小，则屏蔽电流回路电感小，衰减时间短。因此，超导多丝扭绞后有利于减少超导体的耦合损耗。超导细丝的扭绞节距越小，超导体间的电磁耦合越小，在变化磁场下的损耗也越小。**图 3-19(c)** 是扭绞后复合超导线的示意图。经过扭绞后，每根超导细丝在空间呈螺旋形状，但是它们在复合线中的相对位置仍保持不变。

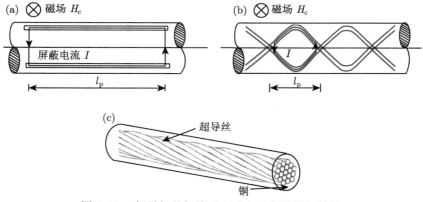

图 3-19　超导细丝扭绞后，减少了电磁耦合距离
(a) 未扭绞超导细丝的耦合长度；(b) 扭绞超导细丝的耦合长度；(c) 复合超导线的扭绞示意图

图 3-20 给出了在 4.2 K、$H = 10$ kG 时，NbTi 复合线的磁矩 M 随外磁场变化的曲线[7]，横轴是外磁场从零增至 10 kG 的变化速率。复合线是由 121 根 NbTi 丝组成的，每根 NbTi 丝的直径为 9 μm。扭绞的节距分别为 5 cm、2.5 cm 和 1.25 cm。从图中的曲线我们看到，扭绞节距越小，M 随 H 增加越慢；当扭绞的节距为 1.25 cm 时，M 基本上不变。这个实验清楚地证实了扭绞技术可以有效消除超导细丝之间的耦合效应，是减小耦合损耗较好的措施。

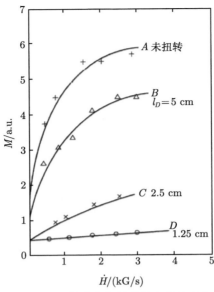

图 3-20　复合超导线磁化强度与外磁场变化速率之间的关系 [7]

3.8.3　自场损耗

当超导线传输电流时，将产生围绕超导线的磁场，称为自场。若传输电流发生变化，同样产生磁滞损耗 (self-field loss)。

若传输电流从最低值变化到峰值的电流差值为 ΔI，则单位体积的自场损耗近似为 [16]

$$Q_{sf} = \frac{\mu_0 d^2 J^2}{192} \left(\frac{\Delta I}{I}\right)^3 \tag{3-28}$$

式中，d 为超导线材的直径；J 为复合导体的平均电流密度；I 为超导线的临界电流。

由上式看出，当超导线电流密度一定时，自场损耗与复合导线直径的平方成正比。因此，为了降低自场损耗，方法之一是尽量减小超导导线的直径，一般小于 1 mm，比如工程应用中的 NbTi 和 Nb$_3$Sn 等低温超导线的直径约 0.8 mm。

但是限制超导线的直径，也就限制了超导线无阻负载电流的能力。在实际应用的大电流场合，就会变得不现实。因此，自场引起的损耗便不能用限制复合线直径的方法来消除，而需要采用换位工艺。该法是将多根复合超导线绞制成换位电缆，即沿电缆长度方向互相交换位置，像像编织带那样，使得每根复合线所处的位置都是等价的。这样，自场引起的损耗也就消除了。要注意换位和扭绞工艺的不同：扭绞只是改变超导丝在空间走的路径，而不改变它们的相对位置，所以自场引起的损耗是不能用扭绞方法解除的。

实际上，超导体的上述三种损耗并不是完全独立的，它们之间存在着相互作用，这种相互作用使总的交流损耗减小。因此各个损耗简单叠加的结果将会比实际结果偏高，但它可以作为保守设计的参考依据。有时磁性部件中的损耗变得很重要。**图 3-21** 给出了一个

例子 [17]，YBCO 涂层导体铁磁性基底的损耗在总损耗中占有很大一部分 (<100 A)，这是必须要考虑的损耗分量。

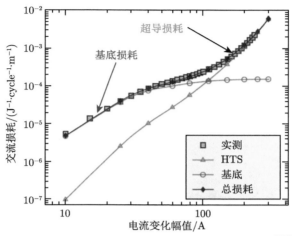

图 3-21　铁磁基底上 YBCO 涂层导体的交流损耗 [17]

　　虽然氧化物陶瓷高温材料由于具有各向异性、弱连接和热激活蠕动效应，所以高温超导材料与传统的低温超导材料的交流损耗机制不尽相同，但其交流损耗同样包括磁滞损耗、耦合损耗和自场损耗。因此，高温超导体仍然像低温超导线一样，也可采用细丝化、扭绞、换位等措施来减小交流损耗，详见**表 3-3**。因此，为了保证超导磁体的稳定性，实用化超导线通常具有如下特征：① 多芯细丝 (减小磁通跳跃、磁滞交流损耗)，② 扭绞 (减小超导丝之间的耦合)，③ 编织 (减小自场影响)，④ 敷铜 (迅速将热传出)。

表 3-3　在超导体临界电流不变的情况下，减小交流损耗所采取的措施

磁滞损耗	耦合损耗	自场损耗
细丝化	1. 扭绞芯丝，短绞距； 2. 高电阻率基体材料	1. 减小超导线直径； 2. 换位绞缆或编织

　　另外，为满足实际应用中大电流的需求，可以将多股复合导线采用扭绞、换位等技术制成电缆，如**图 3-22** 所示，这样可以保证各股超导线之间不存在被包围的自场磁通线，大幅度减小了交流损耗。如在粒子加速器磁体中，绝大部分的超导线圈都是由超导电缆绕制而成的，而不是采用单根线的绕制方式。在实际应用中，经常将 NbTi 线及 Nb$_3$Sn 线绞制成如**图 3-22(b)** 所示的上下两层的扁平状卢瑟福电缆。

　　除了卢瑟福电缆，还有另外两种常见的电缆。一种是管内电缆导体 (cable-in-conduit conductor，CICC)，如**图 3-22(c)** 所示，该种电缆一般用于核聚变超导磁体的线圈中。另外一种是 Robel 电缆，用于高温超导带材的绞制 (比如 YBCO)，如**图 3-22(d)** 所示。

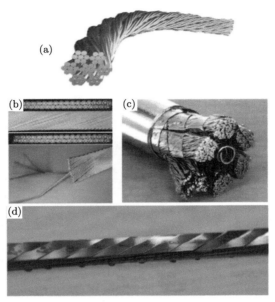

图 3-22　超导线圈中应用的 (a) 绞缆，(b) 卢瑟福电缆，(c) CICC 电缆，(d) Robel 类型电缆

3.9　实用超导材料及其应用要求

实用化超导材料一般指在高磁场下拥有较高载流能力的第 II 类非理想超导体。尽管目前已有上千种超导体被发现，但是目前具有实用价值的超导材料仅 7 种，包括 NbTi、Nb_3Sn、MgB_2、Bi-2223、Bi-2212、REBCO (RE 表示稀土元素) 以及铁基超导线带材等。关于这些实用超导材料的制备工艺、组织与性能等，将在后面章节详细阐述。

3.9.1　高临界参数

在实用超导材料中，临界转变温度 (T_c)、上临界场 (H_{c2}) 和临界电流密度 (J_c) 等三个重要的临界参数决定着其最终性能，如**图 3-23** 所示 [18]。

对实用化超导材料来说，这三个参数越大，其应用范围越广。临界转变温度和上临界场是材料的本征参数，对于给定的材料是固定不变的。T_c 主要取决于电子结构，H_{c2} 与临界温度 T_c、正常电子比热系数 γ 和正常态时的电阻率 ρ_n 成正比，H_{c2} 一般为数十特斯拉到上百特斯拉。临界电流密度强烈依赖于微观组织结构，对非理想第 II 类超导体，临界电流密度的大小完全取决于晶体缺陷及第二相粒子对磁通线的钉扎作用的大小，这些晶体缺陷及第二相粒子称为 "钉扎中心"。为了获得最佳的钉扎作用，必须对材料进行适合的变形加工和热处理，以达到最高的临界电流密度。**表 3-4** 给出了上述几种典型实用化超导材料的重要参数。

上临界场 H_{c2} 是将超导体中超导电性完全压制的磁场强度，是超导材料最重要的参数之一。在第 II 类超导体中，当磁场进一步增高到一定值以后 (实际上是不可逆场 H_{irr})，超导体就会逐渐丧失低损耗传能能力。H_{c2} 与相干长度 (ξ) 之间的关系可以用 Ginzburg-Landau 公式表示：$H_{c2} = \Phi_0/(2\pi\xi^2)$。可以看出，上临界场越高，相干长度越小。对于一种实用超导材料, 如铜氧化物超导体、二硼化镁和铁基材料, 其上临界场和临界电流问题直接决定着超导体的应用范围。因此, 高临界磁场是决定超导材料应用的前提。**图 3-24** 为几种主要实用超导材料的温度–磁场相图 [11]。由于受到上临界场 H_{c2} 的限制, 不同超导材料能够产生的最大磁场通常为其 H_{c2} 的 3/4。

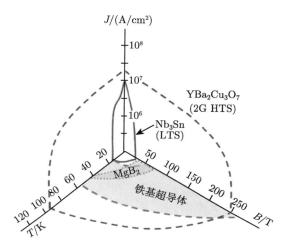

图 3-23　实用超导材料临界转变温度 T_c, 上临界场 H_{c2} 和临界电流密度 J_c 的关系 [18]

表 3-4　实用超导材料的基本性质参数及其线材制备的典型方法

材料		临界温度 $T_{c,max}/K$	上临界场 $H_{c2,4.2\ K}/T$	晶内临界电流密度 $J_{c,4.2\ K}/$ (A/cm^2)	相干长度 ε_{ab}/nm	各向异性 γ_H	线材制备工艺	线材形状
铌钛合金 Nb-Ti		9.5	11.5	4×10^5 (5 T)	4	可忽略	—	圆线
铌三锡 Nb₃Sn		18	25	$\sim 10^6$	3	可忽略	青铜法 内锡法 粉末装管法	圆线
二硼化镁 MgB₂		39	18	$\sim 10^6$	6.5	$2 \sim 2.7$	粉末装管法 中心镁扩散法	圆线、带材
铜氧化物 超导材料	REBCO	92	>100	$\sim 10^7$	1.5	$5 \sim 7$	涂层导体技术	带材
	Bi-2223	110	>100	$\sim 10^6$	1.5	$50 \sim 90$	粉末装管法	带材
	Bi-2212	85	>100	$\sim 10^6$	~ 2	>90	粉末装管法	圆线、带材
铁基超导 材料	1111 IBS	55	>100	$\sim 10^6$	$1.8\sim2.3$	$4\sim5$	粉末装管法	圆线、带材
	122 IBS	38	>80	$\sim 10^6$	$1.5 \sim 2.4$	$1.5\sim2$	粉末装管法	圆线、带材
	11 IBS	16	>40	$\sim 10^5$	1.2	$1.1 \sim 1.9$	粉末装管法	圆线、带材

NbTi 线材强度高、延展性好、临界电流密度高且价格较低, 在核磁共振及超导加速器等领域应用广泛; 其缺点为临界温度和上临界场较低, H_{c2} 在 4.2 K 下约为 11 T。Nb₃Sn 超导体是典型的 A15 型化合物, 其临界温度为 18 K 左右, 4.2 K 下的 H_{c2} 为 25 T。但是 A15 型化合物的 J_c 对应变非常敏感。

MgB₂ 的 T_c 为 39 K, 晶体结构简单、成本低且较易制成长线。相比 NbTi 线材较小的温度裕度, MgB₂ 的有效工作温区较宽, 为 $4.2 \sim 25$ K, 其在低场强核磁共振超导磁体领域具有重要的应用前景。

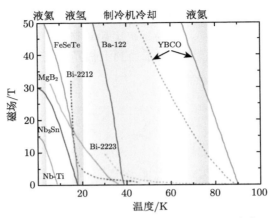

图 3-24　实用超导材料的温度–磁场相图 [11]

第一代高温超导体 BSCCO/Ag(T_c=110 K) 和第二代高温 REBCO(T_c=92 K) 近年来在生产工艺和性能上都取得了重大突破，工业上可以制备出千米量级的带材。由于铜基氧化物超导体的临界温度高于 77 K，其最大市场是运行在液氮温区的电力应用。Bi-2223 带材由于在液氮温区的不可逆场低，主要应用于高温超导电缆领域，而 REBCO 涂层导体因其具有高 J_c 和潜在的低成本优势逐渐受到研究人员的关注，已成为高温超导应用领域的研究热点，包括高温超导限流器、高温超导储能、高温超导变压器等示范应用。Bi-2212 线材因可制作成圆线，主要用于低温高场磁体的研究。

2008 年发现的铁基超导体，由于其具有原材料便宜、各向异性小以及上临界场极高等优点，被认为是在高场领域极具潜力的新型高温超导线带材，目前正处于快速发展阶段。

对于强电工程应用来说，超导体能承载的最大临界电流密度 J_c 是另一个非常重要的参数，比如超导磁体主要应用的就是超导线的零电阻性质，耗能少，载流高，优势明显。由公式 $B=\mu_0 K J_c$ 可知，磁场强度与电流密度成正比，超导线的 J_c 越大，产生的磁场越高。我们知道，铜导线的电流密度 $J = 10$ A/mm^2，而 NbTi 线的 J_c 一般大于 1000 A/mm^2 (8 T, 4.2 K)，很明显，其电流密度是铜导线的 100 倍以上。因此，由于铜导线的负载电流小，基于其制作的电磁铁产生的场强不超过 2 T，参见**图 3-25**。要想制造更高场强的磁体，只能采用超导材料，如采用 NbTi 线可轻易制备出场强为 8 T 的超导磁体。

按照 BCS 理论，当超导 Cooper 对的动能等于凝聚能时，超导态将被破坏，不过还没有发生超导电子对的拆对现象，这时超导体临界电流密度几乎达到最大值，即临界电流的上限可由下式计算：

$$J_d = \frac{4B_c}{3\sqrt{6}\mu_0\lambda} = \left(\frac{2}{3}\right)^{\frac{3}{2}}\frac{H_c}{\lambda} \tag{3-29}$$

上式给出的电流密度被称为拆对电流密度 J_d (depairing current)。其中 λ 为朗道穿透深度；热力学上临界场为 $B_c = \mu_0 H_c$，它是超导凝聚能的量度：$E_c = \dfrac{H_c^2}{8\pi}$，$B_c$ 一般通过以下公

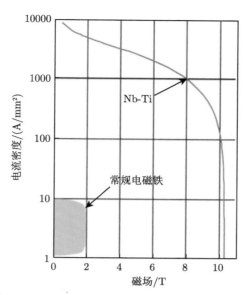

图 3-25 铜和 NbTi 线的电流密度及用于制作磁体场强范围的对比

式求得

$$B_{c} = \frac{\Phi_{0}}{2\sqrt{2}\pi\lambda\xi} \tag{3-30}$$

将式 (3-30) 代入式 (3-29)，可得

$$J_{d} = \frac{\Phi_{0}}{3\sqrt{3}\pi\mu_{0}\xi\lambda^{2}} \tag{3-31}$$

式中，Φ_{0} 是磁通量子；μ_{0} 是真空中的磁导率；ξ 为相干长度。

拆对电流密度 J_{d} 属于材料的本征特性，由式 (3-29) 或式 (3-31)，我们可以计算超导体的 J_{d}。以实用超导材料为例[19]，在 0 K 下，铜氧化物超导体的 J_{d} 能够达到 3×10^{8} A/cm^{2}，Nb$_{3}$Sn 的为 1.8×10^{8} A/cm^{2}，MgB$_{2}$ 的为 2×10^{8} A/cm^{2}。在铁基超导体中能够达到 1.7×10^{8} A/cm^{2}。可以看出这些值都非常高，但是，为了在整个超导线材横截面中获得拆对电流密度，超导体的大小应当小于相干长度 ξ。比如 Nb$_{3}$Sn 的相干长度 ξ 近似为 3.9 nm，要制作比 ξ 小的超导细丝是非常困难的。因此，实用超导体的实际临界电流密度 J_{c} 都要远远小于 J_{d}，即使在高质量超导材料中，零场下的 J_{c} 一般占拆对临界电流 J_{d} 的 10% ~ 20%，如 YBCO 薄膜的 J_{c} 最高也就 ~ 10^{7} A/cm^{2}(自场)。

临界电流密度 J_{c} 是影响实用化超导材料发展的关键因素，高 J_{c} 是强电应用的基础。为了促进超导体在强电或强磁场下的应用，人们采用各种方法努力提高临界电流密度，特别是磁场下的 J_{c}。在 3.4 节已指出，临界电流密度 J_{c} 是由钉扎力决定的，钉扎力越强，J_{c}越大。由于磁通钉扎属于材料的非本征特性，可以通过适当引入缺陷的方法来提高磁通钉扎能力。这一点非常重要，因为大量钉扎中心的引入可以有效提高磁场下的临界电流密度。引入缺陷的方法有很多种，比如通过辐照、引入纳米颗粒或纳米棒、改变局部化学配比等。

此外, 采用重离子如 Au 离子或中子等辐照引入缺陷, 可以进一步提高钉扎, 而不降低临界转变温度。

基于上述几种典型实用超导材料的临界转变温度、临界磁场以及临界电流密度等不同的性能特性, 可以看出, 不同超导材料具有不同的应用定位, 如**图 3-26** 所示[20]。低温超导体由于临界温度低, 主要用于低温中低场领域。MgB_2 的 T_c 高达 39 K, 可是其 H_{c2} 较低, 其应用定位为中温低场应用, 如在 15~25 K 制冷机冷却运行、1 ~ 2 T 磁场强度的基于 MgB_2 医用 MRI 系统上具有较大优势。由于铜基高温超导体的 T_c 超过 90 K, 可以运行在液氮温区, 从制冷条件与经济性方面考量, 超导电力将是其最大的应用市场, 发展前景广阔。铁基超导线材因为 H_{c2} 极高, 即使在 20 K 时, H_{c2} 也高达 70 T, 且线材机械性能非常好, 带材各向异性小, 因此, 在中低温高场领域具有独特的应用优势, 如大于 1 GHz 的核磁共振谱仪 (NMR)、下一代高能物理加速器、未来核聚变磁体等。

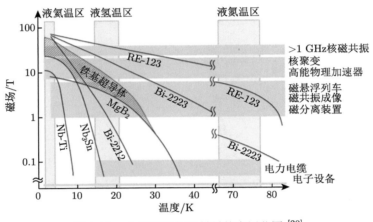

图 3-26　各类实用超导材料的应用范围[20]

3.9.2　强电应用对超导导线的要求

对于强电应用, 超导线材除需要具有较高的临界电流密度外, 还需要满足以下几点要求[21]。

1) 大的工程电流密度 J_e

我们知道, J_e 等于临界电流除以超导线材的总面积 (超导芯 + 非超导部分)。对于强磁体应用来讲, 往往需要负载大电流, 这时就需要超导线材具有足够大的填充因子, 也就是说, 在磁场下工程电流密度 $J_e > 10^4$ A/cm^2。

2) 多芯细丝化

如前面章节所述, 为了抑制磁通跳跃、减小交流损耗, 超导导体要多芯细丝化。不同实用超导材料的截面结构具体可见**图 3-27**[21]。

3) 各向异性小

各向异性 $\gamma = J_c^{ab}/J_c^c$。对实际应用而言, 各向异性 γ 也是一个需要考虑的重要参数, γ 越小越好。122 型铁基超导几乎各向同性, 而 YBCO 为 5 ~ 7, 这就使得铁基超导体比铜氧化物超导体有着更强的应用优势。

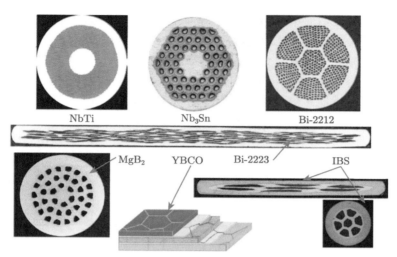

图 3-27 各类实用超导材料的截面显微图 [21]

4) 超导材料的 n 值

超导线材临界电流附近的伏安特性可以用公式 $V = V_0 \left(\dfrac{I}{I_0} \right)^n$ 表示，其中，V_0 和 I_0 分别是参考电压和参考电流。n 值的大小表征正常区域出现的缓急，通常也称为 n 指数。n 指数也是表征超导线材超导性能的重要参数，一般数值在 $10 \sim 50$。n 值越大，在临界电流以下的损耗就越小，而一旦导线开始失超，电压 V 随电流 I 的变化也就越快，正常态电阻也增加得更快，这对于失超保护、导线的稳定性又有不利的一面。n 值小，表明钉扎力小，或导线沿线方向临界电流的均匀性差。低温超导体的电阻变化较快，可以看到伏安特性的明显转折点，而高温超导体的伏安特性一般看不到明显的变化；因此，一般低温超导导线的 n 值远大于高温超导导线的 n 值。从应用角度讲，都希望所制备的超导线材的 n 值越大越好。

5) 优良的机械性能

机械性能是超导线带材的一个重要特性。在实际应用中，超导线带材将受到不同的应力–应变作用。如在绕制超导磁体的过程中，超导线带材受到拉伸、弯曲及扭转应力；在超导磁体的运行中，超导线带材受到洛伦兹力；温度变化时，超导线带材受到热收缩力等。因此，超导线带材必须具有足够的强度以承受导体制造、线圈绕制和布线时的机械应力以及冷却时的热应力和磁体运行时非常大的电磁应力。一般要求磁体用导线的临界拉应力，即临界电流密度衰减前的拉应力至少要大于 100 MPa，而最小的拉伸、压缩和弯曲的临界应变必须大于 0.2%，否则导线会出现性能退化，直至磁体失超。

超导体的临界电流可因机械应力的作用而下降，对于高温超导体尤其如此。高温超导线带材临界电流的减小主要是由超导芯的机械损坏 (断裂) 引起的，这是因为应力–应变并不改变高温超导线带材的钉扎特性。因此，增强包套材料的机械性能，有利于抑制高温超导材料的临界电流的衰减，这一结论已被实验所证实。

应力可分为拉伸应力和弯曲应力。导线弯曲时，导体内部的中性轴上 (材料的中心) 没有应力。以中性轴确定弯曲半径 R，半径大于 R 的地方受张力，半径小于 R 的地方受压力。无论是压缩还是拉伸，导线最大弯曲应力系数 ε 可以由线材半径 r 得到，即 $\varepsilon = r/R$。

工程上一般以临界电流下降 5% 作为超导线材的应力承受极限。**表 3-5** 分别给出日本住友电工公司、美国 SuperPower 公司以及韩国 SuNAM 公司研制的第一代和第二代高温超导材料几何和机械性能参数。这些参数在超导装置的设计中非常重要，通过计算应力和应变来决定超导装置是否需要额外加固和保护，以免出现机械损坏。

表 3-5　不同超导公司生产的高温超导材料的几何和机械性能参数

	带厚/mm	带宽/mm	最小弯曲直径/mm	最大拉伸应力/MPa	最大拉伸力 (室温)	最大拉伸应变/%
住友 (HT-CA)	0.34	4.5	60	250	230 N	0.3
SuperPower (SCS4050)	0.095	4	11	550	—	0.45
SuNAM	0.086	4	30	250	20 kgf*	0.3

* 1 kgf = 9.80665 N。

使用辅助材料可加强带材承受拉伸应力的极限，如住友电工公司采用镍合金、不锈钢包套替代铜合金以加强 Bi-2223 带材的机械强度[22]，可由 250 MPa 提高到大于 400 MPa，不可逆应变也由 0.3% 提高到 0.5%(HT-NX 型)。

6) 良好的稳定性

为了获得较高的超导稳定性，需要在超导线中嵌入或并联热导率较大的金属材料。外层材料部分或全部由正常金属组成，如敷铜或敷银，用于提供防止磁通跳跃和热失超的保护。

7) 易于规模化生产，线材成本要低

根据估算，对不同的强电应用，人们可接受的超导材料价格一般在 1～100 美元/(kA·m)，其中千安 (kA) 是指工作电流[23]。目前，运行于液氦温区的 NbTi 线通常售价约为 1 美元/(kA·m)(5 T)、Nb_3Sn 价格 ～ 10 美元/(kA·m)(10 T)。对于某些应用来说，采用运行温度在 20～77 K、成本为 10～100 美元/(kA·m) 的高温超导体预计将更为经济。在电力应用中，如电缆、铜线成本通常为 15～25 美元/(kA·m)，这样高温超导体的电力应用将面临铜线的竞争，至少达到 25 美元/(kA·m)，才能实现大规模的应用。

上述几种实用化超导材料基本上采用粉末装管法 (powder-in-tube，简称 PIT) 进行制备，该法具有加工简单，制造成本低的优势。从**图 3-27** 也可看出，大部分超导线带材的截面很相似，均为多芯细丝复合结构。只有 YBCO 超导体例外，为多层薄膜结构，这是由于其具有强烈的弱连接效应，不得不采用薄膜技术，故制备成本相对较高。总之，宏观/微观尺度的均匀性、材料性能/制备技术的综合性价比是实用化超导材料能否大规模应用的关键。

参 考 文 献

[1] 章立源, 张金龙, 崔广霁. 超导物理学. 北京: 电子工业出版社, 1995.

[2] Essmann U, Träuble H. The direct observation of individual flux lines in type II superconductors. Phys. Lett., 1967, 24(10): 526-527.

[3] Schelten J, Ullmaier H, Schmatz W. Neutron diffraction by vortex lattlices in superconducting Nb and $Nb_{0.73}Ta_{0.27}$. Phys. Stat. Sol., 1971, 48(2): 619-628.

[4] 罗会仟. 超导 "小时代" 之十: 四两拨千斤. 物理, 2016, 45(6): 408-412.

[5] Essmann U, Träuble H. The magnetic structure of superconductors. Scientific American, 1971, 224(3): 74-84.

[6] Goa P E, Hauglin H, Baziljevich M, et al. Real-time magneto-optical imaging of vortices in superconducting NbSe$_2$. Supercond. Sci. Technol., 2001, 14(9): 729-731.

[7] 吴杭生, 管惟炎, 李宏成. 超导电性: 第二类超导体和弱连接超导体 (重排本). 北京：北京大学出版社, 2014.

[8] Kwok W K, Welp U, Glatz A, et al. Vortices in high-performance high-temperature superconductors. Rep. Prog. Phys., 2016, 79(11): 116501.

[9] Bean C P. Magnetization of high-field superconductors. Rev. Mod. Phys., 1964, 36 (1): 31-39.

[10] Vinod K, Kumar R G A, Syamaprasad U. Prospects for MgB$_2$ superconductors for magnet application. Supercond. Sci. Technol., 2007, 20(1): R1-R13.

[11] Gurevich A. To use or not to use cool superconductors. Nature Mater., 2011, 10(4): 255-259.

[12] Li X G, Kobayashi R, Kotaka Y, et al. Kinetics of magnetic relaxation and determination of activation energy in high-T_c superconductors. Jpn J. Appl. Phys., 1994, 33: L843-L845.

[13] Cheng W, Lin H, Shen B, et al. Comparative study of vortex dynamics in CaKFe$_4$As$_4$ and Ba$_{0.6}$K$_{0.4}$Fe$_2$As$_2$ single crystals. Sci. Bull., 2019, 64(2): 81-90.

[14] 唐跃进, 任丽, 石晶. 超导电力基础. 北京: 中国电力出版社, 2012.

[15] Matsushita T. Flux Pinning in Superconductors. Berlin: Springer-Verlag, 2007: 267-339.

[16] 林良真, 张金龙, 李传义, 等. 超导电性及其应用. 北京: 北京工业大学出版社, 1998.

[17] Seidel P. Applied Superconductivity. Weinheim: Wiley-VCH Verlag GmbH & Co., 2015.

[18] Li Q, Si W, Dimitrov I K. Films of iron chalcogenide superconductors. Rep. Prog. Phys., 2011, 74(2): 124510.

[19] 马衍伟. 面向高场应用的铁基超导材料. 物理学进展, 2017, 37(1): 1-12.

[20] Shimoyama J. Potentials of iron-based superconductors for practical future materials. Supercond. Sci. Technol., 2014, 27(4): 044002.

[21] Larbalestier D C, Gurevich A, Feldmann D M, et al. High-T_c superconducting materials for electric power applications. Nature, 2001, 414(6861): 368-377.

[22] Sato K, Kobayashi S, Nakashima T. Present status and future perspective of bismuth-based high-temperature superconducting wires realizing application systems. Jpn. J. Appl. Phys., 2012, 51(1R): 010006.

[23] Scanlan R M, Malozemoff A P, Larbalestier D C. Superconducting materials for large scale applications. Proceedings of the IEEE, 2004, 92(10): 1639-1654.

第 4 章 超导材料的物性测量与微观结构表征技术

4.1 引 言

实用超导材料要想应用，一般须加工成线带材、薄膜或块材。超导线带材主要面向强电应用，如超导磁体、超导电缆、粒子加速器等；超导薄膜主要面向弱电应用，如约瑟夫森器件、超导天线等；超导块材则主要用于超导块材永磁体的制作。超导线带材、薄膜或块材具有超导体的基本电磁特性，即在临界电流、临界磁场与临界温度范围内的零电阻特性。

特别是临界电流密度 J_c(临界电流 I_c) 是实用超导材料最重要的技术指标，例如，对超导线材来讲，它指的是超导线材整体的载流能力。实用超导材料的临界电流值与所承受的磁场、所处的温度有关。不同的超导体、不同工艺制备的超导线带材，其临界电流与磁场、温度的关系不同；磁场方向不同对超导材料临界电流的影响也不同。因此，无论从基础研究还是实际应用角度，有必要熟悉并掌握实用超导材料电磁特性的常用测量方法。

另一方面，实用化超导材料的微观结构是决定它们特殊电磁性能的根本因素。超导材料的临界温度和临界电流密度在很大程度上依赖于材料中的相组成、晶粒形貌、晶体中的缺陷，以及晶粒间的界面结构等。因此，要优化实用超导材料的性能，必须彻底了解和掌握它们的微观结构。除了上面提到的电磁特性测试技术，本章还将重点介绍各种用于微观结构分析的技术和方法，包括高分辨电子显微学、电子能谱学、X 射线谱学等，在介绍中将用实际例子加以阐述。

4.2 超导材料物性的测量

超导样品的物性表征主要是低温下的磁性和输运性能的测量。磁性的测量通常采用英国 Oxford Instruments 生产的 Maglab 低温多参数测量系统，美国 Quantum Design 生产的直流超导量子干涉仪 (DC-SQUID) 以及综合物理性能测量系统 (PPMS) 的 VSM 功能附件等。输运性能的测量则一般由 PPMS 完成或者各实验室自己搭建的强磁场低温临界电流测试系统完成。

实验室常用的 PPMS 系统能够提供 2~400 K 的测试温度环境和 0~16 T 的测试磁场环境，其 VSM 选件可以测试样品在不同温度下的直流磁化率 (M-T 曲线) 和等温磁滞回线 (M-H 曲线)，磁场分辨率 0.1 Oe，测量精度 5×10^{-6} emu。磁学测量系统 (MPMS) 同样由 Quantum Design 公司设计生产，是一类基于 SQUID 探测技术的磁学性能测试装置。相比于 PPMS 的 VSM 选件，该系统测试精度更高，在 7 T 下的测量精度 $<8\times10^{-8}$ emu。同时，该系统能够进行快速升降温和数据采集，升降温速率可达 30 K/min，励磁速率最大为 700 Oe/s。

4.2.1 临界转变温度的测量

处于超导态的样品具有两个基本特性: 一是零电阻特性, 二是完全抗磁性, 因此当超导体材料发生正常态到超导态的转变时, 电阻消失并且磁通从体内排出, 这种电磁性质的显著变化是检测临界温度 T_c 的基本依据。测量方法一般是使样品温度缓慢改变并监测样品电性或磁性的变化, 利用此温度与电磁性的转变曲线而确定 T_c。通常测量 T_c 的方法主要有三种: 电阻法、电感法和比热法。三种方法测得的 T_c 值一致性相当好。

4.2.1.1 电阻法

对超导材料, 利用其正常–超导状态转变电阻率突变到零的属性直接测量 T_c 不仅直观, 而且方便。因此, 电阻测量方法是实验室普遍采用的测量超导材料 T_c 的方法。因测量时要承载电流, 该方法要求样品连续完整, 如薄膜、线带材或剥离包套后的超导芯等, 并且只能显示样品中转变温度最高的超导相。

为了避免引线电阻和接触电阻的影响, 人们采用四引线法, 如**图 4-1** 所示, 两根电流引线与恒流源相连, 两根电压引线连至数字电压表, 用来检测样品的电压。根据欧姆定律, 即可得到样品电阻, 由样品尺寸可算出电阻率。从测得的 $R\text{-}T$ 曲线可定出临界温度 T_c。

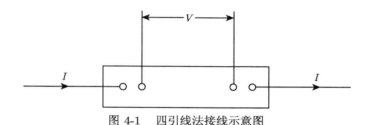

图 4-1 四引线法接线示意图

实验表明, 超导体发生从正常态到超导态相变时, 电阻消失是在一定温度间隔中完成的, 而不是在某一严格温度点突然变为零, 如**图 4-2** 所示, 在此温度段中, 用三个转变温度表示电阻 R 与温度 T 的变化。

起始转变温度 $T_{c\text{-onset}}$ 为 $R\text{-}T$ 曲线开始偏离线性的转折点的温度。

中点温度 $T_{c\text{-mid}}$ 为电阻下降到正常态电阻 R_n 的一半时所对应的温度。

零电阻温度 $T_{c\text{-zero}}(R = 0)$ 为电阻降到零时的温度。

超导转变宽度 ΔT_c 定义为正常态电阻 R_n 下降到 90% 和 10% 之间的温度间隔 $\Delta T = T_c^+(90\%) - T_c^-(10\%)$。超导转变宽度与超导材料的纯度及均匀性有关。

严格意义上讲, 一般将中点温度 $T_{c\text{-mid}}$ 定义为临界温度 T_c。从物理学角度而言, 起始转变温度 $T_{c\text{-onset}}$ 显得比较重要, 因为这时超导相正在形成; 而应用研究者往往更看重零电阻温度 $T_{c\text{-zero}}$, 因为只有在此温度下超导材料才能承受传输电流。

现在实验室大多使用综合物性测量系统, 即 PPMS, 进行四引线电阻测量。**图 4-3(a)** 为 PPMS 的样品托 (sample holder), 其中的样品 (黑色) 为铁基超导样品, 采用四引线法接入测量系统中。四根引线 (银线) 一般用银胶作为黏结剂分别与样品和样品托相连, 这样可有效减小接触电阻。样品外部的两根引线为电流引线, 与恒流源相连; 里面的两根电压引线与电压表相连, 用来检测样品的电压。在测量时固定一个小的电流 (1 ~ 10 mA), 利

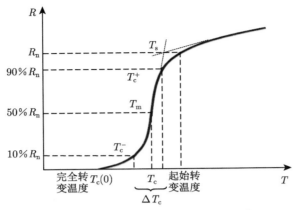

图 4-2　四引线法测量的电阻–温度曲线

用计算机采集样品上的电压值来反映样品的电阻，即由 $R = V/I$ 直接得到样品电阻随温度变化的 $R\text{-}T$ 曲线。线带材样品可直接测试，有时先剥去外面的包套材料在超导芯上焊接银线。**图 4-3(b)** 是 $Ba_{1-x}K_xFe_2As_2$ 单晶样品的典型 $\rho\text{-}T$ 曲线 [1]。可以看出，电阻率在温度为 38.2 K 时陡然下降，并在温度为 36.8 K 时变为零，其转变宽度 ΔT 为 ～0.5 K。这一点可以从右下角插图中观察得更为清楚。样品的剩余电阻比 (residual resistivity ratio，简称 RRR 值) 定义为超导材料在常温下的电阻率与其在超导转变发生之前的电阻率之比值。对于上述 $Ba_{0.6}K_{0.4}Fe_2As_2$ 单晶样品，RRR ($R(300\ K)/R\ (39\ K)$) 等于 8，略高于多晶样品，说明其电子散射水平较低。

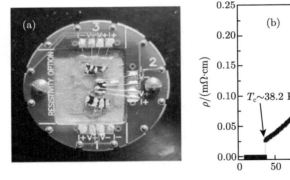
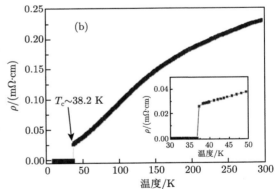

图 4-3　采用四引线法测量样品电阻

(a)PPMS 样品托；(b) 铁基超导样品的 $\rho\text{-}T$ 曲线 [1]

4.2.1.2　电感法

和纯金属不同，实用超导体内部一般都存在成分、晶格有序度、杂质分布的不均匀性，导致超导体内部各处可能有不同的 T_c 值，这样上面的电阻法就显得无能为力。另外，有些样品，如粉末、颗粒和其他形状不规则的材料，电阻法也不能或很难进行检测。此时，一般采用电感法 (或称磁测法)。该方法是非接触测量方法，不用焊接引线，无须通入电流，因而电感法有其独特的优点。

电感法的原理是基于超导体的迈斯纳效应，即利用正常超导状态时磁化率或磁导率不连续变化的属性来测定样品的 T_c，测量时随着温度升或降，可用交流电桥测量放置着超导样品的探测线圈的电感变化来确定 T_c。由自感定义可知，线圈自感与线圈内磁通所占据的面积成正比。当样品发生从正常态到超导态的转变时，磁通将从已变为超导态的部分排出，因而线圈内磁通占据面积减小，那么自感 L 也将减小，且呈正比关系，即

$$\Delta L = -C \cdot \Delta S \tag{4-1}$$

式中，C 为常数；ΔS 为已变为超导态部分的有效截面积；负号表示 ΔS 增加，电感减小。对于含有多个超导相的样品，假设样品的总截面积为 $S_{总}$，对应的总电感变化为 $\Delta L_{总}$；$T_c = T_{cx}$ 超导相的有效截面积为 ΔS_x，对应的电感变化为 ΔL_x，那么从式 (4-1) 可以得到，$T_c = T_{cx}$ 超导相的相对含量 (体积比)Super_x 为

$$\text{Super}_x = \frac{\Delta L_x}{\Delta L_{总}} = \frac{\Delta S_x}{\Delta S_{总}} \tag{4-2}$$

式 (4-1) 和式 (4-2) 就是电感法的原理性公式。

利用电感法通过测量物质磁化率或磁化强度来确定超导体临界温度 T_c 的方法很多，其中振动样品磁强计 (VSM) 和 SQUID 是目前常用的测量系统。这些装置操作简单、控制容易、精确度较高，尤其受到从事新材料探索的超导物理学家们的青睐。下面简要介绍 VSM 和 SQUID 的工作原理。

VSM 主要由磁场装置、探测线圈与检测系统、变温及控温系统和振动系统等构成。如果将样品放入磁场中的探测线圈中并做正弦振动，由于样品中磁通变化，在探测线圈中会感应出电压信号，该信号与样品磁矩成正比，因此利用 VSM 可以测量材料的磁化强度、磁化率等特性参数。大部分情况下，磁学测量可以利用 PPMS 的 VSM 系统完成。

与 VSM 类似，SQUID 主要由磁场装置、检测系统、变温及控温系统构成。其中，检测系统包括磁通转换器、SQUID 器件、输出及磁通锁相放大器。磁通转换器由探测线圈和信号线圈组成，样品靠近探测线圈放置；信号线圈贴近 SQUID，探测线圈与信号线圈连接组成闭合回路。当样品在探测线圈之间运动时，探测线圈中产生的磁通变化与样品磁化强度成正比，由于 SQUID 器件对磁通变化极为敏感，所以可实现样品磁化特性的精确测量。SQUID 的灵敏度很高，比上述 VSM 高两个量级，可靠性、重复性好。

为了便于比较，这里仍然使用电阻法测过的 $Ba_{1-x}K_xFe_2As_2$ 单晶样品进行磁化测量。**图 4-4(a)** 为外加磁场 20 Oe 时，该样品的磁化强度随着温度变化的 $M\text{-}T$ 曲线。可以看出，由于低温下 (零场冷却)，超导体磁通钉扎能力强，施加的磁场进入样品较少，表现出显著的抗磁性。在有场冷却方式中，温度较高时所施加的磁通密度在降温过程中因为钉扎效应而留在超导体内，抗磁性小。磁测的转变温度 T_c 大约为 37.2 K，这与电阻测量的数据 ($T_{c\text{-zero}}=36.8$ K) 基本吻合。另外，该单晶样品的零场冷却曲线出现陡峭的抗磁转变，这表明样品是高质量单晶。**图 4-4(b)** 是 BaCoFeAs 铁基多晶块材的典型 $M\text{-}T$ 曲线。和单晶样品相比，很明显，多晶块材不仅抗磁信号相对较弱，而且超导相的含量也较低。

当然由 $M\text{-}T$ 图中的零场冷却曲线可以根据下式计算出超导样品的超导相所占体积

比例，

$$V_F = -\frac{4\pi \times M^{ZFC}}{H \times V} \tag{4-3}$$

这里，M^{ZFC} 的单位为 emu；外加磁场 H 的单位为 Oe；超导体样品体积 V 的单位为 cm^3。

　　超导体是完全抗磁的，因此其磁化率应该是 -1，即 $V_F = -100\%$。如果根据式 (4-3) 得计算值是 -0.5，那就说明样品中的超导相体积比例为 50%。我们知道，很多时候由于退磁因子的存在，$V_F > 100\%$(绝对值)。为了消除退磁因子，一般将片状样品 (单晶等) 平行于磁场放置 ($H//ab$)，测量其磁化率。

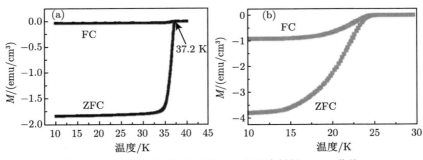

图 4-4　(a) 铁基超导单晶和 (b) 多晶块材的 M-T 曲线

4.2.1.3　比热法

　　由热力学理论可知，超导体在发生超导转变时其比热存在一个突变，根据这一特点，我们也可以通过测量比热的变化信息来确定超导临界转变温度 T_c。

　　超导体比热的测量方法一般有绝热法、扫描法和弛豫法等，其中绝热法是低温比热测量的传统方法，也是目前最成熟、最精确的方法。其基本原理是在某一温度 T 下保持样品绝热，然后在样品 (质量为 m) 上加上一脉冲热负荷 (功率 P，加热时间 Δt)，相应测出对应的温升 ΔT，则由

$$C(T) = -\frac{P \times \Delta t}{m \times \Delta T} \tag{4-4}$$

即可计算出样品在温度 T 处的比热。

　　目前超导体的比热性质测量大多使用 PPMS 中搭配的比热测量组件完成。该组件结合了绝热法和弛豫法，利用双模型比热测量技术，与实时数据采集系统相结合，可自动快速获得变温和变场下的比热数据。在测量过程中，系统处于高真空状态，样品的顶部有遮热屏。整个样品平台温度非常相近。

　　图 4-5 给出了上述 $Ba_{0.6}K_{0.4}Fe_2As_2$ 单晶样品在温度为 $2 \sim 45$ K 时的比热 (C/T) 对温度 T 的依赖关系。可以看出，在不加外场时，比热在温度为 37.4 K 时出现突然增加，并在 36.6 K 时达到峰值。由此可确定 T_c=36.6 K，这一数值和电阻法、电感法的测量数据也非常相符。在零场条件下，比热的跃变值为 0.1 J/(mol·K^2)。另外，从图中还可以看出，当增加外场至 9 T 时，比热突变峰值位置下降到约 34.9 K，而对应的峰值大小也降低为约 0.068 J/(mol·K^2)。

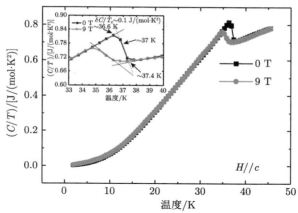

图 4-5　外磁场为 0 T 和 9 T 条件下的 $Ba_{1-x}K_xFe_2As_2$ 单晶比热 (C/T) 对温度 T 的依赖关系，左上插图是比热关系的放大图 [1]

实际上，由于比热是重要的热力学量，它的测量还可以确定超导体的 Debye 温度、电子态密度、热激发谱和超导体的能隙等系列参数，因此，比热法是超导物理学研究者发现新材料、研究超导机制的重要手段。更多有关比热法的精细测量知识这里就不作介绍了。

4.2.2　临界磁场的测量

对于实用化超导体来说，存在三个临界场：下临界场 H_{c1}、上临界场 H_{c2} 和不可逆场 H_{irr}，其中上临界场和不可逆场是对强电应用非常重要的参数。

4.2.2.1　上临界场的测量方法

上临界场的测量主要采用电阻法，这是最常用的方法。和 4.2.1 节利用四引线法测电阻一样，通过测量不同磁场下样品电阻随温度的变化来确定临界磁场。确定上临界场 H_{c2} 时，常选择 90% 的正常电阻为判据，对于不可逆场 H_{irr}，选 10% 的正常电阻为判据。由于高温超导材料，如氧化物和铁基超导体的 H_{c2} 过高，稳态磁场目前达到这个水平还有些困难 (目前最高为 45 T)，所以，H_{c2} 值的测量有时不得不采用外加脉冲磁场的方法或者根据相关模型外推获得。

图 4-6 给出了沿着晶体 ab 晶面方向施加磁场时，$Ba_{1-x}K_xFe_2As_2$ 样品的电阻与温度的相互依赖关系。可以看出，随着磁场升高，电阻转变逐渐变宽，这说明此时样品中存在一定程度的磁通运动。插图是利用不同磁场下电阻–温度曲线得到样品上临界场 H_{c2} 和不可逆场 H_{irr} 的示意图。其中 H_{c2} 由各磁场下电阻降低到 90% 时对应的温度得到的，H_{irr} 由各磁场下电阻降低到 10% 时对应的温度得到的。图中显示样品的上临界场要大于不可逆场，但明显好于氧化物超导体的情况。

值得注意的是，铜基氧化物和铁基高温超导体在 4.2 K 温度的上临界场都很高，经计算超过 100 T，目前无法提供如此高的恒定磁场。因此，对于这些材料上临界场的测量，需要间接测量通过第 II 类超导体的 Werthamer-Helfand-Hohenberg(WHH) 模型推算 [2]，如先测量温度比较高 (仍然低于临界温度) 的上临界场，然后根据 WHH 公式计算获得低温下的上临界场。

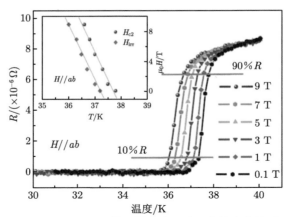

图 4-6   不同磁场条件下，$Ba_{1-x}K_xFe_2As_2$ 单晶样品电阻随温度的变化关系。插图为对应磁场条件下，
样品的上临界场和不可逆场 [1]

例如，从**图 4-6** 插图中可以看出，H_{c2} 曲线非常陡峭，斜率为 $-dH_{c2}^{ab}(T)/dT \sim 7.3$ T/K；按照同样的方法，可以得到磁场平行于 c 轴方向的 $H_{c2}^c(T)$ 在 T_c 附近的斜率，$-dH_{c2}^c(T)/dT \sim 4.8$ T/K。对于第 II 类超导体，$H_{c2}(0)$ 可由 WHH 公式估算获得：$H_{c2}(0) = -0.693 \times (dH_{c2}/dT) \times T_c$，得到零温下的上临界场数值为：$H_{c2}^{ab}(0) = 190$ T，$H_{c2}^c(0) = 130$ T。需要注意的是，该计算值一般比实测值偏大。样品的各向异性参数 $\gamma = H_{c2}^{ab}(0)/H_{c2}^c(0) \sim 1.5$，较小的各向异性特性对实际应用非常有利。

4.2.2.2   不可逆场的测量方法

不可逆场是超导体内钉扎力等于零、磁通涡旋开始自由流动时对超导体施加的磁场，这时超导体临界电流密度为零，不能无阻传输电流。对于传统低温超导体，不可逆场和上临界场很接近，一般认为上临界场就是不可逆场，但是氧化物高温超导体不可逆场的磁场强度远远小于其上临界场的磁场强度。因此，从实际应用的角度来讲，人们更加关心的是超导材料的不可逆场。

如前面所述，利用不同磁场下的电阻–温度关系或不同温度下的电阻–磁场关系可以确定上临界场和不可逆场。除此之外，还有其他几种方法也经常使用。

一种是通过测量一定温度下超导样品的升场与降场的磁滞回线的交点得到，即磁滞现象消失时的磁场即为不可逆场。我们知道，通过磁滞回线可计算磁化临界电流密度 J_c，所以通过判断某一温度下临界电流消失的磁场就可以获得不可逆场。通常不可逆场是以 $J_c = 10$ A/cm^2 为判据得到的。

第二种方法是在选定的磁场条件下通过测量样品场冷磁化和零场冷磁化下的磁化率，由同一磁场下场冷和零场冷曲线的交点得到该磁场 (定义为不可逆场) 下对应的不可逆温度 [3]。这样可得到不可逆温度–不可逆场的相图。

具体测量过程如**图 4-7** 所示，首先将超导样品冷却到临界温度以下的温度 T_1，然后加磁场，保持所加磁场不变，并逐渐提高样品的温度，测量磁化率可以获得 $ABCDE$ 曲线。其次以有场冷却方式在临界温度以上先将样品放置于与零场冷却方式同样强度的磁场中，然后冷却至临界温度以下，当温度下降到 C 点后，实验结果如 $EDCFG$ 曲线所示。这样，C 点所对应的温度就是该磁场下的不可逆温度。改变磁场强度重复实验就可获得完整的不可逆线。

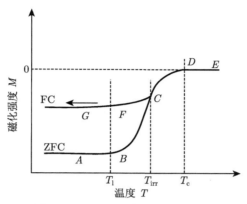

图 4-7 不可逆温度的测量示意图

还有一种方法是在恒定的直流磁场下测量样品的交流磁化率，其虚部 χ'' 的峰值温度即为不可逆温度，也就得到了不可逆场。有报道称，三次谐波磁化率的起始点是在交流磁化率测量中确定不可逆场线的唯一适当的标准。

4.2.2.3 下临界场的测量方法

加速器用超导谐振腔和超导陀螺仪均要求所用超导材料的下临界场 H_{c1} 足够高，这种情况下不容易失超。下临界场的测量一般通过测量磁场下磁化强度的变化曲线获得，这是通过定义磁化率偏离线性的地方为下临界场点得出的，现在举例说明。

图 4-8 插图给出了低场下 $SrFe_{2-x}Ru_xAs_2$ 样品典型的 $M\text{-}H$ 曲线 [4]。由于迈斯纳效应，这类样品在低场下的 $M\text{-}H$ 具有明显的线性关系。一般选定离开迈斯纳线的位置为下临界场，2 K 下，上述样品的下临界场为 92 Oe，5 K 下为 45 Oe。如**图 4-8** 给出了下临界场

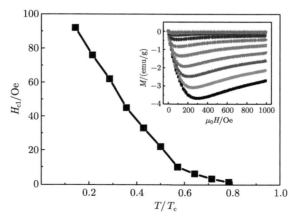

图 4-8 $SrFe_{2-x}Ru_xAs_2$ 样品的下临界场随温度的变化关系，插图为不同温度下的 $M\text{-}H$ 曲线 [4]

随温度的变化关系。对于零温时的下临界场，可以简单地把 H_{c1}-T 曲线外延，得到 $H_{c1}(0)$，但是考虑到样品形状的影响，这样得到的数据并不准确。我们把线性延长得到的磁场记做 $H_{c1}^{*} = 123$ Oe，根据关系 $H_{c1} = H_{c1}^{*}/\tanh\sqrt{0.36b/a}$，其中 a、b 为样品的宽度和厚度 [5]，结合样品的尺寸，可以计算得到 $H_{c1} = 512$ Oe。

4.2.3 临界电流密度的测量

在超导体中，临界电流 I_c 被认为是无阻传输的最大直流电流 (以 A 为单位)。当超导样品的电流达到 I_c 时，样品也将从超导态转变为正常态，即通常意义上的失超 (quench)。临界电流是判断一种超导线带材能否实际应用的关键。临界电流密度 J_c 是表征超导材料承载电流能力的关键指标，用单位截面积的超导材料所能承受的传输电流大小表示，以 A/cm² 为单位。还有一个经常用到的是导体全截面上的电流密度，又称工程电流密度 (J_e，以 A/cm² 为单位)。需要注意的是，这些参数受温度和磁场的制约，所以，当我们讨论 J_c、I_c、J_e 时，应该指定温度和磁场条件 (磁场强度及方向)。

上述几个指标的相互关系可以用以下公式表示：

$$J_c = \frac{I_c}{S_{超导}} \tag{4-5}$$

$$J_e = \frac{I_c}{S_{全部}} = \frac{J_c \times S_{超导}}{S_{全部}} \tag{4-6}$$

式中，$S_{超导}$ 表示超导体的截面积；$S_{全部}$ 表示整个样品的截面积 (应包括包套材料或稳定层在内)。

对于一定宽度的 YBCO 高温超导带材，I_c 还可以直接用 $I_c = J_c \times h$ 来表示，单位为 A/cm-w①。式中，h 表示超导层厚度。

超导体临界电流的测量方法主要包括利用零电阻特性的四引线法 (电测法)、利用其迈斯纳效应的磁测法以及磁光成像技术等几种，本节重点介绍这几种方法。其他还有混合场测量法，如 Campbell 法和三次谐波分析法 [3]，因应用范围不广，这里就不展开说明了。

4.2.3.1 四引线法

四引线法具有测量结果直接、可靠等优点，是目前测量实用超导线带材临界电流 I_c 最常用的电测量方法。特别是对于具有弱连接效应的超导体，如 Bi 系高温超导体和铁基超导体等，四引线法更加可靠，这是由于这些超导线带材是由多晶材料构成的，因此磁化方法确定的临界电流不但包含晶间电流同时也包含晶内电流，所以不能准确地反映其真实的传输能力。

临界电流 I_c 被定义为超导体上出现电压或电阻陡然变大时所对应的输运电流。实际上，四引线法是根据 I-V (电流-电压) 曲线来确定临界电流 I_c 进而确定临界电流密度 J_c 的一种方法。与临界温度的测量方法相似 (**图 4-1**)，临界电流的测量也是采用四根引线，其中两根为电流引线，两根为电压引线，电压引线之间的电压被看作是输运电流 I 的函数。不

---

① A/cm-w 表示每厘米宽度的电流。

同的是，测量 T_c 时，通入的电流是固定的，一般很小 $(1 \sim 10 \text{ mA})$，而测 I_c 时，施加的电流是不断增大的，有的高达几百安培，甚至更高。

超导线带材临界电流的确定需要给定判据，按照国际标准，对于四引线法测量超导体临界电流，常用的判据有两个 [6]：电场判据 $E = 1 \text{ μV/cm}$ 以及电阻率判据 $\rho = 10^{-13} \text{ Ω·m}$，两者是等价的，如**图 4-9** 所示。$1 \text{ μV/cm}$ 标准的意思是在 1 cm 长的距离上出现 1 μV 的电压时的电流，即为超导线带材的临界电流。另外，还有一个相对严格的标准也常使用，电场判据 $E = 0.1 \text{ μV/cm}$ 和电阻率判据 $\rho = 10^{-14} \text{ Ω·m}$。对高温超导线带材，通常使用 1 μV/cm 的标准，而对低温超导体通常采用更严格的 0.1 μV/cm 的标准。

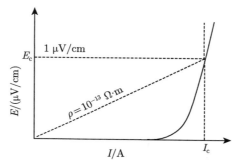

图 4-9　四引线法超导线带材临界电流的判据 [6]

实用超导体的电压随电流的变化是非线性的，其电压–电流曲线 $V(I)$ 可近似表示为 $V \propto I^n$，其中 I 的幂指数就是超导体的 n 值。n 值是代表强非线性的一个重要参数，通常在 $1 \sim 100 \text{ μV/m}$ 的电场范围内确定。n 值大的超导线带材通常有更好的性能。一般低温超导体 n 值很大 (>25)，电流接近临界电流时电压变化很陡，所以临界电流 I_c 可以描述超导体的载流能力；但是对于高温超导体，在液氮温区，n 值一般小于 20，这时评估超导体的载流特性除了 I_c 外，还应该考虑 n 值的影响。

现举一实例说明四引线法的线带材样品准备和测量过程：待测样品一般为 4 cm 长，四根引线直接焊在超导线带材的包套材料上，其中焊接在样品两端的两引线为大电流输入线；而中间焊接的两根引线接电压测量端子，电压引线距离约为 1 cm。在超导线带材内引入一个随时间线性增加的直流电流，当其测得的电压值大于 1 μV 时，输入的电流大小即被判定为超导临界传输电流。最后可以根据测量超导线带材中超导芯的截面积来计算临界电流密度。**图 4-10(a)** 为在日本东北大学采用四引线法进行 I_c 测量时所使用的样品架以及焊接好引线的待测铁基超导带材。**图 4-10(b)** 给出的是在 4.2 K、10 T 条件下测量得到的 122/SS/Ag(SS 指不锈钢) 铁基超导样品的 $I\text{-}V$ 曲线。

四引线法是最准确可靠的一种方法，是国际临界电流测量标准使用的方法。商业用超导材料性能的临界电流也都是用该方法测定的。但是临界电流即使在高磁场下也有可能高达数百安，这样的大电流可使焊接点处的欧姆热效应显著，造成样品温度升高，从而影响临界电流的测量甚至烧坏样品。另外，该法需要强磁体和低温环境，且测量技术复杂，只有少数实验室才能配置。因此，更多实验室使用磁化法进行临界电流密度的评估。

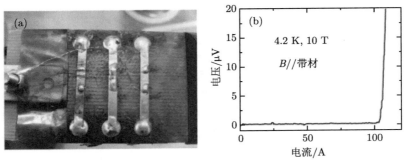

图 4-10　(a) 准备采用四引线法测量的铁基超导带材；(b) 在 4.2 K、10 T 条件下测试获得的 122 铁基超导带材的 $I\text{-}V$ 曲线

4.2.3.2　磁测法

磁测法的原理是根据探测线圈中的磁通变化产生电动势来实现磁化强度的测量。磁测量仪器主要有超导量子干涉器磁强计、振动样品磁强计、交流磁强计等。在固定温度下，测量不同磁场下的磁化强度就能确定磁滞回线 ($M\text{-}H$)，根据 Bean 临界态模型 [7]，基于磁滞回线即可计算磁化 J_c 的大小。该法测量安全可靠，不足之处是测量的结果精度不够高，只能反映区域电流特征。当然，磁测量所得 J_c 的精确性与样品的几何形状密切相关。**图 4-11** 给出了常见的几种几何形状的样品的磁化临界电流密度 J_c 的计算公式 [8]。

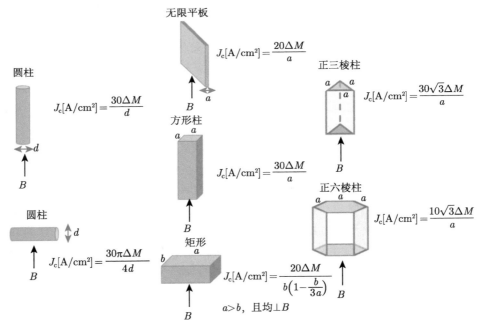

图 4-11　常见的几种几何形状的样品的磁化 J_c 的计算公式 [8]，注意测试中样品在磁场中的方向

例如，在图 4-11 中，矩形或块状 ($a \times b \times c$) 超导样品的磁化临界电流密度可以由以下公式求出 [7]：

$$J_c = 20 \times \frac{\Delta M}{b\left[1 - (b/3a)\right]} \quad (a > b) \tag{4-7}$$

式中，a，b 分别为样品的长和宽，单位是 cm；ΔM 是样品磁滞回线升场和降场的磁矩之差，单位是 emu/cm^3。这样求得的磁化 J_c 的单位为 A/cm^2。

现给出利用上面公式计算 J_c 的一个例子。**图 4-12(a)** 是采用 SQUID 获得的 SmFeAsO$_{1-x}$F$_x$ 单晶在 5 K 时的磁滞回线数据 [9]。该样品的转变温度为 53 K，样品尺寸为 $0.12 \times 0.09 \times 0.06$ mm^3，根据 Bean 模型计算得到样品的磁化临界电流密度参见 **图 4-12(b)**，可以发现这类超导体的磁化 J_c 很高，磁场下可达约 10^6A/cm^2。然而由于存在弱连接效应，这类超导体多晶样品的晶间临界电流密度普遍较低。

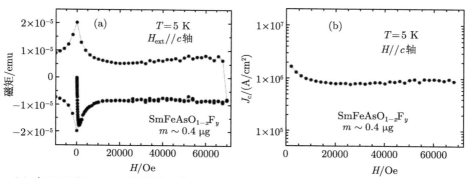

图 4-12　(a) 在 5 K 和 0∼7 T 的外场条件下，SmFeAsO$_{1-x}$F$_x$ 单晶样品的磁滞回线；(b) 计算得到的磁化临界电流密度随外磁场的变化关系 [9]

另外，下面的公式常用来计算多晶样品晶粒内的临界电流密度

$$J_c = \frac{30\Delta M}{d} \tag{4-8}$$

式中，d 为样品内晶粒的平均尺寸 (可由扫描电镜观察得到)；ΔM 的单位是 emu/cm^3。对于铜基氧化物超导体，晶粒尺寸一般为 $5 \sim 10$ μm，那么由式 (4-8) 获得的晶粒内的磁化 J_c 一般在 10^6 A/cm^2 量级。

4.2.3.3　磁光成像技术

磁光成像 (magneto-optical imaging，MOI) 技术能提供超导材料中磁通的实时可视化分布，是研究超导体磁通性质的重要技术手段。磁光测试能够直观地表征样品的晶粒连接性和均匀性，能够利用外加磁场对样品在迈斯纳态下的磁场穿透和样品剩磁态的俘获磁通进行测量，借此可以估算出样品中的晶内和晶间电流。磁光表征在铜氧化物超导体的研究中已被广泛使用 [10]。

磁光成像测试原理是将钇铁石榴石磁光转换薄膜置于超导样品表面上，通过钇铁石榴石薄膜的偏振光的振动方向在磁场的作用下将发生偏转，根据法拉第磁光效应，发生偏转的大小与磁场强度的大小和分布相关，因此通过观测偏转光光强的变化可以得到样品表面磁感应强度的分布及大小，并实现磁感应强度分布的可视化观测。**图 4-13** 为中国科学院电工研究所研制的磁光测试系统。它由光学平台、载物台、自制励磁磁体、显微镜和低温恒温器等几个部分组成。具体测量过程如下：首先将样品和钇铁石榴石薄膜置于样品腔中并对腔室抽真空，之后由氦气冷却的冷头对样品降温，由美国 Montana Instruments 公司生产的超精细无液氦低温恒温器对样品的温度进行精确控制。磁光图像用英国牛津-Andor 公司生产的 sCMOS 相机接收并成像。系统的磁体由铜导线绕制而成，外部配有冷却水夹层，能够有效降低磁体运行时的温度，防止磁体烧坏。该磁体能够提供最高 1500 Oe 的稳恒磁场，磁场方向垂直于样品台且极性可反转。受限于载物台的规格，磁光样品尺寸一般要小于 $8\times8\ \text{mm}^2$。该系统能够测量迈斯纳态及剩磁态下样品的磁通分布图案，从而推算出样品内电流的大小、分布及均匀性，为样品质量评估及工艺改进提供可靠依据。

图 4-13　中国科学院电工研究所研制的磁光成像测试装置

图 4-14 是 MgB_2、Bi-2223、YBCO 和 Ba-122 样品的磁光成像图[10,11]。在外场的作用下，样品表面会产生屏蔽电流，在垂直方向磁场会呈"屋顶"形状。对于最好的 MgB_2 样品来说，可见磁通的剧烈变化受控于约 10% 的孔洞，而不是晶界。Bi-2223 和 Ba-122 样品中的横向羽毛主要是样品厚度的变化和轧制加工过程中的缺陷造成的。在 YBCO 涂层导体中，可以看到有许多从屋顶中心发出的线，表明局部电流密度较高的电流环路叠加在了长距离电流上。磁光成像表明，由于较强的弱连接效应，多晶高温超导样品中存在多个电流环路。

在 MOI 表征中，将样品在零场冷却至超导转变温度以下的某一温度，再施加一定强度的磁场，然后迅速撤去外加磁场后可以得到样品的剩磁状态，对于外加磁场未穿透至样品中心的薄片样品，当磁场方向垂直于样品表面时，可以用如下公式来估算样品内的磁化临界电流密度[12]：

$$J_c = \frac{c}{4d}\frac{H_{ex}}{\text{arcosh}\left[w/\left(w-2p\right)\right]} \tag{4-9}$$

式中，H_{ex} 是外加磁场的大小；d 是样品的厚度；p 是自样品边缘算起磁场的穿透距离；w

是样品的宽度。

对于外加磁场穿透至样品中心的薄片样品，磁场方向垂直于样品表面，我们可以使用如下公式计算样品中的临界电流密度[12]：

$$J_c = \frac{\Delta B}{d} \tag{4-10}$$

式中，ΔB 是俘获磁场的大小；d 是样品厚度。

磁光成像技术也是表征临界电流密度的一种手段，和磁化法相比，能比较直观形象地反映超导芯的晶粒连接情况。实验证明，上述两种方法计算的磁化临界电流密度的结果基本一致。由于磁光成像技术操作复杂，而且外加磁场有限，使用并不普及。

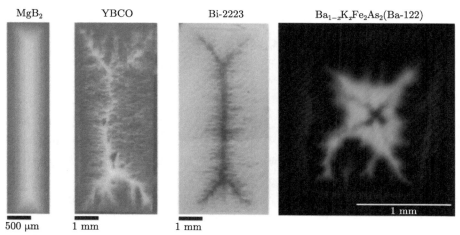

图 4-14 不同超导样品的磁光成像图，从左到右依次是：MgB$_2$、YBCO 涂层导体、Bi-2223 和 Ba-122 单芯带材[10,11]

4.2.4 实用化性能的测量

4.2.4.1 交流损耗的测量

正如第 3 章所述，当超导体传输交流电流或处于交变磁场中 (或存在电磁扰动) 时，超导体内将产生损耗，即交流损耗。从宏观角度来看，交流损耗是由于超导体通以交流电流或处于变化的磁场中时，变化的磁场在超导体中产生的感生电场引起的。从微观的角度来看，交流损耗被认为是由量子化磁通线的黏滞运动产生的。

超导导线整体的交流损耗与导线结构及材料构成有关，仅凭电磁分析很难获得准确数据，需要通过实验测量。通常，超导体交流损耗的测量方法有三种：磁测法、电测法和热测法[13,14]。电测法和磁测法耗时短，灵敏度高，适用于测量超导体小样品的交流损耗，但对既有交变外场又传输交流电流的情况很难应用。热测法则适用于复杂的电磁环境下尺寸较大的超导导线或线圈，甚至超导磁体的交流损耗的测量，但由于液氮具有较大潜热 (相对于液氦)，所以热测法对超导短样的损耗测量精度较低。

1) 磁测法

在一定温度下，测量超导体的磁滞回线，对磁滞回线进行积分就能够得到超导体的磁滞损耗，即

$$Q = \int H dM = -\oint M dH \ (\text{J/m}^3) \tag{4-11}$$

如果外场是交变的，测得的结果是包括耦合损耗、涡流损耗、磁滞损耗在内的总交流损耗。测量磁滞回线的方法通常采用 SQUID 和 VSM 磁强计等，温度、磁场大小和方向等可以方便地选择。磁测法也可以测量晶内损耗。

2) 电测法

直接给被测样品通以交流电流，测量电流 I 与电压 V 的相位差，利用下式求出损耗

$$Q = IV \cos \theta \tag{4-12}$$

这种方法的优点是耗时短，测量精度高，测量装置相对简单，也可以用于测量电缆的损耗。但是，如果样品很短或损耗很低，相位差难以准确测量。当相位差接近 90° 时，小的角度误差 $\Delta\theta$ 必将引起大的测量误差，且该测量方法受引线布局的影响。

3) 热测法

交流损耗测量最直接、最常用的办法是热测法。其基本原理是测量由样品的功率损耗而引起的液氮 (或液氦) 的蒸发率。测量时，超导线通以交变电流，在外场作用下产生的交流损耗将引起样品周围的液氮蒸发。所蒸发的氮气通过集气管通入气体流量计，这样，流量计测出的氮气流量即反映了超导线交流损耗的实际值。

热测法测量的损耗为总交流损耗，可以包括磁滞损耗、耦合损耗和涡流损耗；该方法可以测量交变磁场和交变电流不同相位情况下的交流损耗，测量范围宽，可测量任何形状、温度的电缆和线圈。排除了磁测法中由于磁化曲线转换的标度误差及拾波线圈的电压误差。然而，其缺点是，热平衡时间常数较长 (耗时)，灵敏度低 (尤其是液氮下的短样测量) 及存在漏热问题，比较适合于较大的超导试样的交流损耗测量。

4.2.4.2　应力应变的测量

在超导强电应用中，载流超导体会受到预应力、热收缩应力和电磁力的共同作用，超导材料在某一应力情况下，载流能力不受影响，但是超过临界应力后，载流特性发生不可逆转的退化，因此，超导材料的机械应力特性是超导磁体结构设计需要考虑的关键参数之一。

一般来讲，不可逆应变 (临界应变) 应定义为临界电流开始有明显下降时的拉伸或弯曲应变值 ε_{irr}。由于临界电流的明显下降存在过渡过程，因此，一般采用临界电流下降到一定值时对应的应变来定义不可逆应变 (临界应变)。如在一定温度下，给超导材料施加应力，若临界电流降为无拉应力作用时临界电流的 95%，所对应的应力为该超导材料的临界应力，对应的应变称为不可逆应变 (临界拉伸应变)ε_{irr}。工程上一般也以临界电流下降 5% 作为高温超导线带材的应力承受极限。

高温超导线带材的应力–应变测量系统包括如下几部分：机架、加力及测力装置、应变测量装置 (应变片)、样品和液氮低温容器等。当超导线带材受到应力作用而发生应变时，应变片发生形变，其形变转换成电压信号并由连接于应变片的数字电压表测出，依据电压信

号相对于应变为零时的变化量，就可以测出超导线带材的应变量。同时，采用四引线法可获得相应应变时的临界电流。**图 4-15** 给出的是典型高温铜基氧化物超导带材临界电流随拉应力的变化关系。

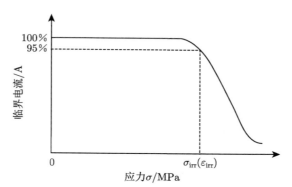

图 4-15　高温超导带材临界电流随拉应力的变化示意图

在制造超导磁体时，超导线带材常常以线圈的形式出现，超导材料的绕制弯曲半径必须限定在一定范围内。和拉伸情况类似，同样定义在一定温度下，超导材料以一定弯曲半径弯曲，若临界电流降为无任何弯曲时临界电流的 95%，所对应的弯曲应变 (弯曲半径) 为该超导材料的不可逆应变 (临界弯曲应变)ε_{irr}。超导带材的弯曲应变测量装置相对简单，主要包括弯曲样品架、低温容器以及临界电流测试仪等。**图 4-16** 为 Bi-2223 超导带材在弯曲后 (弯曲直径 =50 mm) 和弯曲前临界电流的对比 [15]。从图中看出，弯曲后样品的电流性能出现了退化。

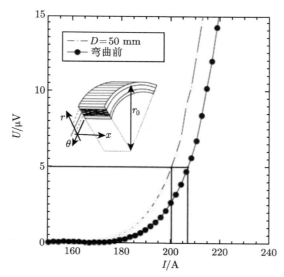

图 4-16　Bi-2223 超导带材在弯曲后和弯曲前临界电流的对比情况 [15]

4.2.4.3　剩余电阻比的测试

超导线带材的剩余电阻比 (RRR) 定义为其在室温 (293 K 或 300 K) 的电阻和在低温下、临界温度之上的剩余电阻之比，即 $RRR = R_{RT}/R_2$。这个剩余电阻比的大小直接和用超导材料做成的各种实用装置，如超导磁体等，在低温下运行的稳定性相关。因而剩余电阻比是商品超导线材的一个重要技术指标。

在超导线材剩余电阻比的测试中，比较重要和关键的是如何定义和测定其在低温下的剩余电阻 R_2。在国际电工委员会制定的国际标准中，R_2 是根据电阻-温度曲线决定的。如**图 4-17** 所示，在电阻随温度变化的曲线上，线段 (a) 和线段 (b) 的交点即是样品的剩余电阻 R_2。在实验室中，通常采用 PPMS 等装置来获取室温电阻 R_{RT} 和低温电阻 R_2，因此，RRR 值的测定还是比较方便的。

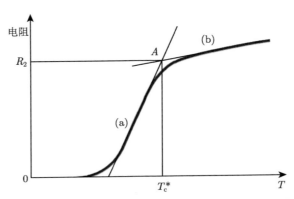

图 4-17　电阻-温度曲线上，根据线段 (a) 和线段 (b) 的交点来确定样品的剩余电阻 R_2

4.3　微观结构表征技术

4.3.1　热重和差热分析

热重分析 (thermogravimetric analysis，TG 或 TGA) 是指在程序控制温度下测量待测样品的质量与温度变化关系的一种热分析技术，用来研究材料的热稳定性和组分，其特点是定量性强，能准确地测量物质的质量变化及变化的速率[16]。热重分析法包括静态法和动态法两种类型。

热重分析法一般是将 $1 \sim 8$ mg 的样品在惰性环境下加热，测量其重量随温度的变化曲线，如**图 4-18(a)** 所示。以失去 5% 重量为标志，该温度越高，通常表明材料的热稳定越好。如果没有升华现象，5% 失重温度也通常被视为材料的热分解温度 (T_d)。

物质在被加热或冷却的过程中，会发生物理或化学等的变化，如相变、脱水、分解或化合等过程。与此同时，必然伴随有吸热或放热现象。当我们把这种能够发生物理或化学变化并伴随有热效应的物质，与一个对热稳定的、在整个变温过程中无热效应产生的基准物 (或叫参比物) 在相同的条件下加热 (或冷却) 时，在样品和基准物之间就会产生温度差，通过测定这种温度差可以了解物质的变化规律，从而确定物质的一些重要的物理化学性质，这种分析称为差热分析 (differential thermal analysis，DTA)。差热分析是在程序控制温度下测定待测物质和参比物之间的温度差和温度关系的一种技术。在程序升温或降温中，参比物是没有吸热或放热效应的，当然这是在一定温度范围内，如 $\alpha\text{-}Al_2O_3$，在 $0 \sim 1700\,^\circ\text{C}$ 范围内是没有吸热或放热效应的。差热分析仪通常由加热炉、温度控制系统、信号放大系统、差热系统及记录系统组成。差热分析存在的问题是定性分析，灵敏度不高。**图 4-18(b)** 是 MgB_2 超导体的差热分析曲线 [17]，实验中采用的气氛为流通 Ar 气，升温速率为 $20\,^\circ\text{C/min}$。从图中可以看出，MgB_2 在 $810\,^\circ\text{C}$ 就开始出现放热峰，说明在此温度条件下，MgB_2 相开始发生分解。而从 $1100\,^\circ\text{C}$ 开始有明显的主放热峰，显示在这一温度下 MgB_2 相发生剧烈分解。

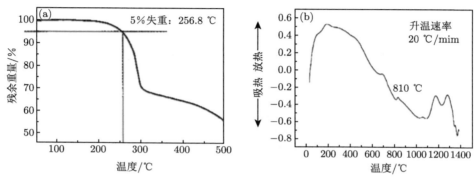

图 4-18　(a) 典型热重分析曲线；(b) MgB_2 粉末的差热分析曲线 [17]

另外，还有一种经常使用的方法，称为示差扫描量热 (differential scanning calorimeter, DSC) 法。它是在程序控制温度下，测量输给物质和参比物的能量差与温度关系的一种技术。示差扫描量热和差热分析仪器装置相似，所不同的是差热分析是测量试样和参比物的温度差，而示差扫描量热是使试样和参比物的温度相等，测量的是维持试样和参比物的温度相等所需要的功率。因此，示差扫描量热的定量分析要比差热分析好。差热分析的优点在于它的温度一般比示差扫描量热高，所以对于高温测试来说差热分析有优势。

现代差热分析仪器的检测灵敏度很高，可检测到极少量试样所发生的各种物理、化学变化，如晶形转变、相变、分解反应等。不同的超导材料由于它们的结构、成分、相态都不一样，在加热过程中发生物理、化学变化的温度高低和热焓变化的大小均不相同，因而在差热曲线上峰谷的数目、温度、形状和大小均不相同，这就是应用差热分析进行物相定性、定量分析的依据。

4.3.2　光学显微镜

光学显微镜是一种精密的光学仪器，已有 300 多年的发展史，比较常见，一般实验室都有配备。常用的显微镜有双目连续变倍体视显微镜、金相显微镜、偏光显微镜、紫外荧光显微镜等。显微镜的光学系统主要包括物镜、目镜、反光镜和聚光器四个部件。光学显微镜是利用凸透镜的放大成像原理，将人眼不能分辨的微小物体放大到人眼能分辨的尺寸。显微镜的分辨力大小由物镜的分辨力来决定，而物镜的分辨力又是由它的数值孔径和照明光线的波长决定的；目镜只能起放大作用，不会提高显微镜的分辨率。显微镜的总放大倍数等于物镜和目镜放大倍数的乘积。放大倍率是指直线尺寸的放大比,而不是面积比。例如,放大倍数为 100×,指的是长度 1 μm 的标本,放大后像的长度是 100 μm。例如,常用的 OLYMPUS-BX51 光学显微镜,放大倍率为 50 ∼ 1000 倍,能提供明场、暗场、偏光等多种观察方式。

　　通过光学显微镜对实用超导线带材样品形貌进行初步显微结构观察,可以确定线带材的形状和厚度、超导芯的面积及所占比例,同时也可以观察超导芯的微观形貌,初步确定反应层、致密度、裂纹、孔洞和杂相等带材整体信息。**图 4-19** 是 122 铁基超导带材样品截面的光学显微镜照片。由此可以观察超导芯和包套材料的相对厚度、超导芯的均匀性等,同时可以计算超导芯与包套材料的相对比例,或者芯超比。

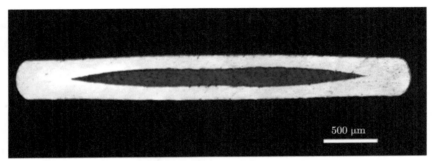

图 4-19　典型 122 铁基超导带材样品的截面图

4.3.3　X 射线衍射

　　X 射线衍射 (X-ray diffraction,XRD) 又称 X 射线物相分析法,是材料结构与物相分析中最常用的方法 [18]。X 射线衍射仪利用衍射原理精确测定物质的晶体结构、织构及应力,精确地进行物相分析、定性分析、定量分析。X 射线衍射的实验方法主要有三个:劳厄法、旋转法和粉末法。其中旋转法对晶体对称性的确定最直观,粉末法则可以测量多晶样品,最实用、最方便。X 射线衍射对材料的穿透深度在几十个微米左右,与材料特性有关。

　　X 射线是原子内层电子在高速运动电子的轰击下跃迁而产生的光辐射。晶体材料的主要特点是原子排列的周期性。当 X 射线照射晶体时,晶体可被视为 X 射线的光栅,晶体所产生的相干散射将会发生光的干涉作用,从而得到 X 射线的强度衍射图谱,分析 X 射线图谱可以获得晶体材料的成分、内部原子或分子的结构或形态等信息。互相干涉的 X 射线产生的最大强度的光束被称为 X 射线衍射线,这些衍射线满足布拉格公式:

$$n\lambda = 2d\sin\theta \tag{4-13}$$

式中,λ 为 X 射线的波长;n 为衍射级整数;θ 是布拉格衍射角;d 为晶面间距。只有当式 (4-13) 满足时,也就是当光程差为波长的整数倍时,才能发生衍射增强,而在其他方向减弱或相互抵消。

　　超导材料的物相信息主要利用 X 射线衍射仪进行表征,样品可以是单晶、粉末、多晶或超导线带材超导芯 (剥离包套材料后) 的固体块。实际中使用最多的是根据各种超导体对应的特定的衍射峰和衍射角,利用 XRD 来确定其组成相成分,计算组成相的相对含量、晶格常数以及测定应力和织构以及微晶尺寸等。衍射方法还是择优取向表征的主要手段, 无论是多晶衍射术还是薄膜衍射都富有自然的统计意义。具体方法主要分为 X 射线 ω 扫描、ϕ 扫描或者极图方法。研究工作中, 常使用的 X 射线衍射仪有德国布鲁克 D8-Advance, 或者日本理学株式会社生产的 D/MAX-2500, 射线波长 0.15406 nm, Cu Kα, 工作电压 40 kV, 工作电流 20 ~ 200 mA。

普通的 2θ 扫描是样品或 X 射线管转动 θ 角度, 探测器转动 2θ, 可以获得相关样品的系列图谱, 图谱中衍射峰的位置直接取决于晶体的晶格常数和结构种类, 峰的高度反映了某种化合物在样品中所占的比率。**图 4-20** 是在银基板上生长的 YBCO 薄膜的 XRD 谱。从图中看出, 除了来自银基板的 Ag 峰以外, 其余峰均是具有 c 轴取向的 YBCO 相的 $00l$ 衍射峰, 表明 YBCO 薄膜质量较高。

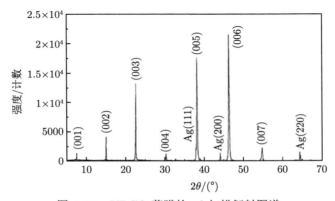

图 4-20 YBCO 薄膜的 2θ 扫描衍射图谱

ω 扫描, 即摇摆曲线, 入射的 X 射线保持不变, 探测器保持不变, 同时入射光同探测器之间的夹角也保持不变 (固定在 2θ)。然后样品围绕着平行于样品表面的一根轴 (此轴也垂直于由入射光和探测器两相交直线构成的平面) 来回转动, 用来描述某一特定晶面在样品中角发散大小的测试方法。YBCO 薄膜 (005) 峰的摇摆曲线如**图 4-21(a)** 所示[19], 其半高宽为 $2.5°$, 表明该薄膜具有很强的 c 轴取向度。

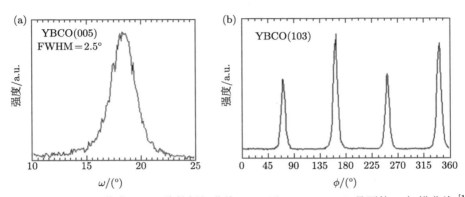

图 4-21 (a) YBCO 薄膜 (005) 峰的摇摆曲线; (b) 沿 YBCO(103) 晶面的 ϕ 扫描曲线[19]

与 X 射线衍射相同，X 射线 ϕ 扫描也是基于布拉格衍射方程。ϕ 扫描，即 phi-scan，是样品先倾斜一个角度 (要扫描的晶面和生长面的夹角)，再自身旋转 360°，一般用来分析样品面内晶粒取向情况 (织构、有无孪晶等)。如要确定 YBCO 薄膜的面内取向关系，最常用的就是 ϕ 扫描，如**图 4-21(b)** 是沿 YBCO(103) 晶面的典型 ϕ 扫描曲线[19]。从图中看出，YBCO 的 ϕ 扫描的半高宽约 7.4°，显示出较好的面内双轴晶粒取向。

尽管 X 射线也可以用来观测样品大范围内的缺陷，但对于和超导性能有关的小尺寸缺陷和位错，它则无能为力。如果样品中含有大量不完整结构，X 射线衍射分析的结果就只是整个样品的平均结构。在这种情况下，电子显微镜方法更为有效。

4.3.4 扫描电子显微镜及能谱分析

扫描电子显微镜 (scanning electron microscope，SEM) 是 20 世纪 60 年代中期发明的细胞生物研究工具，主要利用样品表面被激发的二次电子信号成像来观察样品的表面形貌特征[18]。扫描电镜是介于透射电镜和光学显微镜之间的一种微观形貌观察仪器，它的主要优点是：① 有较高的放大倍数；② 有很大的景深、视野，成像立体感强，可以直接观测样品表面的微观结构；③ 样品制备简单。

在超导材料的 SEM 观察中，主要是利用二次电子像和背散射电子像。二次电子的产生主要受样品表面状态的影响，因此适合于表面形貌的观察，而背散射电子受样品原子序数的影响较大，适合于进行成分表征，但是分辨率低于二次电子。二次电子像是样品分析中最常用的手段，它的成像机理是形貌衬度：一幅背散射图像能够显示出电子探针取样区与原子序数直接相关的衬度，因此一个由不同原子序数组成的多相区的试样将呈现出不同的亮度。根据这个原理，可以采用 SEM 观察超导材料中晶粒的大小、形貌及排列情况、第二相粒子的大小及分布情况等。另外，由于扫描电镜具有远大于光学显微镜的景深，因此可以用于断面形貌观察。用扫描电镜观察 Bi-2223 带材超导芯断面的形貌，结果如**图 4-22(a)** 所示[20]。从图中看出，超导芯中的晶粒尺寸在 10 μm 左右，具有明显的层状结构。**图 4-22(b)** 的 SEM 照片清楚地表明在 YBCO 薄膜中存在着大量 a 轴晶粒。

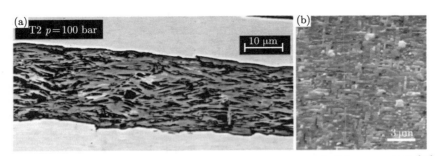

图 4-22　(a) Bi-2223 带材断面的 SEM 照片；(b) YBCO 薄膜的 SEM 照片[20]

1 bar = 10^5 Pa

超导芯成分及微区元素含量分析采用的是扫描电镜附带的 X 射线能谱仪 (energy dispersive spectrometer，EDS) 插件和电子探针 (electron probe microanalysis，EPMA)。EDS 的原理是借助于分析试样发出的元素特征 X 射线波长和强度实现的，根据波长测定试样所含的元素，根据强度测定元素的相对含量。电子探针是通过检测和分析电子束入射样品后激发的特征 X 射线来进行元素分析的，而分析特征 X 射线波长的谱仪是波长色散谱仪 (WDS)。电子探针一般指的就是 WDS。EDS 的分析效率比较高，分析速度快，但是定量分析准确度比较低，而 EPMA 虽然分析速度比较慢，但其分析准确度比 EDS 要高很多。EDS 和 EPMA 都可以对样品所含元素进行定性和定量的分析，包括点扫、线扫、面扫三种方式，最终确定超导的元素比例及分布情况。

图 4-23 是利用 EPMA 技术对铜银复合包套 7 芯 Ba-122 铁基超导线材的横截面进行的元素分布表征[21]。由 7 芯线材的二次电子像可以看到，Ba-122 芯丝呈对称分布，银包套完整，Cu-Ag 和 Ag-Ba-122 之间边界清晰。除了一些不均匀区域外，其余区域的 Ba、K、Fe 和 As 元素的分布比较均匀，芯丝之间也未见明显差异。由铜和银的元素分布图可以看到，Ag 没有和超导相发生反应，是非常良好的阻挡层金属，而铜则存在向银层中扩散的迹象。

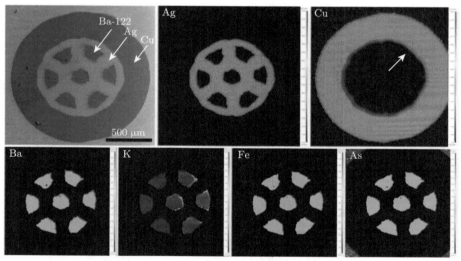

图 4-23　铜银复合包套 7 芯 Ba-122 铁基超导线材的元素分布[21]

4.3.5　透射电子显微镜

透射电子显微镜 (transmission electron microscope，TEM) 成像原理与扫描显微镜相似，它是把经加速和聚集的电子束投射到非常薄的样品上，电子与样品中的原子碰撞而改变方向，从而产生立体角散射。散射角的大小与样品的密度、厚度相关，因此可以形成明暗不同的影像。由于电子的德布罗意波长非常短，透射电子显微镜的分辨率比光学显微镜高很多，可以达到 0.1 ～ 0.2 nm，放大倍数为几万～百万倍[18]。因此，使用透射电子显微镜可以分析样品晶格内的情况，如晶格畸变、位错、空位等缺陷，甚至可以用于观察仅仅一列原子的结构。透射电子显微镜是超导材料研究中不可缺少的一个工具。它的高分辨技术和 X 射线能量色散谱以及电子能量损失谱 (EELS) 仪相结合，使得它们能在超导研究中发挥强大的作用。不过，由于电子束的穿透力很弱，因此用于电镜的标本须制成厚度约 50 nm 的超薄切片。

关于透射电镜样品的制备：对于粉末状样品，一般采取研磨法。把样品放入研磨杯中，倒入少量丙酮，研磨后用预备好的孔状非晶碳膜网从溶液中捞一下。等液体干后，就可以直接放入电镜中观察。一般要求粉末样品的单颗粉末尺寸最好小于 1 μm；无磁性；且以无机成分为主，否则会造成电镜严重污染，高压跳掉，甚至击坏高压枪。

对于块状多晶样品或薄膜，需要电解减薄或离子减薄，获得几十纳米的薄区才能观察，因此，样品制备复杂、耗时长、工序多，需要有经验的老师指导或制备。由于透射电镜样品的制备好坏直接影响到后面电镜的观察和分析，所以块状样品制备之前，最好与负责 TEM 设备的老师进行沟通和请教，或交由老师制备。应该指出的是，不管用哪一种制样方法，在制备的每一步都不能用水，因为水可以和绝大多数超导体发生化学反应。

由于电子束被样品衍射后，样品不同位置的衍射波振幅分布对应于样品中晶体各部分不同的衍射能力，当出现晶体缺陷时，缺陷部分的衍射能力与完整区域不同，从而使衍射波的振幅分布不均匀，反映出晶体缺陷的分布。因此，常采用透射电镜来分析薄膜样品中作为钉扎中心的晶体缺陷。**图 4-24** 显示的均匀分布 BZO 纳米柱状粒子就可以起到钉扎的作用。

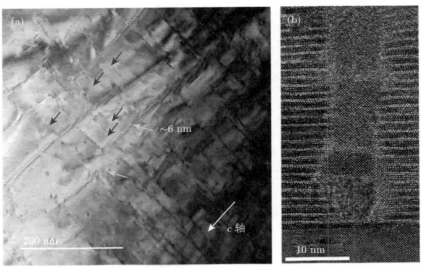

图 4-24　BZO 掺杂 YBCO 涂层导体的高分辨透射电镜图像，直径约 6 nm 的 BZO 纳米棒均匀分布在薄膜中 [22]

4.3.6　电子背散射衍射

在扫描电子显微镜中，利用入射电子束与样品作用，在每一个晶体或晶粒内规则排列的晶格面上产生衍射，所有原子面上产生的衍射形成电子背散射衍射 (electron backscattered diffraction，EBSD) 花样，从而得到待测样品的晶体学信息。电子背散射花样和通常观察到的菊池花样基本等同，它代表该晶体的取向。当电子束扫描过样品的每一部位时，该区域的晶体取向都可以唯一地被确定，因此可得到样品中的晶体取向分布图。电子背散射图样的空间分辨率为 100 ～ 200 nm，几乎不依赖于电子束的大小。

电子背散射衍射设备是配备在扫描电子显微镜中进行快速而准确的晶体取向测量的强有力的分析工具。超导芯的晶体微区取向和晶体结构等可由电子背散射衍射技术进行表征。

它的特点是将显微组织和晶体学分析相结合，可对多晶材料的织构、取向差、晶粒尺寸及形状、晶界及孪晶性质、相鉴定及应变等多方面进行表征分析。电子背散射衍射技术对试样表面平整度的要求比较高，通常采用振动抛光机去除粗研磨留下的痕印和表面应力变形。

需指出的是，电子背散射衍射可以用来研究最小空间尺度 100 nm 左右的晶体取向，它填补了透射电子显微镜和 X 射线衍射之间的空白。因此，X 射线、电子背散射图样和透射电子显微镜三者有效结合，可以准确地确定从厘米级到纳米级 (即从宏观到微观) 之间的结构。这种结合方法在超导薄膜研究中有独特的应用。

图 4-25 给出了利用电子背散射衍射技术表征 Bi-2223 超导带材的一个例子 [23]。从图中看出，c 轴取向 Bi-2223 晶粒占多数，中间分布着 Bi-2212 晶粒以及 $(Sr,Ca)_{14}Cu_{24}O_{41}$ 杂相 (可能作为钉扎中心)，Bi-2223 超导相中晶界清晰可见。当然，也可以轻松获得带材超导芯中的晶粒尺寸、取向信息和界面类型等相关信息。

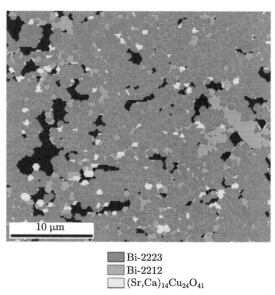

10 μm

■ Bi-2223
■ Bi-2212
□ $(Sr,Ca)_{14}Cu_{24}O_{41}$

图 4-25　Bi-2223 超导带材的电子背散射衍射表征 [23]

参 考 文 献

[1] Wang C L, Gao Z, Yao C, et al. One-step method to grow $Ba_{0.6}K_{0.4}Fe_2As_2$ single crystals without fluxing agent. Supercond. Sci. Technol., 2011, 24(6): 065002.

[2] Werthamer N R, Helfand E, Hohenberg P C. Temperature and purity dependence of the superconducting critical field H_{c2} electron spin and spin-orbit effects. Phys. Rev., 1966, 147(1): 295.

[3] Matsushita T. Flux Pinning in Superconductors. Berlin Heidelberg: Springer-Verlag, 2007.

[4] Qi Y P, Gao Z, Wang L, et al. Superconductivity and phase diagram in Ru-doped $SrFe_{2-x}Ru_xAs_2$ single crystals. EPL, 2012, 97(1): 17008.

[5] Brandt E H. Irreversible magnetization of pin-free type-II superconductors. Phys. Rev. B, 1999, 6017: 11939-11942.

[6] International Standard, IEC 61788-3. Critical current measurement—DC critical current of Ag- and/or Ag alloy-sheathed Bi-2212 and Bi-2223 oxide superconductors. 2nd ed. 2006-04.

[7]　Bean C P. Magnetization of high-field superconductors. Rev. Mod. Phys., 1964, 36 (1): 31-39.

[8]　吉和林, 金新, 范宏昌. Bean 模型与不同几何形状样品中的临界电流密度. 低温物理学报, 1992, 14 (1): 12-17.

[9]　Zhigadlo N D, Katrych S, Bukowski Z, et al. Single crystals of superconducting $SmFeAsO_{1-x}F_y$ grown at high pressure. J. Phys.: Condens. Matter, 2008, 20(34): 342202.

[10]　Larbalestier D C, Gurevich A, Feldmann D M, et al. High-T_c superconducting materials for electric power applications. Nature, 2001, 414(6861): 368-377.

[11]　Liu S F, Yao C, Huang H, et al. High-performance $Ba_{1-x}K_xFe_2As_2$ superconducting tapes with grain texture engineered *via* a scalable and cost-effective fabrication. Sci. China Mater., 2021, 64 (10): 2530-2540.

[12]　Yao C, Wang C, Zhang X, et al. A comparative study of $Sr_{1-x}K_xFe_2As_2$ and $SmFeAsO_{1-x}F_x$ superconducting tapes by magneto-optical imaging. Supercond. Sci. Technol., 2014, 27(4): 044019.

[13]　林良真. 超导电性及其应用. 北京: 北京工业大学出版社, 1998.

[14]　唐跃进, 任丽, 石晶. 超导电力基础. 北京: 中国电力出版社, 2012.

[15]　International Standard, IEC61788-24. Critical current measurement—Retained critical current after double bending at room temperature of Ag-sheathed Bi-2223 superconducting wires (First edition), 2018-06.

[16]　胡荣祖, 史启祯. 热分析动力学. 北京: 科学出版社, 2001.

[17]　Yan G, Feng Y, Fu B Q, et al. Effect of synthesis temperature on density and microstructure of MgB_2 superconductor and ambient pressure. J. Mater. Sci., 2004, 39(15): 4893-4898.

[18]　周午纵, 梁维耀. 高温超导基础研究. 上海: 上海科学技术出版社, 1999.

[19]　Li M, Ma B, Koritala R E, et al. Pulsed laser deposition of YBCO thin films on IBAD-YSZ substrates. Supercond. Sci. Technol., 2003, 16(1): 105-109.

[20]　Beneduce C, Giannini E, Passerini R, et al. Hot isostatic pressure reaction treatment of Ag-sheathed Bi,Pb(2223) tapes. Physica C, 2002, 372-376: 980-983.

[21]　Liu S F, Yao C, Huang H, et al. Enhancing transport performance in 7-filamentary $Ba_{0.6}K_{0.4}Fe_2As_2$ wires and tapes *via* hot isostatic pressing. Physica C: Superconducivity, 2021, 585: 1353870.

[22]　Hu X, Rossi L, Stangl A, et al. An experimental and analytical study of periodic and aperiodic fluctuations in the critical current of long coated conductors. IEEE Trans. Appl. Supercond., 2017, 27 (4): 1-5.

[23]　Koblischka-Veneva A, Koblischka M R, Qu T, et al. Texture analysis of monofilamentary, Ag-sheathed $(Pb,Bi)_2Sr_2Ca_2Cu_3O_x$ tapes by electron backscatter diffraction (EBSD). Physica C, 2008, 468(3): 174-182.

第 5 章　低温超导材料

5.1　引　言

根据国际电工委员会的定义, 低温超导体是指具有低临界转变温度 ($T_c < 25$ K), 主要在液氦温度条件下工作的超导材料。具有实用价值的低温超导金属是 Nb($T_c = 9.3$ K) 及其化合物 NbN [1] ($T_c = 15$ K), 多以薄膜形式使用, 由于其稳定性好, 已制成实用的弱电元器件。合金系低温超导材料是以 Nb 为基的二元或三元合金组成的 β 相固溶体, T_c 在 9 K 以上。1953 年发现了 T_c 为 11 K、H_{c2} 为 10 T 的塑性 bcc 合金 NbZr [2], 翌年, Matthias 等制备出了 T_c 为 18 K 的 A15 化合物 Nb$_3$Sn [3]。另一塑性合金 NbTi [4] 是 1961 年发现的。此后于 1962 年又发现了一新的 A15 化合物 V$_3$Ga [5]。随后二元化合物的临界温度不断上升: Nb$_3$Al, 18.9 K, 1969 年 [6]; Nb$_3$Ga, 20.3 K, 1971 年 [7]; Nb$_3$Ge, 23 K, 1973 年 [8]。那时期保持最高 T_c 纪录的都是 A15 类化合物。最初商品化的低温超导体是以两种塑性合金 NbZr(11 K) 和 NbTi(9.5 K) 为基础的。早期商用超导材料是 Supercon 公司在 1962 年开始出售的单芯 Nb25%Zr 和 Nb33%Zr 的合金 [9]。然而由于 NbZr 较难加工, H_{c2} 与 J_c 又比较低, 工作磁场也限制在约 6 T 的范围, 因此, 其已逐渐被超导电性和加工性能更优异的 NbTi 超导体所取代。1964 年美国 Westinghouse 公司用 Nb65wt%①Ti 合金研制出世界上第一根 NbTi 商品超导线, 之后英国的帝国金属工业有限公司 (Imperial Metal Industries) 率先规模量产了在铜中嵌 NbTi 芯丝的多芯组合导体 [10]。很快, A15 化合物 Nb$_3$Sn 和 V$_3$Ga 也实现了量产 [9]。

在以上诸多低温超导体中, NbTi 和 Nb$_3$Sn 合金是目前广泛采用的绕制超导磁体的材料。一般 10 T 以下的磁体采用 NbTi 合金, 10 T 以上的采用 Nb$_3$Sn。特别是近年来, 国际低温超导材料和应用产业化技术取得重大突破, 商品化低温超导材料性能不断提高, 以超导磁体为核心的应用已全面进入商业化阶段, 其主要应用于医疗和高科技仪器, 如磁共振成像系统、核磁共振谱仪以及大科学工程项目, 如国际热核聚变反应实验堆 (ITER)。超导磁体应用所使用的超导材料的用量占整个超导市场的 90% 以上。目前进一步简化其生产工序, 降低制造成本仍然是人们不断追求的目标。NbTi 和 Nb$_3$Sn 导线的主要生产厂家是美国牛津超导 (OST) 公司、欧洲先进超导公司 (EAS)、日本古河公司以及英国 Luvata 公司、中国西部超导公司等。值得一提的是, 我国西部超导公司近年来承担了 ITER 计划的 69%NbTi 超导线材和 7%Nb$_3$Sn 超导线材任务。通过参与 ITER 计划, 大大提升了我国低温超导导线的研发和产业化能力, 成为 ITER 项目超导线的重要供货商。

本章将重点介绍 NbTi 和 Nb$_3$Sn 合金及其制备工艺, 临界电流密度和微观结构之间的关系, 上述两种合金中的钉扎理论, 以及实用化线材的设计、制造等。最后简要介绍高场用 Nb$_3$Al 合金的发展现状。

---

① wt% 为质量百分比。

5.2　NbTi 合金

1961 年，美国 Hulm 等首先报道了 NbTi 超导合金 [4]。1964 年美国西屋电力公司制备出世界首根 384 m 长、线径 0.635 mm 的 NbTi 商品超导线 [10]，其 J_c 值在 4.2 K、3 T 下达 1240 A/mm^2。在 20 世纪 60 年代后期，人们认识到多芯超导体是消除磁通跳跃的有效方法，随后美国麻省理工学院发明了 NbTi/Cu 多芯复合线加工方法 [11]，成功实现了铜中嵌入 Nb 芯丝的多芯导体。这一发现，再加上卢瑟福实验室的发现，即扭绞线材会大大减少芯丝耦合损耗 [9]，极大地促进了高性能 NbTi 导线的发展。1972 年 Hillmann 等采用冷加工和脱溶热处理相结合的工艺，使 NbTi/Cu 多芯复合线的临界电流密度达 2000 ~ 3000 A/mm^2 (4.2 K, 5 T)[12]。1982 年西北有色金属研究院采用六次时效热处理和冷加工交替进行的工艺，将多芯 NbTi 超导复合线的临界电流密度提高到 3470 A/mm^2 (4.2 K, 5 T)[13]。随后在这一工作的基础上，1987 年西北有色金属研究院与美国威斯康星–麦迪逊大学一起，将 Nb46.5wt%Ti 超导线的 J_c 值提高到 3680 A/mm^2 (4.2 K, 5 T)[14]。20 世纪 90 年代初，人们通过采用在 NbTi 超导芯丝与 Cu 基体之间添加 Nb 阻隔层技术，避免 NbTi/Cu 界面 Cu-Ti 化合物的形成，显著改善了 NbTi 芯丝的均匀性及表面质量，从而制备出芯丝小于 1 μm 的高性能交流用 NbTi/Cu 多芯线。目前，采用传统工艺制备的 NbTi 多芯线超导体在 4.2 K、5 T 下的 J_c 值达 3700 A/mm$^{2[9]}$。

随着性能的迅速提升，NbTi 超导合金线材很快于 20 世纪 60 年代末被完全产业化并迅速获得广泛应用，这主要是由于这种合金具有良好的加工塑性、很高的强度及优异的超导性能。还有很重要的一点是这种合金的原材料及制造成本远低于其他超导材料。这些优异的性能使得 NbTi 合金等低温超导材料，在未来相当长的一段时间内，仍将在强电应用领域占据主导地位。我们知道，NbTi 合金的 T_c 为 9.7 K，其临界场 H_{c2} 可达 12 T，可用来制造磁场达 9 T(4 K) 或 11 T(1.8 K) 的超导磁体。20 世纪 80 年代，NbTi 的应用有几个重要的里程碑 [9]，包括 1983 年的第一个超导加速器 Tevatron，以及 20 世纪 80 年代早期的第一个大规模超导商业应用——MRI。目前 NbTi 超导材料主要应用于 MRI、科学仪器、粒子加速器、矿石磁分离、磁悬浮列车、超导储能 (SMES)，其中 MRI 每年消耗的 NbTi 超导线 2500 ~ 3000 t。我国对 NbTi 超导材料的研究基本与国外同步，但产业化水平与国外相差较大。2003 年随着西部超导材料科技股份有限公司成立，我国 NbTi 超导材料的制备才真正步入产业化。

5.2.1　NbTi 合金相图

NbTi 合金的制备流程是希望通过变形和热处理等多步复合加工工艺，打破热处理后单一相合金的均匀组织，尽量获得双相纳米组织。实际上所采用的工艺最终由 NbTi 二元合金的热力学相图所决定。工业部门一般采用质量百分比进行合金设计，如 Nb47Ti 意味着合金中按照质量百分比计算 Ti 占 47%，这种质量比的约定可以非常直观地反映合金的价格与成本。而在物理性质研究方面采用原子百分比计算更为方便，如 Nb47Ti 对应于 Ti37at%Nb。

在 NbTi 合金中有四种相：β-Nb 相、α-Ti 相、马氏体相 (α′ 和 α″) 以及 ω 相。前两种为稳定相；后两种为亚稳相。

(1) 富 Nb 的 β 相具有体心立方结构，是 NbTi 二元合金超导体的基相，是 Nb 与 Ti 的固溶体，其本身为超导相，塑性良好。

(2) 富 Ti 的 α 相为密排六方结构，几乎为纯钛，Nb 的含量仅为 1at% ~ 2at%，其超导转变温度约为 1 K，4.2 K 下是非超导相，可以作为有效的磁通钉扎中心。

(3) α′ 马氏体是密排六方结构，合金成分中 Nb 占 7at%，马氏体 α′ 相一般在含 Ti 量较高的 NbTi 合金 β 相至 α 相的转变过程中产生。α″ 马氏体是正交结构，是 α′ 马氏体相与 β 相之间的过渡相。马氏体会使合金的硬度升高，影响加工性能，同时马氏体的出现会降低 J_c 值，因此在热处理过程中应该避免马氏体相的产生。常用的 NbTi 合金含钛量为 40wt% ~ 65wt%，不在马氏体转变区内。

(4) ω 相具有六方晶体结构，是一种亚稳相，只有在高 Ti 合金中容易出现，ω 相在 NbTi 合金中也是一种 "钉扎中心"，但它也提高了合金的硬度。在时效热处理的 α 相形成阶段，因为 β 相分解成 α + β 相时要经过亚稳定的 ω 相生成区，即 β → ω → α，所以也会生成 ω 相。

马氏体相和 ω 相的存在都会使 NbTi 合金的塑性降低。但若在 β 相区或 α + β 相区内长时间加热，所有的亚稳相均能转变为 β 相或 α + β 相。

Nb-Ti 二元合金相图如**图 5-1** 所示[15]。实用的 NbTi 超导合金成分大多选择在 β 相

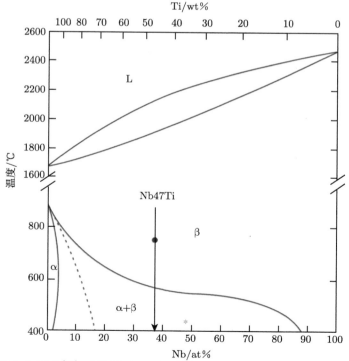

图 5-1　NbTi 二元合金相图[15]。短划线表示马氏体转变区域线。箭头线表示商业用合金 Nb47Ti 的成分，黑色圆点表示其典型的再结晶温度

区，这种成分的合金具有优异的冷、热加工性能，采用挤压和拉拔可以得到很大的面减率。处于两相 α + β 区的成分虽有较高的临界电流密度，但塑性较差。现在制造 NbTi 超导材料的主要工艺是采用冷加工和热处理交替作业的原则，可以得到满意的性能。

由于 Ti 和 Nb 的原子体积差仅为 2% 左右，故二者可形成一种晶格参数约为 0.3285 nm 的 β 型体心立方结构。如**图 5-1** 所示，β 相只有远低于熔化温度才开始分解。这表明富 Ti 合金在 800 ℃ 热处理后中速降温，由于扩散很慢，即使存在 β → α + β，α 相也很难形成。对于富 Ti 的 NbTi 合金，在高温的 β 相区采用快速淬火至室温时，将会出现马氏体转变，形成对性能不利的马氏体相。为避免马氏体相的产生，商业用合金 Nb47Ti 都会避开这个成分区域。这种合金在室温或者更低温度一般是亚稳态的 β 相，同时伴随一种与之共存的稳定的富 Ti 的 α 相。商业超导合金中，Ti 的质量分数为 40wt% ～ 50wt%，α 相仅在 570 ～ 600 ℃ 以下才是稳定的。在时效热处理过程中，它们主要沉积在 β 相的晶界上并起到有效的磁通钉扎中心的作用。

5.2.2　成分对 NbTi 合金性能的影响

商业用 NbTi 超导体对原材料的纯度有着较为苛刻的要求，因为间隙原子 O、C、N 等杂质对合金的超导性能与加工塑性有着十分重要的影响。O 对 NbTi 合金的超导性能有双重作用。一方面，如果含氧量较高，则会降低合金的上临界场；另外，因生成氧化物，可以增加磁通钉扎中心而提高其临界电流密度。另一方面，从加工性能上考虑，含氧量过高可导致加工变形困难，容易产生裂纹。而 C、N 含量高还将明显增大合金的时效硬化倾向。因此，控制杂质含量 (O、C、N 等) 和成分均匀性是生产 NbTi 超导线的重要工艺环节，要保证其良好的加工塑性和优异的超导性能。

基于成本考虑，工业生产中对含氧量的要求一般综合权衡，如在较高磁场下工作的磁体 (6 T 以上)，要求含氧量低于 0.1%；用于较低磁场下的磁体，可适当放宽含氧量 (0.1% ～ 0.2%)。此外，C 会严重影响合金的加工性能，因此应该尽量降低原材料中的含碳量，如尽量低于 0.03%。现在国内外生产 NbTi 合金使用的金属 Nb，一般都要经过电子轰击提纯到 99.9% 以上。金属 Ti 可使用国家标准一级海绵钛。现在金属 Nb 和 Ti 的化学成分控制都能满足制备 NbTi 超导合金的要求。**表 5-1** 是工业用 Nb47Ti 合金铸锭化学成分 [10,16]。

表 5-1　工业用 Nb47Ti 合金铸锭化学成分

C	N	H	O	Fe	Al	Ni	Cr	Cu	Si	Ta	Ti
⩽ 0.015	⩽ 0.015	⩽ 0.003	⩽ 0.06	⩽ 0.015	⩽ 0.005	⩽ 0.005	⩽ 0.0015	⩽ 0.005	⩽ 0.01	⩽ 0.2	(47±1.5)wt%

Ti 含量不但直接影响 NbTi 合金的物理和化学性能，而且也会影响 NbTi 合金热处理后的微观组织。NbTi 合金的晶格常数在 β 相区的变化不超过 2%，这表明随着 Ti 逐步被 Nb 所替代，NbTi 合金的许多物理特性也会出现相应变化，例如比热、磁化率、临界温度及热膨胀系数等也要随着发生改变。特别是 β 相发生分解后的初期相转变对与散射相关的性能有着强烈影响，如电阻率、热传导，将随 Ti 含量变化呈快速增加趋势。NbTi 的电子比热系数约为 1000 J/(cm^3·K^2)，德拜温区为 250 ～ 300 K。

图 5-2 给出了 NbTi 超导体的上临界场 H_{c2} (4.2 K)、临界温度 T_c 和正常态电阻率 ρ_n 随合金成分的变化曲线 [17]。随 Ti 元素含量的变化，临界温度 T_c 变化不是很大。纯 Nb 的

T_c 为 9.23 K，Nb50Ti 的 T_c 为 8.5 K，在 Nb30Ti 处有一个微弱的峰值 9.8 K。但当 Ti 含量超过 50wt％时，T_c 下降很明显。NbTi 合金的正常态电阻率 ρ_n 随 Ti 含量的增加而增加。对于商业用 NbTi 超导合金，其 ρ_n 一般在 $55 \sim 65 \ \mu\Omega \cdot cm$，而纯 Nb 和纯 Ti 室温下分别为 $12.5 \ \mu\Omega \cdot cm$ 和 $\sim 40 \ \mu\Omega \cdot cm$。

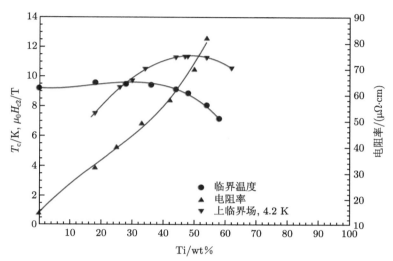

图 5-2　NbTi 合金的上临界场 H_{c2} (4.2 K)、临界温度 T_c 和正常态电阻率 ρ_n 随成分的变化曲线 [17]

从图中看出，在 4.2 K 时，NbTi 合金的上临界场呈现一条较宽的穹顶状曲线，峰值出现在 40％～ 50％Ti 含量，在 44％Ti 处取得最大值，H_{c2} 为 11.6 T，而且成分范围从 Nb40Ti 到 Nb52Ti 合金的 H_{c2} 都超过 11 T。温度为 0 K 时的 $H_{c2}(0)$ 值可以通过以下方式估算 [10]：

$$\mu_0 H_{c2}(0) = 3.11 \times 10^3 \rho_n \gamma T_c \tag{5-1}$$

式中，γ 为比热系数 $(J/(m^3 \cdot K^2))$；ρ_n 的单位为 $\Omega \cdot m$。上述方程是 G-L 理论的扩展，即 H_{c2} 的峰值来自于临界场 H_c 的微弱减小以及随着 Ti 含量的增加 G-L 参数 κ 的大幅增加，其中 $H_{c2} = \sqrt{2}\kappa H_c$。这里 H_c 通过超导态的凝聚能与 T_c 相关联，而 κ 值通过散射理论与电阻率联系 [18]。

从应用角度讲，NbTi 合金的常用组分一般在 Nb(40wt％ $\sim$ 65wt％)Ti 的范围内，主要是因为这种成分的合金经过热处理析出大量 α-Ti 相后，仍具有很高的 H_{c2} 值，其 T_c 值也较高。若希望在较低磁场下工作，可选用钛含量较高的成分；在较高磁场下工作，可选用钛含量较低的成分。从**图 5-2** 可知，商业用 Nb47Ti 合金既具备良好的机械加工性能，又具有很好的物理性能。

5.2.3　NbTi 超导体的制备技术

在 20 世纪 80 年代和 90 年代早期，结合加速器磁体项目对细丝铌钛导线的标准制备技术进行了大量研究；与此同时，MRI 磁体的改进和 MRI 市场需求的增加也极大地促进了 NbTi 超导导线的快速发展。商业用 NbTi 超导合金线的制备，一般包括合金制备、合金棒加工、多芯复合体组合与加工、多芯超导线热处理等工艺过程，典型的常规制备工艺流程如**图 5-3** 所示。虽然不同超导公司的 NbTi 制造工艺流程各有千秋，但基本的工艺流程都相同。

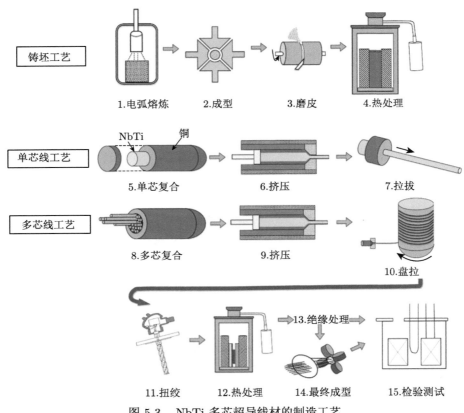

铸坯工艺　　　1.电弧熔炼　　2.成型　　3.磨皮　　4.热处理

单芯线工艺　　NbTi　　铜　　5.单芯复合　　6.挤压　　7.拉拔

多芯线工艺　　8.多芯复合　　9.挤压　　10.盘拉

11.扭绞　　12.热处理　　13.绝缘处理　　14.最终成型　　15.检验测试

图 5-3　NbTi 多芯超导线材的制造工艺

5.2.3.1　导体设计

对一种超导合金或超导导线制定制备工艺流程之前，应该确定导线的以下特性：

(1) 超导体的载流容量应与成本相适应，并在有限的磁体空间内能产生所要求的最大磁场。

(2) 按照规定的芯丝尺寸设计导体以及对导体进行扭绞，一般来说，可以得到可靠的临界电流。

(3) 最小的磁滞回线可以将能量损耗或者剩磁减至最小，并由此确定最大的芯丝尺寸和导体的扭绞节距。

(4) T_c 直接影响工作温度和绕组结构。由于具有经受较高温度梯度的能力，高 T_c 更便于紧凑和密实的磁体。一般来说，T_c 是由大块合金组分所决定的。

5.2.3.2　合金的熔炼工艺

低杂质含量、高均匀性的 NbTi 合金是制备高质量 NbTi/Cu 多芯超导线的基础。基于实际需求和加工难度的综合考虑，NbTi 合金的最佳成分范围在 (46wt% ∼ 50wt%)Ti。从合金性能方面而言，上述合金成分范围接近具有最高 H_{c2} 的化合物 Nb44Ti，并且稍低于 T_c 随着 Ti 含量的增加开始急剧下降的范围，如**图 5-2** 所示。

合金的制备过程，除了要选择合格的原材料以及相应配比以外，熔炼工艺是关系成败的重要环节。其铸锭一般采用电弧炉、电子束炉、等离子炉等设备进行熔炼。在早期的研究中，铸锭曾出现过颗粒状的 Nb 不熔块，它们大多分布在铸锭的中心部位，致使拉丝时严重断线。为了保证最终超导细丝上的最佳物理和机械性能，从源头上就要确保成分在整个坯料上均匀分布。因此不论采用哪一种熔炼工艺，对铸锭重复进行 2 ∼ 3 次熔炼是必要的，这是考虑到 Ti 合金具有宽的固液相界以及存在高熔点的 Nb 颗粒。经过重新熔炼的铸锭，可以有效避免微观和宏观成分的不均匀性，消除 Nb 夹杂，同时降低气体间隙的元素含量 [16]。熔炼后的合金一般具有较高的成分均匀性，如 Ti 质量分数的波动小于 1.5wt%。为了进一步提高 NbTi 合金的组织均匀性，对 NbTi 合金锭进行高温退火是一个不错的选择，但往往会导致晶粒的明显长大。除了氧 (200 ∼ 1000ppm①) 和钽 (500 ∼ 2000ppm) 外，合金的大多数杂质一般要求少于 200ppm。

NbTi 合金的成本主要取决于合金成分和原材料的成本。一般来说，由热反应还原 Nb_2O_5 与 Al 混合物生成金属 Nb，经过重熔和电子束熔炼获得高纯 Nb；用镁热法还原四氯化钛获得高纯 Ti。除了标准 Nb47Ti 之外，其他成分的合金均需要定制生产。MRI 设备制造商每年消耗的 NbTi 合金的生产总量已超过 2500 t。原料合金必须具有高纯度，因此相当昂贵，其中 Ti 的近似成本是 25 美元/kg，Nb 在纯度规格范围中是 150 美元/kg。熔炼后的标准合金大约是 140 美元/kg，当然，对于非标成分锻造合金将会更贵。

合金成分的高均匀性可确保超导线材的机械和物理性能。铸锭直径通常为 200 ∼ 600 mm，在退火前要热锻为直径 50 ∼ 100 mm 的锭件。如果把直径 150 mm 的锭件加工成直径小于 50 μm 的超导细丝，根据下面公式 [15]，其预期的总应变 ε 为 16。

$$\varepsilon = 2\ln\frac{d_0}{d_f} \tag{5-2}$$

很明显，超过 1000 万倍的巨大面减率，即使在冶金工业中都是独一无二的。因此，NbTi 棒和超导芯丝必须具有优异的延展性、低硬度和可预测的硬化速率、没有硬夹杂物并且具有均匀的晶粒尺寸。由于高临界电流密度主要取决于具有均匀尺寸和均匀分布的高密度 α-Ti 相粒子，这就要求合金初始晶粒尺寸要小 (ASTM 6 或更小)，而且均匀分布。Ti 元素在整个合金锭中的均匀分布也是至关重要的，因为析出相的形貌和析出速率对成分非常敏感。另外，还要求坯料具有低的硬度 (通常维氏硬度为 170 或更小)，以有利于与较软的稳定材料的复合变形。总之，合金初始质量的严格管控对整个导线制造工艺的后期阶段至关重要。

5.2.3.3　Nb-Ti 铸锭的锻造开坯

大多数生产厂家都采用热锻开坯工艺。将铸锭在保护气氛或空气中加热 900 ∼ 1000 ℃，保温 40 ∼ 60 min。由于 NbTi 合金的 β 相 (体心立方相) 具有良好的加工塑性，所以应该

---

① 1ppm=10^{-6}。

保证在 β 相温区锻造。终锻温度不能低于 β/α + β 相界温度 (800 ℃ 左右)，因此，一个铸锭需要重新加热 2 ~ 3 次才能完成锻造。实验证明，采用这种锻造工艺不会出现裂纹或其他缺陷。热锻后的合金锭进行铣、刨除表面的氧化层。经过开坯的铸锭可再进行冷、热轧制或热挤压，最终进行冷锻，达到所要求的棒材尺寸。

为了避免合金锭在加热时氧化而影响到加工性能，有些制造厂也采用冷锻、冷轧的加工工艺。一般来说，这种工艺只适用直径不大的铸锭 (直径 80 ~ 100 mm)。在冷轧时的道次面减率应控制在 5% ~ 10% 为宜。这种工艺适合于小批量生产，可以提高金属的收得率和保证棒材的表面质量。

5.2.3.4　稳定层

我们知道，实用 NbTi 超导体是多芯复合材料，这意味着稳定基体 (通常为无氧高导电铜) 中镶嵌着成百上千的 NbTi 细丝 [9]。一些应用场合，如低损耗超导接头，要使用直径相对较大的芯丝。然而，当超导线材直径大于 30 μm 时，通常会出现磁通跳跃引起的不稳定性。

为了防止失超 (即由摩擦、运动等产生的热量，出现从超导态到正常态的不可控的相变)，在复合导线设计中必须包含足够的稳定材料，同时提供电流旁路，以将瞬间产生的热量迅速传递给冷却介质。因此，候选稳定剂材料须是优良的导电性和导热性导体，如高纯铝和铜，其中最常使用的是高纯铜，这主要是其具有良好的电热特性、高热容、良好机械强度等。与铝相比，铜的强度更高，且能与 Nb-Ti 较好地复合加工 [19]。对于加速器磁体来说，Cu 稳定层与超导体的面积比 (即铜超比) 范围变化较大，例如，从小磁体的 1.5:1 到大型磁体的 10:1 不等。当磁体足够小到可以自我保护时，可以采用小的铜超比，而较大铜超比 (>10) 将能提供对任何扰动的保护。

剩余电阻率比 (RRR) 是表征稳定层质量好坏的指标。RRR 值定义为 293 K 的电阻率除以在低温下的饱和电阻率 (通常为 4.2 K)。当由热振动引起的电子散射 (取决于温度) 低于由杂质和缺陷引起的散射 (不依赖于温度) 时，电阻率就会饱和。典型的磁体规格一般要求 RRR 值为 30 ~ 150，这可以通过退火处理获得，例如，对于标准无氧高导电铜 (OFHC)，在 ~ 250 ℃ 下退火 1 小时即可。由于铜的电阻率是磁场的强相关函数，因此 RRR 最好小于 100，否则 RRR 值太高会在超导细丝之间产生强耦合损耗。铝是稳定层的另一种选择。与 Cu 不同，它的电阻率随着磁场的增加而迅速饱和，因此对铝来说 RRR 值越大越好。

Cu-Ni 稳定层主要用于交流应用，这是利用其高电阻率稳定基体来减小基体涡流损耗和亚微米芯丝之间的耦合损耗的，如图 5-4 所示 [16]。在不需要高横向电阻率的场合，可以向铜中添加锰来抑制芯丝间的邻近耦合效应。高纯度铜与 Cu-Ni 或 Cu-Mn 的组合体可以在同一复合材料中使用。高纯铝比铜具有更大的磁场下导热系数和电导率，以及更低的热容量、更低的密度和更大的辐射电阻。尽管存在这些优点，Al 也很少用作稳定层材料，因为与 NbTi 复合加工极其困难。稳定层的另一个重要作用是防止在交流应用中或在磁场变化较高时超导芯丝之间的环流。从麦克斯韦方程可知，当环路内的磁通密度随时间变化时，沿电流环的周边将产生电场。如果相邻的超导芯丝由良导体连接，当电流穿过稳定层时，会导致这种电流回路的闭合。为了最大限度地减少这种电流环所包围的面积，大多数实用超导线都是扭绞而成，而超导电缆也是采用换位工艺制作的。另外，通过在超导芯丝之间增大高纯稳定层区域, 可以提高导热性, 避免磁体失超。

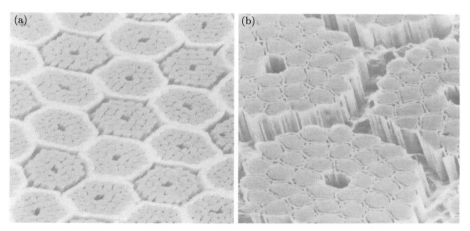

图 5-4　(a) 85 × 86 多芯 NbTi 线中的 Cu-Ni 稳定层分布情况; (b) Cu-Ni 分布放大图 [16]

5.2.3.5　扩散阻隔层

在热挤压和热处理过程中, 必须防止在 Cu/NbTi 界面上形成硬质金属间 Ti-Cu 化合物 (最常见的是 TiCu$_4$), 因为这些金属间化合物颗粒在加工过程中不会与芯丝或稳定基体同步变形。相反, 它们容易团聚, 使其周围的芯丝出现畸变, 从而导致芯丝横截面出现大幅度变化, 导致香肠效应。这样不仅会减小超导芯丝横截面积, 降低 J_c 值; 在更严重的情况下, 上述团聚的硬质颗粒还会造成超导芯丝破裂。因此, 在 NbTi 和稳定层之间常采用阻隔层, 以改善超导芯丝的均匀性和避免在 α-Ti 粒子沉淀热处理阶段产生硬质金属间化合物问题。

在抑制 Ti-Cu 金属间化合物的形成方面, Nb 是广泛使用的阻隔层材料。Nb 与 Cu 的互溶性很低, 纯 Nb 具有优异的延展性, 并且与 NbTi、Cu 具有良好的机械同步变形能力。Nb 不能完全阻止 Ti 或 Cu 的扩散, 但可使 Ti 和 Cu 原子的相互扩散保持在一个较低水平, 从而避免形成 TiCu$_4$ 相。通常的做法是在 NbTi 上包裹几层 Nb 箔, 并有少量重叠。阻隔层不能太厚, 否则会使载流的 NbTi 超导横截面积减少, 损失线材的工程电流密度。然而, 由于在拉拔过程中阻隔层厚度会变小, 阻隔层又不能太薄。经验表明, 阻隔层厚度为 0.6 μm 较为合理, 这样可以防止在超导芯丝中形成反应层。对于芯丝直径 6 ~ 9 μm 的超导导线, 阻隔层占整个线材的横截面比例一般为 4%。实际上, 导线中芯丝直径越细, 阻隔层所占比例越大。如果最终超导芯丝直径设计为 6 μm, 那么在最终热处理阶段的 0.6 μm 阻挡层意味着将损失 4% 的超导体有效面积, 因为阻隔层对临界电流密度的传输没有贡献。而对于 2.5 μm 的最终细丝直径, 相同厚度 (0.6 μm) 的扩散阻隔层将损失超过 9% 的超导体区域。**图 5-5** 给出了超导多芯导线中芯丝均匀性和阻隔层 (芯丝周围的亮环) 完整性的信息 [15]。

Nb 阻隔层和 NbTi 超导体的晶粒在平面应变条件下变形, 使得它们的 ⟨100⟩ 方向与拉拔轴线一致, 并在 ⟨001⟩ 方向变薄。晶界要保持连续性, NbTi 和 Nb 晶粒在冷加工过程中必须相互扭曲在一起, 这样又会导致阻隔层厚度不均匀。晶粒尺寸越大, NbTi 晶粒贯穿阻隔层的概率也越大。实验表明，增大 NbTi 晶粒尺寸与增加 Nb 阻隔层厚度的变化之间存在线性关系，这也解释了人们为什么通常使用细晶粒 NbTi 合金。

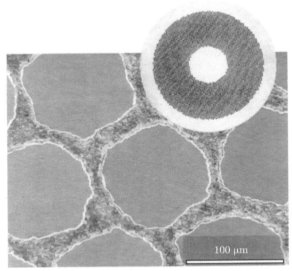

图 5-5　NbTi 多芯超导线材中芯丝和阻隔层的横截面图 [15]

5.2.3.6　表面质量的控制

超导线加工的清洁标准比普通的拉丝制作工艺要高得多。因为即使微米尺寸的硬质小颗粒也会导致小于 50 μm 直径的超导芯丝在拉拔时产生严重缺陷，因此，要求 NbTi 棒材的表面具有非常高的表面光洁度。必须清除的典型污染物包括先前加工过程中的残留润滑剂和氧化物，人手触摸留下的油脂和氯化钠，以及包装材料的增塑剂。同时要求棒材经净化处理后表面应无裂纹、缝隙、气泡、针眼等 [19]。另外，由于商品化 NbTi 超导线都是采用热挤压使 NbTi 棒、Nb 阻隔层和 Cu 稳定基体之间形成结合强度很高的金属复合体，还要求 Cu 基体和 NbTi 的表面未被污染过，以保证基体与超导体之间具有良好的结合特性。

5.2.3.7　多芯复合导体的设计

1) 确定复合层数和芯丝根数

热挤压前的多芯复合体设计，就是根据成品超导线的参数要求，如线径、芯径、铜超比等，来推算包套阻隔层、NbTi 棒的尺寸，以及挤压次数 [20]。多芯复合线中 NbTi 芯丝间都是紧密地排列，从中心到外部都是按六边形的层状紧密排列，各层的根数依次构成等差级数的关系，如 6，12，18，24，30，36，⋯。

若设某一层的根数为 a_n，那么，对任一层来说，

$$a_n = 6n \tag{5-3}$$

第一层至第 n 层根数之和为

$$S_n = \frac{a_1 + a_n}{2} \times n \tag{5-4}$$

故总的根数为

$$S_\text{总} \approx S_n + 1 \tag{5-5}$$

如果已知芯导比 (h) 和所要求的芯丝尺寸、复合导体的截面积和导体的直径，可以先计算出芯丝根数，而后再选定排列层数。即

$$N = \frac{D^2}{d^2} \tag{5-6}$$

式中，D 为复合导体的直径；d 为芯丝直径。

如果已知根数，则按等差级数排列，即可选定层数。当然，层数必须为正整数。

2) 确定单芯组元导体的直径

按作图法求出单芯组元棒的直径 (应已知铜外套的尺寸)。由式 (5-6) 也可以计算出单芯组元棒的芯导比和整个复合导体的芯导比。

3) 确定复合锭铜包套尺寸

用大直径圆形芯棒组装包套，其填充系数较低，有 $15\% \sim 25\%$ 的孔隙，这样复合锭在挤压时其中的芯棒发生扭动及芯丝形状的分布呈现不规则状态。为此，通常使用六角形的芯棒，一般填充系数可达 95% 以上。在多芯复合体设计时，要充分考虑 NbTi 芯丝的间距。

一般来说，应根据挤压设备的能力选择复合锭铜包套的最大直径。铜包套的内径则应根据所要求的芯导比、芯丝尺寸以及排列的层数来确定单芯棒直径 (也可使用作图法按几何关系计算)。

下面举一个例子 [20]，以对多芯复合导体的设计有个直观认识。

(1) 决定层数。

以 200 根芯丝为例

$$\frac{a_1 + a_n}{2} \times n = 200$$

$$6n^2 + 6n - 400 = 0$$

解出 $n = 7.7$，取 n 为正整数，则 $n = 8$，故排列为 8 层。

(2) 芯丝根数的计算。

$$S_8 = \frac{6 + 6 \times 8}{2} \times 8 = 216$$

加上中心的一根，则 $S_\text{总} = 217$ 芯。考虑到壁厚均匀，每角扣除 3 根，即 $217 - 3 \times 6 = 199$，故实际芯丝根数为 199。

(3) 单芯组元棒 (d_1) 的计算。

一般铜包套的外径为定值，本例选择 $D = 118$ mm，壁厚 6 mm，内组装 8 层共 119 根的单芯组元棒，由作图法和几何关系计算出 $d_1 = 6.85$ mm。

(4) 单芯组元棒中 NbTi 芯丝直径 (d_2) 的计算。

已知：芯导比 $h = 0.5$；$d_1 = 6.85$ mm。由下式可计算出 d_2。

因

$$h = \frac{199 \times \dfrac{\pi}{4} d_2^2}{S_{\mathrm{Cu}} + 199 \times \dfrac{\pi}{4} d_1^2}$$

式中，S_{Cu} 为铜在导体中的占有面积。将已知数代入上式求 d_2，故 $d_2 = 5.9$ mm。

5.2.3.8　挤压

首先简单介绍下挤压工艺。挤压是采用挤压杆 (或凸模) 将在挤压筒 (或凹模) 内的坯料压出模孔或流入特定的孔隙而成型的塑性加工方法，如**图 5-6** 所示。挤压可以生产管、棒、型材以及各种机械零件。挤压类型可分许多种。按金属流动及变形特征分类，有正向挤压、反向挤压、侧向挤压、连续挤压及静液挤压等。按挤压温度分类，有热挤压、温挤压及冷挤压。

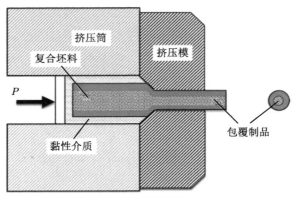

图 5-6　挤压过程示意图

挤压时，由于锭坯表面几乎全部受到挤压筒的限制，在三向压应力作用下成型。因此，挤压有如下优点：①提高金属材料的变形能力，可获得高质量的制品。一次可以给予金属材料大的变形，金属壳充分发挥其最大的塑性。因此，可以加工一些用轧制等方法加工困难或不能加工的金属及合金，甚至脆性材料等。②提高材料的接合性：包覆挤压可以获得接合性好的复合材料，如铝包钢丝、铅包钢丝等，还可以使金属粉末挤压成型。③金属材料与工具的密合性高，挤压制品尺寸精度高。主要缺点有工具与锭坯挤出面的单位压力高、挤压时锭坯在工具内需要封闭，其尺寸易受到限制、废料损失大。

挤压是制取 NbTi 棒材比较理想的方法，其生产效率高，有利于规模化生产。挤压温度和挤压力等参数对 NbTi 超导性能有较大的影响[21]。既要达到所要求的挤压比，又不使铜和 NbTi 的界面生成化合物。对于 MRI 磁体用 NbTi 超导线来说，由于其芯数较少 (100芯以下)，一般先在 Cu 圆柱体上钻孔，再插入包有阻隔层的 NbTi 棒组装为复合体，然后进行挤压。Cu 圆柱体的外径受挤压机挤压筒内径和挤压能力的限制，一般为 $250 \sim 400$ mm，NbTi 棒直径为 $5 \sim 25$ mm，只需一次挤压即可。美国华昌公司生产 NbTi 棒的工艺是将挤压后的棒材冷锻至直径 12.6 mm，经过 800 ℃ 退火后，拉拔到直径 3.2 mm。这样可以保证表面的光洁度和棒材的圆度。拉拔时采用二硫化钼、石墨细粉、琼脂、三氯乙烯和水的乳浊液混合后涂于棒材表面，烘干后进行拉拔，效果良好。实验证明，润滑剂的选择是拉拔成败的关键。将石墨粉、二硫化钼加入水和易挥发的溶液中，调成乳浊液，涂于棒材表面，烘干后在棒材表面形成一层致密的薄膜，这种薄膜具有较大的压强，不易脱落。拉拔模的模角一般为 $12° \sim 16°$，但模角 $18° \sim 20°$ 效果更好一些。

对于芯丝数目较多的超导 NbTi 线 (10000 芯)，如加速器磁体用超导线，通常采用两次挤压以上 [22]。第一次挤压是单芯棒挤压，即将一根带有 Nb 阻隔层的 NbTi 棒装入 Cu 包套中挤压，复合锭的尺寸大小要根据二次套体所需的单芯复合棒数量而定。一次挤压棒通过六角形模具冷拉拔至直径 $1 \sim 3$ mm 的六角形线材。使用六角形模具主要是帮助消除棒材中的空隙，使细线材致密化。注意一次挤压的单芯棒外层全部覆盖 Cu，同种材料有利于二次挤压过程中芯棒、包套间的冶金结合。上述冷加工后的单芯细线材定尺切断再装入二次铜包套中进行二次组装。在 NbTi 细线二次组装之前，洁净是十分重要的，要防止带入硬颗粒物，因为任何硬物都会引起芯丝排布的畸变或断裂。二次复合锭中心几根单芯棒通常被 Cu 取代，主要是防止在挤压过程中挤压棒心部产生孔腔或使中心芯丝破裂；另外一个目的是提高超导线材的稳定性。

将组装好的复合 NbTi 锭加热到 600 ℃ 以后进行二次挤压 (挤压后直径一般为 $50 \sim 90$ mm)，尔后使用冷拉拔工艺将直径减小到 $25 \sim 40$ mm。一般采用的挤压比高达 50:1。所需要的挤压力 F 由下式给出 [23]：

$$F = A_0 K \ln\frac{A_0}{A} \tag{5-7}$$

式中，A_0 是原始直径；A 是最终直径；K 是依赖于坯锭温度和组成的一个参数。例如，Cu:NbTi 是 3:1，复合体坯锭直径由 150 mm 挤压到直径 22 mm ($K = 15$)，需要挤压杆的压力为 1700 t。为了制造大截面导体，要求挤压尽可能大的复合体坯锭，以便得到细胞状位错结构，获得最佳的磁通钉扎特性。这种方法尤其适宜于制造高 Nb 含量的 NbTi 合金。

对挤压温度选择的基本原则应该是尽可能地降低挤压力 [20]。这样可以在相同吨位的挤压机上挤压大直径的坯锭。挤压铜和 NbTi 复合锭时，最重要的因素是选择适宜的挤压温度，使铜和 NbTi 达到较好的冶金结合。但是，温度过高，在 NbTi 与 Cu 的界面上容易生成 Ti_3Cu 脆性化合物，会引起芯丝的断裂。因此，在挤压时必须严格控制温度和挤压速度。实验证明，较适宜的挤压温度是 $500 \sim 650$ ℃，如果挤压设备的能力较大，挤压温度还可以降低到 500 ℃ 左右。

随后的再组装和多次挤压复合可以获得芯丝数目很多 ($> 10^6$ 芯) 和芯丝直径很小 (< 0.1 μm) 的多芯 NbTi 超导线，但多次挤压降低了成品率和芯丝的均匀性。对 NbTi 棒材而言，所有的挤压过程都是一样的，即复合锭组装后，进行真空焊封、检验、等静压、再加热至 $500 \sim 650$ ℃。加热温度和保温时间尽可能使 NbTi 合金中保留多的加工态组织，这对最终超导线中 NbTi 合金的冷加工的累计叠加非常重要，对提高芯丝的形态、分布均匀性以及最终性能很有意义。

5.2.3.9 拉拔

对金属坯料施以拉力，使之通过模孔获得与模孔截面尺寸、形状相同的制品的塑性加工方法称之为拉拔，如**图 5-7** 所示。拉拔是管材、棒材、型材以及线材的主要生产方法之一。拉拔具有设备简单，维护方便，能够连续高速生产的特点。

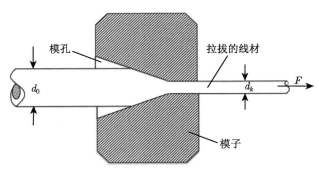

图 5-7　拉拔过程示意图

挤压后，NbTi 棒材还要经过大变形的拉拔冷加工过程才能获得超导成品线。冷加工的目的是产生纳米尺度均匀分散的钉扎中心 [21]。因此，理解这种高应变状态在 NbTi 线常规工艺生产中的作用和重要性是其获得高 J_c 的关键。NbTi 中的冷加工量通常由真实应变 ε_T 表示 [17]

$$\varepsilon_T = \ln \frac{A_0}{A} = 2 \ln \frac{d_0}{d} \tag{5-8}$$

式中，d_0 和 A_0 分别是合金棒在最终再结晶退火时的起始直径和横截面积；d 和 A 是冷加工后的直径和面积。

图 5-8 给出了冷加工工艺和三次热处理制备得到的 NbTi 合金在常规工艺中的冷加工

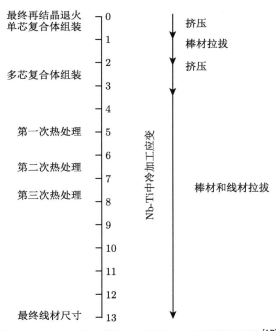

图 5-8　NbTi 合金传统工艺的冷加工过程示意图 [17]

应变示意图 [17]。NbTi 的总冷加工应变 (又被称为应变空间) 取决于初始退火 Nb-Ti 棒尺寸和最终线直径。在相近的加工率下,与棒材或线材的拉拔工艺相比,温挤压能够在 NbTi 导体的加工中产生更大的冷加工变形量,从而减小材料的有效应变空间 (即减小了材料的总应变量)。提高温挤压的温度能够促进 NbTi 复合导体中各部分材料间的结合,但同时减少了最终材料中的冷加工应变量。

冷加工可分成三个阶段,如**图 5-8** 所示,相应地,应变空间也可分为三个区域,每个区域需要最小的冷加工应变才能生产出合格的导线。

(1) 预应变,ε_p,热挤压与第一次热处理之前的冷加工应变。

(2) 中间热处理应变,ε_{HT},热处理间的增量应变。该区间的典型微观形貌如**图 5-9(a)** 所示 [15]。

(3) 最终应变,ε_f,将析出粒子尺寸减小至最终钉扎尺寸所需的最终拉伸应变,析出粒子形貌如**图 5-9(b)** 所示。

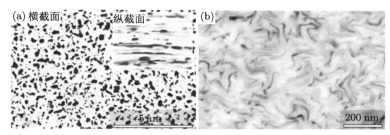

图 5-9　NbTi 样品在 (a) 中间热处理和 (b) 最终应变后的 SEM 照片 [15]

在图 5-8 传统工艺冷加工过程中,所需要的总冷加工应变如下式所示 [19]:

$$\varepsilon_T = \varepsilon_p + (n-1)\varepsilon_{HT} + \varepsilon_f \tag{5-9}$$

式中,ε_p 是预应变;ε_{HT} 是热处理之间的应变增量;n 是热处理的次数;ε_f 是最终拉伸应变。通常,ε_{HT} 是 1.15 (五个标准模间距),ε_p 约为 5。如果 NbTi 棒在直径为 3.8 cm 进行最终的再结晶退火,最终的芯丝直径为 45 μm,其总的应变值是 13.5。在预应变和最终应变都为 5 的情况下,需要进行三次热处理;如果增大再结晶的晶粒尺寸或者减小最终芯丝直径,则应该增加热处理次数。

图 5-10 显示了冷加工和最终热处理 (375 ℃/20 h) 对 Nb45wt%Ti 线材临界电流密度的影响 [23]。在这种合金中,临界电流密度很大程度上取决于冷加工总量,加工变形量越大,J_c 越高。当然,经过最终热处理后的线材都远高于仅冷加工后的样品。

一般认为预应变 ε_p 是冷加工应变,但是在商业化线材制备中,预应变还包括在最终再结晶热处理和初次热处理之间的热加工过程 (一般是挤压)。另外,在 750 ℃ 以下不会出现再结晶过程,因此,在挤压过程中需要考虑应变的恢复而不是再结晶,这样,挤压的温度和速度应该控制在能够使该应变恢复最小的范围内。在第一次挤压 Cu 和 NbTi 时,过低的温度会导致两者冶金接合性不好。通常采用的温度是 550 ~ 650 ℃,这样可以在避免再结晶的同时增强两者之间的冶金接合。

冷加工的主要作用如下 [17]：

(1) 促进形成首选的沉淀析出相和形貌。

(2) 在热处理前和在发生局部钛耗尽的热处理后，通过机械混合提高微观成分均匀性。

(3) 增加析出粒子的成核密度。

(4) 增加晶界密度，提高扩散速率 (晶界扩散明显快于体相互扩散)。

(5) 减小到析出粒子成核位置的平均扩散间距。

(6) 通过多个应变/热处理循环增大析出粒子的体积。

(7) 将析出粒子尺寸由 100 ~ 300 nm 减少到 1 ~ 5 nm 的钉扎尺寸。

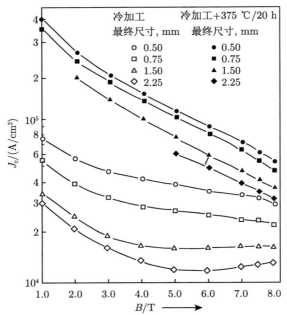

图 5-10　各种工艺加工后 Nb45wt%Ti 超导线的临界电流密度与磁场的关系曲线 [23]。图中显示了各种
冷加工条件和最终尺寸时的热处理工艺 (375 ℃/20 h)

α-Ti 首先在 β 相晶界中成核，然后在晶界三点交叉处生长。一般在沉淀热处理之前需要的最小冷加工应变 ε_p 应为 5，以确保所需要的 α-Ti 沉淀相位于晶界三点交叉处。大的拉伸应变能够提供非常高的轴向伸长和非常强的 (110) 拉伸织构，从而产生较强的各向异性微观结构。另外，在热处理过程中，纵向伸长仍然存在。当预应变 ε_p 小于 5 时，在时效热处理过程中，NbTi 合金的晶粒内部易出现 ω 相及魏氏 α-Ti 相粒子，这些不规则分布的沉淀相粒子，不仅不能起到磁通钉扎作用，而且还会显著降低超导线的加工性能。对于 46.5wt%Ti 来说，预应变为 5 是足够的，但是对于 49wt%Ti 及以上的合金来说，在此应变下进行热处理会产生越来越多的魏氏 α-Ti，在某些情况下还会产生 ω 相。研究表明，抑制 ω 相和魏氏 α-Ti 沉淀所需的预应变对合金的组分非常敏感，Ti 含量越高，所需的预应变也显著增加，这是为了确保晶界交叉处的 α-Ti 是主要的沉淀相。组分上每增加 1wt%的 Ti，ε_p 需要提高大约 0.77。因此，对于高 Ti 的 NbTi 合金，必须相应地增加预应变，

如通过 5-7 的大冷加工应变可以获得 α-Ti 粒子均匀分布的小尺寸晶粒 (50 ~ 100 nm)。实际上，在提高 NbTi 超导体临界电流密度方面，人们已作了大量的研究工作，如改善 NbTi 合金的均匀性、元素添加、复合体的设计及组装方式、复合线的加工及热处理等，最终的目的是在超导体中形成密度高、大小均匀的纳米级有效磁通钉扎中心。

简单总结一下，NbTi 棒材挤压后需要经过一系列的拉拔冷加工过程才能获得最终线材。不论是单芯线或多芯复合线，经过复合铜以后，采用冷拉拔工艺都不会遇到困难，道次面减率可按 10% ~ 20% 分配。随着线材直径逐渐变小，可采用多模拉丝机进一步减径，以提高成型效率。直径 0.8 mm 以下，面减率可降低到 8% ~ 10%。为了不产生较高的变形热，应避免高速拉拔工艺。实验证明，拉拔多芯复合线时，拉拔速率在 30 ~ 50 m/min 为宜。在 NbTi 合金中冷加工变形量可以通过硬度测试进行在线监控，因为 NbTi 中的应变增加，硬度也增加。

5.2.3.10 热处理和 α-Ti 相析出粒子

热挤压复合棒通过冷拉拔减径至 25 ~ 40 mm 进行热处理，主要目的是在亚稳的 β-NbTi 晶界三点交叉处析出作为磁通钉扎中心的 α-Ti 沉淀相，提高超导线的临界电流密度 [19]。目前高性能成品线生产大多采用在 375 ~ 420 ℃ 温度下进行 10 ~ 80 h 的 3 ~ 6 次热处理。实际上，上述参数可以在很大的范围内进行调整，同样都可获得非常高的临界电流密度。但是无论选择什么样的热处理制度，NbTi 合金的成分均匀性是先决条件，因为 α-Ti 沉淀相的析出速率及其形态对合金的成分非常敏感。

高 J_c 线材的主要显微组织特征是在 NbTi 合金中形成大量细小、弥散分布的 α-Ti 沉淀相颗粒，而且随着连续热处理，其数量和体积增加，在最终热处理之后形成折叠的条状组织。α-Ti 沉淀粒子的析出对于温度和时间非常敏感，提高热处理温度 (如 420 ℃)，延长热处理时间，有利于加快沉淀相的析出速度，但容易导致沉淀相粒子尺寸长大。热处理温度较低时 (如 375 ℃)，沉淀相的析出速率低，而且析出相的数量较少，需要较多的热处理次数和较长的热处理时间。析出量还取决于合金组分，首次析出热处理产生的 α-Ti 的量随着 Ti 含量的增加显著增加，而且 α-Ti 相成核速率也强烈地依赖于 Ti 在合金中的百分比。

Lee 等最先在单芯 Nb47Ti 合金中发现了临界电流密度与 α-Ti 沉淀相含量之间存在的线性关系，如**图 5-11** 所示 [17]。也就是说，NbTi 合金中的 α-Ti 沉淀粒子越多，其临界电流密度也就越大，这一关系从 0% 延伸至 25% 的 α-Ti 粒子含量。在首次热处理中产生大约 10% 的 α-Ti 析出物后，如果不延长热处理时间，是很难产生更多析出物的。另外，通过提高冷加工应变，也可以获得更多的析出沉淀物。增加析出相体积和所需要的最小应变量之间的最佳平衡是约 1.2 的应变。为了获得更高的临界电流密度 (如 $J_c > 3000$ A/mm^2，在 5 T 和 4.2 K 下)，通常采用更多的冷加工和 3 次或更多的热处理，以保证在 NbTi 合金中产生 20% 或更高比例的 α-Ti 析出物。**图 5-12** 显示了高 J_c 线材热处理之后的微观结构，其中大约有 20% 的 α-Ti 沉淀相 [17]。由于六方 α-Ti 相和体心立方 β-NbTi 的变形特性不同，在 NbTi 线被拉拔至最终尺寸后较大的最终拉伸应变 (3-5) 会导致 α-Ti 相粒子高度扭曲变形，在 β-NbTi 超导相中形成致密堆积的折叠状片层阵列。α-Ti 片状粒子通常为 1 ~ 4 nm 厚 (薄片间距为 5 ~ 20 nm)，正好和磁通线的间距相匹配，可作为强钉扎中心从而获得大的临界电流密度。几乎所有商业 NbTi 线都是通过析出热处理制造的，被称为

"传统制备工艺"。值得注意的是，当 α-Ti 析出时，β-NbTi 相的组分在 Ti 中逐步耗尽，直至其达到 (36wt% ～ 37wt%)Ti；随后由于合金中 Ti 的驱动力变弱，α-Ti 相停止析出。这时进一步的热处理反而会损害 Nb 扩散阻挡层并使析出物的颗粒变大。

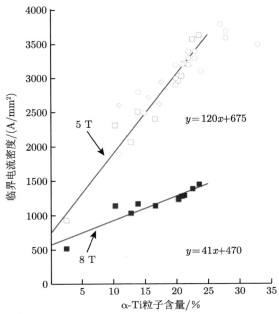

图 5-11   NbTi 合金中的临界电流密度与 α-Ti 沉淀相或人工钉扎中心含量之间呈线性增加关系 [17]

图 5-12   Nb47Ti 线材的横截面 TEM 照片 [17]，图中显示了密集折叠的片状第二相粒子，其厚度为 1 ～ 4 nm。为了比较，左上角为在 5 T 和 4.2 K 时的直径 (10 nm) 和间距 (22 nm) 磁通线的示意图

5.2.3.11   最终加工处理和成线

最后一次热处理后，对线材进行最终的拉拔加工，称为最终附加应变，主要是将芯丝直径加工至设计要求，另外，就是在超导芯中形成均匀分布的 α-Ti 纳米态组织，以产生强的磁通钉扎力。最终附加应变 ε_f 一般取在 3 ～ 5 范围内。例如，最后热处理后，当将线

材从直径 0.645 mm 拉拔到线径为 0.08 mm 时，其附加应变也从 1.1 增加为 5.3。随着最终附加应变 ε_f 的增加，α-Ti 相粒子逐渐变得更小、更致密 (**图 5-13(a)**)[17]，同时体钉扎力 F_p 也在增加，F_p 的峰值向高场移动，也就是说钉扎力 F_p 的最大值随 α-Ti 析出相的体积密度线性增加，如**图 5-13(b)** 所示[24]。这是由于最后一次热处理后随着最终附加应变的增大，沉淀相得以细化，密度增加，其尺寸和间距减小，当应变达到一定程度时其尺寸与相干长度的尺寸相近或更小，使得磁通钉扎得到加强。从图中可以看出，最终附加应变从 1.1 变为 5.3，钉扎力相应增加了大约 6 倍，钉扎曲线对磁场的峰值也从 2.5 T 移动到 5 T，最大钉扎力出现在附加应变为 5 左右时，也就是当 α-Ti 析出粒子尺寸和间距接近或小于相干长度之时。明显地，这时临界电流密度达到峰值，此后开始稳定下降。实际上，单芯或多芯的 NbTi 线材的 J_c 峰值一般出现在最终应变约为 5 的时候。如果线材在拉拔时出现香肠效应 (有时会非常严重)，峰值会更早出现，临界电流密度也就更小。值得一提的是当 α-Ti 相粒子占比 ~ 20% 时，在 5 T 时，线材的 $F_p \approx 15\ \mathrm{GN/m^3}$，相应地 J_c 达到 3000 A/mm²，这是目前先进商业化 NbTi 导线的典型值。

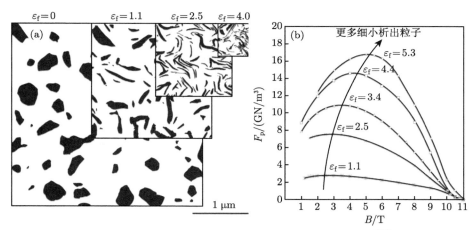

图 5-13   (a) 随着最终附加应变的增加，α-Ti 相粒子逐渐变得更小、更致密[17]；(b) 4.2 K 时，NbTi 线材的钉扎力与最终拉伸应变的变化关系[24]

对于加速器磁体用超导线，芯数一般为 10000 左右，铜超比为 1.3 左右，而成品线线径为 0.76 mm，如果最终附加应变取 4，则最后一次热处理的超导线直径应为 5.6 mm 左右。在冷拉拔过程中，道次面减率一般取在 15% ~ 25%。

在多芯线达到最终尺寸之前，通常会沿其拉拔轴扭绞，以减少磁通跳跃和交流损耗。然而，在实际使用过程中，理想的扭绞节距受到扭绞过程中线材退化的限制，为了避免线材性能严重退化，扭绞节距应保持在 5 ~ 10 线径以上；对于应用于磁场变化速度较快的超导线，扭绞节距可以取小一些。扭绞工艺在多芯线减径到最终尺寸之前进行，这样就可以通过最后的拉拔或最终成型使其固定下来。

5.2.4   人工钉扎 NbTi 超导体的制备技术

20 世纪 80 年代中期，人们通过在 NbTi 超导体的制备过程中直接引入钉扎中心，即所谓的形成人工磁通钉扎中心 (artificial pinning center，APC)，有效地调节了 NbTi 超导体中钉扎相的含量, 和传统工艺一样同样达到了提高临界电流密度的目的。其基本思想是在制备过程开始时将普通金属加入 NbTi 超导体中, 然后经过挤压和拉拔工艺来获得具有最佳钉扎中心分布的线材。与常规 NbTi 多芯线制备工艺的不同主要在于 APC 法 NbTi 多芯线的制备工艺中没有沉淀热处理这一工序, 即通过机械加工来获得纳米磁通钉扎结构, 因此不需要进行沉淀热处理。最初的方法是在 NbTi 锭中钻孔并放入与 NbTi 相容的金属棒 (如 Nb)。然而, 更实用的方法是组装交替的 NbTi 和 Nb 片材进行卷绕, 称为卷绕法 (Jelly-roll)。将该卷绕后的复合体装入铜包套中, 压实并挤出获得 "包覆线材", 然后将其截短, 装入最终铜包套中进行挤压。将得到的多芯复合材料拉拔至最终的线材尺寸。一个典型例子是在 Nb46.5Ti 合金中添加 25% (体积分数) 的纯 Nb 芯作为钉扎中心, 从 $\phi 26.21$ mm 复合体拉拔到 $\phi 0.061$ mm 时, 添加的 Nb 芯呈纳米级片状, 片间距为 $35 \sim 50$ nm, 其线材 J_c 达 3370 A/mm^2 (4.2 K, 5 T)。如果调整 Nb 片的厚度、体积分数、片间距和分布状态, 临界电流密度将会进一步增强。这种 APC 方法与常规工艺相比, 有以下优点: ①钉扎材料可以选用非 NbTi 合金材料, 可能具有比 α-Ti 沉淀相更强的磁通钉扎力; ②钉扎中心可以人为地组合或排列成特殊的几何形状, 以与磁通点阵很好匹配, 产生更好的钉扎效果; ③钉扎中心在工艺开始阶段可以选用相同的形状和尺寸, 以保证在最终线材中钉扎中心保持很好的尺寸及分布均匀性; ④钉扎中心材料可以改善和提高最终线材的其他超导性能, 如临界转变温度; ⑤因为钉扎材料和超导体是通过机械的方法进行结合的, 所以原则上可以事先设计任意比例的钉扎相与超导相, 因此钉扎中心的体积分数可以远大于 20%。

正是由于有这些潜在的优点, 从 20 世纪 80 年代到 90 年代, APC 超导 NbTi 线得到了广泛的关注和研究, 并且取得了很大进展 [25,26]。苏联 Kurchatov 原子能研究所早在 1985 年就研制出了 Ti、Nb、V 作为人工钉扎中心的 NbTi 超导体线材, 临界电流密度达到了 3500 A/mm^2 (4.2 K, 5 T) [27]。1989 年美国 IGC 超导体公司采用把 Nb 放进 NbTi 基体的方法, 制备出了 1250 芯的多芯超导线材, 其 J_c 值达到了 3700 A/mm^2 (4.2 K, 5 T)。随后 Larbalestier 课题组在 NbTi 超导体合金中引入 24%Nb 人工钉扎中心, 使得 NbTi 多芯复合体的低场载流能力显著提高, 临界电流密度达到了 4600 A/mm^2 (4.2 K, 5 T) [28]。最初 APC 法制备 NbTi 线材的高场 ($6 \sim 8$ T) 性能相对不高, Motowidlo 等发现用铁磁钉扎中心 (Ni/Cu) 代替 Nb 钉扎中心后线材在高场中也表现出优异的性能; 即使在 4.2 K、5 T 条件下, J_c 也超过 5000 A/mm^2 [29]。图 5-14 所示给出了传统工艺和 APC 法制备的 NbTi 线材的最佳性能比较 [26], 表明通过调整钉扎中心特性可以进一步提高 NbTi 的电流密度。但是, 正是因为钉扎材料与超导体之间为机械结合, 容易造成微结构的不均匀及可能引入硬颗粒等问题, 再加上钉扎阵列坯料组装相对复杂, 增加了制备高性能 APC NbTi 多芯线的难度, 极大地限制了其商业应用。

与常规加工的线材一样, Nb 片状钉扎纳米微观结构的变形主要由 NbTi 基体晶粒的折叠决定, 并且所得 APC 法的 Nb 钉扎粒子在外观上与通过常规加工产生的 α-Ti 微观结构非常相似, 如图 5-15 所示 [25]。两张照片中的钉扎相显示为白色区域。很明显, 在传统 NbTi 超导线中, α-Ti 粒子厚度为 $1 \sim 4$ nm, 间距为 $4 \sim 10$ nm, 而在 APC 超导线中 Nb 厚度为 $8 \sim 15$ nm, 间距为 $10 \sim 20$ nm。APC 法在选择基体和钉扎材料以及它们的比例和物理分布方面具有很大的自由度。因此，APC 线材在 5 T 以上的磁场应用中优于传统工艺的线材，并在更高的磁场下具有更好的性能。不过，由于很多 APC 法 NbTi 超导线采用 Nb47Ti 合金与 (15%~25%)Nb 的钉扎中心材料，因此超导体的总平均成分在 Nb25Ti 与 Nb35Ti 之间，当钉扎相达到非常细小的时候，其上临界场会有较大幅度下降，例如，在 4.2 K 时，会下降 2~3 T，这是 APC 法超导线不能得到规模应用的重要原因。APC 法 NbTi 超导线材的制备工艺如**图 5-16** 所示[25]，主要有以下几种。

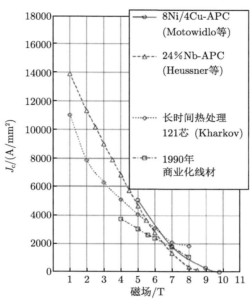

图 5-14 传统工艺和人工钉扎中心 NbTi 多芯线材磁场下的临界电流密度[26]

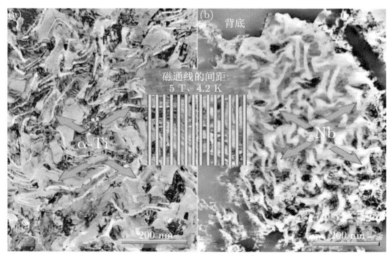

图 5-15 传统工艺 (a) 和 APC 法 (b) 制备的 NbTi 线材的纳米钉扎微结构比较图[25]

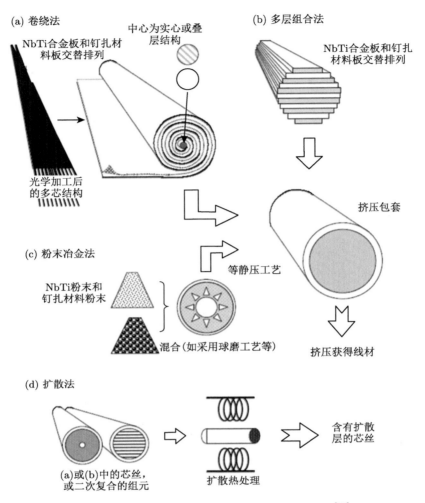

图 5-16   NbTi 超导体的 APC 制备工艺示意图 [25]

1) 卷绕法

这种方法最早用于制备 Nb$_3$Sn 超导体，但它也很适合制作 APC 法 NbTi 超导线材。把钉扎材料板 (Nb 或 Ti 箔) 和 NbTi 合金板进行叠轧，然后卷绕成筒状，装入铜包套中进行挤压。用这种方法制作出的 Nb47Ti/Nb 和 Nb31Ti/Ti 超导体，其 J_c 和 H_{c2} 等超导性能与常规 NbTi 超导体的性能非常接近。

2) 多层组合法

将 NbTi 板和钉扎材料板交替叠放，形成六边形组件，然后放入 Cu 包套中进行挤压，这种方法制备出的复合体具有较强的平行钉扎力。1994 年日本古河电气公司采用层状组合法制备出 Nb 人工钉扎中心的 NbTi 超导线，其 J_c 值达到了 4250 A/mm^2 (4.2 K, 5 T)[30]，超过了当时传统工艺制备的 NbTi 超导线的 J_c 值。

3) 粉末冶金法

将 NbTi 粉末和钉扎材料粉末进行充分混合，通过热等静压压制成棒再装入铜包套中进行热挤压。粉末冶金法的优点可显著减小超导体和钉扎材料的起始尺寸，如采用 50 μm 的 Nb 和 NbTi 粉末，产生最佳纳米钉扎微结构所需的总加工应变可以减少到 12，与传统工艺相当，并且可以通过一次挤出获得。缺点是对起始粉末的粒度一致性要求很高，并且粉末的平面应变往往导致最终线材中人工钉扎中心的不均匀分布，也阻碍了 J_c 的进一步提高。

4) 扩散法

该法采用上述 1) 或 2) 工艺挤压后的线材，放到高温炉中进行热处理，这样纯 Nb 层和 Ti 层通过高温扩散反应获得 NbTi 超导体。在热处理过程中，Nb 和 Ti 相互扩散，形成跨层的成分梯度。通过炉冷 (2 ℃/min) 来控制马氏体相，形成富含 Ti 的合金。在后期阶段，富钛合金须含有足够的铌，以便在炉子冷却时保留 bcc 结构。马氏体相变对这一过程至关重要，因为扩散层必须进一步处理才能形成大量的磁通钉扎纳米结构。该法的优点是可以控制钉扎中心的体积分数和层厚度。另一个好处是可用相对便宜的 Nb 和 Ti 箔代替更昂贵的高均匀性合金。

对于 NbTi 超导体，其理论极限临界电流密度约为 10^7 A/cm^2，目前实用超导线在 5 T，4.2 K 下的 J_c 仅达到该值的 4%左右。需要注意的是 NbTi 超导体和其他超导体相比，一个突出的优点就是它的钉扎相密度非常高，且每个单个的钉扎中心都对总的钉扎力有贡献。因此，从继续提高 NbTi 的 J_c 角度讲，采用 APC 工艺还有很大的提升空间。

5.2.5 实用 NbTi 线材小结

传统工艺生产的商用 NbTi 合金超导体通常是经过挤压、大变形率拉拔和适当中间热处理的单芯线或多芯线，因此，要求高均匀成分的 NbTi 棒必须具有非常好的塑性、较低的硬度、较低的加工硬化速率，无硬颗粒夹杂，晶粒尺寸细小且大小均匀。冷加工一般要在 β 单相区内进行，以充分发挥其优异的加工塑性。另外，必须有足够大的总冷加工率，加工后应进行时效热处理，使之在 β 相内析出第二相，从而使位错胞及第二相形成强钉扎中心，以获得高临界电流密度。NbTi 超导线通常需要内外覆铜，这既有利于加工，同时也是超导线材应用中不可或缺的环节，以达到避免磁通跳跃、减少交流损耗的目的。

线材中的位错胞结构和 α-Ti 相的形貌、尺寸、分布状态等显微结构对超导线材的 J_c 有重要影响。典型的显微组织为有 α-Ti 相的位错胞结构，这种结构由沿着拉拔方向的丝状亚晶和群集在亚晶周围的高密度位错形成的管状胞壁组成。α-Ti 相的体积分数越高越好，而其与合金中 Ti 的含量和热处理制度紧密有关。减小原始晶粒尺寸 (如添加晶粒细化元素，采用 β 温区淬火处理等)，增加冷加工面减率和选取适宜的热处理工艺是提高 J_c 的关键。

冷加工前固溶热处理的合金是处于过饱和的 β 相组织，只有经过冷加工和时效热处理，才能形成弥散分布的第二相 (有效的钉扎中心)。在生产过程中采用热处理和冷加工有机交替的工艺，不仅能产生大量的位错和位错纠结，即亚带组织，而且还能使 α-Ti 相变形细化，从而产生强的钉扎效果。随着冷加工面减率的增加，NbTi 超导体内的亚带宽度减小，亚带密度增加，当亚带的间距越接近于相干长度时，超导体的 J_c 值会越高。时效热处理温度、时间和变形分配是影响临界电流密度的重要因素，一般 NbTi 合金的时效处理温度为 350 ～ 420 ℃。温度过高，会使位错消失和沉淀相长大，降低材料的 J_c；温度过低，沉淀相析出缓慢而又不充分，可能会有很大部分的六方型亚稳相沉淀在 α-Ti 相的位置上，从而降低了合金的塑性。

多芯线导体的设计主要取决于不同的应用场合。应用场合不同，线材的截面形状也不同，如**图 5-17** 所示[31]。**图 5-18** 给出了典型的高 J_c 多芯 NbTi 导线在 4.2 K 时的临界电流密度随磁场的变化曲线[31]。可以看出，当磁场大于 10 T 时，J_c 呈现快速下降趋势。因此，NbTi 线主要用来制造 ~ 10 T 的超导磁体。要想制造更高磁场的磁体，就需要使用 5.3 节重点阐述的 Nb_3Sn 材料，因此，**图 5-18** 中还给出了典型青铜法 Nb_3Sn 导线的临界电流密度。

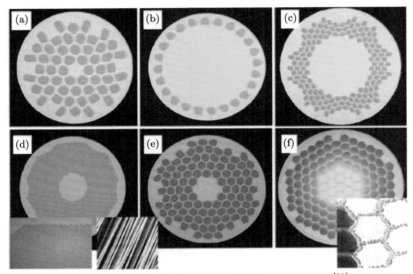

图 5-17　不同应用场合的多芯 NbTi 线的横截面[31]

(a) NMR；(b) MRI；(c) CICC；(d) LHC 用，6360 芯；(e) LHC 用，二次复合，8670 芯；(f) 脉冲场用，Cu/CuNi 基底

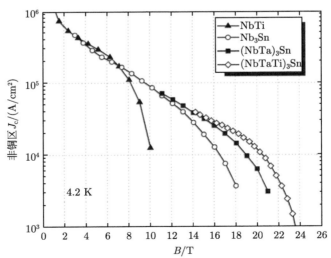

图 5-18　NbTi 和青铜法 Nb_3Sn 线材在 4.2 K 时的非铜临界电流密度与磁场的关系[31]

尽管推动 NbTi 超导体技术发展的动力来自于同步加速器和加速器研制的需求，但目前 NbTi 的最大应用领域是医用磁共振成像 MRI 系统，MRI 中的核心关键部件——超导磁体由 NbTi 超导线绕制而成。可以说，从 1965 年到 1985 年的超导应用的快速发展主要得益于高 J_c、高均匀多芯 $(5 \sim 10 \ \mu m)$NbTi 线材制备技术的突破。NbTi 超导线材虽然工作在液氦温区，但具有良好的加工塑性、很高的机械强度以及良好的超导性能，并且很重要的一点是这种超导体的原材料及制造成本远低于其他超导材料。尽管高温超导体和 MgB_2 等材料的研究目前发展得很快，上述优异的性能仍使得 NbTi 是实际应用中的首选超导材料，目前占整个超导材料市场的 90% 左右，因此在一个相当长的历史时期内仍将处于超导市场的主导地位，是工业超导线材的支柱。

5.3　Nb₃Sn 超导材料

Nb₃Sn 在超导发展史上占有特殊的地位，作为 1961 年出现的第一种高场用的实用超导线材，其帮助人们成功研制出有史以来的第一台 10 T 的超导磁体，实现了卡末林–昂内斯 50 年以前的梦想。Nb₃Sn 是一种典型的具有 A15 型晶体结构的金属间化合物，因此非常脆，这就决定了这些脆性化合物只能采用先绕制磁体后反应热处理的特殊加工方法。在下面章节中，首先简单介绍了 A15 化合物的基本特性，其次介绍了几种典型 A15 化合物的基本物理性质，如临界温度和临界场等，随后给出了 Nb₃Sn 超导体的二元 Nb-Sn 和三元 Nb-Sn-Cu 系统的热力学相图，接着介绍了各种 Nb₃Sn 多芯线材的制造技术，最后介绍了应用中最重要和最基本的参数——临界电流密度和机械性能方面的进展。

5.3.1　A15 化合物简介

1954 年，Hardy 等 [32] 在对具有 A15 型晶体结构化合物的系统研究中发现 V_3Si 具有超导电性，其转变温度 T_c 为 17.1 K。随后，Matthias 等 [3] 发现 A15 型结构化合物 Nb₃Sn 的转变温度更高，创造了当时 $T_c = 18.05$ K 的新纪录。A15 化合物的一般化学式为 A_3B，其晶体结构是 Cr_3Si 立方结构，空间群 $Pm3n$，B 原子以体心立方点阵结构排列，在每个面上有 2 个 A 原子，如**图 5-19** 所示。其立方晶胞有在 $\langle 0,0,0 \rangle$ 和 $\langle 1/2,1/2,1/2 \rangle$ 处的两个 A 原子，以及在 $\langle 1/4,0,1/2 \rangle, \langle 1/2,1/4,0 \rangle, \langle 0,1/2,1/4 \rangle, \langle 0,1/2,3/4 \rangle, \langle 1/2,3/4,0 \rangle$ 和 $\langle 3/4,0,1/2 \rangle$ 的 6 个 B 原子。该结构最显著的特征是 B 原子在 $\langle 100 \rangle$ 方向上的正交链，其原子间距为晶格参数的一半。由此可知，在 Nb₃Sn 的晶体结构中，Sn 原子形成体心立方格子，而 Nb 原子则以 3 个相互正交的链状结构分布于每个面，且 Nb 原子链可以相互靠近。这种 Nb 原子链相互靠近的方式在费米面附近具有非常高的 d 带态密度，被认为是 A15 材料产生高 T_c 超导电性的主要原因。例如，Nb 和 Nb₃Sn 的最短原子间距分别为 0.286 nm 和 $\sim$ 0.2645 nm，而 Nb 和 Nb₃Sn 的临界转变温度 T_c 分别为 9.1 K 和 ~ 18 K。A_3B 结构的 A15 化合物中 A 原子可以是任一种过渡元素 (Hf 除外)，而元素 B 是过渡元素或者是周期表中 III 族 (Al、Ga、In、Tl)、IV 族 (Si、Ge、Sn、Pb)、V 族 (P、As、Sb、Bi) 和 VI 族 (Te) 元素。当 B 是金属 (Al、Ga、Sn) 或非金属 (Si、Ge) 而不是过渡元素时，A15 型超导金属间化合物可产生高 T_c 的超导电性。

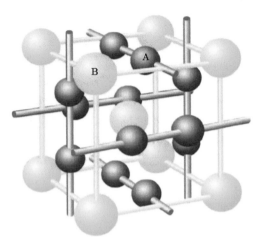

图 5-19　A15 化合物的原子分布

在 A15 型化合物被发现之后，人们对此类超导体进行了系统的研究，在提高转变温度和临界磁场方面又取得了更大的进展，特别是发现退火后 Nb_3Al 的转变温度 T_c 为 19.1 K，Nb_3Ge 的 T_c 可达 20 K 以上，V_3Ga 的 T_c 为 16.5 K。这些 A15 型化合物是第二代高 T_c 超导体，**表 5-2** 给出了一些典型 A15 化合物的 T_c 及其 H_{c2}[10]。从应用角度讲，A15 超导材料之所以重要在于其具有高 T_c、高 H_{c2} 和高载流能力 J_c 的复合优势。但是用这些化合物产生磁场或作电力传输还有一系列挑战性问题，如 A15 本身的脆性以及某些情况下化学计量比成分的亚稳定。经过几十年的努力，在有效克服了 A15 化合物脆性难题以及其实用成材方面均取得了令人瞩目的成绩，极大促进了实用 A15 导体的发展。不过，在众多已知 A15 超导化合物中，只有 6 种因具有高的 T_c、H_{c2} 和 J_c 而具有实用意义或者成为有价值的超导体，至今只有 Nb_3Sn 和 V_3Ga 已发展成商品化的超导体，常被用来制造磁场超过 12 T 的超导磁体。另有三个二元化物：Nb_3Al、Nb_3Ga、Nb_3Ge 和一个三元化合物 $Nb_3(Al, Ge)$，有比 Nb_3Sn、V_3Ga 更高的 T_c 和 H_{c2}，但这些化合物尚未被成功地发展成商品化的超导体，其中最有希望的材料是 Nb_3Al，目前在实验室中它已被制成了长线。从相图上根据稳定性的大小，上述 5 种二元化合物的顺序如下：$Nb_3Sn>V_3Ga>Nb_3Al>Nb_3Ga>Nb_3Ge$。几种 A15 超导体的 H_{c2} 随温度的变化关系如**图 5-20** 所示 [10]。

表 5-2　典型 A15 化合物的超导转变温度和上临界场 [10]

A15 化合物	T_c/K	$H_{c2}(0)$/T
V_3Al	14	
V_3Ga	16.5	23.1
V_3Si	17.1	34.0
Nb_3Al	19.1	32.4
Nb_3Ga	20.7	34.1
Nb_3Si	18.2	15.3
Nb_3Ge	23.2	37.1
Nb_3Sn	18	27
$Nb_3(Al, Ge)$	21.0	42.0
$Nb_3(Al, Si)$	19.5	30.0

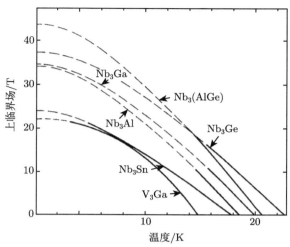

图 5-20　几种高 T_c A15 化合物的上临界场 H_{c2} 随温度的变化曲线 [10]

5.3.2　Nb₃Sn 超导体

　　Nb₃Sn 是典型的第 II 类超导体,具有 A15 型晶体结构,其基本参数如**表 5-3** 所示 [33]。在 Nb₃Sn 的晶体结构中,Sn 原子以体心立方点阵结构排列,在每个面上具有 2 个 Nb 原子,其晶格常数约为 0.5293 nm,Nb 原子间距约为 0.2645 nm,密度为 8.92 g/cm³,熔点为 (1980±10) ℃,4.2 K 热导率为 0.4 mW/(cm·K),室温下正常电阻率为 ∼ 26 μΩ·cm。由**表 5-3** 可知,Nb₃Sn 的各向异性可忽略,不存在高温超导体的弱连接问题,晶界被认为是 Nb₃Sn 钉扎中心,具有高的超导转变温度 T_c (18 K)、高的上临界场 H_{c2}(∼ 27 T) 和高的

表 5-3　Nb₃Sn 超导体的主要物理参数 [33]

参数	符号	数值	单位
超导转变温度	T_c	18	K
室温下的晶格常数	a	0.5293	nm
马氏体相变温度	T_m	43	[K]
10 K 下的四方畸变	a/c	1.0026	
10 K 下的平均原子体积	V_{Mol}	11.085	[cm³/mol]
索末菲数	γ	13.7	[mJ/(K²·mol)]
德拜温度	θ_D	234	[K]
上临界场	$\mu_0 H_{c2}$	27	[T]
热力学临界场	$\mu_0 H_c$	0.52	[T]
下临界场	$\mu_0 H_{c1}$	0.038	[T]
金兹堡–朗道相干长度	ξ	3.6	[nm]
金兹堡–朗道穿透深度	λ	124	[nm]
金兹堡–朗道参数	κ	34	
超导能隙	Δ	3.4	[meV]
电声子相互作用常数	λ_{ep}	1.8	

临界电流密度 J_c (10^6 A/cm^2)。**图 5-21** 给出了 NbTi 和 Nb$_3$Sn 低温超导体的临界温度与磁场的比较[16]。很明显，强场下 Nb$_3$Sn 的 T_c 要高得多，临界电流密度与磁场的关系也显示出 NbTi 与 Nb$_3$Sn 导体之间的巨大差异，由于 Nb$_3$Sn 的 $J_c(B)$ 曲线与 NbTi 相比要平缓得多，因此 Nb$_3$Sn 材料适用于制作超过 12 T 的高场磁体。

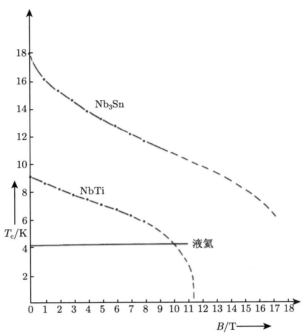

图 5-21　低温超导体 NbTi 和 Nb$_3$Sn 的磁场和临界温度之间的关系曲线[16]

5.3.2.1　Nb-Sn 相图

掌握有关 Nb-Sn 系相图的知识很重要，因为相图可以给出各种可能的金属间化合物的成分、温度范围等制备过程中非常有用的工艺信息。

目前最常用的 Nb-Sn 二元相图是 Charlesworth 等[34]完成的，如**图 5-22** 所示。相图显示在 930 ℃ 以上时，A15 相是 Nb-Sn 二元系统中的唯一稳定相。然而，当在低于 930 ℃ 的温度下加热时，将会出现另外两个稳定相 Nb$_6$Sn$_5$ 和 NbSn$_2$。也就是说低于 930 ℃ 时，上述三个相形成共存的状态。因此，要获得 Nb$_3$Sn 单相的话，热处理温度必须高于 930 ℃。这里要说明的是，含有较高锡的 Nb$_6$Sn$_5$ 和 NbSn$_2$ 的临界温度分别为 2.07 K 和 2.68 K，两者均低于纯 α-Sn(3.7 K) 的 T_c 和液氦的沸点。由于 T_c 过低，它们并没有实用价值。由相图可以看出，不管采用哪种制备方法，加热到预定的温度，其后应迅速冷却，以避免低 T_c 相的形成，因为低 T_c 相将降低 A15 相材料的性能。由相图还可知，Nb$_3$Sn 不是单一组成的化合物，而是组成范围为 (18at% ～ 25at%)Sn 的固溶体。这一组成范围的固溶体都具有 A15 结构。所有 A15 结构的 Nb-Sn 相都是超导的，但超导特性随组成中 Sn 含量的不同而不同。一般情形是组成中 Sn 含量增加，超导性能增强。当 Sn 含量从 Nb18at%Sn 变化到 Nb25at%Sn 时，Nb-Sn 相的临界温度从 6 K 提高到 18 K。但当组成大于 24.5at%Sn

时，在 43 K 存在一个由体心立方到四方的结构转变 [36]，如晶格参数的比率 c/a 由 1.0026 变化至 1.0042。这一结构转变引起态密度减小，从而使超导性能下降，例如，使 T_c 下降 0.5 K。

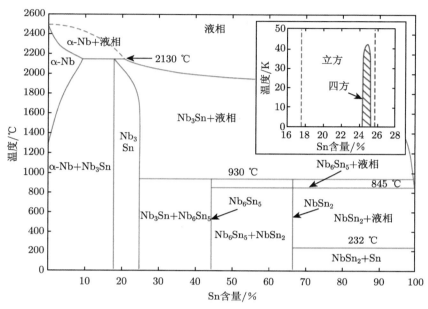

图 5-22　Nb-Sn 二元相图 [34]。插图为低温相图 [35]

5.3.2.2　Nb-Sn-Cu 三元相图

从上面的相图可知，获得 Nb₃Sn 单相的成相温度要高于 930 ℃。从实用化角度看，该温度相当高，不仅仅增加了 Nb₃Sn 制备的难度和造价，还有一个重要原因是 Nb₃Sn 非常脆，这就决定了对于这些脆性化合物，只能采用先绕制后反应成相的制备技术。这样除了 Nb₃Sn 外，Cu 稳定层、绝缘材料以及骨架的性能在这样的高温下也会发生严重退化，对应用非常不利。如何解决这一难题呢？人们很快发现添加 Cu 可以有效降低 Nb₃Sn 的成相温度，使其在低温条件下快速形成。也就是 Cu 的存在能够在 $600 \sim 700$ ℃ 的温度下形成 Nb₃Sn，比二元混合物中所需的温度低 $200 \sim 300$ ℃。而无 Cu 参与时在 700 ℃ 以下不可能形成 Nb₃Sn，然而即使加入少到 5at% 的 Cu，在 450 ℃ 下也可观察到 Nb₃Sn 相。这是因为 Cu 的存在使 Nb₆Sn₅ 或 NbSn₂ 变得很不稳定，从而促使 Nb₃Sn 在较低温度下形成。

Dew-Hughes[36] 报道了在 ~ 700 ℃ 时 Nb-Cu-Sn 三元相图的一部分，如**图 5-23** 所示。可以发现，从 Cu-Sn 固溶体到 Nb-Sn 固溶体的唯一扩散路径是通过 A15 Nb₃Sn 相区域。实际上，$700 \sim 750$ ℃[37] 和 $1000 \sim 1100$ ℃[38] 的 Nb-Sn-Cu 等温截面的共同重要结论是相图中 Cu-Sn 和 Nb-Sn 之间的连接线可以通过 Nb₃Sn 相构建，而高锡金属间化合物并不起任何阻碍作用。因此，Nb₃Sn 是在 Nb 和 Cu-Sn 固溶体 (或青铜) 的界面处形成的唯一相。也就是说，Cu 与 Nb 并不发生反应形成任何化合物，即 Cu 不参与 A15 相的形成，对超导性能没有贡献。Cu 在 Nb₃Sn 中的溶解度很小，大约只有 0.3at%。大部分 Cu

则分布在孔洞处或晶界上。很明显，Cu 的主要作用是有效降低 A15 相的成相温度。因此，现在商业化的 Nb₃Sn 导线往往采用 Nb-Sn-Cu 三元系统，如青铜法，以降低制造成本，同时 Cu 的高导电性又可以起到稳定超导体的作用。对于青铜法来说，Nb 芯处于青铜合金中，A15 相成相反应是 Nb 与一定 Sn 含量的 Cu-Sn 二元相接触反应，即 A15 相成相过程是 Nb 与 Sn 的固相反应过程。由 Nb-Sn 二元相图知，成相过程开始时先在接触界面形成 Sn 含量较低的 A15 相梯度层。随着 Sn 扩散与反应的进行，逐渐生成 Sn 含量高的 A15 相，并且组成逐渐均匀化。可以说青铜法是 Nb₃Sn 发展史上的一项重大技术突破。它的发现使人们可以制备出商用的 Nb₃Sn 多芯导线，并能够产生核聚变、核磁共振和其他各种系统所需的稳定的 10 ~ 23 T 磁场。

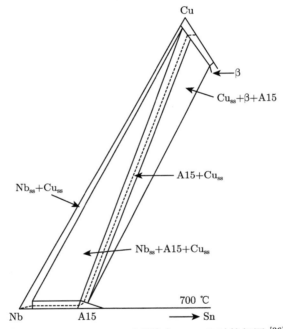

图 5-23   Nb-Sn-Cu 三元系统在 700 ℃ 时的相图 [36]

5.3.2.3   Sn 含量对超导性能的影响

由于 A15 相是通过固相扩散反应成相的，因此在 Nb₃Sn 导线中将会出现成分梯度的现象。因此，研究临界温度和上临界场随成分的变化关系是非常重要的。如 5.3.2.1 节所述，根据二元相图 (**图 5-22**)，A15 的成分组成范围要略大于实际存在的范围。而 Devanty 的数据与人们公认的 A15 稳定性范围一致 [39]，因此被认为相对更加准确。Flükiger 等 [40] 发现 H_{c2} 随着 Sn 含量的增加而增大，当升到 ~ 24.5at%Sn 时，H_{c2} 随后急剧下降，这是由于发生了立方相向四方相的转化。他们对以往不同报道的研究结果进行了汇总，详见 **图 5-24**[33]。从图中看出，T_c 和 $Nb_{1-\beta}Sn_\beta$ 中 Sn 含量 β 之间呈现如下关系：

$$T_c\left(\beta\right) = \frac{12}{0.07}\left(\beta - 0.18\right) + 6 \tag{5-10}$$

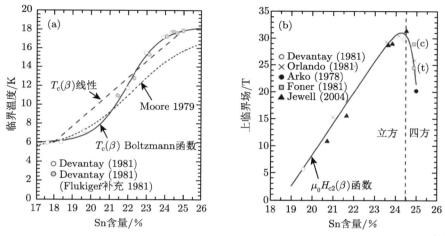

图 5-24　Nb₃Sn 中 (a) 临界温度 T_c 和 (b) 上临界场 H_{c2} 随 Sn 含量变化的关系[33]

上式关系即**图 5-24(a)** 中的 $T_c(\beta)$ 线，按照该公式得到的最大 T_c 为 18 K。图中 Moore 线为 Moore 等[41] 的实验数据。Devanty 和 Moore 的数据趋势大致类似，但后者涵盖了更宽的 A15 稳定范围，而且其 T_c 值要稍微低一些。实线是 Devanty 依据 Boltzmann 函数得到的数据：

$$T_c(\beta) = \frac{-12.3}{1 + \exp\left(\dfrac{\beta - 0.22}{0.009}\right)} + 18.3 \tag{5-11}$$

由公式 (5-11) 计算得到的最大 T_c 为 18.3 K，这是 Nb₃Sn 最高的记录值。右图中的曲线是 Flükiger 对收集的 $H_{c2}(\beta)$ 数据进行修正后的值，右图中的虚线在 24.5at%Sn 处将曲线分隔为立方相和四方相两部分。从图中看出，当 Sn 含量为 24.5at%Sn 时，其上临界场约为 27 T。通过指数和线性拟合，可以将 $H_{c2}(\beta)$ 和 $Nb_{1-\beta}Sn_\beta$ 中 Sn 含量 β 之间的关系总结如下：

$$H_{c2}(\beta) = -10^{-30}\exp\left(\frac{\beta}{0.00348}\right) + 577\beta - 107 \tag{5-12}$$

依据现有文献数据总结而成的公式 (5-11) 和 (5-12) 反映了 Nb₃Sn 中超导参数 T_c 和 H_{c2} 随着 Sn 含量变化的关系，这些变化可归结为由固态扩散反应导致的成分梯度而引起的。当然，这些关系曲线是非常重要的，特别是对优化 Nb₃Sn 的制备工艺很有实用参考价值。

5.3.2.4　超导磁体对 Nb₃Sn 导体的应用要求

要制造紧凑且经济的高场超导磁体，要求 Nb₃Sn 导线具有较高的 J_c。除了高 J_c 之外，还有其他几个应用要求。首先，为了防止不稳定性，Nb₃Sn 导体通常以多芯圆线的形式生产，每根圆形线包括嵌入 Cu 稳定层基体中的几百乃至上千的多芯超导细丝。对于低温超导体的电磁稳定性，有两个参数很关键：芯丝直径 d 和 Cu 稳定层的热导率，其中热导率在低温下对 Cu 的纯度很敏感。Nb₃Sn 热导率可通过残余电阻率 (RRR) 来衡量，通常定义为 273 K 时的电阻率除以 20 K 时的电阻率。这样从磁体稳定性角度来讲，Nb_3Sn 需要较小的芯丝直径和较高的 RRR 值。另外，为了降低线材的交流损耗，超导体也应具有较小的芯丝尺寸，并且芯丝应该被扭绞。**表 5-4** 给出了 Nb_3Sn 导体对不同应用的要求 [42]。除了对高 J_c 和小芯丝直径的要求外，所有应用都需要高 RRR 和良好的应力/应变特性。

表 5-4   超导磁体的主要特性及其对 Nb_3Sn 导体的要求 [42]

应用场合	目标场强/T	励磁速率/(T/s)	J_c 要求	d_{sub} 要求
NMR	~ 24	低	工作时，$J_c \geqslant 100$ A/mm^2	< 100 μm
加速器	$10 \sim 16$	~ 0.01	非 Cu 区 $J_c \geqslant 1500$ A/mm^2 (4.2 K, 16 T)	$\leqslant 50$ μm
核聚变	$11 \sim 13$	$0.1 \sim 10$	非 Cu 区 $J_c \geqslant 800$ A/mm^2 (4.2 K, 12 T)	< 10 μm

　　在这些应用中，Nb_3Sn 超导体的下一个最大潜在市场是加速器磁体。例如，欧洲未来环形对撞机 (FCC) 储存环的周长也设定为 100 km，其指标与中国未来的超级质子对撞机 (SPPC) 计划比较接近。FCC 质子对撞质心能量初步设定为 100 TeV，对应偏转磁体所需的场强为 16 T，需要大约 8000 t 的 Nb_3Sn 导线。对于 Cos-theta 型二极磁体，线圈产生的磁场 B 由线圈宽度 (W) 和线圈中的临界电流密度 (J_{coil}) 决定：$B \propto W \cdot J_{coil}$。因此，为了降低造价，就需要减小磁体尺寸，这就要求 Nb_3Sn 导线具有高 J_c。FCC 委员会已经为 Nb_3Sn 导体提出了最低 J_c 要求，如**图 5-25** 所示 [42]。可以看出，尽管目前多次组合 (RRP) 法 Nb_3Sn 导线的最高 J_c(15 T) 可达到 $1600 \sim 1700$ A/mm^2，但仍低于 FCC 规定的要求。

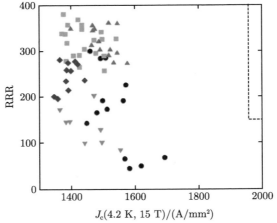

图 5-25   大型强子对撞机 (LHC) 用 RRP 法 Nb_3Sn 导线的 RRR 与 J_c(4.2 K, 15 T) 之间的关系 [42]。所有 Nb_3Sn 线均为 Ti 掺杂，芯丝直径为 $50 \sim 55$ μm，并在 $650 \sim 665$ ℃ 下进行热处理。水平和垂直虚线表示 FCC 规定的最低 RRR 和 J_c 值

5.3.3 Nb_3Sn 线材的制备方法

　　Nb_3Sn 导体因其本征脆性不能按 NbTi 导体同样的技术制造，历史上先后研究发展过多种制造 Nb_3Sn 导体的方法，**表 5-5** 列出了实用 Nb_3Sn 材料的发展历程 [43]。为了克服 Nb_3Sn 的脆性，1961 年 Kunzler 等 [44] 发明了两种方法来制备 Nb_3Sn 超导体。第一种方

法是把紧密压实的 Nb 和 Sn 粉末块体在 1800 ℃ 下长时间烧结并在 2400 ℃ 进行熔化处理来获得 Nb₃Sn 超导锭;第二种方法是将装入 Nb 和 Sn 粉末的 Nb 管加工到小直径线材,然后经过 970 ~ 1400 ℃ 下的高温热处理,首次将脆性 A15 化合物制备成 Nb₃Sn 超导线,这些线材在 8.8 T(4.2 K) 的磁场下能够达到 1500 A/mm² 以上的临界电流密度。第二种方法就是 PIT 法的前身。尽管如此,第一种商业 Nb₃Sn 超导体是通过将 Nb₃Sn 脆性材料沉积在金属基体上形成带材而制备的,随后这些含有沉积 Nb₃Sn 层的金属增强带材被用来绕制磁体。例如,Hanak 等 [45] 采用化学气相沉积的方法,Nb 和 Sn 作为气态卤化物供应,将 Nb₃Sn 层沉积到柔性带状基体上,在 675 ~ 1400 ℃(通常 1000 ℃) 的氢气中还原制备出带状 Nb₃Sn 导体。基体一般为 Nb、不锈钢或 Hastelloy,A15 层的厚度通过反应速率控制。

表 5-5 实用 Nb₃Sn 材料的发展历程 [44]

年份	贡献者	进展	$J_c/(\times 10^5 \mathrm{A/cm^2})$ (4.2 K, 10 T)	B/T (4.2 K)
1960	美国贝尔实验室 R. M. Bozorth	发现 $H_{c2} > 7.0$ T		
1961	美国贝尔实验室 J. E. Kunzler	制出第一根线和磁体		8.8
1963	美国通用 (GE)	外锡法,绕得磁体		10.1
1964	美国无线电 (RCA)Hanak 等	CVD 法	2 ~ 2.5	
20 世纪 60 年代	中国长沙矿冶院	CVD 双向沉积带,速率: 60 ~ 100 m/h	3 ~ 4.5	
1966	美国通用 (GE) M. G. Benz	扩散法	2.5 ~ 3.5	
20 世纪 70 年代	中国北大和 905	成卷扩散		
1970	美国 A. R. Kauffman	青铜法多芯线	0.9 ~ 1.0	
1984	中国西北有色金属研究院	先绕后扩散小磁体	0.35 (15 T)	15.2

在当时,采用真空和高温条件以及 A15 化合物的本征脆性给 Nb₃Sn 导体的制备和应用带来了严重的限制。尽管如此,通过采用合适的骨架材料和绝缘材料,最终还是制造出了实验室用的磁体,这种方法称之为 "先绕后反应" (W&R) 法 [10],即先将导线绕成螺线管,再将整个线圈进行热处理,使其转变成 Nb₃Sn。虽然由此产生了 10 T 的磁场,但早期生产的带状线材总会遭受严重的磁通跳跃、提前失超并烧毁,这主要是由于那时候对几何设计的认识上存在不足 [10]。之后通过建立磁体稳定化概念,人们知道为防止导体失超时被烧毁需要有高导电 Cu 或 Al 作电流旁路、通过超导体多芯化来抑制磁通跳跃。于是分别发展出 V₃Ga 和 Nb₃Sn 的固态扩散技术 [46,47],最终实现了多芯 A15 导体的商品化生产,这种新工艺就是 "青铜法",即将多芯细丝嵌入具有高导热性的金属基体中,极大地促进了 V₃Ga 和 Nb₃Sn 等实用 A15 导体的发展。

由于 Nb₃Sn 超导体的脆性,它的成材实用化技术先后经历了气相沉积法、固液扩散法、青铜法、外锡法、内锡法 (青铜法的发展)、原位法、锡棒铌管 (RIT) 法、PIT 法、改进的卷绕 (MJR) 法以及 RRP 法,如**图 5-26** 所示 [15]。从原理上讲,不外乎液–固扩散和固–固扩散两类;从工艺上讲,可分气相沉积法、扩散法和青铜法三大类 [16]。但从 20 世纪 70 年代发明青铜法制造多芯 Nb₃Sn 线材技术以来,青铜法一直是各种商品化 Nb₃Sn 实用材料的主要制造工艺。目前应用得较广泛的商业用 Nb₃Sn 超导线材的主要制备工艺有:青铜法 (bronze process)、内锡法 (internal tin process) 和 PIT 等。**表 5-6** 列出了目前 Nb₃Sn

线材的三种主要制备工艺、性能以及特点。三种方法的主要差别是 Sn 源，共同之处是都有扩散阻隔层和稳定化 Cu。Nb_3Sn 的形成必须在 Cu 的存在下发生，这有助于降低反应温度，即使在低至 450 ℃ 的反应温度下也能形成 Nb_3Sn，而且可以实现微细晶粒的组织。特别是最近通过内锡法或粉末装管工艺在 Nb_3Sn 导线的 J_c 提高方面进展显著，非铜区 J_c 达到 3000 A/mm²(4.2 K, 12 T)[43]。当然，通过增大 Nb_3Sn 层的横截面积来增加传输电流是继续开发高性能 A15 导体的有效途径之一。Nb_3Sn 超导线材的发展方向主要围绕着提高临界电流密度 J_c 和降低交流磁滞损耗两方面展开。下文中所提的 J_c 一般指的是非铜区 J_c (non-Cu J_c)。交流磁滞损耗主要反映在有效芯丝直径 d_{eff} 上，减小了有效芯丝直径就降低了交流磁滞损耗。

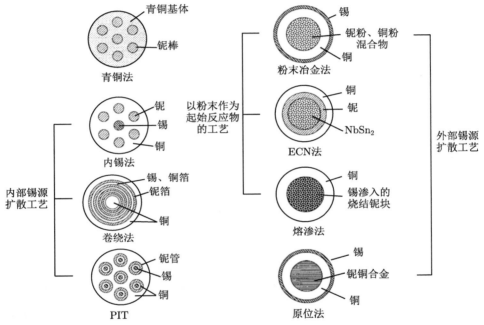

图 5-26   使用各种方法制备的 Nb_3Sn 线材的横截面示意图 [15]

荷兰能源研究中心提出的方法，简称 ECN 法

表 5-6   目前实用 Nb_3Sn 线材的三种主要制备工艺、性能以及特点

工艺	整个截面中超导芯面积所占比例/%	非铜区 J_c (4.2 K, 12 T)/(A/mm²)	特点
青铜法	15	1000	+ 均匀 Nb_3Sn + 低损耗 − 价格高 − Sn 含量低、多次中间退火
内锡法	18	3300	+ 便宜、易加工 − 不均匀变形 − 芯丝易搭接、损耗较高
PIT 法	33	2500	+ 细芯丝 − 不连续 − 高交流损耗

注： + 表示优点； − 表示缺点。

5.3.3.1 青铜法

青铜法是在 20 世纪 60 年代末期发展起来的制备 Nb₃Sn 线材的技术。由于该工艺采用青铜 (铜-锡合金) 作为 Sn 源，替代了以前的实心锡棒或锡箔，因此可以使用热挤压进行加工，这样在大幅度缩减横截面积的同时香肠效应小、芯丝变形较均匀。可以说，青铜法充分利用了热挤压的优点，工艺稳定、可靠性较高且磁滞损耗小，目前仍被广泛应用。

Nb₃Sn 线材的青铜法制备流程见**图 5-27**[15]。此法一般是先在高锡青铜基体上钻 19 个、37 个或一些其他六角形孔，插入 Nb 棒后形成复合体。将组装后的复合体挤压、拉拔到最终尺寸的六方形细棒材 (简称亚组元)，再将上百支亚组元和阻隔层进行复合后装入稳定体铜管中，然后再次挤压、拉拔，获得外稳定型的多芯 Nb₃Sn 线材。在线材拉拔过程中，必须进行多次中间退火，以减轻青铜的加工硬化。如果在一次组装时，用 Cu 代替部分 Nb 或者二次组装时在亚组元中心加入中心铜棒，最后获得的是内稳定型的 Nb₃Sn 超导体。青铜区域代表锡源，铜和青铜之间必须加入阻隔层 (通常是 Ta 或 Nb)，用来防止青铜中的 Sn 扩散污染高纯度稳定铜，如**图 5-28** 所示 [9]。元素添加可通过将 Nb 棒替换为 Nb-Ta 棒或将 Ti 直接添加到青铜中。将最终尺寸的成品多芯线绕成线圈，最后进行热处理，在此期间青铜与 Nb 反应形成 Nb₃Sn 相。这种方法的主要优点是制造工艺相对简单，能获得非常细的多芯线 ($\leqslant 5~\mu m$)。整个非铜横截面都可用于 A15 相的形成。

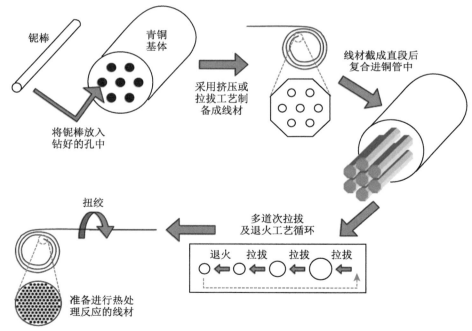

图 5-27　青铜法 Nb₃Sn 线材的制备流程示意图

青铜法线材一般在 $500 \sim 750\,^{\circ}\mathrm{C}$ 的温度下加热，通过固态扩散反应形成 Nb₃Sn[15]。公司生产的商用多芯线材大多在 $675\,^{\circ}\mathrm{C}$ 下热处理 200 h，就会在每个 Nb 丝周围形成 A15 相 Nb₃Sn 层。为了在高场区域中获得高 J_c，往往将线材加热至 $700 \sim 750\,^{\circ}\mathrm{C}$ 的较高温度以获

得接近名义配比的 Nb_3Sn 相。在较低或中间磁场应用的线材，多采用在 ~ 650 ℃ 的热处理，以便获得更多细晶粒。低损耗的交流用线材要在 600 ℃ 的更低温度下完成加热工序。

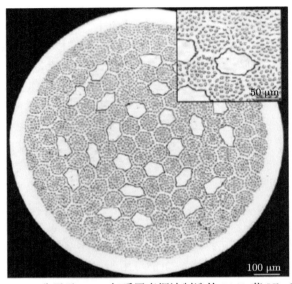

图 5-28　Harwell/Rutherford 公司于 1974 年采用青铜法制造的 5143 芯 Nb_3Sn 线 [9]。插图中阻隔层清晰看见，它有效保护了 Cu 稳定体

在青铜工艺中，每个 Nb 棒在热处理后都转变为 Nb_3Sn 芯丝，由于 Cu/Nb 比率大 (导致 Nb 棒间的间距大)，超导芯丝通常在反应后被低 Sn 青铜分开，获得的芯丝尺寸小 (< 5 μm)，因此交流损耗低、n 值也大。这主要是由青铜法加工特点所决定的，如高锡青铜硬度大，在反应阶段可保证芯丝足以分开，避免了芯丝搭接现象。芯丝直径是导线设计和制备中的另一个重要参数。细芯丝比粗芯丝的热处理时间要短，这样可以保证在细芯丝中形成均匀的细晶粒。这就是为什么芯丝直径更小的多芯线材往往具有高 J_c 和低交流损耗。一般交流用的芯丝直径约为 0.2 μm；对于脉冲或直流用的线材，芯丝直径一般为 2 ~ 8 μm。青铜与 Nb 的横截面积比称为青铜比。青铜比是对反应后可获得的超导芯面积和青铜基体中的锡含量进行平衡的结果。青铜比为 3 的线材通常用于直流应用场合。对于交流应用，尽量采用较大的比例，如 20，以减少芯丝之间的耦合交流损耗。

当然青铜法制备 Nb_3Sn 超导线材的一个主要缺陷是青铜中的 Sn 含量偏低，严重制约着 Nb_3Sn 的成相总量，因为基体中 Sn 含量越高，J_c 也越大。在 Cu-Sn 合金的相平衡图上，α-青铜中 Sn 的最大溶解度为 15.8wt%，而且为了防止形成有害的 δ 相，实际 Sn 含量常常限制在 13wt% 左右，另外，Sn 的活性相对较低，导致反应时间长，A15 层显示出较大的 Sn 成分梯度，这显然不利于 J_c 的提高。为了提高青铜中的 Sn 含量，人们进行了大量研究。近年来，用一种超细粉喷射铸造法制备了 Sn 含量为 ~ 15wt% 的单相青铜，几乎达到了 α-青铜中 Sn 的最大溶解度 [48]。青铜法的另一个局限性是青铜在冷加工中硬化很快，以至于线材每拉拔三次 (面积缩小 ~ 50%) 必须进行中间退火，工作量大，效率较低；而且在中间退火过程中有预生成 Nb_3Sn 相的可能，这会导致拉拔断芯、断线和降低成品线的性能。随后人们发现最优的加工工艺是每经过三道次 20％的拉拔，要在 450 ~ 550 ℃ 退火 1 h[49]。更多次的退火会预反应生成 Nb₃Sn 相，这些 Nb₃Sn 层厚度小于 100 nm。当线材经过成相热处理后，芯丝表面预反应生成的碎片将优先生长为不规则的硬颗粒，从而导致 "香肠状" 芯丝。另外，如果使用大于 550 ℃ 的退火温度，线材的临界电流密度将下降 50％。

人们很早就认识到较高的 Sn/Cu 比对于提高 J_c 的重要性，但是高锡青铜在均匀铸造和拉拔加工方面存在不小难度。为此人们通过持续改进青铜法制备工艺，在 20 世纪 90 年代，青铜的 Sn 含量从 13wt％增加到 16wt％，使得 J_c 在 4.2 K 和 20 T 时翻了两倍[9]。目前这种改进后的青铜超导线在 NMR 领域得到了广泛应用，如最近布鲁克公司使用高性能青铜法 Nb₃Sn 导线成功研制出 1 GHz 的 NMR 用高场磁体。同时商用青铜线材也被大量用于开发各种传导冷却型、水平和垂直方向以及分离式等各种科学实验用超导磁体，并取得了极大成功。另外，用于交流场合的 Nb₃Sn 线材也是通过青铜工艺制造的，比如对在 53 Hz 时运行、50 mm 室温孔径的 2 T 的 Nb₃Sn 磁体来说，其线材中的超导芯丝直径可达 0.2 μm。日本超导技术公司 (JASTEC) 采用青铜法制备出 Sn 含量为 16wt％的 Nb₃Sn 线材，其临界电流密度 J_c 可达到 150 A/mm²(4.2 K, 20 T)。在 ITER 用青铜法 Nb₃Sn 线材的生产中，JASTEC 制备线材的 J_c 可达 820 A/mm²(4.2 K, 12 T)，单位体积磁滞损耗在 360 mJ/cm³(4.2 K, ±3 T) 左右；俄罗斯制备线材的 J_c 可达 720 A/mm² (4.2 K, 12 T)，单位体积磁滞损耗在 450 ~ 500 mJ/cm³(4.2 K, ±3 T) 左右；欧洲先进超导体公司 (EAS) 制备线材的 J_c 平均值为 735 A/mm² (4.2 K, 12 T)，磁滞损耗约为 65 mJ/cm³(4.2 K, ±3 T)。目前，在 12 T 和 4.2 K 条件下，青铜工艺线的最大非铜区 J_c 约为 1000 A/mm²。

上述青铜法采用的是棒材/芯丝设计，此外，人们还基于卷绕工艺设计发展出了 MJR 工艺，即将薄 Nb 片或 Nb 箔切开形成网状结构，然后围绕中心稳定 Cu 棒用 Cu-Sn 合金箔将 Nb 网包卷起来，随后采用挤压、拉拔等加工成最终线材，工艺流程见图 5-29[50]。相比于传统的青铜法，该方法减少了制备周期、提高了 Sn 源分布的均匀性。Tachikawa 等[50] 采用该方法制备的 Nb₃Sn 线材在 21 T、4.2 K 下 J_c 达到 290 A/mm²。MJR 没有大规模应用于制备 Nb₃Sn 超导体，却成为 Nb₃Al 线材制备技术的基础。

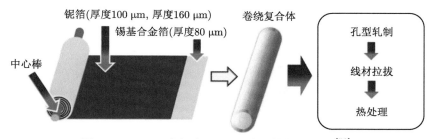

图 5-29　MJR 青铜法 Nb₃Sn 线材的制备流程[50]

5.3.3.2　内锡法

为了避免拉拔过程中的频繁退火，1974 年，Hashimoto 等首次报道了用内锡法制备 Nb₃Sn 超导体[51]。与青铜工艺一样，Nb₃Sn 由 Nb 和 Cu-Sn 合金之间的固态扩散形成。

与青铜法的区别在于：内锡法采用 Sn 作为锡源，在最终线径下通过逐次热处理工序生成 Nb_3Sn 相。与青铜法相比，内锡法在线材加工中不需要中间退火，而且丰富的 Sn 源可以有效增加 A15 相的数量和质量，从而提高非铜区 J_c。与 PIT 法相比，内锡法的主要优势在于造价便宜，并可以灵活调整 Nb/Sn/Cu 比，以适应不同的实际需要，有利于商业化应用。

　　内锡法 Nb_3Sn 超导线材的制备工艺如**图 5-30** 所示。将 Sn 棒插入在热挤压后的 Cu/Nb 多芯复合管中，通过拉拔工艺获得一次线材。因为与其他材料相比，Sn 的熔化温度和硬度非常低，因此 Sn 棒大多在挤出后装入，以避免在热挤出过程中 Sn 发生变形。然后将一次线材剪短和阻隔层一起集束装入稳定体铜管中形成最终坯料，最终坯料通过拉拔获得 Nb_3Sn 成品线。内锡法 Nb_3Sn 线材的截面示意图和成品线的横截面参见**图 5-31**[52]。铜与非铜区体积比约 $1:1$。最后经过成相热处理反应得到 Nb_3Sn 相，即 Cu 和 Sn 首先扩散以形成 Cu-Sn 合金，然后 Cu-Sn 合金与 Nb 反应形成 Nb_3Sn 相。Nb_3Sn 超导线的真空热处理分为两个阶段：青铜化阶段 ($< 575\ ℃$) 和扩散生成 Nb_3Sn 相的阶段 ($650\ ℃$)。整个热处理时间 $< 600\ h$。

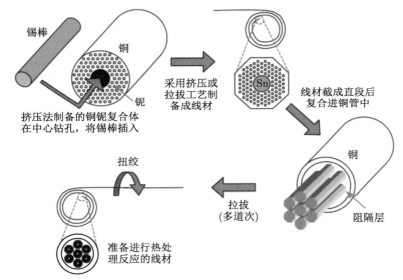

图 5-30　内锡法 Nb_3Sn 线材的制备流程示意图

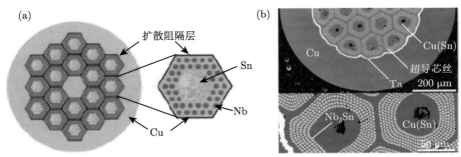

图 5-31　(a) 内锡法 Nb_3Sn 线材的截面示意图；(b) ITER 用内锡法 Nb_3Sn 线材的 SEM 横截面和相应芯丝细节[52]

内锡法使用纯 Cu 和 Sn 作为原料，拉拔过程中的加工硬化相对较轻，故不需要中间退火，在导体中 Sn 的含量可以达到很高，这样可以生成更多 Nb₃Sn 相从而具有更高的载流能力[15]。还有在内锡工艺中，锡的含量基本上没有限制，不像青铜法有青铜中锡含量不超15.8％的限制。然而，供应 Sn 源的 Sn 棒区域将会成为导体中的非超导区，因此，要在锡的含量和有效超导面积等两个因素中尽量保持平衡，才能在这一过程中实现线材的高 J_c。尽管内锡法具有很高的非铜区 J_c，但其也有明显的缺点：首先成相热处理时间长且较为复杂，它需要生成均匀的青铜基体，同时还要避免液态相的出现 (也就是要避免 Sn 熔化)。其次，三种材料 Cu、Nb 和 Sn 具有不同的加工特性，加上 Sn(合金) 的熔点太低，无法使用大变形的热挤压，只能采用冷拉拔工艺，使得金属间冶金接合差，变形不均匀，芯丝搭接比较严重，造成有效芯丝直径过大 ($\sim$ 100 μm)，最终导致内锡线材的磁滞损耗较高。

20 世纪 70 年代和 80 年代是 Nb₃Sn 超导体研究的蓬勃发展时期。在此期间，基于内锡法人们发展出很多改进的工艺。其中之一是采用 MJR 工艺制备内锡法导线[53]，该法是将菱形网眼的 Nb 金属网和 Cu-Sn 合金箔交替卷绕在包覆 Cu 的 Sn 棒上，插入金属管中形成复合体，密封、挤压，通过冷加工制成超导细丝亚组元；将多个亚组元再复合拉拔成成品导线，Nb 网最终变成 Nb 芯丝，如**图 5-32** 所示。后来为了防止 Sn 扩散到外部 Cu 稳定层中，同时减少芯丝内的 Cu 含量，人们在每个芯丝周围引入了阻隔层，从而极大地提高了 Nb₃Sn 线的非铜区 J_c。原因是采用隔离层后，Nb/Cu 比率随着 Sn/Cu 比率的增加相应地增加，意味着芯丝内的 Sn 都被用来形成 Nb₃Sn 相。2003 年，美国牛津超导公司(OST) 制备的 MJR 多芯导线[54]，其非铜区 J_c 在 4.2 K、12 T 下高达 2900 A/mm²。研究发现，MJR 内锡法导线性能的提高不仅是由于随着 Cu 含量的减少所导致 Nb₃Sn 含量的增加，还由于 Nb₃Sn 相质量的提高，比如有效减少了 Sn 含量分布梯度和柱状晶粒。实际上，从 20 世纪 80 年代到 21 世纪初，J_c 的提高主要是由于降低了内锡法导线中芯丝中的 Cu 含量，当然其他因素如优化热处理和掺杂等也有贡献。不过 MJR 法由于采用 Nb 网而非独立的 Nb 芯丝，易造成超导芯丝搭接，导致有效芯丝直径过大，这对降低交流的磁滞损耗是不利的，但却比较适合制造直流超导磁体。

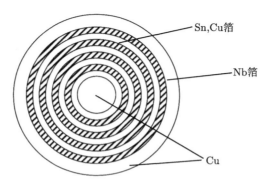

图 5-32 采用 MJR 内锡法制备 Nb₃Sn 线材的截面示意图

为了进一步提高 J_c，并更好地利于大规模生产，从 2000 年起，MJR 法逐步被 "RRP" 法取代[55]。RRP 内锡法是多次组合法 (restacked rod process) 的简称，这是一种分布式阻隔层工艺。先将 Nb 棒和 Cu 包套一次复合体热挤压，并加工成六角棒材；再将此六角棒材、Cu 插件、内 Cu 管和 Cu 包套进行二次复合，并挤压加工成多芯 Nb-Cu 复合棒；然后将 Sn 棒插入 Nb-Cu 复合棒的内 Cu 管内，拉拔成单 Sn 芯亚组元复合细棒材。随后将阻隔层管装入外 Cu 包套中形成复合管；再将一定数量的单 Sn 芯亚组元复合细棒装入此复合管中，形成最终的多 Sn 芯多芯复合棒；最后将此复合棒拉拔成最终多芯线材。**图 5-33** 给出了由美国牛津超导公司生产的 114 芯 RRP 线材的截面扫描电镜图 [56]。从中看出，芯丝直径约 50 μm 的大小，这是美国牛津超导公司通过增加芯丝数有效减少芯丝直径的改进工艺，已被应用于长线批量化生产。

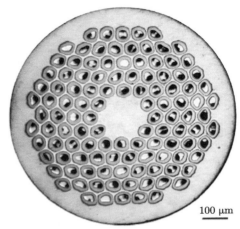

100 μm

图 5-33　美国牛津超导公司采用 RRP 法制备的 114 芯 Nb$_3$Sn 线材的 SEM 截面图 [56]

在 RRP 法中，铜包覆铌棒的铜/铌面积比 (称为 “局部面积比”，LAR) 可以灵活调整。热处理时，每个 Nb 芯丝均转化为 Nb$_3$Sn。2004 年，美国牛津超导公司开发出 RRP 内锡法 Nb$_3$Sn 超导线材，它的非铜区 J_c 在 4.2 K、12 T 下超过了 ~ 3000 A/mm^2，最高值更是高达 3300 A/mm^2，为目前报道的最高纪录 [56]。RRP 内锡法最突出的特点是 Nb 芯丝独立存在，不易产生芯丝搭接，能够有效减小有效芯丝直径，降低交流磁滞损耗。因而常采用亚组元数量较少的高 Cu 比设计，用于 ITER 等的交流超导磁体。

5.3.3.3　PIT 法

尽管第一根 PIT 法 Nb$_3$Sn 线材工作是 Kunzler 等 [44] 于 1961 年完成的，但是商业用的 Nb$_3$Sn 多芯 PIT 线材直到 1977 年才由荷兰 Energieonderzoek Centrum Nederland(ECN) 公司开发成功 [57]。具体工艺如**图 5-34** 所示，先将 NbSn$_2$ 粉末和少量 Cu 粉末充分混合后填充到薄壁 Cu 管中，再将 Cu 管插入 Nb(或 Nb7.5wt%Ta) 管中，然后将这些管子插入纯 Cu 基体中通过挤压和拉拔制成最终尺寸的成品线，最后在 650 ~ 700 ℃ 进行热处理，使粉末中的 NbSn$_2$ 与 Nb 管反应生成 Nb$_3$Sn 相。Nb 管的未反应部分可用作扩散阻隔层，保护高纯度 Cu 稳定层免受 Sn 的污染。人们从生长动力学角度研究了从 NbSn$_2$ 形成 Nb$_3$Sn 的过程，发现先是生成中间相 Nb$_6$Sn$_5$，在后期阶段，这种 Nb$_6$Sn$_5$ 相分解形成 Nb$_3$Sn 相。为此，人们还提出了直接从 Nb$_6$Sn$_5$ 粉末产生 Nb$_3$Sn 的工艺路线。实际上，NbSn$_2$ 粉末中加入少量 Cu 粉末是为了降低 Nb₃Sn 的成相温度。在这种线材中，每根芯丝中未反应的 Nb 起到了阻隔层的作用。ECN 公司从 1980 年起到 1990 年，不断改进 PIT 工艺，最终实现了 200 公斤级 36 和 192 芯等多芯 Nb₃Sn 线材的规模化制备，在 4.2 K、12 T 时，非铜区 J_c 提高到 1700 A/mm²[58]。这些线材已被用于制造卢瑟福型电缆，该电缆在 11 T 和 4.2 K 时能够承载 19.3 kA 的电流，表明电缆仅衰减约 10‰。

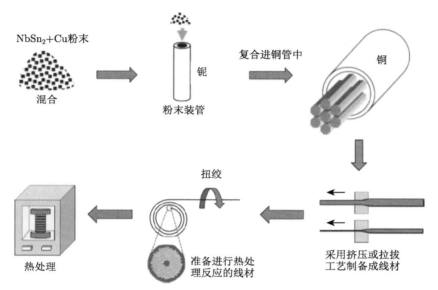

图 5-34　PIT 法 Nb₃Sn 线材的制备流程示意图

后来，ECN 停产，相应 PIT 技术转移到荷兰 Shape Metal Innovation(SMI) 公司 [58]。SMI 主要致力于制造用于极高磁场应用的 36 芯线材和用于加速器磁体的 192 芯及更多芯丝的线材。经过进一步优化粉末、导体设计和制备工艺，开发出 ϕ0.9 mm 的 504 芯线材，其芯丝直径约 25 μm，铜基体比例为 52%。该线材在 12 T 下的非铜区 J_c 超过 1700 A/mm²。此外，还采用冷挤压工艺，第一次使用 Nb7.5wt%Ta 管研制了 37 多芯三元线，其中铜基体部分为 43%。这种线材在 12 T 和 20 T 时的非铜区 J_c 分别约为 1750 A/mm² 和 217 A/mm²。到 20 世纪 90 年代末，SMI 生产的 PIT 线材的非铜区 J_c 提高到 2250 A/mm²。

现在 SMI 公司生产的低交流损耗型二元和三元 504 芯 Nb₃Sn 线材，其芯丝直径约 25 μm，铜基体比例为 55%，在 4.2 K、12 T 下的非铜区 J_c 分别达到 1350 A/mm² 和 1950 A/mm²。通过优化热处理和添加三元掺杂剂，ϕ1.255 mm 的高性能三元 288 芯导线具有芯丝直径 35 μm、55%Cu 和非铜区 J_c (4.2 K, 12 T)= 2500 A/mm²[58]。随后德国 Bruker-EAS 公司生产的 PIT 线材的非铜区 J_c 进一步提高到 2700 A/mm²，这是该类线材报道的最高 J_c 值 [59]。

图 5-35(a) 为 PIT 法制备的 Nb₃Sn 多芯线材的截面示意图。**(b)** 图为 SMI 公司制造的 192 芯二元 PIT 线材 (反应后) 的典型横截面。该线材的直径为 0.98 mm。从图中看出，线材包含 192 根六角形管状 Nb 芯丝，直径约 52 μm；每根 Nb 管芯丝均嵌入铜稳定层基体中，包括 NbSn₂ 和 Cu 粉末芯核。Nb 管既作为 Nb₃Sn 反应的来源又作为阻隔层，

防止 Cu 稳定层被扩散 Sn 污染。

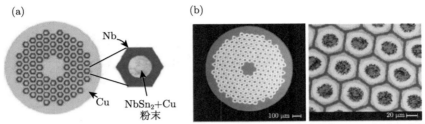

图 5-35　(a) PIT 法 Nb₃Sn 多芯线材的截面示意图；(b) PIT 工艺制造的 SMI 商用多芯线材的 SEM 横截面[58]

PIT 方法有几个显著优点：一是可以获得很高的非铜区临界电流密度；目前 PIT 超导线的非铜区 J_c (4.2 K, 12 T) 均已超过 2500 A/mm²。二是 PIT 法线材具有较好的应力应变特性。在 200 MPa 的横向应变下 (4.2 K, 11 T)，青铜法 Nb₃Sn 线材的电流衰减为 18% ～ 22%，内锡法 Nb₃Sn 线材的电流衰减为 40% ～ 45%，而 PIT 法 Nb₃Sn 线材的电流衰减仅为 5% ～ 8%；三是在反应前成品线中 Nb 管直径 <50 μm 时，热处理后的有效芯丝直径很小，具有小的磁滞损耗。然而，这种方法的主要缺点是 NbSn₂ 粉末需要使用特殊的复杂方法获得，且均匀细小的 Cu 粉和 Nb 管的价格昂贵，所以其造价比其他方法都高，制约了其大规模应用。

近年来又出现了一种介于内锡法和 PIT 法之间的线材制备方法："锡棒铌管法" (rod-in-tube)[42] 或 "内锡管法" (internal tin tube)[60]，统称 IT 法。实际上该法早在 20 世纪 70 年代就已报道。IT 法是先将 Cu 包套 Sn 棒置于 Nb(或 Nb7.5wt%Ta) 管中制备成一个亚组元线材；再将多个亚组元线材组装的复合体拉拔加工成最终尺寸的导线。该工艺可以根据实际需要调整 Nb/Sn/Cu 比，也可以在 Sn 和 Nb 中掺杂合金化第三种元素。这种方法的最大特点是制备过程简单，特别是与 PIT 法相比显著降低了成本。目前采用该技术生产 Nb₃Sn 线材的厂家主要是 Supercon Inc. 和 Hyper Tech 等公司。通过调控 Cu/Nb/Sn 比率和优化热处理制度，Hyper Tech 公司生产的 IT 线材具有最高的非铜区 J_c(4.2 K, 12 T)，已达到 2500 A/mm²[42]。

与青铜工艺和单阻隔层的内锡法相比，后续发展出的多个分布式阻隔层设计的 RRP、PIT 和 IT 等技术具有较大的芯丝有效超导面积，因此所制备的 Nb₃Sn 线具有很高的 J_c，它们主要是用于制造加速器磁体和 NMR 高场磁体。在这三种类型中，PIT 和 IT 工艺由于其较简单的亚组元线材结构而更容易获得较小的芯丝直径。SMI 公司采用 PIT 法成功生产了具有 20 ～ 25 μm 芯丝直径的线材，而 Hyper Tech 公司生产的 IT 线材，其芯丝直径 12 ～ 16 μm，非铜区 J_c(4.2 K, 12 T) 达 2000 A/mm²。

5.3.4　Nb₃Sn 线材的临界电流密度

众所周知，高场磁体的性能主要取决于 Nb₃Sn 线材的临界电流密度 (J_c)。因此，临界电流密度是实际应用的重要基本参数。在 Nb₃Sn 多芯线材中，有三种 J_c 定义如下：

$$J_e = \frac{I_c}{S_{all}} = \frac{I_c}{S_{非铜区} + S_{铜稳定层}} \tag{5-13}$$

$$\text{非铜区} J_c = \frac{I_c}{S_{\text{非铜区}}} = J_e \times (1 + R_{Cu}) \tag{5-14}$$

$$J_{c\text{-layer}} = \frac{I_c}{S_{\text{超导区}}} \tag{5-15}$$

这里 I_c 是临界电流, 由 I-V 测试曲线使用适当的电压标准确定, 如采用 100 μV/m (或 10 μV/m) 的电场标准或 10^{-13} Ω·m (或 10^{-14} Ω·m) 的电阻率标准。S_{all} 和 $S_{\text{非铜区}}$ 分别是超导线横截面的总面积和非铜区域面积。$S_{\text{超导区}}$ 是超导 A15 相 Nb$_3$Sn 层的横截面积, 为线材总横截面积减去 Cu 稳定层和扩散阻隔层区域以后的所剩部分。R_{Cu} 是所谓的 Cu 比率, 即 Cu 稳定层与非铜区域的截面之比。

公式 (5-13) 中的 J_e 表示工程临界电流密度, 是临界电流 I_c 除以导线的整个横截面积得到的结果。如果将临界电流 I_c 除以导线的 A15 层截面积, 就得到 A15 层临界电流密度 $J_{c\text{-layer}}$。这是最能反映超导相载流能力的参数, 但多芯线一般很难测定 A15 层截面积, 因此就很难求取 $J_{c\text{-layer}}$。实际中应用得最多的是非铜区临界电流密度 non-Cu J_c, 它是将临界电流 I_c 除以导线中非铜区的横截面积所得的值 (不包括铜稳定层的面积)。因为非铜区 J_c 反映了 Nb$_3$Sn 导线超导区的真实载流能力, 是 Nb$_3$Sn 最重要的实用性能之一, 因而常用来衡量导线的超导性能优劣和用于不同导线间的比较。Nb$_3$Sn 研究者和线材供应商一般都非常重视这一性能指标, ITER 国际项目也对这一指标的测定制定了严格的测试标准。

非铜区面积是这样确定的: 先在电子显微镜下测量放大的线材外径和非铜区, 即扩散阻隔层外围直径, 均匀量取 8 个直径值, 取算术平均值, 即得到放大的线材平均直径 D_b 和非铜区平均直径 D_{nb}。已知线材的真实直径 D_a, 利用式 $D_{na} = D_{nb} \times D_a/D_b$ 可以求得真实的非铜区直径 D_{na}, 于是即可得到非铜区面积 $A_n = (D_{na}/2)^2$。

Nb$_3$Sn 线材的临界电流密度测试通常采用四引线输运电流法获得。**图 5-36** 为目前采用青铜法、内锡法和 PIT 法制备的 Nb$_3$Sn 线材在 4.2 K 下的非铜区临界电流密度比较[31]。另外, 知道非铜区 J_c 值后, 根据磁通钉扎力 $F_p = J_c \times B$, 就可以得到磁通钉扎力 F_p 随

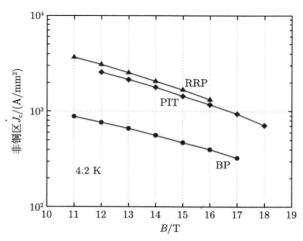

图 5-36 采用主要工艺制备的高性能 Nb$_3$Sn 线材的非铜区 J_c 随磁场的变化曲线[31]

磁场 B 的变化曲线。根据 Kramer 外推法[61]，以 $J_c^{1/2} \times B^{1/4}$ 对磁场 B 作图，并进行线性拟合外推至 $J_c = 0$，就可以求得不可逆场 B_{irr}。

影响 Nb$_3$Sn 线材临界电流密度大小的因素很多，宏观方面包括线材结构设计方面、线材制造方面以及导线热处理方面。线材结构设计方面主要有：Nb/Sn/Cu 比、非铜区面积、第三组分添加等；线材制造方面主要有：长线均匀性、线材应力应变状态等；线材热处理方面主要是热处理温度、反应时间等。特别是 20 世纪 80 年代以来，为了提高 Nb$_3$Sn 非铜区 J_c 性能，人们陆续在①增加导线中 Nb$_3$Sn 超导相的面积；②通过降低 Sn 含量梯度来改善整个 Nb$_3$Sn 层的化学计量；③通过细化 Nb$_3$Sn 晶粒尺寸来增强体积钉扎力密度等三个方面做了大量工作，使得 Nb$_3$Sn 线材的性能不断提高，如**图 5-37** 所示。不过，从图中看出，当有效芯丝直径小于 50 μm 时，J_c 出现急剧下降的现象[62]。美国牛津超导公司(自 2017 年起变为 Bruker-OST 公司) 通过整体优化 RRP 法 Nb$_3$Sn 线的多个工艺流程，包括 Cu/Nb/Sn 比、导体设计、阻隔层厚度等，获得了迄今为止最高的非铜区 J_c 值，即 3300 A/mm^2(4.2 K, 12 T)。然而，在 RRP 线材中，Nb$_3$Sn 超导相的面积所占比例在芯丝中已达到 60%，接近理论极限值 65%。在青铜法线材中，Nb$_3$Sn 芯丝的 Sn 含量梯度约为 3at%/μm，而在 RRP 线中，Nb$_3$Sn 芯丝中的 Sn 含量在距离 Sn 棒 5 μm 的区域内仅下降 0.5at%，也处于相当好的水平。但是，目前 OST 生产的最好 Nb$_3$Sn 导线在 15 T、4.2 K 时的 J_c 性能为 1600 A/mm^2，仍然低于 FCC 计划所需的 2000 A/mm^2 且有效芯丝直径 (D_s) 小于 20 μm 的目标[62](**图 5-37(b)**)。此外，FCC 计划要求在保持上述性能的同时，RRR 值还需大于 150 且长度大于 5 km。

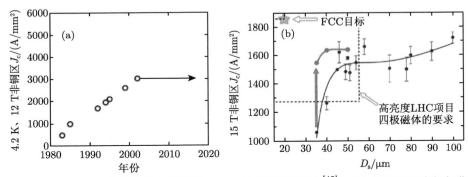

图 5-37　(a) 商用 Nb$_3$Sn 线材的最高非铜区 J_c(12 T) 的提高历程[42]；(b) 有效芯丝直径与非铜区 J_c (15 T) 之间的关系[62]

特别是从**图 5-37 (a)** 看出[42]，自 2000 年以来，Nb$_3$Sn 线材 J_c 性能的提高却一直处于停滞不前的局面。最近，美国费米加速器实验室提出改善 Nb$_3$Sn 线材非铜区 J_c 的主要因素有三个[42]：提高芯丝中的 Nb$_3$Sn 细晶粒比例、不可逆场和磁通钉扎能力，其中进一步提高非铜区 J_c 的关键在于进一步增强磁通钉扎能力。

5.3.4.1　Nb$_3$Sn 的微观结构、晶粒尺寸和钉扎力的关系

图 5-38 是 PIT 多芯线材中典型芯丝的 SEM 放大图[63]。从图中我们可以了解非铜区的组成情况，显然它是由未反应的 Nb 管 (绿色)、小晶粒 A15(红色) 和大晶粒 A15(紫

色) 以及粉末剩余中心部分 (黑色) 等 4 部分组成的。超导区可分为小晶粒 A15(红色) 和大晶粒 A15(紫色) 两部分，即在小晶粒尺寸 Nb_3Sn 层的内部有一层厚度为 $2.5 \sim 3.0$ μm 的大晶粒尺寸 Nb_3Sn。重要的是根据该图可粗略计算各部分所占比例，比如细晶粒部分占单根芯丝面积的 40%，大晶粒面积约占 10%。未反应的 Nb 或 Nb 合金为 25%，以及由大晶粒 A15 包围的粉末芯剩余部分占 25%。上述百分比大致反映了非铜区域各个部分的所占分数。考虑到通常导线的 50% 属于非铜区，并且大晶粒 A15 对超导电流传输几乎没有贡献 (因其晶界钉扎太弱)，因此只有总导线横截面的 20% 区域能够承载超导电流。

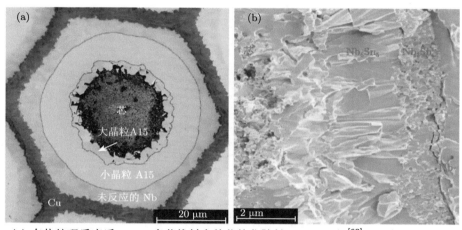

图 5-38　(a) 在热处理反应后，PIT 多芯线材中单芯的背散射 SEM 照片 [63]。图中显示了芯丝中的各个区域：未反应的 Nb(绿色)，小晶粒 A15(红色) 和大晶粒 A15(紫色)；(b) 芯丝截面的微观形貌 [63]

　　当 PIT 线材反应热处理时，Nb_6Sn_5 是 Sn 向 Nb 管中扩散时形成的第一相。它形成于芯丝粉末中心的外部。随着反应的进行，Nb_3Sn 逐渐在 Nb_6Sn_5 层的外侧形成。与 Nb_3Sn 相比，Nb_6Sn_5 的晶粒尺寸相对较大，易于区分 (**图 5-38(b)**)。这一阶段时间很短，很难被观察到。之后，原始的 Nb_6Sn_5 相完全转化为 Nb_3Sn。不过，这种 Nb_3Sn 保留了原始 Nb_6Sn_5 相的大晶粒尺寸，其明显大于直接从 Nb 成核形成的 Nb_3Sn 相。因此，在 Nb_6Sn_5 转变为 Nb_3Sn 之后，在小晶粒尺寸 Nb_3Sn 层的内部往往存在一层厚度为 $2.5 \sim 3.0$ μm 的大晶粒尺寸 Nb_3Sn(**图 5-38(a)**)。

　　在青铜法 Nb_3Sn 线材中，Nb_3Sn 相的生长动力学取决于 Sn 的活性，而 Sn 的活性与青铜基体中的 Sn 含量成正比。Nb_3Sn 生成时 Sn 的晶界扩散速度大于体扩散的速度，因此 Nb/Nb_3Sn 界面上更容易生成 Nb_3Sn 相。并且在靠近 Nb 芯的周围都呈放射状生长着 Nb_3Sn 柱状晶，而靠近青铜基体的部位生成的 Nb_3Sn 相是等轴晶，如**图 5-39** 所示 [64]。厚的 Nb_3Sn 层中，在靠近青铜的边界可以发现等轴晶和一些粗晶粒。在内锡法线材中，同样发现了柱状晶和等轴晶，但是等轴晶的比例要高于青铜法线材。而在 PIT 法线材中除少量粗晶粒外都是均匀细小的等轴晶。由于很难描述晶粒尺寸的分布情况，并不清楚包含了多少柱状晶和粗晶粒，因此，一般报道的都是平均晶粒尺寸。**图 5-40** 为青铜法线材芯丝中 Nb_3Sn 层的典型微观结构示意图 [15]。在反应形成 Nb_3Sn 之后，在 Nb 的边界附近存在柱状晶粒，同时 Sn 扩散到 Nb_3Sn 层的基体边界附近形成粗大颗粒晶粒。在柱状和粗大颗粒之间产生等轴细晶粒。

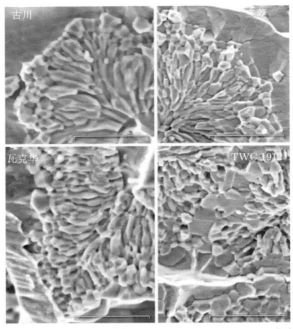

图 5-39　几个公司生产的商用 Nb_3Sn 线材芯丝的 SEM 横截面比较图 [64]。图中标尺为 1 μm

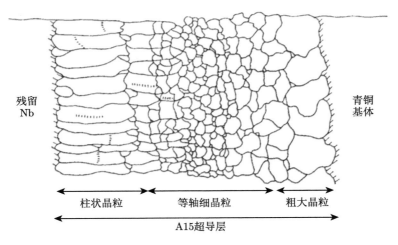

图 5-40　典型 Nb_3Sn 芯丝中超导层的微观结构示意图 [15]

Nb_3Sn 晶粒尺寸与热处理反应温度和保温时间有很大的关系，特别是反应温度的影响更加显著。通常来说低温热处理产生细小的等轴晶粒，而在高温下则产生大的柱状晶粒。晶粒大小与反应温度几乎呈指数变化，在较低温度下变化不太明显，而在较高温度下晶粒大小急剧增大，如**图 5-41** 所示 [58]。除了在 Nb-Nb_3Sn 界面处发生的柱状晶粒外，晶粒形态在整

个过程中大部分是等轴的。在 675 ℃ 下进行低温热处理,晶粒尺寸保持得相当均匀。Fischer
系统研究了反应温度对 PIT 线材晶粒尺寸的影响 [63],发现晶粒尺寸在 675 ℃ 下为 157 nm,
在 750 ℃ 下为 295 nm,在 800 ℃ 下为 394 nm,在 850 ℃ 下为 491 nm,在 1000 ℃ 下
飙升为 1664 nm。因此,线材在低温下进行热处理,因晶粒细小、钉扎性能好往往获得更
高的 J_c 值。另一方面,在相同保温时间下,高温下加热线材的 Nb₃Sn 层厚度要大于低温
下线材。因此,为了获得高非铜区 J_c,通过优化热处理工艺来平衡晶粒尺寸和超导层厚度
是至关重要的。

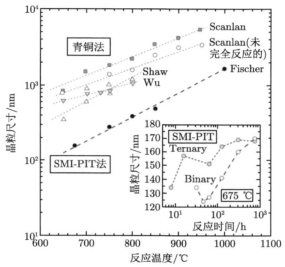

图 5-41　PIT 法和青铜法 Nb₃Sn 线材的平均晶粒尺寸随反应温度和保温时间 (插图) 的变化关系 [58]

图 5-42 是 Nb₃Sn 和 NbTi 线材的钉扎力密度归一化曲线 [31]。可以看出,对于 Nb₃Sn

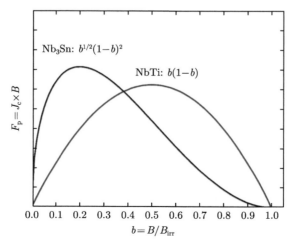

图 5-42　Nb₃Sn 和 NbTi 线材归一化钉扎力密度和约化场的函数曲线 [31]

线材，拟合曲线 $p=1/2$，$q=2$，对应的峰值 $b=0.2$，而 NbTi 线材的拟合曲线 $p=1$，$q=1$，对应的峰值 $b=0.5$。根据 Dew-Hughes 模型可知，这表明 Nb$_3$Sn 线材的磁通钉扎类型是晶界钉扎，NbTi 线材则为点钉扎。因此，这两种提高磁通钉扎性能的方法是完全不同的。对于 Nb$_3$Sn 来说，晶粒大小是影响 Nb$_3$Sn 超导体临界电流密度性能的主要因素，而 Nb$_3$Sn 超导体的主要钉扎中心是晶粒间界，即晶粒的大小和形貌决定着磁通钉扎力的强弱。显然，晶粒的平均尺寸愈小，晶粒间界的面积愈大，从而钉扎力愈强。

Fischer 等总结了不同研究者的结果 (**图 5-43**)，指出钉扎力 F_p 与晶粒直径的倒数 $1/d$ 呈线性关系 [63,65]。当晶粒尺寸较大时，F_p 与 $1/d$ 成正比，也就是说与单位体积内的晶粒间界面积或晶界密度成正比；而当晶粒尺寸很小时，钉扎力 F_p 则随晶界密度的增大而缓慢增加，呈现抛物线形变化。他们还通过大量实验数据得到最大钉扎力和晶粒尺寸的关系式：

$$F_{p,\max} = 22.7 \ln\left(\frac{1}{d}\right) - 10 \ (\text{GN/m}^3) \tag{5-16}$$

式中，d 表示以 μm 为单位的平均晶粒尺寸。另外，来自 Fischer 的最大钉扎力数据 (由 VSM 导出的非铜区 J_c 值计算) 包括在图中 (黑色方块)。不过，如果采用 A15 超导区域面积来计算 J_c 值，那么得到的最大钉扎力将会变得更大，这样图中的斜率将会相应增加，因此可以总结仅采用 A15 区域计算的结果如下：

$$F_{p,\max} = 39.2 \ln\left(\frac{1}{d}\right) - 10 \ (\text{GN/m}^3) \tag{5-17}$$

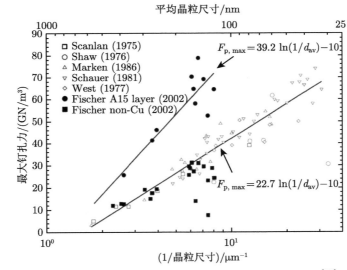

图 5-43　多芯 Nb$_3$Sn 线材中晶粒尺寸与钉扎力的关系 [65]

当钉扎力被归一化为产生有效钉扎力 Q_{GB} 的有效晶界长度时，不同的线材之间可以作比较：

$$Q_{\text{GB}} = \left(\frac{1}{\eta}\right)\left(\frac{F_p}{\text{GB}_{l/A}}\right) \tag{5-18}$$

式中，η 表示效率归一化因子 (假设等轴晶粒为 $1/3$)；$GB_{l/A}$ 表示每个区域的晶界长度。有效钉扎力可以解释为晶界有效钉扎强度的量度。然而，式 (5-18) 的计算需要确定 $GB_{l/A}$，这一般难以获得。

在 Nb₃Sn 中晶界是主要的钉扎中心，因此可以估算得到每根磁通线极限钉扎位置的最佳晶粒尺寸。众所周知，在给定磁场下如果晶粒尺寸与磁通线间距相当，则钉扎力将达到最大值。通过假设三角磁通线晶格可以计算得到磁通线间距：

$$a_\Delta(H) = \left(\frac{4}{3}\right)^{1/4}\left(\frac{\varphi_0}{\mu_0 H}\right)^{1/2} \tag{5-19}$$

由上式计算可以发现在 4.2 K、12 T 时，磁通钉扎性能最好时晶粒大小为 14 nm，**图 5-43** 显示的最小晶粒尺寸约为 35 nm，但是目前的商业线材在最佳反应时间和温度下的晶粒尺寸在 100 ～ 200 nm。显而易见，100 ～ 200 nm 的平均晶粒尺寸比磁通线间距要高一个数量级，这将导致最大钉扎力损失高达 50%，也就是说最大钉扎力仅发生在 20% H_{c2} 的磁场中，而在 NbTi 中由于均匀细小 α-Ti 沉淀相产生的强钉扎力可以提高到 H_{c2} 的 50%。因此目前的 Nb₃Sn 晶粒尺寸远未优化，这也表明线材的临界电流密度性能仍然有较大的提升空间。最近，美国 OSU 大学的 Sumption 研究组[66] 通过改变芯丝结构，使得在 Nb₃Sn 线中可以对 Nb-Zr 管进行内部氧化，这样在 Nb₃Sn 层中形成了颗粒内和颗粒间的 ZrO₂ 颗粒，有效抑制了 Nb₃Sn 晶粒的生长。他们发现采用内部氧化法将 Nb₃Sn 超导体的晶粒尺寸细化到平均尺寸只有 36 nm 时，最大钉扎力提高到 ～ 190 GN/m³，最终超导体的 $J_{c\text{-layer}}$ 在 4.2 K、12 T 达到 9600 A/mm²，比 RRP 线高约两倍。由此看出，晶粒尺寸是影响 Nb₃Sn 超导体载流性能的最直接因素，因此 Nb₃Sn 线材中晶粒尺寸调控一直是研究热点。相比之下，在 NbTi 中，通过优化时效热处理工艺引入均匀分布的 α-Ti 沉淀粒子作为有效钉扎中心已经达到磁通钉扎力的最大值。因此，可以说目前 NbTi 导线的生产已基本接近完全优化状态。

图 5-44 是 Nb₃Sn 线材 **(a)** 钉扎力与归一化磁场和 **(b)** 钉扎力与磁场之间关系的示意图 [15]。很明显，在低场或中场中，J_c 随着晶粒尺寸的减小而增加，如 **(a)** 图所示。另一方

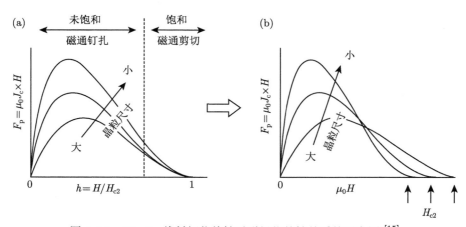

图 5-44　Nb₃Sn 线材钉扎特性对磁场依赖性关系的示意图 [15]

面, 在高场区域中, F_p 显示饱和特性, 这表明细小晶粒并不总是对应于高 J_c 值。不过在该区域中, J_c 会随 H_{c2} 增加而增加, 如 (b) 图所示。通过添加少量元素可以抑制马氏体转变, 相应地 Nb_3Sn 层中的 Sn 含量会增加, 这样将导致 H_{c2} 的提高。因此, 为了改善 H_{c2} 附近的高场 J_c 性能, 对于添加元素的线材, 优选具有更长保温时间或更高温度的热处理工艺。

5.3.4.2 Nb_3Sn 线材的成相热处理

实现 Nb_3Sn 导线超导特性的关键因素之一是成相热处理。内锡法 Nb_3Sn 的热处理分为两步, 首先预热处理使 Cu 和 Sn 很好地化合, 然后热处理形成 Nb_3Sn 相, 例如, 在 $\sim 200\,℃$ 的低温扩散 (LTD), 随之在 $200 \sim 340\,℃$ 的中间温度扩散 (ITD) 形成 Cu-Sn 相, 然后在 $\sim 700\,℃$ 进行高温扩散 (HTD) 形成 Nb_3Sn 层。热处理总时间在 $350 \sim 500\,h$, 而其中有 $1/3 \sim 1/2$ 的时间用来获得 Cu-Sn 合金。从 Cu-Sn 相图 (图 5-45) 上可以看出, 在内锡法 Nb_3Sn 的预热处理过程中, 会产生多个相 [67], 即 η 和 ε 的 Cu-Sn 相, 因为 ε 相比 η 相的熔点低, 所以人们一般希望形成更多的 ε 相。低温预热处理的主要目的是希望在 Nb_3Sn 反应之前充分混合 Cu 和 Sn, 以便在 Nb 芯丝周围获得更均匀的富 Sn 相并减少对液相的不利影响。

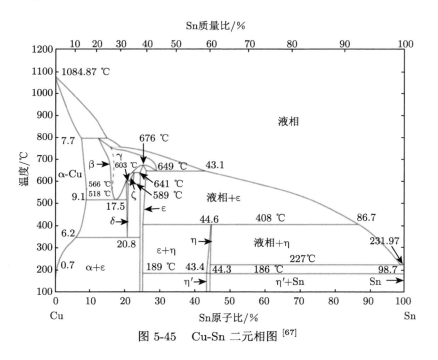

图 5-45 Cu-Sn 二元相图 [67]

图 5-46(a) 是 OST 公司为下一代 FFC 计划生产 RRP 内锡法线材的标准热处理工艺 [68]。可以看出, 在 $215\,℃$ 和 $400\,℃$ 下分别是 Cu-Sn 相混合形成的两个预热处理阶段, 以及在 $\sim 665\,℃$ 下的一个 "A15 反应" 生成阶段。使用该热处理工艺, OST 公司在提高 J_c 方面取得了很大进展, 如非铜区 J_c (16 T) 高达 $1400\,A/mm^2$, RRR >100, 芯丝尺寸 D_s 为 $58\,\mu m$, 但是 RRP 线材存在的最大问题是 J_c 随着芯丝直径的减小而降低, 如图 5-37 (b) 所示, 比如对于 $D_s = 35\,\mu m$ 时, J_c 减小至 $900\,A/mm^2$(16 T)。

为了弄清 RRP 线材在小直径时 J_c 变小的原因，Sanabria 等系统研究了线材在上述两个预热处理阶段的 Cu-Sn 相演变过程[68]。他们发现 J_c 降低的原因是低温预热处理阶段三元 Sn-Nb-Cu 相 (Nausite) 的形成 (现在被确定为 $Nb_{0.75}Cu_{0.25}Sn_2$)。Nausite 相形成后易引起 Nb 的熔化和随后的粗大 A15 相的快速生长 (**图 5-46(b)** 的插图)，也就是通过 Nausite →NbSn₂ →Nb₃Sn 反应路径围绕 Sn 核形成一层连大颗粒的 Nb₃Sn，如**图 5-46(b)** 所示。从图中看出，由 Nausite 相产生的这种围绕芯核的一层粗大晶粒 A15 不仅对 J_c 没有贡献，而且在热处理反应中 Nausite 层的存在还阻止 Sn 从芯中扩散到超导芯丝中，减少了 A15 相的形成。因此，为了抑制 Nb 熔融 (往往产生不连通的岛状 Nb₃Sn) 以及防止出现粗大 Nb₃Sn 颗粒 (这降低了 A15 层中的局部钉扎中心密度)，必须控制 Nausite 的生长。

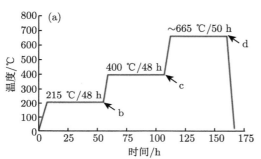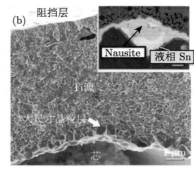

图 5-46　(a) 2000 年以来，采用 RRP 法生产 Nb₃Sn 线材 ($D_s = 50\ \mu m$) 的标准热处理工艺[68]；(b) 35 μm 的芯丝采用标准 RRP 热处理工艺处理后的断面 SEM 照片，图中显示一层粗大 A15 颗粒[68]。插图显示 Nausite 相以及熔融 Sn

在此研究基础上，人们提出将上述两步混合预热处理简化为 350 ℃/400 h 的一步工序[68]，这样生成的 Nausite 层最薄，同时将更多的 Cu 扩散进入 Sn 核中，使其转化为低熔点 (408 ℃) η 相 (Cu_6Sn_5) 和更多理想的 ε 相 (Cu_3Sn) 的混合物，这些混合物将在 676 ℃下分解形成 A15。通过采用该简单工艺，即使在小芯丝尺寸情况下，RRP 线材的性能也获得显著改善，在 D_s 为 35 μm 时，非铜区 J_c (16 T) 提高到 1200 A/mm²。

而青铜法 Nb₃Sn 由于使用了 CuSn 合金，一般只需要生成 Nb₃Sn 相的热处理阶段，即通常是在 650 ~ 750 ℃ 范围内进行等温反应扩散。在 650 ℃ 以下，晶粒生长速率非常慢，导致反应时间过长，此外晶粒无序并且存在大量点缺陷，导致 T_c 和 H_{c2} 的降低；在 750 ℃ 以上则发生快速晶粒生长和晶粒粗化。研究表明 670 ℃/100 h 能保证青铜 Nb₃Sn 线材的充分反应并且获得较高的临界电流水平。还有研究者提出了一个两段式热处理：首先是 600 ℃ 下 400 h 长时间的热处理，然后是 800 ℃ 下保温不超过 1 h。这样低温长时间能获得细小的晶粒尺寸，高温短时间能提高化学计量比或者有序性。另外，有报道在高温短时间的基础上增加一个长时间的低温热处理，可以极大地提高临界电流和上临界场。

通过研究 Nb₃Sn 线材的成相动力学可以获得最佳的热处理制度，这是制备高性能超导线材的基础。Nb₃Sn 线材成相动力学可分为 Cu-Sn 系统相变化过程和 A15 相成相过程。Nb₃Sn 线材的成相动力学研究对深入理解成相本质，改善成相过程，从而获得良好的超导性能是十分重要的。成相动力学研究在于从相的生成数量及成相速率随反应温度和时间的变化探讨成相过程的基本规律及成相动力学关系，从而得到扩散反应速率常数及活化能等重要参数。

在商业生产中，生产厂商通过设计和制定热处理来满足线材的技术要求，客户采用生产厂商提供的热处理制度。在 ITER 项目中，由于 Nb$_3$Sn 线材的生产厂商众多且方法不同，为了方便后续的导体在同一热处理炉中热处理，对青铜法和内锡法 Nb$_3$Sn 线材规定了一样的热处理制度 [64]，比如 575 ℃/150 h + 650 ℃/200 h。

优化热处理制度的实质是实现最佳磁通钉扎性能，从而使临界电流密度 J_c 最大化。我们知道，在 A15 相成相过程中，较低的温度产生较小的晶粒尺寸，而较小的晶粒尺寸晶界密度高，磁通钉扎力强，从而有利于提高 J_c。然而，过低的反应温度使得 Sn 的扩散与反应速率大为减小，相应降低了 A15 相的成相速率，而且生成的 A15 相质量也不高，往往起不到提高 J_c 的效果。研究发现在 600 ℃ 反应 500 h，仅形成 1 μm 厚的 A15 层。实际上，商用 Nb$_3$Sn 线材的热处理温度通常在 650 ℃ 以上。另一方面，提高反应温度，则反应成相速率加快，但伴随而来的是晶粒的粗化。大尺寸晶粒会造成晶界密度减小，钉扎力降低，使 J_c 下降。Wu 等的实验也证实了这一观点 [69]，他们发现 Nb$_3$Sn 线材在低温烧结 (650 ℃) 或短的热处理时间 (730 ℃/2 天) 后，其低场 (8 ∼ 10 T) 性能较好；而良好的高场性能 (15 ∼ 16 T) 则需要较高的反应温度 (>700 ℃) 和长时间保温工艺，如图 5-47 所

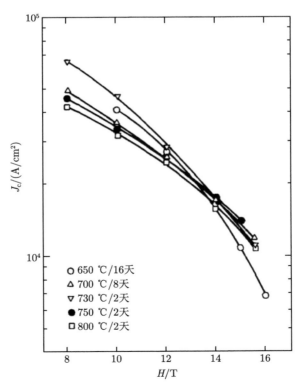

图 5-47   不同热处理条件下青铜法 Nb$_3$Sn 线材的临界电流密度与磁场之间的关系 [69]

示 [69]。除晶粒尺寸之外，晶粒形态也会影响钉扎性能和超导性能。柱状晶对钉扎方向非常敏感，大部分情况下会降低临界电流密度；而等轴晶的钉扎作用强，将增强超导性能，特别是高场下 J_c。一般在较低的温度下热处理，虽然晶粒尺寸小，但柱状晶居多；提高热处理温度则相反，晶粒尺寸大，而等轴晶居多。因此，热处理制度的优化就是在提高或降低超导性能的因素中寻找一种平衡。

5.3.4.3 元素添加

Nb₃Sn 线材属于 Nb-Sn-Cu 三元体系，都是在 Nb 和 Cu-Sn 界面形成 Nb₃Sn。添加 Cu 降低了 A15 相的形成温度，显著抑制了晶粒生长，从而保持了钉扎所需的高晶界密度。很明显，Cu 的存在使化合物 NbSn₂ 和 Nb₆Sn₅ 变得极不稳定，特别是 Nb-Sn 熔质的存在使得在远低于 930 ℃ 的温区可以快速形成 A15。在含有 5.4at％Cu 的三元体系中，人们曾观察到在 450 ℃ 的温度下 A15 形成的现象。**图 5-48** 显示了采用 EDX-TEM 测量 Nb₃Sn 层获得的化学成分 [70]。从图 (b) 中可以看到，A15 层中的 Sn 含量在 15at％ ～ 23at％变化，Ti 含量低于 1.5at％。在 EDX 的分析精度内，在 A15 层中基本没有检测到 Cu 的存在。或者虽然有报道可以在 A15 层中检测到微量 Cu，但它仅存在于晶界处而不是出现在 A15 晶粒中。正是基于 A15 晶粒中不存在 Cu 这一事实，人们能够使用二元 A15 相图来

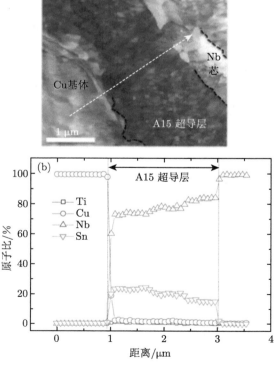

图 5-48　(a) 青铜基体中 Nb₃Sn 超导层的 TEM 横截面图像白线从 Cu 基体开始，穿过 A15 层，并在 Nb 芯结束；(b) EDX-TEM 线扫描图谱 [70]

定性分析线材中的成分组成。

除了上述加入 Cu 外，人们更多地通过添加第三元素的方法来增强 Nb_3Sn 导线超导性能。添加第三类元素一般通过合金的方式加入，比如 NbTi 合金、NbTa 合金、Sn-Ti 合金、添 Ti 的锡青铜等。添加方式不仅有在 Nb 中添加、Sn 中添加，而且也出现了 Nb 和 Sn 中共添加的线材。在 Nb 中添加主要是为了提高上临界场 H_{c2} 和 T_c，从而增强 Nb_3Sn 导线的高场使用性能。在 Sn 中掺杂的作用有两个，一是加强 Sn 芯，减小线材拉拔中的 Sn 损耗；另一个更重要的作用是降低 Sn 扩散与反应温度，加快反应速度，同时抑制晶粒长大，从而进一步提高临界电流密度。然而，在 Sn 中添加 Ti 可能会生成硬的 Ti-Sn 中间化合物，在拉拔时大颗粒 Ti-Sn 中间化合物会导致 Nb 芯丝的断裂。考虑到 Ti_6Sn_5 中间化合物对加工的影响，在 Sn 中添加 Ti 的含量最好不超过 4.8at%。在 Nb_3Sn 中添加合金化元素后，线材的正常状态电阻率 ρ_n、临界温度以及晶粒尺寸均会发生变化，这些变化将关系到 A15 超导体的临界电流密度和 H_{c2} 的大小，比如 ρ_n 和 T_c 影响线材的 H_{c2}，最终决定高场的 J_c 性能。低场下的 J_c 直接取决于晶粒尺寸的大小，虽然其对高场下的 J_c 也有一定影响。

早期的合金化添加工作主要集中在青铜法导线中，近十几年来，元素的合金化添加大多集中于内锡法导线以及 PIT 法线材上。Suenaga 等研究发现在 Nb_3Sn 中添加 1at%Ti 或 3at%Ta 时，T_c 出现最大值，增加 0.3 K 左右，而添加 V、Zr 和 Mo 则减小 T_c[71]。加入 2at% $\sim$ 4at% 的 Ti、Ta、V 或 Mo，均显著增加了 H_{c2}(4.2 K)。特别是，和纯 Nb_3Sn 在 4.2 K 时的 23.5 T 的值相比，添加 1.5at% 和 4at% 的 Ti 和 Ta 后，Ta 和 Ti 都占据 A15 晶格中的 Nb 位点，Nb_3Sn 的 H_{c2} 大幅增加到 27 T，如图 5-49 所示[72]。他们发现添加 3at%Ti 后，转变温度附近的正态电阻率 ρ_n 由 $10 \sim 15$ $\mu\Omega\cdot$cm（纯样品）增加到 55 $\mu\Omega\cdot$cm。由杂质散射导致电阻率的这种增加被认为是 Nb_3Sn 中 H_{c2} 增加的主要原因。随后的研究表明，加入少量非过渡金属，如 Al、Ga、In、Ti、Pb 等，能使 H_{c2} (4.2 K) 增加到 $\sim$ 30 T。还有研究者报道 Zn 或 Mg 能促进青铜中的 Sn 扩散速率，增加 A15 相生长速率，同时可以减小晶粒尺寸，增加晶界密度和磁通钉扎力，并进而提高 J_c 值。在用内锡工艺制备 Nb_3Sn 时，掺 Mg 的 MJR 法线材的 J_c(4.2 K, 12 T) 增加了超过 20%。总之，少量第三元素添加后 H_{c2} 的增加也可以被理解为无序增加的效果；而且溶质原子的存在抑制了 Nb_3Sn 体心到四方的相转变，从而在高 Sn 浓度时也会避免 H_{c2} (或 T_c) 的下降。

几乎所有的商用 Nb_3Sn 材料都采用 Ti 或 Ta 掺杂合金化技术以提高 H_{c2} 并改善高场下的临界电流密度[55]。Waterbury 公司大量采用 Ti 掺杂 Sn 棒生产 Nb_3Sn 导线，但高均匀延展性 Sn(Ti) 棒的制造成本很高。更成功的 Ti 添加合金化技术是使用 Nb47wt%Ti 合金棒作为 Ti 源，该合金棒既用作 Ti 源又可起到分离芯丝的作用，以减少磁滞损耗。Nb47wt%Ti 是用于磁共振成像磁体制造的主要的商用超导合金，便宜并且具有良好的延展性和均匀性。另一个好处是 Ti 掺杂的线材在低的反应温度下有效提高了反应速率和反应均匀性 (LBNL 16 T HD1 磁体的热处理制度为 100 h @ 210 ℃+ 48 h @ 340 ℃+200 h @ 650 ℃)。现在，Nb47wt%Ti 添加合金化技术已达到非常成熟的水平，可以批量生产非铜区 $J_c > 3000$ A/mm^2 的长线，并且为 ITER 项目提供产品[9]。

另外，许多工业 Nb_3Sn 线材都含有两种添加元素：Ti 和 Ta，此种 Nb_3Sn 又称为四元体系。从**图 5-49** 中可以看出，两种添加元素的最大 T_c 和 H_{c2} 值是相同的，但添加的含量是不同的。因此，获得最高 J_c 的 Ti + Ta 添加含量标准是基于达到 H_{c2} 最大值的加入比例，而不是参考最大 T_c 的相应添加量。这样，具有最高 J_c 的 Ta + Ti 添加导线往往具有较低的 T_c。Ti + Ta 共添加后的 H_{c2} 最大值介于 25 T 和 26 T 之间，ρ_n 为 ~ 35 μΩ·cm。这证实了正常态电阻率的大小是通过元素添加调控 H_{c2} 的重要参数。在青铜工艺中，同时添加 Ta 和 Ti，与仅掺杂 Ta 相比，18 T 下的电流密度增加了 20%。目前，Ti 和 Ta 共掺杂合金棒已成功用于生产高 J_c 的成品线，并已为 ITER 供货[55]。

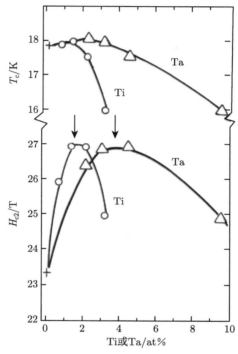

图 5-49　Ti 和 Ta 元素对 Nb₃Sn 超导体 T_c 和 H_{c2} 的影响[72]

实际上，向 Nb₃Sn 线材直接引入人工钉扎中心 (artificial pinning center，APC) 长期以来一直是 Nb₃Sn 研究中的热点。自 20 世纪 80 年代以来，人们尝试了各种努力，但一直没有成功制备出高 J_c 的 APC 线材。内部氧化 (IO) 技术是将 Zr 和 O 添加到 Nb 中形成 ZrO₂ 颗粒，以细化 Nb₃Sn 晶粒，是一种很有前途的方法。实际上，它于 20 世纪 60 年代在反应温度高于 950 °C 的沉积 Nb₃Sn 带中取得了很大成功，主要是通过对 Nb₃Sn 带材中 Nb-Zr 箔的内部氧化，将 Nb₃Sn 晶粒尺寸减小到 300 nm，而在没有添加氧的情况下为 2 ~ 3 μm。然而，在将该技术转移到线材上时遇到了巨大困难。直到 2014 年，Suption 研究组才成功将内部氧化法应用于二元单芯 PIT 法 Nb₃Sn 线材的制备[66]，即将氧化物粉末简单地混入 Sn 源粉末中 (**图 5-50 (a)**)，这样在热处理过程中通过氧化，不仅引入了人工钉扎中心：5 ~ 20 nm 左右的纳米级 ZrO₂ 颗粒 (**图 5-50 (d)**)，而且细化了平均晶粒尺寸，从 120 ~ 150 nm 减小到 35 ~ 50 nm(**图 5-50 (c)**)，使得在 12 T 时 Nb₃Sn 层 J_c 翻倍。

另外一个效果是其钉扎力与场 (F_p-B) 曲线峰值明显移向高场 (从 $0.2H_{irr}$ 到 $0.33H_{irr}$)，表明了采用人工磁通钉扎工艺改善 Nb_3Sn 线材的性能还有很大的提升空间。随后，费米实验室联合 HyperTech 公司采用上述技术转而开发三元多芯 PIT-APC 线材体系，在改善导体设计、前驱体粉末和比例选择、金属管尺寸和粉末填充密度等方面做了大量工作，显著提高了 PIT-APC 线材的性能。最新结果显示 [73]，APC 线材的 H_{c2} 在 $26 \sim 28$ T 范围内，其值等于或高于最佳 RRP 导体；非铜区 J_c 在 16 T 和 4.2 K 时达到近 1200 A/mm^2，与目前的 RRP 导体相当，特别是含有 1%Zr 的 APC 线材的 $J_{c\text{-layer}}$ 在 16 T 和 4.2 K 下达4710 A/mm^2。细小晶粒以及 Nb_3Sn 晶粒中的 ZrO_2 钉扎中心是 APC 线材 J_c 大幅提高的主要原因。

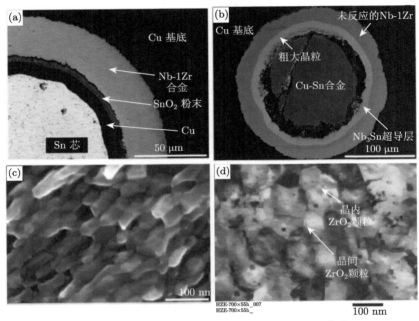

图 5-50　用 SnO_2 粉末制备的断面 SEM 照片 [66]

(a) 反应前；(b) 在 650 ℃ 下热处理 400 h 后；(c) 在 625 ℃ 下热处理 800 h 后，添加 SnO_2 的线材的断面形貌；(d) 内部氧化法线材样品的 TEM 照片，能清晰地看到晶内和晶间的 ZrO_2 颗粒

进一步提高非铜区 J_c，有三个因素至关重要：芯丝中细晶粒 Nb_3Sn 所占比例、不可逆场和磁通钉扎能力。在这三者中，进一步改善非铜区 J_c 的最大潜力在于增强磁通钉扎能力，例如，有报道在对热处理后的 Nb_3Sn 线材短样进行质子或中子辐照后，通过引入点钉扎中心，大幅度提高了传输性能，在 4.2 K 和 15 T 时，非铜区 J_c 达 2270 A/mm^2[74]。不过上述工作针对的是短样，如何对先绕制后反应的 Nb_3Sn 线圈进行辐照处理还存在着很大挑战。因此，要达到下一代加速器的非铜区 J_c=1500 A/mm^2(16 T, 4.2 K) 指标要求，一种有效的解决办法是进一步细化晶粒，同时在晶粒内引入人工钉扎中心，通过将点状钉扎中心与晶界钉扎相结合，增强钉扎力，并进而提高非铜区 J_c。

5.3.5 Nb$_3$Sn 线材的机械性能

在大多数情况下，超导线材在工作状态时要受到拉伸和弯曲应力的作用，同时应力循环对线带材的临界电流密度也会产生影响。Nb$_3$Sn 是一种非常易碎的金属间化合物。因此，对于高应力应用场合，提高其拉伸性能是非常重要的。此外，我们知道 Nb$_3$Sn 线材的 J_c 大小取决于线材的极限应变，所以在磁体设计时必须考虑线材的这种 J_c 的应变依赖性。

5.3.5.1 拉伸性能

为了改善 Nb$_3$Sn 线材的力学性能，人们常在 Cu、Cu-Nb 合金和 Ta 等几种内部稳定材料中加入均匀分布的 Al$_2$O$_3$ 颗粒以增强其机械强度。当考虑使用具有良好机械性能的增强材料时，应注意以下几点：

(1) 作为由增强稳定材料和超导芯组成的复合线需具有良好的可加工性；

(2) 由于线材中加入非超导增强材料，工程电流密度会降低；

(3) Nb$_3$Sn 成相热处理工艺会导致线材机械性能下降；

(4) 在受力状态下，要确保增强材料和其他基体材料之间不发生剪切运动。

实际上，Ta 增强型 Nb$_3$Sn 线已经被开发应用于制造 1 GHz(23.5 T) 核磁共振磁体。**图 5-51** 是 Ta 增强型 Nb$_3$Sn 线的横截面照片[75]。从图中看出，Ta 增强件位于横截面的中心，其所占体积比例为 11%。很明显，Ta 的圆形变形表明复合线材具有良好的可加工性。

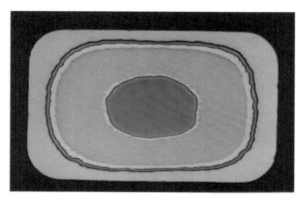

图 5-51　Ta 增强型 Nb$_3$Sn 线的横截面图 [75]

图 5-52 给出了 4.2 K 时未增强和 Ta 增强 Nb$_3$Sn 线的应力–应变曲线[75]。从该图可知，Ta 增强后线材的拉伸强度获得了显著提高。Ta 增强和非增强 Nb$_3$Sn 线在 4.2 K 时的 0.2%屈服强度分别为 305 MPa 和 170 MPa。由于 Ta 熔点为 3000 ℃，因此在约 700 ℃下的线材热处理对其影响很小。

可根据如下增强材料加入准则，以判断增强件和基体材料之间是否发生剪切。

$$\sigma(\varepsilon) = V_{\text{Ta}}\sigma_{\text{Ta}}(\varepsilon) + (1 - V_{\text{Ta}})\sigma_{\text{non-Ta}}(\varepsilon) \tag{5-20}$$

式中，V_{Ta} 是线材中 Ta 所占的体积分数；$\sigma_{\text{Ta}}(\varepsilon)$ 和 $\sigma_{\text{non-Ta}}(\varepsilon)$ 分别表示 Ta 和非 Ta 基体材料的应力–应变关系。$\sigma(\varepsilon)$ 是 Ta 增强线材的应力–应变关系。使用式 (5-20) 的计算结果

可参见**图 5-53**[15]。通过腐蚀法从线材中获得的中心部位 Ta 增强件的应力–应变曲线的数据也绘制在该图中。另外，该图中非增强导体具有和 Nb₃Sn 线材一样的 Cu/非 Cu 比率。很明显，Ta 增强线的应力–应变曲线与使用公式 (5-20) 计算的结果非常一致，这表明在 Ta 增强剂和基体材料之间没有发生剪切。

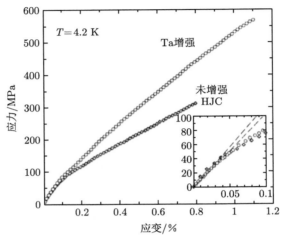

图 5-52　　Ta 增强和 Ta 无增强 Nb₃Sn 线的应力–应变曲线 [75]

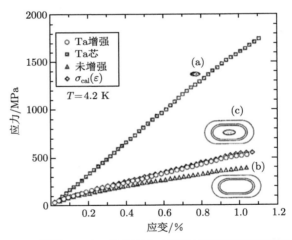

图 5-53　　Ta 增强 Nb₃Sn 线的应力–应变计算和实测结果的比较 [15]

5.3.5.2　压缩预应变

压缩预应变是 J_c 达到最大值时的应变 ε'，在**图 5-54**[76] 中标记为 ε_m。曲线的尖峰形状是由于从反应热处理温度到冷却过程中基体材料的热收缩对导线施加的压缩预应变。压缩应变降低了初始临界电流，因此当向导线施加单轴拉伸应变时，第一个作用是减轻超导材料上的压缩应变。J_c 中的最大值出现在 ε_m 处，在这里压缩预应变被释放并且超导材料经受最小的固有应变。

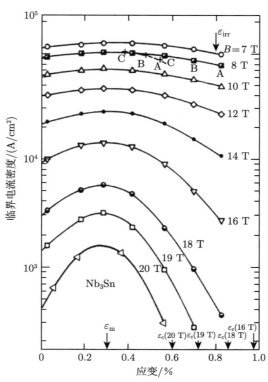

图 5-54　拉伸应变对多芯 Nb₃Sn 线材临界电流密度 J_c 的影响 [76]，图中的箭头分别显示了压缩预应变 ε_m、不可逆应变 ε_{irr} 和弹性应变 ε_c 等应变参数

ε_m 的大小主要取决于复合导线中的超导体所占比例以及制备方法。对于青铜法制造的商业多芯 Nb₃Sn 导线，ε_m 通常为 0.2% ∼ 0.4%。表 5-7 中给出了其他几种导线的典型 ε_m 值 [76]。在表 5-7 中可以看到，对于不是青铜基体的导线 (例如内部 NbSn₂ 粉末导线和 Sn 液相渗透粉末导线)，其 ε_m 一般很小。另一方面，原位制备的导线具有超大的 ε_m 值，这是由细小芯丝间距引起的青铜基体屈服强度的增加导致的。

表 5-7　几种 Nb₃Sn 线材的 ε_m 和固有不可逆应变 [76]

	芯丝直径/μm	ε_m/%	$\varepsilon_{0,irr}$/%
带材	2 ∼ 10	0.4 ∼ 0.6	⩽ 0.2
单芯 (>5 μm 反应层)	>100	—	⩽ 0.2
管状芯丝–内部青铜	11 ∼ 26	0.2 ∼ 0.4	0.2 ∼ 0.25
管状芯丝–内部 NbSn₂ 粉	57	0.06	0.44
青铜法，实芯	5 ∼ 50	0.2 ∼ 0.4	0.4 ∼ 0.5
粉末渗透法	0.8	0.13	0.9
原位	0.4	0.5 ∼ 0.6	0.9
电缆	3.5	0.24	0.9

ε_m 一般都是通过直接测量来确定的，主要是由于 ε_m 很难准确预测。由于 ε_m 没有磁场依赖性，因此对于每种类型的导线，可以很容易在低场中测量 J_c 对 ε_m 的曲线来得到 ε_m。

确定 ε_m 是很重要的，因为 ε_m 是个易变参数，并且对超导体在其初始状态下的临界电流有很大影响。使用不当，会对具有不同 ε_m 的导线的临界电流密度 J_c 出现误判，进行不恰当的比较。

5.3.5.3   不可逆应变

Nb₃Sn 线材对应力应变非常敏感。通常，J_c 在低应变区域是可逆的，当有应变时，J_c 出现变化，但当应变被移走时，J_c 又返回其原始值。然而，这种可逆性的应变是有条件的，也就是说，超导磁体必须在低于某一应变极限的条件下工作。这种应变极限称为不可逆应变，由 ε_{irr} 表示。不可逆应变一般定义为临界电流有明显下降时所对应的应变值。如果线材所受的应变超过 ε_{irr}，超导材料的内部出现裂纹，就会发生永久性损坏，导致临界电流出现衰退。因此，不可逆应变是 Nb₃Sn 在高磁场下实际应用的重要参数之一。它为实用导线的应用，特别是在磁体绕制进行弯曲操作时，设定了使用上限。

表 5-7 列出了几种不同结构的 Nb₃Sn 线材不可逆应变的典型值 [76]。在该表中，固有不可逆应变 ($\varepsilon_{0,irr}$) 表示超导材料实际所受的最大拉伸应变 (**图 5-54** 中 ε_m 和 ε_{irr} 之间的应变间隔)，如果应变超过它，线材将会被彻底损坏，性能不可恢复。$\varepsilon_{0,irr}$ 可由下式得出：

$$\varepsilon_{0,irr} = \varepsilon_{irr} - \varepsilon_m \tag{5-21}$$

式中，ε_m 为压缩预应变，是 J_c-ε 关系曲线中达到最大值时的应变。对于实心芯丝青铜线材，不管 ε_m 的值多大，$\varepsilon_{0,irr}$ 始终约 0.5%。管状芯丝青铜线材和带状导体比实心芯丝更容易受到拉伸应力的影响，如**表 5-7** 所示，$\varepsilon_{0,irr}$ 的值非常低。相反，和管状或实心芯丝的线相比，具有较细芯丝的线材，如粉末和原位加工的线材，具有更大的固有不可逆应变。ε_{irr} 的这种增加可能是芯丝尺寸减小和位于芯丝中基体的屈服强度增加的结果。另外，从**表 5-7** 看出，绞缆也可以有效增加固有的可逆应变。在这种情况下，线材之间的剪切力会减轻线缆上的总应力。因此，线材芯丝结构不同，其不可逆应变也不同。一般来说，芯丝越细，$\varepsilon_{0,irr}$ 越高。百分之一的固有拉伸应变可能是 $\varepsilon_{0,irr}$ 的实际上限。

5.3.5.4   轴向应变对超导性能的影响

Nb₃Sn 线材对轴向应变有较高的敏感性。首先轴向应力应变会降低 T_c 值。对青铜法线材中 T_c 与应变的关系研究表明，随着应变增大，T_c 将有较大下降。其次应力应变状况对 A15 超导体的上临界场 H_{c2} 也有较大的影响，特别是 Nb₃Sn 的 H_{c2} 随轴向应变的变化在所有 A15 化合物中几乎是最大的，即较小的应变就会引起 Nb₃Sn 线材的 H_{c2} 值有较大下降。另外，Nb₃Sn 线材的 J_c 对应变非常敏感，这在 A15 化合物中也属于受应变影响较大的一类，见**图 5-55**[77]。这种轴向应变在导线的冶金加工和热处理过程中常常是不可避免的，因此，Nb₃Sn 这种对应变的高度敏感性往往带来 Nb₃Sn 导线加工和磁体制作方面的困难。许多研究工作致力于尽量减小其应力应变或增强 Nb₃Sn 的抗应变性来提高导线的 J_c。

Nb₃Sn 线材的 J_c 对应变和磁场的依赖性可通过如下的标度定律来描述：

$$\frac{I_c}{I_{cm}} = \left[\frac{B_{c2}^*(\varepsilon)}{B_{c2m}^*}\right]^{n-p} \left[\frac{1 - B/B_{c2}^*(\varepsilon)}{1 - B/B_{c2m}^*}\right]^q \tag{5-22}$$

这里 $B_{c2}^*(\varepsilon)$ 是取决于应变 ε 的平均上临界场。$B_{c2}^*(\varepsilon)$ 对应变的依赖性表示为

$$B_{c2}^*(\varepsilon) = B_{c2m}^*(1 - a\,|\varepsilon_0|^u) \tag{5-23}$$

这里 ε_0 是固有不可逆应变，表示为 $\varepsilon_0 = \varepsilon - \varepsilon_m$。

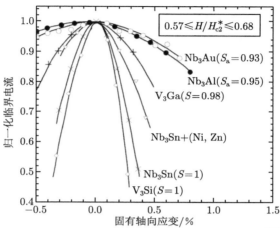

图 5-55　各种 A15 化合物临界电流与应变的关系 [77]

S 为材料的有序参量，S_a 为 Nb 原子链上的有序参量

归一化临界电流 J_c/J_{cm} 对磁场中固有应变的依赖关系曲线如**图 5-56** 所示[78]。对于 Nb$_3$Sn 导线，式 (5-23) 中参数 a 的值对于压缩应变 ($\varepsilon_0 < 0$) 是 900，以及对于拉伸应变 ($\varepsilon_0 > 0$) 为 1250。Nb$_3$Sn 的其他参数如**图 5-56** 所示。由图中可见，Nb$_3$Sn 的应变效应在高场区域更为明显，特别是当 B 接近 B_{c2}^* 时，导致强烈应变的依赖性。B_{c2}^* 对应变的依赖性可参见**图 5-57**[76]。需要指出的是，上临界场或临界温度对弹性应变的依赖性是超导材料的固有特性。**图 5-57** 是根据方程 (5-23) 模拟的结果和实验数据的对比图。很明显，计算和实验结果非常吻合。该模拟分析不仅适合 Nb$_3$Sn 三元添加体系，而且对其他 A15 型超导材料也有效。

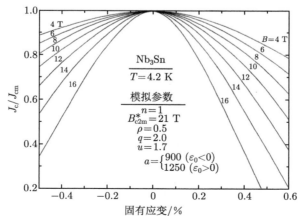

图 5-56　通过标度定律计算得到的临界电流与固有不可逆应变的关系 [78]

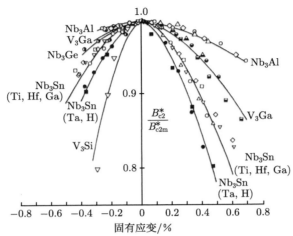

图 5-57　上临界场对固有不可逆应变的依赖性关系 [76]

Nb$_3$Sn 复合线中的预应力造成了归一化临界电流 I_c/I_{cm} 对应变的这种依赖性, 而预应力是由 Nb$_3$Sn 与其他基体如青铜、铜和阻挡层材料之间具有不同的热收缩系数所导致的。在大多数情况下, 线材反应温度为 600 ~ 750 °C, 因此当其在 4.2 K 下工作时, 导线要经受约 1000 °C 的温差, 例如, Nb$_3$Sn 与青铜的相对热收缩之间的差异达 ~ 1.0%。ε_m 应变可以减轻 Nb$_3$Sn 上由热收缩的差异导致的预应力。Easton 等 [79] 通过综合考虑线材中 Nb$_3$Sn、Nb、Ta、铜和青铜等多种材料的弹塑性行为, 可准确描述这种情况并可预测 ε_m。

5.3.5.5　横向应力的影响

Nb$_3$Sn 线材的 J_c 对横向应变敏感性也较大, 例如, 青铜法线材中呈放射状分布的晶粒意味着轴向和横向上存在各向异性, 因此会对横向应力更加敏感。图 5-58 给出了青铜加工 Nb$_3$Sn 线材的 J_c 和横向压应力之间的关系曲线 [80]。由于很难测量小尺寸芯丝直径上的横向位移, 因此数据是采用应力而不是应变绘制的。由图 5-58 看出, J_c 随着横向压应力的增加而减小, 和轴向应力相比, 横向应力引起的临界电流下降更大。一般来说, 横向应力在 10 T 时引起 I_c 退化的应力大小是轴向应力的 1/7 左右, 也就是说, 横向应力对临界电流的影响更加显著。我们知道青铜法线材中的晶粒多为柱状晶且呈放射状分布, 而内锡法线材中的晶粒多为等轴晶但取向随机。然而随后的研究结果表明, 横向应力对线材的影响跟晶粒形貌和线材制备方法关系不大, 两种线材对横向应力的敏感性差别不大, 在横向应力为 100 MPa 时, 两种线材的 I_c 下降都为 10% 左右, 在横向应力为 200 MPa 时, 内锡法的 I_c 下降为 50% 左右, 青铜法的 I_c 下降为 40% 左右。值得指出的是横向应力引起的 I_c 退化在 50 ~ 100 MPa 的低应力范围内是可逆的。当然即使在这个低应力区, I_c 也并不能够全部恢复, 因为仍有些芯丝被塑性变形的基体压住动弹不得。

研究表明, 和轴向应力效应类似, 横向应力效应主要是通过上临界场的变化来影响 J_c。图 5-59 给出了 B_{c2}^* 与轴向应力和横向的关系比较 [80], 可以看出, 横向应力对 B_{c2}^* 的影响远大于轴向应力。引起 B_{c2}^* 降低的横向应力一般约为轴向应力的 1/10。例如, 在横向应力为 45 MPa 时, 上临界场的减小是 5%, 而在 Nb$_3$Sn 线材中, 轴向应力为 430 MPa。因此，上临界场对横向压应力的固有敏感性明显大于轴向应力。

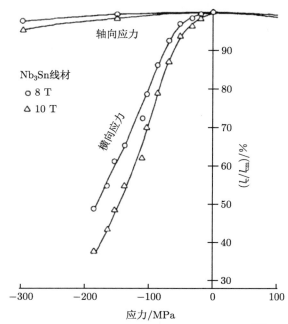

图 5-58　压缩横向应力对临界电流的影响 [80]

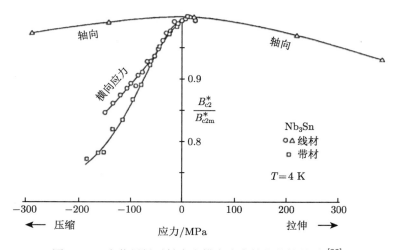

图 5-59　上临界场对轴向和横向应力的依赖性关系 [80]

5.4　Nb₃Al 超导材料

Nb₃Al 是目前超导转变温度、临界电流密度和上临界场等综合实用性能较好的低温超导材料。与 Nb₃Sn 相比，它的 T_c 为 18.9 K，也属于 A15 结构金属间化合物、晶界钉扎超导体以及类似于 Nb₃Sn 的辐照敏感性。但它具有更高的 H_{c2} 和更好的高场 J_c 特性，尤其重要的是，它比 Nb₃Sn 具有更优良的应变容许特性，如**图 5-60** 所示 [81]。在 4.2 K 和 12 T 下，0.8％的压缩应变将使 Nb₃Sn 的载流能力下降约 60％，而在同样的压缩应变下，Nb₃Al 的载流能力只下降约 30％。因此，Nb₃Al 导体可以承受高磁场下巨大的电磁力。因此，从材料综合性能的角度来看，Nb₃Al 作为一种可能替代 Nb₃Sn 在高场下应用的超导材料有很大的发展潜力。

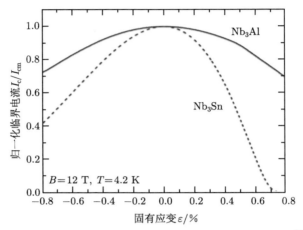

图 5-60　应变对 Nb₃Al 和 Nb₃Sn 线材临界电流的影响 [81]

20 世纪 70 年代末科学家们就开始了 Nb₃Al 超导材料及高场磁体相关应用的基础研究 [82,83]，证实了 Nb₃Al 在强磁场下具有非常高的临界电流密度和良好的机械性能，近年来已陆续制备出可实用化的线材。但是，与 NbTi 和 Nb₃Sn 相比，Nb₃Al 相只有在 1940 ∼ 2060 ℃ 温度下才能稳定存在，因此，Nb₃Al 超导线材的制备需要高达 1900 ∼ 2100 ℃ 的热处理温度，这么高的热处理温度将使晶粒过度长大，晶界减少，导致钉扎中心减少，临界电流密度 J_c 急剧下降。此外，由于 Cu-Nb-Al 极易生成不期望得到的三元合金，Nb₃Al 也不能像 Nb₃Sn 那样通过青铜法或内锡法来制备线材，这些问题给 Nb₃Al 线材的制备带来了巨大的困难。目前，只有少数几个研究小组报道研制出 Nb₃Al 长线 [84]，但仅限于实验室研究，相关制备技术较为复杂以及成品率太低。迄今为止批量制备 Nb₃Al 超导线材的技术仍没有达到商业化生产的要求。

5.4.1　Nb₃Al 超导体的物理特性

5.4.1.1　晶体结构

1958 年，Wood 等发现了具有 A15 结构的金属间化合物 Nb₃Al [85]，随后通过测量其超导电性，发现 T_c 受元素化学组成的影响，在 16.8 ∼ 18 K 区间变化。在优化热处理后，其 T_c 被提高至 18.9 K。另外，已报道的 Nb₃Al 超导体最高上临界场为 29.5 T(4.2 K)。可以看出，T_c 和 H_{c2} 要好于 Nb₃Sn 相应的性能。

Nb₃Al 属于空间群 $Pm3n$，是具有 8 个原子的基本立方晶胞，晶格常数 $a = 0.518$ nm，其结构见**图 5-61**[86]。在 $\langle 1/4,0,1/2 \rangle$、$\langle 1/2,1/4,0 \rangle$、$\langle 0,1/2,1/4 \rangle$、$\langle 3/4,0,1/2 \rangle$、$\langle 1/2,3/4,0 \rangle$ 和 $\langle 0,1/2,3/4 \rangle$ 上共有 6 个 Nb 原子，在 $\langle 0,0,0 \rangle$ 和 $\langle 1/2,1/2,1/2 \rangle$ 上共有两个 Al 原子。

Nb 原子的配位数为 14, 围绕每个 Nb 原子的 CN14 多面体包括距离 $\frac{1}{2}a$ 处的两个 Nb 原子, 距离 $\frac{5}{4}a$ 处的四个 Al 原子, 和距离 $2\gamma_A = \frac{6}{4}a$ 的 8 个 Nb 原子。Al 原子在距离 $\gamma_A + \gamma_B = \frac{5}{4}a$ 处有 12 个最邻近原子 (CN12)(a 是晶格常数, γ_A, γ_B 分别是 Nb 和 Al 原子的原子半径)。Nb$_3$Al 具有小的费米速率, 其相干长度为 3 nm, 穿透深度可以达到 200 nm。由于其具有大的 n 值和优良的应变特性, 将其作为制造高场磁体的超导材料成为可能。

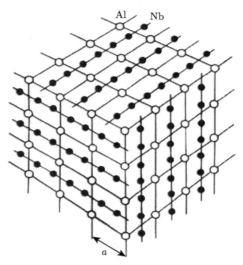

图 5-61 A15 型金属间化合物 Nb$_3$Al 的晶体结构 [86]

5.4.1.2 相图

图 5-62 为 Nb-Al 二元相图 [87]。Nb-Al 体系的相图与 Nb-Sn 的相图有一个共同的特点: A15 相都是由一个温度在 2060 ℃ 发生的 bcc 过饱和固溶体的包晶反应形成, 即 bcc +

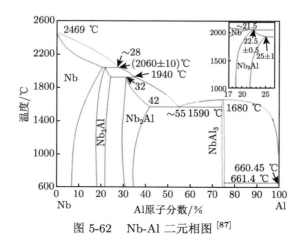

图 5-62 Nb-Al 二元相图 [87]

液体 $\longrightarrow$ A15。对于 Nb-Al 来说，第一包晶温度 2060 ℃ 时生成大量的 bcc 固溶体相 Nb(Al)$_{ss}$，这些 Nb-Al 固溶体在温度为 2060 ℃ 时，Al 的溶解度极限是 21.5at%；在温度达到 1000 ℃ 时，Al 的溶解度极限是 9at‰。因此，A15 相的形成对温度有强烈的依赖性。

从 Nb-Al 相图可以看出，在第二包晶温度 1940 ~ 2060 ℃，形成具有化学计量比的 Nb$_3$Al 相，但随着温度的降低，Al 的浓度含量降低，1000 ℃ 时 Al 含量降至 ~ 21.5‰。也就是说在 1000 ℃ 低温下将出现贫 Al 相，其 Nb/Al 成分比严重偏离 A15 理想化学计量比，而具有化学计量比的 Nb$_3$Al 相只有在 1940 ~ 2060 ℃ 的高温下才存在，因此，通过常规的低温热处理很难获得具有化学计量比的 Nb$_3$Al 超导体。比如，名义组分为 Nb$_{0.7}$Al$_{0.25}$ 的块状样品 (相应的富铝极限值约为 21%) 在经过低于 1000 ℃ 的长时间退火后，超导转变温度一般只有 12 K 左右。研究表明 Nb$_3$Al 的超导性能依赖于 Al 含量的高低，超导转变温度随着 Al 含量的增加而提高。因此，最终样品中实现理想的化学计量比是制备高质量 Nb$_3$Al 超导材料的关键。

图 5-63 为 Nb-Al-Cu 在 1000 ℃ 时的部分三元相图 [88]，它与 Nb-Sn-Cu 的三元相图是不同的。从 **(b)** 图中我们可以看出，除了稳定的 Nb$_2$Al(σ) 和 Nb$_3$Al 相外，像 μ 和 Laves 相 (C14) 这样有害的杂质相也出现在相图的中心区域。这些多余的 Nb-Al-Cu 三元化合物阻断了 Cu-Al 青铜和 Nb 固溶体之间形成 A15 相的连接通道。值得注意的是，上述 σ 相 (Nb$_2$Al) 组分为 5:3 或 3:2，比 A15 相更为稳定，使得获得单一 Nb$_3$Al 相更加困难。这与 Cu-Sn-Nb 相图形成鲜明对比，Nb$_3$Sn 超导 A15 相是 Cu-Sn-Nb 体系中唯一稳定的相而不包含反应后期的 Nb 和 Cu-Sn 青铜，且 A15 相含量随着 Nb 元素的浓度增大而增加，特别是 A15 相在 ~ 930 ℃ 就是稳定物，因此可采用元素扩散热处理来直接生成化合物。而 Nb$_3$Al 只有在温度高至极度热无序的情况下，才具有理想成分。因此，常用制备 Nb$_3$Sn 线材的"青铜法"工艺路线 (Nb 的芯丝被嵌套进由 Cu-Sn 组成的青铜母体中，然后经反应形成 Nb$_3$Sn 多芯线材) 并不适合于制备 Nb$_3$Al 多芯导线。虽然有研究尝试通过 Nb 细丝和 Ag-Al 固溶体基体之间的固相扩散反应，用 Ag-Al 固溶体替换 Cu-Al 黄铜使 Nb-Al-Cu 三元化合物变得不稳定，继而形成了 Nb$_3$Al 和 Nb$_2$Al。然而，经这种方法优化合成的 Nb$_3$Al 的 T_c 只有 13.9 K，远低于理想名义化学组分的 Nb$_3$Al。

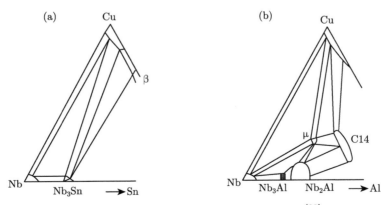

图 5-63   A15 化合物与 Cu 元素的三元相图 [88]

(a) Nb-Sn-Cu；(b) Nb-Al-Cu

5.4.1.3 Nb$_3$Al 相的反应形成机理及合成策略

实现理想化学计量比是制备高性能 Nb$_3$Al 超导材料必不可少的条件。从 Nb-Al 二元相图可知，这一组分只有在高于 1900 ℃ 时才能稳定存在，低温下则会导致贫 Al 相的出现。此外，和 Nb$_3$Sn 一样，Nb$_3$Al 超导材料也属于晶界钉扎，小尺寸的晶粒能够有效增加晶界面积，提高钉扎力，从而提高 Nb$_3$Al 在磁场下的传输性能。高温热处理可以获得接近化学计量比的超导相，但是较高的热处理温度会不可避免地引起晶粒过度长大，晶界减少，不利于临界电流密度的提高。低温热处理可以获得小尺寸的晶粒，但化学计量比偏离较大。因此，制备高性能 Nb$_3$Al 超导线材需要开发特殊的热处理工艺，保证材料同时具有化学计量比和小尺寸晶粒，其中具有化学计量比的成分是高 T_c 和高 H_{c2} 的保证，而微小晶粒之间的晶界提供的钉扎力则是高 J_c 的需要。目前获得 Nb$_3$Al 相的方法主要有两种：一是直接通过低温 Nb/Al 原子扩散反应形成 Nb$_3$Al；二是先通过高温淬火或机械合金化获得过饱和固溶体 Nb(Al)$_{ss}$，再经过热处理转变形成 Nb$_3$Al 相。

通过低温 Nb/Al 原子扩散反应形成 Nb$_3$Al 相的热处理温度一般低于 1000 ℃，在低温进行热处理制备 Nb$_3$Al 可以有效地抑制晶粒长大。Barmak 等在 1000 ℃ 以下通过薄膜的形式系统地研究了 Nb-Al 成相规律[89]。**图 5-64** 显示了典型 Nb/Al 薄膜层的扩散反应过程，首先 Al 原子向 Nb 层中进行扩散形成 NbAl$_3$ 相，然后 Nb 和 NbAl$_3$ 继续反应生成 Nb$_2$Al，最后 Nb 与 Nb$_2$Al 反应生成 Nb$_3$Al，即 Nb + Al—→NbAl$_3$+ Nb—→Nb$_2$Al + Nb—→Nb$_3$Al。通过 Nb/Al 扩散反应获得高质量的 Nb$_3$Al 相强烈依赖于 Nb/Al 间的扩散间距，当 Nb/Al 间的扩散间距 λ<143 nm 时，反应的最终产物中只有单相 Nb$_3$Al 存在：NbAl$_3$ + Nb —→Nb$_3$Al。这是由于减小 Nb/Al 层间的扩散间距使 Nb$_2$Al 层具有更大的比表面积，Nb$_2$Al 的自由能增加速度快于 Nb$_3$Al 相，因此，促使有害的 Nb$_2$Al 相分解并向 Nb$_3$Al 相转变，如**图 5-65(a)** 所示[90]。当 Nb/Al 间的扩散间距 λ>143 nm 时，反应过程中将先形成 Nb$_2$Al 相：NbAl$_3$ + Nb —→ Nb$_2$Al + Nb —→Nb$_3$Al，而 Nb$_2$Al 相比较稳定，维持 Nb$_2$Al+Nb—→Nb$_3$Al 的反应进行需要很大的能量导致反应无法完全进行，因此在最终反应产物中为 Nb$_3$Al 和 Nb$_2$Al 的共存混合相。在最终产物中存在 Nb$_2$Al 相则导致 Nb$_3$Al 相中化学计量比的偏移，从而使晶体中长程有序性变差，造成 Nb$_3$Al 超导性能下降。

第二条制备具有理想化学计量比 A15 相的技术路线，是通过在温度为 1940 ℃ 以上进行淬火、快速冷却（其中冷却速度 >10^4 ℃/s），先获得 Nb/Al 原子比符合化学计量比的过饱和 bcc 固溶体 Nb(Al)$_{ss}$，再经过 ∼ 800 ℃ 的低温热处理使 Nb(Al)$_{ss}$ 向 A15 相转变，最终获得长程有序的细晶 Nb$_3$Al 相。高温淬火的主要目的是采用快速冷却的方法使 Nb-Al 相突破平衡固溶度的极限以获得非平衡的过饱和相 Nb(Al)$_{ss}$。采用上述方法制备的 Nb$_3$Al 超导体既保证了名义化学计量比的 Nb/Al 原子比，同时也具有细小的晶粒形貌。**图 5-65(b)** 给出了该法的相转变过程[90]。对于 Al 原子含量为 25% 的 Nb/Al 体系，大量具有高自由能的亚稳相 Nb(Al)$_{ss}$ 向低自由能并具有化学计量比的 Nb$_3$Al 相转变，在此过程中只发生结构的调整而没有成分的变化。虽然两相分离使贫 Al 的 A15 相与 Nb$_2$Al 相共存时具有更低的自由能，但是相分离过程需要很长时间进行长程扩散，而向 A15 相转变不需要进行长程扩散，转变反应发生更加迅速，从而抑制了 Nb$_2$Al 相的形成。通过高温淬火及后续转变

热处理制备的 Nb_3Al 具有良好的 T_c、J_c 性能，但是在接近 2000 ℃ 的高温进行淬火处理对处理工艺以及热处理设备都提出了非常苛刻的要求。

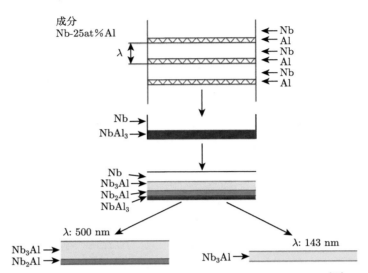

图 5-64　Nb/Al 薄膜在低于 1000 ℃ 时的反应成相过程 [89]

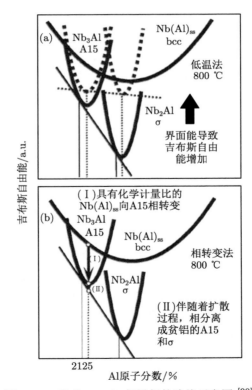

图 5-65　形成 Nb_3Al 超导相的路线示意图 [90]

(a) 在界面能增强区域直接进行扩散反应的路线；(b) 通过 bcc 亚稳相转变为超导 A15 相的路线

第三个制备具有优良超导性能的 Nb_3Al 的技术路线，是通过电子束或激光束辐照[84]，在高于 1800 ℃ 的温度使 Nb/Al 体系混合物直接进行扩散反应，从而达到理想化学计量比 A15 相，这种思路是与 Nb-Al 平衡相图中的理论一致的。较高的冷却速率有效抑制了大晶粒的生长。机械合金化是另一种可以实现理想化学计量比的方法[91]，通过高能球磨使粉末不断地变形、破碎，最终达到元素间原子水平结合的过程，从而实现 Nb/Al 元素原子间的固溶或合金化。这也是一种更加简单、只需要低温热处理就可获得 Nb-Al 过饱和固溶相的有效方法。

通过测量超导转变温度 T_c 可以判断 Nb_3Al 体系是否真正达到了理想化学计量比。例如，典型的 T_c 值是 15.5 K、17.9 K 和 18.5 K，分别对应低温制备工艺、二次相转变工艺和高温制备工艺制备的样品。T_c 数值的增大，表明样品的理想化学计量比有了显著改善，尤其是采用二次相转变工艺和高温制备工艺制备的样品。

这里小结一下，对于 Nb_3Al 超导体，当它的 Nb/Al 原子比越接近于 3:1 时，其 T_c 和 H_{c2} 也越高；考虑它属于晶界钉扎超导体，当它的晶粒尺寸越小时，它的 J_c 也越高；因此，高性能 Nb_3Al 超导体合成要具备两个条件：第一，它的 Nb/Al 原子比接近理想的 3:1，即不含 Nb、Nb_2Al 和 $NbAl_3$ 等杂质；第二，它的晶粒大小不超过 100 nm。

5.4.2 Nb₃Al 超导线材的制备技术

由 5.4.1 节可知，高性能 Nb_3Al 超导材料制备的关键是获得理想化学计量比的单相组织结构，而且 Nb_3Al 相的形成与 Nb/Al 间的扩散间距有着极为密切的关系，因此在 Nb_3Al 前驱线材中不同的 Nb/Al 间扩散间距也将影响其超导性能。另外，不同于 Nb-Sn-Cu 体系，在 Nb-Al-Cu 三元体系中会形成稳定的 $NbAl_3$、Nb_2Al、Laves 相和 Cu /Nb /Al 三元合金，这些相的形成阻碍了 Al 在 Cu 基体扩散形成 Nb_3Al，因此无法采用青铜法制备 Nb_3Al 超导线材。由于 Nb_3Al 超导材料成相反应过程的特殊性，目前 Nb_3Al 超导线材的制备过程主要分为 Nb_3Al 前驱线材的制备工艺和前驱线材的热处理工艺，具体如**表 5-8** 所示[84]，下面将一一介绍。

表 5-8　Nb₃Al 线材的主要制备工艺及样品性能 [84]

种类	制备工艺	Nb/Al 扩散间距	反应温度	A15 相形成方式	Nb₃Al 晶粒尺寸	T_c	J_c(4.2 K, 10 T) /(A/mm²)	J_c(4.2 K, 21 T) /(A/mm²)	线材长度/m
I	PIT 法 卷绕法 包覆切片 挤压法 套管法	<0.1 μm	低	直接扩散反应	细小	≈ 15.5	1200	∼ 0	— 11000 — 30
II	激光/电子 束加热	<10 μm	高 >1800 ℃	直接扩散反应	大	18.5	500	480	50
III	液体淬火	—	>1800 ℃	bcc 结构的 过饱和固溶体 Nb(Al)ₛₛ 发生转变	细小	≈ 18		340	1
	热等离子体	—	快冷			16.8	500		—
	高温快冷法	<1 μm	<1000 ℃			17.9	>3000		400

5.4.2.1 Nb₃Al 超导线材的制备

基于 Nb₃Al 超导体的特点, 目前 Nb₃Al 前驱线材的常见制备方法包括套管 (rod-in-tube, RIT) 法、卷绕 (Jelly-roll, JR) 法、包覆切片挤压 (clad-chip-extrusion) 法和 PIT 法四种 [84]。

1) 套管法

将 Al 棒插入 Nb 管获得单芯复合棒材, 通过挤压和拉拔工序得到单芯线, 再将多根单芯线进行组装、挤压和拉拔, 最终获得具有多芯结构的前驱体线材, 其内部芯丝尺寸为 100 nm。其制备工艺流程示意图如**图 5-66** 所示。

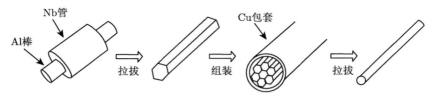

图 5-66　套管法制备 Nb₃Al 超导线材工艺流程示意图

套管法在 NbTi 和 Nb₃Sn 线材制备中应用较为普遍, 但是在 Nb₃Al 线材制备中存在一定的难度。由于 Nb /Al 扩散间距很小, 从 Al 棒到最终前驱体线材中 ~ 0.1 μm 的芯丝尺寸, 其变形量很大, 可以达到 10^{10}, 接近材料加工极限。因此, 基体和芯部的相对硬度必须要通过 Al 芯的合金化进行调节, 通常加入 Mg、Ag、Cu 等元素提高复合线的加工性能。此外 Nb 和 Al 熔点相差很大 (Nb 熔点 2468 ℃, Al 熔点 667 ℃), 无法通过常规的退火工艺消除加工应力。Nb 和 Al 硬度差别较大, 二者在多道次加工过程中难以实现同步变形, 线材很容易产生香肠效应。由于存在以上这些因素, 很难保证套管法制备 Nb₃Al 长线的均匀性。据报道套管法制备的 Nb₃Al 线材具有较大的断裂应变, 变形量可以达到 1%, 主要是因为其含有 90% 的 Nb 基体 [92]。而通过卷绕法制备的 Nb₃Al 线材中只含有 37% 的 Nb 基体, 因此, 机械性能相对差一些。

2) 卷绕法

自 1975 年起, 意大利的 ENEA-LMI 研究小组就开始采用卷绕法进行 Nb₃Al 线材的实用化研究 [82]。该方法是将厚度为 100 μm 左右的 Nb 箔和 Al 箔叠放后卷绕在 Nb 或 Ta 棒上, 装进 Nb 或 Ta 管内, 通过挤压和拉拔工序获得单芯线, 然后将多根单芯线进行组装、挤压和拉拔最终获得复合多芯前驱体线材。加工总变形量使 Al 层的最终厚度变为 100 nm, 形变量可以达到 10^5, 其制备工艺如**图 5-67** 所示。

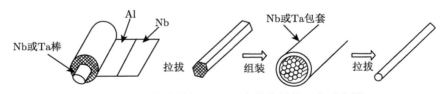

图 5-67　卷绕法制备 Nb₃Al 多芯线材的工艺示意图

卷绕法是 Nb₃Al 前驱体制备中应用得最为广泛的一种制备工艺。与套管法相比，由于可以采用起始厚度很薄的 Al 箔 (< 0.1 mm)，不仅减小了 Nb/Al 起始间距，而且也大幅降低了线材的总加工量，从而有效减少了线材的断线率，有利于获得质量好的长线材。日本国立材料研究所 (NIMS) 小组已经能够通过卷绕法制备出单根长度达到 11 km 的 Nb₃Al 前驱体线材 [84]。该工艺的不足之处在于由于 Nb 箔和 Al 箔的厚度比较薄，很难去除原材料表面的氧化层，同时也难以保证材料厚度的均一性，并且变形过程中 Nb 的显微硬度会不断地增加，这些都会使线材在拉拔过程中发生断裂，一定程度上限制了其加工性能。尽管卷绕法存在一些缺点，且目前无法进行批量化生产，但其具有大幅减少加工量的优势，仍被认为是制备 Nb₃Al 前驱长线材较有潜力的方法。

3) 包覆切片挤压法

碎片包覆挤压法与卷绕法具有一定的相似之处，首先将 Al 片放在 Nb 片两面通过轧制获得 Al/Nb/Al 复合体，然后将该复合体切成小片装入 Cu 管内，进行挤压、拉拔获得单芯线，再将多根单芯线进行组装、挤压和拉拔，最终获得多芯线前驱体。其制备工艺流程如**图 5-68** 所示。

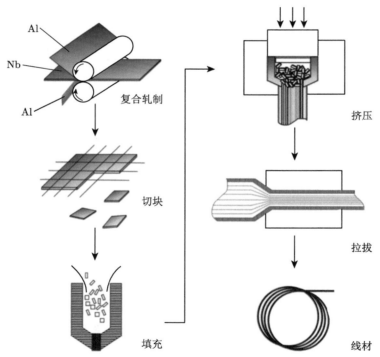

图 5-68   碎片包覆挤压法制备 Nb₃Al 线材流程示意图 [93]

与卷绕法一样，碎片包覆挤压法也是通过采用薄的 Nb 片和 Al 片来降低加工量的。人们使用 1 mm 厚的 Nb 片和 0.14 mm 厚的 Al 片成功制备出 37 芯的直径 0.9 mm 的 Nb₃Al 超导线材 [93]。由于 Nb 和 Al 的硬度及延展率不同，二者在轧制过程中的变形将不同步，最终影响到 Nb 和 Al 的化学计量比。此外，大量的 Al /Nb /Al 复合体进行挤压和拉拔加工时，很难保证内部变形的均匀性，不适用于制备千米级长线。

4) PIT 法

PIT 法工艺流程相对简单。该工艺是将氢化脱氢后的 Nb 粉 (< 40 μm) 和 Al 粉 (< 9 μm) 混合均匀，装入 Cu 管或 Nb 管内进行拉拔获得单芯线，然后将多根单芯线进行组装拉拔加工至 Al 层的厚度约达到 100 nm，最终获得多芯线前驱体。其制备工艺流程如**图 5-69** 所示。

图 5-69　PIT 法制备 Nb₃Al 线材的流程示意图

在随后进行的热处理中，Nb/Al 间较短的扩散距离是在 <1000 ℃ 的低温下形成高品质 A15 相的关键因素之一。由于 Nb 粉与 Al 粉的物理性质具有较大差异，因此在线材拉拔过程中 Nb 粉与 Al 粉的流动性差，导致线材热处理后的超导性能较差且不均匀。为了改善采用 PIT 法制备前驱线材的加工性以及 Nb/Al 的均匀性，有研究学者通过高能球磨获得 Nb(Al)ₛₛ 粉末后再进行装管拉拔制备前驱线材，相对于直接混合的 Nb、Al 粉末，Nb(Al)ₛₛ 粉末具有较好的延展性，使线材的拉拔加工过程更易进行。由于 PIT 法制备的线材致密度相对于卷绕法和棒材装管法制备要低，因此，粉末颗粒间的连接性也是影响线材超导性能的一个重要因素。

5.4.2.2　Nb₃Al 超导线材的热处理工艺及其超导性能

由 Nb-Al 二元相图知，符合化学计量比的 Nb₃Al 相只有在温度为 1940 ℃ 时才能获得。实际研究表明，在温度大于 750 ℃ 时，偏离化学计量比的 Nb₃Al 通过扩散反应开始形成。因此根据 Nb 与 Al 反应形成 Nb₃Al 相的不同反应过程，目前 Nb₃Al 线材的热处理工艺主要可分为低温热处理和高温热处理。

1) 低温热处理

在商业化生产过程中，低温热处理是一种比较经济、易于大批量生产的线材热处理方式。在 1000 ℃ 以下进行扩散热处理可以抑制晶粒的过分长大，但是反应缓慢，一般会形成 Nb₃Al 和 Nb₂Al 两相，导致 Nb₃Al 相中 Nb/Al 原子比率严重偏离化学计量比。为了使 Nb 和 Al 完全反应，并抑制中间产物 Nb₂Al 相的形成，采用低温热处理工艺需要将 Al 的尺度加工到 0.1 μm 以下，并延长热处理时间。因此，Nb/Al 间扩散距离在 100 nm 以内是在 1000 ℃ 以下生成高质量 A15 相的重要参数。

通过添加合金的方法可改善 Al 棒的加工性，利用套管法制备出 Nb/Al 扩散间距低于 100 nm 的 Nb-Al 前驱线材，随后在 1000 ℃ 左右进行热处理获得 T_c 为 15 ~ 17 K，J_c 为 ~ 10^5 A/cm² (4.2 K, 10 T) 的 Nb₃Al 超导线材[84]。通过高能球磨制备出 Nb-Al 过饱和固溶体粉末，利用粉末装管工艺将固溶体粉末装入 Nb 管中进行拉拔制备出 Nb-Al 前驱线材，然后在 850 ℃ 进行热处理制备的 Nb₃Al 超导线材的 T_c ~ 15.7 K，J_c ~ 10^4 A/cm²

(4.2 K, 12 T)，与同等热处理条件下卷绕法制备的 Nb_3Al 线材具有近似的 T_c 值。可见，通过低温热处理制备的 Nb_3Al 超导线材的 T_c 值在 15 K 左右，仍显著低于 Nb_3Al 的理想 T_c 值，其主要是因为在低温热处理过程中形成的是偏离了化学计量比的 Nb_3Al 相。

图 5-70 是卷绕法、套管法和 PIT 法制备的超导线材经低温热处理 (< 900 ℃) 后的 J_c-B 关系[84]。三种方法制备的 Nb_3Al 前驱体线材中 Al 的尺度均小于 0.1 μm，尽管不同方法制备的样品的横截面结构有较大差异，但是三种线材的 J_c-B 关系基本相同。因此可以得出，Nb_3Al 超导线材的性能只与 Nb/Al 扩散间距有关，而与前驱体的制备工艺无关。前驱体制备工艺的不同，只会关系到线材制备的难易程度和成品率。实际上，在 1000 ℃ 以下温度进行扩散热处理一般会形成非化学计量比的 Nb_3Al 相，使 Nb_3Al 相的晶体结构产生缺陷，因此通过低温扩散的方法 (<1000 ℃) 制备的线材在高场下 J_c 性能较低。

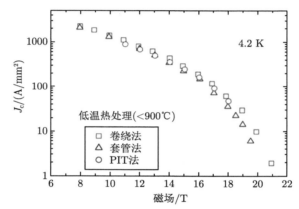

图 5-70　各种工艺制备 Nb_3Al 线材经低温热处理后的 J_c-B 关系[84]

另外，通过卷绕法将 Al 芯尺寸加工到 0.1 μm，加工量大约有 10^5，而采用套管法将 Al 芯加工到相同尺寸时，线材加工量高达 10^{10}，增加了前驱体的加工难度和断线概率。此外，Nb 和 Al 的熔点、硬度相差较大，在低温下易发生反应生成非超导相 Nb_2Al 和 $NbAl_3$，无法进行去应力退火，很难获得千米级的长线。

2) 高温热处理

即使 Nb 和 Al 相互扩散的间距达到小于 0.1 μm，在温度低于 1000 ℃ 进行热处理，仍然存在偏离理想 Nb_3Al 化学计量比的情况，从而使 J_c 在高磁场下迅速衰减。因此，采用激光或电子束辐照技术对前驱线带材直接照射可以在高温 (大于 1800 ℃) 下短时间内完成反应，随后在 700 ℃ 热处理可以改善化学计量比，提高 T_c 和 H_{c2}。例如，采用这种方法制备的 Nb_3Al 超导体的最高 T_c 为 18.5 K，而且如**图 5-71** 所示[84]，在 4.2 K、26 T 下，Nb_3Al 线材的非铜区 J_c 超过了 100 A/mm²。但是，这种方法制备的 Nb_3Al 超导体，由于不可避免地导致了晶粒的迅速长大，使得样品在低磁场下的临界电流密度大幅度减小 (**图 5-71**)。此外，高温下两种元素组分间发生固液反应，Al 的熔化使金属间化合物从液相中形成，形成的 Nb_3Al 层厚度通常不均匀。因此，为了抑制 Nb_3Al 晶粒长大，20 世纪 80 年代，NIMS 研究小组发展出了连续快速加热和快速冷却，与后续低温退火相结合的热处理工艺（RHQT)[84]，简称高温快冷工艺。通过这个方法可以获得具有接近化学计量比和小尺寸晶粒的高性能 Nb$_3$Al 超导长线。

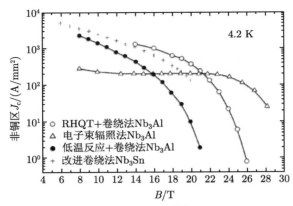

图 5-71   不同方法制备的 Nb$_3$Al 线材的 J_c-B 对比图 [84]。这里 Nb$_3$Sn 线材采用改进的卷绕法制备

RHQT 方法将 Nb/Al 复合体迅速加热到 2000 ℃ 的高温，在高温下形成 bcc 结构的 Nb-Al 过饱和固溶体，然后在液 Ga 中迅速淬火将 bcc 结构保留至室温，得到 Nb(Al)$_{ss}$ 非平衡相。再经过后期退火处理，这种非平衡相析出符合化学计量比的 Nb$_3$Al 相。这一过程可以制备满足化学计量比的细晶粒 Nb$_3$Al 相，因此在整个磁场范围内都具备高的 J_c 性能。与 Nb$_3$Sn 相比具备优良的高场性能和抗应变的能力，这对于制备 Nb$_3$Al 超导线材具有很好的应用前景。通常的 RHQT 工艺是在动态真空装置中进行的。图 5-72 是 RHQT 的工艺示意图 [84]，其原理是将 Nb$_3$Al 前驱体长线置于真空腔的放线轮，以 1 m/s 的速率经三个支撑轮后盘绕在收线轮，其中两个支撑轮作为电极，电极间距即加热距离为 10 cm。线材进入电极范围后，与电源形成通路，以欧姆加热的方式快速加热到约 1940 ℃ 以上的固溶温区，随后在 0.1 s 的极短时间内在 50 ℃ 的 Ga 液槽内快速淬火，形成过饱和固溶体 Nb(Al)$_{ss}$，最后在 800 ℃ 进行退火，析出 Nb$_3$Al 超导相。在 RHQT 法中采用的前驱 Nb-Al 线材一般是由卷绕法所制备。RHQT 工艺制备的 Nb$_3$Al 超导线材的 T_c 和 H_{c2} 分别为 17.8 K、26 T (4.2 K)，要低于通过激光或者电子束辐照制备的 Nb$_3$Al 线材的性能 (18.5 K, 30 T)，这是由于在 RHQT 法制备的 A15 相中存在层错，导致了局部成分偏离了化学计量比，从而使线材 T_c 发生微弱退化。

目前，针对 RHQT 工艺的研究已经有了大量的报道，而且还演化出两个改进的 RHQT 工艺，分别是 TRUQ 和 DRHQ 工艺。TRUQ (transformation-heat-based up-quenching method) 工艺 [94] 利用无序的 bcc 相转变成 A15 相，与从有序的 bcc 相转变成 A15 相相比，可以有效地抑制 A15 相中层错的产生。该工艺制备的 Nb$_3$Al 超导线 T_c 和 H_{c2}(4.2 K) 分别可以达到 18.3 K 和 28 T。DRHQ (double rapidly-heating/quenching，双重快速加热/淬火) 工艺 [95] 和 TRUQ 工艺本质上并没有区别，但是 DRHQ 工艺的转变温度更高，因此更能抑制有序化的发生。DRHQ 工艺制备的 Nb$_3$Al 超导线 T_c 和 H_{c2} (4.2 K) 可以达到 18.4 K 和 30 T，并且具有优良的 J_c-B 性能，23 T、24 T、25 T 的外场下 J_c 可以分别达到 330 A/mm^2、270 A/mm^2、200 A/mm^2。

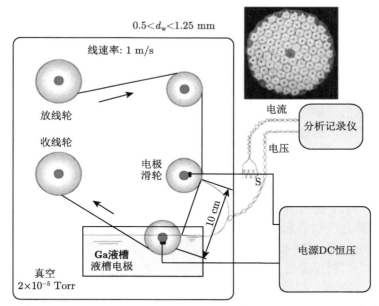

图 5-72 连续快速加热和快速冷却制备 Nb₃Al 长线热处理示意图 [84]

3) 化学元素添加

与 Nb₃Sn 添加 Ti 和 Ta 的效果类似，元素掺杂是一种改善 Nb₃Al 化合物超导性能的有效途径。实验已证实，添加 Ge、Si、Ga、Be、B 和 Cu 等元素，可以扩大 A15 相稳定存在的区域，改善 A15 相的化学计量比，从而提高 Nb₃Al 的超导性能。比如 Nb₃(Al、Ge) 的 T_c 已经超过了 20 K，比二元系的 Nb₃Al 高出 2 K。有关 Mg、Cu、Ag 和 Zn 等作为添加元素有助于提高超导性能和扩散速率的作用，已通过套管法制备 Nb₃Al 超导体的实验证实。其中，Al 与这些添加元素的合金化，提高了 Nb/Al 复合材料的可加工性。在热处理温度低于 1000 °C 时，在促进 Nb 和 Al 之间扩散反应方面，Mg 是最有效的添加元素，同时提高了超导临界电流密度。

2002 年 NIMS 研究小组发现 Cu 的加入与 Mg、Ag 和 Zn 等添加元素相比，在快速加热和淬火 (RHQ) 处理过程中，能使 A15 相比过饱和固溶体相更稳定。经 RHQ 制备的 Nb/Al-2at%Cu 超导体，在 800 °C 退火后，其 T_c 为 18.4 K，在 4.2 K 温度下的上临界场 $H_{c2}(4.2 \text{ K})$ 为 29.5 T。特别是 2at%Cu 的 Nb₃Al 线在高场中具有更高的 J_c，在 4.2 K、19 T 和 4.2 K、23 T 时分别为 1000 A/mm² 和 400 A/mm²[96]。

4) Nb₃Al 超导线的敷铜工艺

高温快冷工艺制备的 Nb₃Al 超导线材需要给线材添加稳定层，其目的有两个[84]：一是及时将热量传向冷却介质，使其降温；二是提供电流旁路，为失超提供保护。一般选用 Cu 作为稳定层材料，其厚度要大于 100 μm。

通常稳定层添加方法分为内稳定法和外稳定法。外稳定法实际上是在淬火后的线材表面机械包覆 Cu 带的方法，将冷却后的复合线沿轴线方向包覆 Cu 箔，然后进行轧制确保机械和电子结合强度。不过，该法只适用为 Nb₃Al 带材添加 Cu 稳定层，无法用于圆线。

最新的外稳定包覆 Cu 的方法是先除去线材表面的杂质，然后在线材的 Nb 表面电镀一层 Ni，再将线材放入 $CuSO_4$ 溶液中电镀 Cu，最后通过热处理增加 Cu-Nb 的键合力。内稳定法是利用 Ag/Nb、Cu/Ta 间的高稳定性，即使在高于 1900 ℃ 时也不存在相互反应，因此，在前驱线中采用 Ag 或 Cu 等材料作为内稳定材料，用 Nb 或者 Ta 作为阻隔层将内稳定材料进行包覆，防止在高温过程中发生熔化损失或与芯丝发生反应。

目前，较简单的敷铜方法是将经过高温处理后的导体结构装入 Cu 包套中，然后加工成所需尺寸的线材，再进行低温热处理获得 Nb_3Al 超导线材。

5.4.3　小结

Nb_3Al 线材实用化研究的国外主要单位是日本 NIMS[84]。1991 年日本研制出 40 kA 级的 Nb_3Al-CICC 导体。1992 年研制出 100 m 长的钛管 CICC 导体。1996 年采用 Nb_3Al-Cu 复合铠甲电缆制备方法制备出 CICC 导体，其 Nb_3Al 线材参数为：直径 0.81 mm，临界电流密度为 620 A/mm^2(12 T, 4.2 K)。铠甲电缆导体参数为：线材数：1152 ($3\times4\times4\times4\times6$)，外径为 42.6 mm，外管厚度 2 mm。使用长 150 m 以上的 CICC 导体，日本研究人员制备出世界上首个大口径 Nb_3Al 内插磁体，其磁场可达 13 T，电流为 46 kA。2007 年，NIMS 利用高温快冷工艺制备的 Nb_3Al 带材，绕制了一个 Nb_3Al 插入磁体，在 15 T 的背景场下产生了 4.5 T 的磁场，场强达到 19.5 T。2010 年，他们用覆铜 Nb_3Al 导线制备出孔径为 40 mm 的内插线圈，与外层 NbTi 线圈组成混合磁体，使用单一电源产生的磁场强度高达 15 T[97]。

自 2011 年 9 月开始在科技部核聚变能专项的支持下，以西部超导和西南交大为代表的国内单位也开展了高性能 Nb_3Al 超导线材的实用化研究，并取得了很大进展。但和日本相比，还有一定差距。

综上所述，Nb_3Al 超导材料在高场下表现出优于 Nb_3Sn 的超导性能和力学性能，在未来高场磁体应用领域极具潜力。但是由于材料的特殊性，无法通过常规的方法制备成线材，还有许多难题需要解决，因此，Nb_3Al 超导体的规模化应用仍尚需时日。

参 考 文 献

[1] Ascherman G, Frederik E, Just E, et al. Superconductive connections with extremely high cracking temperatures (NbH and NbN). Phys. Z., 1941, 42: 349-360.

[2] Matthias B T. Transition temperatures of superconductors. Phys. Rev., 1953, 92(4): 874.

[3] Matthias B T, Geballe T H, Geller S, et al. Superconductivity of Nb_3Sn. Phys. Rev., 1954, 95(6): 1435.

[4] Hulm J K, Blaugher R D. Superconducting solid solution alloys of the transition elements. Phys. Rev., 1961, 123(5): 1569.

[5] Kolm H H, Lax B, Bitter F, et al. High Magnetic Fields. Cambridge, New York: MIT Press, 1962.

[6] Sahm P R, Pruss T V. Effect of annealing on the superconducting transition temperatures of Nb_3Al and Nb_3Al-alloys. Phys. Lett., 1969, A28(10): 707-708.

[7] Webb G W, Vieland L J, Miller R E, et al. Superconductivity above 20 °K in stoichiometric Nb_3Ga. Solid State Commun., 1971, 9(20): 1769-1773.

[8] Gavaler J R. Superconductivity in Nb-Ge films above 22 K. Appl. Phys. Lett., 1973, 23(8): 480-482.

[9] Rogalla H, Kes P H. 100 Years of Superconductivity. New York: CRC Press, 2011.

[10] Luhman T, Dew-Hughes D. The Metallurgy of Superconducting Materials. New York: Academic Press, 1979.

[11] Cline H E, Strauss B P, Rose R M, et al. Superconductivity of a composite of fine niobium wires in copper. J. Appl. Phys., 1966, 37(1): 5-8.

[12] Hillmann H. Development of hard superconductors especially of NbTi. Metall, 1973, 27(8): 797-805.

[13] Li C R, Wu X Z, Zhou L. NbTi superconducting composite with high critical current density. IEEE Trans. Mag., 1983, 19(3): 284-287.

[14] Li C R, Larbalestier D C. Development of high critical current densities in niobium 46.5wt% titanium. Cryogenics, 1987, 27(4): 171-177.

[15] Cardwell D A, Ginley D S. Handbook of Superconducting Materials Vol I. Bristol: IOP Publishing Ltd, 2003.

[16] Foner S, Schwartz B B. Superconductor Materials Science: Metallurgy, Fabrication And Applications. New York: Plenum Press, 1981.

[17] Lee P J. Abridged metallurgy of ductile alloy superconductors. Wiley Encyclopedia of Electrical and Electronics Engineering, 1999, 24: 12.

[18] Meingast C, Lee P J, Larbalestier D C. Quantitative description of a very high critical current density Nb-Ti superconductor during its final optimization strain I. Microstructure, T_c, H_{c2} and resistivity. J. Appl. Phys., 1989, 66(12): 5962-5970.

[19] Osamura K, Matsushita T, Lee P J, et al. Composite Superconductors. New York: Marcel Dekker, Inc., 1994.

[20] 王中兴. 铌钛超导合金. 北京: 冶金工业出版社, 1988.

[21] Strauss B P, Remsbottom R H, Reardon P J, et al. Results of the Fermilab wire production program. IEEE Trans. Mag., 1977, 13(1): 487-490.

[22] Smith E G, Fiorentino R J, Collings E W, et al. Recent advances in hydrostatic extrusion of multifilament Nb_3Sn and NbTi superconductors. IEEE. Trans. Mag., 1979, 15(1): 91-93.

[23] Critchlow P R, Gregory E, Zeitlin B. Multifilamentary superconducting composites. Cryogenics, 1971, 11(1): 3-10.

[24] Meingast C, Larbalestier D C. Quantitative description of a very high critical current density Nb-Ti superconductor during its final optimization strain: II. Flux pinning mechanisms. J. Appl. Phys., 1989, 66(12): 5971-5983.

[25] Cooley L D, Motowidlo L R. Advances in high-field superconducting composites by addition of artificial pinning centres to niobium-titanium. Supercond. Sci. Technol., 1999, 12(8): R135-R151.

[26] Scanlan R M, Malozemoff A P, Larbalestier D C. Superconducting materials for large scale applications. Proceedings of the IEEE, 2004, 92(10): 1639-1654.

[27] Dorofejev G L, Klimenko E Y, Frolov S V. Artificial pinning centers//Marinucci C, Weymuth P. Proc. 9th Conf. Magnet Technology, 1985: 564-566.

[28] Heussner R W, Marquardt J D, Lee P J, et al. Increased critical current density in Nb-Ti wires having Nb artificial pinning centers. Appl. Phys. Lett., 1997, 70(7): 901-903.

[29] Motowidlo L R, Rudziak M K, Wong T. The pinning strength and upper critical fields of magnetic and nonmagnetic artificial pinning centers in Nb47Ti wires. IEEE Trans. Appl. Supercond., 2003, 13(2): 3351-3354.

[30] Matsumoto K, Takewaki H, Tanaka Y, et al. Enhanced J_c properties in superconducting NbTi composites by introducing Nb artificial pins with a layered structure. Appl. Phys. Lett., 1994, 64(1): 115-117.

[31] Seidel P. Applied Superconductivity. Weinheim: Wiley-VCH Verlag GmbH & Co., 2015.

[32] Hardy G E, Hulm J K. The superconductivity of some transition metal compounds. Phys. Rev., 1954, 93(5): 1004.

[33] Godeke A. Performance Boundaries in Nb_3Sn Superconductors. The Netherlands: University of Twente, Enschede, Ph.D. Thesis, 2005.

[34] Charlesworth J P, MacPhail I, Madsen P E. Experimental work on the niobium-tin constitution diagram and related studies. J. Mater. Sci., 1970, 5(7): 580-603.

[35] Flükiger R. Phase relationships, basic metallurgy and superconducting properties of Nb_3Sn and related compounds. Adv. Cryog. Eng. (Mater.), 1982, 28: 399.

[36] Dew-Hughes D, Luhman T S. The thermodynamics of A15 compound formation by diffusion from ternary bronzes. J. Mater. Sci., 1978, 13(9): 1868-1876.

[37] Dietrich I, Lefranc G, Müller A. Abschirmverhalten von niob-zinn-sintermaterial bei zugabe von fremdelementen. J. Less-Common Met., 1972, 29(2): 121-132.

[38] Hopkins R H, Roland G W, Daniel M R. Phase relations and diffusion layer formation in the system Cu-Nb-Sn and Cu-Nb-Ge. J. Metall. Trans., 1977, 8(1): 91-97.

[39] Devantay H, Jorda J L, Decroux M, et al. The physical and structural properties of superconducting A15-type Nb-Sn alloys. J. Mater. Sci., 1981, 16(8): 2145-2153.

[40] Flükiger R, Uglietti D, Senatore C, et al. Microstructure, composition and critical current density of superconducting Nb_3Sn wires. Cryogenics, 2008, 48(7-8): 293-307.

[41] Moore D F, Zubeck R B, Rowell J M, et al. Energy gaps of the A-15 superconductors Nb_3Sn, V_3Si, and Nb_3Ge measured by tunneling. Phys. Rev., 1979, 20(7): 2721.

[42] Xu X. A review and prospects for Nb_3Sn superconductor development. Supercond. Sci. Technol., 2017, 30(9): 093001.

[43] 王占国, 陈立泉, 屠海令. 中国材料工程大典, 第 13 卷, 信息功能材料工程 (下). 北京: 化学工业出版社, 2006.

[44] Kunzler J E, Buehler E, Hsu F S L, et al. Superconductivity in Nb_3Sn at high current density in a magnetic field of 88 kgauss. Phys. Rev. Lett., 1961, 6(3): 89.

[45] Hanak J J, Strater K, Cullen R W. Preparation and properties of vapor-deposited niobium stannide. RCA Rev., 1964, 25: 342-365.

[46] Tachikawa K, Tanaka Y. Superconducting critical currents of V_3Ga wires made by a new diffusion process. Jpn J. Appl. Phys., 1967, 6(6): 782.

[47] Kaufmann A R, Pickett J J. Multifilament Nb_3Sn superconducting wire. J. Appl. Phys., 1971, 42(1): 58.

[48] Abacherli V, Seeber B, Walker E, et al. Development of $(Nb,Ta)_3Sn$ multifilamentary superconductors using Osprey bronze with high tin content. IEEE Trans. Appl. Supercond., 2001, 11(1): 3667-3670.

[49] Smathers D B, Marken K R, Larbalestier D C, et al. Observations of the effect of pre-reaction on the properties of Nb_3Sn bronze composites. IEEE Trans. Magn., 1983, 19(3): 1417-1420.

[50] Tachikawa K, Ando T, Kaneda N, et al. Jelly roll processed Nb_3Sn wires with improved superconducting performances. Physics Procedia, 2012, 36: 1402-1405.

[51] Hashimoto Y, Yoshizaki K, Tanaka M. Processing and properties of superconducting Nb_3Sn filamentary wires. Proc. 5th Int. Cryog. Eng. Conf., Guildford: IPC Science and Technology Press,

1974, 332.

[52] Jewell M C, Lee P J, Larbalestier D C. The influence of Nb₃Sn strand geometry on filament breakage under bend strain as revealed by metallography. Supercond. Sci. Technol., 2003, 16(9): 1005-1011.

[53] McDonald W K, Curtis C W, Scanlan R M, et al. Manufacture and evaluation of Nb₃Sn conductors fabricated by the MJR method. IEEE Trans. Magn., 1983, 19(3): 1124-1127.

[54] Parrell J A, Zhang Y, Field M B, et al. High field Nb₃Sn conductor development at oxford superconducting technology. IEEE Trans. Appl. Supercond., 2003, 13(2): 3470-3473.

[55] Lee P J, Larbalestier D C. Microstructural factors important for the development of high critical current density Nb₃Sn strand. Cryogenics, 2008, 48(7-8): 283-292.

[56] Field M B, Parrell J A, Zhang Y, et al. Internal tin Nb₃Sn conductors for particle accelerator and fusion applications. Adv. Cryo. Engr., 2008, 986: 237-243.

[57] Elen J D, van Beijnen C A M, van der Klein C A M. Multifilament V₃Ga and Nb₃Sn superconductors produced by the ECN-technique. IEEE Trans. Magn., 1977, 13(1): 470-473.

[58] Godeke A, den Ouden A, Nijhuis A, et al. State of the art powder-in-tube niobium-tin superconductors. Cryogenics, 2008, 48(7-8): 308-316.

[59] Boutboul T, Oberli L, Ouden A, et al. Heat treatment optimization studies on PIT Nb₃Sn strand for the NED project. IEEE Trans. Appl. Supercond., 2009, 19(3): 2564-2567.

[60] Renaud C V, Wong T, Motowidlo L R. ITT Nb₃Sn processing and properties. IEEE Trans. Appl. Supercond., 2005, 15(2): 3418-3421.

[61] Kramer E J. Scaling laws for flux pinning in hard superconductors. J. Appl. Phys., 1973, 44(3): 1360-1370.

[62] Lee P J. Plenary presentation 3PL1A-01. Seattle, USA: ASC 2018, Oct. 28—Nov. 02, 2018.

[63] Fischer C M. Investigation of the Relationships Between Superconducting Properties and Nb₃Sn Reaction Conditions in Powder-in-Tube Nb₃Sn Conductors. USA: Madison University of Wisconsin-Madison, Master Thesis, 2002.

[64] Lee P J, Squitieri A A, Larbalestier D C. Nb₃Sn: macrostructure, microstructure, and property comparisons for bronze and internal Sn process strands. IEEE Trans. Magn., 2000, 10(1): 979-982.

[65] Godeke A. A review of the properties of Nb₃Sn and their variation with A15 composition, morphology and strain state. Supercond. Sci. Technol., 2006, 19(8): R68-R80.

[66] Xu X, Sumption M D, Peng X. Internally oxidized Nb₃Sn strands with fine grain size and high critical current density. Adv. Mater., 2015, 27(8): 1346-1350.

[67] Fürtauer S, Li D, Cupid D, et al. The Cu-Sn phase diagram, Part I: New experimental results. Intermetallics, 2013, 34: 142-147.

[68] Sanabria C, Field M, Lee P J, et al. Controlling Cu-Sn mixing so as to enable higher critical current densities in RRP® Nb₃Sn wires. Supercond. Sci. Technol., 2018, 31(6): 064001.

[69] Wu I W, Dietderich D R, Holthuis J T, et al. The microstructure and critical current characteristic of a bronze-processed multifilamentary Nb₃Sn superconducting wire. J. Appl. Phys., 1983, 54(12): 7139-7152.

[70] Sandim M J R, Tytko D, Kostka A, et al. Grain boundary segregation in a bronze-route Nb₃Sn superconducting wire studied by atom probe tomography. Supercond. Sci. Technol., 2013, 26(5): 055008.

[71] Suenaga M, Welch D O, Sabatini R L, et al. Superconducting critical temperatures, critical magnetic fields, lattice parameters, and chemical compositions of "bulk" pure and alloyed Nb₃Sn produced by the bronze process. J. Appl. Phys., 1986, 59(3): 840-853.

[72] Flükiger R, Uglietti D, Senatore C, et al. Microstructure, composition and critical current density of superconducting Nb$_3$Sn wires. Cryogenics, 2008, 48(7-8): 293-307.

[73] Xu X, Rochester J, Peng X, et al. Ternary Nb$_3$Sn superconductors with artificial pinning centers and high upper critical fields. Supercond. Sci. Technol., 2019, 32(2): 02LT01.

[74] Baumgartner T, Eisterer M, Weber H W, et al. Performance boost in industrial multifilamentary Nb$_3$Sn wires due to radiation induced pinning centers. Sci. Rep., 2015, 5(1): 1-7.

[75] Miyazaki T, Matsukura N, Miyatake T, et al. Development of bronze-processed Nb$_3$Sn superconductors for 1 GHz NMR magnets. Adv. Cryog. Eng. (Mater.), 1998, 44: 935-941.

[76] Ekin J W. Strain effects in superconducting compounds. Adv. Cryog. Eng. (Mater.), 1984, 30: 823-836.

[77] Flükiger R, Isernhagen R, Goldacker W, et al. Long-range atomic order, crystalographical changes and strain sensitivity of J_c in wires based on Nb$_3$Sn and other A15 compounds. Adv. Cryog. Eng. (Mater.), 1984, 30: 851-858.

[78] Ekin J W. Strain scaling law for flux pinning in practical superconductors. Part 1: Basic relationship and application to Nb$_3$Sn conductors. Cryogenics, 1980, 20(11): 611-624.

[79] Easton D S, Kroeger D M, Specking W, et al. A prediction of the stress state in Nb$_3$Sn superconducting composites. J. Appl. Phys., 1980, 51(5): 2748.

[80] Ekin J W. Effect of transverse compressive stress on the critical current and upper critical field on Nb$_3$Sn. J. Appl. Phys., 1987, 62(12): 4829-4834.

[81] Specking W, Kiesel H, Nakajima H, et al. First results of stress effects on I_c of Nb$_3$Al cable in conduit fusion superconductors. IEEE Trans. Appl. Supercond., 1993, 3(1): 1342-1345.

[82] Ceresara S, Ricci M V, Sacchetti N, et al. Nb$_3$Al formation at temperatures lower than 1000 °C. IEEE Trans. Magn., 1975, 11(2): 263-265.

[83] Akihama R, Murphy R J, Foner S. Nb-Al multifilamentary superconducting composites produced by powder processing. Appl. Phys. Lett., 1980, 37(12): 1107-1109.

[84] Takeuchi T. Nb$_3$Al conductors for high-field applications. Supercond. Sci. Technol., 2000, 13(9): R101–R119.

[85] Wood E A, Compton V B, Matthias B T, et al. β-Wolfram structure of compounds between transition elements and aluminum, gallium and antimony. Acta Cryst., 1958, 11(9): 604-606.

[86] Glowacki B A. Niobium aluminide as a source of high-current superconductors. Intermetallics, 1999, 7(2): 117-140.

[87] Jorda J L, Flukiger R, Junod A, et al. Metallurgy and superconductivity in Nb-Al. IEEE Trans. Magn., 1981, 17(1): 557-560.

[88] Hunt C R, Raman A. Alloy chemistry of σ(βU)-related phases. Z. Metallkde, 1968, 59(9): 701-707.

[89] Barmak K, Coffey K R, Rudman D A, et al. Phase formation sequence for the reaction of multilayer thin films of Nb/Al. J. Appl. Phys., 1990, 67(12): 7313-7322.

[90] Takeuchi T, Tagawa K, Kiyoshi T, et al. Enhanced current capacity of Jelly-roll processed and transformed Nb$_3$Al multifilamentary conductors. IEEE Trans. Appl. Supercond., 1999, 9(2): 2682-2687.

[91] Thieme C L H, Pourrahimi S, Schwartz B B, et al. Improved high field performance of Nb-Al powder metallurgy processed superconducting wires. Appl. Phys. Lett., 1984, 44 (2): 260-262.

[92] Fukuzaki T, Takeuchi T, Banno N, et al. Stress and strain effects of Nb$_3$Al conductors subjected to different heat treatments. IEEE Trans. Appl. Supercond., 2002, 12(1): 1025-1028.

[93] Saito S, Sugawara H, Kikuchi A, et al. Superconducting properties of Nb$_3$Al wire fabricated by the clad-chip extrusion method and the rapid-heating, quenching and transformation treatment.

Physica C, 2002, 372-376: 1373-1377.

[94] Takeuchi T, Banno N, Fukuzaki T, et al. Large improvement in high-field critical densities of Nb_3Al conductors by the transformation-heat-based up-quenching method. Supercond. Sci. Technol., 2000, 13(10): L11-L14.

[95] Kikuchi S, Iijima Y, Inoue K. Nb_3Al conductor fabricated by DRHQ (Double Rapidly-Heating/ Quenching) process. IEEE Trans. Appl. Supercond., 2001, 11(1): 3968-3971.

[96] Iijima Y, Kikuchi A, Inoue K. Cu-additional effects on RHQ-processed Nb_3Al multifilamentary superconductors. Physica C, 2002, 372-376: 1303-1306.

[97] Takeuchi T, Banno N, Iijima Y, et al. Production and operation of a 15 T $NbTi/Nb_3Sn$ hybrid magnet system powered by a single power supply. IEEE Trans. Appl. Supercond., 2010, 20(3): 616-619.

第 6 章 氧化物高温超导材料的结构、物性和磁通钉扎

6.1 引 言

自 1911 年首次发现超导现象以来，追求高 T_c 的工作进展曲折而缓慢。直到 1985 年，超导转变温度的最高纪录仍是化合物 Nb_3Ge，T_c 为 23.2 K，这是 1973 年创造的纪录，此后长达十二年毫无进展，超导研究可谓达到最低潮，这曾令不少人悲观失望。基于 BCS 超导理论，McMillan 认为，超导转变温度可能存在上限，即所谓的麦克米兰极限，一般认为不超过 40 K。然而，仍有不少人在尝试各种可能的提高超导转变温度的途径，其中一个努力方向就是研究氧化物超导体。

1986 年 9 月，瑞士苏黎世 IBM 实验室的 Bednorz 和 Müller 发现了 T_c 高达 35 K 的 Ba-La-Cu-O 系氧化物超导体[1]。1986 年底 Müller 和 Bednorz 的发现得到了公认，1987 年获得诺贝尔物理学奖。1987 年 2 月，美国休斯敦大学的吴茂昆、朱经武等[2] 和中国科学院物理研究所的赵忠贤小组[3] 几乎同时发现了 Y-Ba-Cu-O 超导体，化学式为 $YBa_2Cu_3O_{6+\delta}(0 < \delta < 1)$，超导转变温度在 90 K 以上，人类首次实现了从液氢温区到液氮温区的突破。1988 年初日本国立材料研究所 NIMS 的 Maeda 等发现了 Bi-Sr-Ca-Cu-O 超导体[4]，其 T_c 比 $YBa_2Cu_3O_{6+\delta}$ 高出 10 K 以上。几乎同时，美国阿肯色大学的 Sheng 等首先发现了第一个不含稀土的 Tl-Ba-Ca-Cu-O 高温超导体，其 T_c 高达 125 K[5]，1993 年 4 月，瑞士苏黎世联邦理工学院的 Schilling 等通过 Hg 元素替代 Tl 发现了 T_c 为 134 K ($\sim$ 30 GPa 高压下为 164 K) 的 Hg-Ba-Ca-Cu-O 超导体[6]。这些超导材料的 T_c 都高于 77 K，可以用液氮冷却，大大降低了制冷的成本，且操作方便，是具有实用意义的超导材料。所以液氮温区超导材料的发现堪称材料发展史上，乃至科技发展史上的重大突破，为超导材料的大规模商业化应用奠定了基础。**表 6-1** 列出了当前主要的铜基氧化物高温超导体、组分和 T_c[7]。这类氧化物超导体的 T_c 比以前所发现的超导体高很多，超过了 40 K，有的甚至超过了液氮的温度，因此被称作高温超导体。

在寻求更高临界温度超导体的同时，科学家们在提高高温超导体的临界电流密度方面也进行了大量的工作。YBCO 氧化物超导体刚发现时临界电流密度只有 $10 A/cm^2$ 量级 (77 K, 自场)。经过科学家们的不断努力，现在 Bi 系和 Y 系高温超导带材已经商业化，临界电流密度已经达到 $10^6 A/cm^2$ 量级 (77 K, 自场)，长度达到千米量级。与此同时，高温超导块材和薄膜等不同形式的材料都基本达到了实际应用的水平。在超导应用技术中，目前最常用的氧化物高温超导体是 Bi 系第一代高温超导带材和 Y 系材料为主的第二代高温超导带材 (涂层导体)，Tl 系和 La 系的薄膜材料也有部分应用。

表 6-1 当前主要的铜基氧化物高温超导体和超导转变温度

系列	超导体组分	T_c/K	发现者	发现时间
La 系 简称 LBCO	$(La, M)_2CuO_4$ M=Ba、Sr、Ca	35	J. Bednorz 和 K. A. Müller	1986 年 9 月
Y 系 简称 REBCO	$YBa_2Cu_3O_{6+\delta}$ 简称 YBCO	90	M. K. Wu 和 C. W. Chu, 以及赵忠贤	1987 年 2 月
	$LnBa_2Cu_3O_{6+\delta}$ Ln=La、Nd、Sm、Eu、Tb、Gd、Dy、Ho、Er、Tm、Yb、Lu	90		
Bi 系 $Bi_2Sr_2Ca_{n-1}Cu_nO_y$ $n = 1, 2, 3, \cdots$ 简称 BSCCO	$Bi_2Sr_2CaCu_2O_8$	80	H. Maeda	1988 年 1 月
	$(Bi, Pb)_2Sr_2Ca_2Cu_3O_{10}$	110	H. Maeda	1988 年 1 月
Tl 系 $Tl_2Ba_2Ca_{n-1}Cu_nO_y$, $n = 1, 2, 3, 4, \cdots$ 简称 TBCCO	$Tl_2Ba_2CaCu_2O_8$	90	Z. Z. Sheng 和 A. Hermann	1988 年 1 月
	$Tl_2Ba_2Ca_2Cu_3O_{10}$	110		
	$Tl_2Ba_2Ca_3Cu_4O_{12}$	125	Z. Z. Sheng 和 A. Hermann	1988 年 2 月
Hg 系 $HgBa_2Ca_{n-1}Cu_nO_y$, $n = 1, 2, 3, \cdots$ 简称 HBCCO	$HgBa_2CuO_{5-\delta}$,	97		
	$HgBa_2CaCu_2O_{7-\delta}$	128		
	$HgBa_2Ca_2Cu_3O_{9-\delta}$	134	A. Schilling	1993 年 4 月
	$HgBa_2Ca_2Cu_3O_{9-\delta}(30 GPa)$	164	C. W. Chu 和 H. M. Mao	1994 年

6.2 氧化物高温超导体的晶体结构

尽管已知的氧化物高温超导体多达百种以上，T_c 从 30 K 被提高到常压下的 135 K、高压下的 164 K。然而，人们对氧化物高温超导本质的认识仍然十分有限，原因之一就是这些氧化物的晶体结构要比低温金属超导体的结构复杂得多，超导行为因而更具多变性。氧化物超导体具有非常短的相干长度、各向异性的物理性质和相当大的磁通蠕动效应等典型特征。从晶体结构的角度来看，氧化物高温超导体具有许多共同点 [8,9]：① 它们都属于钙钛矿结构的衍生物。② 它们都存在 CuO_2 层，其高温超导性质都依赖于一个或一组 CuO_2 层。正常以及超导状态下的电流主要沿着 CuO_2 层流动，因此被称为导电层。CuO_2 层都嵌入 LaO、BaO、TlO 或 SrO 的多层之间，实际上，这些绝缘特性层是稳定氧化物超导体晶体结构和确保电荷中性所必需的。③ 由于层状晶体结构，氧化物超导体在正常和超导状态下的物理性质是高度各向异性的。因此，本节将从这些共同特点出发讨论主要几种氧化物超导材料体系的典型结构及其变化。

6.2.1 钙钛矿型结构简介

所有氧化物高温超导体，从结构上说，都是从钙钛矿结构演变而来的。它们继承了钙钛矿晶格结构的一些固有特点，可以看成是有缺陷的层状钙钛矿型化合物。钙钛矿结构这一名称起源于 $CaTiO_3$，是人们最早确认的由 A、B 两种元素和氧 (O) 元素组成的晶格结构。ABO_3 表示其单胞由一个 A^{2+}、一个 B^{4+} 和三个 O^{2-} 构成。若干化学成分为 ABO_3 的多金属氧化物具有这种结构，如强介电陶瓷 $BaTiO_3$。**图 6-1** 所示为理想钙钛矿结构 (perovskite structure) 的立方晶胞图 [10]。**图 6-1(a)** 为以 A 原子为中心的 $CaTiO_3$ 晶体结构，可以清楚地表示 ABO_3 的八面体特征。Ca 位于晶胞的体心 (A 位置)，Ti 位于晶胞的顶点 (B 位置)，O 原子则位于晶胞各棱的中点。因此，每个 Ca 原子有 12 个近邻 O 原子，而每个 Ti 原子和 6 个 O 原子呈正八面体配位。各离子半径之间满足关系式 $r_A + r_O = \sqrt{2}t(r_B + r_O)$，其中 r 为容限因子，r_A、r_B 和 r_O 分别为 Ca^{2+}、Ti^{4+} 和 O^{2-} 的离子半径。经验表明，当 A 离子和 B 离子的价态之和等于 +6 时可以保持化合物的电中性，且 $0.8 < t < 1$ 时，金属氧化物 ABO_3 能以钙钛矿型结构存在。理想状态下 $t=1$；当 t 值减小时，结构畸变程度增加。**图 6-1(b)** 为以 B 原子为中心的晶格结构，A、B 离子以 B 离子为中心构成体心立方，O 离子处于一个八面体的 6 个顶点，八面体的中心为 B 元素。

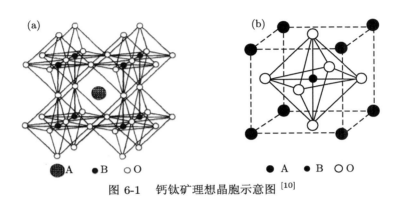

图 6-1　钙钛矿理想晶胞示意图 [10]

钙钛矿型结构具有多种多样的变形，如果在其化合物中替代某一种金属原子并保持原有结构类型不变，可以形成绝缘体、磁性体、半导体乃至超导体等多种性质各异的庞大钙钛矿型化合物族。产生这种现象的一个重要原因是：钙钛矿型 ABO_3 既可以被看作是 BO_3 八面体彼此顶角相连组成的支架，A 原子占据其间十二配位多面体中心，也可以看作是 AO_3 的密堆积排列，而 B 原子处于八面体的间隙。也就是说，在不考虑电价平衡的前提下，BO_3 和 AO_3 各自具有相对的稳定性并且不太依赖于第二种金属原子的支撑。在已发现的高温超导体氧化物中，多存在氧原子缺位，如隔层缺少一层氧原子的八面体、氧原子未形成八面体而只形成金字塔结构等，因此需要注意的是上述的离子半径关系式不能被简单地套用。但是在这些超导体中很容易进行化学取代，故往往一种高温超导体的发现总是伴随着一个系列的产生。

6.2.2　氧化物高温超导体的层状结构特征

氧化物高温超导体具有丰富多彩的结构化学性质，其核心特色之一就是它的可变的氧配位体形式。在高温超导体中，Cu-O 既可是完整的 $Cu-O_6$ 配位八面体，还可是 CuO_5 配位的金字塔，也可以是 $Cu-O_4$ 配位的平面。这三种 Cu-O 配位体的构型都拥有共同的结构特征，即都含有 CuO_2 平面，而这一失去顶角氧的钙钛矿构型正是无限层结构。无限层结构是含有 CuO_2 平面的最简单的结构单元，它是由 CuO_2 平面和碱土金属层沿 c 轴的有序堆垛构成的。氧化物高温超导体在晶体结构上属衍生的钙钛矿类，承载超导电流的准二维 CuO_2 平面是高温超导体的结构核心，现已公认超导就发生在这种导电层上 [9]。如**图 6-2**

所示，从晶体结构的分块堆积角度出发，高温超导体结构可分解为两大部分：① 含 CuO_2 平面的导电区；② 向 CuO_2 平面提供载流子的电荷载流子库区。导电层被两个绝缘性的结构组合层所夹，形成三明治式的堆积；③ 实际上，对于 $(CuO_2/Ca/)_{n-1}CuO_2$ 多层结构来说，其平面之间的超导耦合比平面内耦合弱得多，但仍然比 $(CuO_2/Ca/)_{n-1}CuO_2$ 堆叠序列之间的超导耦合 (也称为约瑟夫森耦合) 强得多，如**图 6-2(b)** 所示。在高温超导铜氧化物家族中，CuO_2 层不只是晶体结构单胞中都有的组分，也是决定超导电性的主要单元，其上载流子的适当浓度是出现超导电性的必要条件之一。载流子库层的作用是可以调节 CuO_2 层载流子的数目。下面将以几种典型的高温氧化物超导体为例简单介绍其层状结构的特点。

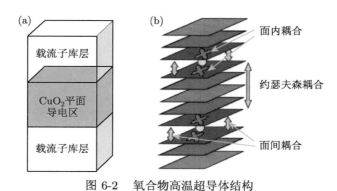

图 6-2　氧合物高温超导体结构

(a) 三明治式堆叠; (b) 层结构之间的超导耦合示意图

(1) La_2CuO_4 是 Müller 教授等最早发现的超导体的母体，因其结构相对简单而一直成为人们重点研究的对象。La_2CuO_4 在室温和低温下均为正交结构 (空间群 $Bmab$)。从化学的角度看，La_2CuO_4 是一种绝缘体。**图 6-3(a)** 给出了高温超导体 La_2CuO_4 的层状结构示意图[8]。可以看出在 La_2CuO_4 晶体结构的单胞中，导电区仅包含单层 CuO_2 平面。铜氧导电区由绝缘特性的双层 LaO 隔开。双层 LaO 区域称为载流子库层。La_2CuO_4 属缺氧的 K_2NiF_4 型层状结构。这种体系化合物的结构特点在于，晶格点阵中的每一 CuO_2 层被两层 LaO 平面夹在中间，通过在 LaO 层中进行掺杂可以为导电区提供更多的电荷载流子。它的超导电性被认为是由 CuO_2 平面层主导的。La_2CuO_4 的结晶结构如**图 6-3(b)** 所示[9]，单层的 CuO_2 原子面和两层 LaO 原子面沿 c 轴交互重叠而成，Cu 与周围的氧原子形成八面体结构。其中每个 Cu 原子与 6 个 O 原子形成八面体配位，CuO_6 八面体以顶角相连在 ab 面上展开而形成钙钛矿型的层状结构。将 La_2CuO_4 中的部分 La 置换为 Ba 就获得了 LaBaCuO 高温超导体。

(2) $YBa_2Cu_3O_7$(YBCO) 属于正交型的畸变钙钛矿结构，和 La_2CuO_4 的共同特征是都含有 CuO_2 导电层。然而与 La 系不同，在 YBCO 化合物中，铜氧导电区包含两层 CuO_2 平面，两层铜氧面被 Y 离子分开。这里所谓双层 CuO_2 平面是指 CuO_2-Y-CuO_2 层 (又简称 CuO_2 双层) 与其他部分的耦合较弱，平行层面方向与垂直平面方向的性质差异较大。而载流子库层由 BaO 双层组成，这两者中间夹着一铜氧链层。也就是说**图 6-4** 中 YBCO 的结构[8]可看作是三个钙钛矿层的堆垛，即沿 c 轴在 A 位上依照阳离子次序

[···Y-Ba-Ba-Y···] 依次叠加而呈周期排列。Y 离子可以被稀土元素 (RE)(如 Er、Dy、Gd、Eu、Nd 等) 替代，形成 $REBa_2Cu_3O_7$ 的化学式。La_2CuO_4 和 $YBa_2Cu_3O_7$ 的 c 轴晶格常数分别为 1.32 nm 和 1.168 nm。La 系化合物的每个晶胞中包含两个化学式单位，然而 YBCO 晶胞中的原子数与其化学式相同。通常，La_2CuO_4 和 $YBa_2Cu_3O_7$ 化学式由缩写 La-214 和 RE-123 代替，其中数字是指原子比。在大多数缩写中，一般都省略氧原子的数量。

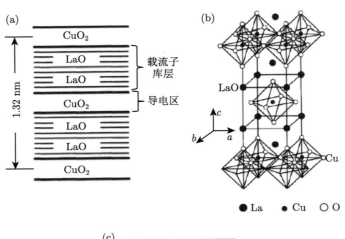

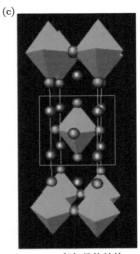

彩色晶体结构

图 6-3　La_2CuO_4 的钙钛矿层状结构

(3) 1988 年盛正直等第一次合成了含铊 (Tl) 高温超导体。Tl 系氧化物高温超导体的一般化学式可以写成 $Tl_2Ba_2Ca_{n-1}Cu_nO_{2n+4}$(Tl-22$(n-1)n$)，其中 n=1, 2, 3, 4(在常压下合成)，而高压合成或薄膜样品中观察到 n=5 和 6 的相，这里 n 是晶胞中 CuO_2 面的层数。通常在研究中涉及较多的是 n=1, 2, 3 这三类结构的超导体，即分别为 $Tl_2Ba_2CuO_6$(简称 Tl-2201)、$Tl_2Ba_2CaCu_2O_8$(简称 Tl-2212)、$Tl_2Ba_2Ca_2Cu_3O_{10}$(简称 Tl-2223)。**表 6-2** 给出了这三种 Tl 系超导体的晶格常数和临界转变温度。Tl 系超导体的晶体结构均属四方晶

系 (空间群为 $I4/mmm$)，简单点阵。三种典型 Tl 系超导体的晶格常数参见**表 6-2**。另外，从表中也可看出，Tl 系超导体具有较高的超导转变温度，高达 90 K 或以上。需要说明的是，名义上同一组分的 Tl 系超导体，由于原子间的互相替代或氧含量的不同，T_c 可以有所不同。

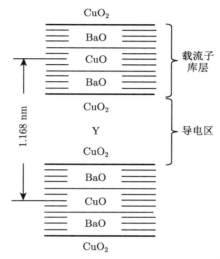

图 6-4　$YBa_2Cu_3O_7$ 的层状结构示意图 [8]

表 6-2　典型 Tl 系超导体的晶格常数和临界转变温度

化合物	晶格常数/nm	T_c/K
Tl-2201	$a=0.3866$, $c=2.3239$	90
Tl-2212	$a=0.3855$, $c=2.9318$	112
Tl-2223	$a=0.385$, $c=3.588$	125

图 6-5 给出了化学组成 $Tl_2Ba_2Ca_{n-1}Cu_nO_{2n+4}$ 的 Tl 系超导体的层状结构示意图 [8]。在 Tl 系超导体中含有一层或多层的 CuO_2 层，CuO_2 层的数目即为 n。对于 Tl-2201(n=1)，导电区由单层 CuO_2 层组成，而载流子库中的层序列是 BaO-TlO-TlO-BaO。当 $n>1$ 时，CuO_2 层之间被 $n-1$ 层 Ca 层分开，也就是说 Ca 离子层插入相邻的 CuO_2 面之间。Tl-2212 中 (n=2) 的 2 层 CuO_2 面被 Ca 离子层分开，而 Tl-2223 中有 3 层 CuO_2 面，同样 Ca 离子层插入相邻的 CuO_2 层之间。在 CuO_2 层的两侧各是一层 BaO 层，然后是 TlO 层。例如，在 Tl-2223 中 ($n = 3$) 的 c 层排列顺序为: -BaO-TlO-TlO-BaO-CuO_2-Ca-CuO_2-Ca-CuO_2-。可以看出，Tl 系超导体的结构由导电区层和载流子库层沿 c 方向堆积而成，含有双层的 TlO 面，每一个单胞包含两个化学式单位。很明显，样品的 T_c 值与 n 成正比，即 CuO_2 面的层数越多，T_c 值就越大。在导电区中具有 3 层 CuO_2 平面 ($n = 3$) 的 Tl-2223 化合物具有最高临界转变温度。另外，样品的 T_c 值与其载流子浓度以及氧含量也有密切的关系。

另外，还有一类 Tl 系超导体 $TlBa_2Ca_{n-1}Cu_nO_{2n+4}$($n$=1, 2, 3)。该类超导体含有单层的 TlO 面，每个单胞包含一个化学式单位。n 为 1、2 和 3 时，对应的简称分别为 Tl-1201、

Tl-1212 和 Tl-1223，相应的 T_c 为 52 K、80 K 和 120 K。一般情况下，含有双层 TlO 层的 Tl 超导体的晶粒呈云母状的片状结构，显示其较为明显的二维特征。相反，仅有一层 TlO 层的 Tl 材料的晶粒更具有各向同性的特征。因此，含有双层 CuO_2 面的 Tl 系超导体比含有三层 CuO_2 面的 Tl 系超导体反应动力学要快得多，因此比较容易合成。

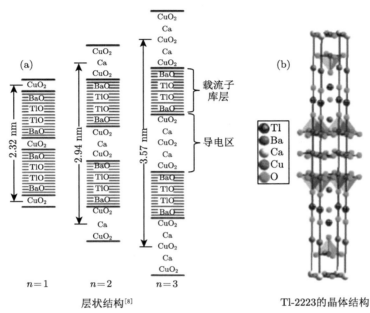

图 6-5　$Tl_2Ba_2Ca_{n-1}Cu_nO_{2n+4}$ 超导体的结构示意图

目前已知 Tl 系列超导体具有很高的对称性结构。大多数化合物都含有平整且四角的 CuO_2 面。如果四角对称性被破坏，结构中出现正交对称的超结构现象，即使 Tl 系化合物 (如 Tl-2201 相) 的化学组成不变，材料的超导性也会被抑制，甚至可以成为非超导。

Tl 系超导体的实用化研究主要集中在两个方面：一是用于超导微波器件的薄膜材料；二是作为超导带材。前者主要是用 Tl-2212 体系。高质量外延生长的 c 轴取向的 Tl-2212 薄膜，其 T_c 一般为 105 K, 77 K 和 0 T 下的临界电流密度达 10^6 A/cm²，微波表面电阻 R_s (77 K, 10 GHz) 优于 0.5 mΩ。美国 STI 公司生产的 Tl-2212 薄膜已经在商品化的超导微波滤波器中获得应用。在实用的带材方面，主要采用 PIT 法制备 Tl-1223 带材。选 Tl-1223 材料是因为其具有较小的各向异性。采用银管包套的方法，已经制备出了 Tl-1223 超导带材 [9]。由于晶粒取向性差，其临界电流密度较低，一般在 10^4 A/cm²(77 K, 0 T) 的量级，比铋系的 Bi-2223 材料制成的带材低很多。

需要特别说明的是，Tl 系超导体和下面即将介绍的 Hg 系氧化物超导体因含有剧毒的 Tl 和 Hg，严重限制了人们对其研究的兴趣，也是实用化过程中的极大障碍。正是基于这个原因，国内外研究这两个体系的超导小组寥寥无几，屈指可数。

(4) 氧化物高温超导体为 $Bi_2Sr_2Ca_{n-1}Cu_nO_{2n+4}$(Bi-22$(n-1)n$) 系列的晶体结构，这类化合物可统称为 Bi 系。n 是晶胞中 CuO_2 面的层数，n 的值可为 1, 2, 3, ···。$n = 1$、2 和 3 时分别称为 Bi-2201、Bi-2212 和 Bi-2223 相，其临界温度分别为 20 K、85 K 和 110 K。

Bi-2212 和 Bi-2223 是目前可以制成超导带材的两种实用超导体,第 7 章将作重点介绍。

Bi 系超导体与 Tl 系化合物 $Tl_2Ba_2Ca_{n-1}Cu_nO_{2n+4}$ 同构。因此,它们的结构示意图可参见**图 6-5**,只需将其中的 Tl 和 Ba 分别换成 Bi 和 Sr 即可。也就是说,通过用 BiO 层代替 TlO 层和用 SrO 层代替 BaO 层就可以获得 Bi-22$(n-1)n$ 氧化物超导体的层状结构。Bi 系化合物超导体的最大结构特征是无公度调制结构,具有明显的层状形貌,一般认为这主要是由相邻两层 BiO 的间距特别长所导致,其间距达 ~ 0.32 nm,很容易吸收过量的氧原子。

(5) Hg 系氧化物高温超导体。1991 年苏联学者 Putilin 等首先合成 Hg 的铜氧化合物 $HgBa_2RCuO_{4+\delta}$(R 为稀土元素),但由于当时元素替代选择不合适以及工艺上的原因,样品还不是超导体。但 Putilin 并没有放弃 Hg 的研究,直到 1993 年 2 月,他们另辟蹊径,合成了 Hg 的 $HgBa_2CuO_{4+\delta}(n=1)$,测得其 T_c 高达 94 K[10]。94 K 含 Hg 超导体的发现立刻引起轰动。两个月后,即由 Schilling 等合成了 Hg-1223 相 ($n=3$) 并创 T_c 新纪录 [6]。不久 Hg-1212 相 ($n=2$) 也通过元素替代获得 111 K 的超导电性,这样就构成了 Hg 系超导体体系。

Hg 系氧化物高温超导体 $HgBa_2Ca_{n-1}Cu_nO_{2n+2+\delta}$ 是目前具有最高超导临界温度的材料系列。它的结构和单层 Tl 系列很相近,结构中的 Tl 可完全被 Hg 取代,但超导临界温度有明显增加,而且观察到的成员数也较多,n 值可从 1 增至 5。根据中子衍射拟合结果,所有已确定结构的 Hg 系高温超导体都属四方晶系,空间群为 $P4/mmm$。目前常见 Hg 系超导体的相结构有 1201、1212 和 1223 三个相,常压下对应的 T_c 分别为 94 K、111 K 和 134 K,在高压下 T_c 还可增高。上述三相的晶体结构类似于单层的 Tl 系 1201、1212 和 1223 相,晶格常数详见**表 6-3**。

表 6-3 典型 Hg 系超导体的晶格常数和临界转变温度

化合物	晶格常数/nm	T_c/K
Hg-1201	$a=0.38829$, $c=0.95129$	94
Hg-1212	$a=0.38526$, $c=1.26367$	111
Hg-1223	$a=0.38501$, $c=1.57837$	134

图 6-6 给出了 Hg 系氧化物超导体 $n = 1 \sim 5$ 系列材料的结构示意图 [8,11],并标出了相应的每一层序列。在 $HgBa_2CuO_4(n=1$,Hg-1201) 中,导电区由单层 CuO_2 面组成,这点和 La-214 和 Tl-2201 化合物类似。载流子库中的层序列是 BaO-Hg-BaO,Hg 平面中的大多数氧位置未被占用。它是由以下的层状单元顺序堆叠而成:$\cdots [BaO-Hg-BaO-CuO_2] \cdots$。当 n 每增加 1 时,只是在 CuO_2 平面与 BaO 层之间插入一个 $CaCuO_2$ 的结构单元,基本结构仍然极为相似,注意在 Ca 离子层没有氧原子。$HgBa_2Ca_2Cu_3O_{8+\delta}(n=3$,Hg-1223) 具有最高的 T_c,其层堆叠序列可以写成 $(BaO)(Hg)(BaO)(CuO_2)(Ca)(CuO_2)(Ca)(CuO_2)$。有意思的是 Hg 系超导体可以在单个导电区中合成出具有五个以上 CuO_2 面的化合物。

从结构图可以看出,Hg-12$(n-1)n$ 体系与单层 Tl 系化合物很相似,但又不是完全相同。这两个体系主要的不同之处在于 Tl 层和 Hg 层上氧原子的占据情况。在 Tl 系中,氧原子几乎完全占据,但是在 Hg 系中只有少于 50% 的氧原子占据,并且强烈地依赖于样品合成和退火的条件。

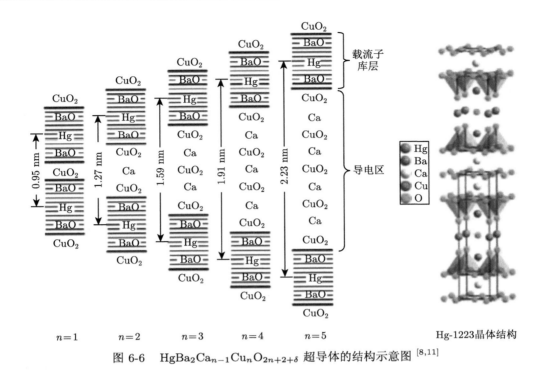

图 6-6　　$HgBa_2Ca_{n-1}Cu_nO_{2n+2+\delta}$ 超导体的结构示意图 [8,11]

压力效应在 Hg 系列超导体中是十分显著的。朱经武等在高压条件下观测到 Hg-1223 的 T_c 值从常压时的 135 K 增加到 15 GPa 时的 153 K，随后又将其提高到 ∼ 30 GPa 时的 164 K[12]。用同样的方法，Hg-1201 的 T_c 值由常压下的 97 K 提高到 118 K，Hg-1212 的 T_c 值由常压时的 128 K 提高到 154 K。

已有报道，Hg 系氧化物超导体的各向异性小于 Tl 系超导体，仅次于各向异性最小的 YBCO，在磁场–温度相图上其不可逆线的位置也明显高于 Bi 系和 Tl 系超导体，仅次于目前最高的 YBCO。在这几个相类似的体系中，Hg 系超导体的 T_c 最高，不可逆线比 Tl 系、Bi 系都要高。从此角度看 Hg 系应具有较大的实用价值，但是和 Tl 系一样，Hg 系氧化物超导体的研究和应用也存在着极大挑战。首先，Hg 系组成部分具有强毒性；其次，该体系中化学成分非常复杂，纯相合成困难。

6.2.3　氧化物超导体的晶格常数

上面讨论的大多数氧化物高温超导体为正交或四方晶体结构。在前一种正交晶系情况下，晶格参数 a 和 b 差别较小，非常接近 0.38 nm，这是由 CuO_2 平面的同一结构特征所导致。在大多数氧化物超导体中，CuO_2 导电区内的 CuO_2 层的数量可以在 1 到 n 之间变化，使得 c 晶格常数随着 n 的增加而增加。氧化物超导体的晶格常数与氧含量密切相关，因此，随着制备条件的不同，某一氧化物超导体的晶格常数也会发生变化。**表 6-4** 给出了各种氧化物高温超导体的晶格常数 [8]。

Tl 系超导体系列 Tl-22$(n-1)n$ 的 c 晶格参数可由式 $c \approx (1.7+0.62n)$ nm 给出。所有 Tl 系氧化物超导体的晶体结构都接近理想的四方结构 (空间群为 $I4/mmm$)。Tl 系化合物与 Bi 系超导体系列 Bi-22$(n-1)n$ 同构，不同的是 Bi 系化合物中具有无公度调制结构的特征[13]。

Tl 化合物系列 Tl-12$(n-1)n$ 的晶体结构属于简单四方晶系 (空间群 $P4/mmm$)，其晶格常数 $a \approx 0.38$ nm 和 $c \approx (0.63+0.32n)$ nm。同构的对应 Hg 系化合物 Hg-12$(n-1)n$ 也具有空间群为 $P4/mmm$ 的对称性晶体结构。Hg 系化合物的晶格常数为 $a \approx 0.39$ nm 和 $c \approx (0.95+0.32(n-1))$ nm。

需要注意的是在氧化物超导体中，其相邻 CuO_2 导电区之间的间距是不同的。Bi-22$(n-1)n$ 和 Tl-22$(n-1)n$ 化合物与 Tl-12$(n-1)n$ 和 Hg-12$(n-1)n$ 相比，就具有相对较大的间距。例如，Tl-2201 中的 CuO_2 层之间的距离是 1.16 nm，但是在 Hg-1201 中仅为 0.95 nm。这样对于 Bi-22$(n-1)n$ 和 Tl-22$(n-1)n$ 化合物来说，相邻 CuO_2 导电区之间的较大间距会导致相邻 CuO_2 导电区之间的弱超导耦合，即约瑟夫森耦合，相应地使得这些超导体产生显著的各向异性。

表 6-4　各种氧化物高温超导体的晶格常数[8]

化合物	晶系	a/nm	b/nm	c/nm	T_c/K
$La_{1.85}Sr_{0.15}CuO_4$	四方	0.3779	0.3779	1.323	39
$Nd_{1.85}Ce_{0.15}CuO_{3.93}$	四方	0.395	0.395	1.207	24
$YBa_2Cu_3O_{6.67}$	正交	0.3831	0.3889	1.1736	60
$YBa_2Cu_3O_{6.9}$	正交	0.3822	0.3891	1.1677	91
$YBa_2Cu_4O_8$	正交	0.3839	0.3869	2.7243	80
$Bi_2Sr_2CaCu_2O_{8+\delta}$	正交	0.5407	0.5415	3.0874	83
$Bi_2Sr_2CaCu_2O_8$	正交	0.5413	0.5411	3.091	89
$Bi_2Sr_2Ca_2Cu_3O_{10+\delta}$	正交	0.541	0.539	3.82	115
$(Bi, Pb)_2Sr_{1.72}Ca_2Cu_3O_{10+\delta}$	正交	0.5392	0.5395	3.6985	111
$(Bi_{1.6}Pb_{0.4})Sr_2Ca_2Cu_3O_{10}$	赝四方	0.5413	0.5413	3.7100	107
$Tl_2Ba_2CuO_{6+\delta}$	正交	0.5473	0.5483	2.3277	93
$Tl_{1.7}Ba_2Ca_{1.06}Cu_{2.32}O_{8+\delta}$	四方	0.3857	0.3857	2.939	108
$Tl_2Ba_2Ca_2Cu_3O_{10}$	四方	0.385	0.385	3.588	125
$Tl_2Ba_2Ca_3Cu_4O_{12+\delta}$	四方	0.385	0.385	4.1984	114
$Tl_{1.1}Ba_2Ca_{0.9}Cu_{2.1}O_{7.1}$	四方	0.3851	0.3851	1.2728	80
$Tl_{1.1}Ba_2Ca_{1.8}Cu_{3.0}O_{9.7}$	四方	0.3843	0.3843	1.5871	110
$TlBa_2Ca_3Cu_4O_{12+\delta}$	四方	0.3848	0.3848	1.9001	114
$HgBa_2CuO_{4+\delta}$	四方	0.380	0.380	0.9509	94
$HgBa_2CaCu_2O_{6+\delta}$	四方	0.3859	0.3859	1.2657	123
$HgBa_2Ca_2Cu_3O_{8+\delta}$	四方	0.3853	0.3853	1.5818	133
$HgBa_2Ca_3Cu_4O_{10+\delta}$	四方	0.3854	0.3854	1.9006	126
$HgBa_2Ca_4Cu_5O_{12+\delta}$	四方	0.3852	0.3852	2.2141	110
$HgBa_2Ca_5Cu_6O_{14+\delta}$	四方	0.3852	0.3852	2.526	107
$(Hg_{0.7}Pb_{0.3})Ba_2Ca_2Cu_3O_{8+\delta}$	四方	0.3843	0.3843	1.5824	130

6.3　影响临界转变温度的几个关键因素

迄今为止，在常压下 Hg 系 $HgBa_2Ca_2Cu_3O_{8+\delta}$ 氧化物的 T_c 高达 135 K，而且在高压下 T_c 进一步升高至 164 K。具有 CuO_2 层状结构特征的氧化物超导体家族庞大，但 T_c 差别很大，从约 25 K 到 135 K，具有强烈的材料依赖性。经过 30 多年的实验和理论研究，基本确定了空穴型掺杂氧化物超导体影响 T_c 的几个重要参数，包括① 载流子浓度，② 单胞中 CuO_2 层的数量，③ 掺杂，④ 元素替代，⑤ 离子半径，⑥ 压力，以及⑦ 竞争序的存在，如条纹和/或电荷顺序、顶端–氧原子的位置等。

6.3.1　氧含量和载流子浓度对 T_c 的影响

　　氧的含量和分布对高温超导体的晶体结构和物理性质有着极其重要的影响。高温超导体的基矢 a、b 都由 Cu 和 O 之间的键长决定，其晶体结构可因氧离子的取位不同而发生变化。氧离子的含量还会影响高温超导体的性能，比如 $La_2CuO_{4+\delta}$，在 $\delta \approx 0$ 时是绝缘体，将其充分氧化，使 $\delta \approx 0.13$ 时，在 35 K 附近呈现超导电性。

　　对于 $YBa_2Cu_3O_{6+\delta}$ 来说，临界温度对氧含量非常敏感，并且过剩氧含量 δ 的变化范围很大，$\delta = 0 \sim 1$。实验表明过剩氧与载流子密度密切相关，这里产生的氧离子起到了引入空穴的作用[8,14]。YBCO 的实际氧含量取决于热处理气氛 (纯氧、空气或 Ar/O_2 的氧分压)、温度和冷却速率。我们知道，该超导体的绝缘母体化合物是 $YBa_2Cu_3O_6$，具有四方晶体结构，$\rho(T)$ 呈半导体行为，并不超导。在实际样品中 CuO 链往往是不完整的，O(1) 部分缺位而发生断链，对应着 $YBa_2Cu_3O_{6+\delta}$ 中的 $\delta \neq 0$。O(1) 位上的氧很容易逸出或进入样品，因此通过增加过剩氧含量 δ 可以实现这种材料的掺杂诱导超导电性，例如，当 $\delta \approx 0.45$ 时出现超导电性，T_c 约为 30 K，如**图 6-7** 所示[15]，这时其不稳定的四方结构相已转变成正交超导相，正常态时 $\rho(T)$ 呈正的温度系数，即电阻随着温度下降而下降，具有金属行为。随后 T_c 随氧含量增加而单调上升，对于 δ 在 0.9 和 0.95 之间获得 T_c 的最佳值，为 $91 \sim 92$。进一步增加氧含量反而导致 T_c 略微下降 $1 \sim 2$ K。根据含氧量的不同，$YBa_2Cu_3O_{6+\delta}$ 呈现 90 K ($0 < \delta < 0.2$) 和 60 K ($0.35 < \delta < 0.45$) 两个超导转变区域。从上看出，随着温度和氧分压的不同，氧含量发生了变化，其结构发生四方到正交的相变，同时 YBCO 的正常态和超导态性质也发生了系列变化，如四方–正交相变、金属–绝缘相变和正常态–超导态转变等。

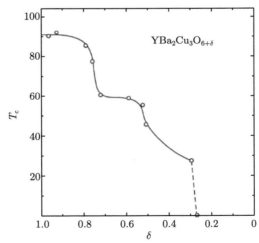

图 6-7　$YBa_2Cu_3O_{6+\delta}$ 的临界温度 T_c 与过剩氧含量 δ 的变化关系[15]

　　图 6-8 给出了 $Bi_2Sr_2CaCu_2O_{8+\delta}$ 的临界温度 T_c 与过剩氧含量 δ 的变化关系[16]。很明显，Bi-2212 化合物的 T_c，先是随着 δ 的增加而增加，当 $\delta \approx 0.2$ 时，T_c 达到最大值 95 K，然后随着 δ 继续增加，T_c 呈下降趋势。也就是说，T_c 与 δ 的变化关系曲线像个钟

形。由于阳离子无序，Bi 系超导体往往发生复杂的自掺杂效应。比较典型的是一些 Sr 和 Ca 位点被 Bi 离子占据，导致氧化价态为 +3 和 +5。在 $Bi_2Sr_2Ca_{n-1}Cu_nO_{4+2n+\delta}$ 系列高温超导体中，一般也认为过剩氧是载流子空穴的主要引入源。也有人认为，除过剩氧之外，还有其他载流子生成机理在起作用。

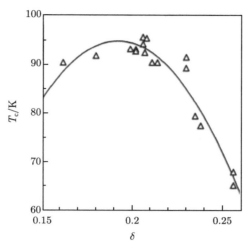

图 6-8　$Bi_2Sr_2CaCu_2O_{8+\delta}$ 的临界温度 T_c 与过剩氧 δ 的变化关系 [16]

在高温超导铜氧化物家族中，CuO_2 层不只是单胞中都有的组分，也是决定超导电性的主要部分，其上的载流子浓度是出现超导电性的必要条件之一。载流子库层的作用是可以调节 CuO_2 层载流子的数目。为更好地理解下面的内容，这里先简单介绍下载流子和空穴的概念。载流子就是自由移动的带有电荷的粒子，包括电子、离子等。半导体或超导体中的载流子有两种，即带负电的电子和带正电的空穴。而所谓空穴，就是由于电子的缺失而留下的空位。

让我们考虑硅的例子。硅是最重要的半导体材料，通过添加杂质原子 (称为掺杂) 可以增加载流子密度。硅原子有 4 个价电子，它们位于以原子核为中心的四面体的 4 个顶角上。如果给它加入砷，砷最外层有 5 个电子，其中 4 个电子也会跟硅原子的 4 个价电子结合成共价键。此时会多出 1 个自由电子，这个电子跃迁至导带所需的能量较低，容易在硅晶格中移动，从而产生电流。这种掺入了能提供多余电子的杂质而获得导电能力的半导体称为 N 型半导体，“N” 为 Negative，代表带负电荷的意思。如果在纯硅中掺入硼，因为硼的价电子只有 3 个，要跟硅原子的 4 个价电子结合成共价键，就需要吸引另外的 1 个电子，这样就会形成一个空穴，作为额外引入的载流子，提供导电能力。这种以空穴作为载流子的半导体，叫做 P 型半导体，“P” 是 Positive，代表带正电荷的意思。

几乎所有的铜氧化物高温超导体都是在抗磁性绝缘体的母体材料中引入载流子而实现的，而载流子浓度会直接影响材料的特性，特别是临界温度主要由载流子浓度决定。在氧化物超导体中，T_c 与铜原子的价态 $2+p$ 密切相关，其中 p 是移动载流子的数量。对于绝缘母体化合物，铜的化合价为 2，因此 p 为 0。通过掺杂或氧化处理，可以改变 p 的值。例如，2.2 的化合价表示在 CuO_2 层中有 20% 铜原子的氧化态为 +3。这些 Cu^{3+} 缺陷可以

在 CuO_2 层中自由移动，因此可被看作是移动的空穴。氧化物超导体的临界温度与每个导电面中铜原子的空穴浓度 p 呈抛物线关系，如**图 6-9** 所示。根据经验，发现临界温度 T_c 与 p 的依赖性关系可以用下面的表达式表达：

$$T_c = T_{c,max} \left[1 - A \left(p - p_{max} \right)^2 \right] \tag{6-1}$$

式中，T_c 是临界温度；$T_{c,max}$ 是所讨论的超导体的最高临界温度；A 是常数；p 是每个 CuO_2 的空穴浓度，最佳 p_{max} 是 $T_{c,max}$ 对应的空穴浓度。达到临界温度的最大值时，p 通常接近 0.16，因此，相应铜的价态约为 2.16。

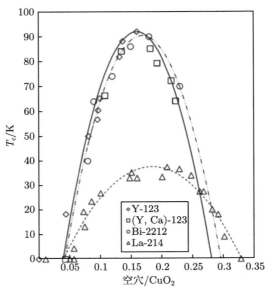

图 6-9　几种氧化物超导体的临界温度与导电 CuO_2 层中空穴浓度的关系 [8]

图 6-9 表示在 $YBa_2Cu_3O_{6+\delta}$、$Y_{1-x}Ca_xBa_2Cu_3O_{6+\delta}$、$Bi_2Sr_2CaCu_2O_{8+\delta}$ 和 $La_{2-x}Sr_x CuO_{4+\delta}$ 中，超导转变温度随每个 CuO_2 层的空穴浓度的变化关系 [8]。从图中看出，这些不同氧化物体系的一个共同特征是对母体化合物掺杂后，在一定的空穴浓度下才开始有超导电性出现，继而超导转变温度随着空穴浓度的增加而上升，但在超导转变温度达到极大值后，它就随空穴浓度的增加而下降了。一个有趣的现象是在空穴浓度大于 ~ 0.3 时，这些化合物都变成非超导相。对于目前发现的铜氧化物超导材料来讲，这种行为具有普遍性。在 $p_{max} = 0.16$ 空穴/ CuO_2 时，$YBa_2Cu_3O_{6+\delta}$ 的最高临界温度为 92 K。图中实线是使用公式 (6-1) 拟合得到的 $YBa_2Cu_3O_{6+\delta}$ 和 $Y_{1-x}Ca_xBa_2Cu_3O_{6+\delta}$ 的 T_c 数据。若采用 $T_{c,max} = 92$ K 和 $p_{max} = 0.16$，从公式 (6-1) 计算得到 $A = 68.37$。采用式 (6-1) 对 Bi-2212 拟合后（双点虚线），可知 $T_{c,max} = 90.49$ K，$p_{max} = 0.169$ 和 $A = 61.725$。同样 $La_{2-x}Sr_xCuO_{4+\delta}$ 的 T_c 可以用虚线很好地表示，拟合获得的参数是 $T_{c,max} = 37.67$ K，$p_{max} = 0.1845$ 和 $A = 47.33$。

简单小结一下，对于大多数高温超导铜氧化物来说，随着氧含量的变化其会有一个绝缘体–超导体–正常金属的转变。而超导相则往往出现在很窄的一段掺杂区 ($p_{min} < p < p_{max}$)，

在 $p = p_{min}$，超导开始且超导温度很低，当载流子浓度 p 增加到某个最佳 p_{op} 时，超导温度最高，然后 p 再增加，超导温度就开始下降，当达到 p_{max} 时，超导刚好消失。因而对于研究超导的出现，载流子浓度是一个很好的可调控的物理参量，有利于寻找超导相和最佳掺杂。调节氧含量可以调控化合物的载流子浓度，从而影响超导转变温度。不过铜氧化物高温超导体的载流子生成机理各有不同，既有空穴型也有电子型。大多数高温超导体的载流子都是空穴型，也有少数高温超导体的载流子是电子型。在 $L_{2-x}M_xCuO_{4+\delta}$ 化合物中，如果 L 位置是 +3 价的 Nd，M 位置为 +4 价的 Ce，所获得的超导体 NdCeCuO 就属电子型载流子。$Nd_{1.85}Ce_{0.15}CuO_{4+\delta}$ 是这类物质中最先被发现的超导体。

6.3.2 CuO_2 层数对 T_c 的影响

一般来讲，导电区中含有三层 CuO_2 面的超导体在不同体系的氧化物材料中往往具有最高的临界转变温度。**图 6-10(a)** 给出了最佳掺杂的各种单层、双层和三层氧化物超导体的临界温度和 CuO_2 层的数量 n 之间的关系[8]。可以看出，T_c 随着 CuO_2 层数 n 的增加而增加，双层和三层氧化物的 T_c 值明显高于单层氧化物。Bi-2201 和 LSCO 的临界温度远低于 50 K。在具有两层 CuO_2 面 ($n = 2$) 的化合物中，临界温度要高得多且都超过 90 K。具有 2 层 CuO_2 面的 Y-123 的临界温度接近 Bi-2212 相的最佳 T_c 值。很明显，当 $n = 3$，即含有三层 CuO_2 面时，Bi-2223、Tl-2223 和 Hg-2223 等几种化合物超导体的 T_c 达到最高值，均超过 110 K。对于 Tl-2223 化合物，已报道的 T_c 最大值为 128 K。对于 **图 6-10(b)** 中的 Hg-12$(n-1)n$ 体系，T_c 随着 n 的增加而上升，$n = 3$ 时达到最大值，但是在 $n \geqslant 4$ 时 T_c 反而降低，且远低于相应的最大值。对于 $n \geqslant 4$，T_c 值较低的原因可能是载流子库层提供的载流子浓度达不到 CuO_2 平面中的最佳空穴浓度。

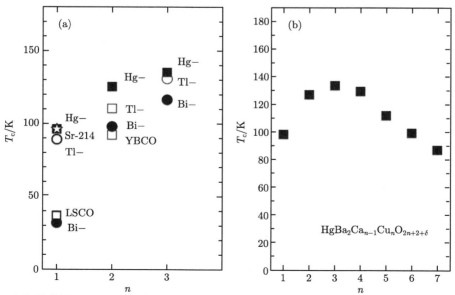

图 6-10 (a) 各种单层、双层和三层氧化物的临界转变温度与 CuO_2 层数的关系；(b) Hg-12$(n-1)n$ 氧化物的临界温度与 CuO_2 层数的关系[17]

6.3.3　掺杂对 T_c 的影响

自 1986 年发现氧化物高温超导体 La-Ba-Cu-O 以来，对一些氧化物超导体的组分进行元素掺杂替代的工作就一直是重要的实验工作之一。迄今为止所发现的所有系列铜氧化物高温超导体均属于掺杂超导体 (doped superconductor)，即它们都是在具有长程磁序的反铁磁绝缘母体基础上，通过部分化学掺杂 (元素替代) 或改变氧含量引入空穴型或电子型载流子而得到的。实验表明，随着掺杂量的增加，这些氧化物系统都经历了从未掺杂时的反铁磁绝缘相到中等掺杂量时的具有超导电性的金属相，再到高掺杂量范围时的非超导金属相的转变。因此，与常规低温超导体完全不同，掺杂、化学取代或添加/去除氧原子是控制氧化物超导体 T_c 的主要参数。

利用铜氧化物高温超导体的晶体结构、电子结构以及正常态、超导态物性与掺杂元素的类型和掺杂量间的强烈关联，人们通过对晶体中不同格点的元素进行部分替代，有意识地改变其局域成分、结构，研究电子结构、声子结构以及磁结构等与其正常态、超导态的性质的变化关系，特别是据此深入研究掺杂氧化物中载流子的产生、分布、调节和运动规律。理论计算表明：① 替代可使某些离子的价态发生局域性变化，这可引起电荷转移，使 CuO_2 面的载流子减少从而导致 T_c 下降。② 替代会引起局域态密度的变化。③ 替代可引起某些化学键 (特别是 Cu3d-O2p) 的削弱，从而引起超导转变温度下降。④ 替代可以引起铜氧面一维特性的削弱。⑤ 替代可以导致载流子局域化程度的加强。总之，元素掺杂实验工作的目的是探索具有更高超导转变温度的超导材料 (例如从 La-Ba-Cu-O 到 La-Sr-Cu-O 体系)，二是从实验上探索导致高 T_c 的关键因素，即搞清高温超导电性的微观机制。再者，元素掺杂替代也是研究高温超导体中磁通钉扎、磁通运动和临界电流的重要手段。元素掺杂替代的方式可大致分为三类。

(1) 对铜氧化物超导体中在铜氧面以外的元素进行替代，和氧掺杂类似，往往通过改变体系的载流子浓度，进而影响 T_c 值。例如在 La-Sr-Cu-O 中以镧族元素部分替代 Sr，在 NdCeCuO 体系中，可以用其他稀土元素 (Pr、Sm、Eu) 来完全替代 Nd，从而合成一系列的电子型超导体体系。又如在 $YBa_2Cu_3O_{6+\delta}$ 中以 RE 替代 Y(RE =La、Nd、Sm、Eu、Gd、Ho、Er、Tm、Yb、Lu、Th)。对于 $REBa_2Cu_3O_{6+\delta}$ 这一体系来说，具有较小离子半径的 RE，其最佳掺杂样品的 T_c 相对较低，如图 6-11 所示 [17]，RE 为 Nd 时，$T_c = 96$ K；RE 为 Yb 时，T_c 仅为 89 K。Y^{3+} 的离子半径和 Dy^{3+} 或 Er^{3+} 的离子半径相近，因此，T_c 差别不大。随后的实验发现晶格参数 a 和 b 随着稀土元素的离子半径的增加而增加。基于键价和模型 [18]，稀土元素离子半径增加使得键长发生变化，这样和平面 Cu 位点上的 Cu^{3+} 的数量相比，平面氧位点上的空穴数 (O^-) 将会增加。这是较大半径的稀土离子类 RE-123 具有相对较高 T_c 值的主要原因。

(2) 铜氧面内元素的替代。通常改变铜氧面上的磁关联，对 T_c 有强烈的抑制作用，这一类掺杂主要指铜氧面内对 Cu 元素的替代。例如，图 6-12 表示 $YBa_2Cu_{3-x}M_xO_{6+\delta}$ 的超导转变温度随 M 的替代量 x 的变化 (M=Al、Fe、Co、Zn、Ni)[14]。从图中看出，不论是磁性元素掺杂 (如 Ni) 还是非磁性元素掺杂 (Zn)，YBCO 在以少量 Ni 和 Zn 掺杂替代铜后，样品的 T_c 都随掺杂量的增加而剧烈下降。对 LSCO 体系中的 Cu 进行替代的研究不仅得到了类似的结论，而且还发现非磁性的 Zn 对超导电性的抑制作用比磁性的 Ni 更强。

这主要是由于 Zn^{2+} 虽然没有磁性，但它替代的 Cu^{2+} 是有磁矩的，故它对超导的破坏比磁性元素 Ni^{2+} 更甚。这些和常规低温超导体的掺杂行为形成鲜明对比，我们知道，对于那些低温超导体，加入很小量的磁性杂质可导致其 T_c 显著下降，而若加入少量非磁性杂质，则相应的影响甚微。因此，CuO_2 面内元素替代对体系超导电性的抑制问题是超导物理领域实验和理论研究普遍关注的问题，特别是非磁性元素对 Cu 的替代导致超导电性压制、磁性相变问题等。

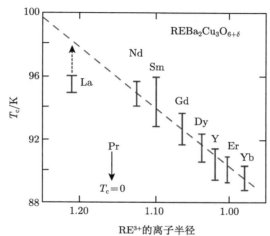

图 6-11 最佳掺杂的 $REBa_2Cu_3O_{6+\delta}$ 化合物的临界温度 T_c 与不同稀土元素离子半径之间的关系。由于 Pr 离子状态引起的特殊局域环境，Pr-123 并不超导 [17]

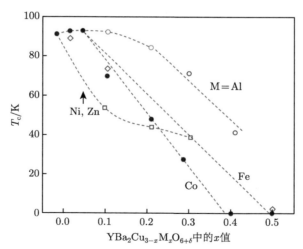

图 6-12 $YBa_2Cu_{3-x}M_xO_{6+\delta}$ 的超导转变温度随 x 的变化关系 [14]

(3) 氧掺杂 (oxygen doping)。和铜氧面以外元素的替代类似，氧掺杂往往会改变体系的载流子浓度，进而影响 T_c 值。

对于氧化物超导体来说，临界温度随着氧含量的变化而变化，而且存在可逆性，这是所谓的 "氧海绵" 效应所致。这一现象首先是在 $La_{2-x}Sr_xCuO_{4-\delta}$ 中观察到的 [19]。当

$La_{2-x}Sr_xCuO_{4-\delta}$ 在 550 ℃、1 个大气压的 O_2 下经 24 小时退火使 T_c 增加近 1 K，达到 41 K，而在 500 ℃ 下进行 10 小时真空退火后，样品的 T_c 值降低 4 ~ 5 K，甚至更低。令人惊讶的是这些样品经过在 500 ℃ 的氧气下再退火后，其超导电性竟然几乎完全恢复了。随后大量的实验发现，空穴型超导体 (LSCO) 在制备过程中常通过在氧气氛下退火的过程来提高样品的氧含量以增加载流子浓度，而电子型超导体 (NCCO) 恰恰相反。再举一个例子，La_2CuO_4 是不超导的，当用物理、电化学或化学手段，掺入过量的氧以后，可得到富氧的 $La_2CuO_{4+0.03}$。富氧的 $La_2CuO_{4+0.03}$ 就出现超导电性。所以说在 La_2CuO_4 中用碱土金属离子或碱金属离子替代 La 可以提高结构的对称性，向 CuO_2 面提供载流子，从而产生超导电性，那么改变 La_2CuO_4 中的氧含量 (氧掺杂) 也能达到同样效果，也可以用氟替代一部分氧来引入载流子，如 Pr_2CuO_4 或 Nd_2CuO_4 本身也是不超导的，用一部分氟替代氧得到的电子型超导体 $Pr_2CuO_{4-x}F_x$ 和 $Nd_2CuO_{4-x}F_x$，超导转变温度大约 30 K。

现在人们已经知道如何通过氧掺杂来控制 T_c，如在最佳掺杂时可获得最高 T_c。而欠掺杂 (underdoping) 通常减小了空穴浓度，降低了超流密度 ρ_s(即超导序参量相位刚度的量度)，同时欠掺杂还削弱了层间约瑟夫森耦合的强度，使得超导态变得更加二维化。这样小的 ρ_s 和弱的层间耦合都会导致超导相位出现较大波动，从而抑制了 T_c。另一方面，过掺杂 (overdoping) 在增加空穴浓度的同时，往往会减弱由反铁磁波动所引起的配对相互作用，而且 ρ_s 也随着过度掺杂而降低，因此也会导致 T_c 的降低。

6.3.4　压力对 T_c 的影响

与掺杂一样，加压也是研究超导体行为的一个重要途径，通过加压改变一些物理参数可探究压力对超导体 T_c 的影响。目前加压影响氧化物超导体临界温度的可能机制被认为是与晶格参数、空穴浓度的变化紧密相关，而且加压往往使得 CuO_2 层上具有更均匀的空穴分布。一般来说，空穴型氧化物超导体在加压下 T_c 都会获得提升，而电子型氧化物的 T_c 反而会随着压力的增加而下降。

Hg 系超导体在高温超导材料中，具有常压下最高超导转变温度和很强的压力效应。**图 6-13** 为在等静压状态下最佳掺杂的 Hg-1201、Hg-1212 和 Hg-1223 的临界温度与压力之间的关系 [8]。可以看出随着压力增加，超导转变温度单调增加，并且达到最大值，压力再增加，超导转变温度就开始下降。Hg-1223 超导体在 31 GPa 的压力下保持着目前最高的超导转变温度 164 K，这比常压下的临界温度高约 30 K。相应地，在 23 GPa 下 Hg-1201 的 T_c 最大值为 117 K，在 29 GPa 下 Hg-1212 的 T_c 高达 152 K。对于 Hg 系超导体可以采用电荷转移模型简单地解释压力效应，认为压力导致了载流子浓度的变化，从而改变超导转变温度。

对于其他高温超导体，在最佳掺杂处压力效应最弱而且转变温度改变非常小，一般小于 10 K。而对于 Hg 系化合物，在最佳掺杂处有 20 ~ 30 K 的反常变化，并且转变温度的改变与 CuO_2 的层数无关。需要注意的是理解超导体获得更高 T_c 值的方法之一是定义 T_c 对化学组成和/或压力 p 的依赖性。dT_c/dp 的重要意义在于使得人们可以预测如何获得更高的 T_c 值。另外，在发现新超导体方面，高压也扮演着重要角色。元素周期表中最简单的元素氢，在超高压下的单原子金属态被理论预言是室温超导体 [20]。实际上，元素周期表中大多数元素在高压下都是超导体，包括人们每天吸入的氧。2019 年，德国科学家发现具有臭鸡蛋气味的硫化氢在 170 万个大气压下也是超导体 [21]，临界温度高达 250 K(−23 ℃) 左右，接近地球表面寒冷地区的温度。

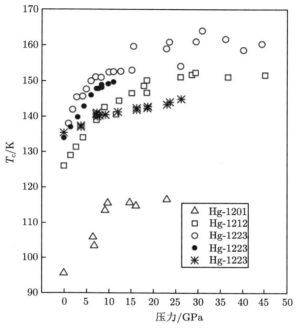

图 6-13   不同 Hg 系氧化物超导体的临界温度随压力的变化关系 [8]

6.4   氧化物超导体的超导特性

6.2 节和 6.3 节阐述了高温铜氧化物的晶体结构及影响临界转变温度的关键因素，揭示了这些超导材料物理学方面的复杂性。接下来，我们将介绍高温氧化物的超导特性。与传统的 BCS 低温超导体相比，高温氧化物超导体的性质有共性与特殊性两面，其中有些特殊性比较显著，常称为 "反常"。目前为止，还没有理论能够完全解释氧化物的高温超导机制，但是它们的磁性和超导特性可以在经典 BCS 和 Ginzburg-Landau 理论框架中进行描述。而且氧化物的超导电性也是电子耦合发生的，在电子耦合引起的电子激发谱中存在能隙。氧化物超导体中同样存在同位素效应。不过，高温铜氧化物超导体是 "极端" 的第 II 类超导体，由于呈现层状结构特征，它们的物理性质通常是高度各向异性的，因此，从应用角度讲，了解这些材料的特性对于超导磁体、电缆、限流器、粒子加速器等超导装置的设计是至关重要的。

本节将首先讨论它们的相干长度 ξ、穿透深度 λ 以及下和上临界场等关键参数。对于大多数超导应用，高临界电流密度至关重要。由于相干长度极短，晶界存在明显的弱连接效应，本节还将讨论其对临界电流密度的影响。

6.4.1　相干长度和各向异性

相干长度 (coherence length) 是库珀对的电子之间的关联距离，即超导电子有序化延伸的空间长度，为 $1 \sim 100$ nm。在相干长度以内，可以有很多个超导电子对。铜氧化物超导电性的一个重要的基本特征是超导相干长度小，并有明显的各向异性。其相干长度 $\xi \propto v_F/T_c$(v_F 为费米速度)，与晶胞相当，因此只有少数库珀对重叠。与此相反，低温超导体的相干长度要大得多，在相干长度以内，可以重叠更多个超导库珀对。

在氧化物超导体中，穿透深度和相干长度都取决于实际载流子浓度的大小，该值范围通常在 $3 \times 10^{21} \sim 17 \times 10^{21}$ cm^{-3}。相比之下，铜和铝中的载流子浓度分别为 84.5×10^{21} cm^{-3} 和 180.6×10^{21} cm^{-3}，远大于氧化物超导体中的载流子浓度。**表 6-5** 给出了不同氧化物超导体的超导特性参数 [22]。高温超导体的相干长度比低温超导体小得多。例如，低温超导体 Nb 的 $\xi_{GL} \approx 30$ nm，而高温超导体的相干长度 $\xi_{GL} \approx 0.1 \sim 0.3$ nm。高温超导体的穿透深度则大于低温超导体的穿透深度。低温超导体 Nb 的穿透深度 $\lambda \approx 50$ nm，高温超导体的穿透深度 λ 一般在 $100 \sim 300$ nm 范围。利用表中的相关数据，通过 $\kappa_c = \lambda_{ab}/\xi_{ab}$ 计算可得到 Ginzburg-Landau 参数 κ_c。由此可知氧化物的 κ_c 值在 $22 \sim 120$，因此氧化物高温超导体是"极端"的第 II 类超导体，具有许多不同寻常的特性。由于显著的二维结构特征，相干长度取决于晶体方向，即沿 c 轴的 ξ_c 值远小于 ab 面方向的相干长度 (ξ_{ab})。在空穴掺杂氧化物中，与 ab 面平行的 G-L 相干长度 ξ_{ab} 为 $1.5 \sim 3$ nm，相当于 $5 \sim 10$ 个晶格常数。然而，垂直于 ab 面的相干长度 ξ_c 非常小，一般约为 0.3 nm 或更小。通常，低 T_c 氧化物的相干长度要大于高 T_c 氧化物的相干长度。在电子型掺杂 NCCO 氧化物中，其相干长度一般比空穴型氧化物的要大。

表 6-5　不同氧化物超导体的特性参数 [22]

组分	$T_{c,max}$/K	λ_{ab}/nm	λ_c/μm	ξ_{ab}/nm	ξ_c/nm	$B_{c2\perp}$/T	$B_{c2\|\|}$/T
$La_{1.83}Sr_{0.17}CuO_4$	38	100	$2 \sim 5$	$2 \sim 3$	0.3	60	—
$YBa_2Cu_3O_{6+\delta}$	93	150	0.8	1.6	0.3	110	240
$Bi_2Sr_2CuO_{6+\delta}$	13	310	0.8	3.5	1.5	$16 \sim 27$	43
$Bi_2Sr_2CaCu_2O_{8+\delta}$	94	$200 \sim 300$	$15 \sim 150$	2	0.1	>60	>250
$Bi_2Sr_2Ca_2Cu_3O_{10+\delta}$	107	150	>1	2.9	0.1	40	>250
$Tl_2Ba_2CuO_{6+\delta}$	82	80	2	3	0.2	21	300
$Tl_2Ba_2CaCu_2O_{8+\delta}$	97	200	>25	3	0.7	27	120
$Tl_2Ba_2Ca_2Cu_3O_{10+\delta}$	125	200	>20	3	0.5	28	200
$HgBa_2CuO_{4+\delta}$	95	$120 \sim 200$	$0.2 \sim 0.45$	2	1.2	72	125
$HgBa_2CaCu_2O_{6+\delta}$	127	205	0.8	1.7	0.4	113	450
$HgBa_2Ca_2Cu_3O_{8+\delta}$	135	$130 \sim 200$	0.7	1.5	0.19	108	—
$HgBa_2Ca_3Cu_4O_{10+\delta}$	125	160	7	$1.3 \sim 1.8$	—	100	>200
$Sm_{1.85}Ce_{0.15}CuO_{4-\delta}$	11.5	—	—	8	1.5	—	—
$Nd_{1.84}Ce_{0.16}CuO_{4-\delta}$	25	$72 \sim 100$	—	$7 \sim 8$	$0.2 \sim 0.3$	$5 \sim 6$	>100

相干长度是超导体应用中的关键特性参数，因为该参数决定了磁通线正常态芯子的大小。为了控制磁通线的运动，样品中微结构缺陷的大小需要与相干长度尺寸相匹配。因此氧化物超导体中极短的相干长度 (特别是在 c 轴方向) 是晶界成为弱连接的根本原因。相干长度 ξ_c 一般为 $0.1 \sim 0.3$ nm，与原子间距离相当。我们知道，低温超导体 NbTi、Nb_3Sn 和 Nb_3Ge 的相干长度要大得多，在 $3 \sim 4$ nm。因此，氧化物材料中较小的 ξ_c 值意味着即

使在超导状态下沿 c 轴方向的输运行为也是非相干的，即存在强烈的弱连接效应，导致该方向上的传输电流较小。例如，Bi-2212 超导体沿 c 轴的相干长度约为 0.1 nm，这个长度在某些时候要小于晶体内晶面的间距。

对于氧化物超导体来说，产生超导电性的 CuO_2 层和几乎绝缘的载流子库层交替排列的层状结构导致其超导特性存在较大的各向异性。从**表 6-5** 看出，高温超导体的相干长度和穿透深度都具有各向异性。由于超导电性主要集中在 CuO_2 层上，因此，超导输运性能很大程度上取决于超导电流的流动方向，例如，是平行于 ab 面流动还是垂直于 ab 面流动，这样使得磁场穿透深度是高度各向异性的。如果垂直于 ab 面施加磁场，那么屏蔽电流在平面层内流动，并且相应的穿透深度 λ_{ab} 通常为 $100 \sim 300$ nm。但是对于平行于 ab 面的磁场取向，和 λ_{ab} 相比，λ_c 值要大很多，通常达到 1000 nm 量级。对于 $YBa_2Cu_3O_7$，λ_c 约为 800 nm，其 λ_c/λ_{ab} 达 $5 \sim 8$。不过对于 Bi 系化合物超导体而言，随着样品的电荷–载流子浓度的不同，λ_c 进一步增加到几微米，甚至 100 μm 以上。很明显 Bi 系超导体的各向异性非常大，其 λ_c/λ_{ab} 比值高达 1000 以上。

从**表 6-5** 可以看到，对于氧化物高温超导体中的特征长度尺度，有如下关系：

$$\xi_c < \xi_{ab} \ll \lambda_{ab} < \lambda_c \tag{6-2}$$

也就是说，在铜氧面内的超导相干长度与沿 c 轴方向的 ξ_c 值有较大差异，这表明高温铜氧化物超导体的层结构将会导致电磁性质的显著各向异性。而且穿透深度 λ_{ab} 明显小于 λ_c 的事实表明 ab 面内的临界电流远大于沿 c 轴方向的临界电流。实际上，高温超导体的正常态电阻率也具有很强的各向异性，在与铜氧面平行方向和垂直方向的电阻率 ρ_{ab}、ρ_c 有不同的值。**图 6-14** 表示 Bi-2212 单晶和 YBCO 样品的电阻率随温度变化行为的各向异性。从**图 6-14(a)** 中看出 [23]，沿 ab 平面的正常态电阻率 ρ_{ab} 随着温度的下降而下降，但在 c 轴方向的正常态电阻率 ρ_c 在某一区间随温度下降反而上升。这说明高温超导体的电阻率温度特性也存在各向异性。我们知道一般固体材料即使有各向异性，但其温度特性的趋势是相同的。**图 6-14(b)** 给出了 YBCO 高温超导体的 ρ_c 和 ρ_{ab} 的温度依赖性关系 [24]。可以发现，c 轴方向的电阻率比 ab 面方向的电阻率高出几乎两个数量级。值得注意的是这个各向异性因子极大地依赖于铜氧化物中相邻两个 CuO_2 平面间的距离。如**表 6-6** 所示，各向异性最强的是 Bi 系，Bi-2212 的 ρ_c/ρ_{ab} 高达 10^5。

表 6-6 高温超导体的正常态电阻率

材料名称	T_c/K	$\rho_c\ (T \sim T_c)/(\times 10^{-5}\ \Omega \cdot m)$	$\rho_c/\rho_{ab}\ (T \sim T_c)$
YBCO	90	~ 10	140
Bi-2212	87	13000	$10^5 \sim 4\times 10^5$
Tl-2212	105	75	250

即使在铜氧面内，$YBa_2Cu_3O_{6+\delta}$ 化合物在 a 轴方向与 b 轴方向也有明显的各向异性，这是由于铜氧链中载流子对沿 b 轴方向的输运有很大贡献。氧含量不同，即载流子浓度不同，a,b 轴电阻率的差异大小也不尽相同。对于最佳掺杂情形，电阻率 ρ_a(a 方向) 大约是 ρ_b(垂直于链方向) 的两倍，如**图 6-15** 所示 [25]。另外，氧化物高温超导体具有很高的室温电阻率，比金属铜的电阻率高三个数量级。我们知道铜和银等良导体的室温电阻率约为

1.5 μΩ·cm，在液氮温度下，电阻率通常会降至室温的 $1/8 \sim 1/3$。Nb、Pb 和 Sn 等元素超导体的室温电阻率比良导体要高 10 倍，合金超导体如 NbTi、Nb_3Sn 的 ρ_n 在 $20 \sim 50$ μΩ·cm 范围内。因此，高温超导体具有较大的比值 ρ_n/ξ(这里 ρ_n 代表正常态的电阻)，有利于量子隧穿过程，从而导致很大的量子隧穿率和量子涨落的幅度。

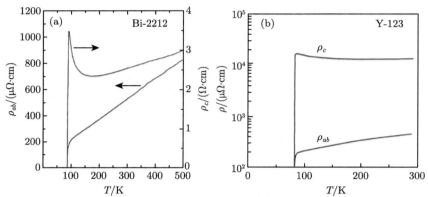

图 6-14　(a) Bi-2212 单晶样品电阻率的各向异性温度行为 [23]；(b) YBCO 高温超导体的 ρ_c/ρ_{ab} 的温度依赖性 [24]

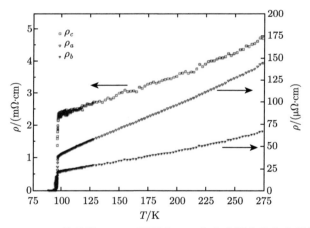

图 6-15　YBCO 单晶的 CuO_2 平面内 a,b 方向电阻率的各向异性 [25]

6.4.2　超导能隙

超导能隙是超导体的一个重要物理参量。它反映了形成或拆散一个库珀对 (Cooper pair) 所需要的能量。超导能隙只有在临界温度以下才是一个非零的参量，这反映了库珀对是在临界温度下开始形成的。因为超导能隙对了解微观机理具有十分重要的意义，所以人们使用了各种不同的实验手段来测量氧化物超导体的超导能隙。除了隧道谱和红外反射率测量外，核磁共振、拉曼散射和高分辨率角分辨光电子能谱等均已用于研究氧化物超导体的能隙特性。

氧化物超导体的超导序参数具有 d 波对称性，因此在节点方向上的能隙为零，在反节点方向处达到最大值。在弱掺杂氧化物中，在远高于 T_c 的温度下往往存在赝能隙。**图 6-16** 给出了不同氧化物超导体的能隙 2Δ 与 $k_B T_c$ 的关系 [8]。可以看出比率 $2\Delta/k_B T_c$ 通常在 $5 \sim 10$，远大于 BCS 理论预测的 3.5，而常规超导体的能隙 2Δ 一般在 $(3 \sim 5)\ k_B T_c$。相对较大的 $2\Delta/k_B T_c$ 比值表明氧化物超导体中存在着强耦合行为。另外，对于传统的低温超导体而言，超导能隙的各向异性很小。但是氧化物超导体的超导能隙具有很强的各向异性，并且这种各向异性与 d 波配对十分符合。例如，对于 YBCO 单晶来说，平行和垂直于 CuO_2 平面的能隙分别为 $8k_B T_c$ 和 $3k_B T_c$。

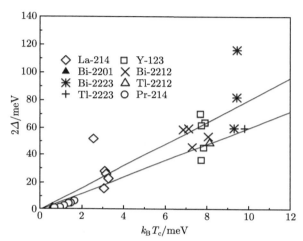

图 6-16   不同氧化物超导体的能隙 2Δ 与 $k_B T_c$ 的关系曲线 [8]

6.4.3 临界磁场及其各向异性

由于铜氧化物材料的层状结构特征，穿透深度与屏蔽电流的流动方向有关。假设屏蔽电流沿 a 和 b 轴方向上相等，那么，沿 c 和 ab 轴方向上会存在两个不同的穿透深度 λ_c 和 λ_{ab}。基于这种各向异性，两个不同的 Ginzburg-Landau 参数 κ_{ab} 和 κ_c 可分别如下：

$$\kappa_{ab} = \left[\frac{\lambda_c \lambda_{ab}}{\xi_c \xi_{ab}}\right]^{1/2} \tag{6-3}$$

$$\kappa_c = \frac{\lambda_{ab}}{\xi_{ab}} \tag{6-4}$$

这里 ξ_c 和 ξ_{ab} 分别是沿 c 和 ab 轴方向上的相干长度。

我们知道，第 II 类超导体的上临界场 (B_{c2}) 与相干长度 ξ 相关，即

$$B_{c2} = \frac{\Phi_0}{2\pi\xi^2} \tag{6-5}$$

式中，Φ_0 为磁通量子。

那么，分别沿 c 轴和 ab 轴的上临界场可由下式表示：

$$B_{c2,c} = \frac{\Phi_0}{2\pi\xi_{ab}{}^2} \tag{6-6}$$

$$B_{c2,ab} = \frac{\Phi_0}{2\pi\xi_c\xi_{ab}} \tag{6-7}$$

高温超导体具有很高的 B_{c2}。很明显，$B_{c2,ab} \gg B_{c2,c}$，也就是说氧化物超导体的临界磁场存在着巨大的各向异性。以 YBCO 为例，即使是磁场平行于 c 轴情况下，在液氮温度下 $B_{c2,c}$ 也可达到 10 T，在 ab 轴方向的 $B_{c2,ab}$ 还要大得多。从**表 6-5** 可知，Bi-22$(n-1)n$ 和 Tl-22$(n-1)n$ 等氧化物超导体的临界磁场的各向异性比 YBCO 要高得多。

相应地，下临界场则与穿透深度 λ、相干长度 ξ 相关，即

$$B_{c1} = \frac{\Phi_0}{4\pi\lambda^2}\ln\left(\frac{\lambda}{\xi}\right) \tag{6-8}$$

那么，分别沿 c 轴和 ab 轴的下临界场，则有

$$B_{c1,c} = \frac{\Phi_0}{4\pi\lambda_{ab}{}^2}\ln\kappa_c \tag{6-9}$$

$$B_{c1,ab} = \frac{\Phi_0}{4\pi\lambda_c\lambda_{ab}}\ln\kappa_{ab} \tag{6-10}$$

由于 B_{c1} 正比于 $1/\lambda^2$，或者 ξ^2，因此，B_{c1} 的各向异性关系和 B_{c2} 的正好相反，即 $B_{c1,ab} \ll B_{c1,c}$。也就是说，对于下临界场平行于 c 轴方向时的值高于磁场平行于 ab 轴方向的值，而上临界场则相反，磁场平行于 ab 轴方向时具有更高的值。

引入无量纲各向异性的特征系数 γ，我们可以得到下面的表达式 [26]：

$$\gamma = \left(\frac{m_c}{m_{ab}}\right)^{1/2} = \frac{\lambda_c}{\lambda_{ab}} = \frac{\xi_{ab}}{\xi_c} = \frac{B_{c2,ab}}{B_{c2,c}} = \frac{B_{c1,c}}{B_{c1,ab}} \tag{6-11}$$

式中，m_c 和 m_{ab} 分别是 c 轴和 ab 轴方向上电荷载流子的有效质量；B_{c1} 和 B_{c2} 分别是下临界场和上临界场，其中 ab 和 c 分别对应于沿 ab 和 c 方向的磁场方向。

对于 YBCO，m_c/m_{ab} 的比值约为 50，BSCCO 约为 20000，这样 γ 值分别对应于 ~ 7 和 $\geqslant 150$。这种巨大的各向异性使得高温超导体与传统超导体相比，无论在超导特性上还是在应用上都存在着显著差异。另外，从上式可以看出高温超导体的各向异性系数也可通过测量不同方向的临界磁场获得。

在实验上，下临界场 B_{c1} 是通过磁滞回线的测量来获得的。以 YBCO 为例，在其磁化曲线测量中，磁场首先从零增加到某个最大值并减小，然后反转场方向并且场强再次增加到最大值并逐渐减小到零，如**图 6-17** 所示 [27]。初始曲线上偏离线性的地方即为下临界场 B_{c1}。**表 6-7** 列出了不同高温超导体的下临界场值 [28]。对于沿 c 轴方向施加的磁场，B_{c1} 的典型值在 $5 \sim 500$ mT。作为对比，金属超导体的下临界场一般在 $10 \sim 440$ mT 范围内，如**表 6-8** 所示 [29]。

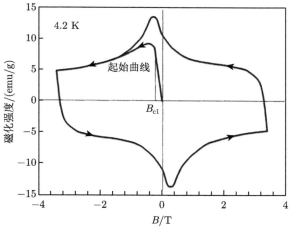

图 6-17 $YBa_2Cu_3O_{6+\delta}$ 的磁化曲线 [27]

表 6-7 不同高温超导体的下临界场 [28]

材料种类	$B_{c1,ab}/mT$	$B_{c1,c}/mT$
YBCO	5	500
Bi-2212	85	—
Bi-2223	—	90
Tl-2212	—	~ 40
Tl-1223	—	37
Hg-1223	—	45
MgB_2	110	110

表 6-8 低温超导体的临界磁场 [29]

材料	T_c/K	$B_{c1}(0)/T$	$B_{c2}(0)/T$
Nb (线材)	9.3	0.18	2
NbTi	9.5	—	13
Nb_3Sn	18.2	0.44	23
NbN	16	0.0093	15
$LaMo_6S_8$	11	—	44.5
UBe_{13}	0.9	—	6
K_3C_{60}	19	0.013	32
Rb_3C_{60}	29.6	0.012	57

图 6-18 给出了氧化物高温超导体和传统第 II 类超导体 (插图所示) 的简化温度–磁场相图 [8]。在这两种材料中，磁通都被排除在下临界场 B_{c1} 下方的内部区域。在这个低场内，氧化物超导体处于完全抗磁的迈斯纳状态。不过氧化物超导体的相图比传统第 II 类超导体的相图要复杂得多，一个突出特点是在上临界场 B_{c2} 下方有一条不可逆线，即存在不可逆场 (B_{irr})，该场远低于上临界场。由**图 6-18** 可见不可逆线将超导相图中的混合态相区分为两部分。在不可逆线以下，由于磁通钉扎作用，体内具有磁通屏蔽和磁通俘获性质，因而出现不可逆性。这时高温超导体的行为类似于处于混合态 (Shubnikov 相) 的金属第 II 类超导体，存在带有固定涡流的磁通线晶格，因此可以通过大的临界电流。在不可逆线上方，

则出现温度对混合态中磁通作用的可逆性，即具有升温磁通进入体内、降温体内磁通被排除的可逆行为，这可定性理解为在高温高场时，在热激活作用下磁通发生热脱钉，磁通在体内可以无阻地自由流动。由于没有磁通钉扎，涡旋是可移动的，因此临界电流密度为零。通常，不可逆场的温度依赖性可以通过以下关系来描述：

$$B_{\text{irr}}(T) = B_0 \left(1 - \frac{T}{T_c}\right)^{\alpha} \tag{6-12}$$

式中，B_0 是拟合参数；α 是氧化物超导体的特征参数，例如，对于 YBCO 来说，$\alpha \approx 3/2$。不可逆线上方没有钉扎的原因通常归因于磁通线晶格的熔化。与第 II 类金属超导体一样，在上临界场 B_{c2} 处，超导电性被完全破坏，材料变成正常状态。

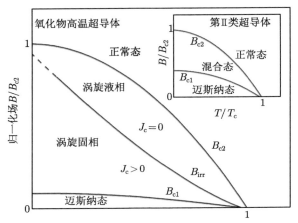

图 6-18   氧化物高温超导体的简化磁场相图的示意图。为了进行比较，插图中给出了金属第 II 类超导体的相图 [8]。氧化物超导体相图的一个突出特点是存在不可逆线 B_{irr}，在不可逆线以上没有磁通钉扎，因此临界电流密度为零

在外加磁场的情况下，氧化物超导体的电阻-温度曲线明显增宽，通常观察到延伸的电阻尾部达到远低于 T_c 的温度。**图 6-19** 给出了 Bi-2212 单晶在平行于 ab 和 c 轴时不同磁场下的电阻率的温度依赖性关系 [30]。曲线转变的零电阻点对应于所加磁场的不可逆温度 T_{irr}，如图中所示。另外，对于高温超导体，磁场对开始转变温度的影响不大，而是极大地影响转变宽度，即磁场强度越强，超导转变越缓慢，完成超导转变所需的温区越宽。这一特性称为阻性扩展。对低温超导体，在磁场作用下 T_c 会发生变化，转变过程变化不大。而对于高温超导体，与其说 T_c 发生变化，不如说相变的转变宽度发生了变化，即电阻性区域扩大了。

我们知道，磁场下的电阻率展宽与样品的混合态性质密切相关，在磁通动力学中，一般可以认为零电阻的起始点对应磁通相图的不可逆线，而电阻开始下降点则对应磁通相图的上临界场。为方便起见，人们通常取 T_c 起始转变点的电阻率值为正常态剩余电阻率 ρ_n，电阻率下降到 90%ρ_n 时对应上临界场温度点，而电阻率下降到 10%ρ_n 时对应不可逆场温度点。这样通过测量不同磁场下的温度-电阻率曲线，可获得样品不同温度下的不可逆场和上临界场。

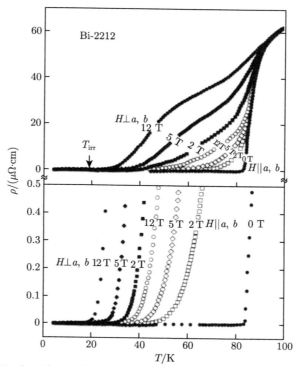

图 6-19 平行于 ab(空心) 和 c(实心) 轴施加磁场时，Bi-2212 单晶电阻率与温度的关系曲线 [30]，下图放大了大约 100 倍，可以看到转变时的更多细节

由于氧化物高温超导体的上临界场极高，在低温下可以高于 100 T，因此，对于大多数氧化物超导体，不能直接测量获得 4.2 K 时的上临界场。不过零温度 (0 K) 下的上临界场可以采用 Werthamer-Helfand-Hohenberg (WHH) 理论 [31]，根据 $T = T_c$ 时的斜率 dB_{c2}/dT 的值来估算：

$$B_{c2}(0) = -0.693 \times \left(\frac{dB_{c2}}{dT}\right) \times T_c \tag{6-13}$$

该表达式通常用于估计零温度下的上临界场。当磁场平行于样品的 ab 轴时，其 $B_{c2}(0)$ 可达到数百特斯拉，即使沿 c 轴方向的上临界场通常也会高达 100 T。当然在一般应用中，应用的磁场强度是不可能达到 B_{c2} 的。但这些极高的上临界场可允许人们采用氧化物超导体制备在低温下磁场大于 20 T 的超导磁体。

6.4.4 氧化物超导体的临界电流密度

在磁体和超导电力应用中，临界电流密度 J_c 是超导材料的重要参数，是衡量超导载流特性的重要参量。与临界温度和上临界场不同，临界电流密度不是材料的固有特性。对于氧化物超导体来说，J_c 值的大小主要取决于晶体中和钉扎有关的缺陷以及晶粒边界的结构，例如，在多晶氧化物超导体中，晶界弱连接的存在导致其 J_c 值大大减小 (6.4.5 节将详细讨论)；在没有晶界弱连接的情况下，传输临界电流密度主要由磁通线在缺陷处的钉扎能力决定，而磁通钉扎可以由非超导相、点缺陷或某些晶界提供。因此固定磁通线的能力取决于材料的微结构。磁通线一旦移动，J_c 值就会下降为零。关于氧化物磁通线晶格的特性和钉扎机制讨论将在下面章节中介绍。

我们先从晶体结构角度考虑，如前所述，氧化物超导体具有典型的层状结构特征，即铜氧面是高温超导体的超导面，铜氧面之间的中间层为正常态。由于高温超导体具有这种导电层和非导电层的多层结构，各方向的相干长度、穿透深度都具有不同的值，高温超导体的临界电流密度同样具有较大的各向异性，即沿着 c 轴流动的临界电流密度远远小于 ab 面中的 J_c 值。**图 6-20** 给出了层状氧化物超导体的简化结构示意图。可以看出，电流在 CuO_2 平面中可以很容易地流动，而载流子库层则起着绝缘或半导体屏障的作用，电流在 c 轴方向上很难通过，通常较小。例如，在平行于 Hg-1212 薄膜的 CuO_2 平面方向上，其 J_c 值可高达 10^8 A/cm^2，而垂直于 CuO_2 平面的 J_c 仅为 5000 A/cm$^{2[32]}$。此外，还发现对于在 10 K 时，临界电流密度为 10^7 A/cm^2 的 Hg-1223 薄膜，其有效质量 m_c 和 m_{ab} 存在着巨大的各向异性，m_c/m_{ab} 比值竟然高达 $32000^{[33]}$。

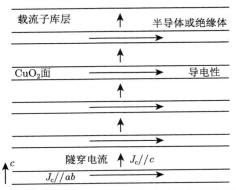

图 6-20　层状氧化物超导体中电流流动的简化结构示意图

氧化物超导体临界电流密度的另一个各向异性与所施加外磁场的方向有关，也就是说，即使沿相同方向流动，临界电流密度也会受到磁场方向的影响而取值不同。由于层状结构特征，超导电流会优先沿着被绝缘电荷载流子层分隔开的 $CuO_2(ab)$ 平面流动。当外磁场平行于薄膜 ab 平面时，CuO_2 面内的电流会产生平行于 c 方向的洛伦兹力 $(F_p = J \times B)$，该驱动力会促使磁通线沿着 c 轴方向运动，这时层状结构 $(CuO_2$ 面) 对磁通运动存在钉扎作用，又称晶体结构的本征钉扎作用，这种本征钉扎可有效阻碍磁通线沿 c 轴方向的移动。另一方面，当电流沿 CuO_2 平面流动、磁场沿 c 方向施加时，洛伦兹力平行于 ab 平面。对于这种磁场–电流方向，本征的层状钉扎不起作用，因此磁通线可以轻松地沿 ab 平面移动。**图 6-21** 给出了 Bi-2212 薄膜中的临界电流密度随温度和外加磁场的变化关系 [34]。在 4.2 K 时，该薄膜的 J_c 均超过了 10^6 A/cm^2。很明显，外加磁场的方向不同，其临界电流值也不同。当沿 ab 平面施加磁场时，J_c 几乎没有磁场依赖性 ($\leqslant$50 K)。然而，当磁场与 c 轴方向平行时，临界电流密度随着磁场的增加而迅速下降 (除了 4.2 K 时)。另外，可以看出各向异性随着温度和磁场的增加而增加。在 Bi-2212 薄膜中观察到的这种 J_c 各向异性行为与 Bi-2223 薄膜的非常相似，这是 Bi 系超导体中强烈的层状特性所致，即平行于 ab

平面的磁通线通常具有很强的本征钉扎作用，但平行于 c 轴的磁通线在洛伦兹力下很容易移动。

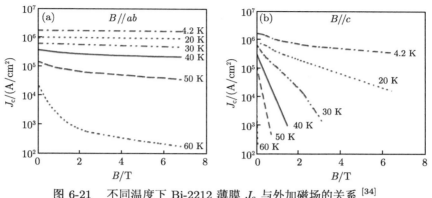

图 6-21 不同温度下 Bi-2212 薄膜 J_c 与外加磁场的关系 [34]

(a) 外加磁场平行于 ab 方向；(b) 外加磁场平行于 c 轴

Bi-2223 薄膜同样具有很高的 J_c，在 70 K 时高达 1.3×10^6 A/cm²、30 K 时大于 10^7 A/cm²[35]。但是其 J_c 值会随着 CuO_2 平面和磁场方向之间的夹角 θ 的变化而变化。**图 6-22** 所示为当外场为 4 T、温度为 40 K 和 60 K 时，Bi-2223 薄膜的 J_c 随磁场角度 θ 的变化曲线 [35]。可以看出在 40 K、θ 为 30° 时，临界电流密度从最高值下降了近三个数量级。J_c 同样幅度的减少也发生在 60 K、$\theta < 8°$ 时。究其原因是与 Bi 系超导体中巨大的上临界场的各向异性有关，也可能与沿 ab 平面施加磁场时层状结构可以提供较强的本征钉扎能力相关。进一步分析后发现在 Bi-2223 薄膜中，当磁场与薄膜表面存在一个夹角 θ 时，临界电流密度与 $B\sin\theta$ 之间存在以下函数关系：

$$J_c(B,\theta) = J_{c,c}(B_{SC}) = J_{c,c}(B\sin\theta) \tag{6-14}$$

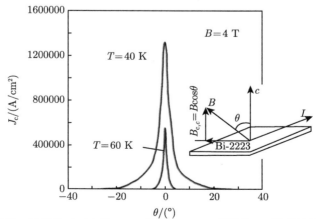

图 6-22 当外场为 4 T、温度为 40 K 和 60 K 时，Bi-2223 薄膜的 J_c 随磁场角度 θ 的变化曲线 [35]

插图表示外加磁场与电流和 ab 平面方向的夹角示意图

上式表明临界电流密度的磁场依赖性是由磁场在 c 轴方向的分量引起的，也就是说，J_c 主要由垂直场分量决定，这里 $J_{c,c}$ 是外加磁场平行于 c 轴方向时的临界电流密度，等效场 $B_{SC} = B\sin\theta$，是垂直于薄膜 ab 方向的外加总磁场 B 的分量。上述关系式可用来近似估算 Bi 系超导薄膜不同磁场下随角度变化的临界电流密度值。

早在 1991 年就有报道采用 CVD 法在 $SrTiO_3$ 上制备的 YBCO 薄膜也表现出典型的 J_c-B 各向异性特性。当外加磁场垂直于 c 轴时，YBCO 在磁场下具有很高的 J_c，然而，当外加磁场平行于 c 轴时，其 J_c 在 8 T 时相应降低了约两个数量级。**图 6-23** 给出了 CVD 法制备的 YBCO 薄膜在 77.3 K 时不同磁场下 J_c 与磁场角度的依赖性曲线[36]。当磁场大于 7 T 时，J_c 值在 $\theta = 0°$ 时为零。当磁场 $\leqslant 3.1$ T 时，可观察到在 $0°$ 和 $90°$ 之间的所有 J_c 值。而且在 $\theta = 90°$ 处，J_c 的角度依赖性随着磁场的增加而变窄，当外场为 15 T、θ 从 $90°$ 变为 $80°$ 时，J_c 值大幅度下降了 95%。通常认为平行于 ab 平面的本征钉扎和堆垛层错将导致 $\theta = 90°$(即 $B /\!/ ab$ 平面) 的峰更加尖锐；另一方面，随后的大量实验也证实引入人工钉扎中心 (如纳米点、纳米棒等) 会促使在 $\theta = 0°(B /\!/ c)$ 处出现最大值而形成凸峰。这种 YBCO 薄膜 J_c 的角度依赖性关系与上面提到的 Bi-2223 薄膜非常相似，但 YBCO 薄膜的情况更为复杂。Blatter 等提出的理论 [37] 定义了在随机缺陷情况下的等效场：

$$B_{SC} = \varepsilon(\theta) B = \left(\cos^2\theta + \frac{\sin^2\theta}{\gamma_\alpha^{\,2}}\right)^{1/2} B \tag{6-15}$$

式中，$\varepsilon(\theta)$ 是与角度相关的各向异性系数；$\gamma_\alpha = (m_c/m_{ab})^{0.5}$ 是有效电子质量的各向异性，该各向异性是由复杂晶格的相互作用引起的，对于 YBCO，γ_α 为 5。这样我们可利用 $J_c(B, \theta) = J_c(B_{SC})$ 来模拟预测 YBCO 薄膜的临界电流密度与磁场角度的依赖性关系。

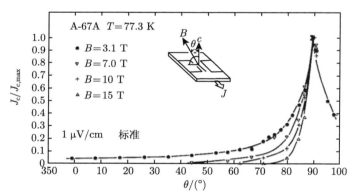

图 6-23　当温度为 77.3 K 时，不同磁场下，YBCO 薄膜 J_c 的角度依赖性 [36]

实际上，不管生长在单晶上还是织构化金属基带上的 YBCO 薄膜的临界电流密度在磁场中都表现出相似的角度依赖性关系，如**图 6-24** 所示[38]，这说明两种类型的样品具有相同的钉扎机制。而且从图中看出，$J_c(B, \theta)$ 曲线可划分成三种不同的区域：一个是当 $B /\!/ ab$，即 $\theta = 90°$ 时出现 J_c 宽高峰的区域，这是由平面缺陷和本征钉扎造成的；一个是当 $B /\!/ c$，即 $\theta = 0°$ 时出现 J_c 低峰的区域，这与沿着该方向的相关缺陷相关，如孪晶边界和刃型位错等；还有一个为远离这两个主轴的区域。图中的实线是根据 $J_c(B, \theta) = J_c(B_{SC})$

模拟的结果，很明显，在远离两个主轴的区域，仿真结果和实验结果符合较好，说明遵从随机缺陷钉扎模型。但在两个主轴处的区域的实测 J_c 远超模拟值，表明还存在其他钉扎机制。

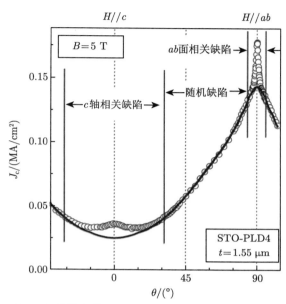

图 6-24　沉积在 $SrTiO_3$(STO) 单晶上的 YBCO 薄膜中在磁场为 5 T 时 J_c 的角度依赖性关系[38]

实线表示缺陷随机分布时的理论模拟结果

其他几种氧化物超导体 Sm-123、Y-123 和 Tl-1223 薄膜在 77 K 时的临界电流密度与外磁场的关系如**图 6-25** 所示[8]。Bi-2212 薄膜仅包含 50 K 温度下的 J_c 数据。正如本征钉扎模型所预测的那样，在以上几种超导薄膜中，外磁场平行于 c 轴方向的临界电流密度都远小于磁场沿 ab 平面的临界电流密度，即 J_c 都存在较大的各向异性。和 Sm-123 和 Y-123 薄膜相比，Tl-1223 和 Bi-2212 薄膜 J_c 的各向异性行为更加强烈。应当注意的是，J_c 的各向异性会随着晶粒取向度的提高而增加。不过在织构度较差的情况下，即使对于所谓的平行于 ab 面的外磁场，也存在平行于 c 轴方向的场分量，这样会使得测量得到的 J_c 各向异性数据变小。

图 6-26 给出了不同氧化物高温超导薄膜在不加外磁场时的 J_c 与温度的变化曲线[8]。目前对于高质量氧化物薄膜，即使在 77 K 时，临界电流密度已超过 10^7 A/cm²。氧化物薄膜的临界电流密度取决于衬底、晶粒织构度和磁通钉扎。在 4.2 K 时，$SrTiO_3$ 单晶衬底上生长的 Bi-2212 薄膜的临界电流密度超过 10^6 A/cm²，而在 MgO 衬底上沉积的薄膜的相应 J_c 值仅为 $8×10^4$ A/cm²。虽然 Bi-2212/MgO 和 Bi-2223/MgO 薄膜在低温下的 J_c 性能相差不多，但高温下的临界电流密度在很大程度上取决于材料的转变温度，因此，Bi-2223 薄膜在 77 K 时的 J_c 仍明显大于 Bi-2212 薄膜相应温度的 J_c。由于 Hg-1212 和 Hg-1223 薄膜具有极高的转变温度，即使在 100 K 的温度下，它们的 J_c 值仍高达 $5×10^5$ A/cm²。而对于具有重要应用价值的涂层导体 Y-123 或 RE-123 来说，其薄膜临界电流密度在 77 K 时均已超过 1 MA/cm²，甚至更高。对于大多数氧化物超导薄膜，其临界电流密度与温度

的关系可以由函数 $J_c(T) = J_c(0)(1 - T/T_c)^\alpha$ 很好地表示。

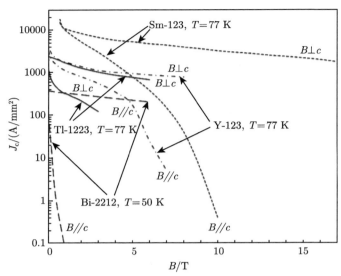

图 6-25　当外磁场 $B \perp c$ 和 $B//c$ 时，不同氧化物超导薄膜的临界电流密度与外磁场的关系 [8]

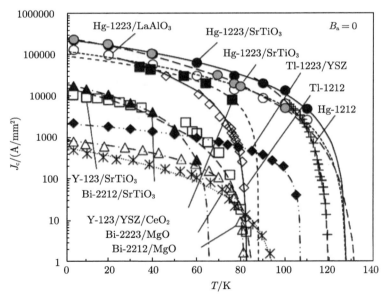

图 6-26　在不加外磁场情况下，不同氧化物超导薄膜的临界电流密度与温度的关系 [8]。由于织构化超导薄膜中的临界电流密度远大于块体材料中的临界电流密度，因此 J_c 以 A/mm² 表示 (10^5 A/cm² = 1000 A/mm²)

6.4.5　晶界弱连接

在 $YBa_2Cu_3O_{6+\delta}$ 中发现 77 K 以上的超导电性后不久，人们很快用烧结工艺制备出 YBCO 多晶块状样品，发现虽然它的临界温度高达约 90 K，在液氮温区具有超导电性，但是用四引线法测得的临界电流密度 J_c 很低，在 77 K、自场条件下一般仅为 100 A/cm^2 量级，而且外加几毫特的小磁场时传输临界电流密度就降低一个数量级以上，如**图 6-27** 所示 [8]。不过用磁测法 (magnetization hysteresis) 测得的磁化临界电流密度却很高，表明多晶块材内的每个晶粒内可存在一个相当高的屏蔽电流，即大的晶内电流。随后的实验发现 YBCO 外延单晶薄膜在 77 K、零场条件下，J_c 高达 10^7 A/cm^2 以上，比烧结块状样品的临界电流密度要高几个数量级。系统研究表明：造成烧结样品传输电流较低的原因不仅是样品的致密程度，而更重要的是在块状多晶样品中出现了晶粒与晶粒之间 (晶界) 的弱连接问题。晶界弱连接行为与沿 c 轴方向的极短相干长度 ξ_c 紧密相关。氧化物超导体的 ξ_c 值通常小于 1 nm，这相当于氧化物晶体结构中的原子间距离，使得库珀对密度在晶界区域内会发生很大变化。因此被晶界分开的两个晶粒可被视为约瑟夫森型弱连接。外加几毫特磁场导致传输临界电流密度大幅度下降这一事实也证明了这一观点，磁场对电流的显著影响正是超导体–绝缘体–超导体 (S-I-S) 隧道结中著名的约瑟夫森·弗劳恩霍夫衍射的典型特征。多晶氧化物中的传输临界电流主要受到样品内部晶粒间的弱连接性质的制约。在较高磁场中仍然可以保持小的临界电流可能是存在一些强连接晶界的结果。

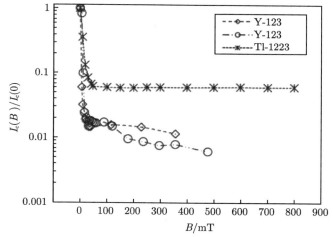

图 6-27　多晶 YBCO 和 Tl-1223 在 77 K 时的归一化传输临界电流与磁场的依赖性关系 [8]

图 6-28 为多晶氧化物超导体中的电流传输行为示意图。多晶氧化物超导体同时存在两个不同的临界电流密度 J_c，一个是穿过晶界的样品宏观传输 $J_{c,t}$，另一个是单个晶粒内的微观 $J_{c,g}$。$J_{c,g}$ 通常很大，即使在 77 K 时，单个晶粒的临界电流密度也可以超过 10^6 A/cm^2，和单晶薄膜的 J_c 值相当。但由于晶界弱连接的存在，样品的传输临界电流密度总是远远小于晶粒内部临界电流密度，相差好几个数量级。传输临界电流可以通过标准的四引线法确定，而晶粒内的临界电流密度通常采用 Bean 临界状态模型通过测量样品的磁滞回线估算获得。

多晶样品的另一个特征是传输临界电流与样品的磁化历史有关。银包套 YBCO 线材在 77 K 时先升场再降场测量的传输临界电流密度如**图 6-29** 所示 [39]。首先临界电流随着磁场的增加而急剧下降。当磁场超过 5 mT 以后，临界电流的磁场依赖性下降，降幅很小。当磁场下降时，临界电流密度大大高于升场时的临界电流，并在磁场 ∼ 1.5 mT 时达到最大值。但是当磁场降为零时，其临界电流反而小于升场时的临界电流 (约为升场时的 50%)。

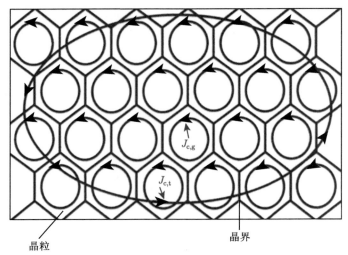

图 6-28　多晶氧化物超导体中的电流传输行为示意图

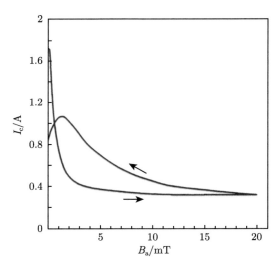

图 6-29　YBCO 线材在 77 K 时先升场再降场测量的传输临界电流密度 [39]

　　传输临界电流的这种回滞效应早就被 Evetts 等研究过，并提出了一个简单模型，说明晶粒间确实存在着弱连接效应，如**图 6-30** 所示 [39]。该模型基于在晶粒内部或强耦合晶粒区中产生的磁场以及外加磁场的叠加行为，从而对其磁化历史效应进行了定性解释。当施加较小磁场时，磁通线仅沿着弱耦合的晶界处进入样品，这时磁场不会穿透晶粒或强耦合区。继续增加磁场，磁通线开始进入晶粒。靠近晶粒表面流动的屏蔽电流减少了晶粒内部的磁场，同时却增强了晶界处的磁场，这样相应减少了穿过晶界的传输临界电流。另一方面，降场时，反向流动的屏蔽电流减小了晶界处的磁场。结果，在降场时测得的临界电流要高于在升场时的临界电流。另外，当降场磁场变为零时，在晶粒内或强耦合晶粒区仍然存在一些俘获磁通，这会在晶界处产生一个较小的磁场。因此，传输临界电流低于升场时测量的零场初始值。

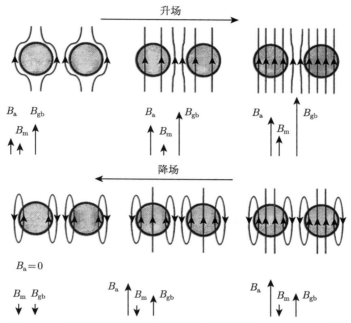

图 6-30   多晶氧化物超导体中临界电流回滞效应机理示意图 [39]

传输临界电流的回滞是外加磁场 B_a 和晶粒内屏蔽电流产生的磁场 B_m 叠加的结果。升场时晶界处磁场被增强，而降场时，其晶界处磁场被减小

图 6-31 给出了 Ag/Bi-2212、Ag/Bi-2223 和 AgAu/Tl-1223 带材在 4.2 K 时传输临界电流的回滞曲线 [40]。这些超导带材的临界电流密度要远高于多晶 Y-123 线材的 J_c 值 (通常小于 1000 A/cm^2)，表明弱连接问题有了较大改善。这是由于织构化工艺使得上述带材具有更好的晶粒连接性。然而，即使在这些超导体中，电流回滞效应仍然很明显，表明带材中还存在着相当大比例的弱耦合连接晶粒。从**图 6-31** 还可看出，从 Ag/Bi-2212 到 Ag/Bi-2223，弱连接形成的趋势略有增加。与 Bi 系超导体相比，AgAu/Tl-1223 带材中的晶粒弱连接效应要强烈得多。当磁场远低于 1 T 时大幅降低的临界电流密度进一步表明了 Tl 系超导体中存在着更强的晶界弱连接效应 [41,42]。

前面提到，烧结制备多晶氧化物材料的传输临界电流密度非常低，这显然与样品中的晶粒弱连接效应有关。如**图 6-32(a)** 所示，图中 θ 为两个晶粒之间的晶界夹角。随着多晶块材制备工艺的发展和对晶界弱连接问题研究的深入，目前氧化物超导体中的弱连接问题已经基本克服，如人们利用熔融织构工艺成功合成了 c 轴晶粒高度取向的 YBCO 块状超导体 (**图 6-32(b)**)，以及在织构化基底上生长出面内和面外的双轴取向性的 YBCO 涂层导体。关于 YBCO 涂层导体的制备，下面章节中将重点介绍。

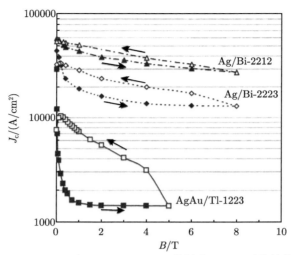

图 6-31　Ag/Bi-2212、Ag/Bi-2223 和 AgAu/Tl-1223 带材在 4.2 K 时传输临界电流密度的回滞效应比较 [40]

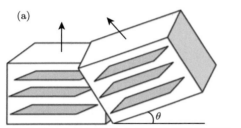 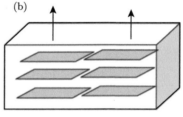

图 6-32　(a) 多晶氧化物超导体中的典型晶界示意图；(b) c 轴织构取向氧化物超导体中的典型晶界示意图

　　和金属超导体中的晶界相比，高温超导体中的晶界存在弱连接的主要原因是其具有短的相干长度和低的载流子密度，这使得穿过晶界的超导电子数量大为减少。另外一个原因是超导电性的 d 波对称性：超导电子对隧穿晶界的可能性随着晶粒之间取向夹角 θ 的增加而减小。超导电性对各种无序现象 (如局部应力和杂质) 的高敏感性往往会导致较高的隧穿势垒，这样在大多数晶粒边界处，超导电性会受到明显压制。例如，具有小取向角的 [001] 倾斜边界可被视为一排刃位错，有观点认为由于强烈的应力、化学计量的局部偏离以及空穴浓度的变化，在位错核心处超导电性将会消失。此外也有人认为由于功函数的局部变化或杂质原子的存在，电子能带结构将发生弯曲，晶界也会转变成绝缘区。

　　为了阐明相邻晶粒的取向关系对穿过它们之间晶界的临界电流密度的影响，Dimos 和同事在双晶 $SrTiO_3$ 衬底上外延生长了 YBCO 双晶薄膜，然后对人工晶界的 J_c 值的取向依赖性进行了系统研究 [43]。他们首先将两块单晶 $SrTiO_3$ 衬底按特定角度构成双晶衬底：c 轴 [001] 取向相同，都垂直于衬底平面，a 轴 [100] 在衬底面内有一定夹角 θ。在该双晶衬底上外延生长包含一个晶界的 YBCO 双晶薄膜，在双晶衬底的晶界部位形成了一条人工的 YBCO 薄膜晶界，如**图 6-33(a)** 所示 [43]。晶粒 2 绕着共同的 c 轴相对于晶粒 1 旋转

θ 角度，小角度 ϕ 表示两 YBCO 薄膜的 c 轴取向角。在 YBCO 薄膜人工晶界处做出三个约 10 μm 宽的微桥区，如**图 6-33(b)** 所示。这些微桥由激光刻蚀为两个晶粒和晶界区域。

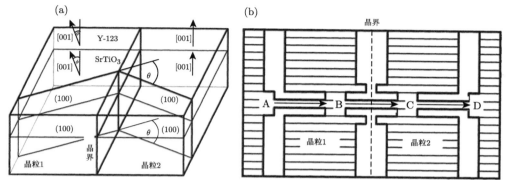

图 6-33　(a) 双晶 SrTiO$_3$ 衬底和外延生长 YBCO 薄膜的晶体结构示意图；(b)YBCO 双晶薄膜上用于四点法测量的 10 μm 宽度微桥示意图 [43]

　　用四引线法测量其临界电流密度与人工晶界夹角 θ 的关系，如**图 6-34(a)** 所示 [43]。可以看出，晶界临界电流密度随晶界角的增大而迅速减小。对于 $\theta = 0°$ 和 $\phi = 3°$ 的晶界，在约 5 K 时测得的临界电流密度高达 4 MA/cm^2。注意到两个晶粒内的临界电流密度分别是 7.14 MA/cm^2 和 8.0 MA/cm^2，因此晶界 J_c 与这两个晶粒的 J_c 平均值之比为 0.53。当 θ 为 10° 时，该比值下降为 0.05。当 θ 大于 20° 时，晶界 J_c 约为晶粒平均 J_c 的 2%。进一步实验发现不同类型的晶粒边界如 [100]、[001] 倾斜边界和 [100] 扭曲边界等的 J_c 均随着晶界 θ 的增加而呈指数下降。

　　如果用 θ 表示晶界的取向夹角，晶界临界电流密度有以下关系 [43]：

$$J_c = J_{c0} \exp \left(-\frac{\theta}{\theta_0} \right) \tag{6-16}$$

这里 J_{c0} 是 $\theta = 0$ 时的晶界临界电流密度，而当晶界 J_c 减小了 63% 时，则定义为 θ_0。对于 YBCO 薄膜中的 [001] 倾斜晶界，在 4.2 K 时，$J_{c0} \approx 2 \times 10^7$ A/cm^2 和 $\theta_0 \approx 6.3°$。具有 [001] 倾斜晶界的 Bi-2223 薄膜在 26 K 时的相应值为 $J_{c0} \approx 6 \times 10^6$ A/cm^2 和 $\theta_0 \approx 5°$。随后 YBCO 的块状双晶晶界特性的研究表明，与人工晶界一样，随着相邻晶粒晶界角的增加，晶界临界电流密度也呈现快速下降趋势。

　　从**图 6-34** 中还可发现，当晶界角大于 5° 后，其临界电流密度将按指数关系衰减。不过当晶界夹角在 5° 以内时，晶界对 YBCO 的 J_c 影响很小，整个材料的输运电流相当于晶粒内部临界电流密度。可以认为比 5° 小的小角晶界是强连接晶界，比 5° 大的大角晶界具有弱连接性质，即只有大角度晶界才阻碍传输电流的流动。**图 6-34(b)** 总结了世界多个课题组测量的 J_c 对晶界夹角的变化关系，均证明了大角度晶界对 J_c 有着重大的破坏作用。同时，不同衬底和不同制备条件所制备的样品，其 J_c 在相同晶界夹角下也存在一定的离散现象。

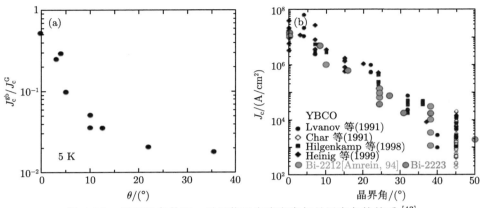

图 6-34　零磁场条件下，晶界临界电流密度与晶界夹角的关系 [43]

提高高温超导体的超导载流能力必须改善晶界的弱连接，例如 YBCO 薄膜的面内方向晶界夹角需要控制在 5° 以内，而且晶粒取向的方向也是很重要的。因此，YBCO 薄膜必须在单晶基底或者具有类似于单晶基底的双轴织构的衬底上外延生长，如**图 6-35(a)** 和 **(b)** 所示，而在单轴织构的衬底和多晶的衬底上制备的 YBCO 薄膜无法获得高的超导性能，如**图 6-35(c)** 和 **(d)** 所示。

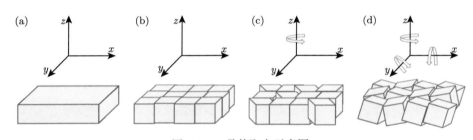

图 6-35　晶体取向示意图
(a) 单晶；(b) 双轴织构；(c) 单轴织构；(d) 多晶

6.5　氧化物高温超导体的磁通钉扎特性

前面章节已介绍了传统非理想第 II 类超导体中都存在着缺陷势阱，这样磁通线在电流作用运动时会被这些势阱钉扎住，因此传统超导材料在混合态时也可以承载大的超导电流。这是为什么传统低温超导体可以被制备成产生强磁场的超导磁体。由于磁通物质态的性质直接关系到一些基本的超导物理和超导体的强电应用，因此研究氧化物超导体的磁通动力学和混合态相图就变得非常重要。实际上，高 T_c、短相干长度、强各向异性和弱层间耦合导致氧化物超导体的钉扎效应较弱，磁通线容易移动，且在高温下存在巨大的磁通蠕动效应，特别是在混合态中出现了在传统超导材料研究时，可以忽略或未深入研究的复杂问题。

首先将氧化物高温超导体与常规超导体作一比较，看看有哪些本征特点决定了它们在磁通动力学方面的异同。第一，高温超导体相干长度 ξ 约为 10 Å，比常规超导体要小 1 ~ 2

个量级，在低温超导体中起强钉扎作用的晶界等缺陷由于其尺寸远大于 ξ，远远偏离了磁通钉扎匹配条件，不再是有效的磁通钉扎中心。而基于凝聚能钉扎的物理图像，单元钉扎中心对磁通线的钉扎能与 $\xi^n (n = 1 \sim 3)$ 成正比，因此，高温超导体的单元钉扎能比常规超导体要低很多[44]。第二，很多高温超导体具有极强的各向异性，这样一个体系可以用准二维的超导平面和面间的约瑟夫森耦合来描述，而磁通线也可以用 CuO_2 平面上的饼状涡旋 (pancake vortex) 加上其间的约瑟夫森链 (Josephson vortex string) 的图像来描述，例如，当外加磁场的方向垂直于超导平面时，磁通将以涡旋饼的形式穿透超导体，如**图 6-36**所示。严格来说，不同 CuO_2 层上的涡旋饼会排成垂直于平面的一串，但由于层间的相互作用非常弱，饼状磁通会在面内发生滑移，所以我们在**图 6-36**中看到的并不是完全垂直的饼状涡旋。正是由于这些强各向异性，高温超导体的混合态相图表现出了非常复杂的精细结构，其中就包括以前人们没有发现的相变线。第三，高温超导体的工作温度可以很高，这就意味着可以有很强的热涨落，而强的热涨落会降低集体钉扎势 U_c，同时大大增强热激活磁通蠕动过程。此外，高温超导体的 λ 很大又造成磁通格子发生软化，磁相互作用引起的磁通钉扎减弱，在低场下基本可以忽略。第四，高温超导体具有很大的 GL 序参量 κ，也使其钉扎能力与传统的低温超导体相比大大降低。这些特点使得高温超导体的蠕动效应与低温超导体相比明显增强，存在所谓的巨磁通蠕动，再加上高温超导体的层状结构导致的强各向异性，磁通运动和磁通钉扎变得异常复杂。**表 6-9**为高温超导体与低温超导体一些参数的比较[44]。

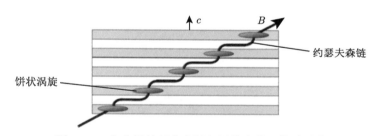

图 6-36　各向异性层状高温超导体中的涡旋磁通线

表 6-9　氧化物高温超导体与低温超导体一些参数的比较[44]

物性参数	符号	低温超导体	氧化物高温超导体	氧化物高温超导体的特性
临界温度	T_c	23.2 K	134 K	高运行温度，强热涨落
相干长度	$\xi(0)$	$5 \sim 100$ nm	$0.1 \sim 1$ nm	弱钉扎，强涨落
穿透深度	λ	~ 50 nm	$100 \sim 300$ nm	两者相差不大
上临界场	$B_{c2}(0)$	27 T	>200 T	宽混合态范围，强磁场
下临界场	$B_{c1}(0)$	~ 250 Oe	~ 500 Oe	两者相差不大
各向异性	γ	1	$5 \sim 100$	层状特性导致强各向异性
正常电阻率	ρ_n	<50 $\mu\Omega \cdot$cm	$0.2 \sim 20$ m$\Omega \cdot$cm	较大的 ρ_n/ξ 比值，导致强的量子隧穿和量子涨落

注：典型半导体的室温电阻率在 $10^4 \sim 10^{15}$ $\mu\Omega \cdot$cm，绝缘体的在 $10^{20} \sim 10^{28}$ $\mu\Omega \cdot$cm。

　　晶界弱连接和高运行温度下的磁通钉扎特性是高温超导体，特别是铜基氧化物超导体实用化的两大关键问题。晶界弱连接在 6.4.5 节中已详细介绍，在本节中，我们将讨论氧化物高温超导体中的磁通钉扎。

6.5.1　磁通物质和磁通相图

高温氧化物超导材料属于第 II 类超导体。当磁场高于下临界场时，磁通会以量子化涡旋的方式渗透到超导体的内部。此时超导区域和处于正常态的磁通芯子在超导体内共存，相对于完全的超导态而被称为混合态。高温超导体的层状结构，原子缺位和错位、晶界等本征特性和随机性都会成为磁通线容易穿透的点。高温超导体混合态的磁通涡旋点阵 (磁通线格子) 有它特有的形态和特性。这种磁通线涡旋是由非超导相的芯子和环绕它的超导电流所构成的，如**图 6-37** 所示 [45]。磁通线的正常态芯子半径为相干长度 ξ，芯外环绕电流所延伸的范围大约为穿透深度 λ。高温超导体中，铜氧面上屏蔽电流的穿透深度 $\lambda \approx 100 \sim 200$ nm，相干长度 $\xi = 1 \sim 2$ nm，G-L 系数达 100 量级，这使得磁通涡旋点阵非常致密，而且磁通线正常态芯子已经小到与晶体结构中某些面间距尺度相比拟的程度。如果外加 1 T 的磁场，假设涡旋点以磁通量子为单位，则在 1 cm^2 面内涡旋磁通线数目高达 5×10^{10}，它们之间的间隔仅 48 nm。将这一距离与穿透深度相比可知，磁场穿透区域几乎充满了涡旋，在距离 λ 的范围内，挤入了十多根磁通线。因此，一般认为在高温超导体中涡旋系统的磁通线以束的形式存在。磁通物质就是指超导体中大量磁通线的阵列集合体。

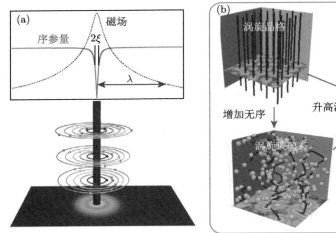
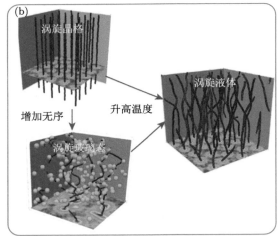

图 6-37　(a) 涡旋线的结构图，显示了磁通束量子化效应与超导相干长度和穿透深度的关系；(b) 不同结构无序与不同温度下的涡旋状图示意图 [45]

然而，与普通物质相反，由缺陷引起的无序之间的相互作用在磁通物质的物理学中起着非常重要的作用。定性地讲，涡旋–涡旋间的相互作用、热波动以及涡旋与材料缺陷间的相互作用会导致在磁通物质中出现不同的相。如果超导材料中没有缺陷，涡旋磁通线会形成规则有序的晶格，即 Abrikosov 晶格或者磁通格子，参见**图 6-37(b)**。随着温度的升高，热波动会引起一阶融化转变，从而磁通格子转变成涡旋液相，在该液相中，磁通涡旋不再固定到某一位置上，而是可以自由移动。而且超导材料中的强无序作用也会驱使磁通涡旋离开其晶格位置，甚至在低温下也会破坏晶体的有序性，从而形成磁通玻璃态，见**图 6-37(b)**。另外，随着温度的升高，涡旋玻璃会通过连续的相变转变为涡旋液体。

超导体中的磁通物质呈现复杂的形态,其特征依赖于温度、外场和材料内部缺陷种类及分布。在纯净超导体中,磁通线形成的周期性阵列类似于晶态固体,有序的磁通线点阵在高温下会融化成涡旋液体。但是在高温超导体中,情况会变得更加复杂。高温超导体中存在多种类型的缺陷,既包括扩展类型的缺陷,如位错、孪晶、堆积层错等,也包括众多弥散分布的局域缺陷,如间隙原子和其他类型的原子缺陷。由于高温超导体的相干长度非常小,超导体中原子量级大小的缺陷就可成为有效的磁通钉扎中心。Larkin 和 Ovchinnikov 预言了一种无序排列的涡旋态,在这种状态下长程序遭到破坏但局域的短程序得以保留,这就是著名的磁通玻璃态[46,47]。磁通玻璃态是一种亚稳态,意味着在融化温度之下可以定义一个玻璃态序参量,其值依赖于磁通线相互作用、钉扎强度和材料各向异性之间的相对强度。

不同于磁通格子态和传统意义上的涡旋液态,磁通玻璃态是由于钉扎呈现出不可逆的磁特性。从这个意义上讲,涡旋态从玻璃态到液态的相变同时伴随着体系的磁特性从不可逆到可逆的转变。氧化物超导体的不可逆线往往被解释为就是玻璃态的融化线。高温超导体中磁通物质和材料中结构缺陷之间的相互作用可以形成三种不同的磁通相:磁通格子态(几乎完整的磁通阵列)、磁通玻璃态(高度无序的涡旋固体)和涡旋液态(热涨落导致的涡旋无序态)。对于这种高温、高场的混合态磁通格子行为被认为是磁通格子经过不可逆温度转变成为融化的磁通格子或转变成为磁通玻璃态。

图 6-38 示意给出了典型第 II 类高温超导体处于混合态时不同结构无序与不同温度下的磁通涡旋态相图。在低温常规超导体中,相图上只有两根标识相边界的线,即上临界场 $B_{c2}(T)$ 和下临界场 $B_{c1}(T)$,在 $B_{c2}(T)$ 和 $B_{c1}(T)$ 之间就是混合态。由于涨落较弱,$B_{c2}(T)$ 和磁通运动的不可逆线 $B_{irr}(T)$ 靠得很近。而高温超导体中由于涨落较强,$B_{c2}(T)$ 以下较大的区域内形成了涡旋液态,而在不可逆线 $B_{irr}(T)$ 以下才能形成涡旋固态,如涡旋玻璃或磁通格子有序态。

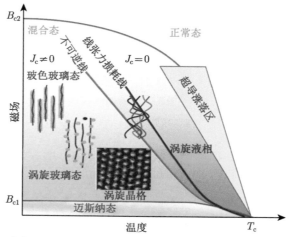

图 6-38 第 II 类高温超导体在混合态时不同结构无序与不同温度下的涡旋态相图

由于具有高超导转变温度、极高上临界场以及强各向异性等特性,铜基氧化物高温超导体的磁通涡旋结构比常规超导体要复杂得多,从而形成了物理意义上更为丰富的涡旋态相图, 如工作温度从液氦温区 (4.2 K) 提高到液氮温区 (77 K) 的热激活磁通蠕动问题, 在混合态内出现了 "不可逆温度" 问题, 在此温度之上 ($<T_c$) 混合态不具有俘获磁通性质。不仅如此, 混合态的复杂性还表现在临界电流密度和临界场的各向异性上。

6.5.2 高温超导体中的本征钉扎

铜氧化物超导体沿着 c 轴方向可看作是 CuO_2 导电层和绝缘的载流子库层交替堆垛而成, 载流子库层中的库珀电子对的密度显著低于 CuO_2 层, 这种结构导致在正常态和超导特性上存在较大的各向异性。对于各向同性超导体来说, 磁通穿透超导体形成的涡旋线一般是垂直连通的一根线。但是对于具有较小相干长度的层状高温超导体来说, 在层与层之间会由于其序参量的限制对磁通产生钉扎作用, 我们把这种钉扎称为本征钉扎。

对于外加磁场垂直于 CuO_2 面, 电流方向沿着 CuO_2 面的情形, 磁通涡旋所受的洛伦兹力是沿着 CuO_2 面并且垂直于外加磁场和电流方向的, 见**图 6-39(a)**。在这种情况下临界电流随磁场强度快速下降的结果表明磁通钉扎力较弱。由于在 c 轴方向上的相干长度非常短, 能够和原子间的距离相比拟, 因此库珀电子对密度在这个方向上的变化幅度非常大。这就造成了沿 c 轴方向上的磁通线往往被超导电性较弱的载流子库层分隔开来, 形成较短的二维结构磁通线, 被称为饼状涡旋, 如**图 6-39(b)** 所示。由于磁通线的分隔片段化, 在磁场垂直于铜氧面时点钉扎就变得不再有效了, 结果导致存在于铜氧面内的饼状磁通涡旋非

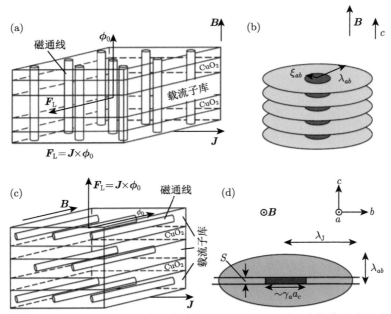

图 6-39 (a) 外加磁场垂直于 CuO_2 面时, 洛伦兹力平行于 CuO_2 面。在载流子库层中, 库珀电子对的密度明显降低, 因此磁通线在载流子库层被分割, 形成饼状涡旋。这些磁通涡旋在 ab 面中非常容易发生运动; (b) 沿 c 轴的单根饼状涡旋磁通线结构; (c) 外加磁场平行于 CuO_2 面时, 洛伦兹力平行于 c 轴方向, 库珀电子对密度明显降低的载流子库层能够为磁通线提供有效的钉扎 (本征钉扎), 从而阻碍它们在 c 轴方向上运动; (d) 沿 a 轴的单根约瑟夫森涡旋磁通线结构

常容易发生运动，彼此间形成沿着 c 轴方向的约瑟夫森弱耦合，在该种情况下通过的传输电流较小。

当外加磁场平行于 CuO_2 面时，作用在磁通涡旋上的洛伦兹力垂直于这些平面 (图 **6-39(c)**)。这时磁通线的正常态芯子通常位于载流子库层之中，如图 **6-39(d)** 所示，由于存在弱的约瑟夫森结相互作用，磁场就会穿透非超导层 (blocking layer)，在其内形成约瑟夫森涡旋。临界电流密度随磁场的增加衰减明显变弱表明在这种情况下磁通钉扎比磁场垂直于 CuO_2 面时更加有效，这是由于库珀电子对密度较小的载流子库层作为有效磁通钉扎中心在起作用。因此当磁场平行于 CuO_2 面方向时，铜氧化物中的层状结构可提供很强的本征钉扎。从上看出，高温超导体极强的各向异性使得饼状钉扎中心的钉扎力比线状钉扎中心的要小得多，这不仅使混合态磁通运动的模式更加复杂，也是高温超导体对与 c 轴平行的磁场承受能力弱的根本原因。

6.5.3　磁通钉扎机制及分类

如果超导体中有不超导的缺陷，可以知道，当磁通线正好在缺陷点的时候，自由能是最低的。原因是，如果磁通线离开这个位置，系统自由能会升高，因为磁通芯子也是正常态，势必需要更多的能量让磁通线偏离钉扎点。对氧化物高温超导体而言，由不同类型的晶体缺陷引起的无序区域在磁通物质的物理学中起着非常特殊的作用，因为含有缺陷的区域会导致库珀电子对密度的降低，因此能够作为钉扎中心，使得超导体能够承载大的传输电流。图 **6-40** 给出了基于不同维度的钉扎缺陷中的磁通线结构示意图[45]。缺陷的类型为点状钉扎中心 (杂相、空位、夹杂物)、一维缺陷 (位错、辐照缺陷) 和二维缺陷 (孪晶边界、堆垛层错)。一维和二维缺陷也称为关联钉扎中心。

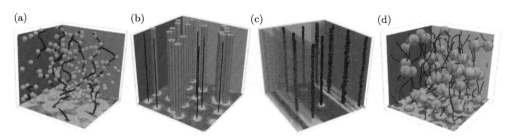

图 6-40　不同维度的钉扎缺陷 (黄色) 中的磁通线结构 (红色)。不同尺寸的缺陷结构 (黄色) 中的旋涡物质 (红色) 的 3D 插图[45]

(a) 原子/点状缺陷；(b) 线状缺陷 (辐射缺陷、纳米棒、位错)；(c) 平面缺陷 (孪晶晶界、堆垛层错、层状结构)；(d) 大尺寸缺陷 (稀土氧化物沉淀粒子、缺陷簇群、空隙)

磁通线穿透超导体时必定寻求最小能量路径，这就可能要通过不同类型的晶体缺陷。涡旋点阵的磁通可以不是一根直线，而是弯曲的。图 **6-41** 绘出了磁通线从势垒最低的地方穿过，形成弯曲、集束效果的示意图[47]。结合高温超导体晶格的层状结构，外部磁场垂直于铜氧面时磁通线在各个层面寻求最易通过的点，在外力 (洛伦兹力) 作用下某一个层面的某点可以移动，遇到缺陷而被钉扎。

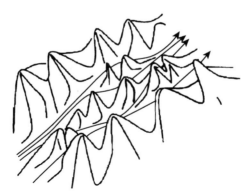

图 6-41　磁通线从势垒最低的地方穿过，形成集体钉扎的示意图 [47]

根据 London 磁通线模型，磁通线芯子是在 Meissner 态中出现的，这个体积为 V 的芯子由 Meissner 态转变为正常态所需的能量为

$$V\frac{\mu_0}{2}H_c^2 \tag{6-17}$$

式 (6-17) 中以 $\frac{\mu_0}{2}H_c^2$ 为单位体积凝聚能。如果芯子位置存在一个很小的正常第二相粒子，其体积 $V = \frac{4}{3}\pi r^3$，其中 r 是球状正常异相粒子半径，此处 $r \ll \xi$。则在芯子内存在上述粒子时，变为正常态芯子需要的能量相对会减少：

$$U_0 = \frac{\mu_0}{2}H_c^2 V = \frac{4\pi\mu_0}{6}H_c^2 r^3 \tag{6-18}$$

令 U_0 为芯子与正常相小粒子的相互作用能。其对磁通线形成的最大钉扎力近似表示为

$$F_p = \frac{U_0}{\xi} = \frac{2\pi\mu_0}{3\xi}H_c^2 r^3 \tag{6-19}$$

式 (6-18) 和式 (6-19) 表明钉扎力和钉扎能起源于芯子内第二相粒子，即缺陷引起的外场下局域自由能的变化，其大小取决于缺陷的尺寸。

以下从 G-L 理论出发，说明产生钉扎的原因。根据 G-L 理论，第 II 类超导体混合态的涡旋磁通线芯子的自由能可写成 [47]

$$G_s = G_n + \alpha|\psi|^2 + \frac{\beta}{2}|\psi|^4 + \frac{1}{2m^*}|(-\mathrm{i}\hbar\nabla - e^*\boldsymbol{A})\psi|^2 + \frac{\boldsymbol{B}^2}{2\mu_0} - \boldsymbol{B}\cdot\boldsymbol{H} \tag{6-20}$$

式 (6-20) 中 G_n 是该温度下对应的正常态的自由能；α 和 β 是依赖于温度的参量。式中第二项 $\alpha|\psi|^2$ 和第三项 $\frac{\beta}{2}|\psi|^4$ 为超导态凝聚能，正常态时此两项为零。

从 G-L 理论可知，单位体积的平均自由能越低，系统越稳定。超导体中的任何缺陷、杂质或位错，只要对 G-L 自由能中的某一项或几项造成影响，都会产生磁通钉扎的效应。根据钉扎中心物理性质的不同，人们通常将钉扎分为 "正常相钉扎" 和 "$\Delta\kappa$ 钉扎" [48]。前者是由载流子的平均自由程的空间涨落引起的，后者表现为局域 G-L 参量 κ 的变化。

1) $\Delta\kappa$ 钉扎

在式 (6-20)G-L 自由能中, 第二项和第三项是超导态的凝聚能, 在正常态芯子里面, 这两项均为零。在超导体中总会存在一些正常区域 (如非超导相的杂质粒子) 或弱超导区域, 当磁通线正好穿过这些区域时, 体系的总能量最低, 从而对磁通线的运动起到钉扎作用。此种钉扎起源于 G-L 变量 κ 的变化, 这种超导序参量的空间变化主要是由超导体中各部分的超导转变温度不一样造成的, 因此称为 $\Delta\kappa$ 钉扎, 或称为凝聚能钉扎。这种钉扎也可以看成是当磁通线和钉扎中心通过超导转变温度 T_c 的空间涨落相互作用时引起的, 也称为 δT_c 钉扎。

2) 正常相钉扎

另外, 式 (6-20) 右边的第四项对应的是环绕正常态芯子的超流电子动能项, 对自由能也有贡献。在一些超导样品中, 如果转变温度在相干长度范围内都是均匀的, 凝聚能的贡献将会很小。但是缺陷 (晶界、位错等) 在空间的分布不均匀会导致电子运动的平均自由程发生涨落, 因此超流电子的动能项会受到影响, 从而对磁通线起到钉扎的作用。也就是说平均自由程不均匀的时候会产生对超导电子动能的调制。最先人们把这种钉扎称为正常相钉扎, 后来更多地将此类钉扎称为 δl 钉扎, 即平均自由程涨落钉扎。

正常相钉扎 (或 δl 钉扎) 和 $\Delta\kappa$ 钉扎 (或 δT_c 钉扎) 是两类最基本的钉扎方式[49]。要确定第 II 类超导体属于哪类磁通钉扎, 需要把超导体的一些本征量, 如临界电流密度 J_c 或本征钉扎势 U_p 等随温度的变化关系确定下来, 然后与理论结果进行比较, 最后得以判断是哪一类钉扎方式。Griessen 等认为超导体的 δT_c 和 δl 钉扎分别与样品的临界转变温度和电子平均自由程有关[49]。他们根据热力学关系 $\lambda \propto (1-t^4)^{-1/2}$ 和 $\xi \propto \left[(1+t^2)/(1-t^2)\right]^{1/2}$, 获得了上述两种钉扎机制中的临界电流密度和温度的依赖关系: 对于 δT_c 钉扎, 有如下关系:

$$J_c(t) \propto J_c(0)(1-t^2)^{7/6}(1+t^2)^{5/6} \tag{6-21}$$

对 δl 钉扎, 则可表示为

$$J_c(t) \propto J_c(0)(1-t^2)^{5/2}(1+t^2)^{-1/2} \tag{6-22}$$

因此, 这两种钉扎机制中的临界电流密度随温度的变化关系并不一样。**图 6-42** 给出了理论的 δT_c 和 δl 钉扎曲线示意图。可以发现, δT_c 钉扎曲线具有正的曲率半径, 而 δl 钉扎曲线的曲率半径为负, 因此通过与实验数据对比很容易将钉扎机制区别开来。例如, 利用该法可判定 REBCO 外延超导薄膜中的钉扎类型属于 δl 钉扎[49]。不同的钉扎机制与样品的制备方法及样品的微结构等因素密切相关。研究超导体的钉扎机制对于提高其临界电流密度和临界磁场都至关重要。

钉扎中心也可以根据其尺度及其与磁通线相互作用的性质进行分类[50]。当超导体中存在尺寸和间距都大于磁场穿透深度 λ 的缺陷时, 磁场在任何地方都能达到平衡, 并且在缺陷内和超导体内的磁通线存在能量差, 导致产生一个所谓的 Bean-Livingston 势垒阻碍缺陷和超导体界面处的磁通线的运动, 因而产生钉扎, 称为 "磁相互作用"。当缺陷的尺寸或间距小于 λ 时, 磁感应强度无法调整到局部平衡值, 磁通线在钉扎中心处的自由能和基体中的不同, 这时产生的钉扎称为 "芯相互作用", 或芯钉扎。芯相互作用钉扎又可分为点钉扎、线钉扎、面钉扎和体钉扎。

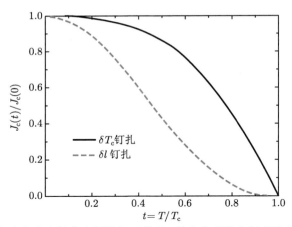

图 6-42　归一化的临界电流密度和温度之间的相互关系，其中实虚线分别表示理论的 δT_{c} 和 δl 钉扎曲线

　　20 世纪 70 年代，D. Dew-Hughes 总结了第 II 类超导体各种不同的磁通钉扎类型，给出了根据钉扎力密度来判断钉扎类型的方法，如**表 6-10** 所示[48]。从表中可以看出，超导体中的磁通钉扎力是由磁相互作用或芯相互作用引起的。随着 G-L 参数 κ 的增加，磁相互作用引起的钉扎力和芯相互作用引起的钉扎力相比要小得多。对于 Y 系高温超导体，由于它的 G-L 参数 κ 大，磁相互作用基本上可以忽略不计，仅需考虑芯钉扎作用机制。因此，高温超导体中的磁通钉扎主要由在超导基体中非超导相 (即正常相钉扎) 或局域超导电性的起伏 (即 $\Delta\kappa$ 钉扎) 引起，共存在 6 种不同的芯钉扎机制，分别为正常相钉扎类型的缺陷引起的点、面和体钉扎及 $\Delta\kappa$ 钉扎类型缺陷引起的点、面和体钉扎。

表 6-10　不同钉扎机制的钉扎力密度函数 [48]

相互作用类型	钉扎中心的几何形状	相互作用距离	钉扎中心的类型	钉扎力密度方程 $F_{\mathrm{p}}(h)$	钉扎力峰值的位置
磁相互作用	体	λ	正常相	$\dfrac{\mu_0 S_{\mathrm{v}} B_{\mathrm{c2}}^2 h^{1/2} (1-h)}{\kappa^3}$	$h=0.33$
			$\Delta\kappa$	$\dfrac{\mu_0 S_{\mathrm{v}} B_{\mathrm{c2}}^2 h^{1/2} (1-2h)\,\Delta\kappa}{\kappa^4}$	$h=0.17,1$
芯相互作用	体	d	正常相	$\dfrac{\mu_0 S_{\mathrm{v}} B_{\mathrm{c2}}^2 (1-h)^2}{5.34\kappa^2}$	—
			$\Delta\kappa$	$\dfrac{\mu_0 S_{\mathrm{v}} B_{\mathrm{c2}}^2 h (1-h)\,\Delta\kappa}{2.67\kappa^3}$	$h=0.5$
	面	ξ	正常相	$\dfrac{\mu_0 S_{\mathrm{v}} B_{\mathrm{c2}}^2 h^{1/2} (1-h)^2}{4\kappa^2}$	$h=0.2$
			$\Delta\kappa$	$\dfrac{\mu_0 S_{\mathrm{v}} B_{\mathrm{c2}}^2 h^{3/2} (1-h)\,\Delta\kappa}{2\kappa^3}$	$h=0.6$
	点	$a/2$	正常相	$\dfrac{\mu_0 V_{\mathrm{f}} B_{\mathrm{c2}}^2 h (1-h)^2}{4.64a\kappa^2}$	$h=0.33$
			$\Delta\kappa$	$\dfrac{\mu_0 V_{\mathrm{f}} B_{\mathrm{c2}}^2 h^2 (1-h)\,\Delta\kappa}{2.32a\kappa^3}$	$h=0.67$

　　注：λ 是磁场的穿透深度；d 是样品厚度；ξ 是相干长度；a 是钉扎中心的直径。

此外，Dew-Hughes[48] 还给出了钉扎力密度函数 F_{p} 的一般标度函数形式为

$$F_{\mathrm{p}} = Ah^p \left(1-h\right)^q \tag{6-23}$$

式中的 h 为约化场 $h = B/B_{\mathrm{c2}}$。对于高温超导体，在不可逆场 B_{irr} 以上，磁通能够自由运动，钉扎力为零，h 也可以表示为 $h = B/B_{\mathrm{irr}}$。A 为常数，取决于材料。p 和 q 为两个常数，由钉扎类型决定，可以反映超导体的钉扎机制。

对于高温超导体来说，可以不用考虑磁相互作用，因此，在 Dew-Hughes 模型中，芯相互作用的六种钉扎机制可由上式中的钉扎力密度函数 F_{p} 来描述，具体详见**表 6-11** 和**图 6-43**。

表 6-11　DH 模型中的钉扎函数、由此产生的峰值位置和钉扎类型

钉扎机制	钉扎类型	p	q	h	函数
体钉扎	正常相	0	2	—	(1)
	$\Delta\kappa$	1	1	0.5	(2)
面钉扎	正常相	1/2	2	0.2	(3)
	$\Delta\kappa$	3/2	1	0.6	(4)
点钉扎	正常相	1	2	0.33	(5)
	$\Delta\kappa$	2	1	0.67	(6)

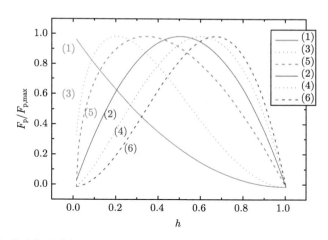

图 6-43　归一化的钉扎力与约化场 $h = B/B_{\mathrm{c2}}$ 之间的相互关系，不同峰值 h 对应于不同的钉扎机制

不过由于高温超导体中的正常相钉扎主要由存在于超导相中的非超导相决定，根据 Dew-Hughes 模型，常见的三种芯钉扎类型如下：

$F_{\mathrm{p}} \propto (1-h)^2$, 对应 $p=0, q=2$, 对应于体钉扎；

$F_{\mathrm{p}} \propto h^{1/2}(1-h)^2$, 对应 $p=1/2, q=2$, 峰值在 $h=0.2$，对应于面钉扎；

$F_{\mathrm{p}} \propto h(1-h)^2$, 对应于 $p=1, q=2$, 峰值在 $h=0.33$，对应于点钉扎。

图 6-44 给出了高温超导体 $\mathrm{YBa_2Cu_3O_{6+\delta}}$ 的磁化强度（**(a)**）和磁通钉扎力（**(b)**）随外磁场的变化曲线 [51]。通过拟合得出 $p \approx 1$, $q \approx 2$，钉扎力峰值出现在 $h = 0.33$，与 Dew-Hughes 理论预期的正常芯钉点扎比较接近，说明是正常相点钉扎机制。

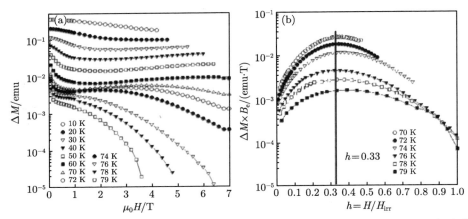

图 6-44　高温超导体 $YBa_2Cu_3O_{6+\delta}$ 的 (a) 磁化曲线宽度和 (b) 磁通钉扎力随外磁场的变化[51]

Dew-Hughes 模型是基本钉扎力的直接求和模型。这种方法忽略了磁通线的弹性，并且不包含磁通蠕动的影响。但是该模型非常有用，可以预测多种形式的钉扎函数，进而可以描述各种钉扎类型。因此，它非常适合分析未知钉扎机制的 F_p 数据。另外，采用 Dew-Hughes 模型研究高温超导体的钉扎机制还有很多其他优点：① 大部分测试数据给出了自然的标度，因此可以用来分析并有助于搞清基本的钉扎机制。② 在高温超导体中有时存在多种不同的钉扎机制，找到其中主要的钉扎机制是一项重要工作。而且该模型还可以将多种钉扎函数组合在一起，这对于钉扎中心在较高的外场中变为正常态情况显得尤其重要。③ 有些强钉扎中心，例如高场下出现鱼尾效应的位置，并不能用弹性钉扎理论来描述。

综上所述，磁通钉扎的主要方式有凝聚能钉扎、平均自由程涨落钉扎、本征钉扎以及磁性钉扎[52] 等。实际上，任何形式的缺陷或结构不均匀性，只要使得超导混合态的系统能量有所降低均能起到钉扎作用。因此，提高超导体临界电流密度的关键就是引入有效的钉扎中心。而单纯一种类型的缺陷并不能钉扎住整个温度和磁场范围内的磁通涡旋。研究表明，根据不同的目标温度和磁场的需求，需要引入不同形态类型的缺陷或引入多种混合缺陷组合才能有效提高钉扎力，这就形成了复杂的混合钉扎态。另外，由于磁通线之间有相互作用，涡旋物质相可以像原子所构成的物质态一样，有很多种形式及相变，如完善磁通格子的一级融化，无序格子的二级 (玻璃) 融化，在各向异性度较高时，随着磁场升高，应该出现从三维向二维特性的转变等。在三维情况下，磁通线主要以弹性的方式蠕动，而在二维情况下，磁通将以塑性方式运动，并有线性电阻出现。因此，氧化物超导体混合态内部的磁通运动及其对超导材料电磁性能的影响是非常复杂的电磁问题，与材料结构、热力学等相关，被称为磁通动力学[53]。研究高温超导体磁通动力学可以为改进超导材料性能、设计超导装置提供重要的理论支持。

6.5.4　热激活磁通蠕动

在铜氧化物高温超导体中，大量缺陷之间的钉扎相互作用对磁通线的状态有重要的影响。因此，钉扎相互作用应被看作是与磁场、温度一样重要的变量之一，而不仅仅是微扰因素。另外还存在超导维数、样品尺寸、钉扎中心种类等的影响。为了分析磁通线的状态，除磁通从一点跳到下一点的有效势垒，即热激活能 U_T 和弹性能 U_E 之外，还需要考虑钉扎能 U_p 的影响[53]。一般认为磁通相转变主要由上述三种能量中的两种决定，而第三种能量仅对相转变有一些微扰影响，除非在临界点附近区域三种能量才都起作用，因为这时三种能量在大小上难分伯仲。磁通融化转变主要由热激活能 U_T 和弹性能 U_E 确定，属于一级相变。当磁通线由于热激活而从晶格点的平均位移达到晶格参数的大约 15% 时发生融化转变，该转变仅在钉扎能 U_p 小于 U_E 的超导体中发生。

　　在讨论高温超导体磁通线晶格融化之前，我们先考虑磁弛豫效应。磁弛豫效应的测量步骤大致如下，首先将超导体样品零场冷却至临界温度以下的某个目标温度，然后施加一个外磁场，对磁化强度随时间的变化进行测量。另外，在施加一个外加磁场后将磁场撤去，通过测量磁化强度的时间依赖性可研究剩磁的弛豫效应。通常，在铜氧化物中经过较长的时间后其磁化强度都会有显著的降低。与低温超导体相比，由于相对较弱的钉扎和较高的温度，铜氧化物高温超导体的磁弛豫效果要显著得多，而且还呈现各向异性特性，例如，外加磁场垂直于 CuO_2 面时，磁弛豫要明显快于磁场平行于 CuO_2 面的情况。YBCO 单晶零场冷却和加场冷却后的磁弛豫研究结果清楚地表明，磁弛豫效应是热激活磁通蠕动的结果[54]。

　　磁通蠕动是热激活引起的磁通线的缓慢运动，在高温超导体中，这种现象更加明显。热激活引起的磁通蠕动与固体中的扩散现象较为相似，如**图 6-45** 所示[40]。即使传输临界电流为零、热能 k_BT 明显小于钉扎能 U_p 时，磁通线仍有一定的概率跳跃至邻近的钉扎中心。当存在传输临界电流时，作用在磁通线上的洛伦兹力将会减小钉扎势，从而促进热激活磁通蠕动的发生。

　　传统磁通蠕动理论假定钉扎势 U_p 随着电流密度的增加而线性降低[40]：

$$U_p(J) = U_{p0}\left(1 - \frac{J}{J_c}\right) \tag{6-24}$$

式中，U_{p0} 是零电流时的势垒高度；J_c 是没有热激活时的临界电流密度。在某一温度 $(<T_c)$ 时，热激活使磁通线沿着驱动力方向跳过有效钉扎势垒的概率为 ν(每秒从一个钉扎中心跳到另一个钉扎中心的次数)，ν 可由 Arrhenius 定律给出：

$$\nu = \nu_0 \exp\left(-\frac{U_p(J)}{k_BT}\right) \tag{6-25}$$

此处尝试发生频率 ν_0 的典型范围为 $10^{10} \sim 10^{12}$ Hz。当 $k_BT \ll U_{p0}$ 时，可以得到一个对数型的弛豫结果：

$$M(t) = M_0\left(1 - \frac{k_BT}{U_{p0}}\ln\left(\frac{t}{\tau_0}\right)\right) \tag{6-26}$$

这里 M_0 是磁化强度的初始值，时间常数 τ_0 与磁通跳跃尝试发生频率 ν_0 高度相关。在对铜氧化物高温超导体磁化强度随时间变化的实验研究中，对数型和非对数型的弛豫现象都曾被观察到。温度较高时，观察到的一般为非对数型的弛豫，而在足够低的温度下通常观察到的是对数型弛豫现象。

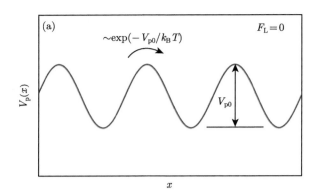

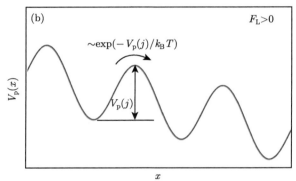

图 6-45　(a) 在传输临界电流为零时，磁通线有一定的概率跳跃至相邻的势阱中；(b) 传输临界电流产生的洛伦兹力作用于磁通线会造成势阱降低，使得磁通线更易于发生跳跃[40]

　　研究钉扎势的另一种方法是测量在外加磁场下的电阻变化。在高场下的实验表明钉扎势 $U_p(J)$ 与电流密度呈对数相关的关系：

$$U_p(J) = U_{p0}\ln\left(\frac{J_0}{J}\right) \tag{6-27}$$

当电流密度为 J_0 时，势垒高度为零。钉扎势对于电流密度的对数依赖关系导致磁弛豫具有幂指数特性：

$$M(t) = M_0\left(\frac{t}{\tau_0}\right)^{-\alpha} \tag{6-28}$$

此处 $\alpha = k_B T/U_{p0}$，τ_0 是磁弛豫过程中的时间常数。

　　根据集体钉扎理论，非对数型磁化强度弛豫可以描述为

$$M(t) = M_0\left[1 + \mu\frac{k_B T}{U_{p0}}\ln\left(\frac{t}{\tau_0}\right)\right]^{-\frac{1}{\mu}} \tag{6-29}$$

这里与集体钉扎相对应的有效钉扎势为

$$U_p(J) = \frac{U_{p0}}{\mu}\left[\left(\frac{J_0}{J}\right)^\mu - 1\right] \tag{6-30}$$

μ 值取决于磁通束的大小。对于单个磁通的跳跃，μ 为 1/7，而对于较小和较大的磁通束，μ 值分别为 3/2 和 7/9。人们发现采用集体钉扎机制模型可较好地描述 YBCO 单晶中的磁弛豫效应。在 50 K、低于 7 T 的磁场中，μ 值在 0.2 ~ 0.6，当大于 7 T 时，μ 迅速增加，在 8 T 时超过 2。

图 6-46 是各种高温氧化物超导体的磁弛豫曲线 [8]。从图中看出磁化强度的弛豫过程与温度、时间窗口以及样品的种类都有关系。对于不同的铋系氧化物超导样品，其弛豫特性在所考察的时间窗口内由不同的 $M(t)$ 关系进行描述，比如 Bi-2212 单晶样品在撤去外加磁场 10s 内表现出非对数型的弛豫特性，而 Bi-2212 和 Bi-2223 多晶样品的磁弛豫强度与 $\ln t$ 呈正比关系。在 Tl-2223 中，磁化强度比在 Tl-1223 中降低更为显著。Bi-2223 在 10 K 和 0.5 T 下与 Tl-1223 在 30 K 和 1 T 下具有相同的磁弛豫。各种氧化物超导体中不同的弛豫特性表明它们具有不同的钉扎势，其中 YBCO 具有最强的钉扎势，Tl-1223 次之，Bi-2212 多晶样品中的钉扎能力要强于 Bi-2212 单晶。另外，与未辐照样品相比，采用 180 MeV-Cu[11+] 离子辐照后的 Y-123 带材的磁弛豫效应明显降低。该结果表明辐照产生的诱导缺陷可以提供有效的磁通钉扎中心。

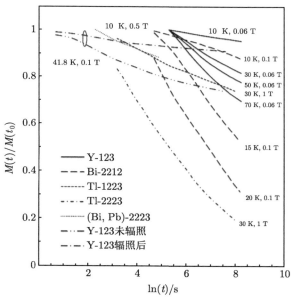

图 6-46　各种高温铜氧化物超导体的磁弛豫曲线 [8]

通常，可以通过磁化强度的弛豫率 S 得到有效激活能或者势垒高度 V_{p0}，从单势垒表达式 (公式 (6-19)) 我们可以得到

$$S = \frac{1}{M_0}\frac{\mathrm{d}M}{\mathrm{d}\ln\left(\dfrac{t_b}{\tau_0}\right)} = -\frac{k_B T}{V_{p0}} \tag{6-31}$$

其中 t_b 是测试开始的时间。因为在临界温度 T_c 时有效钉扎势 V_{p0} 为零，这时相应的弛豫率 S 应该发散。对于非对数型磁弛豫效应，我们可以利用所讨论的比例关系 $M(t)$ 通过实

验数据拟合得到 V_{p0}，实验确定的 $\mathrm{d}M(t)/\mathrm{dln}(t/\tau_0)$ 值在中间温度时达到最大值。

　　图 6-47 表示 YBCO 和 Bi-2212 单晶的 $\mathrm{d}M/\mathrm{dln}(t)$ 随温度的变化[55]。实验曲线是在样品零场冷却之后，在平行于单晶 c 方向施加相应磁场后测试得到的。可以看出在 Bi-2212 中，$\mathrm{d}M/\mathrm{dln}(t)$ 的最大值出现在 15 K，而在 YBCO 中，最大值出现在 20 K，YBCO 的 V_{p0} 达到 0.015 eV，是 Bi-2212 $V_{p0} = 0.008$ eV 的约 2 倍。很明显 Y-123 的弛豫率比 Bi-2212 小得多，显示 YBCO 的钉扎能力明显强于 Bi-2212。

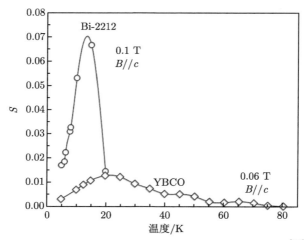

图 6-47　YBCO 和 Bi-2212 单晶的磁弛豫率数据对比[55]

　　通过研究外加磁场状态下样品由超导态过渡到正常态的电阻率，也可以获取热激活磁通蠕动的相关信息。磁通蠕动电阻率可以由下式给出：

$$\rho = \rho_{\mathrm{ff}}\exp\left(-\frac{V_{p0}\,(B)}{k_{\mathrm{B}}T}\right) \tag{6-32}$$

其中 V_{p0} 是激活能；ρ_{ff} 是 $1/T$ 趋向于 0 时的电阻率。

　　Bi-2212 单晶电阻率在磁场垂直和平行于 c 轴方向时与温度的 Arrhenius 曲线如**图 6-48** 所示[30]。插图表示沿单晶 c 轴方向分别施加 2 T、5 T 和 12 T 磁场时电阻率随温度的变化关系，可以看出电阻温度转变宽度随着磁场的增加而增加，转变曲线的形状也变得复杂。当电阻率低于 1 $\mu\Omega\cdot\mathrm{cm}$ 时，在 Arrhenius 曲线中电阻率与 $1/T$ 呈线性关系，表现出典型的热激活磁通蠕动行为。Arrhenius 曲线中曲线的斜率对应于激活能 V_{p0}。对于分别沿 c 轴方向施加的 2 T、5 T 和 12 T 磁场，相应的 V_{p0} 值分别为 ~ 50 meV、~ 40 meV 和 ~ 30 meV。通常，激活能随着磁场的增加而降低。从**图 6-48** 还可得出，磁场平行于 ab 平面时电阻率的斜率比平行于 c 轴时的斜率更为陡峭，表明磁场平行于铜氧面时的钉扎能要远大于垂直于铜氧面时的钉扎能。

　　图 6-49 是添加 4wt% $BaZrO_3$ 的 YBCO 薄膜电阻率的 Arrhenius 曲线[56]。磁场大小为 $1 \sim 8$ T，方向平行于 c 轴。当电阻率远低于 10 $\mu\Omega\cdot\mathrm{cm}$ 时，电阻率与温度的倒数呈线性关系，符合热激活磁通蠕动理论。电阻率的斜率随着磁场的减小而增大，意味着 V_{p0} 值在低磁场时趋向变大。$BaZrO_3$ 添加后，YBCO 薄膜沿 c 轴方向的激活能或势垒高度 V_{p0}

获得明显提升，这主要是由于薄膜生长过程中引入的棒状 $BaZrO_3$ 粒子可作为有效的钉扎中心。势垒高度的增加反映了平行于 c 轴方向的钉扎能力得到了提高。

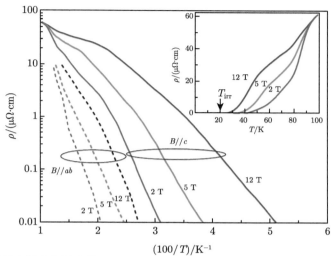

图 6-48　Bi-2212 单晶电阻率与温度的 Arrhenius 曲线，磁场大小为 2 T、5 T、12 T，方向垂直或平行于铜氧面 [30]。插图为磁场平行于 c 轴方向时电阻率随温度的变化曲线

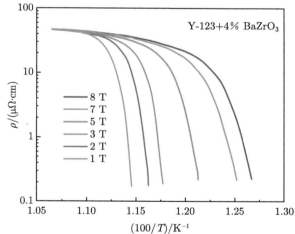

图 6-49　添加 4wt％ $BaZrO_3$ 的织构化 YBCO 薄膜电阻率的 Arrhenius 曲线 [56]。当低于 10 μΩ·cm 时，曲线呈线性关系。斜率在低场时变得更加陡峭，表明在低场时激活势垒会增加

最后，需要注意的是激活能 V_p 对临界电流密度的依赖性关系可以通过测试电流–电压特性得到。由热激活磁通蠕动产生的电场可以写成

$$E_e = J\rho_{ff}\exp\left(-\frac{V_p\left(\dfrac{J}{J_0}, B, T\right)}{k_B T}\right) \tag{6-33}$$

其中 ρ_{ff} 是 $1/T$ 趋向于 0 时的磁通蠕动电阻率。

高温铜氧化物超导体中存在较大的磁弛豫效应和外加磁场下电阻温度转变曲线明显增宽的特性，是其本征钉扎能较小以及温度升高后的结果。因此，临界电流密度的大小本质上受限于热激活磁通蠕动。实际上，磁通蠕动效应在高度各向异性的铜氧化物超导体中表现得更为明显，这主要是由于以下四个因素：① 较小的相干长度导致小的钉扎能；② 较大的伦敦穿透深度 λ 使得剪切模量 c_{66} 变小，因 $c_{66} \propto B/\lambda^2$；③ 极强的各向异性；④ 高温超导体都是掺杂氧化物，这意味着主要钉扎中心是 Cu-O 平面或链内的氧空位，钉扎能力较弱。强钉扎中心只能依靠人工引入，如辐照缺陷，或者添加纳米粒子等。

6.5.5　磁通涡旋玻璃–液态转变与 E-J 曲线

在前面章节中，由非理想第 II 类超导体混合态内钉扎力密度平衡 ($|F_p| = |F_D|_c$) 定义混合态非均匀磁通分布的临界态。这是忽略了温度影响的临界态描述，由此得到的临界电流密度和临界非均匀磁通分布表示为 J_{co} 和 $(dB(x)/dx)_{co}$(下角标 co 表示温度为 0 K 时的临界态)。由钉扎力密度决定的临界驱动力密度 $|F_D|_c$ 不随时间变化，即存在不随时间变化的稳定的 J_{co} 和 $(dB(x)/dx)_{co}$。因此它们仅描述不随时间衰减和不出现热激活磁通蠕动引起的耗散。

20 世纪 60 年代初，Anderson 和 Kim 观察到在有限温度 ($T<T_c$) 下传统非理想第 II 类超导体的热激活磁通蠕动现象，并提出了 Anderson-Kim 磁通蠕动模型 [57,58]，也就是从能量守恒的角度提出激活能是本征钉扎势 U_p 减去在跳跃过程中洛伦兹力所做的功：

$$U(J) = U_p \left(1 - \frac{J}{J_c}\right) \tag{6-34}$$

这一方程可以成功描述常规超导体的磁通运动耗散行为，但是在解释高温超导体的磁通运动时却遇到了麻烦。

有鉴于此，美国的 Fisher 等和苏联的 Vinokur 等相继提出了涡旋玻璃模型 [59] 和集体磁通蠕动模型 [60]，能很好地解释高温超导体的磁通运动特点。特别是 Fisher 等提出了涡旋玻璃态 (vortex glass)，从理论上论述了存在一个二级涡旋玻璃融化相变 [59]。即在涡旋玻璃相变温度，$T = T_g$ 时，发生了磁通固态的二级融化相变。在玻璃温度以上，有一个线性电阻存在，其耗散可以用热激活磁通流动模型描述。玻璃温度以下对应着涡旋固态，尽管磁通晶格的有序不再存在，但是超导的长程位相关联仍然存在，因此系统线性电阻为零。类比于自旋玻璃态，Fisher 等把它定义为涡旋玻璃态。因此，可以说涡旋玻璃理论与集体钉扎和集体蠕动的理论相辅相成。涡旋玻璃理论预言的玻璃温度 T_g 以下的磁通运动方式是集体蠕动，而集体钉扎和集体蠕动理论在小电流的情况下又需要涡旋玻璃态的概念。涡旋玻璃–液态转变 (以后简称 G-L 转变) 是由热激活能 U_t 和钉扎能 U_p 所确定的，属于二级相变。图 6-50 给出了涡旋玻璃状态时电压与温度的曲线示意图，当温度为玻璃温度 T_g 时，电压与电流呈指数关系：$V \propto I^n$，当温度高于 T_g 时，尽管 I 趋向于 0，但是电压并没有消失，$\lg V$ 与 $\lg I$ 的函数关系曲线呈向上弯曲。另一方面，在温度低于玻璃温度，I 趋向于 0 时，电阻会消失，也就是说，$\lg V$ 与 $\lg I$ 的函数关系曲线呈向下弯曲。这意味着在涡旋玻璃图像中，超导状态存在于玻璃温度以下。

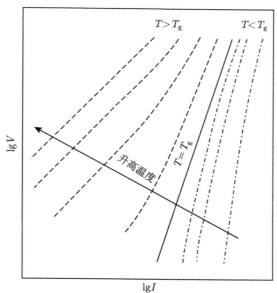

图 6-50 涡旋玻璃态下电压与电流曲线图。当温度为玻璃温度 T_g 时，电压与电流呈 $V \propto I^n$ 的指数关系，在玻璃温度以下，V 与 I 的函数关系曲线呈向下弯曲，在 I 较小时，V 减小到 0。当温度高于 T_g 时，该函数向上弯曲，使得电压 V 无法减小到 0

根据涡旋玻璃态理论 (简称 G-L 转变模型)，涡旋玻璃态中的相干长度和弛豫时间在相变温度 T_g 附近将会分别以 $\xi_g \sim |T - T_g|^{-\nu}$ 和 $\tau \sim \xi_g^z$ 形式发散，上述 ν 和 z 分别表示静态和动态的临界指数 [53]。如果在 $(E/J)/|T - T_g|^{\nu(z+2-D)}$ 与 $J/|T - T_g|^{\nu(D-1)}$ 的关系中，考虑到磁通线状态的维度 D，重新描述电阻 E/J 和电流密度 J，可以得到超导体的 E-J 耗散曲线的一个标度规律。而在玻璃转变点，线性电阻 $\rho_{\rm lin} = (E/j)|_{j \to 0}$ 随温度的变化关系：$\rho_{\rm lin} \propto |T - T_g|^{\nu(z+2-D)}$。该式表明，线性电阻在温度低于玻璃转变温度后会变成零，说明存在真正的零耗散态。

涡旋玻璃态理论提出来后，引发了大量的实验研究工作。**图 6-51** 给出了在沿着 c 轴方向的 4 T 外加磁场中，Y-123 薄膜样品的 E-J 曲线和标定结果 [61]。所得到的 $\nu \approx 1.7$ 和 $z \approx 5$ 值在不同的磁场下几乎一致。可以看出所有的曲线都与代表磁通线玻璃态和液态的两条曲线相吻合。这表明 G-L 转变模型可以很好地描述包括维度在内的磁通涡旋玻璃–液态转变现象。随后类似的工作不断被人重复，大部分结果是一致的，从而证明了涡旋玻璃态理论的有效性。在 G-L 转变模型中 ν 一般可取值 $1 \sim 2$，z 取值 $4 \sim 5$。有研究者在分析 Bi 系超导体的二维磁通线时发现，当采用 $D = 3$ 时，会得到 $\nu < l$，$z > 10$ 的结果。不过，如果使用适当的参数 $D = 2$，也会得到一个在上述范围内的临界指数 [62]。

磁通线被有效钉扎时处于玻璃态，没有被钉扎时则处于液态。实际上，G-L 转变受到磁通钉扎的强烈影响，特别是相变点 T_g 直接取决于磁通钉扎的强度。而且 E-J 曲线标定的静态临界指数 ν 也与磁通钉扎紧密相关。因此，E-J 曲线的标定可以用磁通蠕动或者磁通流动的机制来解释。这也可以从理论上解释在 G-L 转变中，由钉扎引起的磁通线无序随着温度从相变点 T_g 开始升高而显著地减小，磁通线接近完美磁通线格子的现象。

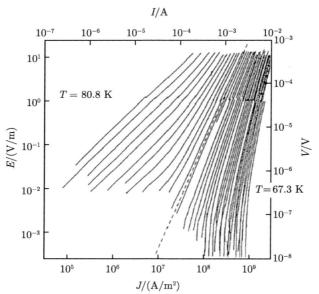

图 6-51 在 YBCO 薄膜上获得的磁场为 4 T 时 (沿 c 轴) 的 E-J 曲线 [61]。将不同磁场下测量得到的数据利用二级相变的标度率进行标度，发现其临界指数均接近 $z \approx 5$，$\nu \approx 1.7$

与低温超导体相比，氧化物超导体 E-J 曲线在临界点处的转变平缓，因此其 n 值一般偏小，这主要与磁通钉扎强度的不均匀分布以及磁通蠕动的强烈影响有关。我们知道，高温超导体晶体结构复杂，存在着大量晶体缺陷，尤其是氧缺陷，这种缺陷通常起着弱钉扎中心的作用，而尺寸相对大些的众多位错或堆垛层错以及非超导相等则起着强钉扎中心的作用。另外，由于晶界弱连接效应，超导电流在某些区域很难流过。所有这些因素使得氧化物超导体中的临界电流密度分布极不均匀，也就是说，超导体中磁通线的移动是不均匀的，而且很复杂。幸运的是这些不均匀磁通线的移动可以采用逾渗 (percolation) 模型得到合理解释 [63]。按照这一模型，弱钉扎势中由磁通蠕动激发的磁通移动可以表示为有效的磁通流，假定具有不均匀强度的磁通线由洛伦兹力解除钉扎的可能性可由 Weibull 函数表达。因此，临界电流密度 J_c 的分布函数可以表示为 [63]

$$P(J_c) = \begin{cases} \dfrac{m_0}{J_0} \left(\dfrac{J_c - J_{cm}}{J_0} \right)^{m_0 - 1} \exp\left[-\left(\dfrac{J_c - J_{cm}}{J_0} \right)^{m_0} \right], & J_c \geqslant J_{cm} \\ 0, & J_c < J_{cm} \end{cases} \tag{6-35}$$

式中，J_{cm} 是 J_c 的最小值；J_0 表示分布的宽度；m_0 是决定分布结构的参数，与 E-J 曲线的标度的动态临界指数 z 有关，有 $m_0 = (z-1)/2$。因此，E-J 曲线可以表示为

$$E(J) = \begin{cases} \dfrac{\rho_f J}{m_0 + 1} \left(\dfrac{J}{J_0} \right)^{m_0} \left(1 - \dfrac{J_{cm}}{J} \right)^{m_0 + 1}, & B \leqslant \mu_0 H_g \\ \dfrac{\rho_f |J_{cm}|}{m_0 + 1} \left(\dfrac{|J_{cm}|}{J_0} \right)^{m_0} \left[\left(1 + \dfrac{J}{|J_{cm}|} \right)^{m_0 + 1} - 1 \right], & B > \mu_0 H_g \end{cases} \tag{6-36}$$

上式中 H_g 是 G-L 相变场，应当注意，在 $B > \mu_0 H_g$ 时有 $J_{cm} < 0$。

图 6-52 给出了修正 J_m、J_c、m_0 和 H_g 参数后的理论结果与 YBCO 薄膜实验结果的比较[64]，可以看出逾渗模型可以很好地模拟实验结果。由逾渗模型确定的曲线可以近似用磁通蠕动和漂移机制来解释，这些证明了逾渗模型的有效性。逾渗模型可在很宽的温度和磁场区域简单描述 E-J 特性，因此对于超导体的应用来说是非常有用的。

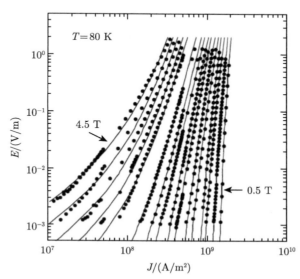

图 6-52 YBCO 薄膜的实验结果与采用逾渗模型 (实线) 模拟所得的 E-J 曲线之间的比较[64]

6.5.6 不可逆线

当铜氧化物超导体在高温下磁通蠕动变得强烈时，磁通移动频繁，即使一个小的传输电流也可以导致一个稳定的电场，使得临界电流密度 J_c 变为 0。这一区域在一个准静态变化的磁场内不会出现磁滞，即磁化是可逆的。在氧化物超导体磁场–温度相图中，$J_c = 0$ 的可逆区域和 $J_c \neq 0$ 的不可逆区域之间的边界被称为不可逆线，如**图 6-53** 所示。不可逆线是氧化物超导体混合态中不可逆相区和可逆相区的分界线。在低温超导材料中，B_{c2} 的相边界和不可逆线几乎重合，即不可逆场和上临界场差别很小。但是对高温超导体来说，不可逆场比上临界场要低得多。在不可逆线以上，由于没有钉扎中心，磁通线是可移动的，因此临界电流为零。对于超导磁体或者电力应用来说，高温超导体只能运行在不可逆线以下的磁场和温度，也就是说，不可逆场的大小直接决定了高温超导体应用的范围。

在氧化物超导体磁通相图上，每个不可逆场对应着一个不可逆温度。不可逆温度就是氧化物超导体混合态的磁通对温度具有不可逆性与可逆性的温度分界点。6.4.3 节已经提到，不可逆温度的存在是磁通格子的融化所导致。对于不可逆线以下的涡旋固态，在高温超导体发现之后不久就已经有玻璃态特性的报道。当温度高于不可逆温度时，磁通物质呈现涡旋液态。根据 6.4.3 节 Fisher 的涡旋玻璃理论，涡旋玻璃态在玻璃温度以下才是真正的超导体。除了涡旋晶格融化之外，不可逆线以上的状态从 E-J 曲线上看相当于 $J \to 0$

的状态，"没有临界电流" 可定性理解为在高温高场时由热助磁通流动在高温热激活下发生热脱钉，磁通在体内可以无阻地自由流动。

　　在此不再详细讨论产生不可逆线的原因，而是重点介绍不同铜氧化物超导体的不可逆线及其特点。通常，不可逆线可通过测量氧化物超导体的电阻率或磁滞回线而得到。值得注意的是即使对于同一种氧化物超导体，文献中发表的结果多存在相当大的差异，这主要是采用不可逆场的定义标准不同，或实验装置具有不同的灵敏度所导致。另外，所研究样品中的化学成分波动和缺陷结构也会影响不可逆场的大小。另一方面，不可逆线与样品的钉扎强度紧密相关，要想提高不可逆场，就必须增大样品的钉扎能力。已有很多文献报道氧化物超导体的不可逆线经辐照或者引入人工钉扎中心之后会向高场区域移动。

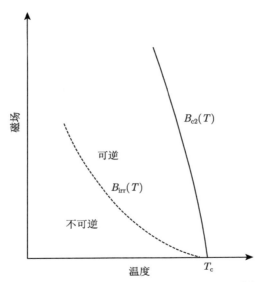

图 6-53　磁场–温度相图中的相边界 $B_{c2}(T)$ 和不可逆线 $B_{irr}(T)$

　　图 6-54 给出了各种氧化物超导体的不可逆场随归一化温度 (T/T_c) 变化的关系 [8]。外加磁场平行于样品的 c 轴方向。与其他高温超导体相比，YBCO 具有最高的不可逆场，这与其导电 CuO 链嵌入载流子库层 (BaO) 中的独特结构紧密相关 (BaO-CuO-BaO)，也表明钉扎作用在各向异性小的氧化物超导体中更有效。Hg-1212 和 Tl-1223 单层氧化物的不可逆场次之，而 Bi-2212 和 Tl-2212 双层化合物由于各向异性大，其不可逆场相对最低。总结一下，Tl-1223 和 Hg-1212 的不可逆线通常高于 Bi-或 Tl-22$(n-1)n$ 的不可逆线，但远低于 YBCO 或其他 RE-123 的不可逆线。

　　图 6-55 是几种 Bi 系超导体的不可逆线 [65]。不可逆场不仅与样品的性质有关，还与测试技术和起始转变的判据有关。由于 Bi-2201 单晶的上临界场较低，只有 20.2 T，所以可通过直接测量获取其不可逆场，例如，其不可逆场在 2 K 时实验值为 12.8 T。从图中看出，尽管这四种 Bi 系高温超导体的不可逆线具有相同的变化趋势，不过由于转变温度不同，它们的位置相差很大 (Bi-2201 为 28.3 K，Bi-2212 单晶为 77.8 K，熔融制备的 Bi-2212

为 92.8 K，Bi-2223 带材为 107.7 K)。

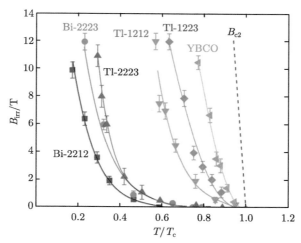

图 6-54 各种氧化物高温超导体的不可逆场与归一化温度 T/T_c 的关系 [8]

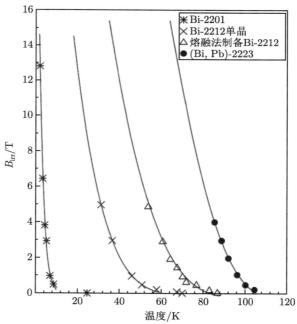

图 6-55 $Bi_2(Sr, La)_2CuO_y$ 单晶、Bi-2212 单晶、熔融制备的 Bi-2212 样品和 Bi-2223 带材的不可逆线 [65]。其中的实线是根据 $B_{irr} = B_0 (1-T/T_c)^{\alpha}$ 拟合的结果

图 6-56 给出了几种 Tl 系氧化物超导单晶的不可逆线 $(B//c)$[66]。从中看出，单层化合物 Tl-1212 和 Tl-1223 的不可逆场要高于相应的双层氧化物 Tl-2212 和 Tl-2223。例如，Tl-1223 和 Tl-2223 这两种化合物的主要区别在于其载流子库层不同，Tl-2223 中含有 BaO-TlO-TlO-BaO 层，而 Tl-1223 只含有单层的铊氧层 (BaO-TlO-BaO)。由于它们

具有绝缘特性，Tl-2223 中较厚的载流子库层会降低铜氧层之间的耦合，而且 Tl-2223 比 Tl-1223 具有更大的各向异性，因此，Tl-1223 比 Tl-2223 具有更高的不可逆场。Hg 系氧化物超导体的不可逆场也有相似的特性。

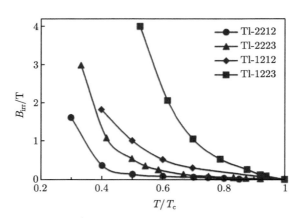

图 6-56　Tl 系氧化物超导体单晶的不可逆线与温度 T/T_c 的关系 [66]

由于铜氧化物材料的层状结构特征，临界电流密度和不可逆场的各向异性与电子各向异性密切相关。我们可以把氧化物超导体的结构看成沿晶体 c 轴方向交替堆叠载流子库层和 CuO_2 导电层组成。相邻的 CuO_2 层和将它们分开的载流子库层可以被看作是一个内置的约瑟夫森结。绝缘载流子库层越厚，相邻的超导 CuO_2 区之间的耦合越弱。因此，具有较厚绝缘载流子库层的铜氧化物通常具有更强的电子各向异性，而且耦合较弱。这就解释了为什么具有较薄载流子库层的 Tl- 和 Hg-12$(n-1)n$ 铜氧化物比具有较厚载流子库层的 Bi- 和 Tl-22$(n-1)n$ 超导体往往具有更高的不可逆场。反之如上所述，RE-123 超导体的不可逆场最高，也主要得益于其各向异性比 Bi、Tl 和 Hg 系氧化物超导体小得多，特别是当接近 T_c 时。

6.5.7　尖峰效应

尖峰效应 (peak effect) 是一种特殊的钉扎现象，是指磁滞回线上，除了零场附近的尖峰外，很多超导体在某些特定的磁场还会出现第二个尖峰，这实际上对应临界电流密度随着外场的增加而增加 [53]。尖峰效应不仅在传统低温超导体中，而且在高温超导体中都可以观察到，如**图 6-57** 所示 [67]。对于有较小 G-L 参数 κ 的超导体来说，出现的尖峰场接近上临界场，且随着 κ 的增加向低场转移。尤其在有非常大 κ 值的高温超导体中，尖峰效应出现在相当低的场中。近几年的研究表明，尖峰效应附近存在着丰富的物理现象，并且和磁通相图密切相关。

传统低温超导体的尖峰效应早在 1960 年就有报道，包括 Nb、Nb_3Ge、$Ta_{50}Nb_{50}$、2H-$NbSe_2$ 等，其中以 2H-$NbSe_2$ 为典型代表的磁滞回线如**图 6-57 (a)** 所示，特征是在磁场靠近上临界场 H_{c2} 的时候，存在一个尖峰。一般认为低温超导体的尖峰效应和磁通晶格的软化有关，磁通软化后更容易被有效钉扎住；也有人认为与样品中的不均匀性有关。

与低温超导体相比，高温超导体具有弱钉扎、强各向异性和量子涨落等特点，因此尖峰效应更加复杂。通常, 高温超导体中的尖峰效应可以分成两类, 一类是以高度各向异性的 Bi-2212 为代表, 同样由于其形状, 也被称为 "箭头特征" (arrowhead feature); 另一类以各向异性相对较小的 YBCO 为代表的 RE-123 中 (RE =Y、Nd、Sm 等) 的单晶或块材, 由于类似鱼尾的形状, 通常也被称为 "鱼尾效应"(fishtail effect)。Bi-2212 单晶典型的磁滞回线如**图 6-57 (b)** 所示, 其特征是尖峰效应只在温度为 $20 \sim 40$ K 的范围内可以观察到, 而且尖峰出现的磁场位置基本与温度无关。Bi-2212 的磁滞回线非常不对称, 表现在两个方面: 一方面, 磁滞回线对于 $M=0$ 不对称; 另一方面, 上下尖峰的磁场位置不对称。这种不对称主要是由于表面势垒的作用。随后实验表明 Bi-2212 单晶存在非常强的表面势垒, 从而对磁滞回线的形状、动力学特性以及 I-V 特性产生很大影响。早期曾有一种观点认为, 表面势垒或者表面势垒到体钉扎的转变是尖峰效应的来源。但是后来大量实验证明有序–无序相转变对尖峰效应起着关键作用。现在普遍认为它与准有序的磁通布拉格玻璃向另外一个无序的磁通固态的相转变紧密有关。

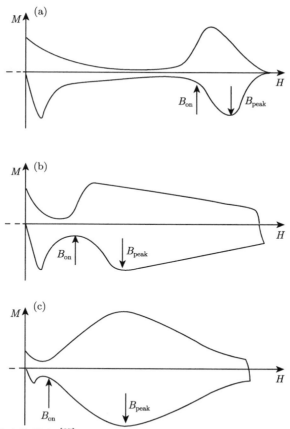

图 6-57　不同超导体的尖峰效应 [67]。(a) 以 2H-NbSe$_2$ 为代表的低温超导体中的尖峰效应; (b) 以 Bi-2212 为代表的高度各向异性高温超导体的尖峰效应; (c) 以 YBCO 块材为代表的尖峰效应

图 6-57(c) 是 YBCO 典型的磁滞回线。与 Bi-2212 不同的是, YBCO 峰值场对温度有很强的依赖关系, 随温度的升高向低场移动, 其存在的温区则从能测量的最低温直到

80 K 左右。另外，YBCO 的尖峰在非常大的磁场范围内存在。对 Bi-2212 而言，对应磁化峰值的磁场 B_{peak} 和谷值的磁场 B_{on} 的差距不到几百高斯，相对尖锐；而在 YBCO 中，其差值通常是几个特斯拉，磁化强度变化很平缓，并且随着温度的改变而移动。YBCO 尖峰效应同样受掺杂、辐照等影响。随着氧含量的增加，尖峰将向高场移动。当存在少量孪晶时，对尖峰效应影响不大，而随着数量增加，将会抑制尖峰效应。

　　如**图 6-58** 所示 [68]，YBCO 单晶和块材中在 77.3 K 温区的中场附近观察到临界电流密度具有较宽的尖峰效应，引起峰值效应的钉扎中心是包含孪生边界的氧缺陷区域。这些氧缺陷的区域在磁场增加的时候其超导性被抑制，变为正常态，从而作为有效钉扎中心，提高了临界电流密度。另外，在包含较大离子半径的稀土元素 (rare earth, RE) 的 RE-123 超导体中也观察到了类似的尖峰效应，其中 Ba 位被稀土元素替代而形成的非超导区域可以起到钉扎中心的作用。因为替代区域比周围基体相有更低的 T_{c}，被认为是类似氧缺陷的场诱导钉扎效应。但是该机制并不能解释当 Sm-123 超导粉末的颗粒尺寸减小到小于钉扎相干长度时，峰值效应消失的事实。随后 Nd-123 超导体又提供了另一个例证。**图 6-59** 是沿 c 轴方向磁场中添加 211 相的 Nd-123 超导块材临界电流密度随磁场的变化曲线 [53]。结果表明，随着 211 颗粒添加比例的增加，中场区域的 J_{c} 在逐步降低，峰值效应也随之减小甚至消失，但是低磁场和高磁场中的 J_{c} 却有所提高。很快在加入 211 相的 YBCO 块材中也观察到相同的 J_{c} 变化趋势。显而易见，这一变化也不能用上述钉扎机制来解释。因此有研究者又提出了低 T_{c} 区域动能相互作用机制 [69]。这样峰值效应的消失就可以用 211 相的负钉扎能和低 T_{c} 区域的正钉扎能之间的相互作用来给予解释。其他对尖峰效应的解释还有从单根磁通蠕动到集体磁通蠕动的转变，从而导致在中间场处磁场弛豫变慢，出现鱼尾峰等 [70]。到目前为止，可以说对 YBCO 尖峰效应产生的机理仍尚无定论。但是越来越多的理论和实验表明，尖峰效应实际上对应于一种从低场相到高场相的相变，反映的是磁通晶格的性质。

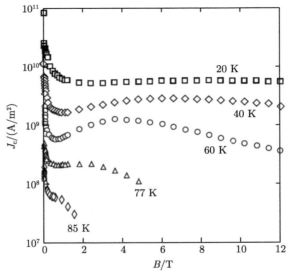

图 6-58   在平行于 c 轴的磁场中 YBCO 高温超导体的尖峰效应 [68]

从应用角度看,可以利用 RE-123 体系中强的尖峰效应制备高温超导体的永久磁体,如在液氮温度 (77 K) 下,目前可以很容易获得 4 T 左右的冻结磁场,这点对磁悬浮具有重要的实用价值。当然根据上面的讨论,对于 RE-123 织构块材而言,要出现尖峰效应,超导体应当有足够的尺寸,钉扎中心不能太强且其大小应当接近或者小于磁通线间距,使得当磁通线发生微小位移时钉扎力可以出现明显的变化。因此,要发挥尖峰效应在 RE-123 超导体应用中的作用,可以概括为:含低 T_c 区域,但不添加 211 相的 RE-123 超导块材尽量面向中场应用;对于添加大量 211 相,但不包含低 T_c 区域的 RE-123 超导块材可以用于高场应用。

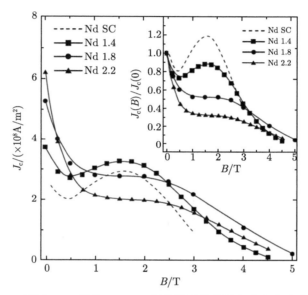

图 6-59 在 77.3 K 时添加 211 相的 Nd-123 超导块材的临界电流密度随磁场的变化关系 [53]

参 考 文 献

[1] Bednorz J G, Müller K A. Possible high T_c superconductivity in the Ba-La-Cu-O system. Z. Phys. B: Condens. Matter, 1986, 64(2): 189-193.

[2] Wu M K, Ashburn J R, Torng C J, et al. Superconductivity at 93 K in a new mixed-phase Y-Ba-Cu-O compound system at ambient pressure. Phys. Rev. Lett., 1987, 58(9): 908-910.

[3] 赵忠贤, 陈立泉, 杨乾声, 等. Ba-Y-Cu 氧化物液氮温区的超导电性. 科学通报, 1987, (6): 412-414.

[4] Maeda H, Tanaka Y, Fukutomi M, et al. A new high-T_c oxide superconductor without a rare earth element. Jpn. J. Appl. Phys., 1988, 27(Part 2, No.2): L209-L210.

[5] Sheng Z Z, Hermann A M. Bulk superconductivity at 120 K in the Tl-Ca/Ba-Cu-O system. Nature, 1988, 332(6160): 138-139.

[6] Schilling A, Cantoni M, Guo J D, et al. Superconductivity above 130 K in the Hg-Ba-Ca-Cu-O system. Nature, 1993, 363(6424): 56-58.

[7] Saxena A K. High-Temperature Superconductors. 2nd ed. Berlin: Springer-Verlag, 2012.

[8] Wesche R. Physical Properties of High-Temperature Superconductors. West Sussex: Wiley Press, 2015.

[9] 王占国. 中国材料工程大典, 第 13 卷, 信息功能材料工程 (下)AC76. 北京: 化学工业出版社, 2006.

[10] Putilin S N, Antipov E V, Chmaissem O, et al. Superconductivity at 94 K in $HgBa_2CuO_{4+\delta}$. Nature, 1993, 362(6417): 226-228.

[11] Rogalla H, Kes P H. 100 Years of Superconductivity. New York: CRC Press, 2011

[12] Gao L, Xue Y Y, Chen F, et al. Superconductivity up to 164 K in $HgBa_2Ca_{m-1}Cu_mO_{2m+2+\delta}$ ($m=1$, 2, and 3) under quasihydrostatic pressures. Phys. Rev. B, 1994, 50(6): 4260-4263.

[13] 周午纵, 梁维耀. 高温超导基础研究. 上海: 上海科学技术出版社, 1999.

[14] 章立源, 张金龙, 崔广霁. 超导物理学. 北京: 电子工业出版社, 1995.

[15] Cava R J, Hewat A W, Hewat E A, et al. Structural anomalies, oxygen ordering and superconductivity in oxygen deficient $Ba_2YCu_3O_x$. Physica C, 1990, 165(5-6): 419-433.

[16] Schweizer T, Müller R, Gauckler L J. A wet-chemistry method to determine the Bi and Cu valencies in Bi-Sr-Ca-Cu-O (2212) high-temperature superconductors. Physica C, 1994, 225(1-2): 143-148.

[17] Uchida S. High Temperature Superconductivity. Tokyo: Springer Press, 2015.

[18] Williams G V M, Tallon J L. Ion size effects on T_c and interplanar coupling in $RBa_2Cu_3O_{7-\delta}$. Physica C, 1996, 258(1-2): 41-46.

[19] Tarascon J M, Greene L H, McKinnon W R, et al. Superconductivity at 40 K in the oxygen-defect perovskites $La_{2-x}Sr_xCuO_{4-y}$. Science, 1987, 235(4794): 1373-1376.

[20] Ashcroft N W. Metallic hydrogen: a high-temperature superconductor? Phys. Rev. Lett., 1968, 21(26): 1748-1749.

[21] Drozdov A P, Kong P P, Minkov V S, et al. Superconductivity at 250 K in lanthanum hydride under high pressures. Nature, 2019, 569(7757): 528-531.

[22] Kleiner R, Buckel W. Superconductivity: An Introduction. Weinheim: Wiley-VCH Verlag GmbH & Co. KGaA, 2016.

[23] Bennernann K H, Ketterson J B. The Physics of Superconductors. Berlin: Springer-Verlag, 2003.

[24] Penney T, von Molnár S, Kaiser D, et al. Strongly anisotropic electrical properties of single-crystal $YBa_2Cu_3O_{7-x}$. Phys. Rev. B, 1988, 38(4): 2918-2921.

[25] Friedmann T A, Rabin M W, Giapintzakis J, et al. Direct measurement of the anisotropy of the resistivity in the a-b plane of twin-free, single-crystal, superconducting $YBa_2Cu_3O_{7-\delta}$. Phys. Rev. B, 1990, 42(10): 6217-6221.

[26] Tinkham M. Introduction to the phenomenology of high temperature superconductors. Physica C, 1994, 235-240: 3-8.

[27] Senoussi S, Oussena M, Hadjoudj S. On the critical fields and current densities of $YBa_2Cu_3O_7$ and $La_{1.85}Sr_{0.15}CuO_4$ superconductors. J. Appl. Phys., 1988, 63(8): 4176-4178.

[28] Poole Jr. C P, Farach H A, Creswick R J, et al. Superconductivity. 2nd ed. Singapore: Elsevier Pte Ltd., 2015.

[29] Mangin P, Kahn R. Superconductivity: An Introduction. Switzerland: Springer International Publishing AG, 2017.

[30] Palstra T T M, Batlogg B, Schneemeyer L F, et al. Thermally activated dissipation in $Bi_{2.2}Sr_2Ca_{0.8}Cu_2O_{8+\delta}$. Phys. Rev. Lett., 1988, 61(14): 1662-1665.

[31] Werthamer N R, Helfand E, Hohenberg P C. Temperature and purity dependence of the superconducting critical field, H_{c2}. III. Electron spin and spin-orbit effects. Phys. Rev., 1966, 147(1): 295-302.

[32] Krusin-Elbaum L, Tsuei C C, Gupta A. High current densities above 100 K in the high-temperature superconductor $HgBa_2CaCu_2O_{6+\delta}$. Nature, 1995, 373(6516): 679-681.

[33] Tsabba Y, Reich S. Giant mass anisotropy and high critical current in Hg-1223 superconducting films. Physica C, 1996, 269(1): 1-4.

[34] Schmitt P, Schultz L, Saemann-Ischenko G. Electrical properties of $Bi_2Sr_2CaCu_2O_x$ thin films prepared *in situ* by pulsed laser deposition. Physica C, 1990, 168(5-6): 475-478.

[35] Yamasaki H, Endo K, Kosaka S, et al. Magnetic-field angle dependence of the critical current density in high-quality $Bi_2Sr_2Ca_2Cu_3O_x$ thin films. IEEE Trans. Appl. Supercond., 1993, 3(1): 1536-1539.

[36] Watanabe K, Awaji S, Kobayashi N, et al. Angular dependence of the upper critical field and the critical current density for $YBa_2Cu_3O_{7-\delta}$ films. J. Appl. Phys., 1991, 69(3): 1543-1546.

[37] Blatter G, Geshkenbein V B, Larkin A I. From isotropic to anisotropic superconductors: a scaling approach. Phys. Rev. Lett., 1992, 68(6): 875-878.

[38] Civale L, Maiorov B, Serquis A, et al. Influence of crystalline texture on vortex pinning near the *ab*-plane in $YBa_2Cu_3O_7$ thin films and coated conductors. Physica C, 2004, 412-414: 976-982.

[39] Evetts J E, Glowacki B A. Relation of critical current irreversibility to trapped flux and microstructure in polycrystalline $YBa_2Cu_3O_7$. Cryogenics, 1988, 28(10): 641-649.

[40] Wesche R. High-Temperature Superconductors: Materials, Properties, and Applications. New York: Kluwer Academic Publishers, 1998: 133-222.

[41] Shibutani K, Wiesmann H J, Sabatini R L, et al. Comparative study of J_c-H characteristics for silver-sheathed superconducting Bi(2 : 2 : 1 : 2) and Bi(2 : 2 : 2 : 3) tapes. Appl. Phys. Lett., 1994, 64(7): 924-926.

[42] Gladyshevskii R E, Perin A, Hensel B, et al. Preparation by *in-situ* reaction and physical characterization of Ag(Au) and Ag(Pd) sheathed (Tl, Pb, Bi) $(Sr, Ba)_2Ca_2Cu_3O_{9-\delta}$ tapes. Physica C: Superconductivity, 1995, 255(1-2): 113-123.

[43] Dimos D, Chaudhari P, Mannhart J, et al. Orientation dependence of grain-boundary critical currents in $YBa_2Cu_3O_{7-\delta}$ bicrystals. Phys. Rev. Lett., 1988, 61(2): 219-222.

[44] 闻海虎. 高温超导体磁通动力学和混合态相图 (I). 物理, 2006, 35(1): 16-26.

[45] Kwok W K, Welp U, Glatz A, et al. Vortices in high-performance high-temperature superconductors. Rep. Prog. Phys., 2016, 79(11): 116501.

[46] Larkin A I, Ovchinnikov Y N. Pinning in type II superconductors. J. Low Temp. Phys., 1979, 34(3-4): 409-428.

[47] Blatter G, Feigel'Man M V, Geshkenbein V B, et al. Vortices in high-temperature superconductors. Rev. Mod. Phys., 1994, 66(4): 1125-1388.

[48] Dew-Hughes D. Flux pinning mechanisms in type II superconductors. Philos. Mag., 1974, 30(2): 293-305.

[49] Griessen R, Wen H-H, van Dalen A J, et al. Evidence for mean free path fluctuation induced pinning in $YBa_2Cu_3O_7$ and $YBa_2Cu_4O_8$ films. Phys. Rev. Lett., 1994, 72(12): 1910-1913.

[50] Hampshire R G, Taylor M T. Critical supercurrents and the pinning of vortices in commercial Ng-60at%Ti. J. Phys. F: Met. Phys., 1972, 2(1): 89-106.

[51] Wen H H, Zhao Z X. Fishtail effect and small size normal core pinning in melt-textured-growth $YBa_2Cu_3O_{7-\delta}$ bulks. Appl. Phys. Lett., 1996, 68(6): 856-858.

[52] Van Bael M J, Temst K, Moshchalkov V V, et al. Magnetic properties of submicron Co islands and their use as artificial pinning centers. Phys. Rev. B, 1999, 59(22): 14674-14679.

[53] Matsushita T. Flux Pinning in Superconductors. Berlin: Springer-Verlag, 2007: 267-339.

[54] Yeshurun Y, Malozemoff A P. Giant flux creep and irreversibility in an Y-Ba-Cu-O crystal: an alternative to the superconducting-glass model. Phys. Rev. Lett., 1988, 60(21): 2202-2205.

[55] Yeshurun Y, Malozemoff A P, Worthington T K, et al. Magnetic properties of YBaCuO and BiSrCaCuO crystals: a comparative study of flux creep and irreversibility. Cryogenics, 1989, 29(3): 258-262.

[56] Schlesier K, Huhtinen H, Paturi P. Reduced intrinsic and strengthened columnar pinning of undoped and 4wt% $BaZrO_3$-doped $GdBa_2Cu_3O_{7-\delta}$ thin films: a comparative resistivity study near T_c. Supercond. Sci. Technol., 2010, 23(5): 055010.

[57] Anderson P W. Theory of flux creep in hard superconductors. Phys. Rev. Lett., 1962, 9(7): 309-311.

[58] Kim Y B, Hempstead C F, Strnad A R. Critical persistent currents in hard superconductors. Phys. Rev. Lett., 1962, 9(7): 306-309.

[59] Fisher M P A. Vortex-glass superconductivity: a possible new phase in bulk high-T_c oxides. Phys. Rev. Lett., 1989, 62(12): 1415-1418.

[60] Feigel'man M V, Geshkenbein V B, Larkin A I, et al. Theory of collective flux creep. Phys. Rev. Lett., 1989, 63(20): 2303-2306.

[61] Koch R H, Foglietti V V, Gallagher W J, et al. Experimental evidence for vortex-glass superconductivity in Y-Ba-Cu-O. Phys. Rev. Lett., 1989, 63(14): 1511-1514.

[62] Yamasaki H, Endo K, Mawatari Y, et al. Vortex-glass-liquid transition and critical current density in $Bi_2Sr_2Ca_2Cu_3O_x$ superconductors. IEEE Trans. Appl. Supercond., 1995, 5(2): 1888-1891.

[63] Yamafuji K, Kiss T. Current-voltage characteristics near the glass-liquid transition in high-T_c superconductors. Physica C, 1997, 290(1-2): 9-22.

[64] Kiss T, Matsushita T, Irie F. Relationship among flux depinning, irreversibility and phase transition in a disordered HTS material. Supercond. Sci. Technol., 1999, 12(12): 1079-1082.

[65] Ihara N, Matsushita T. Effect of flux creep on irreversibility lines in superconductors. Physica C, 1996, 257(3-4): 223-231.

[66] Wahl A, Hardy V, Maignan A, et al. Irreversibility line and critical current densities of '1223' cuprate $TlBa_2Ca_2Cu_3O_9$: a single crystal study. Cryogenics, 1994, 34(11): 941-945.

[67] 闻海虎. 高温超导体磁通动力学和混合态相图 (II). 物理, 2006, 35 (2): 111-124.

[68] Küpfer H, Apfelstedt I, Flükiger R, et al. Intragrain junctions in $YBa_2Cu_3O_{7-x}$ ceramics and single crystals. Cryogenics, 1989, 29(3): 268-280.

[69] Matsushita T. Flux pinning in superconducting 123 materials. Supercond. Sci. Technol., 2000, 13(6): 730-737.

[70] Krusin-Elbaum L, Civale L, Vinokur V M, et al. "Phase diagram" of the vortex-solid phase in Y-Ba-Cu-O crystals: a crossover from single-vortex (1D) to collective (3D) pinning regimes. Phys. Rev. Lett., 1992, 69(15): 2280-2283.

第 7 章　Bi 系高温超导线带材

7.1　引　　言

　　氧化物高温超导体的优点是高临界温度 T_c、高载流能力，并且具有极高的上临界场。由于低温超导体的 T_c 低，只能在液氦温度下运行，其应用条件较为苛刻，而高温超导材料的临界温度在液氮温度 (77 K) 以上，所以在实际应用中可以用液氮制冷。液氮的价格相比于液氦要便宜很多，这使得高温超导材料的大规模应用成为可能，例如，在变压器、电缆、限流器和发电机等电力领域的应用。另一方面，超导磁体由于具有能耗低、体积小、重量轻等优点，已经展现了极大的优势，其应用日益广泛。而由于低临界磁场的限制，低温超导材料在 4.2 K 所能产生的磁场一般小于 20 T，要实现高于 20 T 的强磁场就必须使用高温超导材料。目前的发展趋势是采用高低温超导磁体组合优化的方式产生更高的磁场，因为这种方式可以极大地降低系统的成本。

　　在发现高温超导材料之后的几年，人们进行了各种尝试，希望能够将这些材料开发成实用化的导线。但是，高温超导体作为氧化物陶瓷材料，硬度高且比较脆，不能像金属材料一样直接加工成线材。第一根基于 $YBa_2Cu_3O_{6+\delta}$(YBCO) 的高温超导线材是由 Jin 等于 1987 年采用氧化物粉末套管 (OPIT) 方法制备得到的 [1]，不过由于当时烧结后晶粒连接性差以及存在大量大角度晶界，临界电流密度 J_c 非常小，只有 175 A/cm²(77 K，自场)，令人们感到很是沮丧。直到两年后的 1989 年，德国 Vacuumschmelze 的 Heine 等 [2] 将 Bi-Sr-Ca-Cu-O 粉末装在银管中，经过熔化处理后，成功得到了 c 轴择优取向的多晶 $Bi_2Sr_2CaCu_2O_8$(2212) 线材，在 4.2 K、25 T 条件下 J_c 竟然高达 10^4 A/cm²。这一令人振奋的传输电流结果使得高温超导界再次对氧化物超导体的应用前景充满了期待，随后引发了粉末套管工艺制备高温超导线带材的新高潮。

　　在第 6 章中，已经介绍了铜氧化物高温超导体的结构、各种物理特性以及磁通钉扎性能。如前所述，高温铜氧化物超导材料主要有 Bi-Sr-Ca-Cu-O 系、Y-Ba-Cu-O 系、Hg-Ba-Ca-Cu-O 系、Tl-Ba-Ca-Cu-O 系等，但是 Hg 和 Tl 元素毒性较大，因此 Bi-Sr-Ca-Cu-O 系和 Y-Ba-Cu-O 系在实用化上更具有优势。在本章和第 8 章中，我们将分别介绍第一代 Bi 系高温超导线带材 (Ag/Bi-2212 和 Ag/Bi-2223) 和第二代钇系高温超导带材 (RE-123 涂层导体，其中 RE 代表 Y 或其他稀土元素) 的制备工艺与磁场下的传输性能，并将重点讨论限制临界电流密度的各种因素。

7.2　Bi 系超导体的结构特征及相关物理性质

　　Bi-Sr-Ca-Cu-O 超导体由于其结构与超导特性之间的奇特关系而备受关注。Bi-Sr-Ca-Cu-O 体系由一系列 $Bi_2Sr_2Ca_{n-1}Cu_nO_{2n+4+\delta}$ 化合物组成。最著名的化合物是 $n = 1 \sim 3$

的化合物, 即 $Bi_2Sr_2CuO_{6+\delta}$ (Bi-2201)、$Bi_2Sr_2CaCu_2O_{8+\delta}$ (Bi-2212) 和 $Bi_2Sr_2Ca_2Cu_3O_{10+\delta}$ (Bi-2223)。Bi-2201 化合物的超导电性最先是由 Michel 等 [3] 于 1987 年发现的, 该体系临界温度 T_c ($7 \sim 22$ K) 相对较低, 当时并未引起人们的注意。直到 Maeda 等 [4] 通过在 Bi-2201 体系中添加钙 (Ca) 发现了第一个临界温度大于 100 K 的 Bi-Sr-Ca-Cu-O 超导体, 研究者才对其产生了极大兴趣。后经证实他们得到的是 Bi-2212 和 Bi-2223 相的混合体, Bi-2223 的 T_c 为 110 K, 而 Bi-2212 的 T_c 是 85 K。由于 T_c 高, Bi-2212 和 Bi-2223 这两个体系较适宜用于线材的制备。Bi-2223 高温超导带材是率先进入产业化生产的高温超导材料, 目前日本住友电工公司 (SUMITOMO) 制备的 Bi-2223 短样品的 J_c 已经达到 7.7×10^4 A/cm^2(77 K, 0 T), 1500 m 长带的 J_c 也超过了 6×10^4 A/cm^2(77 K, 0 T)。美国牛津仪器公司开发的 Bi-2212 线材在 4.2 K、45 T 高场下, J_c 仍能保持 9.5×10^4 A/cm^2。

图 7-1 给出了 $Bi_2Sr_2Ca_{n-1}Cu_nO_{2n+4+\delta}$ 化合物 ($n = 1, 2, 3$), 即 Bi-2201 相、Bi-2212 相以及 Bi-2223 相的晶体结构示意图。对于 $Bi_2Sr_2Ca_{n-1}Cu_nO_{2n+4+\delta}$ 体系, n 个 CuO_2 层被 $n - 1$ 个 Ca 层分开。T_c 为 110 K 的超导体是 $n = 3$ 的化合物, 而 $n = 1$ 和 $n = 2$ 的化合物的临界温度分别为 ~ 10 K 和 85 K。Bi-Sr-Ca-Cu-O 超导体的临界温度不仅是每个 CuO_2 平面中掺杂载流子密度 (空穴) 的函数, 而且还取决于晶胞中 CuO_2 的层数, CuO_2 层数越多, 超导材料的临界温度越高。但随后的研究表明当 $n > 3$ 时, T_c 反而降低。和其他氧化物类似, Bi 系超导体的晶体结构可以看作是由超导层和阻挡层 (即载流子库层) 交替堆叠而成的二维层状结构。a 轴和 b 轴只有微小的差异, 但与 c 轴相差很大, 因而具有很强的各向异性。由于 BiO 双层之间沿 ab 面对角线有 1/2 的位移, 晶胞在 c 轴方向的层数加倍。也可以把 Bi 系超导体的结构看成是类钙钛矿层和岩盐型 Bi_2O_2 层沿 c 轴方向的周期性排列, 并在 $c/2$ 单胞长度内增减一个 Ca/CuO_2 层, 这样在理解以上三种超导体相互相转变的关系上会更加直观。另外, Bi-2201、Bi-2212 和 Bi-2223 三种超导体的名义组分是理想化的, 其化学配比实际上都存在一个范围, 也就是说其公式中的数字不一定是整数。

Bi-2201, $T_c = 10$ K, 属于正交晶系, 空间群为 $Amaa$, 晶格常数 $a = 0.5362$ nm, $b = 0.5374$ nm, $c = 2.4622$ nm[5]。由于 a 与 b 轴很接近, 呈准四方特征, 如**图 7-1(a)** 所示。Bi-2201 的每个晶胞包含四个化学式单位, 相结构中含有 BiO、SrO、CuO_2 层, 其沿 c 轴的原子层堆叠序列可以写成: $(BiO)_2/SrO/CuO_2/SrO/(BiO)_2/SrO/CuO_2/SrO/BiO$。在 BiO 双层间沿 ab 面对角线方向有 1/2 的滑移, 这导致单胞沿垂直于层方向的周期加倍, 总层数为 10。Bi-2201 的典型 X 射线衍射图谱如**图 7-2(a)** 所示 [6]。

Bi-2212 的 T_c 值约为 85 K, Bi-2212 的晶体结构具有正交晶胞, 晶格常数 $a = 0.5414$ nm, $b = 0.5418$ nm, $c = 3.089$ mn, 属 $Fmmm$ 空间群 [7]。它的结构可看作是 Bi-2201 中插入一层 Ca 和一层 CuO_2, 见**图 7-1(b)**。这种变化使 Bi-2212 中的 Cu 的配位由八面体六配位转变为四角锥五配位。Bi-2212 的晶胞包含四个化学式单元, 有 14 层, 并且是按以下原子层序列堆叠的: $(BiO)_2/SrO/CuO_2/Ca/CuO_2/SrO/(BiO)_2/SrO/CuO_2/Ca/CuO_2/SrO$。Bi-2212 的典型 X 射线衍射图谱如**图 7-2(b)** 所示。

在 Bi-2212 中再插入一个 Ca/CuO_2 单元, 即额外的 CuO_2 和 Ca 层插入到 CuO_2-Ca-CuO_2 中, 便得到 $T_c = 110$ K 的 Bi-2223 超导体。它具有准四方结构, 晶格常数 $a \approx b = 0.38$ nm, $c = 3.71$ nm, 空间群 $I4/mmm$ (**图 7-1(c)**)。不同于 Bi-2201 和 Bi-2212, Bi-2223

中含有两种 Cu 的位置，即被两个 Ca 原子层所夹的平面四配位位置以及与 Bi-2212 中相似的四角锥五配位位置。Bi-2223 相晶胞中总层数为 18，各层依次为：$(BiO)_2/SrO/CuO_2/$
$Ca/CuO_2/Ca/CuO_2/SrO/(BiO)_2/SrO/CuO_2/Ca/CuO_2/Ca/CuO_2/SrO$。Bi-2223 的典型
X 射线衍射图谱如**图 7-2(c)** 所示。可以继续增加 Ca/CuO_2 单元的数目，如 $Bi_2Sr_2Ca_3Cu_4O_{12}$
(Bi-2234)，但是合成会更加困难。通常，制备单相 Bi-2223 和 Bi-2234 样品需要加入 Pb 来
稳定其结构。

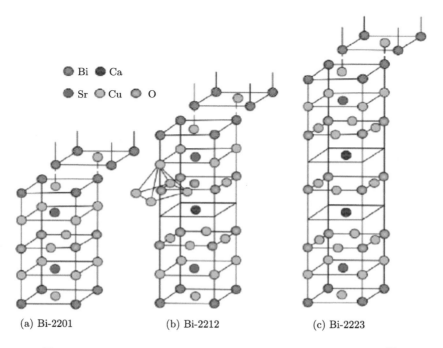

图 7-1 Bi-2201、Bi-2212 和 Bi-2223 超导体的晶体结构示意图 [5]

由上面讨论可知，Bi 系超导体属于正交或准四方的二维层状结构，但这只是对其平均
结构来说的。实际上，Bi 系化合物结构的最大特征是存在无公度调制结构。从电子衍射图
和高分辨电子显微图上很容易看到，在 Bi 系化合物基本晶胞的 c 轴方向存在这种超结构，
它的周期通常略小于 5 个基本晶胞，如**图 7-3** 所示[8]。为使结构更稳定，一般还用 Pb 替
换部分 Bi。此外，Bi 系超导体易受结构缺陷的影响，如空位、位间取代、间隙氧、共生和
堆垛层错等。与 YBCO 相比，Bi 系超导体具有显著的二维层状特征，一般认为这主要是
相邻两层 BiO 的间距特别长所导致，其间距达 0.32 nm，很容易吸收过量氧原子。这种过
量氧会提高材料中的空穴浓度，对超导不利，至少对于 Bi-2201 和 Bi-2212 来说，去除过量
氧将会提高 T_c。由于过量氧与热处理温度和氧分压密切相关，因此可通过退火或冷却速率
等工艺参数来调控 Bi 系超导体的载流子浓度。这种非化学配比的氧组分是层状氧化物超
导体的共同特征。值得一提的是 Bi 系超导体与 RE-123 化合物的显著区别是不存在 CuO
链和四方–正交晶系转变的。因此，Bi 系超导体中不存在 (110) 孪晶及其晶界，通常观察
到其他类型的晶界，如扭转、倾斜和混合晶界等。

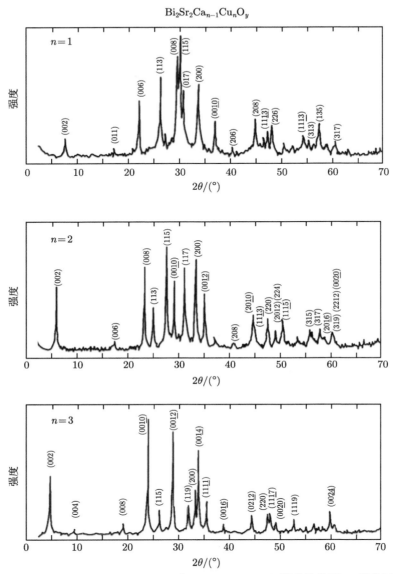

图 7-2　Bi-2201($n = 1$)、Bi-2212($n = 2$) 和 Bi-2223($n = 3$) 样品的典型 X 射线衍射图谱 [6]

　　Bi 系超导体具有典型的层状结构，其载流子库层是由 SrO-BiO-BiO-SrO 平面堆叠组成的，其厚度约为 1.2 nm，比其他氧化物超导体都长得多。而且 Bi 系超导体的阻挡层几乎是绝缘的，从而导致材料在正常和超导状态下都具有相当大的电磁各向异性。如第 6 章中所述，电磁各向异性参数 γ 定义为 $(m_c/m_{ab})^{1/2} = B_{c2,ab}/B_{c2,c} = \xi_{ab}/\xi_c$ (这里 B_{c2} 为上临界场，ξ 为超导相干长度)。对于 Bi 系超导体，γ 值大致为 100，尽管可以通过改变载流子掺杂水平和元素替代来调控 γ，但本质上 Bi 系超导体的各向异性仍比 YBCO 氧化物 ($\gamma \sim 7$) 要大得多。Bi 系超导体沿 ab 方向上的 ξ_{ab} 值为 ~ 2 nm，不过沿 c 轴方向的 ξ_c 只有约 0.02 nm，很明显该值比阻挡层的厚度要小得多，这样使得包含阻挡层的超导层之间的耦合非常弱。另外 Bi 系超导体在 $B//c$ 条件下与 $\xi_{ab}^2\xi_c$ 呈正比关系的钉扎能比 YBCO 也要小很多，这表明 Bi 系超导体在磁场下的临界电流特性相对很差。Bi 系超导体中强烈的各向异性还导致沿 ab 平面方向和 c 轴方向之间的 J_c 差别巨大，$J_c(//ab)/J_c(//c)$ 之比高达 ～ 100，这意味着在制备 Bi 系多晶材料时必须获得沿着 c 轴方向择优取向的织构组织才能实现良好的载流性能。

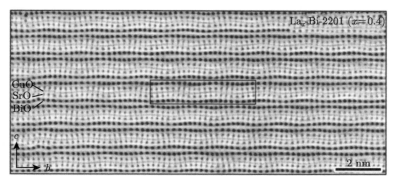

图 7-3 在 Bi-2201 单晶中观察到的无公度调制结构 [8]

对于 Bi 系超导体，Pb 是调控性能和/或促进成相的最普遍的化学掺杂元素。由于 Bi 和 Pb 离子分别为三价和二价，因此在 Bi 位置上掺杂 Pb 类似于空穴掺杂，即用 Pb 部分地取代 Bi。同时 Pb 掺杂还拉长了无公度超结构的调制周期，甚至使其消失。对于 Bi-2212，无 Pb 样品的调制周期为 $4.8b$，而 15% 的 Pb 掺杂样品的调制周期为 ～ $10b$。拉长调制周期的结果是导致局部晶体结构的平整化。在 Bi 系超导体中往往还会观察到共生缺陷。共生缺陷可被认为是沿 c 轴钙钛矿层的堆叠缺陷，这些缺陷有时出现在晶界附近。在电阻率曲线上出现台阶的现象就是共生缺陷造成的。而掺杂 Pb 可以有效减少共生缺陷，特别是在晶粒内可完全抑制共生缺陷的产生，同时增加了晶粒之间的电导率，使得零电阻温度转变更加陡峭。另外，掺杂 Pb 还极大地降低了 Bi 超导体的各向异性，例如，Bi-2212 单晶的典型 γ 约为 90，而掺杂 Pb 后，其 γ 减小为 ～ 40。减小 γ 相当于增大了钉扎体量，即增强了钉扎能力，同时大幅度提高了沿 c 轴方向或磁场下的传输电流。因此，Pb 掺杂对于改善 Bi 系超导体的固有临界电流特性非常有效。

另一方面，Pb 掺杂在 Bi 系超导体相稳定机制中起着非常重要的作用，Bi-2223 相通常是用 Pb 部分取代 Bi 来获得的。Pb 掺杂促进了 Bi-2223 相的形成和稳定。由于 Pb 具有可变的化合价 (Pb^{4+}/Pb^{2+})，掺杂后 Bi 系超导体表现出的结构稳定性和可调节的氧化学配比可以很好地说明这种稳定机制。早期研究发现在 Bi-2223 相的微观形貌中，通常可观察到 Bi-2201 单晶 (c) 或 Bi-2212 相半晶胞 ($c/2$) 组织，这是因为形成 $n = 1$、2 和 3 三相的能量非常相近。Pb 掺杂后所引起的局部晶体结构平整化可有助于 Bi-2223 相的形成。然而即使添加 Pb，Bi-2223 相的形成也非常缓慢，即使在最佳温度和氧分压 p_{O_2} 约为 8 kPa 的气氛中，也需要烧结至少 50 小时，而 Bi-2201 和 Bi-2212 等超导体在最佳合成条件下 10 小时以内就可完成制备。

和复杂的结构特征一样，Bi-Sr-Ca-Cu-O 氧化物超导体中临界电流的情况也远比常规超导体的复杂。首先，小的 ξ 值使其磁通钉扎能低于低温超导体，使得大量点钉扎中心 (如点缺陷等) 的重要性增加，还使大的晶体缺陷变成弱连接。可以说，较小的 ξ 和高度各向异性不仅导致 Bi 系超导体具有新的钉扎机制——本征钉扎，而且还是产生本征弱连接的重要起源。

其次，由于氧化物超导体的颗粒特性，传输临界电流密度 J_c 必须通过晶粒边界 (晶界) 流动。因此，和晶粒内临界电流 (也称磁化电流) 密度 J_{cm} 相比，J_c 主要取决于弱连接，J_{cm} 则取决于晶粒内的钉扎效应，这样就使得 J_c 远小于 J_{cm}。另外，样品的高度各向异性使 J_c 也是各向异性的，而且低钉扎能和高运行温度还导致了严重的磁通蠕动，进一步降低了 J_c。最后，J_c 还与样品的制备工艺、应力应变、热处理参数等因素密切相关。

7.3　Bi 系超导体的相图

自从发现 Bi 系超导体以后，人们对 Bi-Sr-Ca-Cu-O 相图，特别是在不同温度和氧分压下的 Bi_2O_3-SrO-CaO-CuO 之间的相关系以及 2212 和 2223 相的均匀单相区进行了大量研究。目前这些相图早已被用于热处理工艺优化，成为获得高纯和织构化 Bi-2212 和 Bi-2223 样品的有力工具。**图 7-4** 给出了在空气中 850 ℃ 热处理时 Bi-Sr-Ca-Cu-O 四元体系中存在的所有已知化合物 [9]。由五个元素或四种氧化物组成的相图展现在图中的等边四面体上，该四面体上的四个顶点分别对应着 Bi_2O_3、SrO、CaO、CuO 四种氧化物。很明显，该相图给出的主要是两大类化合物。

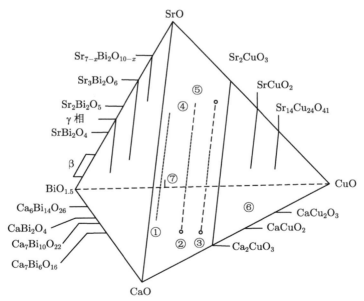

图 7-4　在空气中 850 ℃ 热处理时四元系统 Bi_2O_3-SrO-CaO-CuO 中的化合物 [9]

(1) Bi-2212 和 Bi-2223 超导相均位于四面体内部，因为它们包含全部四种氧化物。注意这两类超导相的化学配比在一定范围内变动，而不是具有单一组分。

(2) 仅包含三种氧化物的所有其他相位于四面体的四个平面上。这些相大多是在超导相的固相或液相分解过程中产生的，具体如下：

① 位于 SrO-CaO-CuO 面上的碱土金属类氧化物 (AEC) 具有硬度高和熔化温度高的特点。这些相通常为"难熔残余相"，而且还会出现大量 Sr-Ca 取代，甚至完全转变为 (Sr, Ca)$_2$CuO$_3$。这些 AEC 化合物详见表 7-1[10]。

② "无铜相"位于 Bi$_2$O$_3$-SrO-CaO 面上。这些相也会出现 Sr-Ca 取代，类似于上面的 AEC 相。

③ Bi$_2$O$_3$-SrO-CaO 面上有一个重要的超导相是 Bi-2201。该相具有一定的化学配比范围，并且由于 Sr-Ca 取代的缘故，可位于四面体内，其代表性分子式为 Bi$_2$(Sr,Ca)$_2$CuO$_y$。

④ 在 Bi$_2$O$_3$-CaO-CuO 面上还未发现其他化合物。

表 7-1　Bi-2212 相分解过程中通常形成的相 [10]

超导相	
Bi$_2$Sr$_2$CuO$_y$ 或 Bi$_2$(Sr, Ca)$_2$CuO$_y$	Bi-2201
Bi$_2$Sr$_2$CaCu$_2$O$_y$ 或 Bi$_2$(Sr, Ca)$_3$Cu$_2$O$_y$	Bi-2212
碱土金属类氧化物	无铜相
(Sr, Ca)CuO$_2$	Bi$_2$(Sr, Ca)$_3$O$_y$
(Sr, Ca)$_2$CuO$_3$	Bi$_9$Sr$_{11}$Ca$_5$O$_y$
(Sr, Ca)$_{14}$Cu$_{24}$O$_x$ (通常为 Sr$_8$Ca$_6$Cu$_{24}$O$_x$)	Bi$_2$(Sr, Ca)$_4$O$_y$
(Sr, Ca)Cu$_2$O$_2$	Bi$_3$(Sr, Ca)$_7$O$_y$
(Sr, Ca)$_3$Cu$_5$O$_8$	

如上所述，Bi-Sr-Ca-Cu-O 超导体是一个多相共存的体系，除了含有超导相外，还存在二元、三元，甚至四元化合物，如碱土金属铜酸盐 (AEC 相) 等。因此，该体系超导体制备中存在的化学反应极为复杂。首先，由于不同系超导相的晶体结构相似，其形成激活能的差别很小，容易发生堆积层错或交互生长。其次，生成一些其他化合物 (如 AEC 相) 的反应激活能只有超导相转变反应的 1/5，其晶粒的生长速度比超导相的生长速度要快，因此，在 Bi 系超导体制备过程中，存在这类化合物与超导相生成反应之间在热力学和动力学上的竞争。可见，在 Bi 系超导相晶体生长过程中极有可能发生杂相伴生等现象，加之不同超导相之间存在较大的溶解度，因而得到生长完整性、均匀性较好的单相 Bi 系超导材料是比较困难的。

由于 Bi-2201、Bi-2212 和 Bi-2223 相结构的相似性，因此不同超导相的共生是 Bi 系超导体不均匀性的微结构特征之一。相图研究结果指出在三个 Bi 系超导相中，在一定范围之内 Sr 和 Ca 可以互换，仍保持其单相性。对于已经发现的 Bi 系超导相，Bi-2201 相与液相存在单独的共存区，其在 870 ℃ 开始部分熔化，至 900 ℃ 熔化结束，即有合适的液相区进行该相单晶的生长。在合成 Bi-2212 粉末时，常伴有 Bi-2201 和 Bi-2223 相生成。不过，通过控制合成条件，我们可以很容易获得单相 Bi-2212 粉末。不含 Pb 的 Bi-2223 相在室温时是一个亚稳相，在 810 ～ 830 ℃ 长时间热处理后，它将变成 Bi-2212 和其他相，稳定存在范围为 850 ℃ 和熔点之间。为了得到相对较纯的 Bi-2223 相，大多研究者均取 $n = 2 \sim 3$，在该范围内，Bi-2223 相含量最高，但有 Bi-2212 相伴生，且含有少量的 (Sr, Ca)$_2$CuO$_3$ 等相。可以说直接形成 Bi-2223 相及保持该相的稳定存在比 Bi-2201 和

Bi-2212 要困难得多。如果采用常规的固态反应，即把 Bi_2O_3、$SrCO_3$、$CaCO_3$ 和 CuO 粉末以 $Bi:Sr:Ca:Cu=2:2:2:3$ 成分配制、混合、高温烧结后，通常获得的是 Bi-2212 和 Bi-2223 的混合相，而非我们想要的单一 Bi-2223 超导相。Idemoto 等通过计算下式中几种氧化物的连续反应的焓变，确定了 Bi-Sr-Ca-Cu-O 系统中几种超导相的标准形成焓，如**图 7-5** 所示 [11]，

$$简单氧化物 \rightarrow Bi\text{-}2201 \rightarrow Bi\text{-}2212 \rightarrow Bi\text{-}2223 \tag{7-1}$$

在上式反应中，各金属元素的物质的量在反应前后保持不变。从**图 7-5** 中看出，三种超导相的化学稳定性为 Bi-2201 > Bi-2212 > Bi-2223，即 Bi-2201 是三个超导相中最稳定的。也就是说，由于 Bi-2223 相形成时所需能量最大，其化学稳定性也就最低。这样在制备 Bi-2223 单相材料时，该体系化学成分和热处理条件的波动范围有限，导致其加工窗口相对狭窄，更难于合成。因此，如下文所述，合成单相 Bi-2223 需要使用 Pb 部分取代 Bi 才行，否则十分困难。

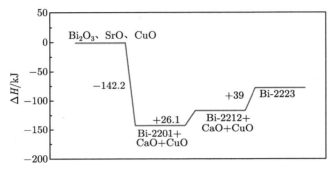

图 7-5   Bi-Sr-Ca-Cu-O 体系中超导相 Bi-2201、Bi-2212、Bi-2223 的化学稳定性比较 [11]

7.3.1   Bi-2212 相

Majewski 系统研究了 $Bi_xSr_2Ca_2Cu_2O_8$ 和 $Bi_{2.18}Sr_{3-y}Ca_yCu_2O_{8+\delta}$ 两个体系的稳定性范围分别随温度与 Bi 的含量或 Ca 含量的变化关系，并给出了 Bi-2212 相的高温相图，如**图 7-6** 所示 [9]。可以看出，Bi-2212 相具有相当宽的单相区域，该区域内的 Sr:Ca 比和 Bi 含量可在相当宽的范围内变化。**图 7-6(a)** 显示了含过量 Bi 元素的 Bi-2212 相的化学成分在从 $Bi_2Sr_2CaCu_2O_y$ 到 $Bi_{2.4}SrCa_2Cu_2O_y$ 范围内的平衡态范围与温度的关系。**图 7-6(b)** 更清楚地显示了 Bi-2212 的相形成稳定区域与温度的函数关系，其化学配比是可变的，从 $Bi_2Sr_{2.6}Ca_{0.4}Cu_2O_y$ 到 $Bi_2SrCa_2Cu_2O_y$。从图中看出，随着温度升高，单相区域逐步缩小并移向富 Sr 的 2212 超导相。然而富 Ca 成分的 2212 相在温度大于 820 ℃ 时易发生分解。通常，富 Ca 成分的 2212 相会观察到以下相互反应：温度 < 830 ℃ 时，2212 (富 Ca) ⇔ 2212 (中等 Ca 含量) + (Sr-Bi)γ + Ca_2CuO_3，而当温度 > 830 ℃ 时，2212 (富 Ca) ⇔ 2212 (中等 Ca 含量) + 液相 + Ca_2CuO_3。

虽然在 870 ℃ 以上的温区，2212 单相区域的形状还难以确定，不过，由于 2212 相的熔化温度为 880 ∼ 890 ℃，因此可以认为当温度 > 870 ℃ 时，单相区域也能包含富 Sr 的 2212 相组分。由**图 7-6** 可知，在 Sr:Ca 成分比可变范围内的 2212 单相区域边界可定义如下：

在 820 ℃ 时：$2.05:0.95 \geqslant Sr:Ca \geqslant 1.2:1.8$；

在 830 ℃ 时：$2.05:0.95 \geqslant Sr:Ca \geqslant 1.3:1.7$；

在 850 ℃ 时：$2.1:0.9 \geqslant Sr:Ca \geqslant 1.4:1.6$；

在 870 ℃ 时：$2.2:0.8 \geqslant Sr:Ca \geqslant 1.6:1.4$。

在 $Sr:Ca = 2:1$ 的单相区域内，Bi 含量与 800 ℃ 和 870 ℃ 之间的温度没有依赖关系 (**图 7-6(a)**)，可在 2.1 和 2.3 之间变化。在富含 Sr 或 Ca 的区域中，Bi 含量为 2.18。注意以上提到的所有成分，Cu 含量均恒定为 2。可以看出，2212 单相区域的形状有点像以 Bi 含量 = 2.18 和 $Sr:Ca = 2:1$ 为中心轴的梯形。

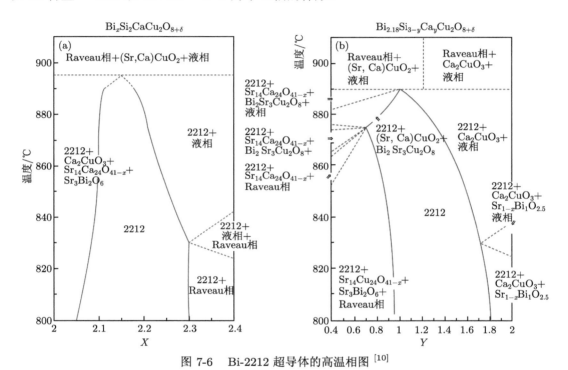

图 7-6　Bi-2212 超导体的高温相图 [10]

(a) Bi-2212 相的稳定性范围随温度和 Bi 含量的变化关系；(b) $Bi_{2.18}Sr_{3-y}Ca_yCu_2O_{8+\delta}$ 的稳定性范围随温度和 Ca 含量的变化关系

另一个关注点是氧指数，该指数用于描述 Cu_2O 到 $CuO_{1+\delta}$ 之间铜的氧化程度，其值大小会直接影响到 Bi-2212 的超导性能。氧指数与 Ca 含量、Bi 含量以及温度密切有关：

(1) Bi-2212 相中的氧含量从 $Bi_{2.18}Sr_{2.2}Ca_{0.8}Cu_2O_{8.15}$ 的 8.15 增加到 $Bi_{2.18}Sr_{1.3}Ca_{1.7}Cu_2O_{8.3}$ 的 8.3，从 $Bi_{2.1}Sr_2CaCu_2O_{8.12}$ 的 8.12 增加到 $Bi_{2.3}Sr_2CaCu_2O_{8.37}$ 的 8.37。

(2) 氧含量随温度降低而增加，并且这种趋势在 Ca 含量较高时更为明显。热重测量结果表明，对于 $Bi_{2.18}Sr_{1.3}Ca_{1.7}Cu_2O_y$，当温度从 820 ℃ 降低到 700 ℃ 时，氧含量的增长幅度最大。

由于在较低温度下 Bi-2212 相可以稳定存在，因此通过合理控制结晶过程，可以获得单一的 Bi-2212 相。该相在 860 ℃ 可分解为 Bi-2201 相、$(Sr, Ca)_2CuO_3$ 和液相，并可在随后的冷却过程中重新再形成，即 Bi-2212 相存在下列平衡转变关系：Bi-2212 $\longrightarrow$ (Sr, Ca)$_2CuO_3$+Bi-2201+ 液相。Bi-2212 体系的起始成分，特别是 Sr:Ca 成分比，是影响熔融状态和分解过程中成分重组的重要参数。不同生产厂商都有自己的成分配方，如**表 7-2** 所示。

表 7-2   几家主要公司生产 Bi-2212 线材时所用的名义组分 [12]

单位	Bi	Sr	Ca	Cu	备注
Kobe Steel	2.1	2	1	1.9	带材/前驱粉含有 0.1Ag
Mitsubishi Cable	2	2	0.64	1.64	带材
NRIM	2	2	0.95	2	薄膜
Showa Electric	2.05	2	1	1.95	带材
Sumitomo Metals	2	2.3	0.85	2	带材/1%O$_2$ 条件下热处理
Vacuumschmelze	2	2	1	2	圆线

7.3.2   Bi-2223 相

(Bi, Pb)-2223 高温超导相包含的元素众多，再加上温度和氧分压条件，故其相图非常复杂。为了简化处理，人们普遍以 Bi$_2$O$_3$、PbO、SrO、CaO 和 CuO 金属氧化物为研究对象，在保持四个独立参量不变的同时，实现了在不同温度下该体系相图的二维简化表示。下面以这种简化方式着重介绍无 Pb 和掺杂 Pb 体系的 Bi-2223 相图。

在不添加 Pb 的情况下，Bi-2223 相存在的温度区间非常窄，并且易与体系内其他几种化合物出现相平衡而形成共存关系。与 Bi-2212 不同，Bi-2223 相的 Sr 和 Ca 含量的波动范围极为有限，Sr:Ca 成分比的可变区间仅 1.9:(2.1 ~ 2.2)，同时伴随着高达 ~ 2.5 的过量 Bi，即 Bi$_{2.5}$。不过，这时相应的 T_c 却很恒定。**表 7-3** 给出了在空气中 850 ℃ 热处理后的 Bi-2223 相的四相共存体 [9]。

表 7-3   空气中 850 ℃ 热处理后，Bi-2223 相的四相共存体 [9]

	四相共存体
1	2223-(Ca, Sr)$_2$CuO$_3$-CuO-液相
2	2223-2212-CuO-液相
3	2223-2212-(Ca, Sr)$_2$CuO$_3$-液相
4	2223-(Ca, Sr)$_2$CuO$_3$-(Sr, Ca)$_{14}$Cu$_{24}$O$_{41-x}$-CuO
5	2223-2212-(Sr, Ca)$_{14}$Cu$_{24}$O$_{41-x}$-CuO
6	2223-2212-(Ca, Sr)$_2$CuO$_3$-(Sr, Ca)$_{14}$Cu$_{24}$O$_{41-x}$

迄今为止，无 Pb 的 Bi-2223 相的相图研究主要集中在超导相和碱土金属氧化物和铋酸盐、氧化铜、液相之间的相平衡以及提高超导相本身的稳定性方面。普遍认为 Bi-2223 相的化学稳定性较低，最终相组成对起始成分或温度参数非常敏感，任何微小波动都会导致相成分出现差异，而且还会影响到 Bi-2223 相的体积含量，因此必须严格控制原料化学组成以及热处理条件才能获得单相 Bi-2223。另外，由于 Bi-2223、Bi-2212 和 Bi-2201 三相形成时的能量非常接近，所以材料中经常伴随着许多第二相的共生缺陷，如 ab 平面内的堆垛层错。因此，非常窄的温度加工窗口使得合成单一 Bi-2223 相的难度要远高于合成 Bi-2212 相以及 Bi-2201 相。

随后研究发现掺杂 Pb 后，通过 Pb 取代部分 Bi，能够加速 Bi-2223 相的形成并使其更加稳定 [7]，从而大大降低了 Bi-2223 相的合成难度。这样人们的研究重点就逐渐转移到 Pb 掺杂 Bi-2223 体系上。Pierre 等 [13] 在 Pb 掺杂对 Bi-2223 成相的影响方面作了非常细致的工作。他们以名义配比为 Bi$_{2-x}$Pb$_x$Sr$_2$Ca$_2$Cu$_3$O$_y$ 的粉末为原料，经 880 ~ 885 ℃ 热处理

60 h 后获得了不同 Pb 掺杂比例样品, 采用超导相所占体积分数来判断样品成相效果。发现当 $x \leqslant 0.3$ 时, Bi-2212 为主相, Bi-2223 为次相。$x = 0.6$ 时, Bi-2223 相的体积分数达到最大, 约为 60%, 这时 Bi-2212 相的体积分数约占 30%。当 $x > 0.4$ 时会出现杂相 $CaPbO_4$, $x = 0.6$ 时, $CaPbO_4$ 所占比例为 $5\% \sim 10\%$。随后对原料配比 $Bi_{1.4}Pb_{0.6}Sr_2Ca_2Cu_3O_y$ 的样品进行不同时间热处理发现, 在 120 h 的烧结过程中, Bi-2223 相所占体积分数持续增长, 同时伴随着 Bi-2212 相和 $CaPbO_4$ 相含量的降低。在 120 h 时 Bi-2223 相的体积含量达到 $\sim 80\%$, 继续延长烧结时间, 其含量仅会缓慢增长。多次重复研磨/烧结过程有助于进一步提高其含量, 例如, 要得到接近单相的 Bi-2223 材料, 需要反复进行 $4 \sim 5$ 次耗时 ~ 40 h 的研磨/烧结过程。他们认为在名义配比为 $Bi_{2-x}Pb_xSr_2Ca_2Cu_3O_y$ 的前驱粉末中, Pb 含量在 $0.3 \leqslant x \leqslant 0.5$ 时, 通常有最高的 Bi-2223 相转化率。目前, 在 Bi-2223 带材制备时都会在前驱粉中加入 Pb。Pb 会部分代替 Bi-2223 相中的 Bi, 进而生成含 Pb 的 Bi-2223 相。带材中的 Pb 在提高 Bi-2223 相的反应速度和相纯度的同时, 还可以降低 Bi-2223 相的反应温度, 提高 Bi-2223 相的稳定性。

另外, 人们还发现 (Bi, Pb)-2223 相的 Pb 溶解度与温度密切相关, 比如在空气中热处理 850 ℃ 时, Pb 溶解度具有最大值, 不过无论温度继续升高还是降低, 其溶解度均呈下降趋势。当温度降低到 ~ 750 ℃ 时, (Bi, Pb)-2223 相几乎不含 Pb, 但仍然表现出很好的稳定性。若温度继续下降, 2223 相的分解也是以非常缓慢的速率进行。这些事实证明了 Pb 掺杂显著增加了 Bi-2223 相的稳定性, 从而极大地促进了 Bi-2223 的实用化带材制备研究。**图 7-7** 是 Pb 掺杂 Bi-2223 体系的温度–成分相图 [9]。该图还给出了 2223 相附近的四相和五相分布区域。从图中可知, 2223 相的 Sr:Ca 比随温度升高而增加, 这与 2212 相的情况类似。

如上所述, Pb 溶解度的大小是获得 Bi-2223 单相的关键参数, 而它与温度有很强的依赖性。考虑到合成 Bi-2223 带材都有炉内冷却过程, 因此并不能避免第二相的产生, 这是制备单相 2223 样品所面临的基本难题。我们知道当在空气下 850 ℃ 温度时可以合成富含 Pb 的 2223 样品, 不过, 如果烧结后马上缓慢冷却处理的话, 它们的成分就会偏离单相区, 并转变为由低 Pb 含量的 Bi-2223 相和若干第二相组成的多相共存体系。实际上银包套 Bi-2223 带材在最后一步热处理时常常采用此工艺, 目的是尽量提高其 T_c 并改善临界电流密度对磁场的依赖性。

图 7-8 是 850 ℃ 时随 Bi/Pb 含量变化的单相区截面示意图, 包括围绕 Bi-2223 单相区分布的所有已知三相、四相和五相区域。不过, 在 (Bi, Pb)-2223 相周围存在的相区域的实际数量可能比图中给出的要多得多。**表 7-4** 列出了空气中 850 ℃ 条件下烧结时 Pb 掺杂体系中所有已知的四相和五相区。

另外, 还要考虑 Bi-2223 带材中银对超导相演变的作用。与不加银体系的一个显著区别是在通氧气氛中、650 ℃ 时就出现了 Ag-Pb-Cu-O 低温共晶熔体。然而, 在低于 2223 相的包晶熔化温度时, 银对各相之间关系影响不大, 这是因为 2223 相以及与 2223 相处于共存态的所有相均与 Ag 处于热力学平衡状态。但是, 当 (Bi, Pb)-2223 相在约 845 ℃ 以上的温度开始分解时, Ag 会对相关系产生重要影响。特别当 Ag 摩尔浓度约为 50% 时, 相分解温度从 ~ 890 ℃ 降低至 ~ 860 ℃。相应地, 最大 Pb 溶解度的温度也从 850 ℃ 降至 835 ℃, 而且 Ag 的存在还减少了在 (Bi, Pb)-2223 相中溶解的最大 Pb 含量。

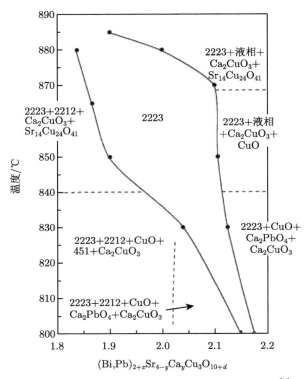

图 7-7　Pb 掺杂 Bi-2223 体系的温度–成分相图 [9]

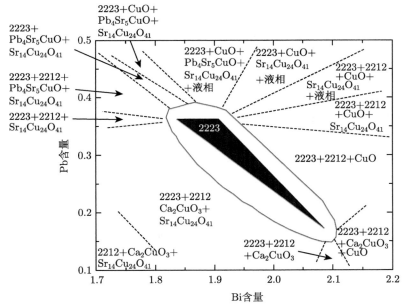

图 7-8　850 ℃ 时随 Bi/Pb 含量变化的 (Bi, Pb)-2223 相图示意图，包括 Bi-2223 相附近已知的多相区域 [10]

实际上，采用 PIT 法制备的 (Bi, Pb)-2223 线材基本上包含六或七个元素，Bi-Pb-Sr-

Ca-Cu-O 或-Ag。就热力学自由度而言 (凝聚态物理的一般表达式为 $F = C - P + 1$；F 为自由度，C 和 P 分别为元素组成数和相数)，处于平衡状态的芯丝最多可以共存七个相 (Bi-Pb-Sr-Ca-Cu-O 中 $C = 6$ 时 $P \leqslant 7$)。表 7-5 中总结了 (Bi, Pb)-2223 线材中常见的几类主要相。Bi-2223 导线通常具有三种超导相：Bi-2223，Bi-2212 和 Bi-2201。非超导相或第二相大致可分为四类："碱土氧化物""富 Pb 相""其他氧化物" (特别是 CuO) 以及 "非铜基氧化物 (特别是 $Bi_3Sr_4Ca_3O_x$)"。不过在多数情况下，在同一根芯丝中我们会观察到比平衡态下理论最大值更多种类的化合物。

表 7-4　与 (Bi, Pb)-2223 相共存的所有已知四相和五相区 [10]

	4 相区	5 相区
1	2223-2212-$(Ca, Sr)_2CuO_3$-$(Sr, Ca)_{14}Cu_{24}O_{41-x}$	2223-$(Sr, Ca)_{14}Cu_{24}O_{41-x}$-$Pb_4Sr_5CuO_{10}$-CuO-液相
2	2223-2212-$(Ca, Sr)_2CuO_3$-CuO	2223-$(Sr, Ca)_{14}Cu_{24}O_{41-x}$-$Ca_2PbO_4$-CuO-液相
3	2223-2212-$(Sr, Ca)_{14}Cu_{24}O_{41-x}$-CuO	2223-2212-$(Sr, Ca)_{14}Cu_{24}O_{41-x}$-$Pb_4Sr_5CuO_{10}$
4	2223-2212-$(Sr, Ca)_{14}Cu_{24}O_{41-x}$-$Pb_4Sr_5CuO_{10}$	2223-2212-$(Sr, Ca)_{14}Cu_{24}O_{41-x}$-$Ca_2PbO_4$-CuO
5	2223-$(Sr, Ca)_{14}Cu_{24}O_{41-x}$-CuO-液相	2223-2212-$(Ca, Sr)_2CuO_3$-$Pb_4Sr_5CuO_{10}$-CuO
6	2223-$(Ca, Sr)_2CuO_3$-$(Sr, Ca)_{14}Cu_{24}O_{41-x}$-液相	2223-2212-$(Ca, Sr)_2CuO_3$-Ca_2PbO_4-CuO
7	2223-$(Ca, Sr)_2CuO_3$-CuO-液相	2223-2212-$(Ca, Sr)_2CuO_3$-$Pb_4Sr_5CuO_{10}$-Ca_2PbO_4
8	2223-$(Ca, Sr)_2CuO_3$-CuO-Ca_2PbO_4	2223-2212-CuO-$Pb_4Sr_5CuO_{10}$-Ca_2PbO_4
9	2223-$(Ca, Sr)_2CuO_3$-$Pb_4Sr_5CuO_{10}$-Ca_2PbO_4	
10	2223-CuO-$Pb_4Sr_5CuO_{10}$-Ca_2PbO_4	
11	2223-2212-$Pb_4Sr_5CuO_{10}$-Ca_2PbO_4	

表 7-5　Bi-2223 线材中常见的主要相分类 [10]

		化学式	简称
超导相		$(Bi, Pb)_2Sr_2CuO_y$	Bi-2201
		$(Bi, Pb)_2Sr_2CaCu_2O_y$	Bi-2212
		$(Bi, Pb)_2Sr_2CaCu_3O_y$	Bi-2223
非超导相	富 Pb 相	$(Pb, Bi)_3Sr_2Ca_2CuO_y$	Pb-3221
		Ca_2PbO_4	CPO
		$(Sr, Ca)CuO_2$	1:1
	AEC 相	$(Sr, Ca)_2CuO_3$	2:1
		$(Sr, Ca)_3Cu_5O_8$	14:24
	其他氧化物	CuO	—
	非铜氧化物	$Bi_3Sr_4Ca_3O_x$	Bi-3430

7.4　Bi 系超导体的织构化

1988 年美国贝尔实验室的 Jin 研究小组利用熔融织构工艺 (MTG) 制备出具有织构化组织的高临界电流密度 YBCO 多晶超导块材，并提出氧化物超导体中的弱连接可以通过消除或减小传输电流路径上的大角晶界来加以克服，而这可由晶粒择优取向，形成织构化组织来实现 [14]。随后大量研究便致力于制备有织构组织的氧化物超导材料。粉末装管 (PIT) 工艺便是其中较为成功的一种。不过，YBCO 超导体需要良好的面内双轴织构才能使电流从一个晶粒流动到另一个晶粒，PIT 法并不适用 (第 8 章再详述)，而 Bi 系超导体仅在 c 轴取向的情况下即可承载相当大的电流。特别是 Bi 系材料具有类似云母的结构，并且 BiO 层之间的耦合较弱，这样可以通过简单的 PIT 变形织构化工艺来达到 Bi 系超导晶粒沿 ab

平面择优取向的目的。随后的事实证明织构化 PIT 工艺在第一代 Bi 系高温超导线带材的制备中取得了巨大成功。

PIT 法 Bi 系带材能获得晶粒沿 ab 面择优取向的织构组织，进而大幅提高了临界传输电流。关于其织构形成机理还没有明确的结论，不过人们提出了以下几种可能性解释：① 变形引起晶粒破碎取向，在随后的高温烧结过程中长大为平行的长片状晶粒；② 在烧结阶段，伴随着拉拔和轧制过程中产生的内应力的释放，形成所谓的退火织构；③ 通过在 Ag 包套和氧化物界面上择优取向晶粒的成核和长大，形成 Ag 基体诱发的织构，例如，人们发现 Ag/超导芯界面处 (10 μm) 的织构度更高。对于第三点研究得比较多，普遍认为 Bi-2223 相的反应优先发生在 Ag/氧化物界面处，这是因为界面处的 Ag 不仅降低了熔点，而且还可产生更多的液相，这样 Ag/氧化物界面处粉末优先吸附液体。而 2223 相的形成是液相参与的相变，生成 2223 相的关键是液相润湿 2212 相，所以 2223 相优先于界面处形成并使界面超导层具有比芯部更高的织构度。还有研究者报道 Ag/氧化物界面在 780 ~ 790 ℃ 就能形成 2223 相，低于带材中心部位 2223 相形成温度；并且 Ag 层附近 2223 相转变更完全，晶粒更大，织构度更高且对外场变化更不敏感。此外，对 Bi-2212/Ag 带的研究也发现界面处的织构度更高，并认为这是由于界面处的 Ag 降低了 2212 相的熔点，使界面处 2212 相完全熔化，获得了更多的液相。随后人们发现 Ag-CuO-PbO 体系在富 Pb 端存在一个三元共晶点，750 ℃ 时共晶反应为：CuO+ PbO+Ag⟶ 液相，这一研究有力支持了上述观点 [15]。

尽管 2212 和 2223 线带材都是采用银管制成的多芯复合导体，但是它们的化学性质差异导致了各自不同的加工路径，如 **图 7-9** 所示。圆形或带状 2212 线材的制备仅采用一次热处理即可，在此过程中 2212 相熔化并冷却后重新结晶形成良好连接性的 c 轴取向晶粒。相反，2223 相不是从熔融态中结晶得到的，而是由预先生成的 2212 与碱土金属氧化物的液相辅助反应形成的。不过，最终的 Bi-2223 带材都为扁平的带状结构，这是因为在形成 2223 相之前，要通过轧制变形来引入 ab 平面织构使 2212 晶粒沿 c 轴择优取向，形成所谓的变形织构，而这是制备高性能 Bi-2223 带材的关键所在。

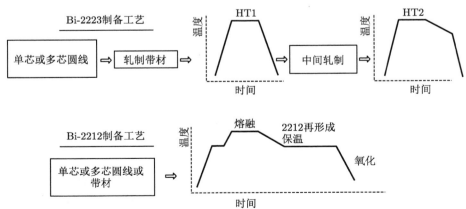

图 7-9　Bi-2223 和 Bi-2212 线带材的制备工艺路线。Bi-2223 带材需要两次热处理，外加中间的轧制工序。Bi-2212 线材仅需一次热处理

7.5　Bi-2223 高温超导带材的制备技术

Bi-2223 高温超导带材由于具有较高的临界电流密度 $(3 \times 10^4 \sim 7 \times 10^4 \ \text{A/cm}^2)$，良好的热、机械及电稳定性，并且易于加工成长带，所需设备成本较低，是率先进入产业化生产的高温超导材料，被称为第一代高温超导带材，是目前高温超导电力应用示范的主要用材。经过多年的发展，其技术已经比较成熟，国内外具备批量化生产千米长带能力的生产厂商主要有美国超导公司 (AMSC)、德国布鲁克公司 (BRUKER)、日本住友电工公司以及中国的北京英纳超导技术有限公司 (INNOST) 等。目前商业化生产的 Bi 系超导导线的临界电流 (截面为 $1 \ \text{mm}^2$ 的超导导线在 77 K 温度和自场条件下) 一般在 100 A 以上，最好的在 200 A 左右。

由于 Bi-2223 是金属氧化物陶瓷材料，具有难以加工的特点。目前普遍使用 PIT 法进行制备。将脆性的 Bi-2223 先驱粉包裹在金属套管里，经过拉拔和轧制加工，可以把超导材料加工成线带材。该工艺有两个基本特性，① Bi 系材料的片状结构晶体很容易在应力作用下沿 Cu-O 面方向滑移，PIT 加工后能得到很好的织构。② 在 Bi-2223 成相热处理时，伴随产生的液相能够很好地弥合在冷加工过程中产生的微裂纹，从而在很大程度上提高了晶粒连接性。Bi-2223 带材的典型 PIT 工艺制备流程如**图 7-10** 所示，主要包括前驱粉处理、机械加工过程以及热处理等三部分 [16]。首先合成具有一定相组成的氧化物前驱粉末，然后将粉末装入 Ag 管或银合金管中，拉拔至一定长度、直径 $1 \sim 2 \ \text{mm}$ 的圆线或六角形线之后，将细线切成较短的长度，然后按照导体设计集束在一起 (如 $7 \sim 85$ 芯) 并装入银管或银合金管中，之后再经过多次拉拔获得多芯线，最后经轧制后形成多芯带材，典型尺寸为 $\sim 0.2 \ \text{mm} \times 4 \ \text{mm}$。将带材在 $\sim 7.5\%$ 的 O_2 气氛中加热到 $830 \sim 850 \ ℃$ 进行高温热处理，以促进 2223 超导相的形成和织构生长。该过程会导致超导芯出现很多微小孔洞和气孔，因此，需要使用第二次轧制和热处理工艺来提高超导芯致密度并完全形成 2223 相。**图 7-11** 所示为单芯和多芯 Bi-2223/Ag 最终带材的横截面。很明显，单芯带材的超导芯包裹在银包套内，形状呈椭圆形。多芯带材一方面可以提高超导带材的机械性能、减少带材交流损耗，另一方面多芯带材中银超界面的比例大，而由于在银超界面处 Bi-2223 相的织构较好，导电能力较强，因此相对于单芯带材具有更高的 J_c。

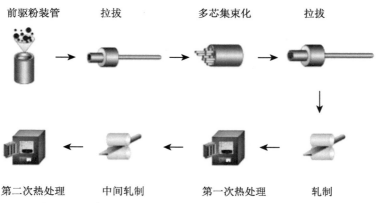

前驱粉装管　　拉拔　　　多芯集束化　　　拉拔

第二次热处理　　中间轧制　　　第一次热处理　　轧制

图 7-10　采用 PIT 法制备 Bi-2223 带材的典型工艺流程

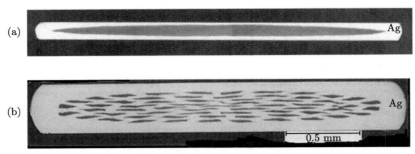

图 7-11   Bi-2223/Ag 带材的横截面

(a) 单芯；(b) 多芯

对于 2223 和 2212 而言，采用银作为包套材料是成功制备高性能 Bi 系 PIT 导线的关键，因为银是唯一与 BSCCO 不发生化学反应并且在高温热处理时可渗透氧气的材料，同时它还降低了 2223 超导相的成相温度。但是，由于贵金属银在线材横截面中所占比例高达 60% ~ 70%，因此，银也是铋系超导带材制造成本居高不下的主要原因。

7.5.1 前驱粉的合成

前驱粉末是制备 Bi 系超导带材的直接原料，是制备工艺的第一道工序，也是重要的工序之一。该工序是为超导相形成提供关键的相储备，因此，前驱粉质量的好坏直接决定了最终带材微观组织结构和传输性能的好坏。对装管前驱粉末的基本要求是良好的均匀性，粒度细小 (3 ~ 6 μm)，碳含量低 (< 200ppm) 以及合理的相组成。

合成前驱粉一般是使用含有 Bi、Pb、Sr、Ca、Cu 这几种元素的氧化物。对铋系带材，尽管最终希望得到的是 Bi-2223 相，但不能直接使用 Bi-2223 相作为前驱粉的物相。因为一旦热处理温度超过 Bi-2223 相的熔化温度，Bi-2223 相就会发生分解，导致超导相含量降低。另一方面，这样制备出来的带材中 Bi-2223 相的织构和晶粒连接性较差，载流性能偏低。因此，为了制备高性能 Bi 系带材，Bi-2212 相和第二相必须在带材热处理之前保留。目前普遍认为制备 Bi-2223 带材的最佳前驱粉，其相组成中主相应该是 Bi-2212 相，并辅以适当的碱土铜酸盐相和含 Pb 相 [16]，使整体组分达到 Bi-2223 的成分，进而在热处理过程中，它们之间发生反应，生成 Bi-2223 相。这里的含 Pb 相一般指 Ca_2PbO_4 相，主要作用是从 Ca_2PbO_4 中分解出的 Pb 可以和 CuO 生成液相，促进 Bi-2223 相的形成，也有助于恢复在冷加工过程中产生的裂纹。关于装管前煅烧 Bi-2223 粉末的一个典型例子如**图 7-12(a)** 所示 [17]，可以看出，煅烧粉末主要由 Bi-2212、Ca_2PbO_4、CuO 和 Bi-2201 组成。**图 7-12(b)** 为前驱粉形貌图，其中片层状颗粒为 Bi-2212 相。从带材的机械加工角度看，选择主相为 Bi-2212 的先驱粉末还有一个好处：由于 Bi-2212 晶体为层状结构，沿 c 轴方向上原子间的作用力比较小，层间容易滑动，因而具有很好的加工流动性，这有利于样品后面的变形加工。

作为粉末合成的第一步是确定各元素之间的名义配比。自 $T_c = 110$ K 的 Bi-2223 相被发现以来，人们做了大量的工作来优化粉末的原始组成，以获得高的相纯度和适宜的微观结构。由于最终要生成的超导相为 $(Bi, Pb)_2Sr_2Ca_2Cu_3O_{10+\delta}$(Bi-2223)，在最初阶段人们一般按照 Bi+Pb∶Sr∶Ca∶Cu=2∶2∶2∶3 的比例进行成分配制。但是，实验发现要制备高性能的 Bi-2223 带材, 并不能严格按此阳离子比例合成前驱粉, 因为从 $(Bi, Pb)_2Sr_2CuO_y$-$CaCuO_y$ 伪二元系相关系和 Bi_2O_3-SrO-CaO-CuO 相关系可知, 掺 Pb 的 Bi-2223 体系中合成单相的名义配比应是缺 Sr、富 Ca、富 Cu 的。为提高带材的临界电流密度, 成分配制最好满足以下要求: ① Bi+Pb 的含量要略微大于 2, 这是由于 Bi 元素和 Pb 元素的饱和蒸气压均较大, 在热处理过程中容易挥发造成损失; ② Ca 的含量要大于 Sr 的含量, 这是因为在整个体系中, Ca 和 Sr 往往会发生相互占位, 形成反位缺陷。而 Ca 的扩散系数相对较低, 提高 Ca 的含量可以提高其迁移率, 避免过量的 Sr 占据 Ca 位, 使得物相均匀; ③ 另外, Cu 的含量一般也比 3 大, 这样可以弥补在反应过程中用于生成液相的 Cu 消耗, 从而促进 Bi-2223 相的形成。因此, 之后各研究小组基本上遵循这一原则而选择配比, 名义配比在 $Bi_{1.7\sim1.8}Pb_{0.3\sim0.4}Sr_{1.9\sim2}Ca_{2\sim2.2}Cu_{3\sim3.1}$ 范围内变化。目前国际上报道的已经实现商业化的 Bi-2223 粉末化学成分有两种, 一种是 Merck 公司的 Bi-2223 前驱体粉末, 其元素配比为: $Bi_{1.78}Pb_{0.325}Sr_{1.85}Ca_{1.98}Cu_{3.06}O_y$。另一种是美国超导公司的 Bi-2223 前驱粉, 其化学组分为: $Bi_{1.8}Pb_{0.34}Sr_{1.9}Ca_{2.1}Cu_{3.04}O_y$, 其前驱粉末的起始化合物主要由 2212、$Ca_2PbO_4$、CuO 和 $(Sr, Ca)_{14}Cu_{24}O_y$ 组成。

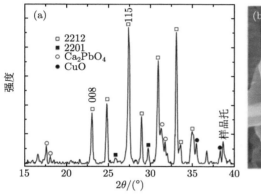

图 7-12 煅烧粉末的 (a) XRD 图谱 [17], 其中主相是 Bi-2212; (b) SEM 照片

前驱粉的粒径大小和分布对 Bi-2223 相的成相过程也有很大的影响。颗粒尺寸均匀分布有助于反应的均匀进行, 从而在热处理过程中反应生成均匀分布的微观组织, 得到性能均匀的带材。一般来说, 前驱粉的颗粒尺寸越小, 越有利于反应物的扩散, 反应越充分, 从而越有利于 Bi-2223 相的生成。研究中也发现, 前驱粉的平均颗粒尺寸小的样品, 其反应温度也相应较低, 反应时间也相应较短。但是, 过于细小的颗粒也会导致一些非超导相的生长, 而尺寸过大的颗粒会导致带材中大颗粒的第二相的生成, 这些都会导致带材性能的下降。

前驱粉的制备方法主要分为两大类: 固相反应法和化学合成法。固相反应法是制备陶瓷材料的传统方法, 是将金属氧化物和碳酸盐混合、煅烧、粉碎, 得到先驱粉末。化学合成法是按所制备材料组成计量比配制溶液, 使各元素呈离子或分子态, 再选择一种合适的沉淀剂或用蒸发、水解、升华等操作, 使金属离子均匀沉淀或结晶出来, 最后将其沉淀、结晶脱水或加热分解而得到纳米粉末。固态方法是一种工艺简单、成本低廉的方法, 可以生产具有多种组成的粉末, 而化学液相法获得的先驱粉末通常颗粒均匀细小。到目前为止,人们已发展了多种制粉工艺，其目标是要制备得到具有合适的化学成分、相组成、粒径大小及分布和纯净度的粉体。从最初的固态烧结法 (solid-state method) 到现在的溶胶–凝胶法 (sol-gel)、草酸盐共沉淀法 (co-precipitation)、喷雾干燥法 (spray dried)、冷冻干燥法 (freeze drying)、喷雾热分解法 (spray pyrolysis) 等，用这些工艺制备出的前驱粉末各有优缺点，目前这些制粉技术大都还在使用。**表 7-6** 是对各种制粉工艺制得的前驱粉末的特性的比较，目前使用得较多的方法是共沉淀法和喷雾热分解法。

表 7-6   几种制粉工艺所得前驱粉末的特性的比较

制粉方法	粒度/μm	均匀性	反应活性
固相法	> 10	差	低
溶胶–凝胶法	1 ~ 7	较好	一般
共沉淀法	1 ~ 7	一般	较高
冷冻干燥法	< 1	好	高
喷雾热分解法	< 1	好	高

(1) 固相反应法：首先将 Bi_2O_3、PbO、$SrCO_3$、$CaCO_3$ 和 CuO 按所需比例进行混合研磨，在 830 ~ 840 ℃ 中高温焙烧 12 h，冷却后重新研磨、压片，然后再放入 0.01 ~ 1.00 atm①的氧气氛中在 840 ~ 850 ℃ 的高温下烧结 20 h 左右，最后冷却到室温。$CaCO_3$ 可用 CaO 代替以降低原料粉末的碳含量。为了去除 CaO 粉末中的水分，在称量之前要对其进行彻底干燥。Pb_3O_4 可代替 PbO 作为 Pb 的来源。但是该法制得的粉末由于碳化物的存在，易出现离子偏聚、杂相较多、颗粒大小不均匀以及反应活性降低等现象，目前已很少使用。

另外，金属硝酸盐可以代替氧化物和碳酸盐，用作固相反应合成 Bi-2223 的原料，硝酸作为溶剂还可以增强硝酸盐粉末的均匀性。使用金属硝酸盐与使用氧化物碳酸盐合成 Bi-2223 的阳离子之比基本相同。

(2) 柠檬酸盐溶胶–凝胶法：将适量的柠檬酸添加到 Bi、Sr、Ca、Cu 和 Pb 硝酸盐溶液中。所得黏性溶液先在 50 ~ 60 ℃ 的真空下蒸发 24 h，并在烤箱中干燥 12 h，然后在 650 ℃ 的温度下煅烧 10 h。对在此阶段得到的细粉压片，在 850 ℃ 的温度下烧结 10 ~ 120 h，最后冷却到室温。该工艺已用于生产具有均匀粒度分布的超细粉末，优点是产物的颗粒细且均匀，易控制产品质量，制造成本相对较高。

(3) 草酸盐共沉淀法：把所有的氧化物或硝酸盐都溶解在硝酸溶液中，加入草酸作为沉淀剂，再以氢氧化钾或氢氧化钠调整溶液的 pH 值，使之产生各金属的共沉淀物，然后再将该共沉淀物过滤、烧结得到超导先驱粉末。该方法的优点是高反应活性，阳离子的结合是在原子级别上进行的，所以产物粒径小，还可以避免使用碳酸盐，有利于控制碳含量。缺点是 pH 值很难调控，这会直接影响到最终产物的质量。后续研究表明，使用乙醇或醋酸盐溶液可有效解决 pH 值调控难的问题。作为例子，**图 7-13** 给出了草酸盐共沉淀法的合成示意图 [18]。

(4) 喷雾干燥法：将 $Bi(NO_3)_3 \cdot 5H_2O$、$Pb(NO_3)_2$、$Sr(NO_3)_2$、$Ca(NO_3)_2 \cdot 4H_2O$ 和 $Cu(NO_3)_2 \cdot 2.5H_2O$ 等 5 种溶液，按 Bi：Pb：Sr：Ca：Cu=1.84：0.35：1.9：2：3 成分配比形成混合溶液；液滴通过加热的反应管；液滴穿过反应管的同时迅速蒸发干燥；干燥后的盐

---

① 1 atm = 1.01325×10^5 Pa。

颗粒分解得到粉末；之后再经烘干、脱硝、焙烧、研磨等处理。这种方法在 Bi 系超导体中得到了应用，其优点是能制得颗粒细小、尺寸均匀的粉末，其工艺稳定、粉末质量重现性好。粉末的质量取决于反应器参数，如停留时间和反应温度。

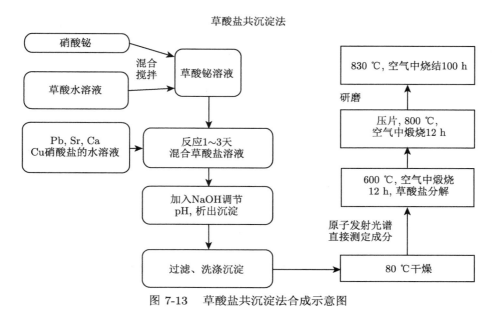

图 7-13 草酸盐共沉淀法合成示意图

(5) 喷雾热分解法：同 (4)，区别在于喷雾干燥与热分解一次完成，其制备装置示意图参见**图 7-14**。该法制得的粉末均匀性高，颗粒度较细，从纳米级到微米级，并且工艺重复性好，适合于大批量生产前驱粉。主要缺点是在高温下某些元素 (如 Pb) 容易挥发，造成化学配比失衡。因此，如何控制好分解温度是该工艺的关键。美国超导公司和德国 Merck 等几家国外公司均采用喷雾热分解法制备了 Bi-2223 前驱粉末，利用高压喷枪将前驱体溶液喷入高压反应器中，在几秒到几十秒内迅速反应完全，从而获得组分均匀的粉体材料。

(6) 冷冻干燥法：将一定阳离子配比的 Bi、Sr、Ca、Cu 和 Pb 硝酸盐溶液喷入液氮中进行快速冷冻，在 $-30\,℃$ 或 $-40\,℃$ 和 0.01 Torr[①] 下冷冻干燥 48 小时，将硝酸盐分解成氧化物粉末后压片，在 $780 \sim 845\,℃$ 的温度范围内烧结一段时间 [19]。冷冻干燥的主要优点是不仅可缩短反应时间，还能有效防止偏析，可以实现原子级水平上的混合，另外，无须使用沉淀剂，也没有形成碳酸盐的风险。总体来说，该方法重复性好，适合于批量制备。不过，热处理过程非常关键，因为粉末在温度低于 $200\,℃$ 时容易发生分解。值得一提的是冷冻干燥法在 YBCO 体系中尝试应用较多，而在 Bi 系中却很少采用。

考虑到 Bi-2223 前驱体粉末的特殊性，即不能出现 Bi-2223 相，而主相应该为 Bi-2212 相。在实际制备过程中，前驱体粉末的制备路径可以分为单粉法和双粉法两种。其中，单粉法是指在粉末制备过程中，按照 Bi-2223 的化学配比直接制备前驱体粉末，并通过对烧结工艺的优化，获得具有适当相组成的 Bi-2223 前驱体粉末。单粉法的优势在于制备工艺简单，适合工业化生产，但是单粉法制备过程中对粉末的烧结工艺要求极高，过高或者过低的温

---

① 1 Torr $= 1.333 \times 10^2$ Pa。

度都会导致体系中 Bi-2212 相含量的降低, 出现 2201、2223 以及各种含 SrCaCuO 的 AEC 相。而另一种方法称为双粉法, 即分别制备化学配比为 (Bi, Pb)-2212 和 $(Sr, Ca)CuO_2$(或 $CaCuO_2$) 的粉末成分, 并且将其分别烧结, 待两种粉末分别成相后, 进行机械球磨混合, 再将混合粉末通过 PIT 法加工成带材, 因此相组成的控制比较容易。由于粉末采用 (Bi, Pb)-2212 的配比, 可以避免 Bi-2223 相的提前生成。另外, 在烧结过程中可以使用较高的烧结温度, 不仅可以获得高 Bi-2212 相含量的粉末, 同时也保证了前驱粉末中 Bi-2212 相的结晶度。但是, 双粉法的缺点是机械混合的粉末均匀性较差, 不利于批量化制备。因此, 目前的一个趋势是开发化学组分和相分布更为均匀的单粉制备方法, 例如共沉淀单粉工艺。

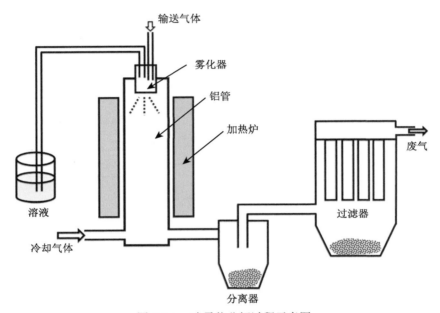

图 7-14　喷雾热分解过程示意图

　　Bi-2223/Ag 带材对杂质很敏感, 在前驱粉的制备环节就应该尽量避免杂质, 特别是要尽量降低粉末中的碳含量。我们知道煅烧后, 粉末需要用研杵和研钵研磨。在此过程中, 最重要的是要避免来自碳酸盐原料或大气中的碳污染。在水存在的情况下, 来自空气里 CO_2 中的碳, 容易与 Sr 氧化物或 Ca 氧化物发生反应, 从而形成碳酸盐[20]。这些含碳材料非常有害, 因为它们会在线材中形成气球状缺陷, 从而破坏芯丝结构甚至因渗透而损坏 Ag 包套。另外, Ag 包套带材中的大量碳是降低 J_c 的原因之一, 因碳易于在晶界上聚集, 造成晶粒间的弱连接行为。因此, 最好在高纯气体环境中进行磨粉。其次还要去除混合物中除 Bi、Pb、Sr、Ca、Cu 和 O 之外的元素, 例如, 使用硝酸盐的话, 则要想法除去混合物中的 N 元素。另外, 在制备过程中, 如果空气中的气体或水蒸气进入前驱粉中, 在后续的热处理中会引起鼓包现象, 从而影响带材的性能。因此, 一般在装管之前进行真空退火处理, 以减小超导材料中的气体和水蒸气。

　　对于 Bi 系带材, 所使用的是银管或银合金管。从化学角度上讲, 纯 Ag 是最好的包套材料, 因为 Ag 的惰性使之在高温下长时间烧结过程中不与 Bi 系超导粉起反应, 而且

Ag 延展性好，可以透过氧。其缺点是力学性能差，不能满足应用需要，而且纯 Ag 与超导芯的机械强度差异较大，往往导致香肠效应，于是需要强度更高的银合金作为包套材料。Ag-Mn、Ag-Mg-Ni、Ag-Al、Ag-Sn、Ag-Cd、Ag-Ce、Ag-Li 等都被尝试过作为外包套材料。

在实验室研究工作中，通常采用手工装管方式把粉末装到 Ag 管 ($< \phi10$ mm) 中，其装管密度一般约为 Bi-2223 相理论密度的 $30\% \sim 50\%$ (理论密度为 6.45 g/cm^3)。有些生产厂家并不直接对前驱粉进行装管，而是采用冷等静压先把粉末压制成密度为 80% 的棒状样品进行热处理后，再将棒材装管。这不仅有利于提高装管后超导芯的密度，也有利于提高氧化物超导芯/Ag 包套界面的均匀性和光滑度。另一方面，银超比 (带材横截面中 Ag 与氧化物超导芯的比率) 也取决于初始装管密度。装管密度高时，Ag 包套在冷加工期间易于发生前后滑动，使得冷加工后的银超比低；与此相反，当装管密度低时，银超比反而较高，这是在拉拔和轧制过程中氧化物超导芯产生的收缩效应所导致的。

7.5.2 冷加工工艺

冷加工工艺过程在用 PIT 法制备高性能 Bi-2223/Ag 超导带材中起着重要的作用，主要包括旋锻、拉拔和轧制几个步骤。理想的机械变形过程应当做到以下几点：① 使最终带材的几何形状和尺寸能够满足特定场合下的应用。② 超导芯的几何分布和密度应当是均匀的，要避免香肠效应的出现以及宏观裂纹的出现。③ 尽量提高超导芯密度和晶粒织构度。

7.5.2.1 旋锻和拉拔

首先对套管密封后进行旋锻和拉拔，以减小粉末套管的外径。旋锻，又称径向锻造，是使金属和合金棒料的直径减少、长度增加的一种锻造工艺。其工作原理是工件径向对称布置两个以上的锻模，它们环绕着被锻工件的轴线做高速旋转，又对工件进行高速锻打 (锻打频率可达每分钟几百 ~ 几千次)，在锻模的打击下，工件实现径向压缩、长度延伸变形。但是该工艺的最大缺点是旋锻过程中施加在复合棒材上的打击力极不均匀，使得棒内的氧化物超导芯呈现不规则形状。在实验室制备 Bi 系带材样品时，通常采用旋锻–拉拔进行套管减径，目的是增加超导芯的密度。

拉拔工艺是在拉拔机上进行的，在拉力作用下使截面积较大的金属材料通过拉拔模孔，获得需要的截面形状和尺寸，详细介绍参见第 5 章。拉拔是轴对称变形过程，在拉拔过程中，出线口线材内部会产生拉应力，这样最大拉拔力和最大面减率均要受限于 Ag 包套材料强度的大小，因此，在拉拔过程中一般要对装有 Bi-2223 粉末的银管进行中间退火处理以防止断裂。和旋锻相比，拉拔后的复合 Bi 系棒材变形均匀，特别是 Ag 包套和超导芯之间具有光滑的界面。**图 7-15** 所示为拉拔后单芯和多芯 Bi-2223/Ag 圆线的横截面照片。从**图 7-15(b)** 中可以看出，芯丝的形状和排列可表明线材内粉末的流动和分布情况，例如，从每个芯丝的横截面，我们能够获知芯丝内粉末的密度或者局部应力的信息。最初，粉末密度比较低，粉末的流动有一个向心的径向分量，但是在粉末密度达到它的临界密度后，径向流动就消失了，这样粉末就主要在圆线的长度方向流动。

拉拔应力的连续在线测量表明，Bi-2223 导线的每道次拉拔都会在其长度范围内产生显著的应力波动，其主要原因在于银或银合金包套的加工硬化、Bi-2223 前驱粉的致密化以及复合材料对中间退火条件的高度敏感性[22]。另外，其均匀性还受到拉拔速度、面减率、半模角等参数的影响。**图 7-16** 给出了不同 Bi-2223 样品经过不同道次拉拔后的密度测量结果。对于 Bi-2223 粉末，采用两种方式装管。一种样品是采用冷等静压先把粉末压制成密度约为理论密度 78% 的棒状样品，再插入到银管中，另一种是通过人工敲打把松散粉末填充到银管，装管密度相对较低。可以看出，低密度装管方式的银管，其超导芯密度随着拉拔道次的增加而增加，最终趋于饱和。但是对于冷等静压高密度棒材装管的样品，其密度在整个拉拔过程中虽有波动，但基本保持恒定。不过有意思的是拉拔后，两种 Bi-2223 样品的最终密度基本相同，可达 Bi-2223 材料理论密度的 75%[23]。

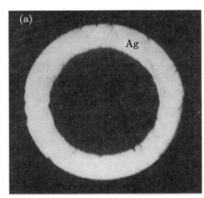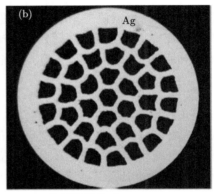

图 7-15　拉拔后 Bi-2223/Ag 线材的横截面
(a) 单芯；(b) 多芯 [21]

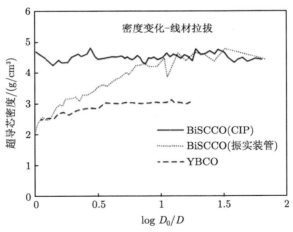

图 7-16　Ag 包套 Bi-2223 线材的拉拔应变与超导芯密度之间的关系 [22]

尽管最终的超导芯密度并不取决于初始装管密度，但它和其他的工艺参数相关，特别是冷加工工艺的自由参数。自由参数小的变形过程会在样品中产生较大的应力，从而导致较高的超导芯密度。例如，由大直径轧辊轧制的带材超导芯硬度要高于小直径轧辊轧制的带材；同样，和厚带相比，薄带材的超导芯硬度要高得多。当然，超导芯密度也和机械加工方法有关。拉拔后的超导芯密度往往较低，这是因为拉拔过程中产生的最大拉应力受限于银包套的强度。因此，使用银合金可以有效增加超导芯的最终密度。轧制样品的超导芯密度往往低于挤压样品的超导芯密度，但是会高于拉拔样品的超导芯密度。另外，如果样品连续经过了几种加工过程，只有最后一种变形方式对超导芯的最终密度影响最大。例如，线材经挤压-轧制后，最终样品的致密度就决定于轧制工艺。

对于常规拉拔工艺而言，面减率通常为 ~ 10%，这样制得的线材具有光滑平整的银超界面。我们知道拉拔后的最终线材直径决定了带材的宽度，并且对传输性能有很大影响。研究表明，直径为 1 mm 左右的线材具有较高的临界电流密度 (**图 7-17**)，并且该直径的线材轧制后得到的带材往往也展示了极佳的传输电流性能[24]。

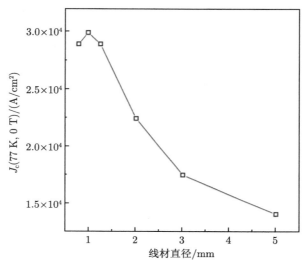

图 7-17　在 77 K、0 T 时，J_c 随拉拔线材直径变化的关系[24]

通常在拉拔工艺过程中，要引入中间退火热处理，其目的是减轻 Ag 包套在加工过程中的加工硬化，保证 Ag 的加工性能。但是考虑到 Ag 在退火过程中强度会发生明显下降，这往往造成金属管与陶瓷芯的硬度差异过大，非常不利于 Ag 包套和芯丝之间的协同变形，很容易产生香肠效应等不规则界面。因此，在拉拔过程中要尽量减少退火次数，从而保持 Ag 的硬度，使其能够促进粉体的流动和均匀变形。

另外，挤压和拉拔的变形过程相似，但是挤压可以比拉拔工艺获得更大的面减率，这一事实使其成为大规模生产的有效方法。然而，和低温超导体普遍应用相比，通过挤压获得均质的 Bi-2223/Ag 导线还是要困难得多，因此，在规模化生产中很少采用。

7.5.2.2　轧制

在 PIT 法发展的早期阶段，人们最先制备的是圆形线材，但 J_c 仅为每平方厘米几百安培，这是因为晶粒取向度低[24]。相反，人们发现轧制可显著提高样品的织构度和晶粒连接性，相应地，J_c 也随之大幅度增加。因此，轧制是 Bi-2223/Ag 带材制备过程中极为关键的一环，主要包括制备生带的轧制过程和在热处理之间加入的中间轧制工艺。轧制不仅决定最终带材的形状、尺寸和均匀性，而且更重要的是可提高超导芯的密度，消除孔隙，获得高载流性能的带材。

　　轧制工艺是靠旋转的轧辊和带材之间形成的摩擦力将带材拖进辊缝之间，并使之受到压缩产生塑性变形的过程。我们知道氧化物超导芯的密度是获得高 J_c 值的关键参数。为了提高氧化物超导芯的密度，需要优化轧制工艺参数，以增加施加到带材上的压力。在**图 7-18** 所示的轧制过程中，施加到带材样品上的压力由塑性变形理论中的以下方程式表示[25]：

$$P = p_s b_m l_d = k_f b_m \sqrt{R \Delta h} \tag{7-2}$$

式中，P 是施加到样品上的轧制压力；p_s 是平均轧制力；b_m 是样品的平均宽度；l_d 是辊与样品之间的接触长度；R 是辊的半径；$\Delta h = h_1 - h_2$ 是样品的压下率；k_f 是样品的变形阻力。从上述公式看出，大轧辊直径和大压下量似乎有利于增加样品的压力。

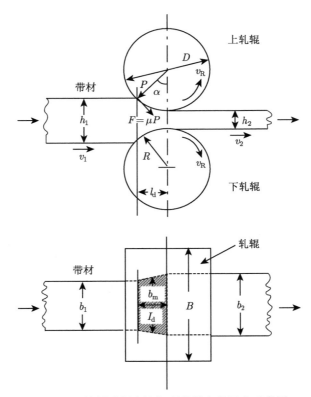

图 7-18　轧制过程中施加到带材上的压力示意图

　　但是，轧辊直径太大会导致最终带材厚度 $h_{\min}$ 较大，因为 $h_{\min}$ 会受到轧辊直径的限制 (轧辊刚度的缘故)：$h_{\min} = \mu R(S_0 - S)/E$，其中 μ 为摩擦系数，S_0 为样品的屈服应力，S 是外加拉应力，E 是轧辊的杨氏模量。这样的话，大的轧辊直径无法获得更薄的带材 (极限 0.1 mm)，也就不能进一步提高超导芯密度。此外，压下率太大往往导致带材变形不均匀，产生香肠效应，从而减小 J_c。因此，我们必须综合考虑压力效应、厚度效应和香肠效应来优化轧辊的直径和压下率。此外，还需要考虑以下工艺参数对轧制力的影响：

　　(1) 样品特有的变形阻力 k_f：压力与 k_f 成正比。材料越坚硬，受到的压力也就越大。

(2) 轧制速度: k_f 随着轧制速度的增加而增加。

(3) 样品的厚度: 即使相同的压下率, k_f 也会随着厚度的减小而增加。这是因为随着厚度减小, 样品中非变形区的比例增加, 使得正常的塑性变形受到影响。

(4) 摩擦: 压力随着摩擦系数的增加而增加, 这会受到轧辊和润滑剂粗糙度的影响。

尽管增加轧制力有利于提高超导芯的密度, 但应低于轧辊的刚度。否则轧辊会发生弯曲变形, 造成带材的边缘起皱, 反而影响带材的性能。上述分析虽然来自于金属轧制的传统塑性变形理论, 但值得我们借鉴。当然对于银包套 Bi 系高温超导带材的制备研究, 该理论应作适当修正, 因为氧化物超导芯毕竟不是单一金属, 而是包含许多空隙的陶瓷粉末混合体, 并且容易破裂。

拉拔后, Bi-2223/Ag 的第一次轧制将主要影响带材芯丝从圆线到扁带的变形过程, 适当的轧制加工率有利于芯丝的展宽, 特别是边缘芯丝的均匀变形, 从而促进 Bi-2223 的织构化。此外, 该次轧制过程还会影响到芯丝的均匀性及芯丝密度, 最终影响到带材的超导性能。早前数值模拟研究表明, Bi-2223/Ag 复合材料轧制变形的 "稳妥" 方法是尽量采用小变形率的多道次轧制工序。然而具有陶瓷性质的粉末和比较软的银合金存在较大的硬度差异, 在多道次轧制过程中会导致银与芯丝之间的界面出现不均匀变形, 形成不光滑界面, 从而产生通常的 "香肠效应" (sausaging), 如**图 7-19** 所示, 从而影响近银层的织构和载流性能。这种现象可用粉末流动模型来解释, 即在轧制过程中, 轧辊通过银包套将压应力作用在超导粉末上, 粉末在轧辊的挤压下流动。当粉末聚集到一定程度时, 发生加工硬化后通过轧辊, 这样的过程不断重复出现, 在带材中就出现了 "香肠效应"。**图 7-20(a)** 所示为一般轧制带材的典型纵截面, 其表现出明显的香肠效应 [22]。

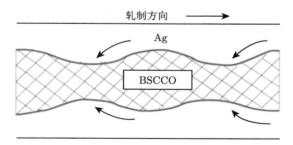

图 7-19 轧制过程中, Bi-2223 带材 Ag/超导芯界面处出现的香肠效应示意图 [26]

为了避免出现香肠效应而降低带材的有效载流横截面积并破坏 Bi-2223 晶粒的织构, 在轧制带材时, 必须对轧制道次、每道次的变形量、轧辊直径、轧制速率、润滑条件等工艺参数以及最终成型带材的截面进行系统优化。**图 7-20(c)** 显示了使用优化的轧制参数基本避免了香肠效应。不过, 改善香肠效应的一种常用的简单方法是在轧制过程中使用较小的压下率 (约 10%), 如**图 7-20(b)** 所示。值得注意的是, 与使用较大的压下率相比, 采用小压下率轧制方式制得的超导芯的密度相对较低。但也有相反的结果, 作为参考, 这里需要提一下美国超导公司报道的一步轧制工艺 (SPR), 即采用总压下率大于 85% 的单道轧制工序, 仅用一道次就可完成从圆线到最终带材的变形过程, 而且他们还认为该方法可有效解决 Bi-2223 长线中存在的香肠效应难题 [27]。

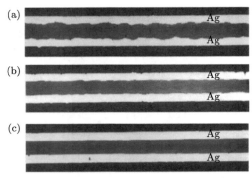

图 7-20   轧制 Bi 系带材的纵截面 [22]

(a) 以较大的压下率轧制，带材中观察到香肠效应；(b) 较小的压下率；(c) 使用优化的轧制参数

现在讨论冷加工工艺的自由参数对香肠效应的影响。自由参数越大时，银包套的金属流动越大，香肠效应 (至少香肠效应出现的频率) 和超导芯密度都会降低。对于轧制工艺，带材长度方向的自由参数可以通过下面公式计算，即 $\Delta_{f,L} = h/L_L = h/\sqrt{R\delta h}$ (R 为轧辊半径，h 为带材厚度，L_L 是样品与轧辊之间的接触长度)。可以看出，该长度自由参数取决于轧辊半径、样品厚度和厚度减小量。通过这一公式可以得出两个结论：① 减小轧辊的直径能够抑制香肠效应。同时这也意味着当带材的厚度逐渐变小时，香肠效应将会更加明显；② 压下率减小，自由参数 $\Delta_{f,L}$ 会变大从而减弱香肠效应。这些结论已被实验结果所证实。另外，样品宽度方向的自由参数为 $\Delta_{f,w} = h/L_w$，其中 L_w 是样品的宽度。那么，样品长度和宽度自由度参数之间的比率：$\Delta_{f,L}/\Delta_{f,w} = L_w/(R\delta h)^{1/2}$，就可用来确定材料最容易变形的方向。例如，大直径辊、大的压下量可能会导致轧制过程中带材的宽度增加明显，反之亦然。文献 [23] 研究结果也证实了这一结论，即更大的轧辊直径和更大的压下量会产生更大的宽度应变，导致更宽的带材。但是，增加压下率的效果不如增大轧辊直径的效果大。

包套材料强度也会对香肠效应的形成有一定的影响。用强度比纯 Ag 更高的银合金当作外包套，变形更加均匀，且没有香肠效应。如果银包套在加工过程中产生了加工硬化，则需要中间退火来防止拉断。不过有实验证明，经退火软化的银包套反而对香肠效应有改善作用。

中间轧制通常是在带材第一次热处理之后进行的，其作用主要为：① 减少之前热处理过程带来的孔洞，提高超导芯的密度，还可改善 Bi-2223 晶粒的织构。② 有效破碎第一次热处理中生成的 Bi-2223 相，使得未反应的物相得以更好地直接接触，促进 Bi-2212⟶Bi-2223 的相转变。③ 中间轧制还决定着带材的最终尺寸。因此，中间轧制过程对于制备高性能 Bi-2223 带材是必不可少的。研究表明，中间轧制存在一个最佳变形量，一般为 10%～20%，采用此变形量进行中间轧制既可以改善晶粒连接性，又不致产生在随后热处理过程中难以愈合的裂纹，从而使 J_c 达到最大值；同时，最佳变形量随前次热处理结束后残留 Bi-2212 相的增多而增大。轧制后多芯 Bi-2223/Ag 带材的横截面如**图 7-21** 所示，超导芯的密度轧制后可达到理论密度的 84%[22]。

临界电流密度随带材厚度的变化关系如**图 7-22** 所示。可以看出，使 J_c 最大化的最佳带材厚度约为 100 μm。对于更薄和更厚的带材，临界电流密度都会迅速降低。对于更薄带材，变形诱发的香肠效应在 80 μm 以下迅速增加，从而导致样品的 J_c 迅速降低。而带材中 Bi-2223 晶粒的织构度较低是造成较厚带材 J_c 下降的原因。

图 7-21 轧制后多芯 Bi-2223/Ag 带材的横截面 (未经热处理)

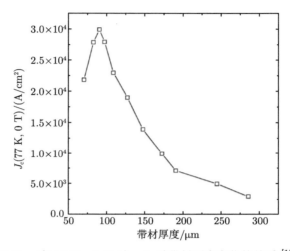

图 7-22 在 77 K、0 T 时，J_c 随带材厚度变化的关系 [17]

综上所述，轧制是 Bi-2223 带材冷加工过程中非常关键的工艺，通过轧制可促使前驱粉中片状的 Bi-2212 晶粒沿平行于带材表面方向排列 (**图 7-23**)，同时进一步提高超导芯

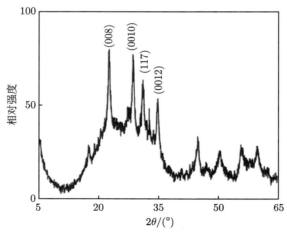

图 7-23 轧制带材 (未热处理) 的 X 射线衍射图谱。图中 $(00l)$ 峰为 Bi-2212 相，较弱的衍射峰表明冷加工变形在样品中引入了许多缺陷

密度并消除宏观裂纹和孔洞。在冷加工过程中对超导带材的变形均匀性、变形量和变形速度都有严格的要求，这对加工设备 (如拉拔机和轧带机) 的要求也很高。均匀性是判断最终高温超导带材质量好坏的最重要的参数，由于银包覆层和陶瓷粉末在机械性能方面的差异，要制备高均匀、高性能的 Bi-2223/Ag 长带，仍存在着一定的挑战性。

7.5.3　热处理工艺

经过轧制且未进行热处理的带材一般称为生带。生带中主要包含 Bi-2212 以及其他非超导相。为了生成 Bi-2223 相，一般需要经过高温热处理过程。Bi-2223 带材的热处理工艺采用的是固相烧结工艺，即烧结温度低于 Bi-2223 相的熔点，长时间烧结过程中，Bi-2223 相的成相是由 Bi-2212 相和其他第二相之间的元素扩散反应完成的。目前被广泛采用的 Bi-2223 带材热处理工艺是三步法热处理，包括第一阶段热处理、第二阶段热处理和后期热处理过程 [21]。通常在第一阶段热处理、第二阶段热处理之间插入中间轧制过程，如**图 7-24** 所示。热处理后，带材超导芯的典型衍射峰如**图 7-25** 所示。从图中可以看出，热处理后带材的超导芯中主相为 Bi-2223 相，同时伴随着极少量的第二相。

图 7-24　Bi-2223 带材热处理流程示意图

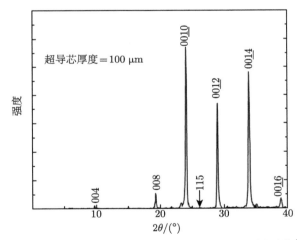

图 7-25　Bi-2223 带材热处理后超导芯的 XRD 衍射图谱 [17]

第一阶段热处理过程一般是由一个或多个短时高温热处理过程组成的。在各个短时高温热处理过程之间都会对带材进行一个中间轧制过程。带材中最主要的高温超导相 Bi-2223 相主要在这一阶段反应生成 (约 80%)，但是由于 Bi-2223 相的生成为固相反应过程，颗粒内部会残留一部分的 Bi-2212 相。此时，通过中间轧制，将 Bi-2223 颗粒破碎，使颗粒内部的 Bi-2212 相与 Ca-Cu-O 化合物形成接触状态。这是一个很复杂的、有多相参与的过程。这一过程中的氧分压、保温温度、保温时间、升降温速率等热处理参数都会对相变过程产

生很大的影响 [28]。

第二阶段热处理过程是一个带有缓慢降温过程的长时间高温热处理过程。其主要作用是提高 Bi-2223 相的含量，促进 Bi-2212 相及其他第二相向 Bi-2223 相的转变。经过这一阶段长时间烧结之后，可以获得具有更高超导相含量和更高织构度的带材 (**图 7-26**)，其 J_c 也获得大幅度提高。目前主要观点认为在缓慢降温过程中 Bi-2223 相会发生部分分解生成 Bi-2212 相和非超导相，这可能有利于提高带材的钉扎性能，从而提高带材的 J_c。Bi-2223 相的氧含量随着温度的降低而逐渐增大，这也会对带材的 J_c 产生影响。同时，缓慢降温可以使得由于带材的金属包套和超导材料之间热膨胀系数的不同所产生的热应力的影响减小，避免由此在超导材料中产生的微裂纹，提高了晶粒之间的连接性能，从而提高了带材的 J_c。

最后一个是后期热处理过程，即在较低温度和较低氧分压下对成品 Bi 系带材进行后退火处理，主要用来调节 Bi-2223 相的氧含量，同时析出 Ca_2PbO_4 相，消除晶粒间的非晶相，以进一步增强体系的晶粒连接性，达到显著提高带材 J_c 的目的 [29]。

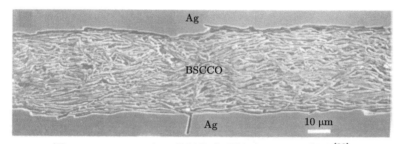

图 7-26　Bi-2223/Ag 带材的典型断面 SEM 形貌图 [30]

关于 Bi-2223 带材中 2223 相的形成过程，目前比较一致的观点是在 Bi-2212 相转变成 Bi-2223 相的过程中，必须先通过与含 Pb 相反应生成含 Pb 的 Bi-2212 相。在这里，我们把含 Pb 的 Bi-2212 相记为 (Bi, Pb)-2212 相。之后，再由 (Bi, Pb)-2212 相和第二相反应生成 Bi-2223 相 [31]。即 Bi-2223 相的形成过程可用下面的两个方程式表示：

$$Bi\text{-}2212 + Ca_2PbO_4 \longrightarrow (Bi, Pb)\text{-}2212 + 第二相 \tag{7-3}$$

$$(Bi, Pb)\text{-}2212 + 第二相 \longrightarrow (Bi, Pb)\text{-}2223 \tag{7-4}$$

经研究发现，第一步过程是必不可少的。因为带材中的 (Bi, Pb)-2212 相并不稳定，在升温的过程中 Pb 会从 (Bi, Pb)-2212 相中分离出来而生成含 Pb 相。之后，随着温度的进一步升高，含 Pb 相分解并与 Bi-2212 相反应生成 (Bi, Pb)-2212 相，即第一步过程。

对于第二步过程，(Bi, Pb)-2212 相与第二相反应生成 Bi-2223 相的机制，目前尚无定论。但普遍认为 Bi-2223 相是由 Bi-2212 相和其他相 (富 Ca、富 Cu) 反应生成的，具体分歧在于 Bi-2212 相与什么相反应以及这种反应形成的机制。关于 Bi-2223 相的形成机制主要有以下三种模型。

第一种是借助于液相的形核长大模型。这种模型认为，在 Bi-2223 相生长之前会先生成液相，在液相的辅助下由 (Bi, Pb)-2212 相与第二相通过形核长大的方式生成 Bi-2223

相。Bi-2223 相可以直接从液相中形核，或者在 (Bi, Pb)-2212 相的晶粒上形核 [32]。目前的研究结果中支持这一模型的比较多。液相是由 Bi-2212 相和第二相反应生成或由 Ca_2PbO_4 分解获得。液相的量必须适中才能发挥作用。如果液相的量太少，则 Bi-2223 相的生成速率缓慢；但过多的话，则会生成大颗粒的第二相。

第二种是插层生长模型。这种模型主要是基于 Bi-2212 相和 Bi-2223 相具有相似的晶体结构。Bi-2223 相的生成是通过在 Bi-2212 相的 $CuO_2/Ca/CuO_2$ 结构中直接插入 CuO_2/Ca 双层，由 (Bi, Pb)-2212 相直接转变为 (Bi, Pb)-2223 相。

还有一种是歧化反应模型。该机制是未掺 Pb 的 Bi-2223 相形成的主要机制。由 Bi-2212 反应生成 Bi-2201 相和 Bi-2223 相。

在 Bi 系超导体中，Bi-2201、Bi-2212、Bi-2223 以及其他的第二相如 Ca_2PbO_4、CuO、Pb-3221、Ca_2CuO_3 等，它们的特征衍射峰目前均已知晓，可以直接根据 Bi 系超导体的 XRD 衍射图谱确定超导体中的相组成以及相的相对含量，通常 Bi-2212 和 Bi-2223 相的相对含量采用以下公式计算：

$$V_{2212}(\%) = I_L(008)/[I_L(008) + I_H(0010)] \times 100\% \tag{7-5}$$

$$V_{2223}(\%) = I_H(0010)/[I_L(008) + I_H(0010)] \times 100\% \tag{7-6}$$

其中 $I_L(008)$、$I_H(0010)$ 分别为 2212 相 (008) 和 2223 相 (0010) 的衍射峰强度。

热处理是决定带材最终性能的重要一环，所以选择合适的热处理工艺就非常重要。热处理过程中影响带材最终性能的主要参数有：烧结温度、氧分压、烧结时间以及升降温速率。一般来讲，这些参数并不是相互独立地对带材性能产生影响，需要综合考虑，系统优化。影响 J_c 最重要的热处理参数是烧结温度和气氛。由于 Bi-2223 相的稳定温区较窄，所以带材热处理温度选择范围比较有限。不同研究者得出的最佳热处理温度不同，这与带材装管的粉末特性以及烧结气氛有关。即前驱粉末特性的微小改变，所有热处理参数也将随之改变，必须对工艺参数进行重新优化。我们知道，差热分析 (DTA) 是一个非常有用的工具，可以直接确定 (Bi, Pb)-2223 相形成的最佳温度。**图 7-27** 所示是典型的未反应带材和前驱体粉末的 DTA 测量曲线 [24]。可以看出，在空气中烧结时，前驱粉 (Bi, Pb)-2223 相形成温度为 $\sim 845\,°C$，而 Ag 包套带材中的 (Bi, Pb)-2223 相形成温度降低了 $10 \sim 15\,°C$。当然，所谓的最佳温度和前驱粉合成工艺、烧结气氛等多种因素密切相关。带材中 (Bi, Pb)-2223 相的形成温度降低主要有以下三个原因：① Ag 包套的存在；② 带材中小的晶粒尺寸加速了相形成的动力学；③ Ag 包套金属可透氧，而这改变了 (Bi, Pb)-2223 相反应形成的环境。

图 7-28 为在空气中热处理 200 h 时，带材的 J_c (77 K, 0 T) 与烧结温度的依赖性关系 [26]。可以看出，温度为 $838\,°C$ 时，J_c 出现最大值。不过当温度升高或降低仅 $2\,°C$ 时，就会导致带材中 Bi-2223 的相含量减少，使得 J_c 迅速减少。这种狭窄的温度窗口可能会给 Bi 系带材，特别是长线热处理带来麻烦，因此，Bi-2223 带材的制备对于实验设备中的加热炉稳定性和精确性要求较高。综合大量文献数据，Bi-2223/Ag 带材的热处理温度在空气中普遍在 $830 \sim 850\,°C$，低 p_{O_2} 中 $((1\% \sim 10\%)O_2)$ 普遍在 $810\sim835\,°C$。

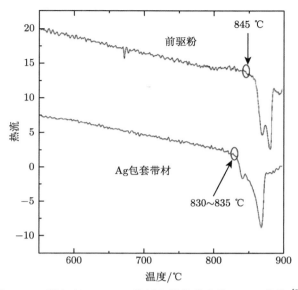

图 7-27 银包套 Bi-2223 带材和煅烧粉末的 DTA 曲线 [24]

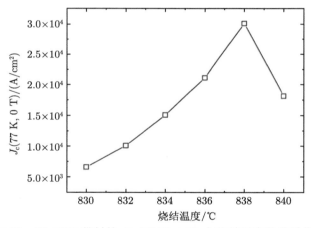

图 7-28 Bi-2223 带材的 J_c (77 K, 0 T) 与烧结温度的关系曲线

氧分压气氛可以有效降低 Bi-2223 相的反应形成温度，特别是在较低的氧分压下，即使在 790 ℃ 时也会出现高温超导 Bi-2223 相。Endo 等首次确定了 Bi-2223 相发生分解的氧分压和温度区域，并且得到 7.5% atm 为最佳热处理氧分压 [33]。Rubin 等用固态电化学方法也在很宽的氧分压和温度范围内研究了 Bi-2223 相的稳定存在区域，发现 Bi-2223 相在低氧分压下会不可逆地分解成 Bi-2212 相和其他第二相 [34]。其他研究者同样研究了 Bi-2223 相在不同温度和氧分压下的形成和稳定性，也得到了类似的结果 [35,36]。综合以上结果，可以得到 Bi-2223 相稳定存在的氧分压和温度区间，如**图 7-29** 中阴影部分所示。可以看出，Bi-2223 相仅在一个很窄的温区和氧分压区内可以稳定存在；另外，热处理氧分压越高，Bi-2223 相稳定存在区域的温度也越高。特别是在 7.5% atm 左右的氧分压下，热处

理温度为 825 ~ 835 ℃ 时，Bi-2223 相的转化率最高[37]。如果氧分压过低，Bi-2223 相的生成很缓慢，而氧分压过高则会生成大量第二相。因此，目前大部分 Bi-2223 带材的烧结工艺均采用 7.5% atm 的氧分压进行烧结。

烧结时间对 Bi-2223 带材性能的影响需要针对不同的热处理过程进行分析。在第一阶段热处理过程中，最佳热处理时间分配与变形热处理的反复次数有关。烧结时间过短，变形次数增加会导致织构增加，但 Bi-2223 相成相不充分。如果烧结时间过长，则 Bi-2223 相成相过多，在二次热处理过程中没有足够的 Bi-2212 相和液相，会导致最终带材中的 Bi-2223 相含量降低，织构度较差。因此存在一个最佳的烧结周期使 J_c 最高。而在第二阶段热处理过程中，则需要一个相对较长的热处理时间，此时不充分的热处理时间将导致体系超导相含量较低，以及超导相成分不均匀，从而影响带材的载流性能。在空气中烧结温度为 838 ℃ 时，J_c 随热处理时间的变化关系如**图 7-30** 所示。可以看出，带材的 J_c 随着热处理时间的增加而增加，在 ~ 200 h 时达到最大值，再继续增加热处理时间，J_c 反而呈下降趋势。这种 J_c 降低可能是由于晶粒表面 Bi、Pb 元素的挥发而偏离平衡成分配比所导致的。通常认为 Bi-2223/Ag 带材的最佳烧结总时间为 180 ~ 240 h。此外降温速率也存在一个最佳值，它是通过影响 2223 相中的共生 2212 相和氧含量而影响 J_c 的。报道中的冷却速率一般在 0.01 ~ 10 ℃/min。较慢的冷却速率可以使得 Bi-2212 相的反应较为完全，并保持 Bi-2223 相不发生分解，还可改善晶粒连接性和晶内磁通钉扎从而提高带材的性能。

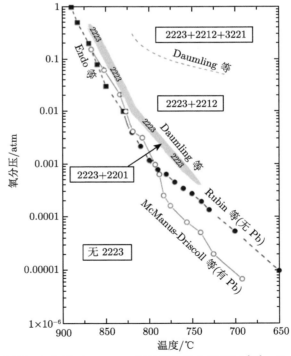

图 7-29　不同氧分压和烧结温度条件下 Bi-2223 超导体的稳定区相图[36]。其中 Bi-2223 相的稳定存在区域由图中阴影部分标出

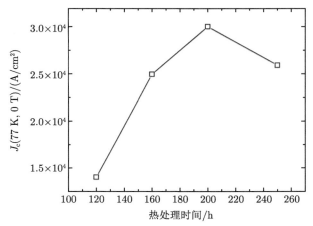

图 7-30 Bi-2223 带材在温度为 838 ℃ 时，J_c 随热处理时间的变化关系

总之，对于 Bi-2223 带材而言，其热处理过程时间较长，并且影响因素较多，需要针对不同化学组分和相组成的前驱体粉末，对各个重要参数进行系统性的优化，从而确定最佳热处理工艺。

7.5.4 高压热处理

PIT 法包含一系列拉拔、轧制冷加工变形过程，随后还需进行变形热处理，由短周期热处理、中间变形、长周期热处理这三道工序组成，然而在轧制过程中致密化了的超导芯在随后的热处理过程中密度反而降低了。有研究表明，热处理后的超导芯密度要比热处理前减小 20% 左右，仅达到理论密度的 73%，这不可避免地在超导芯中产生裂纹和孔洞，再加上常规工艺所无法完全去除的第二相粒子等，这些都会使得带材织构变差、超导芯密度降低、超导连接性能受到破坏。虽然人们做了很多努力，但是通过传统的烧结工艺却很难获得高纯超导相和高致密度的超导芯丝。直到 2004 年日本住友电工公司使用高压热处理工艺才改变了这一现状，其制备出的 Bi-2223/Ag 带材拥有接近 100% 的超导芯丝密度，极大地提高了带材的临界电流。可见高压热处理 (也被称为 over pressure, OP) 技术是提高带材性能行之有效的方法。

高压热处理工艺最早于 2001 年由 Rikel 等 [38] 报道，他们利用该技术使得 Bi-2223/Ag 带材临界电流密度从 8 kA/cm² 提高到 3×10^4 A/cm²(77 K, 0 T)。Bi-2223 超导带材的热处理需要在一定的含氧气氛中进行，因此，所用的高压热处理设备必须具有良好的高温抗腐蚀能力，对设备条件要求较高。高压热处理通常在 Bi-2223 变形处理后期实施，首先需要进行带材裂纹愈合处理，其目的在于生成液相，确保超导带材发生自愈合现象；其次要避免高压热处理过程中内部超导芯气孔与外部连通，防止超导带材致密化失效。所以在进行高压烧结实验前，Bi-2223 带材一般需要用银箔作为密封包套以保证等静压作用的密封性要求，否则高压气体将进入样品内部而抵消外部压力作用。在热等静压过程中，将 O_2-N_2 或者 O_2-Ar 混合气体充入密封炉体，保持工作压力为 10 ~ 30 MPa，加热温度 810~840 ℃，持续几个到几十个小时。低压氧气可以透过银合金包套提供 Bi-2223 成相所必需的氧分压环境，高压惰性气体则可以使带材致密化，提高超导芯的密度。

　　日本住友电工公司建立了 30 MPa 的高压热处理系统，可以批量化制备临界电流达到
200 A 的 Bi 系超导长带。**图 7-31** 显示了该公司研发的短样品和 1000 m 级长带的 I_c 性
能提高过程[39]。可以看出，在 2004 年使用高压烧结技术后，临界电流获得显著增加。该
公司研制短样品的最高 I_c 为 250 A (77 K, 0 T)，相应的 J_c 为 7.4×10^4 A/cm²。特别是
批量化制备的 1000 m 级 Bi-2223 长带的临界电流高达 200 A。即使批量化生产的 2000 m
长线，端到端 (end to end) 的临界电流仍保持 180 A 的水平，长线的综合性能指标 $I_c \times L$
(L 代表长度) 已达 368 kA·m (带宽 4.2 mm)。

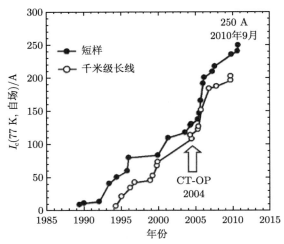

图 7-31　日本住友电工公司研发的短样品和千米长带的 I_c 性能[39]

　　图 7-32 为常压与高压热处理带材横截面的扫描电镜照片对比[39]。图中深灰色部分为
Bi-2223 相，白色颗粒为富 Pb 相，如 3221 相和 Ca_2PbO_4，黑色颗粒是碱土金属氧化物
(AEC)，主要是 Ca-Cu-O 和 (Ca, Sr)-Cu-O 等。黑色区域是孔洞和裂纹。可以看出高压热
处理过程显著消除了超导芯内部的大部分孔隙及裂纹，同时极大地改善了相纯度和晶粒连
接性。

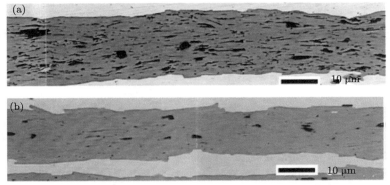

图 7-32　Bi-2223/Ag 带材的横截面 SEM 照片[39]

(a) 常压热处理 (密度：85%)；(b) 高压热处理 (密度：~ 100%)

对于长带而言，高压热处理 Bi-2223 带材的 J_c 相比于常压热处理带材提升超过 30%。Bi-2223 带材 J_c 性能的提高主要得益于以下几个方面的改善：① 相对密度几乎达到 100%；② Bi-2223 相的纯度提高；③ 晶粒连接性能也因孔洞和缺陷的减少而提高。另外，高压热处理也有助于改善力学性能，这与超导芯密度的增大有密切的关系。相对密度提高到将近 100% 不仅在力学性能方面，而且在要求带材长期暴露在一些热循环系统和浸入低温液体的应用中都具有了更高的可靠性。

7.6 微观结构对临界电流密度的影响

如上所述，影响 Bi-2223 带材 J_c 的工艺参数，除了粉末特性以外，还有装管密度，加工参数 (拉拔变形量、轧制变形量、轧制方式、变形道次加工率、轧制力) 和热处理参数 (温度、时间、气氛、升降温速率)。这些参数将导致最终带材中具有不同的微结构特征和相组成，进而获得不同载流性能的 Bi-2223 带材。影响高性能 Bi-2223 带材的微结构因素主要包括：超导芯密度、织构、Ag/超导相界面均匀性、第二相的种类和含量以及晶界结构等。因此，要提高 Bi-2223 带材的性能，必须先了解和掌握它们的微观结构。现在普遍认为性能优异的 Bi-2223/Ag 超导带材通常具有高的致密度、强的 c 轴织构以及尽量少的第二相。本节将着重阐述 Bi-2223 带材中织构、密度、Ag/超导芯界面层以及第二相和各种常见的缺陷等，以及它们在决定 J_c 性能中所起的重要作用。

7.6.1 超导芯致密度

超导芯致密度对带材临界电流密度有重要的影响，因为在反应过程中，高的密度可有效促进超导晶粒强连接的形成，这样就有效增加了电流路径，因此致密化是提高 J_c 的一种简单方法。

实际上，致密化方法已在超导块材制备中获得成功应用。尽管人们也希望这一方法能够在银包套 Bi 系带材中使用，不过由于银包套带材尺寸太小，人们很难用阿基米德法直接测量超导芯的密度，获得定量数据。Satou 等报道了维氏硬度随超导芯密度变化的比例关系，随后通过测量超导芯的维氏硬度，研究了拉拔、轧制过程中相对密度随变形量的变化情况，如**图 7-33** 所示。发现氧化物超导芯的相对密度随着冷加工变形量的增加而增加，也就是说冷加工量越大，密度也越高。例如，拉拔后，变形率最大的样品具有最高的维氏硬度，其相对密度约为理论密度的 82%。该样品轧制后的相对密度更是高达 93%。即使经过热处理，超导芯的硬度也保持与**图 7-33(b)** 相同的顺序 [40]。

到目前为止，不同的研究者所采用的装管密度在 20% ~ 80% 的理论密度范围内变化。研究表明，高装管密度 (60%~ 70% 的理论密度) 的带材中，2223 相形成快，J_c 更高。装管后粉末密度要尽量均匀以保证初轧后带材不出现香肠状银/氧化物界面。很明显，高密度具有以下效果：取向度高、反应充分，第二相占比低、孔洞少以及具有光滑的银超界面。**图 7-34** 为不同超导芯密度带材的表面形貌照片 [24]。可以看出，和低密度带材相比，高密度带材具有致密且高度取向的微观组织，相应地表现出很高的 J_c。因此，在冷加工过程中的变形量是影响 J_c 的一个主要因素，大的拉拔和轧制变形量往往导致较高的超导芯密度，有利于 Bi-2223/Ag 界面光滑和更好的晶粒连接性以及晶粒的整齐排列，从而提高带材的临界电流。如**图 7-35** 所示，带材的临界电流密度随着冷加工变形量和密度的增加而增加。其中密度最高的样品在 77 K 和 0 T 下具有最高的临界电流密度，高达 6.6×10^4 A/cm^2。而且进一步研究发现该样品的银超界面非常光滑，这表明拉拔过程中的致密化导致了轧制过程中的均匀变形。我们知道，光滑的银超界面有利于获得高的 J_c 值，因为具有高密度和优异晶粒取向的界面区域更易于临界电流的流动。

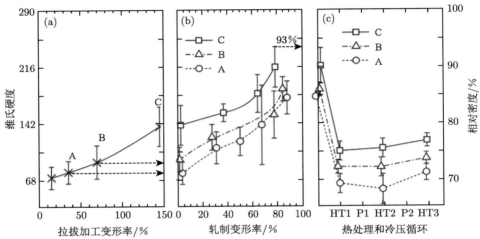

图 7-33　在冷加工和热处理过程中维氏硬度或相对密度随变形量的变化关系[40]。拉拔后样品的最终直径不同

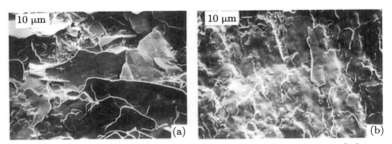

图 7-34　用汞合金法去除带材银保套后的超导芯表面形貌[24]

(a) 低 J_c 带材的晶粒取向度和密度都很低；(b) 高 J_c 样品的晶粒取向度和密度都很高

7.6.2　织构化

用 PIT 法制备的 Bi-2223 圆线在 77 K 下的临界电流密度在每平方厘米几百安培的范围内。然而，当对圆线进行轧制时，它的临界电流密度就会得到显著提升，这是由于它在轧制过程和接下来的热处理过程中形成了取向良好的片状晶粒。我们知道 Bi-2223 具有很高的各向异性和短的相干长度，如果晶粒间存在大角度晶界，会严重阻碍晶粒间的电流传输，所以超导芯丝中晶粒需要定向排列。而 Bi 系超导体具有片状的晶体结构，轧制会使晶粒发生形变，最终在热处理阶段使得晶粒沿着 c 轴方向择优取向生长，其 ab 平面平行于带材宽面，而 c 轴垂直于宽面，如**图 7-36** 所示[24]。这种择优取向提高了材料的致密度和晶

粒间的连接性。我们习惯将带材内部的晶粒按照一定的择优取向有序排列称作织构。同时，轧制还使得超导带材中的银层有比较平整的与压缩方向垂直的一系列平行平面。这些都为 Bi-2223 相织构的形成提供了良好的基础。织构的好坏对于超导电流能否顺利通过 Bi-2223 晶界，减小晶界处的电流损耗尤为重要。为达到较高的临界电流密度，要求带材内部有良好的织构。**图 7-37** 所示为高性能 Bi-2223/Ag 带材截面的典型微观组织 [24]。可以看出，带材内的晶粒都呈薄片状并依带面紧密层叠，表明 c 轴取向是近似一致的，具有较强的 c 轴织构。

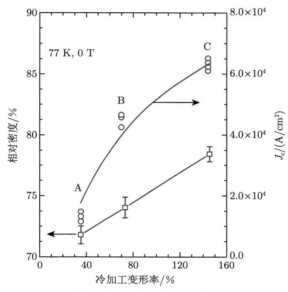

图 7-35　77 K 和 0 T 下临界电流密度和相对密度与冷加工变形率的关系 [40]

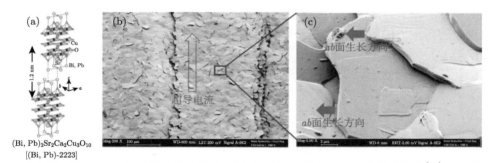

图 7-36　(a) (Bi, Pb)-2223 超导体的晶体结构；(b) 揭掉银包套后超导芯的表面形貌 [24]；(c) 微区放大图，可以看出晶粒倾向于沿 ab 平面方向快速生长

对于 Bi-2223/Ag 带材，Bi-2223 晶粒呈扁平状排列，其沿着 ab 面排列的优劣 (c 轴织构的强弱) 在很大程度上决定了带材的临界电流密度。采用轧制或压制方式加工线材，大大提高了晶粒取向和晶粒连接性，而且晶粒织构度随变形加工量的增大而增大。因此，当带材的压下率增加或者带材的厚度较小时，带材的临界电流密度就会增大。当然，要注意到织构度是提高传输电流密度的主要因素之一。冷加工变形也增加了超导芯的密度，从而

增加了超导芯的晶粒连接性。可以说，高密度和良好的晶粒取向性均可增加临界电流密度
J_c。X 射线扫描范围比较大，是一种可靠成熟的测量和分析材料宏观织构的方法。通常采
用 XRD 摇摆曲线的半高宽 (FWHM) 来评价 Bi-2223 带材织构好坏，FWHM 的值越小，
说明峰越尖锐，晶粒取向越一致，织构也就越好。通常使用 (0014) 峰进行 Bi-2223 相的摇
摆曲线实验以定量测定 Bi-2223 相的织构。

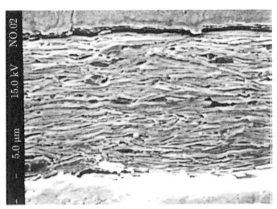

图 7-37　高 J_c 带材的纵截面形貌 [24]。很明显，带材内的晶粒高度取向

　　Bi-2223 相的织构化程度直接影响到带材的 J_c 性能，而织构形成与 2223 相的反应生成
机制密切相关。对于 Bi-2223 相织构形成的机理，目前还没有明确的结论，文献中提出的观
点主要有以下几种：① 如果 2223 相的生成是原子层的扩散插入方式，后来形成的 Bi-2223
晶粒的织构将继承 Bi-2212 晶粒的织构，带材冷加工过程中形成的织构就显得尤为重要，在
随后的热处理过程中容易长大成平行的片状晶粒。② 如果是形核长大方式，热处理过程中
相变再结晶形成的织构是 2223 相织构的主要来源；还可通过在超导芯/Ag 界面上择优取
向晶粒的成核和长大，形成基体包套诱发织构。③ 在变形热处理阶段，伴随着拉拔和轧制
过程中产生的内应力的释放，形成退火织构。④ 还有研究者认为织构的形成与热处理、加
工和银层等多种因素相关。轧制加工为 Bi-2223 相的形成提供了织构化的 Bi-2212 相，热
处理过程促使织构化的 Bi-2212 相生成 Bi-2223 相，再进行晶粒的长大，进一步增加织构
度，银层的存在又促使织构度快速增加。可以看出，争论主要集中在织构形成的主要方式
上，例如，对带材中不同的区域以及不同的烧结温度范围来说，形成织构的主要方式可能
是不一样的。靠近银的区域以再结晶织构为主，而中心区域以变形织构为主；经在高温下
部分熔融烧结后，反应生成的织构作用比较明显，而较低温度烧结时冷加工形成的织构作
用较为明显。

　　在 Bi-2223 带材中，氧化物呈扁椭圆状，超导芯内的织构、相含量和密度分布通常是
不均匀的，从而导致传输电流的不均匀分布，这已经被众多研究者所证实。显微硬度测试
表明中心区域硬度最高，J_c 最低，且硬度向着靠近银界面区域逐步减少，而 J_c 却在增大。
这些说明带材内部组织结构的不均匀性造成带材各部位导电性能的差异，同时表明密度不
是影响 J_c 的唯一因素。通过采用 XRD 对超导带材的不同区域进行织构测定，发现在靠
近银界面区域最强，并且朝向超导芯的中心降低，在中心区域织构度最弱，如**图 7-38** 所

示。这里织构度由第二相 (119) 和 Bi-2223 相的 (0014) 的峰高比定义[28]。微观形貌分析发现边缘处由于靠近银层，织构度较好；中心区处超导晶粒尺寸小，排列不整齐，取向相对差，且存在大尺寸的第二相。这从微观上验证了带材横截面内 J_c 不均匀是带材内部组织结构差异的结果。迄今为止，~ 0.1 mm 厚 (超导层几十微米) 的 Bi 系 2223 带材之所以具有较高的 J_c 值，就是因为在这种薄带中对临界电流几乎没有贡献的中心区域已大为减少，超导电流主要从靠近银界面的超导薄层中流过。随后 Welp 等采用磁光成像 (magneto-optical image) 技术对 19 芯 Bi-2223/Ag 超导带材中超导芯丝的迈斯纳态和剩磁态进行了表征[41]，发现沿 Ag/2223 相界面的超导芯丝薄层中 (宽度为 $2 \sim 3$ μm) 存在非常高的超导电流，占总超导面积的 $10\% \sim 15\%$，如**图 7-39** 所示。磁光成像实验清楚表明银超界面区域具有很强的晶粒织构，而超导芯的中心区域电流性能差，且晶粒畴界表现出较严重的弱连接效应。

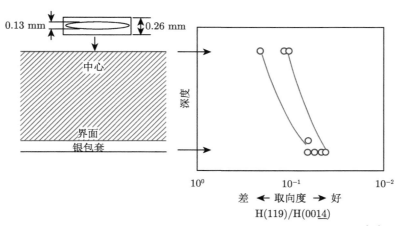

图 7-38 银包套 Bi-2223 带材中从中心到界面方向的织构度分布[28]

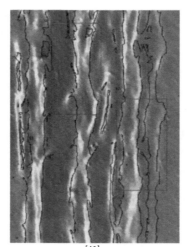

图 7-39 磁光法获取的超导芯丝中电流的分布图[41]。白色和红色代表高电流密度区域。可以看出电流主要集中在超导芯丝与 Ag 的界面层中

7.6.3　第二相和缺陷

超导电流是载流子在氧化物晶体中 (主要在 CuO 面内) 流动形成的, Bi 系带材的微观结构会对载流子的流动产生很大的影响, 包括晶界、第二相等可能会对载流子的运动形成阻碍作用。因此, 对多晶的超导 Bi-2223 带材来说, 研究其微结构和缺陷及对传输性能的影响是非常重要的。

Bi 系带材中 Bi-2223 的成相属于固相反应, 即固态 Bi-2212 相与液相反应生成 Bi-2223 相。该过程反应速度很慢, 当反应时间较短, 扩散进行得不充分时, 往往达不到热力学平衡的结果, 导致残留多种第二相。由于 Bi-2223 相的复杂反应机制, 即使在实验室制备的样品中也很难获得完全单相的 Bi-2223。第二相有些是作为原料加到前驱粉中, 有些是在热处理过程中通过反应生成的。另外, 还有高温时生成的液相冷却得到的非晶相, 这种非晶相一般没有特定的元素配比。对于 Bi 系带材, 所有的第二相都不是希望得到的, 因为超导芯中第二相的存在会改变超导相的化学计量比, 也会阻碍传输电流的通过。特别是大颗粒的第二相不仅具有电阻和不规则形状, 而且会严重破坏 Bi-2223 相的晶粒连接性及其晶粒的有序排列, 导致片状 Bi-2223 晶粒间具有较大的取向差, 出现所谓的大角晶界, 即晶粒间界的弱连接效应, 从而降低带材的性能。不过像 3221 相这种富 Pb 相的存在可以加强 Bi-2223 相的晶粒连接性。因此控制带材中第二相的尺寸与含量是极其重要的。

Bi-2223 带材中存在的第二相种类和数量与前驱粉末成分、加工热处理工艺密切相关。实际上, 在 2223 相生成的同时, 带材内的第二相也会发生反应。而升温过程中第二相的演化也会对液相的生成产生影响, 从而对 2223 相的生成产生影响。非超导第二相大致分为四类: 碱土铜酸盐 $(Ca, Sr)_x Cu_y O_z$ 等 AEC 相、富 Pb 相 (Pb-3221、$Ca_2 PbO_4$ 相)、其他铜酸盐 (特别是 CuO) 以及非酸盐 (特别是 $Bi_3 Sr_4 Ca_3 O_x$) 等。另外, 还有残存的 Bi-2212 相、Bi-2201 相。根据尺寸不同, 第二相可以分为微米级第二相和亚微米级第二相, 其形成机制及对超导性能的影响各不相同 [42]。

1) 微米级第二相

Bi-2223 带材中微米级第二相主要有五种: CuO、SrO、$(Ca, Sr)_2 CuO_3$、$(Ca, Sr)_{14} Cu_{24} O_z$ 和 $(Ca, Sr)_2 PbO_4$, 如**图 7-40** 所示 [42]。

$(Sr, Ca)_2 CuO_3$ 相可以稳定到 1030 ℃, 一般是长片条状的颗粒。该相的形成温度比较高, 接近 Bi-2223 相的分解温度。而且一旦生成, 在后续的热处理过程中很难分解。因此, 在热处理过程中要避免温度过高以防止该相的形成。

$(Sr, Ca)_{14} Cu_{24} O_{41}$ 相一般在整个热处理过程中都可存在。在热处理过程中有明显的生长阶段。随着 Bi-2223 相的生成, 该相也会发生分解。但如果热处理参数不合适, 则可能会生成大颗粒的第二相, 这会严重降低带材的性能。在热处理过程中需要注意避免这种情况的出现。

CuO 相通常作为前驱粉的原料之一, 在生带中一般有少量的 CuO 存在。它是一种低温稳定的第二相, 当温度高于 840 ℃ 时会分解。在升温的过程中会有少量的 CuO 生成, 但在 Bi-2223 相生成即保温阶段会发生分解。一般 CuO 相具有比较规则的块状形貌。如果热处理参数不合适, 如在较低温度下进行热处理会增加 CuO 颗粒的生成, 而且在保温过程中有可能会生成大颗粒的 CuO 颗粒。另外, 在热处理过程中芯丝中的铜易扩散到 Ag

包套中，并在芯丝/Ag 界面处或 Ag 包套内形成 CuO (**图 7-40(b)**)。界面处的 CuO 颗粒往往对排列良好的 Bi-2223 层产生不利影响。

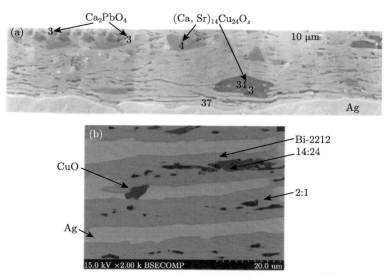

图 7-40　Bi-2223 带材中典型的第二相形貌 SEM 图 [42]

$(Ca, Sr)_2PbO_4$ 相一般是块状，而 Pb-3221 相是颗粒状。带材中的 Pb 存在于含 Pb 相或超导相中。含 Pb 相在低温时能稳定存在，到高温时会发生分解，Pb 进入 Bi-2212 相取代其 Bi 位。其中 $(Ca, Sr)_2PbO_4$ 相的分解温度比 3321 相高。在温度较低的时候，含 Pb 相会生成，这个过程伴随着吸氧反应。含 Pb 相还受到热处理氧分压的影响，氧分压越高，含 Pb 相的生成和分解温度也越高。使用以下两种方法可以避免在微结构中出现 $(Ca, Sr)_2PbO_4$ 第二相。① 在氧分压气氛、~ 820 ℃ 进行热处理；② 使用 (Bi, Pb)-2212 化合物作为前驱粉末，在空气中烧结。由于大部分 Pb 进入 (Bi, Pb)-2212 相结构，从而可避免 $(Ca, Sr)_2PbO_4$ 杂相的出现。

另外，Bi-2212 和 Bi-2201 相也属于第二相，作为低温超导相，它们也会阻碍 Bi-2223 晶粒之间超导电流的流动 [30]。特别是高温下热处理容易产生液相，而液相在冷却过程中会产生 Bi-2201 相。如**图 7-41(a)** 所示，电镜下可以观察到许多 Bi-2201 相分布在晶界处 [43]。这些 Bi-2201 相在反应过程中会生成 Bi-2212 相，如果残留的话，对于 Bi-2223 而言是晶间弱连接。因此，合理控制热处理温度，减少 Bi-2223 相晶粒之间 Bi-2201 相可以提高带材的临界电流密度。

实际上，即使名义成分相同的带材，如果使用不同的前驱粉末，那么带材中观察到的第二相也会有很大的不同。通常认为，尺寸 > 1 μm 的第二相起源于未反应完的前驱物粉末，具有与前驱物粉末颗粒相同的化学成分。

2) 亚微米级第二相

亚微米级第二相的典型尺寸为 10 ~ 100 nm，一般采用 TEM 才能观察到。亚微米尺寸第二相主要有：$(Sr_{1-x}Ca_x)CuO_2$、Ca_2CuO_3 和富 Bi 相。在 TEM 图像中，$(Sr_{1-x}Ca_x)CuO_2$

相一般呈明亮的条带状, 如**图 7-41(b)** 所示 [42]。该相的 x 值波动很大, 实验测得的 Ca、Sr 成分波动范围为: 5at% < Ca < 31at%; 45at% > Sr > 23at%。$(Sr_{1-x}Ca_x)CuO_2$ 相存在两个变体。一种结构为 $SrCuO_2$, 另一种为层状化合物, 在一定温度下两种结构会发生转变。在 $(Sr_{1-x}Ca_x)CuO_2$ 相的共生区经常会出现 Ca-Cu-O 相。EDX 谱表明, 该相中 Ca 峰值比 Cu 峰值高, 其化学式近似为 Ca_2CuO_3。亚微米级第二相与热处理温度密切相关。与此明显不同的是, 晶粒尺寸大于 1 μm 的微米级第二相对温度的变化根本不敏感。也有研究者认为细小的第二相本身以及它引起的基体中的缺陷可作为磁通钉扎中心, 从而提高铋系材料在高温高场下的性能。

一般在高 J_c 样品 ($>10^4$ A/cm^2) 中存在大量的 $(Sr_{1-x}Ca_x)CuO_2$ 相, 而在低 J_c 样品 (< 1500 A/cm^2) 中此相不存在。因此, 通常把此相的存在作为带材性能是否达到 10^4 A/cm^2 的一个判断标准。

Bi-2223 带材中残留的第二相, 特别是大尺寸颗粒, 不仅是电流运输通道的阻碍, 而且会造成晶粒间的弱连接效应。因此需要调整前驱粉末的相组成, 并通过优化热处理参数尽可能地减少第二相的尺寸及含量, 并使其在氧化物超导芯中均匀弥散分布。例如, 为了减少大颗粒第二相的产生, 需要精确调控降温速率。

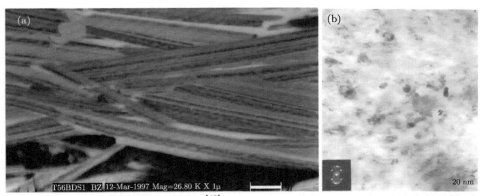

图 7-41　　(a)Bi-2223 带材的截面 SEM 照片 [43], 可以看出, 许多 Bi-2201 相 (白色条状晶粒) 位于晶界处。(b) 第二相 $(Sr_{1-x}Ca_x)CuO_2$ 微观结构的高分辨率 TEM 图像 [42]。$(Sr_{1-x}Ca_x)CuO_2$ 晶粒尺寸约为 10 nm

Bi-2223 相中的微缺陷, 如位错、堆垛层错、点缺陷以及各种晶界, 对带材中的磁通钉扎性能起着决定性作用, 也是影响带材的临界电流密度 J_c 的关键因素。

(1) **位错**。由于 Bi_2O_2 双层的间距最大, 其间的结合最弱, 位错往往在此出现。一般来讲, 位错对于平行于位错线方向的磁通线可以起到有效的钉扎作用, 因为位错线的直径都小于 $3 \sim 5$ nm。

(2) **堆垛层错**。2223 相的晶体为层状结构, 极易形成堆垛层错, 并且方式多样。在透射电镜观察中, 经常在 2223 相内观察到层错。

堆垛层错可由额外的一层原子造成, 也可由某一层原子的缺位造成。一般的层错面是 (001)。层错可以在 ab 面内延伸较远, 但在 c 轴方向只有两层原子厚。当层错在 ab 面内的延伸较小时, 它可以成为有效的钉扎中心。

(3) **点缺陷**。可以由阳离子或者阴离子氧引起。Bi 系超导体中常存在氧的空位。这些点缺陷可以产生很有效的钉扎效应，因为点缺陷的尺寸总小于相干长度。然而，氧的空位密度不能超过一定的限度，否则超导性就会消失，而且临界温度 T_c 也会下降。在一般情况下，当氧的含量达到饱和时，临界电流密度最高。

另外，对于 Bi 系超导体，调制结构是产生高密度点缺陷的根源。但这种调制结构影响了超导本体的晶格结构，因而也起不到提高 J_c 的作用。在实际情况中，控制缺陷的大小和体密度是提高 J_c 的关键因素。缺陷密度太低将达不到钉扎的目的。然而，缺陷的密度过高，就会因超导体的基本结构受到大的改变，而影响到超导体的性能。

(4) **晶界**。晶界按晶粒取向差分为大、小角度晶界，按结构分为扭转晶界 (TB)、倾斜晶界和混合晶界，以 (001) 90° 扭转晶界为界面或取向差很小的多个晶粒一般统称为晶粒畴 (colony)，晶粒畴的边界称畴界 (CB)。在多晶高温超导体中，超导电流的传输特性由晶界的行为所决定。实验表明，J_c 值依赖于晶界取向角，例如，Dimos 等[44] 的双晶实验证明取向角大于 5° 的晶界都可能是弱连接。因此几乎所有大角度晶界都属弱连接，这样，超导电流的晶间流动会受到阻碍。另外文献 [45] 报道，小于 23° 和接近 90° 的 (001) 扭转晶界可能对带材的 J_c 不会有大的影响，但是相当一部分的晶粒畴界是带材中主要的弱连接。

高分辨电子显微分析表明，在 2223 相晶粒畴中存在大量扭转晶界，$c/2$ 厚的 2212 相层常交叉生长在这些扭转晶界上，如**图 7-42** 所示[30]。带材的性能越好，这种交叉生长在扭转晶界处的 2212 相越少。另外，Ca_2CuO_3、Ca_2PbO_4、CaO、CuO、非晶相等非超导第二相一般位于大角度晶界处，2201 相往往也与 2223 相交生长，或位于 (001) 扭转晶界处。由于晶粒间界远大于相干长度，故由晶界引起的位错一般不会成为有效钉扎中心。相反，晶界可能是带材中主要的弱连接，是限制临界电流密度的最重要因素。

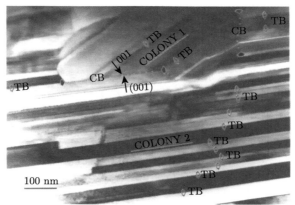

图 7-42　Bi-2223 带材的 HRTEM 照片[30]

CB 代表晶粒畴界；TB 代表扭转晶界

7.6.4　银/超导芯的界面结构

在 Bi-2223 带材中，银包套使界面附近超导芯的熔点降低，在热处理时界面附近的超导体处于液相状态，对银和 2223 相的良好连接起着重要的作用。当然这也导致界面附近的微观结构不同于超导芯中心区域的微观结构。最近对 Bi-2223 带材的超导芯截面进行的透射电子显微镜研究证实，在 Ag/Bi-2223 界面处存在高度织构化的几乎纯相的 Bi-2223 层，而第二相在超导芯中心区域更加突出。从**图 7-43** 看出，银/超导体界面清晰可见，平直，没有扩散层并且连接很好。2223 相的 (001) 面平行于银界面，具有很强的织构；BiO 面与银相连，界面附近的超导体中没有发现裂纹及非超导相。有时也可观察到呈台阶状的非平直的界面，不过台阶的平台段仍然与 2223 相的 (001) 面平行，其余部分则是不与 2223 相的 (100) 或 (010) 面相连的斜面，偶尔在界面上有半个 2201 相单胞层存在。

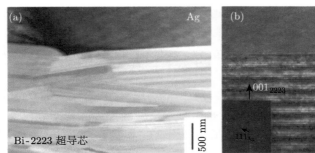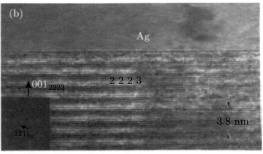

图 7-43　Bi-2223 带材中的 Ag/超导体界面的 HRTEM 照片 [46]

清晰并且连接很好的 Ag/超导体界面

瑞士日内瓦大学研究小组在 Bi-2223 带材上，利用纵向切片技术来研究沿样品横截面的 J_c 分布，如**图 7-44(a)** 所示 [10]。实验结果表明，在 77 K、零场下完整带材样品的 $J_c = 2.28 \times 10^4$ A/cm^2，中心部分的 $J_c = 1.8 \times 10^4$ A/cm^2，而边缘部分 $J_c = 4.6 \times 10^4$ A/cm^2，边缘部分的 J_c 几乎是中心部分的三倍。证明了靠近 Ag 表面层的超导层是超导电流的主要载流区。Larbalestier 等对靠近银界面区域的 J_c 分布进行了深入研究 [47]。首先从 Bi-2223/Ag 带材 ($J_c \sim 1.4 \times 10^4$ A/cm^2) 超导芯的不同位置上激光切割下五片宽度为 80~130 μm 的薄片样品，具体位置参见**图 7-44(b)** 的插图，五个样品分别标记为 1，2，3，4，5，然后测试了这些样品的临界电流性能。他们发现薄片样品的 J_c 值主要取决于带材的局部微结构。中心薄片 (3) 和靠近中心的薄片 (2) 和 (4) 的 J_c (0 T，77 K) 大致为 $1.3 \times 10^4 \sim 1.4 \times 10^4$ A/cm^2，和整个横截面的平均 J_c 值相当。令人惊讶的是，两个靠近边缘的薄片样品 (1 和 5) 的 J_c 值要高得多，分别为 3.2×10^4 A/cm^2 和 3.8×10^4 A/cm^2，是带材整体 J_c 的 2 ~ 3 倍，如**图 7-44(b)** 所示。另外，在 J_c 差不多的另外一个带材中，他们进一步发现局部 J_c 值最高为 7.6×10^4 A/cm^2，比平均 J_c 高了五倍多。如**图 7-45** 的 SEM 照片所示，带材边缘和中心区域的晶粒结构具有很大差别。边缘薄片 (**图 7-45(a)**) 因靠近银层，具有取向良好的片状晶粒结构，Bi-2223 晶粒尺寸约 10 μm。而中心薄片的微观结构 (**图 7-45(b)**) 取向差，尤其在中心部位，且存在较大的第二相颗粒。随后美国阿贡国家实验室 [48] 也对 Bi-2223/银带靠近银界面 10 μm 厚的 Bi-2223 超导层的 J_c 进行了测定，发现这一部分致密的超导体的 J_c 高达 1.1×10^5 A/cm^2，这一实验结果进一步证明了紧靠 Ag 表面的 Bi-2223 层是超导电流的真正载流区。这个实验还发现，超导层内 Ag 的存在有利于 J_c 的提高。其他小组的类似工作还表明随着 Bi-2223/Ag 界面的增加，J_c 系统性增加。由于超导薄层的排列与银界面密切相关，因此银/超导芯界面的平滑性会对带材的性能，特别是靠近银界面区域的性能产生大的影响。

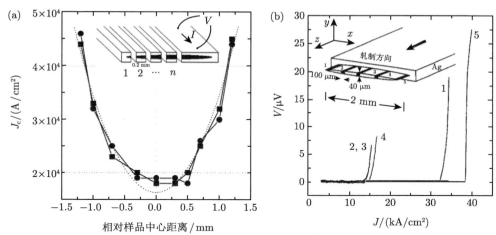

图 7-44 (a) Bi-2223 带材相对于样品中心距离的局部 J_c 分布[10]。插图是用于测量局部 J_c 分布的切割超导带材的示意图; (b) 在 77 K 和 0 T 下, Bi-2223 带材的不同薄片样品的电压–电流曲线[47]。插图给出了从带材上切割的薄片样品的形状尺寸和切割的坐标位置

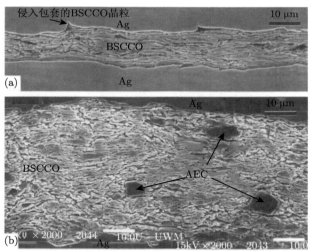

图 7-45 Bi-2223 带材的 (a) 薄片 1 和 (b) 薄片 3 的扫描电子显微照片[47]。中心部位薄片 3 中明显可见大的碱土氧化物颗粒 (AEC)

上述切片实验的结果表明 Bi-2223 带材承载的电流主要集中在与银包套接触的界面超导薄层上。Welp 等在 30 K 下 21 A 传输电流的磁光成像 (MOI) 实验进一步表明了超导电流主要集中在超导芯和 Ag 的边界面处, 约有 90% 的超导电流分布在与银接触的超导芯宽面的 10 μm 的厚度里[49]。从 MOI 图像中, 在银界面区域可观察到明显暗区, 表明这些区域磁通很难穿透; 而超导芯的中心处可以观察到明亮的区域, 表明这些区域很容易被外场穿透。这些现象一方面显示了宏观尺度上超导电流分布的不均匀性, 同时再次证实了在

Bi-2223 带材中高临界电流都集中在靠近超导芯宽面边缘的狭窄区域里。

一般而言，性能良好的超导带材中晶粒排列都具有高的 c 轴织构。有关银/超导体界面的研究结果表明靠近银界面的超导薄层中晶粒的取向要比超导芯中心区域好得多，第二相的含量也要少很多。不同区域 J_c 的直接测试表明带材中超导电流的流动是不均匀的，但是超导电流主要在带材中的高密度和高晶粒取向的银界面区域附近流动，如**图 7-46** 所示。随后，人们对 Bi-2223/Ag 超导带材临界电流密度 J_c 的研究主要集中在了限制这种材料的载流能力提高的机制模型上，下面章节将作重点介绍。

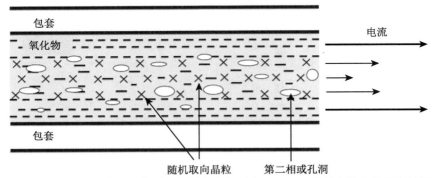

图 7-46　　银/超导体界面电流流动示意图。超导电流主要在 Bi-2223 带材中的高密度和晶粒取向的银界面区域附近流动

7.7　Bi-2223/Ag 带材的临界电流密度

临界电流密度 J_c 是超导材料的重要特性参数，研究磁场、温度对 Bi-2223/Ag 带材 J_c 的影响，不仅是材料实用化的需要，而且可以得到材料磁通钉扎机制的有用信息，有助于工艺改进，进一步提高带材的传输性能。

对于 Bi-2223/Ag 带材来说，传输临界电流 I_c 是通过测量电压–电流 (V-I) 曲线并选取一定的电压 (电阻率) 判据来确定的，不仅会受到超导芯内的钉扎能和电流分布等内在因素的影响，还会受到高导电性 Ag 包套的影响。外磁场为零情况下典型的单芯和多芯 Bi-2223/Ag 带材的 V-I 曲线如**图 7-47** 所示 [10]。两种样品的临界电流值均为 24 A，对应的 J_c 值为 2.8×10^4 A/cm^2，其中单芯带材总的横截面积为 2.7×0.09 mm^2，超导比例为 35%，而 37 芯带材总的横截面积为 2.7×0.16 mm^2，超导比例约为 20%。可以看出，尽管两种带材的临界电流密度相同，不过单芯带材自场下的 V-I 转变要陡峭得多，而且在 I_c 之上的电流开始与银包套共享，也就是说与银包套具有一样的电阻特性。因此，单芯 Bi-2223 带材的 n 值一般大于多芯样品的 n 值。单芯和多芯 Bi-2223 带材 V-I 特性的差异主要由于多芯带材横截面具有更高的银占比 (高达 80%，单芯仅占 65%)，并且在不同芯丝间的电流出现了分流。

7.7.1　不同温度下的 J_c (B) 特性

图 7-48 显示了典型 Bi-2223 带材在 4.2 K 和 77 K 时的 $J_c(B)$ 曲线 [24]。样品在 77 K 和 0 T 下的 J_c 为 6.6×10^4 A/cm^2，但在 77 K 时由于弱的磁通钉扎，强的磁通蠕动使临界

电流密度在磁场中下降得很快。不过在 4.2 K 下，磁通蠕动大大下降，磁场超过 20 T，其临界电流密度达 $\sim 10^5$ A/cm^2 量级，远远高于低温传统超导体，因此在强磁场磁体领域具有潜在的应用前景。

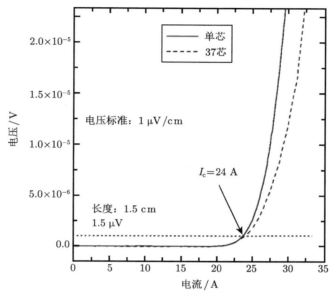

图 7-47   在 77 K 自场下具有相同临界电流的单芯和多芯带材的 $V\text{-}I$ 曲线 [10]

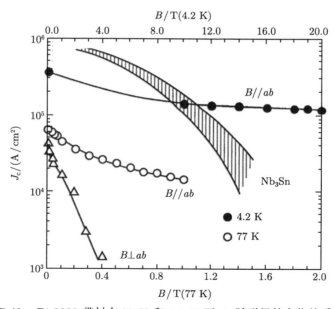

图 7-48   Bi-2223 带材在 77 K 和 4.2 K 下 J_c 随磁场的变化关系 [24]

从**图 7-49** 中给出的 Bi-2223 带材在不同温度下的 $J_e(B)$ 关系 [39] 可以看出，当磁场平行于带材表面时，在 77 K、0.1 T 下，带材的工程临界电流密度 J_e 为 220 A/mm^2；在

4.2 K、30 T 强磁场下，J_e 高达 400 A/mm²。而当磁场垂直于带材表面时，在 20 K、10 T 时，带材的 J_e 约为 200 A/mm²；即使在 6 T、30 K 时，J_e 值也为 100 A/mm²。此外，Bi-2223 带材在高于 77 K 的温度下也具有良好的性能，例如在 90 K、0 T 下，带材的 I_c 为 ∼ 100 A，约为 77 K 时的一半，这是由于 Bi-2223 的 T_c 高达 110 K。

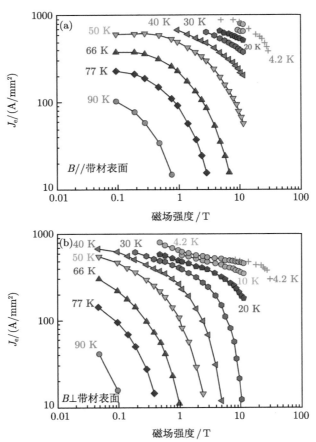

图 7-49　不同温度下 Bi-2223 带材的临界工程电流密度随磁场的变化曲线 [39]

(a) 磁场平行于带材表面；(b) 磁场垂直于带材表面

从**图 7-48** 和 **图 7-49** 看出，Bi-2223 带材 $J_c(B,T)$ 特性最为显著的特征是，低温下，例如 4.2 K，具有极高的 J_c，且 J_c 对磁场不敏感。随着温度升高，J_c 迅速下降，在磁场中下降得更为显著。Bi-2223 带材 $J_c(B, T)$ 行为的另一个显著特征是 J_c 呈现出很强的各向异性，即 $B \perp c$ 时的 J_c 远大于 $B // c$ 时的 J_c，而且各向异性随温度和磁场的增加逐渐增加。如果磁场施加在 ab 面方向上，则 J_c 对磁场几乎不敏感。但如果磁场沿 c 轴方向施加，J_c 则会呈指数形式下降。各向异性的存在导致 J_c 随外场与带面的夹角 (θ) 而变。人们还发现当 B 与带面成某一角度时的 $J_c(B, T)$ 仅由平行于 c 轴方向的磁场分量 ($B\sin\theta$) 决定。上述行为是由层状的二维结构所决定的。层状结构中 CuO_2 面之间的弱超导层的 ab 面方向相干长度大于 c 轴方向的相干长度，可以钉扎住平行于 ab 面的磁通线以阻止其沿 c

轴方向运动，即本征钉扎。当磁场不平行于主轴时，磁通线结构发生了改变，出现了扭折 (kink)，扭折的密度正比于外场平行于 c 轴的分量 $B\sin\theta$，由于沿 c 方向上钉扎较弱，所以 $J_c(B)$ 主要由 c 轴方向的分量 $B\sin\theta$ 决定。在实际的带材中，在 θ 较小时上式出现偏差是由于实际带材中并不是每个晶粒以 ab 面平行带面。

7.7.2 Bi-2223 带材 J_c 的弱连接特性

人们普遍认为上述 $J_c(B, T)$ 行为是由 Bi-2223 带材的晶界弱连接和晶内弱磁通钉扎能力决定的。由于层状结构和极短的相干长度 ξ，弱连接现象是高温氧化物超导体材料中普遍存在的一种物理性质，也是限制 J_c 值的主要因素。这种 J_c 的弱连接特性主要表现在 $J_c(T)$ 和 $J_c(B)$ 关系两个方面。

1) $J_c(T)$ 特性

对于 Bi-2223 带材样品，J_c 与温度之间的关系通常如**图 7-50** 所示。外加磁场方向平行于带材平面。很明显，在低温区呈线性关系，与 Kim-Anderson 磁通蠕动模型一致，图中曲线的共同斜率约为 1.8 kA/(cm·K)。但是在 T_c 附近呈非线性，即

$$J_c \propto (1-t)^n \tag{7-7}$$

其中 $t = T/T_c$。n 为 $1 \sim 3.5$，不同的 n 值反映了弱连接的类型。如果 $n = 3/2$，与 G-L 理论一致。如果 $n = 2$ 则属于 SNS 结的 $J_c(T)$ 行为；$n = 1$ 属于 SIS 结的行为。在实验中，通常观察到的是 SNS 弱连接行为。

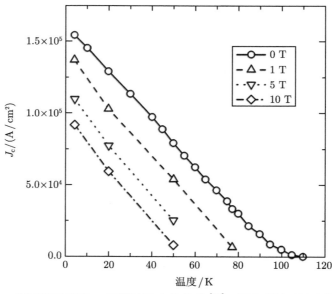

图 7-50　不同外磁场下 J_c 随温度的变化关系 [10]。图中磁场平行于带材表面

2) $J_c(B)$ 特性

在 Bi-2223 带材样品中，其 $J_c(B)$ 特性在 3 T 以下的低场或低温范围内 (**图 7-48**)，它的 $J_c(B)$ 往往呈现为一个幂指数关系

$$J_c \propto B^{-a} \tag{7-8}$$

人们把 J_c 的这一行为归结为弱连接性质。这意味着，在低场或低温区，热激活磁通蠕动不明显，Bi-2223 带材的输运临界电流密度主要受限于晶界弱连接。在高场或高温区，$J_c(B)$ 则表现出强连接性质，即 J_c 随磁场指数衰减：

$$J_c \propto \exp\left(-\frac{B}{B_0}\right) \tag{7-9}$$

其中 B_0 为常数。此时耗散主要取决于晶粒内的磁通蠕动和钉扎，因存在显著的热激活磁通蠕动，弱的磁通钉扎成为限制 J_c 的因素，而弱连接的作用并不明显。在 $\ln J_c$-B 图上呈线性关系，这一关系被大量的实验结果所证实。这一关系也表明在高场区，电流通路仍然是连通的。Bi-2223 带材是各向异性的多晶材料。由于材料的相干长度很小，因而带材中会形成弱连接的约瑟夫森网络。同时，即使在电流流经带材中连接良好的晶粒时，材料中较低的钉扎势也常引发有集体行为的磁通蠕动发生。尽管能量耗散的起源不同，但上述两种模型都可以用经典的磁通蠕动理论来解释。

3) 磁滞效应

在不同温度下，Bi-2223 带材的升场–降场临界电流密度与磁场的关系如**图 7-51** 所示 [50]，可以看到 J_c-B 曲线有强烈的温度依赖关系，随着温度增加，不可逆场迅速下降。另外一个特点是在低温低场区，临界电流密度存在着明显的磁滞效应，并且随着磁场的降低，两者之间的差值变得更大。这种效应在 50 K 时就出现，只不过在低温区更加明显，例如在 4.2 K 时，即使在磁场 15 T 下，临界电流的这种历史效应仍然清晰可见。这一行为是由于磁通进入晶粒内部产生的晶内电流在降场时能够增加晶间电流所致，表明在低温低场时带材内存在弱连接效应。根据已有文献，关于 Bi-2223 带材的磁滞效应可总结如下：① 磁场平行带材平面比垂直于带材平面时磁滞效应要显著得多；② 4.2 K 下，当磁场大于 30 T 时，磁滞效应才会消失；而当温度为 20 K 时，磁滞效应消失的磁场减小为 18 T。

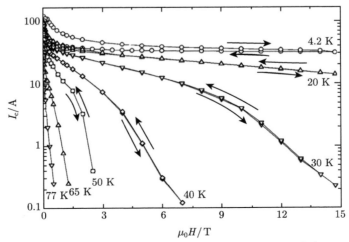

图 7-51　不同温度下临界电流随磁场的变化关系 [50]

外加磁场垂直于带材平面。测量时磁场先逐渐增加到 15 T，然后又减小到 0 T

更多研究表明，在低温低场区，本征的晶粒内 J_c 要比晶界 J_c 高得多，但随着温度的上升，晶粒内 J_c 呈指数下降，而传输 J_c 具有磁滞行为，且随着温度的上升而线性下降。当温度进一步升高时，与晶间电流密度相比，晶粒内电流密度的急剧下降则逐渐减弱了带材内的晶粒特性。在 50 K 以上时，传输 J_c 的磁滞行为消失，传输和磁化 J_c 趋于一致，表明高温下晶界 J_c 不再是传输 J_c 的限制因素。

基于大量研究结果，人们普遍认为 Bi-2223 带材的电流受限机理如下：温度 < 50 K 时，传输 J_c 主要受限于晶粒之间耦合的强弱，但通过织构化尽量获得小角度晶界排列的晶粒 (如 < 4°) 可以有效提高 J_c；而当温度 > 50 K 时，限流机理就取决于本征 Bi-2223 相的 J_c，此时要获得大的电流和不可逆场，本质上应从增强磁通钉扎能力方面提高。当然在整个温度范围内，传输电流会因存在孔洞和第二相而降低，因为孔洞和第二相会严重影响电流传输中电流通道的数目。

7.7.3 提高 J_c 的途径

从实际应用角度讲，J_c 值越高越好，但提高 Bi-2223 带材的 J_c 却非常困难。在 77 K 温区，磁场下 J_c 值低的两个主要原因是 Bi 系多晶材料在晶界处的弱连接和晶粒内的磁通蠕动效应。目前，提高 Bi-2223 带材 J_c 的方法主要是形成择优取向的 c 轴织构和增强磁通钉扎。

众所周知，多晶高温超导体的晶粒边界处存在约瑟夫森型弱连接特性。相邻晶粒间的取向偏离给临界电流的传输带来不利的影响。另外，大角度晶界严重阻碍了传输电流的流动，尤其是在强磁场中。Bi 系高温超导体中弱连接问题可通过限制或减少电流通路上大角度晶界的方法来解决，即使超导晶粒沿平行于 ab 平面的方向择优生长并织构化排列。解决这个问题的制备方法有：熔融织构法、变形织构法等。变形织构法是指改进的 PIT 法，目前已成功制备出千米量级 Bi 系带材，具体参见前面章节，这里不再赘述。熔融织构法主要用于 Bi-2212 圆线的制备，下面章节将作介绍。

在所有的高温超导材料中，磁通蠕动是一个公认的难题，这也是在强磁场中 Bi-2223 带材 J_c 急剧下降的主要原因。我们知道 Bi-2223 带材的不可逆场较低，在 77 K 下的不可逆场一般低于 1 T。因此要使带材可以在液氮温区较高磁场下应用，在有效抑制弱连接后应该致力于在带材中引入有效的磁通钉扎中心以提高其不可逆线。无磁通蠕动时的晶内临界电流密度取决于体钉扎力密度 (F_p)，而 F_p 是元钉扎力和钉扎中心密度的函数，因此，提高 Bi-2223 带材中的钉扎中心密度和每个钉扎中心的钉扎力大小将有效提高带材的晶内 J_c。同时为了防止高温下剧烈的磁通蠕动，还必须提高有效磁通钉扎中心的钉扎能。

为了提高 Bi-2223 带材的磁通钉扎能力，人们尝试了许多方法，主要包括重离子辐照引入柱状线缺陷，变形或相分解引入高密度层错和位错，相分解或成分偏析引入弥散分布的细小第二相，添加第二相粒子，元素替代或渗氧以增强超导层间耦合提高钉扎能等。

7.8 临界电流传输模型

在 Bi-2223 带材中，经常能够发现平行于带材表面的长条层状晶粒。这些沿 ab 方向排列的晶粒长度在 $10 \sim 20~\mu m$，沿 c 轴方向厚度在 $1 \sim 2~\mu m$。但是，晶粒周围存在的第二相和孔洞会严重干扰 Bi-2223 晶粒的取向排列。因此, Bi 系带材的 J_c 受到晶粒弱连接性质的强烈影响, 已有的电流流动标准模型并不能解释 Bi 系带材传输 J_c 的特殊行为。Bulaevskii 等 [51] 基于 Bi-2223 带材的微结构特点提出了电流传输的砖墙模型 (brick-wall model)。在该模型中, Bi-2223 带材超导芯的微观结构被类比为砖墙, 如**图 7-52** 所示。晶粒是砖块, 因此沿着 ab 平面有很大的接触面积。该模型认为电流路径的突然中断 (弱连接) 可以通过在相邻晶粒间沿着 c 轴方向的流动电流来克服, 而晶粒间的紧密接触使得弱连接效应达到最小化。**图 7-52** 还根据砖–墙模型给出了假想的电流路径, 可以发现超导电流总是沿一个方波形的通路流过, 因此要通过大量的 c 轴面。在 Bi 系材料中, CuO_2 面之间是靠本征约瑟夫森效应进行耦合的, c 轴界面会形成更弱的约瑟夫森耦合。因此, 在砖墙模型中, J_c 总是受 c 轴弱连接的限制。

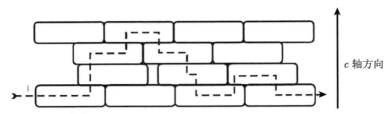

图 7-52　砖–墙模型示意图 [51]。由于晶界弱连接效应, 通过较短的 c 轴倾斜晶界的电流可以忽略, 电流优先从区域较大的 c 轴扭转晶界传输

　　但是, 采用 TEM 对 Bi-2223 带材更详细的研究表明, 其微观结构比砖墙模型假设的要复杂得多, 特别是 Bi-2223 晶粒之间并不一定具有宽的表面接触区。实际 Bi-2223 带材的典型横截面形貌如**图 7-53** 所示 [52]。根据大量的 TEM 观察结果, 总结出四种可能的晶粒边界形式, 如**图 7-54** 所示 [53]:**(a)** c 轴晶粒边界。晶粒沿 c 轴堆砌, 产生扭曲的 c 轴边界, 因为跨过 c 轴边界的距离比 CuO_2 面间距更大, 耦合更弱, 因此是更严重的弱连接。**(b)** a 和 b 轴晶粒边界。晶粒内 a 轴和 b 轴取向的无规变化, a 和 b 轴晶粒边界相应于相邻晶粒之间的界面。它们小于 c 轴晶粒边界, 加上 ξ_{ab} 远大于 ξ_c, 所以这种边界比 c 轴晶粒边界更有利于电子输运。**(c)** 畴边界。畴边界又称为倾斜晶粒边界。在材料中存在着众多 c 轴取向差很小的晶粒 (晶粒畴), 两个相邻晶粒畴之间的边界, 称为畴边界。进一步的研究发现在畴边界处并不存在第二相 [52], 因此提供了十分好的晶粒间连接和好的电流通路。**(d)** 晶粒–第二相边界。遇到这种边界时, 电流被阻断。

图 7-53　Bi-2223 带材的典型纵截面形貌, 显示了类似铁轨道岔的晶粒结构 [52]

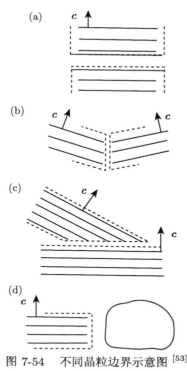

图 7-54 不同晶粒边界示意图 [53]

(a) c 轴晶界；(b) a 和 b 轴晶界；(c) 晶粒畴晶界；(d) 第二相晶界

实际上，在高性能 Bi-2223 带材中，最常见的是 c 轴取向的畴晶界，主要包括两种类型：(a) 边缘 c 轴倾斜晶界和 (b) 小角度 c 轴倾斜晶界，如**图 7-55** 所示。基于这些小角度强关联晶粒的微结构特征，Hensel 等提出了 Bi-2223 带材电流传输的铁轨道岔模型 (railway-switch model) 来替代砖墙模型 [52]。他们假设带材中普遍存在的小角度 c 轴倾斜晶粒在相邻晶界之间构建了强超导连接网络。在该模型中，传输电流是通过由低角度 c 轴晶界连接的晶粒流动的，就像一列火车在一个精心设计的轨道网络行进一样。**图 7-56** 根据铁轨道岔模型描述了 Bi-2223 带材电流传输的示意图。与砖墙模型不同的是，电流沿 ab 面流动，并且受到小角度倾斜晶界有效截面积的限制。为了解释在铁轨道岔模型中 Bi-2223 带材的载流能力，必须假定超导芯中存在小角度晶界连接网格。背散射菊池衍射和 X 射线微区衍射的晶粒相对取向研究发现有 40% 的晶界小于 15°。另外，进一步的织构分析表明确实存在由小角度晶界提供的渗透路径。

乍一看，这个假设似乎与以前的报道结果相矛盾 [44,54]。他们通过测量双晶薄膜的输运特性，观察到临界电流密度与晶界错配角之间的经验关系。这个关系对于 YBCO 和 Bi-2212 都是成立的，其特征是存在一个晶粒临界角 θ_c，大约是 5°：

$$J_c^{gb} = J_c \exp\left(\frac{-\theta}{\theta_c}\right) \tag{7-10}$$

式中，θ 为两晶粒间的夹角；J_c 和 J_c^{gb} 分别为晶内和晶间临界电流密度。然而，研究发现对于铁轨道岔模型中的 Bi-2223 晶界，这个方程不再适用 [52]。实际上，考虑到晶界的有效

横截面，必须引入一个修正系数，因此可以写成

$$\frac{I_c^{gb}}{I_c} = \exp\left(-\frac{\theta}{\theta_c}\right)\frac{1}{\sin\theta} \tag{7-11}$$

其中 I_c 和 I_c^{gb} 分别表示晶粒和晶界的临界电流。当角度 θ 低于 13.4° 时，晶界的临界电流大于晶内临界电流，因此在该模型中它们不能被认为是宏观传输临界电流密度的限制因素。

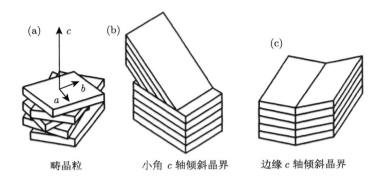

畴晶粒　　　　　　小角 c 轴倾斜晶界　　　　边缘 c 轴倾斜晶界

图 7-55　晶粒畴结构 (a)，小角度 c 轴倾斜晶界 (b)，边缘 c 轴倾斜晶界 (c)

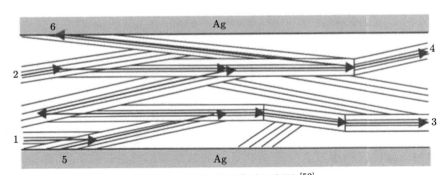

图 7-56　铁轨道岔模型示意图 [52]

在该模型中电流平行于带材传输 (1-3, 2-4) 和垂直于带材传输 (5-6)，电流通常在 ab 面内传输

　　Bi-2223 带材的临界电流和取向角的依赖性实验进一步支持了铁轨道岔模型的有效性，如**图 7-57** 所示 [39]。可以看出，取向角小于 10° 的晶界都可以成为有利的电流路径，并且均具有相当高的临界电流。很明显晶粒的 c 轴取向排列在小角度晶粒强连接中，起着至关重要的作用。如前所述，由于 Bi 系超导材料的晶体层状结构特性，其晶粒在变形加工时更易获得垂直带材表面的 c 轴择优取向而形成织构，而在这种典型的微结构中通常分布着众多小角度 c 轴倾斜边界。

　　Bi-2223 带材临界电流密度的测试表明，磁场平行和垂直于带材方向的临界电流密度比值约为 10。根据铁轨道岔模型，两个方向的微观电流都会受到有效横截面和小角度 c 轴倾斜晶界耦合的限制。因此，在小角度晶粒畴区域内沿 c 轴方向的传输电流仍然不可忽略。这可能就是铁轨道岔模型的一个不足之处。基于此，Riley 等建立了高速公路模型 (freeway model) 来描述 Bi-2223 带材电流的传输情况, 如**图 7-58** 所示 [55], 它综合了砖墙模型和铁轨道岔模型的优点。该模型将畴区域内晶粒之间的某些基面晶界也视为可以沿 c 轴方向电流传输的通道, 而且电流可以沿具有小角度强连接边缘 c 轴倾斜晶界的 ab 面传输。小角度 c 轴倾斜晶界在高速公路模型中起到坡道的作用。Bi 系超导体中这种独特的性质与 BiO 双层的弱化学键密切相关, 因此观察到的畴结构中往往具有许多通过强耦合基面连接的晶粒。另外, 在两个相邻畴结构之间的扭转晶界处通常存在无定形杂相, 这给晶粒之间的耦合带来了不利影响。

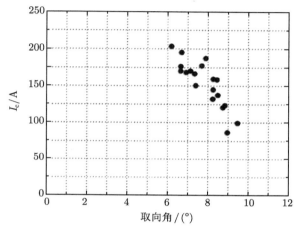

图 7-57　Bi-2223 带材的临界电流随取向角的变化曲线 [39]

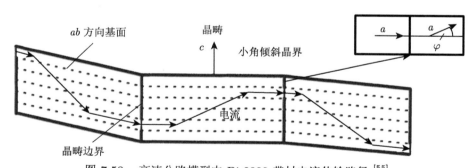

图 7-58　高速公路模型中 Bi-2223 带材电流传输路径 [55]

尽管存在扭转晶界, 但在畴区域的强耦合基面晶界能够使电流沿 c 轴方向流动。另外, 当晶界角小于 10° 时, 边缘 c 轴倾斜晶界仍能够强耦合

7.9　Bi-2223 带材实用化性能研究进展

自 20 世纪末成功采用 PIT 法制备出长带以来, Bi-2223 超导带材的制备技术已经日趋成熟。目前工业化生产的 Bi-2223 超导长线的临界电流 (截面积为 $1\ mm^2$ 的超导导线在 77 K 温度和 0 T 条件下) 一般在 100 A 以上, 最好的能达到 200 A 以上。国内外具备了批量化生产千米级长带能力的公司有美国超导公司、北京英纳超导技术有限公司、德国布

鲁克公司、日本住友电工公司等多家公司。**表 7-7** 列出了目前国内外主要的 Bi-2223 供应商提供的超导带材性能 (表中 J_e 为工程临界电流密度)。

表 7-7　国内外制备 Bi-2223 超导带材的主要生产厂商及技术水平

单位	技术水平 (77 K, 0 T)
美国超导公司	$100 \sim 1000$ m, $J_e > 120$ A/mm^2
日本住友电工公司	$100 \sim 2000$ m, $J_e > 150$ A/mm^2
德国布鲁克公司	$100 \sim 2500$ m, $J_e > 100$ A/mm^2
北京英纳超导技术有限公司	$100 \sim 400$ m, $J_e > 120$ A/mm^2

到目前为止，世界上 Bi-2223 带材的年生产能力总和已达千公里以上，为高温超导电力应用技术的发展打下了坚实的基础。目前，日本住友电工公司采用高压热处理工艺已经可以生产出临界电流达到 200 A 的千米级 Bi-2223 超导带材，这是 Bi-2223 目前所达到的最高水平。**表 7-8** 所示是日本住友电工公司生产的 Bi-2223 带材的各种性能 (载流性能、机械性能等)，无论是在性能指标还是机械强度上都具有绝对优势。

表 7-8　日本住友电工公司生产的 Bi-2223/Ag 带材及其主要性能参数

	H 型高载流性能	HT-SS 型不锈钢强化	HT-CA 型铜合金强化	HT-NX 型镍合金强化
宽度/mm	4.3 ± 0.2	4.5 ± 0.1	4.5 ± 0.1	4.5 ± 0.2
厚度/mm	0.20 ± 0.01	0.29 ± 0.02	0.34 ± 0.02	0.31 ± 0.03
I_c (77 K, 0 T)/A	$170 \sim 200$	$170 \sim 200$	$170 \sim 200$	$170 \sim 200$
J_e (77 K, 0 T)/(A/mm^2)	$210 \sim 230$	$130 \sim 150$	$110 \sim 125$	—
拉伸强度 (77 K)/MPa	130	270	250	420
临界应变 (77 K)/%	0.22	0.39	0.38	0.53
弯曲直径 (室温)/mm	80	60	60	40

7.9.1　力学性能

包套材料的选择将取决于其机械强度、对超导芯的化学惰性、延展性、电导率、热膨胀系数以及透氧性和成本等。选择纯银作为包套材料的原因有很多，比如，延展好，可以透氧，并且有益于 Bi-2223 相的形成。银还具有极低的电阻率和高导热率，根据不同的实际应用，这既可能是优点也可能是缺点。对于电流导线应用，最好选用低电阻率、低导热率的包套材料，而对于诸如电缆和变压器的交流环境应用，高导热率和高电阻率则是最佳选择。但是对于超导电机、磁体和超导储能等应用，高温超导导线必须具有足够的机械强度以承受应力和应变。最简单常用的方是用银合金替代银作为带材包覆层，可以提高带材机械性能，实际上 Ag-Cu、Ag-Sb、Ag-Mn、Ag-Al、Ag-Mg、Ag-Ni 和 Ag-Ni-Mg 等一系列的银合金都曾被人们尝试用作包套材料 [24,56]。

Ag-Cu 合金最早被成功地用来作为 Bi-2212 高温超导带材的包覆层，后来将 Ag-Cu 合金用于 Bi-2223 高温超导带材。从效果上看，这种带材 "香肠效应" 弱并且力学性能较好。但是当银合金和前驱粉有接触时，由于 Cu 向超导芯中扩散会反应形成 14:24 第二相，从而降低带材的临界电流。Ag-Mg 和 Ag-Mn 以及其他合金也相继被证实与超导粉直接接触时，均会发生反应而降低带材的临界电流性能。因此，由于银合金不可以直接包裹超导粉，所以只能被作为外包覆层使用，对带材力学性能提升相对有限。当然，有研究者尝试在超导芯和银合金包套之间添加一层厚度为 10 ~ 20 μm 的纯银保护层，发现临界电流密度没有降低。但是从性价比角度考虑，提高 Bi-2223 带材机械性能的主要方法还是采用焊接加强带工艺。

图 7-59 给出了 Nb$_3$Sn、Ag 包套以及 Ag-Mg 包套 Bi-2223 带材的应力–应变曲线[10]。从图中发现，Ag 包套 Bi-2223 带材在室温下应变为 0.2%时，屈服强度仅为 40 MPa。但是 Ag-Mg 包套 Bi-2223 带材在室温下却具有 190 MPa 的屈服强度，而且在 77 K 温度下该值还会继续增加到 300 MPa。单由 Ag-Mg 合金制成的带材在应变 0.2%时的屈服强度高达 440 MPa。还可以看出，Ag-Mg 包套 Bi-2223 带材的机械性能与传统带铜稳定层的 Nb$_3$Sn 导体相当。另外，有报道 Ag-Mn 包套带材的屈服强度接近 100 MPa。与纯银相比，Ag-Mg-Ni 包套 Bi-2212 线材的机械强度也有较大提高 (达 130 MPa)，这归因于加工过程中 MgO 和 NiO 氧化物在 Ag 晶界处的偏析。

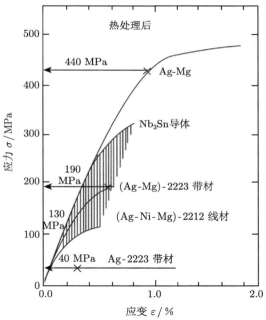

图 7-59　室温下 Ag 和 Ag-Mg 包套 Bi-2223 带材以及 Ag-Ni-Mg 包套 Bi-2212 线材的应力–应变曲线[10]。为了比较，也列出了 Nb$_3$Sn 的数据

目前生产厂商普遍采用的都是焊接加强带的方法。该方法最先由美国超导公司提出，即在 Bi-2223/Ag 带材外部焊接高强度金属片，外敷金属带大幅度提高了超导带材的机械强度，被证明非常有效。日本住友电工公司和美国超导公司都已将这种技术投入商业化生产。外敷不锈钢带 (SS) 的 Bi-2223/Ag 带材的横截面如**图 7-60** 所示。**图 7-61** 给出了 77 K 温度下焊接了不同强度的金属带后的 Bi-2223 带材的归一化临界电流随拉伸应力与应变的依赖性关系[39]。可以看出，当外敷用增强材料 (如不锈钢) 后，Bi-2223 带材的两种机械性能都获得了极大提高。常规的 Bi-2223/Ag 超导带材 (Type H) 临界拉伸应变不足 0.22% (77 K)，加强带材会改善这一劣势。以日本住友电工公司生产的焊接镍合金后的带材为例，

该带材的临界拉伸应变在 0.53% 左右，是常规带材的一倍多。在 77 K 时，Bi-2223/Ag 带材 (H 型) 的抗拉强度仅为 131 MPa，而外敷镍合金后的加强带则超过 420 MPa。显然，外敷加强带的方法可以显著提高带材的机械性能，但由于加强带材中焊锡的熔点非常低，所以加强带材通常不能再进行热处理，发生应变后也不可以通过热处理修复其衰减的临界电流性能。

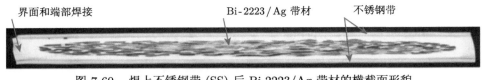

图 7-60   焊上不锈钢带 (SS) 后 Bi-2223/Ag 带材的横截面形貌

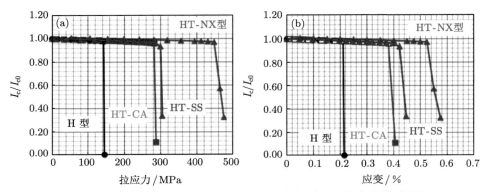

图 7-61   常规带材与加强带材的临界电流与拉伸应力应变的关系曲线
(a) 拉伸应力；(b) 临界应变 [39]

另外，有研究表明，对于 Bi-2223/Ag 带材，不可逆弯曲应变随着芯数的增加而得到大幅度提高，如**图 7-62** 所示 [57]。从图中看出，在 77 K、0 T 条件下单芯带材的不可逆弯曲应变仅为 0.2% ~ 0.3%。随着芯丝数的增加，临界弯曲应变也在提高，当芯数达到 49 时，不可逆弯曲应变竟然高达 1.5%。优异的弯曲性能要归因于 49 芯带材中较小的芯丝直径 (5 μm)。目前人们普遍认为银的良好延展性使得银可以有效阻碍超导芯中裂纹的横向扩展，即多芯带材中微裂纹的扩展往往仅限于单个芯丝内，这样极大地提高了带材的弯曲性能。

图 7-63 给出了在 20 ~ 300 K 温度区间内 Ag 和 Ag-Mg 包套 Bi-2223 带材的热导率 [10]。可以看出，在低温 ($T \sim 20$ K) 时，Ag 包套带材的热导率出现了一个很高的峰值，约是 Ag-Mg 包套带材的 7 倍。值得注意的是该峰会因添加少量 Mg 而完全消失。在中间温区，两者的热导率都会保持在大约为 2 W/(cm·K) 的恒定值。

另外，通过分别测量 Ag 和 Ag-Mg 包套 Bi-2223 带材在 4.2 K 时的电导率 (即 RRR 值) 和热导率。可以发现，Ag 和 Ag-Mg 包套的 RRR 值 ($R^{300\,K}/R^{4.2\,K}$) 分别约为 100 和 17，特别是两者的比值 $RRR_{Ag}/RRR_{Ag-Mg} \approx 6$。有趣的是，两种带材的残余导热系数之比也具有相似的值，即 K_{Ag} (4.2 K) ≈ 3.5 W/(cm·K)，K_{Ag-Mg}(4.2 K) ≈ 0.6 W/(cm·K)，因此，K_{Ag} (4.2 K)$/K_{Ag-Mg}$(4.2 K) ≈ 6。

这一结果与 Wiedemann-Franz 定律一致:

$$K_\rho = TL_0 \text{ 并且} L_0 = 2.45 \text{ W} \cdot \Omega/\text{K}^2 \Rightarrow \frac{K_{\text{Ag}}(4.2 \text{ K})}{K_{\text{Ag}}(300 \text{ K})} \frac{300 \text{ K}}{4.2 \text{ K}} = \text{RRR}_{\text{Ag}} \tag{7-12}$$

Ag-Mg 包套 Bi-2223 带材也具有类似的性质。

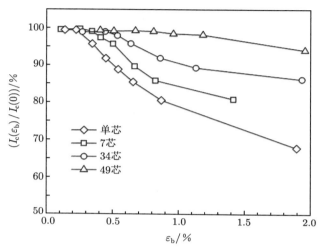

图 7-62　Bi-2223 带材在 77 K、0 T 时临界电流与芯数以及弯曲应变的关系 [57]

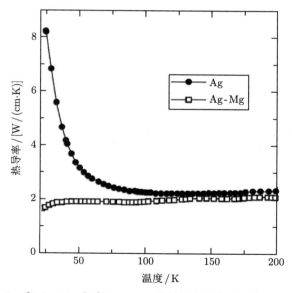

图 7-63　Ag 和 Ag-Mg 包套 Bi-2223 带材的热导率随温度的变化曲线 [10]

7.9.2 交流损耗

在交流外磁场中, Bi-2223/Ag 带材会产生超导颗粒的磁滞损耗、银基体的涡流损耗和超导带材内部的超导芯间的耦合损耗, 这种现象限制了 Bi-2223/Ag 带材在交流场中的应用。

图 7-64 给出了在单芯和不同多芯 Bi-2223/Ag 带材的交流损耗随磁场的变化曲线[58]。在单芯材中，当存在交流电或磁场时，主要的能量损耗是典型的第二类超导体的磁化和磁滞损耗，其实验结果与相关理论计算基本相符。依据 Bean 模型方程式，减少交流损耗的最简单方法是减小芯丝尺寸。因此，多芯带材的磁滞损耗应比单芯带材低得多。但多芯带材的结果与模拟计算分析差别较大，在 $2 \sim 5$ mT 范围内，单位长度样品上的损耗 $P \propto B_0^2$，人们认为这是由于多芯带材的穿透场比单芯带材的要小得多；同时对于单芯带材，每周期的损耗与频率无关，而对于多芯带材的损耗 $P \propto f^{0.4 \pm 0.1}$，这是涡流损耗每周期内 ($P_{eddy} \propto f B_0^2$) 的贡献较大所致。

用于减小 Bi-2223 带材交流损耗的方法主要有三种：细化超导芯、弯曲超导芯以及在超导芯之间加入高阻抗的阻挡层。细化超导芯可以抑制磁滞损耗，弯曲用来抑制耦合损耗，而加入高阻抗的阻挡层用于提高基体的电阻系数以抑制涡流损耗。尽管后两种方法都可以抑制带材的交流损耗，但是都会减小带材的临界电流。弯曲破坏带材内部的连接，过度的弯曲甚至会使得带材完全丧失超导性能；而有些氧化物阻挡层在高温时会向超导粉扩散并污染超导粉，即使阻挡层不会与带材的超导芯发生反应，也影响热处理过程中气体在带材中的扩散，需要严格控制氧化层的厚度。

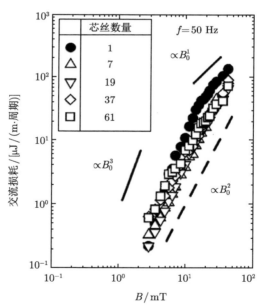

图 7-64   不同芯数 Bi-2223/Ag 带材 ($n = 1, 7, 19, 37, 61$) 在 50 Hz 磁场下交流损耗与磁场幅值之间的关系[58]

随后的研究表明，处在低频下的 Bi 系高温超导体的交流损耗一般以磁滞损耗为主。磁滞损耗主要是由超导体的钉扎作用或不可逆磁化引起的。高温超导材料本质上是具有陶瓷的颗粒特性 (晶粒之间存在弱连接)，磁滞损耗应为晶内损耗与晶间损耗之和。但是由于存在多种模型之争，关于高温超导体交流损耗的物理机制尚需进一步研究完善。

7.9.3 性价比和市场竞争力

目前，Bi-2223 超导带材的生产成本相对较高，为 $100 \sim 200$ 美元/(kA·m)，而高温超导技术进入大规模化应用阶段要求高温超导带材的生产成本低于 50 美元/(kA·m)。Bi-2223 超导带材的生产成本主要包括两个部分：带材的冷加工和热处理等制造成本、设备成本和人力以及管理等成本；另一部分是前驱粉、银管和银合金管等原材料的成本。第一部分的成本可以通过规模化生产，提高生产效率以及提高带材的性能等途径大幅度降低；第二部分的成本中，前驱粉、银管和银合金管所占的比例分别为 30%、30% 和 40%。而在 Bi-2223 带材中，银和银合金的体积占带材总体积的 $60\% \sim 70\%$。目前作为贵金属，纯银和银合金的价格很高，且近年来其价格呈逐年上升的趋势。因而在临界电流为 100 A 的 Bi-2223 超导带材中，银和银合金的成本约为 40 美元/(kA·m)，在带材的生产成本中所占比例为 30%$\sim 40\%$。因此，原材料中的银和银合金是 Bi-2223 带材的成本居高不下的主要原因之一。虽然价格相对较高，但是作为第一代高温超导带材，Bi-2223 导线已基本满足实用要求，并且已在超导输电电缆、磁体、发电机、变压器、限流器等多个项目中获得示范应用，特别是我国成功研制了世界首座超导变电站并进行了并网试验。真正接入电网进行商业运行的 1 km 长三相 Bi-2223 超导电缆安装在德国小城 Essen，其电压为 10 kV，总功率为 40 MW。自 2014 年 10 月正式替代原来一根 110 kV 的铜电缆以来，已安全运行多年。不过要想进一步推动其应用，Bi-2223 高温超导带材仍需在以下几个方面不断改进和提高。

1) 进一步提高临界电流

日本住友电工公司制备的千米级线 Bi-2223 带材临界电流已经达到 200 A，短样带材临界电流能够达到 250 A，超导芯的密度也能通过高压热处理技术提高到接近 100%。但是，Bi-2223 带材的载流性能仍有提升空间。主要的途径可能有：① 增加超导相的单相性，尽量减少带材中非超导相的生成；② 提高超导相晶粒的连接性和改进其织构度。

2) 提高不可逆场和本征钉扎

要提高 Bi-2223 带材在 77 K 和高场下的载流能力，归根结底是要改善和提高不可逆场和本征钉扎能力。遗憾的是迄今为止，Bi-2223 带材在 77 K 磁场下的电流传输能力方面尚未取得突破。

3) 降低线带材的交流损耗

同传统的低温超导线材相比，Bi-2223 带材的交流损耗太大，这严重影响了其在电工领域的应用。所以，必须深入研究 Bi-2223 带材的交流损耗特性，降低其在工频下 (50 Hz) 的交流损耗。

7.10 Bi-2212 高温超导线材

尽管 Bi-2212 超导体的 T_c (93 K) 比 Bi-2223 (110 K) 低，但 Bi-2212 仍有许多优势。首先，和 Bi-2223 带材比，其加工工艺相对简单，不需要对线材进行多次冷加工–热处理，仅需一次热处理进行熔融生长即可实现 Bi-2212 晶粒之间的良好连接性。其次，Bi-2212 线材在低温区 (4.2 K) 具有优异的高场载流性能，而且可以用先绕制后反应的方式制备磁体，防止绕制磁体时产生残余应力。这些特性使 Bi-2212 线材成为制备极高场内插磁体的较佳选择。特别是作为 Bi 系的另一个分支，Bi-2212 是唯一可制备成各向同性圆线的铜基氧化物高温超导材料，可以方便利用现有的低温超导 CICC 电缆绞制工艺制备 Bi-2212 高温超导电缆，用于大型超导线圈绕制。这对于未来核聚变装置的发展有着重要的意义。但是，银包套 (或银合金) Bi-2212 线材也有其缺点，作为一种陶瓷化合物，Bi-2212 非常脆弱，容易在振动下碎裂，力学性能较差，并且 Bi-2212 对应变非常敏感，这限制了 Bi-2212 超导材料的广泛应用。

7.10.1   Bi-2212 线材发展简况

1989 年德国真空熔炼公司的 Heine 等最先将 Bi-2212 制成线材，同时采用部分熔融工艺 (partial melt process) 处理 Bi-2212 线材[2]，即将样品加热到 Bi-2212 的熔点以上，后采用慢降温工艺使 Bi-2212 重新结晶，得到熔融织构的 Bi-2212 超导体。这是第一根能够真正承载大传输超导电流的氧化物超导带材，临界电流密度在 4.2 K、零场时达到 550 A/mm^2，即使在 26 T 时仍能保持 150 A/mm^2，如**图 7-65** 所示。1991 年他们通过优化工艺进一步提高了 Bi-2212 线材的临界传输性能，在 4.2 K、20 T 下的 J_c 高达 200 A/mm$^{2[59]}$。1994 年美国 IGC 公司采用粉末装管和集束拉拔技术制备出芯丝只有十几微米的 Bi-2212 线材，其临界电流密度达到 1650 A/mm^2 (4.2 K, 0 T)[60]。1999 年，日本日立公司开发了一种 ROSAT 圆线材[61]，线材的 J_c 高达 800 A/mm^2(4.2 K, 10 T)。2011 年美国国家高场实验室发现熔融热处理后在超导芯丝中形成的气泡和孔洞才是 Bi-2212 线材载流性能进一步提高的主要障碍。随后他们采用高压熔融热处理有效消除了气泡和孔洞，大幅提高了线材的临界电流密度，例如在 100 bar 压力下进行高压热处理，线材的 J_c 高达 2500 A/mm^2(4.2 K, 20 T)[62]。线材经冷等静压或孔型轧制后，经较低的氧分压气氛下熔融热处理同样也可提高超导芯丝的致密度。

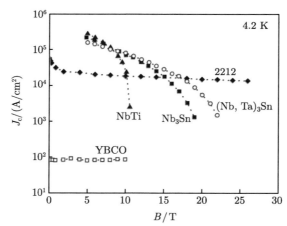

图 7-65   银包套 Bi-2212 线材和银包套 YBCO 线材的 J_c 随磁场的变化曲线[2]

经过二十多年的研究开发，Bi-2212 线材的性能和制备技术都取得了长足进步，已由实验室研究转入工业化初期制备，均以生产圆线材为主。主要从事 Bi-2212 线材生产的公司有日本昭和电缆公司 (Showa)、美国牛津仪器公司 (OST) 和欧洲 Nexans 公司，以上这三大生产厂商均可制备千米量级 Bi-2212 线材，不过由于 YBCO 涂层导体的快速发展，近几年日本 Showa 和欧洲 Nexans 两家公司已相继停止了 Bi-2212 线材的生产。采用常压处理的线材平均性能为 $J_c = 5000$ A/mm^2(4.2 K，自场)，在 4.2 K、20 T 下，工程电流密度 J_e 在 $250 \sim 300$ A/mm^2 范围，J_c 大致为 $1200 \sim 1500$ A/mm^2，其中美国 OST 研制的 Bi-2212 线材在高达 45 T 的磁场中仍保持着 266 A/mm^2 的工程电流密度。在 Bi-2212 线带材的应用方面，美国 OST 在 2003 年将一个 Bi-2212 的内插线圈 (5.11 T) 与水冷磁体 (19.94 T) 组合得到 25.05 T 的磁体系统；日本采用一个 Bi-2212 的内插线圈 (5.4 T) 与一个低温超导磁体 (18 T) 的组合也产生了 23.4 T 的高磁场。美国国家高场实验室制作的 Bi-2212 内插线圈在 31 T 的背景场中成功产生了 2.6 T 的磁场，总场强达 33.6 T[62]。

7.10.2 Bi-2212 线材制备技术

目前用于制备 Bi-2212 圆线的基本工艺仍然与 1989 年 Heine 等使用的方法相似[2]。不过从单芯 2212 圆线的第一个工作到目前生产厂商的批量化制备多芯 2212 圆线期间，人们还在几十微米厚的 Bi-2212 薄膜和带材研究上做了大量工作。主要原因如下，一方面如**图 7-66** 所示，与 Bi-2223 一样，2212 相也是一种二维超导体，它同样需要 c 轴织构以在晶界上传输超导电流。另一方面，早期研究发现薄膜或带材的 J_c 比圆线要高得多。因此，这使得人们把很多精力花费在纯银薄带上生长高质量 2212 厚膜或者提高银包套带材的 J_c 上。

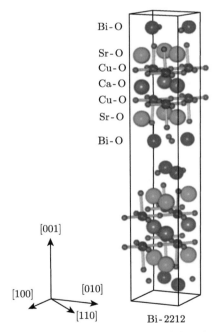

图 7-66　Bi-2212 超导体的晶体结构示意图

根据线材发展历程，制备 Bi-2212 线带材的方法主要有：PIT 法、浸涂法 (dip coated)、基于浸涂法的预退火和中间轧制 (PAIR) 工艺以及 ROSAT 圆形导线工艺等。部分熔融处理包含在上述工艺过程中，因为这样导线可以获得更好的致密化和织构化晶粒，同时 Bi-

2212 相不会发生分解。这些方法的共同特点是均用银作为包套。在高温热处理期间，银包套允许透氧，从而起到调节超导体中氧含量的作用。另外，Bi-2212 超导相的择优取向生长是在银和超导芯之间的界面开始的，最终形成了平行于 ab 面的高织构化晶粒。

7.10.2.1　浸涂法薄膜

和 Ag 包套 Bi-2212 线材相比，制备高 J_c 的 2212 薄膜相对容易得多，例如，将含有 2212 粉末的浆料连续涂覆在 Ag 箔上，就可以制成 2212 薄膜长带。连续浸涂技术的合成过程如**图 7-67** 所示 [63]，用这种方法可制备 Bi-2212 长带。首先将有机浆料涂覆在 10 ∼ 30 mm 宽、50 μm 厚的银或合金基带上，然后置于炉中干燥。超导层的厚度取决于浆料的氧化物含量、黏度以及基带的速度。通常将精细研磨的 Bi-2212 粉末溶解在三氯乙烯溶液中配制成悬浮液作为浆料，制备过程中一般将银或银合金基带以 20 cm/min 的速度拉过浆料区。为了增加氧化物含量并降低黏度，还可使用分散剂。研究表明高分子酯或部分氧化的鱼油具有较好的涂浆效果，而聚乙烯醇缩甲醛则是经常使用的临时黏合剂。待浆料完全干燥后，将涂层带材松散地缠绕成卷，每圈之间的间隙很小，然后进行热处理，热处理条件包括部分熔融和随后的缓慢冷却过程。在热处理后增加一个轧制过程可以增加超导芯密度，从而降低热处理过程中超导芯收缩和产生裂纹的风险。有人报道在厚度为 50 μm 的 Ag 衬底上，制得了 50 ∼ 200 μm 厚的双面涂层。黏结层经烧结处理后，厚度减少到 10 ∼ 50 μm，从而获得了 30%∼ 66% 的超导/总截面比 (填充因子)。对于实际应用，带材两面可以增加一层薄的银保护层，以防止超导芯受湿度或外部碳的影响，但会降低填充因子。

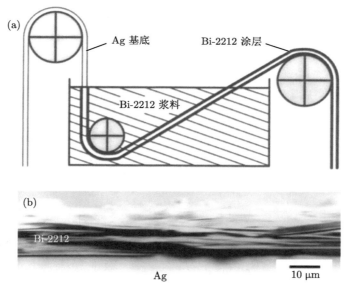

图 7-67　(a) 采用浸涂法制备 Bi-2212 薄膜的示意图和 (b) 典型截面形貌 [10]

7.10.2.2　PAIR 带材

采用由预退火和中间轧制组成的工艺来处理浸涂得到的 Bi-2212 带材的工艺被称为 PAIR 工艺。具体是先在银箔上堆积和包裹涂层，然后进行预热处理，经中间轧制后再进行最终热处理, 如**图 7-68(a)** 所示[64]。用这种方法, 将几条浸涂过的薄带堆叠, 并用 50 μm 厚的 Ag-Mg 合金箔包裹在一起, 然后进行预热处理, 经中间轧制后再进行最终热处理。浸涂导体的制备工艺经改进, 可以制备多层带材。银表面的光滑度对于带材性能非常重要, 这使得银的表面处理成为制备中的一个关键步骤。预退火和中间轧制工艺包括将浸涂的薄带堆叠并包裹在银箔中, 然后进行热处理, 随后进行中间轧制, 最后进行最终热处理。PAIR 导体是用三条厚 25 μm、宽 4 mm、长 100 m 的银带制成的, 其中包含 25 μm 厚, 堆叠并包裹在 Ag/Mg 合金箔中的超导涂层。样品在冷轧前先在纯氧中预退火, 然后在纯氧中进行熔融织构处理。经过工艺参数优化后, 该方法极大地提高了晶粒织构和晶粒连接性, 在 4.2 K、10 T 时, J_c 高达 5000 A/mm^2 [65]。J_c 的提高可归因于 Bi-2212 晶粒沿银-氧化物界面的有序排列和整个氧化物层的高度均匀性, 如**图 7-68(b)** 所示。具体 PAIR 工艺参数的最佳值为: 在 840 ℃ 下预退火 1 h, 以 25% 的压下率进行中间轧制, 在最高 888 ℃ 下熔融 10 min, 在 5 ℃/min 的速率下降温到 840 ℃, 然后快速冷却至室温。典型 PAIR 带材的填充系数为 15% ~ 20%。

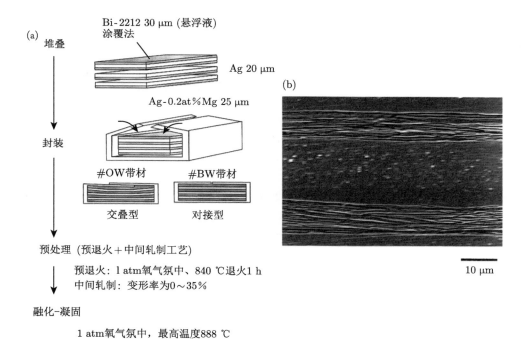

图 7-68   (a) PAIR 工艺多层 Bi-2212 带材的制备过程和横截面几何形状的示意图; (b) 多层 Bi-2212 带材纵截面的 SEM 形貌[65]

7.10.2.3   ROSAT 线材

众所周知, 二维带材和薄膜中的 J_c 具有很强的各向异性, 这意味着 J_c 会随施加的磁场和带材或薄膜表面之间的角度而变化。与 Bi-2223 和 YBCO 带材一样, 当磁场平行于 ab 平面时, Bi-2212 带材或薄膜的 J_c 最高。为了尽量减少这种各向异性, 人们尝试制作圆形几何形状的 Bi-2212 线材, 其中比较有代表性的工作便是 ROSAT 线材工艺。

实际上，ROSAT 线材是粉末装管 PIT 工艺的一种变体[61]，其制造方法是将单芯或多芯的带材组合后，通过对称旋转排列的方法装入合金管中，进一步制成圆线，这种线材具有较低的各向异性 (**图 7-69**)。日立公司制备的多芯圆线是将 18 根 PIT 单芯 Bi-2212 带材组合后的三组复合体，依次旋转 120° 进行组装、装入合金管，进而经过拉拔加工成圆线。990 芯的 ROSAT 线材在 4.2 K 时临界电流可达 900 ~ 1180 A；在 4.2 K、28 T 下 $J_c =$ 800 A/mm^2。由于其各向异性较弱 (±10%)，临界电流几乎不受磁场方向影响。这种导体在二次装填复合后的优点是，高纵横比的带状超导芯丝经过组装最终成为一个具有圆截面的导体。这对于磁体设计非常重要，因为在这种情况下不需要考虑线圈绕组内部磁场的方向。而这种导体的缺点是大多数超导芯丝会有横向磁场分量，因此这种导体在平行场中受到磁场的影响比传统的带材更明显。ROSAT 导体在二次装填复合后，典型的填充系数为 22%。

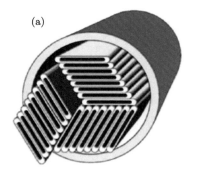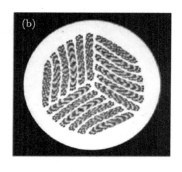

图 7-69　Bi-2212 ROSAT 线材[27]

(a) 制备过程中，将多组 Ag 包套单芯或多芯 Bi-2212 带材装入合金管的示意图；(b) 用多芯带材制成的 ϕ1.62 mm 圆线

7.10.2.4　PIT 线材

PIT 工艺被广泛用于制备 Bi-2223 带材，例如采用拉拔加工圆线，然后进行轧制 (参见前面章节)。实际上，工业上规模生产 Bi-2212 导线的方法同样是 PIT 工艺。对于 Bi-2212 线材，不同之处仅在于热处理流程，改而采用适合 Bi-2212 成相的一次部分熔融热处理工艺。Bi-2212 导线的 PIT 基本步骤如下：首先将 2212 超导粉末装入 Ag 管中，经过多次拉拔形成具有一定长度的单芯圆线，若将单芯线材轧制便可得到单芯带材。要想制备多芯导线，需要将单芯线进行二次组装，即将单芯线切割到一定长度，然后按照设计集束在一起并装入银管或银合金管中，之后再经过多次拉拔获得多芯圆线，详见**图 7-70**。如果将多芯圆线进行平辊轧制，就获得具有一定尺寸的多芯带材。

制备 Bi-2212 线材的 PIT 工艺并没有想象的那么简单，因为前驱粉末、导体设计 (如芯丝直径、芯丝间距、芯丝形状、2212/Ag 比和芯丝质量密度)、冷加工变形以及熔融热处理都将对导线的最终微观结构和 J_c 产生重要的影响。**图 7-71** 是由美国牛津公司采用 PIT 法制造的拉拔后、未反应的典型商业化 Bi-2212/Ag 线材。它的直径为 1.06 mm，导体芯丝设计为 85×7，芯丝直径约为 20 μm。线材氧化物占比约为 28%。纵断面显示芯丝均匀且分离良好，表明冷加工并未产生明显的香肠效应。

经过多年的发展，Bi-2212 导线的制备从薄膜、带材又回归到 PIT 工艺路线上来。由于 Bi-2212 最终加工成圆线，因此不需要轧制加工这一工序。此外，对于高场磁体应用，

Bi-2212 线材可以使用绕制–反应方法进行热处理，和低温超导体 Nb_3Sn 的工艺类似。国外大公司均采用 PIT 技术批量化生产 Bi-2212 线材，而且以圆线为主。**图 7-72** 所示为两种 Bi-2212 导体设计，并已被用于开发制备 $100 \sim 1000$ m 级的 Bi-2212 长线。第一种设计是美国 IGC 公司研发的 1025 芯线材的单次组合工艺。第二种是美国牛津公司采用二次组合方式 (37×18) 制备圆线，在这种情况下，芯丝数为 666。

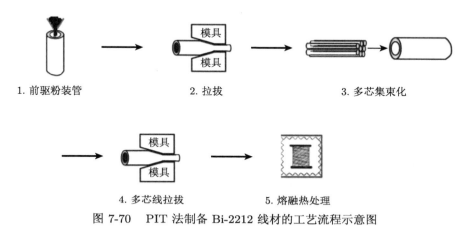

1. 前驱粉装管　　　　　　　　2. 拉拔　　　　　　　　3. 多芯集束化

4. 多芯线拉拔　　　　　　5. 熔融热处理

图 7-70　PIT 法制备 Bi-2212 线材的工艺流程示意图

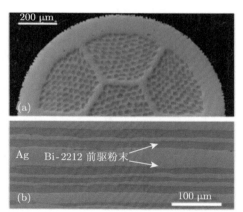

图 7-71　典型 PIT 工艺制备的未反应 Bi-2212/Ag 线材 [66]

(a) 横断面；(b) 纵断面

7.10.3　Bi-2212 线材的熔融热处理工艺

7.10.3.1　Bi-2212 的稳定性相图

Bi-2212 的化学式通常写为 $Bi_2Sr_2CaCu_2O_{8+\delta}$，但是该化合物具有很宽泛的阳离子非化学配比，因此在空气中很难合成名义成分的 $Bi_2Sr_2CaCu_2O_{8+\delta}$。空气中稳定的成分总是富 Bi 化合物，且 Bi 含量比名义配比要高 $5\% \sim 15\%$。另外，两个碱土元素 Sr 和 Ca 的可变固溶范围也很宽泛，即 $Sr : Ca = 0 : 67 \sim 2 : 75$，并且化学式中这两种元素的总量可在 $2.6 \sim 3$ 变化。这些阳离子的非名义配比关系强烈影响着 Bi-2212 的高温相图。**图 7-73** 给出了 Bi-2212 相形成的成分范围 [67]。可以看出化学成分和氧分压 p_{O_2} 对 Bi-2212 相的部分熔化温度有很大影响。空气中具有最高熔化温度 (为 890 ℃) 的成分配比是 $Bi_{2.18}Sr_2CaCu_2O_{8+\delta}$，偏离该成分可极大延伸凝固温度的区间，例如对于富 Ca 的成分，在空气中将降低到大约 830 ℃。尽管阳离子组分和 p_{O_2} 强烈影响 Bi-2212 的部分熔化温度，但是大部分研究者还是采用接近化学名义成分，例如 $Bi_{2.1}Sr_{1.95}CaCu_2O_{8+\delta}$，来研究 Bi-2212 的熔化–凝固过程，这是因为偏离名义成分的 Bi-2212 通常具有较低的 T_c。人们普遍采用的气氛是空气或流动的氧气。因此，Bi-2212 的部分熔化温度一般被认为约为 890 ℃，由于和银包套接触，Bi-2212 的熔点会有所降低，例如在空气中为 881 ℃。另一方面，对于 Bi-2201，代表性的部分熔化温度为 910 ℃，要高于 Bi-2212 的熔化温度。

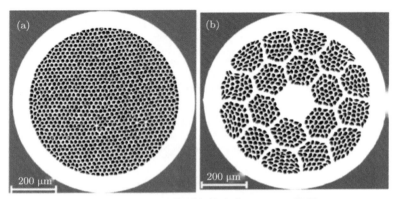

图 7-72   PIT 工艺制备的多芯 Bi-2212 线材

(a) 一次组合导体设计 (1025 芯)；(b) 二次组合导体设计 (666 芯)[27]

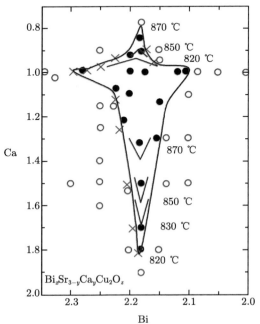

图 7-73   Bi-2212 超导体的温度–成分相图 [67]

Bi-2212 的熔化相当于一个还原过程：Bi-2212 ⟶ 固相 (s) + 液相 + O_2，熔化温度主要取决于氧分压 p_{O_2}，如表 7-9 所示，在 1 个大气压的 O_2 中，熔化温度约为 885 ℃，在低的氧分压下，熔化温度也会相应降低 (例如在空气中，熔点降至 866 ℃)。根据熔化温度随 p_{O_2} 的变化，可推导出熔化过程中焓和熵的变化：$\Delta H = 731$ kJ/mol，$\Delta S = 624$ J/(mol·K)。**图 7-74** 给出了 Bi-2212 的稳定性与温度和氧分压之间的关系 [35]。可以看到，图中的相边界与 CuO/Cu₂O 的相界非常相似，其斜率在 1060 K (790 ℃) 处有一个拐点。图中分为五个区域，包含一个在低温和高 p_{O_2} 条件下的稳定区 (图的右上角区域)，以及四个释放 O_2 的相分解区。当温度高于 798 ℃ 时，Bi-2212 会部分熔化，而低于该温度，Bi-2212 相发生固态反应而分解。

在低 p_{O_2} 区，图中的曲线下方是亚固相，此时 Bi-2212 相在固态反应中发生分解，释放出氧气：

A 区，即 $T < 798$ ℃，$p_{O_2} < 2.8 \times 10^{-4}$ atm 时：

$$\text{Bi}_2\text{Sr}_2\text{CaCu}_2\text{O}_{8+\delta} \longrightarrow \text{Bi}_2(\text{Sr, Ca})_3\text{O}_x + \text{Cu}_2\text{O} + \frac{1}{2}\,\text{O}_2 \tag{7-13}$$

在高 p_{O_2} 区，图中的左上部分曲线下方，Bi-2212 相分解为一个液相和一个或多个固相，具体分解反应如下：

B 区，即 $T = 798 \sim 883$ ℃，$p_{O_2} = 7.1 \times 10^{-2} \sim 2.8 \times 10^{-4}$ atm 时：

$$\text{Bi-2212} \longrightarrow \text{液相} + (\text{Sr, Ca})_2\text{CuO}_3 + \text{O}_2 \tag{7-14}$$

C 区，即 $T = 883 \sim 891$ ℃，$p_{O_2} = 0.25 \sim 7.1 \times 10^{-2}$ atm 时：

$$\text{Bi-2212} \longrightarrow \text{液相} + \text{Bi}_2(\text{Sr, Ca})_3\text{O}_6 + (\text{Sr, Ca})\text{CuO}_2 + \text{O}_2 \tag{7-15}$$

D 区，即 $T > 891$ ℃，$p_{O_2} > 0.25$ atm 时：

$$\text{Bi-2212} \longrightarrow \text{液相} + \text{Bi}_2(\text{Sr, Ca})_3\text{O}_6 + (\text{Sr, Ca})_{14}\text{Cu}_{24}\text{O}_{41} + \text{O}_2 \tag{7-16}$$

当温度高于 (883 ± 3) ℃、$p_{O_2} > (7.1 \pm 0.5) \times 10^{-2}$ atm 时，Bi-2212 相的稳定性曲线中出现第二个拐点，如**图 7-74** 所示。即从该拐点开始，掺 Ag 和纯 Bi-2212 相的稳定性曲线不再重合，出现不同的走向。从图中的插图看出，Bi-2212 的熔点随氧分压的增加而增加。当温度高于 (883 ± 3) ℃ 和 $p_{O_2} > (7.1 \pm 0.5) \times 10^{-2}$ atm 时，Ag 的存在可降低 Bi-2212 的熔点，但在低于上述条件下，Ag 对熔点没有影响。

在部分熔融状态下，各组分相随温度和氧分压的变化而变化，如表 7-9 所示 [68]。当温度升高到 Bi-2212 的熔点以上时，除了液相，还会形成无 Bi 和无 Cu 相。在纯氧气氛中，$(\text{Sr, Ca})_{14}\text{Cu}_{24}\text{O}_z$(无 Bi 相) 和 $\text{Bi}_2(\text{Sr, Ca})_4\text{O}_z$(无 Cu 相) 出现在熔点以上，而空气中出现的 $(\text{Sr, Ca})\text{CuO}_2$ 相取代了 $(\text{Sr, Ca})_{14}\text{Cu}_{24}\text{O}_z$。在两种气氛中，如果温度进一步升高，$(\text{Sr, Ca})_{14}\text{Cu}_{24}\text{O}_z$ 和 $(\text{Sr, Ca})\text{CuO}_2$ 两相将转变为 $(\text{Sr, Ca})_2\text{CuO}_3$。在高于熔点约 40 K 的温度下，会形成 $(\text{Sr, Ca})\text{O}$ 相，而无 Cu 相消失。在还原性气氛下，例如在 $p_{O_2} = 1000$ Pa 中，$\text{Bi}_2(\text{Sr, Ca})_3\text{O}_z$ 相以无铜相出现，而无 Bi 相随温度的变化关系几乎与空气中相似。

表 7-9　氧分压 (单位: atm) 对 2212 熔化温度和熔体中相组成的影响 [68]

O$_2$ 分压	熔融温度/ °C	熔体中的相组成 (熔化时)
100%	~ 885	液相, 14:24 AEC^a, 2:4 CF^b
50%	~ 875	液相, 14:24 AEC, 2:4 CF
21%(空气)	~ 866	液相, 1:1 AEC^c, 2:4 CF
7.5%	~ 865	液相, 1:1 AEC, 2:1 AEC, 2:4 CF
1%	~ 845	液相, 1:1 AEC, 2:1 AEC, 2:3 CF^d
0.1%	~ 815	液相, 2:1 AEC, 2:3 CF, (Sr, Ca)O

a 14:24 AEC = $(Sr, Ca)_{14}Cu_{24}O_x$;

b 2:4 CF = $Bi_2(Sr, Ca)_4O_z$;

c 1:1 AEC = $(Sr, Ca)CuO_x$;

d 2:3 CF = $Bi_2(Sr, Ca)_3O_z$。

使用原位高温 X 射线衍射在 Bi-2212 薄膜或带材中已经观察到熔融加工期间的相变。综上所述, 部分熔融加工由两个反应组成。

加热时, 2212 前驱粉末的固态相会发生熔融分解:

$$2212 + Ag \longrightarrow 液相 (+Ag) + AEC + CF + O_2 \qquad (7\text{-}17)$$

其中 AEC 表示碱土金属铜酸盐 $(Sr, Ca)_x Cu_y O_z$, CF 表示无铜相 $Bi_x(Sr, Ca)_y O_z$。AEC 和 CF 的化学组分取决于热处理温度和氧分压。

冷却后, 2212 相在液相中形成, 并通过液相、AEC 和 CF 相之间的逆包晶反应生长长大:

$$液相 (+Ag) + AEC + CF + O_2 \longrightarrow 2212 \qquad (7\text{-}18)$$

冷却过程再形成相的尺寸大小和反应活性起着非常重要的作用。氧分压在 0.1 ~ 0.075 atm 时, $(Sr, Ca)CuO_2$ 的占比较低, $(Sr, Ca)_2CuO_3$ 晶粒小, 但反应活性较高。氧分压为 0.01 atm 时, $(Sr, Ca)CuO_2$ 的占比仍然很低, 而 $Bi_2(Sr, Ca)_3O_y$ 晶粒生长较快, 导致合成反应后产生大量残留相。氧分压为 1×10^{-3} atm 时, $(Sr, Ca)CuO_2$ 被无法进一步反应的大尺寸 $Bi_2(Sr, Ca)_3O_y$ 晶粒所取代。当氧分压 $p_{O_2} = 0.5 \sim 1$ atm 时, $(Sr, Ca)_{14}Cu_{24}O_x$ 和 $Bi_2(Sr, Ca)_4O_y$ 的晶粒尺寸较小, 这时非常有利于 Bi-2212 相的形核长大, 相反在空气热处理时 $(Sr, Ca)CuO_2$ 的晶粒生长很快, 会抑制 2212 相的再形成。

通过控制不同的 Sr:Ca 比值, 可以调整熔融熔体的相组成, 例如含有较少的无 Cu 相和更小晶粒尺寸的 $(Sr, Ca)_{14}Cu_{24}O_x$, 以便在冷却时合成出更纯的 Bi-2212 相。

对于 Sr:Ca = 2.75, $Bi_2(Sr, Ca)_4O_y$ 和 Bi-2201 晶粒尺寸较大, 需要 200 h 才能将 Bi-2201 完全转化为 Bi-2212。

对于 Sr:Ca = 2, 最低熔融温度是 865 °C。Bi-2212 相的形成较快, 且 Bi-不会形成 2201 相, 残余相的比例也较小。

对于 Sr:Ca = 1.3, $Bi_2(Sr, Ca)_4O_y$ 晶粒在熔融过程中会先转变为 $(Sr, Ca)_2CuO_3$ 相, 降温后又再次出现并生长, 导致 Bi-2212 相成相效果差, 残余相复杂且分布不均匀。

可以看出, Bi-2212 导线的最终性能还取决于冷却–再形成这一关键步骤, 其性能与以下三个参数紧密相关, ① 相纯度, 即物相再形成尽可能完全, 减少残余相。② Bi-2212 片状晶粒的取向度 (沿着电流方向), 晶粒的择优取向通常发生在银和超导相的界面。③ 超导相的致密度, 即尽可能减少孔洞。

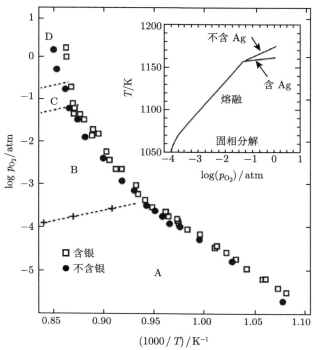

图 7-74 Bi-2212 相的稳定性与温度和氧分压的范特霍夫关系图 [35]

7.10.3.2 熔融热处理工艺

从上文相图中 Bi-2212 相的熔融过程分析中可知，高性能 Bi-2212 线材制备的一个关键步骤是采用部分熔融热处理 (partial melt process)，其热处理曲线仅包括一次热处理。熔融加工的目的是将低连接性的 2212 前驱粉末转变为连接良好的 2212 晶粒。这点对于线材获得高 J_c 至关重要，因为研究发现熔融处理的导体比固态烧结 2212 线材的 J_c 约高 100倍。与 2212 相反，不能对 2223 进行熔融加工处理，因为从熔融状态中冷却时会产生 2212相，而不是需要的 2223 相。但是对于 2223，幸运的是通过固态烧结，同样可以形成连接良好的 2223 晶粒微结构。这也就很好地理解了为什么熔融热处理是制备 Bi-2212 圆线的关键工艺了。

图 7-75 给出了 Bi-2212 导线的通用熔融热处理工艺示意图，可以看到曲线上方的最高处理温度 T_{max} (880 ~ 900 ℃)，整个流程可以分为 4 个阶段：

阶段 I：Bi-2212 加热至熔化，释放 O_2，5at％Ag 溶入液相中。一些难熔相开始生长，特别是 PIT 导线中的 (Sr, Ca)CuO$_2$ 相。冷却时从熔体中开始形成 2212 相，阶段 I 结束。

阶段 II：Bi-2212 相从熔体里的液相与难熔相的反应中形核长大，并不断消耗非超导相和液相。如果非超导相晶粒较小，Bi-2212 片状晶粒就会快速生长，生长速度沿 ab 面要快于 c 轴方向。

阶段 III：Bi-2212 相的纯度和晶粒取向继续增强，形成取向良好的 2212 晶粒排列。但是即使经过 100 h 热处理，仍存在部分 (Sr, Ca)CuO$_2$ 晶粒和共生的 Bi-2201 相。

阶段 IV：将 2212 导线快速冷却至室温，目的是尽量保持高温成相状态，以获得较高的

J_c。从热力学方面考虑，淬火是 Bi-2212 线材冷却的最佳方法，但也要考虑力学性能因素，因此在冷却速率选取方面既要考虑 Bi-2212 的分解动力学，也要防止因超导芯与 Ag 包套的收缩应力差形成裂纹。实际使用的冷却速率约为 300 ℃/h。但使用"先绕制再反应"工艺制备大型线圈时很难达到该冷却速率。

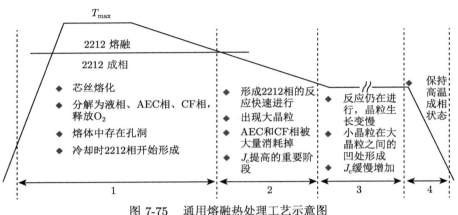

图 7-75　通用熔融热处理工艺示意图

AEC 是碱土金属铜氧化物相，CF 是无铜相

　　　实际上，熔融热处理流程也可以用更简单的 (7-19) 反应式表示，2212 超导粉末经过部分熔融过程，冷却时形成连接良好的 2212 晶粒，如**图 7-76** 所示。注意与 2223 相反，起始的 2212 前驱粉末通常由 2212 相组成。

$$2212 \text{ 前驱粉 } \xrightarrow{\text{加热}} \text{液相} + \text{AEC} + \text{CF} + O_2 \xrightarrow{\text{冷却}} 2212 \qquad (7\text{-}19)$$

式中，AEC 是碱土金属铜氧化物相；CF 是无铜相；O_2 是在熔化时从 2212 中释放的。这些在熔化时产生的氧气必须由 2212 相尽量吸收，因在冷却过程中 2212 相从熔化物重新生成时还需要它们。这样就使得 Ag 包套的氧渗透性对于形成 2212 显得非常重要。AEC 和 CF 的相成分随氧分压的变化而不同。现在熔融加工处理普遍采用 1 个大气压的氧分压，因

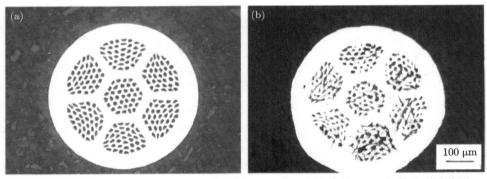

图 7-76　直径 0.518 mm 的 Bi-2212 线材 (259 芯，芯丝外径 16 μm) 的典型横截面

(a) 在热处理之前；(b) 在熔融热处理之后

此，AEC 相组成一般为 $(Sr, Ca)_{14}Cu_{24}O_x$，CF 相为 $Bi_9(Sr, Ca)_{16}O_x$。由于 2212 的熔融温度取决于氧分压，因此，也可以采用等温处理方法，其中 2212 在低氧分压下熔化并在较高氧分压下完成结晶。当从 837 ℃ 冷却时，尽量采用快速冷却方式，因为 Bi-2212 相在 $527 \sim 727$ ℃ 区间不稳定，会导致部分 Bi-2212 分解为 Bi-2201 相。

但是，需要注意的是阶段 I 中的 2212 相熔融并不完全，属于部分熔融态，其中包含有液相和非超导相。这样，当重新形成 2212 相时，部分熔融会带来一个严重的问题，即在冷却过程中，熔体中的非超导相并不能被完全消耗掉，往往形成残余第二相。因此，熔融加工处理后的最终线材始终存在 AEC、CF 和 2201 等第二相，而这些杂相会破坏晶粒织构和晶粒连接性，从而降低 J_c。

图 7-77 给出了几个 Ag/Bi-2212 线带材制备中使用的熔融热处理工艺例子，以便进一步阐述熔融加工的工艺参数在决定带材性能方面所起的关键作用。它们的熔化温度都在 890 ℃ 左右。**图 7-77(a)** 给出了直径 $\phi1.5$ mm 的 Bi-2212 七芯线材的热处理曲线，炉内气氛为空气[69]。Bi-2212 相的氧含量取决于温度和氧分压，不过当温度低于 800 ℃ 时，Bi-2212 相的氧含量与氧分压没有关系。一般来说，Bi-2212 相的氧含量随温度升高而下降，例如，200 ℃ 时，Bi-2212 相的化学式为 $Bi_2Sr_2CaCu_2O_{8.3}$，700 ℃ 时为 $Bi_2Sr_2CaCu_2O_{8.15}$。因此，在加热到熔化温度的过程中，氧气会逐步从 Bi-2212 芯中释放出来。升温至 880 ℃ 并保温之前采用不同的升温速率，这是希望在 Bi-2212 芯丝部分熔融前，氧含量能够达到的一个较适宜的值。人们发现最佳退火时间与通过银包套的氧扩散密切相关，其取决于线材和超导芯丝的尺寸，例如，较粗的线材退火时间更长。临界电流密度对熔融过程中的最高熔化温度十分敏感，对于所研究的七芯线材，当熔化温度为 893 ℃ 时，短样具有最高临界电流密度，可达 700 A/mm^2 (4.2 K, 0 T)。在熔融过程中，Bi-2212 相会分解为 Bi-2201相、碱土铜酸盐相和液相。在熔融过程后线材在炉内冷却至室温，之后附加一个 840 ℃ 下的长时间退火，对于 Bi-2212 的再成相具有重要作用。

图 7-77(b) 是芯丝尺寸为 $11 \sim 100$ μm 的 Bi-2212 多芯线材的热处理流程[70]。人们发现使用该热处理工艺，多芯 Bi-2212 线材的临界电流密度随着芯丝直径的减小而增大，当芯丝外径为 11 μm 时，线材的临界电流密度达到 1650 A/mm^2 (4.2 K, 0 T)。具体步骤为：加热至 870 ℃ 期间采用的升温速率为 300 ℃/h，而在 870 ℃ 至熔融温度 885 ℃ 之间时，使用较慢的升温速率。随后温度从 885 ℃ 缓慢冷却至 870 ℃，在这一过程中以 5 ℃ 的梯度降低温度，每个温度梯度保持 24 小时。$885 \sim 870$ ℃ 的缓冷是为了获得良好的 Bi-2212 晶粒取向，而阶梯状的降温过程不仅可进一步增强晶粒取向度，也能减小超导芯丝中的杂相含量。然后从 840 ℃ 开始，采用更快的冷却速率降至室温。一般情况下，在氧气中进行热处理比在空气中可获得更高的临界电流密度，芯丝越细，该效应越明显。

图 7-77(c) 是 MRI 磁体用 Bi-2212 线材的热处理流程[71]。在外径为 0.787 mm 的 928 芯线材中，Bi-2212 超导芯占线材截面积达到 55%，具有目前所报道的多芯线材中最高的填充系数，其工程电流密度 $J_e = 716$ A/mm^2 (4.2 K, 0 T)，$J_c = 1313$ A/mm^2 (4.2 K, 0 T)。该热处理流程在纯氧中进行，升温至 890 ℃ 发生部分熔融后，线材以 2 ℃/h 的极慢速率降温至 830 ℃，在 830 ℃ 退火保温 8 h，随后炉冷至室温。

图 7-77(d) 是氧气氛下熔化工艺制备银包套 Bi-2212 带材的热处理流程[72]。当熔化

温度在 894 ~ 896 ℃ 时，样品具有最高的 J_c 值，达 2600 A/mm^2 (4.2 K, 0 T)。如果高于或低于该最佳熔化温度仅 2 ℃，临界电流密度就会降低约 25%。另外，熔化温度为 895 ℃ 时，带材的超导芯密度最高，为 5.7 g/cm^3、维氏硬度最高达 100 kg/mm^2，我们知道，Bi-2212 相的密度约为 6.5 g/cm^3。随后 Bi-2212 带材从熔化温度 895 ℃ 以 10 ℃/h 的速率缓慢降温至 840 ℃，在 840 ℃ 时保温 48 h 后，以 700 ℃/h 的速率迅速降至室温。

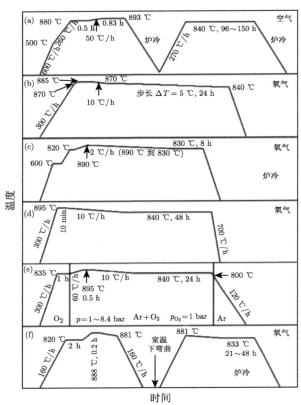

图 7-77　几种典型 Bi-2212/Ag 线带材的熔融热处理流程 [69]

为了消除导线中出现的气泡缺陷，一个有效的方法如**图 7-77(e)** 所示，是通过在 700 ℃、半真空中通氧气热处理 1 天，这样可将 Bi-2212 前驱粉的残余碳含量从 710ppmwt (质量的百万分之一) 降低到 220ppmwt[73]。随后带材升温至 835 ℃ 后在纯氧气氛 ($p_{O_2} = 1$ bar) 下保温 1 h，升温至 895 ℃ 后调节气氛为 7.4 bar Ar + 1 bar O$_2$，进行部分熔融处理，然后降温至 840 ℃ 退火保温 24 h，最终带材以 120 ℃/h 的速率降至室温。其中，低于 800 ℃ 时氧分压降至零，带材降至室温的过程中采用 8.4 bar 的氩气氛。上述的高压热处理可以有效减少带材单位长度的气泡数。整个体系经过高压处理后，相组成为 Bi-2212、细小的 (Sr, Ca)$_{14}$Cu$_{24}$O$_x$ 晶粒和 Bi$_2$(Sr, Ca)$_4$O$_x$ 晶粒以及一些长条状 Bi-2201 的晶粒，这个结果与纯氧 ($p = 1$ bar) 气氛处理后的 Bi-2212 相似，区别在于高压热处理带材中 Bi-2201 含量更高。

用 Bi-2212 线材制造超导磁体需要在热处理之前进行绕制 (先绕制–再反应工艺), 这对超导芯的部分熔融过程是不利的, 经常会发生超导芯从银包套中泄漏的情况。此外, Bi-2212 线材的临界电流密度对部分熔融过程中的最高温度非常敏感, 所以 Bi-2212 绕制磁体中的外部绝缘材料必须能满足线材对氧气和热扩散的需要。此外在 900 ℃ 附近和纯氧条件下的热处理环境也限制了外敷加强材料的选择。另一方面, 由于 Bi-2212 线材的屈服极限极小, 很难采用先反应–再绕制工艺制造超导磁体。

为了避免这些问题, 在绕制 Bi-2212 磁体时可以采用反应–绕制–烧结方法。该工艺将 Bi-2212 线材的部分熔融处理过程分为两部分, 如图 **7-77(f)** 所示 [74]。整个热处理在纯氧中进行。第一次热处理中, 线材以 160 ℃/h 的速率升温至 820 ℃。在 820 ℃ 保温 2 h 后升温至 888 ℃ 进行部分熔融处理, 接着缓慢冷却到 881 ℃, 并以 160 ℃/h 的速率降至室温, 再进行线圈的绕制。此时绕制可能还是会导致 Bi-2212 超导芯中产生裂纹。从 881 ℃ 降至室温的过程中热处理虽然已经停止, 实际上反应仍在进行。虽然第二次热处理的最高温度只有 881 ℃, 液相量较少, 但足以修复第一步绕制过程中产生的微裂纹。线材从 881 ℃ 以 $1 \sim 2.5$ ℃/h 的速率缓慢降温至 833 ℃ 并保温 $21 \sim 48$ h, 最后炉冷至室温 (约 85 h)。通过以上步骤, 即使弯曲直径小至 4 cm, 在 4.2 K, 0 T 下, 直径为 0.78 mm 的 Bi-2212 线材的工程电流密度可达 750 A/mm², 直径为 0.4 mm 的线圈甚至高达 1450 A/mm²。

7.10.3.3 影响 J_c 的热处理关键工艺参数

如上文所述, 图 **7-77** 中的 Bi-2212 导线常用熔融加工过程主要包括四个关键步骤: 在最高温度下部分熔融, 随后冷却至 ∼ 830 ℃ (其间发生 2212 成核和晶粒长大), 在 ∼ 830 ℃ 进行等温退火, 这进一步改善了微观组织的均匀性, 以及最终冷却至室温。许多热处理参数对最终导线的超导性能都有很重要的影响: 熔融温度、在熔融温度下的保温时间、凝固冷却速率、退火温度和退火时间。这些参数, 加上热处理气氛和导线工艺参数, 其实是通过影响微观结构而影响 J_c 的。要获得高 J_c 需要综合考虑上述因素, 通常以经验方式对其进行优化。

熔融阶段是部分熔融工艺中最核心的部分, 熔融阶段的相成分、熔融体的数量, 直接关系到最终样品中的第二相粒子数量、成分以及 Bi-2212 晶粒排列。熔融温度则是其中最关键的工艺参数。图 **7-78** 是 130 μm 厚 Bi-2212 薄膜的熔融温度 (T_{max}) 与在 77 K 时临界电流密度的关系 [75]。可以看到, 样品的 J_c 对熔融温度具有强烈的依赖性。J_c 值随熔化温度的增加先升高后降低, 最优的熔化温度约 880 ℃, 而高于或低于这个温度, 样品的 J_c 迅速下降。随后人们在 2212 薄膜、PIT 带材以及 PIT 圆线中也都观察到了类似的特性。狭窄的熔融加工窗口问题已被广泛视为 Bi-2212 磁体技术应用的主要限制之一, 因为在采用先绕制–再反应工艺热处理大直径超导线圈时, 温度的波动可能会导致线圈中的 J_c 出现明显下降。

降温过程是熔融超导芯凝固的过程, 这一过程与 Bi-2212 的成相动力学有关, 合适的降温速率可以使 Bi-2212 充分形成, 相反则导致样品中残存大量的第二相粒子。图 **7-79** 给出了冷却速率和退火时间对 J_c 的影响 [75]。很明显, 降低冷却速率可以显著增加 Bi-2212 导线的 J_c。这是因为较慢的冷却速率促进了 2212 带材和薄膜中的超导晶粒择优取向排列, 从而增加了晶间耦合和 J_c。缓慢冷却也会导致一些芯丝间出现桥接现象, 并形成粗大不规则的 2212 晶粒结构。

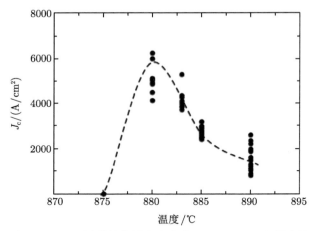

图 7-78　熔融加工处理 Bi-2212 厚膜的临界电流密度 (77 K, 0 T) 与最大熔化温度的关系 [75]

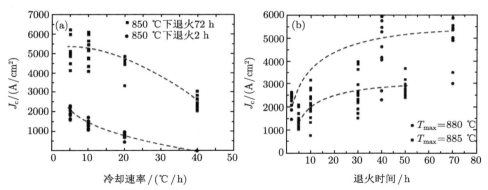

图 7-79　在 77 K, 0 T 时，熔融加工处理样品的临界电流密度与冷却速率和退火时间的依赖性关系 [75]

在降温阶段大部分第二相粒子被消耗转化为 Bi-2212 相。但由于熔融超导芯完全固化后，超导芯中依然存在 AEC 相和无铜相生成 Bi-2212 相的反应，这一反应是固–固反应，反应速率很慢。为提高 Bi-2212 的转化率，需要在 Bi-2212 成相温区保温较长时间，使剩余第二相粒子继续反应。此阶段的热处理温度一般选择在 840 ℃ 附近，只需选择合适的热处理时间就可以使第二相粒子充分转化。如**图 7-79(b)** 所示，样品随着退火时间的增加，J_c 值也在稳定增加。

7.10.4　Bi-2212 线材的微观组织

采用浸涂法制备的 Bi-2212 带材经高压熔融热处理后，其 J_c 达 2800 A/mm^2 (4.2 K, 0 T)。该带材在热处理前、熔化前、熔化后以及整个热处理之后等不同阶段的横截面照片如**图 7-80** 所示 [76]。在进行热处理前，银层与超导层之间具有均匀的接触界面。Bi-2212 薄膜的厚度在熔化后收缩了 25%，在熔体中可看到均匀分布的细小碱土金属铜酸盐相 (AEC) 和无铜相 (CF)，没有发现气泡。不过研究发现在低 J_c 样品中存在着大颗粒的 AEC 相。在熔融加工完成后的带材中具有均匀的和高度择优取向的晶粒结构，虽然仍含有少量孔洞和残留杂相。

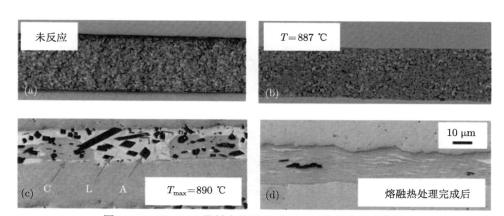

图 7-80　Bi-2212 带材在熔融热处理不同阶段的微观组织

(a) 未反应；(b) 熔融前；(c) 熔融后；(d) 熔融热处理完成后[76]。C、A 和 L 分别表示无铜相、碱土金属铜相和液相

通过对熔融加工 Bi-2212 带材和圆线中的织构演变和晶粒取向进行深入研究，发现 Bi-2212 晶粒沿 b 轴生长最快，沿 a 轴次之，沿 c 轴方向生长最慢。在薄膜和带材中，这会导致典型的二维晶粒结构，较易沿着 c 轴方向择优取向生长，其 c 轴垂直于带材表面，而 a 轴和 b 轴在带材平面内随机排列，类似于 2223 带材中的 c 轴取向织构。

与带材中的沿 c 方向单轴取向的晶粒排列不同，圆线中 2212 晶粒是以其 c 轴垂直于中心轴线的方式排列的。在圆线中，Bi-2212 晶粒沿 b 轴方向生长较快，其 b 轴平行于线材中心轴，而 c 轴沿径向则随机取向。**图 7-81** 是圆线超导芯丝的 SEM 形貌图[62]。可以看出，超导芯丝的局部区域是由取向良好的 Bi-2212 片状晶粒堆叠组合而形成的板条状组织结构。很明显，2212 晶粒沿着样品轴线方向的 b 轴快速生长，而晶粒间的 c 轴彼此平行。这些局部晶粒高度取向区域沿着线材长度方向不断重复，不过每个区域的 c 轴方向沿线材径向随机旋转。从圆线中几百芯丝角度来看，这些随机旋转取向的局部晶粒高度取向区域的叠加组合最终导致了 Bi-2212 圆线中 J_c 的各向同性特性。

图 7-82 是经过熔融加工处理后高 J_c Bi-2212 圆线的典型截面微观组织[62]。该线材在 4.2 K、20 T 下的 J_c 高达 2500 A/mm^2。可以看出，与未反应的线材中均匀且分离良好的芯丝不同，反应后的芯丝结构变得非常不均匀，并且相互连接在一起，许多芯丝间出现桥接现象。而且芯丝中含有多种物相，包括 2212、2201、残留的 AEC 相、无铜相以及孔洞，这表明即使性能优异的线材仍残存一些第二相。从**图 7-82(c)** 看出，芯丝中织构化晶粒排列整齐，主要是 [001]、[100] 和 [110] 取向的晶粒。同时还可清楚看到许多大角度晶界和残余液相，这些液相已大部分转变为 Bi-2201。在 2212 圆线中，人们认为图中所示的这些大角度晶界对电流的传输没有影响。在熔融过程中银通过溶解在液相中而形成 Ag-CuO 共晶，不仅降低了 Bi-2212 的熔化温度，银还被认为是在晶粒取向过程中的重要媒介。研究表明具有光滑界面的细超导芯丝 (< 25 μm) 可以促进 Bi-2212 片状晶粒的择优取向。

图 7-81　(a) 熔融加工后圆线的超导芯丝截面图；(b) 芯丝的高度取向区域 [27]

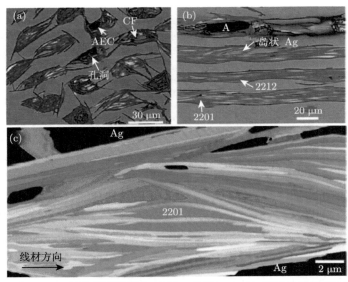

图 7-82　在 1 atm 氧分压下熔融加工后，多芯 Bi-2212 圆线的典型截面形貌 [62]

(a) 横截面，图中 AEC、CF 以及 2201 为残留第二相，还可观察到孔洞；(b) 纵截面；(c) 抛光后芯丝截面的电子背散射衍射图，颜色对应于晶粒的取向方向

　　微观结构与线材的载流性能直接相关，通过对高载流性能和低载流性能样品进行微观结构对比，弄清影响线材载流性能的本质，并针对性地制定改进制备技术是目前 Bi-2212 线材的重要研究方向之一。**图 7-83** 为高 J_c 和低 J_c 样品的高分辨率扫描透射式电子显微镜 (STEM) 照片 [76]。可以看到，高 J_c 样品中存在高密度的 Bi-2201 共生相，而低 J_c 样品中几乎不含 Bi-2201 共生相。这些伴生 Bi-2201 相的厚度仅有几纳米，接近 Bi-2212 的相干长度，有利于提高样品的磁通钉扎性能。而低 J_c 样品中的 Bi-2212 晶粒部分被富 Bi

非晶相包裹，晶界处的这些非晶相会破坏超导晶粒的连接性，阻塞电流通道，大幅降低样品的载流性能。理清非晶相的形成机理，开发新的热处理技术，在保持 Bi-2201 共生相的同时完全消除晶界非晶相，有望进一步提高 Bi-2212 线材载流性能。

图 7-83   高 J_c (a)、(c) 和低 J_c (b)、(d) 线材的 STEM 微结构对比 [76]

    另一方面,残留的孔洞和气泡缺陷是制备高性能 Bi-2212 线带材时面临的主要难题 [68]。在熔融加工过程中，当 AEC 晶粒被消耗逐步转化为 2212 片状晶粒、不断长大时，就会出现孔洞 (图 7-84)。熔体中部分孔洞的尺寸和超导芯丝的厚度相接近，因此在 AEC 晶粒消失时会在芯丝中间留下孔洞。更严重的情况是，一些 AEC 相或无铜相晶粒仍然在孔洞中：这可能是因为成相过程中没有足够的液相来与之反应形成超导相。形成孔洞的另一个原因是残留的 N_2，它们来自于空气中并附着在前驱粉末颗粒中间，并且在最开始制备坯料的时候未完全排出。超导芯丝中孔洞的分布一般是不均匀的，在某些地方，较大的孔洞将大大减少线材的有效传输面积。不过目前采用热等静压的方法已大幅减少了孔洞的形成，极大地提高了超导芯密度。

    和孔洞相比，更要关注的是导线中出现的气泡缺陷。气泡是从芯丝内部产生的，有些严重的甚至使银包套扭曲变形。如图 7-85 所示 [77]，Bi-2212 芯丝中往往包含很多大气泡，其外径和芯丝直径差不多。这些气泡将每根芯丝中的熔体分割成为长短不一的不连续体。从图 7-85(a) 中就可看到随机分布的 42 个气泡，气泡距离约为 144 μm。如放大图 7-85(b) 所示，很明显气泡完全是中空结构，有些呈现球形，直径约为 20 μm，而另一些气泡似乎是几个气泡的聚合体。这些气泡不会在后续热处理中消失，因为即使当超导相在冷却再形成时，Bi-2212 晶粒也只能部分填充它们。因此气泡的存在减少了芯丝中的 2212 超导路径，并迫使电流流过跨越气泡的 Bi-2212 晶粒，或流经气泡与 Ag 包套界面处的 Bi-2212 薄层，最终会极大地降低线材的载流性能。

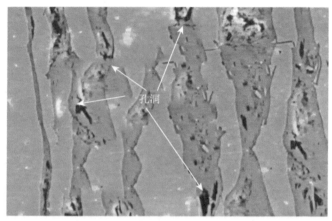

图 7-84　在反应过程中 AEC 晶粒溶解留下的孔洞 [68]

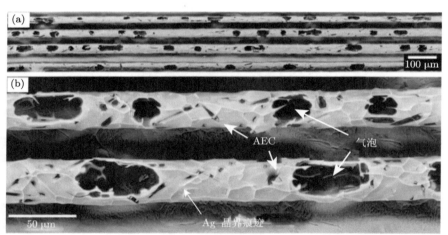

图 7-85　从 887 ℃ 的熔融状态直接淬火后 27×7 线材超导芯丝的 SEM 截面图，可以看到超导芯丝中产生的许多气泡 (黑色部分)。(a) 和 (b) 具有不同标尺 [77]

气泡缺陷可能来源于超导芯中氧气和二氧化碳的释放。由于银包套是可透氧的，因此，由氧气引起的气泡可以通过适当的热处理工艺得到有效控制。与氧气不同，二氧化碳是由残余的含碳物质形成的，不能通过银包套渗透出去，只能尽量降低 Bi-2212 前驱粉中的残余碳含量。残余碳除了会形成 CO_2 气泡外，另一个有害作用是会形成 $SrCO_3$ 杂相，或者可能形成 $Bi_2Sr_4Cu_2CO_3O_y$。这些富 Sr 相使 Bi-2212 相在空气中的熔融温度从 865 ℃ 降低到 850 ℃，同时碳含量从 100ppm 增加到 1600ppm。采用适当的热处理工艺也可以在一定程度上消除由 CO_2 引起的气泡缺陷，例如以小于 10 ℃/h 的加热速率，在 $< 2.7×10^{-5}$ bar 的压力下进行加热，直至温度达到 750 ℃。此后在 835 ℃ 下、纯氧气中保温 20 h。特别是美国牛津超导公司和美国国家高场实验室等通过高压热处理 + 慢降温工艺优化，大幅度

减少了孔洞 (图 **7-86**)，使得圆线的工程电流密度 J_e 提高到 550 A/mm^2 (4.2 K, 15 T)[78]。利用该高性能 Bi-2212 线材，他们合作绕制的高场内插 Bi-2212 磁体，在 31 T 的背景场下产生了 2.6 T 的磁场，场强达到 33.6 T[62]。

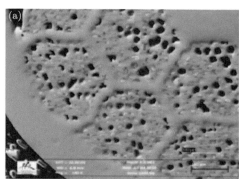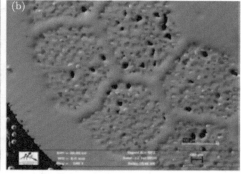

图 7-86　(a) 常规熔融热处理后的 85×18 线材和 (b) 650 MPa 高压熔融热处理后的 85×18 线材的横截面形貌 [78]

7.10.5　前驱粉末的影响

　　Bi-2212 前驱粉末是制备高性能 Bi-2212 线材的基础。和 Bi-2223 一样，Bi-2212 前驱粉末可以使用多种方法合成，例如简单的固态反应、溶胶–凝胶、共沉淀、喷雾热解和熔铸工艺等，具体可参照前面章节，在此就不展开介绍了。在 Bi-2212 前驱粉末合成过程中，最为重要的是严格减少水和碳的含量。过量碳对导线性能非常有害，因为热处理中碳会与 O_2 反应形成 CO 或 CO_2，而后者不能通过 Ag 包套扩散出去，从而造成导线中局部出现较高的内部气压 (p_{CO_2})。较高的内部气压会在导线超导芯的熔融加工过程中形成气泡缺陷，阻断电流通道，极大地降低线材的载流性能。通常，粉末中的残余碳含量应低于 250 ppm，以达到消除导线中气泡缺陷的目的。这就要求在装管前务必进行一次高温热处理，而后还要避免处理过的粉末受潮或吸收周围环境中的碳。可以采用 XRD、ICP、XRF 或高温燃烧红外法等复合手段来检测前驱粉末中的碳含量。

　　美国 nGimat 和 MetaMateria 两个公司都在生产高质量 Bi-2212 前驱粉末，其成分与 Nexans 公司使用的名义组分 ($Bi_{2.17}Sr_{1.94}Ca_{0.89}Cu_2O_x$) 几乎相同，但合成工艺不同。MetaMateria 采用共沉淀法制备 Bi-2212 粉末，而 nGimat 采用的是喷雾热分解工艺。为了获得粒度和物相等信息，将两个公司合成的粉末分别压制成块，随后抛光。两种粉末的 SEM 形貌如图 **7-87** 所示。可以看出，两种粉末的典型 Bi-2212 颗粒尺寸为 $1 \sim 2$ μm，不过 nGimat 粉末含有约 3%体积的 AEC 相 $(Sr, Ca)_{14}Cu_{24}O_x$ 颗粒，其最大尺寸为 5 μm，而 MetaMateria 粉末含有少量的 CuO 颗粒。最近美国国家高场实验室采用 nGimat 前驱粉末和高压熔融热处理工艺制备的 Bi-2212 短样最高工程 J_e 达到 1380 A/mm^2 (4.2 K, 14 T)，相应的临界电流密度超过 6000 A/mm^2(4.2 K, 14 T)，该性能比以前报道的最高值提高了 70%，如图 **7-88** 所示 [79]。但采用该粉末制备的长线并没有表现出优异的载流性能，其长线的 J_e 仅相当于短样性能的四分之一。虽然采用 MetaMateria 共沉淀粉末制得的短样品的载流性能提高幅度不大，但长线性能较高，其长线的 J_e 可达到 530 A/mm^2

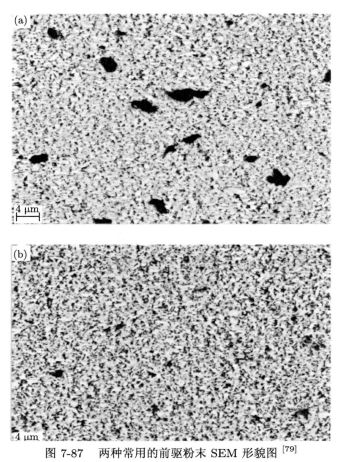

图 7-87　　两种常用的前驱粉末 SEM 形貌图 [79]

(a) nGimat 粉末；(b) MetaMateria 粉末。图 (a) 中的大黑点是 AEC-14:24 颗粒, (b) 图中黑点是 CuO

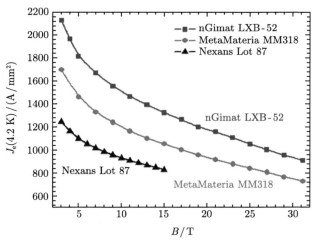

图 7-88　　采用不同前驱粉末制备的 Bi-2212 线材短样载流性能对比 [79]

(4.2 K, 14 T)，该性能比喷雾粉末长线的性能提高约 15%。短样性能的大幅提高和长线性能的不均匀，可能与前驱粉末的晶粒尺寸、第二相粒子、粉末形貌以及超导芯丝变形特性等有关。以上结果表明，理解前驱粉末影响线材载流性能的机制以及长线性能不均匀的机理对制备高性能长线具有重要意义。

7.10.6　渗漏问题

Bi-2212 线材在熔融热处理过程中，熔化的陶瓷芯有时会穿透银层，在线材表面形成黑色渗点，即出现渗漏现象 (leakage)。如前所述，Bi-2212 导线中的前驱粉末必须经过部分熔融热处理过程，以便将其转化为 Bi-2212。因此渗漏会减少线材内 Bi-2212 相含量，最终降低样品的载流性能。除了影响 J_c 外，渗点的存在也会导致磁体线材间的黏连，造成磁体绝缘的失败，从而导致磁体无法正常工作。因此，渗漏问题成为 Bi-2212 线材性能提高和应用的一个重要障碍。

特别是对先绕制再反应 (W & R) 线圈进行约 900 ℃ 熔融热处理时，包含 Bi、Sr、Ca 和 Cu 成分的渗点，时常出现在导线表面上，如果线圈是多层的，则在所有层上都会出现斑点，如**图 7-89** 所示 [80]。图 **(a)** 表示熔体穿过 Ag 包套到达导线边缘，**(b)** 在 W & R 线圈表面可以发现有许多随机排列的渗漏点。实际上，渗漏问题多年来一直困扰着 Bi-2212 导线的制备和 W & R 线圈的发展。经过人们研究，发现导致渗漏的原因可能有：① 拉

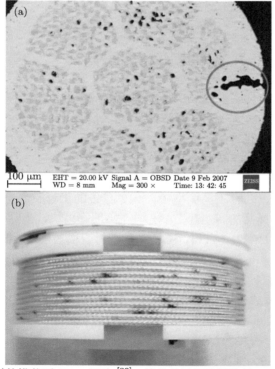

图 7-89　(a) Bi-2212 线材的横截面 SEM 照片 [80]，清楚显示了渗漏路径；(b) Bi-2212 的小线圈，绝缘层内有黑点

拔过程中出现的裂纹或者针孔 (pinhole) 以及其他表面缺陷, 这被认为可能是渗漏的主要原因。裂纹或针孔缺陷为液相提供渗漏通道, 其他材料的夹杂物会影响局部熔化温度。② 热处理期间银与绝缘层之间的反应可能是另一个原因。另外, 与线材内部气体的膨胀和高温下 2212 芯丝与银管的相互扩散也有关系。

7.10.7　临界电流密度

表 **7-10** 列出了典型 Bi-2212 薄膜、带材和 PIT 圆线的临界电流密度。在线材和带材中, 在 4.2 K 和 30 T 时, 短样的最高临界电流密度达到了 4670 A/mm^2。在长线中, 即使在 45 T 的电场下, 在 4.2 K 时也可获得 266 A/mm^2 的工程临界电流密度。这些数据表明 Bi-2212 导线在低温高场下具有优异的载流性能, 在 20 T 以上高场磁体领域很有发展潜力。

表 7-10　Bi-2212 薄膜、带材和 PIT 圆线的临界电流密度和工程临界电流密度及其制备方法

样品	$J_c/(\mathrm{A/mm}^2)$	$J_e/(\mathrm{A/mm}^2)$	制备方法
薄膜 (短样) (4.2 K, 10 T)	700	290	浸涂法 + 熔融加工 [82]
Pair 带材 (短样) (4.2 K, 10 T)	5000	800	浸涂法 + 预退火和中间轧制 + 熔融加工 [65]
ROSAT 线材 (4.2 K, 28 T)	800	190	带材对称旋转排列装管 +PIT+ 熔融加工 [61]
PIT 圆线, 85×7 芯 (4.2 K, 45 T)	950	266	PIT+ 熔融加工 [83]
PIT 圆线 (短样), 55×18 芯 (4.2 K, 15 T)	6640	1365	PIT+ 熔融加工 [79]
PIT 圆线 (短样), 55×18 芯 (4.2 K, 30 T)	4670	930	PIT+ 熔融加工 [79]

Bi-2212 线材的临界电流密度在不同温度和场强下的变化曲线如**图 7-90** 所示 [81]。在低磁场下, 如 < 1 T, 临界电流密度下降迅速, 这可能与线材超导芯内的弱连接晶界有关, 不过这些晶界的弱连接效应随着磁场的增加而逐渐消失。当磁场在 2 ~ 8 T 时, J_c 的减少明显变缓, 而 8 T 以上时, J_c 几乎没有变化, 这表明弱连接晶界在高场下不再起作用。在 60 K 以上温区, Bi-2212 线材的载流性能对其 T_c 值非常敏感, 施加外磁场就会引起 J_c 的急剧衰减。一般情况下, 在较高温度, 随着磁场的增加 (> 1 T), J_c 呈指数下降, 这是 Bi 系超导体在高温下强烈的热激活磁通蠕动效应所致。

图 7-91 是 4.2 K 下几种不同类型 Bi-2212 导线的工程临界电流密度与外加磁场的关系。从图中看出, 所有样品的 J_c 随着磁场一开始下降很快, 当超过 2 T 时, 呈现缓慢下降趋势。对于织构化的 Bi-2212 带材, 磁场平行带材表面时的 J_c 要高于磁场垂直带材时的 J_c, 两者 (4.2 K, 20 T//ab 与 4.2 K, 20 T//c) 的 J_c 比值约为 1.65, 也就是说和圆线相比, 带材 J_c 仍然具有相当的各向异性。

在 4.2 K 下, Bi-2212 圆线和带材的升场–降场临界电流密度与磁场的关系如**图 7-92** 所示 [76]。两种样品都经高压熔融加工处理, 具有很高的超导芯致密度。可以看出, 对于 Bi-2212 带材, 在降场时测得的 J_c 要大于升场时测得的 J_c, 显示 Bi-2212 带材具有明显的回滞效应, 这种滞后现象通常归因于多晶超导体中晶界弱连接的存在。但是 Bi-2212 圆线的两条升场–降场的 $J_c(B)$ 曲线几乎完全重合, 表明 Bi-2212 圆线并不存在回滞效应, 这一点对磁体应用十分有利。

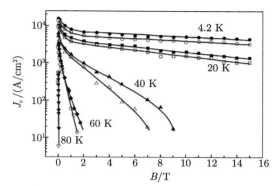

图 7-90 不同温度下 Bi-2212 线材的临界电流密度的磁场依赖性关系 [81]

实心表示磁场平行于线材中心轴；空心表示磁场垂直于线材中心轴

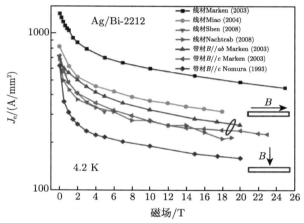

图 7-91 在 4.2 K 时不同 Bi-2212 导线工程电流密度的磁场依赖性 [18]

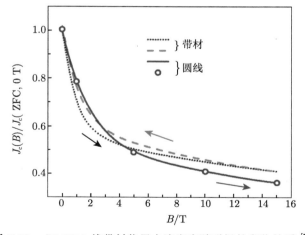

图 7-92 Bi-2212 线带材临界电流密度随磁场的变化关系 [76]

对于 Bi-2212 圆线，外加磁场垂直于线材中心轴；对于 Bi-2212 带材，外加磁场垂直于带材平面。测量时磁场先逐渐增加到

15 T，然后又减小到 0 T

Bi-2212 多芯超导圆线是目前已知的铜氧化物高温超导材料中唯一具有各向同性结构的超导线材。这种线材的典型特征是在低温强磁场下具有很高的临界电流密度，如**图 7-93** 所示 [80]，在 4.2 K 下直径 0.8 mm 线材的 J_c 在 25 T 和 45 T 时分别高达 1428 A/mm^2 和 950 A/mm^2，相应的工程 J_e 分别为 400 A/mm^2 和 266 A/mm^2，n 值为 17。可以看出 Bi-2212 线材的载流性能远高于传统低温超导体或 MgB$_2$，使得其在超高场 (25 T 以上) 磁体领域有很大的应用优势。

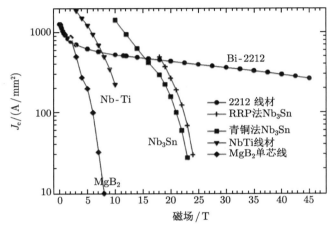

图 7-93 Bi-2212 线材在 4.2 K 时的工程电流密度随磁场的变化关系 [80]

7.10.8 小结

Bi-2212 线材是唯一可制备成各向同性圆线的高温超导材料。经过多年的发展，Bi-2212 线材的制备技术已趋于成熟，已可批量制备高性能的千米级线材，并且在螺线管、卢瑟福电缆、CICC 导体等方面获得了示范性应用。但在 Bi-2212 线材大规模应用之前，仍然有许多问题需要解决。

首先，Bi-2212 长线的 J_c 和工程 J_e 仍然低于高场应用的实际要求，例如在 20 T、4.2 K 下，2212 长线的 J_e 至少大于 600 A/mm^2。改善晶粒弱连接，调节 Bi-2212 织构化生长，降低晶粒错配角是继续提高 Bi-2212 线材载流性能的关键途径。其次，优化冷加工和熔融热处理技术，尽量消除和减少孔洞和气泡问题。最后继续优化合成 Bi-2212 前驱粉末，最大程度地减少非超导相。

参 考 文 献

[1] Jin S, Sherwood R C, van Dover R B, et al. High T_c superconductors-composite wire fabrication. Appl. Phys. Lett., 1987, 51(3): 203-204.

[2] Heine K, Tenbrink J, Thöner M. High-field critical current densities in Bi$_2$Sr$_2$Ca$_1$Cu$_2$O$_{8+x}$/Ag wires. Appl. Phys. Lett., 1989, 55(23): 2441-2443.

[3] Michel C, Hervieu M, Borel M M, et al. Superconductivity in the Bi-Sr-Cu-O system. Z. Phys. B: Condens. Matter, 1987, 68(4): 421-423.

[4] Maeda H, Tanaka Y, Fukutomi M, et al. A new high-T_c oxide superconductor without a rare earth element. Jpn. J. Appl. Phys., 1988, 27(2): L209-L210.

[5]   周午纵, 梁维耀. 高温超导基础研究. 上海: 上海科学技术出版社, 1999.

[6]   Maeda A, Hase M, Tsukada I, et al. Physical properties of $Bi_2Si_2Ca_{n-1}Cu_nO_y$ ($n = 1, 2, 3$). Phys. Rev. B, 1990, 41(10): 6418-6434.

[7]   Sunshine S A, Siegrist T, Schneemeyer L F, et al. Structure and physical properties of single crystals of the 84-K superconductor $Bi_{2.2}Sr_2Ca_{0.8}Cu_2O_{8+\delta}$. Phys. Rev. B, 1988, 38(1): 893-896.

[8]   Guo C, Tian H F, Yang H X, et al. Direct visualization of soliton stripes in the CuO_2 plane and oxygen interstitials in $Bi_2(Sr_{2-x}La_x)CuO_{6+\delta}$ superconductors. Phys. Rev. Mater., 2017, 1(6): 064802.

[9]   Majewski P. Phase diagram studies in the system Bi-Pb-Sr-Ca-Cu-O-Ag. Supercon. Sci. Technol., 1997, 10(7): 453-467.

[10] Cardwell D A, Ginley D S. Handbook of Superconducting Materials. London: Institute of Physics Publishing, 2003.

[11] Idemoto Y, Shizuka K, Yasuda Y, et al. Standard enthalpies of formation of member oxides in the Bi-Sr-Ca-Cu-O system. Physica C, 1993, 211(1-2): 36-44.

[12] Hellstrom E E. Processing Bi-based high-T_c superconducting tapes, wires, and thick films for conductor applications // Shi D. High-Temperature Superconducting Materials Science and Engineering. London: Elsevier Science Ltd, 1995: 383-440.

[13] Pierre L, Schneck J, Morin D, et al. Role of lead substitution in the production of 110-K superconducting single-phase Bi-Sr-Ca-Cu-O ceramics. J. Appl. Phys., 1990, 68(5): 2296-2303.

[14] Jin S, Tiefel T H, Sherwood R C, et al. High critical currents in Y-Ba-Cu-O superconductors. Appl. Phys. Lett., 1988, 52(24): 2074-2076.

[15] Liu H K, Dou S X, Ionescu M, et al. Equilibrium phase diagrams in the system CuO-PbO-Ag. J. Mater. Res., 1995, 10(11): 2933-2937.

[16] Ikeda Y, Ito H, Shimomura S, et al. Phase diagram studies of the $BiO_{1.5}PbOSrOCaOCuO$ system and the formation process of the "2223 (high-T_c)" phase. Physica C, 1991, 190(1-2): 18-21.

[17] Grasso G, Perin A, Flükiger R. Deformation-induced texture in cold-rolled Ag sheathed Bi(2223) tapes. Physica C, 1995, 250(1): 43-49.

[18] Wesche R. Physical Properties of High-Temperature Superconductors. Chichester, UK: John Wiley & Sons Ltd, 2015.

[19] Krishnaraj P, Lelovic M, Eror N G, et al. Synthesis and microstructure of $Bi_{1.8}Pb_{0.4}Sr_2Ca_{2.2}Cu_3O_x$ obtained from freeze-dried precursors. Physica C, 1993, 215(3-4): 305-312.

[20] Shaw T M, Dimos D, Batson P E, et al. Carbon retention in $YBa_2Cu_3O_{7-\delta}$ and its effect on the superconducting transition. J. Mater. Res., 1990, 5(6): 1176-1184.

[21] Vase P, Flükiger R, Leghissa M, et al. Current status of high-T_c wire. Supercon. Sci. Technol., 2000, 13(7): R71-R84.

[22] Han Z, Skov-Hansen P, Freltoft T. The mechanical deformation of superconducting BiSrCaCuO/Ag composites. Supercon. Sci. Technol., 1997, 10(6): 371-387.

[23] Korzekwa D A, Bingert J F, Podtburg E J, et al. Deformation processing of wires and tapes using the oxide-powder-in-tube method. Appl. Supercond., 1994, 2(3-4): 261-270.

[24] Maeda H, Togano K. Bismuth-Based High-Temperature Superconductors. Boca Raton: CRC Press, 1996.

[25] Hill R. The Mathematical Theory of Plasticity. London: Oxford University Press, 1960.

[26] Grasso G, Jeremie A, Flukiger R. Optimization of the preparation parameters of monofilamentary Bi(2223) tapes and the effect of the rolling pressure on J_c. Supercon. Sci. Technol., 1995, 8(11): 827-832.

[27] Rogalla H, Kes P H. One Hundred Years of Superconductivity. New York: CRC Press, 2011.

[28] Yamada Y, Obst B, Flukiger R. Microstructural study of Bi(2223)/Ag tapes with J_c (77 K, 0 T) values of up to $3.3 \times 10^4 A \cdot cm^{-2}$. Supercon. Sci. Technol., 1991, 4(4): 165-171.

[29] Jiang J, Cai X Y, Chandler J G, et al. Critical current limiting factors in post annealed (Bi, Pb)$_2$Sr$_2$Ca$_2$Cu$_3$O$_x$ tapes. IEEE Trans. Appl. Supercond., 2003, 13(2): 3018-3021.

[30] Umezawa A, Feng Y, Edelman H S, et al. Further evidence that the critical current density of (Bi, Pb)$_2$Sr$_2$Ca$_2$Cu$_3$O$_x$ silver-sheathed tapes is controlled by residual layers of (Bi, Pb)$_2$Sr$_2$CaCu$_2$O$_y$ at (001) twist boundaries. Physica C, 1994, 219(3-4): 378-388.

[31] Jeremie A, Alami-Yadri K, Grivel J C, et al. Bi, Pb(2212) and Bi(2223) formation in the Bi-Pb-Sr-Ca-Cu-O system. Supercon. Sci. Technol., 1993, 6(10): 730-735.

[32] Morgan P E D, Housley R M, Porter J R, et al. Low level mobile liquid droplet mechanism allowing development of large platelets of high-T_c "Bi-2223" phase within a ceramic. Physica C, 1991, 176(1-3): 279-284.

[33] Endo U, Koyama S, Kawai T. Preparation of the high-T_c phase of Bi-Sr-Ca-Cu-O superconductor. Jpn J. Appl. Phys., 1988, 27(8): L1476-L1479.

[34] Rubin L M, Orlando T P, Vander Sande J B, et al. Phase stability limits of Bi$_2$Sr$_2$Ca$_1$Cu$_2$O$_{8+\delta}$ and Bi$_2$Sr$_2$Ca$_2$Cu$_3$O$_{10+\delta}$. Appl. Phys. Lett., 1992, 61(16): 1977-1979.

[35] MacManus-Driscoll J L, Bravman J C, Savoy R J, et al. Effects of silver and lead on the phase stability of Bi$_2$Sr$_2$Ca$_1$Cu$_2$O$_{8+x}$ and Bi$_2$Sr$_2$Ca$_2$Cu$_3$O$_{10+x}$ above and below the solidus temperature. J. Am. Ceram. Soc., 1994, 77(9): 2305-2313.

[36] Däumling M, Maad R, Jeremie A, et al. Phase coexistence and critical temperatures of the (Bi, Pb)$_2$Sr$_2$Ca$_2$Cu$_3$O$_x$ phase under partial pressures of oxygen between 10^{-3} and 0.21 bar with and without additions of silver. J. Mater. Res., 1997, 12(6): 1445-1450.

[37] Merchant N, Luo J S, Maroni V A, et al. Effects of oxygen pressure on phase evolution and microstructural development in silver-clad (Bi, Pb)$_2$Sr$_2$Ca$_2$Cu$_3$O$_{10+\delta}$ composite conductors. Appl. Supercond., 1994, 2(3-4): 217-225.

[38] Rikel M O, Williams R K, Cai X Y, et al. Overpressure processing Bi2223/Ag tapes. IEEE Trans. Appl. Supercond., 2001, 11(1): 3026-3029.

[39] Sato K, Kobayashi S, Nakashima T. Present status and future perspective of bismuth-based high-temperature superconducting wires realizing application systems. Jpn. J. Appl. Phys., 2012, 51(1): 010006.

[40] Satou M, Yamada Y, Murase S, et al. Densification effect on the microstructure and critical current density in (Bi, Pb)$_2$Sr$_2$Ca$_2$Cu$_3$O$_x$ Ag sheathed tape. Appl. Phys. Lett., 1994, 64(5): 640-642.

[41] Welp U, Gunter D O, Crabtree G W, et al. Magneto-optical imaging of flux patterns in multifilamentary (Bi, Pb)$_2$Sr$_2$Ca$_2$Cu$_3$O$_x$ composite conductors. Appl. Phys. Lett., 1995, 66(10): 1270-1272.

[42] Eibl O. The high-T_c compound (Bi, Pb)$_2$Sr$_2$Ca$_2$Cu$_3$O$_{10+\delta}$: features of the structure and microstructure relevant for devices in magnet and energy technology. Supercon. Sci. Technol., 1995, 8(12): 833-861.

[43] Horvat J, Guo Y C, Zeimetz B, et al. Improvement of grain connectivity in Bi2223/Ag tapes by reducing Bi2201 phase at grain boundaries. Physica C, 1998, 300(1-2): 43-48.

[44] Dimos D, Chaudhari P, Mannhart J, et al. Orientation dependence of grain-boundary critical currents in YBa$_2$Cu$_3$O$_{7-\delta}$ bicrystals. Phys. Rev. Lett., 1988, 61(2): 219-222.

[45] Yan Y, Kirk M A, Evetts J E. Structure of grain boundaries: correlation to supercurrent transport in textured $Bi_2Sr_2Ca_{n-1}Cu_nO_x$ bulk material. J. Mater. Res., 1997, 12(11): 3009-3028.

[46] Feng Y, Larbalestier D C. Texture relationships and interface structure in Ag-sheathed Bi(Pb)-Sr-Ca-Cu-O superconducting tapes. Interface Sci., 1994, 1(4): 401-410.

[47] Larbalestier D C, Cai X Y, Feng Y, et al. Position-sensitive measurements of the local critical current density in Ag sheathed high-temperature superconductor (Bi, Pb)$_2$Sr$_2$Ca$_2$Cu$_3$O$_y$ tapes: the importance of local micro- and macro-structure. Physica C, 1994, 221(3-4): 299-303.

[48] Lelovic M, Krishnaraj P, Eror N G, et al. Minimum critical current density of 10^5 A/cm^2 at 77 K in the thin layer of $Bi_{1.8}Pb_{0.4}Sr_{2.0}Ca_{2.2}Cu_{3.0}O_y$ superconductor near the Ag in Ag-sheathed tapes. Physica C, 1995, 242(3-4): 246-250.

[49] Welp U, Gunter D O, Crabtree G W, et al. Imaging of transport currents in superconducting (Bi, Pb)$_2$Sr$_2$Ca$_2$Cu$_3$O$_x$ composites. Nature, 1995, 376(6535): 44-46.

[50] Cimberle M R, Ferdeghini C, Grasso G, et al. Determination of the intragrain critical current density of the Bi(2223) phase inside Ag-sheathed tapes. Supercon. Sci. Technol., 1998, 11(9): 837-842.

[51] Bulaevskii L N, Clem J R, Glazman L I, et al. Model for the low-temperature transport of Bi-based high-temperature superconducting tapes. Phys. Rev. B, 1992, 45(5): 2545.

[52] Hensel B, Grasso G, Flükiger R. Limits to the critical transport current in superconducting (Bi, Pb)$_2$Sr$_2$Ca$_2$Cu$_3$O$_{10}$ silver-sheathed tapes: the railway-switch model. Phys. Rev. B, 1995, 51(21): 15456-15473.

[53] Bulaevskii L N, Daemen L L, Maley M P, et al. Limits to the critical current in high-T_c superconducting tapes. Phys. Rev. B, 1993, 48(18): 13798-13816.

[54] Amrein T, Schultz L, Kabius B, et al. Orientation dependence of grain-boundary critical current densities in high-T_c bicrystals. Phys. Rev. B, 1995, 51(10): 6792-6795.

[55] Riley G N, Malozemoff A P, Li Q, et al. The freeway model: new concepts in understanding supercurrent transport in Bi-2223 tapes. JOM, 1997, 49(10): 24-27.

[56] Ishizuka M, Tanaka Y, Maeda H. Superconducting properties and microstructures of Bi-2223 Ag-Cu alloy sheathed tapes doped with Ti, Zr or Hf. Physica C, 1995, 252(3-4): 339-347.

[57] Yau J, Savvides N. Strain tolerance of multifilament Bi-Pb-Sr-Ca-Cu-O/silver composite superconducting tapes. Appl. Phys. Lett., 1994, 65(11): 1454-1456.

[58] Oota A, Fukunaga T, Abe T, et al. Alternating-current losses in Ag-sheathed (Bi, Pb)$_2$Sr$_2$Ca$_2$Cu$_3$O$_x$ multifilamentary tapes. Appl. Phys. Lett., 1995, 66(12): 1551-1553.

[59] Tenbrink J, Wilhelm M, Heine K, et al. Development of high-T_c superconductor wires for magnet applications. IEEE Trans. Magn., 1991, 27(2): 1239-1246.

[60] Motowidlo L R, Galinski G, Ozeryansky G, et al. Dependence of critical current density on filament diameter in round multifilament Ag-sheathed $Bi_2Sr_2CaCu_2O_x$ wires processed in O$_2$. Appl. Phys. Lett., 1994, 65(21): 2731-2733.

[61] Okada M, Tanaka K, Wakuda T, et al. A new symmetrical arrangement of tape-shaped multifilaments for Bi-2212/Ag round-shaped wire. IEEE Trans. Appl. Supercond., 1999, 9(2): 1904-1907.

[62] Larbalestier D C, Jiang J, Trociewitz U P, et al. Isotropic round-wire multifilament cuprate superconductor for generation of magnetic fields above 30 T. Nat. Mater., 2014, 13(4): 375-381.

[63] Shimoyama J, Kadowaki K, Kitaguchi H, et al. Processing and fabrication of $Bi_2Sr_2CaCu_2O_v$/Ag tapes and small scale coils. Appl. Supercond., 1993, 1(1): 43-51.

[64] Hasegawa T, Koizumi T, Aoki Y, et al. Reaction mechanism and microstructure of PAIR (per-annealing and intermediate rolling) processed $Bi_2Sr_2CaCu_2O_x$/Ag tapes. IEEE Trans. Appl.

Supercond., 1999, 9(2): 1884-1887.

[65] Miao H, Kitaguchi H, Kumakura H, et al. $Bi_2Sr_2CaCu_2O_x$/Ag multilayer tapes with $J_c > 500000$ A/cm^2 at 4.2 K and 10 T by using pre-annealing and intermediate rolling process. Physica C, 1998, 303(1-2): 81-90.

[66] Shen T, Jiang J, Kametani F, et al. Filament to filament bridging and its influence on developing high critical current density in multifilamentary $Bi_2Sr_2CaCu_2O_x$ round wires. Supercon. Sci. Technol., 2009, 23(2): 025009.

[67] Majewski P, Su H-L, Hettich B. The High-T_c superconducting solid solution Bi_{2+x}(Sr, Ca)$_3$Cu$_2$ O$_{8+d}$ (2212 phase)-chemical composition and superconducting properties. Adv. Mater., 1992, 4(7-8): 508-511.

[68] Shi D L. High-Temperature Superconducting Materials Science and Engineering: New Concepts and Technology. London: Elsevier Science Ltd, 1995.

[69] Wesche R. Development of long lengths Ag and AgNiMg/Bi-2212 superconductors // High-Temperature Superconductors: Synthesis, Processing and Applications II, TMS, Warrendale, USA1997.

[70] Motowidlo L R, Galinski G, Ozeryansky G, et al. The influence of filament size and atmosphere on the microstructure and J_c of round multifilament $Bi_2Sr_2Ca_1Cu_2O_x$ wires. IEEE Trans. Appl. Supercond., 1995, 5(2): 1162-1166.

[71] Nachtrab W T, Renaud C V, Wong T, et al. Development of high superconductor fraction $Bi_2Sr_2CaCu_2O_x$/Ag wire for MRI. IEEE Trans. Appl. Supercond., 2008, 18(2): 1184-1187.

[72] Polak M, Zhang W, Polyanskii A, et al. The effect of the maximum processing temperature on the microstructure and electrical properties of melt processed Ag-sheathed $Bi_2Sr_2CaCu_2O_x$ tape. IEEE Trans. Appl. Supercond., 1997, 7(2): 1537-1540.

[73] Reeves J L, Polak M, Zhang W, et al. Overpressure processing of Ag-sheathed Bi-2212 tapes. IEEE Trans. Appl. Supercond., 1997, 7(2): 1541-1543.

[74] Liu X T, Shen T M, Trociewitz U P, et al. React-wind-sinter processing of high superconductor fraction $Bi_2Sr_2CaCu_2O_x$/AgMg round wire. IEEE Trans. Appl. Supercond., 2008, 18(2): 1179-1183.

[75] Buhl D, Lang T, Gauckler L J. Critical current density of Bi-2212 thick films processed by partial melting. Supercon. Sci. Technol., 1997, 10(1): 32-40.

[76] Li P, Naderi G, Schwartz J, et al. On the role of precursor powder composition in controlling microstructure, flux pinning, and the critical current density of Ag/$Bi_2Sr_2CaCu_2O_x$ conductors. Supercon. Sci. Technol., 2017, 30(3): 035004.

[77] Kametani F, Shen T, Jiang J, et al. Bubble formation within filaments of melt-processed Bi2212 wires and its strongly negative effect on the critical current density. Supercon. Sci. Technol., 2011, 24(7): 075009.

[78] Huang Y, Miao H, Hong S, et al. Bi-2212 round wire development for high field applications. IEEE Trans. Appl. Supercond., 2014, 24(3): 1-5.

[79] Jiang J, Bradford G, Hossain S I, et al. High-performance Bi-2212 round wires made with recent powders. IEEE Trans. Appl. Supercond., 2019, 29(5): 1-5.

[80] Schwartz J, Effio T, Liu X, et al. High field superconducting solenoids *via* high temperature superconductors. IEEE Trans. Appl. Supercond., 2008, 18(2): 70-81.

[81] Friend C M, Tenbrink J, Hampshire D P. Critical current density of $Bi_2Sr_2Ca_1Cu_2O_\delta$monocore and multifilamentary wires from 4.2 K up to T_c in high magnetic fields. Physica C, 1996, 258(3-4): 213-221.

[82] Dai W, Marken K R, Hong S, et al. Fabrication of high T_c coils from BSCCO 2212 powder in tube and dip coated tape. IEEE Trans. Appl. Supercond., 1995, 5(2): 516-519.

[83] Miao H, Marken K R, Meinesz M, et al. Development of round multifilament Bi-2212/Ag wires for high field magnet applications. IEEE Trans. Appl. Supercond., 2005, 15(2): 2554-2557.

第 8 章　第二代 YBCO 高温超导带材

如前所述，第一代高温超导 Bi-2223 带材的发展较为成熟，已经有包括中国在内的多家公司可批量生产千米量级的产品。然而 Bi 系材料具有本征的缺陷，即它在液氮温区的不可逆场较低，临界电流密度随外加磁场的增加迅速下降，使其只有在较低温度时才适于强电应用。临界温度达 92 K 的 Y 系 $YBa_2Cu_3O_{6+\delta}$(简称 YBCO，或 Y-123) 超导体是第一个被发现 T_c 超过 77 K 的高温超导体。和 Bi-2223 相比，YBCO 的各向异性较弱，为 5~7，同时在 77 K 具有很高的不可逆场，高达 7 T，高出 Bi-2223 一个量级，如**图 8-1(a)**所示。与第一代 Bi 系高温超导带材相比，Y 系可以在 77 K 强磁场下承载较大的临界电流 (**图 8-1(b)**)，突破了 Bi 系材料只能应用于直流和低温的限制，是真正液氮温区下强电应用的超导材料。但是 Y 系超导体晶粒间结合较弱，不像 Bi 系材料那样在冷加工应力下可产生高度取向的晶粒织构，难以用传统的 PIT 工艺制备带材，其成材必须建立在薄膜外延生长技术上，被称为第二代高温超导带材，也称为涂层导体。由于涂层导体用基带材料可以由廉价金属代替，这使得低成本、高性能涂层导体制备技术成为目前国际实用化高温超导材料的研究热点。

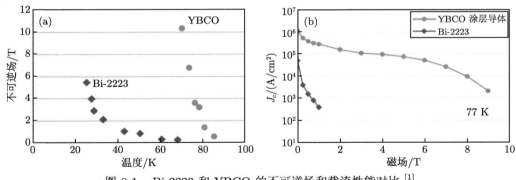

图 8-1　Bi-2223 和 YBCO 的不可逆场和载流性能对比 [1]

在本章中，首先介绍 YBCO 超导体的基本特征，随后重点阐述 YBCO 涂层导体及其双轴织构外延生长技术，内容包括金属基体、缓冲层、超导层三个方面，其次总结了超导层沉积工艺和人工磁通钉扎中心的最新研究进展，最后对涂层导体的发展状况和未来趋势作一简单介绍。

8.1　YBCO 超导体的晶体结构及晶界特征

YBCO 是一种典型的缺陷型层状钙钛矿结构化合物，以三个缺氧型钙钛矿 ABO_3 结构为基本单胞，按以下原子层序列堆叠：$BaO-CuO-BaO-CuO_2-Y-CuO_2-BaO-CuO-BaO$，可

以看成是由导电层 CuO_2-Y-CuO_2 和载流子库层 BaO-CuO-BaO 沿 c 轴有序堆积而成，如**图 8-2** 所示。在其单位晶胞中，Y 和 Ba 离子半径较大，占据了 ABO_3 晶格的 A 位，而半径较小的 Cu 离子则占据了 B 位。其中有两种不同位置的 Cu 离子，一种 Cu 离子与四个近邻氧离子形成平面四边形；一种与近邻的 5 个氧离子形成金字塔形 (四方锥形) 的多面体。上下两层为 CuO 链，中间两层为 CuO_2 面，即超导面。Y 原子平面棱边缺氧，并且上下两层 a 轴的氧原子会空缺或者占位率很低，因此 YBCO 中氧原子只有 $6+\delta$ 个，属于缺陷型的钙钛矿结构，其分子式为 $YBa_2Cu_3O_{6+\delta}$。YBCO 化合物具有正交 ($\delta \geqslant 0.5$) 和四方 ($\delta < 0.5$) 晶体结构。氧含量的缺失会使 YBCO 的晶体结构从正交相向四方相转变[2]。δ 表示氧缺陷，当 $\delta > 0.5$ 时，具有正交结构，属于高 T_c 超导体，正常态时 $\rho(T)$ 呈正的温度系数，即电阻随着温度下降而下降，具有金属行为。当 $\delta < 0.5$ 时，发生了正交–四方结构转变，$\rho(T)$ 呈半导体行为，超导电性消失。YBCO 正交超导相空间群为 $Pmmm$，晶格常数 $a=0.38218$ nm，$b=0.38913$ nm，$c=1.1677$ nm[3]。这种长方体层状结构具有明显的各向异性，c 轴方向的晶格常数约为 a、b 方向的 3 倍，而晶格常数 a 和 b 差别很小，这主要是由位于 BaO 两层间的 CuO 链中的氧空位有序引起的。YBCO 的典型 X 射线衍射谱如**图 8-3** 所示[3]。

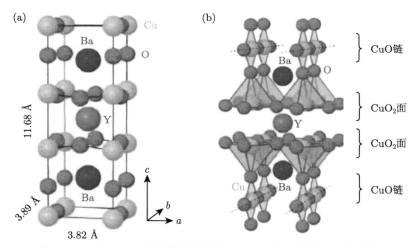

图 8-2　(a)YBCO 晶体结构示意图；(b) 氧化亚铜面和氧化铜链

　　YBCO 高温超导体在结构上的二维特性导致超导性质的各向异性，其各向异性达到了 $5 \sim 8$，说明临界电流主要在超导体内的 ab 面内传输，在 c 方向比较小，即晶体要沿 c 轴方向生长才能在导电层 CuO_2 面实现很好的载流能力。其相干长度 ξ 较短，ab 面的相干长度 $\xi_{ab}(0)=1.2 \sim 1.6$ nm，c 方向的相干长度 $\xi_c(0)=0.15 \sim 0.30$ nm。而磁场的穿透深度 λ 较大，ab 面 $\lambda_{ab}=140$ nm，c 方向 $\lambda_c=700$ nm。因此，高度的各向异性和小的相干长度 ξ 导致了本征弱连接的出现。YBCO 是典型的第 II 类超导体，其 GL 参数 $\kappa = \lambda/\xi \gg 1$。我们知道小的相干长度和高 H_{c2} 相联系，对 YBCO，$H_{c2}(//ab)$ 在低温时超过 100 T。

　　YBCO 不同于 Bi 系超导体，并不能采用传统的 PIT 法由机械变形而产生很强的织构和高比例的低角度晶界。实际上，在 YBCO 被发现后不久，人们就采用 PIT 工艺制备了 YBCO 线带材 [4]，但是这些多晶样品的传输临界电流都很低，J_c 只有 $\sim 10^3$ A/cm^2 (77 K, 0 T)。从**图 8-3** 插图看出，YBCO 样品属于典型的多晶形貌，低 J_c 的主要原因是样品中存在着大量的大角度晶界。随后的研究发现，多晶样品的输运性质表现出约瑟夫森电流的性质，即随很小的外场变化而迅速变化，表明晶界存在着本征弱连接。特别是 YBCO 相干长度短，且各向异性强，使得晶界弱连接行为尤为凸显，相干长度的各向异性阻止了大部分电流在铜氧面内通过。因此获得高性能 YBCO 带材的主要障碍是弱连接问题，这样 J_c 随晶界夹角的变化成为人们关注的重点。

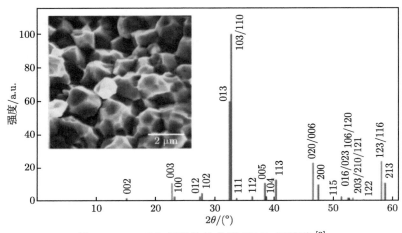

图 8-3   YBCO 超导体的典型 XRD 衍射谱 [3]

Dimos 等采用双晶薄膜的方法研究了晶界角 θ 对输运临界电流 J_c 的影响 [5]，发现对每一种高温超导体都存在一个临界值 θ_c，当晶界角大于这个临界值 θ_c 时 J_c 会迅速下降，而小于 θ_c 时 J_c 变化不大。**图 8-4** 给出了在不同晶界角类型中，YBCO 的临界电流密度随晶界角增大而指数衰减的变化关系 [6]。可以看出，通过晶界的电流严重依赖于晶界取

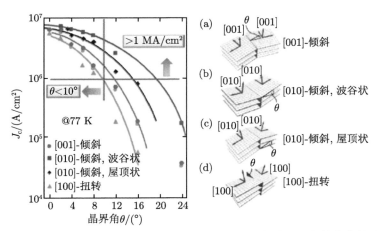

图 8-4   在不同晶界角类型中，YBCO 的临界电流密度随晶界角的变化关系 [6]

向角。晶界取向角的增大，导致 J_c 呈指数下降。对 YBCO 超导晶界处的透射电镜研究表明 [7] (**图 8-5**)：当晶界角很小时，界面处的原子失配表现为一系列分立的位错，位错间仍是理想的超导相晶体排列，对临界电流影响不大。但晶界角增大到一定程度时，界面原子出现无序的重排和键合，形成一层无定形的非超导相，限制了超导电流。晶界角越大，非超导相界面越厚，临界电流衰减得越厉害。因此，为了达到与单晶上超导薄膜相当的临界电流，YBCO 的晶界夹角应控制在 5° 以内，这样才能消除晶界的弱连接。因此，相邻 YBCO 晶粒间的晶界角是决定超导体能否承载无阻大电流的关键。

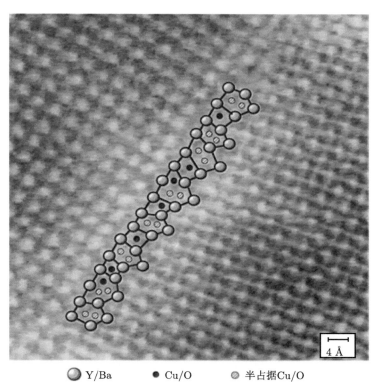

〇 Y/Ba   ● Cu/O   ◉ 半占据Cu/O

图 8-5   YBCO 超导晶界处的 STEM 原子分辨像 [7]

另一方面，由于 YBCO 的结构具有较强的各向异性，电流传输主要集中在 ab 面内，因此除了面内具有较小的晶界角以外，晶粒取向的方向也是很重要的。需要注意的是，薄膜制备中应尽量避免 a 轴晶粒，因为 a 轴晶粒容易给薄膜引入 90° 角的大角晶界，这对薄膜内超导电流的传输非常不利。另外，即使是 c 轴取向的薄膜，c 轴取向的差异也会给薄膜引入大量不同角度的晶界，因此高临界电流密度的 YBCO 薄膜需要通过织构化技术获得晶粒取向一致的超导层，即晶粒的 a、b、c 三个轴尽量排列一致，形成所谓的双轴织构 (或称为立方织构)。所谓织构，即多晶体系中各晶粒间的取向出现择优分布。**图 8-6** 是氧化物生长时晶粒取向的示意图，由图中可以看出晶粒随机取向、c 轴织构和双轴织构的区别。当所有晶粒的 c 轴都垂直于基底表面，而 a、b 轴随机、无序排列时，多晶体系具有 c 轴 (或单轴) 织构。双轴织构是指面内和面外双轴的织构，跟单轴织构相比，双轴织构除了

晶粒的 c 轴平行于带材法向，还需要其晶粒在 ab 面内也排列整齐，同时实现 c 轴方向的面外取向织构和 ab 面内的面内取向织构。当面内外织构度在几度以内时，晶界对 YBCO 的 J_c 影响很小，整个材料的输运电流相当于晶粒内部临界电流性能。因此，双轴织构是保证涂层导体高性能的必要条件。YBCO 涂层导体必须在单晶基底或者具有类似于单晶基底的双轴织构的衬底上外延生长，而在单轴织构的衬底和多晶的衬底上制备的 YBCO 薄膜无法获得高的载流性能。即获得高质量涂层导体的基本要求就是建立所谓的砖墙结构、形成铁轨道岔型的电流通道。

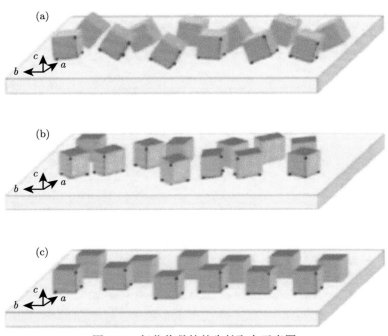

图 8-6　氧化物晶粒的生长取向示意图

(a) 随机取向；(b) c 轴织构；(c) 双轴织构

综上所述，当 YBCO 晶体在基底上具备 c 轴择优取向且 a、b 轴方向保持二维面内织构时，可以获得连续性的铜氧面载流层，提高传输临界电流。为此，人们一直追求着让 YBCO 导体产生 c 轴取向和双轴织构。这一难点在 1991 年被日本 Fujikura 公司的 Iijima 等攻克[8]，他们通过使用离子束辅助沉积 (ion-beam-assisted deposition，IBAD) 技术在金属基带上沉积了一层具有双轴织构的氧化钇稳定的氧化锆 (YSZ) 薄膜，得到了可供 YBCO 外延生长的具有双轴织构的长基带 (**图 8-7**)，相应地大幅度提高了 YBCO 超导薄膜的载流性能，从而开始了以 YBCO 为主体的第二代高温超导带材的历史。从图中看出，和仅 c 轴高度取向的 YBCO 超导薄膜相比，具有双轴织构的 YBCO 带材的临界电流密度 (77 K, 0 T) 提高了 $1 \sim 2$ 个数量级，由 2.5×10^3 A/cm^2 提升到 2.7×10^5 A/cm^2(77 K, 0 T)，而且随着 YBCO 面内半高宽值的减小 (对应于增加面内织构)，J_c 还会进一步增加，这清楚表明了面内取向织构的重要性。

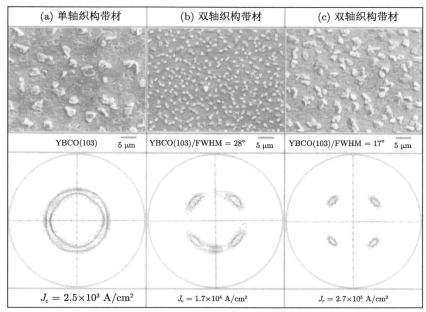

图 8-7　YBCO 薄膜 103 峰的 XRD 极图 [9]

(a) 晶粒面外取向而面内无取向时，$J_c=2.5\times10^3$ A/cm^2；(b) FWHW=28°，$J_c=1.7\times10^4$ A/cm^2；(c) FWHW=17°，$J_c=2.7\times10^5$ A/cm^2

8.2　YBCO 高温超导带材的制备技术

8.2.1　YBCO 高温超导带材的结构

　　由于 YBCO 晶体结构各向异性强，相干长度短、穿透深度相对大，且存在晶粒间的弱连接，这些特性给 YBCO 带材的成材技术带来了很大困难。前文提到，为了获得良好的载流能力，必须使 YBCO 超导层具有双轴织构，因为大角度晶界会形成弱连接，从而严重阻碍电流的流动。因此传统的 PIT 法并不适合 YBCO 线带材的制备。很长时间以来，人们主要用物理或化学气相沉积技术制备超导薄膜材料和用熔融织构生长技术制备超导块材料。研究人员一直致力于寻求制备 Y 系超导带材的更好方法。

　　1991 年，日本 Fujikura 公司提出了 IBAD 的方法 [8]，在柔性的哈氏合金 (Hastelloy) 金属基带上，通过离子束辅助沉积钇稳定的氧化锆 (YSZ)，使 YSZ 层形成双轴织构，进而沉积获得高临界电流密度的 YBCO 薄膜。这一发明使人们看到了 Y 系超导带材的希望，奠定了 Y 系超导带材研究的基础。随后，美国橡树岭国家实验室 (ORNL) 发明了轧制辅助双轴织构衬底 (rolling assisted biaxially textured substrate，RABiTS) 的方法，将金属材料通过轧制、热处理工艺使其获得立方织构，在具有立方织构的柔性金属基带上，制备出双轴织构的 YBCO 薄膜 [10]。由于晶粒规则排列、晶界夹角控制在几度范围内，所以长期以来限制 Y 系超导带材发展的晶界弱连接问题得到了解决。可以看出，为了获得实用的 YBCO 超导导线，必须将 YBCO 生长在带有立方织构隔离层的柔性金属基带上。这是由于高温超导材料是氧化物陶瓷，韧性和延展性差，需要采用薄膜异质外延的工艺方法来制备 YBCO 薄膜。因为 YBCO 和金属基底存在着晶格不匹配，还存在着一定的化学反应，因此，必须在 YBCO 和金属基底之间增加一系列缓冲层和阻隔层，以阻隔化学反应并改善晶格匹配性。YBCO 带材的制备过程可以简述为先在柔性金属基带上沉积缓冲层，然后在缓冲层上沉积 YBCO 超导层，从而得到柔性的 YBCO 涂层导体带材。人们通常将涂覆以 YBCO 为代表的 REBCO(RE 表示稀土元素) 超导材料的带材称之为涂层导体 (coated conductor)，或第二代高温超导带材。**图 8-8** 为涂层导体结构示意图，从结构上看，涂层导体主要分为五个组成部分：金属基带、缓冲层、YBCO 层、保护层和稳定层。其中金属基带是涂层导体的载体，起到支撑保护、提供织构模板的作用。缓冲层主要承担传递织构和化学阻隔两大任务。YBCO 超导层是整个涂层导体的核心，其成膜质量的优劣直接影响涂层导体的性能。由于 YBCO 超导体的超导性能对氧含量非常敏感，同时考虑到工程实际应用的要求，具有实用价值的涂层导体还必须在 YBCO 层上沉积一层保护层。另外，为防止导体失超，还要外加一层 Cu 稳定层。

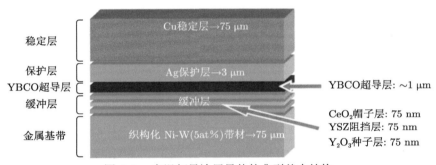

图 8-8　高温超导涂层导体的典型基本结构

　　第二代高温超导带材的关键技术是实现超导晶粒的双轴织构，其制备技术主要涉及三个方面：基带制备、织构化缓冲层的制备和超导层的沉积。其中，基带的制备技术主要包括不依赖真空技术的 RABiTS 和以高真空技术为基础的 IBAD 技术以及倾斜基板沉积技术 (inclined substrate deposition，ISD)[11]。缓冲层沉积技术从本质上说与制备其他氧化物薄膜没有太大的差别。所以从技术上说，目前所有的制备氧化物薄膜的技术都可以用于制备缓冲层，其制备技术大体可分为以真空技术为基础的物理沉积技术 (physical vapor deposition，PVD) 和非真空的化学溶液沉积技术 (chemical solution deposition，CSD) 两大类。目前，YBCO 层的制备技术路线主要有几大类:金属有机物沉积 (metal-organic deposition，MOD) 技术、金属有机物化学气相沉积 (metal-organic chemical vapor deposition，MOCVD) 技术、电子束蒸发 (e-beam evaporation，EV) 技术和脉冲激光沉积 (pulsed-laser deposition，PLD) 技术。从技术上说，制备缓冲层和制备 YBCO 层没有本质区别。由于涂层导体在性能和价格上的潜在优势，高性能、低成本涂层导体制备技术已成为当前国际实用化高温超导材料的研究重点。**图 8-9** 总结了开发高性能低成本涂层导体时必须考虑的因素。实际上，经过多年发展，基于外延生长的多种织构化技术路线的发展已经相当成熟，多家国内外公司连续制备的百米或千米级别的超导 YBCO 长带，可以将面内晶界夹角控制在几度的范围之内，实现了超导晶粒的良好取向。可见，晶界的弱连接问题已不再是限制 YBCO 带材高场下高临界超导电流的主要障碍。

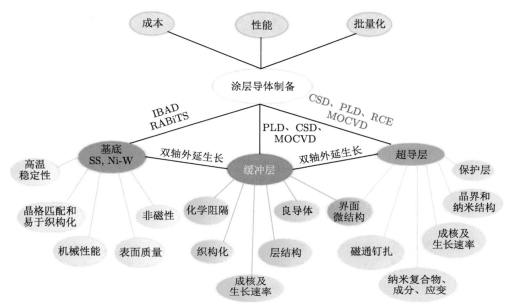

图 8-9　开发高性能低成本涂层导体时必须考虑的因素

8.2.2　金属基带及其制备技术

8.2.2.1　基底的选择与性能

相对于块材，YBCO 薄膜材料由于尺寸效应、界面效应以及应变等具有更加优异的超导性能。根据 YBCO 超导材料的弱电和强电应用，基底材料分别是单晶基底和多晶金属基底。

在单晶基底上制备的 YBCO 薄膜主要应用于微波器件和超导量子干涉器件。由于 YBCO 薄膜超导 T_c 高 (92 K)、J_c 大以及表面电阻 R_s 低。在液氮温区 (65 ~ 77 K)，频率在 100 GHz 以下，YBCO 高温超导薄膜比传统的金属材料微波表面电阻低 1 ~ 2 个数量级，利用其 R_s 较小而制作的微波器件具有极窄的带宽、极低的插损、极高的带外抑制、噪声小、体积小、重量轻等优点，可广泛应用于星载、机载和地面通信系统中，具有良好的军事、民用市场前景。

YBCO 超导材料在强电应用的物理基础在于超导体的零电阻特性和在强磁场中超导材料的高载流能力。鉴于工业上难以生产上千米尺寸的单晶基片以及单晶基片具有极差的延展性及柔韧性，从实用化和规模化的角度考虑，柔性的金属基带成为首选。选择适当的基带材料，用以制备出具有良好表面质量、较低磁滞损耗，以及良好力学性能和立方织构的基带，对于获得具有立方织构的缓冲层起着关键性作用。作为 YBCO 涂层导体的基底材料，金属基底的选择需要满足以下条件。

(1) 机械性能：金属基底需要良好的机械性能，包括足够高的机械强度以及可塑性，为长导体提供可靠的支撑。另外，还须具有柔性，便于带材的卷绕批量生产。

(2) 磁性：从高频强电应用角度讲，为减少交流损耗，首选的金属基带应尽可能是非磁性或弱磁性材料。

(3) 热膨胀系数: 作为陶瓷氧化物, 高温超导体的脆性较大, 如果基带材料与薄膜的热膨胀系数差别太大, 在薄膜的制备、测试及应用过程中, 由于温度的变化范围较大, 极可能在薄膜中产生微裂纹。因此, 为减少应力影响, 金属基底应具有与缓冲层及超导层相近的热膨胀系数。

(4) 晶格常数和晶体结构: 有与 Y 系高温超导体良好的晶格匹配性和便于织构化的特点。

(5) 高温稳定性: 还应该有较好的抗氧化性, 在制备 YBCO 的高温环境下化学性质较为稳定, 熔点不能很低。

(6) 表面质量: 在缓冲层和超导层的生长过程中, 薄膜的最终性能与薄膜生长初始阶段中材料的成核及结晶过程密切相关, 而成核及结晶是由基带表面状况及表面性质决定的。基带表面缺陷、粗糙度等对薄膜成核及结晶过程可以产生极大影响, 进而影响缓冲层和超导层的质量, 甚至影响涂层导体的载流性能。

(7) 价格: 基带材料的成本问题, 当然是越低越好。

此外, 在实际应用过程中, 对金属基带的厚度也有一定的要求, 通常为 $50 \sim 100\ \mu m$, 不过金属基带的厚度尺寸越小, 其工程电流密度越高, 因此金属基带需要尽量薄且有较好的机械性能。根据实现织构技术的不同, 金属基底又分成两类, 即通过 RABiTS 技术制备的双轴织构基底和用于 IBAD 和 ISD 技术的非织构基底。无论是哪一类, 抗氧化、铁磁性、机械性能以及价格是选择基体材料需考虑的基本要素。YBCO 涂层导体中常见的金属基底材料如**表 8-1** 所示 [12]。从表中可以看出, 可作为高温超导带材基底的材料并不多, 一般包括 Ag、Ni、Cu 及其合金材料。合金化的目的是降低基带的居里温度, 降低交流损耗, 同时提高基带的机械强度。而具有良好机械性能的铁及其合金材料, 因为含有磁性, 且在高温下易氧化, 并不适合作为金属基底。

表 8-1   涂层导体中常见的金属基底材料特性 [12]

材料	晶体结构	晶格常数/nm	与 YBCO 失配率/%	居里温度 T/K	热膨胀系数/($\times 10^{-6}$/°C)	应力强度/MPa	熔化温度/°C
YBCO	正交	$a = 0.3822$ $b = 0.3891$ $c = 1.1677$	—	—	7.99(11) 16(33)	—	1150
Ag	立方	0.408	+6.13	0	$18.9 \sim 25$	—	961
Cu	立方	0.3615	−6.10	0	17	75	1083
Ni	立方	0.3525	−8.57	627	$13 \sim 17.4$	59*	1455
Ni-7at%Cr	立方	—	—	250	—	64	~ 1430
Ni-9at%Cr	立方	—	—	124	—	87	~ 1430
Ni-11at%Cr	立方	—	—	20	—	102	~ 1430
Ni-13at%Cr	立方	—	—	0	—	157*	~ 1425
Ni-V	立方	0.352	−8.57	—	11	—	~ 1450
Ni-Fe	立方	0.3590	−6.75	—	~ 12	—	—
Ni-5%W	立方	—	—	334	—	254	—
Ni-25Fe-3%W	立方	—	—	—	12.9	183*	—
Inconel601	立方	—	—	—	—	337	1384
Hastelloy	立方	—	—	—	—	360	1370

注: 标 * 者为在 76 K 下的测试值, 未标 * 的都是室温下的测试值。

非织构基底材料不必考虑晶粒织构和晶格匹配关系, 主要考虑抗氧化性、表面平整度以及弱磁性等问题, 因此有较宽的选材范围。目前已经商业化的 Ni 基合金、哈氏合金 (Hastelloy)、英科耐尔 (Inconel) 和不锈钢带 (SS) 等已成为 IBAD 技术路线中非织构基底的使用材料, 如**表 8-2** 所示 [12], 其中哈氏合金是最常用的无织构金属基带, 其主要成分是 Ni、Mo 和 Cr, 具有很高的屈服强度 (360 MPa 以上) 和很强的抗腐蚀抗氧化能力。

表 8-2　几种常用非织构属基底材料的组分和力学性能 [12]

合金	组分/wt%						应力强度/MPa
	Ni	Fe	Cr	Mo	Co	Al	
Hastelloy C-275	60	5	15	16	—	—	790
Hastelloy X	52	18	21	9	—	—	800
Inconel	60.5	15.1	23	—	—	1.4	760
SS 304	8	72	18	—	—	—	550
Rene41	55.4	—	19	11	11	1.5	1420
Inconel 625	66	—	21.5	9	—	—	930

Ag 是唯一不需要隔离层的高温超导基底材料, 因为在织构化 Ag 基带上沉积 YBCO 通常不需要再生长缓冲层, 而且 Ag 材料具有非磁性、良好的电导率和热导率, 以及柔软的特点, 而且也不与 YBCO 发生反应。但是 Ag 有一些难以克服的弱点: 一是熔点低 (~961 ℃) 和退火后易变软。另一个缺点是由于层错能低, Ag 基带在加工过程中容易出现动态再结晶, 这使得 Ag 基带很难获得高体积分数的立方织构 [13]。YBCO 在 Ag(001) 上生长的具有三种取向, 在 Ag(111) 上生长的具有两种取向, 只有在 Ag(110) 上生长的具有一种取向, 而制备 Ag(110) 织构化基带较为困难。虽然其合金具有较高的强度, 但共熔点较低。因此, 目前很少有研究小组选择 Ag 作为基带材料。

Ni 具有良好的机械性能和抗氧化性, 熔点较高, 具有一定柔性, 适合卷绕成长带。Ni 的硬度较高, 容易获得光滑的表面, 从而避免表面粗糙对 YBCO 薄膜性能造成影响。另外, 这种金属在 YBCO 薄膜生长环境下性质稳定, 而且热膨胀系数、晶格常数和 Ni 相当, 可极大减少内应力和晶格失配对薄膜性能造成的影响。特别是 Ni 还易于加工成 (001)⟨100⟩ 织构, 可作为涂层导体的双织构基底材料的选择。但纯 Ni 是一种铁磁性材料, 居里温度为 627 K, 零磁场下饱和磁化强度为 57.5 G/g。这种铁磁性材料在交流电的应用当中会造成能量损耗。因此, 纯 Ni 基带的应用受到了一定限制。为了减少磁滞损耗, 增强 Ni 的机械强度, 人们致力于 Ni 合金作为基底的研究, 发现 W、Cr、Mo、V、Al 和 Cu 都可以作为合金元素提高 Ni 的性能。其中, W 在 Ni 中固溶度很高, Ni-5at%W 合金的居里温度为 335 K, 因此其在 77 K 温度下仍呈一定的铁磁性, 在 60 Hz 时, 磁损耗为 0.086 W/(kA·m), 为纯 Ni 的 1/5 左右, 而 Ni-Cr 的居里温度在 Cr 含量超过 10at% 时可降到 20 K 以下。因此, Ni-W 和 Ni-Cr 合金已成为目前最常用的织构基体材料。

另一种有潜力的基底材料是 Cu 及其合金。与 Ni 和 Ni 合金基底相比, Cu 合金基底具有许多优点: 第一, 具有良好的导电和导热性, 例如 Cu 的热导率为 398 W/(m·K), 而 Ni 为 90 W/(m·K)。第二, 无磁性, 可以在交变电流下应用而无磁滞损耗。第三, 它可以在较低的温度下获得尖锐的立方织构。另外, 它的价格只是 Ni 价格的 1/6 左右, 材料成本较低。美中不足的是铜及其合金的抗氧化性和力学性能较低、织构的热稳定性差, 并且其较低的熔点在制备氧化物缓冲层时有一定困难。

最后需要强调的一点是, 对于电力应用, Ni-W、哈氏合金以及不锈钢基底都可以使用, 而对于高磁场磁体应用来说, 哈氏合金基底的机械强度要比 Ni-W 高得多。因此, 基于哈氏合金基底的涂层导体是高场磁体 (> 20 T) 应用的首选。

双轴织构是高温超导涂层导体的一个重要特征。通常要在柔性金属基底 (通常为 50 ~ 100 μm 厚) 上制备出具有立方织构的超导层, 首先要获得具有类似立方织构的基底, 然后外延生长小于 1 μm 厚的多层缓冲层, 最后外延沉积 1 ~ 4 μm 厚的 YBCO 超导层。目前, 主要有三种方法用来制备具有双轴织构的金属基带, 如**图 8-10** 所示[14]。其中有两种方法是在无织构的多晶金属基带上沉积一层具有双轴织构的薄膜来实现的, 这两种方法分别是 IBAD 和倾斜衬底沉积 (简称 ISD)。第三种方法是直接制备具有双轴织构的金属基带, 即 RABiTS 技术。基于这三种方法, 高温超导涂层导体的制备有三种相应的制备技术路线: IBAD 路线、ISD 路线和 RABiTS 路线, 其中 IBAD 技术使用得相对更广泛些。

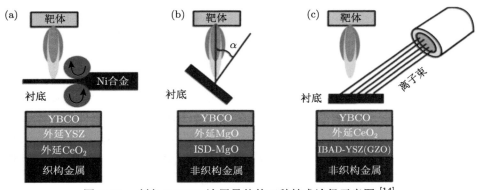

图 8-10　制备 YBCO 涂层导体的三种技术途径示意图[14]

(a) RABiTS; (b) ISD; (c) IBAD

8.2.2.2　金属基带的制备技术

1) RABiTS 技术

RABiTS 技术由美国橡树岭国家实验室于 1996 年所发明, 其原理是通过机械轧制使合金材料发生形变, 促使晶粒沿着同一方向排列, 再经过高温退火热处理形成所需要的双轴织构[10]。**图 8-11** 为 RABiTS 法制备双轴织构金属基带的工艺流程[11]。在这种具有双轴织构的 Ni 基带上外延生长若干层氧化物缓冲层用于阻隔元素扩散和减少晶格失配, 上述结构可作为 YBCO 超导层的生长模板。目前常用的外延在织构化金属基带上的氧化物缓冲层结构是 $CeO_2/YSZ/CeO_2$ 或 $Y_2O_3/YSZ/CeO_2$。对于 RABiTS 工艺, 获得优化的轧制工艺以及再结晶退火工艺是获得锐利立方织构的关键所在。通过对合金轧制工艺中重要参数 (道次加工率、总加工率等) 的优化选择和轧制过程的有效控制, 可得到具有良好轧制织构的基带。研究表明, 较小的道次加工率和较大的变形量有利于合金中再结晶立方织构的形成, 例如, 总变形量一般为原材料厚度的 95%, 并且通常以每次轧制 10% 的变形量经多道轧制完成, 每道轧制后要经过退火处理, 轧制完成后还要经过再结晶处理, 以形成 $(001)\langle100\rangle$ 强立方织构[15]。目前常用的再结晶热处理方法主要有一步法、两步法和真空退火法。一步法是指直接将基带升高到再结晶温度区间，保温一段时间使其内部形成再结晶织构。对于 Ni 合金基带，一步法的再结晶温度范围通常选择为 $800 \sim 1200\,℃$，保温时间 $0 \sim 1\,h$。两步退火法可以对再结晶过程中的形核和生长过程分别进行精确的控制，通常可获得高质量的立方织构，因此它比一步退火法和真空退火法更具优势。

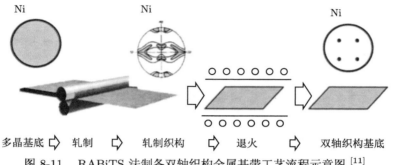

多晶基底 ⟹ 轧制 ⟹ 轧制织构 ⟹ 退火 ⟹ 双轴织构基底

图 8-11 RABiTS 法制备双轴织构金属基带工艺流程示意图[11]

另外，轧制过程对工作环境有较高的要求。为了使在其上生长的过渡层及超导层具有良好的织构，还需对金属基带进行抛光处理，以改善其表面的一致性和光洁度，抛光后的金属基带还需用有机溶液、去离子水进行超声波清洗。基于涂层导体的实用化要求，单根合金基带长度通常需要达到百米甚至千米量级。对于长基带的再结晶热处理通常还将涉及连续性动态制备问题，其中又包括了热处理温度、保温时间、基带走动速度以及应力等参数的影响等问题，在保证立方织构含量的同时，还要兼顾热处理的均匀性。

金属内晶粒经过冷加工或再结晶热处理后会产生一定的择优取向，称为加工织构和再结晶织构。对于高层错能的面心立方金属，通过轧制和再结晶热处理可以获得具有高体积分数的立方织构。因此相对于 IBAD 技术，RABiTS 基带的选材范围相对较窄。目前 RABiTS 技术已发展了多种 RABiTS 基带，有 Ni、Ni-Cr 合金、Ni-W 合金以及 Cu 基合金等。这些基带中立方织构的取向为 $(001)\langle 100 \rangle$，非常有利于隔离层以及 YBCO 超导层的生长。高纯的 Ni 基带虽然可以获得很好的立方织构以及表面形貌，与 CeO_2、YSZ 等多种缓冲层材料有很好的相容性，但是由于其磁性的存在以及较低的机械强度，人们更多地倾向于发展 Ni 基合金的 RABiTS 基带。但合金化通常会为带材形成强织构带来困难。在已研究的二元 Ni 合金中：CuNi30 合金无磁性，易加工，但机械强度差。NiFe50 合金已能批量化生产长千米、厚 $25\,\mu m$ 的带材，但材料呈铁磁性，抗氧化性差，带材表面粗糙。NiCr14 和 NiV12 合金无磁性，但抗氧化性差，易生成 Cr_2O_3、V_2O_5 等杂相，退火时也因热侵蚀而产生十分明显的晶间沟槽，影响后续涂层质量。

在各种 Ni 基合金中，Ni-W 合金以其较高的强度和再结晶热处理后易于形成锐利立方织构等特点，已经成为 RABiTS 金属基带材料的最佳选择。其具体优点为：① 轧制以及高温退火处理后可以实现良好的双轴织构；② Ni 金属中掺入 W 可以降低其铁磁性，同时提高基带的机械性能；③ 相较于镍铬、镍钒、镍铁等合金材料，具有更好的抗氧化能力；④ 在高频电场下具有较小的交流损耗。Ni-W 合金的织构锐利度、磁性和屈服强度与 W 的含量密切相关，如图 8-12 所示[16]。从图中可见，Ni-5at%W 基带的立方织构百分含量超过 99%，而 Ni-9at%W 基带的织构度略有降低，仍达到 94.5%，相应面内织构 FWHM 约为 6°。而且随着 W 含量的增加，磁性逐渐变弱，对于 Ni-9at%W 基带在 77 K 时已呈无磁性 (**图 8-12(b)**)，对于强电应用非常有利。但是 W 元素的加入会降低 Ni-W 合金的层错能，而层错能的高低会影响轧制样品中不同冷轧织构的含量及再结晶孪晶密度，低的层错能会直接降低再结晶后合金基带的立方织构强度。

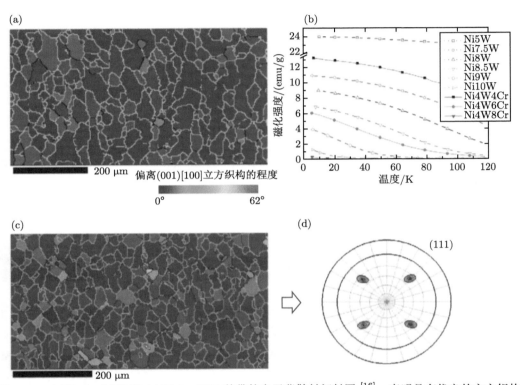

图 8-12　(a)Ni-5at%W 和 (c)Ni-9at%W 基带的电子背散射衍射图[16]，表明具有优良的立方织构；(b) 不同 W 含量的 Ni-W 合金的磁化强度与温度的关系[17]；(d)Ni-9at%W 基带的极图[16]

从基带的综合特性考虑，Ni-5at%W 简称 Ni5W 合金的制备技术受到广泛的重视和研究，美国超导公司和德国 EVICO 公司已经实现了百米至千米量级 Ni-5at%W 基带的商业化生产。其中德国 EVICO 生产的 Ni5W 长基带的工艺参数为：① 面内 FWHM 为 5° ～ 8°；② 表面粗糙度小于 5 nm；③ 基带厚度 80 μm，宽度 10 mm。Ni5W 合金也有一定的不足，它的居里温度高于 77 K，因此，在液氮温区 (77 K) 应用时仍然是一种磁性材料，为了进一步提高其基带强度，降低磁性，可以通过增加合金中 W 含量或者选择合适成分的三元合金进行改善。**表 8-3** 列出了添加不同元素含量的 Ni 合金基带的物理性能对比。从表中数据可以看出，随着 Ni-W 合金中 W 原子百分含量的增加，合金硬度不断提高，居里温度也不断下降，这对于基带的应用是有利的。但是高 W 含量将会导致再结晶退火后基带中立方织构变差。

与 IBAD 技术相比，RABiTS 技术具有效率高，不需要真空装置，设备投资较小，对于规模化量产有成本优势。但是 RABiTS 路线也存在一些缺陷：经过处理后的镍基基带价格较昂贵，大概在 600 元/m；RABiTS 基带的面内外织构强度不如 IBAD，而且基带大角晶界难以消除，限制了超导临界电流的进一步提高。目前国际上 Y 系带材的主要供货商中，只有美国超导公司坚持采用 RABiTS 路线。

表 8-3　RABiTS 法制备的 Ni 及 Ni 合金基带物理性能对比

合金	屈服强度/MPa	居里温度/K
Ni	34	627
Ni-7at%Cr	64	250
Ni-9at%Cr	87	124
Ni-11at%Cr	102	20
Ni-13at%Cr	164	非磁性
Ni-3at%W	150	>400
Ni-5at%W	165	335
Ni-6at%W	197	250
Ni-9at%W	270	非磁性
Ni-13at%Cr-4at%Al	228	非磁性
Ni-10at%Cr-2at%W	150	非磁性
Ni-8at%Cr-4at%W	202	非磁性

2) IBAD 技术

IBAD 技术是 1991 年由日本 Fujikura 公司发明的 [8]，后由美国洛斯阿拉莫斯国家实验室 (LANL) 发展改进 [18]。这是一种物理气相沉积技术，即利用离子束轰击靶材，将靶材蒸发并沉积到无择优取向的金属基底上，同时利用辅助的离子束轰击薄膜，通过控制粒子束的入射角，使特定取向的晶粒生长而形成双轴织构的种子层，之后在其上生长缓冲层和超导层。种子层的作用就是在基底与缓冲层或基底与超导层之间传递织构。**图 8-13** 给出了 IBAD 工艺的示意图。由图可见，IBAD 系统为双离子源配置。其中一个离子源 (溅射源) 产生的离子束轰击靶材提供沉积原子，另一个离子源 (辅助源) 产生的离子束以特定角度轰击正在生长的薄膜。对于 IBAD-YSZ 方法，在 130 ℃ 的温度下使用能量为 1500 eV 的氩离子束在多晶金属基底上溅射沉积 YSZ 膜，同时采用能量 250 eV 的 Ar/O 辅助离子束以约 55° 入射角度对正在生长的薄膜进行轰击。由于辅助离子束溅射方向正好平行于 YSZ 膜的 [111] 方向，这样沿其他方向生长的 YSZ 晶粒在辅助离子束的轰击下被清除，使得只有一种取向的晶粒可以生长，从而形成立方织构 YSZ 薄膜。如**图 8-13** 右图所示，YSZ 种子层的 [001] 方向垂直于膜表面，在其上外延生长的 CeO_2 缓冲层进一步改善了基底和 YBCO 之间晶格参数的匹配关系。然后可以通过 PLD、电子束蒸发或化学气相沉积来沉积最终的 YBCO 薄膜。在离子束辅助沉积中，沉积的薄膜厚度、离子束溅射能量以及离子束入射角度对薄膜的取向有很大的影响。1995 年，美国 LANL 通过使用表面光滑的镍基合金基底，溅射 IBAD-YSZ 薄膜的 (202) 峰的半高宽为 12°，YBCO 薄膜的 (103) 峰的半高宽约为 6°，临界电流密度超过了 1.0×10^6 A/cm²(75 K, 0 T)[18]，这是当时在金属基底上制备的 YBCO 超导层的临界电流密度首次达到 1 MA/cm² (75 K, 0 T) 以上。

目前对于 IBAD 双轴织构生长机制的解释，主要有两种模型。第一种模型认为：在应用 IBAD 工艺制备薄膜的过程中，离子沿沟道方向入射时对薄膜的溅射率要比沿任意角入射时小，导致沟道平行于离子束方向的晶粒生长速度快，最终形成了薄膜的择优取向。第二种模型认为面内择优取向形成的原因在于表面原子结合能的各向异性，这种结合能的各向异性导致不同取向的晶粒对辅助离子束的破坏的承受力有所不同，承受能力最强的晶粒取向得以保留，最终决定了薄膜的总体取向。

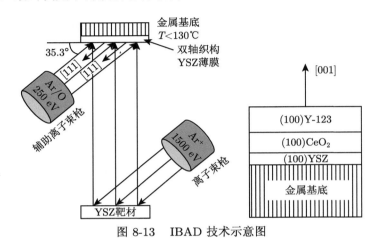

图 8-13　IBAD 技术示意图

通过辅助离子束将双轴织构的 YSZ 膜沉积到多晶金属基底上，YSZ 膜以平行于辅助离子束的 [111] 方向生长

在无织构的不锈钢或哈氏合金 (Hastelloy C-276) 基带上基于 IBAD 技术的大部分工作都放在了对第一层过渡层 (也就是种子层) 的选择制备上。目前采用 IBAD 技术制备的 YSZ、GZO、MgO 三种种子层都具有很好的立方织构，并在其上面外延生长出了高质量的 YBCO 涂层导体 [11]。对于 IBAD-YSZ 基底，为了形成最优的双轴织构，需要生长约 1 μm 厚的 YSZ 过渡层，这样就严重限制了 YBCO 长带的制备效率 (仅 ~ 1 m/h)，远不能满足商业化生长的需求。所以从 2000 年左右开始，一些研究机构或高温超导涂层导体厂商逐渐放弃了 IBAD-YSZ 这条路线，开始寻找新的模板材料或转向于研发 IBAD-MgO 技术。例如，Fujikura 公司采用 IBAD-$Gd_2Zr_2O_7$ 有效降低了模板的厚度 (0.5 μm)，从而提高了沉积效率 (5.5 m/h)，但离工业化的要求仍有差距。

1997 年，美国斯坦福大学首次报道了利用 IBAD 技术以辅助氩离子束以 45° 的入射角对在非晶态 Si_3N_4 基底上生长的 MgO 薄膜进行同步轰击 [19]，发现在非晶氧化物表面形核后只需要 10 nm 厚度即可形成最佳的双轴织构，使得 IBAD 沉积速度提高了 100 倍。在这种情况下，辅助离子束的最佳入射角是 45° 而不是 IBAD-YSZ 或-GZO 薄膜的 55°，这与 MgO(立方) 和 YSZ 或 GZO(萤石) 具有不同的晶体结构有关。**图 8-14(a)** 是 IBAD-YSZ 和 IBAD-MgO 的 ϕ 扫描半高宽随薄膜厚度的变化关系 [11]。从中可以看出，MgO 在 10 nm 的厚度内 ϕ 扫描半高宽已小于 10° 而 IBAD-YSZ 需要 1 μm 以上的厚度。但是，由于 IBAD-MgO 在形核阶段产生双轴织构，所以它对基底的表面光滑度要求比较高。研究表明，如果基底的表面粗糙度为 2 ~ 5 nm，沉积在 IBAD-YSZ/Ni 合金基底上的 YBCO 薄膜一般具有非常高的 J_c(>1 MA/cm^2)，而 YBCO/IBAD-MgO 在类似表面光洁度 Ni 合金基底上的 J_c 仅为 0.46 A/cm^2。不过当金属基底的表面粗糙度提高到 <1 nm 时，其 J_c 则大幅提升到 1.1 MA/cm^2，如**图 8-14(b)** 所示 [20]。因此，在制备 IBAD-MgO 之前，必须

对合金基带进行电化学抛光处理, 以获得所需要的光滑平整表面 (表面粗糙度低于 1 nm)。典型的 IBAD-MgO 缓冲层结构一般包括 5 层: 无定形的 Al_2O_3 和 Y_2O_3 作为形核层, 用以优化金属基底的表面性质, IBAD-MgO 层, 高度自外延的 MgO 层, 最后从晶格匹配考虑增加 $LaMnO_3(\sim 30\ nm)$ 薄层, 便于后期超导层的外延生长。

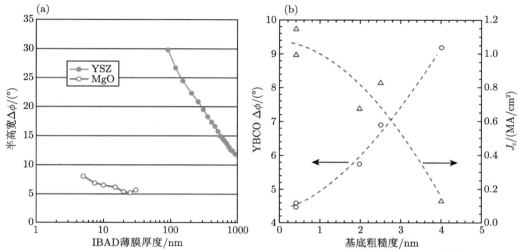

图 8-14　(a) IBAD-YSZ 和 IBAD-MgO 薄膜的面内织构 $\Delta\phi$ 随薄膜厚度的变化情况 [11]; (b) 基底表面粗糙度与 YBCO 面内织构 ($\Delta\phi$) 和临界电流密度的关系 [20]

　　在 IBAD-MgO 技术从实验室走向实际应用于高温超导涂层导体商业化生产的过程中, 美国 LANL 起到了主导作用。他们在 2002 年实现了米级 IBAD-MgO 基带的制备, 在其上生长的 YBCO 薄膜的临界电流密度大于 1 MA/cm^2 (75 K, 0 T), 随后生产速度在 2005 年提高到了 100 m/h[21]。2009 年, 经过进一步优化工艺, 他们把 YBCO 带材的生产速度提高到了 340 $\sim$ 750 m/h, 单根带材的长度为 1400 m[22]。一年后日本 Fujikura 公司凭借其世界上最大的 IBAD 离子束源系统, 实现了千米级 IBAD-MgO 基带的快速制备, 速度更是进一步提高到了 1 km/h。如**图 8-15** 所示 [23], 在千米级 IBAD-MgO 织构层上沉积获得了高度取向 CeO_2 薄膜, 其面内织构半高宽为 4.2°, 表明低成本 IBAD-MgO 技术在大规模化生产方面具有明显的优势。

　　由上看出, IBAD 制备路线最先由 YSZ 模板开始, 中间短暂过渡到 GZO 模板, 最后几乎全部被 MgO 模板所替代。最近随着工艺的不断发展, IBAD-MgO 基带技术极大地提高了 IBAD 双轴织构基带的制备速度, 而且模板的织构性能也获得了很大提升。IBAD 法的优点是能够在多晶金属基底上生长优异的双轴织构过渡层, 且不需要基底与超导薄膜的晶格常数匹配, 可选用的材料非常广, 包括哈氏合金 C-276、铟康镍 625、Haynes 242、不锈钢 SS 304 等。其中, 哈氏合金 C-276、不锈钢应用得最为广泛。IBAD 法制备的关键在于基带的抛光及过渡层的沉积, 制备的 Y 系涂层导体性能和强度高、工艺稳定, 如今成为多数研发单位的选择。缺点是需要昂贵的真空设备投资。**表 8-4** 总结了世界上一些主要研发机构和生产厂商制备的 IBAD 模板及其性能。最近制备的 IBAD-MgO 的面内 FWHM

已非常小，为 $3° \sim 5°$[24]。

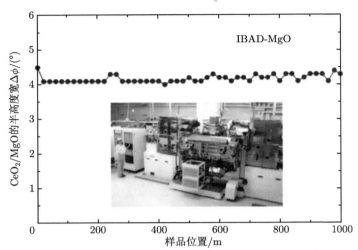

图 8-15　在千米级 IBAD-MgO 织构层上沉积的 CeO_2 薄膜的面内织构性能 [23]，插图为 Fujikura 公司的卷对卷 IBAD 溅射系统，配备世界上最大的 IBAD 离子束源 (350 cm×500 cm)。IBAD-MgO 的生产速度为 1 km/h

表 8-4　主要研发单位和生产厂商采用 IBAD 技术制备的过渡层及其性能对比

国家	机构	材料	样品	面内织构 $\Delta\phi$(FWHM)
日本	Fujikura	GZO	长带	$10° \sim 15°$
	Fujikura	MgO	长带	$5° \sim 6°$
	Fujikura	YSZ	长带	$12°$
	ISTEC	GZO	长带	$10° \sim 15°$
美国	LANL	MgO	短样或长带	$4° \sim 8°$
	SuperPower	MgO	长带	$6° \sim 9°$
	斯坦福大学	MgO	短样	$6°$
	肯萨斯大学	MgO	短样	$6°$
欧洲	EHTS	YSZ	长带	$10° \sim 12°$
	IFW Dresden	TiN	短样	$13°$
	University of Göttingen	YSZ	短样	$10° \sim 12°$
韩国	SuNAM 公司	MgO	长带	$5°$
中国	上海交大	MgO	短样	$5°$

　　IBAD 技术的优点是对金属基带的取向和性质没有特定要求，离子能量、束流均能独立调节，工艺灵活可控。目前 IBAD 路线涂层导体中常用的金属基带为哈氏合金，售价仅 $20 \sim 30$ 元/m。但一套完整的 IBAD 设备至少需要两个考夫曼离子源，镀膜过程真空度要求高，设备造价昂贵，这是该技术的不足之处。

　　3) ISD 技术

　　与 IBAD 技术类似，该技术也是在无织构金属基带上沉积一层具有立方织构的种子层。它的原理是在利用某种 PVD 方法 (如电子束蒸发、PLD、磁控溅射等) 制备薄膜的时候，倾斜基底，使得基底法向与沉积原子束流的入射方向成一定的夹角 α，如图 8-16 所示，薄膜中某种特定取向的晶粒比其他取向的晶粒更能最大限度地俘获入射的原子，从而得到优先生长。经过充足时间的竞争生长，优先生长的这种取向的晶粒完全覆盖其他取向的晶粒，从而使得沉积薄膜具有双轴织构。对于 ISD-MgO 技术，MgO 薄膜中垂直基底表面的既不是 $\langle 111 \rangle$ 轴，也不是 $\langle 001 \rangle$ 轴，它的 $\langle 001 \rangle$ 轴与基底法向成一定的夹角 β，如**图 8-16(a)**，这个夹角与基底倾斜角 α 的近似关系是 $\beta \approx \frac{2}{3}\alpha$。ISD-MgO 薄膜有如下特点：① 采用电子束蒸发或磁控溅射技术，拥有非常快的沉积速率。② 薄膜双轴织构的形成是一个选择性演化过程，超过临界厚度取向优化趋于饱和。③ 薄膜的织构与衬底倾斜角相关，存在最佳值。④ ISD-MgO 形貌呈瓦片排列状 (**图 8-16(b)**)，因此薄膜表面会存在许多台阶式的分布形貌，其表面粗糙度也会比较大。为了降低表面粗糙度和改善双轴织构，仍需要在 ISD-MgO 薄膜上外延沉积其他氧化物，然后再制备 YBCO 薄膜。

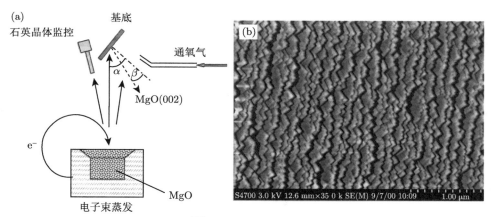

图 8-16　(a) ISD 技术示意图 [27]；(b) ISD 技术制备 MgO 薄膜的瓦片状形貌 [27]

1996 年，日本住友电工公司首次将 ISD 技术应用于 YBCO 超导带材的研究与制备 [25]，并利用 PLD-ISD 方法成功在镍基合金基带上制备出了具有双轴织构的 YSZ 薄膜。1999 年，Bauer 等 [26] 利用电子束蒸发 MgO 作为沉积源，成功制备出具有双轴织构的 MgO 薄膜，该方法有一个突出优点——沉积速率高 (>100 nm/min)。随后，很多研究组纷纷跟进，基于 ISD-MgO 技术也制备出了 REBCO 带材。2002 年，美国阿贡国家实验室 (ANL) 通过 ISD 技术制备出 1 m 长、双轴织构的 MgO 基带 [27]，MgO 短样的面内织构的半高宽约为 10°，长带的平均半高宽为 16.1°。他们还采用 PLD 技术沉积了 YBCO 薄膜，其临界电流密度可以达到 1.1 MA/cm² (77 K, 0 T)。和 IBAD 技术相比，ISD 法不需要装配昂贵的辅助离子源，而且沉积速率快。然而，ISD 基带所能达到的织构度并不是很高，使得超导带材临界电流密度始终没有超过 1 MA/cm²。过低的 J_c 限制了 ISD 法的发展，导致其慢慢退出了竞争行列。目前，使用 ISD 技术制备高温超导涂层导体的厂商只有德国的 Theva 公司。

综上所述，在三种制备具有双轴织构的金属基带技术中，RABiTS 路线采用的是规模化的金属轧制工艺，其表面均方根粗糙度可以达到 5 nm 左右，能直接应用于双轴织构缓冲层薄膜的外延生长。但是相较于其他多晶合金基带，RABiTS 技术制备的基带价格高，对于降低带材成本有一定的困难，而且基带内的晶粒往往存在较多的大角度晶界，会通过缓冲层薄膜传递到超导层，从而影响带材的结构和性能。ISD 技术采用的是非织构的多晶金属基带，成本较低，在织构层形成的过程中不需要高能离子束辅助，对设备的配置要求较少。但是，采用 ISD 技术制备双轴织构缓冲层，需要较大的薄膜厚度才能获得良好的双轴织构，因此使用较少。与 RABiTS 技术路线相比，IBAD 采用的是非织构化的多晶合金基带，其价格要便宜得多，同时随着真空沉积工艺的日益成熟和高效化，IBAD 技术路线在制备超导带材价格方面逐渐占有优势。综合而言，IBAD 技术和 RABiTS 技术是目前国际上制备 YBCO 涂层导体最主要的两条技术路线，IBAD 应用得相对较多。晶界弱连接问题已经不再是涂层导体制备的主要障碍。当前日本 Fujikura 公司、美国 SuperPower 公司、韩国的 SuNAM 公司、德国布鲁克公司以及中国的上海超导公司，均采用了 IBAD 技术路线。美国超导公司则采用 RABiTS 技术路线，而 ISD 由于在所制备的基带性能等方面不如前两者，基本已被放弃，仅德国的 Theva 公司还在坚持使用。

8.2.2.3　基带表面处理

就 RABiTS 基带而言，一般情况下，缓冲层和超导层的外延生长要求基带表面粗糙度小于 5 nm，经过轧制和再结晶处理的基带表面很难达到所需的粗糙度和清洁度，因而无法直接进行缓冲层和超导层的外延生长，通常需要后续表面平整化处理。另外一方面，由于 IBAD 基带是无织构的合金金属，表面比较粗糙，在进行 IBAD 织构化处理之前，必须要对基带表面进行抛光处理以降低表面粗糙度，达到适合 IBAD 技术薄膜生长的需求 [11]。例如，通常认为，在表面粗糙度低于 2 nm(5 μm×5 μm 范围) 的情况下，IBAD-MgO 才能形成织构优良的 MgO 薄膜。金属基带表面的平整化处理方法主要分为物理方法 (即机械抛光)、化学方法 (即电化学抛光) 和溶液沉积平坦化方法。

1) 机械抛光

机械抛光是指在专用的抛光机上靠极细的抛光粉和磨面间产生的相对滚压和磨削作用来消除金属基带表面磨痕，其工作原理如**图 8-17** 所示。机械抛光主要用到研磨料和侵蚀

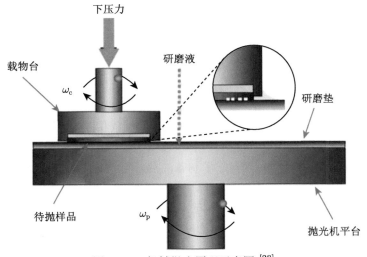

图 8-17　机械抛光原理示意图 [28]

性的研磨液，根据研磨料的大小又可分为粗抛光和细抛光。粗抛光是指用大的研磨料和强的研磨压力对金属基带进行抛光，磨削强度较强。经过粗抛光后金属基带表面仍能看到磨削痕迹，需要再次进行细抛光。细抛光应用小的研磨颗粒和弱的研磨压力对金属基带进行单向的滚压，最终得到表面光滑的金属基带。机械抛光由于成本和效率问题，很难应用于大规模高温超导带材的生产。通常在金属基带生产过程中仅对基带进行一次粗抛光处理。机械抛光易使基带表面产生应力层，对基带的应用造成不利影响。

2) 电化学抛光

电化学抛光又称电解抛光，原理如**图 8-18** 所示，通常以被抛光金属为阳极，不溶性金属为阴极，两极同时浸入电解槽中，使用电解液和直流电对金属基带进行抛光。阴极材料一般选用铜、石墨、合金等材料。在电化学抛光过程中，电流从阳极流入金属基带，此时金属基带表面游离的金属离子与电解液在金属表面形成一层黏膜吸附在基带表面。这种黏膜在基带凸起处较薄，在基带凹陷处较厚，因凸起处电流密度高而溶解速度快，随着黏膜流动，凸凹不断变化，最终实现平整基带表面的作用。电化学抛光工艺会涉及清洗、电解、漂洗等过程，在抛光过程中需要对温度、电流、电压、抛光时间等参数进行控制，以获得具有良好表面质量的基带。如果要进行抛光的是金属基带，则还需要对基带通过电极的速度进行控制。

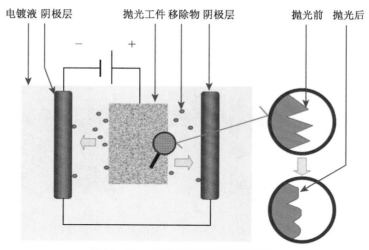

图 8-18 电化学抛光原理示意图

电解抛光的优点主要是抛光效果好、效率高且表面金属溶解有助于提高基带抗腐蚀能力，而且对材料表面的织构不会造成影响，易于实现长带的自动化抛光处理。但电化学抛光所使用的电解液的主要成分为磷酸或者硫酸，特别是抛光千米级的金属基带需要大量的酸液，环境成本相对较高。

相对而言，大多数公司都采用电化学抛光方法降低基带表面粗糙度，主要因为① 电化学抛光的设备简单，制备成本低；② 电化学抛光技术不受形状限制，抛光速度快，抛光质量高；③ 阴、阳极不接触，避免造成样品的新划痕。

3) 溶液沉积平坦化方法

溶液沉积平坦化 (solution deposition planarization，SDP) 方法是化学溶液沉积法中的一种，是一种可以通过在金属基带表面进行反复多次沉积非晶氧化物，从而使基带表面变得平整的方法，主要应用于 IBAD 金属基带的平整化处理，其原理如**图 8-19** 所示。该技术于 2009 年由美国洛斯阿拉莫斯实验室开发[29]，并于 2011 年由 SuperPower 公司成功将 SDP 技术扩展至金属长带表面整平的处理上。SDP 技术与机械抛光技术和电化学抛光技术有着本质区别，它不是从金属基底上去除一部分，而是在没有抛光的基底上采用化学溶液沉积法制备多层非晶薄膜，每一层薄膜都能降低一定的表面粗糙度，随着层数的增加，最终使得表面粗糙度达到 2 nm 以下的使用标准。**图 8-20** 显示了经平坦化处理后 SDP-Y_2O_3 层的平滑效果[30]。从 AFM 扫描结果可以看出，该非晶层将 Hastelloy 带材的表面粗糙度 RMS 从 16 nm(5 μm ×5 μm) 大幅降低到 1 nm。因此，SDP 技术不仅可以充当非晶阻挡层，而且可以使基带表面更加平整，因此大幅减少了制备高温超导带材工艺的步骤，而且成本低廉，更适合使用卷对卷系统进行长带材制备。

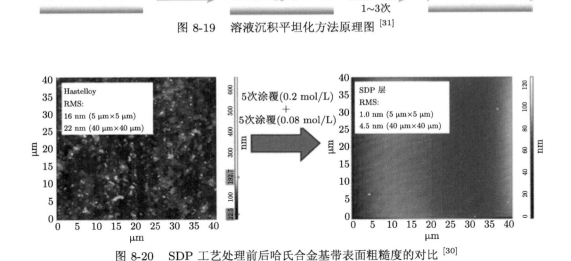

图 8-19　溶液沉积平坦化方法原理图[31]

图 8-20　SDP 工艺处理前后哈氏合金基带表面粗糙度的对比[30]

8.2.3　缓冲层

第二代高温超导带材的制备利用了异质膜晶体织构外延的性质，从织构金属基底开始，逐层传递织构，使 YBCO 获得 c 轴取向和双轴织构。因为 YBCO 和金属基底除了存在着晶格不匹配，还存在着一定的化学反应，因此，必须在 YBCO 和金属基底之间增加一系列缓冲层 (buffer layer)，以阻隔化学反应并改善晶格匹配性。缓冲层的主要作用是一方面作为超导层外延生长的织构基底，另一方面作为阻挡层阻挡金属基底与超导层之间的元素扩散。

8.2.3.1 缓冲层的结构与选择

YBCO 带材的缓冲层要和金属基带、YBCO 超导层匹配，且热稳定性、化学稳定性和抗氧化性好，能阻止元素的相互扩散，因此缓冲层的好坏直接影响上面超导层薄膜的性能。对于缓冲层的结构，一般采用单层或者多层组合的方案，其关键为延续金属基带的织构和达到阻挡扩散的效果。采用单层结构，制备工艺较为简单，但是需要薄膜的厚度较厚才能达到阻挡效果；而采用多层复合结构，每一层都具有不同的功能，虽然制备工艺复杂，但总厚度并不高于单层缓冲层，YBCO 带材往往能够获得比单层缓冲层更好的载流能力。实际上，为了满足缓冲层的多功能性要求，需要将两种或两种以上的材料相结合。以种子层 (seed layer)、阻挡层 (barrier layer) 和帽子层 (cap layer) 组成的多层氧化物，已成为国际上主要的缓冲层结构模式，如**图 8-21** 所示。种子层、阻挡层和模板层各自起着不同的作用。

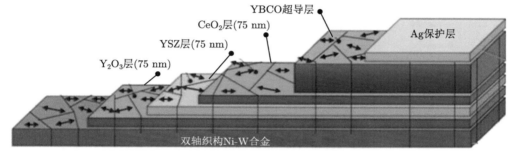

图 8-21 美国超导公司涂层导体的缓冲层结构[32]

1) 种子层

又称籽晶层。作为缓冲层的第一层，直接生长在金属基带上，必须要与金属基带具有良好的热膨胀系数匹配和晶格匹配。

2) 阻挡层

阻挡基底金属原子与超导层原子的相互扩散。当 Ni 原子向超导层材料扩散时，Cu 原子易被 Ni 原子取代，当比例超过 3% 时，会导致超导带材的临界温度 T_c 迅速降低。同时，超导层中的氧原子也容易向金属基底扩散，氧含量微小的变化都会引起 T_c 值的下降。这就要求阻挡层生长致密，具有良好的热稳定性。YSZ 是最为常用的阻挡层材料之一。

3) 帽子层

也称作模板层，负责将金属基带的织构传承到超导层中去，要求具备连续、平整、致密及高温下化学性能稳定的优点。帽子层自身无织构时，会将金属基底的织构传递给超导层；而自身具有择优取向时，则将其自身的织构传递给 YBCO 超导层。由于与 YBCO 晶格常数相近，在高温下具有良好的化学稳定性，CeO_2 成为优选的模板层材料。

为了实现传递织构和阻隔扩散功能，选择缓冲层材料必须考虑以下几点：① 与基带和 YBCO 层的晶格失配问题；② 避免基底与超导层原子之间的相互扩散；③ 与基带和超导层不发生化学反应，即化学兼容问题；④ 相近的热膨胀系数，以防止高温热处理过程中材料的变形及薄膜的开裂；⑤ 必须具有良好的导热性能，以防止微小缺陷引起的局部过热。因此，在选择缓冲层的时候其晶格常数、热膨胀系数与基带和超导层的匹配变得非常重要。

表 8-5 列出了常用缓冲层材料的晶格常数，以及其与 Ni 基带和 YBCO 的晶格失配度 [33]。另外，缓冲层还要求与基底结合或附着效果良好，防止超导层在金属基底上出现脱落。

表 8-5　YBCO 涂层导体常用缓冲层材料及其制备方法 [33]

材料	立方晶格常数 a/Å	赝立方晶格常数 $a/2\sqrt{2}$ 或 $a\sqrt{2}$/Å	晶格失配度/% YBCO	晶格失配度/% Ni	800 ℃ 时的氧扩散系数/(cm²/s)	制备方法
TiN	4.242	—	10.43	18.49	—	PLD，溅射
MgO	4.210	—	9.67	17.74	8×10^{-22}	电子束，PLD
BaZrO₃	4.193	—	9.27	17.34	—	CSD，PLD
NiO	4.177	—	8.89	16.96	—	SOE，MOCVD
SmBiO₃	5.536	—	2.50	6.76	—	CSD
Ag	4.086	—	5.50	14.77	—	蒸发，电子束，溅射
SrRuO₃	5.573	3.941	3.08	11.17	—	溅射
Pt	3.923	—	2.70	10.72	—	电子束，溅射
SrTiO₃	3.905	—	2.16	10.26	6×10^{-11}	CSD
Pd	3.890	—	1.89	9.87	—	蒸发，电子束，溅射
LaMnO₃	3.880	—	1.60	9.70	8×10^{-15}	溅射
(La, Sr)MnO₃	3.880	—	1.60	9.70	5×10^{-15}	溅射
LaNiO₃	5.457	3.859	0.98	9.07	—	CSD
Eu₂O₃	10.868	3.843	0.54	8.64	—	溅射
Ir	3.840	—	0.50	8.45	5×10^{-12}	溅射
CeO₂	5.411	3.826	0.12	8.22	6×10^{-9}	电子束，PLD，溅射，CSD
Gd₂O₃	10.813	3.824	0.07	8.17	7×10^{-10}	CSD，电子束
La₂Zr₂O₇	10.786	3.814	−0.20	7.90	—	CSD
LaAlO₃	5.364	3.793	−0.75	7.35	—	CSD
Y₂O₃	10.604	3.750	−1.89	6.22	6×10^{-10}	电子束
Gd₃Zr₂O₇	5.264	3.722	−2.64	5.47	—	CSD
Y₃NbO₇	5.250	3.713	−2.88	5.23	—	CSD
Yb₂O₃	10.436	3.690	−3.50	4.61	—	CSD，溅射
YSZ	5.139	3.634	−5.03	3.07	2×10^{-8}	PLD，电子束，溅射
Ni	3.524	—	—	—	—	—
YBCO	a=3.818 b=3.891 c=11.677	—	—	—	—	—

讨论缓冲层在基底上外延生长，以及 YBCO 在某一缓冲层上外延生长的可行性，可通过计算金属氧化物与 YBCO、基底的晶格失配度来估算外延生长的可行性，具体计算公式如下：

$$\delta = \frac{a_s - a_f}{a_f} \tag{8-1}$$

式中，a_s 和 a_f 分别为基片和薄膜的晶格常数。如果金属氧化物不是立方晶体，可换算为等效或赝立方晶格常数再利用上式进行计算。一般认为，当 $|\delta| < 5\%$ 时，界面完全共格；当 $|\delta| = 5\% \sim 25\%$ 时，为半共格界面；当 $|\delta| > 25\%$ 时，完全失去匹配能力。

8.2.3.2　常用的缓冲层材料

早期人们试图采用 Ag、Pt、Pd 等贵重金属作为缓冲层，但由于存在晶格失配和多重织构的问题，它们并不成功。后来人们发现晶格常数匹配好、抗氧化能力强的很多氧化物陶瓷适合作为 YBCO 的缓冲层。对于陶瓷氧化物材料，选择范围宽，包括简单氧化物、晶体结构复杂的烧绿石和钙钛矿等氧化物。常用的缓冲层材料主要有绝缘氧化物 CeO_2、$SrTiO_3$、$La_2Zr_2O_7$(LZO)、YSZ (Y-stabilized ZrO_2)、Gd_2O_3、MgO、Y_2O_3 等，导电氧化物 $LaNiO_3$、$SrRuO_3$ 等，以及一些巨磁电阻氧化物 La-Ca-Mn-O、La-Sr-Mn-O 以及 La-Ba-Mn-O 等。如**表 8-6** 所示，这些缓冲层材料都有各自的应用特点。

表 8-6 常用缓冲层材料的分类

缓冲层种类	适用的缓冲层材料
种子层	CeO_2、Y_2O_3、Re_2O_3、$La_2Zr_2O_7$、$SrTiO_3$、$LaNiO_3$、TiN、$LaMnO_3$ 等
阻挡层	YSZ、Re_2O_3、$LaMnO_3$ 等
帽子层	CeO_2、Y_2O_3、Re_2O_3、$LaMnO_3$ 等

具有萤石结构的 CeO_2、ZrO_2(YSZ) 等二氧化物成为缓冲层制备使用得较多的材料。CeO_2 具有很高的化学稳定性和很好的隔离效果，与 YBCO 的晶格失配仅为 0.12%，由于这些优点，CeO_2 是目前公认的常用模板层材料。然而 CeO_2 有个缺陷，即当其厚度超过 50 nm 时就会出现微裂纹，而小于 50 nm 又不足以单独充当扩散壁垒。而 YSZ 具有很好的稳定作用，并且不易形成微裂纹，但 YSZ 的晶格参数与 YBCO 晶格匹配性较 CeO_2 差，因此两者结合，YSZ/CeO_2 型复合缓冲层结构得到了快速发展[33]，其中 CeO_2 较薄 (<50 nm)，而 YSZ 较厚 (1 μm)，起稳定、隔离作用。

许多稀土氧化物可作为缓冲层材料，如氧化钆 (Gd_2O_3)、氧化钇 (Y_2O_3)、氧化铕 (Eu_2O_3)、氧化钐 (Sm_2O_3)、氧化钬 (Ho_2O_3) 等[34]，它们具有相近的晶格常数。因而，稀土氧化物与本身含有稀土元素的 YBCO 超导层具有较高的晶格匹配度和较好的化学兼容性，是具有应用前景的缓冲层材料，其中最好的缓冲层材料为 Gd_2O_3，因为与 YBCO 晶格有仅仅 0.07% 的失配度。另外，Y_2O_3 的晶格常数与 Ni 及其合金基底比较匹配，常放于底层起到籽晶的作用。

MgO、NiO 等过渡金属氧化物也可以作为缓冲层，但这些材料与 Ni 及 Ni-W 基底的不匹配度高达 17%，而与 YBCO 超导层的不匹配度也高达 9%。

常见的用于缓冲层制备的复合氧化物材料，可根据结构的差异划分为烧绿石结构氧化物、钙钛矿结构氧化物。$La_2Zr_2O_7$、$Gd_2Zr_2O_7$ 属于烧绿石结构氧化物。而钙钛矿结构氧化物包括 $LaMnO_3$、$LaAlO_3$、$SrTiO_3$、$BaZrO_3$、$BaZnO_3$ 等。$La_2Zr_2O_7$ 具有立方烧绿石结构，晶格常数为 1.079 nm，相应于钙钛矿的晶格匹配距离为烧绿石结构 (001) 面晶格对角线的 $1/2\sqrt{2}$，即 0.381 nm，该晶格常数与 YBCO 的 a、b 轴晶格失配度分别为 0.5% 和 1.8%。另外，$La_2Zr_2O_7$ 中的 Zr 元素可以阻碍原子扩散，其与 Ni-W 基底的晶格失配度低至 7.6%，因而 $La_2Zr_2O_7$ 适合作为复合缓冲层中 Ni 基底上的种子层。$Gd_2Zr_2O_7$ 的晶格常数为 0.372 nm，接近于 Ni 基底的晶格常数 (0.352 nm)，也是缓冲层制备的优选材料。$LaMnO_3$ 结构中 45° 旋转的赝立方晶格常数为 0.388 nm，与 YBCO 和 Ni 的晶格失配度均较小，是一种性能优异的涂层导体用缓冲层材料，对简化缓冲层结构有促进作用。$BaZrO_3$ 和 $BaSnO_3$ 与 YBCO 化学兼容性好，同时具有较低的成相温度，最终可降低 YBCO 涂层导体的制备成本。$LaAlO_3$ 与 $SrTiO_3$ 的晶格常数与 YBCO 匹配性很好，容易生长双轴织构的 YBCO 层。

上面介绍的常用缓冲层材料都有一个共同的特点，即都是绝缘材料，当超导层中的电流瞬时过载时, 由于其对电流的阻隔, 过载电流不能由金属基底分担, 及时散热, 往往会破坏 YBCO 带材, 因此稳定性差。而 LaNiO$_3$ 和 SrRuO$_3$ 作为缓冲层材料时在高温具有较好的导电性, 从而可以在失超情况下保护 YBCO 薄膜。

8.2.3.3 缓冲层的制备研究

缓冲层制备方法的选择一般基于低成本、适合大规模生长以及工艺重复性好等特点。目前薄膜制备技术成熟, 方法众多, 主要分为物理气相沉积法 (PVD) 和化学溶液沉积法 (CSD)[33]。不同镀膜方法各有优劣, 具体应用时需要综合考虑进行选择。

物理气相沉积法制备的薄膜平整致密、孔洞较少、织构也好, 在长带方面取得的进展大多是通过物理法得到的。但它一般需要真空环境、成膜速度比较低、成本相对较高。采用物理法制备的缓冲层材料主要包括: CeO$_2$(Sputtering 或 PLD)、Y$_2$O$_3$(Sputtering 或 PLD)、MgO(IBAD)、YSZ(Sputtering 或 IBAD)、Gd$_2$Zr$_2$O$_7$(IBAD)、La$_2$Zr$_2$O$_7$(LZO)、SrTiO$_3$(STO)、LaMnO$_3$(Sputtering 或 PLD) 等。下面就现阶段常用的物理气相沉积法作一简单介绍。

1) 蒸发法

蒸发法 (evaporation) 又分为电阻蒸发和电子束蒸发, 其优点为沉积速率较快, 能够进行大面积沉积。缺点为薄膜附着力较差, 易脱落, 膜的致密度稍差一些以及原料利用率不高。

电子束蒸发是将蒸镀材料置于水冷坩埚中, 高能电子束轰击材料表面, 直接对表面材料进行局部加热。相比电阻加热方式, 电子束蒸发可有效避免坩埚材料与蒸镀材料的反应, 有利于获得高纯度的薄膜。

2) PLD 法

PLD 镀膜中, 具有一定能量 (典型值几百 mJ) 的激光束照射到靶材上, 使其局部温度迅速升高, 熔融气化并形成喷射状的等离子羽状物, 羽状物前端的气态原子转移到基片上并沉积为膜。

PLD 镀膜最大的优势在于入射激光能量超过一定阈值时, 靶的各组成元素具有相同的脱出率且在空间具有相同的分布规律, 因而可以保证膜成分与靶材成分高度一致, 成膜质量高, 工艺重复性稳定。缺点为对设备要求高, 工业化成本较高。

3) 溅射法

溅射法 (sputtering) 又分为射频溅射和反应溅射, 其中, 射频溅射沉积速率较慢, 使用氧化物陶瓷靶材导致成本较高。反应溅射速率快, 能够大面积成膜, 使用金属靶材成本相对较低。此外溅射法制备的薄膜附着力较高, 膜的结合力强, 致密度高, 工艺重复性高, 为现阶段普遍关注的薄膜沉积方法。

CSD 法是一种薄膜制备的非真空方法, 其基本出发点是将待成膜物质的原料用化学方法配置成溶液或均匀分散的悬浮液, 涂覆到基片上, 通过一定气体环境中的热处理工艺, 溶液物质反应生成所需薄膜, 反应副产物以气态形式挥发。CSD 方法的优势在于不需要昂贵的真空设备、可在任意形状和尺寸的基底沉积、膜均匀性好、沉积速率高等。但薄膜的微缺陷较多, 表面粗糙度较大, 而且由于有大量有机物的分解, 易形成孔洞和裂纹。常用的

CSD 方法有溶胶–凝胶 (sol-gel)、液相外延 (liquid-phase epitaxial，LPE)、MOD 等。CSD 工艺主要包括前驱液制备、薄膜涂覆、烘干、高温热处理四个过程。

为了降低成本，目前人们在积极探索各种化学法制备缓冲层材料，如单一氧化物 CeO_2，复合氧化物，如 Ba 盐 ($BaCeO_3$、$BaZrO_3$、$BaSnO_3$) 和 La 盐 ($La_2Zr_2O_7$、$LaAlO_3$、$LaMnO_3$)，导电缓冲层是一些特殊的 La 盐和 Ba 盐 ($La_{1-x}Sr_xTiO_3$ 和 $La_{1-x}Sr_xCoO_3$ 等)。

缓冲层的研究包含两个方面：缓冲层材料制备和缓冲层的结构设计，虽然人们开发了许多可应用于缓冲层的氧化物材料，但是缓冲层多层膜功能划分和结构设计并没有固定模式，目前已经在长带上成功制备的双轴织构缓冲层典型结构主要有三类：RABiTS、IBAD 和倾斜基底沉积 (ISD)。前者是把柔性的金属 (如 Ni 或 Ni 基合金) 进行机械轧制变形，经退火再结晶直接实现晶粒的双轴织构，在其上供氧化物缓冲层 (如 RE_2O_3、CeO_2、YSZ 等) 外延生长，形成织构。后两者则分别通过离子束辅助和倾斜基底形成薄膜沉积时的择优取向，实现在常规多晶金属基体上 (普通的不锈钢带或哈氏合金) 生长双轴织构氧化物缓冲层 (MgO 或 YSZ 等)。其后，一般还需再外延生长氧化物帽子层 (如 CeO_2、$LaMnO_3$ 等) 形成一个由多层氧化物薄膜组成的缓冲层。显而易见，缓冲层的选材因涂层导体的技术路线不同而有所区别，下面分别介绍。

1) RABiTS 基带上外延生长的缓冲层

在 RABiTS 基带上，较好的氧化物过渡层材料有 Y_2O_3、CeO_2、MgO、$SrTiO_3$、YSZ、Gd_2O_3、Eu_2O_3 等。基于 RABiTS 的缓冲层是通过外延生长而实现双轴织构的，因此，传递织构和阻隔扩散的双重要求给缓冲层材料的选择和制备技术带来了挑战。

1991 年 Wu 等 [35] 报道了采用 PLD 法沉积 CeO_2 可作为 YBCO 外延生长的良好缓冲层，它在晶格上与 YBCO 相当匹配，化学上也非常稳定。不过随后发现 CeO_2 作为缓冲层厚度超过 50 nm 则会出现严重开裂现象。1996 年美国橡树岭国家实验室利用 PLD 制备了 YSZ/CeO_2 复合缓冲层结构，获得了临界电流密度近 1 MA/cm^2(77 K, 0 T) 的 YBCO 涂层导体。由于 YSZ 与 YBCO 在晶格上匹配得并不是很好，之后人们在其上又增加了一层薄的 CeO_2，从而十分有效地提高了 YBCO 性能 [11]。从此，物理 PVD 方法制备的 $CeO_2/YSZ/CeO_2$ 成为早期涂层导体的一个 "种子层/阻挡层/帽子层" 标准缓冲层结构。这种缓冲层的衬底是 RABiTS 技术制备的基带，因此种子层 (如 CeO_2 或 Y_2O_3) 必须具有比金属衬底更优异的织构特性，这也是选择种子层材料和优化制备工艺的判据之一。阻挡层 (如 YSZ) 阻止镍扩散进入超导层，同时防止氧扩散而引起金属衬底与种子层界面处附加氧化物层的形成，另外也应关注阻隔层对织构传递的重要作用。帽子层 (如 CeO_2) 主要是改善 YBCO 和阻挡层之间的晶格失配，以确保超导层的异质外延。一般而言，与 Ni-W 基带相比，帽子层最终可将面外织构提高 $\sim 3°$，将面内织构提高 $\sim 1°$。对于这种多层复合结构的缓冲层，由于不同氧化物之间物理化学特性的差异，因此一般采用多种薄膜制备技术的组合。

美国橡树岭国家实验室还研究了多种稀土氧化物 (RE_2O_3, RE = Y、Yb、Gd、Eu 等) 作为缓冲层的可能性，其中利用电子束沉积制备的 Y_2O_3 被发现是较好的种子层材料，这是由于它与 Ni 基合金晶格常数相近 [34]。进而人们采用 PLD 在 Ni-Cr-W 合金基底上成功制备了高质量 $CeO_2/YSZ/Y_2O_3$ 型缓冲层，面内织构半高宽约为 $10°$，完全抑制了 CeO_2 薄膜沿

(111) 方向的生长 [36]。Y_2O_3 的晶格常数在 Ni 和 YBCO 之间，而且它没有像 CeO_2 那样存在膜厚诱导裂纹的现象，因此，Y_2O_3 通常被用作种子层，而由于与 YBCO 晶格常数相近，CeO_2 成为优选的模板层材料。后来橡树岭国家实验室和美国超导公司用 Y_2O_3 代替 CeO_2 作为种子层，并采用全磁控溅射法制备出基于 RABiTS 技术路线的 Y_2O_3/YSZ/CeO_2 缓冲层 [37]，其典型 XRD 扫描图谱如**图 8-22** 所示。基于此，他们利用 RABiTS/MOD 技术组合制备 YBCO 涂层导体，涂层导体结构为 RABiTS-NiW/Y_2O_3/YSZ/CeO_2/MOD-YBCO，如**图 8-23** 所示，即采用 RABiTS-NiW 为织构基带，物理气相沉积制备缓冲层，化学金属有机物沉积制备超导层。从图中可以看出，多层缓冲层的实际厚度与理论设计有一定偏差。Y_2O_3 和 YSZ 缓冲层的厚度分别达到 100 nm 和 110 nm，超过初始设计的 75 nm；CeO_2 的厚度为 60 nm，超导层厚度为 1 μm。而且缓冲层和 NiW 衬底之间出现 50 nm 的 NiO 和 20 nm WO 等反应层，表明生产过程中金属衬底存在明显的氧化。这种磁控溅射法沉积缓冲层–化学溶液法沉积超导层的技术已成功地用于卷对卷的 600 m 长带制备，其 0.8 μm 厚的长带的平均电流为 275 A/cm-w(77 K)。

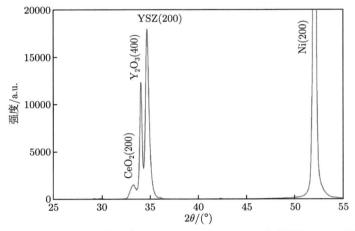

图 8-22　基于 RABiTS 镍基底上 Y_2O_3/YSZ/ CeO_2 缓冲层的 XRD 图谱 [38]

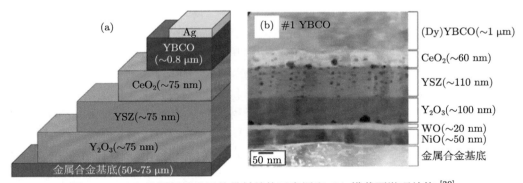

图 8-23　(a) 美国超导公司的带材结构示意图和 (b) 横截面微观结构 [39]

　　上述缓冲层的制备方法主要是真空中物理气相沉积技术,为了降低成本,人们对非真空技术的化学溶液沉积工艺给予了特别关注或者使用其他缓冲层材料代替上述缓冲层结构中的一层薄膜或者多层薄膜,以尽量简化涂层导体的缓冲层结构。美国橡树岭国家实验室提出了 $CeO_2/La_2Zr_2O_7/Ni$-W 结构,采用 MOD 化学法制备 $La_2Zr_2O_7$ 代替 YSZ 作为阻隔层和种子层,MOD 生长 CeO_2 代替 Y_2O_3 作为晶格匹配层,成功制备出 MOD-YBCO 层,其 J_c 达 1.75 MA/cm^2[40],XRD 表征结果如**图 8-24** 所示。为进一步提高载流性能,他们还采用物理法与化学法相结合的工艺,制备了高质量 sputtered-CeO_2/MOD-$La_2Zr_2O_7$/sputtered-Y_2O_3 缓冲层,最终在 Ni5W 基底上获得 J_c 高达 4.2 MA/cm^2 的 MOD-YBCO 涂层导体 (相应的 I_c = 336 A/cm),如**图 8-25** 所示 [41]。然而,由于醇盐 $La_2Zr_2O_7$ 前驱液配方复杂且极易水解,在此基础上,德国 IFW 研究所改善了前驱液制备工艺,通过溶胶–凝胶法在 RA-BiTS 基带上成功外延了 $La_2Zr_2O_7$ 层,其面内 FWHM 可达到 7° 以下,制得 YBCO/PLD-CeO_2/CSD-$La_2Zr_2O_7$/Ni5W 涂层导体的临界电流密度为 1 MA/cm^2[42]。随后人们陆续又制备出 $CeO_2/Gd_2Zr_2O_7$、$Y_2Ce_2O_7/La_2Zr_2O_7$、$Gd_2Ce_2O_7/La_2Zr_2O_7$、$Ce_{0.9}La_{0.1}O_{2-y}/Gd_2Zr_2O_7$、$SrTiO_3/MgO$ 等缓冲层,并在其上获得了较好性能的 YBCO 薄膜 [43]。另外,值得一提的是国内很多研究机构也采用 MOD 法尝试制备 $Ce_{0.9}La_{0.1}O_{2-y}$、$Gd_2Zr_2O_7$ 等缓冲层,再通过 PLD 法沉积 YBCO 超导层,最终获得 J_c 高于 1 MA/cm^2 的涂层导体 [14]。随着 MOD 法分别在超导层和缓冲层上的成功应用,越来越多的人开始关注涂层导体的全化学方法制备,这已成为当今涂层导体发展的热点方向之一。解决好孔洞、表面粗糙和溶剂稳定性等问题是人们面临的共同难题。

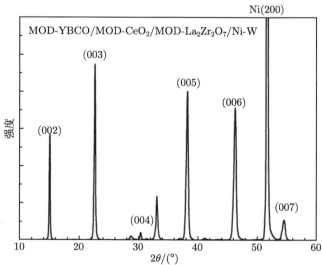

图 8-24　CeO_2 (MOD) /$La_2Zr_2O_7$ (MOD) /Ni-W 上所制 YBCO 薄膜的 XRD 图谱 [44]

　　单层缓冲层是高温超导涂层导体的理想结构,其直接与金属基底和 YBCO 超导层紧密相连,不仅具备了传统缓冲层中种子层、阻挡层、帽子层三者的功能,还具有工艺简单、成本低的优点,但是就目前研究而言,具备以上优点的单一缓冲层并不多,具有双轴织构的 YSZ 过渡层是最早的利用 IBAD 技术在基底上沉积的单一缓冲层薄膜[18]，并在之后获得了在 75 K 下 J_c 大于 $1×10^6$ A/cm^2 的 YBCO 薄膜，现阶段单一缓冲层研究主要集中在钙钛矿结构和萤石结构的金属氧化物薄膜上。

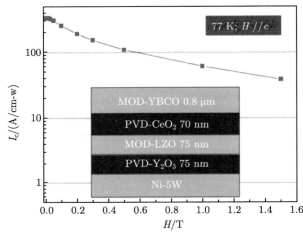

图 8-25　采用 MOD 法制备的 YBCO/PVD-CeO$_2$/MOD-La$_2$Zr$_2$O$_7$/PVD-Y$_2$O$_3$/Ni-5W 涂层导体的临界电流随磁场的变化关系[41]。在 77 K、0 T 时，I_c 高达 336 A/cm-w

钙钛矿结构的过渡层薄膜主要有 LaMnO$_3$、LaNiO$_3$、LaAlO$_3$ 和 SrTiO$_3$，其中绝缘性、稳定性良好的 SrTiO$_3$ 是目前制备单一型缓冲层的代表性材料。SrTiO$_3$ 与 YBCO 有着较好的化学兼容性和晶格匹配度，桑迪亚国家实验室利用这一特性，以醋酸锶、钛的醇盐为前驱物，乙酰丙酮为稳定剂，冰醋酸为溶剂，在 Ni 基底上制备 Nb 掺杂的 SrTiO$_3$ 缓冲层，进一步采用 CSD 法在其上制备了 YBCO 超导层，其临界电流密度为 1.3 MA/cm$^{2[45]}$。由于 SrTiO$_3$ 具有较小的氧扩散系数，同时它与 YBCO 之间的晶格失配较小，与 Ni-W、YBCO 之间的化学兼容性良好，被认为是很有潜力的单一缓冲层材料。

通过以稀土元素掺杂 CeO$_2$ 来提高临界厚度，制备单一缓冲层的研究也得到人们的关注。意大利 IMEM-CNR 研究小组利用物理的共蒸镀法在 Ni-5at％W 基底上得到了厚度大于 210 nm 的 3％Sm 掺杂的 CeO$_2$ 缓冲层，以及厚度大于 280 nm 的 6％Sm 掺杂的 CeO$_2$ 缓冲层，该缓冲层内无裂纹，面内织构 FWHM 小于 5°[46]。为了改善 CeO$_2$ 缓冲层在一定退火温度下易产生裂纹这一缺陷，研究者制备出了钇稳定的 Y$_2$Ce$_2$O$_7$ 前驱液，以用作为缓冲层材料[47]。随后采用蒸发法在 Ni-5W 基底上，沉积了钇稳定的 Y$_2$Ce$_2$O$_7$，结果表明 Y$_2$Ce$_2$O$_7$ 也可作为单一型缓冲层的候选材料。另外，法国 Grenoble-LMGP 研究小组采用化学溶液法制备了 La$_2$Zr$_2$O$_7$ 缓冲层，并采用 MOCVD 技术在其上沉积了 YBCO 薄膜，得到 MOCVD-YBCO/MOD-La$_2$Zr$_2$O$_7$/Ni5W 结构的超导薄膜，其 J_c 值接近 1 MA/cm$^{2[48]}$。

另外，双轴织构 Ni-W 合金基底上制备缓冲层容易产生 NiO 薄膜，而且通常这种 NiO 的 (111) 峰最强，不利于下一步外延薄膜甚至抑制 YBCO 的生长。因此，表面氧化外延 (surface oxidation epitaxy, SOE) 技术被一些研究小组用来制备并控制外延生长。2002 年，京都大学研究小组通过增加 BaSnO$_3$ 缓冲层，制备出 YBCO/BaSnO$_3$/SOE-NiO/Ni

的涂层结构, 其 J_c (77 K) 达到 0.45 MA/cm^2[49]。德国奥格斯堡大学研究小组用硝酸和双氧水对 Ni5W 合金进行预处理再制备 NiO 厚膜, 降低了表面氧化外延过程的处理温度, 最终制得 PLD-YBCO/PLD-La$_{0.7}$Ca$_{0.3}$MnO$_3$/SOE-NiO/Ni5W 涂层导体的 J_c 值达到 0.1 MA/cm^2[50]。

目前, 基于 RABiTS 技术的缓冲层制备研究主要集中在以下几个方向: ① 在提高性能的同时, 简化缓冲层结构, 采用种子层和阻挡层、阻挡层和帽子层或者单独阻挡层的结构作为缓冲层。随着 La$_2$Zr$_2$O$_7$、Gd$_2$Zr$_2$O$_7$ 的深入研究, 两层 CeO$_2$/La$_2$Zr$_2$O$_7$、CeO$_2$/Gd$_2$Zr$_2$O$_7$ 缓冲层结构有望取代三层 CeO$_2$/YSZ/CeO$_2$、CeO$_2$/YSZ/Y$_2$O$_3$。② 选择更适合的材料: 单缓冲层材料多数是与 YBCO 相晶格匹配的畸形钙钛矿型氧化物, 因此它们是单一型缓冲层材料发展的重点方向。③ 降低缓冲层制备成本: 在缓冲层制备的每一个环节都要尽量节约成本。从制备技术方面看, 以 PLD 技术为代表的物理沉积法易于制备出高度取向的缓冲层, 而快速、低成本的 CSD 技术则是未来的发展方向。

2) IBAD 基带上外延生长的缓冲层

如前所述, 基于 IBAD 技术的缓冲层结构的大部分工作都放在了对第一层缓冲层 (也就是种子层) 的选择制备上。目前用于 IBAD 生长的种子层材料主要有 YSZ、GZO、MgO。其中, IBAD-YSZ 或-GZO 需要生长至少 500 nm ∼1 μm 厚才能形成较好的面内织构 (面内 ϕ 扫描半高宽 ∼ 12°)。由于 YSZ 和 GZO 沉积的厚度较大, 所以它们对基带的表面平整度要求较低, 不需要对基带进行精抛光处理, 也不需要预先沉积非晶氧化物层。相比 YSZ 和 GZO, IBAD-MgO 只需要 ∼ 10 nm 就能形成很好的织构, 制备效率得到极大提高。因此, IBAD-MgO 缓冲层迅速取代了 IBAD-YSZ 缓冲层成为世界各国超导研究机构的研究重点。

目前, 国际上通用的基于 IBAD-MgO 缓冲层的结构包括 5 层: 无定形的 Al$_2$O$_3$ 和 Y$_2$O$_3$ 作为形核层、IBAD-MgO 层、高度自外延的 MgO 层、LaMnO$_3$(∼ 30 nm) 薄层, 如**图 8-26** 所示 [22]。缓冲层的制备工序一共有 6 道, 每一道工序的作用分别为: ① 基带抛光处理。研究表明, IBAD-MgO 在表面均方根粗糙度小于 2 nm 的基带表面才会形成优异的双轴织构 (6° ∼ 8°), 而普通金属基带表面是非常粗糙的, 所以金属基带必须经过抛光处理来降低表面的粗糙度; ② IBAD-MgO 很薄, 在沉积 MgO 之前还需预先沉积一层 Al$_2$O$_3$ 非晶薄膜作为阻挡层, 其作用是防止超导层的氧元素和基带中的金属元素之间的互扩散; ③ 研究表明, IBAD-MgO 难以在非晶 Al$_2$O$_3$ 表面生长出高质量的双轴织构 [51], 因此, Y$_2$O$_3$ 非晶薄膜充当了 IBAD-MgO 的形核层材料, 其作用是为 IBAD-MgO 提供良好的生长衬底; ④ IBAD-MgO 的功能是作为织构层, 其作用是在非晶氧化物薄膜上生长出具备双轴织构的 MgO 薄膜, 为 YBCO 超导层提供高质量的双轴织构衬底, 因此 IBAD-MgO 织构层是整个缓冲层最重要的组成部分; ⑤ 由于 IBAD-MgO 厚度太薄, 同质外延 MgO 薄膜一方面充当 IBAD-MgO 的保护层, 另一方面延续和优化 IBAD-MgO 织构层的双轴织构; ⑥ 由于 YBCO 的晶格常数为 $a = 3.82$ Å, 而 MgO 的晶格常数为 $a = 4.210$ Å, 与 YBCO 的晶格失配度较大, 因此考虑在 MgO 薄膜表面异质外延一层与 YBCO 晶格失配度较小的织构层, 既可以调和晶格失配, 又能延续和改善织构。该织构层可以使用 SrTiO$_3$、CeO$_2$、LaMnO$_3$ 等, 但是相比之下, LaMnO$_3$(LMO) 的化学结构更加稳定, 工艺窗口较大，与 YBCO 薄膜的兼容性也更好一些，因此一般会选取 LMO。美国的 SuperPower 公司、韩国的 SuNAM 公司均采用**图 8-26** 所示带材结构。

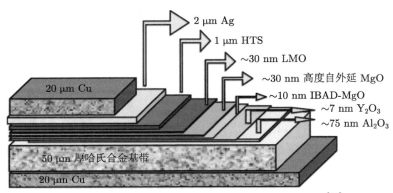

图 8-26　基于 IBAD 技术的典型 YBCO 带材结构 [22]

　　SuperPower 与美国 LANL 合作采用 IBAD-MgO 技术批量化生产涂层导体 [22]。其中，Al_2O_3 阻挡层、Y_2O_3 籽晶层和 IBAD-MgO 层均采用室温下的离子束沉积系统进行制备，外延 MgO 层和 LMO 帽子层采用高温磁控溅射方法进行制备。2009 年，SuperPower 公司基于 IBAD-MgO 技术制备出世界首根千米级涂层导体长带，最小电流性能达到 282 A/cm，在国际上产生了重要影响。

　　从大规模的生产角度，成本是必须考虑的因素，上述过多的缓冲层及沉积过程增加了生产的成本。为了达到工业化要求，减少缓冲层数以及采用低成本的制备工艺能够有效降低生产成本。

　　采用 IBAD-YSZ 技术路线时，CeO_2 常被用作帽子层，既可阻挡 YSZ 和 YBCO 的界面反应，又能抑制 YBCO[100]//YSZ[100] 取向的出现。2005 年，日本国际超导产业技术研究中心 (ISTEC) 在 IBAD-$Gd_2Zr_2O_7$ 模板上用 PLD 制备了 CeO_2 帽子层，并且具有较高的面内织构性能，他们将这层薄膜称为"自外延 PLD-CeO_2 帽子层"[52]。在此基础上，Fujikura 公司利用 PLD-CeO_2 帽子层在 IBAD-GZO 上的自外延特性，使得超导层面内织构的 ϕ 扫描半高宽可由 IBAD 层的 10° 以上优化到 5° 以内，最终制备出涂层导体结构为 Hastelloy/IBAD-GZO/PLD-CeO_2/PLD-GdBCO 的 500 m 长带，其载流性能 I_c 为 350 A/cm，而短样的 I_c 高达 972 A/cm[53]。可以看出，IBAD-GZO 的缓冲层结构更加简单，只有 IBAD-GZO/CeO_2 两层。但同时要注意，IBAD-GZO 中缓冲层的厚度约为 2 μm，远高于 IBAD-MgO 中的 ∼ 160 nm，因而 IBAD-GZO 带材结构的制备效率要低于 IBAD-MgO 技术。正是基于此考虑，为了降低成本，从 2009 年开始，Fujikura 也开始开发基于 IBAD-MgO 模板的涂层导体。他们也采用与**图 8-26** 类似的带材结构 (**图 8-27**)，所不同的是用一层 CeO_2 替代了同质外延 MgO 和 LMO 两层，这样 Fujikura 将缓冲层结构由 SuperPower 的五层减小到了四层，涂层导体结构为 Hastelloy/sputtered-Al_2O_3/sputtered-Y_2O_3/IBAD-MgO/PLD-CeO_2/PLD-GdBCO。**图 8-27(b)** 给出了 IBAD-MgO 和 PLD-CeO_2 之间界面的横截面 TEM 图像 [54]。由图中看出，CeO_2 薄膜能在 MgO 层上极好地外延生长。日本 SuperOx 采用大功率多道次 PLD 系统沉积 CeO_2 帽子层，大大提高了沉积速率，其速度高达 100 m/h(**图 8-28(a)**)[30]。与此同时，美国 LANL 和 SuperPower 为了进一步提高生产效率，转而采用更具有成本效益的 LaMnO$_3$ 帽子层代替 SrTiO$_3$ 帽子层，去掉同质外延的 Epi-MgO 层，用 LaMnO$_3$ 层实现相同的功能。另外，还采用溶液沉积平坦 SDP 工艺通过沉积 Y$_2$O$_3$ 和 Y$_2$O$_3$-Al$_2$O$_3$ 混合物等几种涂层来获得光滑的基底表面，使得表面粗糙度小于 ∼ 2 nm。特别是通过 SDP 技术把阻隔元素扩散的非晶 Al$_2$O$_3$ 层和非晶 Y$_2$O$_3$ 籽晶层合并为一个 Al$_2$O$_3$+Y$_2$O$_3$ 混合层 (YALO)，从而实现了从典型 5 层结构到 3 层结构的简化，如**图 8-28(b)** 所示 [29]。

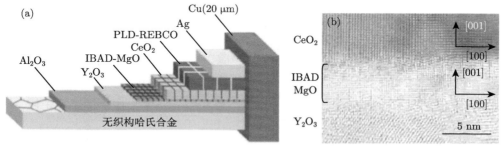

图 8-27　(a) 日本 Fujikura 公司涂层导体的缓冲层结构；(b) IBAD-MgO 和 PLD-CeO$_2$ 之间界面的横截面 TEM 图像 [54]

图 8-28　(a) 采用大功率多道次 PLD 系统沉积 CeO$_2$ 帽子层 [30]，大大提高了沉积速率；(b) 基于 IBAD-MgO 技术制备的 YBCO 带材的横截面 TEM 照片 [55]

德国布鲁克公司自主研发了由 IBAD 技术改进的 Alternating Beam Assisted Depositon(ABAD) 技术，其采用 ABAD-YSZ 技术制备织构层，然后在 ABAD 织构层上采用 PLD 方法沉积 CeO$_2$ 模板层，最后采用 PLD 法沉积 YBCO。2007 年，在短样上的临界电流已经能达到 574 A/cm-w，100 m 带材临界电流为 253 A/cm-w[56]，2009 年，其 ABAD 制备速度提升为 35 m/h，制备长度达到 2000 m。2010 年，德国 IFW 研究组利用 IBAD 技术制备得到的 IBAD-TiN 薄膜具有双轴织构 [57]。由于 TiN 具有导电性, 可以把 YBCO 超导层和金属基带进行连接, 一旦超导层出现失去超导性能的情况, TiN 就能和基带一起起到分流的作用, 从而避免 YBCO 薄膜被意外烧毁, 因此, IBAD-TiN 薄膜具有提高超导带材实用性的优点, 可是依然有一些因素限制了 IBAD-TiN 薄膜的发展。首先, IBAD-TiN 利用贵金属 (如 Au) 充当非晶薄膜层, 增加了超导带材的成本; 其次, 在 IBAD-TiN 织构层上制备的 YBCO 薄膜比在 IBAD-MgO 织构层上制备的 YBCO 薄膜的超导性能差得太多。因此, 现阶段的 YBCO 高温超导带材系统中, IBAD-MgO 依然是应用得最广泛的缓冲层结构。

3) 衬底倾斜沉积缓冲层

ISD 技术可用于沉积双轴织构的 MgO 缓冲层, 但存在薄膜 c 轴倾斜问题, 并容易传递给超导膜。美国 ANL 实验室发现使用 CeO_2 作为帽子层可使 YBCO 发生 c 轴 “去倾斜化” 的现象。他们优化了 PLD-YBCO/CeO_2/YSZ/ISD-MgO/HC276 结构涂层导体中 CeO_2 的厚度, 发现 CeO_2 在 10 nm 时 YBCO 层的织构最优且 CeO_2 表面粗糙度最小 [58]。德国 Theva 公司采用 ISD 技术, 在 Hastelloy 上沉积 2 μm 左右的 MgO, 然后自外延一层 MgO 层, 最后溅射制备了 DyBCO 超导层。晶轴倾斜的 MgO 模板使得超导层生长有了沿 a-b 面的分量, 因此 J_c 几乎不随膜厚衰减, 6 μm 超导短样上的临界电流高达 1018 A/cm[59]。不过 ISD 技术与 IBAD 技术和 RABiTS 技术相比, 在制备效率与长带的稳定性等方面还存在很大差距, 因此现在几乎无人关注。

4) 导电缓冲层

以上提到的氧化物缓冲层材料几乎都是绝缘体, 作为缓冲层只是阻挡基底材料向 YBCO 层里扩散, 所以称作绝缘型的缓冲层。在这种缓冲层上制备的 YBCO 超导薄膜, 在使用时如果发生失超, 如环境温度波动高于临界温度, 那么瞬间大电流产生的热量无法及时散发出去, 往往会烧坏带材。因此, 在涂层导体结构的顶部都会配置一层 Ag 或 Cu 稳定层来实现电流分流, 如**图 8-8** 所示。从图中看出, 涂层导体一般由 50~75 μm 厚的金属基底, 0.2~1 μm 厚的绝缘缓冲层结构 (一层或多层), ~1 μm 厚的 YBCO 层以及 50~75 μm 厚的 Ag 和 Cu 稳定层构成。

通常人们定义 YBCO 涂层导体的工程临界电流密度 J_e 时, 指的是穿过整个带材截面积 (基底 + 缓冲层 + 超导层 + 稳定层) 的电流。因此涂层导体越薄, J_e 值越大。而通常 Ag 或 Cu 稳定层的厚度达到 75 μm 左右, 约占整体厚度的一半, 即几乎使 J_e 值降低了一半。在涂层导体结构中, 如果在 YBCO 与正常金属基底之间存在连续的导体连接, 或者说缓冲层导电, 那就可以不需要稳定层, 从而减少涂层导体的整体厚度, 提高 J_e 值, 并降低带材的制备成本。因此, 导电缓冲层的制备研究一直是人们关注的热点。

研究发现, 钙钛矿结构的导电陶瓷是导电缓冲层材料的较佳选择, 如**表 8-7** 所示 [60], 包括 $SrRuO_3$、$LaNiO_3$、$La_{0.7}Sr_{0.3}MnO_3$、$(La, Sr)TiO_3$, 以及 $La_{0.5}Sr_{0.5}CoO_3$ 等, 因为它们具有以下优异特性:

(1) 晶格常数与 Ni-W 织构基底和 YBCO 薄膜相匹配, 能够实现外延生长。

(2) 不仅沉积后导电, 且经过超导带材高温热处理和吸氧处理过程后仍然导电。

(3) 化学性质稳定, 不会与 YBCO 反应生成不导电的产物。

如果以这些钙钛矿导电氧化物材料作为缓冲层，制成的导电缓冲层均匀无裂纹且足够厚，则可以起到隔离、外延和电流分流三重功效。更多关于导电缓冲层的研究可见于文献 [60] 综述。

表 8-7　钙钛矿结构导电缓冲层结构及其性质 [51]

名称	结构	晶格常数/Å	电阻率/($\Omega\cdot$cm)
LaNiO$_3$	菱形	$a=5.461,~\alpha=60.41^\circ$	$\sim 3 \times 10^{-4}$(300 K)
	赝立方	$a=3.83$	$\sim 7 \times 10^{-5}$(77 K)
SrRuO$_3$	扭曲正交	$a=5.573,~b=5.538,$ $c=7.586$	$\sim 2 \times 10^{-4}$(300 K)
	赝立方	$a=3.93$	$\sim 5 \times 10^{-5}$(77 K)
La$_{0.7}$Sr$_{0.3}$MnO$_3$	菱形或	$a=3.88$	$\sim 1 \times 10^{-3}$(300 K)
	立方		$\sim 2 \times 10^{-4}$(77 K)
La$_{1-x}$Sr$_x$TiO$_3$	正交或 立方	$a = 3.907 \sim 3.920$	$\sim 1 \times 10^{-4}$(300 K)，当 $x=0.5$ 时
La$_{0.5}$Sr$_{0.5}$CoO$_3$	扭曲正交	$a=3.835$	$\sim 5 \times 10^{-5}$(300 K)
	赝立方	—	$\sim 2.5 \times 10^{-5}$(77 K)
LaCuO$_3$	扭曲菱形	$a=5.431,~\alpha=60.51^\circ$	
La$_{1-x}$Sr$_x$CuO$_{2-\delta}$	四方 $(x \sim 0.2)$	$a=10.867,~c=3.857$	$\sim 1 \times 10^{-3}$(300 K)

钙钛矿 SrRuO$_3$ 是一种室温电阻很小的导电性氧化物 (~ 200 $\mu\Omega\cdot$cm)，而且表现出与钙钛矿或钙钛矿衍生物很强的结构相容性。SrRuO$_3$ 的晶格常数为 $a = 5.573$ Å，$b = 5.538$ Å，$c = 7.586$ Å，因此 a，b 晶格常数接近 $\sqrt{2}a_{\text{YBCO}}$ 或 $\sqrt{2}b_{\text{YBCO}}$，即赝立方晶格常数为 0.393 nm。SrRuO$_3$ 的导电特性来自氧阴离子 p 和阳离子 t$_{2g}$ 轨道之间的重叠。SrRuO$_3$ 也被称为铁磁体，居里温度约为 160 K。已经有一些关于在 Ni 或 MgO 基底上沉积 SrRuO$_3$ 导电缓冲层的报道 [61]。

在导电钙钛矿氧化物中，LaNiO$_3$ 的赝立方晶格常数为 0.383 nm，具有良好的金属特性，其室温电阻为 300 $\mu\Omega\cdot$cm，是一种非常有前途的电极材料。由于金属到绝缘体的转变往往发生在缺氧相 (LaNiO$_{3-x}$) 中，因此控制氧含量非常重要。有人采用磁控溅射法在 Ni 基底上沉积得到单层导电缓冲层结构 (YBCO/LaNiO$_3$/Ni 带材) 或多层导电缓冲层结构 (YBCO/SrRuO$_3$/LaNiO$_3$/Ni)[62]。

La$_{0.7}$Sr$_{0.3}$MnO$_3$(LSMO) 等 Mn 基氧化物导电性良好，其室温电阻率 $\rho_{\text{LSMO}} = \sim 1000$ $\mu\Omega\cdot$cm，具有很好的热稳定性，晶体结构是赝立方结构，其晶格常数 $a=3.88$ Å，与 YBCO 或者其他的高温超导材料的晶格匹配得很好。采用 PLD 在 Ni 基底上生长的 LSMO 缓冲层薄膜，最终 YBCO/LSMO/Ni 样品的 J_c 达 0.5×10^6 A/cm^2 (77 K, 0 T) [63]。因此这是一种很有潜力的缓冲层材料。

(La, Sr)TiO$_3$ (LSTO) 也是导电性良好的材料。结构与 SrTiO$_3$ 的结构相似，为钙钛矿结构。在 $0.1<x<0.95$ 的范围内表现出金属特性，当 x 为 0.5 时，剩余电阻 ρ_0 最小，仅为 100 $\mu\Omega\cdot$cm。其外延膜可作为 YBCO 超导涂层的导电缓冲层。LSTO 的晶格常数为 3.908 Å，与 YBCO 的晶格常数 $((a+b)_{\text{YBCO}}/2=3.855$ Å) 匹配性很好，失配度不超过 1.5%，从理论上看可作为 YBCO 的缓冲层材料。但与金属 Ni ($a = 3.524$ Å) 的晶格失配度较大，为 11.2%，属于半共格界面。这种情况下，一般先在基底上生长一层极薄的种子层来克服晶格失配度大的问题，然后再在种子层上生长缓冲层。

La$_x$Sr$_{1-x}$CoO$_3$(LSCO) 在室温下电阻率仅为 50 μΩ·cm，具有钙钛矿结构，晶格常数为 3.835 Å，是良好的燃料电池的电极材料，另外，由于 Co 元素的作用，LSCO 具有一定的铁磁性。

目前，对于导电缓冲层结构的研究发展较快，除了直接沉积单层导电缓冲层的尝试之外，已报道作为 YBCO 超导层导电缓冲层的复合结构有 SrRuO$_3$/LaNiO$_3$、La$_{0.7}$Sr$_{0.3}$MnO$_3$、La$_{0.7}$Sr$_{0.3}$MnO$_3$/Ir 和 (La, Sr)TiO$_3$/TiN 等，如**图 8-29** 所示。美国橡树岭国家实验室采用磁控溅射法在 Ni 基底上生长高织构度的 SrRuO$_3$/LaNiO$_3$ 导电缓冲层，再用 PLD 法生长 YBCO，最终超导层临界电流密度达 1×10^6 A/cm^2 (77 K，自场)。随后，用同样的方法制备出 La$_{0.7}$Sr$_{0.3}$MnO$_3$/Ir 导电缓冲层，该涂层结构的 J_c 达 2×10^6 A/cm^2。该实验室还采用 PLD 法在双轴织构的 Ni 基带上直接沉积出 La$_{0.5}$Sr$_{0.5}$TiO$_3$ 薄膜，薄膜具有良好的外延性。在 2~300 K，LSTO 薄膜显示出良好的金属特性，在 300 K 时，该薄膜电阻率为 64 μΩ·cm，比块材的电阻率还低。随后他们又制备出 YBCO/LSTO/SrTiO$_3$、YBCO/LSTO/TiN/Ni 和 YBCO/LSTO/TiN/Cu 等三种结构。其中，YBCO/LSTO/SrTiO$_3$ 结构可用来制备微波超导器件，其结构中 YBCO 层电流密度 J_c 值最高为 3 MA/cm^2 (77 K，0 T)[64]。

图 8-29   典型几种导电缓冲层复合结构示意图[60]

8.2.4   超导层

在第二代高温超导带材中，超导层是电流传输层，是整个涂层导体的核心，其性能的优劣直接影响涂层导体的实际应用，这就要求 RE-123 超导层要有尽可能高的临界电流密度。不论是在 RABiTS 技术路线还是 IBAD 技术路线中，超导层均是在具有双轴织构的缓冲层上进行外延生长。制备方法有很多种，包括物理气相沉积 (如 PLD、Sputtering 等)、化学气相沉积 (如激光 CVD、MOCVD)、化学溶液法 (如激光 MOD、喷雾热解法)、反应共蒸发 (reactive co-evaporation，RCE) 法、液相外延 (LPE) 法等，其中有的方法已被证明难以应用，如 LPE 法、喷雾热解法以及溅射法等。LPE 法的缺点是高的生长温度对缓冲层甚至金属基体的破坏作用大，喷雾热解法则是由于多孔洞和粗糙表面使得晶体结构和薄膜质量很差，而溅射法的缺点是沉积速率较慢，适合在单晶上制备 YBCO 薄膜，却不适合长带的规模化制备。

目前，YBCO 超导层的工业化制备方法主要有：PLD 法、MOCVD 法、RCE 法、MOD 法。对于制备 YBCO 超导层，这四种方法各有优缺点。① PLD 法的优势在于工艺简单、重复性好，所制备的薄膜质量高，且容易实现薄膜掺杂，利于提高超导薄膜的磁通钉扎能力。其缺点在于设备价格昂贵，靶材成本高，薄膜生长速率慢。② MOCVD 作为原位的化学气相沉积，其优势在于设备要求较低，适合大面积均匀制备超导薄膜，且薄膜沉积速率快，易于大规模生产。其缺点在于金属有机源价格昂贵、利用率低，薄膜生长温度高。③ RCE 技术属于先位生长技术，优势在于使用金属单质作为蒸发源，成本低，成材效率高、沉积面积大，薄膜材料密度高。其缺点在于原料利用率低，设备要求相对较高，成相控制难，磁通钉扎弱。④ MOD 法的优势在于设备要求低，原料利用率高 (近 100%)，原料成本很低；其缺点在于技术难度大，薄膜表面粗糙度较大、孔洞及二次相等缺陷多。对于上述四种制备方法来说，大致可以分成原位法 (in situ) 和先位法 (ex situ) 两种。原位法沉积薄膜是在高温下直接沉积晶态的 YBCO 外延薄膜，PLD 和 MOCVD 属于此类；先位生长法是在较低温度下进行薄膜的沉积，得到非晶态薄膜，然后将薄膜在低氧分压的气氛中进行高温结晶处理，得到 YBCO 外延薄膜，例如 RCE、MOD 均包含这样的两个步骤。

表 8-8 为总结了当前国内外主要生产厂商所采用的技术路线、带材结构和超导载流能力 [65,66]。可以看出，美国、日本和韩国在 Y 系超导带材制备技术与性能方面处于领先地位，采用的缓冲层模板主要是基于 IBAD 和 RABiTS 技术，其中尤以 IBAD 为主。经过多年研发，目前世界多家企业公司采用 PLD、MOCVD、RCE 和 MOD 等不同技术已能制备出千米级 Y 系超导带材，单位宽临界电流 I_c (77 K, 自场) 普遍超过 300 A/cm-w。但是，目前第二代超导带材的价格昂贵，约为 200 kA·m(在 $B = 2.5$ T，$T = 30$ K 时)[66]。我们知道，变压器、电动机、SMES、电缆、限流器等电力应用市场要求价格低于 50 kA·m。在千米级长带制备上，2008 年美国 SuperPower 公司采用 MOCVD 技术以端到端的临界电流 $I_c \sim 227$ A/cm-w (77 K, 自场) 率先实现千米带材零的突破 [67]。后来韩国 SuNAM 公司通过 RCE 技术制备出 I_c 高达 422 A/cm-w 的千米带材，处于国际领先水平 [68]。在短样研发上，韩国电工技术研究所 (KERI) 通过 RCE 技术制备出 5 μm 厚的 SmBCO 单层厚膜，单位宽 I_c (77 K, 自场) 达到 1500 A/cm-w 的带材样品，相应地 $J_c = \sim 3$ MA/cm$^{2[69]}$。SuperOx 公司主要研发低温强磁场用高性能二代带材，目前其非铜 J_c 在 20 K、20 T 条件下已达 1000 A/mm^2，在 4.2 K、20 T 下高达 2000 A/mm^2。

表 8-8　国内外主要生产厂商的技术路线、带材结构和超导载流性能 [65,66]

公司	技术路线	基带	缓冲层	长度/m	I_c/(A/cm-w) (77 K, 自场)
美国超导公司	RABiTS/MOD-Y123	Ni-W	Y_2O_3/YSZ/CeO_2	570	460
美国 SuperPower	IBAD/MOCVD-Gd123	Hastelloy	Al_2O_3/Y_2O_3/MgO/$LaMnO_3$	1065	282
日本 SWCC	IBAD/MOD-Y(Gd)123	Hastelloy	$Gd_2Zr_2O_7$/CeO_2	500	~ 300
日本 Fujikura	IBAD/PLD-Gd123	Hastelloy	Al_2O_3/Y_2O_3/MgO/CeO_2	1050	580
俄罗斯 (日本) SuperOx	IBAD/PLD-Gd123	Hastelloy	Al_2O_3/Y_2O_3/MgO/ $LaMnO_3$/CeO_2	1010	300
韩国 SuNAM	IBAD/RCE-Gd123	Hastelloy 或 Stainless steel	Al_2O_3/Y_2O_3/MgO/$LaMnO_3$	1000	625
德国 THEVA	ISD/RCE-Dy(Gd)123	Hastelloy	MgO	>100	550
德国布鲁克	ABAD/PLD-Y123	Stainless steel	YSZ/CeO_2	550	>100
上海上创超导	IBAD/MOD-RE123	Hastelloy 或 stainless steel	Al_2O_3/Y_2O_3/MgO/$LaMnO_3$	500 $\sim$ 1000	~ 300
上海超导	IBAD/PLD-Y123	Hastelloy	Al_2O_3/Y_2O_3/MgO/CeO_2	1000	~ 300
苏州新材料研究所	IBAD/MOCVD-RE123	Hastelloy	Al_2O_3/Y_2O_3/MgO/$LaMnO_3$	1000	>300

8.2.4.1 YBCO 超导层的成相温度

图 8-30 是在氧气氛中 YBCO 相的氧分压–温度的稳定性相图, 该图还给出了不同薄膜制备工艺的典型成相温度 [65]。在该相图边界上, YBCO 相的氧含量大约为 6.0, 低于这一临界值钙钛矿结构将分解为 Y_2BaCuO_5 以及其他杂相。当为 6.5 时, 结构从四方相转变为正交相, 其中 T_c 为 50 K, 当为 6.9 时, T_c 大约为 90 K。对于原位生长 YBCO 薄膜, 在氧分压大于图中给出的左下方临界值时, 可以形成超导钙钛矿结构。

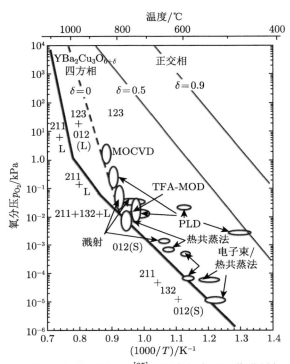

图 8-30   YBCO 成相温度与氧分压的相图 [65]。图中包含不同薄膜制备工艺的典型成相温度

图 8-30 还给出了采用不同制备方法成功生长 YBCO 薄膜的区域。可以看出, 所有报道的成功案例均出现在热力学稳定性边界线之上, 而且最好的薄膜 (由高 T_c 和高 J_c 性能判断) 是在该线附近形成的。这表明 YBCO 通常优先在相稳定性边界附近结晶成相生长。当高于热力学稳定线时, 生长形貌是与氧分压 p_{O_2}、温度和生长速率有关的。一般而言, 如果生长模式不是外延生长, 则晶粒尺寸在相界线附近最大, 特别是在基底温度较高时, 这些薄膜的表面往往比较粗糙。在生长参数远离相边界线时, 特别是在低温下, 薄膜通常具有较小的晶粒尺寸和更加光滑的表面。进一步增加氧分压或降低生长温度, 所形成的结构通常更加无序, 会造成 X 射线线宽展宽以及 T_c 降低。远离稳定线时, 薄膜的有序度和表面迁移率降低, 主要原因如下 [70]:

(1) 稳定线和其他类型的相图边界线类似, 靠近稳定线时原子迁移率增加, 导致了更大的晶粒尺寸和更高的原子有序度。

(2) 远离稳定线时 (向右侧移动), 生长表面上的表面迁移率降低, 部分原因是更低的

温度, 但也与表面上氧含量的增加有关。多余氧增加了成核驱动力, 从而导致了更高的成核速率, 进而产生了更小的晶粒。此外, 表面上高的氧含量有助于在表面上形成金属氧化物团簇, 这会降低原子迁移率。氧分压较高时, 可能在气相时就已发生了金属原子的氧化, 这可能对有序化 YBCO 生长不利。

由上可知, 通过抑制晶体生长所必需的过饱和度, 可促进外延生长从而获得高质量薄膜。例如, 采用 PLD 的低温制膜法是一种非常有效的成膜工艺, 即先在高温、低过饱和度条件下外延生长 c 轴取向的籽晶层, 然后通过低温生长来增加过饱和度, 最终提高了 YBCO 的生长速率并获得细小的晶粒尺寸。在这种两步式成膜方法中, 籽晶层就是先在 **图 8-30** 所示的相稳定性边界附近成核生长。需要注意的是, **图 8-30** 中左下方的相稳定线是在 YBCO 薄膜成分组成为 Y:Ba:Cu= 1:2:3 的条件下的相稳定相图。如果 YBCO 组成不同, 则需相应地修改相图。

8.2.4.2 PLD 方法

1987 年美国贝尔实验室最先利用 PLD 方法制备出 YBCO 超导薄膜[71], 不仅对高温超导研究而且对 PLD 技术本身的发展均起到推动作用。研究表明 PLD 能将复杂化合物靶体的化学计量配比完全复制到沉积的薄膜中, 使制膜的可靠性和重复性大大提高。另外, PLD 工艺中, 样品的基底温度适中 (一般为 700~800 ℃), 且薄膜可在氧气中进行原位外延生长, 质量很好。经过多年的发展, PLD 已经非常成熟, 成为制备高温超导薄膜最成功的方法之一。日本 Fujikura、Sumitomo、SuperOx 和德国布鲁克等这些涂层导体的生产厂商均采用 PLD 技术, 他们利用工业级激光源和动态沉积真空系统, 已能制备出百米到千米长的高性能 RE-123 超导层。

采用高功率密度脉冲激光对材料进行照射, 用以形成薄膜的方法, 一般称为 PLD。**图 8-31(a)** 所示为 PLD 成膜装置示意图。其一般由脉冲激光器和光学系统 (光阑扫描器、会聚透镜、激光窗等)、沉积系统 (真空室、重启系统、靶材、基底加热器)、辅助设备 (测控装置、监控装置、气路、电机冷却系统) 等组成。靶材和基板置于真空室之中, 为适应成膜要求, 可调整真空室内气氛, 控制基板温度。由于采用了非接触式加热, 激光器置于真空室外, 既完全避免了来自蒸发源的污染, 又简化了真空室, 非常适宜在超高真空下制备高纯薄膜。PLD 工艺特点是工艺可重复性好; 化学计量比精确; 沉积速率高, 便于大面积成膜; 操作简单, 尤其是可避免沉积过程中对基片和已形成薄膜的损害; 其基片温度要求不高, 而且薄膜成分与靶材保持一致。然而它也存在一些缺点, 首先是原子量级的沉积机制使薄膜生长速率较慢; 另外, 它需高真空系统, 规模化制备时成本较高。尽管如此, 人们还是把 PLD 视为制备高质量涂层导体的主要技术之一。

PLD 法所采用的激光光源主要是准分子激光。准分子激光器是一种高能脉冲激光器件, 其波长分布在紫外区, 波长又可调, 脉冲宽约为 10 ns 秒量级, 脉冲峰值功率超过千兆瓦, 单个脉冲能量大于 100 mJ, 脉冲重复频率可达上百 Hz, 效率超过 10%。由于其光子能量大, 在极短的脉冲 (约 10 ns) 作用下, 仅在表面处吸收了高功率密度的光能。通常激光的聚焦光斑在 5 mm^2 左右, 需要 0.5~1 J/(脉冲·cm^2) 以上的照射功率。若功率密度在此以下, 则以热过程为主, 得到的薄膜可能出现成分偏离。准分子激光器目前已广泛用于光刻、激光打孔及光 CVD 等光化学反应处理等工艺中。

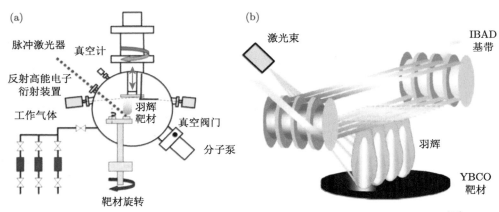

图 8-31　　(a) PLD 成膜装置示意图；(b) "多羽辉–多道次"PLD 系统示意图 [72]

　　准分子激光 (excimer laser) 是指受到电子束激发的惰性气体和卤素气体结合的混合气体形成的分子向其基态跃迁时所产生的激光。准分子激光属于冷激光，无热效应，是方向性强、波长纯度高、输出功率大的脉冲激光，光子能量波长范围为 157~353 nm，寿命为几十纳秒，属于紫外线。因气体的组合不同，可发出不同波长的紫外线。最常见的波长有 157 nm、193 nm、248 nm、308 nm、351~353 nm。实际使用的气体主要是惰性气体与卤族构成的混合气体。例如，Lambda Physik 公司的 LPX 系列 XeCl 准分子激光器 (波长 308 nm) 就采用 Xe 气和由 He 稀释的 HCl(5%) 及 H_2(1%) 混合气体作介质，以 Ne 气为缓冲气体。ArF 准分子激光器的波长为 193 nm，KrF 和 XeF 的波长分别是 248 nm 和 351 nm。但是，对于准分子激光器，自运行初期开始，伴随着激光介质气体的劣化，受激发射的输出会逐渐降低。因此，提高准分子激光器的输出功率及工作寿命是其应用推广的关键。

　　PLD 法制备 YBCO 薄膜的基本原理是利用激光照射靶材，在等离子体羽辉中蒸发，将靶材中物质成分按原化学计量比完全分离，然后迅速沉积到基底的物理过程。具体说来，PLD 镀膜过程主要分三个阶段：第一阶段是准分子脉冲激光器产生的高功率脉冲激光束聚焦并作用于靶材表面，使靶材表面产生高温熔蚀，进而产生高温高压等离子体；第二阶段，等离子体定向局域膨胀发射，形成等离子体羽辉；第三阶段，等离子体在基底上成核、长大形成薄膜。沉积 Y 系超导层一般选用 KrF 或 XeCl 的准分子激光器，RE-123 靶材的烧蚀通常需要 10~30 mJ/mm^2 的激光能量。沉积过程中激光束的功率、脉冲的能量、频率、靶材的表面状况以及基带温度的均匀性和运动速度等都是决定 YBCO 薄膜质量的重要参数。

　　为了确保良好的薄膜化学计量比，每一个脉冲的沉积膜厚度一般不超过 0.1 nm。此外，脉冲重复频率必须保持在 ~50 Hz 以下，以防止临界电流密度衰减。德国布鲁克和日本 Fujikura 研发了一种在大面积靶材上激光束连续扫描的技术 [73]。在扫描过程中激光羽辉在平稳移动的同时以小区域的随机顺序在长基带上沉积成膜，由于对靶材和基底的扫描在时间上是独立的，因此保证了膜厚和化学计量比的均匀性。研究表明该技术可以将激光脉冲的重复率提高 1000 倍，同时将沉积脉冲的局部重复率保持在 <20 Hz。这样一次扫

描完成获得的膜厚通常为 0.3～0.5 μm，因此必须沉积多层达到一定厚度才能获得高的临界电流。

　　为了规模化生产，人们研制了连续 PLD 沉积系统。**图 8-31(b)** 给出了"多羽辉–多道次" PLD 系统的示意图 [72]。该系统主要由工业级高功率激光设备和大型真空室组成。激光装置在沉积过程中可以连续扫描 YBCO 靶材，并产生多个离散的羽辉 (即多羽辉)。真空室内装有卷对卷基带传送系统，利用该装置金属基带可多道次同时通过基带加热器，这样扩大了沉积面积，提高了制备效率。图中激光系统使用 4 个羽辉，每个羽辉的脉冲频率为 40 Hz。镀膜期间的氧分压为 200 mTorr。YBCO 薄膜的沉积温度是 750～850 ℃，激光脉冲能量为 500～600 mJ。沉积温度由粘贴在 Hastelloy 基带上的热电偶进行实时检测。在 YBCO 沉积过程中，基带传送速率可根据需要进行调节，在 2～50 m/h 变化。

　　在高性能带材研发方面，美国 LANL 采用 PLD+IBAD-MgO 工艺，在 9 μm 的 YBCO 厚膜中获得的 I_c 高达 1500 A/cm-w(77 K, 0 T)。随后他们又通过 $BaZrO_3$ 纳米棒和 Y_2O_3 纳米颗粒复合掺杂，采用 PLD 法成功在 2 μm 的 YBCO 膜中实现了 I_c(77 K, 0 T) 高于 1000 A/cm 的研究目标，相应的 J_c=5.2 MA/cm²[74]。日本 Fujikura 公司坚持采用 PLD 技术制备超导层，并建立了大型激光沉积系统。2004 年他们利用该 PLD 系统制备出长度为 100 m，临界电流超过 100 A 的 GdBCO 超导带材；2006 年制备的带材长度达 200 m，临界电流超过 200 A；2007 年带材长度发展到 504 m，临界电流超过 350 A，其 $I_c \times L$ 值达到 176000 A·m，创造了当时的世界纪录。2010 年 10 月，Fujikura 公司利用新开发的热壁 PLD 系统制备出了 $I_c \times L$= 615 m×609 A 的带材，该装置具有很高的沉积速率 (> 100 nm/s)，可以沉积厚膜 (达 6 μm)[75]。2011 年 4 月制备出了长度为 816.4 m、平均电流为 572 A 的 YBCO 涂层导体，其 $I_c \times L$ 值达到 466981 A·m。一年后该公司又制备出一根长 1050 m，超导临界电流达到 580 A 的第二代带材，再次将 $I_c \times L$ 值的世界纪录刷新到 602200 A·m，如**图 8-32** 所示 [76]。Sumitomo 公司在双轴织构的金属基带上采用磁控溅射方法制备缓冲层，大功率 PLD 和 3 cm 宽带技术制备 RE-123 超导层，曾经可重复生产 I_c > 400 A/cm

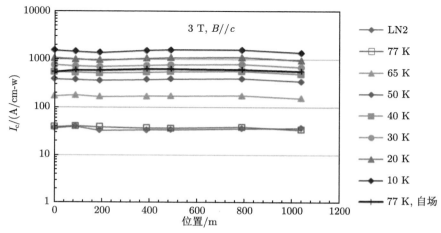

图 8-32　外加 3 T 磁场、不同温度下，千米级 10 mm 宽 GdBCO 长带的 I_c 分布 [76]

的百米级长带。目前采用工业级 PLD 系统和卷对卷连续镀膜技术能够生产 500 m 至 km
级 YBCO 超导涂层的公司还有德国布鲁克、SuperOx 和上海超导公司等。值得一提的是
上述生产厂商普遍采用 "多羽辉–多道次" PLD 系统，YBCO 沉积速率可达 100~200 m/h。
影响长带超导涂层沉积加工速率的主要因素有：靶材质量、光束扫描参数、基板旋转和移
动速度以及沉积温度和氧分压等。

8.2.4.3　MOCVD 方法

前面提到的 PLD 或 Sputtering 成膜方法，主要利用的是物质的物理变化，如从固态
到气态再到薄膜等，故称其为物理气相沉积 (physical vapor deposition，PVD)。本节所讨
论的成膜方法主要利用的是在高温空间 (也包括在基板上) 以及活性化空间中发生的化学
反应，故称其为化学气相沉积 (chemical vapor deposition，CVD)。一般情况下，为引起
化学反应，犹如干柴点火，需要对反应系统输入反应活化能。依提供反应活化能的方式不
同，化学气相沉积分为不同类型。升高温度，以热提供活化能的为热 CVD(即一般所说的
CVD)，采用等离子体的为等离子体 CVD(PCVD)，采用光的为光 CVD(photo-CVD)。通
常将采用有机金属化合物，由热 CVD 法制作薄膜的技术，特称为金属有机物化学气相沉
积 (MOCVD)。可以看出，MOCVD 是化学气相沉积的一种。

实际上，MOCVD 法是近二三十年发展起来的一项用于制备高性能薄膜材料的制备技
术，最初只用于 III-V 族、II-IV 族半导体材料的生长，如 III-V 族化合物半导体 (砷化镓
GaAs、砷化镓铝 AlGaAs 等) 或是 II-IV 族化合物半导体 (碲化镉 CdTe、硫化锌 ZnS 等)。
如图 **8-33** 所示，MOCVD 法的原理是载流气体将气态金属有机物带至反应腔中与其他反
应气体混合，然后导入高温加热的基板上，使其发生化学反应，进行气相外延生长形成金
属化合物薄膜。其薄膜生长过程大致可分为以下步骤。

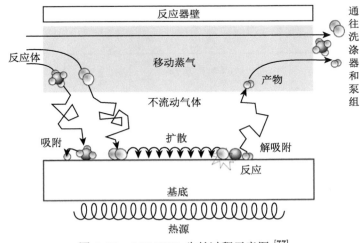

图 8-33　MOCVD 生长过程示意图 [77]

(1) 气体的迁移过程。有机前驱体分子随载流气及氧化气体进入反应腔，到达基板上
方，向基底进行扩散迁移。由于基板上方的温度高，在迁移过程中，前驱体会发生部分分

解, 前驱体之间或者与反应气之间发生少量的气相均相反应, 生成化合物, 其会沉积到薄膜中, 生成杂相, 影响薄膜的外延生长, 破坏其结晶性。

(2) 气体的吸附过程。前驱体分子及反应生成物通过扩散吸附在基板上, 参与外延薄膜生长过程中的化学反应。

(3) 成膜过程。吸附在基板上的前驱体分子在高温催化下发生反应, 并且沿着基板的表面外延生长薄膜, 其生长方式一般为层状生长, 薄膜的结晶质量也相应较高。

(4) 反应生成物脱附过程。在高温环境下, 薄膜表面的气态副产物会被解吸, 离开衬底表面, 和未参加反应的前驱体气体一同由载流气带出反应腔。

1988 年, Berry 等首次采用 MOCVD 法在 MgO 衬底上制备 YBCO 超导薄膜[78]。其工艺流程大致概括为: 首先将配制好的金属有机源前驱体通过蒸发系统加热汽化, 然后通过喷淋装置进入反应腔, 最后在加热的基片表面同反应气体发生化学反应, 生成超导薄膜, 如**图 8-34** 所示。MOCVD 系统通常由有机源进液单元、有机源蒸发室、有机源输送管道、反应室 (薄膜沉积腔)、基带卷绕单元、尾气处理单元和真空泵单元组成。与其他 YBCO 超导薄膜制备方法相比, MOCVD 法具有以下特点: ① 金属有机源前驱体通过泵液和蒸发装置以气体形式进入反应室, 那么可以通过控制前驱体的泵入速率和金属有机源的比例来调整薄膜的生长速率、成分等, 并可随意增减添加剂; ② 反应室中的气体流量大、气压高, 对真空系统的要求低, 设备价格低廉; ③ 薄膜生长以热分解反应为主, 通过精确控制反应温度、气流大小以及反应气体比例等工艺条件就可以确保高质量薄膜的外延生长; ④ 金属有机源化学反应速度快, 可以获得较快的薄膜沉积速率, 保证了较高的带材制备效率。⑤ 可在形状不同的基体上镀膜, 容易扩大涂层导体的长度和宽度, 利于批量生产。

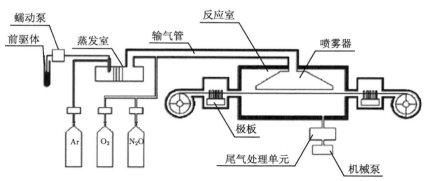

图 8-34 采用 MOCVD 技术制备 YBCO 薄膜示意图[77]

与半导体领域中的 MOCVD 系统相比, 由于制备 YBCO 薄膜对纯度和真空度要求较低, 因而其 MOCVD 系统更加简单, 反应室设计也更容易。并且, 通过对 MOCVD 系统进行相应设计和优化 YBCO 薄膜制备工艺, MOCVD 的上述特点可以得到更加充分地发挥。例如, 人们采用卤素灯加热衬底, 同时利用卤素灯的光辅助, 实现了高达 1 μm/min 的 YBCO 薄膜沉积速度, 相应 YBCO 薄膜的 J_c 为 1 MA/cm^2[79]。美国 SuperPower 采用 MOCVD 法制备出了掺 Zr 的 GdYBCO 带材, 其 I_c 在 77 K 和无外加磁场的条件下为 813 A/cm-w, 而在 77 K 和外加 1 T 磁场的条件下则超过 186 A/cm-w[80]。美国休斯敦大学超导中心重点改进了 MOCVD 系统, 有效克服了以前 MOCVD 反应器中存在的缺陷, 例如, 厚度超过 1 μm 时易于形成 a 轴晶粒以及前驱体原料转化效率低等问题。采用该装置, 他们最近一次性制备了 4.6 μm 厚的高性能 (Gd, Y)BCO 膜, 在 77 K 自场下临界电流达 1400 A/cm-w, 相应 J_c 约为 3.3 MA/cm^2[81]。

　　日本 Chubu 电力公司采用多段温区 MOCVD 系统制备的 YBCO/CeO$_2$/IBAD-GZO/Hastelloy 涂层导体, 沉积速率达 50 m/h, 长度已超过 200 m, 单位宽度 I_c (77 K, 0 T) 为 294 A/cm-w[82]。SuperPower 公司经过多年努力, 成功研发出单源液体输送系统, 最终解决了生长薄膜成分不均匀的难题。具体工艺是将 RE、Ba、Cu(tmhd, tetramethyl heptane dionate) 的金属有机原料溶解在有机溶剂中, 通过微型泵或液体质量流量控制器输送至蒸发室中的喷雾器, 然后经过蒸发气化的前驱体通过惰性气体输送到 CVD 反应器中。结合 IBAD-MgO 工艺, SuperPower 采用 MOCVD 法以 69 m/h(随后提高到 >100 m/h) 的速率连续卷绕制备了千米级 GdYBCO 超导带材, 其临界电流达到了 282 A/cm-w(77 K, 0 T), 如图 8-35 所示。其 $I_c \times L$ 值为 300330 A·m, 是涂层导体当时的世界纪录[67]。另外从图中还可看出, 该长带绝大部分的临界电流都在 400 A/cm 左右, 但有一处位置的临界电流为 282 A/cm, 因此整根长带的临界电流为 282 A/cm。如果带材的均匀性能维持在 400 A/cm 的水平, 则整根带材临界电流将得到极大提高, 因此带材的均匀性对高性能长带至关重要。在国内, 苏州新材料研究所采用 MOCVD 工艺也成功制备出千米级 YBCO 长带。

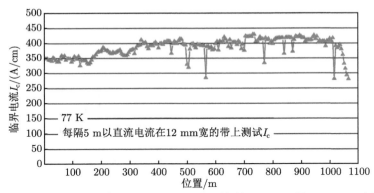

图 8-35　SuperPower 采用 IBAD-MgO/MOCVD 工艺制备的 1065 m 长、12 mm 宽涂层导体的 I_c 均匀性分布[55]

　　这里还要简单介绍一下制备 YBCO 薄膜时所用的金属有机物, 因为作为前驱粉原料, 其质量的好坏直接影响着最终带材的载流性能。金属有机化合物是指金属原子与一个或多个有机基团中的碳原子键合 (有时也通过 O、N、S 等原子与碳原子键合) 所形成的化合物, 它的物理化学性质对成功制备薄膜至关重要。在 MOCVD 制备 YBCO 薄膜中, 所用的金属有机化合物须满足以下要求:具有合适的蒸气压, 化学性质稳定, 较低的分解温度, 反应所形成的副产物易排除且不阻碍薄膜的生长, 毒性低。为了达到这些要求, 通常选用 β-二酮化物类金属有机物, 所选用的配体一般是 2,2,6,6-四甲基-3,5-庚二酮 (2,2,6,6-tetramethyl-3,5-heptanedione), 别名 tmhd, 分子式为 C$_{11}$H$_{20}$O$_2$。它具有螯合能力强、空间位阻大、可以与金属离子形成稳定螯合物的特点，与 Y^{3+}、Ba^{2+}、Cu^{2+} 形成的螯合物对应为 $Y(tmhd)_3$、$Ba(tmhd)_2$ 和 $Cu(tmhd)_2$，相应的结构简图如**图 8-36** 所示。这些金属源具有热稳定性高、挥发性好等优点，因而在 MOCVD 法制备 YBCO 薄膜中使用得较普遍。另外，对于氧化数较小而有效离子半径较大的中心金属离子 (如 Ba 离子)，在与 β-二酮配体配位时虽能达到电中性要求，但却不能被 β-二酮配体完全遮蔽。此时，这些未被完全遮蔽的中心金属离子可通过桥联的方式与配位于相邻金属离子的 β-二酮之间形成多核聚合体，且很容易与环境中的氧气分子或水分子发生反应来增加配位数，导致化合物结构改变，挥发性降低以及不溶于大多数有机溶剂。因此，在合成此类金属的金属有机化合物时，除了加入 β-二酮配体外，还需加入其他助配体，以尽可能完全包覆金属离子。一般而言，金属有机物制备复杂，且价格昂贵，是 MOCVD 制备薄膜成本的主要部分。

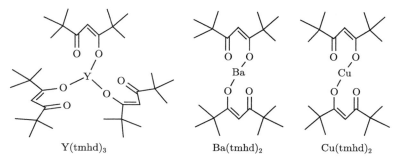

图 8-36　$Y(tmhd)_3$、$Ba(tmhd)_2$ 和 $Cu(tmhd)_2$ 三种金属有机物的结构简图

如上所述，MOCVD 法的高制备效率、成分易控以及所生长薄膜质量高的优点为 YBCO 超导带材的大规模生产奠定了良好的基础。但是，该方法也存在一些劣势：MOCVD 的原材料为 Y、Ba、Cu 的有机化合物，其中 Ba 金属有机源价格昂贵，同时利用率也较低，从而限制了该工艺的广泛使用。

8.2.4.4　RCE 方法

真空蒸发镀膜 (evaporation) 是制备薄膜最普通的方法。这种方法是把装有基底的真空室抽成真空，使气体压强达到 10^{-2} Pa 以下，然后加热镀料，使其原子或分子从表面气化逸出，形成蒸气流，入射到基底表面，凝结形成固态薄膜。真空蒸镀设备主要由真空镀膜室和真空抽气系统两大部分组成。真空镀膜室内装有蒸发源、被蒸镀材料、基底支架及基底 (substrate) 等，如**图 8-37** 所示 [83]。

简单说来，要实现真空蒸镀，必须有"热"的蒸发源、"冷"的基底，以及周围的真空环境，三者缺一不可。特别是对真空环境的要求更严格，其原因有：① 防止在高温下因空气分子和蒸发源发生反应，生成化合物而使蒸发源劣化；② 防止因蒸发物质的分子在镀膜室内与空气分子碰撞而阻碍蒸发分子直接到达基底表面，以及在途中生成化合物或由于蒸发分子间的相互碰撞而在到达基底之前就凝聚等；③ 在基底上形成薄膜的过程中，要防止空气分子作为杂质混入膜内或者在薄膜中形成化合物。可以说，溅射镀膜、离子束沉积、分子束外延等薄膜制备方法也是在真空蒸发镀膜基础之上发展起来的。目前，各种类型的真空镀膜方法在普及推广的同时，仍在不断地改善和提高。

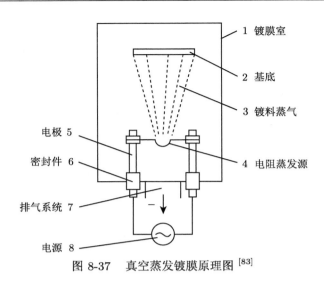

图 8-37　真空蒸发镀膜原理图 [83]

　　反应蒸发法 (reactive evaporation) 就是将活性气体导入真空室，在一定的反应气氛中蒸发金属或低价化合物，使之在沉积过程中发生化学反应而生成所需的高价化合物薄膜。反应蒸发法不仅用于热分解严重的材料，而且还用于因饱和蒸气压较低而难以采用热蒸发的材料。因此，它经常被用来制作高熔点的化合物薄膜。反应主要发生在基底表面，在反应蒸发过程中，被吸附的反应气体分子或原子渗透到膜层表面并扩散到低势能的晶格处，与入射到基底并被吸附的蒸发原子通过扩散、迁移发生化学反应，形成氧化物或化合物薄膜。由于反应蒸发法是利用在基底表面上析出的或吸附的活性气体分子或原子之间的反应，因此反应能在较低温度下完成。因为在反应过程中并不太强化析出或凝聚作用，因此容易得到均匀分散的化合物薄膜。

　　RCE 法是反应蒸发法的一种，可同时有多个蒸发源。RCE 法制备 YBCO 薄膜的原理是在真空室内利用几个独立的蒸发源同时向基底蒸发 Y、Ba、Cu，然后在真空室通入反应气体 (O$_2$)，在样品表面形成 YBCO 薄膜，如**图 8-38(a)** 所示 [84]。由图中看出，RCE 的腔室由一个蒸发区 (下部区域) 和一个沉积区 (上部区域) 组成。下部区域的电子束蒸发器通过电子束加热蒸发 Y 源和 Cu 源，而射频感应加热蒸发 Ba 源。原子吸收光谱法用于检测靠近源的蒸气密度，并微调加热器功率，用以调节薄膜成分组成。在上半部分，卷绕在转鼓上的基底可在高真空 ($<10^{-5}$ Torr) 的低压沉积区和较高氧分压 ($p_{O_2} \approx 20$ mTorr) 的区域之间旋转。因此，样品可以在低压区域和高压区域之间快速交替，在低压区域中基底从 Y、Ba、Cu 三个源同时蒸发的羽辉中接收沉积物，在高压区域中它们被氧化生成所需要的 YBCO 薄膜。RCE 法沉积的薄膜的成分和晶体结构主要取决于反应气体对基底的入射频度、蒸发材料离开蒸发源的蒸发速率和基底温度三个参数。和其他 YBCO 制备方法相比，RCE 法具有如下特点：① 采用的是金属蒸发料，价格相对便宜，便于降低超导带材的制备成本；② 可以通过调节蒸发速率来提高薄膜的沉积速率，因而具有很高的薄膜生长效率，高达 100 nm/s(PLD，MOCVD ∼ 10 nm/s，MOD ∼ 1 nm/s)。采用 RCE 法制备超导薄膜时，首先在基带衬底表面预先沉积合金薄膜，然后在低氧和高氧环境中对合金薄膜进行热处理，最后形成 YBCO 超导薄膜。但是，整个热处理工艺涉及复杂的相变过程，控

制比较复杂，增加了带材制备的难度。

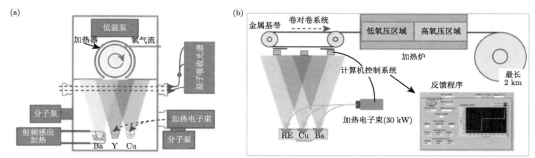

图 8-38　(a)RCE 法沉积 YBCO 薄膜示意图 [84]；(b)SuNAM 公司用于卷对卷 YBCO 长带制备的
RCE 系统 [85]

1993 年，反应共蒸发技术第一次被用来制备 YBCO 超导薄膜 [86]。由于蒸发速率快，原料价格低，所以在带材超导层制备上很有优势。随后美国 LANL、德国 Theva、韩国 SuNAM 等跟进研究并采用 RCE 工艺制备高性能超导带材。目前，韩国 SuNAM 和美国 STI 公司两家生产制造商均已掌握 RCE 技术，运用该方法不仅能够制备高性能短样，而且还能生产 YBCO 长带。但是两家公司使用工艺有所不同。美国 STI 公司使用的是**图 8-38(a)** 所述工艺，即超导层是在沉积和反应的循环过程中渐次形成。在低压区，共蒸发的材料在卷绕于转鼓上的基底上沉积生长，转鼓的温度为 700~800 ℃。通过调整转鼓的旋转速率可获得沉积时间与氧化时间之比为 1:9。采用 5 Hz 的旋转速率和 6 nm/s 的蒸发速率，一次循环可沉积约 0.12 nm，这样平均沉积速率为 0.6 nm/s。最终 30 分钟可获得 1 μm 厚的薄膜。韩国 SuNAM 制备薄膜采用的是一步沉积 RCE 工艺 (**图 8-38(b)**)，随后将沉积后的非晶态薄膜通过两段不同的氧气压力 (10^{-2} mTorr 和 150 mTorr) 区域、温度 860 ℃ 的管式炉进行两段式热处理，在快速氧化过程中将非晶态膜转化为 Gd-123[85]，非常适合规模化制备长线。

在高性能短样研发上，美国 LANL 早在 2009 年就报道采用 IBAD-RCE 制备出 1.2 μm 厚度的 YBCO 薄膜，其临界电流 I_c 为 360 A/cm-w(77 K, 0 T)，6 μm 的 YBCO 厚膜 I_c 能够达到 950 A/cm-w，相应地 J_c 为 1.6 MA/cm^2 [84]。2014 年，韩国的 KERI 采用 RCE 工艺在 IBAD-MgO 基带上制备出了 22 m 长、I_c(77 K, 0 T) 平均值高达 1157 A/cm-w 的 SmBCO(5 μm 厚) 超导带材，并且该带材中有 ~12 cm 长部分的最大 I_c 超过了 1500 A/cm-w[69]，是目前已报道载流性能的最高值。

韩国 SuNAM 公司于 2010 年左右开展了 RCE-GdBCO 长带的制备工作，2014 年，该机构制备出长度 1000 m 以上，临界电流为 422 A/cm-w(77 K, 0 T) 的超导带材，其采用 IBAD-MgO+RCE 工艺 (**图 8-39(a)**)。然而通过使用石英晶体微量天平检测金属源的蒸发速率并不能精确控制薄膜的沉积速率，从而影响到长带的均匀性。随后他们转而采用 RGB 颜色分析方法进行薄膜质量控制，使得千米级涂层长带的均匀度提高到 95%[68]。2016 年，他们采用 RCE 法以 120 m/h(最高 >360 m/h) 的速率制备了 12 mm 宽、1.4 μm 厚的千米级 GdBCO 长带，其临界电流高达 625 A/cm-w(77 K, 0 T)，如**图 8-39(b)** 所示。

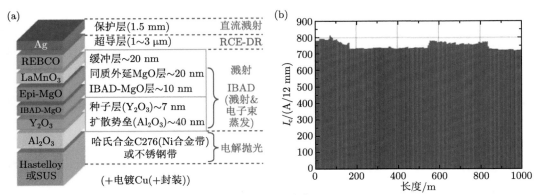

图 8-39   (a) 韩国 SuNAM 公司涂层导体的结构示意图 [85]；(b) 采用 RCE 工艺制备的千米长、12 mm
宽涂层导体的 I_c 均匀性分布 [87]

8.2.4.5   MOD 法

MOD 法为化学溶液法的一种，特点是先采用溶液涂敷、后进行热处理的方法。它无须真空设备，涂层快，适合规模化生产，属于涂层导体的低成本制备方法。MOD 法的关键问题是解决工艺技术的可靠性和稳定性，并进一步提高带材的性能，达到实用化要求。

早期的 MOD 采用一些对水不敏感的高分子溶剂或前驱物 (如 Carboxylates、2-ethyhexanoates 等)，这些含高碳原子的前驱物在薄膜中，特别是晶界处可形成稳定的 BaCO$_3$ 相，使超导临界电流密度总是很低。1988 年，IBM Watson 研究中心的 Gupta 等首次采用三氟醋酸盐 (trifluoroacetate) 作为先驱物制备了 YBCO 超导薄膜 [88]。之后，人们在通过增加薄膜厚度和提高溶剂纯度方面取得了成功 [89,90]，使该方法能稳定地制备高性能 YBCO 薄膜，现被普遍称之为 TFA-MOD 方法。为了避免 BaCO$_3$ 的形成，一般采用三氟乙酸盐溶液作为先驱物，这样在热分解过程中会形成 BaF$_2$，即 Ba(CF$_3$COO)$_2$ $\longrightarrow$ BaF$_2$ + (2CO$_2$+C$_2$F$_4$)。在随后的水蒸气热处理中，BaF$_2$ 分解，其中 F 随 HF 流出薄膜体外。按照前驱液的发展顺序来分，MOD 方法包含三类：传统全氟前驱液 (即 TFA-MOD)、低氟前驱液、无氟前驱液，通常情况下无氟前驱液制备的薄膜性能较差。

使用 MOD 方法制备 YBCO 超导薄膜的过程主要包含四个过程：前驱液的合成、前驱膜的涂敷、低温热分解过程、高温晶化过程等步骤。每一步骤对后续都会有很大的影响，所以必须要合理调控每个步骤的参数，以获得高性能超导薄膜。

1) 前驱液合成

前驱液的合成主要有两种方法：传统的 TFA-MOD 前驱液的合成和低氟 MOD 前驱液的合成，两种方法的区别在于前驱液中氟含量不同。对于传统的 TFA-MOD 前驱溶液的合成，先将 Y、Ba、Cu 的乙酸盐按一定的化学配比和三氟乙酸制成水溶液，经过浓缩成黏稠状后，再将其重新溶解到甲醇中，制备流程如**图 8-40** 所示 [91]。

基底在使用之前可能会吸附空气中的灰尘，或者空气中的氧、碳、氯等元素，这些处在基底表面的吸附物会对制备出的薄膜性能有很大影响，因此基底在使用之前都需要进行清洗。常用的清洗方法包括：化学清洗法、超声波清洗法、粒子轰击清洗法、真空烘烤清洗法等。

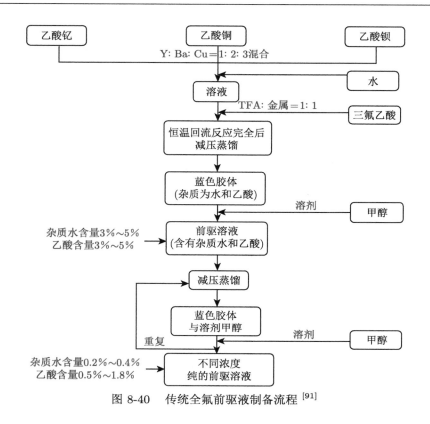

图 8-40 传统全氟前驱液制备流程 [91]

2) 前驱物涂覆

超导层前驱液的涂覆方式常用的有四种方式: 旋涂、喷涂、浸涂和网格涂敷,如**图 8-41**所示 [92],也就是将前驱液涂敷于单晶基底和带有缓冲层的金属基带上。① 旋涂法 (spin-coating):将清洗后的基片置于转动轴上,采用移液枪取少量前驱液滴于基片上,旋转基片得到涂层前驱膜,前驱膜的厚度与旋涂速度、旋涂时间和前驱液的浓度有关,旋涂时间越长、速率越大,薄膜厚度越薄;前驱液的浓度越高,薄膜厚度越厚;当旋涂时间和速率超出一定的临界值时,薄膜的厚度保持恒定。旋涂法操作简单方便、所制薄膜比较均匀、致密,所需的前驱液很少,一般适用于在实验室制备小尺寸的样品。② 喷涂 (spray-coating):将前驱液在一定的压力条件下转化为气溶胶,通过喷雾涂覆于基片上,旋转基片得到涂层。喷涂使用的前驱液一般为低黏度前驱液,常用于半导体器件的涂敷,它的优点是可以在表面不平整的衬底上 (表面有台阶、沟槽等) 进行涂覆,获得良好薄膜。③ 浸涂或提拉涂覆 (dip-coating):让基底以一定的速度垂直进入前驱溶液中,然后以一定的速度垂直从前驱溶液中提拉出来,在重力作用下会在基底表面形成一层均匀的前驱溶液,由于前驱溶液中的溶剂甲醇迅速蒸发,于是附着在基底表面的溶胶迅速凝胶化而形成一层凝胶膜,从而获得了一定厚度的前驱膜。膜的厚度与前驱液的表面张力、黏度和提拉速率有关。当前驱液的浓度增加时,涂层厚度增加;当提拉速率增加时,涂层厚度增加。一般仅需一个涂覆步骤,即可获得 0.5~1 μm 厚的 YBCO 薄膜 (相当于包括孔隙和第二相在内的实际厚度约为 1 μm),但涂覆和分解过程可重复多次以获得厚膜。浸涂法的优点是对于原材料的利用率很高,可以接近 100%,适合于长带的涂覆,它是目前动态制备缓冲层和超导层常用的一种方法。④ 网格涂覆 (slot-die coating, web-coating):将前驱液置于有压力的容器中,采用网槽涂覆于基带上,涂层厚度与前驱液的黏度、表面张力、走带速率和给料速率有关。网格涂覆可以精确控制涂层的厚度,节约前驱液以及保护未使用的前驱液,可以用于连续长带制备。例如,美国超导公司将网格涂覆和干燥结合起来制备超导层长带,涂覆后直接得到固化膜,再进行其他热处理。同时网格涂覆与喷墨打印的滴涂原理基本一致,通过控制喷墨系统控制前驱液的流量,得到均匀的前驱膜。

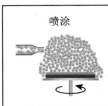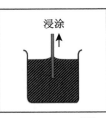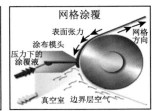

图 8-41　涂覆方法的示意图 [92]

3) 低温热分解

超导层前驱膜的热解过程包括溶剂挥发、金属有机物分解、薄膜减薄、应力释放等,这一阶段决定了薄膜的完整性。低温热解阶段一般采用两种方法,第一种是分段处理的方式,样品在 150~400 ℃ 的空气气氛下进行低温分解,之后再从室温开始加热,进入晶化阶段;第二种是在 150~400 ℃ 时没有低温热解,而是直接从室温升至晶化温度,进入晶化阶段,低温热解过程是在随炉解热的过程中完成的。低温热解的主要目的:一是使有机盐充分分解,形成具有微孔结构的固态前驱膜;二是使前驱膜中的含碳物质和少量的水等杂质去除。低温热解过程中,三氟乙酸盐 Y 盐和 Ba 盐分解形成无定形 Y-O-F 或 Ba-O-F 的基体,三氟乙酸铜则分解形成 CuO 纳米颗粒,该过程的温度一般不超过 600 ℃。另外,此过程应通入水气,使有机铜盐形成低聚合物,减少其挥发。

对于传统全氟前驱液,涂层前驱膜在低温阶段以较慢的升温速率去除有机物,有利于减少热解膜的宏观缺陷,促进膜的应力缓慢释放,获得表面平滑的热解膜,如图 8-42 所示 [91]。传统全氟前驱液的热解时间比较长,一般需要 10~15 h,为了缩短热解时间,开发新型低氟前驱液可以将热解时间缩短为 1~3 h,以获得形貌完整的热解膜。

4) 高温晶化过程

高温晶化阶段的温区一般是在 700~800 ℃。此过程所用到的气氛为具有一定水分压的氮氧混合气,其氧分压为 150ppm;在缓冲层织构的诱导和热力学驱动力的作用下反应形成织构化的 YBCO 薄膜,同时释放出 HF 气体。最后,在干燥的 O_2 气氛下,450 ℃ 恒温一定的时间完成吸氧过程。在这一过程中,抑制 a 轴晶的生长以及均匀形核是获得高性能样品的关键。

图 8-43 给出了金属有机沉积过程反应步骤的示意图 [93]。通过热解的方式 (或者共蒸发 Y、Cu、BaF_2) 在具有缓冲层的金属衬底上形成 YBCO 无定型热解膜 (图 8-43(a))。热处理开始后,热解膜在缓冲层/超导层界面处开始形核并逐渐长大为晶粒 (图 8-43(c))。在

这一过程中首先是 BaF_2 和水反应，同时 YBCO 在隔离层的表面形核，然后生长。完全晶化后，晶粒生长为连续膜涂层 (**图 8-43(d)**)，先驱物薄膜转变为 YBCO 薄膜后将会导致原薄膜厚度减少 50% 以上。典型的化学反应过程大体如下 [91]：

$$Y(CF_3COO)_3 \longrightarrow Y\text{-}O\text{-}F(非晶)+C\text{-}O\text{-}F(残留物) \tag{8-2}$$

$$Ba(CF_3COO)_2 \longrightarrow Ba\text{-}O\text{-}F(非晶)+C\text{-}O\text{-}F(残留物) \tag{8-3}$$

$$Cu(CF_3COO)_2 \longrightarrow CuO(分子或纳米晶)+C\text{-}O\text{-}F(残留物) \tag{8-4}$$

$$Y\text{-}O\text{-}F +Ba\text{-}O\text{-}F +CuO +C\text{-}O\text{-}F \longrightarrow Y_2O_3 +BaF_2 +CuO +C\text{-}O\text{-}F(残留物) \tag{8-5}$$

$$Y_2O_3 +BaF_2 +CuO + C\text{-}O\text{-}F +H_2O+O_2 \longrightarrow YBCO +HF\uparrow(挥发气体) \tag{8-6}$$

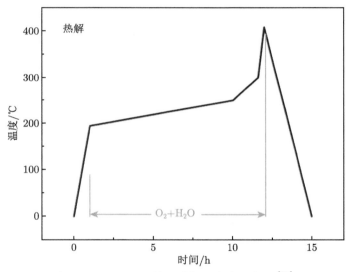

图 8-42　YBCO 前驱膜热解路线示意图 [91]

采用 MOD 在具有织构的模板上外延生长超导层具有低成本优势，引发了人们对此技术的研究的不断深化和拓展，它的发展经历了三个阶段。第一阶段，传统 TFA-MOD 技术是针对 YBCO 薄膜制备，为了避免制备过程中形成碳酸钡而提出的。第二阶段，为了获得高性能 YBCO 薄膜，对技术中的相关参数进行了优化；为了实现连续制备，对工艺进行必要的简化。但是由于使用全部含氟的前驱体以及设备缺陷，传统制备技术制备速率较低、成本高昂。第三阶段，快速制备技术发展阶段。为了实现工业化低成本制备超导层，人们对关键技术环节 (如新型前驱液的研发、相关热处理设备的放大等) 进行研发并形成了快速制备技术。这是 MOD 技术发展的最终目标，也是实现高性能带材批量化制备的关键。快速制备技术是在超导层制备工业化发展阶段相对于传统慢速制备技术所提出的，它包括新型前驱液开发、低温快速分解、高温快速晶化、化学溶液法强钉扎、低成本与高成品率等一系列内容。

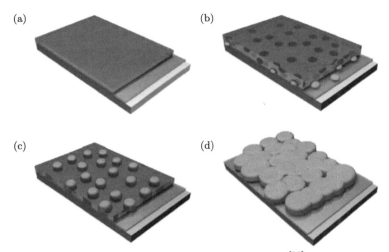

图 8-43　金属有机沉积过程反应步骤[93]

(a)YBCO 热解膜；(b) 形核；(c) 形核长大为晶粒；(d) 晶粒生长为连续膜

目前 TFA-MOD 法在单晶片上制备的 YBCO 薄膜的临界电流密度达 $6.7 \sim 10\ \mathrm{MA/cm^2}$ $(77\ \mathrm{K},\ 0\ \mathrm{T})$，对于 Hastelloy/IBAD-YSZ 可达 $1.7 \sim 2.5\ \mathrm{MA/cm^2}$，表明化学法工艺可与物理气相沉积工艺相媲美[91,94]。美国 Sandia 实验室的工作主要集中于全化学溶液法制备涂层导体。他们选择三氟乙酸铜或乙酸铜为前驱体，二乙醇胺作为螯合剂，稳定铜盐，发展出快速低温热处理技术，实现了 YBCO 薄膜的快速制备；基本结构是 MOD-YBCO/MOD-SrTiO$_3$/Ni-W，在 77 K 自场条件下，短样临界电流为 200 A/cm-w，J_c 为 $1.3\ \mathrm{MA/cm^2}$[95]。日本 ISTEC 改进了 TFA-MOD 过程，用三氟乙酸钇、三氟乙酸钡和不含 F 的乙酸铜盐来配制涂层前驱溶液，减少了低温热处理时间，提高了制备效率。随后采用贫钡化前驱液制备出高 J_c 的 MOD-YBCO (2.3 μm) /GZO/CeO$_2$/Hastelloy 涂层导体，在 77 K 自场条件下，临界电流达到 735 A/cm-w，J_c 为 $3.2\ \mathrm{MA/cm^2}$，随后 I_c 又进一步提高到 900 A/cm-w[96]。另外，西班牙巴塞罗那材料研究所利用傅里叶变换红外分析及差热分析系统研究了 TFA-MOD 法物相形成过程，发现若采用无水 TFA 先驱物可将约 20 h 的热处理过程降到 1.5 h 以内，大大提高了制备速率[43]。德国 D-Nano 公司和 Oxolutia 公司一直致力于开发基于化学溶液法的喷墨打印技术 (ink-jet printing) 以制备低成本 YBCO 涂层导体。他们尝试将多种醇基或水基的前驱液 (乙醇作为溶剂或水作为溶剂) 喷涂在基带上，经过热解和晶化热处理一次成型获得超导层。在整个热处理过程控制一种气氛，可大幅缩短制备流程，有望实现真正意义上的一步法制备超导层。其中喷墨控制系统可视化，通过电磁阀控制液滴的大小，照相机监控液滴喷出的过程，反馈信息调节控制前驱液的喷涂量，从而达到精确控制溶液面密度的目的。采用基于 CSD 前驱液的喷墨打印技术，在单晶基底上生长的 YBCO 短样的 J_c (77 K, 0 T) 超过 $3\ \mathrm{MA/cm^2}$；而 CSD-YBCO/La$_2$Zr$_2$O$_7$/Ni-W 样品在 77 K 自场条件下的 J_c 约为 $1.5\ \mathrm{MA/cm^2}$，其中 YBCO 超导层的厚度为 450 nm，锆酸镧的厚度为 250 nm。目前可连续制备 100 m 长带，77 K 自场条件下，其临界电流可达 105 A/cm-w[43]。

美国超导公司，与多个国家实验室 (ORNL/BNL/LANL/ANL) 展开合作，长期从事

MOD 法工业化涂层导体研发，将基于三氟乙酸的金属有机沉积技术和 RABiTS 基带技术及缓冲层技术相结合，最先开发出经典的 RABiTS/MOD 技术[96]。**图 8-44** 给出美国超导公司涂层导体生产线的工艺流程图，包括金属基带轧制、溅射缓冲层、MOD 法热解及高温晶化，最后是保护层和封装层，通过切割分条形成成品。美国超导公司的标准产品结构 (344 和 348) 为 MOD-YDyBCO (0.8 μm)/CeO$_2$/YSZ/ Y$_2$O$_3$/Ni-W，带材的宽度为 10 cm，长度可达 570 m，在 77 K 自场条件下，临界电流为 460 A/cm-w[32]。日本昭和电缆公司 (SWCC) 采用 MOD+ 批处理炉系统 (batch-type system) 批量制备涂层导体。他们将热解后的带材直接缠绕在可旋转轴上进行高温热处理，保证了气密性以及反应的高效性，从而可进行快速热处理而且带材性能较高。带材结构为 MOD-YBCO/CeO$_2$/GZO/Hastelloy，500 m 长带材在 77 K 自场条件下的临界电流达到 310 A/cm-w[97]。最近，上海上创超导科技公司自主设计建立了国内首条、世界上第 3 条千米级卷对卷薄膜 MOD 生产线，随着工艺的优化，长带的性能也在快速提升中[14]。

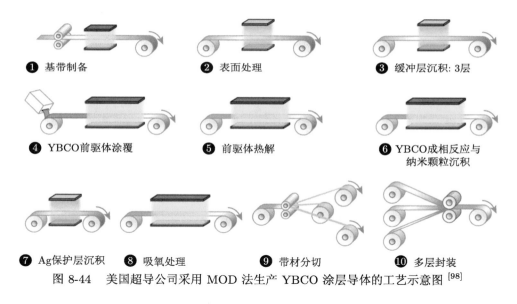

❶ 基带制备　　　　　❷ 表面处理　　　　　❸ 缓冲层沉积: 3层

❹ YBCO前驱体涂覆　　❺ 前驱体热解　　　　❻ YBCO成相反应与
　　　　　　　　　　　　　　　　　　　　　　纳米颗粒沉积

❼ Ag保护层沉积　❽ 吸氧处理　　❾ 带材分切　　❿ 多层封装

图 8-44　美国超导公司采用 MOD 法生产 YBCO 涂层导体的工艺示意图[98]

8.3　超导层的厚度效应

当前 YBCO 涂层带材的超导层所占截面比例仅为 1% 左右，为了提高 YBCO 带材载流能力，超导材料在整个带材中的占比需要提升。一个简单的思路是可以通过增加超导层的厚度，例如，制备厚度超过 1 μm 的厚膜来实现，然而在制备 YBCO 厚膜的过程中存在一个难以逾越的厚度效应难题，就是临界电流密度会随着薄膜厚度的增加而迅速下降，这种下降趋势与 YBCO 薄膜的制备方法无关，是一种普遍的现象。YBCO 薄膜厚度在 500 nm 以下时，其临界电流密度可以达到 5 MA/cm^2 以上，甚至于当薄膜厚度在 200 nm 时，J_c 达到了 8 MA/cm^2，但是当薄膜的厚度增加到 2 μm 时，临界电流密度会下降到 2 MA/cm^2 左右，如**图 8-45** 所示[99]。可以看出，YBCO 薄膜的厚度和其临界电流密度之间的制约关系无疑会限制 YBCO 涂层导体载流能力的提高。目前，1 μm 厚的高质量 YBCO 薄膜的

J_c 值为 $3{\sim}5\ \mathrm{MA/cm^2}$，那么在厚度小于 $3\ \mu\mathrm{m}$ 的薄膜中，要维持此 J_c 水平，其临界电流将会达到 $1000\ \mathrm{A/cm\text{-}w}$ 的性能水平。

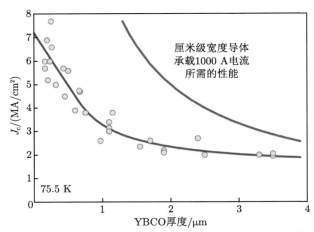

图 8-45　YBCO 的临界电流密度与膜厚度之间的关系 [99]

　　为什么 YBCO 薄膜的临界电流密度随着厚度的增加而呈现指数下降？美国 LANL 通过制备 $0.39{\sim}6.3\ \mu\mathrm{m}$ 不同厚度的 YBCO 薄膜样品，系统研究了形貌与 J_c 的关系，发现厚度效应的可能原因是 ① 制备厚膜需要较长的沉积时间，这可能导致在 YBCO 薄膜和衬底的界面处，从衬底向 YBCO 超导层扩散杂质。② 随着 YBCO 薄膜厚度的增加，晶粒生长从 c 轴取向变为 a 轴取向，从而使性能降低。③ 随着 YBCO 薄膜厚度的增加，薄膜的微观结构发生了变化，晶粒生长不均匀，内部缺陷增多，更加粗糙。

　　随后该实验室将 J_c 与 YBCO 薄膜厚度之间的关系建立了一个模型 [100]，该模型把 YBCO 薄膜沿基底平面分为很多薄片，越靠近基底的薄片，其临界电流密度越大，反之越小。

$$J_c(t) = \frac{1}{t}\int_0^t J_c(z)\mathrm{d}z \tag{8-7}$$

式中，t 代表薄膜的厚度；z 代表薄片到基底的距离；$J_c(z)$ 代表距离基底为 z 薄片的临界电流密度；$J_c(t)$ 代表厚度为 t 的薄膜的临界电流密度。

　　该模型得到的结果和离子减薄实验得到的结果基本相符，随着薄膜厚度的增大，在距离基底约 $0.65\ \mu\mathrm{m}$ 处的临界电流密度降低到了一个极限值，即当薄膜厚度继续增大时，临界电流密度保持在一个恒定值。对此，他们给出了三点解释：① 薄膜内部的缺陷和界面处的缺陷的磁通钉扎作用不同，界面处的磁通钉扎作用较强；② 不同厚度的薄膜具有的涡旋钉扎力不同；③ YBCO 薄膜的临界电流密度在任何厚度没有本质上的区别，只是随着厚度的增加其微观结构变差导致了其临界电流密度的下降。换句话说，在制备 YBCO 厚膜时，当超导层的厚度增加到某一值 t_0 后，再继续增加膜的厚度，最终获得的薄膜的临界电流与 t_0 厚的薄膜的临界电流几乎相同，也就是说大于 t_0 的部分并没有增加临界电流密度，即存在所谓的"死层"现象。

由于临界电流密度与膜厚度的制约关系以及"死层"现象的存在,所以不能无限制地增加 YBCO 超导层的厚度。为了克服薄膜厚度效应,美国 LANL 采用 PLD 法通过在 YBCO 生长中周期性插入极薄的 CeO_2 隔离层制备出高性能 YBCO 厚膜[100]。该研究证实了多层结构弱化厚度效应的可行性,沉积的多层结构使 3 μm 厚的 YBCO 临界电流密度达到 4 MA/cm² (75 K),首次将单位宽度临界电流提高到 1000 A/cm-w 以上。不过迄今为止,还没有一个理论能够完全解释 YBCO 薄膜的临界电流密度和厚度之间的制约关系。

理想的 YBCO 厚膜要平整、致密,没有裂纹。目前制备 YBCO 厚膜的工艺主要包括 YBCO 单层膜和多层膜等两种方法。

1) YBCO 单层膜制备方法

YBCO 单层膜制备方法指的是通过一次沉积的方式得到一层 YBCO 厚膜的方法。物理气相沉积法通常是通过延长沉积时间来增加薄膜的厚度,而化学方法则是通过多次涂覆的方式得到厚膜。

2009 年,美国 LANL 采用单层膜法通过延长 PLD 沉积时间的方式制备出不同厚度 (0.2~9 μm) 的 YBCO 薄膜,如**图 8-46** 所示[101],可以看出,随着厚度的增加,薄膜形貌逐渐变得粗糙,面外和面内织构也相应变差。不过,对于 1.7~5.2 μm 的厚膜,形貌变化不大,特别是面内织构几乎无变化,其每厘米宽度临界电流呈线性增加,这意味着该薄膜厚度区间的 J_c 与厚度的变化无关。当膜厚大于 5.2 μm 时,形貌从枝状晶粒过渡到等轴晶粒,晶粒之间的连接性变差,而且还出现了一些孔洞。对于 6.4 μm 的厚膜,其临界电流密度达到了 2.3 MA/cm²。当膜厚超过 6.5 μm 时,J_c 下降明显,表明该厚度以上的薄膜存在"死层"。虽然如此,在 9.0 μm 厚的 YBCO 薄膜中,其临界电流仍可高达 1500 A/cm-w (0 T, 75.5 K),即使在外场为 1 T 和 75.5 K 下,临界电流达到了 400 A/cm-w。但是,对于实际导体而言,9 μm 厚膜不利于应用,最好在薄的厚膜中获得 1000 A/cm-w 的传输性能。为此该实验室通过复合添加 $BaZrO_3$ 和 Y_2O_3 纳米粒子,制备出具有高度均匀结构的 2.0 μm 厚的单层膜,使得其临界电流在 75.6 K 自场下为 1010 A/cm-w,临界电流密度高达 5.2 MA/cm²[74]。可以发现通过 BZO 和 Y_2O_3 的协同掺杂,不仅削弱了 J_c 与膜厚之间的依赖关系,而且还有效增加了磁通钉扎中心,大幅提高了传输性能。

值得一提的是,通常的 XRD 织构分析使人们难以将超导层厚度效应归因于面内织构的减弱,因为测得的 ϕ 扫描 FWHM 值随 YBCO 厚度的变化规律不一,或减少或增大,而且更多取决于过渡层的种类和结构。因此,表面的粗糙度增加和上表层生长温度与基体温度的差异被视为超导层厚度效应的起因之一,除此之外,研究还发现薄膜面内晶体取向随膜厚度的增加可发生局域结构改变[102]。明显的特征是 45° 大晶界的出现,此变化在常规的 XRD 极图中并不呈现,但在扫描电镜的电子背散射衍射谱中表现得十分明显。这种差异是由于电子背散射衍射谱是点对点的扫描分析,获得的信息更精细,而 XRD 极图获得的是较大尺寸内的平均结果,并不能反映出局域的晶界信息。这样就可以解释为什么在 XRD 极图表明晶体取向尚好的情况下,临界电流密度却随膜厚的增加而降低了。

2012 年,德国图宾根大学采用倾斜基底沉积的方法非常有效地弱化了厚度效应,在哈氏合金基底上制备出 5.9 μm 厚的高性能 DyBCO 薄膜,在 77 K 自场下其临界电流达到 1018 A/cm,J_c 为 1.7 MA/cm²,实现了 5.9 μm 的超导厚膜和 2 μm 的超导厚膜几乎一样的临界电流密度[59]。最近，美国休斯敦大学研究小组通过高密度的 Zr 掺杂不仅大幅提升了超导薄膜磁场下的载流性能，而且在克服厚度效应方面也起到了很好的作用。他们采用 MOCVD 法制备的 15%Zr 掺杂 (Gd,Y)BCO 超导层厚度达到 4.6 μm，可同时保持良好的取向织构和优异的临界电流密度，因此获得了 12 mm 宽带材的临界电流超过 1660 A (77 K，自场)，即单位宽临界电流达到 1383 A/cm (77 K，自场)，相应的 J_c 为 3.3 MA/cm^2，实现了带材的临界电流随厚度增加而线性增加的效果[81]。韩国的 KERI 和 SuNAM 公司合作采用改进的 REC 法也能有效弱化厚度效应，制备出的短样为 5 μm 厚的 Sm123 薄膜，超导临界电流高达 1540 A/cm (77 K，自场)[69]。该 I_c 值相当于在 5 μm 厚的薄膜上临界电流密度保持在 3 MA/cm^2 水平，意味着厚度效应几乎消失。

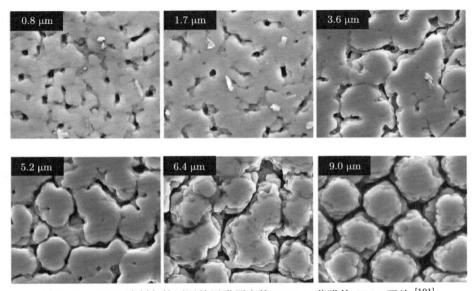

图 8-46　PLD 法制备的不同单层膜厚度的 YBCO 薄膜的 SEM 照片[101]

2) YBCO 多层膜制备方法

与制备 YBCO 单层膜不同，YBCO 多层膜制备方法是指周期性沉积 YBCO 与其他非超导薄膜隔离层，以达到增加 YBCO 超导层厚度的要求。隔离层的关键作用是可以有效维持 YBCO 薄膜在较薄厚度时的 J_c 值，不随着超导膜整体厚度的增加而下降。隔离层的材料要求与 YBCO 晶格匹配度较高且具有化学兼容性，一般选择 CeO$_2$ 或者 Y$_2$O$_3$。

美国 LANL 采用 PLD 法，通过增加 CeO$_2$ 隔离层，制备出厚度达 3.5 μm 的 YBCO 多层膜。该薄膜由六层 0.55 μm 的 YBCO 层和五层 40 nm 的 CeO$_2$ 隔离层组成，其临界电流超过 1400 A/cm-w，而其临界电流密度达 4 MA/cm^2，该 J_c 值近似相当于单层厚度为 0.55 μm 的 YBCO 薄膜的 J_c 值。CeO$_2$ 由于与 YBCO 的晶格匹配度很高，可以为后续的 YBCO 外延生长提供很好的织构模板，达到了弱化薄膜厚度效应的目的。值得注意的是对于单层样品，只有在厚度达到 4 μm 时，临界电流才能达到 600 A/cm。但是对于四层的 YBCO 多层样品，其 I_c 已超过这一值，对于六层的样品，在厚度小于 4 μm 时达到 1400 A/cm。随后该实验室又采用 Y$_2$O$_3$ 作为隔离层制备出厚度为 1.8 μm 的多层膜 (**图 8-47**)，其薄膜结构为 YSZ/CeO$_2$ (40 nm)/YBCO (0.6 μm)/Y$_2$O$_3$ (40 nm)/YBCO(0.6 μm)/Y$_2$O$_3$ (40 nm)/ YBCO (0.6 μm)。该多层膜具有很高的载流性能，自场 J_c 达 4.3 MA/cm^2(75.6 K)，临界电流为 775 A/cm-w，其在外场为 1 T 时，最小 J_c 仍能保持 1.0 MA/cm^2(75.6 K)[74]。可见，较厚 YBCO 层之间的极薄非超导层，不会引起超导电性维度从 3D 到 2D 的转变，却可能阻止超导层因厚度增加而产生的织构畸变效应，从而使通过增加厚度来大幅度增加超导载流能力得以实现。另外，有研究者报道使用 MOD 法通过添加 CeO$_2$ 隔离层制备 YBCO 多层膜时，有 CeO$_2$ 插层膜的 YBCO 厚膜与无插层的 YBCO 厚膜相比，有插层的薄膜表面平整致密，没有裂纹，说明 CeO$_2$ 插层膜还能起到释放应力的作用。不过要注意的是 CeO$_2$ 会与 YBCO 发生化学反应生成 BaCeO$_3$，最终在 CeO$_2$ 层和 YBCO 超导层之间形成一层 BaCeO$_3$。

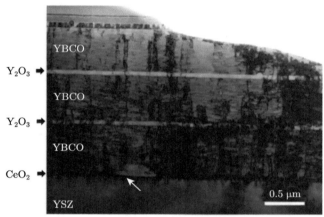

图 8-47 PLD 法制备 YBCO 的 1.8 μm 厚多层薄膜的 TEM 照片 [74]

上海大学在使用 MOD 法生长 REBCO 薄膜之前周期性插入极薄的银层，即将“涂覆–热解”反复进行得到多层银修饰 YGdBCO 涂覆结构，虽然临界电流密度随厚度增加呈下降趋势，但是 Ag 修饰样品的 J_c 明显高于无 Ag 修饰样品。他们还采用 PLD 物理法制备出总厚度为 3 μm 的 YBCO/GdBCO 多层超导薄膜，每一层厚度为 500 nm，而且非常致密，关键是织构随厚度的增加几乎没有退化。这主要是薄膜的剩余应力在这个多层结构中得到了释放造成的 [14]。

图 8-48(a) 是采用不同方法制备的 YBCO 膜厚与临界电流密度之间的关系 [74]。图中实线代表的是未经掺杂的 YBCO 的 J_c 与厚度的变化趋势，三角形代表的是掺杂 BZO 和 Y$_2$O$_3$ 的单层膜的变化趋势。可以看出在膜厚 2 μm 左右，无论是单层膜还是多层膜，掺杂后样品的临界电流密度均获得了大幅度提升。特别是纳米掺杂除了能够有效提高 YBCO 涂层导体磁场下的 J_c 外，还能有效减小临界电流密度随着厚度降低的程度。2020 年，美国休斯敦大学的 Selvamanickam 课题组在 ASC 大会上报告了采用 MOCVD 法制备添加 BaHfO$_3$ 薄膜临界电流随厚度变化的最新结果，如**图 8-48(b)** 所示。他们发现当厚度小于 5 μm 时，薄膜内的面内和面外织构并不衰减，因此，薄膜的 I_c 随厚度近似以 300 A/μm 线性增加。厚膜的 I_c 高达 1660 A/12 mm(77 K，自场)，相应 J_c=3 MA/cm^2。

实际上，无论是采用单层膜方法还是多层膜方法制备 YBCO 厚膜，在制备的过程中都会面临不少问题，例如，用 MOD 法通过多次涂覆制备厚膜时，前驱液是涂覆在上一步热处理后的膜上，由于前驱液具有强酸性，它们之间会发生化学反应，这将影响 YBCO 膜的性能。另一方面，MOD 法制备 YBCO 厚膜时，最终薄膜厚度仅是开始时凝胶膜的一半，这样在高温烧结的过程中会产生干燥应力，并且膜的厚度越大这种干燥应力也会越大，这时为了释放掉这些应力，就会产生许多裂纹。除此之外，晶格的位错和不同热扩散系数也会使厚膜产生裂纹，例如，采用 PLD 法制备的样品往往会出现由失配位错产生的裂纹垂直贯穿整个超导薄膜的情况。还有对于 YBCO 厚膜，其上层的 YBCO 晶粒生长方向往往随机且混乱，只有底部 $1 \sim 2 \ \mu m$ 处的 YBCO 晶粒形态是均匀致密的，而这一部分几乎负责承载全部的超导电流。而且随着厚度增加，横断面出现孔洞并且变得粗糙，其上面生长的微观形貌还会形成 a 轴晶粒过多的现象，这些对厚膜 I_c 的增加非常不利。另外，采用多层膜方法制备 YBCO 厚膜时，由于界面较多，也需要关注界面上晶粒的异常生长情况对 I_c 的影响。

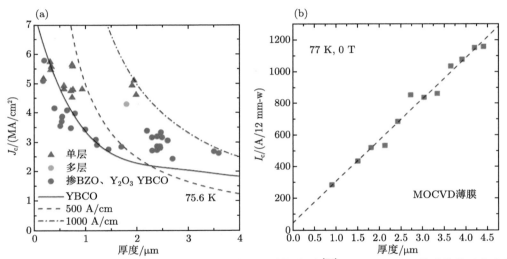

图 8-48　　(a) 自场条件下 YBCO 薄膜的 J_c 与厚度的依赖性关系 [74]；(b)MOCVD 薄膜的临界电流与厚度的关系

8.4　人工磁通钉扎技术

对于强电应用领域，YBCO 涂层导体必须具有较高的临界电流密度，如何在高温和高磁场下仍然保持很高的 J_c 就成为一个普遍关注的焦点。如 8.3 节所述，目前人们通过制备技术改良和工艺优化，已基本解决了 YBCO 薄膜中的弱连接难题，最高 J_c (77 K, 0 T) 已被提高到 10 MA/cm^2 左右。然而，根据 G-L 方程，YBCO 的拆对临界电流密度 J_d 在 77 K 自场下可以高达 $40 \sim 50 \ MA/cm^2$。可以看出，薄膜的实际最高值仅为 J_d 的 20% 左右，远小于理论预测值，这就意味着临界电流密度的提升仍然存在很大的空间。另外，Gurevich 预测了具有纳米粒子均匀钉扎的 YBCO 超导薄膜的临界电流密度 J_c 的上限 [103]。当纳米

粒子直径达到 $2\xi_{ab}$(相干长度) 以及体积分数达到 9 %时，J_c 可以达到 0.5J_d。因此，当晶界弱连接问题得到解决后，增强 YBCO 薄膜的磁通钉扎能力，提高液氮温度下的临界电流密度以及降低其对磁场的依赖性是涂层导体强电应用时必须关注的问题。

要想真正实现 YBCO 第二代超导带材的应用，尤其是在交流传输和变化磁场的应用中 (如变压器)，不仅要提高涂层导体自场下的载流能力，而且要求它在较高的外加磁场下也具有较大的载流能力。研究表明，YBCO 薄膜在外场的作用下，其临界电流密度值和外加磁场有如下关系：$J_c = \mu_0 H^{-\alpha}$，对于纯 YBCO，其 α 值为 0.5 ~ 0.6，如**图 8-49** 所示。减小 α 值会降低外加磁场对薄膜性能的影响。根据静态的 Maxwell 方程：$\nabla \times \boldsymbol{B} = \mu_0 \boldsymbol{J}$，只有当超导体中存在宏观分布的磁通线密度的旋度时，才能维持一定的体电流的存在。也就是说，要想获得很高的临界电流密度，就必须通过提高钉扎力来抑制磁通涡旋的运动。众所周知，YBCO 单晶的临界电流密度仅为 10^3 A/cm² 左右，由于在 YBCO 薄膜内部有大量的固有缺陷，它们的临界电流密度是 YBCO 单晶的 100 ~ 1000 倍以上。就这一点而言，起到关键性作用的是磁通钉扎。因此，为了进一步提高磁场下 YBCO 涂层导体的性能，使其满足实际应用的要求，可以通过人工引入钉扎中心 (artificial pinning center, APC) 来提高磁通钉扎强度，并控制磁通分布和磁通运动来提高临界电流密度[104,105]。目前研究的热点主要是通过 APC 调控来提高超导临界电流密度和降低超导临界电流密度各向异性。

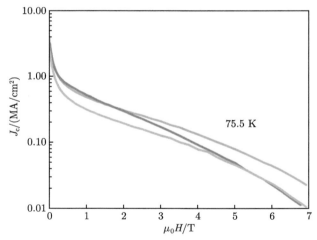

图 8-49 YBCO 薄膜的临界电流密度随外加磁场的增加而降低，其中磁场垂直于薄膜表面 [99]

8.4.1 人工钉扎中心

基于磁通钉扎理论，对于任何大小为 d 的非超导区域，当其都等于几纳米或近似等于涡旋芯子尺寸的 2ξ 大小时，都可以作为有效人工钉扎中心 APC，起到阻止涡旋运动的作用。因此，磁通涡旋的钉扎能可由下式给出：

$$U_p = \frac{B_c^2}{2\mu_0}\pi\xi_{GL}^2 d \tag{8-8}$$

式中，B_c 是热力学临界场；ξ_{GL} 是 G-L 相干长度。那么，元钉扎力，即只与一条磁通线相互作用的单个钉扎中心，可以写为

$$f_p = U_p/\xi_{GL} = \frac{B_c^2}{2\mu_0}\pi\xi_{GL}d \tag{8-9}$$

因此，总钉扎力 $F_p = J_c \times B$ 与钉扎中心的个数 N 成正比，因此临界电流可以表示为

$$J_c = \frac{F_p}{B} = \frac{Nf_p}{B} = \frac{NB_c^2}{2\mu_0 B}\pi\xi_{GL}d \tag{8-10}$$

公式 (8-9) 和 (8-10) 常被用来计算熔融织构 YBCO 块材的 J_c 和 F_p，该类块材一般包含大量的密度为 N_p 和晶格间距为 a_f 的 Y_2BaCuO_5(Y211) 圆形纳米粒子，其中 $1/N_p = a_f^2\sqrt{3/2}$，粒子尺寸 d。这样，临界电流密度又可写为

$$J_c = \frac{\pi\xi_{GL}B_c^2}{2\mu_0 B\sqrt{\phi_0}}\frac{N_pd^2}{\sqrt{B}}\left(1 - \frac{B}{B_{c2}}\right) \tag{8-11}$$

从上式可以看出，样品的 J_c 正比于纳米粒子的体积分数 N_pd^3 与涡旋芯子尺寸 d 的比值，即 YBCO/Y211 界面的数量。上述公式通过扩展也可适用于 YBCO 薄膜，即在薄膜中要想提高 J_c，可通过减小 Y211 粒子尺寸 d、增加其粒子密度来实现。实际上，通过掺杂 (如 Pt) 已成功实现了 Y211 粒子尺寸的细化，相应提高了薄膜的 J_c。

在过去十多年中，国际上许多小组已将 APC 法成功应用于 YBCO 和 REBCO 薄膜的制备，大幅度提高了高温超导薄膜的不可逆场和临界电流密度，如**图 8-50** 所示。可以看出，引入人工钉扎中心制备的纳米复合 YBCO 薄膜，在液氮温度下的不可逆场达到极高的 ～ 15 T，为常规 YBCO 薄膜和单晶样品的两倍多，相应地，无论在 77 K 还是在 4.2 K 温区，全磁场区域的 J_c 都获得显著提升。迄今为止，在 77 K 时薄膜钉扎力超过 30 GN/m³。**图 8-51(a)** 总结了国际上 77 K 时的钉扎性能最新进展 [106]。值得注意的是，在

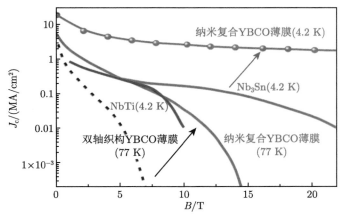

图 8-50   人工钉扎技术显著提高了 YBCO 超导薄膜的临界电流密度 [107]

低温 (4.2 ∼ 30 K) 和高场 (10 ∼ 30 T) 区域，添加 APC 的 YBCO 和 REBCO 的钉扎性能甚至超过了 1000 GN/m³ 的惊人水平。目前的纪录是美国休斯敦大学超导中心采用 MOCVD 法制备获得的，在 4.2 K 和 30 T 时，在磁场平行 c 轴下的 15%Zr 掺杂 YBCO 薄膜高达 1750 GN/m³，在相同温度下比 NbTi 的最大钉扎力还要大 100 倍。**图 8-51(b)** 给出了 4.2 K 时的钉扎性能汇总 [106]。

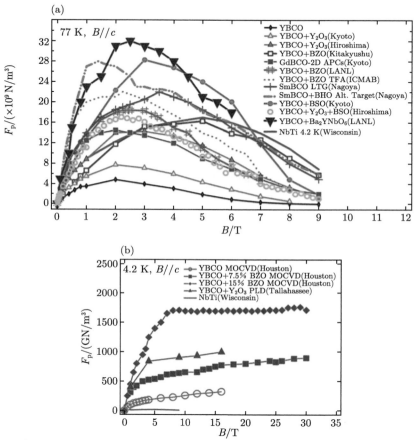

图 8-51　(a) 采用 APC 制备的各种 YBCO 薄膜的钉扎力与磁场的关系 (77 K, B//c)。图中也包含 NbTi 线在 4.2 K 时的钉扎力。(b) 掺杂不同 APC 的 YBCO 薄膜在 (4.2 K, B//c) 下钉扎力随外加磁场的变化 [106]

　　YBCO 由于其 ξ($\sim$ 1.5 nm) 较短，为取得有效的磁通钉扎效果，人工引入的异质相尺度必须在纳米量级，因此点状的氧缺陷和局域的应力场、线性关联的位错和晶界及第二相纳米粒子等均可成为钉扎中心。YBCO 超导薄膜中的各种缺陷交织在一起，对临界电流密度的作用非常复杂。缺陷尺寸太小就起不到钉扎的作用，而尺寸太大超过了相干长度，磁通涡旋又会在缺陷内运动而消耗能量，这样又会减小临界电流密度。在强场和强电应用中，涡旋运动会更剧烈，并且库珀电子对开始拆对，从而会减小临界电流密度，所以需要提高磁通钉扎强度来减少强场和强电的作用。YBCO 涂层导体中潜在的钉扎中心非常多，例如，点缺陷、第二相、位错、晶界、表面槽纹以及反相晶界等，如**图 8-52** 所示 [99]。薄膜中的钉扎力越大，磁场下的载流性能越大，影响磁通钉扎强度的主要因素主要包括：钉扎中心的维度、面密度和尺寸，具体如下所述。

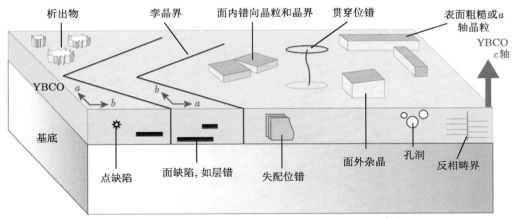

图 8-52　　YBCO 薄膜中作为钉扎中心的各种缺陷 [99]

(1) 钉扎中心的维度：不同形态的钉扎中心主要包括零维钉扎中心 (0D-APC)，一维钉扎中心 (1D-APC)，二维钉扎中心 (2D-APC) 和三维钉扎中心 (3D-APC)，如**图 8-53** 所示 [94]。其中，① 零维钉扎中心主要指超导体内部小于 ξ 的缺陷，如氧空位、元素取代、阳离子无序、点缺陷等。② 一维钉扎中心主要指超导体内部的线性缺陷，例如，通过基底表面修饰获得的线性位错、重离子辐照获得的柱状缺陷以及由于添加第二相而导致的柱状缺陷等。③ 二维钉扎中心主要是平面缺陷，如多层膜中的界面、小角度晶界、反相晶界、堆垛层错和大颗粒的表面等。④ 三维钉扎中心则主要指的是大小和 ξ 相当或更大的纳米粒子、非超导第二相以及以局域应变为主的钉扎中心。根据上述缺陷相对于磁场方向的磁通钉扎长度，又可以将其分类为各向同性或各向异性的类型，例如，零维和三维 APC 为各向同性缺陷，而一维和二维 APC 为各向异性缺陷。另外，根据对温度激活磁通脱钉的钉扎强弱，还可以将它们分类为弱钉扎和强钉扎。强钉扎薄膜的 J_c 对温度的依赖性衰减更为平缓，从而使其在高温下成为更有效的钉扎中心。

根据传统的涡旋磁结构和磁通钉扎理论，当 YBCO 超导薄膜中存在一系列平行柱状缺陷阵列时，孤立的磁通束可借助周边缺陷的作用，使其局域的磁通在跳跃时得到抑制，磁热激活能在较大范围内可保持低势垒的稳定性，这种低维的异质结构比分散的零维点缺陷和三维纳米颗粒的集体钉扎效果要强。从形态上讲，目前不同几何形貌的低维异质二次相 (零维纳米颗粒、一维纳米棒等) 以及局域的界面和应力效应均被报道具有很好的磁通钉扎效果。而提高 YBCO 涂层导体各向同性的磁通钉扎能力则需要最佳掺杂比例的零维、一维、二维、三维钉扎中心的有效协同钉扎。

(2) 面密度：我们知道，作为有效磁通钉扎中心，材料内高密度的扩展缺陷可大幅度提高 YBCO 薄膜的临界电流密度。理想的磁通钉扎要求缺陷的尺度与超导相干长度 ξ 相近，并且其面密度应达到 $(B/2) \times 10^{11}\ \mathrm{cm}^{-2}$ (B 为外加磁场，单位为 T)[104]，这样材料内部钉扎可以达到最优化状态。在外延生长的高温超导薄膜中，本征的缺陷密度仅为 $10^9\,\mathrm{cm}^{-2}$ 量级，临界电流密度为 $10^6\,\mathrm{A/cm^2}$ 量级。要进一步提高外延超导薄膜及其涂层导体的临界电流密度，就必须进一步增加薄膜材料中的缺陷密度。不过，目前除了通过粒子辐照，采用引入纳米尺寸缺陷的材料加工方法很难达到如此高的密度。在 YBCO 单晶中注入粒子可以使它的 J_c 提高一到两个数量级，这些高能粒子包括重离子、电子、质子、快中子等。但这种方法在实际应用时会面临不少困难，一是辐照过的材料具有放射性，二是从经济角度考虑增加了制造成本。

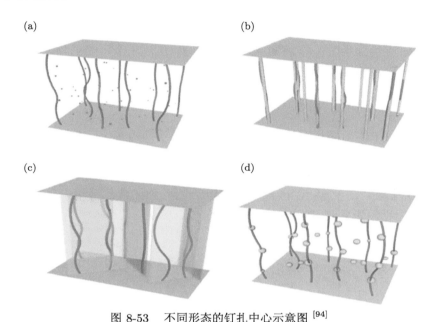

图 8-53   不同形态的钉扎中心示意图 [94]

(a) 零维 APC；(b) 一维 APC；(c) 二维 APC；(d) 三维 APC

(3) 钉扎中心尺寸：根据高温超导理论，由于 YBCO 超导相干长度较短，所以掺杂粒子的尺寸必须在纳米量级，在 YBCO 薄膜中引入纳米级粒子才能有效调节晶格常数和成为有效的磁通钉扎中心以提高临界电流密度，不过在薄膜中引入具有纳米尺度的缺陷是一个难题。一般来说，人工钉扎中心的尺寸往往比磁通涡旋芯子的尺寸 2ξ 要大，因此能够产生很强的磁通钉扎效果，且当平行于 c 轴的磁场 B 与 B^* 相当或者不超过 $B^* = n_{1\mathrm{D}}\phi_0$ 时，J_c 能够得到显著提高。其中 $n_{1\mathrm{D}}$ 是一维人工钉扎中心的面密度，ϕ_0 是磁通量子。另外，涡旋芯子尺寸随温度的增加而增大，这意味着针对不同运行温度的应用，人工钉扎中心的最佳横向尺寸是不同的，而且相干长度也随温度单调增加。根据 G-L 理论，在温度接近 T_c 时，它们的温度依赖关系可以用幂方程来描述 [106,108,109]。对于沿 c 轴的一维 APC，当温度为 $4.2\sim77\,\mathrm{K}$ 时，最优的钉扎中心尺寸 $\sim2\,\mathrm{nm}$，一般范围是 $2.4\sim8\,\mathrm{nm}$。对于磁场下的应用，需要不同维度混合的钉扎中心组合才能满足强钉扎中心的要求。

临界电流密度 J_c 随磁场的变化规律可以用一个唯象方程来表示。**图 8-54** 给出了 YBCO 薄膜临界电流密度 J_c 随外磁场的变化规律 [99]。图中 $\mu_0 H^*$ 是材料中由低场单涡旋钉扎态转变到集体磁通钉扎幂指数行为态的过渡场，定义为：$J_c(\mu_0 H^*)/J_c^{sf} = 0.9$，即 $\mu_0 H^*$ 处的 J_c 为自场 J_c 的 90%。$\mu_0 H^*$ 常被用来量化钉扎效率的大小，$\mu_0 H^*$ 越大，说明磁通钉扎能力越强。从图中看出，首先在较低的磁场下 $(B < \mu_0 H^*)$，J_c 随磁场基本不变，属于单涡旋钉扎机制。随着磁场增大，当小于匹配场 $\mu_0 B_{\phi,\mathrm{TB}} = (\phi_0/d_{\mathrm{TB}}^2)$ 时，大多数涡旋将被固定在孪晶界附近，涡旋与涡旋的相互作用变得更加重要，J_c 随磁场变化符合幂指数关系，以集体磁通钉扎为主，其中 ϕ_0 和 d_{TB} 分别是量子磁通和孪晶界间距。当外磁场高于匹配场时，多余的磁通涡旋将会被随机分布的三维高密度纳米粒子钉扎。在高磁场中，一旦所有的高密度纳米粒子钉扎也达到饱和状态，在孪晶界上的钉扎不会损失任何弹性能量，但可以通过局域的孪晶界和纳米粒子的笼蔽效应 (caging effect) 俘获磁通。当磁场进一步增加，接近不可逆场时，J_c 将随磁场急剧衰减。所述三个不同磁场区域的变化可以用以下唯象方程 [106] 来拟合：

$$J_c = J_0[1 + B/B_0]^{-\alpha}[1 - B/B_{\mathrm{irr}}]^2 \tag{8-12}$$

不同维度的 APC 对磁场下的临界电流密度具有不同的影响。在较低的磁场下，零维和一维的 APC 起主要作用，YBCO 材料适用于超导电缆应用。在中等强度磁场下，一维和二维 APC 起主要作用，会有效降低幂律的衰退速率，适用于变压器、发电机等应用场景。在更高磁场情况下，三维 APC 起主要作用，这时 YBCO 将适用于高场 MRI、核磁共振 NMR 以及超导储能系统 SMES 等应用场景。

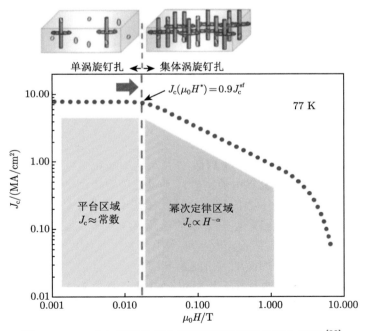

图 8-54   YBCO 薄膜临界电流密度随外磁场的变化规律 [99]

8.4.2 提高超导磁通钉扎的途径

自从发现在超导体中引入磁通钉扎中心可以显著提高 YBCO 的临界电流密度以来，如何找到有效的钉扎中心并将其引入薄膜中则成为人们研究的重点。目前，人工引入缺陷的方法中，研究得最多的一种方法是纳米颗粒掺杂，即在薄膜中引入纳米级的颗粒作为钉扎中心，这也是目前磁场下提高临界电流密度最为有效的方法。提高 YBCO 涂层导体在外磁场下性能的途径大致可以分为四类。

1) 基体表面修饰

基体表面修饰是指在沉积 YBCO 薄膜之前，先在基板上沉积一定纳米尺度的金属或氧化物颗粒，这些颗粒的尺寸一般在 $10 \sim 100$ nm，一方面，通过生长和热扩散过程在薄膜底部引入纳米量级的异质相的颗粒，另一方面，则通过纳米颗粒影响 YBCO 薄膜的生长，在薄膜中形成相应的缺陷，从而起到了磁通钉扎的作用。基体表面修饰引入的钉扎中心主要有柱状钉扎 Y_2O_3、CeO_2、Pd、Ir、Ag、LSMO 等[99]。大多数报道通过衬底表面修饰产生的钉扎力相对较大。这种方法一般是在生长超导薄膜前，在衬底上生长一些纳米粒子。

美国橡树岭国家实验室[110] 利用磁控溅射法先在 $SrTiO_3$ 基底上沉积一层 Ir 纳米颗粒，随后用 PLD 制备 $100 \sim 200$ nm 厚的 YBCO 薄膜。**图 8-55** 是在不同温度下沉积的 Ir 纳米颗粒的原子力显微镜照片。可以看出，预先沉积的 Ir 颗粒分布非常均匀，粒径分别约 150 nm 和 15 nm，高度分别约为 20 nm 和 2 nm，密度分别为 40 μm^{-2} 和 1100 μm^{-2}。这样在 Ir 纳米粒子修饰后的基底表面上沉积的 YBCO 产生了无规则的点缺陷，以及纳米 Ir 粒子与 YBCO 薄膜之间的晶格不匹配产生了扩展类型缺陷，这些缺陷在 YBCO 薄膜内部起到了磁通钉扎中心的作用。与直接在 $SrTiO_3$ 基板沉积的 YBCO 薄膜相比，在整个温区范围内 Ir 颗粒修饰样品的 J_c 值都提高了 $50\% \sim 60\%$，如**图 8-56** 所示。日本京都大学[111] 通过在基底表面沉积大小为 $23 \sim 25$ nm，密度在 $89 \sim 21$ μm^{-2} 的 Y_2O_3 颗粒对 YBCO 起到了 c 轴关联钉扎的作用。相应地在所有温度下 Y_2O_3 颗粒修饰样品的 J_c 都比不经修饰样品的要高，在 77 K 时其 J_c 提高了 150%。

2) 掺杂第二相

通过在基板表面引入纳米颗粒可以提高 YBCO 的性能，在 YBCO 的内部引入纳米颗粒也同样能提高 YBCO 的性能，而向 YBCO 内部引入纳米颗粒，主要是通过添加第二相纳米粒子在 YBCO 母体中形成人工钉扎中心，对磁通涡旋线进行有效钉扎。在这些掺杂的第二相纳米粒子中，最常用的且广为研究的则是以 $BaMO_3$(M = Zr、Hf、Sm 等) 为代表的钙钛矿结构类化合物。如前所述，高温超导薄膜的制备方法主要包括真空法原位法 (如 PLD、Sputtering 等) 和化学溶液法非原位法 (如 MOD、RCE 等)。真空法原位制备引入钉扎中心主要是通过靶材掺杂和混合靶材两种方式。前一种方法需要在靶材制备阶段将 APC 组分均匀混合在靶材原料中，然后再经过挤压成型和煅烧工艺；后一种方法需要将掺杂 APC 材料的小型圆形靶材粘在 YBCO 靶材上面，然后通过 PLD 或者磁控溅射的方法原位制备。而化学溶液法制备过程中需要首先制备混合各种金属元素的先驱溶液，然后再经过不同气氛下的化学反应逐渐形成具有高温超导相的薄膜。

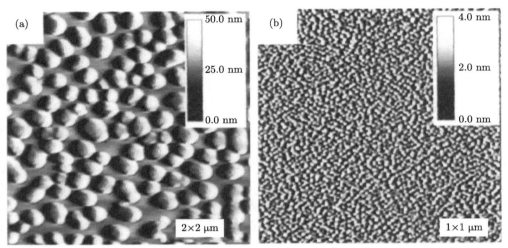

图 8-55　不同温度下在 SrTiO₃ 基底上沉积的 Ir 纳米颗粒原子力显微镜照片 [110]

(a) 650 ℃；(b) 500 ℃

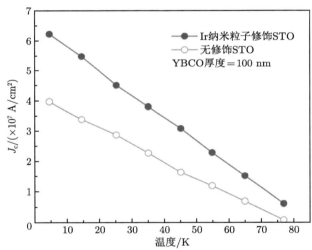

图 8-56　在 Ir 纳米粒子修饰和无修饰 SrTiO₃ 基底上制备 YBCO 薄膜的临界电流密度的比较 [110]

　　美国空军实验室采用 PLD 法在沉积过程中通过变换靶材在 YBCO 中引入非超导相 Y_2BaCuO_5(211 相)，交替沉积 YBCO 层和不连续的 "Y-211" 相颗粒，使其液氮温区的临界电流密度在高磁场下提高了两倍 [104]。TEM 研究发现薄膜中的 "211" 相分布非常均匀，尺寸约为 0.9 nm，其密度高达 10^{11} cm^{-2}。如此高含量的异质相仍能有效改善磁通钉扎性能，过去只在低温 NbTi 超导体中或熔融织构的 YBCO 块材中实现过，而对高温超导薄膜样品却是前所未有，因此该工作得到了广泛的关注。另一个比较有代表性的工作是在 YBCO 陶瓷靶材中直接掺入 Zr 和过量的 Ba 粉末，采用 PLD 法制备的超导薄膜中形成了尺寸为 10 nm 的 $BaZrO_3$ (BZO) 纳米棒状颗粒。这些线性缺陷随机分布在整个薄膜中起到了 c 轴关联钉扎的作用，从而显著提高了薄膜的磁通钉扎，如**图 8-57(a)** 所示 [112]。从图中可以看出，纳米 BZO 已经掺入 YBCO 晶格中。此外，沿 c 轴还产生了刃型位错，如黑箭头所示。这些刃型位错沿 c 轴方向产生了一系列的相干线型柱状缺陷，这些缺陷是由 BZO 与 YBCO 之间的晶格失配造成的。随后在 MOCVD 法制备的 YBCO 薄膜中也观察到了相同的钉扎效果。不管是在单晶 $SrTiO_3$(STO) 基底还是在 IBAD-MgO 基带上，掺杂纳米 BZO 粒子的 YBCO 薄膜比纯 YBCO 薄膜的临界电流密度获得明显提升，尤其是在外磁场为 7 T 时，其临界电流密度是纯 YBCO 薄膜的 5 倍 (**图 8-58**)。由于这种方法简单易行，很多研究组都采用此方法制备样品进行研究。

图 8-57　PLD 法制备纳米颗粒掺杂 YBCO 薄膜的 TEM 照片

(a) YBCO+BaZrO_3 靶材 [112]；(b) YBCO+YSZ 靶材 [113]；(c)YBCO+ BaNbO_y+Y_2O_3 靶材 [114]

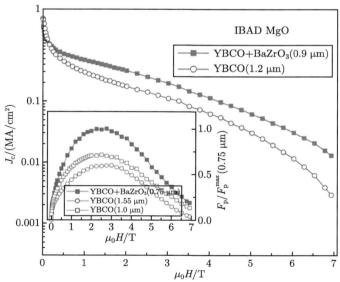

图 8-58　外磁场平行于 c 轴方向 YBCO 与 YBCO +BaZrO_3 薄膜的临界电流密度比较。插图：STO 上薄膜的 F_p/F_p^{max} 的磁场依赖性关系 [112]

随后日本名古屋涂层导体中心采用 PLD 法和 YBCO+YSZ 混合靶材，在 CeO_2/IBAD-

GZO 金属基带上沉积了 YBCO 薄膜，YSZ 在沉积过程中反应形成 $BaZrO_3$ 纳米层，掺杂薄膜的 J_c 得到了显著提高，在 77 K 和 3 T 下，掺杂后的 J_c 超过纯 YBCO 样品的 2 倍，各向异性也得到了改善。通过 TEM 研究发现 BZO 和 YBCO 交替堆垛，形成特殊的 "竹状"(bamboo) 自组装结构，它们的尺寸在纳米量级，可作为有效的磁通钉扎中心，从而显著提高了超导薄膜在磁场中的临界电流密度。如**图 8-57(b)** 所示 [113]，黑暗区域是由 BZO 层周围的应力场引起的，很明显，BZO 层与 YBCO 基体及其插入层外延生长在一起，并且 BZO 层沿厚度方向垂直排列，直径小于 10 nm。美国 LANL 在 PLD 法 $BaNbO_y$ 掺杂 YBCO 薄膜中同样观察到了类似的 "竹状" 结构现象 [114]。他们用 $YBCO+BaNbO_y+Y_2O_3$ 复合靶材，在 CeO_2/STO 基底上沉积薄膜，沉积过程中形成了双钙钛矿结构的 BYNO 纳米棒 (**图 8-57(c)**)，这些纳米棒垂直薄膜表面与 YBCO 交替分布，掺杂后薄膜在 75.6 K 和 0 T 下的 J_c 值达到 4.5 MA/cm^2，75.6 K、65 K 下的最大钉扎力分别达到 32.3 GN/m^3 和 122 GN/m^3，显示了优异的钉扎性能。这些 "竹状" 结构的驱动力来自于纳米掺杂相和 YBCO 的晶格失配度 [115]。研究表明当两者之间的晶格失配度在 5% ～ 12% 时 (如 BZO，BYNO 等)，掺杂相易形成 "竹状" 结构的柱状缺陷。而当失配度小于 5% 时 (如 Y_2O_3)，掺杂相不再形成竹状结构，而是以一定取向的纳米颗粒存在于 YBCO 内部。当失配度大于 12% 时 (如 $BaCeO_3$)，掺杂相则是以随机取向的形式存在于 YBCO 薄膜内。

随着研究的不断深入，具有单一掺杂相的 YBCO 薄膜性能难以满足应用的要求，人们开始尝试在 YBCO 薄膜内部引入两种甚至更多种掺杂物质。日本九州工业大学在 YBCO 薄膜中引入了 BZO 纳米棒 (一维 APC) 和 Y_2O_3 纳米岛状 (三维 APC) 两种颗粒，显著提高了钉扎力，在 77 K、3 T 时达 12.8 GN/m^3，而且双掺杂薄膜的临界电流密度在整个外磁场范围内都得到了提高，这主要是由 c 轴相干缺陷 BZO 和各向同性钉扎中心 Y_2O_3 的协同作用所导致 [116]。TEM 照片中可清晰观察到平行于 c 轴的 BZO 纳米棒和随机分散在 YBCO 薄膜内的 Y_2O_3 纳米颗粒。德国 IFW 研究所采用 PLD 法制备了含有 $BYNTO+Y_2O_3$ 颗粒的 YBCO 纳米复合薄膜，该类薄膜富含不同尺寸、形状和取向分布的钉扎中心，例如沿 c 轴取向的 BYNTO 纳米柱，ab 堆垛层错，c 轴取向的反相晶界，原子无序以及随机分布的 Y_2O_3 纳米颗粒等，如**图 8-59(a)** 所示 [117]。这些不同种类的缺陷均可起到有效钉扎中心的作用，从而使得薄膜的临界电流密度在高达几个特斯拉的磁场中仍能保持不变，特别是以 1 Hz 速率沉积的薄膜在 77 K 和 2.3 T 时的钉扎力密度高达 25 GN/m^3。美国 LANL 发现 YBCO 薄膜经过 BZO 和 Y_2O_3 双掺杂后，其临界电流密度获得大幅提升，高达 5.2 MA/cm^2(75.6 K, 0 T)，2.0 μm 厚薄膜的临界电流也超过 1000 A/cm-w[74]。他们采用横断面 TEM 表征了样品的界面结构，结果表明纳米复合薄膜的微观结构由高密度的 Y_2O_3 纳米颗粒层和 BZO 纳米棒组成 (**图 8-59(b)**)，这些纳米级缺陷在整个薄膜厚度内均匀分布。不过 BZO 纳米棒的尺寸在薄膜生长期间受到 Y_2O_3 纳米颗粒层的限制。

图 8-60 给出了采用 PLD 法和 MOD 法制备的掺杂 BZO 薄膜的横截面 TEM 照片 [65]。可以看出，在 MOD 法的情况下，薄膜中分布着很多粒径为 5 ～ 15 nm 的 BZO 纳米颗粒。但在采用 PLD 法制备的样品中，所观察到的纳米缺陷是以 c 轴平行排列、尺寸 5 ～ 10 nm 的 BZO 纳米棒。由于原位法制备 YBCO 复合薄膜的过程中，YBCO 膜和 APC 同时形成，而且为了使得 YBCO 与 APC 之间的界面能最小化，APC 和 YBCO 会

在生长界面处选择能量最低的位置来成核。这就是以 PLD、MOCVD 为代表的原位法制备的纳米复合薄膜中，$BaMO_3$(M = Zr、Hf、Sm 等) 类化合物形成的人工钉扎中心通常是沿 c 轴排列的纳米柱状或棒状的原因[94]。与各向同性的原子级点状缺陷或零维异质结构磁通钉扎中心相比，各向异性的一维柱状或棒状异质相 (比如 BHO、BZO、BYNO 等)，可产生更加有效的 c 轴方向的磁通钉扎作用。由于未掺杂的 YBCO 超导薄膜中临界电流密度具有各向异性，所以引入一维的 APC 能够起到很好的补偿本征钉扎各向异性的作用。

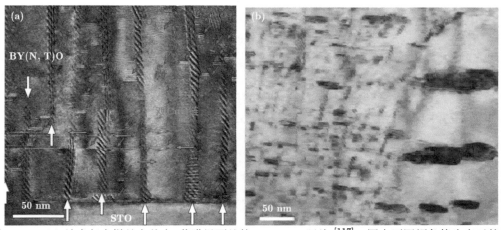

图 8-59　(a) 纳米复合样品在基底–薄膜界面处的 HRTEM 照片[117]。图中不同颜色箭头表示的是 BYNTO 纳米柱、Y_2O_3 颗粒和平面共生缺陷等钉扎中心。(b) 使用 Gatan 成像滤镜获得的横截面 TEM 低损耗频谱图像[74]

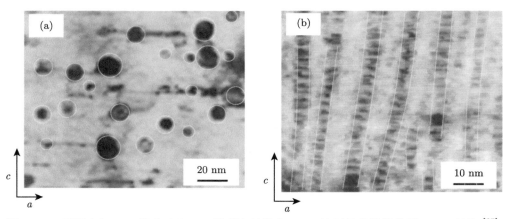

图 8-60　采用 (a)MOD 法和 (b)PLD 法制备的掺杂 BZO 涂层导体的横截面 TEM 照片[65]

对于非原位法的化学溶液沉积工艺，一般难以实现自组装的一维 APC 结构，这是由于在非原位法制备薄膜的过程中，掺入的第二相纳米颗粒总是先于 YBCO 成核，因此形成的人工钉扎中心大部分是随机分布的纳米颗粒。这些随机分布的第二相纳米颗粒与 YBCO 母体之间会产生大量的非相干界面，而这些界面处产生的纳米应力可能会导致纳米颗粒周围出现强烈的微结构的调整，从而进一步提高了非原位法制备的纳米复合薄膜的超导性能。因此，采用低成本的 MOD 法制备纳米复合 YBCO 薄膜时，如何细化二次相在超导体中的颗粒尺度是实现高密度异质相钉扎的关键。通过二次相的成核概率、分布和生长空间的有效调控，最终使其在超导基体相中的颗粒尺度达到纳米或纳米级以下。

西班牙巴塞罗那材料研究所采用 MOD 法，通过在 YBCO 基体中引入随机取向且密集排列的 $BaZrO_3$ 颗粒形成准连续的纳米级网络缺陷，这些缺陷大大提高了 YBCO 薄膜的磁通钉扎能力[118]。从透射电子显微镜照片可知，纳米 BZO 随机分布在 YBCO 薄膜内部 (图 8-60(a))，其主要在衬底与膜的界面处形核，且与 YBCO 保持外延生长关系，同时可以看见在 BZO 纳米点周围产生了一些平行于界面的面缺陷。这些采用 MOD 法制备的含有纳米 BZO 的 YBCO 薄膜展现了非常优异的性能。图 8-61 是 BZO 掺杂与未掺杂 YBCO 薄膜的临界电流密度和钉扎力的对比图[118]。未掺杂 YBCO 薄膜随外加磁场增至 1 T 时，其临界电流密度降低到自场时的 1/13，而含有纳米 BZO 的 YBCO 薄膜的临界电流密度仅降低了 1/3，仍保持 2.2 MA/cm^2。从图 8-61(b) 可以看出 YBCO 纳米复合薄膜的钉扎力在 77 K 和 2 T 条件下高达 21 GN/m^3，比 PLD 法制备的含有 BZO 的 YBCO 薄膜提高了 175%。从图 8-60(b) 可见，随机取向的直径在 $10 \sim 15$ nm 范围内的 BZO 纳米颗粒周围存在着大量的 Y-124 共生缺陷以及高密度的局部缺陷，这些缺陷与掺入的人工钉扎中心一起相互协调，导致了 MOD 法制备的纳米复合薄膜中的强钉扎力。

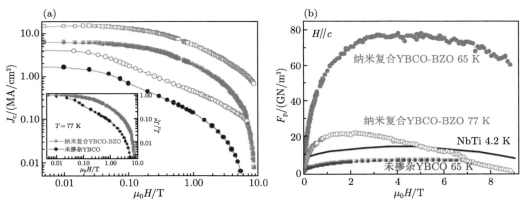

图 8-61　YBCO-$BaZrO_3$ 复合薄膜和纯 YBCO 薄膜的 (a) 临界电流密度和 (b) 钉扎力的对比图[118]

(a) 中红色表示 77 K 和 65 K 纳米复合的 10 %BZO 掺杂的 YBCO，黑色表示 77 K 和 65 K 的未掺杂 YBCO 薄膜

3) 稀土元素的掺杂或替代

对于 YBCO，元素替代也能提高临界电流密度。如图 8-62 所示，最简单的替代方法是用稀土元素 (rare earth，简称 RE) 微量替代 Y 而保持 REBCO 的配比，这样可在薄膜中引入相干长度大小的缺陷，这些缺陷形成磁通钉扎中心也可以提高 REBCO 超导薄膜的临界电流密度。$GdBa_2Cu_3O_7$ 由于其自身的堆垛层错密度较高所以其在场下的性能优于 $YBa_2Cu_3O_7$。此外 EuBCO 和 SmBCO 这两个体系的超导性能也优于 YBCO，但是其制备过程需要在较高温度和较高压力下完成，以控制 RE^{3+}/Ba^{2+} 的替代量。大量研究认为：YBCO 超导性与其中的离子半径、离子价态、电负性与其结构和 CuO_2 面的载流子

密度有关, 采用不同稀土元素替代将产生不同的取代效果。**表 8-9** 给出了 REBCO 超导体的各种稀土类元素的离子半径 (+3 价、8 配位结构)、临界温度 T_c、四方相和正交相的晶格常数和晶胞体积[65]。可以看出, 离子半径和晶胞体积越大的轻稀土元素 REBCO 超导相往往具有更高的 T_c 值。当 RE^{3+} 与 Ba^{2+} 的离子半径 (1.42 Å) 相近而被 Ba^{2+} 替代时, T_c 值将会降低。由于电荷中性, 往往采用低氧气氛退火工艺来抑制 RE^{3+}/Ba^{2+} 之间的替代。德国 IFW 研究所制备了三元稀土元素混合的 REBCO 薄膜, 发现该类薄膜往往具有很高的临界电流密度和不可逆场, 这主要是由于不同稀土元素之间晶格失配引起的畸变应力场所形成的有效钉扎中心, 同时排除了平均自由程涨落钉扎 (即 δl 钉扎) 所起的作用[119]。

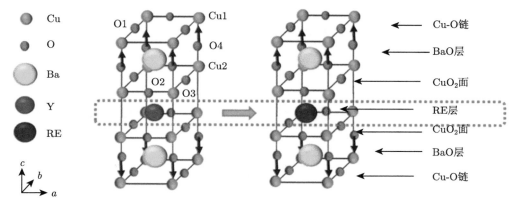

图 8-62 REBCO 中稀土元素的替换示意图

表 8-9 **REBCO 超导体中稀土元素的离子半径 (+3 价, 8 配位)、临界温度 (T_c), 以及 REBCO 相晶格常数和晶胞体积 (V_0)**[65]

	RE 元素	Tm^{+3}	Yb^{+3}	Er^{+3}	Dy^{+3}	Ho^{+3}	Y^{+3}	Gd^{+3}	Eu^{+3}	Sm^{+3}	Nd^{+3}
	离子半径/Å	0.99	0.99	1.00	1.00	1.02	1.04	1.05	1.07	1.08	1.12
	$T_{c,R=0}$/K	91.2	85.6	91.5	91.2	92.2	91.5	92.2	93.7	88.3	92.0
	$T_{c,mid}$/K	92.5	97.0	92.4	92.7	92.9	93.4	93.8	94.9	93.5	95.3
REBCO 四方相	$a=b$	3.8491	3.8411	3.8540	3.8656	3.8601	3.8589	3.8770	3.8829	3.8840	3.8930
晶格常数/Å	c	11.788	11.828	11.796	11.783	11.791	11.800	11.810	11.814	11.822	11.882
晶胞体积 V_0/Å^3		174.65	174.51	175.22	176.07	175.69	175.72	177.51	178.11	178.4	180.13
REBCO 正交相	a	3.8101	3.7989	3.8153	3.8284	3.8221	3.8237	3.8397	3.8448	3.855	3.8546
晶格常数/Å	b	3.8821	3.8727	3.8847	3.8888	3.8879	3.8874	3.8987	3.9007	3.899	3.9142
	c	11.656	11.650	11.659	11.668	11.670	11.657	11.703	11.704	11.721	11.736
晶胞体积 V_0/Å^3		172.41	171.40	172.80	173.71	173.42	173.28	175.19	175.53	176.11	177.07

另外, 通过改变 REBCO 元素之间的比例, 同样可以生成大小与相干长度相近的纳米级化合物颗粒, 从而达到磁通钉扎的目的。例如, 韩国研究小组采用 TFA-MOD 方法在配置前驱物过程时加入过量的 Y, 系统研究了不同 Y 含量对 YBCO 薄膜性能的影响[120]。微观分析发现随着 Y 含量的增加, 针状的 a 轴晶粒逐渐减少, 同时尺寸较小的二次相颗粒逐渐增多 (**图 8-63**), 这些颗粒状的物质是由于过量的 Y 所生成了氧化物颗粒, 正是这些颗粒提高了磁通钉扎力。Y 的增加对 T_c 的影响不大, 但随着其含量增加, J_c 获得明显提

高, 并在 15 % 时达到最大值。当 Y 的含量达到一定量后 J_c 又开始急剧下降。美国 LANL 也进行了类似的研究[101], 通过对薄膜断面 TEM 的分析, 发现材料内部形成的均匀分散 Y_2O_3 颗粒提高了磁通钉扎力, 使其 77 K 自场下的 J_c 达到了 5 MA/cm²。日本 ISTEC 发现贫 Ba 成分可以有效提高 J_c, 因为富 Ba 组分易在晶界处出现 Ba 偏析现象, 严重影响传输电流的通过。如图 8-64 所示[121], 当 Ba: Y= 1.5 时, YBCO 薄膜的 J_c 高达 3.5 MA/cm²(77 K, 0 T), 而当 Ba: Y>2 时, 临界电流密度呈下降趋势。随后他们采用该技术制备出高性能短样, 其临界电流更是超过 735 A/cm。由 TEM 观察得知在 Ba: Y 为 1.5 左右时, 薄膜致密, 孔洞较少, 由 Ba 含量减少形成的 $Y_2Cu_2O_5$ 和 CuO 纳米颗粒缺陷起到了磁通钉扎的作用。

图 8-63　含有过量 Y 的 $Y_{1+x}Ba_2Cu_3O_{7-\delta}$ 薄膜的扫描电镜照片[120]

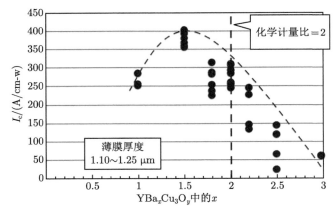

图 8-64　不同的 Ba: Y 前驱液比例制备出 YBCO 的性能比较[121]

4) 离子辐照

离子辐照是一种增加超导材料缺陷、提高磁通钉扎的有效人工手段。通过控制辐照离子的种类、入射能量和剂量等，可以控制在超导带材中产生的缺陷类型。调制辐照离子的入射方向和剂量，可产生纳米柱状损伤，对于缺乏一维缺陷的 MOD、RCE 等先位法带材是一种提高磁通钉扎的有效手段。研究不同辐照条件下涂层导体的微结构变化，尤其是高能量重离子辐照形成的柱状缺陷，即 c 轴关联缺陷，这类缺陷不仅可提高超导材料在场性能，而且可大大改善磁场下电传输的各向异性。

采用数百 MeV 到 GeV 的高能重离子 (如 Pb、Au、Xe、U) 辐照在超导体中会产生扩展的缺陷。根据每行进距离传递的电子能量、粒子的能量和质量以及所辐照材料的参数 (导热、导电性和比热)，沿粒子路径可产生连续或不连续的无定形辐照轨迹线。**图 8-65** 显示了由 1.4 GeV Pb 离子引起的 YBCO 单晶中辐照轨迹线的 TEM 照片[122]。显微分析表明，损伤轨迹线为沿着粒子路径、直径 5 ～ 7 nm 非晶化材料区域，周围分布着大量应变场、微孪晶、氧缺乏以及堆垛层错等，这种缺陷可以产生很强的磁通钉扎作用。目前，采用电子、质子、中子、α 粒子以及各种能量的轻离子和重离子的辐照技术已被应用于铜基氧化物超导体的钉扎力提高上。虽然离子辐照方式很有效，但对于高温超导涂层导体，这方面的应用研究并不是很普遍。一是因为之前大部分研究工作主要集中在重离子轰击及高能粒子辐照方面。二是因为离子辐照需要大型的专业设备，且所使用的聚焦离子 (电子) 束技术存在价格昂贵、操作困难、效率低等一系列问题。

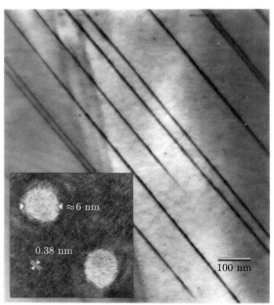

图 8-65　采用 1.4 GeV Pb 离子引起的 YBCO 单晶中辐照轨迹线的 TEM 照片[122]。插图显示了轨迹线的平面图

粒子辐照会在随机轨迹线上产生缺陷，其平均密度取决于辐照剂量，而缺陷的形态 (点缺陷、柱状缺陷及其大小以及线性缺陷) 可以通过选择粒子类型来调控。辐照技术易于在不

改变样品化学性质的情况下，把具有不同特征的缺陷组合在一起形成混合型钉扎中心，从而有效提高磁通钉扎能力。**图 8-66** 显示了质子与金离子辐照后的 REBCO 带材匹配场 B^*(缺陷密度与磁通线密度匹配临界参数) 和磁场下临界电流密度 [122]。重离子诱导的轨迹线在 ~ 2 T 的中等场中可获得最高的 J_c，而质子辐照诱导的缺陷在高场区域最有效。虽然不同的离子辐照达到的效果不一致，但是都在一定程度上提高了匹配场以及不同磁场范围的临界电流密度。很明显，金离子和质子的混合辐照在宽的磁场范围内大幅提高了磁场下的载流能力。

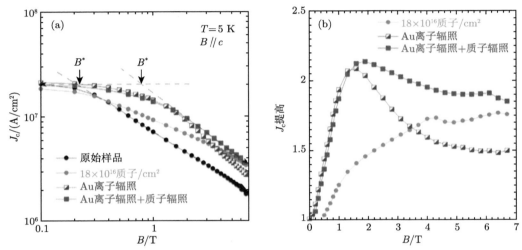

图 8-66　不同离子辐照条件下的 (a) REBCO 带材匹配场和 (b) 磁场下临界电流密度的提高值 [122]

美国 ANL 实验室研究发现使用 4 MeV 的质子束对美国超导公司的涂层导体辐照后，磁场下的临界电流密度提高了两倍 [123]。**图 8-67** 为辐照带材和使用剂量为 8×10^{16} 质子/cm^2 的辐照样品在 27 K 和 3 T/$/c$ 条件下的 E-I 曲线的比较。可以看出，辐照后，带材的 I_c 从 143.6 A 大幅增加到 234.5 A。同时，两条 E-I 曲线转变展宽几乎相同，表明质子辐照对样品 T_c 的影响不大 (仅退化 1.5 K)。不过，与质子的情况相比，用较重的离子 (如氧、镍或金) 进行辐照在同样时间内入射粒子会产生更多的缺陷，可有效减少辐照时间，更适合于规模化制备。TEM 观察显示，未辐照带材内主要包含氧化物纳米颗粒，直径为数十纳米，并且具有一些堆垛层错。而辐照样品内存在着大量直径约 5 nm 的细小分散的各向异性小缺陷以及众多点缺陷 (间隙和空位)，如**图 8-67(b)** 所示，值得注意的是这些缺陷往往与既有存在的氧化物颗粒、孪晶边界和点缺陷处于共存状态。美国 Brookhaven 实验室建立的卷对卷离子辐照系统，可为美国超导公司 46 mm 宽、80 m 长超导带材产品进行辐照加工，带材磁场传输性能一般能提高 2 倍左右 [124]。

如上所述，尽管以上很多实验已经证实通过修饰基体、添加杂质相、改变元素比例以及离子辐照可以有效提高 YBCO 涂层导体的临界电流密度，但是由于所制备的样品条件各不相同，很难对这些方法进行全面的比较和评价。不过，从规模化制备角度来看，掺杂第二相方法是目前普遍采用的方法，不仅在于其方便快速，而且其提高薄膜磁通钉扎的效果也比较好。另外，制备 YBCO 薄膜的方法也是国际上比较流行的 PLD 和 MOD 工艺，可以比较容易地引入钉扎中心，所制备的 YBCO 带材具有良好的超导传输性能。因此，采用化学掺杂法制备含有纳米第二相的 YBCO 超导带材受到了世界各国的重视。

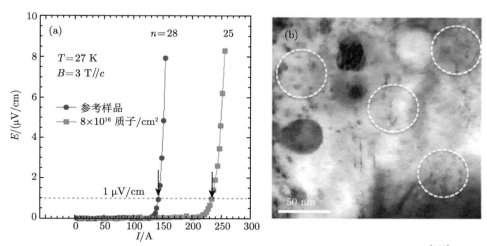

图 8-67　(a) 未辐照和辐照 REBCO 涂层导体在 27 K 和 3 T$//c$ 时的电流–电压曲线[123]；(b) 辐照样品的 TEM 照片[122]

　　不过通过化学掺杂引入人工钉扎中心 (APC) 时，还需要关注薄膜中产生的应力场对 APC 的形态、密度、尺寸的影响。我们知道，在制备复合薄膜过程中，APC、YBCO 母体以及衬底之间会产生界面应力场，这一应力场的模型如**图 8-68** 所示[125]。在薄膜生长的初始阶段，APC 会从 YBCO 母体中产生相分离，这些 APC、母体 YBCO 以及衬底之间产生的界面能会促使 APC 从 YBCO 母体中进一步分离。在 YBCO 以层状模式生长的同时，APC 也将随着这三种界面之间的应力场的调控作用而不断发生形态、尺寸、取向、密度的变化。当薄膜生长结束后，APC 将保持最终的稳定状态存在于 YBCO 母体中，形成有效的钉扎中心。

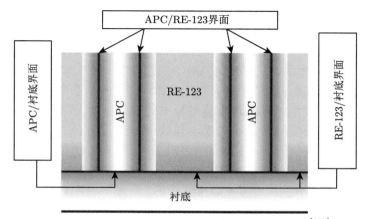

图 8-68　纳米复合 YBCO 薄膜中三种不同的界面[125]

如果将纳米复合薄膜放在两个界面的弹性应变场模型中考虑, 这两个界面分别是 APC 与 YBCO、YBCO 与衬底之间的界面。通常情况下 APC 的掺杂浓度非常低, 因此 APC 与衬底之间的界面可以忽略。通过分析复合薄膜中 APC 与 YBCO 之间的晶格失配以及弹性常数对 APC 形态的影响函数关系可以发现, 这个函数关系的曲线定义了两个区域。曲线以上为能量上有利于一维 c 轴取向的 APC 形成的区域, 曲线以下是能量上不利于一维 APC 形成的区域, 如**图 8-69** 所示 [125]。其中 $f_1 = a_2/a_1 - 1$, $f_3 = c_2/c_1 - 1$, (a_1, c_1) 和 (a_2, c_2) 分别为 YBCO 和 APC 的晶格常数, $C_{ij}(i, j = 1, 2, 3)$ 是 APC 的弹性模量。从图中可以看出, 常见的沿 c 轴排列的纳米粒子 BaZrO$_3$(BZO)、BaZrO$_3$(BSO)、BaHfO$_3$ (BHO) 以及 YBa$_2$NbO$_6$(YBNO) 等一维 APC 都位于曲线的上方, 而 CeO$_2$ 和 Y$_2$O$_3$ 则位于相界线的下方, 很明显后两种是三维 APC 材料, 一般不会形成沿 c 轴排列的一维 APC。所以在这一弹性应力场模型中, APC 的形态确实受到 APC 与 YBCO 之间晶格失配和第二相掺杂剂 APC 弹性特性的共同影响。

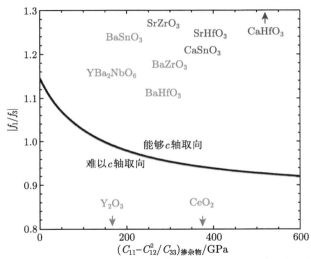

图 8-69　计算的 $|f_1/f_3|$ 临界值与弹性常数 $(C_{11} - C_{12}^2/C_{33})$ 的函数关系曲线 (实线)[125], 在 YBCO 薄膜中, c 轴取向的一维 APC 在能量上更稳定。红色: 实验验证的 APC。蓝色: 理论预测的一维 APC

另有研究表明, 衬底与 YBCO 母体之间的晶格失配以及 APC 的掺杂浓度对于一维 APC 的形态也具有重要影响。当衬底与 YBCO 之间的晶格失配很小且掺杂浓度相对较低时, c 轴取向的纳米棒在能量上处于更有利的状态, 此时掺杂第二相与 YBCO 之间由于晶格失配而产生的应力场是纳米颗粒自组装过程中的主要驱动力; 而在 YBCO 与衬底间存在较大晶格失配的情况下, 这种晶格失配会导致 YBCO 晶格发生扭曲从而改变纳米棒的形态。例如, 在正的晶格失配下, YBCO 的 ab 面处于张应力状态 (也可以说 c 轴方向上处于压缩状态), 在小的张应力和低 APC 浓度下, c 轴排列的一维 APC 在能量形成上更有利。也就是说, 一维 APC 的密度及晶格失配越大, 越容易形成沿 ab 面取向排列的纳米片。反之则更易形成 c 轴取向的纳米棒。

另外, 由 APC 的掺杂浓度和衬底与 YBCO 之间的晶格失配产生的两种应力的综合效果对 APC 形态的调控也具有重要影响。因为前者导致了应力场的重叠,后者则通过 YBCO 晶格的扭曲使得 APC 与界面的应变降低。所以理论上也应该存在某一个掺杂浓度和晶格失配使得纳米复合薄膜中同时存在沿 c 轴取向的一维 APC 和沿 ab 面取向排列的二维 APC 的混合形态的钉扎情况,从而起到更好的磁通钉扎效果。

8.5 临界电流密度的各向异性

YBCO 高温超导体具有本征的二维层状结构,这是晶体结构上的各向异性。从微观电子结构看,传统超导体的超导能隙具有各向同性 s 波对称,而铜氧化物高温超导体的超导能隙具有强烈的各向异性的 d 波对称,也就是高温超导体的本征磁结构具有各向异性特征。

在关注其微观电磁各向异性的同时,人们很早就开始研究其宏观磁结构的各向异性特征。由于高性能 YBCO 带材需要在柔性基底上保持面内和面外的双轴织构,因此无论采用 RABiTS 或 IBAD 技术路线外延生长的 YBCO 超导层都是各向异性的,因此其机械性能和电磁性能都因 YBCO 超导体的本征特性而呈现很强的磁场方向依赖性。一系列关于 YBCO 临界电流密度 J_c 对外加磁场角度依赖关系的实验表明[112,126]:随着磁场方向的变化,未掺杂高温超导体的 J_c 对磁场方向依赖的曲线会呈现 $1 \sim 2$ 个峰值现象,也就是说 YBCO 薄膜临界电流密度往往具有较大的各向异性,如**图 8-70** 所示。在磁场垂直于 c 轴方向 ($B//ab$ 面) 时,即在 $\theta = 90°$ 处出现 J_c 主峰。这主要起源于本征层状结构 Cu-O 面之间的钉扎 (即所谓的本征钉扎),除此之外,还有面内其他缺陷的贡献。当存在各向异性的钉扎中心时,除本征钉扎峰 ($\theta = 90°$) 外,在 $\theta = 0°$,即磁场平行于 c 轴时 ($B//c$) 呈现较强的二次峰。如 8.4 节所述,对 YBCO 薄膜引入缺陷或高密度的掺杂二次相 (即 APC),特别是沿 c 轴排列的一维 APC 能够在 $B//c$ 时起到钉扎磁通的作用,大幅提高 c 轴方向的临界电流密度,有助于提高全磁场区域内的临界电流密度。

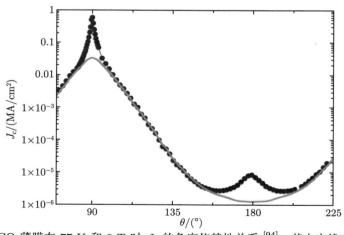

图 8-70　典型 YBCO 薄膜在 77 K 和 9 T 时 J_c 的角度依赖性关系[94],其中实线表示仅存在各向同性缺陷时的理论模拟结果

各向同性和各向异性钉扎中心的贡献可以通过研究磁场下 J_c 的角度依赖性关系进行

确定。各向同性缺陷是指其钉扎长度不依赖于磁场方向的缺陷，其对 J_c 的贡献可以根据 Blatter 等效场公式来描述，即 $B_{\mathrm{eff}}(\theta, \gamma) = B\varepsilon(\theta, \gamma)$，这里 γ 为 YBCO 的质量各向异性，对于未掺杂带材，$\gamma = 5 \sim 7$，而对于掺杂样品，如 MOD 法制备的 BZO 复合薄膜，其 γ 值为 $1.3 \sim 1.5$；$\varepsilon(\theta, \gamma) = (\cos^2\theta + \gamma^{-2}\sin^2\theta)^{1/2}$。**图 8-70** 中的实线即为在 77 K 和不同磁场下各向同性 APC 的贡献，而在各向同性 J_c 贡献之上出现的峰可归因于各向异性 APC[94]。

关于钉扎效果，根据 J_c 的温度依赖性可分为弱钉扎力和强钉扎力[94]。弱钉扎力主要来源于尺寸小于相干长度的点缺陷 (如氧空位)。通常，这类钉扎中心在低温下占主导地位，J_c 随着温度的上升呈现快速下降的关系，由下式表示：

$$J_c^{\mathrm{wk}}(T) = J_c^{\mathrm{wk}}(0)\exp(-T/T_0) \tag{8-13}$$

其中 $J_c^{\mathrm{wk}}(0)$ 是在 0 K 时的弱钉扎贡献，而 T_0 与点缺陷的特征涡旋钉扎能量相关。

另一方面，由下式给出的强钉扎力模型描述了 J_c 随温度缓慢衰减的缺陷行为

$$J_c^{\mathrm{str}}(T) = J_c^{\mathrm{str}}(0)\exp[-3(T/T^*)^2] \tag{8-14}$$

其中 $J_c^{\mathrm{str}}(0)$ 是在 0 K 时的强钉扎贡献，而 T^* 与强钉扎缺陷的相应特征涡旋钉扎能量有关。通常，一维和二维钉扎中心都属于强钉扎力。

YBCO 超导带材的 J_c 最终取决于这两种钉扎力的共同作用，由下式给出：

$$J_c(T) = J_c^{\mathrm{wk}}(T) + J_c^{\mathrm{str}}(T) \tag{8-15}$$

强钉扎力对 J_c 值的影响可由 J_c^{str}/J_c 之比给出。例如，通过 TFA-MOD 方法制备添加 BZO 的薄膜在 20 K 和 0.5 T 时的 J_c^{str}/J_c 比约为 72%，并且具有 c 轴相关钉扎中心。

近年来，人们积极开展了对 YBCO 超导薄膜人工引入钉扎中心改善传输电流各向异性的研究。基于各向异性的钉扎作用，钉扎中心可分为两大类，即与 c 轴相关的缺陷和与 ab 平面相关的缺陷。**图 8-71** 给出了 YBCO 薄膜中观察到的各种钉扎类型[99]。可以看出，不同方法制备的 YBCO 在 90° 处，即当外加磁场平行于 ab 平面时有一个很强的尖峰。除此本征峰外，许多原位法生长的气相沉积薄膜在 0° ($B//c$ 轴) 处还有第二个较宽的峰，这往往与柱状的线性缺陷有关。在非原位的 MOD 薄膜中，平面缺陷通常会增强 90° 处的峰值。不过，在任何一种类型的薄膜中引入纳米级的钉扎中心都将极大地改变 J_c 的角度依赖性。对于 PLD 制作的薄膜，掺入纳米 $BaZrO_3$ 粒子能够在 $B//c$ 轴时起到钉扎磁通的作用，这大幅提高了 c 轴方向的临界电流密度，同时对各向同性的提升也有很大的贡献，如**图 8-71** 中的上三角曲线所示。对于 MOD 薄膜，掺杂 50% 的 Er 有效抑制了 $B//ab$ 平面的尖峰，使得 J_c 的磁场角度依赖性变小，增加了各向同性。而西班牙巴塞罗那材料研究所在化学溶液法制备的 YBCO 薄膜中添加 BZO 纳米颗粒，使 YBCO 不同磁场方向下的临界电流密度均有很大提高[118]。已经发现掺杂 BZO 纳米粒子对于 T_c 高于 YBCO 的 REBCO 材料，如 NdBCO、ErBCO、EuBCO 和 SmBCO 等，具有同样的钉扎效果。也有研究表明在采用 PLD 法制备的薄膜中，和掺杂 BZO 相比，添加 BSO 和 BHO 纳米粒子后，YBCO 的 J_c 性能更加优异。

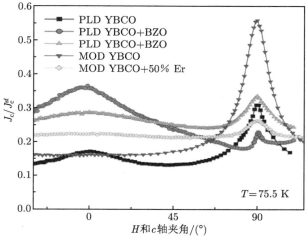

图 8-71 不同类型的 YBCO 薄膜的 J_c 在 1 T 时的角度依赖性[99]

另一种调控 J_c 角度依赖性的途径是在 YBCO 薄膜中引入不同维度的钉扎中心。目前研究得较多的是采用一维和三维 (1D + 3D) 钉扎中心组合的方法，例如，同时引入柱状缺陷 (1D) 和纳米颗粒 (3D) 等。日本九州工业大学使用 YBCO+BSO+Y_2O_3 混合靶，采用 PLD 法制备了包含一维 BSO 纳米棒和三维 Y_2O_3 纳米粒子的 YBCO 复合薄膜[127]。这种双掺杂薄膜的 J_c 在整个磁场区域具有较弱的角度依赖性，如图 8-72(b) 所示，一方面，由于 c 轴相关 BSO 柱状缺陷引起的磁通钉扎在 $B//c$ 处形成一个宽峰，另一方面，Y_2O_3 颗粒提高了两峰之间区域的 J_c 值，从而起到了改善各向异性的作用。从横截面 TEM 中可以观察到平行于 c 轴的 BSO 纳米棒和随机分散在 YBCO 基体内的 Y_2O_3 纳米颗粒 (图 8-72(a))。

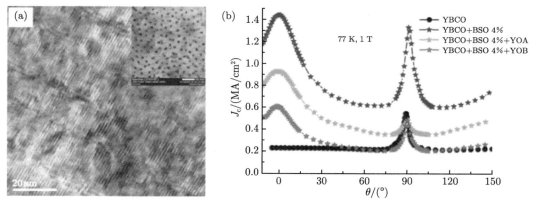

图 8-72 (a) 双掺杂纳米复合薄膜的横截面 TEM 照片，插图中可观察到 YBCO 基体中的大量 Y_2O_3 纳米颗粒；(b) 各种掺杂薄膜在 77 K、1 T 下 J_c 的角度依赖性关系[127]

通过比较 1D 钉扎中心 (如 BSO 纳米棒) 和 3D 钉扎中心 (如 Y_2O_3 纳米颗粒) 之间的 J_c-B 特性，可以发现 1D 钉扎中心在 77 K 和 $B//c$ 时具有更高的 J_c。在磁场角度依赖

性 $J_c(\theta)$ 中，当磁场方向偏离 c 轴时，BSO 纳米棒的 J_c 显著降低，而 Y_2O_3 纳米颗粒的 J_c 几乎不变 [126]。这种差异主要是由钉扎中心的不同维度所导致，如**图 8-73** 所示。对于 BSO 纳米棒，随着磁场逐渐偏离 c 轴方向，Z 字形的涡旋磁通线成为稳定状态，这样被纳米棒钉扎的磁通线部分被大幅缩短，相应减小了洛伦兹力，从而导致 J_c 降低。然而，掺杂 Y_2O_3 纳米颗粒与这种情况完全不同。假设纳米粒子的直径为 $d(d > \xi_{ab})$，则钉扎能量由 $\phi_0^2 \varepsilon(\theta) d / 16\pi\mu_0 \lambda_{ab}^2$ 给出，其中 θ 是磁场与 c 轴之间的角度，$\varepsilon(\theta) = (\cos^2\theta + \gamma^{-2}\sin^2\theta)^{1/2}$，而 γ 是各向异性参数。可以看出纳米粒子钉扎能量的角度依赖性比 BSO 纳米棒要平缓得多，因此，其 $B//c$ 周围的 $J_c(\theta)$ 降低程度相对较小。

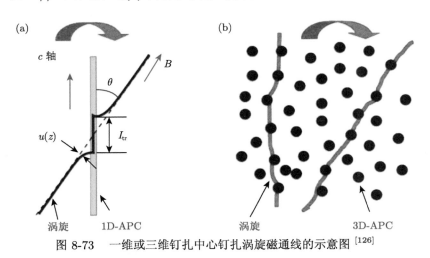

图 8-73　　一维或三维钉扎中心钉扎涡旋磁通线的示意图 [126]

(a) 当施加磁场偏离 1D 钉扎中心时，涡旋磁通线呈现 Z 字形状态；(b) 磁场倾斜时，涡旋磁通线被随机分布的 3D 钉扎中心
钉扎的情形

　　德国 IFW 研究所课题组研究了单一 Hf 金属元素掺杂 YBCO 薄膜情况，如**图 8-74(a)** 所示 [128]，除了在 90° 处的本征钉扎峰外，掺杂 Hf 的样品在 $B//c$ 附近还显示出第二个宽峰，这表明沿 c 方向存在大量 c 轴关联的钉扎中心，这些缺陷可能是在析出物周围生长的位错核或小角度晶界。其临界电流密度各向异性归一化曲线表明：在 3 T 磁场强度下，临界电流密度在 $B//c$ 轴时的值可高出 $B//ab$ 面的值。最近美国休斯敦大学的研究团队实现了 25mol%① Zr 的高浓度掺杂，极大提升了临界电流密度，改善了磁各向异性，如**图 8-74(b)** 所示 [129]。很明显在 77 K 时，沿 c 轴施加外场的 $J_c(\theta)$ 在 $\theta = 0$ 处观察到一个宽高峰，这表明生长过程中产生的大量沿 c 轴对齐的一维柱状 BZO 纳米棒及相关缺陷成为有效的钉扎中心，也使得该峰要远高于 $B//ab$ 平面时的本征尖峰。随着温度降低，由 BZO 纳米棒引起的 $J_c(\theta)$ 曲线中的峰值逐渐变小，并且 J_c 的各向异性减弱。尤其是在低温 30 K 下的临界电流密度随外加磁方向的变化非常小，各向异性不显著，几乎达到趋向各向同性的效果。大量研究表明，纳米棒之间的纳米颗粒和 BZO 与 YBCO 母体之间较大的晶格失配率 (约 8%) 引起的应变场最终导致了低温下强的各向同性钉扎。以上这些结果也是具有不同钉扎特性的缺陷以协同方式形成混合钉扎中心而产生优异性能的典型例子。在这里，混合

————————————
① mol%代表摩尔百分比。

钉扎缺陷代表了 1D 钉扎中心和 3D 钉扎中心的组合。

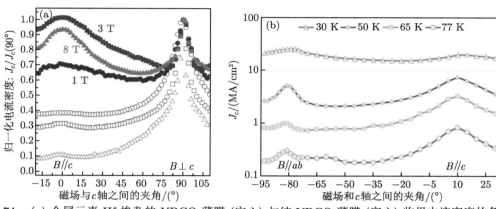

图 8-74 (a) 金属元素 Hf 掺杂的 YBCO 薄膜 (实心) 与纯 YBCO 薄膜 (空心) 临界电流密度的各向异性情况[128]; (b) 高浓度 Zr 纳米颗粒掺杂后薄膜 J_c 的磁场各向异性, J_c 随温度降低各向异性呈减弱趋势[129]

表 8-10 总结了近年来 REBCO 薄膜及其涂层导体液氮温区和磁场平行 c 轴下的磁通钉扎的人工调控和改善提高[14]。可以看到, 人工引入钉扎中心不仅使 REBCO 薄膜液氮温区的磁通钉扎力密度达到了 $20\sim30$ GN/m³(77 K), 远远超过了 NbTi 在液氮温区的 16 GN/m³(4.2 K), 而且使在液氮温度下的不可逆场 B_{irr} 达到极高的 15.8 T, 为常规 REBCO 薄膜和单晶样品的 2 倍多, 极大拓宽了涂层导体的应用范围。

表 8-10 REBCO 薄膜及涂层导体液氮温区和平行 c 轴下的不可逆场和磁通钉扎力密度的人工调控和改善提高[14]

超导与二次相组分	不可逆场 B_{irr} (77 K)	磁通钉扎力密度 $F_p^{max}(B//c)/(GN/m^3)$	备注
Y123+BaSnO₃	11	28.3 (3 T, 77 K)	PLD
(Y,Gd)123+15％Zr	14.8	14 (5 T, 77 K); 1700 (4.2 K)	MOCVD
Sm123+ BaHfO₃	15	28 (77 K)	LTG-PLD
Gd123+BaHfO₃	15.8	23.5 (77 K)	PLD
Y123+BaZrO₃	$8\sim11$	$12\sim16$ (77 K); 700 (4.2 K)	PLD
Y123+Ba₂YNbO₃	NA	32.3 (75.5 K); 122 (65 K)	PLD
Sm123+BaZrO₃	12	23 (77 K)	MOD
Y123+GBs	—	15 (77 K)	GB 尺寸从 196 nm 降到 92 nm
Y123+Y₂O₃	—	14.3 (77 K); 1000 (4.2 K)	MOD 晶粒细化
纯 Y123	$5\sim7$	~4(77 K)	常规薄膜
纯 Bi-2223	0.2	—	1G-HTS(高温超导) 线
低温超导 NbTi	11 (4.2 K)	16 (4.2 K)	LTS 线材

8.6 基于 REBCO 带材的高温超导磁体研究进展

高磁场对科学技术的发展具有极其重要的作用, 它孕育着许多重大的科学发现和新技术的产生。超高磁场的产生和应用研究对极端条件科学设施、生物医学工程、国防特种装备以及高精度的科学仪器都具有重要的意义。

REBCO 高温超导材料具有高的临界温度，在强磁场下呈现出比其他超导材料更高的磁通钉扎和电流传输能力，并且 REBCO 带材在低温下具有临界电流密度对磁场不敏感、交流损耗小和轴向抗拉应力高等优点，更适宜做高场内插磁体。近年来世界各地的科研机构纷纷开展基于二代 REBCO 超导带材的超导磁体研究，或者使用二代带材直接绕制成全高温超导的强磁体，或在低温超导磁体背景场中内插二代带材绕制的高温超导磁体，不断打破超导强磁场的世界纪录。

目前强磁场领域的发展趋势是采用高低温超导混合磁体方式产生 20 T 以上的恒定磁场，这种方式可以极大地降低系统的构建和运行成本。高场内插线圈根据绕制方式不同分为层绕式 (layer-wound) 和双饼式 (double pancake) 两种。线圈的线匝沿轴向按层依次排列连续绕制的，称为层绕线圈；线圈的线匝沿径向连续绕制成线饼后，再由许多线饼沿轴向排列组成的线圈称为饼式线圈。另外，根据导线是否绝缘分为有绝缘 (insulated) 和无绝缘 (no-insulation) 两种。其中，有绝缘的线圈又分为两种绝缘方式：① 给高温超导带材绝缘，比如采用 Kapton 薄膜半叠包绝缘或采用绝缘套管来对带材进行绝缘；② 通过在绕制高温超导双饼线圈过程中并绕绝缘化处理的不锈钢带进行绝缘。经过绝缘化处理的高温超导双饼必须采用主动失超系统来进行保护。无绝缘的高温超导线圈一般采用双饼结构，由裸线直接绕制，少数采用并绕未经绝缘化处理的不锈钢带进行绕制。

表 8-11 列出了近年来研制成功的基于 REBCO 高温超导带材的高场磁体，包括阻性磁体、LTS 磁体背景场下的 REBCO 内插磁体，以及全 REBCO 磁体。其中到目前为止，磁场最高的超导内插磁体，是由美国国家高场实验室采用无绝缘绕制工艺制作的 REBCO 层绕内插磁体 (内径 14 mm，外径 34 mm)，它在 31.1 T 的水冷磁体中产生了 14.4 T 的磁场，其中心磁场达到了 45.5 T[130]。2015 年，韩国 SuNAM 公司联合美国麻省理工学院研制了全 REBCO 二代带材超导磁体，其冷孔直径为 35 mm，可以在 4.2 K 运行温度产生 26.4 T 的中心磁场。2016 年，日本东北大学高场实验室成功研制出 25 T 传导冷却全超导磁体，该磁体由 11 T 的 Bi-2223 内插磁体和 14 T 的低温超导磁体组成。这是目前传导冷却全超导磁体产生的最高磁场，也是真正的第一个用户型超导磁体。2017 年美国国家高场实验室研制出中心场为 32 T、冷孔直径为 34 mm 的全超导磁体。该系统是使用 Oxford 成熟的商用 LTS 磁体提供 15 T 外场，再使用工作在 4.2 K 的 YBCO 双饼线圈作为内插磁体产生 17 T 磁场，将中心磁场升高至 32 T。随后中国科学院电工研究所研制出中心磁场高达 32.35 T 的全超导磁体 (HTS-17.35T/LTS-15T)。该磁体采用了自主研发的高温内插磁体技术，打破了 2017 年由美国国家高场实验室创造的 32 T 超导磁体的世界纪录 [131]。该领域的发展目标是研制 45 T 极高场全超导磁体。

对于磁体绕制，超导材料的力学性能非常关键。需要特别注意的是，由于 REBCO 带材本身具有层状结构，并且经过多层封装，在使用过程中可能会出现分层或开裂现象。在磁体运行过程中，线圈某些部位会出现较大的应力释放或受到较强的洛伦兹力，使得线圈或部分带材出现变形或开裂。在跑道型超导线圈的励磁过程中，这种情况更容易发生。为此，人们正在设计各式各样的基于 REBCO 带材叠加或外加金属套管的圆形或方形导体，例如瑞士 EPFL 设计的 TSTC 堆层扭绞缆线、德国 KIT 设计的 Roebel 电缆，美国 Colorado

大学研制的 CORC 圆形导体等，这些复合材料增强了导体的机械性能，抑制了超导性能的各向异性，增强了工程加工的可操作性和应用运行的稳定性。

表 8-11 高场全超导磁体研究进展

研究机构	中心磁场/T	背景磁场/T	内插磁体带材	内插磁体磁场/T	绕制方式	内直径/mm	运行电流 (4.2 K)/A
美国国家高场实验室	45.5	水冷磁体	REBCO	14.4	双饼无绝缘	14	245
韩国 SuNAM	26.4	无	REBCO	26.4	双饼无绝缘	35	242
日本东北大学高场实验室	24.6	NbTi、Nb$_3$Sn	Bi-2223	10.6	双饼绝缘	96	132
日本理化研究所	27.6	NbTi、Nb$_3$Sn	Bi-2223、REBCO	4.5, 6	层绕绝缘	40	293, 293
美国国家高场实验室	32	NbTi、Nb$_3$Sn	REBCO	17	双饼绝缘	40	177
中国科学院电工研究所	32.35	NbTi、Nb$_3$Sn	REBCO	17.35	双饼无绝缘	21.5	137
日内瓦大学	25	NbTi、Nb$_3$Sn	REBCO	4	层绕	20	$J_c = 733$ A/mm^2 (2.2 K)

8.7 涂层导体总结和展望

本章以提高临界电流为主线，从 YBCO 带材的制备技术、人工钉扎中心引入方法和微观结构控制的角度出发，详细阐述了第二代 YBCO 涂层导体的研究和发展现状。自从发现 YBCO 超导材料以来已经过去 30 多年，基于双轴织构和薄膜外延技术的第二代高温超导 YBCO 带材的研究和开发取得了长足的进展。例如，人们发展了各种有效的人工钉扎技术，使其外加的平行于 c 轴磁场的磁通钉扎力密度 F_p 在 77 K 下得到了极大的改善。目前最高的人工钉扎强度是将 15%～20%Zr 元素掺杂到超导薄膜中，由此获得了破纪录的钉扎力密度，液氮温度高达 1700 GN/m^3 ($B//c$)，为 4.2 K 下 NbTi 最高钉扎力密度的 100 倍。同时人工掺杂技术还大大改善了超导带材磁场下的传输各向异性。通过改进工艺，人们制备出超导层厚度 ～5 μm 的短样带材，临界电流高达 1300～1500 A/cm-w (77 K, 自场)。在二代带材产业化方面，人们已经成功开发了千米量级的线材，其临界电流在液氮温度下已超过 500～600 A/cm-w。目前，在 YBCO 长带研发领域的主要企业有日本 Fujikura 公司、美国超导公司、美国 SuperPower 公司、韩国的 SuNAM 公司等。2004 年 Fujikura 公司制备出长度为 100 m、临界电流超过 100 A 的 YBCO 超导带材；2011 年 4 月制备出了长度为 816.4 m、平均电流为 572 A 的 YBCO 带材，其 $I_c \times L$ 值达到 466981 A·m，创造出新的世界纪录。美国超导公司采用 RABiTS/ MOD 技术制备 YBCO 带材，在 4 cm 的宽带上沉积中间层和超导层，因此其制备效率大大提高。美国 SuperPower 公司是世界上第一家制备出千米级的 YBCO 高温超导带材的厂商。我国从"十二五"开始，由于企业的介入，YBCO 带材的制备技术也迅猛发展，苏州新材料研究所 2016 年底制备出我国的首根千米 YBCO 超导带材。此外，上海超导科技股份有限公司和上海上创超导科技有限公司也是专注于 YBCO 高温超导带材制备的公司，也都建立了特色的千米级生产线，具备了数百米级带材的批量供应能力。

随着 YBCO 长线的量产，人们也在尝试基于 YBCO 带材的超导电力装置示范应用，如超导电缆、超导储能、超导限流器、变压器等。对于电力设备，铜线的市场价格通常为 15～25 美元/(kA·m)。但是，YBCO 高温超导带材的缓冲层及超导层多采用真空沉积法制备，复杂的薄膜制备工艺不仅导致其成材率较低，而且市场售价在 100~200 美元/(kA·m) 范围，远高于铜的市场价 3~4 倍。除了低温及运行成本等因素，只有二代 YBCO 带材的性价比大幅度提升 (如 25~50 美元/(kA·m))，达到与铜材相当时，它才可能获得广泛的认可和大规模的应用。因此，为了提高 YBCO 带材性价比进而推动更多的市场应用，必须进一步提高 YBCO 成品带材的载流性能 (如通过增加超导层厚度以及采用掺杂增强磁通钉扎)、生产效率和良品率，挖潜现有技术，同时需要探索新型组分结构、技术路线或变革性技术。

8.8　高温超导块材

REBCO(RE = 稀土元素，如 Y、Gd、Sm、Nd 等) 超导块材由于具有较高的临界电流密度、优异的强磁场俘获能力以及自稳定的磁悬浮性能，因而在强电领域具有重要应用，诸如强磁场永磁体、飞轮储能、磁悬浮、无刷旋转电机以及磁轴承等。近年来，随着熔融织构高温超导块材制备工艺不断进步，REBCO 单畴超导块材的性能达到了实用化标准。

Y-Ba-Cu-O(YBCO) 高温超导块材因其制备方法简便可靠，且成本低廉，是目前最具潜力也是最受研究者青睐的体系之一。其技术工艺也相当成熟稳定，主要有以下几种制备方法 [132]：① 固态烧结法，② 熔融生长法，③ 顶部籽晶熔融生长 (top-seeding melt texture growth，TSMTG) 法，④ 顶部籽晶熔渗 (top-seeded infiltration and growth，TSIG) 法。从实际应用的角度讲，样品的制备工艺要考虑三方面的需求：其一，生长块材具有大尺寸，其二，引入钉扎中心，并且让其尽量分布均匀。其三，所生长的块材应具有长时间的稳定性。

8.8.1　YBCO 体系的相图

REBCO(RE-123) 稀土高温铜基氧化物超导体包含有很多种，它们具有很多相似的结构以及性质，这里不再赘述。在晶体制备方面，需要 CuO、BaO(或者 BaCO$_3$) 和高熔点的稀土氧化物 RE$_2$O$_3$(RE-200) 等原料进行固态化学反应合成。RE-123 具有和其他功能氧化物相同的非一致熔融的性质，即在一定高温下发生熔融时其不再是 RE-123，而是生成了其他更难熔的物质 RE-211，可表示为：RE-123(s)$\longrightarrow$ RE-211+Ba-Cu-O。RE-211 为非超导相，为固态，利用这个反应的逆过程可以用来制备 RE-123 晶体。这是一个非完全反应，不能彻底进行，因为非超导相 RE-211 在反应过程中会被包裹在基体之中，因此也称为包晶反应。

对于 YBCO 来说，为了优化 YBCO 超导块材制备过程中的参数以及更好地了解晶体生长机理，必须对 YBCO 体系的相图和热力学特性有所了解。**图 8-75** 为显示在空气中 (氧分压 0.21 bar)Y123-Y211 的截面图 [133]。由图可见 1230 ℃ 以上时，体系以 Y$_2$O$_3$(200) 相与富 Ba 富 Cu 液相 (L 代表 Ba-Cu-O 混合液相) 稳定共存的方式存在。当体系的温度降低至 1230 ℃ 以下时，Y$_2$O$_3$ 相与液相发生包晶反应析出 Y$_2$BaCuO$_5$ (Y-211 相)，即

$$Y_2O_3 +L (BaCuO_2+ CuO) \longrightarrow Y_2BaCuO_5 \tag{8-16}$$

当体系的温度在 1002~1230 ℃ 时，Y-211 相与液相共存。如果长时间处于这一区域，体系中 Y-211 相将会逐渐长大，这种现象被称为 "粗化" 效应。当体系冷却至 1002 ℃ 以

下时，Y-211 相与液相发生包晶反应生成 YBa$_2$Cu$_3$O$_7$ (Y-123 相)：

$$Y_2BaCuO_5 + L\ 相\ (3BaCuO_2 + 2CuO) \longrightarrow 2YBa_2Cu_3O_7 \tag{8-17}$$

从上面的相图看出，Y-123 为低温相，Y-211 为高温相，熔化反应基本上都包含两个反应：高温下 Y-123 会分解为 Y-211 与液相，当温度降低时，Y-211 与液相又可重新反应生成 Y-123。第一个反应对应高温熔化过程，第二个反应对应凝固生长过程，该可逆反应是熔化织构生长法得以实现的基础条件。Y-123 相成核以后，沿 ab 面长大。这种生长是通过 Y-211 相与液相界面的 Y 元素向 Y-123 相与液相的界面扩散来维持的，扩散动力来自两种界面处 Y 的浓度梯度。在 Y-123 晶粒长大的同时，新的 Y-123 相晶粒以面对面的形态成核。这种成核不断重复，形成了片层状结构，直至发生畴与畴的碰撞为止，从而生成晶粒定向取向的多畴结构。如果反应不充分或者组分偏离化学计量比，未参与反应的 Y-211 相将会被保留在 Y-123 相中。

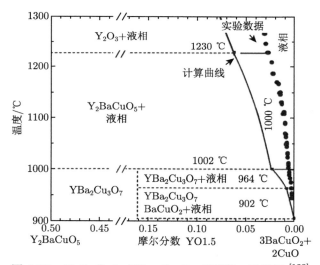

图 8-75   Y$_2$BaCuO$_5$-YBa$_2$Cu$_3$O$_7$ 线的准二元相图 [133]

所有的熔融生长技术就是利用上述两个包晶反应合成所需要的块材。由于相图描述的是热力学平衡时体系的情况，而实际制备过程中无论是升温分解或降温合成都需要一定的驱力。这种驱力可以是组分的变化，或者温度的不平衡。一般升温分解时最高温度需要比包晶温度更高一些，而降温合成时则要比包晶温度更低一些反应才会发生。前者被称为过热，后者被称为过冷，而与包晶温度的差值则被称为过热度或过冷度。也就是说熔融生长法，主要由高温熔化和过冷生长两个热处理过程组成，即先通过固态反应制得 Y-123 前驱体，之后将其升至一定的温度以上发生包晶熔化反应使原料熔化或熔融，然后降温发生包晶凝固反应生成 Y-123 晶体。由图中的曲线可知，在 Y-123 形成的附近，即 1002 ℃ 以下到 964 ℃ 之间，液相线向左方进行了移动，Y-123 相与液相的共存由于 Y-211 相的出现而减少，这与实验测定的结果保持一致 [134,135]。

8.8.2   YBCO 块材的制备方法

1) 固态烧结法

固态烧结法是早期制备 YBCO 高温超导多晶块材的常用方法,其原理是将两种或两种以上的反应物按所需配比充分混合,在一定温度下通过固相反应生成所需要的化合物。原子和离子的扩散是固态化学反应的关键。其操作过程一般有如下几步: ① 将 Y_2O_3、$BaCO_3$ 和 CuO 前驱粉体按照一定的配比准确称量、研磨并混合均匀。② 将粉末压制成块状,以便各反应物接触充分从而有益于反应的进行。③ 将烧结好的样品重新粉碎,再次压块烧结可得 YBCO 块材。这种方法合成的样品是晶粒取向无规则的多晶体,超导电流只能在晶粒内部流动,不能在晶粒之间流动,也就是晶粒之间存在 "弱连接"。弱连接使得样品临界电流密度很小,一般在 $10^2 \sim 10^3$ A/cm^2(77 K, 0 T),而且随磁场增加而急剧下降,当磁场达到 0.5 T 左右时,J_c 几乎降为零,因此实用价值很低。

固态烧结法制备的 YBCO 块材中晶界引起的 "弱连接" 导致 J_c 值较低的现象是制备技术固有缺陷造成的,无法通过对工艺参数的优化而避免。因而需要新的制备技术来获得能够满足实际应用的高性能 YBCO 块材。

2) 熔融生长法

由于固态烧结法无法解决晶界处的 "弱连接" 问题,从而无法制备具有高 J_c 的氧化物超导体。考虑到 YBCO 超导体是一种片层状的晶体材料,其晶体结构和显微组织都具有高度的各向异性。如果使这些片层状的晶片平行排列、取向一致,就能有效消除弱连接,获得较高的超导性能。为此美国贝尔实验室的 Jin 等发明了熔融织构生长法 (melt-textured growth,简称 MTG)[136]。该技术是将坯体中的小晶粒在高温熔化、分解,然后在降温过程中重新结晶,最终使整个块材成为一个大晶粒 (单畴) 或多个大晶粒的耦合 (多畴)。由于畴区内部不存在弱连接现象,该方法减少了弱连接,同时样品具有明显的 c 轴择优取向,J_c 比烧结材料要高出 $1 \sim 2$ 个数量级,在 77 K 温度和自场条件下达到 10^4 A/cm^2 的量级,而且 J_c 随外场的变化不大。在此基础上,一系列改进的熔融生长工艺相继被报道,生长 "单畴" 超导块材成为发展方向。

目前,MTG 方法是以包晶反应为基础的,是制备高温超导块体较常见的方法。典型 MTG 的热处理过程如**图 8-76** 所示[133]。对于改进型 MTG 工艺,如图 **8-76(b)** 所示,预烧结后的 Y-123 样品在 1100 ~ 1200 ℃ 进行部分熔融,样品的几何形状保持不变。最后,样品在热梯度的氧气环境下以 1 ~ 2 ℃/h 的速率缓慢冷却。

在 MTG 工艺基础上,Murakami 等提出的淬火熔融生长法 (quench and melt growth,QMG)[137] 及其改进型的熔化粉末熔化生长法 (melt-powder-melt growth,MPMG)[138],Salama 等发展的液相处理法 (liquid phase process,LPP)[139] 和周廉等提出的粉末熔化处理法 (powder melting process,PMP)[140] 又使材料的性能有了进一步的提高。值得注意的是这些方法都要经历包晶反应温度以上的高温熔化和包晶反应温度以下的凝固生长两个阶段,不同的是先驱粉体的成分和热处理工艺。凝固生长过程实现了 Y-123 片层晶粒的定向生长,极大地减少了在一种取向的畴区内晶粒间的弱连接,但由于凝固过程可能有多个成核中心,不同的成核中心长成不同的畴区,在畴区的交界处弱连接依然很严重。因此,上述方法制备的样品为多畴体,虽然每个畴区内部的临界电流很大,但是畴区间的耦合却不强, 不同畴区的交界处往往聚集着富 Ba-Cu-O 成分的杂相, 并诱发了裂纹, 存在明显的弱连接效应, 从而导致整块大样品的整体超导性能依然不高。要进一步提高材料的 J_c, 就要求整个块材成为一个超导单畴, 尽可能消除弱连接。目前在籽晶引导技术的帮助下, 单畴超导块材的制备得以实现。目前, 顶部籽晶熔融生长法[141,142] 和顶部籽晶熔渗工艺[143,144] 已经成为主要的两大单畴块材制备技术。

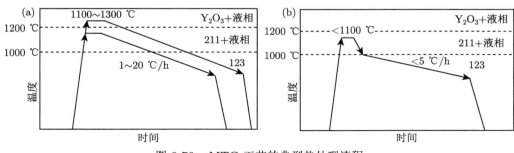

图 8-76   MTG 工艺的典型热处理流程

(a) 传统型; (b) 改进型[133]

3) 顶部籽晶熔融生长法

为了实现单晶畴 (single-grain 或 single-domain) 超导块材的制备, 人们将籽晶技术引入熔融生长方法中。在生长 REBCO 高温超导块体材料 (以 YBCO 为例) 时, 一般会在块材顶部放置籽晶用于诱导熔体的取向生长, 此即顶部籽晶熔融织构生长法, 也是最受欢迎、使用最广泛的单畴高温超导块材工艺。现在有些研究者直接将此方法简称为 TSMG。

顶部籽晶熔融织构生长法首先将坯体迅速加热到 Y-123 包晶分解温度以上, 在最高温度保持一段时间确保 Y-123 相分解充分后, 再迅速降温至稍低于包晶温度处, 随后开始慢冷生长过程。由于籽晶提供了一个异质成核点, 显著降低了成核所需的过冷度, 因此熔体中第一个晶粒会在其与籽晶的接触面上成核。由于晶体生长具有择优取向, 因此晶粒在优势方向上会迅速长大, 而在非优势方向上则起着籽晶的作用, 随着 Y^{3+} 浓度的饱和, 新的晶粒会在已长大的原有晶粒上成核, 如**图 8-77** 所示[142]。这个外延生长过程不断重复直至生长结束, 最终获得一个含有一定缺陷的大晶粒, 即 YBCO 单畴超导块材。对于用顶部籽晶熔融织构生长法制备的单畴超导块材, 在单畴区内部 Y-123 片层晶粒平行排列, 取向一致, 彼此间的弱连接被有效消除, 并且 ab 面平行于样品表面, 块材可表现出很高的磁悬浮和俘获磁通性能, 有着广泛的应用前景。

对于顶部籽晶熔融织构生长技术制备的 REBCO 单畴块材来说, 以籽晶为中心, 单畴区实际上有 5 个生长方向, 分别为 $\pm a(100)$、$\pm b(010)$ 和 $c(001)$ 轴方向。因为对于 RE-123 的四方相结构, a、b 方向的晶格参数及生长速率相同, 并不严格区分, 统称为 ab 面方向。在 5 个生长方向上, 籽晶最终引导生长 5 个生长扇区 (growth sector, GS), 即四个 a 生长扇区 (a-GS) 以及一个 c 生长扇区 (c-GS)。五个生长扇区彼此间被 a/a 和 a/c 生长扇区边界分开 (growth sector boundary, GSB)。**图 8-78** 为 REBCO 单畴块材五个生长扇区以及生长扇区边界示意图[132]。研究发现 REBCO 单畴块材的性能和块材的 c 生长扇区有密切关系, 即具有较大的 c 生长扇区的单畴块材展现出更好的超导性能。

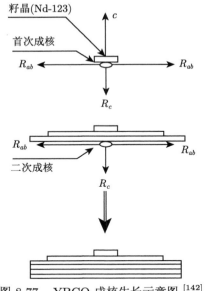

图 8-77　YBCO 成核生长示意图 [142]

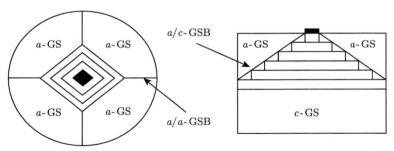

图 8-78　REBCO 单畴块材五个生长扇区以及生长扇区边界示意图 [132]

　　籽晶技术的使用是实现顶部籽晶熔融织构生长法单畴块材制备的关键。籽晶一般置于样品上表面的中心位置，并且保证其 ab 面与样品表面平行，这样才可以引导生长出 ab 面平行样品表面的 YBCO 单畴体。根据籽晶放置时的环境不同，又可以分为冷籽晶法 [145,146] 和热籽晶法 [147]。所谓冷籽晶法是指在坯体熔化之前籽晶就已在坯体上，随坯体一起经历升温、恒温和快速降温这三个过程。所谓热籽晶法是指籽晶在坯体熔化之后才放上，一般在慢冷生长过程开始前放上。冷籽晶法对籽晶质量要求较高，籽晶需要在整个制备过程中都不会熔化，而热籽晶法则只要求慢冷生长时籽晶不会熔化即可，因此使用热籽晶法的生长程序可以进一步提高最高温度，使前驱物分解得更彻底。但是热籽晶法对相应设备技术的要求也更高，而冷籽晶法则无特殊要求、操作简单。

　　在 YBCO 的顶部籽晶熔融织构生长工艺中，一般选取 SmBCO 或 NdBCO 作籽晶。因为它们同属 REBCO 体系，与 YBCO 的晶格非常匹配。其次它们具有更高的熔点 (分别为 1054 ℃ 和 1068 ℃)，在 YBCO 的热处理过程中能保持自身的稳定性。这里要说明的是，籽晶是从大块 SmBCO 或 NdBCO 织构体 (单畴或多畴) 上切割或解理下来的，其本身即具有规则的片层结构, 这样才可以引导 YBCO 的定向生长。

图 8-79 所示为顶部籽晶熔融织构生长法生长 YBCO 单畴块材的典型热处理曲线, 以及据此制备的直径 34 mm 的 YBCO 单畴超导块材[148]。研究发现, 高温超导块材的 J_c 随着程序设置的最高温度 ($T_{\max}$) 的升高而升高。这是因为随着 $T_{\max}$ 升高, 反应过程中前驱体内的杂质相会得到充分分解, 从而减少了自发形核及杂质相掺杂发生的机会。顶部籽晶熔融织构生长法的工艺步骤如下:

(1) 将烧结好的 Y-123 粉末通过磨具压制成为具有一定厚度的圆柱形前驱体, 在此前驱体的顶部放置一片籽晶材料。

(2) 将此带有籽晶的前驱体放入马弗炉, 设置温度进行加热。

(3) 当温度超过 YBCO 晶体的 T_p (1010 ℃ 左右) 时, Y-123 将发生包晶熔化生成 Y-211 固相和 Ba-Cu-O 液相。

(4) 随后的温度降至包晶反应温度 (T_p) 以下, 在过冷度的驱动下将发生上述反应的逆反应, 也即 Y-211 相和液相反应生成 Y-123 晶体, 并实现 Y-123 片层晶粒的 ab 面取向生长及定向凝固。

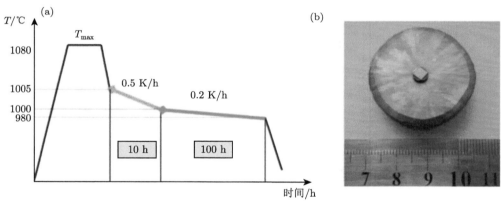

图 8-79 (a) 顶部籽晶熔融织构生长法生长 YBCO 单畴块材的热处理曲线; (b) 籽晶引导下生长的 YBCO 单畴超导块材[148]

顶部籽晶熔融织构生长法具有工艺过程相对简单、可实现批量化制备且单畴块材成品率较高等优点, 所以其成为制备大尺寸单畴超导块材最受欢迎的方法之一。另外, 该法制备的单畴 YBCO 超导块材还具有较高的临界电流密度和较大的磁悬浮力。

目前, 在空气中采用顶部籽晶熔融织构生长工艺已经分别制备出 Nd、Sm、Eu、Gd 掺杂的 REBCO 单畴块材, 它们的 T_c 依次递减, 超导转变区域逐渐变宽。这是由于 RE 和 Ba 的离子半径较为接近, 进而形成了 $RE_{1-x}Ba_{2-x}Cu_3O_{7-x}$ 稳定性杂质。改用氧分压较低的气氛 ($0.1\% \sim 1\%$ O_2) 的顶部籽晶熔融织构生长工艺可以在一定程度上减小该类杂质的生成。为了缩短顶部籽晶熔融织构生长工艺的时间, 研究人员提出了多籽晶技术[149,150]。通过多个籽晶同时引导生长, 整个生长过程所需的时间大为缩短。现在, 通过控制微结构和化学组成, REBCO 块材的 J_c 已经达到 10^5 A/cm^2 (77 K, 0 T) 的水平。

4) 顶部籽晶熔渗法

在顶部籽晶熔融织构生长法中，由于 Y-123 相在高温下发生异质溶化，很容易造成 Ba-Cu-O 液相的扩散流失。液相的大量流失会造成样品的严重收缩、变形，无法保持规则形状，同时样品内部会出现大量孔洞、裂纹等。此外，液相的流失也会造成样品内的成分偏析，无法完成大单畴体的持续生长，并会造成生长区内 Y-211 粒子的局部团聚。为了解决这些问题，人们发明了顶部籽晶熔渗生长法。

不同于顶部籽晶熔融织构生长工艺将 Y-123、Y-211 及其他组分混合压制成一个前驱体的方法，此方法只将 Y-211 相压制成块状前驱体，用籽晶诱导生长。在此前驱体的下面放置一个由 Y-123 和富 Ba、Cu 相 ($Ba_3Cu_5O_8$) 混合均匀压制成的前驱体，用于为晶体生长提供所需的液相。在整个生长过程中所需液相由底部前驱体渗透到上层前驱体内部，反应生成 YBCO 超导块材。顶部籽晶熔渗法可视为顶部籽晶熔融织构生长法的改进工艺。该方法中 Y-123 晶体的生长机理与熔融织构方法相同，差别在于前驱坯块的处理方式及样品在高温下达到 Y-211 与液相共存溶体的途径不同，如**图 8-80** 所示 [144]。

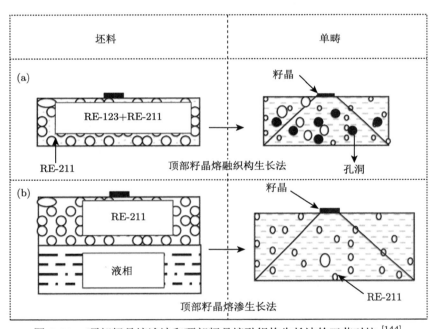

图 8-80　顶部籽晶熔渗法和顶部籽晶熔融织构生长法的工艺对比 [144]

由于避免了顶部籽晶熔融织构生长法中存在的液相流失的问题，因此顶部籽晶熔渗法制备的单畴块材具有致密度高、坯体收缩小、材料形变和裂缝小的优点，在某些方面比顶部籽晶熔融织构生长法生长的晶体具有更好的性能，如冻结磁场、磁悬浮力等，而且还可以制备复杂形状的样品。不过，顶部籽晶熔渗法要求生长前液相必须充满 Y-211 坯体，而只有当籽晶与熔体有良好接触的情况下才能引导单畴生长。由于这一过程无法实时观测，前期必须进行大量的实验才能摸索出合适的温度程序，这在一定程度上增加制备的难度。2015年，陕西师范大学采用改进的顶部籽晶熔渗法成功制备了直径 93 mm 的单畴 YBCO 超导块材，如**图 8-81** 所示[151]，表明了该工艺在制备高质量大尺寸单畴样品方面的优势。

图 8-81　采用顶部籽晶熔渗法制备直径为 93 mm 的单畴 YBCO 超导块材的宏观形貌图[151]

8.8.3　高温超导块材的性能与发展

　　磁浮力的大小和磁通俘获能力是评价单畴高温超导块性能的两个关键性指标[152]。磁浮力满足关系式 $F \propto J_c \times d \times dB/dz$，而俘获磁场满足关系式 $B_t = A \times \mu_0 \times J_c \times d$，上述两公式中，$J_c$ 是临界电流密度，d 是超导环流尺寸，dB/dz 是外磁场梯度，A 是几何常数，μ_0 是真空磁导率。对于单畴超导块，d 正比于超导块的尺寸。可以看出，磁浮力和俘获磁场强度与超导材料的临界电流密度 J_c 和单畴样品的尺寸 d 成正比。因此，为改善磁通钉扎，提高 J_c 和增大单畴面积作为提高块材性能的两大途径，一直是高温超导块材制备研究的中心课题。国际上，日本、英国以及德国等国家的研究人员在上述领域均作了大量深入系统的工作，并取得了丰硕的研究成果。

　　在改善磁通钉扎以提高材料临界电流密度方面，掺杂是最简便有效的方法，目前已有大量研究工作的报道。研究表明，通过化学掺杂的方法引入第二相粒子作为有效的钉扎中心，或者细化超导块材中第二相粒子可以达到提高 REBCO 超导块材磁悬浮力和临界电流密度的目的[132]。从理论上讲，只有当掺杂的第二相粒子的尺寸与超导体的相干长度接近时，才能起到有效的磁通钉扎作用，而高温超导块材的相干长度很短，为纳米量级。因此，掺入纳米颗粒作为磁通钉扎中心就成为提高超导块材磁通钉扎能力和临界电流密度的重点。因此，各种各样的纳米粒子被掺杂到 REBCO 单畴块材中，并研究其对样品超导性能的影响及相应的磁通钉扎机理。其中最简单的一类是金属或氧化物纳米粒子，如 Li、Pt、ZrO_2、BaO_2、TiO_2、CeO_2、Al_2O_3 等，还有稀土氧化物 RE_2O_3(RE=Nd、Sm、Gd、Y) 纳米粒子对 REBCO 的交互掺杂。研究结果表明，这些掺杂相均能在一定程度上增强 REBCO 超导体的磁通钉扎能力，从而提高样品的 J_c，如**图 8-82** 所示[132]。例如，少量 Li 替代 Cu 可提高低磁场强度下 (约 0.5 T) 的临界电流密度，从而出现峰效应。利用 Ba-Cu-O 液相和 Y-211 相良好的润湿性，加入适量的纳米 BaO_2 颗粒作为有效钉扎中心更加有效，77 K 自场下 Gd-123 样品的最高临界电流密度可提高到 $1.15×10^5$ A/cm^2[153]。而在 YBCO 超导块材中掺杂 0.21％的 Sm_2O_3 时，单畴块材的 T_c 为 91.2 K，临界电流密度 J_c 为 $6.9×10^4$ A/cm^2，均达到最大值。研究表明 Sm_2O_3 的添加可以细化 Y-211 颗粒，而且还可增强 YBCO 块材的峰效应，从而提高超导块材的性能 [154]。另外，具有双钙钛矿结构的 $RE_2Ba_4CuMO_x$(REM-2411, M=Nb、Zr、W、Ag、Mo、Bi 等) 纳米粒子也是人们研究得较多的一类掺杂物。剑桥大学团队用顶部籽晶熔化生长方法制备了 YBi-2411 掺杂的 YBCO 块材 [155]，发现在 4wt％的掺杂比例下，样品的自场临界电流密度达到 $7×10^4$ A/cm^2，远高于未掺杂的 $4×10^4$ A/cm^2。随后他们在顶部籽晶熔渗生长方法制备的 YBCO 块材中引入 YW-2411 纳米粒子进一步提高了样品的磁通钉扎能力，J_c 在 77 K 自场条件下高达 $1.36×10^5$ A/cm^2[156]，值得注意的是 REM-2411 粒子掺杂几乎不会影响样品的转变温度。

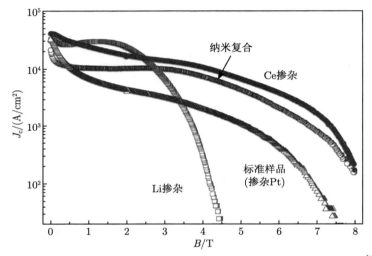

图 8-82　不同掺杂 YBCO 块材在 77 K 下临界电流密度的磁场依赖性 [132]

　　研究结果证明，增大块材的单畴尺寸可以获得更高的磁悬浮力和俘获磁通密度。因此，增大单畴面积是提高超导块材性能的另一途径。为了增大 YBCO 单畴尺寸，人们尝试了多种新的方法：① 焊接技术。可以把若干小块材拼接成大块材，用填充粉作为焊料以薄片形式夹在超导单畴块材之间，通过加压和再次熔融生长连接在一起 [157]。然而经过焊接块材的临界电流 J_c 往往有所降低，使样品的整体超导性能受到影响。② 大籽晶引导生长技术。籽晶尺寸越大，相同生长时间内可获得的单畴面积就越大。莫斯科国立鲍曼技术大学采用长 38 mm、长边方向沿 [110] 的 GdBCO 条状籽晶，生长出直径 48 mm 的 YBCO 单畴块材 [158]。上海大学将边长 14 mm 的 SmBCO 单畴作为大尺寸籽晶，制备出直径 53~75 mm 的 YBCO 块材 [159]。③ 多籽晶技术。将取向完全相同的多个籽晶等间距地放置在坯体顶表面，多个籽晶同时诱导熔体凝固生长，整个生长过程所需的时间大为缩短。上海交通大学用薄膜籽晶技术实现了对畴区生长方向准确的控制，并得到了直径 42 mm 的

YBCO 多籽晶样品 [160]。日本的 ISTEC 利用 Nd-123 多籽晶引导，通过优化热处理工艺，最终生长出 62 mm YBCO 块材 [161]。北京有色金属研究院也曾分别生长出 40 mm 的高质量多籽晶 YBCO 块材 [150]。与上面提到的两种技术相比，多籽晶工艺相对简单，成本低廉。

日本 ISTEC 的 Murakami 小组长期从事 REBCO 超导块材的制备和性能研究。他们通过细化前驱粉体中 RE-211 相粒子的粒径，并结合热籽晶技术，成功制备了高性能 REBCO/Ag 超导块材。其中直径 65 mm 的 GdBCO/Ag 超导块材在 77 K 下磁通俘获场达到了 3 T[162]、直径 33 mm 的 YBCO/Ag 超导块材在 77 K 下磁通俘获场为 1.6 T。2003 年该小组还利用两块直径 26.5 mm 的 YBCO 超导块材，在 29 K 下创造了俘获磁场达 17.24 T 的当时世界纪录，如**图 8-83** 所示 [163]。2005 年，该小组利用冷籽晶技术的顶部籽晶熔融织构生长工艺制备出直径为 100 mm 的大尺寸 GdBCO 块材 [145]。在此基础上，2007 年，该小组又成功生长了直径为 140 mm 的单畴 Gd-Ba-Cu-O 超导块材 [164]。该样品在 4 T 磁场冷却时，65 K 下的最大俘获磁场为 3.66 T。

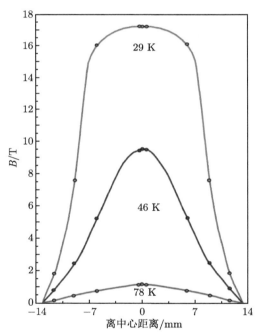

图 8-83 不同温度下 YBCO 超导块材的俘获场分布 [163]

英国剑桥大学 Cardwell 小组在超导块材制备上则更偏重实际应用的制备方法——冷籽晶法 [165]，同时在多籽晶技术中提出的桥状籽晶方法在抑制多籽晶块材中晶界杂质相的残留方面也取得显著的效果 [166]。他们主要利用 MgO 掺杂的 Nd-123 作为籽晶制备超导块材，由于 MgO 的添加提高了 Nd-123 的熔点，因此可以采用掺杂的 Nd-123 作为冷种子制备超导块材而避免种子对母体块材的成分污染。该小组制备的直径 25 mm 的 YBCO 块材在 77 K 时的俘获磁场达 0.69 T，而直径 32 mm 的 GdBCO/Ag 块材在 77 K 下磁通俘获场为 1.2 T[167]。**图 8-84** 给出了在 77 K 下一个单畴超导块材的俘获磁场分布图。由图可见，样品中俘获场的分布呈单峰形式，表明单一较强的环形电流在样品内流动。我们知道对于没有宏观裂纹的单畴块材，其俘获场呈中心对称的圆锥形。俘获场分布反映的是样品的整体性能，除了取决于局部区域的磁通钉扎能力外，还与样品宏观范围内的均匀性有关。此外，2014 年他们制备的直径 25 mm、厚度 15 mm 单畴 GdBCO/Ag 超导块材在 26 K 下的俘获磁场达 17.6 T[168]，是迄今为止世界上最强的微型强磁场永磁体。

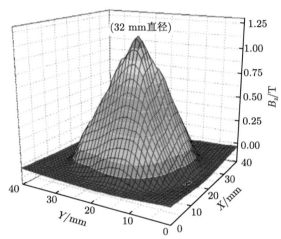

图 8-84   直径为 32 mm 的单畴超导块材在 77 K 的俘获磁场分布 [167]

值得注意的是日本新日铁公司开发了一种 RE 组分梯度工艺，用于生长大尺寸单畴超导块材。具体流程为在前驱物坯体中引入沿径向的 RE 组分梯度，例如坯体中心为 100%Gd，稍外层掺入少量熔点低于 Gd 的 RE 元素如 Dy，再外层 Dy 元素含量进一步增加 ······ 如此一层层往外，Gd 所占百分比递减，使得整块坯体由内到外熔点逐渐降低。2012 年，新日铁公司利用这种方法成功制备出直径为 150 mm 的 GdBCO 单畴块材 [169]。**图 8-85** 为具有 Dy 成分梯度的直径 150 mm 的 GdBCO 块材照片。插图是 87 K 处的俘获场分布，表明样品是单畴块材，没有严重的弱连接效应。

基于顶部籽晶熔融织构生长法和近年发展起来的 TSIG 法，目前高性能超导块材的制备已经实现批量化，典型尺寸为直径 20 ~ 50 mm。特别是基于顶部籽晶熔融织构生长法制备的直径达 30 mm 的 YBCO 单畴块材，77 K 下的磁通俘获场达到 0.7 ~ 0.9 T，少数可以达到 1.2 T。这类超导单畴材料已经实现商用化，在批量化制备以及应用方面以德国 ATZ 公司规模较大 [170]。我国单畴高温超导块材的主要研制单位包括北京有色金属研究总院、上海交通大学、上海大学以及陕西师范大学等。北京有色金属研究总院已采用顶部籽晶熔融织构生长制备方法进行批量化生产，目前直径为 30 mm 的 YBCO 单畴超导块材的年生产能力达 500 块以上 [171]。

目前，单畴 REBCO 超导块材的研究工作主要集中在大尺寸样品上，这主要是因为制备大尺寸单畴超导块材不仅费时费力，成本太高，而且成功率很低。国外可实用的大尺寸 REBCO 单畴块材制备技术主要为日本所掌握，国内单畴高温超导块材的最大直径为

93 mm，可以看出制备直径 100 mm 以上的 REBCO 块材仍然非常困难。特别是制备的大尺寸超导块材在高磁场下临界电流密度及俘获磁通仍然较低，且块材的均一性较差，制造成本过高，这些都极大地限制了超导块材在实际中的广泛应用。如何通过掺杂提高块材的 J_c 及俘获磁场的能力并改进工艺制备出高均匀大尺寸样品是单畴高温超导块材研究与开发的主要发展方向。

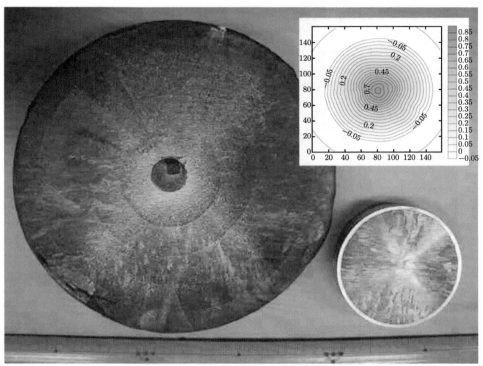

图 8-85　直径为 150 mm 的 GdBCO(左侧) 和 60 mm 样品 (右侧) 的俯视图 [169]

参 考 文 献

[1] Malozemoff A P, Verebelyi D T, Fleshler S, et al. HTS wire: status and prospects. Physica C, 2003, 386: 424-430.

[2] 梁敬魁, 车广灿, 陈小龙. 新型超导体系相关系和晶体结构. 北京: 科学出版社, 2006.

[3] Cava R J, Batlogg B, van Dover R B, et al. Bulk superconductivity at 91 K in single-phase oxygen-deficient perovskite $Ba_2YCu_3O_{9-\delta}$. Phys. Rev. Lett., 1987, 58(16): 1676-1679.

[4] Kohno O, Ikeno Y, Sadakata N, et al. Critical current density of Y-Ba-Cu oxide wires. Jpn. J. Appl. Phys., 1987, 26(10): 1653-1656.

[5] Dimos D, Chaudhari P, Mannhart J. Superconducting transport properties of grain boundaries in $YBa_2Cu_3O_7$ bicrystals. Phys. Rev. B, 1990, 41(7): 4038-4049.

[6] Held R, Schneider C W, Mannhart J, et al. Low-angle grain boundaries in $YBa_2Cu_3O_{7-\delta}$ with high critical current densities. Phys. Rev. B, 2009, 79(1): 014515.

[7] Browning N D, Buban J P, Nellist P D, et al. The atomic origins of reduced critical currents at [001] tilt grain boundaries in $YBa_2Cu_3O_{7-\delta}$ thin films. Physica C, 1998, 294(3-4): 183-193.

[8] Iijima Y, Tanabe N, Kohno O, et al. In-plane aligned $YBa_2Cu_3O_{7-x}$ thin films deposited on polycrystalline metallic substrates. Appl. Phys. Lett., 1992, 60(6): 769-771.

[9] Koshizuka N, Tajima S. Advances in Superconductivity XI. Tokyo: Springer, 1999.

[10] Norton D P, Goyal A, Budai J D, et al. Epitaxial $YBa_2Cu_3O_7$ on biaxially textured Nickel (001): an approach to superconducting tapes with high critical current density. Science, 1996, 274(5288): 755-757.

[11] Goyal A, Second-Generation HTS Conductors. Boston: Kluwer Academic Publishers, 2005.

[12] Xu Y L, Shi D. A review of coated conductor development. Tsinghua Science and Technology, 2003, 8(3): 342-369.

[13] Budai J D, Young R T, Chao B S. In-plane epitaxial alignment of $YBa_2Cu_3O_{7-x}$ films grown on silver crystals and buffer layers. Appl. Phys. Lett., 1993, 62(15): 1836-1838.

[14] 蔡传兵, 池长鑫, 李敏娟, 等. 强磁场用第二代高温超导带材研究进展与挑战. 科学通报, 2019, 64(8): 827-844.

[15] Goyal A, Norton D P, Budai J D, et al. High critical current density superconducting tapes by epitaxial deposition of $YBa_2Cu_3O_x$ thick films on biaxially textured metals. Appl. Phys. Lett., 1996, 69(12): 1795-1797.

[16] Hühne R, Eickemeyer J, Sarma V S, et al. Application of textured highly alloyed Ni-W tapes for preparing coated conductor architectures. Supercon. Sci. Technol., 2010, 23(3): 034015.

[17] Gaitzsch U, Eickemeyer J, Rodig C, et al. Paramagnetic substrates for thin film superconductors: Ni-W and Ni-W-Cr. Scripta Mater., 2010, 62(7): 512-515.

[18] Wu X D, Foltyn S R, Arendt P N, et al. Properties of $YBa_2Cu_3O_{7-\delta}$ thick films on flexible buffered metallic substrates. Appl. Phys. Lett., 1995, 67(16): 2397-2399.

[19] Wang C P, Do K B, Beasley M R, et al. Deposition of in-plane textured MgO on amorphous Si_3N_4 substrates by ion-beam-assisted deposition and comparisons with ion-beam-assisted deposited yttria-stabilized-zirconia. Appl. Phys. Lett., 1997, 71(20): 2955-2957.

[20] Groves J R, Arendt P N, Foltyn S R, et al. Improvement of IBAD MgO template layers on metallic substrates for YBCO HTS deposition. IEEE Trans. Appl. Supercond., 2003, 13(2): 2651-2654.

[21] Matias V, Gibbons B J, Findikoglu A T, et al. Continuous fabrication of IBAD-MgO based coated conductors. IEEE Trans. Appl. Supercond., 2005, 15(2): 2735-2738.

[22] Xiong X, Kim S, Zdun K, et al. Progress in high throughput processing of long-length, high quality, and low cost IBAD MgO buffer tapes at SuperPower. IEEE Trans. Appl. Supercond., 2009, 19(3): 3319-3322.

[23] Hanyu S, Tashita C, Hanada Y, et al. km-length IBAD-MgO fabricated at 1 km/h by a large-scale IBAD system in Fujikura. Physica C, 2010, 470: S1025-S1026.

[24] Lu Y M, Cai C B, Liu Z Y, et al. Advance in long-length REBCO coated conductors prepared by reel-to-reel metalorganic solution and ion-beam-assisted deposition. IEEE Trans. Appl. Supercond., 2019, 29(5): 6602805.

[25] Hasegawa K, Fujino K, Mukai H, et al. Biaxially aligned YBCO film tapes fabricated by all pulsed laser deposition. Appl. Supercond., 1996, 4(10-11): 487-493.

[26] Bauer M, Semerad R, Kinder H. YBCO films on metal substrates with biaxially aligned MgO buffer layers. IEEE Trans. Appl. Supercond., 1999, 9(2): 1502-1505.

[27] Ma B, Li M, Jee Y A, et al. Inclined-substrate deposition of biaxially textured magnesium oxide thin films for YBCO coated conductors. Physica C, 2002, 366(4): 270-276.

[28] Yao C, Wang C, Niu X, et al. The stability of a novel weakly alkaline slurry of copper interconnection CMP for GLSI. J. Semicond., 2018, 39(2): 026002.

[29] Matias V, Rowley E J, Coulter Y, et al. YBCO films grown by reactive co-evaporation on simplified IBAD-MgO coated conductor templates. Supercon. Sci. Technol., 2009, 23(1): 014018.

[30] Lee S, Petrykin V, Molodyk A, et al. Development and production of second generation high T_c superconducting tapes at SuperOx and first tests of model cables. Supercon. Sci. Technol., 2014, 27(4): 044022.

[31] Zhou H, Chai F, Fang J, et al. Highly efficient colloid-solution deposition planarization of Hastelloy substrate for IBAD-MgO film. Res. Chem. Intermed., 2016, 42(5): 4751-4758.

[32] Rupich M W, Li X, Sathyamurthy S, et al. Second generation wire development at AMSC. IEEE Trans. Appl. Supercond., 2013, 23(3): 6601205.

[33] Goyal A, Paranthaman M P, Schoop U. The RABiTS approach: using rolling-assisted biaxially textured substrates for high-performance YBCO superconductors. MRS Bull., 2004, 29(8): 552-561.

[34] Paranthaman M, Lee D F, Goyal A, et al. Growth of biaxially textured RE_2O_3 buffer layers on rolled-Ni substrates using reactive evaporation for HTS-coated conductors. Supercon. Sci. Technol., 1999, 12(5): 319-325.

[35] Wu X D, Dye R C, Muenchausen R E, et al. Epitaxial CeO_2 films as buffer layers for high-temperature superconducting thin films. Appl. Phys. Lett., 1991, 58(19): 2165-2167.

[36] Tomov R I, Kursumovic A, Kang D J, et al. Pulsed laser deposition of epitaxial YBCO/oxide multilayers onto textured metallic substrates for coated conductor applications. Physica C, 2002, (372-376): 810-813.

[37] Schoop U, Rupich M W, Thieme C, et al. Second generation HTS wire based on RABiTS substrates and MOD YBCO. IEEE Trans. Appl. Supercond., 2005, 15(2): 2611-2616.

[38] Malozemoff A P, Annavarapu S, Fritzemeier L, et al. Low-cost YBCO coated conductor technology. Supercon. Sci. Technol., 2000, 13(5): 473-476.

[39] Jin H J, Moon H K, Yoon S, et al. Microstructural investigation of phases and pinning properties in $MBa_2Cu_3O_{7-x}$($M = Y$ and/or Gd) coated conductors produced by scale-up facilitie. Supercon. Sci. Technol., 2016, 29(3): 035016.

[40] Sathyamurthy S, Paranthaman M, Heatherly L, et al. Solution-processed lanthanum zirconium oxide as a barrier layer for high I_c-coated conductors. J. Mater. Res., 2006, 21(4): 910-914.

[41] Paranthaman M P, Sathyamurthy S, Bhuiyan M S, et al. MOD buffer/YBCO approach to fabricate low-cost second generation HTS wires. IEEE Trans. Appl. Supercond., 2007, 17(2): 3332-3335.

[42] Knoth K, Hühne R, Oswald S, et al. Growth of thick chemical solution derived pyrochlore $La_2Zr_2O_7$ buffer layers for $YBa_2Cu_3O_{7-x}$ coated conductors. Thin Solid Films, 2008, 516(8): 2099-2108.

[43] Obradors X, Puig T. Coated conductors for power applications: materials challenges. Supercon. Sci. Technol., 2014, 27(4): 044003.

[44] Paranthaman M P, Sathyamurthy S, Bhuiyan M S, et al. Improved YBCO coated conductors using alternate buffer architectures. IEEE Trans. Appl. Supercond., 2005, 15(2): 2632-2634.

[45] Dawley J T, Ong R J, Clem P G. Chemical solution deposition of ⟨100⟩-oriented $SrTiO_3$ buffer layers on Ni substrates. J. Mater. Res., 2002, 17(7): 1678-1685.

[46] Gauzzi A, Baldini M, Bindi M, et al. Progress on single buffer layered coated conductors prepared by thermal eEvaporation. IEEE Trans. Appl. Supercond., 2007, 17(2): 3413-3416.

[47] Shi D Q, Kim J H, Zhu M Y, et al. $Ce_2Y_2O_7$ and $Ce_{0.8}Zr_{0.2}O_2$ buffer layers deposited by e-beam evaporation. Physica C, 2007, 460-462: 1394-1396.

[48] Caroff T, Morlens S, Abrutis A, et al. La$_2$Zr$_2$O single buffer layer for YBCO RABiTS coated conductors. Supercon. Sci. Technol., 2008, 21(7): 075007.

[49] Matsumoto K, Hirabayashi I, Osamura K. Surface-oxidation epitaxy method to control critical current of YBa$_2$Cu$_3$O$_{7-\delta}$ coated conductors. Physica C, 2002, 378-381: 922-926.

[50] Wörz B, Heinrich A, Stritzker B. Epitaxial NiO buffer layer by chemical enhanced surface oxidation epitaxy on Ni-5％W RABiTS for YBCO coated conductors. Physica C, 2005, 418(3-4): 107-120.

[51] Groves J R, Matias V, DePaula R F, et al. The Role of nucleation surfaces in the texture development of magnesium oxide during ion beam assisted deposition. IEEE Trans. Appl. Supercond., 2011, 21(3): 2904-2907.

[52] Muroga T, Miyata S, Watanabe T, et al. Continuous fabrication of self-epitaxial PLD-CeO$_2$ cap layer on IBAD tape for YBCO coated conductors. Physica C, 2005, (426-431): 904-909.

[53] Kutami H, Hayashida T, Hanyu S, et al. Progress in research and development on long length coated conductors in Fujikura. Physica C, 2009, 469(15-20): 1290-1293.

[54] Hanyu S, Tashita C, Hanada Y, et al. High-rate and long-length IBAD layers for GdBa$_2$Cu$_3$O$_{7-x}$ superconducting film. Fujikura Tech. Rev., 2010: 55-57.

[55] Rogalla H, Kes P H. 100 Years of Superconductivity. New York: CRC Press, 2011.

[56] Usoskin A, Kirchhoff L, Knoke J, et al. Processing of long-length YBCO coated conductors based on stainless steel tapes. IEEE Trans. Appl. Supercond., 2007, 17(2): 3235-3238.

[57] Hühne R, Güth K, Gärtner R, et al. Application of textured IBAD-TiN buffer layers in coated conductor architectures. Supercon. Sci. Technol., 2010, 23(1): 014010.

[58] Li M, Zhao X, Ma B, et al. Effect of CeO$_2$ buffer layer thickness on the structures and properties of YBCO coated conductors. Appl. Surf. Sci., 2007, 253(17): 7172-7177.

[59] Duerrschnabel M, Aabdin Z, Bauer M, et al. DyBa$_2$Cu$_3$O$_{7-x}$ superconducting coated conductors with critical currents exceeding 1000 A · cm^{-1}. Supercon. Sci. Technol., 2012, 25(10): 105007.

[60] Kim K, Paranthaman M, Norton D P, et al. A perspective on conducting oxide buffers for Cu-based YBCO-coated conductors. Supercon. Sci. Technol., 2006, 19(4): R23-R29.

[61] Jia Q X, Foltyn S R, Arendt P N, et al. Role of SrRuO$_3$ buffer layers on the superconducting properties of YBa$_2$Cu$_3$O$_7$ films grown on polycrystalline metal alloy using a biaxially oriented MgO template. Appl. Phys. Lett., 2002, 81(24): 4571-4573.

[62] He Q, Christen D K, Feenstra R, et al. Growth of biaxially oriented conductive LaNiO$_3$ buffer layers on textured Ni tapes for high-T_c-coated conductors. Physica C, 1999, 314(1-2): 105-111.

[63] Aytug T, Paranthaman M, Kang B W, et al. La$_{0.7}$Sr$_{0.3}$MnO$_3$: a single, conductive-oxide buffer layer for the development of YBa$_2$Cu$_3$O$_{7-\delta}$ coated conductors. Appl. Phys. Lett., 2001, 79(14): 2205-2207.

[64] Kyunghoon K, Norton D P, Cantoni C, et al. (La,Sr)TiO$_3$ as a conductive buffer for high-temperature superconducting coated conductors. IEEE Trans. Appl. Supercond., 2005, 15(2): 2997-3000.

[65] Shiohara Y, Nakaoka K, Izumi T, et al. Development of REBCO coated conductors relationship between microstructure and critical current characteristics. Japan Inst. Met. Mater., 2016, 80(7): 406-419.

[66] Senatore C, Alessandrini M, Lucarelli A, et al. Progresses and challenges in the development of high-field solenoidal magnets based on RE123 coated conductors. Supercon. Sci. Technol., 2014, 27(10): 103001.

[67] Selvamanickam V, Chen Y, Xiong X, et al. High performance 2G wires: from R & D to pilot-scale manufacturing. IEEE Trans. Appl. Supercond., 2009, 19(3): 3225-3230.

[68] Kim T J, Lee J H, Lee Y R, et al. Development of an RGB color analysis method for controlling uniformity in a long-length GdBCO coated conductor. Supercon. Sci. Technol., 2015, 28(12): 124006.

[69] Kim H S, Oh S S, Ha H S, et al. Ultra-high performance, high-temperature superconducting wires *via* cost-effective, scalable, co-evaporation process. Sci. Rep., 2014, 4(1): 4744.

[70] Hammond R H, Bormann R. Correlation between the *in situ* growth conditions of YBCO thin films and the thermodynamic stability criteria. Physica C, 1989, (162-164): 703-704.

[71] Dijkkamp D, Venkatesan T, Wu X D, et al. Preparation of Y-Ba-Cu oxide superconductor thin films using pulsed laser evaporation from high T_c bulk material. Appl. Phys. Lett., 1987, 51(8): 619-621.

[72] Watanabe T, Kuriki R, Iwai H, et al. High rate deposition by PLD of YBCO films for coated conductors. IEEE Trans. Appl. Supercond., 2005, 15(2): 2566-2569.

[73] M. Igarashi, C. Tashita, T. Hayashida, et al. RE123 coated conductors. Fujikura Tech. Rev., 2009: 45-54.

[74] Feldmann D M, Holesinger T G, Maiorov B, et al. 1000 A · cm^{-1} in a 2 μm thick YBa$_2$Cu$_3$O$_{7-x}$ film with BaZrO$_3$ and Y$_2$O$_3$ additions. Supercon. Sci. Technol., 2010, 23(11): 115016.

[75] Iijima Y, Adachi Y, Fujita S, et al. Development for mass production of homogeneous RE123 coated conductors by hot-wall PLD process on IBAD template technique. IEEE Trans. Appl. Supercond., 2015, 25(3): 6604104.

[76] Iijima Y, Fujita S, Igarashi M, et al. Development of commercial RE123 coated conductors for practical applications by IBAD/PLD approach. Phys. Procedia, 2014, 58: 130-133.

[77] Rockett A. The Materials Science of Semiconductors. Boston: Springer US, 2008.

[78] Berry A D, Gaskill D K, Holm R T, et al. Formation of high T_c superconducting films by organometallic chemical vapor deposition. Appl. Phys. Lett., 1988, 52(20): 1743-1745.

[79] Chou P C, Zhong Q, Li Q L, et al. Optimization of J_c of YBCO thin films prepared by photo-assisted MOCVD through statistical robust design. Physica C, 1995, 254(1-2): 93-112.

[80] Chen Y, Selvamanickam V, Zhang Y, et al. Enhanced flux pinning by BaZrO$_3$ and (Gd,Y)$_2$O$_3$ nanostructures in metal organic chemical vapor deposited GdYBCO high temperature superconductor tapes. Appl. Phys. Lett., 2009, 94(6): 062513.

[81] Pratap R, Majkic G, Galstyan E, et al. Growth of high-performance thick film REBCO tapes using advanced MOCVD. IEEE Trans. Appl. Supercond., 2019, 29(5): 6600905.

[82] Kashima N, Watanabe T, Mori M, et al. Developments of low cost coated conductors by multi-stage CVD process. Physica C, 2007, 463-465: 488-492.

[83] 田民波. 薄膜技术与薄膜材料. 北京: 清华大学出版社, 2006.

[84] Matias V, Hanisch J, Reagor D, et al. Reactive co-evaporation of YBCO as a low-cost process for fabricating coated conductors. IEEE Trans. Appl. Supercond., 2009, 19(3): 3172-3175.

[85] Lee J H, Lee H, Lee J W, et al. RCE-DR, a novel process for coated conductor fabrication with high performance. Supercon. Sci. Technol., 2014, 27(4): 044018.

[86] Berberich P, Assmann W, Prusseit W, et al. Large area deposition of YBa$_2$Cu$_3$O$_7$ films by thermal co-evaporation. J. Alloys Compd., 1993, 195: 271-274.

[87] Lee J H, Mean B J, Kim T J, et al. Vision inspection methods for uniformity enhancement in long-length 2G HTS wire production. IEEE Trans. Appl. Supercond., 2014, 24(5): 1-5.

[88] Gupta A, Jagannathan R, Cooper E I, et al. Superconducting oxide films with high transition temperature prepared from metal trifluoroacetate precursors. Appl. Phys. Lett., 1988, 52(24): 2077-2079.

[89] Araki T, Yamagiwa K, Hirabayashi I, et al. Large-area uniform ultrahigh-J_c YBa$_2$Cu$_3$O$_{7-x}$ film fabricated by the metalorganic deposition method using trifluoroacetates. Supercon. Sci. Technol., 2001, 14(7): L21-L24.

[90] Smith J A, Cima M J, Sonnenberg N. High critical current density thick MOD-derived YBCO films. IEEE Trans. Appl. Supercond., 1999, 9(2): 1531-1534.

[91] Araki T, Hirabayashi I. Review of a chemical approach to YBa$_2$Cu$_3$O$_{7-x}$-coated superconductors—metalorganic deposition using trifluoroacetates. Supercon. Sci. Technol., 2003, 16(11): R71-R94.

[92] Bhuiyan M S, Paranthaman M, Salama K. Solution-derived textured oxide thin films—a review. Supercon. Sci. Technol., 2006, 19(2): R1-R21.

[93] Solovyov V, Dimitrov I K, Li Q. Growth of thick YBa$_2$Cu$_3$O$_7$ layers *via* a Barium fluoride process. Supercon. Sci. Technol., 2012, 26(1): 013001.

[94] Obradors X, Puig T, Ricart S, et al. Growth, nanostructure and vortex pinning in superconducting YBa$_2$Cu$_3$O$_7$ thin films based on trifluoroacetate solutions. Supercon. Sci. Technol., 2012, 25(12): 123001.

[95] Siegal M P, Clem P G, Dawley J T, et al. All solution-chemistry approach for YBa$_2$Cu$_3$O$_{7-\delta}$-coated conductors. Appl. Phys. Lett., 2002, 80(15): 2710-2712.

[96] Izumi T, Yoshizumi M, Miura M, et al. Present status and strategy of reel-to-reel TFA-MOD process for coated conductors. Physica C, 2009, 469(15-20): 1322-1325.

[97] Izumi T, Yoshizumi M, Miura M, et al. Development of TFA-MOD process for coated conductors in Japan. IEEE Trans. Appl. Supercond., 2009, 19(3): 3119-3122.

[98] Malozemoff A P. Second-generation high-temperature superconductor wires for the electric power grid. Annual Rev. Mater. Res., 2012, 42(1): 373-397.

[99] Foltyn S R, Civale L, MacManus-Driscoll J L, et al. Materials science challenges for high-temperature superconducting wire. Nat. Mater., 2007, 6(9): 631-642.

[100] Foltyn S R, Wang H, Civale L, et al. Overcoming the barrier to 1000 A/cm width superconducting coatings. Appl. Phys. Lett., 2005, 87(16): 162505.

[101] Zhou H, Maiorov B, Baily S A, et al. Thickness dependence of critical current density in YBa$_2$Cu$_3$O$_{7-\delta}$ films with BaZrO$_3$ and Y$_2$O$_3$ addition. Supercon. Sci. Technol., 2009, 22(8): 085013.

[102] Cai C, Chakalova R I, Kong G, et al. Effect of film thickness on properties of YBa$_2$Cu$_3$O$_y$ coated on single or multi-layer oxide buffered biaxially textured nickel tapes. Physica C, 2002, 372-376: 786-789.

[103] Gurevich A. Pinning size effects in critical currents of superconducting films. Supercon. Sci. Technol., 2007, 20(9): S128-S135.

[104] Haugan T, Barnes P N, Wheeler R, et al. Addition of nanoparticle dispersions to enhance flux pinning of the YBa$_2$Cu$_3$O$_{7-x}$ superconductor. Nature, 2004, 430(7002): 867-870.

[105] Dam B, Huijbregtse J M, Klaassen F C, et al. Origin of high critical currents in YBa$_2$Cu$_3$O$_{7-\delta}$ superconducting thin films. Nature, 1999, 399(6735): 439-442.

[106] Crisan A. Vortices and Nanostructured Superconductors. Switzerland: Springer International Publishing AG, 2017.

[107] Puig T. Plenary presentation. European Conference on Applied Superconductivity Lyon, France, 2015.

[108] Klaassen F C, Doornbos G, Huijbregtse J M, et al. Vortex pinning by natural linear defects in thin films of YBa$_2$Cu$_3$O$_{7-\delta}$. Phys. Rev. B, 2001, 64(18): 184523.

[109] Aytug T, Paranthaman M, Leonard K J, et al. Analysis of flux pinning in $YBa_2Cu_3O_{7-\delta}$ films by nanoparticle-modified substrate surfaces. Phys. Rev. B, 2006, 74(18): 184505.

[110] Aytug T, Paranthaman M, Gapud A A, et al. Enhancement of flux pinning and critical currents in $YBa_2Cu_3O_{7-\delta}$ films by nanoscale iridium pretreatment of substrate surfaces. J. Appl. Phys., 2005, 98(11): 114309.

[111] Matsumoto K, Horide T, Osamura K, et al. Enhancement of critical current density of YBCO films by introduction of artificial pinning centers due to the distributed nano-scaled Y_2O_3 islands on substrates. Physica C, 2004, 412-414: 1267-1271.

[112] MacManus-Driscoll J L, Foltyn S R, Jia Q X, et al. Strongly enhanced current densities in superconducting coated conductors of $YBa_2Cu_3O_{7-x}$ + $BaZrO_3$. Nat. Mater., 2004, 3(7): 439-443.

[113] Kobayashi H, Ishida S, Takahashi K, et al. Investigation of magnetic properties of YBCO film with artificial pinning centers on PLD/IBAD metal substrate. Physica C, 2006, (445-448): 625-627.

[114] Feldmann D M, Holesinger T G, Maiorov B, et al. Improved flux pinning in $YBa_2Cu_3O_7$ with nanorods of the double perovskite Ba_2YNbO_6. Supercon. Sci. Technol., 2010, 23(9): 095004.

[115] Wee S H, Goyal A, Specht E D, et al. Enhanced flux pinning and critical current density *via* incorporation of self-assembled rare-earth Barium tantalate nanocolumns within $YBa_2Cu_3O_{7-\delta}$ films. Phys. Rev. B, 2010, 81(14): 140503.

[116] Mele P, Matsumoto K, Horide T, et al. Incorporation of double artificial pinning centers in $YBa_2Cu_3O_{7-\delta}$ films. Supercon. Sci. Technol., 2007, 21(1): 015019.

[117] Opherden L, Sieger M, Pahlke P, et al. Large pinning forces and matching effects in $YBa_2Cu_3O_{7-\delta}$ thin films with $Ba_2Y(Nb/Ta)O_6$ nano-precipitates. Sci. Rep., 2016, 6(1): 21188.

[118] Gutiérrez J, Llordés A, Gázquez J, et al. Strong isotropic flux pinning in solution-derived $YBa_2Cu_3O_{7-x}$ nanocomposite superconductor films. Nat. Mater., 2007, 6(5): 367-373.

[119] Cai C, Holzapfel B, Hänisch J, et al. Magnetotransport and flux pinning characteristics in $RBa_2Cu_3O_{7-\delta}$ (R = Gd, Eu, Nd) and $(Gd_{1/3}Eu_{1/3}Nd_{1/3})Ba_2Cu_3O_{7-\delta}$ high-T_c superconducting thin films on $SrTiO_3(100)$. Phys. Rev. B, 2004, 69(10): 104531.

[120] Lee S Y, Song S A, Kim B J, et al. Effect of precursor composition on J_c enhancement of YBCO film prepared by TFA-MOD method. Physica C, 2006, (445-448): 578-581.

[121] Izumi T, Yoshizumi M, Matsuda J, et al. Progress in development of advanced TFA-MOD process for coated conductors. Physica C, 2007, (463-465): 510-514.

[122] Kwok W K, Welp U, Glatz A, et al. Vortices in high-performance high-temperature superconductors. Rep. Prog. Phys., 2016, 79(11): 116501.

[123] Jia Y, LeRoux M, Miller D J, et al. Doubling the critical current density of high temperature superconducting coated conductors through proton irradiation. Appl. Phys. Lett., 2013, 103(12): 122601.

[124] Rupich M W, Sathyamurthy S, Fleshler S, et al. Engineered pinning landscapes for enhanced 2G coil wire. IEEE Trans. Appl. Supercond., 2016, 26(3): 6601904.

[125] Wu J, Shi J. Interactive modeling-synthesis-characterization approach towards controllable *in situ* self-assembly of artificial pinning centers in RE-123 films. Supercon. Sci. Technol., 2017, 30(10): 103002.

[126] Matsumoto K, Mele P. Artificial pinning center technology to enhance vortex pinning in YBCO coated conductors. Supercon. Sci. Technol., 2009, 23(1): 014001.

[127] Jha A K, Matsumoto K, Horide T, et al. Systematic variation of hybrid APCs into YBCO thin films for improving the vortex pinning properties. IEEE Trans. Appl. Supercond., 2015, 25(3):

8000505.

[128] Hänisch J, Cai C, Stehr V, et al. Formation and pinning properties of growth-controlled nanoscale precipitates in YBa$_2$Cu$_3$O$_{7-\delta}$/transition metal quasi-multilayers. Supercon. Sci. Technol., 2006, 19(6): 534-540.

[129] Selvamanickam V, Gharahcheshmeh M H, Xu A, et al. High critical currents in heavily doped (Gd,Y)Ba$_2$Cu$_3$O$_x$ superconductor tapes. Appl. Phys. Lett., 2015, 106(3): 032601.

[130] Hahn S, Kim K, Kim K, et al. 45.5-tesla direct-current magnetic field generated with a high-temperature superconducting magnet. Nature, 2019, 570(7762): 496-499.

[131] Liu J, Wang Q, Qin L, et al. World record 32.35 tesla direct-current magnetic field generated with an all-superconducting magnet. Supercon. Sci. Technol., 2020, 33(3): 03LT01.

[132] Krabbes G, Fuchs G, Canders W R, et al. High Temperature Superconductor Bulk Materials: Fundamentals, Processing, Properties Control, Application Aspects. Weinheim: WILEY-VCH Verlag GmbH & Co. KGaA, 2006.

[133] Shiohara Y, Endo A. Crystal growth of bulk high-T_c superconducting oxide materials. Mater. Sci. Eng., R, 1997, 19(1-2): 1-86.

[134] Lee B-J, Lee D N. Thermodynamic Evaluation for the Y$_2$O$_3$-BaO-CuO$_x$ System. J. Am. Ceram. Soc., 1991, 74(1): 78-84.

[135] Krabbes G, Bieger W, Wiesner U, et al. Isothermal sections and primary crystallization in the quasiternary YO$_{1.5}$-BaO-CuO$_x$ system at p(O$_2$) = 0.21 × 10^5 Pa. J. Solid State Chem., 1993, 103(2): 420-432.

[136] Jin S, Tiefel T H, Sherwood R C, et al. High critical currents in Y-Ba-Cu-O superconductors. Appl. Phys. Lett., 1988, 52(24): 2074-2076.

[137] Murakami M, Morita M, Doi K, et al. A new process with the promise of high J_c in oxide superconductors. Jpn. J. Appl. Phys., 1989, 28(7): 1189-1194.

[138] Murakami M, Oyama T, Fujimoto H, et al. Melt processing of bulk high T_c superconductors and their application. IEEE Trans. Magn., 1991, 27(2): 1479-1486.

[139] Salama K, Selvamanickam V, Gao L, et al. High current density in bulk YBa$_2$Cu$_3$O$_x$ superconductor. Appl. Phys. Lett., 1989, 54(23): 2352-2354.

[140] Lian Z, Pingxiang Z, Ping J, et al. The properties of YBCO superconductors prepared by a new approach: the 'powder melting process'. Supercon. Sci. Technol., 1990, 3(10): 490-492.

[141] Meng R L, Gao L, Gautier-Picard P, et al. Growth and possible size limitation of quality single-grain YBa$_2$Cu$_3$O$_7$. Physica C, 1994, 232(3-4): 337-346.

[142] Marinel S, Wang J, Monot I, et al. Top-seeding melt texture growth of single-domain superconducting YBa$_2$Cu$_3$O$_{7-\delta}$ pellets. Supercon. Sci. Technol., 1997, 10(3): 147-155.

[143] Chen Y L, Chan H M, Harmer M P, et al. A new method for net-shape forming of large, single-domain YBa$_2$Cu$_3$O$_{6+x}$. Physica C, 1994, 234(3-4): 232-236.

[144] Hari Babu N, Iida K, Shi Y, et al. Processing of high performance (LRE)-Ba-Cu-O large, single-grain bulk superconductors in air. Physica C, 2006, (445-448): 286-290.

[145] Inoue K, Sakai N, Murakami M, et al. Fabrication of Gd-Ba-Cu-O bulk superconductors with a cold seeding method. Physica C, 2005, (426-431): 543-549.

[146] Muralidhar M, Tomita M, Suzuki K, et al. A low-cost batch process for high-performance melt-textured GdBaCuO pellets. Supercon. Sci. Technol., 2010, 23(4): 045033.

[147] Chauhan H S, Murakami M. Hot seeding for the growth ofc-axis-oriented Nd-Ba-Cu-O. Supercon. Sci. Technol., 2000, 13(6): 672-675.

[148] Wang W, Peng B, Chen Y, et al. Effective approach to prepare well c-axis-oriented YBCO crystal by top-seeded melt-growth. Cryst. Growth Des., 2014, 14(5): 2302-2306.

[149] Schätzle P, Krabbes G, Stöver G, et al. Multi-seeded melt crystallization of YBCO bulk material for cryogenic applications. Supercon. Sci. Technol., 1999, 12(2): 69-76.

[150] 肖玲, 任洪涛, 焦玉磊, 等. 钇钡铜氧单畴超导块的多籽晶制备方法. 低温物理学报, 2005, 27(S1): 784-790.

[151] 陈丽平, 杨万民, 郭玉霞, 等. 制备大尺寸单畴 YBCO 超导块材的新方法. 科学通报, 2015, 60(8): 757-763.

[152] Hull J R, Murakami M. Applications of bulk high-temperature superconductors. Proc. IEEE, 2004, 92(10): 1705-1718.

[153] Iida K, Babu N H, Shi Y, et al. Seeded infiltration and growth of single-domain Gd-Ba-Cu-O bulk superconductors using a generic seed crystal. Supercon. Sci. Technol., 2006, 19(7): S478-S485.

[154] Vojtkova L, Diko P, Kovac J, et al. Influence of Sm_2O_3 microalloying and Yb contamination on Y211 particles coarsening and superconducting properties of IG YBCO bulk superconductors. Supercon. Sci. Technol., 2018, 31(6): 065003.

[155] Shi Y, Dennis A R, Cardwell D A. Microstructure and superconducting properties of single grains of Y-Ba-Cu-O containing Y-2411(M) and Y_2O_3. IEEE Trans. Appl. Supercond., 2011, 21(3): 1576-1578.

[156] Babu N H, Shi Y, Dennis A R, et al. Seeded infiltration and growth of bulk YBCO nano-composites. IEEE Trans. Appl. Supercond., 2011, 21(3): 2698-2701.

[157] Chen L, Claus H, Paulikas A P, et al. Joining of melt-textured YBCO: a direct contact method. Supercon. Sci. Technol., 2002, 15(5): 672-674.

[158] Nizhelskiy N A, Poluschenko O L, Matveev V A. Employment of Gd-Ba-Cu-O elongated seeds in top-seeded melt-growth processing of Y-Ba-Cu-O superconductors. Supercon. Sci. Technol., 2006, 20(1): 81-86.

[159] Wu X, Xu K X, Fang H, et al. A new seeding approach to the melt texture growth of a large YBCO single domain with diameter above 53 mm. Supercon. Sci. Technol., 2009, 22(12): 125003.

[160] Li T Y, Wang C L, Sun L J, et al. Multiseeded melt growth of bulk Y-Ba-Cu-O using thin film seeds. J. Appl. Phys., 2010, 108(2): 023914.

[161] Wongsatanawarid A, Seki H, Murakami M. Growth of large bulk Y-Ba-Cu-O with multi-seeding. Supercon. Sci. Technol., 2010, 23(4): 045022.

[162] Nariki S, Sakai N, Murakami M. Melt-processed Gd-Ba–Cu-O superconductor with trapped field of 3 T at 77 K. Supercon. Sci. Technol., 2004, 18(2): S126-S130.

[163] Tomita M, Murakami M. High-temperature superconductor bulk magnets that can trap magnetic fields of over 17 tesla at 29 K. Nature, 2003, 421(6922): 517-520.

[164] Sakai N, Nariki S, Nagashima K, et al. Magnetic properties of melt-processed large single domain Gd-Ba-Cu-O bulk superconductor 140 mm in diameter. Physica C, 2007, (460-462): 305-309.

[165] Cardwell D A. Processing and properties of large grain (RE)BCO. Mater. Sci. Eng., B, 1998, 53(1-2): 1-10.

[166] Shi Y H, Durrell J H, Dennis A R, et al. Properties of grain boundaries in bulk, melt processed Y-Ba-Cu-O fabricated using bridge-shaped seeds. Supercon. Sci. Technol., 2012, 25(4): 045006.

[167] Shi Y, Hari Babu N, Iida K, et al. Batch-processed GdBCO-Ag bulk superconductors fabricated using generic seeds with high trapped fields. Physica C, 2010, 470(17-18): 685-688.

[168] Durrell J H, Dennis A R, Jaroszynski J, et al. A trapped field of 17.6 T in melt-processed, bulk Gd-Ba-Cu-O reinforced with shrink-fit steel. Supercon. Sci. Technol., 2014, 27(8): 082001.

[169]　Teshima H, Morita M. Recent progress in HTS bulk technology and performance at NSC. Phys. Procedia, 2012, 36: 572-575.

[170]　Floegel-Delor U, Rothfeld R, Wippich D, et al. Fabrication of HTS Bearings with ton load performance. IEEE Trans. Appl. Supercond., 2007, 17(2): 2142-2145.

[171]　肖立业, 古宏伟, 王秋良, 等. YBCO 超导体的电工学应用研究进展. 物理, 2017, 46(8): 536-548.

第 9 章 MgB_2 超导线带材

9.1 引 言

早在 20 世纪 50 年代, 金属间化合物二硼化镁 (MgB_2) 就已经被合成出来了, 是在医院里作为治疗心脏病的一种药物, 在其后的几十年内, 它的超导电性都没有被发现。直到 2001 年 1 月, 日本青山学院秋光纯 (J. Akimitsu) 教授领导的研究小组发现了二硼化镁的超导电性, 轰动了整个科学界。因为它创造了金属间化合物超导材料转变温度的新纪录, 超导转变温度 T_c 高达 39 K(**图 9-1**)[1], 随即在全世界范围内激起了研究新型超导体 MgB_2 的热潮。

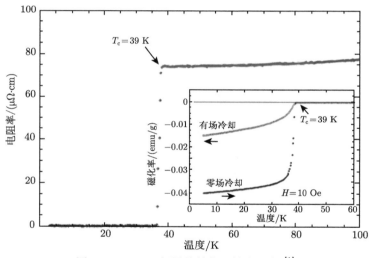

图 9-1 MgB_2 超导体的临界转变温度 [1]

金属或合金超导体的 T_c 长期得不到提高, 在过去所有金属或者金属间化合物超导体中, 最高超导转变温度仅仅达到 23 K(Nb_3Ge), 这极大地限制了其在实际中的应用。**表 9-1**

表 9-1 不同硼化物的超导转变温度

MgB_2 体系 (AlB_2 结构)	超导转变温度
MgB_2	39 K
NbB_2	5.2 K
TaB_2	9.5 K
TiB_2	(<4.2 K)
ZrB_2	(<4.2 K)
$(Mo,Zr)B_2$	8.2 K

给出了一些硼化物的超导转变温度, 从表中可以看出, MgB$_2$ 的超导转变温度比其他硼化物的超导转变温度要高, 这也打破了 BCS 理论预测的简单二元合金所具有的极限值, 也是迄今发现的超导转变温度最高的简单金属间化合物超导材料。

9.2　MgB$_2$ 的晶体结构及相关物理性质

9.2.1　MgB$_2$ 的晶体结构

MgB$_2$ 是二元金属间化合物, 属于六方晶系, 具有 AlB$_2$ 型的简单六方结构, 空间群为 $P6/mmm$, 晶体结构如**图 9-2** 所示 [2]。与其他超导体相比, MgB$_2$ 具有简单的晶体结构。MgB$_2$ 的原胞中含有三个原子, 一个镁原子和两个硼原子, 图中小球代表 B 原子, 大球代表 Mg 原子, Mg 原子和 B 原子分别占据 1a 和 2d 位置。室温下其晶格常数为: $a=$3.086 Å(Mg 原子层内 Mg 原子之间的距离), $c=$3.524 Å(Mg 原子层之间的距离)。MgB$_2$ 的晶体结构和石墨类似, 属于层状结构, B 原子层穿插在六方紧密堆积的 Mg 原子层之间, 其中 Mg 原子位于六方结构 B 层的中心位置, 并提供电子给 B 层。由于类似石墨的六角结构, B 原子层内原子间距远远小于 B 层之间的距离, 所以 MgB$_2$ 表现出明显的各向异性。

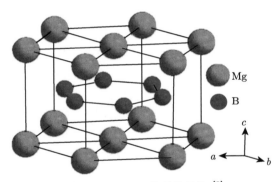

图 9-2　MgB$_2$ 的晶体结构 [2]

9.2.2　MgB$_2$ 的电子结构

金属处于正常态时, 分别位于费米面上下的最低未占据轨道和最高占据轨道是连续的; 而当金属处于超导态时, 在其最高占据轨道和最低未占据轨道之间存在一个半宽为 Δ 的能量间隔, 在这个能量间隔内不能有电子存在, Δ 即为超导能隙。超导能隙是超导体的一个重要物理参量, 反映了形成或拆散一个库珀对所需的能量, 对理解超导材料的超导微观机理具有重要意义。

MgB$_2$ 中, B 原子形成类似石墨的层状结构, Mg 原子提供价电子给 B 原子, 从而在Mg-B 之间形成离子键, 其中 Mg 原子完全电离, 但是这种电子是非局域化的, 不是被 B原子紧紧束缚, 而是可以在整个晶体内自由运动。它的电子结构与同层内 B 原子之间的强烈耦合作用而形成很强的二维共价键, 同时和不同层之间又形成三维金属键。Mg 层的电子几乎全部贡献给 B 层, 从而使得 B 层成为富集电子的导电层, 费米面电子态主要由 B的 p$_{x,y}$ 轨道的 σ 键态和 p$_z$ 轨道的 π 键态所贡献。费米面处的超导能带特性如**图 9-3** 所示[3]，其中二维共价键为 σ 能带，是由于 B 原子的 2s 轨道与 p$_{x,y}$ 轨道经过 sp^2 杂化形成的，为部分填充的能带而且仅局限于 B 原子层沿 Γ-K 分布。三维的金属键为 π 能带，起源于 B 原子的 p$_z$ 轨道并且是非局域化的沿 Γ-A 分布，同时存在电子和空穴两种载流子。除此之外，出现的两个圆柱状的费米面 (在 Γ-A 线处) 是两个 σ 能带没有完全被填充导致的。可以看出，MgB$_2$ 的费米面相对复杂，其能带结构类似于石墨，并且由三个 σ 能带和两个 π 能带组成，其中不止一个能带跨越费米面，电子声子耦合造成的费米面失稳完全可以在两个能带的费米面处产生能隙。所以 MgB$_2$ 是一种双能隙结构的超导体。Eliashberg 理论的双能隙模型模拟结果以及角分辨光电子能谱实验均表明：MgB$_2$ 在 4.2 K 下的 σ 能隙大小为 6.4 ~ 7.2 meV，π 能隙为 1.2 ~ 3.7 meV，且具有 s 波对称性。

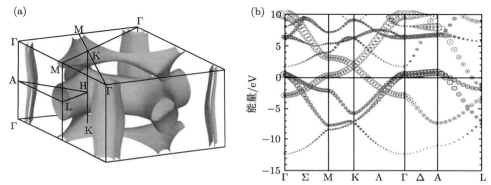

图 9-3　(a) MgB$_2$ 的费米面。绿色和蓝色圆柱部分 (空穴型) 来自 p$_{x,y}$ 能带耦合，蓝色管状结构 (空穴型) 来自 p$_z$ 能带耦合，红色管状结构 (电子型) 来自 p$_z$ 能带反耦合；(b) 电子能带结构[3]

　　MgB$_2$ 正常态的电性受二维σ 能带和三维π 能带共同影响，但其超导性能主要受 B 原子间的二维σ 能带影响。这与传统的超导体完全不同，两个能带一强一弱，其中起主导作用的是σ 能带，两个能带之间的相互作用决定了 MgB$_2$ 独特的超导性能。σ 能带和 π 能带中有三种不同的杂质散射机制，它们各自的带内散射以及两个能带之间的带间散射，通过调节σ 能带和π 能带之间的散射比例可以有效提高 MgB$_2$ 超导体的上临界场。

9.2.3　MgB$_2$ 的超导机理

　　MgB$_2$ 是 "传统" 的超导体，即以声子为媒介的超导体[4,5]，其超导机制与一般低温超导体的机理相同，满足 BCS 理论。验证 MgB$_2$ 是否是 BCS 超导体的主要实验手段就是同位素效应。Mg 和 B 的外围电子分布与它们的同位素是相同的，只在原子的原子量上有差别，因而 Mg 和 B 的同位素的引入将会使晶格 MgB$_2$ 的振动模式发生改变，也就是说声子发生了改变，这样在由电-声耦合的超导体中，同位素效应就能改变超导体的超导电性，通过这种改变，就能知道原子振动的声子对超导电性贡献的大小。

　　随后的同位素效应实验证明了 MgB$_2$ 的电子声子相互作用，当 B 的原子质量为 10 时，T_c 为 40.2 K；而当 B 的原子质量为 11 时，T_c 为 39.2 K，如**图 9-4** 所示[4]。B 的同位素取代使 MgB$_2$ 的临界温度改变了大约 1 K，这个改变值接近于 Mg 同位素取代的 10 倍。同位素效应系数 α 定义为 $T_c \propto M^{-\alpha}$。由实验决定的 MgB$_2$ 的同位素效应系数分别为 α_B =0.26 ~ 0.30，α_{Mg} = 0.02。可以发现 MgB$_2$ 超导体中 B 位的同位素替代作用明显改变了

T_c，而 Mg 位的同位素替代对 MgB₂ 的 T_c 几乎没有贡献。从 B 元素和 Mg 元素的同位素系数说明 B 原子的振动占 MgB₂ 晶格振动的主要部分。显然，这么大的同位素效应清楚地表明，MgB₂ 的超导电性属于声子作为媒介的超导配对机制，而其中 B 原子的声子谱起着决定性的作用，随后能带结构的理论计算证实了这一点。此外，临界转变温度随压力增加而减小的事实也进一步表明 MgB₂ 超导体中声子贡献起主要作用。不过，MgB₂ 超导体的同位素系数为 0.3，和 BCS 理论预言的 $\alpha=0.5$ 相比，实验所得的 MgB₂ 总的同位素效应还是明显偏小。为解释这一现象，多个研究组就此展开了研究，最后将这一差别归结于 MgB₂ 所具有的复杂物理性质，诸如内部强烈的电–声子耦合作用、E_{2g} 光学模的非谐振效应、MgB₂ 的多带超导电性等。由此可见，B 原子振动对应的声子在 MgB₂ 的超导电性中起着重要作用，而 Mg 原子的振动却对其超导没有明显贡献。另外，¹¹B 的核自旋弛豫实验发现其弛豫速率 $1/T_1$ 在超导态下呈指数衰减，并在超导临界温度下有一个小的关联峰。据此断定，MgB₂ 的超导能隙具有 s 波的对称性。现在，人们普遍认为 MgB₂ 是以声子为媒介的、其超导能隙具有 s 波对称性的 BCS 超导体，其较高的超导转变温度归因于 MgB₂ 中很强的声子非简谐振动。

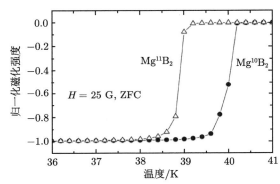

图 9-4　 Mg¹⁰B₂ 和 Mg¹¹B₂ 的超导转变温度 [4]

但是由于 MgB₂ 属于复杂的超导体，因而表现出非常丰富而有趣的物理性质，例如，在该体系中，E_{2g} 声子与 σ 和 π 带耦合导致了两个明显不同的能隙。MgB₂ 的双能隙超导电性可通过超导态电子比热的测量获得直接验证，例如，在其比热曲线中有两个与之对应的转变点，一个在 38.6 K 附近，另一个在 12 K 附近 [6]。拉曼光谱、光电子能谱以及隧道谱的实验测试表明，MgB₂ 单晶样品的两个带隙为 $\Delta_1=7.5$ meV，$\Delta_2=3.5$ meV，粉末状样品的两个带隙为 $\Delta_1=7.0$ meV，$\Delta_2=2.7$ meV，这些测试数据都与理论拟合的数值 $\Delta_1=7.3$ meV，$\Delta_2=2.0$ meV 相吻合。由此可见，无论实验上还是理论上都说明超导体有两个超导带隙。MgB₂ 所具有的独特性质，例如，高的超导转变温度、二维能带，与声子的强耦合、层状晶体结构、清晰分离的能隙以及其他特性等，都使得 MgB₂ 在双带超导电性的研究中占有独特的地位，也为材料发展和超导电性声子机理更深入的探讨提供了令人感兴趣的方向。

9.2.4　 MgB₂ 的物理化学性质

MgB₂ 的理论密度为 2.62 g/cm³，具有类似金属的光泽。室温下，MgB₂ 的维氏硬度高达 1700 ～ 2800，且具有一定的脆性，因此可认为 MgB₂ 具有类陶瓷力学性质。MgB₂ 的正常态为金属特性，其电导率与金属相类似，远高于其他超导体。干净的 MgB$_2$ 样品具有很低的正常状态电阻率，$\rho(T_c)= 0.4$ μΩ·cm，$\rho(300\ \mathrm{K})=10$ μΩ·cm 以及非常高的剩余电阻率，其 RRR=$\rho(300\ \mathrm{K})/\rho(40\ \mathrm{K})= 20 \sim 25$。从单晶样品测量获得的各向异性电阻表现出非常相似的温度依赖关系，从而导致电阻率的各向异性参数 $\gamma_R=\rho_c/\rho_{ab}$ 几乎为常数，不随温度变化，如**图 9-5** 所示 [7]。人们普遍接受的实验电阻率数据为 $\rho_c=0.86$ μΩ·cm 和 $\rho_{ab}=0.25$ μΩ·cm，因此，$\gamma_R=\rho_c/\rho_{ab}=3\pm1$。MgB$_2$ 的霍尔系数 R_H 也呈现出随温度的变化关系，而且在 $B//ab$ 和 $B//c$ 方向上，R_H 具有相反的符号。该结果与 MgB$_2$ 具有双能带的特征相符合。从比热测量可知，MgB$_2$ 材料的电子比热系数 $\gamma= (3\pm1)$ mJ/(mol·K^2)，德拜温度 $\Theta_D = (750\pm30)$ K。相对于常规金属而言，MgB$_2$ 的 γ 值明显偏小，而其 Θ_D 值却比常规金属和金属间化合物的对应值要大一倍多。

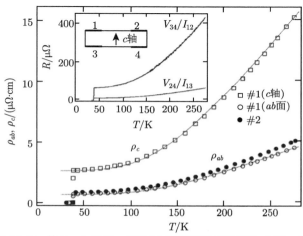

图 9-5 零场下 MgB$_2$ 单晶 ab 面和 c 轴向电阻率随温度的变化曲线，插图为测试引线和原始电流–电压数据 [7]

MgB$_2$ 的转变温度 T_c 为 39 K，并且转变宽度非常窄，不到 1 K。MgB$_2$ 的 T_c 几乎是 Nb$_3$Sn 的两倍，是 NbTi 的四倍。典型多晶 MgB$_2$ 的晶粒尺寸为 10 nm $\sim$ 10 μm[8]。MgB$_2$ 的各向异性参数为 $\sim$ 3.5，远低于高度各向异性的高温超导体 (HTS)。这种较小的各向异性特性使得 MgB$_2$ 在加工时不需要进行织构化处理。绝对零度时，MgB$_2$ 的相干长度为 4 $\sim$ 5 nm，穿透深度为 100 $\sim$ 140 nm，Ginzburg-Landau GL 因子 $\kappa=B_{c2}/0.707B_{c1} \approx26$。MgB$_2$ 的相干长度大于其原子间距，所以 MgB$_2$ 几乎不存在弱连接，晶界对超导电流是透明的，也就是说，晶界的连通性对电流不构成限制。利用剩余电阻为 $\rho_0=0.4$ μΩ·cm、费米速度 $v_F=4.8\times10^7$ cm/s，可以计算出其电子平均自由程为 $l= 60$ nm。由于电子平均自由程的数值比相干长度大一个数量级，因此，纯净的 MgB$_2$ 属于干净极限的超导体 [8]。

MgB$_2$ 是第 II 类超导体，存在着两个临界磁场 B_{c1} 和 B_{c2}。纯 MgB$_2$ 在 4.2 K 下的下临界场 B_{c1} 一般在 25 $\sim$ 48 mT，上临界场 B_{c2} 为 15 $\sim$ 20 T，不可逆场 6 $\sim$ 12 T。MgB$_2$ 超导体的上临界场随温度变化的曲线存在着一个显著的特点，在 T_c 附近呈线性降低，不存在涨落效应，如**图 9-6 (a)** 所示 [9,10]。同时临界磁场的各向异性参数 $\gamma_B = B_{c2}^{ab}/B_{c2}^{c}=6 \sim 7$，在温度接近 T_c 时，γ_B 减小到 3。掺杂 MgB$_2$ 具有较高的上临界场，例如 C 掺杂 MgB$_2$ 线

材和薄膜的 B_{c2} 分别高达 33 T 和 60 T(**图 9-6(b)**),远高于 Nb$_3$Sn。另外,由于 MgB$_2$ 具有较大的相干长度,所以可通过引入有效的磁通钉扎中心来改善超导电性,提高 MgB$_2$ 材料在磁场下的超导性能。

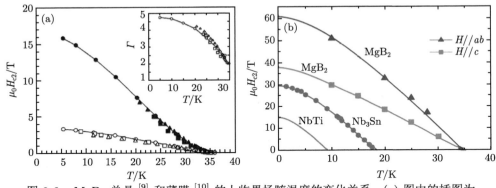

图 9-6 MgB$_2$ 单晶[9] 和薄膜[10] 的上临界场随温度的变化关系,(a) 图中的插图为上临界场各向异性随温度的变化

对于 MgB$_2$ 来说,临界电流密度是一个重要的参数。MgB$_2$ 的拆对电流密度约为 10^7 A/cm^2,比铜基氧化物低一个数量级。在 4.2 K、0 T 时,观察到的传输临界电流密度约为 10^6 A/cm^2。Larbalestier 等[11] 通过对 MgB$_2$ 块材磁化特性的研究表明:MgB$_2$ 多晶材料中晶粒间的强耦合作用使得在非织构样品中即可获得较高的 J_c 值,晶界对超导电流是 "透明的",即超导电流不受晶界连通性的限制。随后人们实验测量了致密 MgB$_2$ 样品和松散 MgB$_2$ 粉末的电流密度 J_c,结果发现它们的值是一样的,这进一步说明了 MgB$_2$ 超导体的临界电流密度是不受晶界连通限制的。

表 9-2 列出了关于 MgB$_2$ 的一些重要参数[8]。可以看出,MgB$_2$ 的临界温度远高于低

表 9-2　MgB$_2$ 的主要特性参数 [8]

参数	数值
临界温度	T_c=39 K
六方点阵参数	a=0.3086 nm
	c=0.3524 nm
理论密度	ρ=2.62 g/cm^3
压力系数	$\mathrm{d}T_c/\mathrm{d}P$=1.1 $\sim$ 2 K/GPa
载流子密度	n_s=(1.7 $\sim$ 2.8)×10^{23} hole/cm^3
同位素效应	$\alpha_T = \alpha_B + \alpha_{Mg}$=0.3+0.02
T_c 附近的电阻率	ρ (40 K)=0.4 $\sim$ 16 $\mu\Omega\cdot$cm
电阻率比值	RRR=ρ(40 K)/ρ(300 K)=1 $\sim$ 27
上临界场	$B_{c2}//ab$(0)=14 $\sim$ 60 T
	$B_{c2}//c$(0)=2 $\sim$ 38 T
下临界场	B_{c1}(0)=25 $\sim$ 48 mT
相干长度	ξ_{ab}(0)=3.7 $\sim$ 12 nm
	ξ_c (0)=1.6 $\sim$ 3.6 nm
穿透深度	λ(0)=85 $\sim$ 180 nm
能隙	Δ(0)=1.8 $\sim$ 7.5 meV
德拜温度	Θ_D=750 $\sim$ 880 K

温超导体的临界温度，但又与氧化物高温超导体不同，具有大的相干长度、不存在晶界的弱连接问题，可以使用简单的粉末装管工艺进行加工，这使得 MgB_2 线材的制备成本较低。MgB_2 还有许多其他优点：① MgB_2 是金属间化合物，材料的组成和结构简单，MgB_2 只有 Mg 和 B 两种元素，体系简单，接近于合金；②价格低廉，作为 MgB_2 原料的 Mg 和 B 是两种常见元素，价格相对比较便宜；③基于低温超导体的器件，一般工作在液氦温度下，而基于 MgB_2 的器件的温度工作范围可在 $20 \sim 30$ K，相对来说低温应用环境更容易获得。在此温区，目前的低温制冷技术 (如斯特林制冷、GM 制冷、脉冲管制冷) 可以在较低成本和较高制冷效率下获得满足超导装置所需的制冷功率。由于 MgB_2 结合了高临界温度和化合物的简单性，所以其成为实用化超导材料的研究热点之一。

9.3 Mg-B 体系相图及成相热力学研究

9.3.1 Mg-B 体系相图

MgB_2 最早由美国加州理工学院的 Jones 等在 1954 年合成[12]，其制备方法是将 Mg 块 (99.7%) 和 B 粉 (99.05%) 在 800 ℃、氢气氛中烧结 1 小时通过固相反应而获得。采用这种方法获得高纯度 MgB_2 的关键在于原料纯度和反应温度。在烧结反应中 Mg 存在固态、液态和气态三种状态，而 B 粉处于固态，所以 Mg、B 的物理化学性质将直接影响 MgB_2 的制备。

Mg 在室温下是呈灰白色有金属光泽的固体，原子序数 12，熔点接近 650 ℃，沸点 1107 ℃，密度为 1.74 g/cm³，只有 Fe 的 1/4、Al 的 2/3，通常情况下，Mg 的表面覆有一层薄薄的 MgO，可以有效阻止 Mg 和外界气体、水分的反应。工业用 Mg 粉通常是采用质量分数不低于 99.5% 的 Mg 制得。合成工艺一般包括铣削法、雾化法和球磨法，其中铣削法应用得最多。Mg 粉主要用于化学还原剂，加工镁合金零件，钢铁冶炼中脱硫以及制作信号弹等。市场上的 Mg 粉分为雾化法制备的球形镁粉和铣削法制备的屑状镁粉，如 **图 9-7** 所示。其中屑状镁粉的表面活性高于球形镁粉，所以一般情况下采用屑状镁粉来制备 MgB_2 超导体。

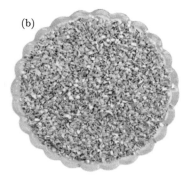

图 9-7　(a) 球形镁粉；(b) 屑状镁粉

B 是黑色或银灰色固体，是典型的非金属元素，原子序数 5，原子量 10.811。晶体 B

是黑色的，熔点 2300 ℃，沸点 2550 ℃，密度为 2.34 g/cm^3，维氏硬度 4.69×10^4 MN/m^2，仅次于金刚石，质地较脆。结晶态的 B 化学稳定性比较好，室温下不与空气或水反应，在盐酸和氢氟酸中煮沸也不会反应。B 在自然界中一般以硼砂等化合物的形式存在。天然 B 有两种同位素，即 ^{10}B 和 ^{11}B，其中以 ^{10}B 最重要。高温条件下无定形的 B 可以与很多金属或金属氧化物反应，生成金属硼化物，比如金属 Al、Mg 等。这些金属硼化物通常具有高硬度、高熔点、高电导率、化学性质比较稳定等特殊性质。

相图是材料和化学产品的成分选择、制备工艺和应用的重要指南。自 2001 年 MgB$_2$ 的超导电性被报道后，人们很快发现 MgB$_2$ 的磁通钉扎特性和 Nb$_3$Sn 类似，这样的微观结构将会对超导性能有很大影响，因此 MgB$_2$ 成相反应过程研究重新受到重视，很多研究小组在 MgB$_2$ 的成相反应过程及影响 MgB$_2$ 的成相过程、微观组织等方面展开了大量的研究，主要目的是寻找高致密度、细晶 MgB$_2$ 超导体最佳的制备工艺条件。MgB$_2$ 超导体的成相反应虽然仅涉及简单的二元 Mg-B 体系，但是其成相反应过程是比较复杂的，这主要体现在以下几点。

(1) Mg 和 B 的熔点差别很大。Mg 的熔点很低，只有 650 ℃，远低于 B 的熔点 2300 ℃。由于 Mg 的熔点和沸点较低，反应过程中会有气相产生，因此根据反应温度的不同存在固–固、固–液和固–气反应三种情况，最后生成的 MgB$_2$ 具有不同的结构特点。

(2) Mg 具有密排六方的晶体结构，化学活性很高，容易与 Cu、Al、Zn、Zr 和 Sb 等金属发生反应。同时，除生成 MgB$_2$ 外，Mg 和 B 反应还可以生成 MgB$_4$、MgB$_6$ 和 MgB$_7$ 等非化学计量比的中间相。

(3) MgB$_2$ 相稳定存在的区域虽然很宽，但是在温度高于 1000 ℃ 时可以分解为 MgB$_4$、MgB$_2$ 和 MgO 相。

由于 Mg-B 体系各中间相的相关系对 Mg 蒸气压具有强烈的依赖性，并受 Mg 状态的制约，因此，MgB$_2$ 的成相过程在热力学和动力学上是一个复杂的化学反应过程。

目前，采用热力学计算方法 (CALPHAD) 获得的计算相图能较好地吻合实验测定结果。美国宾夕法尼亚州立大学 (PSU) 的 Schlom 组首先研究了 Mg-B 体系的热力学特性，采用 CALPHAD 方法计算了不同条件下 Mg-B 体系的相图。**图 9-8** 为常压下 Mg-B 体系的温度–成分相图 [13]。从图中可以看出，MgB$_2$ 是 Mg-B 体系中的热力学稳定相，可存在于很宽的温度和成分范围内。MgB$_2$ 与 Mg 的固相、液相和气相均存在平衡。随着温度的升高，MgB$_2$ 会分解成 MgB$_4$ 和 Mg 蒸气，MgB$_4$ 也会发生分解反应，形成 MgB$_7$，而随着 B 原子比例增加，在不同温度区间内，MgB$_2$ 和 MgB$_4$ 以及 MgB$_7$ 和 B 均会存在共存区域。值得注意的是，Mg-B 体系相图中没有暴露的固液线，并且 MgB$_2$ 易发生包晶分解，所以制备 MgB$_2$ 单晶是十分困难的，但多晶 MgB$_2$ 非常容易获得，采用固态反应合成方法，即将 Mg 粉和 B 粉按比例充分混合均匀后，再封闭在金属管 (如钽、铁等) 中，1000 ℃ 以下烧结 2 h 即可。由于难以直接从 Mg-B 体系制备出 MgB$_2$ 单晶，在 MgB$_2$ 单晶制备过程中，一些学者采用了引入第三种组元作为溶剂的方法，并因此发展了 Mg-B-Cu 和 Mg-B-N 三元相图 [2]。

在较高的温度和常压下，Mg 很难以固态相存在，另外，当温度高于 1600 ℃ 时，MgB$_2$ 在 Mg 熔体中的溶解度非常高，但是 Mg 熔融态的蒸气压也相当高，要高于 50 bar。因此，为了使 MgB_2 化合物在高温下从 Mg 溶液中生长晶体，只有通过保持高的 Mg 蒸气分压和采用较高的静水压力的方式来实现。根据计算得到的 Mg-B 体系压力-温度相图 (**图 9-9**[13])，必须在高于 Mg 沸点以上的高压高温条件下才能进行溶液的晶体生长，例如，在用于单晶生长的 3 GPa 高压下，气相在高压下消失，MgB_2 与液相处于平衡状态，并且 MgB_2 在图中液体 $+MgB_2$ 与气体 $+MgB_2$ 的边界线附近的溶解度非常高。

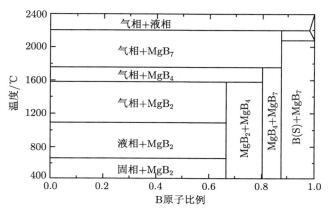

图 9-8　常压下 Mg-B 体系温度–成分相图 [13]

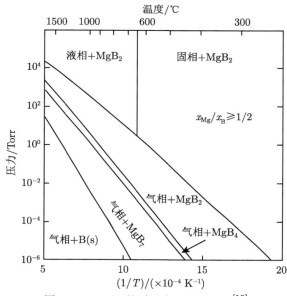

图 9-9　Mg-B 体系压力–温度相图 [13]

图 9-9 所示 [13] 的高压下 Mg-B 二元系相图还清晰反映了以下主要信息：在 Mg 的熔点温度以下，Mg-B 体系的反应机理为典型固态反应。在 Mg 的熔点温度以上，Mg-B 体系的反应机理应为固气、固液反应共存。同时，系统压力对于 Mg-B 体系的反应有明显影响，较低的压力条件下，Mg 会气化并导致非超导杂相产生。由于 Mg-B 体系复杂的固液气三相反应特征，常压下制备的 MgB_2 中由于 Mg 的挥发会产生很多孔隙，这将严重影响

并降低 MgB$_2$ 超导体的载流性能和磁通钉扎能力。因此很多小组为了控制 Mg 的气化，减小 MgB$_2$ 中的孔隙，采用高压技术 (3 ~ 10 GPa) 进行 MgB$_2$ 超导体的合成研究。研究结果显示高压条件可以有效地抑制 Mg 的气化，并制备出接近理论密度的 MgB$_2$ 块材 [14]。

目前，以上讨论的 Mg-B 体系的相图大多是通过计算而来的，而由于 Mg-B 体系中间相的制备多采用高温烧结法，即把按照各自化学计量比配制的原始粉末进行高温烧结使其成相，其合成的样品中存在大量孔洞。而孔洞的存在往往导致难以准确确定相含量。因此迄今还没有总结出一个准确的 Mg-B 体系实验相图。

9.3.2　MgB$_2$ 成相热力学与动力学研究

9.3.2.1　MgB$_2$ 超导体成相的热力学研究

Gibbs 自由能是一个重要的热力学态函数，它是判断和控制化学反应发生的趋势、方向及平衡的重要参数。在通常情况下，可以用 Van't Hoff 公式计算标准生成 Gibbs 自由能

$$\Delta G_T = \Delta H_T - T\Delta S_T \tag{9-1}$$

式中

$$\Delta H_T = \Delta H_0 + \int_{298}^{T} \Delta C_P \mathrm{d}T + \sum \Delta H_i$$
$$\Delta S_T = \Delta S_0 + \int_{298}^{T} \Delta C_P \mathrm{d}\ln T + \sum \Delta S_i \tag{9-2}$$

这里 H_0 和 S_0 分别为 298 K 下物质的焓 (kJ/mol) 和熵 (J/(mol·K))；C_P 为 298 K 下的物质的比定压热容 (J/(mol·K))；ΔH_i 和 ΔS_i 分别为相变自由焓和相变熵；T 为温度。

由于物质都具有相应的 Gibbs 自由能，对于一个给定的化学反应 A + B $\longrightarrow$ C，反应前后 Gibbs 自由能发生了变化，其变化可表示为：$\Delta G_T = G_{\mathrm{C}} - G_{\mathrm{A}} - G_{\mathrm{B}}$，根据热力学第二定律，化学反应总是向能量减小的方向进行，其 Gibbs 自由能变化值的大小和正负表示了化学反应进行的方向和程度。

对于 Mg-B 体系，由热力学稳定化合物生成的化学反应方程式可分别表示为 [15]

$$\begin{aligned} \mathrm{Mg} + 2\mathrm{B} &== \mathrm{MgB_2} \\ \mathrm{Mg} + 4\mathrm{B} &== \mathrm{MgB_4} \end{aligned} \tag{9-3}$$

根据 Shomate 方程，将热力学方程离散化，可以得到 H_0、S_0、C_P 与温度 T 的变化关系式：

$$C_P = a + bT + cT^2 + e/T^2 \tag{9-4}$$

$$H_0 = aT + bT^2/2 + cT^3/3 + dT^4/4 - e/T + f - h \tag{9-5}$$

$$S_0 = a\ln T + bT + cT^2/2 + dT^3/3 - e/(2T^2) + g \tag{9-6}$$

其中 a、b、c、d、e、f、g 和 h 为系数。

表 9-3 中列出了 Mg-B 体系单质与化合物 Shomate 方程参数 [15]。需要指出的是 Mg 的熔点为 923 K，因此，在 298 ~ 2200 K 的范围内存在固液、液气相变。

表 9-3　Mg-B 体系单质与化合物的 Shomate 方程参数 [15]

系数	MgB$_2$ (298 ∼ 2000 K)	Mg (298 ∼ 923 K)	Mg (923 ∼ 1366 K)	Mg (1366 ∼ 2200 K)	B (298 ∼ 1800 K)	MgB$_4$ (298 ∼ 2000 K)
a	56.12501	26.54083	34.30901	20.77306	10.18574	45.96626
b	7.116315	-1.533048	$-7.471034 \times 10^{-10}$	0.035592	29.24415	102.5729
c	12.69530	8.062443	6.146212×10^{-10}	-0.031917	-18.02137	-38.90463
d	-3.343091	0.572170	$-1.598238 \times 10^{-10}$	0.009109	4.212326	5.642040
e	-1.024147	-0.174221	$-1.152001 \times 10^{-11}$	0.000461	-0.550999	-0.252315
f	-112.5734	-8.501596	-5.439367	140.9071	-6.036299	-123.8050
g	95.43537	63.90181	75.98311	173.7799	7.089077	77.20610
h	-91.96390	0.000000	4.790011	147.1002	0.000000	-105.0180

　　将 Shomate 方程参数代入 H_0, S_0, C_P 与温度 T 的关系式, 可得到不同温度下 MgB$_2$ 及 MgB$_4$ 生成反应的自由能变化, 结果如**表 9-4** 所示。从中可以看出：298 ∼ 1100 K 的温度范围内, MgB$_2$ 和 MgB$_4$ 的生成反应 Gibbs 自由能变化值均为负, 且 MgB$_4$ 的自由能变化值更大, 说明该反应更易发生, 因此必须控制合成条件, 保证合成过程中 Mg 过量, 避免 MgB$_4$ 非超导相的生成。

表 9-4　不同温度下 MgB$_2$ 及 MgB$_4$ 生成反应的热力学状态函数计算值 [15]

温度/K	MgB$_2(-(\Delta G_T)/1000)$/[J/(mol·K)]	MgB$_4(-(\Delta G_T)/1000)$/[J/(mol·K)]
298	92.013	107.876
400	88.950	104.876
500	87.852	103.235
600	86.401	102.019
700	85.515	100.427
800	84.173	98.898
900	82.697	97.139
1000	80.338	94.421
1100	77.658	91.320

　　图 9-10 给出了计算确定的 ΔG_T-T 的关系曲线 [15]。这说明在此温度范围内, 反应均可以发生, 这也是低温条件下合成 MgB$_2$ 的热力学基础。同时在此温度范围内, 反应焓变均为负值, 进一步证明了 MgB$_2$ 的生成反应是一个放热反应。

　　综合成相反应热力学分析结果可知, 虽然 Mg-B 二元系组成元素十分简单, 但该体系的热力学行为却十分复杂。在反应过程中 Mg 的状态具有多样性, 因而成为影响 Mg-B 体系反应行为的主导因素。MgB$_2$ 的合成在不同的烧结温度下可有三种反应途径：Mg(固)+B(固), Mg(液)+B(固) 和 Mg(气)+B(固)。而从实用化超导材料制备角度考虑, 对于多晶 MgB$_2$ 的合成, 显然固液相反应机制是最理想的, 因为固液相反应对于减少孔洞及裂纹和改善晶粒连接十分有利。

9.3.2.2　多晶 MgB$_2$ 超导相的反应动力学研究

　　前述的 MgB$_2$ 体系热力学研究与分析解决的问题是 MgB$_2$ 成相的可能性, 换句话说, 热力学只能预言在给定条件下 Mg 和 B 反应的方向和限度, 而把可能性变为现实性还需要通过动力学来解决, 即动力学是解决 Mg 和 B 反应合成 MgB$_2$ 这一过程是如何进行的问题, 它研究的内容是 MgB$_2$ 合成的速率和机理, 即 MgB$_2$ 成相是如何实现的。

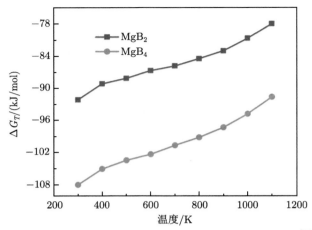

图 9-10　Mg-B 体系在不同温度区间 ΔG_T-T 函数关系 [15]

2005 年起，人们也开始对 MgB₂ 形成过程的动力学进行研究。西北有色金属研究院较早采用差热分析仪对 Mg-B 体系进行了等时差热分析 (DTA)，如**图 9-11** 所示 [15]，连续升温速率为 20 K/min，且整个过程在流动氩气保护性气氛下进行。从图中可以看出，在 650 ℃(a 峰) 出现明显吸热峰，峰的起始温度是 650 ℃，终止温度是 661 ℃，由 9.3.1 节热力学分析可知，a 峰处温度正是 Mg 的熔点，发生的反应是 Mg 的熔化反应。之后几乎在 Mg 的熔化反应刚刚结束，就出现了放热峰，峰的起始温度是 685 ℃，终止温度是 731 ℃，发生的反应正是 MgB₂ 的成相反应 (b 峰)。这一结果显示，在较低温度下，通过液态 Mg 与 B 的反应完全可以合成 MgB₂ 相。

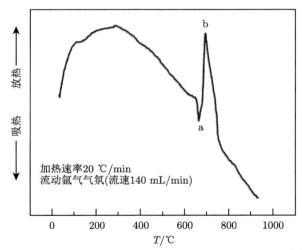

图 9-11　Mg 粉和 B 粉按 1:2 混合样品的 DTA 曲线 [15]

化学反应动力学考虑的是反应的可行性问题。利用前述 DTA 实验数据，用非等温热分析法求解体系的动力学参数，建立可以粗略描述激光熔覆过程的动力学方程。由于 DTA 实验是在程序控制温度下进行的，即 $dT/dt = \beta$，β 为升温速率，所以可以得到非等温热分析研究反应动力学的基本方程：

$$\frac{\mathrm{d}\alpha}{\mathrm{d}T} = \frac{A}{\beta}(1-\alpha)^n \mathrm{e}^{-E/RT} \tag{9-7}$$

式中，α 为反应物转变分数；$\mathrm{d}\alpha/\mathrm{d}T$ 为反应速率；A 为指前因子；n 为反应级数；E 为反应活化能；R 为普适气体常量。建立化学反应动力学方程就是要求解这些动力学基本参量 E、n 和 A。

利用 DTA 曲线求解反应动力学参数时认为

$$\alpha = \frac{1}{F}\int_{T_0}^{T} \Delta T \mathrm{d}T = \frac{S}{F} \tag{9-8}$$

式中，F 为 DTA 曲线上整个反应峰面积；ΔT 为曲线纵坐标，T_0 和 T 分别为反应开始温度和与 α 相对应的温度；S 为与 α 对应点之前的部分峰积分面积。

将式 (9-7) 两边取对数，对同一 DTA 峰形取若干离散点，依两两靠近点分别写出其差减式，由 $\mathrm{d}T/\mathrm{d}t = \beta$ 及式 (9-8) 整理可得 Freeman-Carroll 法动力学计算公式：

$$\frac{\Delta \ln \Delta T}{\Delta \ln(F-S)} = n - ER\frac{\Delta \dfrac{1}{T}}{\Delta \ln(F-S)} \tag{9-9}$$

截取**图 9-11** 中主反应放热峰所在的 $T= 685\ ^\circ\mathrm{C}$ 和 $T= 731\ ^\circ\mathrm{C}$ 之间的部分，相应 DTA 峰形及积分面积如**图 9-12** 所示 [14]，取 DTA 曲线上一些离散点对应的一系列 ΔT、T、S 及 F(对 DTA 峰整体积分) 的值，对近邻离散点依次取差值，可以得到一系列符合下式中对应关系的数值

$$\frac{\Delta \ln \Delta T}{\Delta \ln(F-S)} \sim \frac{\Delta \dfrac{1}{T}}{\Delta \ln(F-S)} \tag{9-10}$$

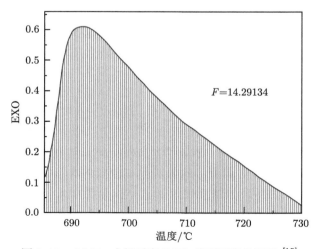

图 9-12　MgB$_2$ 成相反应 DTA 峰形及积分面积 [15]

根据上式的结果，采用 Freeman-Carroll 法对**图 9-11** 中的主反应放热峰 b 进行动力学计算得到反应的激活能 (E) 为 16.06 kJ/mol，反应级数 (n) 为 0.23[15]。较低的活化能值表明 MgB$_2$ 的生成反应较容易进行。较小的反应级数表明反应过程中反应物的浓度不是反应的限制性环节，反应温度是主要限制性因素。

另外，由式 (9-7)、(9-8) 可得

$$\frac{\Delta T}{F} = A\mathrm{e}^{\frac{-E}{RT}} \left(\frac{F-S}{F}\right)^n \tag{9-11}$$

任取一离散点并将 E、n 值代入上式得: $A = 2.1 \times 10^3$，将 E、n、A 值代入式 (9-7) 可得 MgB$_2$ 成相反应的动力学方程:

$$\frac{\mathrm{d}\alpha}{\mathrm{d}T} = 6.9 \times 10^4 (1-\alpha)^{0.33} \mathrm{e}^{\frac{2.2 \times 10^4}{T}} \tag{9-12}$$

综合扩散、热力学研究结果可知，在升温过程中，Mg-B 体系首先发生固–固反应，在 Mg 颗粒的表面生成 MgB$_2$ 层。后续的反应将以 Mg 扩散通过 MgB$_2$ 层继续与 B 反应的方式进行。但该阶段的反应相对缓慢，当温度达到 Mg 熔点时，未反应的 Mg 将熔化，并迅速扩散通过 MgB$_2$ 层与 B 发生液–固反应。不过，由于受限于测试设备的测量精度或实验样品普适性问题 (例如，合成时所采用 Mg 粉和 B 粉的粒径形貌等)，上述差热分析 DTA 数据并不能全面反映出多晶 MgB$_2$ 超导相在原位烧结制备过程中的反应进程，还需要更多实验才能揭示其反应动力学的本征机制。

随后人们采用原位 X 射线衍射分析的方法，通过对 MgB$_2$ 超导相 (101) 面主衍射峰进行动力学的研究表明，在 773 K 进行等温烧结处理时，随着保温时间的增加，生成的多晶 MgB$_2$ 相含量不断增加，如**图 9-13** 所示 [16]。采用对简单一维模型积分的方法，最终确定出多晶 MgB$_2$ 相生成体积分数 (x) 随时间 (t) 变化的表达式

$$x = kt^{1/2} \tag{9-13}$$

式中，k 为常数。

在上述研究中，所选用的初始 Mg 粉和 B 粉为纳米量级，因此并不能代表传统的固相烧结法合成 MgB$_2$ 样品时的低温反应机制 (通常 Mg 粉和 B 粉为微米量级)。

为了系统研究多晶 MgB$_2$ 相动力学形成机理，天津大学研究小组采用差热分析仪将三个同成分配比的 Mg 粉和 B 粉混合压成块材样品以不同的升温速率 (5 K/min、10 K/min 和 20 K/min) 加热到 1023 K，随即以 40 K/min 的冷却速率将样品冷却至室温，同时记录下不同升温速率下的热信号，如**图 9-14** 所示 [17]。采用上述同样的多重扫描速率动力学分析方法，结合所获得的三条差热分析曲线，对 MgB$_2$ 相低温烧结的形成过程和成相机制进行了研究，获得以下结果: 在固–固反应初始阶段有较多的非活化原子需要吸收能量转变为活化原子，而随着反应的进行，固溶活化区所占体积分数增大，形成 MgB$_2$ 相的数量不断增多，反应放出的热量也在不断增大，放出的热量使得非活化原子转变为活化原子更加容易，降低了其自身转化所需的能量，即活化能。同时 Mg 和 B 颗粒之间的接触面积不断减小，使得 Mg 原子和 B 原子之间的碰撞频率减小，指前因子降低。而到了固–固反应快

要结束的时候 (与固–液反应的过渡阶段)，少量熔融态的 Mg 通过渗透与未反应完的 B 颗粒充分接触，二者之间的原子碰撞频率急剧增大，因此指前因子显著增大。

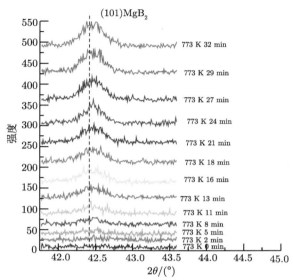

图 9-13　原位测量 773 K 下 MgB$_2$ (101) 晶面主衍射峰强度随保温时间的变化关系[16]

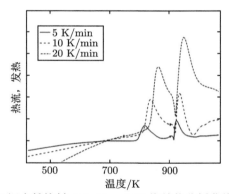

图 9-14　Mg 和 B 混合粉块材 (Mg:B = 1:2) 烧结热分析曲线，升温速率分别为
5 K/min、10 K/min 和 20 K/min[17]

综合以上低温烧结动力学分析，他们认为 MgB$_2$ 超导体成相动力学过程可以大致概括为 [17]：MgB$_2$ 相在 Mg 与 B 颗粒接触处的固溶活化区内的形核及长大方式为随机形核和随后的瞬时生长。另外，Mg 粉和 B 粉固–固反应的活化能和指前因子并非为定值，而是随着反应进程的变化而呈先减后增的趋势。

9.4　MgB$_2$ 超导体的多孔性

在固相烧结的 MgB$_2$ 超导体中，不存在高温超导体中所谓的 "晶界弱连接"，即晶界对电流的流动是透明的，而且原位固相反应法制备的 MgB$_2$ 超导体晶粒间的耦合比较好[11]。

我们知道 Mg 和 B 的熔点分别是 650 ℃ 和 2300 ℃，根据烧结理论，MgB$_2$ 的相形成速率主要是受到 Mg 原子的扩散控制。为了能够快速合成 MgB$_2$ 相，常用的烧结温度都在 Mg 的熔点以上。由于 Mg 的饱和蒸气压比较高、易氧化，当烧结温度达到 Mg 熔点以上时，会有大量的 Mg 挥发和氧化，这就导致制备出的 MgB$_2$ 块材是多孔的，致密度低，存在大量的孔洞，这些孔洞的存在显然阻碍了 MgB$_2$ 超导体电流传输的通道，造成了临界电流密度的下降，而且 Mg 的损失和氧化较为严重，常伴有少量 MgO 或镁的硼化物杂相生成。固相烧结 MgB$_2$ 超导体典型的多孔结构，如**图 9-15** 所示。

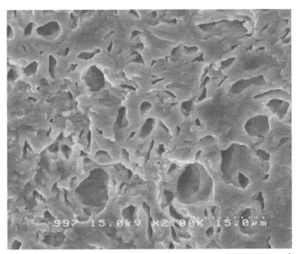

图 9-15   原位固相烧结 MgB$_2$ 超导体典型的多孔结构 [18]

原位 MgB$_2$ 的多孔性可以通过简单的计算得出 [19]：假设起始原料 Mg 和 B 粉均为球体，原料不含 MgO、B$_2$O$_3$ 等杂质，在球体颗粒最密排列的情况下，Mg、B 粉混合物的最大填充因子 F 为 0.7405，通过烧结得到的 MgB$_2$ 超导体的密度占理论密度的百分比，即

$$\alpha = \frac{V_{\mathrm{MgB_2}}}{V_{\mathrm{Mg}} + V_{\mathrm{B}}} \times F = \frac{(1 + \mu)d_{\mathrm{Mg}}d_{\mathrm{B}}}{d_{\mathrm{MgB_2}}(d_{\mathrm{Mg}} + d_{\mathrm{B}})} \times F = 0.49 \tag{9-14}$$

在上式中，Mg 粉的密度 d_{Mg}=1.74 g/cm^3；B 粉的密度 d_{B}=2.3 g/cm^3；MgB$_2$ 的理论密度 $d_{\mathrm{MgB_2}}$=2.62 g/cm^3，μ 是 MgB$_2$ 中 Mg 和 2 个 B 的原子质量比 =1.12。计算后可知，通过烧结得到的 MgB$_2$ 超导体密度最高只能达到其理论密度的 49%。也就是说，原位 MgB$_2$ 超导体内部的孔洞，主要是由于反应过程中，Mg 向 B 单方向扩散，而 Mg 向 B 扩散在 B 位生成 MgB$_2$ 后，在原 Mg 位处即形成孔洞。

可以使用 Rowell 修正公式估算晶粒连接性 A_{F}[20]。我们知道，在理想完整的晶体中，电子的散射只取决于温度所造成的晶格点阵畸变。因此，对于晶粒完全连接的纯 MgB$_2$ 来说，其电阻与温度的变化成正比，即电阻率 ρ_{ideal} 在 300 K 至 40 K 之间的特征变化，可由下式给出：

$$\Delta\rho_{\mathrm{ideal}} = \rho_{\mathrm{ideal}}(300\ \mathrm{K}) - \rho_{\mathrm{ideal}}(40\ \mathrm{K}) \tag{9-15}$$

对由高纯原料制备而成的理想 MgB₂ 单晶样品，$\Delta\rho_{ideal}=7.3\ \mu\Omega\cdot cm$[21]。这样烧结 MgB₂ 样品的超导有效面积或者晶粒连接性 A_F 可由下式估算：

$$A_F = \Delta\rho_{ideal}/[\rho(300\ K) - \rho(40\ K)] \tag{9-16}$$

其中 $\rho(T)$ 是在温度 T 下实验测量的电阻率。

例如，对于**图 9-16(a)** 中的两个原位烧结 MgB₂ 块材来说 [21]，样品 1 的 $\rho(300\ K)$ 和 $\rho(40\ K)$ 分别为 35 μΩ·cm 和 5.4 μΩ·cm，而样品 2 的 $\rho(300\ K)$ 和 $\rho(40\ K)$ 分别为 17 μΩ·cm 和 1.7 μΩ·cm。这样根据式 (9-16)，可得出样品 1 和 2 的晶粒连接性 A_F 分别约为 0.25 和 0.48。也有人报道原位烧结的 MgB₂ 超导体实际有效载流截面积仅为 8% ~ 17%[22]。**图 9-16(b)** 给出了 20 K、自场下的 MgB₂ 临界电流密度与晶粒连接性之间的关系 [23]。可以看出，临界电流密度几乎与晶粒连接性成正比，晶粒连接性因子越大，J_c 越高，表明晶粒连接性在 MgB₂ 临界电流密度的提高中起着非常重要的作用。总之，孔洞的存在降低了 MgB₂ 晶粒连接，也就是减少了超导电流传输的路径，最终抑制了 MgB₂ 的临界电流密度。除了多孔性和晶粒间耦合，杂质和微裂纹的存在也是影响 MgB₂ 超导体晶粒连接性的重要因素。

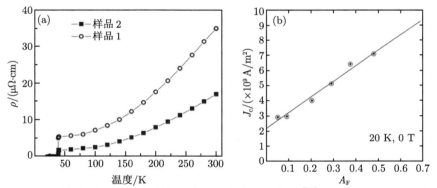

图 9-16　(a) 原位烧结 MgB₂ 块材电阻率随温度变化的曲线 [21]；(b) MgB₂ 临界电流密度与晶粒连接性之间的关系 [23]

9.5　MgB₂ 超导体的制备方法

从前面 MgB₂ 相图一节可以知道，由于 Mg 和 B 之间熔点差异很大，Mg 的熔点为 650 ℃，而 B 的熔点高达两千多度。Mg 的沸点仅为 1107 ℃，在真空条件下气化程度更厉害。因此 Mg-B 体系是一个成分简单但反应过程复杂的体系，在该反应体系中同时存在固液气三相，反应是在液相和固相以及气相和固相之间进行的。MgB₂ 超导体的合成温度一般在 600 ~ 1000 ℃，这样制备 MgB₂ 必须要面对和克服的两个难题是：

(1) Mg 极易氧化生长 MgO，因此应尽可能避免 Mg 与空气接触；

(2) Mg 具有高挥发性。在合适温度下，MgB₂ 仅能够在一个相当高的 Mg 分压下保持热力学的稳定。

前者可以通过在真空或者保护气体中合成得到解决,后者可以采用两种方法得到克服。第一是用封闭的容器来获得高的 Mg 分压,并在高温条件下合成。第二是在一个较低的温度下完成制备过程,不过由于合成温度比较低,这种方法得到的样品超导性能一般稍差。

自从 MgB₂ 超导电性被发现以来,人们已经制备出各种形态的材料 (单晶、块材、线带材以及薄膜) 以推进它在不同领域中的应用。作为超导材料,对于 MgB₂ 样品质量要求较高,不但需要较高的纯度,还需要较高的致密度和较好的晶界连接,以保证良好的超导性质。

9.5.1   MgB₂ 多晶块材

MgB₂ 块材是最先合成出来的 MgB₂ 材料形态,也是最基本的形态,所以采用多晶粉末制备块材工艺已经相当成熟,它对研究 MgB₂ 相形成机理、基本的物理和超导性质都有很重要的作用。由于 Mg 的挥发性,烧结过程中会使样品内部产生大量孔隙,降低块体的致密度,破坏了块体内 MgB₂ 晶粒之间的电流传输通路,这成为限制 MgB₂ 材料临界电流密度的主要因素。目前解决这一问题的方法主要有:常压固相烧结法、高温高压烧结法、机械合金化法、Mg 扩散法等。

1) 常压固相烧结法

目前,MgB₂ 块材主要是以 Mg 粉和 B 粉为初始粉末,通过传统的原位固相烧结法制备而成,其基本的工艺流程如下:Mg+B→ 混合 → 压片 → 烧结 → 冷却 → MgB₂ 块材。这种合成方法过程以及对实验仪器条件的要求相对简单,是最常用的 MgB₂ 的合成方法之一。现在举一个例子用于说明合成 MgB₂ 块材的具体步骤:先将前驱物 (Mg 粉和 B 粉) 混合研磨并压片成型后,用 Ta 箔包裹,再放入高温炉中在高纯惰性气氛保护 (或封入石英管) 和 900 ℃ 温度条件下烧结 1 ∼ 10 h,再随炉冷却至室温。也有将压坯封闭在 Ta 管等与 Mg-B 体系不发生化学反应的金属管中进行烧结。常压原位固相烧结工艺比较简单,但是制备出的 MgB₂ 样品通常是多孔的,致密度较低。测试表明,固相烧结法合成的 MgB₂ 块材的密度一般只有理论密度的一半 [19]。

2) 高温高压烧结法

为了提高块材的密度和质量,防止 Mg 的挥发,人们在固相烧结过程中采用高压气氛或热压工艺,可以获得高密度的 MgB₂ 块材 [14]。该方法通过密闭容器隔绝了样品与空气的接触,一般是将粉末压片制得的样品在 Ar 保护气氛中,在高温烧结过程中施加高压,例如,采用预反应的 MgB₂ 粉末,在 800 ∼ 1000 ℃ 温度范围内,压力为 3 ∼ 10 GPa 的高压容器中进行烧结。这样可保证烧结过程中充足的 Mg 蒸气压,减少 Mg 的挥发与氧化,降低块体中的孔隙含量,极大地提高了样品的密度 (高达 2.63 g/cm³)。利用高压工艺合成的 MgB₂ 块材与传统固相烧结工艺合成的 MgB₂ 块材相比,其样品中的烧结孔洞明显减少。另外,在常压固相烧结工艺中 MgO 颗粒易于聚集在 MgB₂ 的晶界处,这往往会阻碍晶间电流的传输。高压工艺则可使这些聚集在晶界处的 MgO 呈现更均匀的分布。因此,高压工艺合成的 MgB₂ 块材比传统固相烧结工艺合成的块材具有更高的临界电流密度。

3) 机械合金化法

该方法主要通过高速球磨对反应前驱物在惰性气氛保护下进行长时间的球磨混合 (球磨时间从 20 h 到 100 h),使粉末粒子反复破碎和冷结合,有效减小 Mg 和 B 颗粒的粒径，最终反应生成 MgB₂。由于纳米粉末的高反应性，所以一般在 Ar 气氛中进行以避免氧化[24]。

机械合金化是通过高能球磨机来实现的，使用碳化钨 (WC) 球磨罐和小球，且粉末与小球的质量比为 1:36。行星式球磨机的转速为 250 r/min。起始原料为无定形 B(纯度为 99.9%，粒径为 1 μm) 和细晶粒 Mg(纯度为 99.8%，<250 μm) 粉末。一般研磨 50 小时后，Mg 晶粒尺寸从开始时的 250 μm 减小到只有几纳米。由于产生了干净无污染的表面，增加了比表面积，所以材料具有高反应活性，从而提高了 MgB₂ 形成速率。但是更长的球磨时间，例如大于 100 h，会产生源自球磨工具的杂质，造成污染，反而会降低 MgB₂ 的超导性能，如**图 9-17** 所示[24]。

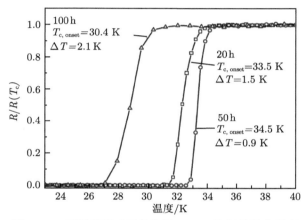

图 9-17   不同球磨时间的热压 MgB₂ 块材的转变温度

机械合金化过程后的混合物是由大量缺陷，以及部分反应的 MgB₂、Mg 和 B 粉末组成，因此，需要进行退火步骤以改善材料的微观结构并使残余的纳米晶 Mg 和 B 充分反应。通常采用的步骤是将生成的材料在 700 ℃、640 MPa 压力下热压 10 ~ 90 min，根据保压时间的不同可得不同致密度的 MgB₂ 块材。该方法的特点是热处理温度低，所得样品晶粒尺寸小，样品内部存在大量晶界，具有很好的磁通钉扎特性。

4) Mg 扩散法

将 Mg 和 B 粉分别放入同一容器的两端，然后抽掉空气进行两端密封，进行 900 ℃ 烧结。在热处理过程中，Mg 熔化成液态，不断向 B 处渗透扩散，然后在 B 的位置生成致密的 MgB₂[25]，这种方法可有效解决固相反应法中的低致密度和差晶粒连接性问题。其他研究者也提出类似的制备方法，例如，美国西北大学通过在密封容器里的 Mg 棒向 B 纤维扩散得到 MgB₂ 纤维[26]。Mg 扩散不仅合成出高致密度的 MgB₂ 块材，也为制备 MgB₂ 线材提供了新的思路。

9.5.2   MgB₂ 单晶样品

单晶样品的制备对于超导体本征特性的研究具有重要意义。发现 MgB₂ 不久就有很多科研小组开始了单晶样品的制备研究，重点是生长出高质量、大尺寸的 MgB₂ 单晶。传统的 MgB₂ 单晶制备主要采用密封技术和高温高压合成技术来解决 Mg 蒸气压的问题和 Mg

的氧化问题。目前，制备 MgB₂ 单晶的方法主要有：①气相输运法；②助熔剂法；③高压生长技术。

气相输运法是利用密封技术制备 MgB₂ 单晶的工艺。日本国立材料研究所 (NIMS) 研究小组的具体制备流程是通过电子束焊接将 Mg 片和 B 块密封在钼坩埚内 (也可采用不锈钢坩埚)，再把钼坩埚直立放置在高频感应炉中。尔后将坩埚以 200 ℃/h 的速率加热至 1400 ℃，并保持 2 h，然后以 5 ℃/h 的速率缓慢冷却至 1000 ℃，最后随炉冷却至室温[27]。他们利用该方法制备出了最大尺寸为 0.5×0.5×0.02 mm³ 的 MgB₂ 单晶。

Mg 助熔剂法：将块状的 MgB₂ 和 Mg 助熔剂放置在 Nb 管中，并在惰性气体保护下的电弧炉中进行密封，然后再在真空条件下将其封装在石英管中。将石英管在 1050 ℃ 加热一小时，然后缓慢冷却至 700 ℃ 保持 5 ～ 15 天，之后淬火至室温。这样可从 Mg 熔剂中析出对角线长度为 20 ～ 60 μm、厚度为 2 ～ 6 μm 的 MgB₂ 单晶体[28]。

高压生长技术不仅用来制备高密度 MgB₂ 块材，还是制备 MgB₂ 单晶的重要手段。除了密封技术以外，该法能够解决 Mg 蒸气所导致的难以生长晶体的问题，从而可以拓展 MgB₂ 单晶生长的温度范围。瑞士苏黎世的固体物理实验室较早采用高压合成技术，从 Mg-B-N 系中析出大尺寸单晶 MgB₂，最大单晶尺寸达 1.5×0.9×0.2 mm³。单晶的转变温度通常在 37 ～ 38.6 K，宽度为 0.4 ～ 0.6 K，如**图 9-18** 所示[29]。

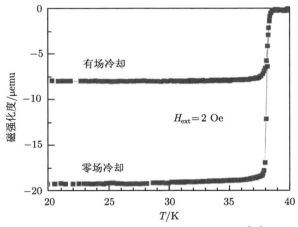

图 9-18　MgB₂ 单晶的温度–磁化曲线[29]

9.5.3　MgB₂ 超导薄膜

超导薄膜的制备是超导材料在电子学器件应用方面的基础。MgB₂ 薄膜生长中面临的困难主要有三个方面：Mg 的易挥发性、Mg 和 B 极易氧化性和形成 MgB₂ 过程中较高的镁蒸气压的要求。

根据 MgB₂ 薄膜的制备步骤可将制备方法分为一步生长法和两步生长法。一步生长法是指在高温衬底上直接沉积获得 MgB₂ 超导薄膜，而两步生长法首先要在较低温度下沉积 B 膜、Mg-B 混合物作为前驱膜，随后通过高温退火制备 MgB₂ 薄膜。前驱体薄膜的热处理通常在放有 Mg 金属片的密闭容器中进行，退火温度 >850 ℃，这是为了保证高温下 MgB₂ 相形成所需的较高 Mg 蒸气压。两步生长法根据退火方式的不同又可分为原位退火法和先位退火法。先位退火法制备的 MgB$_2$ 薄膜高于原位退火法制备的 MgB$_2$ 薄膜的 T_c，与块体的 T_c 差别不大。但是原位退火工艺有利于沉积多层薄膜，用于制备约瑟夫森结或多层膜超导器件。目前采用的主要方法有脉冲激光沉积法、磁控溅射法、分子束外延法、混合物理化学气相沉积法等。

1) 脉冲激光沉积 (PLD) 法

PLD 法是将脉冲激光器产生的高能脉冲激光束聚焦于靶材表面，激光巨大的能量使得靶材物质被快速等离子化，然后溅镀到基底上。2001 年韩国研究小组采用两步法，即先脉冲激光沉积非晶 B 薄膜，然后在高温下的 Mg 蒸气中进行热处理，在 Al$_2$O$_3$ 和 STO 基底上制备出了转变温度为 39 K，临界电流密度 (在 5 K 下) 为 6×10^6 A/cm^2 的 MgB$_2$ 超导薄膜[30]。美国 PSU 大学使用 Mg+B 粉末压制而成的靶材，通过 PLD 原位生长法在 250 mTorr 的 Ar 气氛、温度为 $250 \sim 300$ ℃ 的条件下，在 Al$_2$O$_3$ 基底上制备出 T_c 为 34 K，临界电流密度 (在 7.5 K 时) 为 1.3×10^6 A/cm^2 的 MgB$_2$ 薄膜[31]。PLD 法的最大优点是制备的 MgB$_2$ 超导薄膜与靶材成分容易一致，同时容易制成多层膜和异质膜，避免在进行先位退火过程中与氧气接触而被氧化，有利于多层膜结构的器件研究。

2) 磁控溅射法

磁控溅射法是使高能粒子在电场和交变磁场的作用下加速和偏转，轰击固体靶材表面，靶面原子吸收高能粒子的动能而脱离晶格的束缚，逸出靶面沉积到基底表面而形成薄膜。人们常采用直流或射频磁控溅射或者两者结合的方法制备 MgB$_2$ 薄膜，一般使用 Mg 靶、B 靶双靶溅射或者 Mg 靶中镶嵌 B 块的复合单靶。美国研究小组在 Al$_2$O$_3$ 基底上，采用射频磁控溅射加后续镁蒸气下退火工艺制备出 MgB$_2$ 超导薄膜，其转变温度为 35 K，临界电流密度 (在 4.2 K、1T 下) 为 5×10^6 A/cm$^{2[32]}$。日本一个小组通过原位磁控溅射使用 Mg 靶和 B 靶，在 Al$_2$O$_3$ 单晶基底上制备出转变温度为 27.8 K(ΔT_c=0.5 K) 的 MgB$_2$ 薄膜[33]。

3) 分子束外延法

分子束外延法是在真空蒸发镀膜加以改进的基础上形成的薄膜外延生长技术。在超高真空条件下，通过薄膜各组分元素的分子束流，直接喷到温度适宜的衬底表面上而外延生长薄膜，单晶薄膜的外延厚度和界面平整度的精度可控制在原子级别。早在 2001 年，人们就采用原位分子束外延法通过蒸发 Mg 和 B 源在各种衬底上生长了 MgB$_2$ 超导薄膜。生长温度为 $150 \sim 320$ ℃，所获薄膜的最高 T_c 为 36 K[34]。但这种方法需要用到的设备价格昂贵，对生长的条件要求苛刻。

4) 混合物理化学气相沉积法

化学气相沉积法 (CVD) 是通过分解某种物质得到单质 B，沉积在基底表面，然后将覆盖有单质 B 的基片放在 Mg 蒸气中高温退火，制得 MgB$_2$ 薄膜。2002 年，人们以高纯的乙硼烷 B$_2$H$_6$ 作为 B 源，Al$_2$O$_3$ 作为衬底，利用化学气相沉积法沉积 B 先驱膜，然后在富 Mg 气氛中后退火得到 800 nm 的高度 c 轴取向 MgB$_2$ 超导薄膜，其 T_c 最高为 39 K。这种方法工艺简单，薄膜质量较高，在制作大面积 MgB$_2$ 超导薄膜上有明显优势[35]。

和上述化学气相沉积法相比，混合物理化学气相沉积法 (HPCVD) 属于原位生长制备薄膜的工艺，结合了物理气相沉积 (Mg 块热蒸发) 和化学气相沉积 (乙硼烷的化学分解) 两种方法，能够提供清洁的沉积环境。Mg 块在衬底附近的热蒸发满足了维持 MgB$_2$ 热力学稳定所需要的高的 Mg 蒸气压，同时这种方法还具有化学气相沉积法的各种优势，例如低真空的反应条件、成膜速度快、致密性好等。薄膜沉积温度一般为 550～760 ℃。采用该法制备的 MgB₂ 薄膜是具有良好晶向的准单晶薄膜，薄膜表面平整。c 轴取向的 SiC 衬底薄膜样品的 T_c 大于 40 K，如**图 9-19** 所示 [36]，高于此前块材的转变温度 39 K。在 40 K 温度下具有很低的电阻率 (ρ(40 K)= 0.1 μΩ·cm)，其剩余电阻率非常高，RRR 大于 80，说明薄膜非常 "干净"。另外，临界电流密度在零场 4.2 K 下更是高达 3.5×10⁷ A/cm²，25 K 时为 10⁷ A/cm²。混合物理化学气相沉积法的另外一个优势是可以在不锈钢衬底上沉积高性能 MgB₂ 厚膜 [37]，表明 HPCVD 工艺是一种制备高质量 MgB₂ 薄膜非常有效的方法。

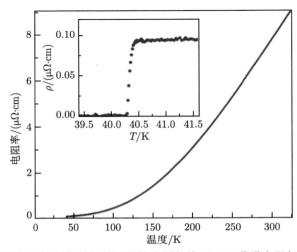

图 9-19　采用混合物理化学气相沉积技术制备的 MgB₂ 薄膜电阻与温度曲线 [36]

9.6　MgB₂ 超导线带材的制备方法

对于 MgB₂ 超导材料而言，要进行规模化强电应用 (如超导磁体、超导电缆等)，就必须先制备成线材或者带材。目前，MgB₂ 超导线制备技术主要有扩散法、连续装管成型 (continuous tube filling forming，CTFF) 法、PIT 法和中心镁扩散 (internal Mg diffusion，IMD) 法。从 MgB₂ 线物理机械性能、制备工艺成熟度以及制备成本考虑，PIT 法是目前制备 MgB₂ 超导线带材的主流技术，而 IMD 法则是正在开发的第二代 MgB₂ 超导线材制备工艺。

9.6.1　扩散法

最早的 MgB₂ 线材是由美国爱荷华州立大学的研究小组将硼纤维置于 Mg 蒸气中生成的 [38]。其方法是将 Mg 与直径 100 μm 硼纤维按 2:1 摩尔比放置在充满高温 Mg 蒸气的钽容器中，在 950 ℃ 进行扩散反应 2 h 后得到直径 160 μm 的 MgB₂ 线材。线材的密度达到了 2.4 g/cm³，非常致密。如**图 9-20** 所示，磁化强度测试显示其 T_c=39.4 K，其室温电阻率为 9.6 μΩ·cm，而接近 T_c 时的电阻率ρ(40 K)= 0.38 μΩ·cm，RRR 值高达 25.3。在 20 K、零磁场下临界电流密度高达 2×10⁶ A/cm²。扩散法所制线材的超导芯比较致密，密度为 2.4 g/cm^3, 已达 MgB$_2$ 理论值的 90%, 远高于其他如 PIT 工艺或 CTFF 工艺样品, 超导芯密度的增加必然有利于改善超导晶粒连接性, 提高材料的临界电流密度。

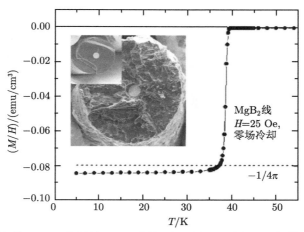

图 9-20 扩散法制备的 MgB$_2$ 线材的 M-T 曲线, 插图为 B 纤维 Mg 扩散法样品的截面图 [38]

但是由于硼纤维致密度很高, 镁的扩散速度很慢, 往往在 900 ℃ 以上保温 24 小时以上才能反应完全。此外, 该方法制备出的线材尺寸比较小, 非常脆而易断, 不易弯曲和缠绕, 在实际应用中受到很大的限制。

9.6.2 连续装管成型工艺

连续装管成型工艺也是一种特殊的原位粉末装管工艺, 即直接将 MgB$_2$ 粉末置于金属带上, 通过连续包覆焊管的方法经拉拔一次性加工成线材, 然后在氩气保护下进行热处理。具体加工工艺流程如**图 9-21** 所示, 首先包套材料以扁带形式通过多次机械变形后, 包裹成圆柱体, 在变形包覆的过程中, 将原始混合粉末填充到凹形包覆带上。然后将

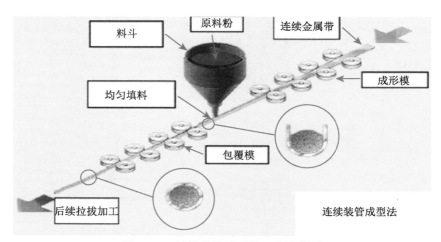

图 9-21 连续装管成型法工艺流程图

包裹有原料粉末的线材拉拔后得到一定尺寸的包套线。整个过程是连续进行的，即同时完成包覆和拉拔工序。采用连续装管成型工艺可以方便制备任意长度的 MgB₂ 包套线材 (仅受金属带长度限制)。2005 年美国 Hyper Tech 公司用连续装管成型技术制备出 1500 m 长、直径 0.8 mm 的 14 ∼ 36 芯 MgB₂/Nb/Cu/Monel 线材，热处理温度为 700 ∼ 800 ℃。线材性能达到 2×10^5 A/cm²(20 K, 1 T)[39]。

然而，这种技术需要的加工设备较为复杂、成本高，而且连续进料的均匀性较难控制，特别是在包套的接口处总要形成一道 “缝”，不利于形成致密性超导芯。采用该工艺的研究单位主要为美国 Hyper Tech 公司、俄亥俄州立大学。

9.6.3 粉末装管法

采用传统烧结方法制备得到的 MgB₂ 脆而硬，不能直接加工成线材和带材。因此，MgB₂ 超导电性发现以后，人们就借鉴 PIT 法合成 Bi 系带材的经验，也在第一时间尝试利用此技术制备线材和带材。由于不需要高度织构化，PIT 法很快成为制备 MgB₂ 超导线带材的主要方法[40]。

PIT 法制备 MgB₂ 线带材有两种技术路线，即先位法 (*ex-situ*) 和原位法 (*in-situ*)。

(1) 先位法：直接将预先反应生成的 MgB₂ 粉末装入金属管中，通过旋锻、拉拔和轧制工艺制备成一定尺寸的线带材 (**图 9-22(a)**)。热处理的主要目的在于消除应力和弥合机械加工过程中产生的裂纹和孔洞，热处理温度一般在 900 ℃ 以上。

该技术的特点是工艺简单，对包套材料没有苛刻的要求，所制备的线材或带材无须后续热处理就具有比较高的载流能力。但是由于 MgB₂ 具有类似陶瓷的脆性，加工过程会导致在线材中的 MgB₂ 芯丝形成大的裂纹等宏观缺陷，从而降低线带材的性能。

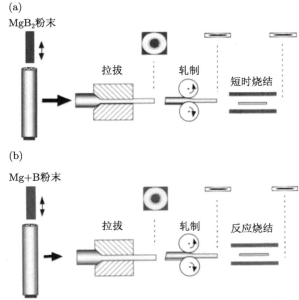

图 9-22   (a) 先位法和 (b) 原位法粉末装管工艺制备 MgB₂ 线材或带材的示意图[40]

(2) 原位法：以 Mg 和 B 粉为初始原料，按 MgB₂ 化学计量比例均匀混合后装管，然后经过拉拔、轧制加工后成材，在热处理阶段完成 MgB₂ 相反应，热处理温度一般低于 900 ℃(图 **9-22(b)**)。

　　一般来说，用先位法制备的 MgB₂ 线带材比用原位法制备的 MgB₂ 线带材具有工艺步骤少的优势。但是用原位法制备出的 MgB₂ 线材或带材都比先位法制备的线材或者带材具有更优异的性能。这是因为原位生成的 MgB₂ 相比先位法的 MgB₂ 粉末具有更好的晶粒连接性，并且在热处理过程中 Mg 熔化与 B 反应成相可以有效弥合加工过程中形成的微裂纹。更重要的是，在原位套管法中容易将化学掺杂引入线带材中，对原始粉末 Mg 粉和 B 粉也可以进行球磨先期处理，这些都能够进一步提高原位制备 MgB₂ 线带材的传输性能。由于 Mg 的化学活性，采用原位法不能选用与 Mg 反应的金属材料 (Cu、Zn、Fe、Zr 等) 作为包套材料。另外，原位 PIT 法所制 MgB₂ 线带材的超导芯密度较低，可能会对临界电流密度产生不利影响。

　　2005 年意大利 Columbus Superconductor 公司采用先位 PIT 技术制备出 1530 m 长、直径 1 mm 的 14 芯 MgB₂/Fe/Ni 带材，其临界电流达到 185 A(20 K, 1 T)[41]。我国西北有色金属研究院采用原位法也制备出了千米级多芯 MgB₂ 超导长线。

9.6.4　中心镁扩散法

　　意大利 Giunchi 等最先采用一种液态镁渗透技术制备出了高致密度的 MgB₂ 超导芯[42]。日本把这种方法叫做中心镁扩散 (internal Mg-diffusion，IMD) 法[43]，美国称之为先进中心镁渗透技术 (AIMI)[44]。现在人们更多将之称为 IMD 法。

　　IMD 工艺利用了 MgB₂ 形成过程中，Mg 蒸气或熔体向 B 扩散而形成 MgB₂ 的反应机理。IMD 工艺的流程如图 **9-23** 所示，将 Mg 棒放置在金属套管的中心，将 B 粉填充到 Mg 棒与金属套管之间。后续的加工工艺和 PIT 法的工艺类似，需要进行旋锻、拉拔，最终进行热处理，通过熔化的 Mg 与 B 之间的扩散反应形成 MgB₂，制成所需的超导线材。热处理时熔融的 Mg 棒渗透到 B 粉中发生反应，初始 Mg 棒位置形成一个空心管道，而初始 B 粉的位置则生成了致密的 MgB₂ 超导层，能够避免原位法工艺中 Mg 粉渗透到 B 粉后 MgB₂ 超导芯丝中留下的大量孔洞，极大地提高了超导芯丝的致密度，可以获得几乎接近理论密度的 MgB₂ 超导层，因此其反应层的临界电流密度相比 PIT 法得到了较大幅度的提高，其制备的线材在国际上被称为第二代 MgB₂ 超导线材。目前，采用 IMD 工艺制备的 C 掺杂 MgB₂ 线材，经过在 Mg 的熔点 (640 ~ 645 ℃) 附近的热处理，获得的临界电

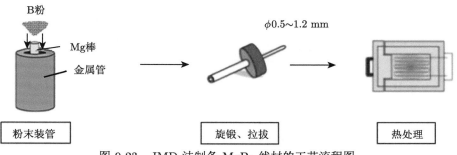

图 9-23　IMD 法制备 MgB₂ 线材的工艺流程图

流密度高达 1.5×10^5 A/cm²(4.2 K, 10 T)[44]。但目前还处在研究阶段，批量化 MgB₂ 商品化线材的生产基本上采用的都是传统 PIT 工艺。

9.7　MgB₂ 线带材的 PIT 制备技术

近年来，虽然各研究机构都在寻找并尝试新的 MgB₂ 线带材加工工艺，但传统的原位法与先位法 PIT 工艺依旧是人们制备 MgB₂ 线带材的重要方法。

9.7.1　粉末原料

前驱粉末的种类、纯度、颗粒大小、均匀性和含氧量等对 MgB₂ 超导材料的性能具有重要的影响。

对于先位法来说，MgB₂ 的纯度和粒径将直接决定最终样品的性能，一般纯度越高、粒径越小，样品的性能就越好。另外，原位 MgB₂ 带材是采用 Mg 粉末和 B 粉末的混合物制备而成的，然而，使用市售的 Mg 粉末通常难以获得较高的 J_c 值。这主要是由于 Mg 元素非常活泼，在存储和制备过程中很容易氧化形成 MgO，如果不导电的 MgO 正好分布在 MgB₂ 晶粒之间 (图 9-24)，则会降低样品的有效传输面积，阻碍超导电流通过。因此，原料粉末的预处理就显得尤为重要。人们常用的预处理方法是在惰性气氛下对 Mg+B 粉末混合物进行球磨处理。单独球磨 Mg 粉末对改善 J_c 值也很有效，这表明球磨去除了 Mg 粉末表面上的氧化物层，从而加速了 Mg 和 B 粉末之间的反应。另外，采用 MgH₂ 代替 Mg 粉末也可以有效促进反应，同时超导芯更加致密，性能比 Mg 粉作为原料的带材增强一倍[45]。对于 Mg+B 原料粉末的化学组分，通常使用稍微过量的 Mg 的组成，以弥补在热处理期间蒸发掉的一些 Mg 元素。

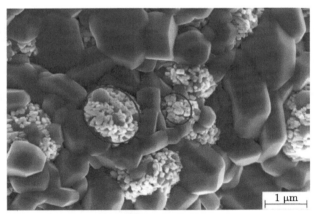

图 9-24　MgB₂ 样品断面的扫描电镜图[21]，图中圆圈内的白色颗粒为 MgO，直径约 100 nm

除了 Mg 粉的纯度外，Mg 粉的粒径大小和形状也会对 MgB₂ 超导体的多孔性和晶粒连接性产生较大的影响。比如采用 Mg 屑代替 Mg 粉能够降低 MgB₂ 的多孔性，有效提高晶粒连接性。人们也对 Mg 颗粒的粒径大小进行了研究，发现小尺寸的 Mg 粉更易于获得高性能的 MgB₂ 带材[46]。这是因为 Mg 粉的粒径越细，最终样品中 MgB₂ 的粒径越均匀，

杂质含量越少 (**图 9-25(a)**)。另外，细小的 Mg 粉可以与 B 粉反应更均匀，容易获得细化的 MgB$_2$ 晶粒尺寸，这种小粒径 MgB$_2$ 的晶界增加了样品的钉扎中心，从而有效地提高了超导样品的临界电流密度。相反，粒径较大的 Mg 粉和低纯度的 B 粉不但增大了生成物 MgB$_2$ 的粒径，减少了有效的钉扎中心，还由于引入了无效的杂质 (Fe$_2$B 和过多的 MgO)，最终导致样品的临界电流密度减小，超导性能降低。采用 10 μm 的 Mg 粉和 99.99% 高纯 B 粉制备的超导带材的临界转变温度 ～36.8 K，在 4.2 K/9 T 和 20 K/5 T 下其 J_c 为 ～10^4 A/cm^2(**图 9-25(b)**)。也有报道采用纳米级 Mg 粉制备出高性能的 SiC 掺杂 MgB$_2$ 带材，其 J_c 远高于采用普通商业的 Mg 粉获得的样品 [45]。虽然采用 MgH$_2$、亚微米级镁粉或纳米级镁粉制备的样品可以达到相当高的临界电流密度，但是与商业镁粉相比它们的成本都很昂贵。人们更多采用价格低廉且粒径较细 (微米级) 的 Mg 粉，不仅可以有效地提高临界电流密度，也可以极大地降低制造成本。

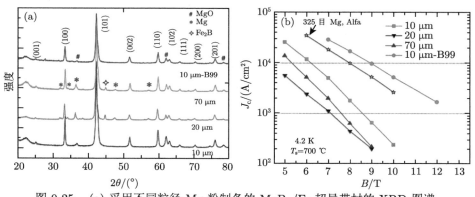

图 9-25　(a) 采用不同粒径 Mg 粉制备的 MgB$_2$/Fe 超导带材的 XRD 图谱；
(b) 不同带材的临界电流密度随磁场的变化曲线 [46]

要想制备高性能 MgB$_2$ 超导体，B 粉的质量也很关键，一般要求纯度大于 98%，粒径小于 100 nm。为了获得高的临界电流密度，人们通常选用高纯无定形 B 粉 (>99%) 来制备 MgB$_2$ 线带材，而且纯度越高，样品的传输 J_c 也越高，如**图 9-26** 所示 [2]。当前生产无定形 B 粉的主要厂家为美国 Specialty Materials Inc 公司和土耳其 Pavezyum 公司。人们研究发现购买的商业无定形 B 粉中通常含有大量的 B$_2$O$_3$(**图 9-27**)，不过经过 Ar/H$_2$ 气氛纯化后的 B 粉与 Mg 反应后，生成的 MgB$_2$ 超导体晶界中 MgO 含量明显降低，超导性能获得了显著提高。高纯 B 粉或提纯过的 B 粉也可以有效提高 MgB$_2$ 超导材料的性能，这是因为低纯 B 粉含有的过多的氧等杂质在发生反应时将留存在 MgB$_2$ 晶界处，降低了晶粒连接性。此外，B 粉粒径越大，与 Mg 完全反应所需要的时间就越长，也会导致 MgB$_2$ 晶粒的长大，影响超导样品的钉扎能力。与无定形 B 粉相比，晶体 B 粉的反应活性较差，很难完全与 Mg 反应生成 MgB$_2$。人们研究发现采用高纯度的无定形 B 粉 (99.99%) 的样品的 J_c 比低纯度 B 粉 (97%) 的样品高出三倍左右，而晶体 B 的样品的 J_c 在高磁场下比无定形 B 低了近一个量级，T_c 低了 1 ～ 2 K，但是采用晶体 B 的样品 J_c 在自场下也达到了 10^5 A/cm^2。晶体 B 粉样品中存在的大量 (Mg)B-O 杂相是 J_c 降低的主要原因 [47]。

目前，国外生产的优质无定形 B 粉已很难买到，而国内厂家所生产的"无定形 B 粉"

却含有大量的晶体 B，质量还不能满足高性能样品制备的需求。另外，高纯度无定形硼粉的价格很高，比低纯 B 粉高出 10 倍以上，如果采用低纯 B 粉来制备 MgB$_2$ 超导体，将能大幅降低 MgB$_2$ 超导线带材的制造成本，从而大大促进 MgB$_2$ 的规模化应用。因此，用低纯 B 粉制备出高性能的 MgB$_2$ 超导体，是一个非常有潜力的研究方向。

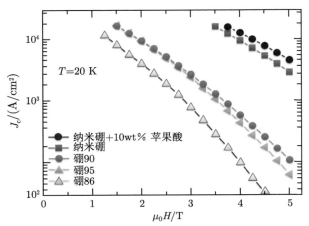

图 9-26　采用不同纯度的无定形 B 粉制备的原位法 PIT 线材样品的 J_c 性能比较[2]

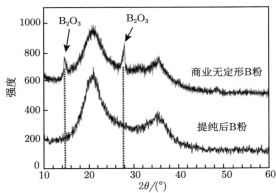

图 9-27　商业无定形 B 粉和提纯过的 B 粉的 XRD 谱[21]

9.7.2　包套材料的选择

从应用角度讲，MgB$_2$ 超导线带材不仅要求具有高的载流性能，同时还要具有良好的机械性能、热稳定性和低廉的成本，因此，包套材料的选择也是 MgB$_2$ 线带材制备时需要特别关注的问题。

人们在包套材料的选择上，主要是考虑热处理阶段 MgB$_2$ 超导芯与包套材料的物理化学反应，选择使用的材料大都是与超导芯没有或较少反应的元素或合金，而且要考虑热膨胀系数的匹配。常用的包套材料主要有 Ni、Cu、Fe、Nb、Ti、Ta、Monel 合金、哈氏合金和不锈钢 (SS) 等，它们既可单独使用，也可采用复合方式，以增加线材的机械强度，如 Nb/CuNi、Ti/Cu/SS、NbTa/Cu/SS 以及 Fe/SS 等。采用不同种类包套材料制备的线带材及其临界电流密度性能如**表 9-5** 所示[48]。

表 9-5　采用不同包套材料制备的 MgB_2 线带材及其临界电流密度 [48]

包套材料/基底	制备方法	样品种类	测试方法	$J_c(8\,T)/$ (A/cm^2)	$J_c(6\,T)/$ (A/cm^2)	$J_c(2\,T)/$ (A/cm^2)
4.2 K/5 K						
Fe	先位法	带材	R	3×10^3	—	—
Fe	先位法	带材	R	$\approx 3\times10^3$	10^4	—
Ta Cu	原位法	线材	R&I	10^2 (R)	—	$\geqslant 10^4$ (I)
Cu	原位法	线材	I	—	—	2×10^2
Ta	原位法	线材	R&I	—	10^2 (R)	10^4 (I)
Cu	原位法	线材	R	$\geqslant 2\times10^3$	10^4	6×10^4
低碳钢	原位法	线性	R	—	10^4	4×10^5
SS	先位法	线材	R	—	$\approx 2\times10^4$	$\geqslant 10^5$
Fe	原位法	线材	R	9×10^3	$\geqslant 2\times10^4$	$\geqslant 10^5$
$SrTiO_3$		薄膜	I	—	10^5	2×10^6
$SrTiO_3$		薄膜	I	1.6×10^5	2.7×10^5	7.3×10^5
Al_2O_3		薄膜	I	—	—	5×10^6
YSZ		薄膜	R	$\geqslant 10^5$	$\approx 2\times10^5$	$\approx 2\times10^5$
Al_2O_3		薄膜	I	$\approx 5\times10^4$	$\geqslant 10^5$	2×10^6
				$J_c(4\,T)/$ (A/cm^2)	$J_c(2\,T)/$ (A/cm^2)	$J_c(0\,T)/$ (A/cm^2)
20 K						
Fe	先位法	带材	R&I	$\geqslant 2\times10^3$ (R)	5×10^4 (I)	5×10^5 (I)
Ta	原位法	线材	R&I	$\approx 2 \sim 10^2$ (R)	—	2×10^5
Ta Cu	原位法	线材	R&I	—	3×10^2	$>3\times10^4$
Fe	原位法	线材	I	—	$\geqslant 4\times10^4$	$\geqslant 3\times10^5$
低碳钢	原位法	线材	R	—	$\geqslant 10^5$	—
Fe	原位法	线材	R	6×10^3	$\approx 10^5$	—
$SrTiO_3$		薄膜	I	—	1.7×10^5	$\approx 2\times10^6$
$SrTiO_3$		薄膜	I	1.5×10^4	5.3×10^4	$\geqslant 3\times10^5$
Al_2O_3		薄膜	R	4×10^2	6×10^4	$\approx 2\times10^6$
Al_2O_3		薄膜	I	3×10^3	4×10^5	4×10^6
Al_2O_3		薄膜	R	—	—	7×10^6

注：R 表示电输运测量；I 表示磁测量。

　　先位 PIT 法流程较简单，由于原始粉末采用 MgB_2，所以在后续过程中不需要进行化学反应，因此对包套材料没有苛刻的要求。Grasso 等将商业 MgB_2 粉末直接装管进行加工，随后不进行任何热处理，直接进行标准四引线法进行测量，制备的线材的 J_c 值可达到 10^5 A/cm^2 (4.2 K, 0 T)[49]。而对于原位 PIT 法过程，由于 Mg 高温下化学活性较大，且其与 Cu、Zn、Pb、Al、Zr 等多种金属均可发生化学反应，因此需要选择不与 Mg 反应的金属材料作为包套材料。一般使用 Fe 或低碳钢作为包套材料，之后发展了以 Cu-Ni 合金为包套材料，以 Nb 为阻隔层的多组元结构。

　　进一步研究发现不同的包套材料、加工方法以及超导芯和包套材料之间的热收缩相容性都会影响到 MgB_2 线带材的最终性能。如图 9-28 所示 [50]，J_c 随着包套材料硬度的增加而增加。可以看出，MgB_2/(SUS 316) 带材的 J_c 值比 MgB_2/(Cu-Ni) 和 MgB_2/Cu 带材的 J_c 值要高得多。这主要是随着包套材料硬度的增加，在轧制时施加到 MgB_2 超导芯上的应力增加，提高了超导芯的致密度。因此，包套材料的硬度是获得高 J_c 值的重要因素。

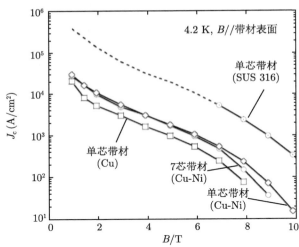

图 9-28　　不同包套材料 MgB₂ 线带材的临界电流密度随磁场变化的曲线 [50]

　　表 9-6 给出了不同包套材料室温下的热膨胀系数 [51]。从表中看出，MgB₂ 的室温热膨胀系数比 Nb、Ta 高，比 Fe、Ni 低，而 Cu 和不锈钢几乎是 MgB₂ 的 2 倍。虽然 Nb 和 Ta 的加工性能良好，没有铁磁性，而且不会与前驱粉反应，但是从热膨胀特性的角度考虑，Nb 和 Ta 不太适合作单一包套材料，因为 MgB₂ 的超导芯丝不能承受预压应变，否则热处理冷却之后会产生裂纹。因此，Nb 和 Ta 通常用作阻挡层，和热膨胀系数较大的 Cu、CuSn、CuNiZn 等外包套材料一起使用。此外，为了提高 MgB₂ 超导线带材的机械性能，外包套还往往采用硬度更高的 Monel 合金或者不锈钢。

表 9-6　　不同包套材料室温下的热膨胀系数 [51]

材料种类	室温下热膨胀系数 $\alpha/(\times 10^{-6}\ \mathrm{K}^{-1})$
MgB₂	∼ 8.3
Ta	6.3
Nb	7.3
Fe	11.8
Ni	13.4
Cu	16.5
CuSn(8%)	17.7
CuNi(12%)Zn(24%)	∼ 18
CuNi(18%)Zn(20%)	∼ 18
不锈钢	18
Monel(CuNi)	∼ 13.9

　　研究前期人们采用单一包套材料制备 MgB₂ 超导线带材，特别是 Fe 被大量使用，主要原因有以下几个：①Fe 与 Mg 的反应很微弱，同时 Fe 与 MgB₂ 的反应也很微弱，在 950 ℃ 热处理 30 分钟的先位 PIT 线材中，MgB₂ 和 Fe 界面上仅存在厚度 1 μm 的反应层 [48]。而在 980 ℃ 热处理 30 分钟的先位 PIT 法 Ni 包套线材中，MgB₂ 和 Ni 界面反应层厚度达到 15 μm。② Fe 的硬度较大，有利于在加工过程中增加线材 MgB₂ 超导芯的

致密度, 从而提高晶粒连接性和增强线材载流能力。③ Fe 的价格低廉, 可以降低超导线材的成本。然而, 其缺点是在交流电情况使用时 Fe 将会产生交流损耗。虽然 Cu 具有良好的导热性和足够高的强度, 但是 Cu 很容易与 Mg 反应生成 Mg_2Cu, 大量的 Cu 渗透到 MgB_2 超导芯内, 降低了超导线材的性能。因此 Cu 被广泛用作 MgB_2 超导线带材的复合包套, 利于提高线材的低温稳定性、"失超" 保护和提高工作时的传热能力。

Häβler 等采用 $Cu_{70}Ni_{30}$ 合金作为包套管, Nb 作为阻挡层制备出 PIT 高性能 MgB_2 超导带材, 其 J_c 在 4.2 K、10 T 下高达 $6×10^4$ $A/cm^{2[52]}$。而采用不锈钢和 Monel 管作为包套管, Ti 作为阻挡层制备得到的多芯 $MgB_2/Ti/Cu/Monel$ 和 $MgB_2/Ti/Cu/SS$ 线材, 虽然 Ti 和 Cu 有一定的界面反应, 但是线材的 J_c 和机械性能均非常良好, 特别是采用不锈钢作为包套管的线材具有最高的不可逆应变 ε_{irr}, 高达 0.9%[53], 不过不锈钢较硬, 加工相对更为困难。美国 Hyper Tech 公司采用 Nb/Cu/Monel 的包套组合方式制备 MgB_2 长线, 即以 Nb 作为阻挡层, Cu 作为稳定层和 Monel 管 (一种 CuNi 合金, $HV_{0.5} = 105$, 具有很好的拉伸性能) 作为外包套管。**图 9-29** 所示为 Hyper Tech 公司生产的 19 芯 MgB_2 超导线材的横截面形貌[39]。其外径为 0.8 mm, 超导芯面积为 20%, 该 19 芯线材的不可逆应变为 0.40%。另外, 7 芯线材的不可逆应变为 0.37%, 37 芯线材的达 0.48%。

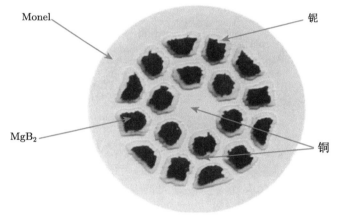

图 9-29　Hyper Tech 公司生产的 19 芯 MgB_2 超导线材的横截面[39]

综上所述, 采用多层套管组合的方式作为原位 MgB_2 超导线材的包套材料是普遍采用的工艺。适合作阻挡层材料的有: Nb、Ta 和 Ti; 适合作外包套材料的有 Fe、不锈钢、Monel 和 CuNi 合金。随着包套材料的强度升高, MgB_2 线带材超导芯的致密度也在增加。以 Nb 作为阻挡层, Cu 作为稳定层, Fe、Monel 管或者不锈钢管作为包套材料是很有发展前途的低成本制备工艺, 其中以不锈钢作为包套材料的 MgB_2 超导线材往往具有更高的不可逆应变特性。

9.7.3　机械加工工艺

装粉后的管材从原始尺寸加工到最终 MgB_2 线带材需要经过减径和轧制变形, 该工艺主要包括拉拔和轧制等步骤, 如**图 9-30** 所示。制备 MgB_2 线材时, 将装好粉末的管材通过旋锻 (或孔型轧)、直拉、盘拉及中间退火等工序, 最终制备成直径 1 mm 的 MgB_2 线材。拉拔 MgB_2/Fe、$MgB_2/Monel$、MgB_2/Cu 线材时, 可根据包套材料的不同选用不同的拉拔模具，如低碳钢、不锈钢、有色金属模具等。为了保证拉拔顺利进行，一般采用拉丝粉作为润滑剂来消耗拉拔过程中金属摩擦产生的热量。根据需要也可将线材轧制成 MgB$_2$ 带材，其尺寸一般为厚 $(0.3 \sim 0.6)$ mm $\times$ 宽 $(3 \sim 4)$ mm，如**图 9-31** 所示 [41]。

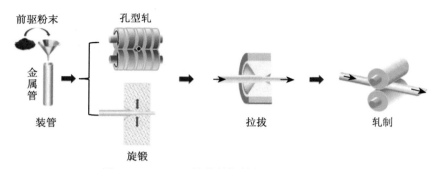

图 9-30 MgB$_2$ 线带材机械加工工艺示意图

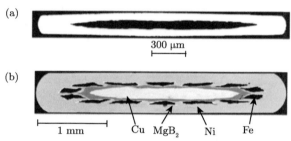

图 9-31 Columbus 公司生产的 MgB$_2$ 带材的横截面 [41]

(a) 单芯；(b)14 芯，填充因子 $\sim 10\%$

对于线带材来说，MgB$_2$ 超导芯不但需要有较高的致密性，而且需要有较好的均匀性，这就对 MgB$_2$ 线带材的加工工艺提出了较高的要求。一般来说，旋锻有利于提高超导芯的密度，而孔型轧、拉拔或轧制具有均匀性较好的特点。两者在一定条件下结合可以制备具有良好均匀性的高密度 MgB$_2$ 线带材超导芯。同时，不同的道次加工率和加工速率对制备的 MgB$_2$ 也有重要影响，例如，拉拔或轧制道次变形量一般在 $5\% \sim 15\%$ 范围内选择。通常情况下，较高的加工速率和较大的道次加工率制备的 MgB$_2$ 超导芯致密性不好，还可能形成微裂纹；而较低的加工速率和较小的道次加工率制备的 MgB$_2$ 超导芯具有致密且均匀性好的特点。但是样品的总加工量以及线带材的包套材料又对这些因素有制约作用。因此，和制备 Bi 系氧化物超导带材一样，要根据实际情况选择合适的加工速率及道次加工率，这对于制备高性能 MgB$_2$ 线带材同样具有重要的意义。

旋锻是常用的塑性加工方法，兼有脉冲加载和多向锻打两个特点，有利于获得高致密度的超导线带材。这里举个例子，对于不同的两组原位 PIT 法样品，A 组旋锻至 5 mm，随后拉拔至 1.75 mm，然后平辊轧制得到截面为 3.2 mm $\times$ 0.5 mm 的带材；B 组旋锻至 4 mm，随后拉拔至 1.85 mm，平辊轧制得到截面为 3.7 mm $\times$ 0.5 mm 的带材。样品加热温度均为 750 ℃。从**图 9-32** 可以看出，不同旋锻工艺对 MgB$_2$ 带材 J_c 性能有着很大的影响。很明显，旋锻后两组样品的传输性能都有很大的提高。但是经过不同的旋锻工艺，样

品 J_c 的提高程度是不同的。旋锻程度越大，样品的临界电流密度越高。旋锻工艺导致的高致密度是样品临界电流提高的主要原因，致密度越高，晶粒之间的连接性越好，无阻电流通道的有效界面积越大，从而可提高样品的 J_c。对比掺杂样品和未掺杂样品的临界电流密度的提高程度可以发现，不同的旋锻工艺对未掺杂样品的影响更大，如在 10 T(4.2 K) 时，未掺杂样品的 J_c 提高了近 6 倍，而 C 掺杂样品仅提高了约 1.7 倍。这意味着提高旋锻程度对于 C 掺杂样品的临界电流密度的影响相对于未掺杂样品来说要小得多。这个结果从另一方面说明经过 C 掺杂后，样品的晶粒连接性和磁通钉扎能力均得到了很大的提高。

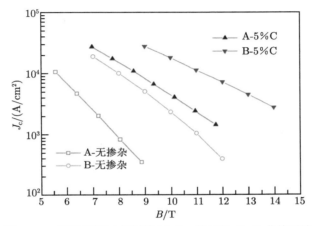

图 9-32　不同旋锻工艺制得 MgB$_2$ 带材的 J_c-B 曲线对比

对于原位 PIT 法工艺，MgB$_2$ 超导线材的直径越细，其传输临界电流密度也会越大，如**图 9-33** 所示 [54]。可以看出，MgB$_2$/Fe/SS 线材的直径从 1 mm 开始，随着线材直径的

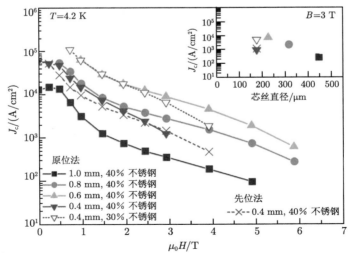

图 9-33　不同直径 MgB$_2$/Fe/SS 线材的临界电流密度 J_c-B 曲线 [54]。插图给出了 3 T 外磁场时 MgB$_2$ 超导芯直径与 J_c 的变化关系

减小，临界电流密度逐渐增加，当线径为 0.6 mm 时，J_c 达到最大值，进一步减小直径，J_c 反而降低。直径减小，J_c 增加的原因是较粗的不锈钢加强线材超导芯中存在着较大的预应变，变细后这些预应变随之变小。从图中还可发现，对于直径 0.4 mm 的 MgB_2/Fe/SS 线材，采用更薄壁厚的不锈钢包套也能获得较高的临界电流密度，同样支持了这一观点。随后有报道多芯 MgB_2 超导线的直径从 1.13 mm 减小至 0.85 mm 时临界电流密度提高了 23%。

图 9-34(a) 是拉拔后退火之前的原位 MgB_2/Fe 线材的纵截面的 SEM 图像[55]。在铁包套之间可以清楚地观察到白色的 Mg 畴区和黑色的 B 畴区。这些区域在多次拉拔过程中由于塑性变形而被纵向拉长。轧制后的铁包套 MgB_2 带材更是表现出明显的晶粒织构化特征，如**图 9-34(b)** 所示[56]。轧制变形过程同样使得铁包套内的 Mg+B 粉末混合物中出现 Mg 晶粒拉长现象。这些拉长后的晶粒会造成局部织构化取向组织，随后在反应过程中转移到 MgB_2 晶粒上。实际上，先位 MgB_2 带材中也存在类似织构化取向情形。

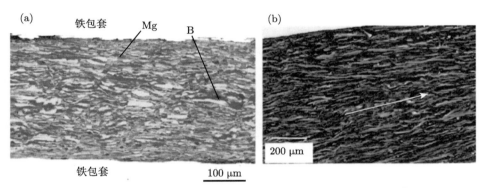

图 9-34　加工变形后的原位 MgB_2/Fe 线材纵截面的 SEM 图像
(a) 拉拔后[55]; (b) 轧制后[56]

图 9-35 给出了已反应的 MgB_2 粉末和冷加工后 MgB_2 带材超导芯的 XRD 衍射图谱[2]。可以看出，对于先位法样品，无论在 MgB_2 粉末还是带材超导芯中都可以检测到 MgB_2 主相以及少量的 MgO 杂相。不过，与装管的起始粉末相比，带材中 MgB_2 相 $(00l)$ 衍射峰的相对强度变得更强，并且衍射峰的半高宽明显增大。

对于使用容易加工硬化的包套材料，还需要在冷加工过程中进行低温中间退火，消除应力以便于后续冷加工。特别是复合包套的多芯 MgB_2/Fe/Cu 线材除了最终热处理，人们通常采用中间退火来消除铁包套的加工硬化，否则多芯芯丝很容易断裂。不过，在制备多芯 MgB_2/Nb/Cu 超导线材时，由于 Nb 阻挡层易于吸附氢、氧、氮等气体，如果在中间退火过程中吸附这些微量元素杂质便会形成相应的固溶体和化合物，这些固溶体和化合物使 Nb 在局部出现严重的脆性，进而影响后续的拉拔甚至发生断裂。为了避免上述情况发生，人们往往选取直径尽可能小的 Nb 包套来缩小面减率从而避免加工硬化后包套的开裂，这样就可以在制备多芯 MgB_2/Nb/Cu 超导线材时省去中间退火这道工序。

MgB_2 导体还可以根据应用场合的不同在冷加工时选用不同的包套材料，例如，可以使用纯铜来提高线材稳定性和避免失超，也可以使用电阻率更高的包套材料来减少交流损耗，以适合于限流器或超导开关等应用。

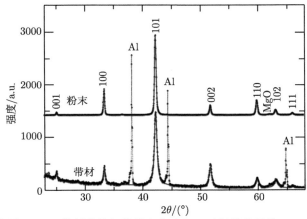

图 9-35 先位法 MgB₂ 带材装管初始粉末和冷加工后超导芯丝的 XRD 衍射图谱 [2]。
Al 衍射峰与测试样品台有关

9.7.4 热处理工艺

冷加工后的 MgB₂ 线带材需要通过后期热处理使得内部粉末之间发生反应生成 MgB₂ 超导相，同时合适的热处理工艺也可以愈合 PIT 线带材中出现的孔洞和微裂纹，提高致密度，改善晶粒连接性，从而大大提高临界电流密度。热处理工艺对 PIT 法制备的 MgB₂ 线材的性能有明显影响，主要原因是热处理过程决定了线材的微观结构，从而决定了线带材承载电流的能力。MgB₂ 在金属包套材料内的反应成相条件与常压下块材烧结成相的条件有很大区别。如何通过选择热处理温度来控制线材最终成相过程及微观结构就显得十分重要。对于采用先位 PIT 法制备 MgB₂ 线带材来说，虽然不经热处理的样品具有一定的超导电流传输能力，但数值较低。经过短暂热处理过程 (如 900 ℃)，可以弥合加工过程中产生的微裂纹，进一步提高样品的 J_c，如**图 9-36(a)** 所示 [50]。对于原位 PIT 法制备 MgB₂ 线材过程，由于超导相的形成依赖于最终的热处理过程，因此热处理工艺，特别是烧结温度的影响就显得尤为重要。通过选择合适的热处理温度，可以控制 Mg-B 体系的反应以固液相反应方式进行，有效愈合微观裂纹，生成致密连接性良好的 MgB₂ 超导相 (**图 9-36(b)**)，这正是原位 PIT 法的优势所在 [57]。需要注意的是，如果采用 Nb 作为阻挡层，那么反应温度不能超过 750 ℃，否则会因 Nb 和 B 的反应层太厚而无法检测到传输电流。

热处理温度对原位 PIT 法制备的纯 MgB₂/Fe 线材 J_c 性能有着重要影响，如**图 9-37(a)** 所示 [58]。结果显示，在较低的温度 (650 ∼ 700 ℃) 条件下烧结时，可以获得较高的磁场下临界电流密度，随着热处理温度的升高，J_c 性能逐渐退化。样品在 650 ℃ 处理 30 min 后，临界电流密度具有最佳值，在 4.2 K、10 T 条件下可以达到 4200 A/cm²。研究表明 [22]，在低温 (如 600 ℃) 烧结后，MgB₂ 的晶粒尺寸明显小于 900 ℃ 高温反应后的晶粒大小 (**图 9-37(b)**)。而小尺寸晶粒，可以大幅增加磁通钉扎能力，从而提高 MgB₂ 的临界电流密度。另一方面，在 800 ∼ 900 ℃ 烧结处理时，线材高场下 J_c 较低，而 T_c 较高。很明显，高温退火时 MgB₂ 晶粒变大，晶粒生长更加完全，晶粒连接性增强，但是晶界面积降低，晶粒结晶性的退化受到抑制。由于晶界是 MgB₂ 中主要有效的磁通钉扎中心，因此，随着热处理温度升高，晶粒增大、晶界面积降低是影响 MgB₂ 线材性能的关键因素。

可以看出，对于纯 MgB$_2$ 线材，J_c 性能在"晶界钉扎"和"晶粒连接性"之间竞争，晶界钉扎起着决定作用。即使在高场下 J_c 值较低，在高温热处理的 MgB$_2$ 线材却在低磁场下表现出优异的 J_c 性能。

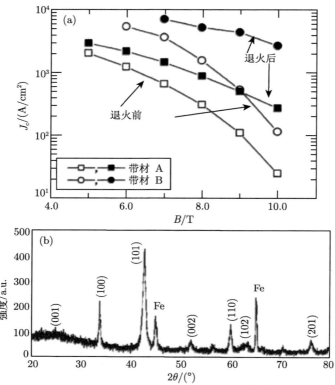

图 9-36　(a) 热处理对先位 PIT 法 MgB$_2$ 带材的 J_c-B 性能的影响 [50]；(b) 600 ℃/40 min 退火后原位 MgB$_2$/Fe 带材超导芯的 XRD 谱 [57]

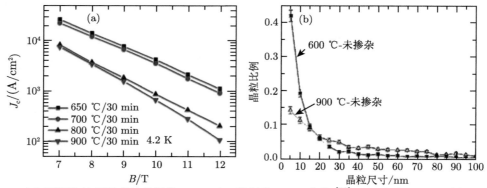

图 9-37　(a) 不同热处理温度处理原位 MgB$_2$/Fe 线材的 J_c-B 曲线 [58]；(b) 根据 TEM 暗场图像测量得到的不同温度烧结后纯 MgB$_2$ 样品的晶粒分布 [22]

图 9-38 显示了 5at％纳米 C 和 10wt％SiC 原位 PIT 法掺杂 MgB$_2$ 带材不同热处理

条件下的 J_c 曲线[59]。为了比较,插入了纯 MgB₂ 带材的热处理结果。如图所示,SiC 和 C 掺杂的 MgB₂ 线材在 J_c 对烧结温度的依赖性方面呈现出相反的变化趋势,这是由于两种掺杂类型在生成 MgB₂ 时具有不同的碳反应活性。纳米碳掺杂的 MgB₂ 需要超过 900 ℃ 的烧结温度才能获得较高的 C 替代 B 量,极大增强了超导电流的磁通钉扎和杂质散射。很明显,纳米 C 掺杂线材的最佳热处理温度要比未掺杂样品的高得多,这说明只有当热处理温度超过 900 ℃ 才能实现纳米 C 的有效掺杂。但是与 C 掺杂明显不同,SiC 掺杂的 MgB₂ 线材在低的烧结温度 650 ℃ 时具有最高的 J_c 值,这表明纳米 SiC 掺杂 MgB₂ 中较佳的 C 替代 B 量发生在较低的烧结温度区域。更高的烧结温度可能会使 C 替代 B 的量略有上升以及晶粒连接性有所提高,但是更高的温度同样会导致晶粒增大,反而降低晶界的磁通钉扎性能。

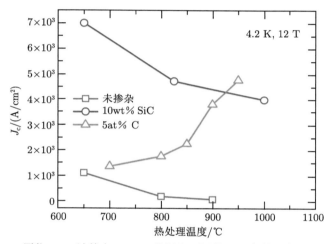

图 9-38 原位 PIT 法掺杂 MgB₂ 带材在不同热处理条件下的 J_c 曲线[59]

对于先位 PIT 法制备的 MgB₂ 线带材来说,其获得较高 J_c 的最佳热处理温度往往较高,如**图 9-39** 所示[50]。可以看出,在 200 ~ 400 ℃ 低温下退火时,MgB₂/SUS 316 带材的临界电流密度与未经退火样品的 J_c 几乎相同。当退火温度在 400 ~ 800 ℃ 时,带材的 J_c 值较高。但是当退火温度高于 900 ℃ 时,J_c 值反而低于未退火带材的 J_c 值,这可能是 Mg 与 SUS 316/MgB₂ 界面上的 Ni 或 Cr 之间的反应所致。另一方面,MgB₂/Fe 带材的 J_c 值在 600 ℃ 开始,随着反应温度的增加而增加,直到 900 ℃ 仍未饱和。由于 Fe 几乎不与 MgB₂ 反应,因此在 900 ℃ 的高温下可获得较佳的 J_c 值。从图中可以发现,先位法 MgB₂/Fe 带材的最佳 J_c 要远高于 MgB₂/SUS 316 样品,这也表明 Fe 较适合于用作先位 PIT 法线带材的包套材料。

由上看出,对未掺杂和掺杂的 MgB₂ 线带材,热处理温度对临界电流密度的影响规律明显不同,即使含有相同掺杂物的 MgB₂,不同研究组报道的热处理工艺也存在差异。因此,对于 PIT 法制备 MgB₂ 的热处理制度必须根据实际情况进行优化。一般来说,纯的 MgB₂ 线带材通常采用低的热处理温度 (≤650 ℃),而掺杂样品则需要根据掺杂物的种类来优化热处理工艺,从而制订最佳的温度参数。

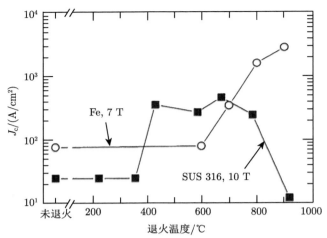

图 9-39   先位 PIT 法 MgB$_2$ 带材在不同热处理条件下的 J_c 性能 [50]

9.8   提高 MgB$_2$ 线带材临界电流密度的主要方法

从非理想第 II 类超导体的性质来看，为了提高 MgB$_2$ 的超导性能，必须提高它的上临界场 B_{c2} 和磁通钉扎能力。对于非理想第 II 类超导体，在绝对零度下的上临界场 $B_{c2}(0)$ 由 WHH (Werthamer-Helfand-Hohenberg) 公式给出 [60]：

$$B_{c2}(0) = 0.693 \times B'_{c2} \times T_c \tag{9-17}$$

式中，$B'_{c2} = |\mathrm{d}B_{c2}/\mathrm{d}T|_{T_c}$，而 $B'_{c2} = (4eck_B N_F/\pi) \times \rho_n$[61]。因此，$B_{c2}(0)$ 随着超导材料正常态的电阻率 ρ_n 增加而提高。这是对传统低温超导体 (NbTi、Nb$_3$Sn 等) 非常有效的一条规律。人们通过合金化等方法在 NbTi、Nb$_3$Sn 等超导体中引入杂质散射，有效提高了超导材料的上临界场。但是这条规律对 MgB$_2$ 不再适用，按照 WHH 的理论模型，在接近绝对零度时，B_{c2} 与温度的关系曲线应该呈现负的曲率，但在许多 MgB$_2$ 样品中发现低温下 B_{c2} 与温度的关系曲线向上翘，曲率为正。这是因为式 (9-17) 是由单能带理论推导出来的，而 MgB$_2$ 是一个双能带的超导体。

研究发现，MgB$_2$ 的很多性质都与双能带相关，MgB$_2$ 的双能带结构不仅使其呈现出许多奇异的物理性质，而且为提高 MgB$_2$ 实用性能提供了新的切入点。相对于单能带超导体，MgB$_2$ 的电子散射更加复杂：包括 σ、π 带各自的带内散射和双能带间的散射。因此，不同于低温超导体仅可以通过增强正常态电阻率的方法来增强 MgB$_2$ 的上临界场，在 MgB$_2$ 中可以通过调整这三种散射的相对强度，从而获得比式 (9-17) 更高的上临界场。为此，Gurevich 等基于双能带理论，推导了上临界场 B_{c2} 和双能带电子散射之间的关系式 [61]：

$$B_{c2} = \frac{8\Phi_0 (T_c - T)}{\pi^2 (a_1 D_1 + a_2 D_2)} \tag{9-18}$$

式中，D_1 和 D_2 分别表示 σ、π 带的电子扩散系数；a_1 和 a_2 为带内和带间的电声耦合常数。这个公式表明，可以通过调控双能带的电子散射来提高 MgB$_2$ 的上临界场。**图 9-40** 是由理论计算出的 σ 带和 π 带的相对电子散射强度对 MgB$_2$ 超导体 $B_{c2}(T)$ 性能的影响。

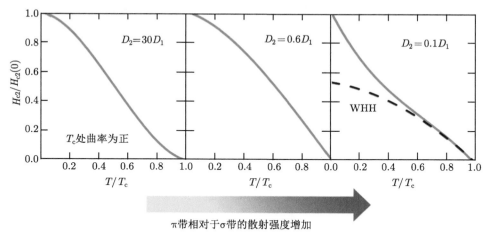

图 9-40　通过调节 σ 带和 π 带的相对电子散射强度提高 MgB$_2$ 的上临界场

对于实用 MgB$_2$ 超导线带材强电应用来说，临界电流密度是一个重要的参数。相比于高温铜氧化物超导体，MgB$_2$ 的晶界能够承载很高的电流，不存在高温超导体的弱连接问题[11]。经过多年努力，人们用 PIT 法已制备出与块材性能基本一致的 MgB$_2$ 线带材，如 **图 9-41(a)** 所示[62]。可以看出，在低温低场下，MgB$_2$ 具有较高的 J_c，然而随着温度升高，J_c 迅速下降，在磁场中下降幅度更为明显，导致其在磁场中的载流能力低于 Nb$_3$Sn。主要原因还是 MgB$_2$ 中缺乏有效的磁通钉扎中心，磁通蠕动导致 J_c 快速下降。因此，从实用化角度讲，提高 MgB$_2$ 的磁通钉扎能力至关重要。另一方面，如前所述，原位合成的 MgB$_2$ 具有典型的多孔性特征，孔洞的存在降低了 MgB$_2$ 晶粒连接，也就是减少了超导电流传输的路径。目前纯的 MgB$_2$ 样品有效载流面积 (A_F) 为 20% ～ 25%[58]，掺杂样品的 A_F 更低，如 SiC 掺杂只有 10% 左右[22]。如何提高 MgB$_2$ 的晶粒连接性也是需要重点解决的问题，如**图 9-41(b)** 所示。

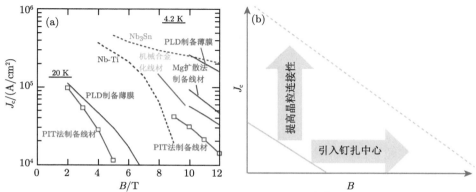

图 9-41　(a)MgB$_2$ 线带材在 4.2 K 和 20 K 温度下的 J_c-B 曲线[62]；(b) 提高 MgB$_2$ 线带材临界电流密度的主要途径

9.8.1　化学掺杂

化学掺杂是固体材料改变物性所常用的手段。掺杂的含义一般是指在化合物原有成分的基础上，在合成或后处理过程中掺入少量的其他元素来实现对材料的改性，这种改性一般不改变材料的结构。对超导材料而言，一方面通过掺杂可以改变超导体的临界转变温度，研究临界温度与结构、组成等因素之间的关系；另一方面，也可以在掺杂过程中认识缺陷、杂质对超导性能的影响。此外，化学掺杂对高性能超导体的制备研究也有十分重要的意义。在掺杂过程中形成的缺陷和杂质往往可以作为磁通钉扎中心来阻碍磁力线在磁场中的运动，进而增加临界电流密度。由此可见，化学掺杂是提高超导性能以及研究超导机制的一种很有效的途径。

MgB$_2$ 属于第二类超导体，内部充满了量子化的磁通，由于缺乏有效钉扎中心，其在 20 K 下的不可逆场仅为 4 ~ 5 T，从而导致在高场下 MgB$_2$ 超导体的临界电流密度较低。但是 MgB$_2$ 的相干长度非常大，这就意味着 MgB$_2$ 中更易于引入磁通钉扎中心，从而改善其高场下的载流性能。人们研究发现粒子辐照、化学掺杂等方法均可有效产生或引入缺陷，从而提高了 MgB$_2$ 超导体的临界电流密度。和高能粒子辐照技术相比，化学掺杂具有简便快速、有效、能进行均匀改性等特点，因此后者成为最受关注和最广泛使用的提高 MgB$_2$ 磁通钉扎能力的方法。通过化学掺杂，在 MgB$_2$ 线带材超导芯中引入纳米磁通钉扎中心，大幅提高了 MgB$_2$ 磁场下的 J_c 性能，而且某些可以对 Mg 位或 B 位产生替代效果的掺杂还能够有效提高 MgB$_2$ 的上临界场和不可逆场。

自从 MgB$_2$ 超导电性被发现以来，掺杂一直是人们研究的重点。迄今为止，关于掺杂已经做了大量的实验，包括单质金属、非金属、多元化合物、有机物、两种或多种物质共掺杂等。据不完全统计，被掺杂过的元素、化合物和含 C 元素及化合物种类有：

(1) **单质元素**：Al、Ti、Zr、Hf、Ta、Ag、Cu、S、Cr、Mn、Fe、Co、Ni、Mo、Ca、Li、Zn、Sc、Pt、U、Se、Sb、Si。

(2) **化合物**：MgO、TiO$_2$、SiO$_2$、Al$_2$O$_3$、Co$_3$O$_4$、Fe$_2$O$_3$、Tb$_4$O$_7$、Y$_2$O$_3$、Ho$_2$O$_3$、Dy$_2$O$_3$、Nd$_2$O$_3$、Pr$_6$O$_{11}$、La$_2$O$_3$、CeO$_2$、Lu$_2$O$_3$、Fe$_3$O$_4$、Eu$_2$O$_3$、HgO、ZrSi$_2$、WSi$_2$、ZrB$_2$、TaB$_2$、WB、TiB$_2$、NbB$_2$、GaN、Si$_3$N$_4$ 和 Na$_2$CO$_3$。

(3)**C 及其化合物**：纳米金刚石、碳纳米管、纳米 C、纳米 SiC、石墨、B$_4$C、活性 C、C$_{60}$、石墨烯、TiC、ZrC、NbC、硅油、苹果酸 (malic acid)、酒石酸、芳香烃族、硬脂酸、硬脂酸盐、醋酸钇、乙基甲苯、二甲氨基苯甲醛 (C$_9$H$_{11}$NO)、糖、糠灰、脂肪酸、聚乙烯醇 (PVA)、染料、甘油、丙酮和甲苯等。

化学掺杂按其掺杂原理主要可以分为三类：C 元素掺杂、金属元素掺杂和化合物掺杂。从掺杂对 MgB$_2$ 材料晶体结构的影响来讲可以分为两种掺杂方法。一种是在 B 位掺杂，即用 C、O 等非金属元素部分替代 MgB$_2$ 中的 B 元素；另一种是在 Mg 位掺杂，即用 Al、Li 等金属元素部分替代 Mg 元素。不同位置的掺杂对于 σ 带、π 带及它们的带间散射的影响不同，对 MgB$_2$ 的超导性能影响不同。带内非磁性杂质散射对临界温度影响非常小，但是它会减小电子的平均自由程，导致上临界场增加。带间杂质散射具有破坏成对的作用，这就导致了临界温度的降低。在以上列出的单质元素中，Al 和 C 是目前被发现的仅有的可以掺杂进 MgB$_2$ 晶格的元素，固溶度可以达到 20%，它们分别替换 MgB$_2$ 中的 Mg 和 B

原子，掺杂后均能抑制 MgB$_2$ 的 T_c，但是 Al 对 Mg 的替代降低了样品的上临界场 (B_{c2})。与之不同的是 C 是目前唯一一种在不严重降低临界温度的前提下能大幅度提高 MgB$_2$ 上临界场的元素。实验研究表明，C 元素可以掺入 MgB$_2$ 晶格替代部分 B 原子，增强 π 带的电子散射，而对 σ 带及两带的带间散射的影响不大，从而增大了 MgB$_2$ 的 B_{c2} 和高场下 J_c。在众多的掺杂物中，碳及其碳化物的掺杂对提高 MgB$_2$ 超导体磁通钉扎性能的效果最为明显，目前最有效的掺杂剂为纳米 C 粉末。德国 IFW 研究所的研究小组采用纳米 C 掺杂制备的 MgB$_2$ 线材，在 4.2 K、16.4 T 时 J_c 高达 10^4 A/cm^2[52]。这是目前为止，文献中所报道的 PIT 法 MgB$_2$ 线带材的最高 J_c 值。

本节介绍了几种主要掺杂剂，重点讨论 C 元素及化合物对 MgB$_2$ 超导体，特别是线带材实用性能 (T_c、J_c、B_{irr} 和 B_{c2}) 的影响。

9.8.1.1 纳米 C 掺杂

C 元素掺杂有多种形式，按其来源又可分为三类：碳、碳化物和有机物。碳形式如活性 C、纳米 C、碳纳米管 (CNT)、纳米金刚石、C$_{60}$、石墨烯等。碳化物形式如 SiC、B$_4$C 等；有机物形式如马来酸、柠檬酸、葡萄糖、苹果酸、甘油、芳烃、醋酸钇等。所有这些物质掺杂后都能够有效增强 MgB$_2$ 材料的磁通钉扎能力，提高材料的上临界场，显著提高 MgB$_2$ 线带材在高场下的临界电流密度。在这些掺杂中，真正起作用的是 C 元素，即 C 进入 MgB$_2$ 晶格替代部分 B，造成了蜂窝状 B 原子层的扭曲，改变了能带的相对电子散射强度，从而提高了上临界场和不可逆场，同时导致 T_c 和晶胞参数 a 降低，而晶胞参数 c 基本不受影响。另外 C 掺杂有助于细化晶粒并能引入晶格缺陷，因此可以显著提高 MgB$_2$ 的磁通钉扎能力。C 掺杂对 MgB$_2$ 上临界场的影响如**图 9-42** 所示[63]。可以看出，通过掺入 5.2% 的 C，MgB$_2$ 的 T_c 降低了约 4 K，而 $B_{c2}(0)$ 增加了一倍以上，接近 36 T。而在 C 掺杂的 MgB$_2$ 薄膜中，MgB$_2$ 的上临界场 $B_{c2}(0)$ 更是高达 70 T[64]。随后对 C 掺杂 MgB$_2$ 单晶的系统研究表明[65]：C 对 B 的替代更多是产生如电子散射中心的微观缺陷而不是宏观缺陷。C 对 B 的替代能够增加载流子的散射，减小它们的自由程，降低超导相干长度，进而提高 MgB$_2$ 材料的上临界场。

Ma 等率先采用纳米 C 对 MgB$_2$ 超导线带材进行掺杂，显著提高了 MgB$_2$ 的临界磁场和传输性能，在 4.2 K、10 T 条件下，临界电流密度达到 $\sim 2 \times 10^4$ A/cm^2，与未掺杂样品相比增加了近 30 倍[66]。通过研究发现，SiC 掺杂获得了和纳米 C 掺杂同样的提高效果，但是 Si 元素单独掺杂对 MgB$_2$ 线材超导性能的提高几乎无作用。高分辨透射电镜证明纳米 C 掺杂不仅可显著细化晶粒，发生 C 对 B 的替代，形成大量晶格缺陷大幅提高钉扎能力，而且还会增强电子散射，减小相干长度，进而提高材料的上临界场，从而彻底排除了 Si 的作用。这一工作清楚地表明 SiC 掺杂效果最终是由其中碳的作用所导致。紧接着，澳大利亚、德国、美国等的研究小组很快重复出上述结果[52,67,68]。与 SiC 掺杂相比，纳米 C 掺杂更加简单高效，易于规模化制备高性能 MgB$_2$ 线带材。因此，纳米 C 掺杂已成为当前制备高性能 MgB$_2$ 材料的普适性方法。

纳米 C 掺杂 MgB$_2$ 带材的制备工艺采用原位 PIT 法。前驱粉采用 Mg 粉 (−325 目，99.8%)，B 粉 (无定型，2 ～ 5 μm, 99.99%) 及纳米 C 粉 (无定型，20 ～ 30 nm)。Mg 粉和 B 粉的比例固定在 1:2，C 的掺杂比例为总摩尔数的 0 ～ 20%。将准确称量后的粉末放入玛瑙研钵，以手工方式在空气气氛下研磨 1 小时。然后装入外径为 8 mm，内径为 5 mm 的纯铁管。铁管两端密封后，连续经过旋锻 (8 mm 到 4 mm)、拉拔 (4 mm 到 1.85 mm)、轧制，得到截面为 3.7 mm × 0.5 mm 的带材。将得到的带材截成长度约 40 mm 的短样置于真空管式炉中，抽真空后充入氩气，在 600 ~ 950 ℃ 烧结 1 小时后自然冷却至室温。

图 9-43 是利用磁化方法测得的掺杂与未掺杂样品的超导转变温度。未掺杂 MgB₂ 带材的转变温度为 36.5 K。而纳米 C 掺杂样品的 T_c 随掺杂量的增加不断降低，如在 5% 掺杂样品中，T_c 下降了 1.5 K；掺杂量为 10% 时样品的 T_c 降低到 33 K 左右。正如 Wilke 等指出，T_c 的变化可以作为衡量碳掺入 MgB₂ 晶格中多少的一个标志[63]。上述结果表明，在掺杂的样品中，在纳米 C 掺杂的样品中一部分碳原子取代了 B 原子的位置。

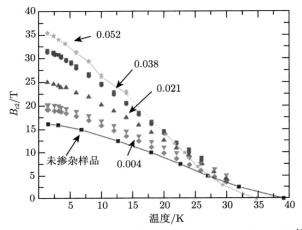

图 9-42　MgB₂ 的上临界场随着掺杂 C 含量的变化曲线[63]

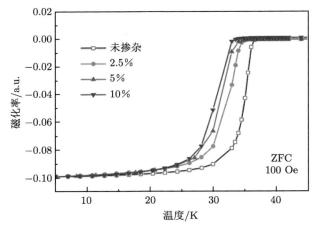

图 9-43　纳米 C 掺杂与未掺杂样品的超导转变温度

　　图 9-44 给出了掺有不同比例纳米 C 的 MgB₂ 带材的 X 射线衍射谱。可以发现，对于未掺杂的带材，MgB₂ 是主相，并含有少量的 MgO，而对于掺杂样品，额外的衍射峰 Mg₂C₃ 为杂相。与未掺杂样品相比，C 掺杂 MgB₂ 样品的 (110) 衍射峰均向更高的角度发生偏移，表明掺杂后发生了晶格畸变。同时，还可以观察到掺杂后样品的半高宽大于相应的未掺杂

样品的半高宽，这意味着 C 掺杂后 MgB$_2$ 超导芯的结晶性有所降低，这可能来自于 C 掺杂导致的晶粒减小或产生的晶体缺陷。

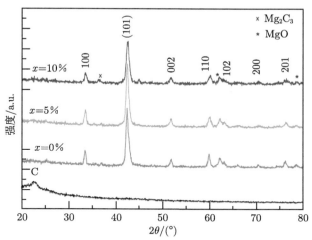

图 9-44　不同纳米 C 掺杂量的 MgB$_2$ 样品的 X 射线衍射谱 [66]

经过纳米 C 掺杂的 MgB$_2$ 带材在高场下的临界电流密度得到了极大提高，如**图 9-45**所示。这些带材是在 650 ℃ 热处理下获得的，纳米 C 的掺杂量从 0 到 20at％不等。这里只给出了 6 T 以上的数据，因为在更低的场下，I_c 值太大，超过了测量的范围。通过掺杂，J_c 对磁场的依赖性显著降低，这表明纳米 C 掺杂可以有效提高不可逆场。在低场下 2.5at％掺杂的样品的临界电流密度最高，而 5at％和 10at％掺杂的样品则表现出了最好的高场性能。这种由掺杂量引起的性能变化可能是在材料中杂质含量的不同导致的。例如，在 10％C 掺杂的样品中有大量的杂质，这些杂质的存在虽然提供了更多的磁通钉扎中心，但也降低了 MgB$_2$ 中超导部分的比例、减少了无阻电流的通道，从而降低了样品低场下的临界电流密度。当磁场强度高于 10 T 时，所有 C 掺杂的样品 J_c 增加量均超过未掺杂样品一个量级。

图 9-46 给出了不同热处理温度下纳米 C 掺杂带材的 J_c-B 曲线。可以看出热处理温度对传输性能有着重要影响。纳米 C 掺杂样品的 J_c 随着烧结温度的升高而增加，当烧结温度为 900 ℃ 时，掺杂样品具有最高的 J_c 值。但是随着温度增加到 950 ℃，样品的 J_c 出现降低趋势。这主要是随着温度的升高晶粒长大，晶界钉扎变弱的缘故。值得注意的是，J_c 随热处理温度变化的这种规律与纳米 SiC 掺杂样品观察到的现象截然不同：SiC 掺杂样品的 J_c 随着热处理温度的升高是单调递减的。纳米 C 掺杂样品还有一个显著特性，即 J_c 对磁场的依赖性随温度的升高逐渐降低，显然 MgB$_2$ 晶格中不断增加的 C 对 B 的替代量是导致这种变化的主要原因，另外，随着在 MgB$_2$ 晶体中掺杂 C 含量的增加，引入了更多可以作为有效钉扎中心的晶格缺陷。更高磁场下纳米 C 掺杂样品与未掺杂样品的 J_c-B 关系曲线见**图 9-47**。可以看出，未掺杂样品的临界电流密度在 16 T 磁场下已经降低到 10 A/cm^2，而对于 950 ℃ 处理的 5％C 掺杂样品，直到磁场高达 23 T 仍然高于 10 A/cm^2，这从另一方面验证了高的不可逆场对样品在高场下临界电流密度的提高作用。

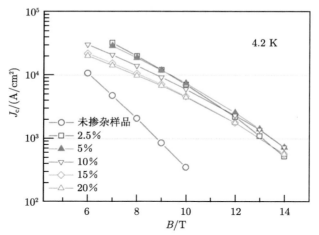

图 9-45　不同纳米 C 掺杂量的 MgB₂ 带材的 J_c-B 曲线 [66]

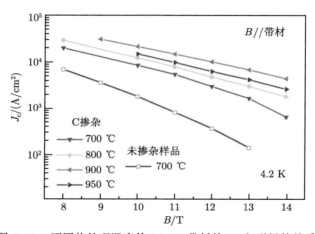

图 9-46　不同热处理温度的 MgB₂ 带材的 J_c 与磁场的关系

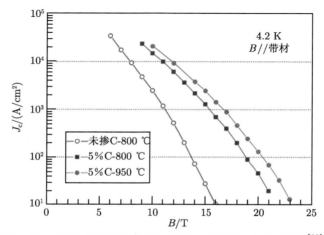

图 9-47　纳米 C 掺杂和未掺杂 MgB₂ 带材的 J_c-B 曲线 [69]

图 9-48 给出了未掺杂和纳米 C 掺杂带材的 B_{c2} 和 B_{irr} 的温度依赖性关系曲线, 其中 B_{c2} 是磁场中电阻率下降到正常态剩余电阻率的 90% 时对应的温度得到的, 而 B_{irr} 是磁场中电阻率下降到正常态剩余电阻率的 10% 时对应的温度得到的。显然, 经过纳米 C 掺杂后, 带材的 $B_{c2}(B_{irr})$-T 曲线的斜率变大, 说明掺杂样品的 B_{c2} 和 B_{irr} 得到提高, 例如, 在 20 K 时, 纳米 C 掺杂带材的 B_{irr} 达到 9 T, 这与 4.2 K 时 NbTi 的 B_{c2} 相当。上临界场和不可逆场的提高被认为是 C 代替 B 造成的, 并且晶格参数的改变也支持了这一观点。这意味着 MgB$_2$ 材料的内在性质 (如带散射) 因为 C 掺杂而被改变, 由于 C 原子替代 B 原子, 增加 B 层原子的晶格扭曲和内应力, 从而增强 MgB$_2$ 晶格内部电子散射, 提高了 B_{c2} 与 B_{irr}, 相应显著提高了 MgB$_2$ 的高场下 J_c。

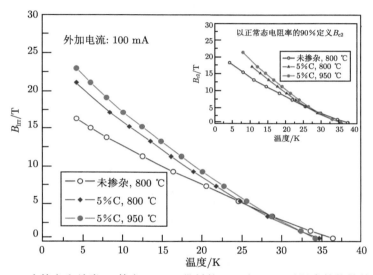

图 9-48 未掺杂和纳米 C 掺杂 MgB$_2$ 带材的 B_{c2} 与 B_{irr} 对温度的依赖关系 [69]

为了阐明纳米 C 掺杂对 MgB$_2$ 带材性能提高的机制, 很有必要进行 TEM 研究。**图 9-49** 是纳米碳掺杂带材样品的高分辨率 TEM 显微照片。从图中看出, 掺杂样品由平均尺寸小于 50 nm 的 MgB$_2$ 晶粒紧密堆积而构成, 这导致了良好的晶粒连接和晶界钉扎。非常规整的衍射花样进一步证明掺杂样品具有非常小的晶粒尺寸。同时, 衍射图样也表明 750 ℃ 烧结样品比 650 ℃ 烧结样品具有更好的结晶性。特别是 TEM 观察到了大量高密度的位错和存在于晶粒内许多 10 nm 左右的沉积物。EDS 能谱分析表明, 这些晶粒均含有 Mg、B、C、O 元素。能量光谱分析表明这些纳米沉积物可能是未反应的 C、MgO 和 Mg$_2$C$_3$。结合前面 C 掺杂样品发生的晶格常数 a 的缩小及这里 EDS 谱中晶格缺陷区域内 C 元素的出现, 显示 C 确实已经进入 MgB$_2$ 晶格中对 B 产生了替代。TEM 结果清楚地表明纳米 C 替代 B 所产生的大量晶格缺陷、位错和高度分散的纳米杂相是磁通钉扎增强的原因。

需要注意的是, 不同结构的碳材料对掺杂带材 J_c-B 性能具有重要的影响。**图 9-50** 显示了不同碳材料掺杂的 MgB$_2$ 带材在 4.2 K 下的 J_c-B 曲线。可以看出, 活性 C 掺杂样品的 J_c 要低于其他掺杂带材的 J_c 值。这主要是由于活性 C 的平均粒径超过 200 nm, 远大于纳米 C 的粒径 (20 ~ 30 nm)。因此, 活性 C 与 MgB$_2$ 的反应程度远低于纳米 C 颗粒,使得掺入 MgB$_2$ 晶格的碳原子太少，而且存在于 MgB$_2$ 晶粒中的这些活性 C 大颗粒还会阻碍超导电流的通过，从而降低 MgB$_2$ 晶粒连接性。另一方面，中空碳球 (HCS) 和 C$_{60}$ 掺杂样品的 J_c-B 性能要优于纳米 C 掺杂的样品。与纳米 C 相比，中空碳球和 C$_{60}$ 具有非常特殊的几何构型，比表面积大，活性强，在反应过程中，它们可以更容易掺入 MgB$_2$ 的晶格中并取代 B 位。因此，中空碳球和 C$_{60}$ 掺杂的结果就是产生了更多的晶格缺陷，提高了 MgB$_2$ 材料的磁通钉扎能力。

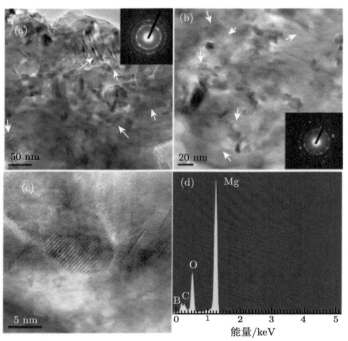

图 9-49   纳米 C 掺杂样品的 TEM 照片

(a) 650 ℃ 烧结; (b)750 ℃ 烧结; (c) 纳米颗粒; (d) 能谱分析图

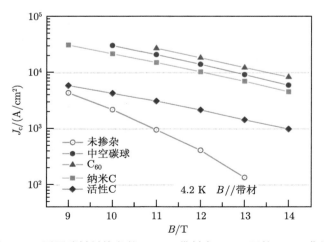

图 9-50   不同碳材料掺杂的 MgB$_2$ 带材在 4.2K 下的 J_c-B 曲线

　　到目前为止，C 是唯一一个能够通过掺杂方法显著提高 MgB$_2$ 材料上临界场 B_{c2} 的元素，例如，在 C 掺杂的 MgB$_2$ 薄膜中，MgB$_2$ 的上临界场已经高达 70 T。除了 C 替代 B 有效提高上临界场以外，C 元素掺杂，一般还会提高 MgB$_2$ 超导体的致密度和 MgB$_2$ 晶粒的连接性；减小 MgB$_2$ 晶粒的尺寸，从而提高可作为磁通钉扎中心的晶界的面积；诱导产生许多晶体缺陷，如位错、层错甚至纳米级包裹体；晶粒内可引入一些可作为磁通钉扎中心的第二相纳米颗粒。通过增加这些有效的磁通钉扎中心，从而提高 MgB$_2$ 超导体的 J_c-B 性能和磁通钉扎性能。但是需要注意的是存在于 MgB$_2$ 晶粒之间的杂相却会降低连接性，减小超导电流通过的有效面积。从这一角度讲，C 对 B 的替代是最有效的引入晶格缺陷、提高钉扎能力的方法，并且不会减小超导电流通过的有效面积。**图 9-51** 给出了不同研究组制备的纳米 C 掺杂 MgB$_2$ 线带材的 J_c-B 曲线比较。可以看出，各个研究组所报道的纳米 C 掺杂线带材的传输性能要远高于未掺杂样品，充分证明了纳米 C 掺杂的有效性，特别是德国 IFW 研究所的研究组采用高能球磨技术得到了性能非常优异的 C 掺杂 MgB$_2$ 线材，例如，在 10 T(4.2 K) 时，掺杂样品的临界电流密度超过 6×10^4 A/cm^2。

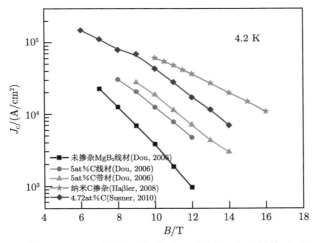

图 9-51　不同研究组制备的纳米 C 掺杂 MgB$_2$ 线带材的 J_c-B 曲线

9.8.1.2　硅化物掺杂

　　除纳米 C 之外，纳米 SiC 是另外一种提高 MgB$_2$ 高场 J_c 性能最常用的有效掺杂物质。Dou 等首先报道了纳米 SiC 可以极大地改善 MgB$_2$ 线材的磁场下 J_c 性能 [70]，例如，与未掺杂样品相比，纳米 SiC 掺杂线材在 4.2 K 和 10 T 下 J_c 提高 1 个量级以上，而临界温度仅降低了 0.7 K。掺杂 SiC 后，MgB$_2$ 样品的 B_{irr} 和 B_{c2} 也分别提高到 29 T 和 37 T。**图 9-52** 给出了各个研究小组 SiC 掺杂线带材在 4.2 K 下 J_c-B 性能的比较 [71]。但是，很长一段时间内关于 SiC 的掺杂机理并不清楚，主观认为性能提高是由于硅和碳元素同时对 MgB$_2$ 晶体中的 Mg 位和 B 位进行替代的掺杂效应所导致。进一步研究表明，纳米 SiC 在较低的温度 600 ℃ 左右可分解成 Si 和高反应活性 C，Si 与 Mg 反应生成纳米的 Mg$_2$Si 颗粒，Si 不能进入 MgB$_2$ 晶格，替代主要发生在 C 和 B 之间 [72]。C 替代 B 掺杂进 MgB$_2$ 的晶格中，从而提高了 B_{c2} 和 B_{irr}，相应也导致 MgB$_2$ 高场下 J_c 的显著提高，

同时生成的 Mg_2Si 细颗粒也有益于充当磁通钉扎中心。但是，注意到纳米 SiC 掺杂会产生大量残余的 C，它们容易堆积在晶界位置，从而降低 MgB_2 晶粒连接性，抑制 MgB_2 低磁场下的 J_c 性能。

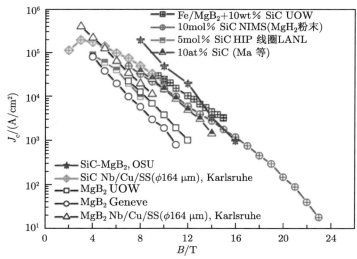

图 9-52   不同研究组制备的纳米 SiC 掺杂 MgB_2 线带材的 J_c-B 曲线 [71]

如上所述，SiC 掺杂大幅提高了 MgB_2 样品的临界电流密度，J_c 增加的一个原因是反应形成的 Mg_2Si 杂相颗粒起到了钉扎中心的作用。因此，人们接着尝试新的硅化物对 MgB_2 进行掺杂，期待进一步提高 MgB_2 线带材临界电流密度。NIMS 研究组添加 $ZrSi_2$ 和 WSi_2 的研究发现 [72]，掺杂可以改善晶粒连接性，提高有效的钉扎中心数量，从而提高样品的 J_c。随后，他们通过 Mg_2Si、SiO_2、SiC 等硅化物掺杂实验进一步发现，当掺杂的物质与 MgB_2 反应生成 Mg_2Si 时，样品的磁通钉扎能力会得到显著提高。另外，他们还尝试了另外一种硅化物——Si_3N_4，同样发现了小粒径杂质对材料磁通钉扎能力的提高作用。Cooley 等采用 Mg 和 B_6Si 反应的方式制备了具有较高临界电流密度的 MgB_2 样品 [73]，发现有 Mg_2Si 生成，但 Si 元素没有进入 MgB_2 晶格中。Wang 等还直接采用纳米 Si 粒子对 MgB_2 进行了掺杂，在掺杂后的 MgB_2 超导样品中同样发现了 Mg_2Si 存在 [74]。对于不能在 MgB_2 相生成过程中分解的 $MoSi_2$ 来说，大部分杂相粒子不但不能作为钉扎中心来改善材料的钉扎能力，而且还会影响 MgB_2 晶粒之间的连接性，因而掺杂后样品的临界电流密度提高不大 [75]。以上实验表明，硅化物如果能够在 MgB_2 相形成过程中发生分解，和 MgB_2 反应生成 Mg_2Si 等细小颗粒，那么掺杂后样品的磁通钉扎能力和 J_c 将会获得显著提升。

比较有意思的是，即使同时含有 Si 元素和 C 元素的三种物质 (SiC 粒子、SiC 晶须、Si/N/C 粒子) 掺杂后，对 MgB_2 线带材超导性能的影响也表现出不小的差别，如**图 9-53** 所示。采用纯铁管作为包套材料，用原位 PIT 法制备 MgB_2 带材。原料粉采用 Mg(325 目，99.8%)，B(无定型，$2 \sim 5\ \mu m$，99.99%)，SiC($10 \sim 30$ nm，98%)，SiC 晶须 (直径 <100 nm，长径比 >10，99%) 以及纳米 Si/N/C(无定型，$12 \sim 30$ nm，96%)。从图中看出，所有掺杂样品的临界电流密度都远高于未掺杂样品，而且电流对磁场的依赖性也明显变弱。这意味着三种硅化物掺杂在 MgB₂ 中均引入了有效的磁通钉扎中心。SiC 纳米粒子掺杂样品的临界电流密度与未掺杂样品相比,在 4.2 K、8 T 时提高了大约 10 倍,在 4.2 K、10 T 时提高了 32 倍。即使是相对于 SiC 纳米粒子和 SiC 晶须提高效果较小的 Si/N/C 纳米粒子掺杂来说,在 4.2 K、10 T 时的临界电流密度相对于未掺杂样品仍然提高了近 12 倍。SiC 晶须掺杂样品的临界电流密度要略高于 Si/N/C 纳米粒子掺杂的样品,但是两者电流对磁场的依赖性几乎没有变化。

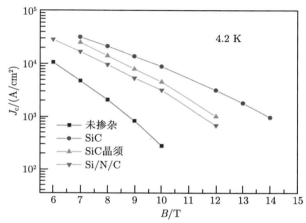

图 9-53　不同硅化物掺杂和未掺杂 MgB₂ 线带材的 J_c 对磁场的依赖关系 [76]

三种硅化物掺杂带材均表现出远优于未掺杂样品的高场电流特性。这主要是掺杂样品的 MgB₂ 晶粒内存在大量的纳米级沉积物和晶格畸变,它们起着有效钉扎中心的作用。需要注意的是掺杂样品之间也存在着不同,例如,在纳米 SiC 颗粒和 SiC 晶须掺杂的样品中,虽然掺杂的物质是同样的化合物 (均为 SiC),不过它们的高场电流特性却是不同的,SiC 纳米掺杂提高效果更为明显。**图 9-54** 是所使用的掺杂剂纳米 SiC 及 SiC 晶须的扫描电镜照片。可以看出,纳米 SiC 基本上由细小粒子组成,而 SiC 晶须却是由纤维状物质组成。由于纳米 SiC 比 SiC 晶须具有更大的表面积,因而具有更高的反应活性,因此,两者掺杂后对 MgB₂ 带材传输性能呈现出不同的提高效果。纳米 Si/N/C 掺杂时,虽然其尺寸与纳米 SiC 相当,但由于纳米 Si/N/C 粒子中的 Si 元素和 C 元素的存在状态为单质态,在 650 ℃ 时的反应活性与 SiC 纳米粒子中的 Si 元素和 C 元素相比要低很多。这种差别会减少 MgB₂ 晶粒内的纳米级沉淀物数量以及 C 对 B 的替代量,最终降低样品的磁通钉扎能力。实际上,已有报道掺杂物质的反应活性直接决定着掺杂提高效果 [77],例如,对于 B₄C 和石墨掺杂,由于 B₄C 与 Mg 和 B 的反应活性能力要强于石墨,因此 B₄C 掺杂样品表现出更加优异的 J_c 性能。不过,ZrC、NbC、TaC 和 MoC₂ 等这些碳化物对样品的 J_c 几乎没有影响,这主要是它们在高温下也能稳定地与 Mg 和 B 接触,并不发生反应。因此,在 MgB₂ 晶格形成过程中,没有新鲜的反应性 C 可掺入 MgB₂ 晶格中。

9.8.1.3　有机物掺杂

有机物是继纳米 SiC 和纳米 C 以后发展起来的一类可以用于提高 MgB₂ 超导线带材临界电流密度的新型掺杂剂。本质上这种类型掺杂剂和纳米 SiC 掺杂类似,即通过分解产生的 C 原子替代 MgB₂ 晶格中的 B 原子，提高 MgB₂ 的上临界场和磁通钉扎性能。我们知道，对于原位 PIT 法 MgB₂ 线带材，纳米掺杂物质是通过固态反应引入的，这是一种干法混合过程。因此，常会导致纳米掺杂物质的分布不均匀，出现团聚现象。与纳米 SiC 和纳米 C 材料相比，有机物具有分解温度低、掺杂均匀等优点，因此有机物掺杂也是人们非常关注的发展方向。有机物作为掺杂剂具有如下优点：①有机物具有润滑剂的功能，在原料球磨过程中能够很好地实现和镁、硼粉的均匀混合，从而有效克服了以往纳米掺杂中的团聚问题，使掺杂更加均匀。②有机物分解温度低于 MgB₂ 的生成温度，而且分解后会释放出高活性的 C，这些新鲜的 C 可以更有效地替代 B 位进而增强电子散射提高临界磁场。③有机掺杂物价格低廉，降低了 MgB₂ 超导材料的生产成本。

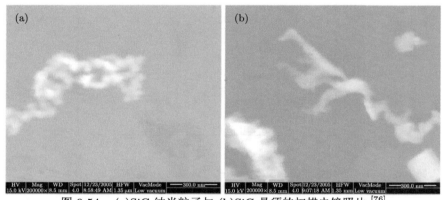

图 9-54　(a)SiC 纳米粒子与 (b)SiC 晶须的扫描电镜照片 [76]

　　NIMS 研究小组最先报道添加芳香烃可以增强 MgB₂ 带材的磁通钉扎能力 [78]。 然而，芳香烃作为一种有机溶剂在常压下非常容易挥发，难以控制其掺杂量。 随后，Dou 等通过苹果酸掺杂得到了高性能的二硼化镁样品，其 J_c 值甚至超过了纳米 SiC 掺杂的样品 [79]。他们研究发现，苹果酸掺杂的 MgB₂ 超导样品在低磁场下 J_c 性能显著优越于纳米 SiC 掺杂，而在高场区域也优于纳米 SiC 掺杂。主要原因可以归结为两点：第一，苹果酸分解后产生的纳米级新鲜的 C，预先均匀分布在无定形 B 粉的表面，比纳米 SiC 掺杂时更易于掺杂进 MgB₂ 晶格，替代 B 原子；第二，纳米 SiC 粉末容易团聚，而预分解的 C 通过研磨分散易于与 B 粉均匀混合。随后人们陆续发现大量的有机化合物掺杂均可以显著提高 MgB₂ 的磁场下传输性能，J_c-B 值可以达到或优于纳米 SiC 和纳米 C 掺杂样品的水平。这主要得益于有机物能够在相对较低的温度下分解，在 MgB₂ 相形成之前生成高活性碳原子。这些高活性碳原子和小尺寸杂质有利于 MgB₂ 超导性能的提高。

　　下面介绍几种典型的有效有机物掺杂剂，首先来看硬脂酸和硬脂酸盐掺杂对 MgB₂ 带材超导性能的影响 [80]。实验原料采用镁粉 (325 目，99.8%)，无定形硼粉 ($1 \sim 2$ μm，99.99%)，硬脂酸 ($C_{18}H_{36}O_2$，99%)、硬脂酸锌 ($C_{36}H_{70}ZnO_4$，98%) 和硬脂酸镁 ($C_{36}H_{70}MgO_4$，98%)，其掺杂量均为 10wt%。首先把硬脂酸和硬脂酸盐溶于丙酮并与对应比例的硼粉通过超声波混合均匀。然后把混合物经过真空干燥，与相应量的镁粉在研钵中研磨一个小时。将研磨好的粉末装入外径为 8 mm，内径为 5 mm 的纯铁管中，两端密封，经旋锻、拉拔、轧制后，得到截面积约为 3.8 mm×0.5 mm 的带材。

800 ℃ 热处理温度下未掺杂及掺杂 MgB$_2$ 带材的 XRD 衍射谱如**图 9-55** 所示，可以看出，样品中的主要成分均为 MgB$_2$，同时含有少量 MgO。与未掺杂样品相比，所有掺杂样品的 (110) 衍射峰均明显向高角度偏移。表明掺杂后 MgB$_2$ 晶体的 a 轴缩短，说明有 C 元素进入到 MgB$_2$ 晶格。根据 a 轴的变化，在**表 9-7** 中给出了估算出的 C 元素替代 B 元素的实际含量。从表中可以看出，硬脂酸锌、硬脂酸镁和硬脂酸掺杂样品的实际 C 替代量分别为 1.94at%、1.98at%和 1.64at%。如此高的替代量表明在硬脂酸和硬脂酸盐分解过程中产生的高活性 C 可以在 MgB$_2$ 的生成过程中有效掺入 MgB$_2$ 晶格。另外，从表中还可以看出所有掺杂样品 (110) 衍射峰的半高宽 (FWHM) 都明显变宽，半高宽的展宽主要源于晶粒的细化或者晶格的畸变，而晶粒细化或者晶格畸变通常可以提高超导材料的磁通钉扎能力。

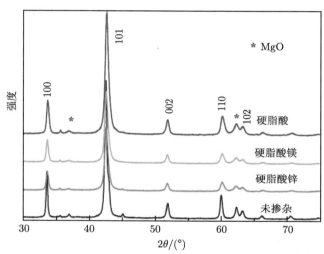

图 9-55 未掺杂及掺杂 MgB$_2$ 样品的 XRD 衍射谱[80]

表 9-7 掺杂和未掺杂 MgB$_2$ 样品的基本物理性质[80]

带材	a/Å	c/Å	Mg(B$_{1-x}$C$_x$)$_2$ 中实际 C 含量	T_c/K	RRR	ρ_{40}/ ($\mu\Omega\cdot$cm)	(110) 峰半高宽/(°)	J_c(4.2 K, 10 T)/ (A/cm^2)
未掺杂	3.0844	3.5265		37.9	2.147	27.4	0.319	2.1×10^3
硬脂酸锌	3.0758	3.5283	0.0194	35.0	1.560	155.2	0.586	1.8×10^4
硬脂酸镁	3.0756	3.5274	0.0198	35.6	1.575	112.8	0.588	1.6×10^4
硬脂酸	3.0771	3.5311	0.0164	35.5	1.552	126.7	0.598	1.3×10^4

利用四引线法测量了样品在 4.2 K 下临界电流随外加磁场变化的特性关系，如**图 9-56** 所示。从图中可以看出，经过上述有机物掺杂的 MgB$_2$ 带材在磁场下的临界电流密度 J_c 获得了大幅提升。与未掺杂样品相比，所有掺杂样品高磁场下 J_c 提高超过了一个数量级，并且 J_c 对磁场的依赖关系也明显降低。值得注意的是所有掺杂样品的 J_c 强烈地受到掺杂物的影响。例如，在 4.2 K、10 T 下硬脂酸锌和硬脂酸镁掺杂带材的 J_c 分别为 1.84×10^4 A/cm^2 和 1.63×10^4 A/cm^2，而硬脂酸掺杂带材的 J_c 仅为 1.3×10^4 A/cm^2。与硬脂酸比较，硬脂酸盐更低的分解温度有利于碳的分解，使其更易取代 B 的位置是造成这一现象

的原因。**表 9-7** 中不同的晶格常数支持了我们的推断。当烧结温度提高到 850 ℃ 时，掺杂样品的 J_c 值得到了进一步提高。尤其对硬脂酸掺杂的样品来讲，高场下样品的 J_c 优于其他两种样品。硬脂酸和硬脂酸盐掺杂时，首先将这些有机物与 B 粉在丙酮溶液中均匀混合，然后真空干燥使丙酮挥发，同时有机物分解为 C、CO 和 H₂ 等气体，分解的气体离开后，新鲜的 C 涂覆在 B 粉的表面，然后与 Mg 混合烧结生成 MgB₂ 超导体。这种方法可以使 C 均匀地分布在前驱粉中，更易于替代 MgB₂ 晶格中的 B 原子。

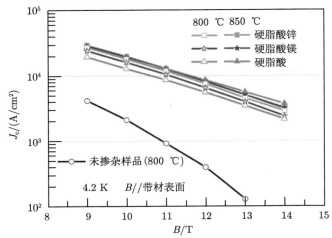

图 9-56　MgB₂ 带材的临界电流密度随磁场的变化曲线 [80]

为了进一步确认掺杂对 MgB₂ 带材磁通钉扎能力的提高效果，**图 9-57** 给出了掺杂和未掺杂样品 20 K 下的磁通钉扎曲线。钉扎力 F_p 是由磁滞回线计算得到的，并且用最大的钉扎力 F_p^{max} 归一化。从图中可以看出，在 1 T 磁场以上，所有掺杂样品的钉扎力明显高于未掺杂样品，这表明通过掺杂确实提高了 MgB₂ 高场下的磁通钉扎能力。

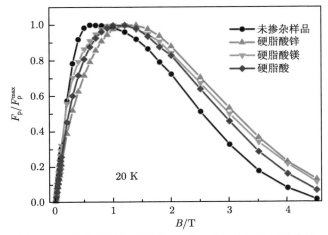

图 9-57　掺杂样品和未掺杂 MgB₂ 带材的磁通钉扎曲线

随后研究发现采用 C$_9$H$_{11}$NO 掺杂可以进一步显著提高 MgB$_2$ 带材在高磁场下的 J_c 性能[81]。C$_9$H$_{11}$NO 称为对二甲氨基苯甲醛，英文名：4-dimethylaminobenzaldehyde，常温下为结晶的小片状晶体，淡黄色，熔点：70 ~ 75 ℃，沸点：176 ℃；被加热时，热分解的化学反应式为

$$(CH_3)_2-N-C_6H_4-CH{=}O \longrightarrow 9C + O + NH_3 \uparrow + 4H_2 \uparrow \tag{9-19}$$

图 9-58(a) 显示了不同温度退火的 C$_9$H$_{11}$NO 掺杂带材样品的传输 J_c-B 关系。与未掺杂样品相比，C$_9$H$_{11}$NO 掺杂带材的磁场下 J_c 特性得到了显著改善，表明掺杂极大提升了磁通钉扎能力。在不同温度下，掺杂 4% 的样品的 J_c 要高于掺杂 2% 的样品，意味着高掺杂比例样品中 C 替代 B 的量更高。在 800°C 退火时，4%掺杂样品具有最高的传输性能，在 4.2 K，10 T 时，J_c 达到 3.7×10^4 A/cm^2。显然，C$_9$H$_{11}$NO 样品分解的 C 更容易替代 MgB$_2$ 晶格中的 B 原子，有利于进一步提升磁场下临界电流密度。**图 9-58(b)** 给出了纯的和 4% C$_9$H$_{11}$NO 掺杂样品 20 K 下的传输 J_c-B 曲线。从图中可以看出，在整个磁场下 4% C$_9$H$_{11}$NO 掺杂的样品都明显高于纯的样品。众所周知，在 SiC 掺杂 MgB$_2$ 样品中，虽然 C 替代 B 原子可以增加 MgB$_2$ 的高场下 J_c 性能，但是也会抑制其低磁场下 J_c 性能，因此图中高场下 J_c 性能的改善应该受益于 C$_9$H$_{11}$NO 样品分解的 C 替代 B 作用，而低磁场下 J_c 性能的提高应该归功于 C$_9$H$_{11}$NO 掺杂避免了残余的 C 堆积在晶界，从而改善了 MgB$_2$ 晶界连接性。这点不同于 SiC 掺杂样品中，残余的 C 堆积在晶界造成较差的晶界弱连接。

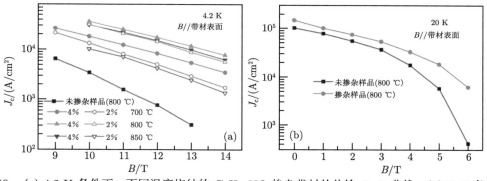

图 9-58　(a) 4.2 K 条件下，不同温度烧结的 C$_9$H$_{11}$NO 掺杂带材的传输 J_c-B 曲线；(b)20 K 条件下，纯的和 4% C$_9$H$_{11}$NO 掺杂样品的传输 J_c-B 曲线[81]

另外一种比较有效的有机物掺杂剂为醋酸钇 (C$_6$H$_{17}$O$_{10}$Y)，这是一种工业化生产、价格低廉的稀土化合物。醋酸钇低温分解后能够释放出高活性的碳 (C) 和钇 (Y)，新鲜的 C 可以有效替代 B 位进而增强电子散射提高临界磁场，同时 Y 可以与 B 形成纳米级 YB$_4$，作为有效的钉扎中心提高钉扎力。醋酸钇掺杂 MgB$_2$ 超导带材是采用原位 PIT 法制备的[82]，即先将 Mg 粉 (99.5%，10 μm) 和结晶 B 粉 (99.999%，1 ~ 2 μm) 按原子比为 1.05:2 的比例配料，醋酸钇 (1 ~ 10 μm，99.99%) 的添加量为镁粉和硼粉总质量的 5%、10% 和 20%，空气中在玛瑙球磨罐中球磨 1 个小时 (360 r/min)。将球磨后的混合粉装入 Fe 管 (ϕ8×1.5mm) 进行旋锻和拉拔。拉拔到直径为 1.75 mm 时将其轧制到厚度为 0.5 mm。

图 **9-59** 给出了不同热处理温度下醋酸钇掺杂 MgB₂ 带材的 X 射线衍射图。分析 XRD
衍射图谱，可以发现，在未掺杂样品中可以检测到 MgB₂ 主相以及少量的 MgO 杂相，而
醋酸钇掺杂样品中除了 MgB₂ 和 MgO 外，还存在 YB₄ 小峰，表明醋酸钇分解后生成的
Y 与 B 发生了反应。由于一部分 B 生成了 YB₄，多余的 Mg 就很容易发生氧化反应生成
MgO。醋酸钇分解可以生成 C 及 Y₂O₃ 等，C 可以有效替代 B 位，而 Y₂O₃ 则最终生成
MgO 和 YB₄。醋酸钇掺杂样品中 MgO 的相对峰强随着温度的升高不断增强，而 YB₄ 的
则基本上不变，这说明醋酸钇掺杂剂在 700 ℃ 以下就全部分解并反应生成了 YB₄，因此
热处理温度升高后 YB₄ 的含量没有改变。MgO 中的氧一部分来自于醋酸钇，还有一部分
来自于 B 粉中的 B₂O₃，B₂O₃ 与镁的反应在高温下更容易，因而生成的 MgO 也就更多。
如果反应生成的 MgO 和 YB₄ 是纳米级颗粒，那么它们就能充当有效的钉扎中心；如果位
于晶界处 MgO 和 YB₄ 的尺寸大于二硼化镁的相干长度，那么作为绝缘材料它们就会减少
超导芯的截面积同时阻碍超导电流通过。图 **9-59** 中的插图是 MgB₂ 样品 (002) 和 (110)
峰的放大图。与未掺杂样品相比，醋酸钇掺杂样品 (002) 峰的位置并没有发生明显的移动，
即使在热处理温度不同的情况下，(002) 峰的位置也没有显著改变，表明醋酸钇掺杂不会改
变 MgB₂ 样品的 c 轴，而醋酸钇掺杂样品 (110) 峰的位置则移到了更高的角度，温度越高
右移越明显，意味着 MgB₂ 晶格常数 a 轴的缩小。这也表明 C 对 B 发生了明显的替代作
用，并将降低临界转变温度。前文提到过 C 对 B 替代后电子散射增强，临界磁场提高从
而能有效提高传输临界电流密度。

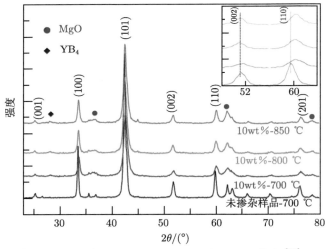

图 9-59　醋酸钇掺杂 MgB₂ 样品的 XRD 曲线[82]

从**图 9-60** 醋酸钇掺杂 MgB₂ 样品的临界转变温度曲线中看出，醋酸钇掺杂后临界转
变温度明显减小，从未掺杂样品的 37.5 K 降低到了 33 K 以下，主要原因为 C 对 B 位发
生替代后增加了电子散射和晶格扰动。对于不同热处理温度的醋酸钇掺杂 MgB₂ 样品，热
处理温度对超导临界转变温度的影响主要由两个因素决定：C 对 B 的替代以及结晶性。热
处理温度升高后，一方面 C 对 B 的替代量逐步增加，电子散射增强使得临界转变温度逐
步减小；另一方面 MgB₂ 样品晶粒尺寸增大，缺陷减少，结晶性提高，使得临界转变温度

逐步增加；这两方面综合的效果决定了临界转变温度的变化。从图中看出，提高热处理温度后，结晶性对转变温度的影响更大，从而使得临界温度随着热处理温度的增加而提高。

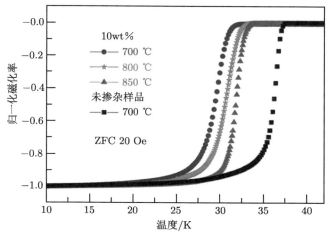

图 9-60　醋酸钇掺杂 MgB_2 样品的临界转变温度 [82]

图 9-61 显示了 10wt％醋酸钇掺杂 MgB_2 样品的传输电流密度在 4.2 K 下随着磁场的变化曲线。从图中可以看到，醋酸钇掺杂后不同热处理温度烧结 MgB_2 样品的传输电流密度在 4.2 K 下均比未掺杂样品得到了明显的提升。其中 800 ℃ 处理样品显示了最高的临界电流密度，比如在 4.2 K、12 T 下掺杂样品的临界电流密度达到了 10^4 A/cm^2，相应的临界电流为 50 A，该数值是未掺杂样品的 20 倍。

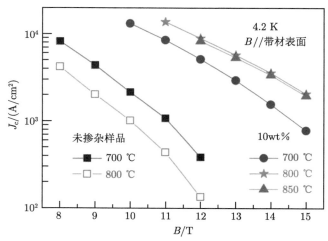

图 9-61　醋酸钇掺杂 MgB_2 样品的 J_c 在 4.2 K 下随磁场的变化曲线 [82]

图 9-62 为约化钉扎力随磁场的变化曲线。该图比较清楚地解释了 10wt％醋酸钇掺杂样品在高场下电流密度提高的原因。从图中看出，与未掺杂样品相比，掺杂样品产生最大磁通钉扎力对应的磁场均移向高场方向，意味着在高场下掺杂样品中有效的钉扎中心起了作用，这与其他含碳化合物的结果类似。在醋酸钇掺杂样品中纳米级 MgO、YB_4 和未反

应的碳有效地充当了钉扎中心；但是这些杂相含量如果过多也会有不利影响，使超导芯中 MgB₂ 的相对比例减少而且可能会聚集成大尺寸的杂相降低晶粒连接性，从而减小低场下的临界电流密度。

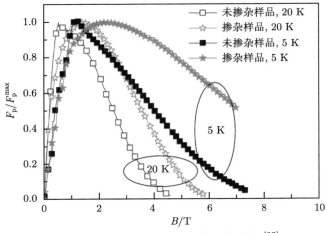

图 9-62　约化钉扎力随磁场的变化曲线 [82]

以上研究表明有机物由于富含 C 元素，并且分解温度低，可以极大地提高 MgB₂ 线带材的 J_c-B 性能。但是，另一方面，大部分有机物不仅含有 C 元素，而且也含有一定量的氧元素。氧非常容易和 Mg 反应生成 MgO，如果不导电的 MgO 正好分布在 MgB₂ 晶界处，将会降低样品的有效传输面积，阻碍超导电流通过。因此，有机物中的氧含量对 MgB₂ 超导连接性和临界电流密度也有很大的影响。例如，马来酸 ($C_4H_4O_4$) 中的氧含量比马来酸酐 ($C_4H_2O_3$) 明显要高。这些分解产物具有很高的反应活性，其中的 O 元素很容易与 Mg 反应生成 MgO，同时 C 元素很容易掺入 MgB₂ 晶格中去。这两种有机物掺杂后，MgB₂ 带材的临界电流密度都得到了显著提高，而且 J_c 与磁场的依赖关系也得到了很大的改善，说明通过把 C 元素引入 MgB₂ 晶格确实提高了材料的上临界场。但是马来酸酐和马来酸掺杂样品的 J_c 有很大差别，如**图 9-63** 所示 [83]，在 4.2 K 和 10 T 下，马来酸酐掺杂样品的 J_c 是 1.34×10^4 A/cm²，是同样条件下马来酸掺杂样品 J_c 的 2.8 倍。这说明马来酸酐掺杂样品要比马来酸掺杂样品具有更大的有效传输面积，XRD 图谱进一步证实马来酸掺杂带材中 MgO 杂相的含量明显高于马来酸酐掺杂样品。前者由于掺杂生成的更多 MgO 颗粒沉积在 MgB₂ 晶粒之间，减少了样品的有效传输面积，造成前者的 J_c 远低于后者样品。根据 Rowell 公式估算，未掺杂样品的有效传输面积比例 A_F 高达 23.1%，由于掺杂，样品的连接性被大大降低了。马来酸酐掺杂样品的 A_F 为 9.7%，而马来酸掺杂样品只有 3.4%。如此小的有效传输面积比例主要是马来酸掺杂样品含有大量的 MgO 杂质导致的。

9.8.1.4　金属粉末掺杂

金属元素是掺杂研究中研究得相对较多的材料之一。Zhao 等首先发现金属 Ti 和 Zr 掺杂能够显著提高 MgB₂ 的 J_c 性能 [84,85]，尤其在低磁场区域，如**图 9-64(a)** 所示。值得注意的是 Ti 掺杂后，MgB₂ 超导体自场下 J_c 超过 10^6 A/cm²，而通常 MgB₂ 超导体自场

下 J_c 为 $3\times10^5 \sim 5\times10^5$ A/cm²。研究表明，Ti 掺杂后，与 B 反应生成 TiB₂，这种硼化物会在 MgB₂ 的晶粒间形成很薄的纳米层，从而加强晶粒间耦合，改善晶粒连接性，从而提高了 J_c。另外，Ti 和 Zr 等金属粉末掺杂不会抑制 MgB₂ 的超导转变温度 T_c。随后人们发现当 Ti 掺杂 10% 时，MgB₂ 临界电流密度在 20 K 自场下达到了 10^6 A/cm²，比未掺杂的样品几乎提高了三个数量级 [86]。

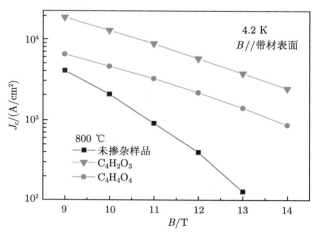

图 9-63　马来酸酐和马来酸掺杂带材的临界电流随外场的变化曲线 [83]

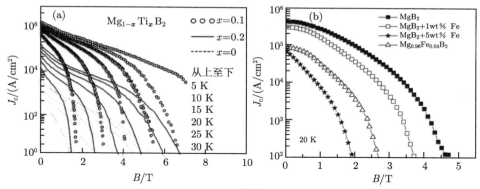

图 9-64　(a)Ti 掺杂 MgB₂ 样品的磁化 J_c-B 曲线 [84]；(b)Fe 掺杂 MgB₂ 样品的磁化 J_c-B 曲线 [87]

Jin 等研究了 Fe、Mo、Cu、Ag 和 Y 等多种金属元素对 MgB₂ 线带材 J_c-B 性能的影响 [88]。他们发现这些元素并未掺入晶格中，不但不能提高磁场下 J_c，而且还会产生负面作用，但 Fe 的破坏性最小，而掺杂 Cu、Y 和 Ti 样品的 J_c 降幅最大。通常 Cu、Ag 和 Y 与 Mg 发生反应，而 Fe、Mo、Ag 和 Ti 易与 B 反应形成金属间化合物。不过，这与认为添加 Fe 可作为有效钉扎中心并能改善 J_c 性能的结论正好相反 [89]。随后，Dou 等对纳米 Fe 粉掺杂 MgB₂ 样品进行了系统研究。实验发现纳米 Fe 掺杂后，MgB₂ 块材和薄膜样品的 T_c 和 J_c 都出现了下降，如**图 9-64(b)** 所示 [87]，这表明铁磁性的铁原子显著抑制了超导电性。在这些 Fe 掺杂的样品中，包含 Fe 元素的界面面积显著增加，并且 Fe 颗粒对周围超导体的铁磁效应变得非常强烈，从而极大降低了 T_c 和超导体有效面积，相应地抑制了 J_c 性能。由于 Fe 具有非常高的反应活性，在原位合成工艺中，纳米 Fe 颗粒很容易与

B 反应形成均匀分布的 FeB 和 Fe₂B。因此，纳米 Fe 颗粒掺杂引起的 J_c-B 性能的大幅下降主要归因于 Fe 和 FeB 颗粒在晶界处的弱连接效应，也与部分 Fe 替代了晶格中 Mg 所产生的库珀对拆对行为有关。

由于低的热处理温度会增加 MgB₂ 的晶界面积，从而提高晶界钉扎和 J_c，而且低的烧结温度还可以降低线带材制备的成本，添加少量 Cu 金属元素或者采用低熔点的 Mg-Cu 合金 (熔点只有 485 ℃) 作为原料是可能降低 Mg-B 反应温度的途径之一。因此，人们研究了 3at% Cu 或者 Ag 掺杂的 MgB₂ 超导块材，发现掺杂后可以明显加快 MgB₂ 相在 500 ∼ 550 ℃ 温度区间的成相速率，Cu 的效果比 Ag 更好，并指出这是 Cu 低溶解性所决定的 [90]。另外，有报道掺杂 Cu 可以使 MgB₂ 临界温度由未掺杂的 36.4 K 提高到 38.6 K[17]，这也说明了 Cu 对 MgB₂ 相的生成有很好的促进作用。但是，由于与 Mg 发生强烈反应，因此，Cu 掺杂对 J_c 性能具有降低作用。

9.8.1.5　氧化物掺杂

稀土氧化物也是人们研究得相对较多的一种掺杂剂，如 Y₂O₃、Dy₂O₃、Ho₂O₃、Nd₂O₃、Pr₆O₁₁、Tb₄O₇、Eu₂O₃ 和 CeO₂ 等。Wang 等首先制备了含有 5wt% ∼ 15wt% 的纳米 Y₂O₃ 粉的 MgB₂ 块材样品 [91]，研究发现了稀土氧化物 Y₂O₃ 掺杂后产生了大量纳米 YB₄ 颗粒 (3 ∼ 5 nm)，这些颗粒均匀分布在 MgB₂ 的晶粒内部和晶界，显著提高了 MgB₂ 超导体中等磁场下的磁通钉扎性能，在 4.2 K 和 2 T 下，J_c 超过 10^5 A/cm²。随后人们发现纳米 Dy₂O₃ 和 Ho₂O₃ 掺杂在 MgB₂ 晶粒内分别可以产生 DyB₄ 和 HoB₄ 颗粒，形成有效的磁通钉扎中心 [92,93]。Yao 等采用原位 PIT 法制备了顺磁性稀土元素 Nd₂O₃ 掺杂 MgB₂ 带材，发现纳米 Nd₂O₃ 与 B 反应生成磁性的 NdB₆ 颗粒，形成纳米的第二相粒子嵌入 MgB₂ 晶粒内部，形成有效的磁性钉扎中心 [94]。

下面以 Nd₂O₃ 为例，介绍稀土氧化物掺杂对 MgB₂ 带材微观结构以及性能 J_c 的影响。可以看出，和其他掺杂物质相比，稀土氧化物对 MgB₂ 的性能有着不同的影响。其掺杂样品制备过程如下：将 Mg 粉 (10 mm, 99.5%) 和 Nd₂O₃(纯度 99.9%)、无定形 B 粉 (1 ∼ 2 mm, 99.99%) 按照质量比 Mg:Nd₂O₃:B$=(1-x):\left(\dfrac{x}{2}\right):(2+x)(x=0, 0.5\%, 1\%,$ 2%, 5%, 7%)，称量后在保护气氛下球磨 1 h。然后将混合均匀的粉末装入外径为 8 mm、内径为 5 mm 的纯铁管中，经过旋锻、拉拔，最后轧制成截面为 3.6×0.6 mm² 的带材。最后在氩气保护下 800 ℃ 烧结 1 小时得到最终样品。

图 9-65(a) 给出了不同比例 Nd₂O₃ 掺杂 MgB₂ 带材的 J_c 随磁场的变化曲线 [94]。与纯样品相比，所有掺杂样品的 J_c 都有增加，而 5at% 和 7at% 掺杂的样品在整个磁场下 J_c 明显增加，当掺杂量达到 7at% 时，J_c 开始降低。因此，在所有样品中，5at% 掺杂 Nd₂O₃ 的 MgB₂ 带材具有最高的 J_c-B 性能。20 K 和 5 K 温度下的 M-H 测量结果表明 (**图 9-65(b)**)，5at% Nd₂O₃ 掺杂后，磁化 J_c 获得明显提升，尤其在 5 K 温区，这与在 4.2 K 时测得的传输 J_c 相一致。

为了进一步理解掺杂样品 J_c-B 性能提高的机理，利用高分辨透射电镜研究了 5at% Nd₂O₃ 掺杂样品的微观形貌。从 TEM 图中我们看出有许多小于 50 nm 的沉积物分布在 Nd₂O₃ 掺杂的 MgB₂ 中，其中有不少 <10 nm 的纳米粒子，如**图 9-66(a)** 中的白色箭头

所示。这些纳米沉积物的尺寸和 MgB$_2$ 的相干长度非常接近，可以作为有效的磁通钉扎中心，提高材料的载流能力。**图 9-66(a)** 左上角为样品的选区电子衍射花样，从非常好的圆环图形可以推断出，样品为多晶，并且晶粒非常小，结晶性不好。从**图 9-66(b)** 高倍照片上也可以清楚地看到，MgB$_2$ 晶粒中的一个纳米级 NdB$_6$ 杂质颗粒，其尺寸和 MgB$_2$ 的相干长度相当。

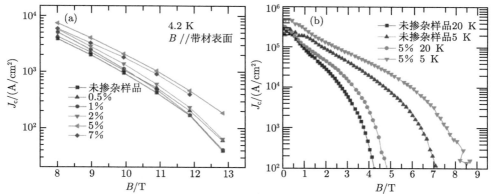

图 9-65　(a)4.2 K 下不同比例 Nd$_2$O$_3$ 掺杂量的 MgB$_2$ 带材 J_c-B 关系曲线；(b)5at% Nd$_2$O$_3$ 掺杂 MgB$_2$ 样品的磁化电流密度 [94]

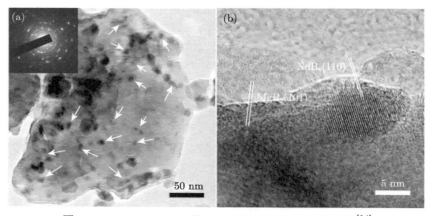

图 9-66　5at% Nd$_2$O$_3$ 掺杂 MgB$_2$ 带材的 TEM 照片 [94]

(a) 低倍照片显示样品中含有许多纳米级的沉积物; (b) 高倍照片中可以看到一个纳米级 NdB$_6$ 颗粒

如上所述，掺杂稀土氧化物的 MgB$_2$ 样品通过改善磁通钉扎特性而获得了比未掺杂样品更高的 J_c。提高 MgB$_2$ 磁通钉扎性能的主要机理是稀土氧化物掺杂与 B 反应生成纳米杂质相 REB$_x$，这种纳米级粒子往往位于 MgB$_2$ 的晶粒内部或者晶界位置，从而形成有效的点钉扎中心。通常轻稀土元素 (Y、La、Ce、Pr、Nd、Sm、Eu、Gd 等) 反应生成 REB$_6$ 粒子，而重稀土元素 (Tb、Dy、Ho、Er 等) 易于形成 REB$_4$ 颗粒。

由于稀土元素的原子半径较大，一般很难掺杂进 MgB$_2$ 晶格；研究表明，除了 Pr 原子可以少量替代 Mg 原子外 [95]，没有迹象表明其他稀土元素可以掺杂进 MgB$_2$ 晶格。由于不替代 Mg 原子，稀土元素掺杂对 MgB$_2$ 超导体 T_c 和 B_{c2} 的影响很小。许多稀土氧化物 (如 Y$_2$O$_3$、Dy$_2$O$_3$、Nd$_2$O$_3$ 等) 掺杂可以生成细小的纳米稀土硼化物颗粒 (5 ∼ 20 nm)，且位于 MgB$_2$ 的晶界或者晶粒内部,形成有效的点钉扎中心,从而改善 MgB$_2$ 超导体的 J_c 和 B_{irr} 性能;但是掺杂量过多,反应沉淀物则更易于聚集在晶界,降低晶粒连接性。

值得注意的是,与其他掺杂剂不同,大多数稀土元素具有很强的顺磁矩。不过,幸运的是不像 Fe、Co、Mn 等铁族磁性元素会破坏库珀对并降低 MgB$_2$ 的超导性能,顺磁性杂质 REB$_x$ 粒子几乎对 MgB$_2$ 的超导性能没有大的影响。

9.8.1.6　掺杂物的选取原则

MgB$_2$ 作为典型的第 II 类超导材料,相干长度大,如前所述可以通过掺杂有效地提高磁通钉扎能力。掺杂可以在以下几个方面对 MgB$_2$ 的磁通钉扎能力产生影响:①引入纳米小颗粒作为钉扎中心;②产生纳米尺度的缺陷,如晶体缺陷、位错、晶界杂质及晶格应力等作为钉扎中心;③细化晶粒,增强晶界钉扎中心。另外,掺杂还直接影响着 MgB$_2$ 超导体的上临界场和晶粒连接性。所以,掺杂物的选取尤为重要,必须考虑到三者之间的相互影响,使之发挥最佳效果。根据大量的掺杂实验研究并结合掺杂对 MgB$_2$ 的影响机理,现将掺杂物的选取原则归纳如下 [96]:

(1) 掺杂物中要含有 C 元素,这是提高上临界场的一个非常重要的条件。目前的结果表明,只有 C 元素掺杂才能有效改变 MgB$_2$ 双能带的电子散射,大幅度提高 MgB$_2$ 的上临界场。

(2) 掺杂物反应活性必须高,即使在比较低的温度 (600 ~ 800 °C) 也能有效地把 C 元素掺入 MgB$_2$ 晶格中。目前来看,反应活性高的掺杂物主要有有机物和纳米材料。低的反应温度以及纳米粒子有利于细化 MgB$_2$ 晶粒,增强磁通钉扎能力。

(3) 掺杂物中含氧量要少,生成的杂相含量不能过多。适当的第二相粒子可以作为有效钉扎中心提高 MgB$_2$ 的超导性能,但是过多的杂相阻碍了超导电流通道,破坏了超导连接,反而降低了材料的超导性能。

另外,需要注意的是在进行掺杂之前,必须对使用的 Mg 粉和 B 粉进行筛选,还要优化制备过程,以保证未掺杂样品的性能在一个较高的水平。有研究表明 [46],B 粉的纯度和粒径对 MgB$_2$ 的性能影响非常大,B 粉的纯度越高,颗粒越小,最终产品中 MgB$_2$ 的粒径越均匀,杂质相含量越少,其临界电流密度越高。

根据不同掺杂元素对 MgB$_2$ 体系不同的掺杂作用,进而提高样品超导性能的多种元素共同掺杂或化合物掺杂是 MgB$_2$ 近年的研究热点之一。例如,人们曾报道采用 Ti 和 C 同时掺杂,可以通过协同作用提高 MgB$_2$ 低场和高场下 J_c 性能 [97],而采用 10wt% 乙基甲苯和 10mol% SiC 共同掺杂的带材,高场下 J_c 获得了进一步提高,4.2 K、10 T 下达到 $3.2×10^4$ A/cm^2[98]。LaB$_6$ 与 B$_4$C 共同掺杂的 MgB$_2$ 超导线材 20 K 下不可逆场可以增加到 7 T,B$_4$C 与 SiC 共同掺杂的线材 20 K 下同样不可逆场达到 7.5 T[99],而在纳米 C 掺杂的样品中,再引入 Ti 掺杂或者有机溶物掺杂,能够进一步提高 J_c 性能。这些结果表明:不同种类掺杂剂的共同引入可以进一步提高 MgB$_2$ 超导材料的 J_c 性能。这主要是不同类型的掺杂物质所起的作用不同:含碳物质反应时的主要作用是产生高活性 C 并能有效地替代 B 位,提高了上临界场,纳米级非含碳化合物的主要作用是充当有效的钉扎中心从而增强磁通钉扎能力,而有些掺杂物质,如苹果酸、Ti 等还可以起到改善晶粒连接性的作用 (**图 9-67**),有利于提高低场下的 J_c 性能 [79]。因此,如果能将含碳物质和相关材料共同作为掺杂剂起到协同作用，临界磁场、钉扎力以及晶粒连接性将得到同步提高，从而更有效地提高 MgB$_2$ 带材全磁场区域的传输性能。

图 9-67 (a) 未掺杂和 (b) 苹果酸掺杂 MgB$_2$ 样品的 SEM 照片 [79]

9.8.2 提高晶粒连接性

在 MgB$_2$ 研究初期，Larbalestier 等发现晶界间的强耦合作用使非织构的 MgB$_2$ 块状样品同样具有较高的 J_c 值，晶界对超导电流是 "透明的"，而与块状材料内部晶粒的排列无关，即超导电流不受晶界连接性的限制 [11]。随着研究的深入，人们发现虽然 MgB$_2$ 不像铜氧化物超导体一样存在严重的弱连接问题，但由于密度低以及存在杂相等，MgB$_2$ 的晶粒连接仍需要进一步改善提高。

研究表明 MgB$_2$ 是一种疏松多孔的材料，即使是在 J_c 较高的超导样品中，其致密度一般仍比理论密度低很多，从而导致晶界弱连接。产生该问题的主要原因是：对于原位法工艺，由于在热处理时 Mg 与 B 反应后，Mg 原来的位置空缺出来形成大量的孔洞，造成较低的超导芯致密度；而对于先位法工艺，由于机械加工过程中产生的许多微裂纹缺陷，晶粒之间的连接性也相对较差。例如原位法反应中，前驱粉的体积 ($V_{Mg} + V_{2B}$) 比反应后 MgB$_2$ 的体积大，因此在反应过程中，体积的收缩和 Mg 的挥发造成了疏松多孔的特点，如**图 9-68** 所示 [100]。**表 9-8** 给出了 Mg、B 和 MgB$_2$ 的密度等一些物理性质 [100]。对于原位法制备的 MgB$_2$ 线带材，体积为 13.74 cm^3 的 1 mol Mg 和体积为 9.24 cm^3 的 2 mol B 反应生成体积为 17.21 cm^3 的 1 mol MgB$_2$。不考虑其他因素，可以计算出反应后 MgB$_2$ 只有理论密度的 75%，即 17.21/(13.74+9.25)。如果考虑到 Mg 粉和 B 粉的实际密度，实际值比这还要低得多。取决于 Mg 和 B 颗粒或粉末的尺寸大小，原位法合成的 MgB$_2$ 块材和 PIT 线带材的超导芯密度一般在 50% 左右，而先位法制备的 MgB$_2$ 线带材要高一些，约为 65%。显然，原位法在 Mg 和 B 反应生成 MgB$_2$ 的过程中体积是缩小的，这不可避免地会产生很多孔洞，从而降低了 MgB$_2$ 材料的有效载流面积。

除了多孔性造成连接性较差、降低 MgB$_2$ 临界电流密度之外，MgB$_2$ 样品晶界处的杂质相，如绝缘的 MgO 或无定形的 BO$_x$ 层等，大于相干长度，也会减少样品的有效传输面积，阻碍超导电流通过，如**图 9-69** 所示。因此，尽量避免在原材料中或者样品制备过程中引入过多的氧，比如采用高纯先驱粉和高纯氩气氛烧结处理、使用 MgH$_2$ 替代 Mg 可降低 MgO 等晶界间杂相的含量，有利于提高 MgB$_2$ 超导体的 J_c 性能。另外，还要注意掺杂剂与 MgB$_2$ 反应生成的第二相不能太多。

图 9-68　700 ℃/40 min 热处理后原位 PIT 法 MgB$_2$ 带材的 SEM 显微照片[100]

表 9-8　Mg、B 和 MgB$_2$ 的一些物理性质 [100]

物质	密度/(g/cm^3)	摩尔质量/(g/mol)	摩尔体积/(cm^3/mol)
Mg	1.74	24.32	13.74
B	2.34	10.82	4.62
MgB$_2$	2.62	45.96	17.21

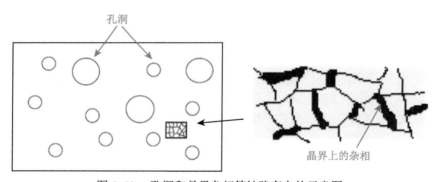

图 9-69　孔洞和晶界杂相等缺陷存在的示意图

　　根据 Rowell 对 MgB$_2$ 晶粒连接性的研究分析，MgB$_2$ 体中有效载流面积的比例可以由公式 $A_\mathrm{F} = \Delta\rho_\mathrm{ideal}/[\rho(300\ \mathrm{K}) - \rho(40\ \mathrm{K})]$ 求得。利用该式计算发现 C$_{60}$ 掺杂 MgB$_2$ 带材的有效传输面积比例只有 $\sim 10\%$[101]。**图 9-70** 给出了 NbTi 线、C$_{60}$ 掺杂 MgB$_2$ 带材和理想状态下 C$_{60}$ 掺杂 MgB$_2$ 带材之间的临界电流密度比较图。从图中可以看出，在 10 T 下，掺杂 MgB$_2$ 带材与 NbTi 线的性能相当，并且在高场下性能要优于 NbTi 线。另外，还可以发现，目前掺杂 MgB$_2$ 带材与完全导通时的载流能力相比还有很大的差距。因此，从提高晶粒连接性角度讲，临界电流密度还有很大的提升空间。

　　对于 MgB$_2$ 线带材来说，由于 Mg 是在反应的时候空出来造成孔洞的，一种有效的办法就是在制备 MgB$_2$ 的时候施加外力减少孔洞增加超导芯的致密度从而提高超导传输性能。目前，提高晶粒连接性的主要方法有：冷压、热压、热等静压等。冷压是在线材退火之前实施高压处理，通过提高原始粉末的致密度来提高最终 MgB₂ 超导芯的密度。热压和热等静压都是通过在 MgB₂ 超导样品热处理的同时施加外部压力，从而尽可能减少 Mg 反应后留下的孔洞，进而提高超导芯致密度。两者的区别是热压通过模具施加轴向压力，而热等静压是通过高压气体或者液体对超导样品施加各向同性的压力。

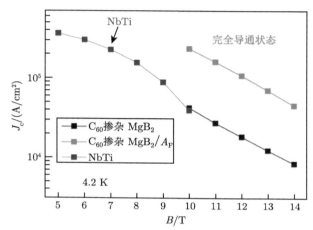

图 9-70　NbTi 线、C₆₀ 掺杂 MgB₂ 带材和理想状态下 C₆₀ 掺杂 MgB₂ 带材之间的 J_c-B 比较

冷高压技术 (CHPD) 最先由瑞士 Flükiger 团队提出并用来制备 10 m 长的高致密度 MgB₂ 线材[102]。他们发现随着压力逐步增加，电阻率逐步降低，MgB₂ 超导芯的相对密度、晶粒连接性及传输临界电流密度均获得显著提高。例如，线材的相对质量密度从 45% 提高到 58%，当施加压力为 1.5 GPa 时，在 4.2 K 时 J_c 增加 2 倍，在 20 K 时增加 5 倍。在 4.2 K 和 20 K 时，J_c 分别在 13.8 T 和 6.4 T 时高达 10^4 A/cm² 。如**图 9-71(a)** 所示[102]。显然，未经处理的样品越疏松，冷压处理的效果就越明显；对于经过旋锻或孔型轧制等方法制备得到的高密度带材，冷压处理的效果将会减弱。NIMS 小组发现采用热压烧结工艺可以提高 SiC 掺杂 MgB₂ 样品的致密度，有效减少 Mg 和 B 在反应过程中产生的孔洞，从而使 MgB₂ 超导芯的密度从 50 % 提高到 70 %，带材的 J_c 比未经热压处理的样品提高了近一倍[103]。波兰高压物理研究所对高能球磨后的原位 MgB₂ 带材在 650 ℃ 进行 1 GPa 的热等静压 (HIP)，发现超导芯维氏硬度从常规烧结的 730 增加到 1300。由于有效提高了晶粒连接性，在 4.2 K、10 T 下传输 J_c 增加了 67%。随后他们将冷高压技术和 HIP 技术组合应用于原位合成 MgB₂ 线材，达到了晶粒连接性和钉扎能力双提高的效果，所制备 PIT 线材的 J_c 大幅度提高到 $8×10^4$ A/cm²(4.2 K, 10 T)，如**图 9-71(b)** 所示[104]。

下面具体介绍热压烧结工艺对晶粒连接性的影响。该工作采用热压法合成未掺杂和纳米 C 掺杂 MgB₂ 样品，详细研究了热压工艺与超导芯微观结构、晶粒连接性和超导传输性能的关系[105]。

热压制备流程如下：先将 Mg 粉 (99.5%, 10 μm) 和结晶 B 粉 (99.999%, 1～2 μm) 按原子比为 1.05:2 的比例配料，纳米 C 粉的原子添加量均为 8%，空气中在玛瑙球磨罐中球磨 1 个小时 (350 r/min)。将球磨后的混合粉装入一端封闭的 Fe 管 (φ8×1.5 mm) 密封好另一端后进行孔型轧、平辊轧，将其轧制到厚度为 0.5 mm 的带材。将该带材截成长度约 10 cm 的样品，在流动的高纯氩气中进行热压烧结处理 (HP)，烧结工艺为 650 ～ 800 ℃，保温时间均为 1 ～ 5 h，然后随炉冷却至室温。同样尺寸的样品也进行了相同的常压烧结处理。

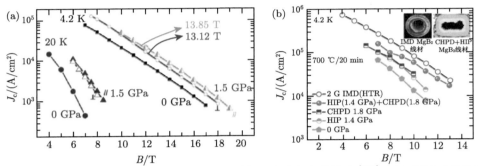

图 9-71　(a) 冷高压工艺对原位 PIT 法 MgB₂ 线材临界电流密度的影响 [102]；(b) 不同工艺处理原位 MgB₂ 线材的 J_c-B 曲线 [104]

图 9-72 是 650 ℃/5 h 工艺热压烧结和常压烧结样品的横截面，从图中可以看出，常压烧结样品的厚度较厚，而且超导芯面积比较大。相反，热压烧结的样品厚度减小而且超导芯面积也相应缩小 (减小了 30%)，该超导芯面积的缩小并不是超导相的比例减少而是 Mg 反应后孔洞减少了，表明在热压烧结过程中孔洞被有效消除了从而提高了致密度。

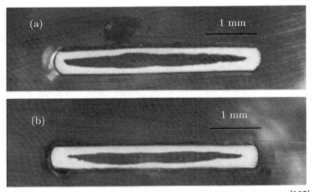

图 9-72　常压烧结 (a) 和热压烧结 (b) 样品的横截面 [105]

图 9-73 显示的是 650 ℃/5 h 热压烧结和常压烧结 MgB₂ 样品的电阻率曲线。无论是未掺杂和还是纳米碳掺杂样品，热压烧结样品的电阻率明显低于常压烧结的样品，表明热压烧结可以显著改善晶粒的连接性。另外，热压烧结样品的零电阻转变温度比常压烧结样品的略有升高，而且超导转变宽度也变窄。根据 Rowell 公式可以估算出有效传输面积比 A_F。从**表 9-9** 可以看出，热压后有效传输面积比 A_F 明显提高，无论是未掺杂和还是纳米碳掺杂样品，热压烧结样品的 A_F 均比常压烧结样品提高了 1 倍左右，表明热压烧结工艺可以明显提高超导芯的致密度和晶粒连接性。

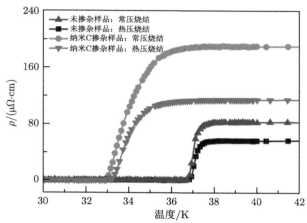

图 9-73 热压烧结和常压烧结 MgB$_2$ 带材的电阻率曲线[105]

表 9-9 热压烧结和常压烧结 MgB$_2$ 样品 (650 ℃/5 h) 的电阻特性[105]

样品	$\rho_{300\text{ K}}$/($\mu\Omega$·cm)	$\rho_{40\text{ K}}$/($\mu\Omega$·cm)	RRR	A_F
未掺杂-NO	142.29	81.09	1.75	0.119
未掺杂-HP	92.46	56.32	1.64	0.202
C-NO	257.36	190.28	1.35	0.109
C-HP	155.02	117.31	1.32	0.194

图 9-74 给出了 650 ℃/5 h 热压烧结和常压烧结 MgB$_2$ 样品在 4.2 K 下的临界电流密度曲线。很显然,所有热压烧结样品的传输 J_c 均高于常压烧结带材,例如,未掺杂样品在热压后 J_c 从 10 T 的 1700 A/cm^2 提高到了 4200 A/cm^2;而热压纳米 C 掺杂样品传输 J_c 在 10 T 时比常压样品高了 1.4 倍。从图中还能看到,热压样品 J_c 的磁场依赖性与常压样品的变化不大,说明热压烧结主要是提高了超导芯的致密度而并没有影响 C 对 B 的替代量,这也与电阻率的结果相吻合。此外,热压烧结对未掺杂样品 J_c 的提高效果更加明显。但是,这种技术只有在较低的温度下烧结才有较好的效果,当热压温度升高时,MgB$_2$ 带材的性能会明显下降。研究发现 700 ℃ 热压样品的超导芯中已经产生了很明显的宏观裂纹,而在 800 ℃ 热压后超导芯已经完全被金属包套分隔。这主要是由于厚度方向上在压力作用下引起较大的变形而导致,从而降低了热压样品的传输性能。因此,当热压压力为 100 MPa 时最佳热处理温度应该低于 700 ℃。

综上所述,热压烧结超导样品比常压烧结 MgB$_2$ 样品传输性能提高的主要原因为致密度和晶粒连接性的提高。热压样品的厚度和超导芯面积都减小,同时超导芯致密度和有效传输面积比提高,导致了临界电流密度的提高。此外,从传输 J_c-B 曲线上也可以推断出超导性能提高的主要原因是晶粒连接性的改善而不是临界磁场的提高。

另外,人们还尝试多种其他方法来努力消除孔洞,以提高晶粒连接性。NIMS 研究小组提出混合工艺[106],即先用原位 PIT 法制备出 MgB$_2$ 线材,然后提取出其中的 MgB$_2$ 超导芯并磨碎,作为先位工艺的前驱粉末。采用该方法制备出的 MgB$_2$ 线材与先位法制备的 MgB$_2$ 线材相比,临界电流密度与临界磁场均得到了改善。Columbus 公司则采用分步法[107],先将 Mg 和 B 按照原子比 1:4 混合,在高温下反应生成 MgB$_4$,再将生成的 MgB$_4$

研磨，与 Mg 粉按照 MgB$_4$:Mg = 1:1 充分混合，作为原位 PIT 工艺的前驱粉末。他们发现热处理后 MgB$_2$ 线材超导芯中的孔洞有效减少，提高了芯丝密度，在 20 K、2 T 条件下样品 J_c 达 7.8×10^4 A/cm^2。化学掺杂也是 PIT 工艺中减少孔洞的方法之一，特别是掺杂 Ag 元素可引入尺寸相对较大的 Ag$_2$O 粒子，易于填充在孔洞处，从而提高了超导相致密度，同时反应产生的纳米级 AgMg$_3$ 粒子分散在 MgB$_2$ 晶界处，也有利于提高 MgB$_2$ 的临界电流密度，例如，在 20 K、自场时，J_c 高达 2.93×10^5 A/cm^2[108]。

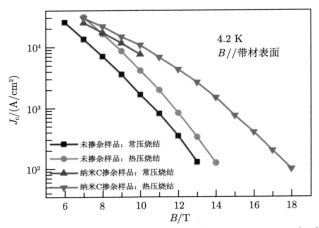

图 9-74　热压烧结和常压烧结 MgB$_2$ 样品的 J_c-B 曲线 [105]

9.8.3　提高晶界钉扎的方法

由于 MgB$_2$ 超导体不存在弱连接问题，多晶样品的晶界起着主要的钉扎作用。**图 9-75** 给出了未掺杂和己酸钇掺杂样品在 20 K 时约化钉扎力 F_p/F_p^{max} 和约化磁场 B/B_{irr} 之间的关系曲线。从图上可以看到，两个样品的钉扎特性曲线和晶界钉扎的拟合曲线吻合得非常好，这说明 MgB$_2$ 的磁通钉扎特性与 Nb$_3$Sn 超导体类似，晶界钉扎占主导作用。这表明细化晶粒可以进一步提高 MgB$_2$ 的磁通钉扎能力。

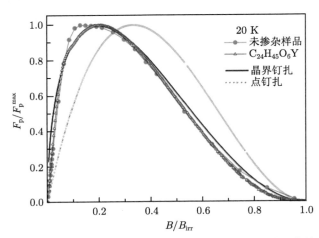

图 9-75　未掺杂和己酸钇掺杂样品的约化钉扎力和约化磁场的关系曲线

多晶 MgB$_2$ 晶界间的强耦合作用非常强，使得在非织构的样品中即可获得较高的 J_c 值，晶界对超导电流影响非常小，因此可以引入晶界钉扎来提高 MgB$_2$ 的 J_c 性能。实际上，晶粒尺寸越小，样品的临界电流密度越高，如**图 9-76** 所示[109]。而 MgB$_2$ 晶粒细化的主要途径有高能球磨和低温固相反应。

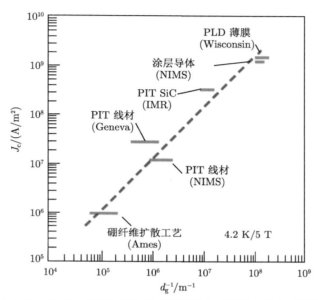

图 9-76　MgB$_2$ 超导体的临界电流密度与晶粒粒径的关系 [109]

高能球磨法 (high-energy ball milling)，又称为机械合金化 (mechanical alloying)，是通过球磨机的转动或振动使硬球对原料进行强烈的撞击、研磨和搅拌，能明显降低反应活化能、细化晶粒、增强粉体活性、诱发低温化学反应，最终把粉末粉碎为纳米级微粒的方法。高能球磨法与传统低能球磨的不同之处在于球磨的运动速度较大，使粉体产生塑性变形及相变，而传统的球磨工艺只对粉体起到破碎和混合均匀的作用。高能球磨通过搅拌器将动能通过磨球传递给作用物质，能量利用率大为提高，能极大地改善材料的性能，是一种节能、高效的粉末制备技术。影响高能球磨法的因素主要有球料比、球磨转速、研磨介质、球磨时间、球磨容器等。有时使用分散剂，目的是防止粉末团聚，加快球磨进程，提高出粉率。

高能球磨机的工作形式和搅拌磨、振动磨、行星磨有所不同，它是搅拌和振动两种工作形式的结合。高能球磨机的搅拌器和研磨介质是高速旋转体和易磨损部件，因此对上述两部件的材质要求极高。在高能球磨机的粉磨过程中，需要合理选择研磨介质 (不锈钢球、玛瑙球、碳化钨球、刚玉球、聚氨酯球等)，并控制球料比、球磨时间和合适的入料粒度。高能球磨时间往往很长，达几十甚至上百个小时，体系发热很大，因此有时需要采取降温措施。高能球磨能量 E_t 可利用下式计算[110]：

$$\frac{E_t}{m} = c\beta \frac{(\omega_p r_p)^3}{r_v} t \tag{9-20}$$

这里 $\omega_p r_p$ 为切向速度；r_v 是球磨罐半径；t 为球磨时间；β 为硬球与粉料的质量比；c 为无量纲常数。

高能球磨法合成 MgB₂ 样品的实验过程如下：首先将商业 Mg 粉和 B 粉 (非晶或晶体) 按名义成分比例配料，称量后密封在碳化钨球磨罐中进行球磨处理。根据不同的工艺参数，球磨后可以得到从 ~ 10 mm 到 ~ 10 nm 范围内不同粒径的 MgB₂ 粉末。由于 Mg 粉末 (特别是细小晶粒) 与 O₂ 容易发生反应，配料和球磨等整个合成过程必须在惰性气氛 (Ar 或 N₂) 中进行。高能球磨过程中主要发生两个过程：Mg 和 B 粒径的减小以及超过一定的球磨能量值时，Mg 和 B 两种元素发生部分反应，即出现机械合金化，形成 MgB₂，如**图 9-77** 所示。

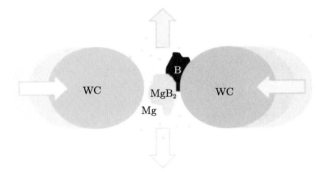

图 9-77　高能球磨法合成 MgB₂ 粉末示意图

德国 IFW 研究所最先采用机械合金化工艺制备出高性能 MgB₂ 块材[24]。他们发现高能球磨技术能够有效细化 MgB₂ 的晶粒尺寸，从而诱导大量的晶界钉扎中心，磁通钉扎力和临界电流密度得到了明显提高。进一步研究发现，较高能量下球磨得到的前驱粉可以有效提高原位 PIT 法 MgB₂ 线材的传输 J_c，如**图 9-78(a)** 所示[110]。而且由于球磨后先驱粉末的晶粒为纳米级大小，增强了前驱粉的反应活性，因此在低温 600 ℃ 下就可以形成 MgB₂ 相。在球磨速度为 250 r/min、时间 50 h 条件下，所制备的 C 掺杂 MgB₂ 带材在 4.2 K、14 T 时，其传输临界电流密度高达 10^4 A /cm²，最高 J_c 在 4.2 K、10 T 下超过了 6×10^4 A/cm²(**图 9-78(b)**)，是未采用高能球磨掺 C 样品最好性能的 3 倍[52]。意大利热那亚研究组通过高能球磨细化商业 MgB₂ 粉末原料，然后用球磨后的 MgB₂ 粉末制备得到先位 PIT 线材，其 J_c 性能也得到了明显提高[111]。和用普通混合粉末制备的样品相比，对 Mg 和 B 粉末进行高能球磨处理后所制线材的超导芯明显比较致密 (**图 9-79**)，显示晶粒连接性也获得提高[112]。由于晶粒细小，晶界钉扎在这些样品中起着主导作用。

尤为重要的是，高能球磨能够去除粉体表面的氧化物、增加粉体的表面积/体积比，从而提高了 Mg 和 B 先驱粉的反应活性，这为低活性的晶体 B 粉用于制备高性能 MgB₂ 线带材提供了一条有效途径。中国科学院电工研究所采用高能球磨有效提高了低纯 B 粉 (96%B) 制备 MgB₂ 带材的性能，发现在球磨速度为 250 r/min，球磨时间为 80 h 时传输性能最高，其 J_c 在 4.2 K、9 T 下为 2320 A/cm²[113]；随后又采用高纯 B 粉制备出了纳米碳掺杂的高性能带材样品，最高 J_c 在 4.2 K、10 T 下达到了 4.3×10^4 A/cm²[114]。该工作的实验过程如下，首先将商业 Mg 粉 (99.8%, 10 μm) 和晶体 B 粉 (96%, ~1 μm) 按原子比为 1.05:2

的比例配料, 称量后在碳化钨球磨罐中进行球磨处理 (球料比为 64:1), 配料和球磨均在高纯氩气氛条件下进行。球磨速度为 250 r/min, 球磨时间分别为 0.5 h、10 h、40 h、80 h 和 120 h。然后, 球磨后的先驱粉被制备成块材和带材。

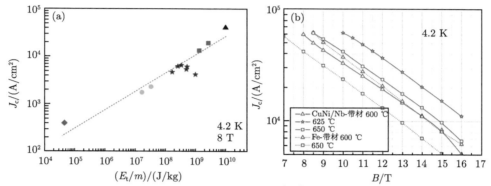

图 9-78 (a)MgB$_2$ 带材的 J_c 与球磨能量的依赖性关系 [110]; (b) 高能球磨掺 C MgB$_2$ 带材的传输 J_c-B 曲线 [52]

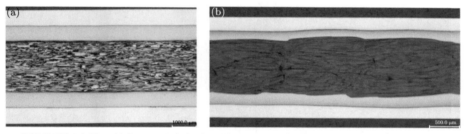

图 9-79 采用普通混合前驱粉末 (a) 和高能球磨粉末 (b) 制备的 MgB$_2$ 带材的纵向截面 SEM 照片 [2]

图 9-80 是低纯 B 粉的 XRD 图谱。大部分 B 粉的颗粒尺寸大约为 1 μm, 有些 B 粉的颗粒尺寸可达 3 μm; 低纯晶体 B 粉的主相是斜六方晶系的 β 硼 (JCPDS: 31-0207), 并且含有少量的 MgO 杂相。研究表明斜六方晶系的β 硼相当稳定, 即使在较高的温度下它仍然难以和 Mg 粉发生完全的化学反应。

图 9-81(a) 为烧结后 MgB$_2$ 块材的 XRD 图谱。可以看出, 样品的主要成分是 MgB$_2$, 同时含有少量的 MgO 和未反应的 Mg; 随着球磨时间的增加, Mg 的含量逐渐减小, 而 MgO 的含量逐渐增大。**图 9-81(b)** 为磁化法测量得到的 MgB$_2$ 块材的超导转变温度曲线。由图可以看出, 样品的超导转变温度 T_c 随着球磨时间的增加而降低, 当球磨时间为 80 h 时, 超导转变温度最低, 为 33.8 K; 进一步增加球磨时间至 120 h 时, T_c 反而略微升高至 34.0 K。和 XRD 的结果一致, T_c 的降低可能起源于 MgB$_2$ 结晶性的降低和晶格应力的增加。

图 9-82(a) 为 MgB$_2$ 块材的磁化临界电流密度随磁场的变化关系。可以看出, 随着球磨时间的增加, MgB$_2$ 的临界电流密度先增加后减小, 80 h 球磨的样品具有最大的 J_c 值; 在 5 K、6 T 条件下, 80 h 球磨的 MgB$_2$ 块材的 J_c 值达 2.8×10^4 A/cm^2。特别是自场临界电流密度也随球磨时间的增加存在先增加后减小的变化规律, 40 h 球磨样品具有最大零

场 J_c 值；球磨时间大于 40 h 样品的零场 J_c 有所降低，但是它们仍然高于 0.5 h 球磨的 MgB₂ 样品。如**图 9-82(b)** 所示，带材样品的传输临界电流密度与块材具有相同的变化趋势，80 h 球磨样品具有最好的 J_c 性能，在 4.2 K、9 T 条件下，80 h 球磨带材样品的临界电流密度为 2320 A/cm²，是 0.5 h 球磨样品的 32 倍。

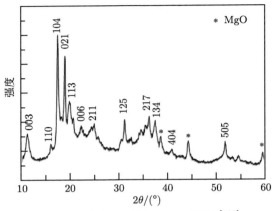

图 9-80　低纯 B 粉的 XRD 图谱 [113]

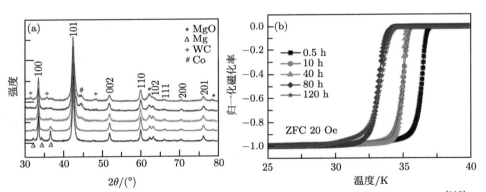

图 9-81　(a)MgB₂ 块材烧结后的 XRD 谱；(b)MgB₂ 块材的超导转变温度曲线 [113]

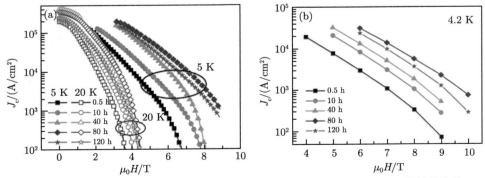

图 9-82　(a)MgB₂ 块材的磁化 J_c 随磁场的变化关系；(b)4.2 K 下 MgB₂ 带材的传输 J_c 随磁场的变化曲线 [113]

零场临界电流密度提高的主要原因是高能球磨改善了 MgB$_2$ 的晶粒连接性。**表 9-10** 给出了 MgB$_2$ 块材的电阻率和有效传输面积比 A_F。很明显，球磨时间小于 40 h 时，有效传输面积的比例随球磨时间的增加而增大，这表明 MgB$_2$ 的晶粒连接性得到了一定的改善；但是，进一步增加球磨时间时，一些不纯相如 MgO、WC 和 Co 等会发生一定富聚，从而降低 MgB$_2$ 的晶粒连接性。

表 9-10 MgB$_2$ 块材的电阻率和 A_F 值 [113]

样品	$\rho_{300\ K}/(\mu\Omega\cdot cm)$	$\rho_{40\ K}/(\mu\Omega\cdot cm)$	$\Delta\rho/(\rho_{300\ K} - \rho_{40\ K})$	A_F
0.5 h	65.1	24.7	40.4	0.156
10 h	69.0	35.5	33.5	0.189
40 h	72.2	40.5	31.7	0.199
80 h	87.8	55.3	32.5	0.194
120 h	102.9	65.0	37.9	0.167

为进一步理解球磨样品 J_c-B 性能提高的机理，利用透射电子显微镜研究了 0.5 h 和 80 h 球磨带材的微观形貌，结果如**图 9-83** 所示。从 TEM 图中可以看出，80 h 球磨带材样品的晶粒尺寸大约为 25 nm，但是 0.5 h 球磨样品的晶粒尺寸则从几十纳米到 250 nm 不等。很明显，80 h 球磨带材样品中 MgB$_2$ 超导芯的晶粒比较小，而且比较均匀。较小的晶粒尺寸可以产生更多的晶粒边界，提高 MgB$_2$ 超导体的磁通钉扎力，进而提高其 J_c 性能。此外，在 80 h 球磨样品中还观察到大量存在于晶粒间的小于 10 nm 的沉淀物和高密度的位错，这些缺陷也可以作为有效的钉扎中心。

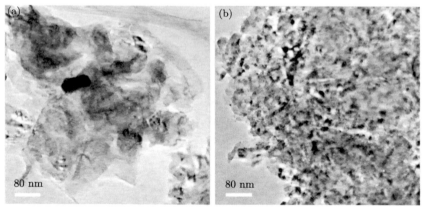

图 9-83 0.5 h(a) 和 80 h(b) 球磨 MgB$_2$ 样品的 TEM 照片 [113]

图 9-84 为 MgB$_2$ 块材的约化钉扎力随磁场的变化关系。可以看出，当磁场强度大于 1.2 T 时，钉扎力随球磨时间的增加呈先升高后降低的趋势，80 h 球磨的样品具有最大的磁通钉扎力。钉扎力提高的主要原因是晶粒细化导致的晶粒边界增多，其中晶格缺陷和杂相含量的增加也是钉扎力增加的原因之一。晶格畸变和应力增加达到最大值后，会产生一定的微裂纹，进而消除一部分晶格畸变和应力，因此，120 h 球磨样品的钉扎力有所降低。

由上看出，高能球磨可以细化 MgB$_2$ 的晶粒尺寸，并且能增加 MgB$_2$ 缺陷密度，从而提高其磁通钉扎力和 B_{c2}；高能球磨还可以有效增加 MgB$_2$ 的致密度，进而增加其有效的传输面积和晶粒连接性。因此，MgB$_2$ 的 J_c-B 性能得到大幅提高。进一步增大球磨时间，由于不纯相的增加和晶格应力的释放，MgB$_2$ 样品的有效载流面积、上临界场和钉扎力会减小，从而造成 120 h 球磨样品的 J_c 性能降低。这些研究结果表明：高能球磨工艺是提高二硼化镁 J_c-B 性能的有效途径，球磨时间是球磨加工的重要工艺参数。另外，长时间球磨先驱粉会存在较严重的团聚现象，不过通过在球磨过程中添加丙酮等有机液体，可以有效防止团聚现象，而且可以实现 C 掺杂，还避免了球磨后的烘干过程，防止了高活性先驱粉在烘干过程中的氧化，有利于制备高性能的 MgB$_2$ 线材[115]。

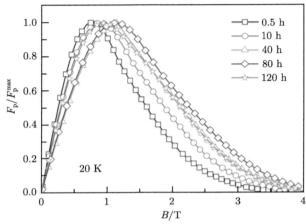

图 9-84　MgB$_2$ 块材的约化钉扎力随磁场的变化关系[113]

除了采用高能球磨可以减小 MgB$_2$ 晶粒尺寸之外，低温固相反应也是一种很有效的方法。通常反应温度越低，生成的 MgB$_2$ 晶粒尺寸越小，但由于化学掺杂，人们采用的最终热处理温度都在 650 ℃ 以上，也就是高于 Mg 的熔化温度，MgB$_2$ 晶粒由固液反应生成，即 Mg 变成液相再与 B 发生反应，这样 MgB$_2$ 晶粒尺寸一般比较大。研究发现在低于 Mg 的熔化温度下甚至在 500 ℃ 时也能够生成 MgB$_2$[111]，此时 Mg 仍然是固态，Mg 和 B 发生的是固态扩散反应，这种情况下 MgB$_2$ 晶粒尺寸更小，晶界随之增加，钉扎中心也增多，最终 MgB$_2$ 样品的载流性能也获得很大提高。

9.8.4　PIT 法线带材小结

上临界场、磁通钉扎和晶粒连接性的提高都可以有效地增加 MgB$_2$ 的传输性能，但是哪种机制对临界电流密度的影响更为显著呢？下面就三者的不同作用作一简要讨论。

如上所述，提高 MgB$_2$ 线带材磁场下传输性能非常有效的办法是掺杂，特别是 C 掺杂，但掺杂后样品传输性能曲线与未掺杂的在某个磁场下相交，即掺杂可以明显提高高场下的性能但是却同时降低了低场下的性能，如**图 9-85(a)** 所示[116]。表现为 J_c-B 曲线中，传输性能 log 后对磁场的斜率变化比较大 (**图 9-85(b)**)。与未掺杂样品相比，掺杂样品的 $|\mathrm{d}\log J_c/\mathrm{d}B|$ 数值会减小，在一定掺杂量范围内掺杂量越多，临界场越大，$|\mathrm{d}\log J_c/\mathrm{d}B|$ 数值越小。

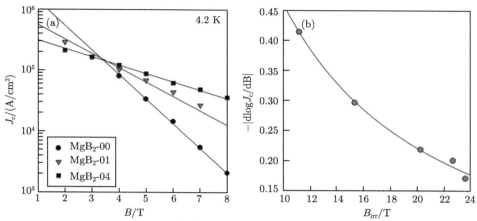

图 9-85 (a) 不同掺 C 样品的传输性能[116]; (b) 不同掺 C 样品的传输性能与磁场的斜率 $|\mathrm{d}\log J_c/\mathrm{d}B|$ 随 B_{irr} 的变化[116]

MgB$_2$ 为晶界钉扎，根据 Dew-Hughes 理论，磁通钉扎力公式可以表述为[117]

$$F_p = \frac{\mu_0 S_V B_{c2}^2 b^{1/2}(1-b)^2}{4\kappa^2} \tag{9-21}$$

式中，μ_0 为真空磁导率；S_V 为单位体积内投射在洛伦兹力方向上的晶界面积；B_{c2} 为上临界场，$b = B/B_{c2}$，κ 为 Ginzburg-Landau 参量。由于钉扎力又可以表达为 $F_p = J_c \times B$，而 $\kappa = B_{c2}/\sqrt{2}B_c$，则上式又可以改写为

$$J_c \propto \frac{(1-b)^2}{\sqrt{B_{c2}B}} \tag{9-22}$$

如果只考虑上临界场的影响，根据上式，设定 0 T 时的临界电流密度为 10^6 A/cm^2，我们选择三个上临界场数值 10 T、15 T 和 30 T，可以得到其相应的磁场下的临界电流密度曲线。从**图 9-86** 中可以看到，随着上临界场的增加，高场性能提高但同时低场性能却下降。因此可以得出结论：提高临界磁场的主要作用是改变了曲线的斜率，即提高了 MgB$_2$ 样品高场下的性能。

我们知道 MgB$_2$ 主要面向 1.5 T 磁场 MRI 系统的应用，因此低场下的传输性能显得更为重要，然而由于测试大电流条件的限制，人们往往很难获得低场下的实测数据。这样就可以使用式 (9-22) 来模拟计算 MgB$_2$ 低场下的性能，而且吻合性非常好。需要注意的是，采用式 (9-22) 模拟高场下性能数据误差较大，这可能是由于高场下的钉扎机制并不完全是面钉扎。

再来看看低温固相烧结对样品传输性能的影响。不同温度热处理的未掺杂样品的临界电流密度曲线及其拟合结果如**图 9-87(a)** 所示。从图中可以看出，与 900 ℃ 高温热处理样品相比，低温烧结样品的 J_c 性能在整个磁场下都得到了较明显的提高。这主要是低温下烧结可以细化晶粒，提高晶界钉扎力，使得样品的 J_c 数据在整个磁场下都得到了提高。与此相似，高能球磨也可以提高整个磁场下的临界电流密度，如**图 9-87(b)** 所示。

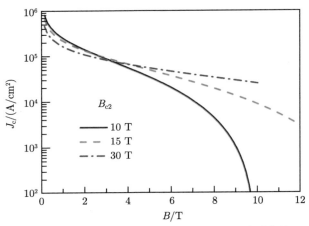

图 9-86　根据式 (9-22) 计算得到的 J_c-B 关系曲线

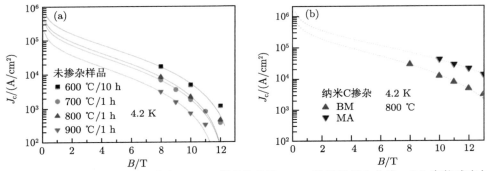

图 9-87　(a) 不同温度热处理后未掺杂 MgB₂ 样品的传输 J_c-B 数据及拟合曲线；(b) 高能球磨与普通球磨纳米 C 掺杂样品的 J_c-B 数据及拟合曲线

　　从上面的讨论可以发现，提高上临界场可以显著增加高场下的性能，且上临界场越高，J_c-B 性能提高的程度越大。晶界钉扎或者晶粒连接性的提高均可以使 MgB₂ 在整个磁场下的临界电流密度得到增加。因此，如**图 9-88** 所示，提高 MgB₂ 低场性能的方式有两种：一种是提高未掺杂样品的整体性能；对于掺杂样品，一方面可以选择或者寻找提高低场性能的掺杂剂，另一方面可以采用高能球磨或者低温固相反应法通过提高样品的磁通钉扎力来实现。

　　实际上，上面提到的某一种技术或方法并不仅仅只提高 MgB₂ 超导体的单一特性，往往多种特性 (临界磁场、钉扎性能和晶粒连接性) 都可能会获得提高，只是有所偏重而已。比如掺杂含 C 物质主要是电子散射增强提高了上临界场，同时没有反应的纳米级 C 颗粒在晶界处也能起到钉扎作用，从而在一定程度上提高了钉扎力。如果样品中的磁通钉扎能力还不够强，这时还需要结合其他方法，比如可以通过高能球磨或者低温固相反应等来进一步提高其钉扎力。而对于 PIT 法制备的样品往往还可以通过施加压力来提高超导芯的晶粒连接性。因此，人们通常结合多个方法或者工艺来制备出高性能的 MgB₂ 超导体，比如将纳米 C 掺杂分别与高能球磨或热等静压相结合，可以使上临界场、磁通钉扎力和晶粒连接性都得到相应提高，进而综合提高了 MgB₂ 传输性能。由此可见，多种制备方法相结合的途径将是今后制备高性能 MgB_2 超导材料的发展趋势。

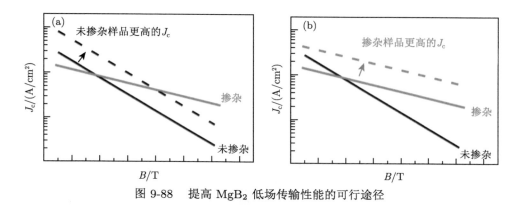

图 9-88 提高 MgB_2 低场传输性能的可行途径

9.9 中心镁扩散法制备 MgB_2 线材

如上所述，PIT 法制备 MgB_2 线带材时，即使经过轧制加工后，先驱粉颗粒之间也难免有一定空隙，特别是原位法在 Mg 和 B 反应生成 MgB_2 的过程中体积是缩小的，这不可避免地会产生很多孔洞，使得 MgB_2 相密度只有理论密度的 50%，致密度较低，减少了 MgB_2 线带材的有效载流面积。为了解决这一难题，Giunchi 等最先开发出 IMD 技术[42]，并在近些年来得到了广泛关注。IMD 技术通过 Mg 向 B 扩散的原理，有效解决了 MgB_2 芯丝密度低的问题，得到几乎 100% 致密的 MgB_2 层 (**图 9-89(a)**)，相比传统 PIT 技术，临界电流密度 J_c 得到了显著提高。目前 IMD 单芯短线材的最高传输性能 J_c 在 4.2 K、10 T 下高达 $1.5×10^5$ A/cm^2、多芯短样品 J_c 在 4.2 K、10 T 下仍达到 $7.1×10^4$ A/cm^2，是采用相同 B 粉制备的 PIT 多芯短样品性能的 2 倍[44]。可以看出，无论是传输临界电流密度还是工程电流密度，采用 IMD 法制备的线材性能均已经超过了 PIT 法，如**图 9-89(b)**所示。因此，IMD 工艺被认为是第二代 MgB_2 超导线材制备技术。

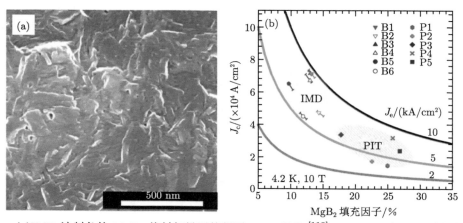

图 9-89 (a)IMD 法制备的 MgB_2 线材超导层的断面 SEM 照片[118]；(b)IMD 和 PIT 法制备 MgB_2 样品的传输性能对比[44]

9.9.1　IMD 工艺特点

2003 年，Giunchi 等 [42] 首先采用 IMD 法制备出中间 Mg 扩散的单芯和 7 芯的 MgB$_2$ 超导线材。该方法是在 Nb/钢复合套管的中心位置放置一根 Mg 棒，并将 B 粉填充到金属包套和 Mg 棒中间，然后拉拔成线材，最终进行热处理，使得 Mg 熔化后扩散到周围的 B 粉中形成致密的 MgB$_2$ 超导层，如**图 9-90** 所示。该线材在没有化学掺杂的情况下，传输 J_c 达到 10^4 A/cm^2(4.2 K, 6 T)。但是由于中间孔洞的面积太大，I_c 并不高，当时并没有引起人们的重视。另外，成也萧何，败也萧何，通过 Mg 扩散反应基本消除了 MgB$_2$ 超导层中的孔洞，但这又降低了其力学性能，不利于线材的磁体绕制。

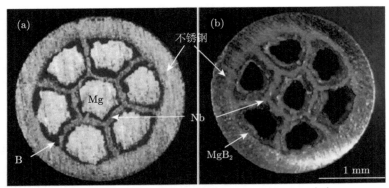

图 9-90　典型的 IMD 法 MgB$_2$ 线材的横截面 [42]

(a) 热处理前; (b) 热处理后，图中 Mg 棒熔化扩散后留下的 7 个大柱状孔洞清晰可见

IMD 线材在热处理过程中，Mg 熔化并扩散进入 B 层。当 B 生成 MgB$_2$ 时，其摩尔体积从原来的 4.59 cm^3/mol 增加到 17.46 cm^3/mol，由于 B→MgB$_2$ 反应所伴随的体积膨胀，初始 B 层中的空隙被完全填充。最终，完全致密的 MgB$_2$ 层取代了初始 B 层。实际上，即使热处理温度低于 Mg 的熔点温度 (650 ℃) 时，Mg 也能很快地扩散到 B 粉中，因为 Mg 和 B 反应是放热反应，会使 Mg 棒周围温度升高，而低温热处理能够抑制晶粒的生长，有利于提高晶界钉扎。一开始，人们认为 IMD 法的反应过程可能具有以下三个特征 [42]：①自蔓延反应，即 Mg 可以长距离渗透与 B 反应；②生成接近理论密度的反应层；③ 对 B 粉的结晶性和粒径不太敏感。随后的研究表明以下 IMD 法 MgB$_2$ 超导层的生成过程更符合实际情况 [44]：①中心 Mg 棒熔化后快速扩散进入周围 B 粉中，但扩散距离非常短；② Mg 与 B 反应在 Mg 棒表面附近形成几乎达到理论密度的 MgB$_2$ 层，主要原因是 B 在生成 MgB$_2$ 超导相时摩尔体积将提高 4 倍，因此 B 粉之间的空隙几乎完全被 MgB$_2$ 超导相填满；③ Mg 通过致密的 MgB$_2$ 反应层继续向剩余的 B 粉处扩散，但扩散的速度远低于前两步的速度。正因如此，实际上 Mg 的扩散是无法自蔓延进行的。相反，MgB$_2$ 超导层厚度的增长会在反应一开始不久就几乎终止，从而减小了 MgB$_2$ 超导相比例和临界电流。

9.9.2　影响 IMD 线材超导性能的主要因素

9.9.2.1　B 粉质量

B 粉质量对 IMD-MgB$_2$ 线材的性能有很大影响，包括 B 粉的结构、形貌、粒径和纯度等。研究发现采用无定形 B 粉制备的 IMD-MgB$_2$ 线带材的临界电流密度比用晶体 B 粉制备的高出一个数量级，B 粉纯度越高越有利于提高 MgB₂ 线带材的临界电流密度。**图 9-91** 显示的是采用不同 B 粉制备的 IMD-MgB₂ 超导线材在不同磁场下的性能[119]。从图中看出，B 粉的质量对线材的超导性能起着至关重要的作用，并且 B 粉纯度比颗粒尺寸对超导性能的影响更大。Wang 等采用掺杂纳米 C 的低纯 B 粉制备出高性能 IMD 线材，J_c 达到 4.8×10^4 A/cm²(4.2 K, 10 T)，而且还发现 IMD 法制备样品的传输 J_c 对 B 粉纯度的敏感程度小于 PIT 法样品[120]。随后他们进一步研究了无定形 B 和三种不同结晶 B 粉对纳米 C 掺杂 IMD 线材微观结构和 J_c 的影响。结果表明 B 粉纯度对 MgB₂ 样品性能的影响远大于 B 粉粒径[121]。但是球磨粉中过多的杂质相，如 MgO、球磨介质 WC 等阻碍了电流通过，从而降低了 J_c。

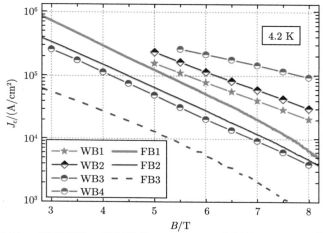

图 9-91　使用不同 B 粉制备的 IMD-MgB₂ 线材的 J_c-B 曲线 [119]

实际上，IMD 法对 B 粉的粒径也非常敏感，虽然最终生成的 MgB₂ 晶粒尺寸与原始 B 粉末的粒径没有相关性。这是因为如果原始 B 粉的粒径比较大，则会导致扩散反应不充分，从而造成多余 B 粉和富硼层残留于 MgB₂ 超导相中 (**图 9-92**)，这些因素都会降低线材的载流性能。因此，为了减少超导层中未反应的 B 粉，人们普遍使用纳米级 B 粉来制备高性能 IMD-MgB₂ 线材。常用的商业纳米 B 粉末主要包括美国 SMI 公司生产的平均粒径为 50 nm 的纳米级碳掺杂 B 粉末 (常含有 BCl₃)，以及土耳其 Pavezyum 公司的纳米级 B 粉末，其晶粒尺寸小于 250 nm，纯度为 98.5%，不含 Cl。例如 OSU 研究小组采用 SMI 纳米 B 粉，制备出直径 0.55 mm 的高性能 IMD-MgB₂ 线材，在 4.2 K、10 T 下，其 J_c 高达 1.07×10^5 A/cm²[118]。由于 B 粉中的 Cl 很活泼，易与 O 发生反应，因而可以纯化 MgB₂ 相，提高 T_c，但富 Cl 杂质聚集在晶界处，则会降低超导层的载流能力，从而降低线材的 J_c。NIMS 小组采用聚二甲基苯 C_8H_{10} 除去 SMI 纳米 B 粉中部分残留的 Cl 之后，明显提高了线材的载流性能[122]。由此可见，高质量 B 粉是获得高性能 IMD-MgB₂ 线材的前提条件。从降低生产成本的角度来说，采用成本较低的结晶 B 或许是更好的选择。

9.9.2.2　C 掺杂

目前，掺杂效果较好的物质主要集中在含碳物质上，包括纳米 SiC、纳米 C、碳纳米管、石墨烯、碳氢化合物等。不过，纳米级碳源在与 Mg 和 B 粉末进行混合时，由于较大的表面能，容易造成团聚。因此，C 掺杂看起来似乎很简单，但实际上，为了达到理想的均匀掺杂效果，需根据 C 材料自身的特点来选择合适的分散方法，如固相法、液相法和气相法。固相法通常采用研磨或球磨手段对纳米掺杂剂 (如 SiC、C 等) 进行混合、分散，但易出现团聚现象。液相法利用有机碳源的可溶解性，可在 B 颗粒上包覆有机碳源，如六苯并苯 ($C_{24}H_{12}$)、甲苯、丙酮等。热处理过程中，有机碳源受热分解原位生成的 C 分布均匀，碳硼之间界面新鲜洁净，反应活性高。然而，有机溶剂由于高挥发性，其掺 C 量要比纳米碳源低不少。

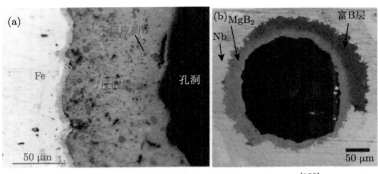

图 9-92　IMD-MgB₂ 线材超导层中残留的 (a) 未反应的 B 颗粒 [123] 和 (b) 富 B 相 [124]

近年来，一种更高效的掺杂工艺——气相等离子体合成引起了人们的关注。SMI 公司利用甲烷 (CH_4) 气体与 BCl_3 气体在裂解炉内同时分解或热解，获得了碳包覆 B 纳米前驱体粉 [125]。与 SiC 掺杂样品和苹果酸掺杂样品相比，采用这种碳包覆 B 粉制备的 IMD 样品显示出较高的不可逆场和 J_c，主要原因是原位生成的碳包覆 B 界面洁净更有利于 C 有效地取代 B 位。OSU 研究小组采用这种碳包覆 B 粉 (含碳量为 3%) 结合 IMD 技术，制备出世界上临界电流密度最高的 MgB₂ 线材，其 J_c 高达 1.5×10^5 A/cm²(4.2 K, 10 T)，如**图 9-93(a)** 所示 [44]。他们还尝试采用纳米 C 和 Dy_2O_3 混合掺杂合成 IMD 线材，发现在 4.2 K、低场下 J_c 没有明显增强，但在 4.2 K、10 T 下 J_c 有所改善，相比未掺杂 Dy_2O_3 的样品高出 30%，特别是在 20 ~ 30 K 时 J_c 获得显著提高 [124]。NIMS 小组先采用 5% SiC 掺杂，中间插入 Mg 棒的方法制备出 Fe 包套的 IMD 线材，该线材在 4.2 K、8 T 下，J_c 达到 10^5 A/cm²，这一结果是原位 PIT 法线材的两倍以上 [126]。随后他们采用 $C_{24}H_{12}$ 包覆的 B 粉，通过 IMD 法得到临界电流密度为 1.07×10^5 A/cm²(4.2 K, 10 T) 的高性能 ϕ0.6 mm MgB₂ 线材，其工程电流密度更是高达 1.12×10^4 A/cm²，如**图 9-93(b)** 所示 [127]，图中所有线材在 670 ℃ 下烧结 6 h。而添加了 10%SiC 的线材在 4.2 K 和 10 T 下的 J_c 只有 3.3×10^4 A/cm²，远低于添加 5% $C_{24}H_{12}$ 的样品的 J_c。这表明 $C_{24}H_{12}$ 是比 SiC 更有效的碳源，并且不含有 Si 杂质。另外，掺杂后，线材的不可逆场也获得大幅提升，高达 25 T。以上结果显示六苯并苯，即 $C_{24}H_{12}$，是制备高性能 MgB₂ 线材非常有效的高活性碳源，因为①$C_{24}H_{12}$ 具有较高的碳含量 (96wt%) 和少量氢 (杂质)，②$C_{24}H_{12}$ 的分解温度 (600 ℃) 接近 Mg 与 B 之间的反应温度，③由于 $C_{24}H_{12}$ 的熔点 (438 ℃) 低于分解温度，600 ℃ 下分解可形成新鲜的纳米级 C，并且均匀分散在 B 颗粒的表面上。这样，C 的均匀分布非常有利于 C 对 B 的替代。

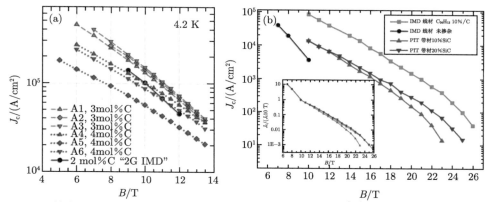

图 9-93 (a) 掺杂不同 C 含量的 IMD-MgB₂ 线材的传输 J_c-B 曲线 [44]; (b) 不同掺杂 IMD 线材在 4.2 K 时的 J_c-B 曲线 [127]

图 9-94 是不同纳米 C 掺杂量的 IMD 法 MgB₂ 线材的传输 J_c-B 曲线。可以看出,纳米 C 掺杂后 IMD 法制备 MgB₂ 线材的传输临界电流密度都得到了提高。随着纳米 C 掺杂量的增加,样品的传输 J_c 先提高后降低;当掺杂量为 8% 时,样品的传输 J_c 达到了最高值,在 4.2 K 和 10 T 时传输临界电流密度达到了 6.2×10^4 A/cm²。在纳米 C 掺杂的 PIT 法样品中,同样也是当 C 掺杂量为 8% 时样品的传输 J_c 达到了最高值,在 4.2 K 和 10 T 时传输临界电流密度达到了 2.2×10^4 A/cm²。可见,C 掺杂对两种方法制备样品传输性能提高的机理是相同的,都是临界磁场和钉扎力的提高,只是由于 IMD 法超导反应层的致密度更高才使得 IMD 法制备样品具有更高的临界电流密度。

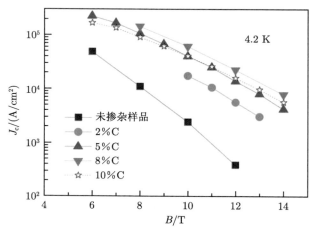

图 9-94 不同纳米 C 掺杂量的 IMD 法 MgB₂ 线材的传输 J_c-B 曲线

由上可以看出,与未掺杂样品相比,所有掺杂样品都表现出优异的 J_c 和 J_e 性能。因此,化学掺杂特别是 C 基物质掺杂仍然是 IMD 法线材提高 MgB₂ 临界电流密度的最有效方法。

9.9.2.3 热处理工艺

热处理工艺也是影响 IMD 法 MgB$_2$ 线材性能的另一个重要因素，主要原因是热处理工艺决定了线材的微观结构，从而决定了线材承载电流的能力。已有研究表明 IMD-MgB$_2$ 线材的 T_c 和临界电流 I_c 都与热处理温度有关。T_c 随热处理温度升高而增加，而 I_c 在 640 ℃ 的热处理温度下达到最高值，如**图 9-95** 所示 [128]。当热处理温度超过 650 ℃ 后，尽管超导层中的 MgB$_2$ 含量不断增加，但由于高温形成的反应层厚度不均匀反而导致线材的 I_c 迅速下降，因此，750 ℃ 热处理线材的 I_c 几乎为零。微结构分析表明，热处理后仍有一些未反应完全的 B 颗粒残留在超导层中。提高热处理温度至 Mg 的熔点以上，虽然可以减少残余 B 颗粒的含量，但由于 Mg 快速且不均匀地向 B 颗粒间隙扩散，常会造成不均匀的超导相组织。因此，为了获得均匀致密的超导层，需要通过优化热处理工艺来精准调控 Mg 的渗透和扩散。

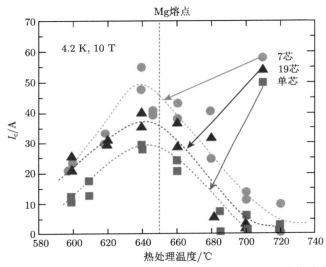

图 9-95 单芯、7 芯和 19 芯 IMD 线材的临界电流与热处理温度的关系 [128]。热处理时间为 1 h

最佳热处理工艺往往取决于制备工艺和掺杂剂种类。天津大学团队利用铜箔包覆 Mg 棒在 600 ℃/20 h 的低温条件下，获得了高性能 IMD-MgB$_2$ 线材，且超导层中几乎不存在未反应完全的 B 颗粒 [129]。该方法的特点是利用 Mg 和 Cu 在低于 Mg 熔点的温度下 (475 ~ 500 ℃) 生成 Mg-Cu 液相，该液相聚集在 Mg 棒和 B 粉之间，为 Mg 向 B 扩散提供了快速通道，提高了 Mg 的扩散距离。NIMS 小组发现增加超导芯数也可以降低 IMD-线材的热处理温度 [130]。由于多芯线中的 B 层厚度较小，Mg 在较低的温度下就能穿透 B 层形成 MgB$_2$。因此，经 600 ℃/1 h 热处理后就可获得高 J_c。而单芯线中的 B 层厚度较大，需要更高的热处理温度才能使 Mg 穿透整个 B 层，例如，需要 670 ℃/3 h 热处理才能达到相近性能。不过对于单芯线材，直径越小，保温时间越短，这是因为 Mg 通过 B 层传输的总距离较短 [118]。需要注意的是 MgB$_2$ 线带材在低温烧结时，可以获得较小的晶粒和较好的晶界钉扎，但是只有在较高热处理温度时才能实现纳米 C 的有效掺杂。因此，优化热处理工艺一定要兼顾两方面的平衡，制备出的 IMD 线材才能获得较佳的磁通钉扎能力和临界电流密度。

9.9.3 IMD 线材的实用化研究

9.9.3.1 多芯线材

超导材料在使用过程中, 由于某种扰动 (如磁通跳跃、机械扰动等), 可能从超导态转变为正常态, 即发生失超。超导线带材在实际使用时, 必须考虑如何消除失超, 或者防止失超区域失控地向外扩散。将超导线带材做成小于一定尺寸的细丝有助于有效消除瞬变扰动。因此, 从超导体的稳定性等角度考虑, 还需要将超导导线制备成多芯超导线材, 以降低磁通跳跃、减少交流损耗。对于 IMD 法 MgB₂ 线材来说, 多芯技术还可以显著减小 Mg 的扩散距离, 从而减少甚至避免富硼层的出现。

Togano 等以 Cu-Ni 合金为包套管, Ta 为阻隔层, 中心加以 Mg 棒并在周围填充 B+SiC 粉在 645 ℃ 下热处理制备了 7 芯 MgB₂ 超导线材[131], 传输 J_c 在 4.2 K、10 T 下达到 8.7×10^4 A/cm² ($I_c = 39$ A); 20 K、2.5 T 下, J_c 达到 1.1×10^5 A/cm² ($I_c = 51.1$ A), 其 J_c 性能已经超过原位 PIT 法线带材。进一步优化条件后, 该组使用该方法制备的 19 芯 MgB₂ 线材 J_c 在 4.2 K、10 T 下更是高达 9.9×10^4 A/cm²。**图 9-96(a)** 是 IMD 法 MgB₂ 多芯导体结构设计示意图。他们认为 19 芯 IMD 线材是高性能 MgB₂ 线材的较佳选择, 因为 19 芯 IMD 线材中的 MgB₂ 芯丝更细, Mg 向 B 扩散的距离短, MgB₂ 层反应更完整, 与单芯

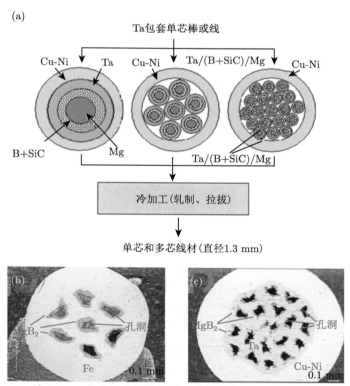

图 9-96　(a)IMD 法 MgB₂ 多芯导体结构设计示意图；热处理后 MgB₂ 线材的典型横截面
(b)7 芯和 (c)19 芯 [43]

线材相比，多芯线材还可有效降低使用过程中的交流损耗，更适合实用化生产。Sumption 课题组采用 IMD 技术，以 Ni 为阻隔层，Monel 合金作包套材料，掺杂 3mol% 的纳米 C 粉，制备出 18 芯 MgB$_2$ 线材，在 4.2 K、10 T 下的临界电流密度可达 7.4×10^4 A/cm^2，高出相同掺杂量的 18 芯 PIT 线材 2 倍 [44]。NIMS 团队通过 IMD 技术，使用 99%、粒度为 43 μm 的 B 粉掺杂摩尔比为 10% 的 SiC，尝试加工出 37 芯 MgB$_2$ 超导线材，其 J_c 为 7.6×10^4 A/cm^2 (4.2 K, 10 T)，高于同等条件下的单芯和 7 芯线材；即使不掺杂，在 20 K、3 T 下 J_c 也达到 1.6×10^5 A/cm^2。随后，中国科学院电工研究所、斯洛伐克科学院、西北有色金属研究院等单位采用 IMD 法也制备出高性能多芯 MgB$_2$ 超导线材。

9.9.3.2　提高工程电流密度

IMD 技术制备 MgB$_2$ 线材中层的芯丝结构非常致密，近乎 100%，临界电流密度 J_c 显著高于传统 PIT 技术。但由于 MgB$_2$ 超导层厚度仅有 30 ~ 50 μm，芯超比一般 ~ 10%，且中心孔洞占据了截面积的大部分比例，因此，线材整体工程临界电流密度 (J_e) 整体偏低，不利于工程应用，这也是 IMD 技术目前最需解决的问题之一。

我们知道，$J_e = J_c \times$ 芯超比，这里芯超比 $= S_{超导层}/S_{总面积}$。要获得更高的 J_e，在制备 IMD 线材时需要考虑以下三个因素：① 尽量提高临界电流密度 J_c，这是提高 J_e 最直接的方法。一般情况下选用高质量 B 粉和有效的掺杂剂可提高线材的临界电流密度。② 增加 MgB$_2$ 层的厚度。超导层厚度随粉末装管密度的增大而增大，J_e 相应升高。目前 IMD 线材的芯超比仅有 10% 左右，明显小于 PIT 技术，因此，优化起始粉末和提高装管密度是增加芯超比的有效方法。人们通过计算得出了 B 粉填充公式为 $P = 2V_B/V_{MgB_2}$，认为理想的 B 粉填充因子应为 51% ~ 53%[132]。如果 B 粉填充因子太大，会过早形成致密的 MgB$_2$ 层，从而阻止 Mg 的进一步扩散渗透，导致 B 粉过剩。③ 线材芯丝尽量完全反应。在 IMD 单芯线材中，由于 Mg 的扩散距离短，仅有 30 ~ 50 μm，有大量未反应完全的 B 粉，导致 MgB$_2$ 层外围形成一层富硼层。富硼层的存在不但降低了 MgB$_2$ 线材的临界电流密度，还能造成热隔离使 MgB$_2$ 线材失超。采用多芯线结构或者加工成小直径线材有利于解决芯丝反应不完全的问题。围绕上述问题，人们开展了大量的工作，包括掺杂促进 MgB$_2$ 超导层的生长、优化线材的芯丝数目、减小前驱 B 粉粒度以及优化热处理条件等。目前高性能 IMD 法 MgB$_2$ 线材的 J_e 高达 1.67×10^4 A/cm^2 (4.2 K, 10 T)[118]。另外，从提高晶粒连接性和填充因子角度考虑，Xu 等使用 MgB$_4$ 先驱粉制备了 IMD 法七芯 MgB$_2$ 线材 [133]。研究表明使用 MgB$_4$ 先驱粉制备的 MgB$_2$ 线材的超导相填充率大约为使用 B 先驱粉所得线材的两倍，有效提高了工程临界电流密度，有利于超导线材的实际应用。

如上所述，IMD 法使用纯 Mg 棒作为 Mg 的来源，但 Mg 棒的扩散距离太短，往往反应结束了仍有许多未反应的 B 粉。针对这一问题，日本 NIMS 团队将 IMD 和 PIT 技术结合起来，在 B 粉中加入少量 Mg 粉，并相应减小 Mg 棒直径，以增加粉末填充因子，减少中心 Mg 棒的渗透距离和未反应的 B 粉，烧结后 MgB$_2$ 层厚度明显增大，最终大幅提高了 IMD 线材的芯超比及工程电流密度，如**图 9-97(a)** 所示 [134]。他们还发现随着 Mg 粉含量的增加，J_c 是先增大后减小，当 Mg 粉含量超过 6% 时，J_c 才开始降低，而最大值 J_c 在 4.2 K、10 T 时为 5×10^4 A/cm^2。斯洛伐克小组对 IMD 法进行了改进，即用 Mg 管代替 Mg 棒，管内填充 B 粉 (**图 9-97(b)**)，在保证临界电流密度的同时也极大提高了晶粒的连接性及 MgB₂ 芯丝密度[135]。

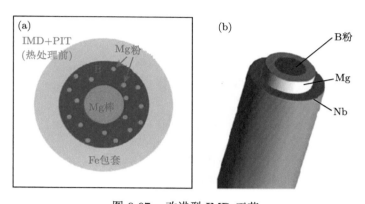

图 9-97　改进型 IMD 工艺

(a) 混合法[134]；(b)Mg 管法[135]

9.9.3.3　IMD 法长线制备

MgB₂ 线材要实现应用，必须制备成均匀的长线。对于 IMD 法来说，由于 Mg 棒塑性差，拉拔轧制过程中易造成线材超导芯丝的断裂。因此，如何制备出性能均匀的 MgB₂ 长线是目前 IMD 技术面临的最主要挑战。

Giunchi 等在 2013 年最先研制出百米级单芯 IMD-MgB₂ 长线，不过其临界电流密度并不是很高，在 4.2 K、10 T 下仅有 5×10^3 A/cm²[136]。NIMS 研究组采用六苯并苯作为碳源制备出了百米级长度的单芯 IMD 法 MgB₂ 线材，其临界电流密度得到了较大的提高，在 4.2 K、10 T 下达到了 3.6×10^4 A/cm²[137]。此外，他们还对线材结构和性能均匀性进行了分析，认为对 IMD 长线而言，套管的选择与组装非常重要，特别是 Mg 棒要位于套管中心才能保证 Mg 丝的变形均匀性，其次还要选择合适的冷加工工艺和退火工艺。2016年，中国科学院电工研究所采用 IMD 工艺成功制备出百米级 6 芯 MgB₂ 超导长线，其 J_c 在 4.2 K、10 T 下达到 4.5×10^4 A/cm²，是目前已报道的百米级 IMD 线材的最高性能，接近 IMD 多芯短样的性能，并且 J_c 沿线材长度方向分布均匀[138]。随后 2018 年，西北有色金属研究院以石墨烯作掺杂剂采用 IMD 法也成功制备出高性能百米级 7 芯 MgB₂ 超导长线[139]。下面将介绍作者课题组采用 IMD 法制备百米级 6 芯 MgB₂ 超导线材的工作，同时分析了长线样品的微观结构、传输性能、应力应变特性及长线的均匀性[138]。

6 芯 IMD 法长线的制备工艺如下：原材料分别为镁棒 (99.95%)，结晶 B 粉 (1 μm，99.999%) 和纳米 C 掺杂剂 (20～30 nm，无定形)。先将原子比为 8% 的纳米 C 粉与 B 粉在 250 r/min 转速下于空气中球磨半个小时使其混合均匀，将直径为 3 mm 的 Mg 棒预先固定在外径为 8.5 mm 内径为 6.1 mm 的铌管中轴线上，将 C 与 B 粉的混合粉末填充进 Mg 棒与铌管的间隙中。两端封口后进行旋锻至 3.3 mm，再将 6 根该线材与同样直径为 3.3 mm 的铌线集束装入外径为 12.9 mm 内径为 10.3 mm 的蒙乃尔合金管中，使铌线在中心。然后继续拉拔，在外径为 1.73 mm、1.53 mm 和 1.2 mm 时各截取 1 m 左右，最后整根 6 芯线材拉拔至 1.02 mm，线材总长 101 m，整个冷加工过程中并没有进行中间退火，如**图 9-98** 所示。最终将样品截成长度约 40 mm 的样品，用 Ti 箔包裹后在流动的高纯氩气中进行烧结处理，烧结工艺为 650 ℃，保温时间均为 5 h，然后随炉冷却至室温。

图 9-98　IMD 法制备的百米级 6 芯 MgB₂ 线材 [138]

　　图 9-99 是不同直径百米级 6 芯 MgB₂ 线材横截面的光学显微镜照片。从图 **(a)** 和 **(b)** 中可以看出，直径为 1.73 mm 线材的 MgB₂ 反应层及各个芯的区域都是规则的；当线材直径继续降低至 1.02 mm 时，反应层的分布仍然是均匀的，表明 6 芯结构比 7 芯结构更有利于制备均匀的 IMD 法超导线材。MgB₂ 的填充因子并没有随线材直径的变化而明显改

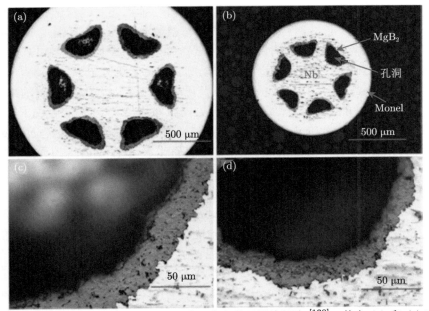

图 9-99　不同直径百米级 6 芯 MgB₂ 线材横截面的光学显微镜照片 [138]，其中 (a) 和 (c) 直径为 1.73 mm，(b) 和 (d) 直径为 1.02 mm

变，基本在 7% 左右。同时，非阻隔层面积百分数也几乎不受直径的影响，数值保持在 18.2% 和 18.9% 之间；这些结果表明金属包套、中心 Mg 棒及 B 层在拉拔过程中基本上是均匀变形的。在超导线中心采用铌棒的主要目的是提高 IMD 线材的机械性能，这与 PIT 法制备线材中使用铌棒的目的相同。此外，中心金属棒除了作为加强芯外，更有利于制备均匀的长线，如果中心采用较脆的超导芯则容易导致超导线材的局部破损。这主要是由于多芯线材在拉拔过程中其中心部位受到的力比较复杂，如果中心线材仍然采用超导线，则 Mg 棒或者 B 层在拉拔过程中很容易局部破裂，影响长线的均匀性制备。图 (c) 和 (d) 是直径 1.73 mm 和 1.02 mm 线材 MgB₂ 反应层的局部放大图片，从图中可以看出，MgB₂ 反应层的厚度分别为 50 μm 和 35 μm；线材直径为 1.73 mm 时就看不到金属包套附近富集的 B 层了，表明 Mg 可以很容易地扩散进入 B 层并与之反应。该现象与单芯 IMD 法线材的规律不同，单芯线的直径较大时 (如 1.73 mm) 仍然能看到较明显的在金属包套附近富集的 B 层。此外，由于原始 B 粉的粒径比较大，在多芯线中仍然有富 B 颗粒的存在。

从**图 9-100** 中可以看出，直径为 1.02 mm 的百米级 6 芯线材的传输临界电流密度在 8 T 和 10 T 时分别为 1.2×10^5 A/cm² 和 4.6×10^4 A/cm²。不过这些 J_c 数值仍然低于多芯短样的最好数据，相信在减少富 B 颗粒后长线的传输性能会得到进一步提高。此外，还可发现尽管 6 芯线材的直径不同，它们的传输性能却几乎一样。与之相似，它们的工程电流密度 J_e 也都不随线径的变化而变化，J_e 在 8 T、10 T 时分别为 8.4×10^3 A/cm²、4×10^3 A/cm²。这主要是因为该 6 芯长线的 MgB₂ 填充因子不随线径变化，这在一定程度上说明线材在制备过程中是均匀变化的。

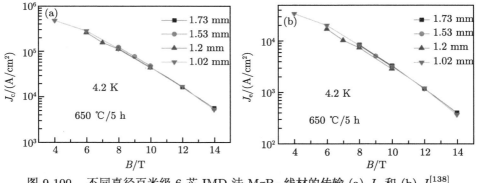

图 9-100　不同直径百米级 6 芯 IMD 法 MgB₂ 线材的传输 (a) J_c 和 (b) J_e[138]

图 9-101 是百米级 6 芯 MgB₂ 线材在室温下的应力应变曲线，拉力作用于线材的轴向方向，线材直径为 1.02 mm，载荷施加速率为 2 mm/min。从图中可以看出，冷拔态下线材的强度比较大，最大拉伸强度达到了 813 MPa。而退火态的 6 芯 MgB₂ 线材的应力应变曲线表明其机械性能主要是金属包套起主导作用；但是由于在退火时金属包套变软，拉伸强度只有冷拔态时的一半，不过塑性明显增强，延伸率从冷拔态的 1% 提高到了 24%。然而，由于超导线材的传输性能一般在应变达到 0.6% 时就发生急剧衰减，因此屈服强度的数值就显得尤为重要。

从**表 9-11** 中可以看出，退火后 IMD 线材的屈服强度和杨氏模量在室温下分别达到了 264 MPa 和 52 GPa；这些数据与相同规格铁包套 PIT 线材 (1 mm×1 mm 方线) 的相近，

PIT 线材的屈服强度和杨氏模量在室温下分别为 185 MPa 和 60 GPa[140]。此外，人们还报道 IMD 法线材可能具有比 PIT 法线材更高的不可逆应变，且 IMD 法线材超导性能更不容易被外力影响，这可能是由于 PIT 法中 MgB$_2$ 超导芯是疏松多孔状结构，而 IMD 法线材的 MgB$_2$ 反应层非常致密。

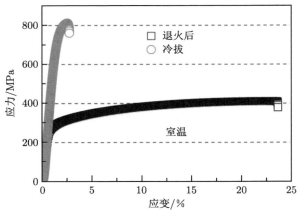

图 9-101　直径为 1.02 mm 时 6 芯 MgB$_2$ 线材的应力应变曲线 [138]

表 9-11　直径为 1.02 mm 时 6 芯 MgB$_2$ 线材的力学特性参数 [138]

编号	样品尺寸/mm	样品条件	杨氏模量/GPa	屈服强度/MPa	最大拉伸强度/MPa	塑性/%
1	1.02	冷拔	60	731	813	2.8
2	1.02	退火后	52	264	410	23.7

　　IMD 法超导长线的均匀性制备对其将来能否应用非常关键。为了表征传输电流密度在整根百米线上的均匀性，每隔 10 m 便测量该部位的临界电流密度。**图 9-102(a)** 是百米级 6 芯 MgB$_2$ 线材传输临界电流密度 (4.2 K, 8 T) 的均匀性分布曲线。经过计算这些传输 J_c 的标准方差为 3820 A/cm^2，平均传输 J_c 为 1.15×10^5 A/cm^2，在长度方向上的不均匀度仅为 3.3%，表明传输临界电流密度在整根长线上的分布是比较均匀的。对于超导长线，局部最低的传输数据是决定整根线材性能的关键点，从图中看出该线材的最低传输 J_c 为 1.09×10^5 A/cm^2，非常接近平均数值，表明线材的长度方向上缺陷较少。另外，从长线上截取了两段 26 m 长的线材采用先绕制后反应的工艺绕制了两个 MgB$_2$ 螺线管线圈，并对线圈的传输性能进行了测试，如**图 9-102(b)** 所示 [140]。可以看出，线圈在磁场下的传输性能非常接近短样品，表明所制备的多芯长线具有很好的均匀性。其中一个线圈在 4.2 K 和零场下，传输电流最大加载到 599 A，螺线管中心磁场达到 1.67 T。

　　超导材料实用化指标中除了传输性能、力学性能和均匀性外，还需要考虑稳定性。人们通常用 n 值 (或称为 n 指数) 来评价超导材料长期维持稳定电流的能力，n 值越高表明样品传输电流从超导态转变到正常态时 V-I 曲线越陡。当 n 值比较大时 ($n>30$)，说明超导体具有较强的钉扎能力并且均匀性比较好；当线带材中出现 "香肠" 结构、孔洞、微裂纹等缺陷时，n 值会减小，因此，从 n 值的大小也可以大致判断出超导体的均匀性。

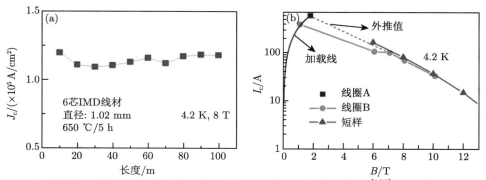

图 9-102　(a) 百米级 6 芯 MgB$_2$ 线材传输临界电流密度的均匀性分布曲线 [138]; (b) 线圈和短样品的磁场–临界电流曲线 [141]

n 值大小可由 $E\text{-}J$ 特征曲线计算得出 $(E/E_c = (J/J_c)^n)$，其中 E 为电压引线之间的电压数值，E_c 为判据 1 μV/cm，J_c 是该判据下的临界电流密度，拟合范围为 0.1 $\sim$ 10 μV/cm。**图 9-103(a)** 为不同直径 6 芯 IMD 线材的 n 值在 4.2 K 下随磁场的变化曲线，从图中可以看出，n 值受直径大小的影响并不明显，磁场越高 n 值减小，这可以被解释为高场下磁通蠕动效果更强烈。还可以看到，百米级 6 芯线材的 n 值在 4.2 K 和 8 T 时达到了 30，表明该样品的稳定性达到了实用化要求。**图 9-103(b)** 为不同直径 6 芯 IMD 线材的 n 值在 4.2 K 下随临界电流密度的变化曲线，从图中可以看出，线材的 n 值随着临界电流密度的增加而提高，并且满足关系式 $n = N J_c^m$。通过拟合我们发现 N 和 m 数值分别为 0.226 和 0.422，拟合结果与其他文献报道的数据相近。

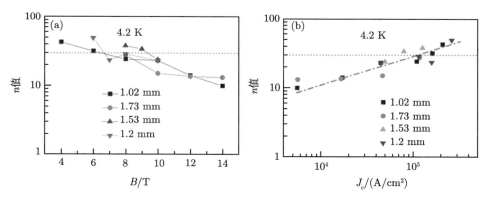

图 9-103　不同直径 IMD 线材的 n 值随磁场 (a) 和临界电流密度的变化 (b)[138]

我们知道，IMD 长线的均匀性与几大因素紧密有关，比如原材料、多芯线结构、冷加工及退火工艺等。从以上结果可以看出，所制备的百米级 IMD 法 MgB$_2$ 多芯长线的芯丝变形规则、电流传输特性基本稳定，当线材直径 <1.73 mm 时，线材直径对临界电流密度基本没有影响，且 IMD 法制备的线材机械性能优于 PIT 法制备的线材。

9.9.3.4　力学性能

2012 年，NIMS 团队研究发现 IMD-MgB$_2$ 单芯线材比 PIT-MgB$_2$ 样品具有更好的力学性能，如**图 9-104** 所示 [142]。在轴向拉伸条件下，IMD-MgB$_2$ 比 PIT-MgB$_2$ 表现出更

大的不可逆应变和更小的应变敏感度；在横向压缩条件下，IMD-MgB₂ 比 PIT-MgB₂ 具有更大的极限压应力。随后，斯洛伐克的 Kováč 研究组针对 IMD 多芯线材的力学性能展开了研究。通过对比 PIT-MgB₂ 和 IMD-MgB₂ 多芯线的弯曲应变能力，他们认为 IMD 线材获得较高的不可逆应变的原因是 IMD 线材具有更高的超导芯致密度和更好的晶粒连接性，并且 IMD 法较低的热处理温度没有降低包套材料的机械强度 [143]。此外，他们还对不同制备工艺的 Monel 包套 MgB₂ 多芯线的机械性能进行了研究，发现制备工艺对 MgB₂ 的拉应变影响很大 [144]，例如，先位 PIT 法的热处理温度最高，一般 900 ℃ 左右，这往往会导致 Monel 包套明显软化，再加上晶粒连接性差，最终导致先位 PIT 法 MgB₂ 线材的不可逆拉应变最低，ε_{irr} 只有 0.20%。而 IMD-MgB₂ 线材的晶粒连接性较好，较低的 IMD 热处理温度 ($\sim$ 640 ℃) 对 Monel 包套的机械强度影响不大，因此其具有较高的不可逆拉应变 (ε_{irr}=0.55%)。最近，他们发现 IMD-MgB₂ 线材的不可逆拉应变和应力主要受金属包套的体积分数和强度影响，金属包套占比最低的 Monel/Nb 线材的不可逆应变一般在 $\sim$ 0.30%，而具有更高强度的 GlidCop/Monel 包套样品具有的不可逆应变可超过 0.50%。

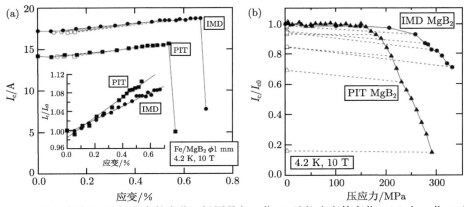

图 9-104   (a) 临界电流 I_c 随拉应变的变化，插图是归一化 I_c 随拉应变的变化；(b) 归一化 I_c 随横向压应力的变化 [142]

小结一下，进一步发展 IMD 法线材所面临的最主要难题是如何进一步增加超导层截面积，以及如何制备出高性能、高均匀的数百米级乃至千米级长线。目前 IMD 法 MgB₂ 线材短样的最高 J_c 已达到 1.5×10^5 A/cm²(4.2 K, 10 T)。然而，与 MgB₂ 超导薄膜相比，还有很大的提升空间。因此，进一步提高线材 J_c 仍然是研究的重点课题，具体可以从以下几个方面入手：①尽可能采用细颗粒 B 粉，并降低 B 粉中的杂质含量；②选择合适的掺杂剂种类、含量和掺杂方式，使掺杂剂的分布尽可能均匀；③优化热处理条件来有效地控制 Mg 的渗透和穿透行为，减少未反应 B 颗粒含量，增加超导层厚度。

9.10   MgB₂ 线材的应用研究

MgB₂ 超导体的原材料价格便宜，自然界储存丰富，并且在 0.5 $\sim$ 3 T 的低场下可以维持较高的临界电流密度，这些特性为 MgB₂ 超导材料在低温低场条件下的应用带来了新的契机。相比于高温超导材料的原材料价格昂贵，制备工艺复杂且周期长，MgB$_2$ 超导体的制备工艺非常简单，采用传统的 PIT 法即可制备，并且 MgB$_2$ 的成相反应过程只需要 2 ~ 3 h。而与 NbTi、Nb$_3$Sn 等低温超导体需要在昂贵的液氦环境中工作不同，MgB$_2$ 的临界转变温度较高，在 20 K 液氢或制冷机环境中仍能承载很高的临界电流密度。

2005 年，美国 Hyper Tech 公司采用 CTFF 技术制备了 1500 m、直径 1.0 mm 的 14 ~ 36 芯 MgB$_2$ 线材[39]，热处理温度为 700 ~ 800 ℃，线材性能达到 2×10^5 A/cm^2 (20 K, 1 T)。随后，意大利 Columbus 公司采用先位 PIT 技术生产出长度超过 1600 m 的 14 芯 MgB$_2$ 长线和 1780 m 的单芯线材[41]，同时还开展了基于 MgB$_2$ 超导线带材的 MRI 研制。目前，国内外拥有千米级多芯 MgB$_2$ 超导长线制备能力的有五家，除上述两家外，还有西北有色金属研究院、日本 Hitachi、韩国 Sam Dong 等公司[145]。这些公司制备长线的方法、规格、结构以及性能如**表 9-12** 所示。以美国 Hyper Tech 公司为代表的原位 PIT 工艺，以及以意大利 Columbus 公司为代表的先位 PIT 工艺是目前制备商品化多芯 MgB$_2$ 超导长线带材的主流生产工艺。从表中看出，在中高磁场条件下，原位 PIT 工艺所制备线材的载流性能具有明显的优势。

表 9-12　采用 CTFF 或 PIT 法制备的千米级多芯 MgB$_2$ 超导长线传输性能

单位	制备方法	单根长度/km	超导芯结构	J_c/ ($\times10^4$ A/cm^2)	J_e/ ($\times10^4$ A/cm^2)
美国 Hyper Tech	原位 PIT	6 ~ 10	$\phi0.35$ ~ 1 mm 7, 18, 37, 61 芯; MgB$_2$/Nb/CuNi	4.2 (4.2 K,10 T) 13 (4.2 K,5 T) 9.4 (20 K,3 T)	2 (20 K,2 T)
意大利 Columbus Superconductor	先位 PIT	>20	3.5 mm×0.65 mm 7, 12, 14 芯; Cu/MgB$_2$/Fe/Ni	10 (20 K,1.2 T)	1.9 (20 K,1 T)
西北有色 金属研究院	原位 PIT	>1	$\phi1$ ~ 1.4 mm 6, 12, 18 芯; MgB$_2$/Nb/Cu	1.8 (4.2 K,10 T) 10 (4.2 K,3 T) 5.1 (20 K,2 T)	2(20 K,2 T)
日本 Hitachi	原位 PIT	>8	$\phi0.67$ mm 单芯 MgB$_2$/Fe/Cu/CuNi	20 (4.2 K,4 T)	—
韩国 Sam Dong	原位 PIT	>1	$\phi0.8$ ~ 1.2 mm 7 芯 MgB$_2$/Nb/Cu/CuNi	~ 1 (20 K,5 T) 16 (4.2 K,4 T)	—

以 Hyper Tech 公司线材性能为例，该线材目前 J_c(20 K,1 T) 可以达到 3.15×10^5 A/cm^2，20 K、3 T 时 J_c 达到 9.4×10^4 A/cm^2，线材直径可达 $\phi0.51$ mm，甚至 0.35 mm。但是原位 PIT 工艺存在的主要问题是：由于受到 Mg 和 B 混合前驱粉体的变形限制，在保证千米量级长度导线的均匀性基础上，线材的塑性加工变形量有限，从而造成所制备 MgB$_2$ 超导芯丝中呈现多孔状态，晶粒连接性有待进一步提高。而 Columbus 公司在采用先位 PIT 工艺制备 MgB$_2$ 导线过程中，采用强度较高的包套材料和轧制工艺，增加了 MgB$_2$ 前驱粉体之间的连接性，并采用 900 ℃ 的高温热处理工艺，有效提高了晶粒连接性以及超导载流面积。在这种方法中，导线的加工量非常大，因此可以制备出芯丝极细的 MgB$_2$ 超导线带材。该工艺中的最终高温热处理往往导致带材强度大幅降低，所以需

要采用钎焊的方法将不锈钢带贴焊在 MgB_2 超导带材上以改善其力学性能。

在 MgB_2 超导材料的应用方面，Hyper Tech 和 Columbus 两家公司经过不懈努力，研究出了低交流损耗的超导线材，并且进行了 MRI 超导磁体、超导故障电流限位器、超导风电电机等多方面的应用探索，取得了很大的进展。2006 年意大利 Columbus 公司联合其他公司共同开发完成世界上第一台开放式基于 MgB_2 的 MRI 系统 (**图 9-105**)，且于 2009 年已经在当地医院投入使用 [2]。该系统使用 GM 制冷机进行冷却，并能在 20 K 时产生 0.5 ～ 0.6 T 的磁场。目前，他们共生产了 26 套上述基于 MgB_2 的 MRI 磁体，已经形成产品并开始销售。可以预期，下一步通过研发更高 J_c 性能的 MgB_2 导线，可将 MRI 系统的工作场强提高到 1 ～ 2 T，这样就可以更好地满足人们医学诊断的实际需求。Hyper Tech 和 Hitachi 等公司也在发展 10 ～ 20 K 工作温度、基于 MgB_2 的 MRI 系统。

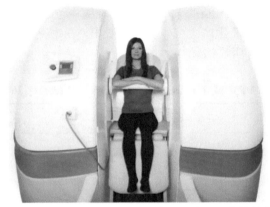

图 9-105　意大利 Columbus、ASG、Paramed 等公司共同研发的首台 MgB_2 MRI 系统 [2]

Hyper Tech 公司采用低交流损耗 MgB_2 线材正在开发全超导型 (定子和转子)8 ～ 20 MW 的风电电机。以 10 MW 电机为例，全超导型电机的重量为 50 ～ 60 t，而常规电机约为 350 t，重量大幅降低。另外，该公司还采用 MgB_2 超导线材分别研制了电感型和电阻型的超导故障电流限流器 (SFCL)。他们认为用于超导故障电流限流器方面，MgB_2 超导材料具有以下优势：MgB_2 材料的成本更为低廉；线材能够进行扭绞或编织以降低其交流损耗性能；适用范围较宽，可分别制备成电感型和电阻型的超导故障电流限流器；通过调节线材规格可实现不同的故障限流阈值等。莫斯科电缆研究所正在开发工作在液氢温区的 MgB_2 超导电缆 [2]。

9.11　展　　望

未来在 MgB_2 超导材料上应着重开展以下几个方面的研究：①围绕实用化 MgB_2 超导线材制备技术，系统研究线材的临界电流密度特性和磁通钉扎力特性，为强钉扎 MgB_2 线材的工程应用奠定理论基础；②研究不同结构 MgB_2 线材的应力–应变特性及强化机理，掌握具有实用化价值的长线加工技术和多芯线材加工技术，突破高性能 MgB_2 多芯超导长线 IMD 制备关键技术；③面向 20 K 附近温区、中低磁场条件下的 MRI 磁体及其他应用，开

展基于 MgB_2 超导线材的应用基础研究。

参 考 文 献

[1] Nagamatsu J, Nakagawa N, Muranaka T, et al. Superconductivity at 39 K in magnesium diboride. Nature, 2001, 410(6824): 63-64.

[2] Flükiger R. MgB_2 Superconducting Wires: Basics and Applications. Singapore: World Scientific Publishing, 2016.

[3] Kortus J, Mazin I I, Belashchenko K D, et al. Superconductivity of metallic boron in MgB_2. Phys. Rev. Lett., 2001, 86(20): 4656-4659.

[4] Bud'ko S L, Lapertot G, Petrovic C, et al. Boron isotope effect in Superconducting MgB_2. Phys. Rev. Lett., 2001, 86(9): 1877-1880.

[5] Hinks D G, Claus H, Jorgensen J D. The complex nature of superconductivity in MgB_2 as revealed by the reduced total isotope effect. Nature, 2001, 411(6836): 457-460.

[6] Choi H J, Roundy D, Sun H, et al. The origin of the anomalous superconducting properties of MgB_2. Nature, 2002, 418(6899): 758-760.

[7] Eltsev Y, Nakao K, Lee S, et al. Anisotropic resistivity and Hall effect in MgB_2 single crystals. Phys. Rev. B, 2002, 66(18): 180504.

[8] Buzea C, Yamashita T. Review of the superconducting properties of MgB_2. Supercond. Sci. Technol., 2001, 14(11): R115-R146.

[9] Lyard L, Samuely P, Szabo P, et al. Anisotropy of the upper critical field and critical current in single crystal MgB_2. Phys. Rev. B, 2002, 66(18): 180502.

[10] Xi X X. MgB_2 thin films. Supercond. Sci. Technol., 2009, 22(4): 043001.

[11] Larbalestier D C, Cooley L D, Rikel M O, et al. Strongly linked current flow in polycrystalline forms of the superconductor MgB_2. Nature, 2001, 410(6825): 186-189.

[12] Jones M E, Marsh R E. The preparation and structure of magnesium boride, MgB_2. J. Am. Chem. Soc., 1954, 76(5): 1434-1436.

[13] Liu Z-K, Schlom D G, Li Q, et al. Thermodynamics of the Mg-B system: implications for the deposition of MgB_2 thin films. Appl. Phys. Lett., 2001, 78(23): 3678-3680.

[14] Takano Y, Takeya H, Fujii H, et al. Superconducting properties of MgB_2 bulk materials prepared by high-pressure sintering. Appl. Phys. Lett., 2001, 78(19): 2914-2916.

[15] 闫果. 实用化 MgB_2 超导材料的制备与性能研究. 沈阳: 东北大学, 2005.

[16] Cui C, Liu D, Shen Y, et al. Nanoparticles of the superconductor MgB_2: structural characterization and *in situ* study of synthesis kinetics. Acta Mater., 2004, 52(20): 5757-5760.

[17] 刘永长, 马宗青. MgB_2 超导体的成相与掺杂机理. 北京: 科学出版社, 2009.

[18] Kim J H, Matsumoto A, Maeda M, et al. Influence of hot-pressing on MgB_2/Nb/Monel wires. Physica C, 2010, 470(20): 1426-1429.

[19] Yamamoto A, Shimoyama J, Kishio K, et al. Limiting factors of normal-state conductivity in superconducting MgB_2: an application of mean-field theory for a site percolation problem. Supercond. Sci. Technol., 2007, 20(7): 658-666.

[20] Rowell J M. The widely variable resistivity of MgB_2 samples. Supercond. Sci. Technol., 2003, 16(6): R17-R27.

[21] Jiang J, Senkowicz B J, Larbalestier D C, et al. Influence of boron powder purification on the connectivity of bulk MgB_2. Supercond. Sci. Technol., 2006, 19(8): L33-L36.

[22] Matsumoto A, Kumakura H, Kitaguchi H, et al. Evaluation of connectivity, flux pinning, and upper critical field contributions to the critical current density of bulk pure and SiC-alloyed MgB$_2$. Appl. Phys. Lett., 2006, 89(13): 132508.

[23] Matsushita T, Kiuchi M, Yamamoto A, et al. Critical current density and flux pinning in superconducting MgB$_2$. Physica C, 2008, 468(15-20): 1833-1835.

[24] Gümbel A, Eckert J, Fuchs G, et al. Improved superconducting properties in nanocrystalline bulk MgB$_2$. Appl. Phys. Lett., 2002, 80(15): 2725-2727.

[25] Giunchi G. High density MgB$_2$ obtained by reactive liquid Mg infiltration. Int. J. Mod Phys B, 2003, 17(04n06): 453-460.

[26] DeFouw J D, Dunand D C. *In situ* synthesis of superconducting MgB$_2$ fibers within a magnesium matrix. Appl. Phys. Lett., 2003, 83(1): 120-122.

[27] Xu M, Kitazawa H, Takano Y, et al. Anisotropy of superconductivity from MgB$_2$ single crystals. Appl. Phys. Lett., 2001, 79(17): 2779-2781.

[28] Kim K H P, Choi J-H, Jung C U, et al. Superconducting properties of well-shaped MgB$_2$ single crystals. Phys. Rev. B, 2002, 65(10): 100510.

[29] Karpinski J, Angst M, Jun J, et al. MgB$_2$ single crystals: high pressure growth and physical properties. Supercond. Sci. Technol., 2003, 16(2): 221-230.

[30] Kang W N, Kim H J, Choi E M, et al. MgB$_2$ superconducting thin films with a transition temperature of 39 Kelvin. Science, 2011, 292(5521): 1521-1523.

[31] Zeng X H, Sukiasyan A, Xi X X, et al. Superconducting properties of nanocrystalline MgB$_2$ thin films made by an *in situ* annealing process. Appl. Phys. Lett., 2001, 79(12): 1840-1842.

[32] Bu S D, Kim D M, Choi J H, et al. Synthesis and properties of *c*-axis oriented epitaxial MgB$_2$ thin films. Appl. Phys. Lett., 2002, 81(10): 1851-1853.

[33] Saito A, Kawakami A, Shimakage H, et al. As-grown deposition of superconducting MgB$_2$ thin films by multiple-target sputtering system. Jpn. J. Appl. Phys., 2002, 41(Part 2, No.2A): L127-L129.

[34] Ueda K, Naito M. As-grown superconducting MgB$_2$ thin films prepared by molecular beam epitaxy. Appl. Phys. Lett., 2001, 79(13): 2046-2048.

[35] Fu X H, Wang D S, Zhang Z P, et al. Superconducting MgB$_2$ thin films prepared by chemical vapor deposition from diborane. Physica C, 2002, 377(4): 407-410.

[36] Xi X X, Pogrebnyakov A V, Xu S Y, et al. MgB$_2$ thin films by hybrid physical-chemical vapor deposition. Physica C, 2007, 456(1-2): 22-37.

[37] Wang S F, Chen K, Lee C H, et al. High quality MgB$_2$ thick films and large-area films fabricated by hybrid physical-chemical vapor deposition with a pocket heater. Supercond. Sci. Technol., 2008, 21(8): 085019.

[38] Canfield P C, Finnemore D K, Bud'ko S L, et al. Superconductivity in dense MgB$_2$ wires. Phys. Rev. Lett., 2001, 86(11): 2423-2426.

[39] Tomsic M, Rindfleisch M, Yue J, et al. Development of magnesium diboride (MgB$_2$) wires and magnets using *in situ* strand fabrication method. Physica C, 2007, 456(1-2): 203-208.

[40] Glowacki B A, Majoros M. MgB$_2$ conductors for dc and ac applications. Physica C, 2002, (372-376): 1235-1240.

[41] Braccini V, Nardelli D, Penco R, et al. Development of *ex situ* processed MgB$_2$ wires and their applications to magnets. Physica C, 2007, 456(1-2): 209-217.

[42] Giunchi G, Ceresara S, Ripamonti G, et al. High performance new MgB$_2$ superconducting hollow wires. Supercond. Sci. Technol., 2003, 16(2): 285-291.

[43] Ye S, Kumakura H. The development of MgB$_2$ superconducting wires fabricated with an internal Mg diffusion (IMD) process. Supercond. Sci. Technol., 2016, 29(11): 113004.

[44] Li G Z, Sumption M D, Zwayer J B, et al. Effects of carbon concentration and filament number on advanced internal Mg infiltration-processed MgB$_2$ strands. Supercond. Sci. Technol., 2013, 26(9): 095007.

[45] Kumakura H, Matsumoto A, Nakane T, et al. Fabrication and properties of powder-in-tube-processed MgB$_2$ tape conductors. Physica C, 2007, 456(1-2): 196-202.

[46] Wang D, Ma Y, Yu Z, et al. Strong influence of precursor powder on the critical current density of Fe-sheathed MgB$_2$ tapes. Supercond. Sci. Technol., 2007, 20(6): 574-578.

[47] Chen S K, Yates K A, Blamire M G, et al. Strong influence of boron precursor powder on the critical current density of MgB$_2$. Supercond. Sci. Technol., 2005, 18(11): 1473-1477.

[48] Flükiger R, Suo H L, Musolino N, et al. Superconducting properties of MgB$_2$ tapes and wires. Physica C, 2003, 385(1-2): 286-305.

[49] Grasso G, Malagoli A, Ferdeghini C, et al. Large transport critical currents in unsintered MgB$_2$ superconducting tapes. Appl. Phys. Lett., 2001, 79(2): 230-232.

[50] Matsumoto A, Kumakura H, Kitaguchi H, et al. The annealing effects of MgB$_2$ superconducting tapes. Physica C, 2002, 382(2-3): 207-212.

[51] Schlachter S I, Frank A, Ringsdorf B, et al. Suitability of sheath materials for MgB$_2$ powder-in-tube superconductors. Physica C, 2006, (445-448): 777-783.

[52] Häßler W, Herrmann M, Rodig C, et al. Further increase of the critical current density of MgB$_2$ tapes with nanocarbon-doped mechanically alloyed precursor. Supercond. Sci. Technol., 2008, 21(6): 062001.

[53] Kováč P, Hušek I, Melišek T, et al. Stainless steel reinforced multi-core MgB$_2$ wire subjected to variable deformations, heat treatments and mechanical stressing. Supercond. Sci. Technol., 2010, 23(6): 065010.

[54] Goldacker W, Schlachter S I, Obst B, et al. Development and performance of thin steel reinforced MgB$_2$ wires and low-temperature *in situ* processing for further improvements. Supercond. Sci. Technol., 2004, 17(5): S363-S368.

[55] Kodama M, Ichiki Y, Tanaka K, et al. Mechanism for high critical current density in *in situ* MgB$_2$ wire with large area-reduction ratio. Supercond. Sci. Technol., 2014, 27(5): 055003.

[56] Rogalla, H, Kes P H. 100 Years of Superconductivity. New York: CRC Press, 2011.

[57] Serquis A, Civale L, Hammon D L, et al. Role of excess Mg and heat treatments on microstructure and critical current of MgB$_2$ wires. J. Appl. Phys., 2003, 94(6): 4024-4031.

[58] Kim J H, Dou S X, Wang J L, et al. The effects of sintering temperature on superconductivity in MgB$_2$/Fe wires. Supercond. Sci. Technol., 2007, 20(5): 448-451.

[59] Yeoh W K, Horvat J, Kim J H, et al. Effect of processing temperature on high field critical current density and upper critical field of nanocarbon doped MgB$_2$. Appl. Phys. Lett., 2007, 90(12): 122502.

[60] Werthamer N R, Helfand E, Hohenberg P C. Temperature and purity dependence of the superconducting critical field, H_{c2}. III. Electron spin and spin-orbit effects. Phys. Rev., 1966, 147(1): 295-302.

[61] Gurevich A. Enhancement of the upper critical field by nonmagnetic impurities in dirty two-gap superconductors. Phys. Rev. B, 2003, 67(18): 184515.

[62] Kumakura H. Development and prospects for the future of superconducting wires. Jpn. J. Appl. Phys., 2011, 51(1): 010003.

[63] Wilke R H T, Samuely P, Szabó P, et al. Superconducting and normal state properties of carbon doped and neutron irradiated MgB$_2$. Physica C, 2007, 456(1-2): 108-116.

[64] Braccini V, Gurevich A, Giencke J E, et al. High-field superconductivity in alloyed MgB$_2$ thin films. Phys. Rev. B, 2005, 71(1): 012504.

[65] Kazakov S M, Puzniak R, Rogacki K, et al. Carbon substitution in MgB$_2$ single crystals: structural and superconducting properties. Phys. Rev. B, 2005, 71(2): 024533.

[66] Ma Y, Zhang X, Nishijima G, et al. Significantly enhanced critical current densities in MgB$_2$ tapes made by a scaleable nanocarbon addition route. Appl. Phys. Lett., 2006, 88(7): 072502.

[67] Yeoh W K, Kim J H, Horvat J, et al. Control of nano carbon substitution for enhancing the critical current density in MgB$_2$. Supercond. Sci. Technol., 2006, 19(6): 596-599.

[68] Senkowicz B J, Polyanskii A, Mungall R J, et al. Understanding the route to high critical current density in mechanically alloyed Mg(B$_{1-x}$C$_x$)$_2$. Supercond. Sci. Technol., 2007, 20(7): 650-657.

[69] Ma Y, Zhang X, Awaji S, et al. Large irreversibility field in nanoscale C-doped MgB$_2$/Fe tape conductors. Supercond. Sci. Technol., 2007, 20(3): L5-L8.

[70] Dou S X, Soltanian S, Horvat J, et al. Enhancement of the critical current density and flux pinning of MgB$_2$ superconductor by nanoparticle SiC doping. Appl. Phys. Lett., 2002, 81(18): 3419-3421.

[71] Yeoh W K, Dou S X. Enhancement of H_{c2} and J_c by carbon-based chemical doping. Physica C, 2007, 456(1-2): 170-179.

[72] Ma Y, Kumakura H, Matsumoto A, et al. Improvement of critical current density in Fe-sheathed MgB$_2$ tapes by ZrSi$_2$, ZrB$_2$ and WSi$_2$ doping. Supercond. Sci. Technol., 2003, 16(8): 852-856.

[73] Cooley L D, Kang K, Klie R F, et al. Formation of MgB$_2$ at low temperatures by reaction of Mg with B$_6$Si. Supercond. Sci. Technol., 2004, 17(7): 942-946.

[74] Wang X L, Zhou S H, Qin M J, et al. Significant enhancement of flux pinning in MgB$_2$ superconductor through nano-Si addition. Physica C, 2003, 385(4): 461-465.

[75] Zhang X, Ma Y, Gao Z, et al. Enhancement of J_c-B properties in MoSi$_2$-doped MgB$_2$ tapes. Supercond. Sci. Technol., 2006, 19(8): 699-702.

[76] Zhang X, Ma Y, Gao Z, et al. The effect of different nanoscale material doping on the critical current properties of *in situ* processed MgB$_2$ tapes. Supercond. Sci. Technol., 2006, 19(6): 479-483.

[77] Yamamoto A, Shimoyama J, Ueda S, et al. Effects of B$_4$C doping on critical current properties of MgB$_2$ superconductor. Supercond. Sci. Technol., 2005, 18(10): 1323-1328.

[78] Yamada H, Hirakawa M, Kumakura H, et al. Effect of aromatic hydrocarbon addition on *in situ* powder-in-tube processed MgB$_2$ tapes. Supercond. Sci. Technol., 2006, 19(2): 175-177.

[79] Kim J H, Zhou S, Hossain M S A, et al. Carbohydrate doping to enhance electromagnetic properties of MgB$_2$ superconductors. Appl. Phys. Lett., 2006, 89(14): 142505.

[80] Gao Z, Ma Y, Zhang X, et al. Strongly enhanced critical current density in MgB$_2$/Fe tapes by stearic acid and stearate doping. Supercond. Sci. Technol., 2007, 20(5): 485-489.

[81] Zhang X, Wang D, Gao Z, et al. Doping with a special carbohydrate, C$_9$H$_{11}$NO, to improve the J_c-B properties of MgB$_2$ tapes. Supercond. Sci. Technol., 2009, 23(2): 025024.

[82] Wang D, Gao Z, Zhang X, et al. Enhanced J_c-B properties of MgB$_2$ tapes by yttrium acetate doping. Supercond. Sci. Technol., 2011, 24(7): 075002.

[83] Gao Z, Ma Y, Zhang X, et al. Influence of oxygen contents of carbohydrate dopants on connectivity and critical current density in MgB$_2$ tapes. Appl. Phys. Lett., 2007, 91(16): 162504.

[84] Zhao Y, Feng Y, Cheng C H, et al. High critical current density of MgB$_2$ bulk superconductor doped with Ti and sintered at ambient pressure. Appl. Phys. Lett., 2001, 79(8): 1154-1156.

[85] Feng Y, Zhao Y, Pradhan A K, et al. Enhanced flux pinning in Zr-doped MgB_2 bulk supercon-ductors prepared at ambient pressure. J. Appl. Phys., 2002, 92(5): 2614-2619.

[86] Naito T, Yoshida T, Fujishiro H. Ti-doping effects on magnetic properties of dense MgB_2 bulk superconductors. Supercond. Sci. Technol., 2015, 28(9): 095009.

[87] Dou S X, Soltanian S, Zhao Y, et al. The effect of nanoscale Fe doping on the superconducting properties of MgB_2. Supercond. Sci. Technol., 2005, 18(5): 710-715.

[88] Jin S, Mavoori H, Bower C, et al. High critical currents in iron-clad superconducting MgB_2 wires. Nature, 2001, 411(6837): 563-565.

[89] Snezhko A, Prozorov T, Prozorov R. Magnetic nanoparticles as efficient bulk pinning centers in type-II superconductors. Phys. Rev. B, 2005, 71(2): 024527.

[90] Grivel J C, Abrahamsen A, Bednarčík J. Effects of Cu or Ag additions on the kinetics of MgB_2 phase formation in Fe-sheathed wires. Supercond. Sci. Technol., 2008, 21(3): 035006.

[91] Wang J, Bugoslavsky Y, Berenov A, et al. High critical current density and improved irreversibility field in bulk MgB_2 made by a scaleable, nanoparticle addition route. Appl. Phys. Lett., 2002, 81(11): 2026-2028.

[92] Chen S K, Wei M, MacManus-Driscoll J L. Strong pinning enhancement in MgB_2 using very small Dy_2O_3 additions. Appl. Phys. Lett., 2006, 88(19): 192512.

[93] Cheng C, Zhao Y. Enhancement of critical current density of MgB_2 by doping Ho_2O_3. Appl. Phys. Lett., 2006, 89(25): 252501.

[94] Yao C, Zhang X, Wang D, et al. Doping effects of Nd_2O_3 on the superconducting properties of powder-in-tube MgB_2 tapes. Supercond. Sci. Technol., 2011, 24(5): 055016.

[95] Pan X F, Shen T M, Li G, et al. Doping effect of Pr_6O_{11} on superconductivity and flux pinning of MgB_2 bulk. Physica Status Solidi (A), 2007, 204(5): 1555-1560.

[96] Gao Z, Ma Y, Wang D, et al. Development of doped MgB_2 wires and tapes for practical applica-tions. IEEE Trans. Appl. Supercond., 2010, 20(3): 1515-1520.

[97] Zhao Y, Feng Y, Shen T M, et al. Cooperative doping effects of Ti and C on critical current density and irreversibility field of MgB_2. J. Appl. Phys., 2006, 100(12): 123902.

[98] Yamada H, Uchiyama N, Matsumoto A, et al. The excellent superconducting properties of *in situ* powder-in-tube processed MgB_2 tapes with both ethyltoluene and SiC powder added. Supercond. Sci. Technol., 2007, 20(6): L30-L33.

[99] Flükiger R, Senatore C, Cesaretti M, et al. Optimization of Nb_3Sn and MgB_2 wires. Supercond. Sci. Technol., 2008, 21(5): 054015.

[100] Collings E W, Sumption M D, Bhatia M, et al. Prospects for improving the intrinsic and extrinsic properties of magnesium diboride superconducting strands. Supercond. Sci. Technol., 2008, 21(10): 103001.

[101] Zhang X, Ma Y, Gao Z, et al. Strongly enhanced current-carrying performance in MgB_2 tape conductors by C_{60} doping. J. Appl. Phys., 2008, 103(10): 103915.

[102] Hossain M S A, Senatore C, Flükiger R, et al. The enhanced J_c and B_{irr} of *in situ* MgB_2 wires and tapes alloyed with $C_4H_6O_5$ (malic acid) after cold high pressure densification. Supercond. Sci. Technol., 2009, 22(9): 095004.

[103] Yamada H, Igarashi M, Nemoto Y, et al. Improvement of the critical current properties of *in situ* powder-in-tube-processed MgB_2 tapes by hot pressing. Supercond. Sci. Technol., 2010, 23(4): 045030.

[104] Jie H, Qiu W, Billah M, et al. Superior transport J_c obtained in *in-situ* MgB_2 wires by tailoring the starting materials and using a combined cold high pressure densification and hot isostatic

pressure treatment. Scripta Mater., 2017, 129: 79-83.

[105] Wang D, Wang C, Zhang X, et al. Enhancement of J_c-B properties for binary and carbon-doped MgB$_2$ tapes by hot pressing. Supercond. Sci. Technol., 2012, 25(6): 065013.

[106] Nakane T, Kitaguchi H, Kumakura H. Improvement in the critical current density of *ex situ* powder in tube processed MgB$_2$ tapes by utilizing powder prepared from an *in situ* processed tape. Appl. Phys. Lett., 2006, 88(2): 022513.

[107] Nardelli D, Matera D, Vignolo M, et al. Large critical current density in MgB$_2$ wire using MgB$_4$ as precursor. Supercond. Sci. Technol., 2013, 26(7): 075010.

[108] Muralidhar M, Inoue K, Koblischka M R, et al. Critical current densities in Ag-added bulk MgB$_2$. Physica C, 2015, 518: 36-39.

[109] Matsushita T. Flux Pinning in Superconductors. 2nd ed. Heidelberg: Springer-Verlag Berlin, 2014.

[110] Häßler W, Hermann H, Herrmann M, et al. Influence of the milling energy transferred to the precursor powder on the microstructure and the superconducting properties of MgB$_2$ wires. Supercond. Sci. Technol., 2012, 26(2): 025005.

[111] Malagoli A, Braccini V, Bernini C, et al. Study of the MgB$_2$ grain size role in *ex situ* multifilamentary wires with thin filaments. Supercond. Sci. Technol., 2010, 23(2): 025032.

[112] Herrmann M, Haessler W, Rodig C, et al. Touching the properties of NbTi by carbon doped tapes with mechanically alloyed MgB$_2$. Appl. Phys. Lett., 2007, 91(8): 082507.

[113] Wang C, Ma Y, Zhang X, et al. Effect of high-energy ball milling time on superconducting properties of MgB$_2$ with low purity boron powder. Supercond. Sci. Technol., 2012, 25(3): 035018.

[114] Wang C, Ma Y, Zhang X, et al. Significant improvement in critical current densities of C-doped MgB$_2$ tapes made by high-energy ball milling. Supercond. Sci. Technol., 2012, 25(7): 075010.

[115] Wang D, Ma Y, Gao Z, et al. Enhancement of the high-field J_c properties of MgB$_2$/Fe tapes by acetone doping. J. Supercond. Novel Magn., 2009, 22(7): 671-676.

[116] Susner M A, Sumption M D, Rindfleisch M A, et al. Critical current densities of doped MgB$_2$ strands in low and high applied field ranges: the $J_c(B)$ crossover effect. Physica C, 2013, 490: 20-25.

[117] Eisterer M, Zehetmayer M, Weber H W. Current percolation and anisotropy in polycrystalline MgB$_2$. Phys. Rev. Lett., 2003, 90(24): 247002.

[118] Li G Z, Sumption M D, Susner M A, et al. The critical current density of advanced internal-Mg-diffusion-processed MgB$_2$ wires. Supercond. Sci. Technol., 2012, 25(11): 115023.

[119] Rosová A, Hušek I, Kulich M, et al. Microstructure of undoped and C-doped MgB$_2$ wires prepared by an internal magnesium diffusion technique using different B powders. J. Alloys Compd., 2018, 764: 437-445.

[120] Wang D, Zhang X, Tang S, et al. Influence of crystalline boron powders on superconducting properties of C-doped internal Mg diffusion processed MgB$_2$ wires. Supercond. Sci. Technol., 2015, 28(10): 105013.

[121] Xu D, Wang D, Li C, et al. Microstructure and superconducting properties of nanocarbon-doped internal Mg diffusion-processed MgB$_2$ wires fabricated using different boron powders. Supercond. Sci. Technol., 2016, 29(4): 045009.

[122] Ye S, Song M, Matsumoto A, et al. High-performance MgB$_2$ superconducting wires for use under liquid-helium-free conditions fabricated using an internal Mg diffusion process. Supercond. Sci. Technol., 2013, 26(12): 125003.

[123] Ye S, Song M, Matsumoto A, et al. Enhancing the critical current properties of internal Mg diffusion-processed MgB$_2$ wires by Mg addition. Supercond. Sci. Technol., 2012, 25(12): 125014.

[124] Li G Z, Sumption M D, Rindfleisch M A, et al. Enhanced higher temperature (20 $\sim$ 30 K) transport properties and irreversibility field in nano-Dy$_2$O$_3$ doped advanced internal Mg infiltration processed MgB$_2$ composites. Appl. Phys. Lett., 2014, 105(11): 112603.

[125] Marzik J V, Suplinskas R J, Wilke R H T, et al. Plasma synthesized doped B powders for MgB$_2$ superconductors. Physica C, 2005, 423(3): 83-88.

[126] Hur J M, Togano K, Matsumoto A, et al. Fabrication of high-performance MgB$_2$ wires by an internal Mg diffusion process. Supercond. Sci. Technol., 2008, 21(3): 032001.

[127] Ye S, Matsumoto A, Zhang Y C, et al. Strong enhancement of high-field critical current properties and irreversibility field of MgB$_2$ superconducting wires by coronene active carbon source addition *via* the new B powder carbon-coating method. Supercond. Sci. Technol., 2014, 27(8): 085012.

[128] Togano K, Hur J, Matsumoto A, et al. Microstructures and critical currents of single- and multi-filamentary MgB$_2$ superconducting wires fabricated by an internal Mg diffusion process. Supercond. Sci. Technol., 2010, 23(8): 085002.

[129] Liu Y, Cheng F, Qiu W, et al. High performance MgB$_2$ superconducting wires fabricated by improved internal Mg diffusion process at a low temperature. Journal of Materials Chemistry C, 2016, 4(40): 9469-9475.

[130] Hur J, Togano K, Matsumoto A, et al. High critical current density MgB$_2$/Fe multicore wires fabricated by an internal Mg diffusion process. IEEE Trans. Appl. Supercond., 2009, 19(3): 2735-2738.

[131] Togano K, Hur J M, Matsumoto A, et al. Fabrication of seven-core multi-filamentary MgB$_2$ wires with high critical current density by an internal Mg diffusion process. Supercond. Sci. Technol., 2008, 22(1): 015003.

[132] Rosová A, Kulich M, Kováč P, et al. The effect of boron powder on the microstructure of MgB$_2$ filaments prepared by the modified internal magnesium diffusion technique. Supercond. Sci. Technol., 2017, 30(5): 055001.

[133] Xu D, Wang D, Yao C, et al. Fabrication and superconducting properties of internal Mg diffusion processed MgB$_2$ wires using MgB$_4$ precursors. Supercond. Sci. Technol., 2016, 29(10): 105019.

[134] Ye S, Matsumoto A, Togano K, et al. Fabrication of MgB$_2$ superconducting wires with a hybrid method combining internal-Mg-diffusion and powder-in-tube processes. Supercond. Sci. Technol., 2014, 27(5): 055017.

[135] Kulich M, Kováč P, Hain M, et al. High density and connectivity of a MgB$_2$ filament made using the internal magnesium diffusion technique. Supercond. Sci. Technol., 2016, 29(3): 035004.

[136] Giunchi G, Saglietti L, Albisetti A F, et al. MgB$_2$ hollow wires and cables embedded in a Mg alloy matrix. IEEE Trans. Appl. Supercond., 2013, 23(3): 6200605.

[137] Ye S, Takigawa H, Matsumoto A, et al. Uniformity of coronene-added MgB$_2$ superconducting wires fabricated using an internal Mg diffusion process. IEEE Trans. Appl. Supercond., 2015, 25(5): 1-7.

[138] Wang D, Xu D, Zhang X, et al. Uniform transport performance of a 100 m-class multifilament MgB$_2$ wire fabricated by an internal Mg diffusion process. Supercond. Sci. Technol., 2016, 29(6): 065003.

[139] Liu H, Wang Q, Yang F, et al. Improved superconducting properties for multifilament graphene-doped MgB$_2$ wires by an internal Mg diffusion process. Mater. Lett., 2018, 227: 305-307.

[140] Salama K, Zhou Y X, Hanna M, et al. Electromechanical properties of superconducting MgB$_2$ wire. Supercond. Sci. Technol., 2005, 18(12): S369-S372.

[141] Wang D, Ma Y, Yao C, et al. Transport properties of multifilament MgB$_2$ long wires and coils prepared by an internal Mg diffusion process. Supercond. Sci. Technol., 2017, 30(6): 064003.

[142] Nishijima G, Ye S J, Matsumoto A, et al. Mechanical properties of MgB$_2$ superconducting wires fabricated by internal Mg diffusion process. Supercond. Sci. Technol., 2012, 25(5): 054012.

[143] Kováč P, Hušek I, Melišek T, et al. Bending strain tolerance of MgB$_2$ superconducting wires. Supercond. Sci. Technol., 2016, 29(4): 045002.

[144] Kováč P, Kulich M, Kopera L, et al. Filamentary MgB$_2$ wires manufactured by different processes subjected to tensile loading and unloading. Supercond. Sci. Technol., 2017, 30(6): 065006.

[145] 李成山, 王庆阳, 闫果, 等. 千米量级多芯 MgB$_2$/Nb/Cu 超导线材的制备及性能研究. 低温物理学报, 2012, 34(4): 292-296.

第 10 章　铁基超导线带材

10.1　前　　言

2008 年 2 月，日本东京工业大学的 Hosono 研究组在 $LaFeAsO_{1-x}F_x$ 化合物中发现了高达 26 K 的超导电性，如**图 10-1** 所示 [1]。开启了高温超导研究的一个新领域。这一发现立即引起了国际科学界的广泛关注，同时也掀起了第二次高温超导的研究热潮。随后国内外许多研究组相继报道了一系列具有超导电性的层状铁基化合物，超导转变温度 T_c 迅速被提高到 55 K[2-8]，此类材料被统称为铁基超导体。

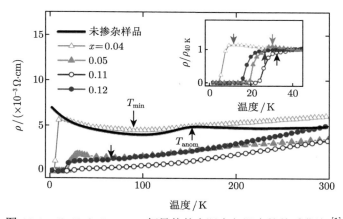

图 10-1　$LaFeAsO_{1-x}F_x$ 超导体的电阻率与温度的关系曲线 [1]

国际超导界认为这是继 1986 年的铜氧化物超导体、2001 年的二硼化镁超导体之后的又一类重要的超导体系，被美国《科学》杂志誉为目前最有发展前景的新型高温超导体之一 [9]。研究者之所以如此重视铁基超导体，主要是基于以下几方面原因：① 由于磁性与超导电性一直以来都被认为是相互排斥的，而 Fe、Co、Ni 等元素恰恰拥有很强的磁性，因此这类元素的化合物也通常被超导物理学家们敬而远之。所以，铁基超导体的出现颠覆了这种传统观点，刷新了人们对超导材料的认识，为新型超导体的探索拓宽了思路。② 铁基超导体中存在很强的电子与自旋之间的相互作用，其中反铁磁涨落扮演了很重要的角色，铁基超导机理的研究对全面理解和解决高温超导机理问题有重要的指导意义。③ 随着铁基超导体研究的不断深入，人们发现与其他实用超导材料相比，铁基超导体具有明显的优点：① 上临界场极高 (>100 T)，② 各向异性较小 (对于 122 体系，$\gamma < 2$)，③ 本征磁通钉扎能力强，载流性能在高磁场下的衰减较慢。因此，铁基超导体在高场领域具有独特的应用优势 [10]，如高场核磁共振成像系统、核磁共振谱仪、超导储能系统以及高能粒子加速器等。目前铁基超导材料已经被加工成超导线带材、超导薄膜或涂层导体，其实用化研究正处在

快速发展的阶段，有着巨大的市场应用潜力 [11,12]。

10.2　铁基超导体的晶体结构和基本特征

随着更多铁基超导材料被发现，铁基超导体形成了一个庞大的家族体系。迄今为止，根据母体化合物的晶体结构，已发现的铁基超导体大致可分为以下几个体系：①"1111" 体系：LnOFeAs(Ln=La、Ce、Pr、Nd、Sm、Gd、Tb、Dy、Ho、Y)；②"122" 体系：$AeFe_2As_2$(Ae=Ba、Sr、K、Cs、Ca、Eu) 和 $A_{1-x}Fe_{2-y}Se_2$(A = K、Cs、Rb、Tl)；③"111" 体系：AFeAs (A = Li、Na)；④"11" 体系：FeSe；⑤ 新型结构体系："42226""32225" 体系等。其中，122、1111 和 11 体系是研究得较多的铁基超导材料。目前已制备出的铁基超导材料有单晶、多晶块材、线带材和薄膜。

图 10-2 给出了铁基超导体的几个主要的晶体结构。从图中看出，这些铁基超导材料在结构上都有一个明显的共性，就是反氧化铅型 (anti-PbO) 的 FeAs 或 FeSe 层作为其结构的一个基本单元，都具有层状结构，而且大多属于四方晶系，空间群为 $I4/mmm$ 或 $P4/nmm$。在层状结构中 FeAs/FeSe 层和 LnO 层 (或 A 层) 沿晶体学 c 轴交替排列，而在 11 体系中只有 FeSe 层在 c 轴方向排列，无间隔层。与高温铜基超导体中 CuO_2 层类似，具有二维特性的 FeAs/FeSe 层是铁基超导的核心，超导电子主要在这个平面内运动，为导电层，它是由以 Fe 原子为中心，As/Se 原子占据顶点位置的 $FeAs_4/FeSe_4$ 四面体组成的。其他层的结构起到了平衡化学价和提供载流子的作用，为载流子库层。与铜氧化物超导体不同的是在铜氧化物超导体中，CuO 层是在同一平面的，而铁基超导体中的 FeAs 层 (或 FeSe 层) 并不在同一平面。以下从几类体系分别简要介绍。

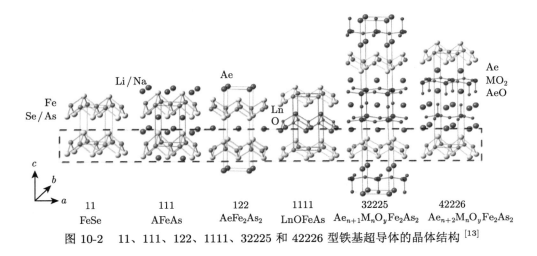

图 10-2　11、111、122、1111、32225 和 42226 型铁基超导体的晶体结构 [13]

10.2.1　1111 体系

1111 体系是研究人员最早发现的铁基超导体系，也是目前具有最高临界转变温度的铁基超导体系 (T_c=55 K)。该体系是一类母体材料原子组成比为 1:1:1:1 的铁基超导体，化学通式为 LnOFeAs，其中 Ln 代表稀土金属元素，用 F 元素对 O 位进行掺杂，空间结构如

图 10-2 所示，为 ZrCuSiAs 型四方晶系结构，其空间群为 $P4/nmm$，由绝缘层 (LnO 层) 与超导层 (FeAs 层) 交错层叠而成，层与层之间的电荷平衡，LnO 层提供载流子，FeAs 层传输超导电流。在决定材料电磁性质的 FeAs 层上，每个 Fe 原子与四个 As 原子形成四元配位，Fe 原子和 As 原子构成以 Fe 原子为中心的四面体结构。1 个单胞中有 2 个 LnOFeAs 分子，以 La-1111 为例，其晶格常数 a 为 4.036 Å，c 为 8.7393 Å。1111 系铁基超导体具有较强的二维特性，也是目前已知所有铁基超导体系中唯一一类块材临界温度超过 50 K 的超导材料。典型的 1111 系铁基超导体有 $LaO_{1-x}F_xFeAs$、$SmO_{1-x}F_xFeAs$、$NdO_{1-x}F_xFeAs$ 等。

早在 2006 ~ 2007 年，Hosono 研究组已经分别报道了 LaOFeP 和 LaONiP 两种超导体，但因其超导转变温度仅为 4 ~ 7 K[14,15]，当时并未引起人们的足够重视。在 2008 年他们报道了在 F 掺杂的 LaFeAsO 材料中发现了 26 K 的超导体[1]，这一突破性工作才引发了人们对该体系的强烈关注。LaOFeAs 在未掺杂情况下，其电阻温度曲线在 150 K 左右有一个反常现象，后来的中子散射实验表明此温度附近发生了四方到正交的结构相变和长程的反铁磁有序相变。通过化学掺杂或压力，可以压制反铁磁和结构相变，然后获得超导电性。自从在 $LaFeAsO_{1-x}F_x$ 中发现超导电性以后，很快就有几个中国的研究组用其他的稀土元素替代 La，相继报道了 LnOFeAs (Ln=Ce、Pr、Nd、Sm 等稀土元素) 系列超导材料，例如，中国科技大学陈仙辉小组和中科院物理研究所王楠林小组分别独立发现临界温度超过 40 K 的超导体 $SmFeAsO_{1-x}F_x$ 和 $CeFeAsO_{1-x}F_x$[2,3]；中科院物理研究所闻海虎小组成功合成出第一种空穴掺杂型铁基超导材料 $La_{1-x}Sr_xFeAsO$[4]；中科院物理研究所赵忠贤小组发现 $PrFeAsO_{1-x}F_x$ 的超导转变温度可达 52 K，随后该小组又先后发现在压力环境下合成的 $SmFeAsO_{1-x}F_x$ 和 $REFeAsO_{1-\delta}$ 超导转变温度进一步提升至 55 K[5,16]。这就证明其是另一类高温超导体。在该体系中既可以通过 F 元素替代 O 或者直接形成 O 空位，形成电子型超导体；也可以通过在 La 位引入二价阳离子 (如 Ca^{2+}、Sr^{2+}) 以形成空穴型超导体；此外也可以在 Fe 位进行 Co、Ni 的替代进而诱发超导电性[17-19]。后来还发现了另一种不含氧的 1111 体系超导体——AFeAsF (A=Ca、Sr、Eu 等)，通过掺杂 T_c 也可以达到 50 K 以上[20,21]。基于以上发现人们逐渐认识到 FeAs 层对于铁基高温超导电性的重要性，它可以类比于铜氧化物中的 CuO 层。许多含有相同层状结构的化合物具有非常相似的性质，所以探索寻找新的铁基超导体的一个重要方向是研究含有同样的 FeAs 层状结构单元的化合物。

10.2.2 122 体系

122 体系的母体材料原子组成比为 1:2:2，具有 $ThCr_2Si_2$ 型四方晶系结构，它的空间群为 $I4/mmm$。该体系包括 $AeFe_2As_2$、$AeFe_2P_2$ 和 $A_{1-x}Fe_{1-y}Se$ 等，Ae 位点除了碱土金属外，也可以被一些碱金属或镧系金属取代，A 表示碱金属 K、Ca、Sr 等。这是一类成员众多的家族，著名的重费米子超导体 $CeCu_2Si_2$ 就是这种结构。以 $BaFe_2As_2$ 为例介绍 122 体系的结构，如**图 10-2** 所示，每个 $BaFe_2As_2$ 单胞中包含两层 FeAs 层，FeAs 层与 Ba 层在 c 方向上交替堆叠，其中 Ba 原子处于相邻两 FeAs 层形成的空隙的体心位置。典型的 122 铁基超导化合物有 $Sr_{1-x}K_xFe_2As_2$ 和 $Ba_{1-x}K_xFe_2As_2$ 等。122 体系的最高临界转变温度达到 38 K，各向异性较弱，并且载流能力在磁场下衰减较慢，是目前铁基超导体实用化研究的热点材料。

这一体系是由德国的 Johrent 小组首先发现的 [6]。2008 年 6 月他们发现 $BaFe_2As_2$ 也具有自旋密度波行为，用 K 部分替代 Ba 离子合成出 $Ba_{1-x}K_xFe_2As_2$，这是 122 体系的第一个成员家族，当 $0.1 \leqslant x \leqslant 1$ 时都具有超导特性，并且 $x = 0.4$ 时，T_c 达到最大值，为 38 K。随后人们合成了 $Sr_{1-x}K_xFe_2As_2(x = 0 \sim 0.4)$，临界转变温度为 37 K，母体 $SrFe_2As_2$ 也会发生自旋密度波异常 [22]。该体系中 KFe_2As_2 和 $CsFe_2As_2$ 在不掺杂的情况下就是超导材料。而在 A=Ca、Sr 等碱土金属化合物中，既可以在 A 位用 Na、K、Rb 等进行替代形成空穴型超导体，得到最高 T_c 为 38 K，接近麦克米兰极限；也可以用稀土元素来替代形成的电子型超导体 [23]，T_c 可以达到 40 K 以上。对 Fe 位用 Co、Ni、Ru、Pt 等过渡金属掺杂，最高可以得到 T_c 接近 30 K 的超导电性 [24]。此外，通过等价替代，如用 P 替代 As 也可以获得 30 K 以上的超导转变，普遍认为这个是化学压驱动出现的超导电性 [25]，还可以通过化学掺杂将碱金属 K 离子插入 FeSe 层间，得到转变温度 T_c=30 K 的 $K_yFe_2Se_2$ 系列超导体 [26]。122 体系是一类非常重要的结构体系，因其容易生长大尺寸的高质量单晶而被物理学家广泛研究。

10.2.3　111 体系

111 体系的表达式为 AFeAs(A= Li、Na 等)，其晶体结构如**图 10-2** 所示。具有反 PbFCl 结构的 111 体系为四方晶系，空间群为 $P4/nmm$，$FeAs_4$ 四面体被两层 Li/Na 离子隔开，即 Li/Na 离子与 FeAs 层沿着 c 方向交替堆叠。LiFeAs 晶胞参数 a 为 3.7754 Å，c 为 6.3534 Å。该体系的代表性化合物是 LiFeAs、NaFeAs。LiFeAs 中的超导电性为体超导，超导体积分数可以高达 100%，而 NaFeAs 中的超导电性被认为是丝状超导，超导体积分数往往较低。其中 LiFeAs 的 T_c 为 18 K，NaFeAs 的 T_c 为 9 K。

中科院物理研究所的靳常青和美国朱经武小组分别独立发现了 LiFeAs[7,27]。不久 Parker 等成功合成的 NaFeAs 也具有相同的结构 [28]。与前面所讲的 1111 体系和 122 体系不同，该体系没有发现自旋密度波转变，不需要进行掺杂，母相材料本身就具有超导电性，是少数几种本征超导材料。然而，这类铁基超导材料稳定性差，研究较少。

10.2.4　11 体系

11 化合物是目前发现的铁基超导家族中结构最为简单的一个体系。吴茂昆研究小组率先发现了超导材料 FeSe，其转变温度为 8 K[8]。注意 FeSe 有两种晶体结构，分别为六方 NiAs 结构的 α 相和四方反 PbO 结构的 β 相。β 相超导，而 α 相不超导，因此本书中提到的 FeSe 超导体，在未指明其结构时均默认为四方结构的 β 相。FeSe 晶体结构如**图 10-2** 所示，属于四方晶系，空间群为 $P4/nmm$，晶格常数为 a 为 3.7734 Å，c 为 5.5258 Å。这种晶体结构仅由反 PbO 结构的 $FeSe_4$ 四面体沿着 c 方向重复排列而成，不含其他铁基超导体中用来提供载流子的电荷库层。FeSe 超导体在常压下没有出现静态磁有序，这也使得它与其他铁基超导体有较大不同。通常具有化学计量比的 FeSe 材料在常压下不表现出超导电性，一旦材料偏离化学计量比，或者进行 Se 位的元素替代，形成 $FeSe_{1-x}Te_x$、$FeSe_{1-x}S_x$ 等化合物，就都能表现出超导电性，最高 T_c 可达 15.2 K[29]。另外，FeSe 超导体在压力下其 T_c 会急剧升高，甚至在 7 GPa 下 T_c 可以提高到 $\sim$ 37 K 的温度 [30]。FeSe 因其简单的晶体结构一直被认为是研究铁基超导体高温超导机理最理想的材料体系。11 体系代表性化合物是 FeSe、$FeSe_{1-x}Te_x$。

10.2.5 新型结构体系

在铁基超导体中对超导起到关键作用的是 FeAs 所构成的平面。人们通过构造含有 FeAs 层状单元的新结构化合物来合成新的铁基超导体。这主要集中在一些多元体系上,如利用一些钙钛矿层状结构等和 FeAs 层互相堆叠而成的新化合物。目前发现的这类超导体,主要包括如下:以 $Sr_3Sc_2O_5Fe_2As_2$ 为代表的 32225 体系 (T_c=45 K) 和以 $Sr_4V_2O_6Fe_2As_2$ 为代表的 42226 体系 (T_c=37 K) 等 [31−33]。32225 体系的化学式可以归纳为 $Ae_{n+1}M_nO_yFe_2As_2$,其中 Ae 为碱土金属,M=Sc、V、Ti、Mg、Al 等,$y = 3n - 1$,n 的数值可以为 2、3、4 和 5。42226 体系的化学式可以归纳为 $Ae_{n+2}M_nO_yFe_2As_2$,Ae 为碱土金属,M=Mg、Al、Ti、Sc 等,$y \sim 3n$,n 可以为 2、3、4。这两个体系的晶体结构如**图 10-2** 所示。

最近,以 FeSe 作为基元还衍生出多个特殊的多层结构,例如,在 FeSe 层间插入含氢氧根基团得到的 "11111" 型超导体 $(Li,Fe)(OH)FeSe$[34,35] 以及插入有机分子得到的超导体 $(CTA)_xFeSe$[36]。"11111" 型超导体的晶体结构由 $(Li, Fe)OH$ 层和 FeSe 层沿方向交替堆积成二维层状结构,$(Li, Fe)OH$ 层通过微弱的氢键与 FeSe 层相连。在这种结构中,FeSe 层是导电区,$(Li, Fe)OH$ 层是载流子区。该类超导体的 T_c 高达 43 K。值得一提的是清华大学薛其坤研究组用分子束外延方法在 $SrTiO_3$ 衬底上生长出单分子层的 FeSe 薄膜,其 T_c 已超过 65 K[37]。随后人们报道在单层 $FeSe/SrTiO_3$ 体系中还观察到高达 100 K 以上的超导转变温度 [38]。

此外,这里还要提一下 1144 体系。该体系最先由 Iyo 等于 2016 年报道 [39],包括 $CaAFe_4As_4$(A=K、Rb、Cs) 和 $SrAFe_4As_4$(A=Rb、Cs)。这类材料的晶格结构类似于 122 体系,但是由于碱土金属和碱金属离子半径差异较大,两者不再是取代关系,而是交替堆叠在 FeAs 层之间,使得空间群由 122 系的 $I4/mmm$ 转变为 $P4/mmm$。$CaKFe_4As_4$ 的典型 T_c 约为 35 K。近年来,CaK-1144 铁基超导材料在实用化方面的潜力逐渐被重视。除了以上介绍的体系外,铁基超导材料还存在许多其他体系,如 $La_3O_4Ni_4P_2$、$Ca_{10}(Pt_3As_8)(Fe_2As_2)_5$、245 体系等。

10.2.6 晶体结构与超导电性的关系

我们知道,材料的结构决定了材料的性质,超导体的超导电性也与其结构密切相关。从上面所介绍的铁基超导体的多种结构,可以发现不同结构类型的超导体系所对应的超导转变温度存在很大差异:1111 体系具有铁基超导体块材最高的超导转变温度 55 K;122 体系的最佳掺杂的 T_c 只有 38 K;对于 111 体系,虽然母体不需要掺杂就具有超导电性,但是最高 T_c 才 18 K;结构最简单的 FeSe 块材常压下 T_c 只有 8 K。对铁基超导体不同的结构特性进行比较发现,铁基超导体的结构复杂度由 11 型向 1111 型依次增加,并扩展到更为复杂的多层结构,但 T_c 的变化却相反,即 $T_c(1111) > T_c(122) > T_c(111) > T_c(11)$。$T_c$ 的差异是因为铁基超导体对 FeAs(或 FeSe) 四面体的局部几何形状较为敏感。**图 10-3(a)** 给出了铁基超导体中 $FeAs_4$ 四面体的 As—Fe—As 键角 (α) 与 $T_{c,max}$ 的关系 [40],从中发现 $FeAs_4$ 四面体完全规则且 α=109.47° 时,超导体的 T_c 最高;当 As—Fe—As 键角远离 109.47° 时超导体的 T_c 迅速降低。因此,当 $FeAs_4$ 四面体趋向于正四面体时,超导体具有

较高的 T_c。因此键角对 T_c 具有显著的影响，通过控制键角可以进一步提升铁基超导体的 T_c。不过，Fe(Se, Te) 不遵循该规则，它在 $\alpha \sim 100.8°$ 时可获得最佳 T_c。

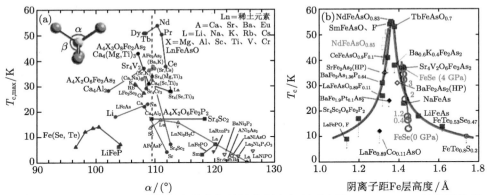

图 10-3　(a) 铁基超导体不同结构体系中最高超导转变温度与所对应的 As—Fe—As 键角的关系，图中 110° 附近的垂直虚线为正四面体键角 109.47°[40]；(b) 铁基超导体中不同体系典型超导体的 T_c 随阴离子层高度的变化规律 [41]

我们将 FeX_4 四面体层中阴离子 (如 As、Se、P、Te 等) 到 Fe 平面的高度称为阴离子层高度 (h)。人们发现铁基超导体中阴离子层高度与 T_c 存在着一定的依赖关系，如**图 10-3(b)** 所示 [41]，从图中可以看出，T_c 与阴离子层高度关系呈现出一条左右对称的曲线，在阴离子层高度为 1.38 Å 附近，T_c 达到峰值。T_c 与阴离子层高度表现出一种倒 V 字形的规律，当超导体的阴离子层高度在 1.38 Å 附近时，T_c 达到最大值 55 K；当阴离子层高度远离 1.38 Å 时，T_c 迅速降低。对于铁基超导材料来说，大部分超导体的 T_c 与阴离子层高度符合这一倒 V 字形的规律。对于 FeAs-1111 超导体，随着 Nd 和 Sm 对 La 的取代，h 增加到 ~ 1.38 Å，相应地 T_c 从 26 K 快速增加到 55 K。而 FeP-1111 的最佳 h 相对较小，因此其 T_c 值明显低于 FeAs-1111 超导体。例如，在 La-1111 相中当 P 被 As 取代时，伴随着 h 的增加，T_c 从 7 K 提升到 26 K。从图中发现，经过最高值后，h 进一步增加，$TbFeAsO_{0.7}$、$Ba_{0.6}K_{0.4}Fe_2As_2$ 和 LiFeAs 的 T_c 反而逐步降低。最佳掺杂的 $FeSe_{0.57}Te_{0.43}$ 也遵循相同的规律。

10.3　铁基超导体的相图

和铜氧化物超导体一样，通过化学掺杂或者施加外压的方式调整化学组分或者结构参数可以将反铁磁的非超导母体材料变为非磁性的铁基超导体。**图 10-4** 分别为铜氧化物高温超导体和铁基超导体的普适相图。从图中可以看出，铁基超导与铜基超导有很多相似性，两种超导体的母相均具有反铁磁的长程有序态，都能通过电子或空穴掺杂引入超导，随着掺杂的引入，反铁磁态被抑制，逐渐出现了超导态，并随着掺杂量达到最佳掺杂时，出现临界转变温度的最大值。但是两者的超导相图也有更多的不同点，即铜氧化物的母体为 Mott 绝缘体，而铁基超导材料的母体为反铁磁金属，或称为半金属。在铜基超导体中高温超导性质只能通过载流子掺杂获得，然而在铁基超导体系中，无论是通过不同化学价的化学掺杂引入电子载流子或空穴载流子，或是通过等化学价的掺杂引入压缩应力或拉伸应力，都能获得超导电性，而且相图的结构在定性上基本一致。在铜氧化物超导体中，电子掺杂区域内反铁磁未被完全压制前超导电性已经出现了，即在一定浓度区间内反铁磁序和超导电性是可以共存的；而对于空穴掺杂，只有当反铁磁被完全压制了之后超导才会出现，超导和反铁磁没有任何重叠区间，即超导电性与反铁磁有序不共存。然而，铁基超导体无论是电子掺杂还是空穴掺杂都是反铁磁未被完全压制时超导电性就已经发生，超导与反铁磁可以在一定区间内共存。铜氧化物空穴掺杂时正常态存在赝能隙，而在铁基中没有关于赝能隙存在的确切证据。此外，铁基超导体在降温过程中会出现结构相变，而铜氧化物没有观察到类似相变。两个体系的能带结构和超导序参量的对称性也具有很大不同，一般认为铜氧化物高温超导材料为 d 波超导体，而铁基超导材料为 s 波超导体。

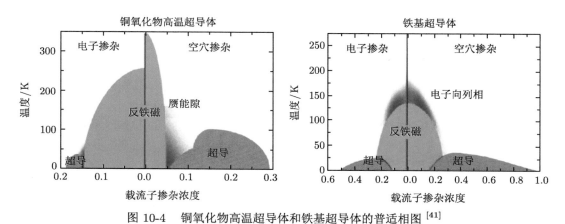

图 10-4　铜氧化物高温超导体和铁基超导体的普适相图 [41]

10.3.1　1111 体系的相图

对于 "1111" 体系，母体材料 LaFeAsO 不显示超导电性，在 150 K 附近发生结构相变，从四方相到正交相，同时在 150 K 附近出现一个磁相变，即进入反铁磁 SDW 有序态。**图 10-5 (a)** 给出了 $LaFeAsO_{1-x}F_x$ 的相图 [42]。首先通过电子性掺杂诱发超导电性，当 $x=0.045$ 时，实现了从反铁磁有序到超导相的陡峭转变，在 $x=0.1$ 左右，实现了 $T_c=26$ K 的超导电性。另外，**图 10-5(b)** 描述了 $SmFeAsO_{1-x}F_x$ 的电子掺杂相图 [42]。当掺杂浓度 $x = 0.1$ 时，发现超导电性，在 $x=0.2$ 左右，超导转变温度获得最高值 55 K。

虽然 1111 结构体系超导体的相图有一些共同的特征，但是也有一些不同。对于 LaOFeAs，F 的掺入使超导体结构相变和反铁磁 SDW 转变温度降低，当 F 掺杂量达到某一数值时，结构相变和 SDW 转变突然消失，表现出突变的特征。在超导电性出现之前，反铁磁就被完全压制，没有观察到超导电性与反铁磁共存，即在 $LaFeAsO_{1-x}F_x$ 中，反铁磁序和超导态是完全分离的。在 F 掺杂的 SmOFeAs 中，结构相变与反铁磁 SDW 转变也是逐渐被压制，但是直至超导电性出现，反铁磁序都未被完全压制，反铁磁和超导相共存于很大的掺杂范围区域。

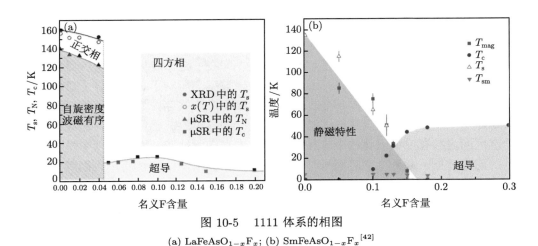

图 10-5　1111 体系的相图

(a) $LaFeAsO_{1-x}F_x$; (b) $SmFeAsO_{1-x}F_x$ [42]

10.3.2　122 体系的相图

与 1111 体系相比，122 体系不仅容易生长出大尺寸高质量的单晶样品，而且也易于制备出高性能的线带材，因此，122 体系备受人们的重视并被广泛研究。

由于 122 体系结构的包容性，在 $BaFe_2As_2$ 结构中的 Ba 位、Fe 位或 As 位掺杂都能得到完整的相图。对于空穴型掺杂的 122 样品，主要是掺杂碱金属 K、Na 等，占据 Ba 的位置，而碱金属只能提供一个电子，少于 Ba 提供的电子数，从而形成空穴。以 $Ba_{1-x}K_xFe_2As_2$ 为例，**图 10-6(a)** 为 $Ba_{1-x}K_xFe_2As_2$ 的超导相图 [13]，从图中可以看出，随着掺杂量 x 的逐渐增大，体系的 SDW 转变逐渐被压制，当 $x=0.15$ 左右时出现超导电性，此时自旋密度波有序还存在；$x = 0.15 \sim 0.4$ 这个区域，为自旋密度波有序与超导共存的区域；当 $x=0.5$ 左右时，超导转变温度达到最高的 38 K；之后随着掺杂含量的继续增大，超导转变温度逐渐降低，最终形成 KFe_2As_2，超导转变温度为 4 K。对于电子型掺杂的 122 超导体，主要是指掺杂 Ni、Co 等过渡金属元素取代 Fe 的位置，从而提供电子。以 $BaFe_{2-x}Co_xAs_2$ 为例，从其相图 (**图 10-6(b)**) 发现 [43]，其 SDW 转变与结构相变温度随着 x 的增大而逐渐分开，并不是完全重合，这与空穴型掺杂 122 样品高温时的行为不同，但是与 1111 体系相同。Co 掺杂的 Ba-122 相图，在超导出现的地方也存在着转变与超导共存的区域。随后人们通过对比 $BaFe_2As_2$ 的 Ba、Fe 和 As 三个位置分别进行掺杂所产生的电子相图 [44]，发现掺杂抑制了反铁磁序和结构相变，进而诱导出超导态，并且最佳超导发生在反铁磁恰好消失的位置。值得注意的是，三个位置的元素替换所掺杂的电荷量有所不同，但却产生了相似的电子相图，表明这里除了单纯的电荷掺杂，结构调控同样扮演着十分重要的角色。

与 1111 体系的相图类似，122 结构超导体在降温过程中也会发生结构相变和反铁磁 SDW 转变，不同的是 $BaFe_2As_2$ 的结构相变和 SDW 转变发生在同一温度。掺 K、Co 或 P 会逐渐压制结构相变和反铁磁 SDW 转变，然而随着 Co 掺入 Fe 位量的增加，结构相变和 SDW 转变不再同时发生，而是结构相变先发生然后再发生 SDW 转变。另外，与 1111 体系不同的是，$BaFe_2As_2$ 体系无论掺 K、Co 或 P，反铁磁未被完全压制时超导电性已经出现，即在 122 体系相图中都存在反铁磁序与超导共存区域。这为在铁基超导家族的不同体系间构建起统一的物理相图提出了一定挑战。

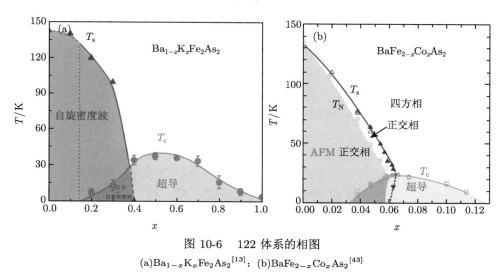

图 10-6　122 体系的相图

(a)$Ba_{1-x}K_xFe_2As_2$[13]；(b)$BaFe_{2-x}Co_xAs_2$[43]

10.3.3　11 体系的相图

FeSe 超导体的晶体结构只有 Fe 和 Se 元素组成的超导层，没有非超导层，被认为是超导理论基础研究的理想材料体系。此外，由于结构非常简单，且不含 As 元素和较为活泼的 K 和 F，因此该体系也被认为具有很大的潜在实用价值。

图 10-7(a) 是 11 体系铁基超导体临界温度 T_c、磁相变温度 T_N 与 Se 含量的电子相图[45]，此相图通过对 $Fe_{1.02}Te_{1-x}Se_x$ 体系的电阻测量、磁化率的测量以及中子衍射的观测而获得。当 Se 含量大于 0.09 且小于 0.29 时，反铁磁有序和超导电性都没有观测到；当 Se 含量大于 0.29 时，出现超导电性。在 $Fe_{1+y}Se$ 的 Se 位掺 Te 得到 $Fe_{1+y}Te_{1-x}Se_x$ 体系的相图[46]，见**图 10-7(b)**。$Fe_{1+y}Te$ 与 $Fe_{1+y}Se$ 具有相同的结构，但是 $Fe_{1+y}Te$ 不超导，降温过程中 $Fe_{1+y}Te$ 会发生四方到单斜的结构相变，在结构相变的同一温度还发生反铁磁转变。对于 $Fe_{1+y}Te_{1-x}Se_x$ 体系，随着 Te 含量的增加，$Fe_{1+y}Se$ 所具有的四方到正交的结

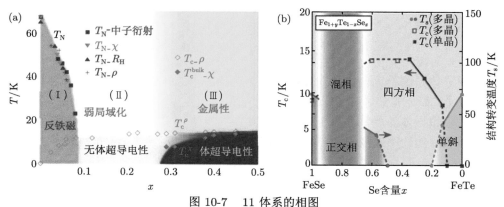

图 10-7　11 体系的相图

(a) $Fe_{1.02}Te_{1-x}Se_x$ 的掺杂相图[45]，横轴坐标为 Se 掺杂浓度 x；(b) 低 Fe 含量 $Fe_{1+y}Te_{1-x}Se_x$ 的相图[46]

构相变逐渐被压制，当 Te 含量在 0.5 附近时，体系的 T_c 达到最大值 14 K。随着 Te 含量的进一步增加，T_c 降低，并且伴随着四方–单斜相变出现反铁磁有序。同时，对于 $Fe_{1+x}Te$ 来讲，Se 的掺入很快压制了四方到单斜的结构相变和反铁磁转变。

　　铁基超导体和铜氧化合物超导体一样都具有层状结构，但是铁基超导体的电子结构比铜氧化合物复杂许多。与如上介绍相图的多样性相对应，不同铁基超导体系的电子结构也存在着明显差异。如**图 10-8** 所示是 LaFeAsO 和 $BaFe_2As_2$ 的费米面结构示意图 [47,48]。能带计算表明 LaFeAsO 中 Fe3d 电子有五个能带跨越费米能级，因此它有五套费米面，属于一个多带体系 [47]，沿 Γ-Z 方向形成两个空穴型费米面，同时在 Z 点附近存在一个质量较大的三维空穴费米口袋，而在 M-A 方向存在两个小的电子圆柱费米面。当波矢平移矢量时，部分电子型和空穴型费米面会形成叠套，这种特殊的费米拓扑结构导致母体处于一种不稳定的涨落状态，自旋密度波可能是由这种结构产生的，对 122 结构的能带计算也给出了相似的结果 [48]。随后 ARPES 的实验测量结果也证明了多个费米面，但在一些细节上仍然没有统一的认识。人们一般认为铁基超导体典型的费米面由位于布里渊区中心位置的空穴型费米口袋和分布在角落的电子型费米口袋所构成 [49]。基于这种电子结构，人们提出以中心的空穴型费米口袋和角落的电子型费米口袋间的电子散射为基础的超导配对机制。但是电子结构的多样性使得为铁基超导配对机制建立起统一模型存在很大困难。相比于铜氧化物的单带结构和 d 波配对，铁基超导是多带体系，其超导配对的对称性被认为是扩展性 s 波对称。

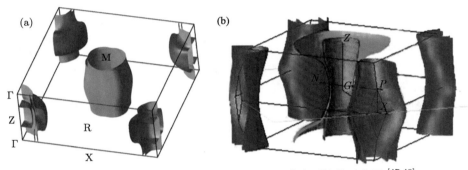

图 10-8　　(a) LaFeAsO；(b) $BaFe_2As_2$ 费米面结构示意图 [47,48]

10.4　铁基超导体的超导特性

　　铁基超导体与铜基氧化物超导体在性质上有很多相似之处，它们都具有层状结构，相干长度都很小，都是非常规电子配对；但另一方面，铁基超导体与铜基氧化物超导体也有很多不同，铁基超导体的母体具有金属性，超导各向异性相对较小并且对掺杂量不敏感，人们认为铁基超导体的序参量是 s 波对称，因此理论上铁基超导体晶界的载流能力要优于铜基氧化物超导体。目前，颇受关注的铁基超导材料包括 1111 体系的 $SmO_{1-x}F_xFeAs$(Sm-1111)、122 体系的 $Sr_{1-x}K_xFe_2As_2$(Sr-122)、$Ba_{1-x}K_xFe_2As_2$(Ba-122)、$Ba_{1-x}Na_xFe_2As_2$、$Ba(Fe_{1-x}Co_x)_2As_2$ 等、11 体系的 $FeSe_{0.5}Te_{0.5}$(FST) 以及 1144 体系的 CaK-1144 等，其中，122 体系是最有实用化前景的铁基超导材料，也是当前国际上的研究热点。在实用超导材料中，临界转变温度 (T_c)、上临界场 (H_{c2}) 和临界电流密度 (J_c) 等三个重要的临界参数决定着其最终性能，这三个值越大，其应用范围越广。**表 10-1** 汇总了铁基超导体一些与应用相关的重要参数，同时给出了低温超导体、铜基氧化物和 MgB_2 的相关参数以作对比 [50]。

表 10-1   铁基超导体与其他超导体的基本性质参数 [50]

	低温超导体 (NbTi、Nb₃Sn)	铜基氧化物	MgB_2	铁基超导体
配对对称性	s 波	d 波	s 波	s 波
掺杂敏感性	—	敏感	敏感	不敏感
最高 T_c/K	18	134	39	55
工作温区/K	⩽ 4.2	⩽ 77	⩽ 25	⩽ 30
上临界场 H_{c2}/T	∼ 30	∼ 100	∼ 40	> 100
相干长度/nm	3 ∼ 4	1.5	6.5	1.5 ∼ 2.4 (122) 1.8 ∼ 2.3 (1111)
各向异性 γ_H	1	5 ∼ 7 (YBCO) 50 ∼ 90 (BSCCO)	∼ 3.5	1 ∼ 2 (122) 2 ∼ 5 (1111)

下面介绍几种主要铁基超导体的一些超导性质，以便从实际应用的角度去了解铁基超导体有哪些优势和不足。

10.4.1   临界转变温度

首先是临界转变温度 T_c，不同的铁基超导体系的临界转变温度差别较大。其中含有氧和氟的 Sm-1111 型铁基超导体的临界转变温度最高，T_c 高达 55 K，该温度处于铜氧化物超导体和 MgB_2 超导体的 T_c 之间。122 体系的 Ba-122 的临界转变温度次之，T_c 约为 38 K。122 体系的优点是各向异性较小 (1 ∼ 2)，利于应用，而且合成容易。1144 体系的 CaK-1144 的临界转变温度比 Ba-122 略低，T_c 约为 35 K。11 体系结构最为简单，但转变温度较低 (T_c ∼ 8 K)，它只能通过液氦来冷却；111 体系铁基超导体在空气中不稳定，研究得较少。总体而言，铁基超导材料的临界转变温度大多介于低温超导材料和铜氧化物高温超导材料之间，除了 11 体系外，1111 体系、122 体系和 1144 体系的 T_c 均高于 20 K 的液氢温区，也是制冷机能够轻松获得的低温区域 [12]。在实际应用中，当温度接近 T_c 时，材料的超导电性会变得不稳定，所以为了获得较大电流或者较高磁场，超导材料的工作温度都会低于 T_c。另外，在有实用价值的铁基超导材料中，"1111" 体系的各向异性最大，γ_H = 2 ∼ 5。我们知道，对于各向异性较高的超导体来说，涡旋格子的热波动将使得该类超导材料的工作温度趋于更低。

自从铁基超导体被发现之后，转变温度从最初的 26 K 提高到了 55 K。随后尽管发现了很多新型铁基超导材料，但其临界温度始终没有明显提高。但是铁基超导的转变温度究竟能达到多高，还是个未知数。其 T_c 能否获得进一步的突破，达到液氮温区，令人期待。实际上，人们在提高铁基超导体的 T_c 方面进行了各种尝试，如尽管 FeSe 的转变温度只有 8 K，通过 Te 掺杂可以将其提高到 15 K 左右，加压后其 T_c 可达 37 K、经过插层可进一步提高到 40 K 以上 [29,30,34]。另外，FeSe 薄膜与基底之间的晶格失配会使得 T_c 增强，生长在 $SrTiO_3$ 衬底上单层薄膜的 T_c 已超过 65 K [37]。

10.4.2 上临界场

上临界场 B_{c2} 是将超导体中超导电性完全压制的磁场强度，是超导材料最重要的参数之一。在第 II 类超导体中，当磁场进一步增高到一定的值以后 (实际上是不可逆场 B_{irr})，超导体就会逐渐丧失低损耗传输能力。B_{c2} 与相干长度 (ξ) 之间的关系可以用 Ginzburg-Landau 公式表示：$B_{c2} = \Phi_0/(2\pi\xi^2)$。可以很明显看出，上临界场越大，相干长度越小。对于一种实用超导材料，如铜氧化物超导体、二硼化镁和铁基超导材料，其上临界场直接决定着超导体应用的范围。因此，高临界磁场是决定超导材料应用的前提。

由于受到上临界场 B_{c2} 的限制，不同超导材料能够产生的最大磁场通常为其 B_{c2} 的 75% 。因此，亟待研发临界电流和临界磁场均能够满足新一代 NMR、加速器、科学研究或核聚变磁体等应用要求的新型超导材料。铁基超导体普遍具有极高的上临界场，预示着其在中低温高场领域有着非常重要的应用前景，如**图 10-9** 所示 [51]。从图中看出，在液氦温区 4.2 K 下，1111 体系、122 体系和 11 体系的上临界场能够达到 50 ~ 100 T 或者更高。特别是 122 体系铁基超导体，即使在 20 K 时，上临界场也高达 70 T，需要注意的是，该值已超过同温度下的 1111 体系的 B_{c2}，尽管其 T_c 更高。

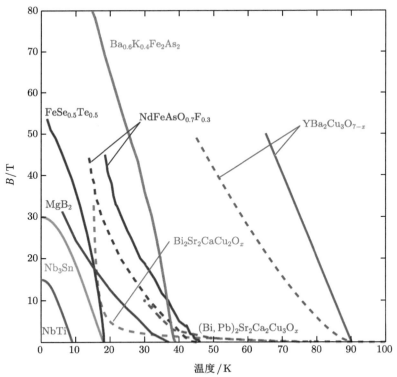

图 10-9 铁基超导体与其他超导材料的临界磁场–温度相图，图中实线为上临界场，虚线为不可逆场 [51]

Nd-1111 单晶 ($T_c \sim 47.4$ K)、BaCo-122 单晶 ($T_c \sim 22.0$ K) 和 $FeSe_{0.5}Te_{0.5}$ 单晶 ($T_c \sim 14.5$ K) 在不同磁场下 (磁场平行于 c 轴) 电阻率随温度的变化曲线如**图 10-10** 所示 [52]。从图中可以看出，随着磁场的增加，Nd-1111 的超导转变宽度明显变大，而 BaCo-

122 的超导转变宽度几乎不变，与低温超导体相似，$FeSe_{0.5}Te_{0.5}(Fe-11)$ 则处于二者之间。$B_{c2}(0\ K)$ 可以通过 Werthamer-Helfand-Hohenberg (WHH) 公式计算[53]，$B_{c2}(0\ K) = -0.693T_c[dB_{c2}/dT]_{T_c}$，其中 $[dB_{c2}/dT]_{T_c}$ 为 B_{c2} 与 T 的函数曲线在 T_c 处的斜率。对于铁基超导体，其沿 c 轴方向的上临界场 $B_{c2}^{//c}$ 随温度的曲线在低温处往往呈现出上凹曲率 (**图 10-10(d)**)，这种上凹曲率已经偏离了弱耦合的单能带 WHH 模型，表明铁基超导体具有更高的 B_{c2}[54]。Hunte 等最先报道了 La-1111 多晶样品的上临界场 $B_{c2}(0)$ 达到了 100 T 以上[55]，当 La 位被 Nd 或 Sm 替代时，临界转变温度和上临界场同时增加，并且磁场下的电阻转变宽度也随之变大，几乎达到了铜基氧化物超导体的转变宽度，例如 $SmOFeAs_{1-x}F_x$ 和 $NdOFeAs_{1-x}F_x$ 的 $B_{c2}(0)$ 甚至超过了 200 T[56,57]。在 Sm-1111 样品中，上临界场随温度的变化率达到了 9.3 T/K，即使采用明显低估上临界场的 WHH 公式，沿 ab 方向的 $B_{c2}(0)$ 仍达到 300 T，远远超过了顺磁极限[58]。

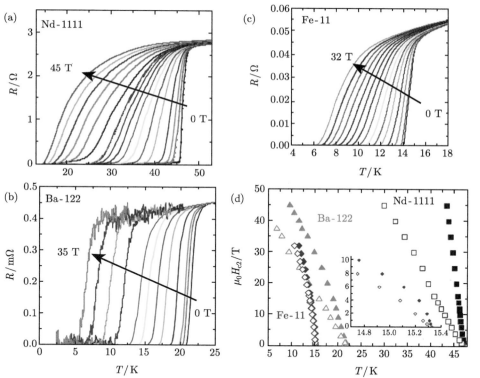

图 10-10　(a)、(b)、(c) 分别为不同磁场下 1111、122 和 11 铁基超导体的电阻随温度的变化曲线；(d) 不同铁基超导体的上临界场 $B_{c2}^{//ab}$(实心) 和 $B_{c2}^{//c}$(空心) 与温度的关系[52]

对实际应用而言，各向异性 $\gamma_H = B_{c2}^{//ab}/B_{c2}^{//c}$ 也是一个需要考虑的重要参数，γ_H 越小越好。值得一提的是，铁基超导体的上临界场各向异性普遍较小，在低温下，"11" 和 "122" 系的铁基超导甚至已经达到了各向同性[12,59]，这就使得铁基超导体比铜氧化物超导体有着更强的磁通钉扎能力。对于 1111 型铁基超导体，磁场沿 ab 面方向和磁场沿 c 轴方向的上临界场明显不同，特别是磁场沿 c 轴方向的上临界场与 WHH 公式的计算结果相差较远。上临界场各向异性 γ_H 随温度变化比较明显，在 $4 \sim 8$。例如，低温下 1111 型的 γ_H 为 $4 \sim 5$，相比 YBCO 超导体，这个值接近甚至更小；但在接近 T_c 时，γ_H 上升到 ~ 8[54,55]。同时，1111 型电阻率随温度的转变曲线在外磁场施加后显著展宽，预示着其不可逆场明显低于 B_{c2}。然而 122 型铁基超导体却不一样，它的各向异性很小，在临界转变温度附近各向异性只有 2 左右，随着温度逐渐降低，各向异性也逐渐减小，到 5 K 时，各向异性变为 1，如**图 10-11** 所示 [59,60]，说明其热涨落效应很小，基本可以忽略不计。可以发现，122 体系的各向异性远好于 REBCO 涂层导体 (≈ 5) 和 Bi 系超导带材 (≈ 50)[12]。11 型低温下的 γ_H 与 122 型的接近，说明其热涨落效应也很小。对于新型结构铁基超导体系，例如 42226 型和 32225 型，因为其较长的 c 轴，所以其 γ_H 显著增大，这种现象与具有相似晶体结构的高温铜氧化物情况一致。

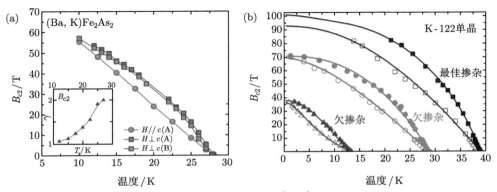

图 10-11　$\mathrm{Ba}_{1-x}\mathrm{K}_x\mathrm{Fe}_2\mathrm{As}_2$ 上临界场与温度的变化关系 [59,60]，可以看出其上临界场各向异性非常小

10.4.3　临界电流密度

我们知道，在高质量超导材料中 J_c 一般占拆对临界电流密度 J_d 的 $10\% \sim 20\%$，J_d 属于材料的本征特性，可以通过相干长度 ξ 和朗道穿透深度 λ 计算得到 [61]，即

$$J_d(0) = \frac{\Phi_0}{3\sqrt{3}\pi\mu_0\lambda_{ab}^2(0)\xi_{ab}(0)} \tag{10-1}$$

$$J_d(T) = J_d(0)\left\{1 - \left(\frac{T}{T_c}\right)^2\right\}^{1.5}\left\{1 + \left(\frac{T}{T_c}\right)^2\right\} \tag{10-2}$$

式中，Φ_0 是磁通量子；μ_0 是真空中的磁导率。

由式 (10-1) 可以算出，在 0 K 下，铜氧化物超导体的 J_d 能够达到 3×10^8 A/cm^2，Nb$_3$Sn 为 1.8×10^8 A/cm^2，MgB$_2$ 为 2×10^8 A/cm^2。计算可知，铁基超导体中 SmFeAsO$_{1-x}$F$_x$ 和 Ba$_{1-x}$K$_x$Fe$_2$As$_2$ 同样能够达到 1.7×10^8 A/cm^2[62]。这表明和其他几种实用超导材料一样，铁基超导体具有非常大的本征临界电流。为了评估铁基超导体可能达到的最高 J_c 性能，**表 10-2** 列出了根据公式 (10-1) 和 (10-2) 估算的各种铁基超导体在 4.2 K 下的极限临界电流密度 [61]，即拆对临界电流密度 $J_d(4.2 \mathrm{K})$。

表 10-2　**Fe(Se,Te)、Co 和 P 掺杂的 Ba-122 以及 NdFeAs(O，F) 的相关物理参数以及在 4.2 K 时的拆对临界电流密度 $J_d^{[61]}$**

材料	$\lambda_{ab}(0)$ /nm	$\xi_{ab}(0)$ /nm	J_d(4.2 K) /(MA/cm²)	$(J_c^{s.f.}/J_d)$ (4.2 K)/%
Fe(Se,Te)	430	1.5	34	3.5
Co-掺杂 Ba-122	190	2.76	100	5.6
P-掺杂 Ba-122	200	2.14	117	5.4
NdFeAs(O,F)	270	2.4	57	5.8

显然，在铁基超导体中，Ba-122 具有最高的 J_d(4.2 K)。正常相钉扎样品可达到的最大 J_c 大约是拆对电流密度的 30%。然而，目前在单晶基底上生长的高质量铁基超导薄膜，其在 4.2 K、0 T 下的最佳 J_c 也仅为拆对临界电流密度 J_d(4.2 K) 的 3.5% ~ 5.8%。因此，铁基超导体的载流性能还有很大的提升空间。

铁基超导材料在单晶中的载流性能也决定了一个材料是否具有制备高性能实用化超导线材的潜力。实际上自从发现铁基超导体后，人们很快发现铁基超导单晶样品中在高磁场下普遍具有很高的临界电流密度，而且在 4.2 K 下表现出非常弱的磁场依赖性，如图 10-12 所示。从**图 10-12 (a)** 可知 [63]，$SmFeAsO_{1-x}F_x$ 单晶在 5 K 下具有很高的磁化 $J_c \sim 2 \times 10^6$ A/cm²，随后高场下的传输测试表明，在 5 K 零场下，样品的传输 J_c 同样达到 1.6×10^6 A/cm²，随着磁场的增加，J_c 几乎没有衰减，直至磁场增加到 14 T，J_c 还保持在 $\sim 1 \times 10^6$ A/cm²。即使在 25 K、14 T 的条件下，传输 J_c 仍超过 10^5 A/cm²。在低温下，J_c^{ab} 与 J_c^c

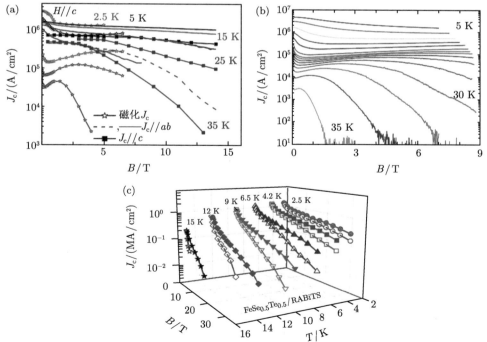

图 10-12　不同温度和磁场下铁基超导体的临界电流密度
(a)$SmFeAsO_{1-x}F_x$ 单晶 [63]；(b)Ba-122 单晶 [64]；(c)Fe(Se,Te) 薄膜 [67]

差别不是很大，临界电流各向异性 $\gamma_J = J_c^{ab}/J_c^c$ 为 $2 \sim 3$，比上临界场各向异性 $\gamma_H \sim 5$ 要小；随着温度的增加，临界电流各向异性逐渐增加，当温度达到 35 K 时，γ_J 为 $4 \sim 5$。这个数值远小于铜氧化物单晶的各向异性，再次证明铁基超导体的各向异性较小，这对制备强电应用的铁基超导材料十分有利。

Ba-122 单晶则表现出重要的鱼尾效应和大的载流能力，在 5 K、9 T 磁场下，J_c 超过 10^6 A/cm^2，并且对磁场很不敏感，如**图 10-12 (b)** 所示[64]。特别是沿 c 轴的临界电流密度和沿 ab 轴的临界电流密度相差不大，J_c^{ab}/J_c^c 仅为 1.5，几乎各向同性[65]，对强电应用非常有利。进一步研究表明，Ba-122 单晶具有很大的磁通钉扎势 U_0/K_B，在 0.1 T 下钉扎势高达 9100 K$(H//ab)$，远高于 Bi-2212 和 YBCO 单晶[66]；而且随着外加磁场的增加，钉扎势衰减非常缓慢，这说明铁基超导体具有非常强的本征磁通钉扎力。

11 单晶的 J_c 也超过了 10^5 A/cm^2，而且在低温下表现出几乎不依赖于磁场的特性。此外，铁基超导薄膜在 4.2 K、9 T 下传输 J_c 高达 $\sim 10^6$ A/cm^2，特别是在涂层导体基底上制备的高性能 Fe(Se,Te) 薄膜，其传输 J_c 达到 1×10^6 A/cm^2(4.2 K, 0 T)，即使在 30 T 的磁场下，J_c 仍然超过 10^5 A/cm^2，如**图 10-12 (c)** 所示[67]，这意味着铁基超导体在高场磁体领域具有巨大的应用潜力。

尽管铜氧化物高温超导体的 T_c 突破了 77 K 的液氮温度，但随后的研究表明它们是极端的第 II 类超导体，超导相干长度非常小 (**表 10-1**)，常规超导体中的一些有效磁通钉扎中心在铜氧化物超导体中不再有效，磁通钉扎能力较弱，磁通蠕动显著，大大限制了这些材料的临界电流密度。由于高温超导体的相干长度小，小尺度钉扎中心 (如点缺陷、位错等)就显得十分重要，而大的晶体缺陷将成为弱连接。弱磁通钉扎能力和晶界弱连接是制约其 J_c 的两个主要因素，也使得高性能长带材的制备成本非常高，严重阻碍了铜氧化物高温超导体的推广应用。

磁通钉扎属于材料的非本征特性，可以通过适当引入缺陷的方法来提高磁通钉扎能力。这点非常重要，因为大量钉扎中心的引入可以有效提高磁场下的临界电流密度。与铜氧化物超导体不同，铁基超导体对掺杂不敏感，可以容忍更多缺陷，因此在铁基超导体中引入有效钉扎中心要相对容易。引入缺陷的方法有很多种，比如通过辐照、引入纳米颗粒或纳米棒、改变局部化学配比等[68-70]。此外，采用 Au 离子等重离子或中子辐照引入缺陷[71]，可以进一步提高钉扎，而不降低临界转变温度。

上述结果表明，铁基超导体具有极高的上临界场、非常低的各向异性、相当大的 J_c 值以及在低温下不受磁场影响的特性，因此具有良好的 $20 \sim 30$ K 下高场应用前景。在这一温度范围内，低温超导体由于较低的 T_c 而无法发挥作用。

10.4.4 晶界载流能力

由于实用超导体的相干长度一般在几个纳米，因此这些超导材料的临界电流密度对微观结构极为敏感，除了杂相、孔洞和微裂纹外，一些能量较高的晶界也成为限制多晶超导材料临界电流密度的重要因素。尺寸超过相干长度的高能晶界会极大削弱晶界两边超导晶粒之间的耦合作用，往往形成约瑟夫森结而制约超导电流的传输。特别是在制备成超导线带材以后，晶粒间的弱连接往往使得超导电流无法通过。因此，决定着一种超导材料真正可用与否，除提高磁通钉扎外，改善晶粒连接性也是至关重要的。

在铜氧化物超导体中本征的晶界弱连接效应会极大地降低超导电流[72]。所谓"晶界弱连接"是指电流在超导材料内流通时，晶界夹角的大小会影响电流的传输。当晶界角较小时，传输电流基本不受影响；而当晶界角超过某一数值——临界角时，超导材料的晶间电流密度呈指数衰减，如**图 10-13(a)** 所示[73]。当 YBCO 晶界角从 $3° \sim 5°$ 增大到 $45°$ 时，晶界的载流能力从 $10^6 \sim 10^7 \text{ A/cm}^2$ 急剧下降约四个数量级，到 $10^2 \sim 10^3 \text{ A/cm}^2$，表现出非常强的弱连接效应，因此必须采用双轴织构薄膜工艺，才能减小大角晶界对传输电流的影响[34]，这样也使得 YBCO 超导带材的制备工艺变得复杂，增加了制造成本。图中 $3° \sim 5°$ 晶界角是晶界是否具有弱连接效应的转变点，一般我们称之为临界角 θ_c。在 YBCO 中，临界角 θ_c 的大小为 $3° \sim 5°$。

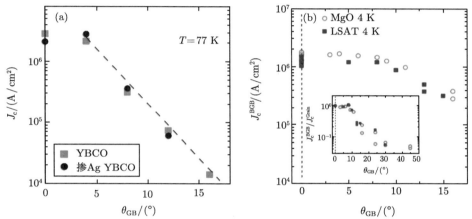

图 10-13　(a) SrTiO$_3$[001] 倾斜双晶基底上生长的 YBCO 薄膜在 77 K 时的临界电流密度与晶界角的关系[73]；(b) BaFe$_{2-x}$Co$_x$As$_2$ 晶间临界电流密度与晶界角的关系[74]

Hosono 小组通过直接在双晶衬底上生长外延膜的方法，研究了 BaFe$_{2-x}$Co$_x$As$_2$ 中 $3° \sim 45°$ 晶界的载流能力，结果如**图 10-13(b)** 所示[74]。从图中看出，铁基超导体的晶界载流能力虽然随着晶界角的增大有所降低，但影响不大。当晶界角由 $9°$ 增加到 $45°$ 时，临界电流密度下降仅 1 个数量级，而在 $9°$ 以内临界电流密度几乎不变。很明显，BaFe$_{2-x}$Co$_x$As$_2$ 铁基超导体的临界角为 $9°$，是 YBCO 的 2 倍左右。当晶界角大于 $20°$ 时，Ba$_{1-x}$K$_x$Fe$_2$As$_2$ 超导体的晶间电流密度远大于 YBCO。随后在 11 和 1111 体系中也得到了相似的结论，例如 FeSe$_{0.5}$Te$_{0.5}$ 薄膜的临界角约为 $9°$[75]，而在 MgO 孪晶基底上生长的 NdFeAs(O, F) 薄膜的晶界电流特性研究发现，1111 体系的临界角为 $8.5°$[76]。考虑到铁基超导材料具有相对较好的晶界特性，人们甚至认为对于干净且没有润湿相的晶界，晶界角可能不会成为晶间电流传输的阻碍，类似于 MgB$_2$，甚至高密度的晶界还可以成为钉扎中心[76]。由此可见，与铜氧化物超导体相比，铁基超导体的晶界弱连接效应要小得多，对晶界角的容忍度也更强，所以能够采用成本较低的 PIT 法制备线带材，应用前景更为乐观。

综上所述，铁基超导体是第二种被发现的高温超导体，具有极高的上临界场、较高的转变温度、小的各向异性、高载流能力等优点。与传统的合金超导体相比，其 T_c 相对较高，上临界场大 (>100 T)，拆对电流密度同样可达 10^8 A/cm^2 数量级，而单晶或者薄膜

中的 J_c 能够达到 $10^6 \sim 10^7$ A/cm^2 数量级。而与铜氧化物相比，其为 s 波超导体，各向异性小，不可逆场高，晶界的临界角大（$\sim 9°$），这使得其在被加工成线材或者带材时，对晶粒间的取向要求小，故而可以采用低成本的传统 PIT 法，加工难度小，多晶 J_c 提升容易，有利于降低成本。此外，其母体是金属，对杂质敏感度要比铜氧化物低，而杂质和缺陷有利于提高钉扎能力，故可以通过引入杂质来提高其 J_c。由于铁基超导体的不可逆场很高，故而有着在高场下保持较高 J_c 的能力，这使得其在中低温区高场磁体的应用中有着独特的优势 [77]。**图 10-14** 列出了不同超导材料在不同磁场及温度下的应用范围 [12]。可以发现，与其他实用化超导材料相比，铁基超导材料有着自身独特的优势，特别是在中低温高场范围内有着广阔的应用前景，从而与其他实用超导材料形成了互补的关系，因此系统研究、制备高性能的铁基超导线带材变得尤为重要。

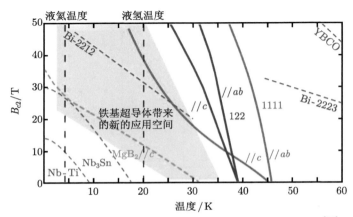

图 10-14　不同超导材料在不同磁场及温度下的应用范围 [12]

10.5　铁基超导线带材的制备技术

对于超导材料而言，要进行大规模强电应用，如制造超导电缆、超导磁体、核磁共振成像以及核聚变装置等，就必须先制备出成百上千米长的线带材，也是一种铁基超导材料走向实际应用的基础。由于铁基超导材料硬度高且具有脆性，难以塑性变形加工，传统的 PIT 法成为首选的技术途径；另外，铁基超导体的超导电流在通过大角度晶界时受到的衰减相对较小，这一优良特性也使得人们可采用低成本粉末装管工艺进行铁基线带材的制备。

铁基超导线带材的另一种制备方法是采用脉冲激光沉积 PLD 法或分子束外延法在长基带上沉积铁基超导薄膜。Si 等利用 PLD 法在哈氏合金 C276 上沉积制备了 FeSe$_{0.5}$Te$_{0.5}$ 薄膜，临界电流密度 J_c 在高场下非常优异（$>10^5$ A/cm^2，4.2 K & 30 T）[67]。但是相对于 PIT 法，薄膜的制备工艺非常复杂、成本很高。因此，我们主要介绍铁基超导线带材的 PIT 法制备工艺及其国内外研究进展，重点讨论影响铁基超导线带材临界电流密度的因素及相关制备技术等。

10.5.1 粉末装管法

PIT 法是为加工塑性差的超导材料而设计的，由于工艺简单、成本较低，已广泛应用于 Bi-2223 和 MgB$_2$ 超导线带材的制备，商业化超导长线可达上千米[78]。铁基超导材料与 Bi 系超导材料的加工特性相似，并且铁基超导材料还具有较小的各向异性，因此 PIT 法非常适合铁基超导线带材的制备研究。从实际应用来看，PIT 法也是非常有吸引力的，它所使用的材料成本低而且机械加工工艺简单，容易实现规模化生产。

PIT 法的基本工艺流程是先在 Ar 气氛下将铁基先驱粉末混合均匀后装填入金属管中，然后通过旋锻、拉拔和轧制等冷加工工序形成线材或带材，最后在保护气氛下对已成型的线带材进行热处理，形成连接性良好的铁基超导线带材，如**图 10-15** 所示[11]。根据装入金属管中原料的不同，PIT 法可以分为原位法和先位法，前者是将先驱粉末均匀混合后装入金属管中，在拉拔轧制成线带材后再通过烧结反应形成超导相，后者则是将已烧结成超导相的粉末装入金属管中进行加工。原位法制备工序相对简单，但是只能进行一次研磨混合–烧结，样品成分不均匀，并且容易在后续热处理时因化学反应产生孔洞，超导芯致密度低。先位法的优点在于其通过多次研磨–烧结工艺，可以获得较高的相纯度和致密度更高的超导芯。目前，采用先位法制备铁基超导线带材已经成为主流的制备方法。

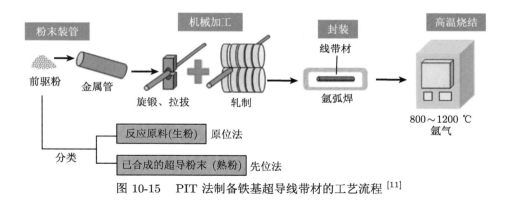

图 10-15 PIT 法制备铁基超导线带材的工艺流程[11]

相对于其他体系的铁基超导体，122 体系铁基超导线材的临界电流密度提高迅速，这与其容易合成出高纯超导相有关。鉴于目前 122 体系铁基超导线材的临界电流密度远超其他体系线材且已经达到实用化水平，因此最有可能成为首先获得强电应用的铁基超导体。下面以 122 铁基超导线带材为例，详细介绍其制备工艺流程。首先通过固相反应法制备超导前驱粉。由于 122 铁基超导体的原料，如 Sr/Ba、K、Fe、As 等比较活泼，整个制备过程需要在真空或者惰性气体保护下进行，包括原料称量、前驱粉的研磨和装管等。在 Ar 气氛的保护下将高纯度的原材料按比例混合，采用行星式球磨机在 200 ~ 500 r/min 下球磨 10 h，目的是粉碎较硬的 Sr、Ba 等块状原料，同时保证所有元素混合均匀。将研磨均匀的先驱粉装入 Nb 管中并砸实，然后将装有原始粉的 Nb 管采用氩弧焊封入铁管中，最后将铁管放入高温烧结炉中进行 35 h 的 900 ℃ 热处理。

随后，在 Ar 气氛的保护下将前驱粉研磨均匀并根据实际需要进行掺杂，然后将充分混合的前驱粉装入金属管中，并在其两端填入金属堵头，防止加工过程中前驱粉损失。对金属管进行旋锻、拉拔加工，得到具有一定直径的超导线材。如果直接对线材进行二次热处理便可以得到铁基超导圆线；如果继续对其进行轧制加工，便可以得到具有一定厚度的生带，最后将带材放入高温热处理炉或者热压烧结炉中进行一定温度的热处理，最终制成性能良好的铁基超导带材。

　　铁基超导线带材的主要制备设备如**图 10-16** 所示，主要包括 (a) 手套箱、(b) 行星式高能球磨机、(c) 拉床、(d) 轧机等。手套箱能够提供氧和水含量低于 0.1ppm 的氩气环境，确保活泼元素不被氧化；行星式球磨机的转速在 $0 \sim 547$ r/min 连续可调，正反转均可；拉床可以将粗的金属管加工成细的超导圆线，拉床可拉拔的最大长度为 9 m，根据放入模具的不同，可以进行不同尺寸的拉拔；轧机两个轧辊的间距在 1.8 mm 至 0.1 mm 连续可调，可根据实际需要轧制不同厚度的带材。铁基超导线带材高温热处理设备主要为高温管式炉。管式炉能够通入氩气，同时能够保证在 900 ℃、10 cm 的范围内温差小于 5 ℃，为线带材的烧结提供稳定的高温环境。

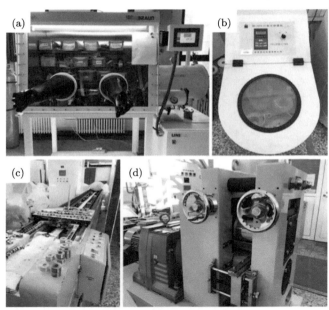

图 10-16　铁基超导线带材制备设备

(a) 手套箱；(b) 行星式高能球磨机；(c) 拉床；(d) 轧机

　　为了推进铁基超导体的实用化进程，国内外众多研究组开展了铁基超导线带材的制备研究工作，一方面致力于提高超导线带材强磁场下的临界电流密度 J_c，另一方面从实际应用出发，研制高性能铁基超导长线，促进其应用。目前主要研究单位包括中国科学院电工研究所 (后文简称电工所)、日本国立材料研究所 (NIMS)、美国国家高场实验室、东京大学、意大利热那亚大学、日本产业技术综合研究所 (AIST)、澳大利亚卧龙岗大学、西北有色金属研究院、东南大学、天津大学等，其中我国在高性能铁基超导材料的研制中一直走在世界前列。铁基超导线带材的发展历程如**图 10-17** 所示。目前，铁基超导线带材正处于快速发展的研发阶段。铁基超导体的突出优点是上临界场极高、强磁场下电流大、各向异性较小等，有望成为 $4.2 \sim 30$ K 温区超高场磁体应用的主要实用超导材料，市场潜力大。

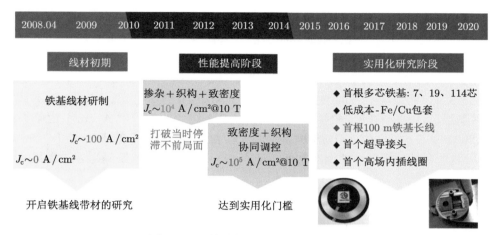

图 10-17 铁基超导线带材的发展历程

10.5.2 铁基超导线带材的早期研究

2008 年 4 月，电工所率先采用原位 PIT 法研制出 Fe/Ti 包套的 $LaFeAsO_{0.9}F_{0.1}$(La-1111) 超导线材和 Ta 包套 $SmFeAsO_{1-x}F_x$(Sm-1111) 超导线材 [79,80]，开启了铁基超导线带材的制备研究。如**图 10-18** 所示，La-1111 线材采用铁作为包套材料，长约 0.7 m，直径为 2 mm，临界转变温度达到 24.6 K[79]。**图 10-19(a)** 给出了 Sm-1111 超导芯零场下电阻率随温度变化的曲线 [80]。从图中可以看到，F 掺杂量 $x = 0.35$ 样品的 T_c 约为 52 K，$RRR = \rho(300\ K)/\rho(55\ K)$ 为 2.8。**图 10-19(b)** 为 Sm-1111 线材磁化临界电流密度随磁

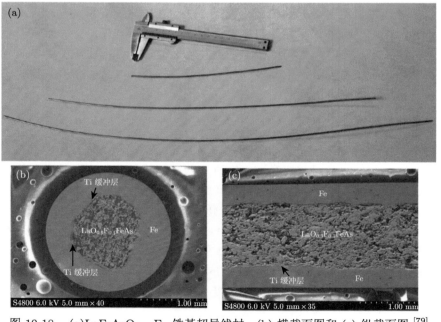

图 10-18 (a)$LaFeAsO_{1-x}F_x$ 铁基超导线材；(b) 横截面图和 (c) 纵截面图 [79]

场变化的曲线 [80]。可以看到，Sm-1111 粉末样品 5 K 下的临界电流密度为 2×10^5 A/cm^2，并且随磁场升高变化很小，这表明该样品晶粒内具有很强的磁通钉扎能力。然而，Sm-1111 的整体临界电流密度在 5 K 时只有 3.9×10^3 A/cm^2，主要原因可能是存在较多的杂相和孔洞。同年 8 月，西南交通大学采用原位 PIT 法制备了 Ta 包套的 SmFeAsO$_{0.8}$F$_{0.2}$ 线材 [81]，T_c 达到 52.5 K。2009 年 2 月，电工所又制备出 Nb 包套的 Sr$_{1-x}$K$_x$Fe$_2$As$_2$ 超导线材 [82]，样品的转变温度达到 35.3 K，磁测 J_c 在 5 K，0 T 下达到 3.7×10^3 A/cm^2，上临界场超过 140 T。2009 年 6 月，日本 NIMS 制备了临界转变温度为 11 K 的 Fe(Se, Te)/Fe 超导带材 [83]。虽然早期线材样品的性能非常低，但是这些工作为后来的铁基超导线带材的研究和发展奠定了基础。

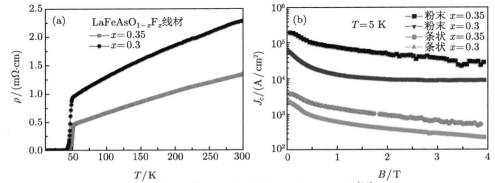

图 10-19　(a) SmFeAsO$_{1-x}$F$_x$ 超导芯零场下电阻率随温度变化的曲线 [80]；(b) SmFeAsO$_{1-x}$F$_x$ 线材磁化 J_c 随磁场变化的曲线 [80]

在铁基超导线带材制备研究的初期，包括 1111、122 和 11 系铁基超导材料均得到较为广泛的研究，以筛选哪种铁基超导材料更适合于制备超导线带材。在这一时期，受限于对铁基超导材料认知水平的不足和工艺的复杂性及不确定性，采用 PIT 法制备的铁基线带材往往存在着超导芯致密度低、杂相多、性能较差等问题，因此，研究者致力于采用各种新方法提高其磁场下的临界电流密度。

10.5.3　包套材料的选择

在 PIT 法中，包套材料的选择非常重要，因为它会影响超导线材的冷加工工艺和热处理条件，而且铁基超导线带材需要经过一定时间的高温热处理，也要求所采用的包套材料尽量避免与超导芯反应。早期采用 Fe、Nb 和 Ta 包套所制备的 1111 线材中都出现了几十 μm 厚的反应层，没有测量到传输电流。122 体系的成相温度要普遍低于 1111 体系 [79,80]，但是研究发现采用 Nb 包套制备的 Sr$_{0.6}$K$_{0.4}$Fe$_2$As$_2$(Sr-122) 线材中同样存在 $10 \sim 30$ μm 的反应层 [82]，如图 10-20 所示。为此，电工所研究组详细研究了高温烧结后 Nb、Ta 和 Fe/Ti 包套材料与 Sm-1111 超导芯连接处的成分变化 [84]。结果表明在包套材料和超导芯连接处均有厚度为 $60 \sim 200$ μm 的反应层，进一步分析证明反应层有大量的 As 元素富集。这说明 1200 ℃ 高温下易挥发的 As 元素与包套材料发生了严重反应，生成电绝缘的砷化物，从而阻碍了超导电流在界面上的传输。同时，由于 As 元素向包套的扩散反应，超导芯成分发生了较大的偏差，增大了孔洞生成率，导致超导性能下降。

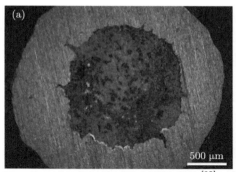

图 10-20　Sm-1111/Ta 线材的典型横截面[82]，热处理温度为 1180 ℃；(b) Sr-122/Nb 线材的纵向截面，热处理温度为 1180 ℃。很明显，两种线材的超导芯和包套之间都出现了较厚的反应层

　　2009 年，电工所将银作为内层包套、铁作为外层硬质包套，制备出 Fe/Ag 包套的 Sr-122 线材和带材，经过 900 ℃/35 h 热处理后，超导芯与银之间未发现反应层，如**图 10-21**所示[85]，成功解决了包套反应的难题，在国际上首次在铁基超导线带材中检测到超导传输电流。对该 Sr-122 线带材横截面的观察发现，银包套没有和超导相发生反应。能谱分析也证实了超导芯的超导成分未发生明显偏差，As 和 Sr 元素没有扩散到 Ag 包套中。虽然该带材的临界传输电流密度 J_c 在 4.2 K 和零场下只有 500 A/cm^2，但打破了铁基线带材没有传输电流的僵局。随后很多国外知名小组如日本 NIMS、东京大学、美国佛罗里达大学等跟进采用 Ag 包套制备了铁基线带材，都发现 Ag 与超导相具有极好的相容性[86−88]。迄今为止，Ag 已经被证明是制备铁基超导线带材理想的包套材料，具有可加工性好、化学稳定性强的优点，无论是作为 122 还是 1111 铁基超导体的包套材料，都能在 900 ℃ 下 30 h 以上的热处理后仍然不与超导芯发生反应。

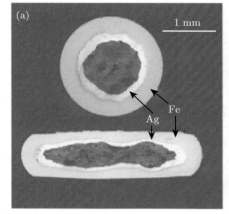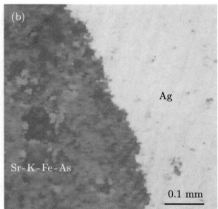

图 10-21　铁银复合包套 $Sr_{0.6}K_{0.4}Fe_2As_2$ 线带材的 (a) 横截面和 (b) 超导芯–银界面[85]

　　采用原位 PIT 法制备铁基超导线带材过程中，原料直接装在金属管中，而铁基超导原料中含有比较活泼的元素，比如 K、As、F 等，这些元素直接与金属包套进行接触，在高温

下很容易发生反应。通过降低 Sm-1111 多晶样品的烧结温度，人们发现在 1000 ℃ 烧结的样品中，起始转变温度能够达到 56.1 K，在 850 ℃ 的烧结温度下 T_c 也能达到 53.5 K[89]，也就是说，在小于 1000 ℃ 的烧结温度下同样可以使 Sm-1111 成相。Ag 的化学性质比较稳定，但是其熔点比较低，约为 962 ℃。电工所通过 850 ~ 900 ℃ 的烧结制备了 Ag 包套的 Sm-1111 铁基超导线材[90]，发现在 4.2 K 自场下 J_c 能够达到 1300 A/cm^2，这说明 Ag 包套与 1111 体系的相容性也较好。

　　除了 Ag，人们使用较多的包套是银基复合材料，如 Ag/Fe、Ag/Cu、Ag/不锈钢、Ag/Monel 等[91]。这里 Ag 仅起到隔离层的作用，防止超导芯与其他金属反应。这种方法既可以提高线带材的机械强度，还可以大大降低 Ag 的使用量，节省制造成本。美国国家高场实验室和东京大学团队倾向于采用 Ag/Cu 复合包套制备高性能 122 铁基圆线，而 NIMS 和电工所发现高强度 Ag/不锈钢包套可极大地提高样品的临界电流性能。另外，人们也在积极探索使用其他单金属包套制备超导线带材的可能性。NIMS 团队系统研究了不同包套材料对 Sm-1111 超导线材性能的影响[92]，发现 Cu 与超导芯的反应程度最弱。对于 122 体系来说，Cu 与超导芯会发生反应，导致线带材失去超导载流能力。电工所采用热压方法，在降低烧结温度的基础上制备了 Cu 包套的铁基超导带材，性能达到 3.5×10^4 A/cm^2 (4.2 K, 10 T)，展现了良好的应用前景[93]。另外，Fe 同样可以作为包套材料，而且其价格优势更为突出。虽然 Fe 包套容易与铁基超导材料发生反应，但是 Fe 的机械轧制性能要好于 Ag 包套。为了避免包套与超导芯发生反应，Fe 包套线带材的热处理时间必须很短。研究表明采用短时高温快烧工艺 (1100 ℃ /(1 ~ 15) min) 可以获得传输性能良好的 Fe 包套 Sr$_{0.6}$K$_{0.4}$Fe$_2$As$_2$ 带材[94]。进一步研究发现在 900 ℃ 高温下热处理时间小于 60 min 的 122 线带材中，Fe 包套与超导芯界面清晰，只有微量的反应和扩散，这样既保证了超导相的成相，又避免了超导芯与铁包套反应 (**图 10-22(a)**)。但是热处理时间超过 120 min 后，反应和扩散明显，界面处存在 5 ~ 15 μm 的扩散层 (**图 10-22(b)**)，线带材的传输性能急剧下降。因此，如果热处理时间短，Fe 和 Cu 也是可考虑的包套材料。

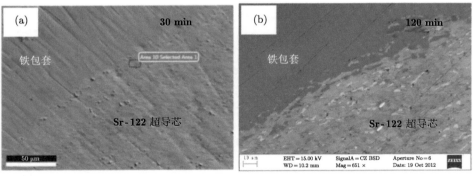

图 10-22　热处理后 Sr-122 带材的截面图

(a)30 min；(b)120 min

　　综上所述，制备铁基超导线带材可以使用多种包套材料，如 Ag、Fe、Cu、不锈钢或复合包套 Ag/Fe、Ag/Cu、Ag/不锈钢、Ag/Monel 等。而与此形成对比的是铋系高温超导线带材的包套材料只能使用 Ag 或 Ag 合金，因为铜基氧化物在热处理过程中需要通过 Ag

层透氧，才能保持超导电性。

10.5.4 铁基超导前驱粉末

通过调控超导相组分、晶粒尺寸、热处理温度等方法控制前驱体的致密度、主相纯度及相均匀性，是获得高质量铁基超导前驱粉的关键，也是制备高性能线带材的前提。对于先位 PIT 法，铁基超导粉末的制备一般是将高纯度的初始原料按一定化学计量比混合后直接固相烧结而成。即在手套箱中按名义组分混合不同种类的初始原料，例如，对于 Ba-122 体系来说，通常将 Ba 屑 (99%)、K 块 (99.95%)、Fe 粉 (99.99%) 和 As 粉 (99.95%) 按 $Ba:K:Fe:As = 0.6:0.4:2:2$ 的名义比例进行配比混合。由于铁基超导材料容易在空气中发生氧化反应，特别是对于含有活泼元素 K 的 122 体系。为了降低粉末中的含氧量，初始原料的配比、研磨、混合和烧结等都必须在手套箱中或 Ar 保护气氛下进行。一般采用人工研磨或者高能球磨破碎和混合铁基超导体的初始原料，中间可重复多次研磨；将混合均匀后的起始原料置于密闭石英管或金属管中，炉腔内通入氩气，在 $800 \sim 1200\,^{\circ}\mathrm{C}$ 高温烧结后得到性能良好的超导粉末。**图 10-23** 是典型 Ba-122 前驱粉末样品的 XRD 图谱和直流磁化率曲线。可以看出，前驱体的主相都是 Ba-122 超导相，其临界转变温度高达 38.5 K，且零场冷却转变曲线比较尖锐，说明前驱体的质量较高。另外，不同于球磨工艺制备前驱粉，NIMS 团队通过高温使起始原料熔化并充分反应 $(1100\,^{\circ}\mathrm{C}/5\,\mathrm{min})$ 来合成 122 前驱粉，微观分析发现这些前驱体中几乎不含 FeAs 杂相且晶粒连接性良好，最终提高了 122 线带材的传输性能[86]。为了获得高质量铁基超导前驱粉末，在其合成过程中需要注意一些关键问题，比如元素配比、氧含量的控制和热处理优化等。

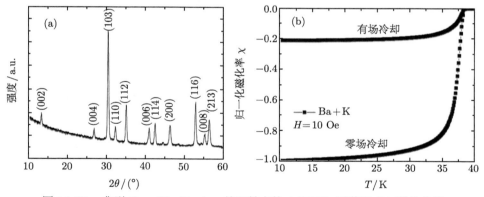

图 10-23　典型 $\mathrm{Ba_{0.6}K_{0.4}Fe_2As_2}$ 前驱粉末的 (a)XRD 图谱和 (b) 磁化曲线

超导相的元素配比非常重要，成分的变化会显著影响线带材的超导性能[11]。例如，122 体系中的元素 K、As 具有很高的化学活性和低的熔点，容易在高温下反应和挥发；而 1111 体系含有 F 元素，在烧结过程中极易烧损，使得成相更加困难。K、As、F 等易挥发元素容易在长时间烧结过程中损失，造成样品元素比例的偏差，形成孔洞，如**图 10-24(a)** 所示，同时也会引起微观结构的不均匀，影响最终性能。因此，在制备前驱粉的过程中通常会添加过量的上述相应元素以弥补高温烧结过程中的损失。对于 122 体系，一般会加入过量的 10% ~ 25% 的 K 和 5% 的 As 单质。NIMS 小组在制备 Sm-1111 线带材时在名义配比的起始原料中多加入了 SmF_3、SmAs 和 FeAs 混合料，弥补了 F 元素的损失，提高了 J_c 性能 [95]。

由于 K 非常活泼，在制备前驱粉的过程中添加过量的 K 元素不仅能够补偿 K 元素在高温下的损失，而且实验还发现过量的 K 可以在不降低其 T_c 的前提下有效提高 $Ba_{0.6}K_{0.4+x}Fe_2As_2$ 多晶样品的临界电流密度 [96]，而添加过量 K 对临界温度 T_c 影响不大。从**图 10-24(b)** 和 **(c)** 中可以看到，过量 K 元素的添加会使晶格发生畸变，形成大量的纳米级位错，这些位错形成了有效的钉扎中心，从而提高了样品磁场下的电流密度。随后的工作进一步支持了这一观点，即 K 元素的过量添加会引起 K 的不均匀分布，从而增加了材料中的电子散射，引入了大量钉扎中心 [97]。

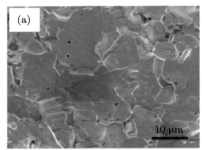
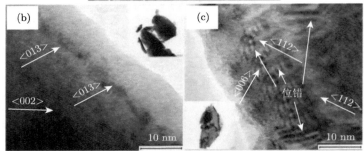

图 10-24　　(a) 850 ℃/30 h 热处理的先位 Ba-122 带材超导芯的 SEM 照片。不同 K 含量 $Ba_{0.6}K_{0.4+x}Fe_2As_2$ 样品 TEM 图 [96]：(b)$x = 0$；(c)$x = 0.1$

另外，烧结温度对前驱粉的质量有非常重要的影响。电工所系统研究了 Sr-122 前驱粉的热处理工艺及其对超导性能的影响 [98]。在热处理温度优化实验中，烧结温度在 $700 \sim 1000$ ℃，烧结时间为 35 h。**图 10-25(a)** 为不同热处理温度的 Sr-122 样品在室温下的 XRD 图谱。可以发现样品中存在的最主要杂相是 FeAs。这也是 1111 和 122 型铁基超导体中普遍存在的、影响较大的一种杂相。图中显示 700 ℃ 烧结的样品中含有少量的 FeAs 相，随着温度的升高，FeAs 相逐渐减少，温度升高至 850 ℃ 以上时，FeAs 杂相基本消失。这说明高温可以有效减少样品中杂质的含量，有利于获得纯度较高的 122 超导相。如**图 10-25(b)** 所示，临界电流密度 J_c 也是随热处理温度的提高而增大，在 850 ℃ 左右达到饱和，并且在高场 (>2 T) 时表现出磁场依赖性很小的特点。上述结果表明 122 样品超导性能随热处理温度增加而提高的主要原因在于杂相减少，而 850 ℃ 以上是 122 样品的最佳热处理温度。另一方面，升温速率的实验结果表明升温速率对 122 样品超导性能的影响很小。此外，通过对 Sm-1111 体系热处理温度进行的系统研究[89]，发现即使在较低的热处理温度 (850 ℃) 下，Sm-1111 仍然可以成相。随着热处理温度的增加，超导转变温度 T_c 呈现先扬后抑的趋势，在 1000 ℃ 热处理样品中获得最高的超导转变温度，其 T_c 可达 56.1 K，如图 **10-26** 所示。不过，最高临界电流密度的样品出现在 1100 ℃。同时还发现易丢失的 F 元素含量与烧结温度有很大关联，合理的热处理温度是在 1000 ~ 1100 ℃，而不是之前报道的 1200 ℃。

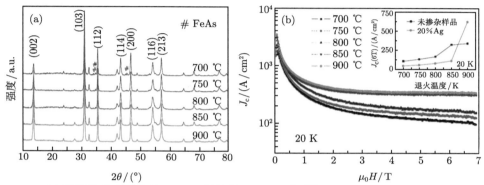

图 10-25　(a) 不同热处理温度的 Sr-122 样品的 XRD 图谱[98]；(b) 不同热处理温度 Sr-122 样品在 20 K 下的 J_c-B 曲线[98]

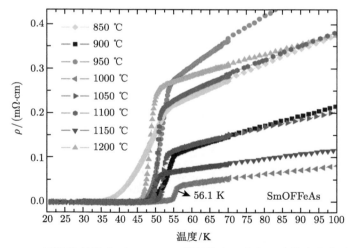

图 10-26　不同烧结温度下 Sm-1111 样品的电阻率与温度的变化曲线[89]

制备高质量前驱粉的另一个关键因素是对氧含量的有效控制。由于铁基超导材料中的元素很容易与氧气发生反应，因此前驱粉的整个制备过程需要在惰性气体保护下进行，但是这仍不能完全阻止活泼金属的氧化与水解反应。例如，即使是在氩保护气氛下，金属 Sr、Ba 和 K 仍然会发生氧化，生成富含氧的杂相并聚集在晶界处，形成 10 ~ 30 nm 厚的非晶层，阻碍超导电流的传输[99]。因此在制备前驱粉的过程中需要尽可能降低氧的含量，越低越好。为了避免制备过程中活泼元素的氧化，人们提出两步法制备 Ba-122 铁基前驱粉末 [100]，即首先制备中间产物 BaAs 和 KAs，随后将中间产物与 Fe 和 As 按名义比例混合，最后烧结成为 Ba-122 超导相。该两步法的优点是通过中间产物的合成降低了活泼金属与氧气直接接触的机会，有效减少了杂相，大幅度提高了 122 超导带材的临界电流性能，在 4.2 K，10 T 下 J_c 达到 5.4×10^4 A/cm^2。另外，该两步法特别适用于规模化制备前驱粉，从而为制备铁基超导长线奠定了基础。

10.5.5 冷加工工艺

先位 PIT 法是目前制备铁基超导线带材最有前途的方法，即将适当配比的铁基超导粉末填充到金属管内，然后机械加工 (拉拔、轧制) 成所要求的形状 (线或带)，再经过热处理过程，得到最终成品线材。因此，冷加工工艺，特别是轧制，在制备高性能铁基超导线带材过程中起着非常重要的作用，它决定着带材样品的最终几何形貌、超导芯的致密度及晶粒取向，影响着超导线带材的最终传输性能。

10.5.5.1　拉拔工艺

拉拔工艺可以提高超导粉末的致密度，并能改善超导线材沿长度方向的均匀性。将 Ba-122 铁基前驱粉装入外径 8 mm、内径 5 mm 的 Ag 管中，经过旋锻、拉拔成不同尺寸的线材 (面减率为 9%)，直径分别为 1.9 mm、1.8 mm、1.6 mm、1.5 mm、1.4 mm、1.3 mm 和 1.2 mm，记作 OD1.9，OD1.8，$\cdots$，OD1.2 样品。所有这些线材再统一轧制到 0.35 mm 厚的铁基超导带材 [101]。目的是通过研究拉拔尺寸对性能的影响，获得优化的拉拔工艺参数。

图 10-27 为三种 Ag 包套 Ba-122 超导带材的光学横截面图及 X 射线断层面扫描 (X-CT) 纵截面图。可以看出，在相同的最终轧制厚度下，不同拉拔直径导致带材的展宽有所不同，超导芯在横截面方向的拉伸情况也随着拉拔直径的变小而变窄。超导芯的中心相较于两侧呈凹陷状，这与轧制时中心位置受到的下压力较大有关。纵截面方向上，我们看到三种典型带材的 X-CT 图几乎都一致，中心处呈现深灰色、两侧呈现白色，这与横截面超导芯的位置相对应，同时也可以发现超导芯在长度方向上是非常均匀的。

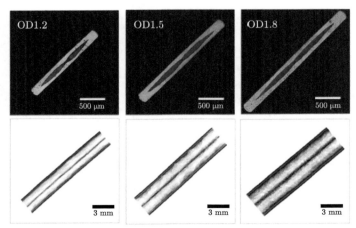

图 10-27　三种不同拉拔直径 122 带材的光学横截面图及 X-CT 纵截面图 [101]

不同拉拔直径 Ba-122 带材的传输 J_c 随磁场的变化曲线如**图 10-28** 所示。其中，直径 1.8 mm 样品的传输 J_c 最好，在 10 T 下约为 3.3×10^4 A/cm²。随着拉拔直径进一步减小，带材的传输性能呈现下降的趋势，当直径为 1.2 mm 时，样品的 J_c 降到 2.18×10^4 A/cm²。另外，相比 1.8 mm 样品，1.9 mm 样品的传输性能仅略微减少 10%。因此，可以认为在相同的最终轧制带材厚度条件下，拉拔直径对 122 带材性能的影响有限，即对于小直径拉拔线材，轧制到更薄厚度时，最终带材同样可以获得较高的传输性能。

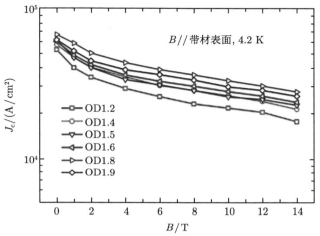

图 10-28　不同拉拔直径的 Ba-122 带材传输 J_c 的磁场依赖性关系 [101]

10.5.5.2　轧制工艺

铁基超导线带材的机械加工主要包括拉拔和轧制等，是一个多复合体的塑性成型过程，超导芯与包套材料之间的硬度和延展性相差很大。轧制的目的是提高超导芯的致密度和晶粒之间的连接性，最终提高线带材的临界电流密度。在轧制过程中，除了起始装管密度、线材初始直径之外，轧制厚度和轧制道次是轧制工艺的重要参数，关系着超导粉末在金属包套中的均匀流动以及线带材的形貌。

1) 轧制厚度

将 $Sr_{0.6}K_{0.4}Fe_2As_2$ 超导粉末装入外径为 8 mm、内径为 5 mm 的 Ag 管中，经过拉拔工艺将 Ag 管拉拔成直径为 ∼ 1.9 mm 的超导圆线，再经轧制，得到厚度不同的 Ag 包套 122 带材。最后将带材短样封入真空石英管中，在 850 ∼ 900 ℃ 下热处理 30 min。其中圆线和厚度为 0.6 mm 及 0.4 mm 带材的横截面光学显微图如**图 10-29** 所示。随着带材厚度逐渐降低，线带材的宽度逐渐增大，同时超导芯的厚度也逐渐降低，并且在 0.6 mm、0.4 mm 带材中超导芯中心部分的厚度要低于左右两侧，我们把这种现象叫做"马鞍效应"。并且随着厚度的减小，"马鞍效应"逐渐严重，说明较大的形变会降低带材的变形均匀性。

通过测量不同厚度 Ag 包套 Sr-122 带材的传输临界电流密度发现，带材的临界电流密度随着厚度的减小而增加，如**图 10-30(a)** 所示 [102]。这个规律与日本 NIMS 报道的 $Ba_{1-x}K_xFe_2As_2$ 带材轧制结果一致 [103]，并且同样的趋势也出现在 Bi-2223 超导带材

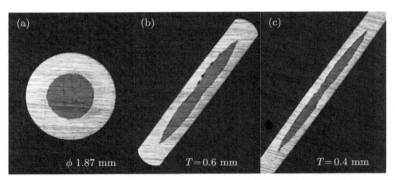

图 10-29　Sr-122/Ag 铁基超导圆线和不同轧制厚度带材的光学显微截面图

中 [104]。在所制备带材中，厚度为 0.3 mm 带材的性能最好，其传输 J_c 在 4.2 K、10 T 下达到 2.3×10^4 A/cm²。这主要得益于轧制后增加了超导芯致密度，大幅提高了晶粒连接性。**图 10-30(b)** 给出了不同厚度超导带材在 4.2 K 下 J_c 随磁场的变化。其中圆线的临界电流密度在 0 T 下约为 10^4 A/cm²，而在 10 T 下降至 10^3 A/cm² 以下，这表明圆线超导芯的致密度较低，而且由于没有织构，随机取向的晶粒导致晶界的弱连接效应较为严重，导致临界电流在加场之后迅速下降。较之于圆线，厚度为 0.6 mm 的带材的载流性能获得显著提升，带材轧制到 0.5 mm 时，临界电流密度在 10 T 下超过了 10^4 A/cm²，最终在 0.3 mm 达到最高。所有轧制样品的临界电流密度随着磁场的升高而缓慢下降，表现出较弱的磁场依赖性。当进一步轧薄带材时 (< 0.3 mm)，J_c 反而降低，说明超导芯的致密度已经达到 Ag 包套所能达到的超导芯致密化的极限。

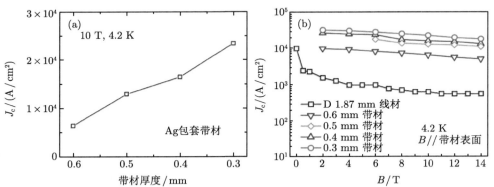

图 10-30　(a) 不同厚度的 Sr-122 带材在 4.2 K、10 T 下的传输临界电流密度；(b) 不同轧制厚度 122 带材的传输 J_c 与磁场的关系 [102]

　　对于 Fe 包套 122 带材来说，由于铁包套的硬度较高，带材轧薄后又有加工硬化效应，使得铁包套带材厚度小于 0.5 mm 之后难以继续轧制。**图 10-31** 为不同厚度的 Fe 包套 122 带材在 4.2 K 和 10 T 下的 J_c 性能 [102]。很明显，和 Ag 包套一样，J_c 也是随着轧制厚度的减小而增加，但在厚度为 0.6 mm 时达到最大值。进一步减小带厚到 0.5 mm，J_c 迅速降低。这有可能是由于较大的轧制应力通过硬度较高的铁包套作用于超导芯，使超导芯在

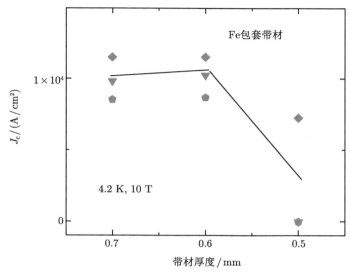

图 10-31　不同厚度的 Sr-122 铁包套带材的传输临界电流密度 [102]

轧制过程中产生了较严重的裂纹。

总之，包套材料不同，铁基超导带材的优化轧制参数也不同。Ag 和 Fe 包套的 122 带材，在轧制厚度分别为 ～ 0.3 mm 和 0.6 mm 时，具有最高的 J_c 值。当低于上述最薄轧制厚度时，超导芯中会出现热处理难以愈合的裂纹，从而导致性能降低。因此，需要基于不同的包套材料来优化线带材的冷加工参数，才能获得晶粒连接性和 J_c 均佳的样品。

2) 轧制道次

超导带材从圆线制备成带材的过程中会经过不同道次的轧制。研究不同轧制道次对带材性能的影响将有助于优化铁基超导带材的制备工艺。样品的具体加工过程如下：经过旋锻、拉拔工艺将装有 Sr-122 铁基超导前驱粉的外径 8 mm、内径 5 mm 的 Ag 管加工成直径为 1.9 mm 的圆线，然后分别采用 2、3、5、7 四种轧制道次将圆线加工成厚度为 0.4 mm 的带材，总压下率为 80%，同时，每种轧制工艺中的单道次压下率相同。最后将带材真空封入石英管并在 880 ℃ 下烧结 30 min[105]。

图 10-32 给出了不同轧制道次样品的横截面形貌，所有带材的厚度均为 0.4 mm。从图中可以看出，随着轧制道次的增加，带材的宽度逐渐变窄。另外，还可发现相比于采用厚壁包套材料制备的带材，降低包套壁厚之后 "马鞍效应" 明显减弱，例如在 2 道次和 3 道次轧制的带材中这种现象几乎消失，虽然在 7 道次和 5 道次轧制带材横截面中还存在一定程度的 "马鞍效应"。进一步研究表明不同轧制道次不会造成带材沿轧制方向的不均匀，但是较多的轧制道次会影响超导芯在带材横向上的均匀变形。

不同轧制道次制备的铁基超导带材的临界电流密度随磁场的变化关系如**图 10-33** 所示。所有样品的 J_c 随磁场升高的变化趋势相似，而且都表现出比较小的磁场依赖性。在 4.2 K，10 T 下，3、5、7 道次轧制的带材的临界电流密度都超过 10^4 A/cm²，只有 2 道次轧制样品的传输性能比其他样品要略低一些，表明适当减少轧制道次不会对带材的性能产生明显影响。

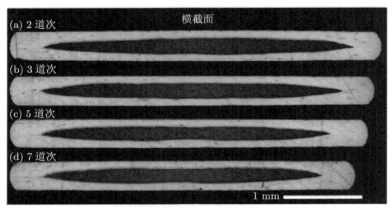

图 10-32　不同轧制道次制备的 122 带材横截面图 [105]

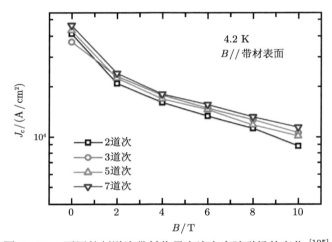

图 10-33　不同轧制道次带材临界电流密度随磁场的变化 [105]

综上所述，采用 3 ~ 5 道次轧制 Ag 包套的 122 铁基超导带材可以在适当减少轧制道次的同时保持较高的带材传输性能。

10.5.6　热处理工艺

铁基超导前驱粉属于陶瓷材料，具有脆性，在拉拔、轧制等机械加工过程中，前驱粉在金属包套的作用下发生破碎，同时产生较大的冷加工应力，从而导致在超导芯中出现许多裂纹和缺陷。因此需要进行最终热处理来改善晶界处的结晶性及减少非晶层的生成，提高晶粒连接性，获得超导性能良好的线带材。

对于采用原位 PIT 法制备铁基超导线带材来说，无论是 1111 还是 122 体系都面临烧结时间较长的问题。La-1111 和 Sm-1111 通常的烧结温度在 900 ~ 1180 ℃，烧结时间长达30 ~ 40 h，而 Sr-122 的烧结温度也在 850 ~ 900 ℃，烧结时间一般在 30 h 以上。长时间的烧结会使 K、As 和 F 等元素挥发流失，造成元素配比的失衡，形成孔洞等缺陷，最终降低了线带材的传输性能。先位法烧结的时间较短，可以避免这种情况的发生。因此，本节重点讨论先位 PIT 法的热处理工艺制度及其优化参数。

采用先位 PIT 法制备了一系列 Sn 掺杂的 Fe 包套 $Sr_{1-x}K_xFe_2As_2$ 带材。带材的热处理温度从 800 ℃ 到 950 ℃，热处理时间为 30 min[106]。对未烧结和烧结带材的微观形貌进行对比分析，如**图 10-34** 所示。可以看出未烧结 Sr-122 带材的超导晶粒破碎严重。然而烧结后晶粒得到充分恢复和再结晶，晶粒连接性得到了显著改善。

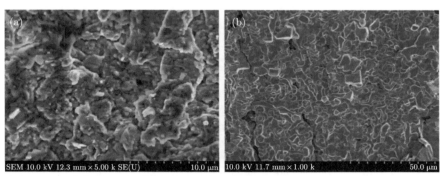

图 10-34　未烧结 (a) 和烧结后 (b) 的 Fe 包套 $Sr_{0.6}K_{0.4}Fe_2As_2$ 带材的 SEM 图

图 10-35 给出了前驱块材、轧制后未烧结和经过 900 ℃/30 min 热处理的 Sr-122 带材的直流磁化率曲线，所加磁场为 20 Oe。前驱粉的临界转变温度 T_c 高达 35.5 K。冷加工后超导芯的临界转变温度急剧下降，约为 31 K；而且此时抗磁信号下降缓慢，在低温区域没有达到饱和状态。与 Bi-2223 和 MgB_2 超导体一样，冷加工后的应力应变使超导性能大幅度下降。热处理后带材的超导性能得到改善，起始转变温度约为 31.5 K；相比未烧结样品，转变宽度减小而且在低温区域超导转变达到饱和，这有利于晶间电流的传输。

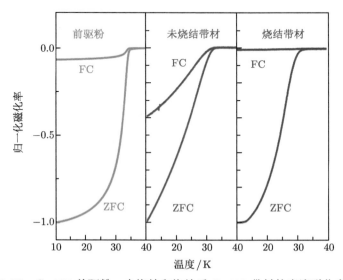

图 10-35　Sr-122 前驱粉、未烧结和烧结后 Sr-122 带材的直流磁化率曲线

图 10-36 给出了不同热处理温度 Sr-122 带材的 XRD 图谱。可以看出，所有样品的

主相都具有 $ThCr_2Si_2$ 结构，即主相是 $Sr_{0.6}K_{0.4}Fe_2As_2$。同时也观察到少量的 FeSn 杂相，而且它的含量随着烧结温度的升高而增加。

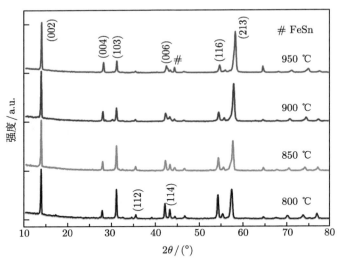

图 10-36　不同热处理温度 Sr-122 带材的 XRD 图谱[106]

图 10-37(a) 给出了 Sr-122 带材的传输临界电流密度 J_c 随磁场的变化。可以发现带材经过 850 ℃ 和 900 ℃ 烧结之后，其磁场下的 J_c 比 800 ℃ 和 950 ℃ 样品大得多，这表明烧结温度对 Sr-122 带材的 J_c 有显著影响。微观结构分析表明，800 ℃ 烧结的样品具有不均匀的粒径和不规则的形貌，因为该反应温度比前驱体的合成温度低了 100 ℃，无法完全恢复冷变形过程形成的裂纹和孔洞。对于 950 ℃ 带材，由于高温热处理，挥发性 K 元素等损失过多，所以超导晶粒基体内存在许多黑色孔洞和白色的枝晶结构。

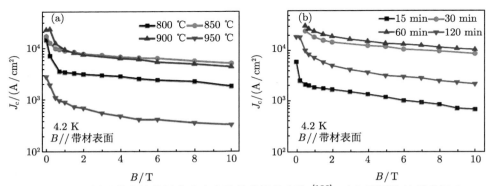

图 10-37　(a) Sr-122 样品的传输临界电流密度随着磁场的变化[106]；(b) 不同热处理时间 Sr-122 带材的传输临界电流密度

烧结时间的延长可以使超导晶粒得到充分恢复和再结晶；但是长时间烧结容易产生杂相，同时在超导芯与 Fe 包套内壁产生非超导相的反应层。从**图 10-37(b)** 中看出，60 min 样品的传输 J_c 最好。相比 60 min 样品，30 min 样品的传输性能略微下降。当热处理时间增加到 120 min 时，带材的传输 J_c 大幅度下降，约是 60 min 样品传输 J_c 的 1/5。

总之，Fe 包套 122 铁基超导带材的较佳热处理温度为 850 ～ 900 ℃，较佳烧结时间为 30 ～ 60 min。

在 122 系铁基超导线带材制备研究中，$Sr_{1-x}K_xFe_2As_2$ 和 $Ba_{1-x}K_xFe_2As_2$ 是研究得最多的两种超导材料，Sr 和 Ba 属于第二主族碱土金属元素，两者对应的 122 超导体都具有 $ThCr_2Si_2$ 结构，并且在上述两种超导体中，其晶格常数类似。对比**图 10-38(a)** 和 **(b)** 可以发现，$Ba_{1-x}K_xFe_2As_2$ 先驱粉的转变温度比 $Sr_{1-x}K_xFe_2As_2$ 要高 3 K 左右。随后采用转变温度更高的 Ba-122 超导材料利用先位 PIT 法制备了 Ag 包套铁基超导带材，并研究了不同烧结温度对 Ba-122 带材临界电流密度的影响 [107]。

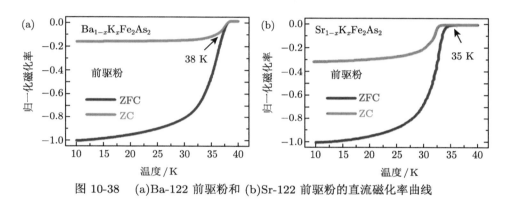

图 10-38   (a)Ba-122 前驱粉和 (b)Sr-122 前驱粉的直流磁化率曲线

研究发现所有样品的起始转变温度 T_c 都在 38.5 K，说明不同的烧结温度不会对样品的晶体结构产生影响。并且不论是烧结之后的带材还是未烧结的带材，超导芯的维氏硬度都在 100 左右，说明烧结过程并不会改变超导芯的致密度。**图 10-39** 所示为 Ag 包套 Ba-122 超导带材经过不同温度热处理之后的临界电流密度随外加磁场的变化曲线。可以看出，带

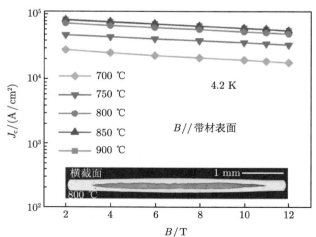

图 10-39   不同温度烧结的 Ba-122 超导带材的 J_c-B 曲线，插图为 800 ℃ 烧结之后带材的横截面图 [107]

材的 J_c 随着烧结温度的升高而升高，850 ℃ 和 900 ℃ 烧结之后的样品具有最高的传输性能，在 4.2 K，10 T 下达到 6.2×10^4 A/cm^2。相比于普通轧制的 Sr-122 超导带材，J_c 有了显著提升。这一结果表明，最终烧结温度影响着铁基超导线带材的传输性能。

因此，对于制备 Ag 包套的 Ba-122 超导带材来说，优化的热处理温度区间为 800 ～ 900 ℃，其中 850 ℃ 左右的最终烧结温度可以在保证有较高临界电流密度的同时，尽量降低烧结温度，节省制备成本。

10.6　铁基超导线带材载流性能的提高研究

强电应用的超导材料必须能够承载非常高的传输电流，因此临界电流密度 J_c 是非常重要的性能指标。早期的文献资料中多晶样品的晶间电流密度在 4.2 K 和零场下只有 10^3 A/cm^2 数量级，原因在于材料的颗粒特性严重影响了线带材的晶间超导传输性质[108,109]。微观分析表明材料中的孔洞、微裂纹、FeAs 杂相、非晶层以及超导相的不均匀分布等外在因素都会抑制晶界的序参量，这极大地限制了传输 J_c。另一方面，与传统低温超导体不同，铁基超导材料存在一定程度的晶界弱连接问题[74]。从 PIT 工艺来看，影响铁基超导线带材 J_c 的因素颇多，包括超导相不均匀、超导芯致密度低、晶粒连接性差、晶界弱连接效应等。随着问题的逐一解决，铁基超导线带材的性能从最开始的没有传输电流到 J_c 超过 10^5 A/cm^2 这一实用化门槛，展现出了令人乐观的发展前景和高场应用优势。

截止到目前，已经成功制备了包括 1111、122、11、1144 在内的四种体系的铁基超导线带材。其中 122 体系的转变温度为 38 K 和 20 K 时的上临界场达 70 T，而各向异性还很小 ($\gamma < 2$)，非常有利于应用。相对于其他体系，122 铁基超导线带材的制备工艺发展非常迅速，性能提高也日新月异，这主要是因为 122 型铁基超导体不含氧元素，更趋向金属性，有利于加工成型。另外，122 型超导体的成相温度较低 (在 800 ～ 900 ℃)，例如远低于 1111 体系 (1150 ～ 1200 ℃)，在较低的温度下合成还可以降低超导芯与包套材料的反应。因此，下面章节重点阐述 122 铁基超导线带材的关键制备工艺与性能进展。

10.6.1　元素掺杂

早期铁基超导线带材的传输临界电流密度不高，主要是与超导芯的密度较低、材料中存在大量的杂相及微裂纹等因素有关，如**图 10-40(a)** 所示[110]。进一步微结构研究发现 122 多晶样品中很多超导晶粒被非晶层包裹着，非晶相随处可见，如**图 10-40(c)，(d)**[111] 所示。能谱分析表明晶界处 O 和 Sr 元素的含量偏高，O 元素的引入和富集是形成这类非晶层的根本原因。此外，人们也在超导晶粒表面发现一些较小的孔洞 (**图 10-40(b)**)，而且超导元素在晶粒尺寸范围 (μm 级) 内具有较大起伏[112]。基于铁基超导体各向异性小，对掺杂不敏感等特性，人们发现化学掺杂是一种简便高效的提高超导性能的方法，通过化学掺杂，如 Ag、Pb 和 Sn 等，促进超导相的生成，改善晶粒间的耦合，有效提高了晶粒连接性 (**图 10-41**)，铁基线带材的传输性能获得了很大提高[11]。

早在 2009 年，Wang 等就研究了不同比例的 Ag 掺杂对 Sr-122 多晶块材性能的影响，发现可以愈合带材超导芯中的孔洞和裂纹，增强了晶粒连接性[111]。含有 0 ～ 20wt% 银粉的 $Sr_{0.6}K_{0.4}Fe_2As_2$ 超导块材采用一步固态反应法制备。**图 10-42** 是掺杂不同 Ag 含量的

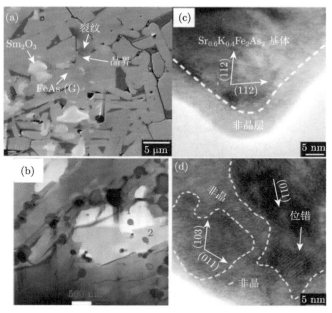

图 10-40 铁基超导多晶材料中存在着的 (a) 许多杂相、裂纹 [110]；(b) 超导元素分布不均匀 [112]；(c)、(d) 晶粒被非晶层包裹 [111]

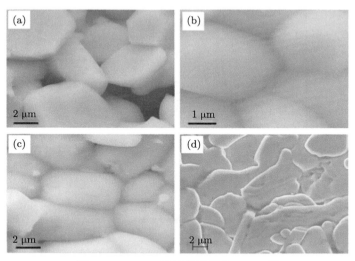

图 10-41 122 带材超导芯的 SEM 图

(a) 未掺杂的样品；(b) 掺 Ag 的样品；(c) 掺 Pb 的样品；(d) 掺 Sn 的样品 [11]

Sr-122 样品的 XRD 图谱。不含 Ag 的 $Sr_{0.6}K_{0.4}Fe_2As_2$ 样品杂相较少，相较纯。而含有 Ag 的样品仍以 $Sr_{0.6}K_{0.4}Fe_2As_2$ 为主相，但出现了少量杂相，如 FeAs、SrAgAs 等。Ag 的峰随着 Ag 含量的增加而变强。在掺 Ag 的样品中，没有发现明显的峰位移动。XRD 的结果说明即使添加大量的 Ag 也不会破坏 Sr-122 相的形成。

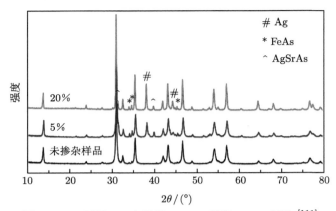

图 10-42 不同 Ag 含量的 Sr-122 样品 XRD 图谱 [111]

不同 Ag 含量 Sr-122 样品的临界转变温度如**图 10-43** 所示。所有样品的电阻率在 35 K 开始下降，到 33 K 完全转变为零，这说明 Ag 添加几乎不影响样品的临界转变温度。图中插图给出了不同掺杂样品的零场冷却和有场冷却磁化率的温度依赖性。可以看出，抗磁信号普遍出现在 35 K 左右，随着温度的降低，零场冷却的抗磁信号显著增强，添加 Ag 的样品更是在 25 K 时就接近饱和。与纯样品相比，添加 Ag 样品的转变更加陡峭，说明添加 Ag 后，样品的超导性能更加均匀。

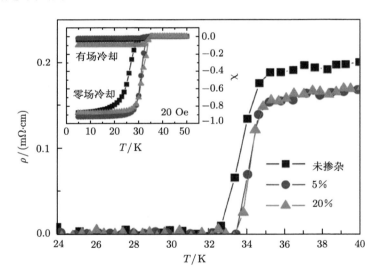

图 10-43 不同 Ag 含量的 Sr-122 样品的电阻率随温度的变化 [111]

添加 Ag 后，样品的磁化临界电流密度 J_c 获得了显著提高，如**图 10-44** 所示。未掺 Ag 样品在 5 K 零场下的临界电流密度约为 $1×10^4$ A/cm^2。掺 Ag 样品在零场和高场下的 J_c 都高于未掺 Ag 样品，特别是 Ag 含量为 20% 的样品，零场下 J_c 达到了 $\sim 2.5×10^4$ A/cm^2，即使在 6 T 下也有 $\sim 1.5×10^3$ A/cm^2，比纯样品要高 2 倍。此外，添加 20% Ag 的样品在 20 K 下，其 J_c 高达 $1×10^4$ A/cm^2。

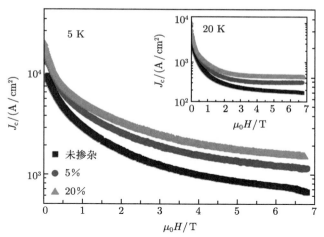

图 10-44　5 K 和 20 K 时掺杂 Ag 样品的磁化临界电流密度[111]

通过研究样品的微观结构, 如**图 10-45** 所示, 可以发现纯样品中存在着大量深灰色的第二相, 而这些杂质相并没有在 XRD 图谱中体现出来, 表明这些第二相可能是一种非晶相 (或称为玻璃相)。而在添加 Ag 的样品中可以看到一些白色的 Ag 颗粒, 如**图 10-45(c)**和 **(d)** 所示。重要的是, 添加 Ag 后深灰色第二相大大减少, 这说明 Ag 的添加对非晶相的形成有抑制作用, 这对提高样品纯度、改善晶粒连接性很有益处。透射电镜分析进一步表明 Ag 掺杂不进入晶界处且有效抑制了非晶相和非晶层的形成, 部分晶粒可以看到清楚的边界, 大部分超导晶界连接紧密。这里使用的 Ag 粉为 200 目 (约 74 μm), 为了提高 Ag 的作用效率, 使用粒度更小的银粉可能会得到更好的结果。但是 Ag 毕竟是一种非超导的金属, 过量的添加反而会降低超导相的含量, 削弱材料的超导性能。

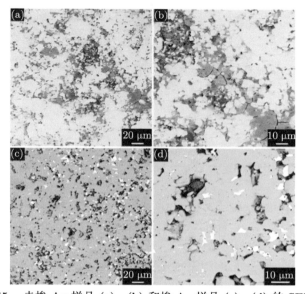

图 10-45　未掺 Ag 样品 (a), (b) 和掺 Ag 样品 (c), (d) 的 SEM 照片

剩磁研究结果进一步证明了添加 Ag 的积极效果 [113]。未添加 Ag 和添加 Ag 的 Sr-122 样品的剩磁微分曲线如**图 10-46** 所示，在纯样品中，只有一个峰，这说明该样品中晶间临界电流密度非常小，抗磁信号主要来自于晶内超导电流环。随着温度升高，峰位逐渐左移，表明晶内临界电流密度随温度的升高逐渐减小。在添加 Ag 的样品中，出现了两个峰，左边的峰代表晶间超导电流引起的抗磁性，右边的峰代表晶内超导电流环引起的抗磁性，因此在添加 Ag 的样品中晶间超导电流显著增加。利用剩磁曲线计算得到的临界电流密度如**图 10-47(a)** 所示。纯样品的晶内临界电流密度为 $10^6 \sim 10^7$ A/cm^2，添加 Ag 的样品的晶间临界电流密度为 $10^3 \sim 10^4$ A/cm^2，这表明添加 Ag 确实可以提高晶间临界电流密度。

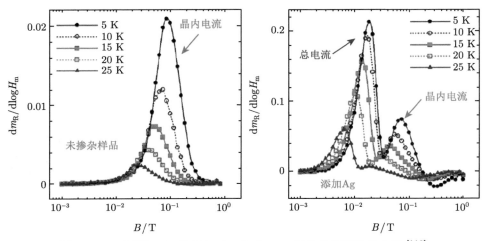

图 10-46　未添加 Ag 和添加 Ag 的 Sr-122 样品的剩磁微分曲线 [113]

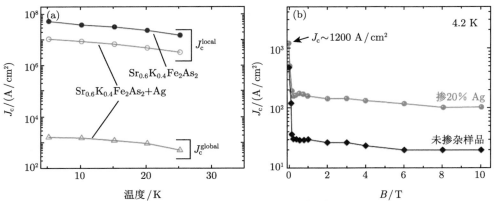

图 10-47　(a) 通过剩磁法计算得到的晶内和晶间临界电流密度 [113]；(b) 未掺 Ag 与 20％掺 Ag 带材样品的传输临界电流密度 [85]

事实上，添加银后，采用原位 PIT 法制备的线带材的传输临界电流密度也获得了很大提高，如**图 10-47(b)** 所示 [85]。相对于纯样品，掺 Ag 的 Sr-122 带材的传输 J_c 提高了约 2 倍，在 4.2 K 零场和 10 T 下 J_c 分别为 1200 A/cm^2 和 100 A/cm^2。添加 Ag 后 122 带

材 J_c 性能的提高主要是由于 Ag 可以促进 Sr-122 晶粒的生长，并抑制非晶相的生成，从而改善了样品的晶粒连接性，如**图 10-48** 所示。2011 年日本 NIMS 和东京大学同样采用 Ag 作为添加剂，制备出了 J_c 为 10^4 A/cm^2 的 Ba-122 线材 [86,87]。

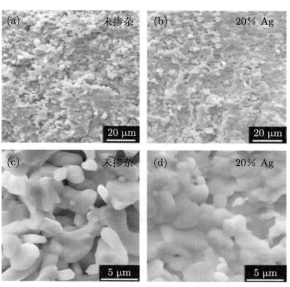

图 10-48　未添加 ((a)、(c)) 和添加 Ag((b)、(d)) 122 铁基超导带材超导芯的 SEM 照片 [85]

很快，研究发现 Pb 也可以提高 122 多晶铁基样品的 J_c 性能 [114]。Pb 是一种低熔点的金属 (327.5 ℃)，在高温热处理过程中能够成为液态，填充晶粒间的空隙和孔洞。不过 Pb 掺杂主要提高其样品低场下的 J_c，而且 XRD 图谱显示 Pb 与超导芯不发生化学反应，通过扫描电镜研究发现晶粒长大明显，这说明 Pb 掺杂能够促进晶粒的生长，改善晶粒连接性。但是这种提高作用只在低场下有效，样品在高场下的传输性能变化不大，如**图 10-49(a)** 所示。

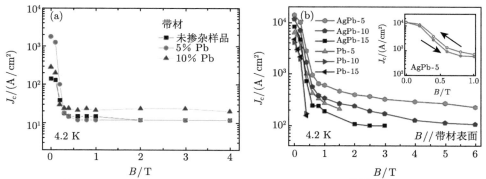

图 10-49　(a) 未掺杂和掺 Pb 的 Sr-122 超导带材的传输临界电流密度 [114]；(b)Ag、Pb 共掺杂和 Pb 掺杂 Ba-122 带材的传输临界电流密度 [115]

　　综上所述，对于 122 线带材，添加 Pb 可以有效提高低场下的传输 J_c，但对高场区的性能影响有限，而添加 Ag 可以促进超导体成相，从而提高超导体高场下的载流性能。因此，如果对 122 铁基超导材料进行 Ag 和 Pb 共同掺杂，有望发挥协同作用，提高整个磁场区域的 J_c 性能。确实，通过银和铅的共掺杂，$Ba_xK_{1-x}Fe_2As_2$ 超导带材在磁场下的传输临界电流密度得到了显著提高，在 4.2 K，0 T 下达到了 1.4×10^4 A/cm^2，如**图 10-49(b)** 所示 [115]。研究表明两种元素并没有进入 Ba-122 晶格，它们只是分布在晶粒之间，带材内部存在着孔洞，Ag、Pb 掺杂能够填充这些孔隙，改善晶粒间的连接性。共掺杂能够结合铅掺杂在低场下和银掺杂在高场下的优势，从而全面提高带材的临界电流密度。

　　另外，通过研究 Sn、In、Pb 和 Zn 四种低熔点金属掺杂物对 Ag 包套 $Sr_{1-x}K_xFe_2As_2$ 带材性能的影响，发现这些掺杂物都能够有效提高超导芯的致密度和改善晶粒连接性，同时不会抑制带材的超导转变，从而提高带材的传输性能，如**图 10-50** 所示 [116]。其中 Pb 掺杂样品的传输 J_c 提高幅度较小，在 10 T 下约为 1.8×10^4 A/cm^2，这与先前的报道相一致，Pb 掺杂可以填充 $Sr_{1-x}K_xFe_2As_2$ 超导晶粒间的空隙和孔洞，因此能够增强带材的晶粒连接性，有效提高低场下的传输 J_c，但是对带材的高场性能影响不大。Sn/In/Zn 这三种金属掺杂物都能够有效提高铁基带材的传输 J_c，其中 Sn 掺杂样品的传输 J_c 最高，达到 2.7×10^4 A/cm^2。需要注意的是，In 元素具有一定的毒性，而 Zn 元素的熔点高于 Sn 元素。Sn 的熔点比较低 (231.89 ℃)，在热处理过程中处于熔融状态，可以起到助熔剂的作用，促进了反应的进行，缩短了成相时间，同时也改善了晶粒间的连接性。因此，Sn 是较为合适的掺杂元素。总之，以上这些较早开展的掺杂工作，丰富了人们对 122 型铁基超导体性能提高机制的理解，促进了铁基超导体实用化研究的发展。

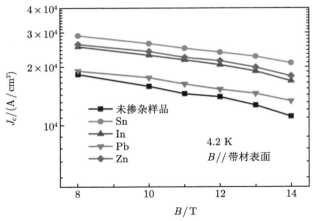

图 10-50　未掺杂和 Sn/In/Pb/Zn 掺杂样品的传输临界电流密度 [116]

10.6.2　先位 PIT 法

　　2009 年，利用原位 PIT 法首次制备出 $Sr_{0.6}K_{0.4}Fe_2As_2$(Sr-122) 超导线材，临界转变温度达到 35 K[82]。尔后在此基础上，以 Ag 作为包套材料制备了 Sr-122 超导线带材，成功解决了包套反应的难题，首次在 122 体系的线带材中测得传输电流 [85]。不过由于原位法制备的线带材超导芯中的元素分布不均匀，存在着很多杂相，致密度较低 (**图 10-51(a)**)，因此样品的载流性能一般不高。另一方面，在先位法中，装入金属包套中的粉末是已经具有超导性质的前驱粉，超导成相过程在装入金属包套之前已经完成，而整个前驱粉制备过程中进行多次研磨–烧结可以得到相纯度比较高的超导前驱粉，该法获得的线带材样品往往具有更高的临界电流密度。而且先位法还有以下优势：① 原位烧结时，由于成相时收缩，超导芯出现孔洞、裂纹等，导致超导芯密度较低，影响载流能力。先位法可以避免这种情况的发生，如**图 10-51(b)** 所示。② 原位法制备铁基超导线带材通常需要 40 ~ 60 h 烧结过程，而长时间的高温烧结容易使 K 和 As 元素损失，偏离最佳成分，并易于产生孔洞等缺陷。先位法烧结的时间较短，可以保证成分得到准确控制。此外，短时间烧结还可以有效避免包套与超导芯的反应。

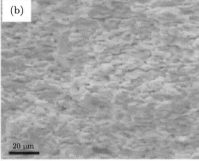

图 10-51　$Sr_{0.6}K_{0.4}Fe_2As_2$ 线材超导芯的 SEM 照片

(a) 原位法 [82]；(b) 先位法

2010 ~ 2011 年，由于先位法在超导芯致密度和均匀性上的独特优势，在铁基超导线带材的制备中逐渐开始取代原位法，促进了铁基超导线带材的发展。例如，电工所最先采用先位法提高了 122 线材超导芯的纯度和致密度 [117]，进一步提高了线带材的载流性能。随后，日本 NIMS、东京大学、意大利热那亚大学和日本工业技术研究院 (AIST) 等研究组陆续采用先位 PIT 法进行银包套 122 线带材的制备。实际上，目前先位法已经成为主流的铁基线带材加工工艺。

先位 PIT 线材制备过程与前述类似，先驱粉是在 Nb 管中 850 ℃ 烧结 35 h 制得，重新研磨后装入铁银复合管中，经过旋锻、拉拔等过程之后，线材长度 1 ~ 2 m，直径为 1.8 ~ 2.0 mm，将制备的线材剪成 10 cm 左右的小段，封闭两端，装入铁管中在 900 ℃ 进行高温热处理。**图 10-52** 给出了采用先位法制备的 $Sr_{0.6}K_{0.4}Fe_2As_2$ 线材在磁场下的临界电流密度曲线。通过金属 Ag 或 Pb 的添加可以有效提高 Sr-122 线材的载流能力，特别是添加铅的样品零场下的传输电流更是高达 37.5 A，相应 J_c 为 3750 A/cm^2。微观结构分析表明 (插图所示)，先位法制备带材的超导芯比较均匀，并且致密性得到明显提高，没有大的孔洞，使得晶粒之间紧紧连接在一起，晶粒的连接性得到明显改善，这是传输电流进一步提高的根本原因。

NIMS 团队采用先位 PIT 法进一步提高了 Ag 包套 Ba-122 线材的临界电流密度，如**图 10-53** 所示 [86]。该线材在 850 ℃ 下热处理 30 h。在 4.2 K 时的传输临界电流在自场中达到了 60.7 A，相应的临界电流密度超过了 1.0×10^4 A/cm^2；在 10 T 中为 1.1×10^3 A/cm^2
（I_c =6.6 A）。即使在 20 K 和 0 T 时，J_c 也达到了 4.3×10^3 A/cm^2。很快，东京大学团
队同样使用先位 PIT 法也获得了 J_c 大于 10^4 A/cm^2(4.2 K, 0 T) 的 Ba-122 线带材。然
而，当外加磁场 < 1 T 时，该线材 J_c 降低了一个数量级。同时，他们对样品进行了磁光测
试，如**图 10-54** 所示 [87]。可以看出样品的磁通分布非常不均匀，颗粒特性强。而且样品在
20 Oe 小磁场下就被完全穿透，只有局部小区域还处于迈斯纳态，显示样品中的晶间电流
远小于晶内电流，因此超导电流难以在整个样品流通。磁光分析进一步证明了样品中存在
着较强的弱连接效应。

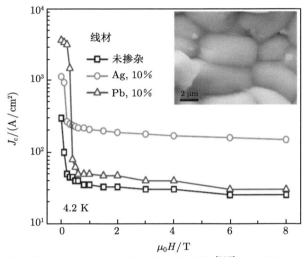

图 10-52　Sr-122 超导线材的临界电流密度随磁场的变化曲线 [117]。插图为 Sr-122 超导带材超导芯的
SEM 照片

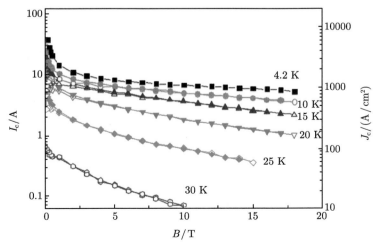

图 10-53　Ba-122 线材在不同温度下传输临界电流密度的磁场特性 [86]

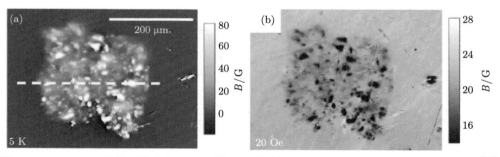

图 10-54 Ba-122 线材超导芯在 5 K 下的 (a) 剩磁态，以及 (b)20 Oe 外场下的迈斯纳态 [87]

10.6.3 晶界弱连接效应与轧制织构法

在铁基超导材料中除了孔洞、微裂纹和第二相等外在因素，本征的晶界弱连接效应也极大地限制了线带材传输电流的提高。如 10.4.4 节所述，铁基超导体晶界的载流能力与晶界角的大小有关：晶界角存在一个临界值，当晶界角小于这个临界值时，晶界的临界电流密度与晶内临界电流密度相当；而当晶界角大于这个临界值时，晶界的临界电流密度随着晶界角的增加呈指数下降 [74]。对于 122，其临界角为 9° 左右，大于 YBCO 的临界角 3° ~ 5°，这说明 122 铁基超导体虽然也存在大角晶界的弱连接性，但大角晶界的载流能力要优于 YBCO。虽然铁基超导体的晶界弱连接效应小于 YBCO，但是当材料中存在大量的大角晶界 (>9°) 时，外加很小的磁场便能显著影响晶间电流密度。

图 10-55 为早期 Ag 包套 Sr-122 铁基超导带材的传输 J_c-B 曲线 [85]。随着磁场的增加，J_c 迅速下降至 30 A/cm^2，这就是与晶粒之间的弱连接效应有关。当磁场超过 0.5 T 以后，J_c 表现出较弱的磁场依赖性。**图 10-55** 的插图给出了样品的升场–降场临界电流测试

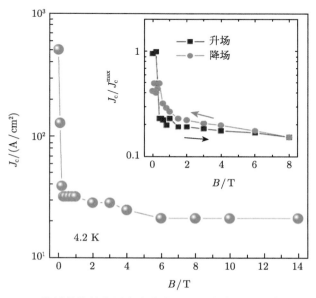

图 10-55 Sr$_{0.6}$K$_{0.4}$Fe$_2$As$_2$ 带材的传输临界电流密度，插图为先升场再降场测量的临界电流密度 [85]

结果，可以看到临界电流存在回滞效应。这一效应是磁通进入晶粒内部产生的晶内电流在降场时能够增加晶间电流所致，说明 122 带材超导晶粒的大角晶界存在弱连接效应，而晶界弱连接正是造成传输临界电流在刚开始施加磁场后迅速下降的原因。

要克服这种大角 (>9°) 晶界的弱连接性，就必须使超导晶粒产生择优取向，以提高小角晶界的比例，从而提高晶界的整体载流能力。对铁基超导线带材来说，2011 年的一大工艺突破是人们提出了轧制织构方法，大幅度提高了 122 样品的传输临界电流密度[94]。该法与制备 Bi-2223 带材类似，优点是工艺简单，成本低廉，可以很容易地实现 122 超导晶粒的 c 轴织构。制备工艺采用轧制和高温快烧工艺相结合，利用轧制工艺使 Sr-122 晶粒产生诱导织构，然后将轧制之后的带材在 900 ~ 1100 ℃ 高温下退火 1 ~ 30 min。其中高温快烧工艺可以有效避免超导芯与包套材料发生反应；同时由于热处理时间短，可以在冷加工中使用单层 Fe 包套，使轧制力能够有效传入超导芯当中，提高超导芯的致密度和择优取向度。如**图 10-56(a)** 所示，带材超导芯样品中的 (002) 面的衍射强度超过了 (103) 面，成为最强衍射峰，这说明超导芯中的晶粒发生了明显的 c 轴取向。如**图 10-56 (b)** 所示，SEM 分析也证明了超导芯呈致密的层状结构，晶粒发生取向排列，这与织构化 Bi-2223 带材的微观结构非常相似。同年将 Sn 掺杂与轧制织构工艺相结合，进一步提高了 Sr-122 带材的性能，其临界电流密度在 4.2 K，0 T 下达到了 2.5×10^4 A/cm^2[118]。与随机取向的前驱粉相比，样品轧制织构化之后超导晶粒 (00l) 峰明显增强，晶粒 c 轴与轧制面垂直，晶粒之间堆积紧密。可以看出，通过轧制工艺确实能够使晶粒产生择优化取向，c 轴织构的引入有效缓解了晶界弱连接效应，提高了超导线带材的传输性能。

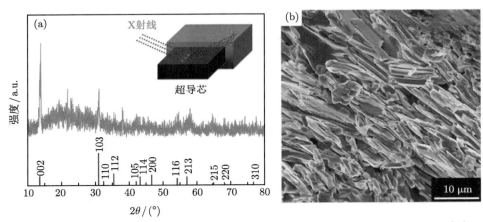

图 10-56　织构化 $\text{Sr}_{1-x}\text{K}_x\text{Fe}_2\text{As}_2$ 带材超导芯的 (a)XRD 图谱和 (b)SEM 图片[94]

2012 年，在这一工艺的基础上，电工所系统研究了 Sn 掺杂的 Sr-122 超导带材的临界电流随高温快烧热处理时间的变化关系，如**图 10-57(a)** 所示。可以看到，样品的临界电流在烧结时间超过 5 min 之后随着时间的增加而显著降低，这意味着高温快烧工艺由于其过高的热处理温度，在热处理时间上优化的空间很小。继而发现将热处理温度从高温快烧时的 1100 ℃ 降至 800 ~ 950 ℃，烧结 30 min，铁基超导线带材的临界电流密度在 4.2 K，10 T 下反而提高到 10^4 A/cm^2 以上，如**图 10-57(b)** 所示[119]。可以看到改进后的热处理

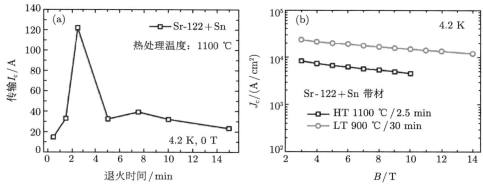

图 10-57 (a) 高温快烧的 Sn 掺杂 Sr-122 带材临界电流与烧结时间的变化关系；(b) 高温 (HT) 与低温 (LT) 热处理的 Sn 掺杂 Sr-122 带材的 J_c-B 曲线[119]

工艺将带材在 4.2 K，10 T 下的临界电流密度从 4.5×10^3 A/cm^2 提高至 1.5×10^4 A/cm^2，载流性能提高了约两倍，而且临界电流随磁场增加的下降也更加平缓了一些，这说明改进了热处理工艺后带材的晶粒连接性和磁通钉扎能力都有了很大提高。2013 年，NIMS 研究组借鉴 Bi-2223 的制备经验，采用 BaAs、KAs 和 Fe$_2$As 作为反应原料，利用重复轧制和热处理工艺得到 Ba-122+Sn 织构化带材[103]。该带材的传输 J_c 在 4.2 K 和 10 T 下约为 4.4×10^3 A/cm^2。XRD 和 SEM 分析都表明样品的织构度较低，有待进一步提高。

图 10-58 所示为 Sn 掺杂的 Sr-122 织构化带材在液氢温度以上不同温度下的传输临界电流密度。可以看到样品在 20 K 的零场下临界电流密度达到了 10^4 A/cm^2，这在当时是铁基超导线带材在 20 K 下的最高纪录[120]。即使是在 25 K 的温度下，样品的临界电流密度在 0 T 下仍然有 2100 A/cm^2，在 5 T 下还有 160 A/cm^2，进一步显示了铁基超导线带材在 $20 \sim 30$ K 下的强磁场领域也具有应用潜力。**图 10-59(b)** $\sim$ **(e)** 给出了 122 带材样品在零场冷却至 20 K 后的磁场穿透情况。磁光图像中较为明亮的区域代表磁通密度较高的部分。可以发现外加磁场为 5 mT 时，由于较强的、流经整个样品表面的屏蔽电流的

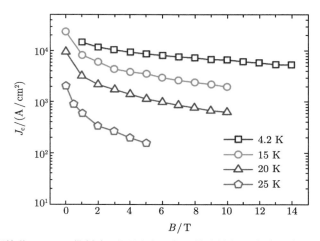

图 10-58 织构化 Sr-122 带材在不同测试温度下的传输临界电流密度的磁场特性[120]

作用，样品处于迈斯纳态。当外加磁场继续增加，磁场开始从样品的边缘部分逐渐向样品中心穿透。但即使外加磁场达到 50 mT 时，外加磁场仍然只是部分穿透样品，并没有到达样品中心。样品在零场冷却至超导转变温度以下的不同温度时，施加并迅速撤去外加磁场后样品的剩磁状态如**图 10-59(f) ～ (h)** 所示。在施加 80 mT 的高外场后，不同温度下样品的俘获场几乎都是均匀的。当温度升高时，亮区逐渐接近样品的中心，特别是 20 K 样品的磁光图像呈准理想的屋顶形状，说明样品中存在着较强的环形电流流过整个样品。磁光成像结果进一步表明织构化 122 样品具有很好的晶粒连接性，并且织构化晶粒有效减轻了晶界弱连接效应，有利于样品中较大整体电流的通过。

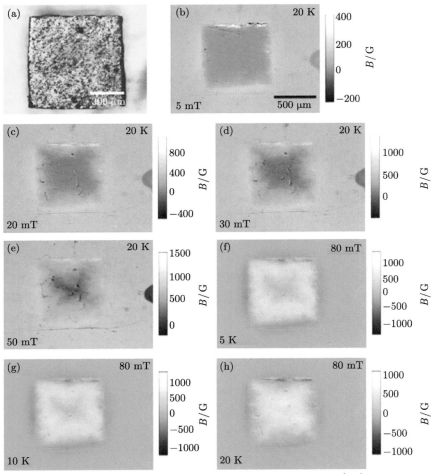

图 10-59　织构化 122 带材超导芯的磁光成像照片 [120]

10.6.4　超导芯致密化工艺

采用先位 PIT 法制备的 122 铁基超导线带材，粉末装管密度一般为理论密度的 50% ～ 60%。在后续的变形加工中，如旋锻、拉拔和轧制等，超导芯粉体密度会进一步提高，但是最终样品一般也只有理论密度的 70% ～ 80%，这不可避免地在超导芯中产生了裂纹和孔洞，破坏晶粒之间的超导连接。实际上，微观结构研究表明铁基线带材超导芯中确实存在着大量的细小孔洞和微裂纹 (**图 10-60**)，从而严重限制了临界电流的传输。因此，提高铁基超导芯的致密度也是一种非常重要的提高 J_c 的方法。例如，为了消除孔洞，日本住友电工公司成功将热等静压技术应用于 Bi-2223/Ag 高温超导带材的工业化生产，大幅提高了超导芯的密度，减少了超导芯中的孔洞、裂纹等缺陷，最终提升了超导带材的临界电流密度，在 77 K、0 T 下，长带的临界电流超过 200 A[121]。

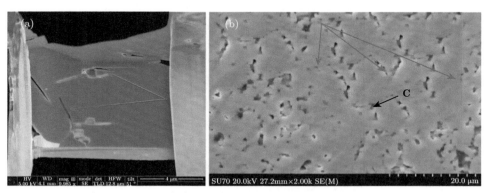

图 10-60　122 铁基线带材超导芯中存在着许多微裂纹和孔洞

(a)TEM；(b)SEM

10.6.4.1　热等静压

热等静压 (hot-isostatic-press，HIP) 是等静压工艺的一种。依据温度的不同，等静压工艺可分为冷等静压、温等静压和热等静压，其主要的工艺特征是以液体或气体作为传压介质对样品进行加压处理，以降低样品的孔隙率，提高样品的致密性。样品表面每个位置所受到的压强是相等的，因此被称为等静压工艺。热等静压工艺的温度一般在几百至上千摄氏度，压力一般不超过 2000 个标准大气压 (200 MPa)。根据工艺需求不同，热等静压工艺可以采用不同的气体作为压力介质，如氩气、氦气、氮气和氧气等。热等静压设备一般包括炉体、真空系统、气源和气体压缩系统、排气系统以及电气控制系统。**图 10-61** 为美

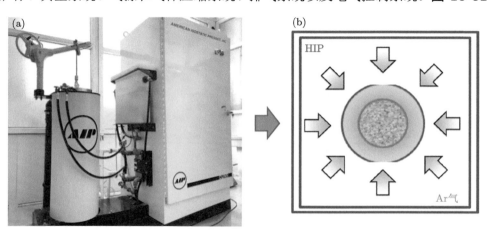

图 10-61　(a) 热等静压烧结炉；(b) HIP 制备圆线过程示意图

国 AIP 公司生产的热等静压装置照片。在处理样品的过程中，通过气源和气体压缩系统为炉体提供高压气体，通过压力控制系统监测炉内压力、调动进气和排气系统来稳定炉体内的压力，通过温控系统加热炉体内部，稳定炉内温度，为样品提供高温高压的热处理环境。热等静压工艺在消除孔洞、提高致密性上的优势，使其成为 Bi-2223 带材和 Bi-2212 线材制备的常规工艺。

2012 年，佛罗里达州立大学 Larbalestier 小组首次采用热等静压工艺，在 Ag 包套的 Ba-122 圆线外面复合一层 Cu 包套，在 600 ℃、192 MPa 下进行烧结，超导芯的致密度在高温、高压下得到了极大提升，最终样品的 J_c 达到 10^5 A/cm^2(4.2 K, 0 T)，在 10 T 下 J_c 约 8.5×10^3 A/cm^2，如**图 10-62** 所示 [88]。这一性能与当时织构化的 122 带材性能相当。电流提高的原因可归结于以下三点：其一，超导芯中杂相的生成会破坏传输电流的流通，而 600 ℃ 的低温成相工艺有效减少了 FeAs 杂相；其二，使用 192 MPa 的热等静压法可以得到近 100%致密度的超导芯，大大提高了线材的晶粒连接性；其三，超导相的晶粒和各向异性小，磁通钉扎强。随后，日本东京大学、电工所等单位先后开展了 HIP 工艺制备铁基超导线材的研究工作。东京大学系统研究了 HIP 工艺，他们采用孔型轧的方式制备了 Ba-122 圆线，该圆线经过 HIP 之后，J_c 达到 9.4×10^3 A/cm^2(4.2 K, 10 T)[122]。随后，该研究组又采用孔型轧与拉拔工艺相结合的方式在超导芯中引入织构，将 HIP 圆线的 J_c 进一步提升至 3.8×10^4 A/cm^2(4.2 K, 10 T)[123]。电工所采用拉拔或孔型轧 +HIP 工艺，制备出 Ba-122 Cu/Ag 复合包套超导圆线，超导芯的致密度和织构度均得到大幅提高，J_c 在 4.2 K，10 T 下高达 4.7×10^4 A/cm$^{2[124,125]}$。下面将重点阐述基于热等静压致密化工艺的高性能 Ba-122 超导线带材制备、性能研究和微观结构表征。

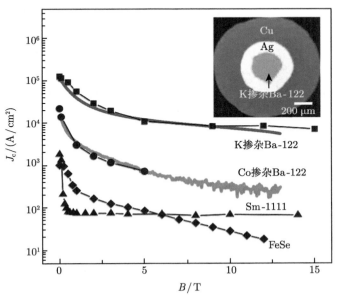

图 10-62　热等静压制备的 Ba-122 圆线的 J_c-B 曲线 [88]

　　下面介绍的 Cu/Ag 复合包套 Ba-122 圆线采用先位 PIT 工艺制备。所采用的 Ag 管规格为 8×5 mm，Cu 管规格为 4×2 mm，经过拉拔后的线材最终直径为 1.5 ～ 1.9 mm。为保证良好的压力烧结效果，线材两端在真空熔炼炉内采用氩弧焊的方式密封。**图 10-63** 给出了 HIP 法 Cu/Ag 复合包套圆线的结构示意图。由于 Ag 和 Cu 会在 780 ℃ 附近发生合金化反应，且考虑到炉体内的温度波动，热等静压的温度不宜超过 750 ℃。压力介质气体为高纯 Ar 气，气氛压强最大为 200 MPa。本小节所采用的热等静压工艺为在 700 ～ 740 ℃、150 ～ 200 MPa 下保温保压 1 ～ 4 h。

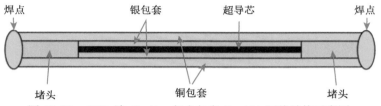

图 10-63　HIP 法 Cu/Ag 复合包套 Ba-122 圆线结构示意图

　　图 10-64 给出了 HIP 法制备的线材抛光后横截面和纵截面的 SEM 图像。可以看出热等静压样品横截面和纵截面的图像显示其孔洞数量很少，超导芯整体上非常致密。由**图 10-64(b)** 可以看到，热等静压 Ba-122 圆线超导芯中的晶粒是随机取向的，没有织构。通过化学腐蚀的方式去除金属包套，得到 Ba-122 超导芯，然后利用密度计算公式 $\rho = m/V = m/(S \cdot l)$，可以粗略估算超导芯的密度。计算结果显示，热等静压 Ba-122 圆线密度 $\rho_{\text{芯}} = (5.59 \pm 0.17)$ g/cm^3，而 Ba-122 单晶的理论密度为 5.85 g/cm^3，这意味着通过热等静压工艺制备的 Ba-122 圆线致密度达到了约 96%。另外，热等静压 Ba-122 圆线超导芯的微观维氏硬度值 Hv 平均值为 254，远高于常压烧结的银包套 Sr-122 带材 (略低于 90)[126]。以上表明 HIP 法可有效抑制孔洞的产生，显著提高超导芯的致密度。

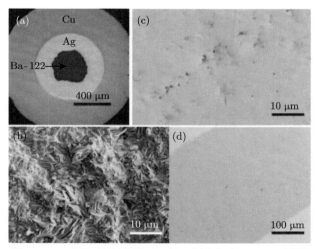

图 10-64　HIP 法制备的 Cu/Ag 复合包套 Ba-122 圆线

(a) 横截面光学照片；(b) 超导芯横截面断面 SEM 图；(c) 横截面 SEM 图；(d) 纵截面 SEM 图

　　图 10-65 为热等静压 Ba-122 圆线超导芯的 XRD 图谱。可以看到，超导芯显示出较强的 Ba-122 超导相的衍射峰，没有检测到明显的杂相衍射峰。纯净的物相主要归因于热等静压的两点优势。一是密闭的环境，使得超导芯不会受外界物质的干扰或由于易挥发元素向外界的大量挥发而产生杂相。二是相对低的热处理温度不利于 FeAs 等杂相的生成。

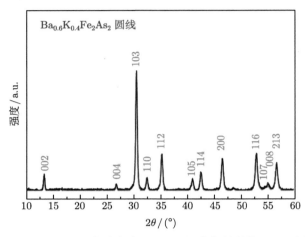

图 10-65　Cu/Ag 复合包套 Ba-122 圆线超导芯的 XRD 图谱

　　图 10-66 给出了 Ba-122 圆线抗磁信号转变 $M\text{-}T$ 曲线和电阻率随温度变化的 $\rho\text{-}T$ 曲线。由零场冷却可以看出，其起始转变温度约为 36.9 K，且样品的抗磁转变较为陡峭，表明 Ba-122 相的结晶性和均匀性较好。而 $\rho\text{-}T$ 曲线显示该样品的起始临界转变温度 $T_{\mathrm{c}}^{\mathrm{onset}}$ ~ 37.6 K，零电阻转变温度 $T_{\mathrm{c}}^{\mathrm{zero}}$ 为 36.6 K，转变宽度 ΔT 为 1 K。

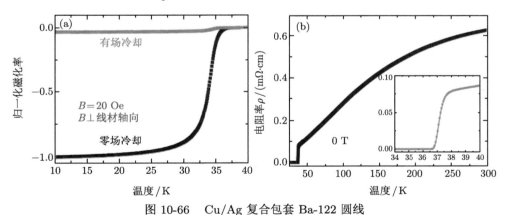

图 10-66　Cu/Ag 复合包套 Ba-122 圆线

(a) 直流磁化率零场冷却和有场冷却曲线；(b) 电阻率随温度的变化曲线

　　图 10-67(a) 给出了在 4.2 ~ 25 K 的温度范围内，铜银复合包套 Ba-122 圆线的临界电流密度随磁场的变化曲线。在 4.2 K 和自场下，Ba-122 圆线的 J_{c} 为 7.6×10^{4} A/cm^{2}，在 10 T 下则为 9.4×10^{3} A/cm^{2}，很明显 J_{c} 表现出较弱的磁场依赖性，这一点对于高场应用是十分有利的。可以看到随着测试温度的升高，J_{c} 值随之下降。插图给出了在 10 T 的外加

磁场下，铜银复合包套 Ba-122 圆线的 J_c 随温度的变化趋势。在 20 K、10 T 下，Ba-122 圆线的 J_c 仍有 2.0×10^3 A/cm^2，在 25 K 下则衰减为 530 A/cm^2。**图 10-67(b)** 展示了 4.2 K 下在升场和降场测试中铜银复合包套 Ba-122 圆线的传输 J_c 随着磁场的变化曲线。可以看出，两条曲线是不重合的，降场测试的 J_c 在数值上明显高于升场测试的 J_c。如前所述，这种传输 J_c 的滞后现象表明在 HIP 法 Ba-122 圆线中还存在着较强的晶界弱连接效应。

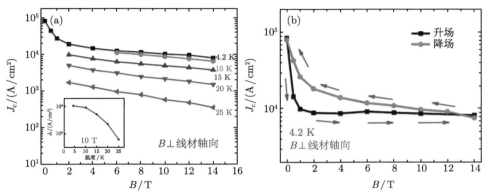

图 10-67　(a) 不同温度下铜银复合包套 Ba-122 圆线的传输 J_c-B 曲线；(b)Ba-122 圆线在 4.2 K 下的升场和降场 J_c 曲线

最近，电工所通过孔型轧与热等静压相结合的工艺进一步提高了 Cu/Ag 复合包套 Ba-122 圆线磁场下的临界传输性能，自场下的 J_c 在 4.2 K 时达到了 2×10^5 A/cm^2，在 4.2 K、10 T 下更是高达 4.7×10^4 A/cm^2，如**图 10-68** 所示[125]。从横截面断面微观形貌的 SEM 中可以观察到许多大的片状晶粒，XRD 表征也证实了孔型轧工艺确实在超导芯中引入了部分 c 轴织构，例如，$(00l)$ 衍射峰强度有了很大提高，这是 Ba-122 圆线载流能力提高的主要原因。

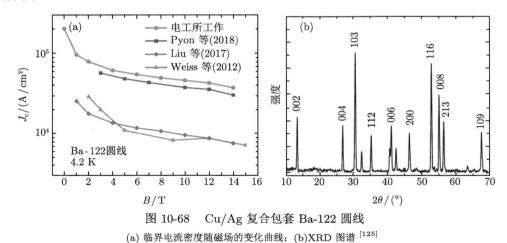

图 10-68　Cu/Ag 复合包套 Ba-122 圆线

(a) 临界电流密度随磁场的变化曲线；(b)XRD 图谱[125]

为了进一步提高线材超导芯的织构度，电工所采用轧制 + 热等静压热处理的工艺路线制备了高性能铜银复合包套 Ba-122 带材[127]。这一制备路线的特点在于能够同时实现

样品的高致密性 (HIP) 及超导芯织构化 (轧制)。我们知道不论是 PIT 轧制工艺还是热等静压处理，均可应用于超导长线制备。在本研究中，分别将复合后的圆线拉拔至直径 1.9 mm、1.7 mm、1.5 mm 和 1.3 mm，然后对这四组圆线进行 4 ~ 5 道次的轧制，最终厚度为 0.3 mm。样品的最终热等静压热处理工艺为 740 ℃、150 MPa 下保温 1 h。**图 10-69** 给出了四组 Ba-122 带材的横截面光学显微照片。可以看到，对于起始轧制直径为 1.3 mm 和 1.5 mm 的带材，其轧制道次为 4 道次，超导芯具有比较明显的马鞍形。对于起始轧制直径为 1.7 mm 和 1.9 mm 的带材，其轧制道次为 5 道次，超导芯的马鞍状现象减弱。

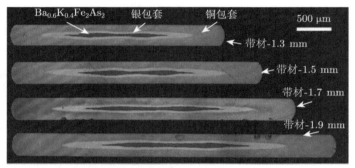

图 10-69　不同起始直径的铜银复合包套 Ba-122 带材的光学显微照片 [127]

图 10-70 给出了四种样品在不同外部磁场下的传输 J_c，其中，带材-1.9 mm 在 4.2 K 和 10 T 的条件下 J_c 达到了 1.1×10^5 A/cm^2，超过了实用化门槛，同时也是铜银复合包套铁基超导带材的最高性能。即使在 12 T 下，其 J_c 仍然超过 10^5 A/cm^2，在 14 T 下为 9.4×10^4 A/cm^2，表现出了非常弱的磁场依赖性。**图 10-71(a)** 给出了四个带材和前驱粉体的 XRD 图谱。所有样品的 XRD 图均按照 (103) 衍射峰的强度进行了归一化处理。可以看出，相比于前驱粉体，Ba-122 带材的 (00l) 衍射峰强度显著增强，这表明轧制带材内存在

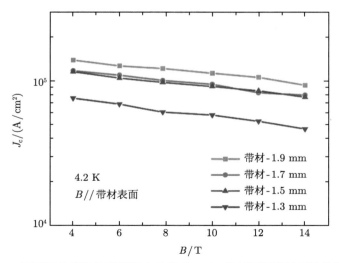

图 10-70　不同起始直径的铜银复合包套 Ba-122 带材不同磁场下的传输 J_c [127]

明显的 c 轴织构。为了表征带材的织构程度，采用 Lotgering 公式[128] 估算了晶粒取向因子 F，这里 $F = (\rho - \rho_0)/(1 - \rho_0)$，其中 $\rho = \sum I(00l) / \sum I(hkl)$，$\rho_0 = \sum I_0(00l) / \sum I_0(hkl)$，$I$ 和 I_0 分别是织构样品和随机取向样品各衍射峰的强度，由此得到带材-1.9 mm、带材-1.7 mm、带材-1.5 mm 和带材-1.3 mm 的 F 值分别为 0.46、0.42、0.42 和 0.38。如**图 10-71(b)** 所示，传输 J_c 与织构度参数 F 值呈现明显的正相关，随着压下率增加，Ba-122 带材的织构度提高，传输 J_c 也同步提高。

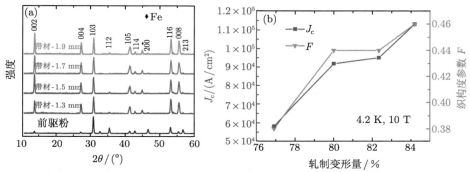

图 10-71　不同起始直径的铜银复合包套 Ba-122 带材的 (a) 超导芯和前驱粉的 XRD 图谱以及 (b) 传输 J_c 和织构度参数 F 随轧制变形量的变化[127]

　　图 10-72 给出了带材样品带材-1.9 mm 的电子背散射衍射表征结果，观察面法向平行于带材表面法向。**图 10-72(a)** 为按照晶粒取向着色的微观形貌图，大部分晶粒呈扁长椭圆形，表现出明显的 c 轴织构。由于热处理温度较低，Ba-122 带材的晶粒尺寸较小，超导芯中直径约 0.5 μm 的晶粒占比最高。从**图 10-72(b)** 可以发现在 Ba-122 带材中，尽管大于 40° 的晶界依旧很多，但是 0 ~ 20° 和 20°~ 40° 处的晶界显著增加，特别是前者，这有助于减弱晶界弱连接对于载流性能的不利影响。上述结果表明轧制 + 热等静压复合工艺在提高超导芯致密性的基础上，提高了超导芯连接性，有效改善了晶粒弱连接问题。

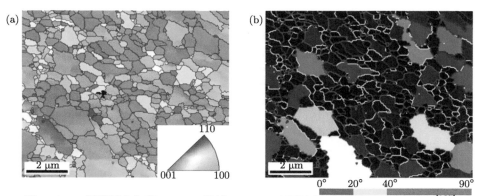

图 10-72　铜银复合包套 Ba-122 带材-1.9 mm 表面法向电子背散射衍射表征[127]

(a)[001] 方向 IPF 图；(b) 晶粒尺寸灰度图，其晶界按晶界角着色

10.6.4.2　冷压

冷压也是获得高致密度 122 铁基超导带材的重要手段，还能够使超导芯获得更高的织构度。另外，由于轧制的工艺参数主要由轧制厚度决定，无法直接控制施加于带材上的变形力，而采用冷压制备带材可以准确控制压力大小。

采用先位 PIT 工艺，经过旋锻和拉拔得到外径为 1.60 mm 的铁包套 $Sr_{1-x}K_xFe_2As_2$ 圆线，然后将圆线截成约 4.5 cm 长的短样进行冷压，冷压的压力分别为 0.6 GPa、1.0 GPa、1.4 GPa、1.8 GPa，最终得到带材的厚度相应为 1.0 mm、0.8 mm、0.7 mm、0.65 mm。最后将带材短样封入真空石英管中，在 850 ~ 900 ℃ 下热处理约 0.5 h。各样品横截面的 SEM 图如图 **10-73** 所示[129]。

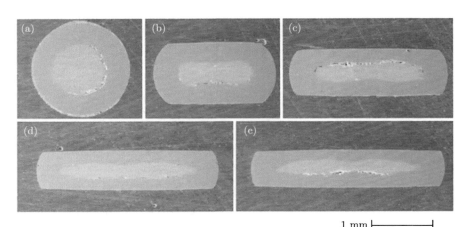

图 10-73　铁包套 Sr-122 带材横截面的 SEM 图片[129]
(a) 圆线；(b)0.6 GPa；(c)1.0 GPa；(d)1.4 GPa；(e)1.8 GPa 冷压的带材

图 **10-74** 给出了不同压力制备的带材的传输临界电流密度与磁场的关系，与未冷压的

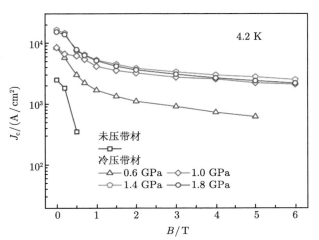

图 10-74　Sr-122 样品的传输临界电流密度与磁场的关系[129]

圆线相比，0.6 GPa 样品的临界电流无论在零场下还是在高场下都有显著提高，这是超导芯的致密化所致。当压力达到 1.0 GPa 时，临界电流在高场下继续提高，而零场下却没有变化，这说明此时有可能是带材的织构度提高减弱了大角晶界的弱连接效应。而当压力大于 1.0 GPa 之后，带材的临界电流变化就不那么明显了。当压力达到 1.8 GPa 的时候，临界电流已呈下降的趋势，此时带材的厚度约为 0.65 mm。这是由于过大的冷压应力在超导芯内部产生了热处理无法修复的残余裂纹。

$Sr_{1-x}K_xFe_2As_2$ 前驱粉和冷压后铁基超导样品的 XRD 图谱如**图 10-75** 所示。可以看到较之于前驱粉的 XRD 图，冷压后样品的 $(00l)$ 衍射峰与 (103) 主峰的相对强度有显著增加，尤其是 (002) 峰的强度甚至远远超过了 (103) 峰，这说明超导芯中的 122 超导相片层状晶粒在冷压压力的诱导下发生了很强的 c 轴取向。由 Lotgering 公式可以得到 0.6 GPa、1.0 GPa、1.4 GPa、1.8 GPa 加工的带材的 F 值分别为 0.63、0.72、0.76 和 0.79，很明显，带材的织构度随着冷压压力的增强而提高，这说明冷压工艺能够有效地诱导 122 晶粒的取向。

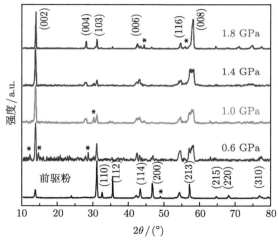

图 10-75　Sr-122 前驱粉与不同压力制备的冷压带材超导芯的 XRD 图谱 [129]

随后，电工所改进了制备方法，用 Ag 作为包套材料，在轧制得到的 122 带材基础上进行冷压，并在两道冷加工工序之间加入中间热处理过程。研究发现，临界电流密度随着压力的增大而减小，性能最好的样品为 1.0 GPa 冷压的带材，其传输临界电流在 4.2 K，10 T 下达到了 4.8×10^4 A/cm^2，如**图 10-76(a)** 所示，这比普通轧制工艺制备的银包套带材的最高值提高了约一倍。因此，轧制–冷压复合加工工艺能够在普通轧制工艺的基础上进一步提高带材的性能。

日本 NIMS 采用先位 PIT 法通过轧制 + 中间退火 + 冷压，然后进行最终热处理，制备的银包套 Ba-122 带材具有非常高的致密度及织构度，样品的 J_c 在 4.2 K，10 T 下大幅提高到 8.6×10^4 A/cm$^{2[130]}$。他们还发现超导芯维氏硬度和 J_c 之间存在很强的线性关系，如**图 10-76(b)** 所示，即 Ba-122 带材的 J_c 随着硬度的增加而增加。但冷压带材的硬度和

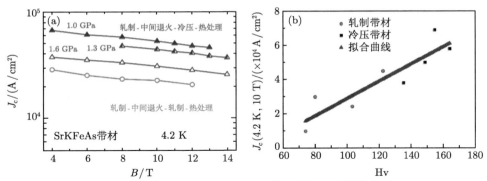

图 10-76　(a) 轧制 + 冷压 122/Ag 带材的传输临界电流密度与磁场的关系；(b)J_c (10 T, 4.2 K) 与
122 带材超导芯维氏硬度的关系曲线 [130]

J_c 均高于轧制样品，这表明冷压带材比轧制样品具有更好的 J_c-B 性能。**图 10-77(a)，(b)**
给出了轧制和冷压带材沿表面方向的典型 SEM 形貌。虽然轧制可以减少超导芯中的空隙
并提高其致密度，但扫描电镜表征显示其微观组织仍然是多孔的并且分布不均匀。与之相
反，冷压带材具有更加致密和均匀的微观形貌，这表明冷压在减少孔洞和均匀变形方面比
轧制更具有优势。我们知道，在带材制备过程中，平辊轧制提高了初始阶段超导芯的致密
度和晶粒的 c 轴择优取向，相应地极大提高了 J_c。不过在轧制过程中，轧制力是沿着两
个轧辊和样品之间的接触弧发生变化，其所产生的应力迫使裂纹垂直于带材轧制方向 (**图
10-77(c)**)，这种裂纹减小了有效横截面积，极大地阻碍了电流传输。而冷压能够有效减少
轧制过程中产生的这些横向裂纹。实际上，在单轴冷压的情况下，应力方向相对于带材长
度方向旋转了 90°，如**图 10-77(d)** 所示 [131]，其所产生的微裂纹往往沿带材长度方向，危

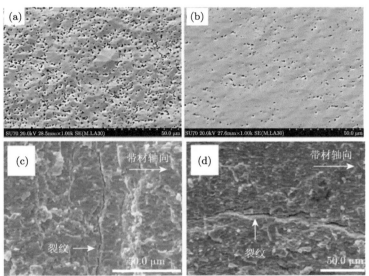

图 10-77　(a) 和 (b) 分别为轧制和冷压带材的典型 SEM 表面形貌 [130]；(c) 和 (d) 分别为轧制和冷压
带材超导芯中的微裂纹形貌 [131]

害性较轻。此外，冷压所施加的应力比轧制时更大、垂直于带材表面且均匀分布，从而使带材超导芯致密度和织构度得到进一步改善，从而进一步提高了带材的 J_c。

10.6.4.3　热压

超导线带材制备过程中的热压工艺指的是对拉拔或轧制后的样品加热同时加压制成超导带材的工艺过程。热压压力、热压温度和热压时间称为热压工艺三要素。在 Bi-2223 带材中，热压能够提高超导芯的致密度，同时也能改变晶粒的排列方向，促进了 c 轴晶粒的生长[132]。在 MgB_2 带材中，热压也能够大幅度提高致密度，显著抑制 MgB_2 成相反应中体积收缩所导致的空隙[133]。和冷压工艺相比，热压可以大幅度提高铁基超导线带材超导芯的致密度和织构度，并且消除了有害缺陷，如孔洞和裂纹等。**图 10-78** 对普通轧制、冷压，以及热压制备的银包套 Sr-122 带材的传输临界电流密度进行了对比，可以看到热压确实能够获得更高的临界电流密度。值得一提的是，电工所采用热压工艺首次将 122 铁基超导线带材的临界电流密度突破了 10^5 A/cm^2(4.2 K, 10 T) 这一实用化门槛值[134,135]。目前热压后 122 带材的最新传输 J_c 在 4.2 K 和 10 T 下高达 1.5×10^5 A/cm^2，这也是目前关于铁基超导线带材报道的最高记录值[136]。

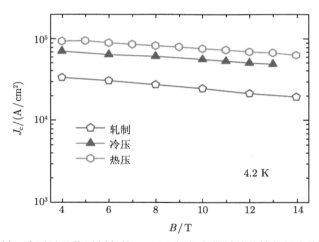

图 10-78　普通轧制、冷压以及热压制备的 Sr-122 银包套带材的传输临界电流密度与磁场的关系

热压法制备 Sr/Ba-122 铁基超导带材的工艺流程如下：将高质量 122 铁基前驱粉末装入外径 8 mm、内径 5 mm 的 Ag 管中,经过旋锻、拉拔、轧制等冷加工过程,将带材加工成厚度 $0.3 \sim 0.5$ mm 的带材。随后将带材裁剪成长度为 ~ 6 cm 的短样,将超导短样放入热压炉中并将温度升至 $850 \sim 900$ ℃,此时对带材表面施加 $10 \sim 30$ MPa 的压力并保持 $0.5 \sim 1$ h。为了防止带材在热压过程中粘到模具上，我们还会在带材表面涂上氮化硼作为阻隔层。

图 10-79 给出了热压带材和轧制带材的横截面照片。热压过程中，只有模具对带材施加沿带材法向的力，带材在压力下才能实现伸长和展宽，但是由于带材长度方向的尺寸要远远大于宽度方向尺寸，带材轧向的自由度小于横向，因此热压过程主要是带材展宽的过程。很明显，热压后带材的厚度大幅度减小，超导芯截面积比轧制样品减少了约 30%。维氏硬度测量显示热压后带材超导芯的维氏硬度值要远高于轧制带材，说明热压过程确实提

高了超导芯的致密度。

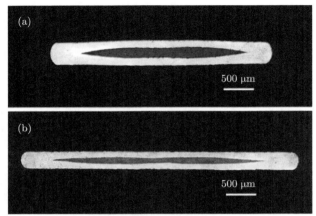

图 10-79　(a) 轧制和 (b) 热压带材的横截面光学显微镜照片 [134]

图 10-80(a) 给出了轧制和热压样品的 XRD 图谱。很明显两种样品的主相都是 ThCr$_2$Si$_2$ 型结构的 Sr-122 超导相，另外还有 Ag 峰出现，这些 Ag 来自包套材料。但是和轧制带材相比，热压样品的 (00l) 峰的相对强度明显增强，表现出更强的 c 轴织构。通过 Lotgering 方法计算获得的轧制和热压带材的 c 轴取向因子 F 分别为 0.45 和 0.52，显示热压确实提高了样品的 c 轴晶粒的取向度。样品的直流磁化率随温度的变化如**图 10-80(b)** 所示，可以看出热压带材显示出比轧制样品更强的抗磁信号，超导转变很陡峭，说明热压带材中超导芯相纯度和均匀性比较高。电阻率随温度的变化结果进一步证实了热压样品具有很高的成相均匀性。

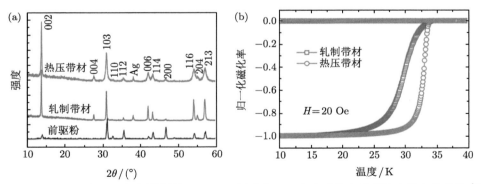

图 10-80　Sr-122 热压和轧制带材的 (a)XRD 图谱和 (b) 直流磁化率随着温度的变化曲线 [135]

图 10-81 为热压制备的 Sr-122 超导带材的临界电流密度随磁场的变化曲线。对于轧制带材，传输 J_c 在 10 T、4.2 K 下达到 3×10^4 A/cm^2。热压后，Sr-122 样品的 J_c 获得大幅度提升，在 4.2 K、10 T 下首次突破了 10^5 A/cm^2 这一实用化门槛 [135]。同时热压工艺还大幅度提高了多芯线的载流性能，其传输临界电流密度在 4.2 K、10 T 下达到了 6.1×10^4 A/cm^2，为铁基超导多芯线的最高纪录。从图中还可以看出，122 铁基超导带材具有的一

个共同特征是 J_c 对磁场的依赖性非常小,从而表明铁基超导线带材在高场磁体领域具有广阔的应用前景。

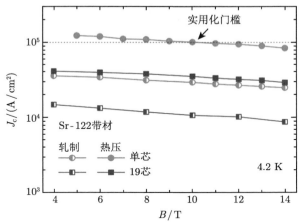

图 10-81   Sr-122 热压带材的传输 J_c 随磁场的变化曲线[135]

图 10-82 是轧制和热压带材超导芯的典型 SEM 图像。**图 10-82(a)** 和 **(b)** 是带材平面内超导芯表面的照片,而**图 10-82(c)** 和 **(f)** 是纵截面方向的照片。可以看出,轧制样品

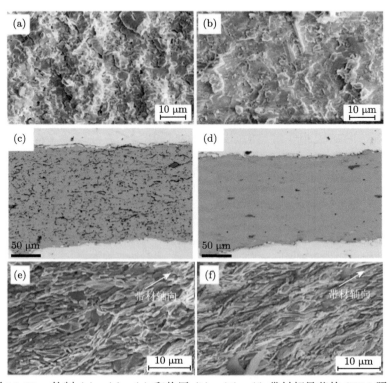

图 10-82   轧制 (a)、(c)、(e) 和热压 (b)、(d)、(f) 带材超导芯的 SEM 照片

的结构松散，存在许多孔洞和微裂纹 (**图 10-82(a)** 和 **(c)**)，而且观察到少量破碎的颗粒，样品的晶粒尺寸在 $2 \sim 5$ μm。相反，如**图 10-82(b)**、**(d)** 和 **(f)** 所示，在热压带材中超导芯更加致密，孔洞和微裂纹几乎全部消失，直接证明热压后带材的致密度和晶粒连接性得到全面提高。在冷压工艺中，非常容易引入平行于带材长度方向的宏观裂纹[131]。而使用热压法可以有效避免这种裂纹的产生，这也是热压法的一大优势。热压样品的晶粒尺寸为 $4 \sim 5$ μm，该种更均匀的微观结构有利于提高晶粒间的耦合效应。**图 10-82 (e)** 和 **(f)** 分别给出了轧制和热压样品的纵截面照片。由于 122 型铁基超导体的晶粒结构具有二维结构特性，在轧制或热压后的带材中大部分晶粒呈平板结构。有意思的是，在热压带材中可以观察到超导晶粒扭曲或弯曲现象 (**图 10-82(f)**)，这是由于在高温热压下晶粒非常软、容易变形。这种扭曲的晶粒结构可以有效阻止裂纹的产生，增强晶粒间的强耦合效应，这与 Ag/Bi-2223 热压带材的情况类似[132]。以上表明热压不仅有助于消除冷压带材中常见的纵向裂纹，同时还极大地提高了超导芯致密度和晶粒织构度。

　　我们知道 $Ba_{1-x}K_xFe_2As_2$ 的转变温度比 $Sr_{1-x}K_xFe_2As_2$ 要高 2 K 左右。另外，商业化的单质 Sr 块材中存在大量的杂质，而商业化的 Ba 块材中单质纯度要高很多。基于此，下面对转变温度更高的 Ba-122 带材进行了热压研究以期进一步提高临界电流密度。**图 10-83(a)** 给出了热压制备的 Ba-122 超导带材传输临界电流密度随磁场的变化关系[136]。作为对比，图中也给出低温 NbTi 和 Nb_3Sn 超导线材以及 PIT 法 MgB_2 导线的临界电流密度。在 4.2 K、10 T 下，122 带材的 J_c 达到 1.5×10^5 A/cm^2，临界电流达到 437 A，这是目前报道的关于铁基超导线带材中的世界最高值。另外，在 27 T 下，带材同样具有非常高的临界电流密度，为 5.5×10^4 A/cm^2。由于电流太大，受测试系统电源的限制，我们在高场下并没有测到过多的数据点，但将两个磁体的测量数据分别延长，我们发现两组数据的斜率比较小并且能够形成直线，说明热压样品的磁场依赖性非常弱。同时还发现，两组数据的延长线与 Nb_3Sn 的 J_c 曲线相交于 18 T 附近，表明铁基超导材料在高场领域有着明显的应用优势。我们还计算了该带材的工程电流密度，J_e 在 4.2 K、10 T 下达到 3×10^4 A/cm^2，这一数值高于 Ba-122 普通轧制带材和 Sr-122 热压带材。该样品在 10 T 下的 n 值为 65.2，说明超导芯成相非常均匀。n 值的高低从另一方面反映了样品性能的好坏，对

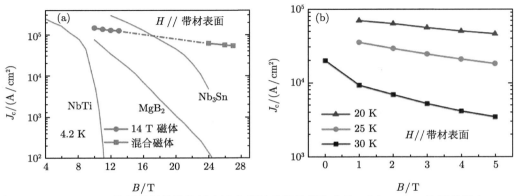

图 10-83　(a)Ba-122 热压带材传输临界电流密度随磁场的变化曲线；(b)Ba-122 热压带材在 20 K、
25 K、30 K 下的传输 J_c-B 曲线[136]

于实际应用而言是一个非常重要的参数, n 值越高, I-V 曲线在失超之后转变越陡峭, 这样便可以迅速判断出失超点, 以便做出相应操作, 防止因为反应不及时造成磁体或线圈等设备的损坏。

不同温度下带材临界电流密度随磁场的变化关系如**图 10-83(b)** 所示。可以发现在 20 K、5 T 下, 122 带材的 J_c 仍然高达 5.4×10^4 A/cm², 说明铁基超导材料除了具有高场应用潜力外还具有在中低温区 (液氢或者制冷机冷却) 的应用优势。另外, **图 10-84** 为磁场分别平行于带材表面 (J_c^{ab})、垂直于带材表面 (J_c^c) 以及磁场与热压带材呈 45° 夹角三种状态下 J_c 随磁场的变化情况, 其中的角度指的是磁场与带材法向之间的度数。可以看出, 磁场平行于带材表面方向时 J_c 的磁场依赖性要小于磁场垂直于带材表面下的情况。另一方面, 如插图所示, 以磁场垂直于带材表面时的 J_c 进行归一化, 绘制了在 10 T 下临界电流密度随角度的变化情况。与其他超导材料不同的是, 磁场垂直于带材表面时的 J_c 要大于平行于带材表面时的 J_c, 表现出各向异性的反转, 这一现象同样发生在热压的 Sr-122 带材和 Ba-122 薄膜中 [137,138], 但这与通常在铜氧化物超导带材中测得的结果是相反的。Awaji 等认为该现象与样品中存在点钉扎有关, 并且钉扎中心越多, 对应的交叉场 B^* 越高。该交叉场与样品所处的温度也有关系, 温度越低, 交叉场越高 [137]。通过计算, 在 10 T 下热压带材的各向异性只有 $1.37(J_c^c/J_c^{ab})$, 远小于 Bi-2223 和 YBCO 带材。铁基超导材料 J_c 这种接近各向同性的特点使得其应用前景更加乐观, 尤其是在制备超导磁体方面具有本征优势。

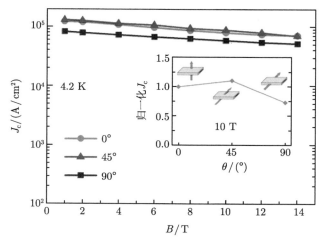

图 10-84　不同磁场方向下 Ba-122 热压带材的 J_c 随磁场的变化曲线

采用 Lotgering 公式计算了上述高性能热压 Ba-122 带材超导芯的织构度 F 值, $F = 0.87$, 高于普通轧制的 Ba-122 带材, 同时也高于热压的 Sr-122 带材。说明热压工艺极大地促进了 Ba-122 晶粒的择优取向, 从而有效提升了带材的织构度, 缓解了晶界弱连接作用, 提高了带材的传输性能。另外, 通过测试超导芯的维氏硬度, 发现带材的平均维氏硬度为 ~ 140, 远高于普通轧制带材的硬度, 很明显热压还大幅度提高了超导芯的致密度, 使得样品具有更好的晶粒连接性。

为了研究铁基超导线带材中超导相均匀性与载流性能之间的关系，对比测量了 122 轧制带材与热压烧结带材的比热特性，如**图 10-85** 所示 [139]。研究表明，普通烧结带材的低温比热数据出现了由磁性杂质引起的肖特基反常，而热压带材未出现该反常行为。另外，热压带材具有更高的超导比例和更窄的 T_c 分布，表明高温、高压合成环境不仅使得化学反应更加完全，而且使得 K 元素的分布更加均匀。对于临界电流密度依赖于掺杂量的超导材料，窄的 T_c 分布对应更高的临界电流密度。因此，更高的超导相均匀性是 122 热压带材具有高载流性能的重要因素。

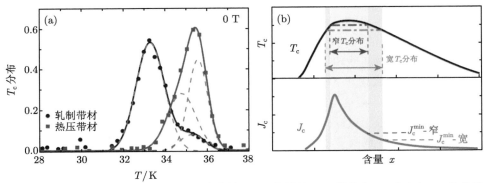

图 10-85　(a) 轧制和热压 122 带材的 T_c 分布曲线；(b) 高性能 122 样品中 T_c 分布与 J_c 的关系，图中浅蓝色和浅红色区域分别对应于窄和宽的 T_c 分布 [139]

小结一下，122 热压铁基带材具有优异的传输 J_c 性能是高纯均匀的超导相、超导芯较高的致密度和织构度三者共同作用的结果。热压不仅有效提高了带材的致密度，基本消除了带材超导芯的孔洞和裂纹等缺陷，更重要的是，热压限制了晶粒的生长方向，促进其沿着平行于带材表面生长，使得超导芯的织构度有了明显的提升，这是热压带材性能获得大幅提高的重要原因。

10.6.5　高性能 122 超导带材的微结构与载流性能影响机制研究

为了探讨热压过程对带材超导性能的作用机制，**图 10-86** 给出了热压带材的传输 J_c、织构度 F、剩余电阻率 RRR 和维氏硬度 Hv 值随着热压温度变化的规律 [140]。首先由图中看出，900 ℃ 热压带材的织构度最高。在更高温度和外加压力条件下，剧烈的再结晶反应容易诱导晶粒沿着 c 轴排列。其次，900 ℃ 热压带材的 RRR 值最高，表明该带材的晶粒连接性最好。而 925 ℃ 热压带材的 RRR 值相对较低，表明该样品中可能出现大量的结构缺陷。再次，850 ℃ 热压带材的 Hv 值非常高，约为 156.2，远远超过轧制制备带材的数值。同时，所有带材的 Hv 值非常接近，约为 154.0。带材的致密度没有随着热压温度的变化而变化，这可能是由于这些带材的致密度已经达到了饱和状态。最后，**图 10-86(a)** 也给出了四种带材在 10 T 和 4.2 K 下的传输 J_c。可以看出，传输 J_c 的变化规律与 F 和 RRR 值的变化一致。900 ℃ 热压样品的传输 J_c 提高的根本原因可以归结于更高的织构度和较高的致密度。

如前所述，铁基超导体具有本征的晶界弱连接效应，虽然 122 型铁基超导体的临界角较大，约为 9°，但是超过该角度晶间电流仍会急剧下降 [74]。人们认为倾斜晶界相当于边缘位

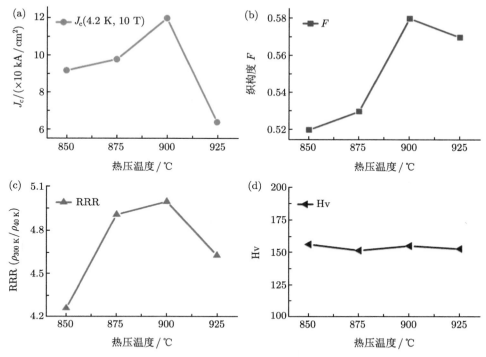

图 10-86 四种热压带材的传输 J_c、织构度 F、剩余电阻率 RRR 和维氏硬度 Hv 值随着热压温度的变化 [140]

错链。随着晶界失配角的增加，绝缘位错芯子之间的间距减小，在临界角附近，间距与相干长度相当。在更高角度，晶界成为约瑟夫森弱连接结，此时位错间的电流通路受到序参量的抑制，J_c 呈指数下降 [141,142]。对于铁基超导带材，传输临界电流在升场和降场测试中能够观察到回滞现象，表明其存在着晶界弱连接效应，这与铜氧化物超导体类似。**图 10-87** 为轧

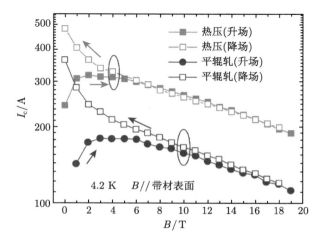

图 10-87 4.2 K 条件下轧制和热压 122 带材的升场和降场测量的临界电流 [143]

制和热压制备的 122 铁基超导带材在 4.2 K 下升场和降场的传输临界电流曲线[143]。可以看到，两种带材的传输临界电流在升场和降场测试中确实都存在着回滞现象，不过值得注意的是，轧制带材在 11 T 以下临界电流在升场和降场测试中的差别变得更加明显，而热压带材在 6 T 以下才表现出较大差别。因此，与轧制带材相比，热压带材的回滞效应变得更弱，这表明热压增强了带材中晶粒的织构，从而有效缓解了晶界弱连接效应。此外，还可以看到热压带材临界电流的各向异性在高场下逐渐减弱，表明对于热压制备的铁基超导带材，在高场下电流传输性能主要受磁通钉扎影响，在低场下主要取决于晶界弱连接效应，而当磁场平行于带材表面时，晶界弱连接在低温低场下对电流传输的影响更大。与铜氧化物超导体相比，铁基超导带材传输临界电流的各向异性较小，在 4.2 K、5 T 低场下仅为 1.3 左右，而在 19 T 高场下几乎接近各向同性，这对于强磁场应用是非常有利的。

　　下面通过高分辨透射电镜来分析高性能 122 热压带材的晶界特性，探讨载流性能的提高机制。采用聚焦离子束减薄铁基带材的超导芯，随后进行高分辨透射电镜分析。如**图 10-88(a)**

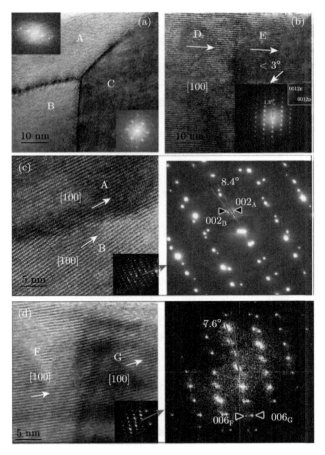

图 10-88　热压带材超导芯的 HRTEM 图[135]

(a) 观察到的三个晶粒；(b)<3° 的小角度晶界；(c) 晶粒 A 和 B 晶界的放大图像和选区电子衍射图像；(d) 晶粒 F 和 G 晶界的图像和选区电子衍射图像

所示，可以清楚地看到带材纵向截面上的三个晶粒 (标记为 A、B 和 C)，并且晶粒的边界比较干净，暂未观察到非晶杂相。另外，从 TEM 图像中发现了许多小角度晶界，如**图 10-88(b)** 所示为标记 D 和 E 的两个晶粒，其晶界夹角非常小，小于 3°。晶粒 A 和 B 晶界的放大图像如**图 10-88(c)** 所示，箭头标明了其方向，通过选区电子衍射 (SAED) 可以判定这两个晶粒的夹角为 8.4°。**图 10-88(d)** 显示了其他两个晶粒 (标记为 F 和 G) 之间的晶界，具有 7.6° 的小角度取向角。总之，在热压样品中，可以观察到许多小于 9° 的晶界角，而这种小角度晶界有利于晶间电流的传输，将会极大地减弱晶界弱连接效应。

如上所述，提高超导芯的致密度和织构度都能够提高铁基超导线带材的传输性能。美国佛罗里达州立大学 Weiss 等采用热等静压法所制备的 Ba-122 超导圆线具有非常高的超导芯致密度，已接近 100%，说明晶粒连接性非常好[88]。从其样品的 TEM 图片可以发现其晶界非常干净，没有发现杂相。但是他们制备的样品的晶粒是随机取向的，具有严重的晶界弱连接效应，因此，其临界电流密度在 4.2 K、10 T 下只有 8.5×10^3 A/cm^2，比 122 热压带材的载流性能低了一个数量级。在 HIP 样品中，虽然超导芯的致密度得到了大幅度提升，但晶粒之间没有发生择优取向，弱连接效应影响较大，不利于超导电流的传输。显然，对于铁基超导线带材来说，高致密度仅是获得高 J_c 的一个必要条件。

电子背散射衍射技术是表征高温超导体的晶粒取向、晶界失配角和晶粒尺寸的重要技术手段[144,145]。**图 10-89** 为热压带材超导芯的电子背散射衍射图像，所观察的面为带材平面。在**图 10-89(a)** 中，将相邻的晶粒以不同颜色来表示，以区分不同的晶粒尺寸和晶粒形状。可以发现，热压样品的晶粒尺寸大部分都在 2 ~ 3 μm，而且分布比较均匀[136]。从图中看出热压的超导晶粒和晶界都非常清晰，而电子背散射衍射花样是通过晶格衍射来确定超导相的，这说明热压 Ba-122 带材具有非常高的相纯度、致密度和均匀性。

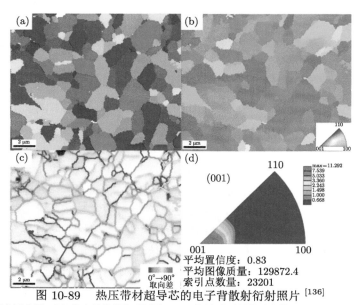

图 10-89　热压带材超导芯的电子背散射衍射照片[136]

(a) 相邻晶粒不同颜色区分图；(b) 法向晶粒结构反极图；(c) 不同角度晶界的分布情况；(d) (001) 方向晶粒取向分布的反极图

　　图 10-89(b) 显示了反极图 (IPF) 在所测区域的颜色分布，其中晶粒取向可以从右下角的参考图中得到。可以看到整个扫描区域中绝大部分面积都偏向红色，表明所测区域中大部分晶粒都是沿着 (001) 方向生长。**图 10-89(d)** 中反极图显示了该样品取向的强度分布都集中在 (001) 附近，说明超导芯中具有非常强的 c 轴织构，即热压带材具有很高的晶粒取向度，与前文 XRD 结果和 HRTEM 结果相吻合。热压带材的极图 (pole figure) 表征也支持上述观点，即热压带材具有很高的 c 轴织构度。**图 10-90** 所示是热压带材和轧制带材法向的极图，由两种带材的 (001) 极图对比可以发现，热压带材中晶粒 c 轴集中在 ND 方向 30° 以内，而轧制带材中晶粒 c 轴集中在 ND 方向 45° 以内，说明热压工艺确实提高了带材的 c 轴织构。此外，由两种带材 (100) 和 (110) 方向的极图可知，晶粒的 (100) 和 (110) 方向均匀分布在 TD 和 RD 方向，说明两种带材中不存在类似 YBCO 薄膜中的面内织构。如**图 10-89(c)** 所示为所测区域中晶界角的分布情况，蓝色和绿色线表明小角度晶界所占比例比较大。

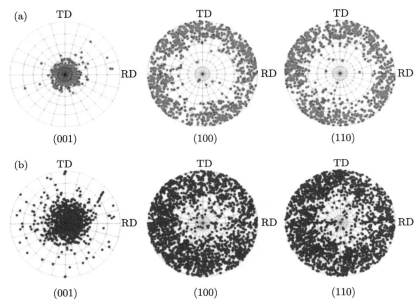

图 10-90　热压带材 (a) 和轧制带材 (b) 在 (001)、(100) 和 (110) 方向上的极图

　　为了能够定量统计不同晶粒所占的比例，绘制了**图 10-91** 插图所示的曲线，从正三角曲线可以发现有大量的晶粒尺寸在 0.5 ~ 1 μm。另一方面，从倒三角曲线可以看到，大小在 1 ~ 2.5 μm 的晶粒所占比例最大，说明在该范围内的晶粒占据了所测区域的大部分面积，晶粒尺寸分布比较均匀。此外，**图 10-91** 列出了热压带材不同晶界角的定量分布情况，晶界所占比例随着角度的增加而减小。经过定量统计，在热压带材中，平行于带材法向 10° 以内晶界角所占比例为 42.8%，而这一比例在轧制带材中仅为 ~ 11%，说明热压工艺改善了带材的弱连接效应，提高了传输性能。Bi-2223 带材通过采用多次轧制和烧结来提高超导芯的织构度，这是获得高临界电流的关键因素之一。Bi-2223 材料中小于 10° 的晶界角的比例约为 30%，而 10° ~ 30° 晶界角的比例约为 32%[145]。122 热压铁基带材的小角晶界

比例已经超过 Bi-2223 带材, 说明轧制 + 热压等机械变形工艺使超导芯中的晶粒发生了择优取向, 产生了 c 轴织构化, 增加了带材中小角度晶界的比例, 有效降低了晶界弱连接的影响。由上看出, 轧制带材经过热压之后, 超导芯的致密度和织构度都有进一步提升, 从而大幅度提高了传输 J_c。因此, 同时提高超导芯的致密度和织构度是铁基超导线带材获得高 J_c 的关键。

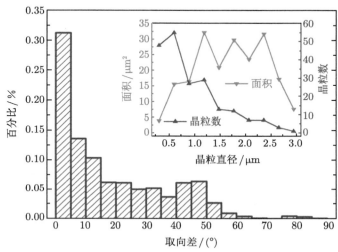

图 10-91　热压带材晶界失配角分布图, 插图为晶粒的个数和面积随晶粒大小的变化趋势 [136]

10.6.6　高性能 122 铁基超导带材磁通钉扎研究

10.6.5 节从热压 122 铁基超导带材的微观结构入手表征分析了样品具有高载流性能的原因, 本节将重点研究它们的磁通钉扎特性, 以探讨影响铁基超导材料高场下临界电流密度的因素, 即是什么导致 122 热压带材具有如此优越的载流性能, 它的磁通钉扎机制是什么?

我们知道, 122 型铁基超导体的 $J_c(B, T)$ 特点是 J_c 在低温下对磁场不敏感, 但是随着温度升高, 临界电流密度会随着磁场的升高迅速下降, 这与其在不同温度下的磁通钉扎能力有关。在低温下, 热激活磁通蠕动不明显, 铁基超导体具有很高的本征钉扎势, 此时主要是晶界弱连接和晶粒连接性等因素限制 J_c。在高温下, 超导体存在显著的热激活磁通蠕动, 此时由于铁基超导体所特有的层状结构, 在热涨落作用下弱耦合的磁通格子容易失去钉扎, 即弱磁通钉扎成为限制 J_c 的主要因素。另外, 高温超导体的各向异性会剧烈增加涡旋的热涨落作用, 从而抑制不可逆场 B_{irr} 和增加磁通蠕动。如 Bi-2223 的各向异性值 γ_H(约 $50 \sim 100$) 远大于 YBCO(~ 7), 在外加磁场的作用下 Bi-2223 带材的传输 J_c 急剧下降。而 122 型铁基超导体的各向异性小 (< 2), 这对高场应用非常有利。

首先分析热压带材的钉扎类型。**图 10-92(a)** 给出了磁场平行于 122 热压带材表面方向的磁滞回线曲线, 测试温度从 20 K 到 32 K, 每隔 2 K 进行一次 M-H 定温扫描, 磁场范围为 $0 \sim 7$ T。根据 Bean 模型, 可以近似计算样品的磁化临界电流密度 (J_c^{mag})。**图 10-92(b)** 给出了不同温度下带材 J_c^{mag} 随磁场的变化情况, 可以看到, 随着温度的升高, 临界电流密度对磁场的依赖性变强。

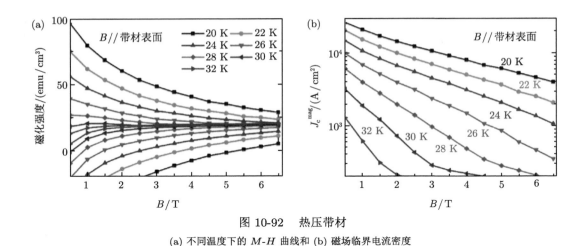

图 10-92　热压带材
(a) 不同温度下的 $M\text{-}H$ 曲线和 (b) 磁场临界电流密度

根据 Dew-Hughes 模型[146]，在超导体中，如果某一种钉扎机制起主导作用，那么其归一化的钉扎力 f 在不同温度下趋向于同一曲线，并且可以用以下公式描述：

$$f = F_{\mathrm{p}}/F_{\mathrm{p}}^{\mathrm{max}} = Ah^p(1-h)^q \tag{10-3}$$

式中，F_{p} 为钉扎力密度，$F_{\mathrm{p}} = J_{\mathrm{c}} \times H$；$F_{\mathrm{p}}^{\mathrm{max}}$ 为对应温度的最大钉扎力密度；A 为常数；p 和 q 由钉扎类型决定；$h = H/H_{\mathrm{irr}}$，H_{irr} 为不可逆场，可以根据磁测的电流密度曲线绘制出其对应的 Kramer 曲线，再通过 Kramer 曲线的线性部分定出带材的不可逆场。Kramer 曲线的计算公式如下[147]：

$$F_k = J_{\mathrm{c}}^{1/2} \times H^{1/4} \tag{10-4}$$

式中，J_{c} 为图 **10-92(b)** 的磁化临界电流密度；H 为外加磁场，结果如图 **10-93** 插图所示，将曲线线性部分进行拟合，延长线与 x 轴的交点为该温度下的不可逆场 H_{irr}。图 **10-93** 给出了不同温度下，归一化的钉扎力 f 与约化场 h 的关系曲线，可以发现不同温度的曲线几乎重叠在一起，说明样品的钉扎机制与温度无关，可以用式 (10-3) 来分析样品钉扎类型。通过拟合得到图 **10-93** 中的粗曲线，该曲线中 $p = 0.64$，$q = 2.3$，这样可以得到当 f 取最大值的时候对应的 $h_{\mathrm{max}} = p/(p + q) = 0.22$。根据 Dew-Hughes 模型，高温超导体的芯钉扎类型可分为以下三种：

① 当 $p = 0$，$q = 2$ 时，$f = A(1-h)^2$，对应于体钉扎；

② 当 $p = 1/2$，$q = 2$ 时，$f = Ah^{1/2}(1-h)^2$，$h_{\mathrm{max}} = 0.2$，对应于面钉扎；

③ 当 $p = 1$，$q = 2$ 时，$f = Ah(1-h)^2$，$h_{\mathrm{max}} = 0.33$，对应于点钉扎。

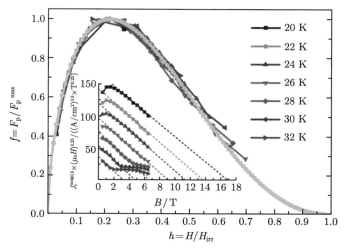

图 10-93 归一化的热压带材钉扎力 f 与约化场 h 的关系曲线[136]，插图为对应的 Kramer 曲线

在热压带材中，钉扎力峰值出现在 $h_{\max}=0.22$，这说明其磁通钉扎主要属于面钉扎，同时还存在少量点钉扎。面钉扎主要是由面缺陷引起的，面缺陷是具有大于磁通线间距的二维尺寸缺陷，主要包括晶粒和孪晶的界面、亚晶界、层错和位错以及表面缺陷等。在 10.6.5 节中通过电子背散射衍射表征发现，热压 122 带材的晶粒尺寸相对较小且分布比较均匀，存在着大量晶界，这些晶界起到了钉扎中心的作用，因而，热压带材在高场下具有非常高的传输性能。

Griessen 等认为超导体的钉扎机制可分为 δT_c 钉扎和 δl 钉扎，分别与超导样品的临界转变温度和电子平均自由程有关[148]。在单钉扎区 (外场小) 内，可通过计算临界电流密度 J_c 对温度 T 的依赖关系来确定磁通钉扎类型：

$$J_c \propto (1-t^2)^{7/6}(1+t^2)^{5/6}, \quad \text{对应 } \delta T_c \text{ 钉扎}$$

$$J_c \propto (1-t^2)^{5/2}(1+t^2)^{-1/2}, \quad \text{对应 } \delta l \text{ 钉扎}$$

式中，$t=T/T_c$。图 10-94 给出了归一化 $J_c(T)/J_c(0)$ 对温度 t 的依赖关系，同时也给出理论 δT_c 和 δl 钉扎曲线。需要指出的是理论的 δT_c 钉扎曲线和 δl 钉扎曲线的明显区别在于，δT_c 钉扎曲线具有正的曲率半径，而 δl 钉扎曲线的曲率半径为负，因此通过与实验数据比对很容易将不同钉扎机制区别开来。从图中可以看出，Sr-122 热压样品的钉扎机制为 δl 钉扎。δl 钉扎是由于超导体中存在各种缺陷，如体缺陷、面缺陷和点缺陷等，从而导致电子平均自由程的变化。不过，不同于铁基超导单晶，122 带材属于 δl 钉扎和面钉扎，J_c 主要受到晶界和位错等面缺陷的影响。

图 10-95 给出了 122 热压带材的电阻随温度的变化曲线，所加磁场分别平行于 ab 面和 c 轴，即分别平行和垂直于带材表面。可以看出样品在 0 T 下的转变非常陡峭，临界转变温度 T_c 约为 37.6 K，电阻在 37.3 K 时完全转变为零，其转变宽度 ΔT_c 只有 0.3 K，表明样品的相纯度非常高。随着磁场强度增加，临界温度会缓慢下降，转变宽度也随之展宽，而且磁场平行于带材时的下降速率要小于垂直于带材时的情况，当磁场垂直于带材表面时，

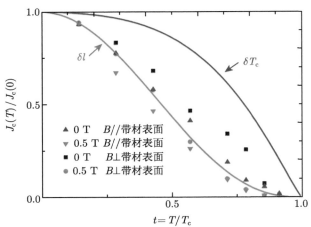

图 10-94　归一化的磁化 $J_c(T)/J_c(0)$ 与温度 $t = T/T_c$ 之间的相互关系，其中实线分别表示理论 δT_c 和 δl 钉扎曲线

转变宽度从 0.3 K(0 T) 增加到 1.8 K(9 T)，这一结果和 122 铁基超导单晶不同，说明样品中仍然存在晶界弱连接效应 [66]。

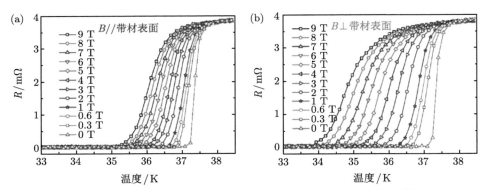

图 10-95　在不同磁场大小和方向下热压带材电阻随温度的变化曲线

　　分别选取 90% 和 10% 的正常态电阻作为计算上临界场 H_{c2} 和不可逆场 H_{irr} 的依据，结果如**图 10-96** 所示。可以看出，热压带材的上临界场 H_{c2} 非常高：在 36.7 K 时 $H_{c2}^{//带材表面} = 9$ T；在 36 K 时，$H_{c2}^{\perp带材表面} = 9$ T。根据 WHH 公式可以计算样品在 0 K 下的上临界场 [53]：

$$H_{c2}(0) = -0.693T_c(\mathrm{d}H_{c2}/\mathrm{d}T) \tag{10-5}$$

式中，$\mathrm{d}H_{c2}/\mathrm{d}T$ 为靠近起始转变区域的斜率。经过拟合，在 T_c 附近时，磁场平行于带材和垂直于带材方向的 $\mathrm{d}H_{c2}/\mathrm{d}T$ 分别为 -4.78 和 -2.91，带材在两个方向 0 K 下的上临界场分别为 125 T 和 75.8 T，与 Ba-122 单晶的报道结果类似 [149]。另外，如**图 10-96** 中插图所示，我们还计算了样品各向异性 $\gamma = H_{c2}^{//}/H_{c2}^{\perp}$ 随温度的变化情况，发现随着温度的降低，γ 值有减小的趋势，类似现象同样发生在 Ba-122 单晶和 Sr-122 带材中，但是与 Sm-1111 和 MgB$_2$ 超导体中的趋势相反 [150,151]。

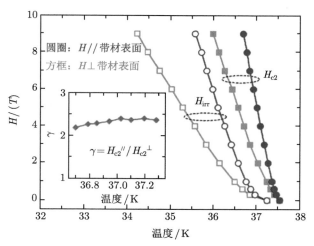

图 10-96　　122 热压带材的上临界场和不可逆场

根据磁通流动热激活模型，电阻与温度和磁场的关系可以用公式来描述：

$$R(T, B) = R_0 \exp[-U_0/k_B T] \tag{10-6}$$

式中，R_0 为常数；k_B 是玻尔兹曼常量；U_0/k_B 称为磁通钉扎势。磁通钉扎势可以通过 Arrhenius 曲线斜率来得到，如**图 10-97** 所示，对式 (10-6) 中等式两端同时求对数：

$$\ln R(T, B) = (U_0/k_B)T^{-1} \tag{10-7}$$

该图中拟合之后线性部分的斜率反映了样品中磁通钉扎势的大小。经过计算，发现在 5 T 下，磁场平行于带材和垂直于带材对应的钉扎势 U_0/k_B 分别为 6260 K 和 4350 K。远高于 Bi-2223(650 K, 0.5 T) 和 YBCO(1100 K, 5 T) 的结果 [152,153]，说明铁基超导材料具有非常强的钉扎能力。

研究发现，U_0 与外加磁场有如下关系 [154]：

$$U_0/k_B = \alpha B^{-\beta} \tag{10-8}$$

式中，α 为常数；β 能够反映钉扎势与磁场的关系，将上式两端同时取对数：

$$\log(U_0/k_B) = -\beta \log(B) + \alpha \tag{10-9}$$

根据**图 10-97** 中线性曲线的斜率，绘制了热压带材钉扎势随磁场的变化如**图 10-98** 所示，β 值可以根据图中双对数曲线进行线性拟合得到。为了和其他超导材料进行对比，图中还给出了 Bi-2223、YBCO 和 MgB$_2$ 的钉扎势。根据线性拟合，发现磁场平行和垂直于带材表面所对应的 U_0 分别正比于 $H^{-0.35}$ 和 $H^{-0.33}$，表现出较弱的磁场依赖性。因此，热压制备的 Ba-122 超导带材具有非常高的上临界场和本征钉扎势，再加上其非常弱的磁场依赖性，所以带材在高场下仍然具有非常高的临界电流密度，这些表明铁基超导材料在高场应用中具有很强的竞争优势。

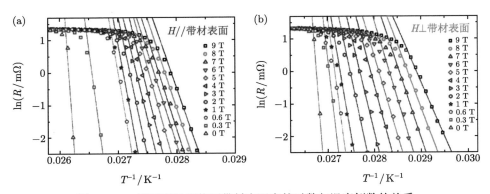

图 10-97　不同磁场下热压带材电阻自然对数与温度倒数的关系

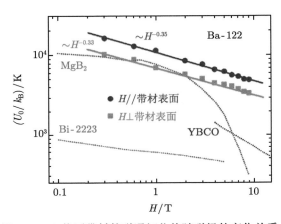

图 10-98　热压带材的磁通钉扎势随磁场的变化关系

综上所述, 高性能 122 铁基超导带材具有很高的超导芯致密度和织构度, 而且晶粒分布比较均匀, 小角度晶界所占比例较大, 有效缓解了晶界弱连接效应对超导电流的影响, 因此, 热压后铁基带材优异的传输 J_c 性能是良好的晶粒连接性、织构度的提高以及强磁通钉扎能力等共同作用的结果。加场电阻测试结果发现样品具有很高的上临界场 (> 120 T) 和本征钉扎势 (>5000 K, 9 T)、很小的各向异性 (< 2) 和磁场依赖性 ($U_0 \propto B^{-0.33}$), 进一步表明 122 铁基超导带材在高场领域的巨大应用潜力。

从 2008 年至 2018 年这十年间, 随着科研工作者的不懈努力, 铁基超导线带材的传输性能获得了长足的进步, 制备工艺也向着多种手段相结合、多方面优化的方向发展。**图 10-99** 总结了国内外课题组采用 PIT 法制备的铁基超导线带材性能情况 [12]。尽管 J_c 在 4.2 K、10 T 下已经超过 10^5 A/cm^2, 但仍低于铁基单晶或者薄膜的 10^6 A/cm^2 水平, 还有很大的提升空间, 因此需要研发或改进制备工艺, 进一步提高磁场下的临界电流密度。

对于 122 型铁基超导线带材, 可以考虑从以下几个方面进一步提高其电流传输性能。一是减少晶界处的杂相。最新扫描透射式电子显微镜 (STEM) 的结果显示, 即使是在高性能热压带材中, 晶间仍存在一些 FeAs、BaO 等杂相, 因此, 减小晶间杂相将有助于超导电流的传输。二是进一步提高带材的织构度, 尤其是小角度晶界所占比例。当 122 型铁基

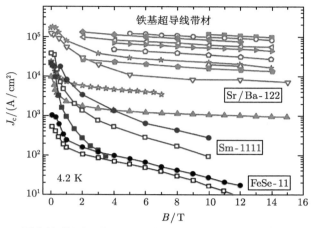

图 10-99   国内外课题组采用 PIT 法制备的铁基超导线带材性能进展 [12]

超导体的晶界角大于 9° 时，临界电流密度随着晶界角的增大呈指数关系迅速下降。因此增强超导体内晶粒的取向，减小其中大于 9° 晶界角的比例，能够有效减少晶界弱连接对晶间电流的影响。三是增强铁基超导线带材的钉扎能力。对于线带材样品，除了采用中子辐照，还可以通过引入纳米颗粒的方法增加点钉扎中心。此外，减小晶粒尺寸，增加晶界密度，也是一种增强面钉扎中心、提高电流传输性能的途径。

10.7   其他体系铁基超导线带材的制备研究

目前，采用 PIT 法已成功制备出 1111 体系、122 体系和 11 体系线带材。与发展迅速的高性能 122 体系相比，1111 体系和 11 体系线带材在磁场下的传输 J_c 较差，一般要低 2 个数量级以上。这主要是因为 1111 体系所含元素多，合成温度高达 1200 ℃，特别是含有易烧损的 F 元素，容易生成杂相。11 体系也面临成相困难这一问题，如很难除掉多余的铁元素。

10.7.1   11 体系

在 11 体系铁基超导体中,研究得较为广泛的是 FeSe 和 Fe(Te,Se)。FeSe 的 T_c 约在 8 K,通过 Te 掺杂可以将其提高到 15 K 左右，即 $Fe_{1+y}Te_{1-x}Se_x$，简称 Fe(Te,Se)。虽然 11 体系铁基超导材料的临界温度 T_c 较低，但是该类超导体的结构简单且不含 As 元素，因此人们也开展了不少线带材制备方面的研究工作。

FeSe 有两种晶体结构，一种是四方反 PbO 型 β-FeSe，一种是六角 NiAs 型 α-FeSe。其中具有超导电性的是反 PbO 型 β-FeSe，由 FeSe 层直接堆垛而成，和其他铁基超导体相比，其并不含载流子库层。虽然 FeSe 体系结构简单，但其成相机理复杂。这是因为 FeSe 基超导材料所需超导四方相 β-FeSe 的成相区间非常狭窄，同时还对成相温度有一定要求。如**图 10-100** [155]，当 Fe 和 Se 的原子比例改变时，会得到一系列不同晶体结构的 Fe-Se 二元相，如 $FeSe_2$、Fe_3Se_4 和 Fe_7Se_8 等。四方相 β-FeSe 的生成对 Fe : Se 比例、温度，以及升降温速率等都非常敏感，而第二相的出现，将作为晶间弱连接，严重影响 11 体系的超导传输性能。适当过量的 Fe 有利于超导四方相的形成 ($y \leqslant 0.025$)，但过量太多的 Fe 会通过磁拆对效应压制 β-FeSe 的超导性能。另外，间隙铁往往存在于 Fe 和 Se 原子组成的超导层间，有很强的磁性，会改变其周围的载流子浓度、影响各向异性，并抑制超导转变，对体系的超导电性具有非常不利的影响。在单晶体系中，可以通过一定的退火工艺诱导间隙铁析出，而目前 FeSe 多晶体系中间隙铁的形成和消除机理尚不明确。$Fe_{1+y}Te_{1-x}Se_x$ 的成相和 FeSe 类似，同样需要过量的 Fe 才能得到相对纯净的超导四方相 (对于 $Fe_{1+y}Te$，$0.06 \leqslant y \leqslant 0.17$)，但随着 Te 的掺入，超导四方相在一定程度上变得容易成相。此外，在 Te 与 Se 的比例小于 1:1 的情况下 (即 $x>0.5$)，会出现两个 Te 与 Se 比例不一样的超导四方相。

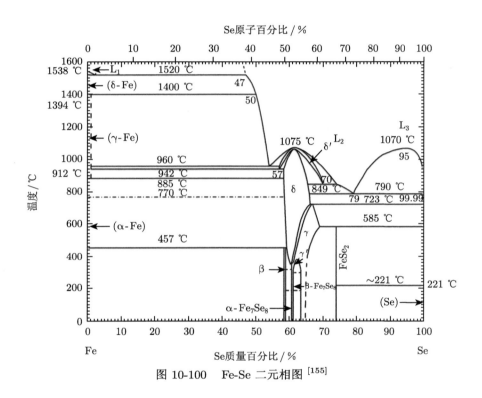

图 10-100   Fe-Se 二元相图 [155]

目前，11 体系超导线带材的制备方法主要为 PIT 法。2009 年，日本 NIMS 研究组首先采用 Fe 扩散的原位 PIT 法制备 11 带材，其过程为首先在 Fe 管中装入 TeSe 粉末加工出 Fe 包套的 Fe(Te,Se) 带材，然后进行热处理，在 4.2 K 自场下其传输临界电流密度为 12.4 A/cm^2[83]。随后，该课题组优化了热处理工艺，将扩散温度提升至 800 ℃，所制备单芯和 7 芯 11 体系超导线材的 J_c 获得进一步提高，分别为 350 A/cm^2 和 1027 A/cm^2 (4.2 K, 0 T)[156]。不过，采用上述铁扩散 PIT 法制备的 11 超导线带材依然存在着严重的晶界弱连接和杂相问题，而且由于扩散过程的不可控，超导层中 Se 和 Te 的分布也不均匀。

先位 PIT 法是将已烧结成超导相的粉末装入金属管中进行加工，该法的优点在于其通过多次研磨烧结工艺，可以获得较高的相纯度和致密度更高的超导芯。NIMS 团队在使用先位 PIT 法制备 $FeTe_{0.5}Se_{0.5}$ 线材方面做了很多工作。他们先按照 Fe:Te:Se=1:0.7:0.7

的比例通过固态反应法 (两次 650 ℃ 烧结 15 小时) 合成了 $FeTe_{0.5}Se_{0.5}$ 多晶样品，接着粉碎后装入铁管并进行孔型轧和拉拔成线材，最后在氩气中 200 ℃ 加热两小时，最终样品 J_c 为 64 A/cm^2(4.2 K, 0 T)[157]。2014 年，该团队改进了前驱粉合成工艺，即在 680 ℃ 加热 10 小时制备了 $Fe(Te_{0.4}Se_{0.6})_{1.4}$ 前驱体，继而通过优化热处理温度来控制单芯 $FeTe_{0.4}Se_{0.6}$ 带材中 Fe 参与化学反应的比例，实现了超导芯由非超导相 $Fe(Te_{0.4}Se_{0.6})_{1.4}$ 向 $FeTe_{0.4}Se_{0.6}$ 超导相的转变，最终 $FeTe_{0.4}Se_{0.6}$ 带材的磁化 J_c 在 4.2 K 自场下达到 3000 A/cm^2[158]。

西北有色金属研究院使用高能球磨技术有效缩短了 Fe 和 Se 原子间的扩散距离，减少 δ-FeSe 相在 β-FeSe 超导晶粒边界上的聚集，获得了均匀的先驱粉末，然后装入金属管加工成线材，所制备 FeSe 带材的 J_c 为 340 A/cm^2 (4.2 K, 0 T)。实验发现，高能球磨可以提高 β-FeSe 相间的晶界连接性[159]。随后在实验过程中采用了富 Fe 的原料成分，并优化了热处理后的冷却速率，使得包套中 Fe 原子扩散进 δ-FeSe 中获得 β-FeSe，最终获得了 β-FeSe 相的含量为 100%、T_c 为 8.3 K 的 FeSe 超导带材[160]。

意大利热那亚大学最先报道了利用熔化法获得高质量 $FeSe_{0.5}Te_{0.5}$ 超导多晶的工艺，其样品具有较高的 T_c，且超导转变较为陡峭[161]。在此基础上，2015 年，他们采用先位 PIT 法制备了多种包套的 Fe(Se,Te) 线材，发现只有 Fe 包套不与超导芯发生反应，但铁包套却会在体系中引入间隙 Fe 从而降低样品的超导性能，因此 Fe 包套 11 线材虽然具有最高的载流性能，在 77 K 自场下 J_c 也仅为 400 A/cm^2[162]。随后，东南大学将熔化法合成的前驱体，采用先位 PIT 法制备出 Nb 包套 $FeSe_{0.5}Te_{0.5}$ 带材，其磁化 J_c 达 10^4 A/cm^2 (5 K, 0 T)[163]。在制备过程中，他们将先驱原料进行了长时间高温熔融处理，并对退火带材进行了淬火处理。2016 年，该团队在前驱粉末中加入了 10wt% 的 Ag 粉末，同时延长了热处理时间，进一步提高了 $FeSe_{0.5}Te_{0.5}$ 线材的传输性能，在 4.2 K、0.5 T 下，J_c 高达 1.6×10^4 A/cm^2[164]。不过，当磁场强度升至 0.75 T 时，J_c 就急剧衰减至 1500 A/cm^2，表明样品还存在着较强的弱连接效应。最近，俄罗斯科学院将多晶 FeSe 粉碎后密封进钢管中，然后采用热挤压工艺制备了钢包套的 FeSe 线材，不过 J_c 并不高，约为 130 A/cm^2 (4 K, 0 T)[165]。他们认为低温热处理可以增加晶粒连接性，而前驱粉的细小颗粒经常会导致四方相向六方相转变，降低线材的超导性能。

综上所述，11 体系铁基超导线材的传输临界电流密度相对于 122 体系来说仍然较低，特别是高场下的 J_c 要低 2 ~ 3 个数量级，如**图 10-101** 所示。从上面的 Fe-Se 相图可以看出，Fe-Se 体系的相转变机理复杂，在制备过程中会涉及 FeSe、Fe_7Se_8、$FeSe_2$ 和 Fe_3Se_4 等多种铁硒化合物间的转变。其中，仅四方相的 β-FeSe 具有超导特性。根据相图，为了避免非超导第二相的生成，此类 FeSe 超导线带材制备中可采用富铁配比，这样超导芯中超导 β-FeSe 相含量可以达到 97.5% 甚至 100%[160]，但尚未有关于此类线带材传输电流的报道，主要原因为超导芯中存在着间隙铁。对于 FeSe 单晶而言，低氧条件下的退火可以有效去除超导晶格中的间隙铁[166]，但对于线带材来说，由于金属包套的存在，氧很难进入超导芯，这极大地限制了氧气下的退火效果。因此，如何去除间隙铁杂相、获得高纯 11 超导相是当前亟待克服的一个研究难点。另外，还需要考虑 11 线带材的金属包套和超导芯中 Se 的反应，避免第二相的生成，保证芯丝中的 Fe∶Se 比例等。

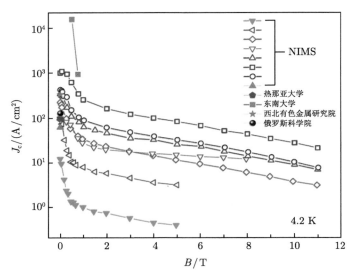

图 10-101　PIT 法 11 铁基超导线带材的传输 J_c 性能比较

10.7.2　1111 体系

铁基超导体 $SmFeAsO_{1-x}F_x$(Sm-1111) 的 T_c 高达 55 K。目前 1111 型铁基超导线带材的研究主要集中在 $SmFeAsO_{1-x}F_x$ 超导体上。2010 年电工所采用 Ag 作为包套材料，在 $850 \sim 900$ ℃ 利用原位 PIT 法制备了 Ag 包套的 $SmFeAsO_{0.7}F_{0.3}$ 超导线材，这个温度远低于 $SmFeAsO_{0.7}F_{0.3}$ 常用的合成温度 $1150 \sim 1250$ ℃，证明了 Sm-1111 超导线材低温退火的可行性，并首次在 1111 体系中检测到传输电流，为 1300 A/cm^2 (4.2 K，自场)，如**图 10-102** 所示 [90]。随后经工艺优化后可达 3000 A/cm^2。

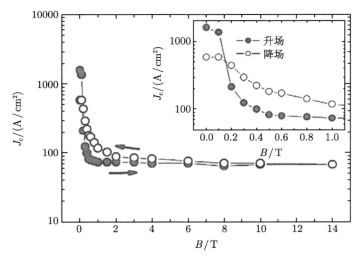

图 10-102　在 1111 体系铁基超导线材首次测得的传输电流数据 [90]

为了降低线材超导芯中的杂相含量，日本庆应大学采用先位法制备了 Sm-1111 线材，并且为了补偿热处理时 Sm-1111 中 F 元素因为挥发而造成的丢失,他们在第二次热处理时通过使用 SmF_3 多补充了 F 元素,经测量,该样品的传输 J_c 为 4000 A/cm^2(4.2 K, 0 T)[95]。很快电工所在制备时首先合成了 $Sm_{3-x}Fe_{1+2x}As_3$ 化合物,然后加上 Fe_2O_3 和 SmF_3 一起作为前驱粉来制备 Sm-1111 线材,实验表明在改进的工艺条件下,Sm-1111 传输 J_c 可提高到 4600 A/cm^2 (4.2 K, 自场)[167]。接着他们在 Sm-1111 前驱粉中添加 Sn,采用短时高温快烧的工艺进一步提高了 Sm-1111 带材的性能,传输 J_c 在 4.2 K 自场下提高到 2.2×10^4 A/cm^2[168]。Sn 掺杂在一定程度上减少了 F 损失,提高了零场下的临界电流,但由于晶界耦合较差,高场下临界电流仍然较低。2014 年,为了进一步减少 Sm-1111 线材中的杂相,电工所采用 Sn 添加预烧结工艺对 Sm-1111 超导前驱粉进行处理后再用于制备超导线带材的工艺。研究发现这种方法减少了晶间分布的 FeAs 非晶相,进一步增加了超导晶粒的连接性,所制备的超导带材 J_c 被提高到 3.45×10^4 A/cm^2(4.2 K, 自场)[169]。他们还探索了一种 300 ℃ 下低温常规烧结工艺,制备出 Fe 包套 Sm-1111 带材,在 4.2 K 自场下传输 J_c 达到 3.95×10^4 A/cm^2[170]。2016 年他们采用低温热压工艺制备了 Cu 作为包套材料的 Sm-1111 带材,其临界电流密度在 4.2 K,自场下为 2.37×10^4 A/cm^2[171],展示了铜作为 1111 体系超导线材包套材料的可行性。

通过上述工艺优化有效改善了晶粒连接性,提高了 Sm-1111 铁基线带材在自场下的临界电流密度。**图 10-103** 总结了利用 PIT 法制备的 1111 体系线带材磁场下传输电流密度的最新进展。可以看出,由于晶粒连接本质上仍是弱连接,晶界无法在强磁场下承载大电流,导致 Sm-1111 样品在高磁场下传输 J_c 就下降了两个数量级。Sm-1111 带材临界电流迅速下降的原因主要有两个方面:一个是很难获得相纯度较高的前驱粉末、F 元素在热处理时极容易丢失使得样品中存在大量的杂相,阻碍了超导电流传输;另一个原因是晶粒未得到有效排列,超导电流在晶界处衰减严重。为提高 Sm-1111 线材磁场下的临界电流,关键在于控制样品中 F 的含量、优化原料配比、探索退火工艺等在线材中获得高纯超导相,同时通过织构化减小晶粒之间的夹角、改善晶界弱连接问题。

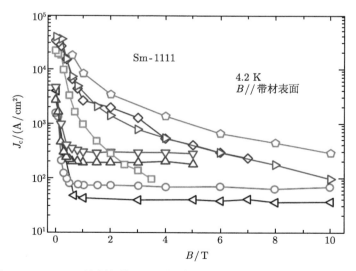

图 10-103 PIT 法制备的 1111 体系铁基线带材的传输电流密度比较

10.7.3　其他新型体系铁基超导线材

除了上述几种主要的铁基超导线材外，人们还探索了其他几种新型铁基超导体系的线材制备工艺，也取得了一定的进展。

2015 年美国橡树岭国家实验室制备出了 Ba 插层的类 122 结构的 $Ba(NH_3)Fe_2Se_2$ 线材[172]，虽然相应块材的磁化电流密度可达到 10^5 A/cm^2，不过线材的传输电流密度在 4.2 K 自场下仅为 1000 A/cm^2。虽然传输电流相对较小，但他们认为该体系不含砷元素，未来该类线材的临界电流提高空间很大。日本庆应大学采用先位 PIT 法制备了 $Sr_2VFeAsO_{3-\delta}$ 带材，他们对比分析了圆线和带材之间孔隙率的差别，认为孔隙率由圆线的 12.8% 降到带材的 2.5% 是临界电流密度由最初的 45 A/cm^2 提高到 285 A/cm^2 的主要原因[173]。

2018 年，电工所采用先位 PIT 法制备出 Ag 包套的 $CaKFe_4As_4$(Ca-1144) 带材，其在 4.2 K、10 T 下 $J_c>2\times10^3$ A/cm^2，同时还系统研究了 Ca-1144 超导相的化学稳定性及其与金属包套之间的反应机制[174]。实验发现 Ca-1144 超导相自身的化学稳定性较好，800 ℃ 以下仍不发生分解。但在高温下，Fe 包套与超导芯发生反应，生成较厚的反应层；Ag 包套在 500 ℃ 之下具有较好的反应惰性，但在 500 ℃ 之上 Ag 原子向超导芯扩散并与 1144 相发生反应，导致超导相分解。随后，日本东京大学采用热等静压工艺制备了 Ca-1144 圆线，J_c 在 4.2 K 自场下达到 10^5 A/cm$^{2[175]}$。他们分析认为 Ca-1144 会部分分解为 KFe_2As_2，杂相的存在减小了超导电流的有效传输通道，从而抑制了圆线的临界电流密度。2019 年，电工所在综合考虑晶粒连接性和超导相纯度的基础上提高了带材退火温度，制备出性能更高的 SS/Ag 复合包套、Cu/Ag 包套热等静压 Ca-1144 带材，如**图 10-104** 所示[176]。其中，热等静压带材的超导芯具有高致密度，传输 J_c 比 Ag 包套带材提升了十倍，高达 2.2×10^4 A/cm^2 (4.2 K, 10 T)。热等静压 Ca-1144 带材载流性能的提高一方面归结于晶粒连接性的改善，另一方面是由于高温下超导相与包套之间的化学稳定性提升。

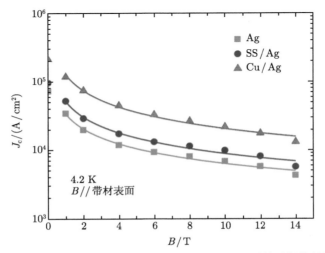

图 10-104　Ca-1144 带材临界传输电流密度在 4.2 K 时的磁场依赖性[176]

10.8　铁基超导涂层导体研究

　　众多研究组对高性能铁基超导薄膜的制备进行了大量研究,包括靶材烧制、基底选择、镀膜工艺及热处理工艺等方面。薄膜生长方法主要有 PLD 和 MBE 等,研究得较多的铁基材料有 11、122 和 1111 体系。一般所制备铁基超导薄膜的临界电流密度一般在 5 K 下达到 10^6 A/cm^2。在上述薄膜工作基础上,基于强电应用考虑,人们尝试在 YBCO 用的金属基带上进行涂层导体的制备。所用衬底主要分为两大类:离子束辅助沉积 (IBAD) 基带和 RABiTS 基带。铁基超导体涂层导体中,脉冲激光外延方法是超导层常用的沉积方法。目前在金属基带上沉积铁基超导薄膜的研究同样取得了重要进展,如铁基涂层导体的 T_c 与单晶基底上的薄膜样品相当,特别是 Fe(Se, Te) 和 Ba-122:P 涂层导体的传输性能已超过实用化水平,如**图 10-105** 所示,可以看出在 10 T 磁场下大部分样品的 J_c 高于 0.1 MA/cm^2。因此,除了主流 PIT 工艺外,涂层导体技术也是一种非常有潜力实现高性能铁基超导带材的制备方法。

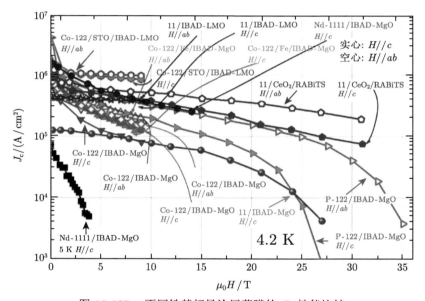

图 10-105　不同铁基超导涂层薄膜的 J_c 性能比较

　　11 体系涂层导体制备研究较为成功,2011 年美国 Brookhaven 实验室在 RABiTS 金属基带和 CeO$_2$ 缓冲层率先制备出高性能 Fe(Se, Te) 薄膜 [67],该薄膜的 $T_c^{\text{onset}} > 20$ K、$T_c^{\text{zero}} > 18$ K,高于块材甚至高于单晶基底上的外延薄膜。这些涂层导体几乎各向同性,能够承载巨大的电流密度,在 4.2 K 自场下传输临界电流密度超过 1 MA/cm^2,在 30 T 背景磁场下仍然高达 10^5 A/cm^2。电工所在织构度较差的 IBAD-LaMnO$_3$ 为缓冲层的哈氏合金带上采用 PLD 工艺成功沉积了 FeSe$_{0.5}$Te$_{0.5}$ 薄膜,其 T_c 为 17 K,J_c 在 4.2 K、0 T 下达到 0.43 MA/cm^2,在 9 T 磁场下为 10^5 A/cm^2,传输性能高于在 IBAD-MgO 金属基带上制备的薄膜 [177]。

　　多个研究组已经在金属基带上成功制备了 Co 或 P 掺杂的 122 薄膜,获得的 J_c 可

达 $10^5 \sim 10^6$ A/cm^2。如德国 IFW 研究所采用 Fe 层作为第一缓冲层，采用有离子束辅助沉积的 MgO(IBAD-MgO) 作为第二缓冲层，在 Hastelloy 衬底上制备出了双向织构的 Ba(Fe$_{1-x}$Co$_x$)As$_2$ 薄膜，其 8 K、自场下 J_c 超过 0.1 MA/cm^2[178]。东京工业大学则放弃使用 Fe 层，直接在有 IBAD-MgO 缓冲层的 Hastelloy 衬底上制备了双向织构的 Ba(Fe$_{1-x}$Co$_x$)As$_2$ 薄膜，其 2 K、自场下 J_c 高达 $1.2 \sim 3.6$ MA/cm^2[179]。电工所在 IBAD-LaMnO$_3$ 金属基带上沉积了 Ba-122:Co 薄膜，4.2 K、自场下 J_c 达到 1.14 MA/cm^2，在 9 T 下 J_c 接近 1 MA[180]。Ba-122:P 体系薄膜具有较高的临界电流密度，因此 Ba-122:P 涂层导体最近也受到了关注。2016 年东京工业大学在低织构的金属基带上成功制备了具有较高 J_c 的 Ba-122:P 薄膜[181]，表明 Ba-122:P 薄膜对基带织构要求较低。随后名古屋大学在低织构度的 IBAD-MgO 金属基带上制备了高性能 Ba-122:P 薄膜[182]，其 J_c 在 4.2 K、15 T 条件下高于 0.1 MA/cm^2，显示了 122 体系薄膜极大的高场应用优势。

由于 1111 体系的复杂性，1111 体系涂层导体方面的研究较少。德国德累斯顿 IFW 研究所 2014 年采用分子束外延工艺在 IBAD-MgO-Y$_2$O$_3$ 基带上制备了 NdFeAs(O, F) 薄膜，该薄膜有良好的 c 轴织构，但面内织构较差，5 K 自场中磁化 J_c 大约为 7×10^4 A/cm^2[183]。

与第二代 YBCO 高温超导带材相比，铁基涂层导体在成本方面具有一定的优势，如 YBCO 带材需要昂贵的、高度织构的金属基底，而铁基超导薄膜可以在织构较差的模板层上生长等。与 PIT 法制备的铁基线带材相比，铁基超导涂层导体的性价比优势并不明显，这主要是由于涂层导体薄膜技术需要真空环境、工艺复杂、制造成本高。目前铁基超导涂层导体发展面临的最大挑战是尽快开发出低成本的涂层导体长线制备技术。一旦长线研制获得成功，必将对铁基超导线带材的实用化起到很大的推动作用。

10.9　铁基超导线带材实用化研究及应用探索

如上所述，铁基超导线带材的载流能力已经取得了长足发展。如**图 10-99** 所示，铁基超导线带材的临界电流密度已经超过实用化门槛。在铁基超导带材载流性能不断提高的同时，其实用化制备研究也在不断推进。对于实际应用来说，除了要求具有高 J_c 之外，铁基超导线带材还必须满足以下几点：小的各向异性、低的交流损耗、良好的热稳定性、良好的机械特性、易于批量化生产长线、低成本等。目前，铁基超导线带材实用化研究工作正在逐步展开，主要集中于高强度超导线带材、超导多芯线带材、高性能超导长线的制备；力学性能、交流损耗、热导特性研究以及超导接头、超导线圈研制等几个方面。

10.9.1　高强度铁基超导线带材

超导线带材在实际应用过程中不可避免地会受到各种力的作用，比如在绕制磁体过程中，超导线带材既受到弯曲应力，又会受到预张力和单轴应力。一般来说，超导磁体需要在液氦或者液氮等低温环境下运行，当超导线带材从室温冷却至工作温度时，其内部由于不同材料的膨胀系数不同，会导致超导芯受到明显的热应力。另外，在磁体正常工作时，超导线带材还会受到洛伦兹力的作用。铁基超导材料脆性比较大，大的应变会导致超导芯被破坏，从而影响其超导电流的承载能力。因此，超导线带材外层的金属包套需要具有足够的机械强度来保证超导芯不被破坏。所以，如何提高超导线带材的机械强度是一个非常重要的研究方向。

如前文所述，早期制备的铁基超导线带材都是采用 Fe、Nb 等强度较高的金属作为包套材料，但最后发现金属会与超导芯发生反应，影响传输性能。采用 Cu 包套普通烧结的超导带材中由于同样存在反应层，没有测得传输电流，但是经过低温热压之后，Cu 包套的 Sr-122 带材的临界电流密度在 4.2 K、10 T 下达到 3.5×10^4 A/cm^2，当外加磁场升高到 26 T 时，J_c 仍然有 1.6×10^4 A/cm^2，说明如果能解决 Cu 与超导芯的反应问题，Cu 是一个非常合适的包套材料[93]。目前来看，金属 Ag 的化学性质非常稳定，是公认的最适合制备铁基和 Bi 系超导线带材的包套材料。另外，Bi 系线带材在制备过程中需要有氧的渗入[121]，而铁基超导线带材的制备过程中就不会面临此问题。因此，可以采用复合包套的方法来提高线带材的机械强度，一方面以 Ag 作为阻挡层，避免了反应层的问题，同时还能减少 Ag 的使用量，降低制备成本，这也是铁基超导体优于 Bi 系超导体的地方。电工所采用蒙乃尔合金作为外包套金属，制备了 Sr-122/Ag/Monel 超导带材[184]，其 J_c 在 4.2 K、10 T 下达到 1.5×10^4 A/cm^2，热压之后 J_c 提升至 3.6×10^4 A/cm^2，说明高强度的复合包套适用于铁基超导线带材的制备。另外，NIMS 团队采用 AgSn 合金作为内包套，不锈钢作为外包套，经过冷压之后 Ba-122 带材的 J_c 达到 1.4×10^5 A/cm^2(4.2 K, 10 T)[185]。随后，电工所通过轧制工艺制备了 1 m 长的 AgSn/SS 复合 Ba-122 超导带材。在 4.2 K 和 10 T 下，该长带具有较好的 J_c 均匀性，平均 J_c 值达 7.3×10^4 A/cm^2，如**图 10-106(a)** 所示[186]。虽然该类不锈钢复合包套样品的临界电流密度比较高，但是由于包套材料太厚，超导芯比例比较小，带材最终的工程临界电流密度过低。

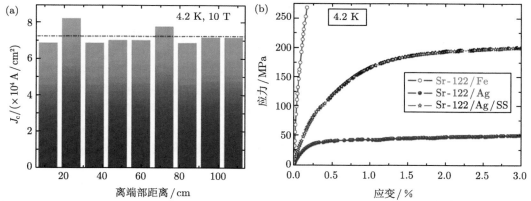

图 10-106   (a)4.2 K 和 10 T 下 1.08 m 长 Ba-122/AgSn/SS 带材的传输 J_c 分布[186]；(b) 不同包套 Sr-122 超导带材 4.2 K 下的应力–应变特性[188]

商业化的 Bi-2223 高温超导带材的上下表面会焊有加强金属带，比如日本住友电工公司会在烧结之后的 Bi-2223 带材表面焊接镍合金、铜合金等金属，达到增强机械性能的目的[187]。Kováč 等研究了不同包套 Sr-122 超导带材低温下的应力应变性能，如**图 10-106(b)** 所示[188]，在 Ag 包套带材表面焊接一层厚度为 40 μm 的不锈钢之后，带材的不可逆应力从之前的 35 MPa 提高至 50 MPa，抗载荷能力明显提高，因此在带材表面焊接金属同样可以提高铁基超导带材的机械性能。

10.9.2　多芯铁基超导线带材

在实际应用中，并不能直接使用单芯超导线带材，而是必须制备成以金属材料为基体、具有细丝化超导芯的多芯线带材，目的是减少交流损耗，防止磁通跳跃。NbTi、Nb_3Sn、Bi系等商业化超导线带材都是上百芯甚至上千芯，因此，铁基超导多芯线带材的制备也是实用化进程中必不可少的一步。

2013 年，电工所结合复合包套加工工艺和二次装管工艺，将 7 根采用先位法制备的 Ag 包套圆线装入 Fe 管当中，制备出国际首根铁基超导多芯带材[189]。样品的临界电流密度在 4.2 K、0 T 下达到 $2.1×10^4$ A/cm^2，并且同单芯带材类似，其磁场依赖性也非常弱。随后，他们采用类似的工艺制备出 19 芯的 Fe/Ag 复合包套带材，样品的 J_c 达到 $8.4×10^3$ A/cm^2(4.2 K, 10 T)。在 19 芯的基础上，如**图 10-107** 所示[190]，通过三次装管，将 6 根 19 芯的超导圆线装入 Fe 管中进行拉拔、轧制等机械加工过程，最终得到 114 芯的 Fe/Ag 复合包套超导线带材，圆线的直径只有 2 mm，每个超导芯的大小都在 50 μm 以内。

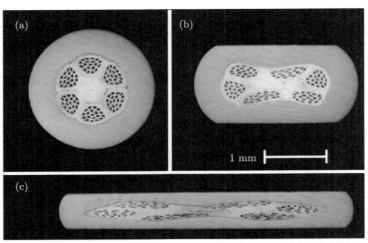

图 10-107　　114 芯 Fe/Ag 复合包套 Sr-122 线带材截面图[190]

图 10-108 给出了多芯 122 带材的传输临界电流与磁场的关系[190]。可以看到所有样品的临界电流密度在高场下随着磁场的增加下降得都十分平缓，且带材的性能随着厚度的减小逐次提高。对于 114 芯 Fe/Ag 带材，当厚度为 0.6 mm 时，带材的性能达到最高，其临界电流密度在 4.2 K、10 T 下为 $6.3×10^3$ A/cm^2，稍低于 19 芯样品。为了进一步提高 122 多芯线带材的传输性能，电工所将 Ag 包套的 7 芯与 19 芯带材进行了热压处理，大幅度提升了超导芯的致密度。在 4.2 K、10 T 下，19 芯样品的临界电流密度达到 $3.5×10^4$ A/cm^2，7 芯样品的 J_c 更是提升到 $6.1×10^4$ A/cm^2[135]。

对于多芯结构的铁基超导线带材，在包套材料选择上，银通常被作为内层惰性阻挡层，外层包套则采用高强度、低成本的金属材料，如铁、铜、不锈钢和 Monel 合金等，以降低成本、提高线带材的抗应变能力。特别是 Cu/Ag 复合包套 Ba-122 线带材因低成本、强度高的优点而受到人们的关注。这主要是因为 Cu 价格低廉，强度适宜，易于加工，同时具有非磁性、良好的导电性和导热性，是一种非常理想的外包套金属材料。最近电工所采用

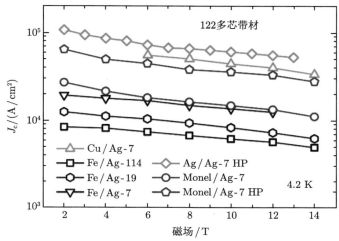

图 10-108　　多芯 122 带材在不同磁场下的传输 J_c 曲线[190]

先位 PIT 工艺制备了 Cu/Ag 复合包套 7 芯 Ba-122 带材，最终热处理工艺选择常压烧结 740 ℃/3 h，样品在 4.2 K、10 T 下的传输临界电流密度达到 $4.5×10^4$ A/cm^2，如**图 10-108** 所示。由以上可以看出，多芯带材的性能往往比单芯样品低，原因可能是多芯样品变形量 更大，变形更不均匀，出现了"香肠效应"。因此，高性能多芯线带材的加工过程还需要根 据实际的包套材料进行优化。

10.9.3　各向异性

对于实际应用来说，超导体的各向异性同样是一个重要参数。高温超导体的各向异性 体现在各个方面，例如，在晶体学上，由于其具有层状结构，呈现出各向异性。对于磁体 应用来说，人们主要关注超导带材磁场下临界电流的各向异性，即临界电流随带材表面与 不同磁场方向的变化关系。超导带材 J_c 的各向异性是衡量超导体实用性的重要指标，对于 设计超导装置而言，它是不可忽视的关键因素之一。

2017 年，日本东北大学 Awaji 等系统研究了在不同温度、磁场强度及磁场方向的条 件下银包套 Sr-122 带材的传输性能[137]。实验结果首先证实了在 0 ～ 2 T 低场下，热压 后的 122 带材存在着各向异性的反转 (即垂直于带材表面方向的 J_c^c 大于平行于带材表面 方向的 J_c^{ab})。其原因可能是在热压过程中，超导芯受到了较大的沿 c 轴方向的压力从而 引入大量的钉扎中心，增强了磁场平行于 c 轴时传输电流的能力。虽然 $Sr_{0.6}K_{0.4}Fe_2As_2$ 铁基超导带材的各向异性较小，但在低温低场时样品的 $J_c^c>J_c^{ab}$，而在高温高场区域则相 反，$J_c^c<J_c^{ab}$。他们还对热压工艺制备的 $Sr_{0.6}K_{0.4}Fe_2As_2$ 带材的各向异性进行了分析，发 现热压带材 J_c 的各向异性参数随着磁场强度的提高而略微增大，如当磁场强度小于 5 T 时，J_c 的各向异性参数小于 1.2，而当磁场强度上升至 10 T 时 J_c 的各向异性参数会提 高到 ~ 1.8，如**图 10-109(a)** 所示。以上结论很快被日内瓦大学的研究证实。他们在热压 Ba-122 带材中同样观察到了 I_c 各向异性的反转现象，也发现了 122 带材具有较小的各向 异性，特别是在 4.2 K 的低温区，如**图 10-109(b)** 所示[143]。值得一提的是电工所制备的 最高性能 Ba-122 热压样品，在 4.2 K、10 T 的条件下，各向异性也只有 1.37。由以上研究

看出，122 型铁基超导体具有较低的各向异性，带材临界电流对磁场方向的依赖性不高，这种特性会大大降低了导体结构的设计难度，对于磁体的设计和绕制也十分有利，应用更为方便。

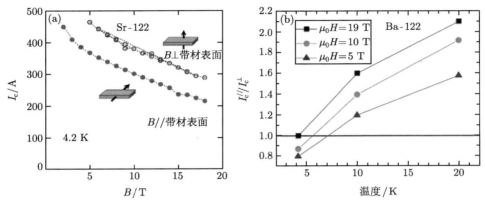

图 10-109　(a) 不同磁场方向下 Sr-122 带材 I_c 随磁场的变化；(b) 不同磁场下临界电流的各向异性参数 $(I_c^{//} / I_c^{\perp})$ 随温度的变化曲线 [143]

10.9.4　力学性能

随着铁基超导线材传输性能的不断提升，人们开始关心线材的机械特性，这是铁基超导材料应用在强磁场环境时需要关注的一个重要参数。2015 年，电工所与斯洛伐克的 Kováč 研究组合作率先报道了 Sr-122 带材的应力–应变特性 [188]。他们在外加磁场条件下对 Sr-122 带材进行轴向拉伸的同时测量带材的临界传输电流，研究拉应力及应变对带材传输性能的影响。实验发现 Ag 包套的 Sr-122 带材的不可逆应变为 0.25%，如**图 10-110** 所示，和 Bi-2212/Ag 高温超导线材相当。不过 Fe 包套 Sr-122 带材在施加 270 MPa 的拉力后传输性能才开始下降，而且临界电流随应变线性提高，直到应变达到 0.31% 时，这种线性提

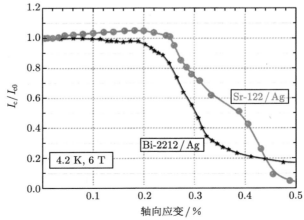

图 10-110　Sr-122/Ag 铁基超导带材的应变–临界电流关系曲线 [188]

高关系才被破坏，表现出了良好的机械特性。为了进一步提高机械性能，对于未来高场下的应用来说，Cu/Ag、Fe/Ag、不锈钢/Ag 等高强度的复合包套会是较好的选择。

2017 年，中国科学院等离子体物理研究所研究了压应力–应变对 Sr-122/Ag 带材传输性能的影响[191]。整个实验过程是在 10 T 的强磁场环境中进行的，如**图 10-111(a)** 所示，他们发现当带材应变由 0% 增加到 −0.6% 时，带材的临界电流线性降低，但是当施加的应力卸除后，带材的临界电流和 n 值等超导特性可以完全恢复。这表明铁基超导带材对应变不敏感，其应变特性和 MgB_2 圆线的应变特性相当，但明显好于 Nb_3Sn 超导线。虽然 Bi-2212 的传输电流随应变的衰减程度稍低于 Sr-122，但是 Bi-2212 的不可逆压应变仅为 0.3%，远小于 Sr-122 的 0.6%。随后人们又研究了以蒙乃尔合金/银作为包套的 Sr-122 带材的力学特性[184]，发现在 0.06% ~ 0.6% 的压应变范围内，该超导带材的临界电流无明显变化，带材 n 值也保持在 26.5 ~ 31(**图 10-111(b)**)，显示该类铁基超导带材良好的可逆压应变特性，这意味着在较大的应变范围内，线材性能不会因为受到压应变而衰减。上述应变研究结果表明具有更高不可逆应变的 122 型铁基超导线带材似乎更适合工作于高场环境。

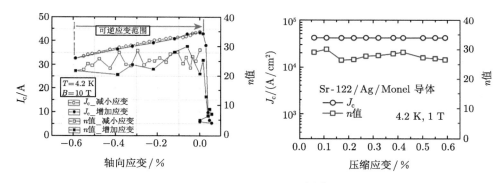

图 10-111　(a)Sr-122/Ag 带材的临界电流随应变的变化曲线[191]；(b)Sr-122/Ag/Monel 样品的压应变特性[184]

10.9.5　热导特性

超导磁体中储存的能量与磁场的平方成正比。励磁状态下超导磁体储存的能量高达 MJ，乃至 GJ 量级。机械扰动、磁通跳跃或者超导线圈中的坏点都可能导致部分超导线进入正常态，其产生的热量如果不及时通过热传导散失出去将极有可能引起整个磁体失超。因此，超导线带材的热导特性是导体设计过程中必须考虑的一项关键参数，具有重要的研究价值。

电工所系统研究了 0 ~ 9 T 下铁基超导七芯复合带材的纵向热导率 κ_L[192]。如**图 10-112(a)** 所示，Cu/Ag 复合带材具有较好的热导特性，κ_L 在 4.2 K、0 T 下达到 440 W/(m·K)，9 T 下仍保持在 100 W/(m·K) 之上，有望被应用于高场磁体。而当铁基超导带材的内、外包套被替换为银合金或不锈钢之后，低温热导率降低到 10 W/(m·K) 之下，表明其有望在超导电流引线上得到应用。因此，合理选取铁基超导线带材内外包套的材料能够对其热导率进行调控。当施加一个垂直于热流的磁场后，电子受到洛伦兹力作用，导致平均自由程降低，使得热导率随着磁场增大而呈现幂指数衰减趋势，如**图 10-112(b)** 所示。根据等效热流回路模型，线带材的总热导率可以表示为

$$\kappa_{\text{total}} = \sum k_i f_i, \quad f_i = S_i / S_{\text{total}} \tag{10-10}$$

式中，S_i 是第 i 个组分的横截面积；S_{total} 是总的横截面积。采用上述公式对零场下的热导率进行拟合，发现铁基超导复合带材中存在两种形式的元素扩散，即超导芯中掺杂的锡原子向银包套的扩散，以及外包套中的原子向银包套的扩散。这两种元素扩散行为都会导致银包套的热导率降低，如**图 10-112(c)** 所示。可以认为通过加入阻隔层或优化后期热处理工艺可以避免包套中的元素扩散行为，从而提高铁基超导线带材的热导性质。随后，日内瓦大学测量了单芯 Ag 包套以及 Cu/Ag 复合包套 Ba-122 带材在 $4 \sim 80$ K、$0 \sim 19$ T 的纵向热导率 [193]。如**图 10-112(d)** 所示，Ag 包套带材的热导率达到 80 W/(m·K)，Cu/Ag 复合带材热导率最高值达到 240 W/(m·K)。两种带材的热导率都随磁场的增加而减小。上述研究为铁基超导线带材的导体设计提供了理论指导，同时对于铁基超导磁体设计具有重要意义。

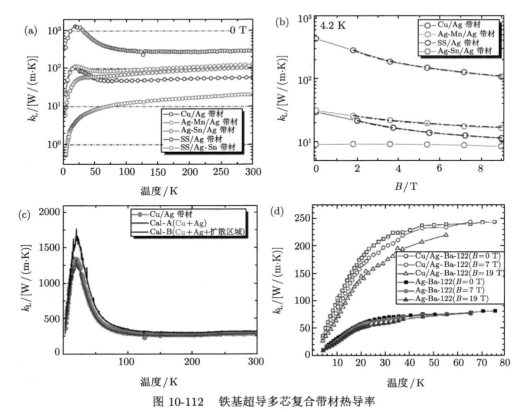

图 10-112　铁基超导多芯复合带材热导率

(a) 具有不同导体结构的铁基超导线带材的热导率随温度变化曲线；(b)4.2 K 热导率随磁场变化关系；(c) Cu/Ag 复合带材
热导率随温度变化曲线 [192]；(d) 不同磁场下纵向热导率的温度依赖性 [193]

10.9.6 交流损耗

在交流实际应用中，交流损耗直接影响到超导装置的运行成本，它的大小也是评价超导线带材应用价值的重要因素。因此，研究铁基超导线带材的交流损耗与磁场和温度的关系，对超导装置的优化设计以及稳定高效运行有重要意义。

人们通过对银包套 Sr-122 带材在 $15 \sim 30$ K 温度范围，最高达到 7 T 的磁场下的交流损耗的研究表明[194]，在相同的磁场下，带材的交流损耗随着温度的升高而减小，这是因为在较高的温度下带材的临界电流密度也相应减小，因此带材的交流损耗与温度是相关的。另一方面，交流损耗在 $2 \sim 18$ mT/s 的范围内随着变场速率的增加而增大，表明磁场下的损耗主要是由磁滞损耗导致的。超导线带材中的交流损耗一般可以分为超导芯内的磁滞损耗、超导芯丝之间的耦合损耗以及金属基体中的涡流损耗等。对于上述的单芯线带材来说，交流损耗主要是超导芯的磁滞损耗和金属包套中的涡流损耗。磁滞损耗通常随频率的增加而线性增长，而涡流损耗则与频率的二次方成正比。实验结果表明，在某一特定的磁场变化速率和温度下，Sr-122 带材的交流损耗在 $0.05 \sim 5$ T 范围内随着磁场的增加而增大。此外，对带材交流损耗与外加磁场方向关系的研究发现，在不同温度下，$0 \sim 3$ T 磁场范围内，当磁场方向垂直于带材表面时，其交流损耗是磁场平行于带材表面时的 $5 \sim 6$ 倍。这一差异主要与带材的宽度和厚度的几何尺寸的不同有关，与在银包套 Bi-2223 带材中得到的结果类似。为了减少超导带材中的交流损耗，关键是研制具有多芯丝结构的超导导线。对铁基超导 Ba-122 单芯和七芯带材的交流损耗在 $20 \sim 42$ K 温度范围，$0.3 \sim 70$ mT 磁场下的对比研究发现[195]，单芯线由于银包套较好的导电性而观察到具有较强的涡流损耗，并且在 72 Hz 和 144 Hz 下表现出对于频率有明显的依赖性。而多芯线的交流损耗则表现出非常弱的频率依赖性，表明其涡流损耗得到有效抑制，这是由于多芯线的外层金属包套采用了导电性较弱的 AgSn 合金。同时，由于多芯线带材中超导芯的尺寸小于单

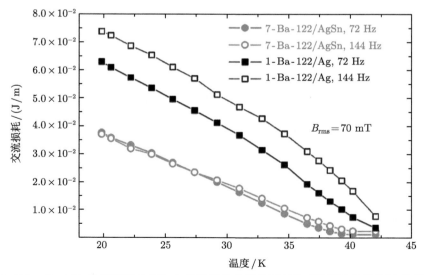

图 10-113　Ba-122 铁基超导单芯与七芯带材的交流损耗对比 (磁场垂直于带材表面)[195]

芯线带材的超导芯，因此其磁滞损耗可以得到有效减少。因此，在从 20 K 直至超导转变温度 (∼ 38 K) 范围内，Ba-122 七芯带材的交流损耗与单芯带材相比明显减小，在 20 K 温度，72 Hz 和 144 Hz 频率下，七芯带材的交流损耗约为单芯带材的 58% 和 50%，如**图 10-113** 所示。此外，多芯线带材的交流损耗还需考虑各芯丝间超导电流的耦合损耗，而耦合损耗可以通过导线的绞制、线径的减小以及增大金属包套的电阻率进行抑制。通过采用长度分别为 35 mm 和 54 mm 的 Ba-122 七芯带材模拟不同扭绞节距下的交流损耗，可以看到较短的扭绞节距能使交流损耗–频率曲线的峰值向高频方向移动。以上研究将对铁基超导多芯线的研制，以及未来铁基超导装置的设计和优化具有重要的参考价值。

10.9.7　铁基超导长线

在获得优质短样的基础上，实现高性能百米量级长线的制备是新型铁基超导材料走向规模应用的必由之路。2014 年电工所采用轧制工艺研制出长度达 11 m 的高性能 Sr-122 铁基超导长线，在 4.2 K、10 T 下，带材的平均临界电流密度达到 1.8×10^4 A/cm^2[102]。在此基础上，通过对制备过程中涉及的相组分与微结构控制、界面复合体均匀加工等关键技术的研究，克服了铁基超导线规模化制备中的均匀性、稳定性和重复性等技术难点，于 2016 年制备出世界首根百米级铁基超导多芯长线 [196]，被誉为铁基超导材料实用化进程的里程碑。如**图 10-114** 所示，整根带材的长度为 115 m，通过四引线法测试其传输性能，发现在 4.2 K、10 T 下，长线的最小 J_c 为 1.2×10^4 A/cm^2，整根长线的 J_c 浮动在 5% 以内，表现出非常好的均匀性。世界首根铁基超导百米长线的成功研制，为铁基超导材料在科研、工业、医疗等方面的应用奠定了坚实基础。2021 年，经过工艺优化后，他们将百米长线的传输临界电流密度进一步提高至大于 5×10^4 A/cm^2(4.2 K, 10 T)，并已经开始向合作单位提供铁基超导线材用于高场线圈的绕制。

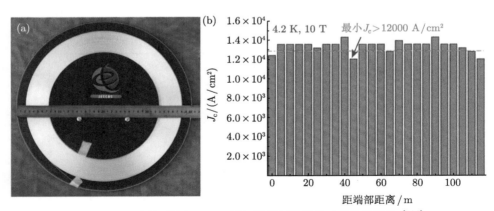

图 10-114　国际首根 100 m 量级铁基超导长线及其传输性能 [196]

10.9.8　超导接头

对于实际应用来说，因为超导线材长度或者磁体制作工艺的限制，通常会涉及使用超导接头的问题，例如，在磁场均匀度要求很高的核磁共振谱仪等装置中超导磁体是闭环运行，需要超导接头尽可能低以满足可持续电流运行。因此，开发铁基导线的超导连接技术非常重要。铁基超导材料为高温脆相、化学活性低、连接性较差，所以超导接头制作难度相对较大。

2018 年，电工所最先采用压接技术对 PIT 法铁基带材的超导接头进行了探索[197]。他们先剥除 Sr-122 带材端部的银包套，然后将两段裸露出的超导芯贴合，使用银箔包裹后在 Ar 气氛下热压，使得两段超导带材连接在一起。采用这种工艺制备的铁基超导接头在 4.2 K、10 T 下的临界电流可以达到 40 A，如**图 10-115(a)** 所示，达到母带临界电流的 35.3%。2019 年，为了避免焊接时连接部位产生气泡和裂纹，他们改进了热压工艺，进一步提高了铁基超导接头的质量，热压后的超导连接区域表面没有出现气泡，而且光学显微镜显示热压后超导芯中裂纹大量减少，表明致密度显著提高。经温度为 880 ℃、压力为 60 kg 且保压时间为 4.5 h 热压后，铁基超导接头的传输效率在 4.2 K 和 10 T 下可以高达 63.3%，相应超导接头电阻的计算值小于 10^{-9} Ω，低于四引线法系统的测量精度[198]。随后，东京理科大学采用冷压焊接制备了 Ba-122 铁基超导接头，有效减少了接头界面中裂纹和不均匀变形，在 4.2 K 和 3.5 T 下实现了 ~90% 的临界电流传输效率，不过接头电流还不到 60 A[199]。最近，电工所针对铁基超导材料化学活性低、连接性较差的问题，对冷压焊接 122 铁基超导接头进行了系统研究。通过优化相关参数，有效减少了接头区域的微观裂纹和钾元素的损失，进一步提高了铁基超导接头的载流性能，其在 4.2 K、10 T 下的传输临界电流高达 105 A，相应的传输效率高达 95%。冷压焊接工艺非常适合规模化应用，在此基础上，该团队制备出国际首个闭环铁基超导线圈。衰减法测试结果表明在 4.2 K 自场下铁基超导接头电阻为 2.7×10^{-13} Ω，如**图 10-115(b)** 所示，已完全满足核磁共振谱仪等设备的闭环运行要求。

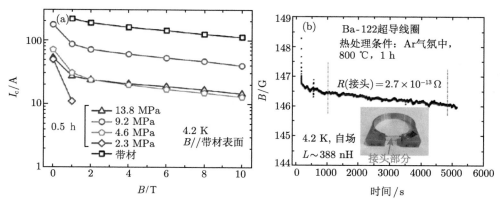

图 10-115　(a)122 铁基超导母带与接头的传输性能对比[197]；(b)122 铁基超导接头电阻的衰减曲线

10.9.9　超导线圈

2019 年，电工所采用自制的 Ba-122 铁基超导长线和高能物理研究所合作研制了高场内插线圈[200]。在线圈制备过程中，他们采用了不锈钢伴绕的工艺解决了强磁场环境中超导线材面临的强电磁力问题，最终成功测试了强磁场背景下铁基超导线圈的性能。测试表明，该线圈在 4.2 K、24 T 高场下具有优异的载流性能，如**图 10-116** 所示，从而在世界上首次验证了铁基超导材料在高场领域应用的可行性。继而，合肥强磁场中心开发了基于

Ba-122 铁基带材的单饼线圈和双饼线圈，并在 30 T 背景场下进行了测试，两种线圈的传输性能同样在高场下表现出非常弱的磁场依赖性，例如，单饼线圈在 30 T 下的临界电流高达 62 A，为短样 I_c 的 72%[201]。最近，日本东京大学 Tamegai 研究组采用 ~ 10 m 长的 122 线材，经过玻璃纤维绝缘后绕制成螺线管小线圈，并将线圈进行了 HIP 热处理。在 4.2 K 自场条件下，122 线圈可通过 60 A 的电流，产生的中心磁场为 0.26 T[202]。

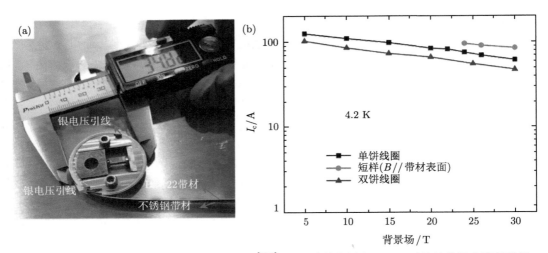

图 10-116　(a) 首个铁基超导高场内插线圈[200]；(b) 铁基线圈在 4.2 K 时传输临界电流的磁场依赖性[201]

2020 年，中国科学院高能物理研究所根据下一代粒子加速器装置的研究需求，设计并研制了基于百米 Ba-122 铁基超导带材的大尺寸跑道型线圈，如**图 10-117** 所示[203]。线圈采用先绕制后烧结的方式制备，铁基超导带材与不锈钢带材平行缠绕，因此超导线可以在高场下承受较高的环向拉伸应力。测试结果显示，在 10 T 背景场下，Ba-122 跑道型线圈的失超电流为 65 A，为短样性能的 86.7%。从以上测试结果看，铁基超导线材的应用特性良好，证明了铁基超导材料在高场磁体领域应用的巨大潜力。

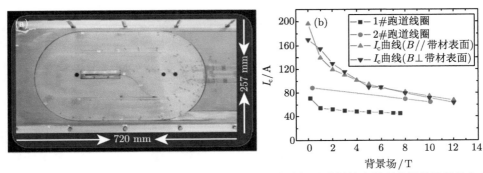

图 10-117　(a) 首个跑道型铁基超导线圈；(b) 基于百米铁基超导带材的跑道型线圈载流性能与背景场关系[203]

10.10　小结与展望

从 2008 年起, 经过十多年的发展, 铁基超导线带材的制备研究已经取得巨大进展, 其中我国在高性能铁基超导材料的研制中一直走在世界前列。目前铁基超导材料研究已经在载流性能显著提高的基础上进入了实用化制备的快速发展阶段, 特别是百米量级铁基长线的成功研制为其在强电领域的示范应用奠定了坚实基础。目前来看, 和 11、1111 等体系相比, 122 铁基超导线带材具有 38 K 左右的 T_c、100 T 以上的临界磁场、1.5 左右的各向异性参数, 以及在 4.2 K、14 T 下高达 10^5 A/cm^2 的传输 J_c, 可能成为最先获得实际应用的铁基超导材料。

虽然铁基超导线带材的性能提高研究取得了很大的成功, 临界电流密度在 4.2 K、10 T 下达到超过 10^5 A/cm^2 的实用化水平, 不过和铁基薄膜或单晶的 $J_\mathrm{c} \sim 10^6$ A/cm^2 相比也还有一定的差距, 仍然存在很大的提升空间。因此, 通过降低晶间杂相、改善织构度, 或者引入更多的有效钉扎中心, 进一步提高其磁场下的临界电流密度和磁通钉扎能力是这一领域的前沿性课题。从应用角度来说, 人们正在努力推动铁基超导材料向低成本、高强度和规模化方向发展。

铁基超导体 (122 和 1111 体系) 的转变温度为 $38 \sim 55$ K, 远高于 Nb-Ti 和 Nb$_3$Sn 等低温超导体, 即使在 20 K 温度下, 其上临界场也高达 70 T, 另外还有强磁场下电流大、各向异性较小、可采用低成本 PIT 法制备等突出优点, 有望成为 $4.2 \sim 30$ K 温区高场应用的主要实用超导材料, 如用于制造运行在 4.2 K 温区、磁场强度超过 20 T 的超导磁体, 市场潜力大。

参 考 文 献

[1] Kamihara Y, Watanabe T, Hirano M, et al. Iron-based layered superconductor La[O$_{1-x}$F$_x$]FeAs ($x = 0.05 \sim 0.12$) with $T_c = 26$ K. J. Am. Chem. Soc., 2008, 130(11): 3296-3297.

[2] Chen X H, Wu T, Wu G, et al. Superconductivity at 43 K in SmFeAsO$_{1-x}$F$_x$. Nature, 2008, 453(7196): 761-762.

[3] Chen G F, Li Z, Wu D, et al. Superconductivity at 41 K and its competition with spin-density-wave instability in Layered CeO$_{1-x}$F$_x$FeAs. Phys. Rev. Lett., 2008, 100(24): 247002.

[4] Wen H H, Mu G, Fang L, et al. Superconductivity at 25 K in hole-doped (La$_{1-x}$Sr$_x$)OFeAs. Europhys. Lett., 2008, 82(1): 17009.

[5] Ren Z A, Lu W, Yang J, et al. Superconductivity at 55 K in iron-based F-doped layered quaternary compound Sm[O$_{1-x}$F$_x$] FeAs. Chin. Phys. Lett., 2008, 25(6): 2215-2216.

[6] Rotter M, Tegel M, Johrendt D. Superconductivity at 38 K in the iron arsenide (Ba$_{1-x}$K$_x$)Fe$_2$As$_2$. Phys. Rev. Lett., 2008, 101(10): 107006.

[7] Wang X C, Liu Q Q, Lv Y X, et al. The superconductivity at 18 K in LiFeAs system. Solid State Commun., 2008, 148(11-12): 538-540.

[8] Hsu F-C, Luo J-Y, Yeh K-W, et al. Superconductivity in the PbO-type structure α-FeSe. Proc. Natl. Acad. Sci. U.S.A., 2008, 105(38): 14262-14264.

[9] New High-Temperature Superconductors. Science, 2008, 322: 1770.

[10] Gurevich A. To use or not to use cool superconductors? Nat. Mater., 2011, 10(4): 255-259.

[11] Ma Y W. Progress in wire fabrication of iron-based superconductors. Supercond. Sci. Technol., 2012, 25(11): 113001.

[12] Hosono H, Yamamoto A, Hiramatsu H, et al. Recent advances in iron-based superconductors toward applications. Mater. Today, 2018, 21(3): 278-302.

[13] Luo X, Chen X. Crystal structure and phase diagrams of iron-based superconductors. Sci. China Mater., 2015, 58(1): 77-89.

[14] Kamihara Y, Hiramatsu H, Hirano M, et al. Iron-based layered superconductor: LaOFeP. J. Am. Chem. Soc., 2006, 128(31): 10012-10013.

[15] Watanabe T, Yanagi H, Kamiya T, et al. Nickel-based oxyphosphide superconductor with a layered crystal structure, LaNiOP. lnorg. Chem., 2007, 46(19): 7719-7721.

[16] Ren Z A, Yang J, Lu W, et al. Superconductivity in the iron-based F-doped layered quaternary compound Nd[$O_{1-x}F_x$]FeAs. Europhys. Lett., 2008, 82(5): 57002.

[17] Sefat A S, Huq A, McGuire M A, et al. Superconductivity in LaFe$_{1-x}$Co$_x$AsO. Phys. Rev. B, 2008, 78(10): 104505.

[18] Qi Y, Gao Z, Wang L, et al. Superconductivity in Co-doped SmFeAsO. Supercond. Sci. Technol., 2008, 21(11): 115016.

[19] Cao G, Jiang S, Lin X, et al. Narrow superconducting window in Ni-doped LaFeAsO. Phys. Rev. B, 2009, 79(17): 174505.

[20] Han F, Zhu X, Mu G, et al. SrFeAsF as a parent compound for iron pnictide superconductors. Phys. Rev. B, 2008, 78(18): 180503.

[21] Tegel M, Johansson S, Weiß V, et al. Synthesis, crystal structure and spin-density-wave anomaly of the iron arsenide-fluoride SrFeAsF. Europhys. Lett., 2008, 84(6): 67007.

[22] Chen G F, Zheng L, Gang L, et al. Superconductivity in hole-doped Sr$_{1-x}$K$_x$Fe$_2$As$_2$. Chin. Phys. Lett., 2008, 25(9): 3403-3405.

[23] Sefat A S, Jin R, McGuire M A, et al. Superconductivity at 22 K in Co-doped BaFe$_2$As$_2$ crystals. Phys. Rev. Lett., 2008, 101(11): 117004.

[24] Schnelle W, Leithe-Jasper A, Gumeniuk R, et al. Substitution-induced superconductivity in SrFe$_{2-x}$Ru$_x$As$_2$ ($0 \leqslant x \leqslant 2$). Phys. Rev. B, 2009, 79(21): 214516.

[25] Ren Z, Tao Q, Jiang S, et al. Superconductivity induced by phosphorus doping and its coexistence with ferromagnetism in EuFe$_2$(As$_{0.7}$P$_{0.3}$)$_2$. Phys. Rev. Lett., 2009, 102(13): 137002.

[26] Guo J, Jin S, Wang G, et al. Superconductivity in the iron selenide K$_x$Fe$_2$Se$_2$ ($0 \leqslant x \leqslant 1.0$). Phys. Rev. B, 2010, 82(18): 180520.

[27] Tapp J H, Tang Z, Lv B, et al. LiFeAs: an intrinsic FeAs-based superconductor with $T_c = 18$K. Phys. Rev. B, 2008, 78(6): 060505.

[28] Parker D R, Pitcher M J, Baker P J, et al. Structure, antiferromagnetism and superconductivity of the layered iron arsenide NaFeAs. Chem. Commun., 2009, 16: 2189-2191.

[29] Yeh K W, Huang T W, Huang Y L, et al. Tellurium substitution effect on superconductivity of the α-phase iron selenide. Europhys. Lett., 2008, 84(3): 37002.

[30] Medvedev S, McQueen T M, Troyan I A, et al. Electronic and magnetic phase diagram of beta-Fe$_{1.01}$Se with superconductivity at 36.7 K under pressure. Nat. Mater., 2009, 8(8): 630-633.

[31] Zhu X, Han F, Mu G, et al. Sr$_3$Sc$_2$Fe$_2$As$_2$O$_5$ as a possible parent compound for FeAs-based superconductors. Phys. Rev. B, 2009, 79(2): 024516.

[32] Chen G F, Xia T L, Yang H X, et al. Possible high temperature superconductivity in a Ti-doped A-Sc-Fe-As-O (A = Ca, Sr) system. Supercond. Sci. Technol., 2009, 22(7): 072001.

[33] Zhu X, Han F, Mu G, et al. Transition of stoichiometric Sr$_2$VO$_3$FeAs to a superconducting state at 37.2 K. Phys. Rev. B, 2009, 79(22): 220512.

[34] Lu X F, Wang N Z, Wu H, et al. Coexistence of superconductivity and antiferromagnetism in $(Li_{0.8}Fe_{0.2})OHFeSe$. Nat. Mater., 2015, 14(3): 325-329.

[35] Dong X, Jin K, Yuan D, et al. $(Li_{0.84}Fe_{0.16})OHFe_{0.98}Se$ superconductor: ion-exchange synthesis of large single-crystal and highly two-dimensional electron properties. Phys. Rev. B, 2015, 92(6): 064515.

[36] Shi M Z, Wang N Z, Lei B, et al. Organic-ion-intercalated FeSe-based superconductors. Phys. Rev. Mater., 2018, 2(7): 074801.

[37] Wang Q Y, Li Z, Zhang W H, et al. Interface-induced high-temperature superconductivity in single unit-cell FeSe films on $SrTiO_3$. Chin. Phys. Lett., 2012, 29(3): 037402.

[38] Ge J F, Liu Z L, Liu C, et al. Superconductivity above 100 K in single-layer FeSe films on doped $SrTiO_3$. Nat. Mater., 2015, 14(3): 285-289.

[39] Iyo A, Kawashima K, Kinjo T, et al. New-structure-type Fe-based superconductors: $CaAFe_4As_4$ (A = K, Rb, Cs) and $SrAFe_4As_4$ (A = Rb, Cs). J. Am. Chem. Soc., 2016, 138(10): 3410-3415.

[40] Lee C H, Kihou K, Iyo A, et al. Relationship between crystal structure and superconductivity in iron-based superconductors. Solid State Commun., 2012, 152(8): 644-648.

[41] Johnson P D, Xu G, Yin W. Iron-Based Superconductivity. Switzerland: Springer International Publishing, 2015.

[42] Lumsden M D, Christianson A D. Magnetism in Fe-based superconductors. J. Phys.: Condens. Matter, 2010, 22(20): 203203.

[43] Nandi S, Kim M G, Kreyssig A, et al. Anomalous suppression of the orthorhombic lattice distortion in superconducting $Ba(Fe_{1-x}Co_x)_2As_2$ single crystals. Phys. Rev. Lett., 2010, 104(5): 057006.

[44] Paglione J, Greene R L. High-temperature superconductivity in iron-based materials. Nat. Phys., 2010, 6(9): 645-658.

[45] Liu T J, Hu J, Qian B, et al. From $(\pi, 0)$ magnetic order to superconductivity with (π, π) magnetic resonance in $Fe_{1.02}Te_{1-x}Se_x$. Nat. Mater., 2010, 9(9): 718-720.

[46] Mizuguchi Y, Takano Y. Review of Fe chalcogenides as the simplest Fe-based superconductor. J. Phys. Soc. Jpn., 2010, 79(10): 102001.

[47] Singh D J, Du M H. Density functional study of $LaFeAsO_{1-x}F_x$: a low carrier density superconductor near itinerant magnetism. Phys. Rev. Lett., 2008, 100(23): 237003.

[48] Liu C, Samolyuk G D, Lee Y, et al. K-doping dependence of the Fermi surface of the iron-arsenic $Ba_{1-x}K_xFe_2As_2$ superconductor using angle-resolved photoemission spectroscopy. Phys. Rev. Lett., 2008, 101(17): 177005.

[49] Ding H, Richard P, Nakayama K, et al. Observation of Fermi-surface-dependent nodeless superconducting gaps in $Ba_{0.6}K_{0.4}Fe_2As_2$. Europhys. Lett., 2008, 83(4): 47001.

[50] 马衍伟. 面向高场应用的铁基超导材料. 物理学进展, 2017, 37(1): 1-12.

[51] Gurevich A. Challenges and opportunities for applications of unconventional superconductors. Annu. Rev. Condens. Matter Phys., 2014, 5(1): 35-56.

[52] Putti M, Pallecchi I, Bellingeri E, et al. New Fe-based superconductors: properties relevant for applications. Supercond. Sci. Technol., 2010, 23(3): 034003.

[53] Werthamer N R, Helfand E, Hohenberg P C. Temperature and purity dependence of the superconducting critical field, H_{c2}. III. Electron spin and spin-orbit effects. Phys. Rev., 1966, 147(1): 295-302.

[54] Jaroszynski J, Hunte F, Balicas L, et al. Upper critical fields and thermally-activated transport of $NdFeAsO_{0.7}F_{0.3}$ single crystal. Phys. Rev. B, 2008, 78(17): 174523.

[55] Hunte F, Jaroszynski J, Gurevich A, et al. Two-band superconductivity in LaFeAsO$_{0.89}$F$_{0.11}$ at very high magnetic fields. Nature, 2008, 453(7197): 903-905.

[56] Senatore C, Flükiger R, Cantoni M, et al. Upper critical fields well above 100 T for the superconductor SmFeAsO$_{0.85}$F$_{0.15}$ with $T_c = 46$ K. Phys. Rev. B, 2008, 78(5): 054514.

[57] Wang X, Ghorbani S R, Peleckis G, et al. Very high critical field and superior J_c-field performance in NdFeAsO$_{0.82}$F$_{0.18}$ with T_c of 51 K. Adv. Mater., 2009, 21(2): 236-239.

[58] Jia Y, Cheng P, Fang L, et al. Critical fields and anisotropy of NdFeAsO$_{0.82}$F$_{0.18}$ single crystals. Appl. Phys. Lett., 2008, 93(3): 032503.

[59] Yuan H Q, Singleton J, Balakirev F F, et al. Nearly isotropic superconductivity in (Ba,K)Fe$_2$As$_2$. Nature, 2009, 457(7229): 565-568.

[60] Tarantini C, Gurevich A, Jaroszynski J, et al. Significant enhancement of upper critical fields by doping and strain in iron-based superconductors. Phys. Rev. B, 2011, 84(18): 184522.

[61] Iida K, Hänisch J, Tarantini C. Fe-based superconducting thin films on metallic substrates: growth, characteristics, and relevant properties. Appl. Phys. Rev., 2018, 5(3): 031304.

[62] Pallecchi I, Eisterer M, Malagoli A, et al. Application potential of Fe-based superconductors. Supercond. Sci. Technol., 2015, 28(11): 114005.

[63] Moll P J, Puzniak R, Balakirev F, et al. High magnetic-field scales and critical currents in SmFeAs(O, F) crystals. Nat. Mater., 2010, 9(8): 628-633.

[64] Yang H, Luo H, Wang Z, et al. Fishtail effect and the vortex phase diagram of single crystal Ba$_{0.6}$K$_{0.4}$Fe$_2$As$_2$. Appl. Phys. Lett., 2008, 93(14): 142506.

[65] Tanatar M A, Ni N, Martin C, et al. Anisotropy of the iron pnictide superconductor Ba(Fe$_{1-x}$Co$_x$)$_2$As$_2$ ($x = 0.074, T_c = 23$ K). Phys. Rev. B, 2009, 79(9): 094507.

[66] Wang X L, Ghorbani S R, Lee S I, et al. Very strong intrinsic flux pinning and vortex avalanches in (Ba,K)Fe$_2$As$_2$ superconducting single crystals. Phys. Rev. B, 2010, 82(2): 024525.

[67] Si W, Han S J, Shi X, et al. High current superconductivity in FeSe$_{0.5}$Te$_{0.5}$-coated conductors at 30 tesla. Nat. Commun., 2013, 4: 1347.

[68] Lee S, Jiang J, Zhang Y, et al. Template engineering of Co-doped BaFe$_2$As$_2$ single-crystal thin films. Nat. Mater., 2010, 9(5): 397-402.

[69] Bellingeri E, Kawale S, Pallecchi I, et al. Strong vortex pinning in FeSe$_{0.5}$Te$_{0.5}$ epitaxial thin film. Appl. Phys. Lett., 2012, 100(8): 082601.

[70] Braccini V, Kawale S, Reich E, et al. Highly effective and isotropic pinning in epitaxial Fe(Se,Te) thin films grown on CaF$_2$ substrates. Appl. Phys. Lett., 2013, 103(17): 172601.

[71] Nakajima Y, Tsuchiya Y, Taen T, et al. Enhancement of critical current density in Co-doped BaFe$_2$As$_2$ with columnar defects introduced by heavy-ion irradiation. Phys. Rev. B, 2009, 80: 012510.

[72] Hilgenkamp H, Mannhart J. Grain boundaries in high-T_c superconductors. Rev. Mod. Phys., 2002, 74(2): 485-549.

[73] Holzapfel B, Verebelyi D, Cantoni C, et al. Low angle grain boundary transport properties of undoped and doped Y123 thin film bicrystals. Physica C, 2000, 341-348: 1431-1434.

[74] Katase T, Ishimaru Y, Tsukamoto A, et al. Advantageous grain boundaries in iron pnictide superconductors. Nat. Commun., 2011, 2: 409.

[75] Si W, Zhang C, Shi X, et al. Grain boundary junctions of FeSe$_{0.5}$Te$_{0.5}$ thin films on SrTiO$_3$ Bi-crystal substrates. Appl. Phys. Lett., 2015, 106(3): 032602.

[76] Iida K, Hänisch J, Yamamoto A. Grain boundary characteristics of Fe-based superconductors. Supercond. Sci. Technol., 2020, 33(4): 043001.

[77] Shimoyama J I. Potentials of iron-based superconductors for practical future materials. Supercond. Sci. Technol., 2014, 27(4): 044002.

[78] Rogalla H, Kes P H. 100 Years of Superconductivity. New York: CRC Press, 2011.

[79] Gao Z, Wang L, Qi Y, et al. Preparation of LaFeAsO$_{0.9}$F$_{0.1}$ wires by the powder-in-tube method. Supercond. Sci. Technol., 2008, 21(10): 105024.

[80] Gao Z, Wang L, Qi Y, et al. Superconducting properties of granular SmFeAsO$_{1-x}$F$_x$ wires with $T_c = 52$ K prepared by the powder-in-tube method. Supercond. Sci. Technol., 2008, 21(11): 112001.

[81] Chen Y L, Cui Y J, Yang Y, et al. Peak effect and superconducting properties of SmFeAsO$_{0.8}$F$_{0.2}$ wires. Supercond. Sci. Technol., 2008, 21(11): 115014.

[82] Qi Y, Zhang X, Gao Z, et al. Superconductivity of powder-in-tube Sr$_{0.6}$K$_{0.4}$Fe$_2$As$_2$ wires. Physica C, 2009, 469(13): 717-720.

[83] Mizuguchi Y, Deguchi K, Tsuda S, et al. Fabrication of the iron-based superconducting wire using Fe(Se,Te). Appl. Phys. Express, 2009, 2: 083004.

[84] Zhang X, Wang L, Qi Y, et al. Effect of sheath materials on the microstructure and superconducting properties of SmO$_{0.7}$F$_{0.3}$FeAs wires. Physica C, 2010, 470(2): 104-108.

[85] Wang L, Qi Y, Wang D, et al. Large transport critical currents of powder-in-tube Sr$_{0.6}$K$_{0.4}$Fe$_2$As$_2$/Ag superconducting wires and tapes. Physica C, 2010, 470(2): 183-186.

[86] Togano K, Matsumoto A, Kumakura H. Large transport critical current densities of Ag sheathed (Ba,K)Fe$_2$As$_2$+Ag superconducting wires fabricated by an *ex-situ* powder-in-tube process. Appl. Phys. Express, 2011, 4(4): 043101.

[87] Ding Q-P, Prombood T, Tsuchiya Y, et al. Superconducting properties and magneto-optical imaging of Ba$_{0.6}$K$_{0.4}$Fe$_2$As$_2$ PIT wires with Ag addition. Supercond. Sci. Technol., 2012, 25(3): 035019.

[88] Weiss J D, Tarantini C, Jiang J, et al. High intergrain critical current density in fine-grain (Ba$_{0.6}$K$_{0.4}$)Fe$_2$As$_2$ wires and bulks. Nat. Mater., 2012, 11(8): 682-685.

[89] Wang C, Gao Z, Wang L, et al. Low-temperature synthesis of SmO$_{0.8}$F$_{0.2}$FeAs superconductor with $T_c = 56.1$ K. Supercond. Sci. Technol., 2010, 23(5): 055002.

[90] Wang L, Qi Y, Wang D, et al. Low-temperature synthesis of SmFeAsO$_{0.7}$F$_{0.3-\delta}$ wires with a high transport critical current density. Supercond. Sci. Technol., 2010, 23(7): 075005.

[91] Yao C, Ma Y. Recent breakthrough development in iron-based superconducting wires for practical applications. Supercond. Sci. Technol., 2019, 32(2): 023002.

[92] Fujioka M, Matoba M, Ozaki T, et al. Analysis of interdiffusion between SmFeAsO$_{0.92}$F$_{0.08}$ and metals for *ex situ* fabrication of superconducting wire. Supercond. Sci. Technol., 2011, 24(7): 075024.

[93] Lin K, Yao C, Zhang X, et al. Tailoring the critical current properties in Cu-sheathed Sr$_{1-x}$K$_x$Fe$_2$As$_2$ superconducting tapes. Supercond. Sci. Technol., 2016, 29(9): 095006.

[94] Wang L, Qi Y, Zhang X, et al. Textured Sr$_{1-x}$K$_x$Fe$_2$As$_2$ superconducting tapes with high critical current density. Physica C, 2011, 471(23-24): 1689-1691.

[95] Fujioka M, Kota T, Matoba M, et al. Effective *ex-situ* fabrication of F-doped SmFeAsO wire for high transport critical current density. Appl. Phys. Express, 2011, 4(6): 063102.

[96] Wang C, Wang L, Gao Z, et al. Enhanced critical current properties in Ba$_{0.6}$K$_{0.4+x}$Fe$_2$As$_2$ superconductor by overdoping of potassium. Appl. Phys. Lett., 2011, 98(4): 042508.

[97] Yeoh W K, Gault B, Cui X Y, et al. Direct observation of local potassium variation and its correlation to electronic inhomogeneity in Ba$_{1-x}$K$_x$Fe$_2$As$_2$ pnictide. Phys. Rev. Lett., 2011,

106(24): 247002.

[98] Zhang Z, Qi Y, Wang L, et al. Effects of heating conditions on the microstructure and superconducting properties of $Sr_{0.6}K_{0.4}Fe_2As_2$. Supercond. Sci. Technol., 2010, 23(6): 065009.

[99] Wang L, Ma Y, Wang Q, et al. Direct observation of nanometer-scale amorphous layers and oxide crystallites at grain boundaries in polycrystalline $Sr_{1-x}K_xFe_2As_2$ superconductors. Appl. Phys. Lett., 2011, 98(22): 222504.

[100] Dong C, Yao C, Lin H, et al. High critical current density in textured Ba-122/Ag tapes fabricated by a scalable rolling process. Scripta Mater., 2015, 99: 33-36.

[101] Cheng Z, Zhang X, Yao C, et al. Effect of wire diameter on the microstructure and J_c properties of $Ba_{0.6}K_{0.4}Fe_2As_2$ tapes. IEEE Trans. Appl. Supercond., 2018, 28(4): 7300505.

[102] Ma Y. Development of high-performance iron-based superconducting wires and tapes. Physica C, 2015, 516: 17-26.

[103] Togano K, Gao Z, Taira H, et al. Enhanced high-field transport critical current densities observed for *ex situ* PIT processed $Ag/(Ba, K)Fe_2As_2$ thin tapes. Supercond. Sci. Technol., 2013, 26(6): 065003.

[104] Parrell J A, Dorris S E, Larbalestier D C. On the role of Vickers and Knoop microhardness as a guide to developing high critical current density Ag-clad BSCCO-2223 tapes. Physica C, 1994, 231(1-2): 137-146.

[105] Huang H, Zhang X, Yao C, et al. Effects of rolling deformation processes on the properties of Ag-sheathed $Sr_{1-x}K_xFe_2As_2$ superconducting tapes. Physica C, 2016, 525-526: 94-99.

[106] Lin H, Yao C, Zhang X, et al. Effects of heating condition and Sn addition on the microstructure and superconducting properties of $Sr_{0.6}K_{0.4}Fe_2As_2$ tapes. Physica C, 2013, 495: 48-54.

[107] Huang H, Yao C, Li L, et al. Effects of heat treatment temperature on the superconducting properties of $Ba_{1-x}K_xFe_2As_2$ tapes. Supercond. Sci. Technol., 2019, 32(2): 025007.

[108] Yamamoto A, Polyanskii A A, Jiang J, et al. Evidence for two distinct scales of current flow in polycrystalline Sm and Nd iron oxypnictides. Supercond. Sci. Technol., 2008, 21(9): 095008.

[109] Wang L, Gao Z, Qi Y, et al. Structural and critical current properties in polycrystalline $SmFeAsO_{1-x}F_x$. Supercond. Sci. Technol., 2008, 22(1): 015019.

[110] Kametani F, Li P, Abraimov D, et al. Intergrain current flow in a randomly oriented polycrystalline $SmFeAsO_{0.85}$ oxypnictide. Appl. Phys. Lett., 2009, 95(14): 142502.

[111] Wang L, Qi Y, Gao Z, et al. The role of silver addition on the structural and superconducting properties of polycrystalline $Sr_{0.6}K_{0.4}Fe_2As_2$. Supercond. Sci. Technol., 2010, 23(2): 025027.

[112] Zhang X, Wang Q, Li K, et al. Investigation of J_c-suppressing factors in flat-rolled $Sr_{0.6}K_{0.4}Fe_2As_2/$ Fe tapes *via* microstructure analysis. IEEE Trans. Appl. Supercond., 2015, 25(3): 7300105.

[113] Yoshida N, Kiuchi M, Otabe E S, et al. Critical current density properties in polycrystalline $Sr_{0.6}K_{0.4}Fe_2As_2$ superconductors. Physica C, 2010, 470(20): 1216-1218.

[114] Wang L, Qi Y, Zhang Z, et al. Influence of Pb addition on the superconducting properties of polycrystalline $Sr_{0.6}K_{0.4}Fe_2As_2$. Supercond. Sci. Technol., 2010, 23(5): 054010.

[115] Yao C, Wang C, Zhang X, et al. Improved transport critical current in Ag and Pb Co-doped $Ba_xK_{1-x}Fe_2As_2$ superconducting tapes. Supercond. Sci. Technol., 2012, 25(3): 035020.

[116] Lin H, Yao C, Zhang X, et al. Effect of metal (Zn/In/Pb) additions on the microstructures and superconducting properties of $Sr_{1-x}K_xFe_2As_2$ tapes. Scripta Mater., 2016, 112: 128-131.

[117] Qi Y, Wang L, Wang D, et al. Transport critical currents in the iron pnictide superconducting wires prepared by the *ex situ* PIT method. Supercond. Sci. Technol., 2010, 23(5): 055009.

[118] Gao Z, Wang L, Yao C, et al. High transport critical current densities in textured Fe-sheathed $Sr_{1-x}K_xFe_2As_2+Sn$ superconducting tapes. Appl. Phys. Lett., 2011, 99(24): 242506.

[119] Gao Z, Ma Y, Yao C, et al. High critical current density and low anisotropy in textured $Sr_{1-x}K_xFe_2As_2$ tapes for high field applications. Sci. Rep., 2012, 2(1): 998.

[120] Ma Y, Yao C, Zhang X, et al. Large transport critical currents and magneto-optical imaging of textured $Sr_{1-x}K_xFe_2As_2$ superconducting tapes. Supercond. Sci. Technol., 2013, 26(3): 035011.

[121] Sato K, Kobayashi S, Nakashima T. Present status and future perspective of bismuth-based high-temperature superconducting wires realizing application systems. Jpn. J. Appl. Phys., 2011, 51(1): 010006.

[122] Pyon S, Tsuchiya Y, Inoue H, et al. Enhancement of critical current densities by high-pressure sintering in $(Sr, K)Fe_2As_2$ PIT wires. Supercond. Sci. Technol., 2014, 27(9): 095002.

[123] Pyon S, Suwa T, Tamegai T, et al. Improvements of fabrication processes and enhancement of critical current densities in $(Ba,K)Fe_2As_2$ HIP wires and tapes. Supercond. Sci. Technol., 2018, 31(5): 055016.

[124] Liu S, Cheng Z, Yao C, et al. High critical current density in Cu/Ag composited sheathed $Ba_{0.6}K_{0.4}Fe_2As_2$ tapes prepared *via* hot isostatic pressing. Supercond. Sci. Technol., 2019, 32(4): 044007.

[125] Guo W, Yao C, Huang H, et al. Enhancement of transport J_c in $(Ba, K)Fe_2As_2$ HIP processed round wires. Supercond. Sci. Technol., 2021, 34(9): 094001.

[126] Huang H, Yao C, Zhu Y, et al. Influences of tape thickness on the properties of Ag-sheathed $Sr_{1-x}K_xFe_2As_2$ superconducting tapes. IEEE Trans. Appl. Supercond., 2018, 28(4): 6900105.

[127] Liu S, Yao C, Huang H, et al. High-performance $Ba_{1-x}K_xFe_2As_2$ superconducting tapes with grain texture engineered *via* a scalable fabrication. Sci. China Mater., 2021 64(10): 2530-2540.

[128] Lotgering F K. Topotactical reactions with ferrimagnetic oxides having hexagonal crystal structures (I). J. Lnorg. Nucl. Chem., 1959, 9(2): 113-123.

[129] Yao C, Lin H, Zhang X, et al. Microstructure and transport critical current in $Sr_{0.6}K_{0.4}Fe_2As_2$ superconducting tapes prepared by cold pressing. Supercond. Sci. Technol., 2013, 26(7): 075003.

[130] Gao Z, Togano K, Matsumoto A, et al. Achievement of practical level critical current densities in $Ba_{1-x}K_xFe_2As_2/Ag$ tapes by conventional cold mechanical deformation. Sci. Rep., 2014, 4(1): 4065.

[131] Togano K, Gao Z, Matsumoto A, et al. Enhancement in transport critical current density of *ex situ* PIT Ag/$(Ba, K)Fe_2As_2$ tapes achieved by applying a combined process of flat rolling and uniaxial pressing. Supercond. Sci. Technol., 2013, 26(11): 115007.

[132] Liu H K, Horvat J, Hu Q Y, et al. Effect of hot pressing on the weak-link behaviour of Ag clad Bi based superconducting tapes. Physica C, 1996, 259(1-2): 187-192.

[133] Yamada H, Igarashi M, Nemoto Y, et al. Improvement of the critical current properties of *in situ* powder-in-tube-processed MgB_2 tapes by hot pressing. Supercond. Sci. Technol., 2010, 23(4): 045030.

[134] Lin H, Yao C, Zhang X, et al. Strongly enhanced current densities in $Sr_{0.6}K_{0.4}Fe_2As_2+Sn$ superconducting tapes. Sci. Rep., 2014, 4(1): 4465.

[135] Zhang X, Yao C, Lin H, et al. Realization of practical level current densities in $Sr_{0.6}K_{0.4}Fe_2As_2$ tape conductors for high-field applications. Appl. Phys. Lett., 2014, 104(20): 202601.

[136] Huang H, Yao C, Dong C, et al. High transport current superconductivity in powder-in-tube $Ba_{0.6}K_{0.4}Fe_2As_2$ tapes at 27 T. Supercond. Sci. Technol., 2017, 31(1): 015017.

[137] Awaji S, Nakazawa Y, Oguro H, et al. Anomalous anisotropy of critical currents in $(Sr, K)Fe_2As_2$ tapes. Supercond. Sci. Technol., 2017, 30(3): 035018.

[138] Tarantini C, Kametani F, Lee S, et al. Development of very high J_c in $Ba(Fe_{1-x}Co_x)_2As_2$ thin films grown on CaF_2. Sci. Rep., 2014, 4: 7305.

[139] Dong C, Yao C, Huang H, et al. Calorimetric evidence for enhancement of homogeneity in high performance $Sr_{1-x}K_xFe_2As_2$ superconductors. Scripta Mater., 2017, 138: 114-119.

[140] Lin H, Yao C, Zhang X, et al. Hot pressing to enhance the transport J_c of $Sr_{0.6}K_{0.4}Fe_2As_2$ superconducting tapes. Sci. Rep., 2014, 4(1): 6944.

[141] Gurevich A, Pashitskii E A. Current transport through low-angle grain boundaries in high-temperature superconductors. Phys. Rev. B, 1998, 57(21): 13878-13893.

[142] Babcock S E, Vargas J L. The nature of grain boundaries in the high-T_c superconductors. Annu. Rev. Mater. Sci., 1995, 25(1): 193-222.

[143] Bonura M, Huang H, Yao C, et al. Current transport, magnetic and elemental properties of densified Ag-sheathed $Ba_{1-x}K_xFe_2As_2$ tapes. Supercond. Sci. Technol., 2020, 33(9): 095008.

[144] Tan T T, Li S, Oh J T, et al. Crystallographic orientation mapping with an electron backscattered diffraction technique in $(Bi, Pb)_2Sr_2Ca_2Cu_3O_{10}$ superconductor tapes. Supercond. Sci. Technol., 2001, 14(2): 78-84.

[145] Koblischka-Veneva A, Koblischka M R. Study of grain boundary properties in Ag-clad $Bi_2Sr_2Ca_2Cu_3O_x$ tapes by multi-phase electron backscatter diffraction analysis. J. Phys.: Conf. Ser., 2008, 94: 012011.

[146] Dew-Hughes D. Flux pinning mechanisms in type II superconductors. Philos. Mag., 1974, 30(2): 293-305.

[147] Kramer E J. Scaling laws for flux pinning in hard superconductors. J. Appl. Phys., 1973, 44(3): 1360-1370.

[148] Griessen R, Wen H H, van Dalen A J, et al. Evidence for mean free path fluctuation induced pinning in $YBa_2Cu_3O_7$ and $YBa_2Cu_4O_8$ films. Phys. Rev. Lett., 1994, 72(12): 1910-1913.

[149] Altarawneh M M, Collar K, Mielke C H, et al. Determination of anisotropic H_{c2} up to 60 T in $Ba_{0.55}K_{0.45}Fe_2As_2$ single crystals. Phys. Rev. B, 2008, 78(22): 220505.

[150] Weyeneth S, Puzniak R, Mosele U, et al. Anisotropy of superconducting single crystal $SmFeAsO_{0.8}F_{0.2}$ studied by torque magnetometry. J. Supercond. Novel Magn., 2008, 22(4): 325-329.

[151] Angst M, Puzniak R, Wisniewski A, et al. Temperature and field dependence of the anisotropy of MgB_2. Phys. Rev. Lett., 2002, 88(16): 167004.

[152] Wang X L, Li A H, Yu S, et al. Thermally assisted flux flow and individual vortex pinning in $Bi_2Sr_2Ca_2Cu_3O_{10}$ single crystals grown by the traveling solvent floating zone technique. J. Appl. Phys., 2005, 97(10): 10B114.

[153] Palstra T T M, Batlogg B, van Dover R B, et al. Dissipative flux motion in high-temperature superconductors. Phys. Rev. B, 1990, 41(10): 6621-6632.

[154] Ghorbani S R, Wang X L, Shabazi M, et al. Flux pinning and vortex transitions in doped $BaFe_2As_2$ single crystals. Appl. Phys. Lett., 2012, 100(7): 072603.

[155] Okamoto H. The FeSe (iron selenium) system. J. Phase Equilib., 1991, 12(3): 383-389.

[156] Ozaki T, Deguchi K, Mizuguchi Y, et al. Fabrication of binary FeSe superconducting wires by diffusion process. J. Appl. Phys., 2012, 111(11): 112620.

[157] Ozaki T, Deguchi K, Mizuguchi Y, et al. Transport Properties of iron-based $FeSe_{0.5}Te_{0.5}$ superconducting wire. IEEE Trans. Appl. Supercond., 2011, 21(3): 2858-2861.

[158] Izawa H, Mizuguchi Y, Takano Y, et al. Fabrication of $FeTe_{0.4}Se_{0.6}$ superconducting tapes by a chemical-transformation PIT process. Physica C, 2014, 504: 77-80.

[159] Feng J, Zhang S, Liu J, et al. Fabrication of FeSe superconducting tapes with high-energy ball milling aided PIT process. Mater. Lett., 2016, 170: 31-34.

[160] Zhang S, Feng J, Ma X, et al. *In-situ* and *ex-situ* PIT fabrication of FeSe superconducting tapes. J. Mater. Sci.: Mater. Electron., 2017, 28(12): 8366-8371.

[161] Palenzona A, Sala A, Bernini C, et al. A new approach for improving global critical current density in $Fe(Se_{0.5}Te_{0.5})$ polycrystalline materials. Supercond. Sci. Technol., 2012, 25(11): 115018.

[162] Palombo M, Malagoli A, Pani M, et al. Exploring the feasibility of Fe(Se,Te) conductors by *ex-situ* powder-in-tube method. J. Appl. Phys., 2015, 117(21): 213903.

[163] Li X, Zhang Y, Yuan F, et al. Fabrication of Nb-sheathed $FeSe_{0.5}Te_{0.5}$ tape by an *ex-situ* powder-in-tube method. J. Alloys Compd., 2016, 664: 218-222.

[164] Li X, Liu J X, Zhang S N, et al. Fabrication of $FeSe_{0.5}Te_{0.5}$ superconducting wires by an *ex situ* powder-in-tube method. J. Supercond. Novel Magn., 2016, 29(7): 1755-1759.

[165] Vlasenko V A, Pervakov K S, Eltsev Y F, et al. Critical current and microstructure of FeSe wires and tapes prepared by PIT method. IEEE Trans. Appl. Supercond., 2019, 29(3): 6900505.

[166] Sun Y, Tsuchiya Y, Taen T, et al. Dynamics and mechanism of oxygen annealing in $Fe_{1+y}Te_{0.6}Se_{0.4}$ single crystal. Sci. Rep., 2014, 4: 4585.

[167] Wang C, Yao C, Zhang X, et al. Effect of starting materials on the superconducting properties of $SmFeAsO_{1-x}F_x$ tapes. Supercond. Sci. Technol., 2012, 25(3): 035013.

[168] Wang C, Yao C, Lin H, et al. Large transportJcin Sn-added $SmFeAsO_{1-x}F_x$ tapes prepared by an *ex situ* PIT method. Supercond. Sci. Technol., 2013, 26(7): 075017.

[169] Zhang Q, Yao C, Lin H, et al. Enhancement of transport critical current density of $SmFeAsO_{1-x}F_x$ tapes fabricated by an *ex-situ* powder-in-tube method with a Sn-presintering process. Appl. Phys. Lett., 2014, 104(17): 172601.

[170] Zhang Q, Lin H, Yuan P, et al. Low-temperature synthesis to achieve high critical current density and avoid a reaction layer in $SmFeAsO_{1-x}F_x$ superconducting tapes. Supercond. Sci. Technol., 2015, 28(10): 105005.

[171] Zhang Q, Yao C, Zhang X, et al. High critical current density in Cu-sheathed $SmFeAsO_{1-x}F_x$ superconducting tapes by low-temperature hot-pressing. IEEE Trans. Appl. Supercond., 2016, 26(3): 7300304.

[172] Mitchell J E, Hillesheim D A, Bridges C A, et al. Optimization of a non-arsenic iron-based superconductor for wire fabrication. Supercond. Sci. Technol., 2015, 28(4): 045018.

[173] Iwasaki S, Matsumoto R, Adachi S, et al. Superconducting critical current density enhanced to $285 A/cm^2$ for $Sr_2VFeAsO_{3-\delta}$ tapes fabricated by *ex situ* powder-in-tube process. Appl. Phys. Express, 2019, 12(12): 123004.

[174] Cheng Z, Dong C, Huang H, et al. Chemical stability and superconductivity in Ag-sheathed $CaKFe_4As_4$ superconducting tapes. Supercond. Sci. Technol., 2018, 32(1): 015008.

[175] Pyon S, Miyawaki D, Veshchunov I, et al. Fabrication and characterization of $CaKFe_4As_4$ round wires sintered at high pressure. Appl. Phys. Express, 2018, 11(12): 123101.

[176] Cheng Z, Liu S, Dong C, et al. Effects of core density and impurities on the critical current density of $CaKFe_4As_4$ superconducting tapes. Supercond. Sci. Technol., 2019, 32(10): 105014.

[177] Xu Z, Yuan P, Ma Y, et al. High-performance $FeSe_{0.5}Te_{0.5}$ thin films fabricated on less-well-textured flexible coated conductor templates. Supercond. Sci. Technol., 2017, 30(3): 035003.

[178] Iida K, Hänisch J, Trommler S, et al. Epitaxial growth of superconducting $Ba(Fe_{1-x}Co_x)_2As_2$ thin films on technical ion beam assisted deposition MgO substrates. Appl. Phys. Express, 2011, 4(1): 013103.

[179] Katase T, Hiramatsu H, Matias V, et al. Biaxially textured cobalt-doped $BaFe_2As_2$ films with high critical current density over 1 MA/cm^2 on MgO-buffered metal-tape flexible substrates. Appl. Phys. Lett., 2011, 98(24): 242510.

[180] Xu Z, Yuan P, Fan F, et al. Transport properties and pinning analysis for Co-doped $BaFe_2As_2$ thin films on metal tapes. Supercond. Sci. Technol., 2018, 31(5): 055001.

[181] Sato H, Hiramatsu H, Kamiya T, et al. Enhanced critical-current in P-doped $BaFe_2As_2$ thin films on metal substrates arising from poorly aligned grain boundaries. Sci. Rep., 2016, 6: 36828.

[182] Iida K, Sato H, Tarantini C, et al. High-field transport properties of a P-doped $BaFe_2As_2$ film on technical substrate. Sci. Rep., 2017, 7: 39951.

[183] Iida K, Kurth F, Chihara M, et al. Highly textured oxypnictide superconducting thin films on metal substrates. Appl. Phys. Lett., 2014, 105(17): 172602.

[184] Yao C, Wang D, Huang H, et al. Transport critical current density of high-strength $Sr_{1-x}K_xFe_2As_2/Ag/Monel$ composite conductors. Supercond. Sci. Technol., 2017, 30(7): 075010.

[185] Gao Z, Togano K, Zhang Y, et al. High transport J_c in stainless steel/Ag-Sn double sheathed Ba122 tapes. Supercond. Sci. Technol., 2017, 30(9): 095012.

[186] Dong C, Yao C, Zhang X, et al. Transport critical current density in single-core composite Ba122 superconducting tapes. IEEE Trans. Appl. Supercond., 2019, 29(5): 7300504.

[187] Osamura K, Machiya S, Ochiai S, et al. High strength/high strain tolerance DI-BSCCO tapes by means of pre-tensioned lamination technique. IEEE Trans. Appl. Supercond., 2013, 23(3): 6400504.

[188] Kováč P, Kopera L, Melišek T, et al. Electromechanical properties of iron and silver sheathed $Sr_{0.6}K_{0.4}Fe_2As_2$ tapes. Supercond. Sci. Technol., 2015, 28(3): 035007.

[189] Yao C, Ma Y, Zhang X, et al. Fabrication and transport properties of $Sr_{0.6}K_{0.4}Fe_2As_2$ multifilamentary superconducting wires. Appl. Phys. Lett., 2013, 102(8): 082602.

[190] Yao C, Lin H, Zhang Q, et al. Critical current density and microstructure of iron sheathed multifilamentary $Sr_{1-x}K_xFe_2As_2/Ag$ composite conductors. J. Appl. Phys., 2015, 118(20): 203909.

[191] Liu F, Yao C, Liu H, et al. Observation of reversible critical current performance under large compressive strain in $Sr_{0.6}K_{0.4}Fe_2As_2$ tapes. Supercond. Sci. Technol., 2017, 30(7): 07LT01.

[192] Dong C, Zhu Y, Liu S, et al. Thermal conductivity of composite multi-filamentary iron-based superconducting tapes. Supercond. Sci. Technol., 2020, 33(7): 075010.

[193] Bonura M, Huang H, Liu C, et al. In-field thermal conductivity of Ag and Cu/Ag $Ba_{1-x}K_xFe_2As_2$ composite conductors. IEEE Trans. Appl. Supercond., 2021, 31(5): 7300105.

[194] Liu Q, Zhang G, Yu H, et al. Magnetic AC loss of monofilament $Sr_{0.6}K_{0.4}Fe_2As_2/Ag$ tape. J. Supercond. Novel Magn., 2017, 30(3): 701-706.

[195] Kováč J, Kapolka M, Kováč P, et al. Magnetization AC losses of iron-based Ba-122 superconducting tapes. Cryogenics, 2021, 116: 103281.

[196] Zhang X, Oguro H, Yao C, et al. Superconducting properties of 100-m class $Sr_{0.6}K_{0.4}Fe_2As_2$ tape and pancake coils. IEEE Trans. Appl. Supercond., 2017, 27(4): 7300705.

[197] Zhu Y, Wang D, Zhu C, et al. Development of superconducting joints between iron-based superconductor tapes. Supercond. Sci. Technol., 2018, 31(6): 06LT02.

[198] Zhu Y, Wang D, Huang H, et al. Enhanced transport critical current of iron-based superconducting joints. Supercond. Sci. Technol., 2019, 32(2): 024002.

[199] Imai S, Ishida S, Tsuchiya Y, et al. High-critical-current-ratio superconducting joint between $Ba_{0.6}K_{0.4}Fe_2As_2$ tapes fabricated by angle-polishing method. Supercond. Sci. Technol., 2020, 33(8): 084011.

[200] Wang D, Zhang Z, Zhang X, et al. First performance test of a 30 mm iron-based superconductor single pancake coil under a 24 T background field. Supercond. Sci. Technol., 2019, 32(4): 04LT01.

[201] Qian X, Jiang S, Ding H, et al. Performance testing of the iron-based superconductor inserted coils under high magnetic field. Physica C, 2021, 580: 1353787.

[202] Pyon S, Mori H, Tamegai T, et al. Fabrication of small superconducting coils using $(Ba, A)Fe_2As_2$ (A: Na, K) round wires with large critical current densities. Supercond. Sci. Technol., 2021, 34(10): 105008.

[203] Zhang Z, Wang D, Wei S, et al. First performance test of the iron-based superconducting racetrack coils at 10 T. Supercond. Sci. Technol., 2021, 34(3): 035021.